U0243477

生物质废物资源

综合利用技术

陈冠益 马文超 颜蓓蓓 等编著

化学工业出版社

·北京·

本书面向生物质废物资源的转化技术及综合利用，着重于各种技术的原理、特点、工艺和应用案例，并结合了作者的最新技术开发成果，突出技术性、实践性、系统性、全面性。主要内容包括生物质废物资源的现状及特点、生物质废物资源的利用技术（烯气化利用技术、燃油化利用技术、发电供热利用技术、燃料化利用技术、肥料化利用技术、建材化利用技术、高值化利用技术）、综合利用中主要的二次污染物控制、技术的发展趋势与应用挑战，旨在为广大读者系统介绍生物质废物资源化综合利用技术的发展现状、技术进展和推广应用等。全书引用文献及时全面，紧跟生物质废物利用技术尤其能源化利用技术前沿，引用了多个最新工程范例，可参考性强。

本书可作为环保、能源、化工、土木等领域科研人员、生产技术人员以及政策管理人员的参考书，也可作为高等学校热能工程、环境工程、环境科学、化学工程、生物化工和资源利用等专业教师、研究生和本科生的教学用书。

图书在版编目（CIP）数据

生物质废物资源综合利用技术 / 陈冠益等编著 . —北京：
化学工业出版社，2014.11
ISBN 978-7-122-21789-9

Ⅰ.①生… Ⅱ.①陈… Ⅲ.①生物资源-能源利用-废物综
合利用-研究 Ⅳ.①TK6②X7

中国版本图书馆 CIP 数据核字（2014）第 207497 号

责任编辑：刘兴春	文字编辑：孙凤英
责任校对：吴　静	装帧设计：关　飞

出版发行：化学工业出版社（北京市东城区青年湖南街 13 号　邮政编码 100011）
印　　刷：北京永鑫印刷有限责任公司
装　　订：三河市胜利装订厂
787mm×1092mm　1/16　印张 34½　字数 842 千字　2015 年 9 月北京第 1 版第 1 次印刷

购书咨询：010-64518888（传真：010-64519686）　售后服务：010-64518899
网　　址：http://www.cip.com.cn
凡购买本书，如有缺损质量问题，本社销售中心负责调换。

定　　价：198.00 元

前　言

　　生物质废物资源量大面广，其综合利用已成为缓解资源短缺与减少环境污染物排放的重要途径，也是当前国家实施节能减排的重要抓手。《国民经济与社会发展的第十二个五年规划纲要》中指出将大力发展生物质废弃物能源化利用技术。科技部、国家发展改革委等7部门联合印发《废物资源化科技工程"十二五"专项规划》（简称《专项规划》）中也明确了生物质资源化利用为发展重点。同时《专项规划》中亦明确了"十二五"期间生物质废物资源化利用领域的发展方向和趋势。在工业生物质废物资源化利用技术方面，加快集中式工业生物质废物燃气利用技术开发，发展标准化、系列化和成套化装备，已成为提高工业生物质废物综合利用率、发展生物质能源的重点任务；在城市生活垃圾资源化利用技术方面，加速研究混合垃圾分选技术、生活垃圾湿式和干法厌氧消化技术、沼气提纯和高值利用技术等，研制符合我国实际情况的标准化、系列化、智能化的城市生活垃圾处理与能源化装备及安全控制系统；在污泥处置与资源化利用技术方面，突破污泥低成本干化预处理、多产业协同处理、二次污染控制等技术与设备，强化技术集成，建立完整的污泥处置与能源化技术创新链。

　　本书面向生物质废物资源的转化技术及综合利用，在介绍各种生物质废物的产生、特点、收集和利用技术的基础上，着重于各种技术的原理、特点、工艺和应用案例，包括国内外相关领域的最新进展，并结合作者的技术开发成果，突出技术性、实践性、系统性、全面性。全书共分四大部分（11章）：第一部分概述了生物质废物资源的现状及特点；第二部分介绍了目前生物质废物资源的利用技术（燃气化利用技术、燃油化利用技术、发电供热利用技术、燃料化利用技术、肥料化利用技术、建材化利用技术、高值化利用技术）；第三部分介绍了综合利用中主要的二次污染物控制；第四部分介绍了技术的发展趋势与应用挑战，旨在为广大读者系统介绍生物质废物资源化综合利用技术的发展现状、技术进展和推广应用等。

　　全书引用文献及时全面，紧跟生物质废物利用技术尤其能源化利用技术前沿，引用了多个最新工程范例，可阅读性和参考性强，可作为环保、能源、化工、土木等领域科研人员、生产技术人员以及政策管理人员的参考书，也可作为高等学校热能工程、环境工程、环境科学、化学工程、生物化工和资源利用等专业教师、研究生和本科生的教学用书。

　　本书主要由陈冠益、马文超、颜蓓蓓等编著，马德刚、吕学斌、黄仁亮、徐莹、王媛、石家福、齐云、李丽萍、刘刚等参与了图书部分内容的编著；全书由最后陈冠益统稿、定稿。

　　在本书编著过程中，参考了一些国内外相关资料，在此向各位作者表达诚挚谢意。由于本书内容涉及面广，限于编著者水平和编著时间，难免有不足和疏漏之处，敬请读者批评指正。

编著者

2015 年 1 月

目录

第4章　发电供热利用技术　/ 201

第5章　燃料化利用技术　/ 257

第8章　高值化利用技术　/ 395

第1章
绪 论

1.1 生物质废物资源的现状与特点

1.1.1 生物质废物的定义

生物质是指一切直接或间接利用绿色植物光合作用形成的有机物质。包括除化石燃料外的植物、动物和微生物及其排泄与代谢物等。生物质废物是人类在利用生物质的过程中生产和消费产生的废物，它仍然属于生物质的宏观范畴，但是能量密度、可利用性等都有显著的降低。地球上每年植物通过光合作用固碳量达 2×10^{11} t，含能量达 3×10^{21} J，相当于全世界每年耗能量的 10 倍。生物质遍布世界各地，其蕴藏量极大，仅地球上的植物，每年的生产量就相当于目前人类消耗矿物能的 20 倍，或相当于世界现有人口食物能量的 160 倍。虽然不同国家单位面积生物质的产量差异很大，但地球上每个国家都有某种或某些形式的生物质。在世界能耗中，生物质能是继煤、石油和天然气之后的第四位能源，约占总能耗的 14%，在不发达地区占 60% 以上，全世界约 25 亿人生活所需能源的 90% 以上是生物质能[1]。

（1）农业废物定义及分类

按其成分，农业废物主要包括植物纤维性废物和畜禽粪便两大类，是农业生产和再生产链环中资源投入与产出的差额，是资源利用中产出的物质能量流失份额。

具体可分为：

1）农田和果园残留物，如秸秆、残株、杂草、落叶、果实外壳、藤蔓、树枝和其他废物；

2）牲畜和家禽粪便以及栏圈铺垫物等；

3）农产品加工废物；

4）人粪尿以及生活废物。

农作物秸秆是世界上数量最多的一种农业副产物，我国是农业大国，也是秸秆资源量最为丰富的国家之一，秸秆主要集中分布在山东、河南、四川、黑龙江、河北、江苏、吉林、安徽等省。其中东北地区黑龙江以玉米秸秆和大豆秸秆为主，华南以稻草为主，西南地区以稻秸和玉米秸为主，西北以玉米秸、麦秸和棉花秸为主，西北以玉米秸、麦秸和棉花秸为主。作物秸秆总量华东最高，其次是华中、华北和西南。根据国家统计局、农业部的年度统计资料，对全国及各省的粮食和经济作物的产量进行汇总，并结合谷草比例，得到我国2009年各种秸秆的产量比例如表1-1[1]所列。

表 1-1　2009 年我国农作物秸秆产量和可获得量估算

项目	稻谷	小麦	玉米	豆类	薯类	糖类	棉花	油料	麻料
作物产量/$\times 10^8$t	1.95	1.15	1.64	0.19	0.30	1.2	0.064	0.3	0.0038
秸秆产量/$\times 10^8$t	1.22	1.57	3.28	0.29	0.15	0.12	0.19	0.6	0.0075
收集系数/$\times 10^8$t	0.7	0.8	0.8	0.8	0.9	0.9	1.0	1.0	1.0
可获得量/$\times 10^8$t	0.85	1.26	2.62	0.23	0.14	0.11	0.19	0.6	0.0075

（2）林业废物定义及分类

生物质原料资源的林业废物包括森林采伐剩余物、木材加工剩余物及育林剪枝剩余物，统称林业"三剩物"。我国林业木质纤维素原料来源主要有：年采伐剩余物（含年采伐造材剩余物、年木材加工剩余物）；中幼龄林抚育剩余物；薪炭林采薪；灌木林平茬复壮采薪；经济林抚育剩余物；园林绿化剩余物和废旧家具等。

根据我国"十五"及"十一五"期间年森林采伐限额，木材采伐和加工剩余物资源量为$(7464\sim8056)\times10^4$t，折算为$(4255\sim4592)\times10^4$t标煤。第七次全国森林资源清查于2004年开始，到2008年结束。历时5年，得到全国森林资源如下：全国森林面积19545.22×10^4hm^2，森林覆盖率20.36%；活立木总蓄积149.13×10^8m^3，森林蓄积137.21×10^8m^3；除港、澳、台地区外，全国林地面积30378.19×10^4hm^2，森林面积19333.00×10^4hm^2，活立木总蓄积145.54×10^8m^3，森林蓄积133.63×10^8m^3；天然林面积11969.25×10^4hm^2，天然林蓄积114.02×10^8m^3；人工林保存面积6168.84×10^4hm^2，人工林蓄积19.61×10^8m^3。根据不同地区和不同林地类型面积以及取柴系数和产柴率等参数，以全国林地面积、产柴率按750kg/hm^2、取柴系数按0.5来计算，可测算出全国薪柴年产出量约为7250×10^4t，扣除其中薪炭林的薪柴可采量则为6525×10^4t，排在前十位的省区依次为云南、四川、西藏、广西、江西、湖南、广东、内蒙古、福建和黑龙江。处在前四位的西南三省和西藏的薪柴产出量合占全国薪柴总产出量的39%[1]。

（3）工业固体废物的定义及分类

工业固体废物是指在生产、经营活动中产生的所有固态、半固态和除废水以外的高浓度液态废物，产品的生产过程就是废物的产生过程。工业固体废物按危害状况可分为一般工业固体废物和危险废物。一般工业固体废物包括粉煤灰、冶炼废渣、炉渣、尾矿、工业水处理污泥、煤矸石及工业粉尘等；危险废物指易燃、易爆，具腐蚀性、传染性、放射性有毒有害废物，除固态废物外，半固态、液态危险废物在环境管理中通常也划入危险废物一类进行管理。工业固体废物以产生的行业划分主要包括：冶金废渣，采矿废渣，燃料废渣，化工废渣，放射性废渣，玻璃、陶瓷废渣，造纸、木材、印刷等工业废渣，建筑废材废渣，电力工业废渣，交通、机械、金属结构等工业废材，纺织服装业废料，制药工业药渣等，食品加工业废渣，电气、仪器仪表等工业废料。

据 2012 年中国统计年鉴，2011 年全国工业固体废物产量达到 32.28×10^8 t；中国工业固体废物综合利用量、储存量和处置量分别为 19.52×10^8 t、6.04×10^8 t 和 7.05×10^8 t，呈逐年提高的趋势，工业固体废物的年储存量维持在 2×10^8 t 以上，我国工业固体废物产生量呈 10％的上升趋势，随着我国农副产品和食品加工业的发展，到 2020 年我国工业固体废物产生量预计将达到 35×10^8 t[1]。各个主要城市固体废物处理利用情况也有较大区别，据我国 2012 年中国统计年鉴，主要城市固体废物处理利用情况见表 1-2。

表 1-2　主要城市固体废物处理利用情况（2011 年）

城市	一般工业固体废物产生量/$\times 10^4$ t	一般工业固体废物综合利用量/$\times 10^4$ t	一般工业固体废物处置量/$\times 10^4$ t	一般工业固体废物储存量/$\times 10^4$ t	一般工业固体废物倾倒丢弃量/$\times 10^4$ t	危险废物产生量/$\times 10^4$ t	危险废物综合利用量/$\times 10^4$ t	危险废物处置量/$\times 10^4$ t	危险废物储存量/$\times 10^4$ t
北京	1125.59	748.70	348.61	28.34	—	11.92	5.05	6.86	—
天津	1752.22	1748.57	9.15	—	—	10.27	3.09	7.18	—
石家庄	1520.23	1516.66	9.05	123.69		24.67	12.45	12.25	
太原	3153.52	1672.67	1422.58	44.36	1.34	5.23	2.09	3.14	
呼和浩特	892.14	358.55	480.13	53.46		5.17	5.02	0.15	
沈阳	704.61	660.63	137.48	29.81		7.40	5.07	2.33	
长春	616.89	612.94	3.95	—		1.69	0.11	1.58	
哈尔滨	564.47	518.43	35.67	104.21		2.36	1.07	1.30	
上海	2442.20	358.11	74.89	11.40	0.47	56.36	30.13	26.01	0.34
南京	1759.40	1504.45	115.08	145.73		32.18	16.01	15.84	0.59
杭州	763.26	707.58	55.67	0.03		11.45	8.68	2.74	0.06
合肥	1065.96	1000.83	8.19	57.94		1.66	1.18	0.47	
福州	693.68	623.02	68.87	5.33	0.27	2.16	0.96	1.10	0.10
南昌	185.25	182.16	2.47		0.61	1.53	1.09	0.44	
济南	1126.35	1116.79	5.94	3.61		15.39	4.27	13.20	0.02
郑州	1249.30	918.70	302.89	27.80		0.89	0.21	0.67	
武汉	1379.67	1373.83	50.13	5.60		5.83	2.38	3.46	
长沙	177.59	174.82	2.76	0.01	0.02	0.11	0.07	0.01	0.03
广州	659.35	625.51	29.84	4.76		30.29	11.83	18.46	
南宁	348.75	315.80	13.12	22.61		0.17	0.14	0.03	
海口	4.77	4.30	0.47	—		0.18	0.06	0.12	
重庆	3299.18	2584.92	518.28	198.76	24.15	46.50	5.64	43.61	0.51
成都	518.02	511.64	6.12	0.25		4.74	1.52	3.18	0.05
贵阳	1140.05	642.49	472.96	26.47	0.04	1.27	1.77	0.30	
昆明	3669.92	1682.81	1862.81	356.86	14.27	58.45	54.74	3.71	
拉萨	248.11	7.63	16.00	233.17	0.02				
西安	277.97	271.30	5.15	1.50	0.02	0.92	0.07	0.86	
兰州	604.55	561.16	43.40	0.04		10.10	5.06	5.04	
西宁	501.19	492.74	10.58	5.81	—	25.71	18.92	6.09	5.22

城市	一般工业固体废物产生量/×10⁴t	一般工业固体废物综合利用量/×10⁴t	一般工业固体废物处置量/×10⁴t	一般工业固体废物储存量/×10⁴t	一般工业固体废物倾倒丢弃量/×10⁴t	危险废物产生量/×10⁴t	危险废物综合利用量/×10⁴t	危险废物处置量/×10⁴t	危险废物储存量/×10⁴t
银川	624.72	523.49	72.45	28.18	0.61	3.03	2.60	0.42	—
乌鲁木齐	1000.70	809.87	188.44	1.65	0.74	22.39	19.53	2.86	—

(4) 城市生活垃圾及分类

城市生活垃圾是指在日常生活中或者为日常生活提供服务的活动中产生的固体废物以及法律、行政法规规定视为生活垃圾的固体废物。

生活垃圾一般可分为四大类：可回收垃圾、厨房垃圾、有害垃圾和其他垃圾。

1) 可回收垃圾包括纸类、金属、塑料、玻璃等，通过综合处理回收利用，可以减少污染，节省资源。如每回收 1t 废纸可造好纸 850kg，节省木材 300kg，比等量生产减少污染 74%；每回收 1t 塑料饮料瓶可获得 0.7t 二级原料；每回收 1t 废钢铁可炼好钢 0.9t，比用矿石冶炼节约成本 47%，减少空气污染 75%，减少 97% 的水污染和固体废物。

2) 厨房垃圾包括剩菜剩饭、骨头、菜根菜叶等食品类废物，经生物技术就地处理，每吨可生产 0.3t 有机肥料。

3) 有害垃圾包括废电池、废日光灯管、废水银温度计、过期药品等，这些垃圾需要特殊安全处理。

4) 其他垃圾包括除上述几类垃圾之外的砖瓦陶瓷、渣土、卫生间废纸等难以回收的废物，采取卫生填埋可有效减少对地下水、地表水、土壤及空气的污染。

2011 年，全国生活垃圾清运量为 1.64×10^8 t，无害化处理的城市垃圾量为 13089.6×10^4 t，生活垃圾无害化处理率提高至 79.7%。2008 年中国城市垃圾堆存量达 70×10^8 t。在 2006～2008 年三年期间，全国生活垃圾清运量以 1.3% 呈逐年递增趋势，到 2020 年，全国生活垃圾清运量将达到 1.78×10^8 t。目前我国城市有机垃圾的单位热值大约为 4.18MJ/kg，以 2008 年垃圾清运量计算，总计可折合约为 2128×10^4 t 标煤/年；以 10% 利用率计，目前我国城市固体有机垃圾的可利用能源资源量约 213×10^4 t 标煤/年[1]。

1.1.2 生物质资源量

(1) 农业、林业废物资源量

我国生物质能资源储量巨大，仅农作物秸秆约 7×10^8 t/a，折合标准煤约为 3×10^8 t/a；全国每年可提供 3.3×10^8 t 林木生物质，相当于 2×10^8 t 标准煤。如能将这些生物质资源通过热解气化转化为气体燃料，可以取代大量的化石能源，缓解我国对常规能源的依存度。同时，生物质能利用是自然界的碳循环的一部分，过程中实现 CO_2 的零排放，属于可再生清洁燃料[2,3]。

(2) 城市生活垃圾和工业生物质废物量

随着城市化进程的推进和经济的迅速发展，我国城市生活垃圾和工业生物质废物数量增长迅速，2012 年生活垃圾量达到 1.97×10^8 t，工业生物质废物能量约折合 0.42×10^8 t 标准煤。由于城市环境污染治理的压力、市容环境的整洁性和资源的稀缺性需求，生活垃圾和工业生物质废物逐步被提高到资源的角度来进行处理与利用，其高效处理、资源化安全利用已刻不容缓。但由于能量密度低、分布分散，所以难以大规模集中处理，导致大部分发展中国家垃圾、生物质废物利用水平低。

1.1.3 生物质资源的特点

1.1.3.1 理化特性

(1) 生物质的物理特性

生物质的物理特性是十分重要的。生物质的分布、自然形状、尺寸、堆积密度及灰熔点等物理特性影响生物质的收集、运输、存储、预处理和相应的燃烧技术。

① 堆积密度 堆积密度是指包括固体燃料颗粒间空间在内的密度。一般在自然堆积的情况下进行测量，它反映了单位容积中物料的质量。根据生物质的堆积密度可将生物质分为两类：一类为硬木、软木、玉米芯及棉秸等木质燃料，它们的堆积密度在 $200\sim350\mathrm{kg/m^3}$ 之间；另一类为玉米秸秆、稻草和麦秸等农作物秸秆，它们的堆积密度低于木质燃料。另外，生物质的堆积密度远远地低于煤的堆积密度，例如，已切碎的农作物秸秆的堆积密度为 $50\sim120\mathrm{kg/m^3}$，锯末的堆积密度为 $240\mathrm{kg/m^3}$，木屑的堆积密度为 $320\mathrm{kg/m^3}$，褐煤的堆积密度为 $560\sim600\mathrm{kg/m^3}$，烟煤的堆积密度为 $800\sim900\mathrm{kg/m^3}$。较低的堆积密度，不利于农作物秸秆的收集和运输，而且需要占用大量的堆放场地。

② 灰分熔点 在高温状态下，灰分将变成熔融状态，形成含有多种组分的灰（具有气体、液体或固体形态），在冷表面或炉墙会形成沉积物，即积灰或结渣。灰分开始熔化的温度称为灰熔点。生物质的灰分熔点用角锥法测定。灰粉末制成的角锥置于保持半还原性气氛的电路中进行加热。角锥尖端开始变圆或弯曲时的温度称为变形温度 t_1，角锥尖端弯曲到和底盘接触或呈半球形时的温度称为软化温度 t_2，角锥熔融到底盘上开始熔溢或平铺在底盘上显著熔融时的温度称为流动温度 t_3。生物质中的 Ca 和 Mg 元素通常可以提高灰熔点，K 元素可以降低灰熔点，Si 元素在燃烧过程中与 K 元素形成低熔点的化合物。农作物秸秆中 Ca 元素含量较低，K 元素含量较高，导致灰分的软化温度较低。例如，秸秆的变形温度为 $860\sim900\,^\circ\!\mathrm{C}$，对设备运行的经济性和安全性有着一定的影响。

由于生物质的种类繁多，且产地及气候等因素影响较大，为了准确地分析生物质特性，国际上建立了记录生物质相关特性的数据库。例如，由荷兰能源研究所建立的数据库，内容包括生物质及固体废物的相关特性。

(2) 生物质燃料的热值

生物质燃料主要有农作物秸秆、薪柴、野草、畜粪和木炭等，通常它们都含有不同比例的水分。1kg 生物质完全燃烧所放出的热量，称为它的高位热值。水分在燃烧过程中变为蒸汽（燃料中氢燃烧时也生成水蒸气），吸收一部分热量，称为汽化潜热。高位热值减去汽化潜热值得到的热量，即为 1kg 生物质的低位热值。国内在燃用生物质过程中，生物质发热量的计算常常取其低位热值（如果不特别注明）。由于水分在转变成蒸汽时吸收热量，不同的生物质因其含水量的不同导致其低位热值的不同，通常含水量越大，低位热值越小。

表 1-3给出了一些生物质燃料在不同含水量情况下低位热值的变化情况。

表 1-3　生物质燃料低位热值与含水量之间的关系

含水量/%	棉花秆/(kJ/kg)	豆秸/(kJ/kg)	麦秸/(kJ/kg)	稻秸/(kJ/kg)	谷秸/(kJ/kg)	柳树枝/(kJ/kg)	杨树枝/(kJ/kg)	牛粪/(kJ/kg)	马尾松/(kJ/kg)	桦木/(kJ/kg)	椴木/(kJ/kg)
5	15945	15836	15439	14184	14795	16322	13996	15380	18372	16970	16652
7	15552	15313	15058	13832	14426	16929	13606	14958	17933	16422	16251
9	15167	14949	14682	13481	14062	15519	13259	14585	17489	16125	15841
11	14774	14568	14301	13129	13694	15129	12912	14209	17050	15715	15439
12	14577	14372	14155	12954	13514	14933	12736	14016	16828	15506	15238
14	14192	13991	13732	12602	13146	14535	12389	13640	16385	15096	14837
16	13803	13606	13355	12251	12782	14134	12042	13263	15937	14686	14426
18	13414	13221	12975	11899	12460	13740	11694	12391	15493	14276	14021
20	13021	12837	12598	11348	12054	13343	11347	12431	15054	13870	13623
22	12636	12452	12222	11194	11690	12945	10996	12134	14611	13460	13213

(3) 生物质的元素分析

生物质固体燃料是由多种可燃质、不可燃无机矿物质及水分混合而成的。其中，可燃质是多种复杂高分子有机化合物的混合物，主要由 C、H、O、N 和 S 等元素组成，其中 C、H 和 O 是生物质的主要成分。

1）碳（C）是生物质中主要的可燃元素。在燃烧期间与氧发生氧化反应，1kg 的 C 完全燃烧时，可以释放出 34045kJ 的热量，基本上决定了生物质的热值。生物质中的 C 部分与 H、O 等化合为各种可燃的有机化合物，部分以结晶状态 C 的形式存在。

2）氢（H）是生物质中仅次于 C 的可燃元素，1kg 的 H 完全燃烧时，可以释放出 142256kJ 的热量。生物质中所含的 H 一部分与 C、S 等化合为各种可燃的有机化合物，受热时可热解析出，且易点火燃烧，这部分 H 称为自由氢。另有一部分 H 和 O 化合形成结晶水，这部分 H 称为化合氢，显然它不可能参与氧化反应，释放出热量。

3）氧（O）和氮（N）均是不可燃元素，O 在热解期间被释放出来以部分满足燃烧过程中对氧的需求。在一般情况下，N 不会发生氧化反应，而是以自由状态排入大气；但是，在一定条件下（如高温状态），部分 N 可与 O 生成 NO_x，污染大气环境。

4）硫（S）是燃料中一种有害可燃元素，它在燃烧过程中可生成 SO_2 和 SO_3 气体，既有可能腐蚀燃烧设备的金属表面，又有可能污染环境。生物质中 S 含量极低，如作为煤等化石能源的替代燃料，可减轻对环境的污染。

5）灰分指燃料燃烧后所形成的固体残渣，是原有的不可燃矿物杂质经高温氧化和分解形成的，对生物质燃烧过程有着一定的影响。如果生物质的灰分含量高，将减少燃料的热值，降低燃烧温度。如稻草的灰分含量可达 14%，导致其燃烧比较困难。

在农作物收获后，将秸秆在农田中放置一段时间，利用雨水进行清洗，可以减少其中的 Cl 和 K 的含量；且可除去部分灰分，减少运输量，减轻对锅炉的磨损，减少灰渣处置量。

6）水分是燃料中的不可燃成分，一般分为外在水分和内在水分。外在水分是指吸附在燃料表面的水分，可用自然干燥方法去除，与运输和存储条件有关；内在水分是指吸附在燃料内部的水分，比较稳定。生物质水分的变化较大，水分的多少将影响燃烧的状况，含水率较高生物质的热值有所下降，导致起燃困难，燃烧温度偏低，阻碍燃烧反应的顺利进行。

燃料的组成成分可用各组成元素的质量百分数来表示，称为燃料的元素分析成分，几种生物质的元素分析见表1-4。

表 1-4　几种生物质的元素分析（可燃基）

燃料类型	C/%	H/%	O/%	N/%	S/%
杉木	52.8	6.3	40.5	0.1	—
杉树皮	56.2	5.9	36.7	—	—
麦秸	49.04	6.16	43.41	1.05	0.34
玉米芯	48.4	5.5	44.3	0.30	—
高粱秸	48.63	6.08	44.92	0.36	0.01
稻草	48.87	5.84	44.38	0.74	0.17
稻壳	46.20	6.10	45.00	2.58	0.14

（4）生物质的工业分析

在隔绝空气条件下对燃料进行加热，首先是水分蒸发逸出，然后燃料中的有机物开始热分解并逐渐析出各种气态产物，称为挥发分（V），主要含有 H_2、CH_4 等可燃气体和少量的 O_2、N_2、CO_2 等不可燃气体。生物质挥发分含量一般在 76%～86% 之间，远远高于煤，因此挥发分的热解与燃烧是生物质燃烧的主要过程。固体残余物为木炭，主要由非挥发性碳（固定碳）与灰分组成。所谓固定碳，并非纯碳，其中残留少量的 H、O、N 和 S 等成分。

用挥发分、固定碳、灰分和水分表示燃料的成分称为燃料的工业分析成分，几种生物质工业分析见表1-5。

表 1-5　几种生物质工业分析

燃料类型	水分/%	挥发分/%	固定碳/%	灰分/%	低位热值/(kJ/kg)
杂草	5.43	68.77	16.40	9.46	16192
豆秸	5.10	74.65	17.12	3.13	16146
稻草	4.97	65.11	16.06	13.86	13970
麦秸	4.39	67.36	19.35	8.90	15363
玉米秸	4.87	71.45	17.75	5.93	15539
玉米芯	15.0	76.60	7.00	1.40	14395
棉秸	6.78	68.54	20.71	3.97	15991

1.1.3.2　生物质的优点

（1）可再生性

生物质能属可再生资源，生物质能由于通过植物的光合作用可以再生，与风能、太阳能等同属可再生能源，资源丰富，可保证能源的永续利用。

(2) 低污染性

生物质的 S、N 含量低、燃烧过程中生成的 SO_x、NO_x 较少；生物质作为燃料时，由于它在生长时需要的 CO_2 相当于它排放的二氧化碳的量，因而对大气的 CO_2 净排放量近似为零，可有效地减轻温室效应。

(3) 生物质燃料总量十分丰富，分布广泛

生物质能是世界第四大能源，仅次于煤炭、石油和天然气。根据生物学家估算，地球陆地每年生产 $(1000 \sim 1250) \times 10^8 t$ 生物质；海洋每年生产 $500 \times 10^8 t$ 生物质。生物质能源的年生产量远远超过全世界总能源需求量，相当于目前世界总能耗的 10 倍。我国可开发为能源的生物质燃料资源到 2015 年预计可达 $3 \times 10^8 t$ 以上。随着农林业的发展，尤其是薪炭林的推广，生物质资源还将越来越多。

1.1.3.3 各类垃圾组成特点

(1) 城市生物质废物的组成特点

城市生物质废物主要包括家庭厨余垃圾、餐厨垃圾、城市粪便以及城镇污泥。目前我国大城市的生活垃圾中厨余和餐饮等有机废物比例大，即生物质废物含量高，有资料表明，近 10 年来我国生活垃圾中有机物成分明显增加，某些城市高达 66.7%以上[4]，含水率高，一般为 55%～65%。

(2) 农作物废物的组成特点

① 植物类农业废物　我国农作物秸秆主要以玉米秸（27%）、麦秸（18%）和稻秸（30%）为主，我国农作物秸秆的产生量已经达到 640Mt[1~4]，其中造肥还田及其收集损失约占总量的 15%，其余大部分作为农户取暖燃料（约为 37%），但其转换效率较低，仅为 15%～20%，很大程度上是能源的浪费。农作物废物最大的污染是田间燃烧，随着农村经济的发展，农民收入的增加，农村中商品能源的比例不断增加，煤、液化石油气等已成为其主要用能。秸秆由于体积大，能效低，首先成为被替代的对象，全国每年约有 20.5%的秸秆被弃于田间，直接在田中间燃烧，产生大量的 CO、CO_2、SO_2、NO_x 和烟尘等污染物，严重污染了大气环境，浓烟弥漫还影响到交通和航空运输事业的安全，甚至发生过多起焚烧秸秆导致高速公路关闭、民航停飞的事件，给人民健康和生活带来很大的影响。

② 畜禽粪便废物　随着畜禽养殖业的发展，养殖废物的产量也逐年增加，目前我国的畜禽粪便达到 $8.5 \times 10^8 t$[5]，大量的畜禽粪便和污水带来了土地负荷压力过大、土壤及水体污染、空气恶臭和疾病传播等一系列问题。养殖废物中化学需氧量（chemical oxygen demand，COD）含量高，并且含有大量的 N、P 等元素，成为导致地表水水质恶化和富营养化的重要原因之一。根据国家环保总局对全国 23 个省、自治区、直辖市进行的规模化畜禽养殖业污染情况调查，我国畜禽粪产生量约为 $19 \times 10^8 t/a$，而我国各工业行业当年产生的工业固体废物为 $7.8 \times 10^8 t/a$，畜禽粪便产生量是工业固体废物产生量的 2.4 倍。其中规模化养殖产生的粪便相当于工业固体废物的 40%。畜禽粪便 COD 总量达 $7118 \times 10^4 t$，远远超过我国工业废水和生活污水的排放量之和[6]。另外，养殖废物中含有氨、胺、硫化氢、吲哚、尿酸盐、致病菌及虫卵等臭味物质，它是造成空气污浊度升高、影响人类和牲畜健康的主要因素。养殖废物污染给我国生态环境造成了巨大的压力，养殖废物处理技术一直是国内外相关领域的研究重点。

1.1.4 国内外生物质废物资源化利用比较

生物质废物的资源化主要有两个途径，即物质利用和能量回收。例如，在生物质废物中，秸秆造纸、制造纤维板等属于物质利用，然而对于城市生物质废物以及养殖废物则主要进行生物质废物的能量回收。纵观国内外已有的生物质能利用技术，大体上如图 1-1 所示。

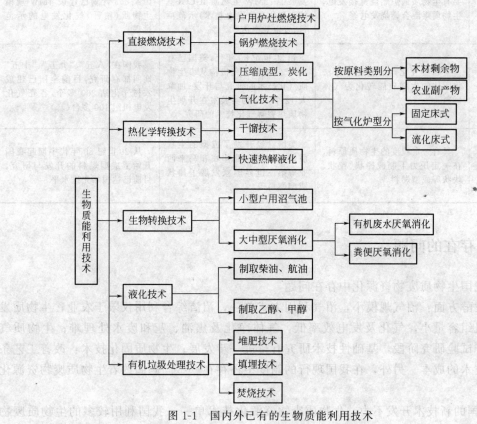

图 1-1 国内外已有的生物质能利用技术

生物质废物具有潜在的能源价值。以农作物秸秆为例，稻秸热值为 13.87MJ/kg，玉米秆热值为 15.67MJ/kg，玉米芯热值为 15.83MJ/kg，大约相当于标准煤热值的 1/2。我国农村秸秆年产量约为 689Mt，相当于 $4×10^8$ t 标煤。如果考虑日益增多的城市垃圾和畜禽粪便等其他生物质废物，我国每年的生物质废物的能量当量达 $6×10^8$ t 标煤以上，不包含饲料和其他原料，可开发为能源的生物质废物超过 $3×10^8$ t。另外，在利用过程中污染物 SO_2、NO_x 的排放较少，进而减少空气污染及酸雨现象；生物质作为燃料时，对大气的 CO_2 净排放量近似为零，可有效地减轻温室效应。在面临矿产资源枯竭、环境污染日益严重的背景下，生物质废物的资源化不仅可以解决其污染问题，更能够有效开发利用其中的能源，成为世界各国政府和科学家关注的热点。

目前，国内外常用的生物质废物资源化技术见表 1-6[7]。

表 1-6　国内外常用的生物质废物资源化技术

项目	简介	国外的应用情况	我国的应用情况
厌氧发酵	利用畜禽粪便、城市生活垃圾堆肥生产沼气的技术	英国有 45 座大型沼气工程；丹麦建造了 19 座沼气场和 18 座农场沼气装置；德国制定了以沼气发电并网为基础的环境保护策略	我国的大型沼气项目比较少，规模也比较小，多以农村小沼气为主，在干发酵、沼气发电等方面正进行深入研究
生物质发电	通过生物质集中燃烧发电，主要有生物质锅炉燃烧直接发电，生物质煤混合燃烧发电等	美国的生物质燃烧直接发电占再生能源发电的 70%；意大利发展了 12MW 生物质 IGCC（整体煤气化联合发电技术）示范项目，发电效率达 31.1%	我国已开发和推广应用 20 多个 MW 级生物质气化发电系统，国家 863 计划已建设 4MW 规模生物质（秸秆）气化发电的示范过程
生物质气化	生物质气化即通过化学方法将固体的生物质能转化为气体燃料	到 20 世纪 80 年代，美国已有 19 家公司与研究机构从事生物质气化技术的研究与开发；加拿大 12 个大学的实验室在开展生物质热裂解气化技术的研究	我国在"八五"、"九五"、"十五"期间都有研究，目前全国已建成农村气化站 200 多个，谷壳气化发电机组 100 多台(套)
生物质固化	具有一定粒度的生物质原料，在一定压力下制成棒状、粒状、块状等成型燃料	美国已经开发了成型的生物质燃料；泰国、菲律宾和马来西亚等第三世界国家发展了棒状成型燃料等	从 20 世纪 80 年代中期起我国开始了成型燃料的开发与研究，目前已达国际先进水平

1.1.5　存在的问题

(1) 我国生物质废物资源化中存在问题

厌氧发酵方面：沼气规模小，沼气利用方式单一，沼渣综合利用仅限于农业；生物质发电：供热机组容量小，气化及发电效率低，气体净化及焦油、灰和废水处理难；生物质气化：尚处于试验研究阶段，基础性技术研究有待进一步发展；生物质固化技术：改善工艺条件，降低技术的成本。另外，在我国现行的制度中还存在一些问题制约着生物质废物资源化的发展。

1) 我国的新技术开发不力，生物质废物资源化技术单一。我国利用较多的生物质废物资源化技术主要集中在厌氧发酵上，其他技术的开展都比较缓慢。

2) 我国的生物质废物资源化利用工程的规模都比较小，另外也存在设备落后，转换效率低的问题。

3) 在生物质废物资源化的技术方法研究方面，我国的研究技术水平较低，一些关键问题，如效率低、二次污染严重等问题都需要解决。

4) 我国关于生物质废物资源化的技术标准及法律法规都不完善，存在管理混乱的问题。

5) 我国缺乏对生物质废物资源化发展的政策支持和经济扶持，不利于此产业的快速发展。

(2) 我国生物质废物资源化的发展方向及发展对策

1) 在现阶段，我国生物质废物资源化技术的发展目标就是不断提高技术水平，完成关键技术突破和中试研究；同时，利用现有适用技术，完成大规模集成化生物质能源基地的建设，尤其是在厌氧发酵方面，可以充分发挥我国的优势，建立大型生产型沼气工程示范。

2）最重要的是国家应该完善生物质废物资源化开发及利用的相关政策和法规，规范产业化市场，为生物质废物资源化产业的发展提供良好的环境和政策条件，为生物质产品找到出路。

3）结合我国资源和市场特点，充分发挥科研自主创新能力，努力获得拥有自主知识产权的理论技术及相关产品，力争赶上发达国家水平。

我国正处于经济高速发展时期，但在发展的同时也面临着很多问题，生物质废物资源化技术作为一种绿色的环境友好的新技术，在减少环境污染，缓解环境压力的同时，可以缓解我国的能源危机，充分体现了"科学发展"、"可持续发展"、"和谐发展"的发展理念，发展潜力巨大。目前我国的生物质废物资源化利用刚刚起步，还处于生物质废物资源化的初级阶段，面临很多困难，存在很多问题，但是在不久的将来，在广大研究人员锲而不舍的努力下，生物质能源一定会欣欣向荣，蓬勃发展。

1.2 利用技术概述分析

1.2.1 燃烧

生物质燃烧：泛指生物质类物质（农作物、秸秆、锯末、花生壳、稻壳）进行燃烧。通常在热带国家中出现的大范围的陆面植被的燃烧现象即属于生物质燃烧，它可使养分重归土壤，但也会引起生态失衡、大气污染等方面的问题。

1.2.1.1 生物质直接燃烧技术

生物质直接燃烧是指把生物质原料送入适合生物质燃烧的特定锅炉中直接燃烧，主要分为炉灶燃烧和锅炉燃烧。传统的炉灶燃烧方式燃烧效率极低，热效率只有 $10\%\sim18\%$，即使是目前大力推广的节柴灶，其热效率也只有 $20\%\sim25\%$。生物质锅炉燃烧采用先进的燃烧技术，把生物质作为锅炉的燃料，以提高生物质的利用效率，适用于相对集中、大规模利用生物质资源。锅炉按照燃烧方式的不同可分为层燃炉和流化床锅炉等，以下就生物质层燃和流化床燃烧做重点介绍。

（1）层燃技术

传统的层燃技术是指生物质燃料铺在炉排上形成层状，与一次配风相混合，逐步地进行干燥、热解、燃烧及还原过程，可燃气体与二次配风在炉排上方的空间充分混合燃烧。锅炉形式主要采用链条炉和往复推饲炉排炉。生物质层燃技术被广泛应用在农林业废物的开发利用和城市生活垃圾焚烧等方面，适于燃烧含水率较高、颗粒尺寸变化较大的生物质燃料，具有较低的投资和操作成本，一般额定功率小于 $20MW$。在丹麦，开发了一种专门燃烧已经打捆秸秆的燃烧炉，采用液压式活塞将大捆秸秆通过输送通道连续地输送至水冷的移动炉排。由于秸秆的灰熔点较低，通过水冷炉墙或烟气循环的方式来控制燃烧室的温度，使其不超过 900℃。丹麦 ELSAM 公司出资改造的 Benson 型锅炉采用两段式加热。由 4 个并行的供料器供给物料,秸秆、木屑可以在炉栅上充分燃烧,并且在炉膛和管道内还设置有纤维过滤器以减轻烟气中有害物质对设备的磨损和腐蚀。经实践运行证明,改造后的生物质锅炉运行稳定,并取得了良好的社会效益和经济效益[8~12]。在我国,已有许多研究单位根据所使用的生物质燃料的特性,开发出了各种类型生物质层燃炉,实际运行效果良好。他们针对所使用原料的燃烧特性不同,对层燃炉的结构都进行了富有成效的优化,炉型结构包括双燃烧室结构、闭式炉膛结构及其他结构,这些均为我国生物质层燃炉的开发设计提供了宝贵的经验。然而,我国生物质层燃技术与国外相比,仍存在较大的差距,应当进一步加大研发力度,开发出具有我国特色的先进的生物质层燃技术,以增强我国在生物质燃烧技术领域的竞争力。

(2) 流化床技术

流态化燃烧具有传热传质性能好、燃烧效率高、有害气体排放少、热容量大等一系列的优点,很适合燃烧水分大、热值低的生物质燃料。流化床燃烧技术是一种相当成熟的技术,在矿物燃料的清洁燃烧领域早已进入商业化使用。将现有的成熟技术应用于生物质的开发利用,在国内外早已进行了广泛深入的研究,并已进入商业运行。目前,国外采用流化床燃烧技术开发利用生物质能已具有相当的规模。美国爱达荷能源产品公司已经开发生产出燃烧生物质的流化床锅炉,蒸汽锅炉出力为 4.5~50t/h,供热锅炉出力为 36.67MW;美国 CE 公司利用鲁奇技术研制的大型燃烧废木循环流化床发电锅炉出力为 100t/h,蒸汽压力为 8.7MPa;美国 B&W 公司制造的燃烧木柴流化床锅炉也于 20 世纪 80 年代末至 90 年代初投入运行。此外,瑞典以树枝、树叶等林业废物作为大型流化床锅炉的燃料,锅炉热效率可达到 80%;丹麦采用高倍率循环流化床锅炉,将干草与煤按照 6:4 的比例送入炉内进行燃烧,锅炉出力为 100t/h,热功率达 80MW。我国自 20 世纪 80 年代末开始对生物质流化床燃烧技术进行深入的研究,国内各研究单位与锅炉厂合作,联合开发了各种类型燃烧生物质的流化床锅炉,投入生产后运行效果良好,并进行了推广,还有许多出口到了国外,这对我国生物质能的利用起到了很大的推动作用。例如华中科技大学根据稻壳的物理、化学性质和燃烧特性,设计了以流化床燃烧方式为主,辅以悬浮燃烧和固定床燃烧的组合燃烧式流化床锅炉,试验研究证明,该锅炉具有流化性能良好、燃烧稳定、不易结焦等优点,现已经获得国家专利。

1.2.1.2　生物质成型燃料燃烧技术

生物质成型燃料体积小,密度大,储运方便,并且燃料致密,无碎屑飞扬,使用方便、卫生,燃烧持续稳定、周期长,燃烧效率高,燃烧后的灰渣及烟气中污染物含量小,是一种清洁能源。然而目前我国生物质成型燃料的规模仍然不大,成型燃料的压制设备仍不成熟,成本较高,目前还只是作为采暖、炊事及其他特定用途的燃料,使用范围还有待拓展。生物质成型燃料与常规生物质和煤相比,燃烧特性有很大差别。生物质成型燃料燃烧过程中炉内空气流动场分布、炉膛温度场和浓度场分布、过量空气系数大小、受热面布置等都需要重新设计考虑。国外如日本、美国及欧洲一些国家和地区的生物质成型燃料燃烧设备已经定型,并形成了产业化,在加热、供暖、干燥、发电等领域已普遍推广应用。这些国家的生物质成型燃料燃烧设备具有加工工艺合理、专业化程度高、操作自动化程度好、热效率高、排烟污染小等优点。我国自 20 世纪 80 年代开始进行生物质成型燃料燃烧技术的研究和开发，目前已经取得了一系列的成果和进展，但是相关技术与国外先进技术仍存在较大的差距。当前直接引进国外先进技术并不适合我国国情，国外大部分都是采用林业残余物（如木材等）压缩制成成型燃料，这与我国生物质资源主要以农作物秸秆为主的情况并不相符，开发具有我国自主知识产权的高效经济的生物质成型燃料燃烧技术将是我国未来发展的一个重要方向[13]。

1.2.2　热解

热解就是利用热能打断大分子量有机物，使之转变为含碳原子数目较少的低分子量物质的过程。生物质热解是生物质在完全缺氧或少量供氧条件下，产生液体、气体、固体三种产物的生物质热降解过程。

生物质热解技术的基本原理：生物质热解是指生物质在隔绝或少量供给氧化剂（空气、氧气、水蒸气等）的条件下，加热到500℃以上，利用热能切断生物质大分子中的化学键，使之转化为低分子量物质。由于生物质主要由成分和结构比较复杂且多元性的大分子量有机物组成，如纤维素、半纤维素、木质素等，在其热解过程中就会包括众多连续和同时发生的复杂化学过程。这种热解过程所得产品主要有固体（焦炭）、液体（生物油）、气体（富含H元素）三类产品。如图1-2所示。

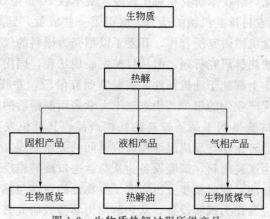

图1-2　生物质热解过程所得产品

(1) 与气化、燃烧相比，生物质热解具有的特点

① 热解的一次产品包括固相、液相和气相三种，其中气相产品可直接用作燃料气，液相产品经过一定的加工处理后可替代用作化工产品，固相产品可用作化工生产所需的生物质炭等。如果在热解时采用不同的加热温度和时间，可方便地调节三种产物比例。

② 从总能量利用上来看，热解效率最高，可以达到99%。

③ 热解装置简单，一次性投资少，操作简便（常压下温度范围为500～900℃），易于局部推广。

生物质热解的技术路线与试验装置：不同的研究者因研究的最终目的不同，而采用了不同的技术路线和试验装置，但是所有的技术路线都必须考虑2个关键问题：a. 固体生物质在反应器内如何运动；b. 导热性很差的生物质如何被加热至高温。

（2）根据固体生物质运动方式划分热解装置

① 固定床反应器：包括移动床反应器、充填床反应器，热解过程中生物质颗粒不运动或轻微运动；

② 流化床反应器：包括喷流床反应器、引射床反应器，生物质颗粒在反应器内作流化运动；

③ 循环床反应器：生物质颗粒在整个装置内作循环运动；

④ 旋转式反应器：包括旋转锥反应器和涡旋反应器，生物质颗粒受离心力作用而旋转运动；

⑤ 回转式反应器：包括回转窑反应器和旋转螺旋反应器，生物质颗粒受机械转动力作用而作单向沿轴运动；

⑥ 混合式反应器：常用的固定床与流化床叠加运行以催化焦油制取气体的装置属于此类。

（3）根据加热方式划分热解装置

① 直接加热：加热源与试验原料直接接触；

② 间接加热：加热源与试验原料不直接接触；

③ 混合加热式：既有直接加热，又有间接加热。

（4）国内有关生物质热解技术的研究和发展现状

我国开展生物质气化热解技术研究相对比较晚，最早在 20 世纪 50 年代利用生物质气化（空气气化）提供车辆和农村排灌机械的动力，取得了一些成就，到 20 世纪 80 年代由重庆红岩机械厂与商业部粮食机械研究所合作，开发了以稻壳为原料的气化发电装置，一些科研机构纷纷加入了生物质的热解研究行列，但从目前发展现状看，国内从事生物质热解研究单位的数量不是很多，基本上都处于纯机制性的实验室研究阶段，并获得了一定的经验数据，但在工程实际运用并实现产业化的很少。华东理工大学采用制糖后的甘蔗渣为试验原料，试验设备为管式反应器，试验得到了品质较高的气相产品，其低位发热值约达 $13.5MJ/m^3$，同时明确了甘蔗渣热解的转化率与反应温度和反应时间的关系曲线。沈阳农业大学与荷兰德温特大学合作采用木屑为试验原料，试验设备为从荷兰进口旋转锥反应器，试验得到了品质较高的液相产品——生物油，同时初步分析研究了生物油的特性与热解条件的关系。中科院广州能源所采用管式反应器作为试验设备，从热解动力学参数研究方面入手，在进行快速热解试验后，建立了比较简单的气体析出动力学方程，但该方程无法描述生物质热解产物分布，后来，以造纸废渣为试验原料，获得了热解气相产品产率与温度和时间的关系。大连市环境科学设计研究院采用废植物为试验原料，试验设备为间歇制气制油制炭机，获得了较为丰富的热解产物：可燃气、木炭、木焦油、木醋液等。浙江大学根据多年的研究经验，研制了面向工程应用的试验装置，并且试验条件的确定尽可能以工程中容易实现为原则。与生物质直接燃烧相比，热解后气化气的利用污染少，可以开展各种规模的应用。既可以采用小型气化系统建立小型分布式供能系统，又可以集中收集，为大中型气化系统提供燃料，更适合我国生物质能源分布分散和能量密度低的特点。2008 年上海工业锅炉研究所与上海交通大学成立生物质热解联合实验室，建立包括固定床、流化床、管式反应器在内的试验装置平台。通过对不同生物质在不同传热方式下的热解特性和热解气成分的研究，在总结国内外经验的基础上，几年来不断对热解系统的热解筒结构进行优化改进，逐步解决了加热、密封和生物质在反应器内的顺利运动和充分受热问题。

1.2.3 气化

1.2.3.1 生物质气化原理

生物质气化是指生物质原料（薪柴、锯末、麦秸、稻草等）压制成型或经简单的破碎加工处理后，在欠氧条件下，送入气化炉中进行气化裂解，得到可燃气体并进行净化处理而获得产品气的过程。其原理是在一定的热力学条件下，借助于部分空气（或氧气）、水蒸气的作用，使生物质的高聚物发生热解、氧化、还原、重整反应，热解伴生的焦油进一步热裂化或催化裂化为小分子烃类化合物，获得含 CO、H_2 和 CH_4 的气体。由于生物质由纤维素、半纤维素、木质素、惰性灰等组成，含氧量和挥发分高，焦炭的活化性强，因此，生物质与煤相比，具有更高的活性，更适合气化。生物质气化主要包括气化反应、合成气催化变换和气体分离净化过程。气化转化的重点为气体组分与产率的调整与控制。生物质气化与热解不同，气化过程需要气化介质（常为空气），气体热值较低，一般为 $4\sim6MJ/m^3$；热解过程通常不需要气化剂，其产物是液、气、炭 3 种产品，气体热值较高，一般为 $10\sim15MJ/m^3$。气化过程伴随有热解过程，热解是气化的第一步。生物质气化的目的是得到洁净的产品气，因此要采用催化剂来抑制或消除热解反应中产生的焦油。

1.2.3.2 生物质气化炉的特点

（1）固定床气化

根据固定床气化器内气流运动的方向和组合，固定床气化炉主要分为 4 种炉型：下吸式气化炉、上吸式气化炉、横吸式气化炉、开心式气化炉。

下吸式气化炉：生物质物料自炉顶投入炉内，气化剂由进料口和进风口进入炉内。炉内的物料自上而下分为干燥层、热分解层、氧化层、还原层。其特点是结构简单，工作稳定性好，可随时进料，气体下移过程中所含的焦油大部分被裂解；但出炉燃气灰分较高（需除尘），燃气温度较高。整体而言，该炉型可以对大块原料不经预处理直接使用，焦油含量少，构造简单。该技术被认为是较好的气化技术，市场化程度高，有大量的炉型在运转或建造。对于小型化应用（热功率≤1.5MW）很有吸引力，在发达和不发达经济地区均有较多的应用例子。山东省科学院能源研究所最近发展的二步法气化技术，充分吸收了下吸式炉体的优点。

上吸式气化炉：物料自炉顶投入炉内，气化剂由炉底进入炉内参与气化反应，反应产生的燃气自下而上流动，由燃气出口排出。其特点是气化过程中，燃气在经过热分解层和干燥层时，可以有效地进行热量的多向传递，既利于物料的热分解和干燥，又降低了自身的温度，大大提高了整体热效率，同时，热分解层、干燥层对燃气具有一定过滤作用，使其灰分很低；但是其构造使得进料不方便，小炉型需间歇进料，大炉型需安装专用加料装置。整体而言，该炉型结构简单，适于不同形状尺寸的原料，但生成气中焦油含量高，容易造成输气系统堵塞，使输气管道、阀门等工作不正常，加速其老化，因此需要复杂的燃气净化处理，给燃气的利用（如供气、发电）设施带来问题，大规模地应用比较困难。目前尚未在气化发电中应用此技术。

横吸式气化炉：物料自炉顶加入，灰分落入下部灰室，气化剂由炉体一侧供给，生成的燃气从另一侧抽出（燃气呈水平流动，故又称平吸式气化炉）。其特点是空气通过单管进风喷嘴高速吹入，形成一高温燃烧区，温度可达 2000℃，能使用较难燃烧的物料；结构紧凑，启动时间（5~10min）比下吸式短，负荷适应能力强；但燃料在炉内停留时间短，还原层容积很小，影响燃气质量；炉中心温度高，超过了灰分的熔点，较易造成结渣；仅适用于含焦油很少及灰分≤5%的燃料，如无烟煤、焦炭和木炭等。该炉型已进入商业化运行，主要应用于南美洲。

开心式气化炉（又称为层式下吸式固定床气化炉）：该炉是下吸式气化炉的一种特殊形式，只是没有缩口，以转动炉栅代替了高温喉管区，其炉栅中间向上隆起，绕其中心垂直轴作水平回转运动，防止灰分阻塞炉栅，保证气化的连续进行。我国首创了这种炉型，大大简化了欧洲的下吸式气化炉。其特点是：物料和空气自炉顶进入炉内，空气能均匀进入反应层，反应温度沿反应截面径向分布一致，最大限度利用了反应截面，生产强度在固定床中居首位；气固同向流动，有利于焦油的裂解，燃气中焦油含量低；结构简单，加料操作方便。目前一些稻谷加工厂仍在运用该技术进行发电。

(2) 流化床气化

鼓泡流化床气化炉是最简单的流化床气化炉。气化剂由布风板下部吹入炉内，生物质燃料颗粒在布风板上部被直接输送进入床层，与高温床料混合接触，发生热解气化反应，密相区以燃烧反应为主，稀相区以还原反应为主，生成的高温燃气由上部排出。通过调节气化剂与燃料的当量比，流化床温度可以控制在 700~900℃。其特点是：适用于颗粒较大的生物质原料，一般粒径<10mm；生成气焦油含量较少，成分稳定；但飞灰和炭颗粒夹带严重，运行费用较大。该炉型应用范围广，从小规模气化到热功率达 25MW 的商业化运行，在同等直径尺寸下，鼓泡流化床气化炉气化能力小于循环流化床气化炉。但对于小规模的生产应用场所更有市场与技术吸引力，目前国外仍有生产[14]。

循环流化床气化炉相对于鼓泡流化床气化炉而言，流化速率较高，生成气中含有大量固体颗粒，在燃气出口处设有旋风分离器或布袋分离器，未反应完的炭粒被旋风分离器分离下来，经返料器送入炉内，进行循环再反应，提高了碳的转化率和热效率。炉内反应温度一般控制在 700~900℃。其特点是：运行的流化速率高，为颗粒终端速率的 3~4 倍；气化空气量仅为燃烧空气量的 20%~30%；为保持流化高速，床体直径一般较小[15]；适用于多种原料，生成气焦油含量低；单位产气率高，单位容积的生产能力大。该炉型特别适合规模较大的应用场所（热功率可达 100MW），具有良好的技术含量和商业竞争力。该技术在国外有多家使用，我国中国科学院广州能源研究所研制的循环流化床气化炉在国内已有应用例子，1 台气化炉可同时供给 5 台 200kW 发电机组所需的燃气。加压流化床系统，无论是鼓泡流化床还是循环流化床，由于其更为复杂的安装运行和所需耐高压容器的附加建设成本，因此市场竞争力较弱，但对于大规模气化联合循环发电模式很有优势。双流化床气化炉由一级流化床反应器和二级流化床反应器两部分组成。在一级反应器内，物料进行热解气化，生成的可燃气体在高温下经气固分离后进入后续净化系统，分离后的固体炭粒送入二级反应器进行氧化燃烧，加热床层惰性床料以维持气化炉温度。双床系统碳转化率高，但构造复杂，两床间需要足够的物料循环量以保证气化吸热，这是技术关键，也是技术难点。

（3）气流床气化

气流床（又称携带式流化床）是一种特殊形式的流化床。不使用惰性床料，流速较大的气化剂直接吹动气化炉内生物质原料，在高温下进行气化。要求原料颗粒非常细小，炉体截面较小，运行温度高（1100℃以上），燃气几乎无焦油，但易结渣。目前仅见于实验室研究。

（4）旋风分离床气化

旋风分离床气化一般采用外加热方式，反应器内壁附有一定数量的螺旋肋，使生物质物料在限定的螺旋轨道上运动而不是以自由离心方式运动。在反应器出口有一独立的循环回路连接物料入口，使未完全反应的物料和大的炭粒回到反应器中循环反应。具有加热时间短等特点，可生成 67％的液态产物和 13％的生物质炭。

（5）几种炉型的比较

循环流化床气化技术适合规模化应用，特别适用于联合发电情况；下吸式固定床气化炉对于中小规模化应用场所有明显的经济效益，适用于集中供气或供暖；鼓泡流化床适合中等规模的应用，商业应用比较灵活。目前气化炉的趋势是发电、供热向大型化发展，供气向中小型化发展。大型气化炉的发电、供热能力分别可达 10MW、50MW；小型气化炉一般产气量为 $200\sim700\text{m}^3/\text{h}$，发电能力为 $1\sim2\text{MW}$，可以为小区用户单独提供热源、电力及燃气[16]。其中流化床气化炉使用方便，技术较成熟，投入产出比高，规模上适合我国生物质资源的特点，是应大力推广的生物质气化技术。

1.2.3.3 生物质气化性能的影响因素

（1）原料

在气化过程中，生物质物料的水分和灰分、颗粒大小、料层结构等都对气化过程有着显著影响。对于相同的气化工艺，生物质原料不同，其气化效果也不一样。通过改变物料的含水率、物料粒度、料层厚度、物料种类，可以获得不同的气化数据。原料反应性的好坏，是决定气化过程可燃气体产率与品质的重要因素。原料的黏结性、结渣性、含水量、熔化温度等对气化过程影响很大，一般情况下，气化的操作温度受其限制最为明显。

（2）温度和停留时间

温度是影响气化性能的最主要参数，温度对气体成分、热值及产率有重要影响。温度升高，气体产率增加，焦油及炭的产率降低，气体中氢及烃类化合物含量增加，CO_2 含量减少，气体热值提高。因此，在一定范围内提高反应温度，有利于以热化学气化为主要目的的过程。目前进行的实验及中试项目，对温度参数已经有了较为充分的认识。一般情况下，热解、气化和超临界气化控制的温度范围分别是 $200\sim500℃$、$700\sim1000℃$ 及 $400\sim700℃$。此外，温度和停留时间是决定二次反应过程的主要因素。温度>700℃时，气化过程初始产物（挥发性物质）的二次裂解受停留时间的影响很大，在 8s 左右，可接近完全分解，使气体产率明显增加。在设计气化炉型时，必须考虑停留时间对气化效果的影响。

（3）压力

采用加压气化技术可以改善流化质量，克服常压反应器的一些缺陷。可增加反应容器内反应气体的浓度，减小在相同流量下的气流速率，增加气体与固体颗粒间的接触时间。因此加压气化不仅可提高生产能力，减小气化炉或热解炉设备的尺寸，还可以减少原料的带出损失。最为明显的就是以超高压为代表的超临界气化实验，压力已经达到 $35\sim40\text{MPa}$，可以得到氢气体积分数为 40%～60% 的高热值可燃气体。从提高产量和质量出发，反应器可从常压向高压方向改进。但高压会导致系统复杂，制造与运行维护成本偏高。因此，设计炉型时要综合考虑安全运行、经济性与最佳产率等各种要素。根据中国科学院山西煤炭化学研究所开展的废弃生物质超临界水汽化制氢的研究数据可以看出，高压只需要较低的温度（450～600℃）就可达到热化学气化高温（700～1000℃）时的产气量和含氢率。

(4) 升温速率

加热升温速率显著影响气化过程第一步反应，即热解反应，而且温度与升温速率是直接相关的。不同的升温速率对应着不同的热解产物和产量。按升温速率大小可分为慢速热解、快速热解及闪速热解等。流化床气化过程中的热解属于快速热解，升温速率为 500～1000℃/s，此时热解产物中焦油含量较多，因此必须在床中考虑催化裂化或热裂化以脱除焦油。

(5) 气化炉结构

气化炉结构的改造，如直径的缩口变径、增加进出气口、增加干馏段成为两段式气化炉等方法，都能强化气化热解，加强燃烧，提高燃气热值。通过对固定床的下端带缩口形式的两段生物质气化炉的研究发现，在保证气化反应顺利进行的前提下，适当地减少缩口处的横截面积，可提高氧化区的最高温度和还原区的温度，从而使气化反应速率和焦油的裂解速率增加，达到改善气化性能的效果。

(6) 气化剂的选择与分布

气化剂的选择与分布是气化过程重要影响因素之一。气化剂量直接影响到反应器的运行速率与产品气的停留时间，从而影响燃气品质与产率。空气气化会增加产物中 N_2 含量，降低燃气热值和可燃组分浓度，热值为 $5MJ/m^3$ 左右。空气-水蒸气作气化剂，产气率为 1.4～2.5m^3/kg，低热值为 6.5～9.0MJ/m^3，H_2 体积分数提高到 30% 左右。上下两段的一、二次供风气化方式显著提高了气化炉内的最高温度和还原区的温度，生成气中焦油的含量仅为常规供风方式的 1/10 左右[17]。

(7) 催化剂

催化剂是气化过程中重要的影响因素，其性能直接影响着燃气组成与焦油含量。催化剂既强化气化反应的进行，又促进产品气中焦油的裂解，生成更多小分子气体组分，提升产气率和热值。在气化过程中应用金属氧化物和碳酸盐催化剂，能有效提高气化产气率和可燃组分浓度。目前用于生物质气化过程的催化剂有白云石、镍基催化剂、高碳烃或低碳烃水蒸气重整催化剂、方解石、菱镁矿以及混合基催化剂等。

1.2.3.4　生物质气化性能的评价指标

气化性能评价指标主要是气体产率、气体组成和热值、碳转化率、气化效率、气化强度和燃气中焦油含量等。对于不同的应用场所，这些指标的重要性不一样，因此气化工艺的选择必须根据具体的应用场所而定。大量试验和运行数据表明，生物质气化生成的可燃气体，随着反应条件和气化剂的不同而有差别。但一般而言，最佳的气化剂当量比（空气或 O_2 量与完全燃烧理论需用量之比）为 0.25～0.30。气体产率一般为 1.0～2.2m^3/kg，也有数据为 3.0m^3/kg。气体一般是含有 CO、H_2、CO_2、CH_4、N_2 的混合气体，其热值分为高、中、低 3 种。气化热效率一般为 30%～90%，依工艺和用途而变。碳转化率、气化效率、气化强度由采用的气化炉型、气化工艺参数等因素而定，国内行业标准规定气化效率≥70%，国内固定床气化炉可达70%，流化床可达78%以上。中国科学院广州能源研究所对其25kW下吸式生物质气化发电机组进行了运行测试，结果为：气化过程中碳转化率为32.34%～43.36%，气化效率为41.10%～78.85%，系统总效率为11.5%～22.8%。粗燃气中焦油含量对于不同的气化工艺差别很大，在50～800mg/m³范围内变化，经过净化后的燃气焦油含量一般在20～200mg/m³范围内变化。

1.2.3.5 生物质气化过程中的焦油问题

焦油是气化过程中的必然产物，成分十分复杂，大部分是苯的衍生物。可以析出的成分有100多种，主要成分不少于20种，其中7种物质的含量超过了5%，它们是苯、萘、甲苯、二甲苯、苯乙烯、酚和茚。气化产生的焦油量与反应温度、加热速率和停留时间等因素有关。焦油的含量随温度的升高而减少。通常反应温度在500℃时焦油产量最高。停留时间延长，焦油裂解充分，其含量也随之减少。

焦油对气化炉后续工艺及设备具有重要影响。焦油能量占可燃气能量的5%～10%，难以完全燃烧，并产生炭黑等颗粒，对燃气利用设备等损害相当严重；焦油及燃烧后产生的气味对人体有害；焦油在低温下凝结成液体，易与水、炭粒等结合成凝固态物质，堵塞输气管道和阀门等附属设施，腐蚀金属管道。因此，必须尽量将其脱除。同时焦油是可利用的物质，可分解转化为可燃的小分子气体，改善燃气组成与热值，提高气化效率。

焦油脱除方法有普通水洗法（喷淋法、鼓泡水浴法）、干式过滤法、机械法、静电法、催化裂解法5种。国内生物质气化供气与发电装置将上述几种脱除焦油和灰分的方法进行了不同的组合，净化效果更好。其中最有效的脱除方法是催化裂解法，已在大、中型气化炉中采用和推广。催化裂解机制是在一定的温度（750～900℃）下，在气化过程中加入催化剂，将焦油裂解为可燃气体。很多材料（特别是一些稀有金属的氧化物）对焦油都有催化作用，典型的有3种：白云石（碳酸盐）、木炭和镍基催化剂。研究发现：镍基催化剂催化效果最好，在750℃时就有很高的裂解效率（97%以上）；木炭在催化裂解过程中也参与反应，耗量大；白云石脱除效率不错，且成本低，具有良好的应用前景[18]。

1.2.3.6 需解决的问题和建议

目前生物质气化需解决的主要问题有：燃气中焦油含量偏高，后续燃气净化工艺需大量的水，带来严重的废水污染；气化效率偏低，产率偏低，燃气中可燃气体浓度低；生物质直接气化、高压超临界气化虽然可获得高的可燃气体浓度，但是技术路线复杂，对于资源分散的生物质不易实现工业化生产；气化系统运行的稳定性差，燃气品质不易控制；气化工艺对原料种类、颗粒尺寸的适应性差；整个气化过程中净能量获得率不理想，能量利用途径单一，生产能力低，规模小，气化残渣没有得到利用，单位热量燃气成本较高。生物质气化技术的开发需要综合考虑上述各种因素，以期获得满意的气化效率和可燃气体组分浓度，同时应使焦油含量低、过程净能量获得率高，以满足集中供气、气化发电、供热、合成转化为高品质气体等多种应用需求。

考虑到生物质原料的分散性，不易收集，建议发展中小规模的生物质高效气化系统，努力降低焦油含量，为广大农村提供清洁能源，改善农村生态环境。考虑到生物质原料的季节波动性，建议气化技术应该适应多种原料，特别是劣质原料。考虑到现阶段农村的经济水平和农民的承受能力，建议优先发展生物质气化集中供气系统，在北方地区，同时考虑气化集中供暖。对于生物质资源比较丰富、相对集中且电力比较紧张地区，建议优先发展供气与发电联产模式。对于经济发达的农村，可考虑发展生物质气化集中供气与生物质燃气空调联合模式。对于各种气化利用模式，都应该考虑气化残渣的高效综合利用，如制取生态肥料。

1.2.4　液化

生物质液化工艺可分为生物化学法和热化学法。生物化学法主要是指采用水解、发酵等手段将生物质转化为燃料乙醇的方法。热化学法主要包括快速热解液化和加压催化液化等。

(1) 生物化学法生产燃料乙醇

生物质生产燃料乙醇的原料主要有剩余粮食、能源作物和农作物秸秆等。利用粮食等淀粉质原料生产乙醇是工艺很成熟的传统技术。用粮食生产燃料乙醇虽然成本高，价格上对石油燃料没有竞争力，但由于近年来我国粮食增收，已囤积了大量陈化粮，我国政府于2002年制定了以陈化粮生产燃料乙醇的政策，将燃料乙醇按一定比例加到汽油中作为汽车燃料，已在河南和吉林两省示范。国内外燃料乙醇的应用证明，它能够使发动机处于良好的技术状态，改善不良的排放，有明显的环境效益。我国剩余粮食若按大丰收时的 3000×10^4 t 全部转化为乙醇来算，可生产 1000×10^4 t 乙醇，而随着中国人口的持续增长，粮食很难出现大量剩余。因此，陈化粮不是一种可靠的能源。

从原料供给及社会经济环境效益来看，用纤维素含量较高的农林废物生产乙醇是比较理想的工艺路线。生物质制燃料乙醇，即把木质纤维素水解制取葡萄糖，然后将葡萄糖发酵生成燃料乙醇的技术。纤维素水解只有在催化剂存在的情况下才能显著地进行。常用的催化剂是无机酸和纤维素酶，由此分别形成了酸水解工艺和酶水解工艺。我国在这方面开展了许多研究工作，例如华东理工大学开展了以稀盐酸和氯化亚铁为催化剂的水解工艺及水解产物葡萄糖与木糖同时发酵的研究，转化率在70%以上。中国科学院过程工程研究所在国家攻关项目的支持下，开展了纤维素生物酶分解固态发酵糖化乙醇的研究，为纤维素乙醇技术的开发奠定了基础。以美国国家可再生能源实验室为代表的研究者，近年来也进行了大量的研究工作，如通过转基因技术得到了能发酵五碳糖的酵母菌种，开发了同时糖化与发酵的工艺，并建成了几个具有一定规模的中试工厂，但由于关键技术未有突破，生产成本一直居高不下。纤维素制乙醇技术如果能够取得技术突破，在未来几十年将有很好的发展前景。

(2) 热化学法生产生物油燃料

生物质热化学法液化技术根据其原理主要可分为快速热解液化和加压液化，两种技术都已有20多年的发展历史。

① 快速热解液化　生物质快速热解液化是在传统裂解基础上发展起来的一种技术，相对于传统裂解，它采用超高加热速率、超短产物停留时间及适中的裂解温度，使生物质中的有机高聚物分子在隔绝空气的条件下迅速断裂为短链分子，使焦炭和产物气降到最低限度，从而最大限度地获得液体产品。这种液体产品被称为生物油，为棕黑色黏性液体，热值达 $20 \sim 22 MJ/kg$，可直接作为燃料使用，也可经精制成为化石燃料的替代物。因此，随着化石

燃料资源的逐渐减少，生物质快速热解液化的研究在国际上引起了广泛的兴趣。自1980年以来，生物质快速热解技术取得了很大进展，成为最有开发潜力的生物质液化技术之一。国际能源署组织了美国、加拿大、芬兰、意大利、瑞典、英国等国家的10多个研究小组进行了10余年的研发工作，重点对该过程的发展潜力、技术经济可行性以及参与国之间的技术交流进行了调研，认为生物质快速热解技术比其他技术可获得更多的能源和更大的效益。

②加压液化　生物质加压液化是在较高压力下的热转化过程，温度一般低于快速热解。该法始于20世纪60年代，当时美国的Appell等将木片、木屑放入碳酸钠溶液中，用CO加压至28MPa，使原料在350℃下反应，结果得到40%～50%的液体产物，这就是著名的PERC法。近年来，人们不断尝试采用氢加压，使用溶剂（如四氢萘、醇、酮等）及催化剂等手段，使液体产率大幅度提高，甚至可以达80%以上，液体产物的高位热值可达25～30MJ/kg，明显高于快速热解液化。我国的华东理工大学在这方面做了不少研究工作，取得了一定的研究成果。超临界液化是利用超临界流体良好的渗透能力、溶解能力和传递特性而进行的生物质液化，最近一些欧美国家正积极开展这方面的研究工作。与快速热解液化相比，目前加压液化还处于实验室阶段，但其反应条件相对温和，对设备要求不很苛刻，因而在规模化开发上有很大潜力。

随着化石燃料资源的逐渐减少，生物质液化的研究在国际上引起了广泛的兴趣。经过近30年的研究与开发，车用燃料乙醇的生产已实现产业化，快速热解液化已达到工业示范阶段，加压液化还处于实验室研究阶段。我国生物质资源丰富，每年可利用的资源量达50×10^8t，仅农作物秸秆就有7×10^8t，但目前大部分作为废弃物没有合理利用，造成资源浪费和环境污染。如果将其中的50%采用生物质液化技术转化为燃料乙醇和生物油，可以得到相当于$5 \times 10^8 \sim 10 \times 10^8$t油的液体燃料，能够基本满足我国的能源需求。因此，发展生物质液化技术在我国有着广阔的前景。

在采用纤维素生物酶法的同时对糖化与发酵工艺的关键问题进行攻关，是今后用生物质生产燃料乙醇的发展方向，一旦取得技术经济突破，将会带来生物质燃料乙醇的大发展。我国在生物质快速热解液化及加压液化方面的研究工作还很少，与国际先进水平有较大差距，需要加强此项研究，特别是对反应机制及其数学模型的研究。开发生物油精制与品位提升新工艺以及降低生产成本，是生物质热化学法液化进一步发展及提高与化石燃料竞争力的关键[18]。

1.2.5　成型燃料

(1) 国内生物质成型燃料技术研究现状

中国从20世纪80年代引进螺旋式生物质成型机。1990年以后，陕西武功、河南巩义、湖南农村能源办等先后研制和生产了几种不同规格的生物质成型机和炭化机组。20世纪90年代，河南农业大学、中国农机能源动力所分别研究出PB-I型机械冲压式、HPB系列液压驱动式和CYJ机械冲压式成型机。21世纪以来，生物质颗粒成型技术发展日趋成熟。江苏正昌公司、吉林省华光所、河南省科学院能源所、河南德润等国内几十家企业在颗粒饲料机的基础上先后研究出了多种类型的环模、平模颗粒成型机。同时开发了配套的生物质专用锅炉和生活用炉。

（2）国外生物质成型燃料技术的研究现状

美国秸秆利用主要是打捆技术，其用途不是用作燃料，而是用作饲料或其他工业的原料。欧洲国家主要把生物质用作燃料和发电，替代油和煤，加工设备、锅炉、热风炉、发电设备等都已产业化、规模化。日本、美国及欧洲一些国家和地区生物质成型燃料的燃烧设备已经定型，且已产业化，在加热、供暖、干燥、发电等领域已普遍推广应用。

目前国外生物质成型方式有4种，即环模和平模式、螺旋挤压式、机械活塞式及液压活塞式。螺旋挤压成型研制最早，在印度、泰国、马来西亚等南亚、东南亚国家和我国一直占据着主导地位。

（3）生物质成型燃料技术的发展前景

1）生物质秸秆从田间收集→干燥→粉碎→成型→燃烧所需设备必须配套，才能在农村、城镇推广应用[6]。收集环节是瓶颈，必须配套发展生物质秸秆收集设备。

2）生物质秸秆资源量充足，覆盖面广，价格低，可以再生。农艺专家已提出秸秆应适量还田，不能连年全部还田，饲料化处理量有限，多数地区都采取了禁烧秸秆措施，为成型燃料技术的发展提供了原料保证。

3）我国城市燃煤污染严重，大中城市已取缔2t以下燃煤锅炉，急于寻求清洁的替代能源，改燃天然气发电，成本较高，而天然气、石油短缺，大量依赖进口，已影响国家能源安全[7,8]。这给生物质成型燃料技术的发展带来了机遇。

4）据预测，地下石油、天然气及煤的储量，按目前的利用速度只够用60年左右。按FAO 2000年的最新报道，到2050年前后，生物质发电及高品位能源利用要占40%。可见，生物质成型后作燃料，是未来国际可再生能源的发展方向。

5）国家已制订了生物质能源中长期发展目标：在生物质成型燃料的利用方面由目前的不足 50×10^4 t/a，提高到2020年的 2000×10^4 t/a。这给生物质成型燃料技术的应用找到了市场。

6）国家先后出台了很多生物质能源利用的相关法律法规，一些地区已把生物质成型燃料设备列入了农机补贴目录。《可再生能源法》2006年1月1日已正式实施。2009年农业部颁布了实施生物质成型燃料与成型设备技术条件、试验方法的标准。生物质成型设备和成型燃料的加工和生产更加规范。

7）生物质成型燃料燃烧后的灰尘及排放指标比煤低，可实现 CO_2、SO_2 降排，减少温室效应，有效地保护生态环境。生物质成型燃料进入规模化生产后，不仅环保效益明显，而且还可安排农民就业，增加收入，经济和社会效益显著。

8）从成型设备分析，成型燃料设备操作简单，使用方便，适合农村使用。粉碎机、成型机的加工工艺并不复杂，液压式成型机易损件的使用寿命已达1000h以上，粉碎与成型单位产品能耗可降至 $60kW \cdot h/t$。生物质成型燃料的生产放在农村，成型燃料炉的使用可设在中、小城镇或农村，这样秸秆从粉碎、成型到燃烧即可形成产业化。

9）生物质专用燃烧炉及锅炉已基本成熟。设计的小型生物质燃烧炉（生活和取暖）已在农村应用，燃烧效果好，封火时间达12~24h。

10）通过前几年的试点示范，已取得了生物质成型燃料规模化生产的一些经验，探索了多种规模化生产示范模式和管理模式。生物质成型燃料设备的稳定性、可靠性及主要性能指标都有较大提高。

1.2.6 生物发酵

生物发酵是生物工程的一个重要组成部分。所谓生物工程，一般认为是以生物学（特别是其中的微生物学、遗传学、生物化学和细胞学）的理论和技术为基础，结合化工、机械、电子计算机等现代工程技术，充分运用分子生物学的最新成就，自觉地操纵遗传物质，定向地改造生物或其功能，短期内创造出新物种，再通过合适的生物反应器对这类"工程菌"或"工程细胞株"进行大规模的培养，以生产大量有用代谢产物或发挥它们独特生理功能的一门新兴技术。

生物工程包括五大工程，即遗传工程（基因工程）、细胞工程、微生物工程（发酵工程）、酶工程（生化工程）和生物反应器工程。其中发酵工程是 20 世纪 70 年代初开始兴起的一门新兴的综合性应用学科。它发源于家庭或作坊式的发酵制作（农产品手工加工），后来借鉴于化学工程实现了工业化生产（近代发酵工程），最后返璞归真以微生物生命活动为中心研究、设计和指导工业发酵生产（现代发酵工程），跨入生物工程的行列。原始的手工作坊式的发酵制作凭借祖先传下来的技巧和经验生产发酵产品，体力劳动繁重，生产规模受到限制，难以实现工业化的生产。于是，发酵界的前人首先求教于化学和化学工程，向农业化学和化学工程学习，对发酵生产工艺进行了规范，用泵和管道等输送方式替代了肩挑手提的人力搬运，以机器生产代替了手工操作，把作坊式的发酵生产成功地推上了工业化生产的水平。发酵生产与化学和化学工程的结合促成了发酵生产的第一次飞跃。近代生物发酵工程是人们通过发酵工业化生产的几十年实践，人们逐步认识到发酵工业过程是一个随着时间变化的（时变的）、非线性的、多变量输入和输出的动态的生物学过程，按照化学工程的模式来处理发酵工业生产（特别是大规模生产）的问题，往往难以收到预期的效果。从化学工程的角度来看，发酵罐也就是生产原料发酵的反应器，发酵罐中培养的微生物细胞只是一种催化剂，按化学工程的正统思维，微生物当然难以发挥其生命特有的生产潜力。于是，追溯到作坊式的发酵生产技术的生物学内核（微生物），返璞归真而对发酵工程的属性有了新的认识。发酵工程的生物学属性的认定，使发酵工程的发展有了明确的方向，发酵工程进入了生物工程的范畴。

发酵工程是指采用工程技术手段，利用生物（主要是微生物）和有活性的离体酶的某些功能，为人类生产有用的生物产品，或直接用微生物参与控制某些工业生产过程的一种技术。人们熟知的利用酵母菌发酵制造啤酒、果酒、工业酒精，乳酸菌发酵制造奶酪和酸牛奶，利用真菌大规模生产青霉素等都是这方面的例子。随着科学技术的进步，发酵技术也有了很大的发展，并且已经进入能够人为控制和改造微生物，使这些微生物为人类生产产品的现代发酵工程阶段。现代发酵工程作为现代生物技术的一个重要组成部分，具有广阔的应用前景。例如，用基因工程的方法有目的地改造原有的菌种并且提高其产量；利用微生物发酵生产药品，如人的胰岛素、干扰素和生长激素等。

发酵工程已经从过去简单的生产酒精类饮料、生产醋酸和发酵面包发展到今天生物工程的一个极其重要的分支，成为了一个包括微生物学、化学工程、基因工程、细胞工程、机械工程和计算机软硬件工程的多学科工程。现代发酵工程不但生产酒精类饮料、醋酸和发酵面包，而且生产胰岛素、干扰素、生长激素、抗生素和疫苗等多种医疗保健药物，生产天然杀虫剂、细菌肥料和微生物除草剂等农用生产资料，在化学工业上生产氨基酸、香料、生物高分子、酶、维生素和单细胞蛋白等。

生物质发酵的应用是利用生物质发酵生产各种工业溶剂和化工原料的微生物。乙醇、丙酮-丁醇、丁醇-异丙醇、丙酮-乙醇、2,3-丁二醇和甘油发酵是微生物进行溶剂发酵的几种形式。

(1) 乙醇发酵（酒精发酵）

以淀粉和糖蜜等生物质作原料的乙醇发酵菌种是酿酒酵母，它能发酵葡萄糖、麦芽糖、蔗糖生产乙醇。酿酒酵母生长发酵的适宜温度约为30℃，pH值为4.2～4.5。中国乙醇发酵工业主要以甘薯为原料，用含高淀粉酶活性曲霉制成的固体曲或液体曲糖化，以优良酿酒酵母发酵，乙醇产率为淀粉的92%以上。

用可动酵单胞菌进行乙醇发酵比用酵母优越，表现为高糖利用率、高乙醇生产率、耐高浓度糖和乙醇、低能量消耗、乙醇产率接近理论数字等。酵母菌和酵单胞菌也能发酵果糖产生乙醇。乳制品工业的副产品乳清含乳糖5%，现在工业上已利用乳胞壁克氏酵母或热带假丝酵母发酵乳糖产生乙醇。纤维素是廉价的碳水化合物。有些盛产木材的国家，早已在工业中采用将纤维素经酸水解成单糖后发酵生产乙醇的方法。一类发酵是用纤维素酶和酵母菌或好热纤维梭菌混合发酵用碱处理过的纤维素，使酶水解生成的糖立即被发酵成乙醇；另一类发酵是不经酶水解糖化，用好热纤维梭菌和解糖梭菌在55℃混合发酵不经碱处理的纤维素，好热纤维梭菌产生乙醇、乙酸和木糖，解糖梭菌将生成的木糖再发酵成乙醇。白色瘤胃球菌也曾用于纤维素的直接发酵。直接发酵法成本较高，现在工业上还没有使用。

(2) 丙酮-丁醇发酵

在工业生产中，丙酮-丁醇发酵常用的菌种有两种：一种是以淀粉发酵为主的丙酮-丁醇梭菌，细胞中具有淀粉酶，不需要预先糖化就可以直接发酵；另一种是用于糖蜜、纤维素水解液或亚硫酸纸浆废液等糖质原料发酵的糖丙酮-丁醇梭菌，为严格的厌氧细菌，特别是在芽孢出芽阶段。梭菌传代培养多次以后，菌种的发酵能力往往减弱，所以常用加热菌种芽孢悬液（100℃，1～2min）的办法，保持和提高菌种的发酵力。

淀粉质原料含有梭菌生长必需的全部营养物质，糖蜜原料中缺乏氮源，可用动物或植物蛋白或无机氮加以补充。碳水化合物的浓度对梭菌的生长无明显影响，但丁醇浓度达到1.5%时，对发酵产生毒害，如果把丁醇浓度不断稀释并控制在1.5%以下，发酵即可正常进行。固定化细胞生产丁醇已取得良好结果，将梭菌细胞固定在藻酸钠胶体颗粒上，进行生物化学反应，产物以丁醇为主，丁醇产率至少可保持一周不变。

(3) 丁醇-异丙醇发酵

酪酸梭菌是主要的丁醇-异丙醇发酵细菌，发酵条件与丙酮-丁醇相近。发酵产物还有少量乙酸和丁酸。异丙醇化工合成的成本远比发酵便宜，因此这一发酵未用于工业生产。

(4) 丙酮-乙醇发酵

软腐芽孢杆菌是进行这一发酵的细菌，它能利用各种碳水化合物发酵。发酵中要加碳酸钙保持pH中性。温度40～43℃。发酵过程需5～6d。原料转化率较高，丙酮和乙醇产量的比例为1:（3～4）。这一发酵在工业上已不应用。

（5）2,3-丁二醇发酵

许多细菌和酵母菌能发酵生产 2,3-丁二醇，产量较高的有能利用蔗糖、葡萄糖的产气杆菌和能利用淀粉、蔗糖、葡萄糖的多黏芽孢杆菌。前者生产的 2,3-丁二醇中，90%是光学消旋异构型，10%为右旋型；后者产生的几乎全是左旋型。发酵产物还有有机酸、乙醇、二氧化碳。

（6）甘油发酵

在酵母菌进行的乙醇发酵中添加亚硫酸钠，亚硫酸钠与代谢中间产物乙醛结合，干扰代谢途径，使甘油成为主要产物。这是第一次世界大战中为生产炸药取得甘油原料的一种方法，战后不再使用。以后有人培育耐高渗透压酵母菌，如鲁氏酵母、蜂蜜酵母等，发酵高浓度糖，而不需要添加亚硫酸钠。用 230～250g/L 的淀粉水解糖可得 100g/L 以上的甘油。甘油发酵不是工业甘油的主要生产方法。

1.3 污染特征分析

1.3.1 大气污染

大气污染是由于人类活动和自然过程引起某种物质进入大气中，呈现出足够的浓度，达到了足够的时间并因此而危害了人体的舒适、健康和福利或危害了环境的现象。人类活动包括人类的生活活动和生产活动两个方面，而生产活动又是造成大气污染的主要原因。自然过程则包括了火山活动、山林火灾、海啸、土壤和岩石的风化以及大气圈空气运行等内容。全球性大气污染是跨国界乃至涉及整个地球大气层的污染，如温室效应增强、臭氧层破坏等。

在大气中，大气外来污染物的存在并最终构成全球性大气污染是有一定条件的。根据国际标准化组织（ISO）做出的分析，导致温室效应的温室气体有 CO_2、CH_4、N_2O、CFC（氟氯烷烃）等，导致温室效应最厉害的气体是 CO_2；导致臭氧层破坏的污染物有 N_2O、CCl_4、CH_4、哈龙（溴氟烷烃）以及 CFC 等，破坏作用最大的为哈龙类物质与 CFC[19]。

生物质是仅次于煤炭、石油、天然气的第四大能源，全球 14%左右的能源需求来自生物质能源，发展中国家的比例更是高达 35%。中国生物质资源十分丰富，生物质能占最终能源消费的 23.5%。2007 年，我国农村生活用能人均消费标煤为 539kg，其中秸秆和薪柴的比例分别为 32.8%和 21.2%。中国能源发展报告指出，目前中国生物质能的开发利用程度仅为 1%，并且被开发利用的生物质绝大多数被直接燃烧利用。与此同时，大面积的秸秆露天焚烧和森林、草场火灾，还常常导致烟雾的发生，严重影响交通安全，引起地区或区域的环境污染。大量生物质燃烧消耗，不仅破坏地表植被，造成水土流失，而且燃烧产生的污染物也成为导致大气污染和气候变化的重要原因。根据各省市生物质燃烧消耗量和排放因子研究表明，中国大陆生物质燃烧所导致的 NO_x、SO_2、CO、CO_2、CH_4、PM_{10} 排放量在地区间的分布极不均衡，排放量较大的省区包括山东、河南、黑龙江、安徽、河北等。各类生物质燃烧对不同污染物排放量的贡献差异显著，其中秸秆和薪柴燃烧是 NO_x、CO、CO_2、

CH_4、NMHC、PM 和 BC 排放的最主要来源，二者合计贡献了 95％左右的排放量；而秸秆和薪柴对 SO_2 的贡献率仅占 74％，牲畜粪便燃烧由于排放因子相对较高而导致其对 SO_2 的贡献率为 19％。

基于以上特点，我国的大气污染治理要考虑以下措施。

(1) 合理利用大气环境容量

以集中控制为主，降低大气污染物的排放量。多年的实践证明，集中控制是防治污染、改善环境质量，实现"三个效益"统一的最有效措施。在我国，大气的污染物主要是烟尘和 SO_2。因而，实行集中控制是一个很有效的举措。而对于局部污染物则采取因地制宜，采取分散防治措施。

(2) 废气治理和控制技术以及原则

废气治理的方法多种多样，按照废气的物理状态的不同，可以分为颗粒状污染物的治理及气态污染物的治理。利用各种除尘设备去除烟尘和各种工业粉尘。颗粒状污染物的治理技术有重力除尘技术、惯性力除尘技术、离心力除尘技术、湿式除尘技术、袋式除尘技术、电除尘法等。采用气体吸收塔以及其他物理化学的方法处理气态的大气污染物。气态污染物的治理技术有吸收法、吸附法、催化净化法、燃烧净化法、冷凝净化法等。

(3) 污染的法制宣传与管理

污染的法制管理十分重要，要向群众做好广泛的宣传工作，如每年进行一周的环境保护宣传，加强群众的环保意识，使群众了解环保的法律知识。而且，对待各个企业工厂要坚持依法管理环境，对破坏环境的人和事要进行教育和加以处罚，以致拘役判刑，不能放宽对环境保护的监察执法力度。

1.3.2 地下水污染

(1) 地下水污染现状

我国城市地下水普遍受到不同程度的污染，北方城市地下水污染重于南方城市。20 世纪 90 年代的调查显示：以地下水为水源的 18 个大城市中已有 17 个受到了污染，河北省地下水污染面积已达 $391.97km^2$，太原市受到不同程度污染的水源数占 7.2％。南方城市地下水污染相对较轻。昆明市地下水检测结果显示水样总合格率为 57.25％。少数地区仍保持良好地下水水质，如深圳市宝安区地下水水质分析显示其地下水源大部优良。

从最近的监测资料分析表明：全国地下水已普遍受到污染（超过 97％）。部分地区水质超标严重，污染还在继续加重。依据水质监测资料，大多数城市地下水预报组分（或指标）呈增长趋势，地下水水质在向恶化趋势发展。尤其是北方有的城市污染更加严重，现已形成较大范围的重污染区和严重污染区，有不少地区地下水现已不能饮用。超标严重和超标率较高的指标为硬度、氨氮、硝氮、铬和汞等。其中铬和汞为有毒物质。浅层地下水有机污染物主要有三氯甲烷、四氯化碳、三氯乙烯、四氯乙烯。目前，我国地下水环境污染面积在不断扩大。而且越是经济发达地区，其有毒物质的种类和数量往往也越多。多年形成的地下渗漏污染，连同地表水的不断恶化，积累了大量有毒污染物，直接影响着人民群众的生存环境。

(2) 地下水污染源

① 工业污染源 工业的"三废"是地下水污染的最主要因素之一。废水通过水循环直

接污染地下水。如：工业电镀废水，其主要污染成分有C、N、Cr、Cd、Ni、Zn、Hg以及"三酸"（HCl、H_2SO_4、HNO_3）等。工业酸洗废水主要成分为"三酸"。冶炼工业废水主要污染物有Cu、Al、Zn、Ni、Cd等金属污染物质。轻工业废水，主要污染物为碱类、脂、醇类、醛类、氨氮、染料、硫等。石油化工废水，污染物成分有各种硝基、氨基化合物、油类、苯酚类、醇类、酸碱类、氯化物、氰化物、各种金属化合物、有机化合物、芳烃类及其衍生物。这些有毒有害废水，若不经过处理而排入城市下水道、江河湖海或直接排到水沟、深坑里，都会导致地下水化学污染。

一些工业废气，如SO_2、H_2S、CO、CO_2、NO_x、苯并芘等物质会对大气产生严重污染。这些污染物随降雨沉降，通过地表径流进入水循环中，会对地表水和地下水造成二次污染。工业废渣包括高炉矿渣、钢渣、粉煤灰、硫铁渣、电石渣、赤泥、洗煤泥、硅铁渣、选矿场尾矿及污水处理厂的淤泥等。这些废物中的污染物由于降水等的淋滤作用，进入水体，造成污染。

② 城市污染源　城市生活污水和生活垃圾是污染地下水的两大重要因素。生活污水主要是SS、BOD、NH_4^+-N、ABS、P、Cl、细菌等。这些污染物，多数排入河道、沟渠或渗坑，对地表水和地下水产生污染。任意堆放的未经处理的生活垃圾通过风吹、降水淋溶，其中的有毒有害物质进入水体，也污染了地表水和地下水。生活垃圾一般采用填埋法处理，而这些大量被填埋于城市周围的垃圾，随着日晒雨淋及地表径流的冲洗，其渗滤液会慢慢渗入地下，污染地下蓄水层。

③ 农业污染源　由于农业活动而造成的地下水污染源主要包括土壤中剩余农药、化肥、动植物遗体的分解以及不合理的污水灌溉等，它们引起大面积浅层地下水质恶化，其中最主要的是NO_3^--N的增加和农药、化肥的污染。

④ 其他　其他人类活动和自然灾害也会影响地下水水质，如修建地铁，开凿运河引水，采矿等活动会改变地下水的水位，影响地下水的流动，进而影响地下水中污染的扩散降解。地震、火山等自然灾害会将地壳深处的某些有害物质带入地下水，污染水体。

(3) 地下水污染危害

地下水污染是指人类活动使地下水的物理、化学和生物性质发生了改变，从而限制了人们对地下水的应用。受工业污染的地下水中含有大量有毒有害物质，如某些重金属会引起生理上的病变，比如镉中毒之类的疾病。其他有机污染物大多有致畸、致癌、致突变作用。城市生活污水及垃圾渗滤液中含有大量细菌，饮用这些被污染的地下水会极易感染，引起大量疾病。污染严重的地下水有恶臭，甚至会影响其工业应用。地下水污染也会在一定程度上引起土壤污染。

1.3.3 土壤污染

1.3.3.1 土壤污染的现状及其危害

(1) 土壤污染的现状

土壤是人类生存、兴国安邦的战略资源。随着工业化、城市化、农业集约化的快速发展，大量未经处理的废物向土壤系统转移，并在自然因素的作用下汇集、残留于土壤环境中。据估计，我国受农药、重金属等污染的土壤面积达上千万公顷，其中矿区污染土壤达$200 \times 10^4 hm^2$，石油污染土壤约$500 \times 10^4 hm^2$，固废堆放污染土壤约$5 \times 10^4 hm^2$，已对我国生态环境质量、食品安全和社会经济持续发展构成严重威胁。污染物质的种类主要有重金属、硝酸盐、农药及持久性有机污染物、放射性核素、病原菌、病毒及异型生物质等。按污染物性质，可分为无机污染、有机污染及生物污染三大类型。根据环境中污染物的存在状态，可分为单一污染、复合污染及混合污染等。依污染物来源，可分为农业物资（化肥、农药、农膜等）污染型、工企"三废"（废水、废渣、废气）污染型及城市生活废物（污水、固废、烟/尾气等）污染型。按污染场地（所），又可分为农田污染、矿区污染、工业区污染、老城区污染及填埋区污染等。可见，我国土壤污染已表现出多源、复合、量大、面广、持久、毒害的现代环境污染特征，正从常量污染物转向微量持久性毒害污染物，尤其在经济快速发展地区。我国土壤污染退化的总体现状已从局部蔓延到区域，从城市城郊延伸到乡村，从单一污染扩展到复合污染，从有毒有害污染发展至有毒有害污染与N、P营养污染的交叉，形成点源与面源污染共存，生活污染、农业污染和工业污染叠加，各种新旧污染与二次污染相互复合或混合的态势。

(2) 土壤污染的危害

土壤污染带来了极其严重的后果。第一，土壤污染使本来就紧张的耕地资源更加短缺。第二，土壤污染给人民的身体健康带来极大的威胁。第三，土壤污染给农业发展带来很大的不利影响。第四，土壤污染也是造成其他环境污染的重要原因。第五，土壤污染中的污染物具有迁移性和滞留性，有可能继续造成新的土地污染。第六，土壤污染严重危及后代子孙的利益，不利于农村经济的可持续发展。

1.3.3.2 我国土壤污染问题的防治措施

土壤污染防治是防止土壤遭受污染和对已污染土壤进行改良、治理的活动。土壤保护应以预防为主。预防的重点应放在对各种污染源排放进行浓度和总量控制；对农业用水进行经常性监测、监督，使之符合农田灌溉水质标准；合理施用化肥、农药，慎重使用下水污泥、河泥、塘泥；利用城市污水灌溉，必须进行净化处理；推广病虫草害的生物防治和综合防治，以及整治矿山防止矿毒污染等。改良治理方面，因重金属污染者采用排土、客土改良或使用化学改良剂，以及改变土壤的氧化还原条件使重金属转变为难溶物质，降低其活性；对有机污染物如三氯乙醛可采用松土、施加碱性肥料、翻耕晒垡、灌水冲洗等措施加以治理。加强环境立法和管理，如日本根据土壤污染立法，对特定有害物镉、铜、砷，凡符合下列条件的，即定为治理区，需由当地政府采取治理措施：糙米中镉浓度超过或可能超过$1mg/kg$的地区；水田中铜浓度（$0.1mol/L$盐酸提取）超过$125mg/kg$的地区；水田中砷浓度（$0.1mol/L$盐酸提取）在$10 \sim 20mg/kg$以上的地区。

我国土壤污染问题的防治措施包括两个方面：一是"防"，就是采取对策防止土壤污染；一是"治"，就是对已经污染的土壤进行改良、治理。

(1) 土壤污染的预防措施

① 科学地利用污水灌溉农田　废水种类繁多，成分复杂，有些工业废水可能是无毒的，但与其他废水混合后，即变成了有毒废水。因此，利用污水灌溉农田时，必须符合不同灌溉水质标准，否则，必须进行处理，符合标准要求后方可用于灌溉农田。

② 合理使用农药，积极发展高效低残留农药　科学地使用农药能够有效地消灭农作物病虫害，发挥农药的积极作用。合理使用农药包括：严格按《农药管理条例》的各项规定进行保存、运输和使用；使用农药的工作人员必须了解农药的有关知识，以合理选择不同农药的使用范围、喷施次数、施药时间以及用量等，使之尽可能减轻农药对土壤的污染；禁止使用残留时间长的农药，如六六六、DDT 等有机氯农药；发展高效低残留农药，如拟除虫菊酯类农药，这将有利于减轻农药对土壤的污染。

③ 积极推广生物防治病虫害　为了既能有效地防治农业病虫害又能减轻化学农药的污染，需要积极推广生物防治方法，利用益鸟、益虫和某些病原微生物来防治农林病虫害。例如，保护各种以虫为食的益鸟；利用赤眼蜂、七星瓢虫、蜘蛛等益虫来防治各种粮食、棉花、蔬菜、油料作物以及林业病虫害；利用杀螟杆菌、青虫菌等微生物来防治玉米螟、松毛虫等。利用生物方法防止农林病虫害具有经济、安全、有效和不污染的特点。

④ 提高公众的土壤保护意识　土壤保护意识是指特定主体对土壤保护的思想、观点、知识和心理，包括特定主体对土壤本质、作用、价值的看法，对土壤的评价和理解，对利用土壤的理解和衡量，对自己土壤保护权利和义务的认识，以及特定主体的观念。在开发和利用土壤的时候，应进一步加强舆论宣传工作，使广大干部群众都知道，土壤问题是关系到国泰民安的大事。让农民和基层干部充分了解当前严峻的土壤形势，唤起他们的忧患感、紧迫感和历史使命感。

(2) 土壤污染的治理措施

① 污染土壤的生物修复方法　土壤污染物质可以通过生物降解或植物吸收而被净化。蚯蚓是一种能提高土壤自净能力的动物，利用它还能处理城市垃圾和工业废物以及农药、重金属等有害物质。因此，蚯蚓被人们誉为"生态学的大力士"和"净化器"等。积极推广使用农药污染的微生物降解菌剂，以减少农药残留量。利用植物吸收去除污染：严重污染的土壤可改种某些非食用的植物如花卉、林木、纤维作物等；也可种植一些非食用的吸收重金属能力强的植物，如羊齿类铁角蕨属植物对土壤重金属有较强的吸收聚集能力，对镉的吸收率可达到 10%，连续种植多年则能有效降低土壤含镉量。

② 污染土壤治理的化学方法　对于轻度重金属污染的土壤，使用化学改良剂可使重金属转为难溶性物质，减少植物对它们的吸收。酸性土壤施用石灰，可提高土壤 pH 值，使镉、锌、铜、汞等形成氢氧化物沉淀，从而降低它们在土壤中的浓度，减少对植物的危害。对于硝态氮积累过多并已流入地下水体的土壤，一则大幅度减少氮肥施用量，二则配施脲酶抑制剂、硝化抑制剂等化学抑制剂，以控制硝酸盐和亚硝酸盐的大量累积。

③ 增施有机肥料　增施有机肥料可增加土壤有机质和养分含量，既能改善土壤理化性质，特别是土壤胶体性质，又能增大土壤容量，提高土壤净化能力。受到重金属和农药污染的土壤，增施有机肥料可增加土壤胶体对其的吸附能力，同时土壤腐殖质可配合污染物质，显著提高土壤钝化污染物的能力，从而减弱其对植物的毒害。

④ 调控土壤氧化还原条件　调节土壤氧化还原条件在很大程度上可影响重金属变价元素在土壤中的行为，能使某些重金属污染物转化为难溶态沉淀物，控制其迁移和转化，从而降低污染物危害程度。调节土壤氧化还原电位即 E_h 值，主要通过调节土壤水、气比例来实现。在生产实践中往往通过土壤水分管理和耕作措施来实施，如水田淹灌，E_h 值降至 160mV 时，许多重金属都可生成难溶性的硫化物而降低其毒性。

⑤ 改变耕作制度 改变耕作制度会引起土壤条件的变化，可消除某些污染物的毒害。据研究，实行水旱轮作是减轻和消除农药污染的有效措施。如 DDT、六六六农药在棉田中的降解速率很慢，残留量大，而棉田改水后，可大大加速 DDT 和六六六的降解。

⑥ 换土和翻土 对于轻度污染的土壤，采取深翻土或换无污染的客土的方法。对于污染严重的土壤，可采取铲除表土或换客土的方法。这些方法的优点是改良较彻底，适用于小面积改良。但对于大面积污染土壤的改良，非常费事，难以推行。

⑦ 实施针对性措施 对于重金属污染土壤的治理，主要通过生物修复、使用石灰、增施有机肥、灌水调节土壤 E_h 值、换客土等措施，降低或消除污染。对于有机污染物的防治，通过增施有机肥料、使用微生物降解菌剂、调控土壤 pH 值和 E_h 值等措施，加速污染物的降解，从而消除污染。总之，按照"预防为主"的环保方针，防治土壤污染的首要任务是控制和消除土壤污染源，防止新的土壤污染；对已污染的土壤，要采取一切有效措施，清除土壤中的污染物，改良土壤，防止污染物在土壤中的迁移转化。

参 考 文 献

[1] 李海滨，袁振宏，马晓茜，等 . 现代生物质能利用技术 [M]. 北京：化学工业出版社，2012.

[2] 2010～2015 年中国可再生能源产业调研及战略咨询报告 [R]. 中国市场报告网，2010.

[3] 杨素萍，赵永亮，栾凤奎，等 . 分布式发电技术及其在国外的发展状况 [J]. 电力需求侧管理，2006，8（3）：57-60.

[4] 曹作中，高海成，陈军平，等 . 当前我国生活垃圾处理发展方向探讨 [J]. 环境保护，2001，(10)：13-18.

[5] 陈翠微，刘长江 . 农作物秸秆在生态农业中的综合利用 [J]. 中国农业科技导报，2000，2（5）：45-48.

[6] 刘贞先，伊晓路，孙立，等 . 中国生物质废弃物利用现状分析 [J]. 环境科学与管理，2007，32（2）：104-106.

[7] 国家环境保护总局自然生态保护司 . 全国规模化畜禽养殖业污染情况调查技术报告 [R]. 北京：中国环境科学出版社，2002：77-78.

[8] 徐衣显，刘晓，王伟 . 我国生物质废物污染现状与资源化发展趋势 [J]. 再生资源与循环经济，2008，1（5）：22-27.

[9] 何鸿玉，马孝琴，陈学军 . 生物质锅炉在火电厂的安装使用 [J]. 农村能源，2001，(1)：21-22.

[10] 田宜水，张鉴铭，陈晓夫，等 . 秸秆直燃热水锅炉供热系统的研究设计 [J]. 农业工程学报，2002，18（2）：87-90.

[11] 翟学民 . 甘蔗渣锅炉设计新构思 [J]. 工业锅炉，2000，(2)：9-12.

[12] 何育恒 . 燃烧油、木屑、木粉绿色新型锅炉的开发设计 [J]. 工业锅炉，2001，(3)：20-23.

[13] 陈汉平，李斌，杨海平，等 . 生物质燃烧技术现状与展望 [J]. 工业锅炉，2009，5：1-7.

[14] Bridgwater A V. Progress in thermo chemical biomass conversion [M]. Bodmin（UK）：MPG Book Ltd，2001.

[15] 刘荣厚，牛卫生，张大雷 . 生物质热化学转化技术 [M]. 北京：化学工业出版社，2005.

[16] Reed B T，Gaur S. A survey of biomass gasification 2000 [M]. Golden（USA）：The Biomass Energy Foundation Press，2000.

[17] 赖艳华，吕明新，马春元，等 . 两段气化对降低生物质气化过程焦油生成量的影响 [J]. 燃烧科学与技术，2002，8（5）：478-481.

[18] 朱清时，阎立峰，郭庆祥 . 生物质洁净能源 [M]. 北京：化学工业出版社，2002.

[19] 常杰 . 生物质液化技术的研究进展 [J]. 现代化工，2003，23（9）：13-16，18.

第2章

燃气化利用技术

2.1 气化制备生物燃气技术

2.1.1 生物质气化原理

2.1.1.1 生物质气化的概念

生物质气化是生物质热化学转换的一种技术,基本原理是在不完全燃烧条件下,将生物质原料加热,使较高分子量的烃类化合物裂解,变成较低分子量的 CO、H_2、CH_4 等可燃性气体,在转换过程中要加气化剂(空气、O_2 或水蒸气),其产品主要指可燃性气体与 N_2 等的混合气体[1]。这种混合气体尚无准确命名,称燃气、可燃气、气化气的都有,下文称其为"生物燃气"。生物质气化原理如图 2-1 所示。

20 世纪 70 年代,Ghaly 首次提出了将气化技术应用于生物质这种含能密度低的燃料。生物质的挥发分含量一般在 $76\% \sim 86\%$,生物质受热后在相对较低的温度下就能使大量的挥发分物质析出[3]。几种常见生物质燃料的工业分析成分见表 2-1。

表 2-1 几种常见生物质燃料的工业分析成分[3]

种类	水分/%	挥发分/%	固定碳/%	灰分/%
杂草	5.43	68.77	16.40	9.46
豆秸	5.10	74.65	17.12	3.13
稻草	4.97	65.11	16.06	13.86
麦秸	4.39	67.36	19.35	8.90
玉米秸	4.87	71.45	17.75	5.93
玉米芯	15.00	76.00	7.00	1.40
棉秸	6.78	68.54	20.71	3.97

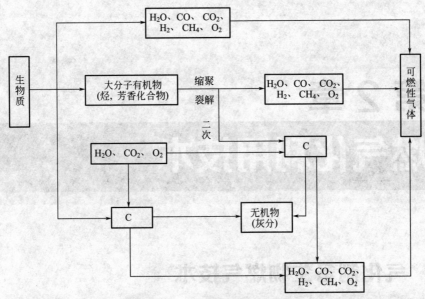

图 2-1 生物质气化原理[2]

为了更好地理解生物质气化过程，在此介绍热值和挥发分两个基本概念。

① 热值　也称发热值，是指单位质量的燃料完全燃烧时所产生的热量，它是衡量燃料质量优劣的重要指标。按照是否把生成物中水蒸气的汽化潜热计算在内，又分为高位热值和低位热值[4]。几种生物质的热值见表 2-2。

表 2-2　几种生物质的热值[5]　　　　　　　　单位：kJ/kg

种类	高位热值	低位热值
桦木(黑龙江)	19344	15653
柳木(安徽)	18470	17060
杨木(安徽)	18400	15672
水杉木(安徽)	19620	16565
松木(安徽)	19730	16811
玉米秸	16903	15547
高粱秸	16380	15047
稻草	15245	13977
豆秸	17594	16154
麦秸	16681	15371
棉秸	17380	15999
稻壳	15670	14557

② 挥发分　生物质的燃烧是在高温下进行的，生物质中木质纤维含量较多，其构成多为单键化合物，当生物质被加热时，其中的自由水首先被蒸发出来，湿物料变成干物料，在继续加热的情况下，温度不断升高，分子活动加剧，化合键被打开，释放出大量的可燃物

质——可燃气体，这种可燃物质叫作挥发分[4]。

生物质气化与沼气有着本质区别，沼气是生物质在厌氧条件下经过微生物发酵作用而生成的以 CH_4 为主的可燃气体。由于工艺原理的不同，生物质气化较适宜处理农作物秸秆和林业废物等一类的干生物质，而沼气技术较适宜处理牲畜粪便和有机废液等一类的生物质[4]。

2.1.1.2 生物质气化的基本热化学反应

生物质气化在气化炉中完成，其反应过程非常复杂，目前这方面的研究尚未完全揭示其化学反应机制。且随着气化炉炉型、工艺流程、反应条件、气化剂的种类、原料等条件的改变，其反应过程也随之改变。但生物质气化的基本化学反应如下：

$$C+O_2 = CO_2$$
$$CO_2+C = 2CO$$
$$2C+O_2 = 2CO$$
$$2CO+O_2 = 2CO_2$$
$$H_2O+C = CO+H_2$$
$$2H_2O+C = CO_2+2H_2$$
$$H_2O+CO = CO_2+H_2$$
$$C+2H_2 = CH_4$$

为了更好地描述生物质的气化过程，现以上流式固定床气化炉为例，具体分析生物质的气化过程。

生物质在上吸式固定床气化炉中的气化过程可以用图 2-2 表示。生物质原料从气化炉上部加入，气化剂（空气、O_2 或水蒸气等）从底部吹入，气化炉中生物质原料自上而下分成四个区域，即干燥层、热分解层、还原层和氧化层。炉内温度从氧化层向上递减。下面就四个反应区域分别描述生物质的气化过程。

(1) 干燥层[4]

上吸式气化炉的最上层为干燥层，从上部加入的生物质原料直接进入干燥层，湿物料在这里与下面三个反应区生成的热气体产物进行换热，使原料中的水分蒸发出去，生物质物料由含有一定水分的原料转变成干物料。干燥层的温度为 $100 \sim 250^{\circ}C$。干燥层的产物为干物料和水蒸气，水蒸气随着下述的三个反应区域的产热排出气化炉，而干物料则落入热分解层。

(2) 热分解层[4]

在氧化层和还原层生成的热气体，在上行过程中经过热分解层，将生物质原料加热。由前面叙述的气化原理可知，生物质受热后发生裂解反应。在反应中，生物质中大部分的挥发分从固体中分离出去。由于生物质的裂解需要大量的热量，在热分解层，温度基本为 $300 \sim 700^{\circ}C$。在裂解反应中，主要产物为炭、H_2、水蒸气、CO、CO_2、CH_4、焦油、木焦油、木醋液及其他烃类物质等，这些热气体继续上升，进入到干燥层，而炭则进入到下面的还原层。

(3) 还原层[4]

在还原层已经没有 O_2 存在，在氧化反应中生成的 CO_2 在这里与炭、水蒸气发生还原反应，生成 CO 和 H_2。由于还原反应是吸热反应，还原层的温度也相应比氧化层略低，为

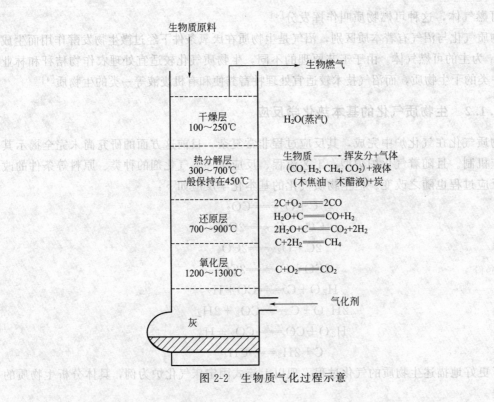

生物质原料

生物燃气

干燥层
100~250℃

H_2O(蒸汽)

热分解层
300~700℃
一般保持在450℃

生物质 → 挥发分+气体
(CO, H_2, CH_4, CO_2)+液体
(木焦油、木醋液)+炭

还原层
700~900℃

$2C+O_2 \!=\!= 2CO$
$H_2O+C \!=\!= CO+H_2$
$2H_2O+C \!=\!= CO_2+2H_2$
$C+2H_2 \!=\!= CH_4$

氧化层
1200~1300℃

$C+O_2 \!=\!= CO_2$

气化剂

灰

图 2-2　生物质气化过程示意

700~900℃，其还原反应方程式为[1]：
$$C+CO_2 \!=\!= 2CO-162297J$$
$$H_2O+C \!=\!= CO+H_2-118742J$$
$$2H_2O+C \!=\!= CO_2+2H_2-75186J$$
$$H_2O+CO \!=\!= CO_2+H_2-43555J$$
$$C+2H_2 \!=\!= CH_4$$

还原层的主要产物是 CO、CO_2 和 H_2，这些热气体与氧化层生成的部分热气体上升进入热分解层，而没有反应完的炭则落入氧化层。

(4) 氧化层[4]

气化剂由气化炉底部进入，在经过灰渣层时与热灰渣进行换热，被加热的气化剂进入气化炉底部的氧化层，在这里与炽热的炭发生燃烧反应，放出大量的热量，同时生成 CO_2。由于是限氧燃烧，O_2 的供给是不充分的，因而不完全燃烧反应同时发生，生成 CO，同时也放出热量。在氧化层，温度可达到 1200~1300℃，反应方程式为[1]：
$$C+O_2 \!=\!= CO_2+408860J$$
$$2C+O_2 \!=\!= 2CO+246447J$$

在氧化层进行的均为燃烧反应，并放出热量，也正是这部分反应热为还原层的还原反应、生物质原料的热分解、干燥提供了热量。在氧化层中生成的热气体（CO 和 CO_2）进入气化炉的还原层，灰则落入底部的灰室中。

通常把氧化层和还原层联合起来称为气化区，气化反应主要在这里进行；而热分解层及干燥层则统称为燃料准备区或燃料预处理区。这里的反应是按照干馏的原理进行的，其载热体来自气化区的热气体[4]。

如上所述，在气化炉内截然分为几个区域的情况实际上并不清晰，事实上，一个区域可以局部地渗入另一个区域，由于这个缘故，所述过程多多少少有一部分是可以互相交错进行的[4]。

气化过程实际上总兼有燃料的干燥、热分解过程。气体产物中总是掺杂有燃料的干馏裂解产物，如焦油、醋酸、低温干馏气体。所以在气化炉出口，产物气体成分主要为 CO、CO_2、H_2、CH_4、焦油及少量其他烃类（C_mH_n），还有水蒸气及少量灰分。这也是实际气化产生的可燃气热值总是高于理论上纯气化过程产生可燃气的热值的原因[4]。

2.1.2 气化炉常见炉型、性能、特点及主要参数

生物质原料在气化炉中发生热化学反应生成可燃气体，可见气化炉是生物质气化设备的关键核心部件。气化炉的形式有多种，主要分为固定床和流化床两大类。

固定床一般是将生物质原料从气化炉顶部投入，生物质在气化炉中基本上按顺序层次进行气化反应。反应生成气体在炉内的流动靠风机来实现，安装在燃气出口一侧的风机是引风机，它靠抽力（在炉内形成负压）实现炉内气体的流动；安装在气化剂进口一侧的风机是鼓风机[1]。根据气体在气化炉内的流动方向，可将固定床分为上吸式、下吸式、开心式和横吸式。

生物质原料在投入流化床气化炉之前需要经过粉碎预处理。粉碎后的生物质原料在气化炉中呈"沸腾"状态，气化反应速率快。气化剂由鼓风机从气化床底部吹入，带动生物质原料在炉内"沸腾"。按炉子结构和气化过程，可将流化床气化炉分为单流化床、循环流化床、双流化床和携带流化床四种类型[1]。按供给的气化剂压力大小，流化床气化炉又可分为常压气化炉和加压气化炉两类[1]。

2.1.2.1 上吸式固定床气化炉

上吸式固定床气化炉的工作过程如图 2-3 所示，生物质原料从气化炉顶部加入，而后由于重力作用逐渐由顶部下移至底部，灰渣从底部排出。气化剂（空气）从气化炉下部进入，由于燃气出口侧引风机作用，向上经过氧化、还原、热分解、干燥层，从燃气出口排出。因为生物质原料移动方向与气体流动方向相反，所以上吸式固定床气化也称为逆流式气化。

固定床上吸式气化炉有两种进气方式。一种是在气化机组上游安装风机，将气化剂（空气等）吹进气化炉，此方式气化炉内的工作环境为微正压。另一种方式是在气化机组下游安装罗茨风机或真空泵，将空气吸进气化炉，此方式气化炉内的工作环境为微负压。这两种方式都可以通过改变风机风量来改变气化炉气化剂的供氧量。但为防止生物燃气由生物质原料

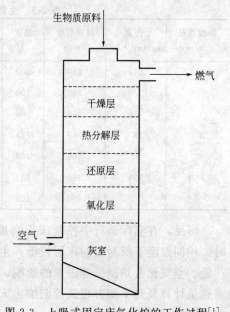

图 2-3 上吸式固定床气化炉的工作过程[1]

进料口向外泄漏，必须采用专门的加料措施才可实现连续加料（如螺旋给料器），或将炉膛上部设计较大，能储存一段时间的气化用料，运行时进料口密闭，待炉内生物质原料消耗完毕再停炉进料。这两种方式的不同之处在于炉膛底部的出灰，前者需要增加专门的装置才可连续出灰，而后者则不需要专门装置即可连续出灰。

上吸式气化炉的主要特点是生物燃气经过热分解层和干燥层时直接与生物质原料接触，这样可将其携带的热量直接传递给物料，使物料吸热干燥、热分解，与此同时降低了产出生物燃气的温度，使气化炉的热效率有所提高，而且热分解层和干燥层对生物燃气有一定的过滤作用，因此排出气化炉的生物燃气中灰含量减少。上吸式气化炉可以使用含水量较高的生物质原料（含水量可达50%），且对生物质原料尺寸要求不高。

但上吸式气化炉也有一个突出的缺点。在热分解层产生的焦油没有通过还原层和氧化层而直接混入生物燃气排出，这导致上吸式气化炉生产的生物燃气焦油含量高且不易净化。这种品质的生物燃气使用存在很大的问题，因为冷凝后的焦油会附着在管道、阀门管件、仪表以及燃气炉灶上，破坏气化系统的正常运行和用户的使用。自有生物质气化技术以来，焦油的脱除始终是一个技术瓶颈。上吸式气化炉因为这个缺点一般用在粗燃气不需要冷却和净化就可以直接使用的场合。

对于上吸式气化炉，温度是影响气化反应最主要的因素，但在一个自供热的上吸式气化炉中，反应温度主要受反应层高度、空气比、热损失的制约。下面简述反应层高度、空气比、热损失对上吸式气化炉气化反应的影响。

(1) 反应层高度的影响[6]

在上吸式气化炉中，反应温度随着反应层高度（料层高度）的增加而减小，在运行中，当其他条件已经确定（如生产量、空气比等），反应层高度反映了温度。为了获得品质比较高的生物燃气，必须控制较高的热分解层温度，它可以通过控制反应层高度来实现。生物质热值随各参数变化比较见表2-3。

表2-3 生物质热值随各参数变化比较[6]

炉型直径 /mm	生产量/ [kg/(m²·h)]	料层高度 /mm	温度 /℃	气体组分/%					热值 /(kJ/m³)
				CO₂	H₂	N₂	CH₄	CO	
190	240	210	800	15.7	4.0	53.9	5.5	20.9	5050
		260	700	14.9	3.9	59.1	4.7	17.2	4285
		360	500	21.0	2.9	56.6	4.3	15.2	3779
850	187	360	774	16.5	7.2	52.6	7.8	15.9	5907
		460	463	19.3	6.4	53.8	6.8	13.7	5143
850	235	460	631	20.5	8.2	46.6	8.7	16.0	6388
		660	303	19.4	7.0	51.8	7.4	14.5	5548

可见，在实际运行中控制床层高度是控制反应温度及气体质量的方法。气化炉直径小时，相同温度下所对应的床层较低，生产量增加时，相同温度下的床层升高。床层温度受生产量、空气比及热损失等因素的影响，因此可根据反映产物分布与温度的关系、反应过程所需热量计算及热平衡方程式等归纳出床层高度 H 与床层温度 T、空气比 N、生产量 M 及热损失 Q_1 的函数式：

$$H = f(T, N, M, Q_1)$$

下式中 T_1 为热分解层最上层的温度，即选定的最低度，800℃为热分解层的最下层温度，即最高温度，则热分解层的高度 H 可按下式计算：

$$H = \int_{T_1}^{800} \frac{M(1-0.01Q_1)[0.573\arctan(0.02T-8)+0.1646N+0.829]\sum C_{pi}Y_i}{8.357\times10^5+5.4916\times10^{10}(1-0.002n)/(T^2-1400T+4.925\times10^5)}\mathrm{d}T$$

式中　　M——生产量，kg/(m² · h)；

$\quad\quad Q_1$——损失热量与加入气化炉的总热量之比，%；

$\quad\quad N$——空气比，表示实际加入空气量与原料完全燃烧所需空气量之比，%；

$\quad\quad C_{pi}$——气体中组分 Y_i 的比热容，kcal[1]/(kg · ℃)；

$\quad\quad Y_i$——气体中组分 i 的含量，%。

在不同的生产量、空气比及热损失等情况下用计算机模拟的温度随总料层高度变化的规律分别表示在图 2-4～图 2-7 中。

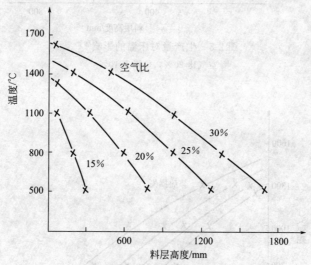

图 2-4　空气比对床温的影响[6]

生产量 280kg/(m² · h)，热损失 10%

(2) 空气比的影响[6]

对于批量生产来说，空气比会在一定幅度内自动调节。表 2-4 列出一组实验数据，实验在直径为 850mm 的上吸式气化炉中进行，使用的生物质原料为含 15% 水分的木块。

表 2-4　空气用量与生产量的关系[6]

空气量/[m³/(m² · h)]	生产量(湿料)/[kg/(m² · h)]	空气比/%	气体平均热值/(kJ/m³)
144	144.4	19	5873
190.8	190.0	19	5866
237.9	235.0	19	5987

---

❶ 1cal=4.18J，下同。

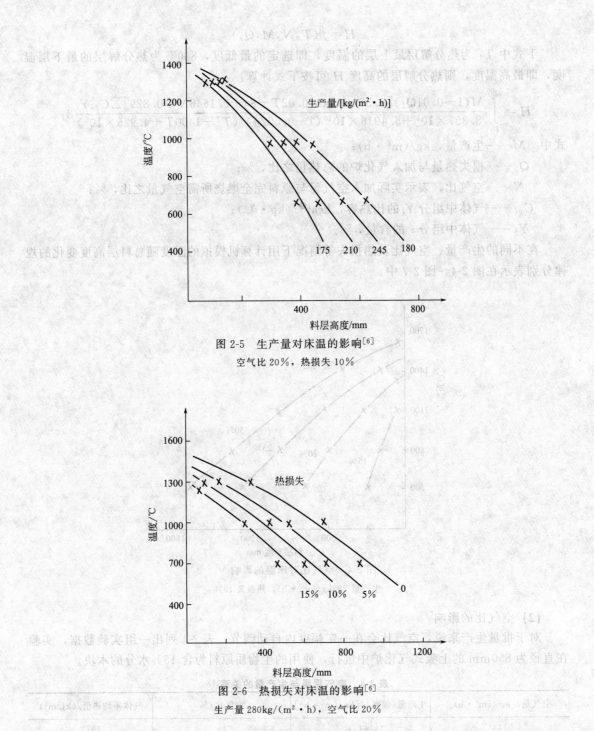

上式中 T_1 为分解层的温度，即排渣层的温度；T_0 为气化段入口的最下层温度，即最高层的温度，测值为该最下层温度和料层表面之平均值。

$$H = \frac{M(1-0.01C) \cdot 0.27 \cdot T_1 + 18\,140\,(0.852)ZC_g \cdot Y}{8.852 \times 10^{-3}\,5.816 \times 10^{-3}\,CZ - 0.852\,ZC_g \cdot Y 3.887(1-ZC_g \cdot Y) + 2.928 \times 10^{-3}Z}$$

式中 M——干基准量，$kg/(m^2 \cdot h)$；

C——可燃基氢的百分含量，干的计算用%；

N——含水分，若采用其加入量则该项可忽略不计；

C_g——气体中的比热，则比热乘以干基准量为 $kJ/(kg \cdot \degree C)$；

Y——气体产率，为量纲中的百分含量。

在不同的生产量、空气比和料层下用上列计算公式能算出料层高度变化时随料层高度变化状况（如图 2-5、图 2-6）中。

图 2-5 生产量对床温的影响[6]

空气比 20%，热损失 10%

图 2-6 热损失对床温的影响[6]

生产量 280kg/(m² · h)，空气比 20%

(3) 热损失的影响[6]

燃烧反应所产生的热量除了为气化过程提供必需的能量以外，还消耗于补偿热损失方面。热损失是气化过程唯一不可回收的能量，它的大小除直接影响热效率以外还影响反应温度，如图 2-6 所示，因而影响气体质量等而再次降低热效率，因此它使热效率几乎按绝对值的平方关系递减，减少热损失是提高气体质量与热效率最实质性的措施。在运行中应控制热

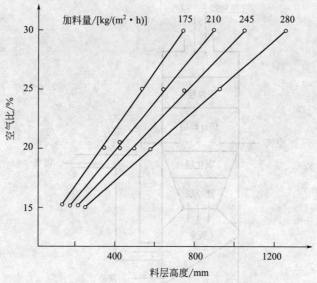

图 2-7　床层高度与空气比在不同加料量时的关系[6]

温度 600℃

损失不大于 5％。图 2-7 表示当选择最上层温度为 600℃时,在不同的加料量与空气比下,应确定的床层高度,从图中可见为了保证热分解过程在不低于 600℃的温度下进行,应根据生产量的大小,控制料层高度在 400～700mm 之间。

2.1.2.2　下吸式固定床气化炉

下吸式固定床气化炉的基本结构和气化反应如图 2-8 所示,生物质原料从气化炉顶部加入,依靠重力逐渐由顶部移动到底部,空气从热分解层进入,向下经过各反应层,燃气由反应层下部罗茨风机或真空泵吸出,灰渣从底部排出。由于生物质原料移动方向与气体流动方向相同,所以也叫顺流式气化。炉内的物料从上而下分为干燥层、热分解层、氧化层、还原层。

固定床下吸式气化的最大优点是生成的生物燃气中焦油含量比上吸式低很多,因为挥发分中的焦油在氧化层和还原层里进一步进行了氧化和裂解成小分子烃类化合物的反应,因此,这种气化技术比较适宜应用于需要使用洁净燃气的场合。固定床下吸式气化炉一般均采用安装在气化机组下游的罗茨风机或真空泵将空气吸进气化炉,气化炉内的工作环境为微负压,这样做的优点是进料口不需要严格的密封即可实现连续进料,这对于秸秆一类的生物质非常重要,因为这类生物质的堆积密度很小,因此要设计一个能容纳一定料量的炉膛相当困难,即便能够做到,也很难保证气化能够稳定运行。但微负压工作环境会导致炉膛底部连续出灰困难,若不增加专门的连续出灰装置,则只能将炉膛底部做得足够大来存放灰渣,运行每隔一段时间停机清除一次灰渣。固定床下吸式的最大缺点是炉排位于高温区,容易粘连熔融的灰渣,寿命难以保证[7]。

保证固定床下吸式气化炉的稳定运行,对于木炭和木材等优质原料并不太难,但对于秸秆和草类等物理性质较差的低品质原料就难了很多,因为秸秆等物料在挥发分大量析出后,

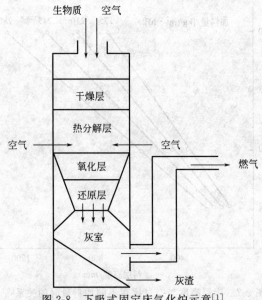

图 2-8 下吸式固定床气化炉示意[1]

其体积会迅速缩小,从而使得秸秆半焦依靠自身重力向下移动的能力变得很差。因此,热解层和氧化层极易发生局部穿透,为了及时填充穿透空间并阻止气流短路,合理设计进料机构和炉腔形状,辅以合理的拨火方式都是必需的[7]。

下吸式气化炉的一些操作特性如图 2-9~图 2-11 所示。图 2-9 显示的是气化炉内不同高度的温度分布与运行时间的关系,T_1~T_5 是从气化炉喉部到顶部的温度。从 A 点开始产生可燃气体,气化炉进入正常运行阶段。因为不再向炉内进料,到 B 点料层逐渐下降,至气化炉不再产生生物燃气。如图 2-9 所示,在开始阶段炉内各反应层温度逐渐升高,产生生物燃气后,温度逐渐稳定,到运行后期,温度再次升高。各反应层的温度有较明显区别,因此,可根据气化炉内的温度监控气化炉的运行情况[4]。

图 2-10 所示为气化炉内料层高度与温度的关系,A 点为开始产生可燃气体点,B 点为

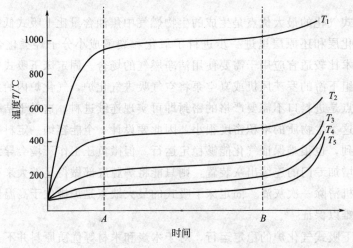

图 2-9 下吸式气化炉内温度与运行时间关系示意[4]

停止进料点。曲线 A 和 B 之间的区域为气化炉温度分布区域。图 2-11 所示为物料含水量和产气时间的关系。

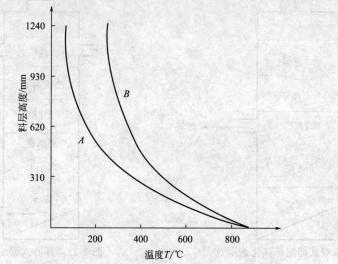

图 2-10 下吸式气化炉料层高度与温度关系示意[4]

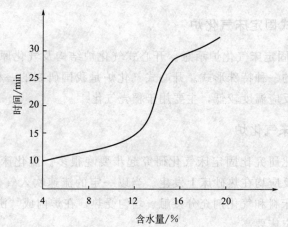

图 2-11 下吸式气化炉物料含水量和产气时间关系示意[4]

2.1.2.3 横吸式固定床气化炉

图 2-12 所示为横吸式固定床气化炉。与上吸式、下吸式气化炉相同，横吸式气化炉生物质原料从气化炉顶部加入，灰分落入底部的灰室。横吸式气化炉的特点是气化剂从气化炉的侧向进入，生物燃气从对侧排出，气体横向通过氧化层，在氧化层及还原层发生热化学反应。反应方程式与其他固定床气化炉相同。但是横吸式气化炉的反应温度很高，容易发生灰熔化和结渣情况。故横吸式气化炉多用于灰含量很低的生物质原料。

横吸式气化炉的一个主要特点是气化炉有中存在一个高温燃烧区，即图 2-12 中氧化层。在高温燃烧区，温度可达 2000℃以上。高温区的大小由进风喷嘴形状和进气速率决定，不宜过大或过小[4]。

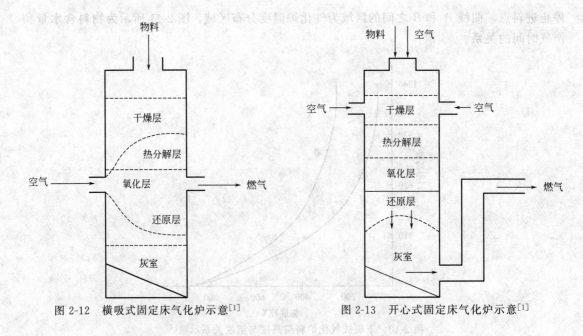

图 2-12 横吸式固定床气化炉示意[1]　　　　图 2-13 开心式固定床气化炉示意[1]

目前横吸式固定床气化炉也已经进入商业化运行阶段，主要应用在南美洲[4]。

2.1.2.4　开心式固定床气化炉

图 2-13 是开心式固定床气化炉示意。开心式气化炉结构及气化原理与下吸式气化炉类似，是下吸式气化炉的一种特殊形式。开心式气化炉是我国研制的一种炉型，其结构简单，氧化还原层区域小，反应温度较低，主要用于稻壳气化[4]。

2.1.2.5　流化床气化炉

生物质流化床气化研究比固定床气化研究起步要晚很多。流化床气化炉内有一个热砂床，生物质燃烧气化反应均在热砂床上发生。当以一定的流速吹入气化剂时，在此效果下，炉内物料颗粒、流化床料和气化剂充分接触、均匀受热，在炉内成"沸腾"状态，气化反应速率高，产气率较固定床要高。

流化床与固定床相比，具有以下优点[4]：a. 流化床可以使用粒度很小的原料，对灰分的要求也不高；b. 流化床气化效率和强度都较高，因此，其气化炉断面较小；c. 流化床气化的产气能力可在较大范围内调节，且气化效率不会显著降低；d. 流化床使用的燃料颗粒很细，传热面积大，故传热效率高，且气化反应温度分布均匀，这使得结渣可能性降低。

流化床气化炉具有的不足之处[4]：a. 产出气体的显热损失大；b. 由于流化速率较快，燃料颗粒较小，故产出的生物燃气含尘量较大；c. 流化床要求床内燃料分布均匀，温度均匀，运行控制和检测手段较复杂。

（1）单流化床气化炉

单流化床气化炉是最基本、结构最简单的流化床气化炉，它只有一个流化床反应器，其结构如图 2-14 所示。

单流化床气化炉的气化剂一般为空气，从流化床底部由鼓风机引入，经过底部布风板吹

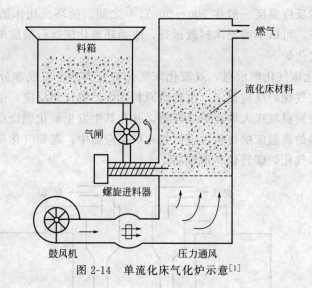

图 2-14　单流化床气化炉示意[1]

入流化床中与生物质颗粒发生气化反应，生成的生物燃气直接由气化炉出口排出进入气体净化系统。单流化床气化炉反应温度一般在 800℃[4] 左右。单流化床气化炉一般流化速率较慢，适合颗粒尺寸较大的生物质原料，且一般情况下需使用石英砂等流化介质作为床料和加热载体。单流化床存在飞灰和夹带炭颗粒严重的问题，运行成本较高，不适用于小型气化系统，一般在大中型气化系统中运用。

（2）循环流化床气化炉

循环流化床与单流化床的主要区别是，在生物燃气排出口处，设置有旋风分离器或袋式分离器，其工作原理如图 2-15 所示。与单流化床气化炉相比，循环流化床气化炉内流化速率较高，这使得产出的生物燃气中含有大量的固体颗粒（床料、炭颗粒、未反应完全的生物质原料等），经过分离器，这些固体颗粒返回流化床，再次发生气化反应并保持气化床密度。

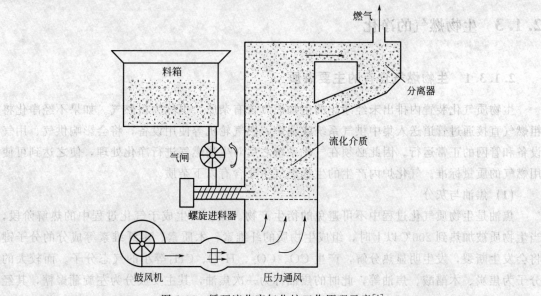

图 2-15　循环流化床气化炉工作原理示意[1]

循环流化床气化炉的反应温度一般在 $700\sim900^{\circ}C$[4] 之间。循环流化床适用于颗粒较小的生物质，在多数情况下，可以不需要床料就运行，故循环流化床运行最简单。

(3) 双流化床气化炉[4]

图 2-16 为双流化床气化炉示意，双流化床气化炉分为两个组成部分，即气化炉反应器和燃烧炉反应器。在气化炉反应器中，生物质原料发生热解气化反应，生成生物燃气排入净化系统，同时生成的炭颗粒送入燃烧炉反应器，并在其中发生氧化燃烧反应。该反应使床层温度升高，经过升温的高温床层材料，返回气化炉反应器中，起到气化反应所需的热源效果。可见，双流化床气化炉碳转化率也较高。

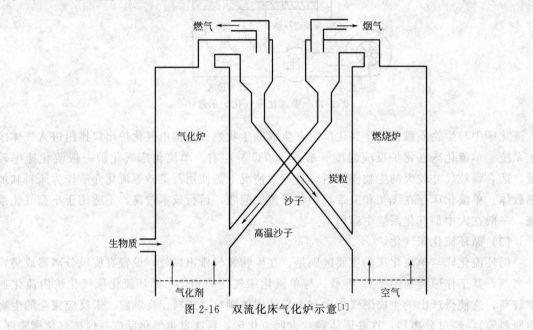

图 2-16 双流化床气化炉示意[1]

2.1.3 生物燃气的净化

2.1.3.1 生物燃气含有的主要杂质

生物质气化装置内排出未经净化的生物燃气含有杂质，也称为粗燃气。如果不经净化将粗燃气直接通过管道送入集中供气系统或锅炉、燃气轮机等使用设备，将会影响供气、用气设备和管网的正常运行。因此必须在气化系统之后对生物燃气进行净化处理，使之达到可使用燃气的质量标准。气化炉内产生的生物燃气主要含有以下杂质。

(1) 焦油与灰分

焦油是生物质气化过程中不可避免的衍生产物。其主要生成于气化过程中的热解阶段，当生物质被加热到 $200^{\circ}C$ 以上时，组成生物质的纤维素、木质素、半纤维素等成分的分子键将会发生断裂，发生明显热分解，产生 CO、CO_2、H_2O、CH_4 等小的气态分子。而较大的分子为焦炭、木醋酸、焦油等，此时的焦油称为一次焦油，其主要成分为左旋葡聚糖，其经验分子式为 $C_5H_8O_2$。一次焦油一般都是原始生物质原料结构中的一些片段，在气化温度条件下，一次焦油并不稳定，会进一步发生分解反应（包括裂化反应、重整反应和聚合反应等）成为二级焦油。如果温度进一步升高，一部分焦油还会向三级焦油转化[8]。焦油是含有成百上千种不同类型、性质的化合物，其中主要是多核芳香族成分，大部分是苯的衍生物，有苯、萘、甲苯、二甲苯、酚等，目前可析出的成分有100多种[8]。

生物质原料除了有机物之外，还有一定数量的无机矿物质，在生物质热化学转化过程中，这些残留的无机物质被称为灰分[9,10]。目前生物质灰分主要成分有 K、Na、Ca、Mg、Al、Fe、Si 等，但不同的生物质，灰分含量及成分均会有所不同[9]。

(2) 有机酸

在生物质热转化过程中会产生有机酸，如乙酸、丙酸等。虽然大部分有机酸会冷凝并排出，但仍有一定量的有机酸以蒸气形式存在于生物燃气中。这些有机酸蒸气对输气管道和灶具有很强的腐蚀作用[9]。

(3) 水

生物质原料中含有一定量的水分，气化过程中，水被加热成为蒸汽，不但带走较多的热量，还降低气化炉内温度，降低气化效率[9]。

2.1.3.2 燃气净化技术与设备

(1) 湿式净化法

湿式净化是采用水洗喷淋的方法脱除焦油和灰分的一种燃气净化方法，该方法对焦油的脱除效果较明显。大部分焦油都是可溶于水的，并且生物燃气在被水洗喷淋的同时降低了温度，这有利于焦油的冷凝和脱除。湿式净化法具有结构简单、技术已经成熟并且商业化、操作方便简单等诸多优点。但是湿式净化是用水直接喷淋，使用后的水如不处理会造成严重的二次污染，与此同时，被脱除的焦油中的能量也没得到充分利用，造成能量的浪费[11,12]。

洗涤塔是最常用也是最简单的气体洗涤装置。根据燃气净化的要求，洗涤塔有单层、多层之分。为了增大燃气与水的接触面积，可在洗涤塔内充装填料，洗涤塔内气体流速一般在 1m/s 以下，停留时间为 20～30s[13]。燃气在上升过程中，反复与水滴接触，使固体和焦油颗粒与水混合，形成密度远大于气体的液滴，落到下部排出，净化后的燃气由洗涤塔上部排出。洗涤塔的脱除效率取决于气体和水的接触，沿截面水滴的均匀分布和合理尺寸的填料会显著提高效率[13]。一般设计完善的洗涤塔，效率可达 95％～99％[13]。

喷射洗涤器也是生物质气化系统中常用的燃气净化设备。洗涤水由喷嘴雾化成细小水滴，与待净化的燃气同方向流动，但两者之间存在很高的速率差。在向下流动的过程中，气流先加速而后减速，以此来增加气流与洗涤水滴的接触。洗涤水最后进入水分离箱后，速率大大降低，这使得携带了灰粒和焦油的液滴从气体中分离出来[13]。喷射洗涤器一般效率可达到 95％～99％，它的缺点是压力损失大，需要消耗较多的动力[13]。

(2) 干式净化法

干式净化法是以棉花、海绵或活性炭等强吸附材料作为过滤材料，当燃气通过过滤材料时，利用惯性碰撞、拦截、扩散以及静电力、重力等吸附机制，把燃气中的焦油、灰分等杂质吸附在过滤材料中[12]。干式净化法是一种有效去除细小颗粒杂质的方法，根据过滤材料孔隙的大小，可以滤出 0.1～1μm 的小粒径杂质[13]。干式净化法依靠过滤材料的容积或表面来捕集颗粒，其容纳颗粒的能力有限，因此过滤材料再生重新使用是一个技术瓶颈。当然，使用过的过滤材料可作为气化原料烧掉，避免二次污染[9]。袋式过滤器常采用间歇振打和反吹的方法，但袋式过滤器对燃气的含水量比较敏感[13]。干式净化法具有运行稳定、高效、成本低的优点。

（3）电捕焦油法

电捕焦油器是一种高效的脱除焦油和灰尘设备，尤其对 $0.01\sim1\mu m$ 的焦油和灰尘微粒有很好的脱除效率。电捕焦油器首先将气体在高压静电氛围下电离，使焦油雾滴带有电荷，带电雾滴吸引不带电雾滴逐渐聚合成较大的复合物，最后在重力作用下从燃气流中下落。电捕焦油法具有压降阻力损失小、净化燃气量大的优点，但电捕焦油器对处理燃气的氧含量、颗粒浓度及比电阻等参数要求较高，且电捕焦油法设备初投资和运行成本都较高，操作管理的要求也较高[9]。

（4）裂解净化法

裂解净化法是在高温下将生物质气化过程中所产生的焦油裂解为可利用的永久性小分子可燃气体的方法，是当前最有效合理的焦油脱除及利用方法。裂解净化法分为直接热裂解净化法和催化裂解净化法。直接热裂解法需要在气化炉内或净化装置中达到很高的温度（$1000\sim2000$℃），促使焦油发生裂解反应，实现较为困难；催化裂解净化法是使用催化剂促使焦油发生裂解反应，反应温度较直接热裂解显著降低（$750\sim900$℃），并可使焦油裂解率达到 99%。裂解净化法的缺点是工艺较复杂，催化裂解过程催化剂失活严重，成本太高，很难在我国农村地区推广使用[9]。

（5）微生物法脱除焦油

据文献报道，部分微生物如假单胞菌、黄杆菌、芽孢杆菌、节细菌属、红球菌属、诺卡氏菌等能有效降解焦油中的某些成分。国内田沈[14]、杨秀山[15]等用微生物降解生物质气化产生的焦油，但目前该方法还处于实验室阶段，不具备商业运用条件。

2.1.4 气化技术的应用[16~19]

2.1.4.1 生物质气化供热技术

生物质气化供热是指生物质气化后生成的生物燃气，进入燃烧器中燃烧放出热量，为终端用户提供热能。生物质气化供热可分为集中供热和分散供热两种形式。集中供热系统由热源、热网和热用户三部分组成。热源为由生物质气化炉、过滤器、锅炉、热交换器等设备构成的系统，热网为连接热源和热用户的管路系统，热用户为使用热能的单位，即居民用户。由热源生产的蒸汽或热水通过管网输送给一个区域热用户采暖，具体流程如图 2-17 所示。生物质气化集中供热最大的特点是生物燃气直接进入锅炉燃烧，因而对生物燃气的品质要求较低，不需要高质量的燃气净化和冷却系统，整体热源系统相对简单，生物燃气中所含焦油也可直接进入锅炉燃烧，热利用率高。分户供热是相对于集中供热而言的，每家每户都由独立的热源、热网和热用户组成。热源主要是指燃气壁挂炉，热网为热源到各个供热房间的管路，热用户主要指各个供热房间，具体流程如图 2-18 所示。

2.1.4.2 生物气化集中供气技术

生物质气化集中供气技术是指以以农林废弃物为主的生物质为原料，通过气化生成生物

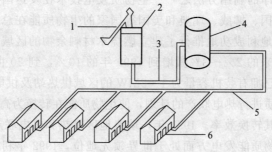

图 2-17　生物质气化集中供热流程示意

1—给料器；2—气化炉；3—输气管道；4—锅炉；5—热水管网；6—用户

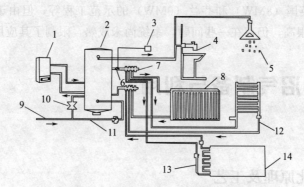

图 2-18　生物质燃气分户供热流程示意

1—燃气壁挂炉；2—双层保温储水箱；3—房间温控；4—生活热水；5—沐浴热水；6—水泵；7—分水器；

8—板式散热器；9—自来水补水；10—阀门；11—生活用水补水；

12—卫浴毛巾架；13—地暖管；14—地板采暖

燃气，利用管网输送到农村（或区域）各用户用于炊事，以替代农村居民常用的薪柴、煤或罐装液化石油气。通常集中供气以农村的一个自然村为单位建立气化站。生物质集中供气系统主要包括原料预处理设备、进料装置、气化炉、燃气净化系统、储气柜和输气管网。推广生物质集中供气技术，除减少化石能源的使用和提高生物质利用效率外，其重要意义在于提高农民生活质量和生活品位，以加速农村城镇化建设，并减少因秸秆直接燃烧而造成的大气环境污染[9]。经过 20 多年的努力，我国农林地区生物质气化集中供气技术逐渐成型完善，自行研发的气化集中供气系统已经进入推广示范阶段。目前国内拥有较为成熟的生物质气化集中供气应用工程的单位有山东能源研究所、广州能源研究所、辽宁省能源研究所、浙江大学、天津大学、山东大学等。

2.1.4.3　生物气化发电技术

生物质气化发电是指生物质经热化学转化在气化炉中气化生成可燃气体，经过净化后驱动内燃机或小型燃气轮机发电。其发电技术的基本原理是经加热、部分氧化把生物质转化为可燃气体（主要成分为 CO、H_2、CH_4、C_mH_n、CO_2 等），再利用可燃气推动燃气发电设备进行发电，气化发电技术是可再生能源技术中最经济的发电技术之一，它既能解决生物质难以燃用而又分布分散的问题，又可以充分发挥燃气发电技术设备紧凑而污染少的优点，是生物质能最有效、最洁净的利用方法之一。生物质发电技术在发达国家已受到广泛重视。奥地利、丹麦、芬兰、法国、挪威、瑞典和美国等国家的生物质能在总能源消耗中所占的比例增加相当迅速。例如奥地利成功地推行了建立燃烧木材剩余物的区域供电站计划，生物质能在总能耗中的比例由原来的 2%～3% 激增到 1999 年的 10%，到 20 世纪末已增加到 20% 以上。到目前为止，该国已拥有装机容量为 1～2MW 的区域供热站及供电站 80～90 座。瑞典和丹麦正在实施利用生物质进行热电联产的计划，使生物质能在转换为高品位电能的同时满足供热的需求，以大大提高其转换效率。1991 年，瑞典地区供热和热电联产所消耗的燃料 26% 是生物质。美国在利用生物质能发电方面处于世界领先地位，1992 年利用生物质发电的电站已有 1000 家，发电装机容量为 $650 \times 10^4 \, kW$，年发电 $42 \times 10^8 \, kW \cdot h$。目前，国际上有很多先进国家开展了提高生物质气化发电效率这方面的研究，如美国 Battelle（63MW）和夏威夷（6MW）项目，欧洲英国（8MW）和芬兰（6MW）的示范工程等，但由于焦油处理技术与燃气轮机改造技术难度很高，仍存在一些问题，系统尚未成熟，限制了其应用推广。

2.2　生物沼气制备与利用

2.2.1　厌氧消化原理及工艺

厌氧消化是一种利用在无氧或缺氧环境下生长于污水、污泥和垃圾中的厌氧微生物群（接种物）的作用，在厌氧条件下使有机物（如碳水化合物、脂肪、蛋白质等消化底物）经水解液化、气化而分解成稳定物质（CH_4 和 CO_2 等），同时使病菌、寄生虫卵被杀灭，达到减量化、无害化和资源化的复杂生物化学序列反应过程。

2.2.1.1　厌氧消化理论

厌氧消化过程是一个非常复杂的，由多种微生物共同作用的生化过程。对厌氧消化的生化过程一般有两阶段理论、三阶段理论和四种群理论。

(1) 两阶段理论

该理论是由 Thumm Reichie（1914）和 Imhoff（1916）提出，经 Buswell NeaVe 完善而成的，它将有机物厌氧消化过程分为酸性发酵和碱性发酵两个阶段。两阶段理论如图 2-19 所示。

在第一阶段，复杂的有机物（如糖类、脂类和蛋白质等）在产酸菌（厌氧和兼性厌氧菌）的作用下被分解成为低分子的中间产物，主要是一些低分子有机酸（如乙酸、丙酸、丁酸等）和醇类（如乙醇），并有 H_2、CO_2、NH_4^+、H_2S 等物质产生。由于该阶段有大量的脂肪酸产生，使发酵液的 pH 值降低，所以此阶段被称为酸性发酵阶段，又称为产酸阶段。

在第二阶段，产甲烷菌（专性厌氧菌）将第一阶段产生的中间产物继续分解成 CH_4、CO_2 等。由于有机酸在第二阶段的不断被转化为 CH_4、CO_2 等，同时系统中有 NH_4^+ 存在，使发酵液的 pH 值升高，所以此阶段被称为碱性发酵阶段，又称为产甲烷阶段。

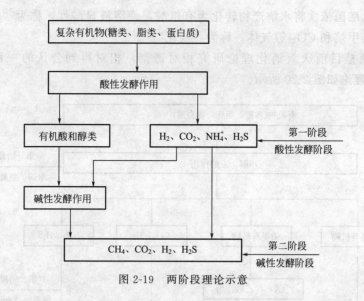

图 2-19　两阶段理论示意

因为有机物厌氧消化的最终产物主要是 CH_4 和 CO_2，而 CH_4 的能量含量很高，所以有机物厌氧消化过程释放的能量比较少，这与好氧反应不同，好氧反应的主要产物是 CO_2 和 H_2O，H_2O 是一般反应的最终产物，含能低，在反应的过程中自身将释放大量的能量，所以好氧反应的温度较高，而厌氧反应若要维持较高的温度，将从外界输入热量。

厌氧消化的两阶段理论，几十年来一直占统治地位，在国内外厌氧消化的专著和教科书中一直被广泛应用。

(2) 三阶段理论

随着厌氧微生物学研究的不断进展，人们对厌氧消化的生物学过程和生化过程的认识不断深化，厌氧消化理论得到不断发展。1979 年，M. P. Bryant（布赖恩）根据对产甲烷菌和产氢产乙酸菌的研究结果，在两阶段理论的基础上，提出了三阶段理论。该理论将厌氧发酵分成三个阶段，三个阶段有不同的菌群。该理论认为产甲烷菌不能利用除乙酸、H_2、CO_2 和甲醇等以外的有机酸和醇类，长链脂肪酸和醇类必须经过产氢产乙酸菌转化为乙酸、H_2 和 CO_2 后，才能被产甲烷菌利用。三阶段理论突出地表明氢的产生和利用在发酵过程中占有的核心地位，较好地解决了两阶段理论的矛盾。

第一阶段，水解和发酵。在这一阶段中复杂有机物在微生物（发酵菌）作用下进行水解和发酵。多糖先水解为单糖，再通过酵解途径进一步发酵成乙醇和脂肪酸等。蛋白质则先水解为氨基酸，再经脱氨基作用产生脂肪酸和氨。脂类转化为脂肪酸和甘油，再转化为脂肪酸和醇类。

第二阶段，产氢、产乙酸（即酸化阶段）。在产氢产乙酸菌的作用下，把除甲酸、乙酸、甲胺、甲醇以外的第一阶段产生的中间产物，如脂肪酸（丙酸、丁酸）和醇类（乙醇）等水溶性小分子转化为 CH_3COOH、H_2 和 CO_2。

第三阶段，产甲烷阶段。甲烷菌把甲酸、乙酸、甲胺、甲醇和（H_2+CO_2）等基质通过不同的路径转化为甲烷，其中最主要的基质为乙酸和（H_2+CO_2）。厌氧消化过程约有 70% 甲烷来自乙酸的分解，少量来源于 H_2 和 CO_2 的合成。

从发酵原料的物性变化来看，水解的结果使悬浮的固态有机物溶解，称为"液化"。发酵菌和产氢产乙酸菌依次将水解产物转化为有机酸，使溶液显酸性，称为"酸化"。甲烷菌将乙酸等转化为甲烷和 CO_2 等气体，称为"气化"。

三阶段理论是目前厌氧消化理论研究相对透彻，相对得到公认的一种理论（陈坚，1999）。三阶段理论如图 2-20 所示。

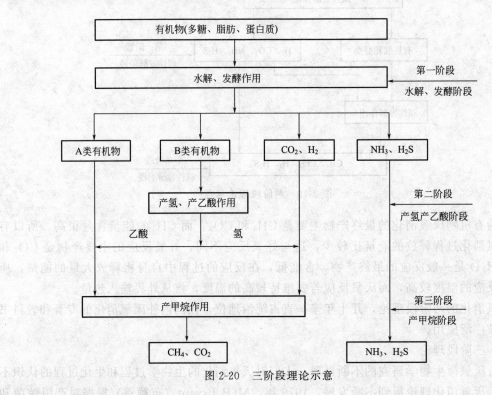

图 2-20   三阶段理论示意

(3) 四种群理论

1979 年，J. G. Zeikus 在第一届国际厌氧消化会议上提出了四种群理论（四阶段理论）。该理论认为参与厌氧消化的，除水解发酵菌、产氢产乙酸菌、产甲烷菌外，还有一个同型产乙酸菌种群。这类菌可将中间代谢物的 H_2 和 CO_2（甲烷菌能直接利用的一组基质）转化成乙酸（甲烷菌能直接利用的另一组基质）。厌氧发酵过程分为四个阶段，各类群菌的有效代谢均相互密切连贯，达到一定的平衡，不能单独分开，是相互制约和促进的过程。四种群理论如图 2-21 所示。

由图 2-19、图 2-20 可知，复杂有机物在第Ⅰ类菌（水解发酵菌）作用下被转化为有机酸和醇类，有机酸和醇类在第Ⅱ类菌（产氢产乙酸菌）作用下转化为乙酸、H_2/CO_2、甲醇、甲酸等。第Ⅲ类菌（同型产乙酸菌）将少部分 H_2 和 CO_2 转化为乙酸。最后，第Ⅳ类菌（产甲烷菌）把乙酸、H_2/CO_2、甲醇、甲酸等分解为最终的产物——甲烷和 CO_2。在有硫酸盐存在的条件下，硫酸盐还原菌也将参与厌氧消化过程。

2.2.1.2 厌氧发酵微生物

参与厌氧发酵的细菌种类繁多，根据微生物能否直接产生甲烷，可将微生物分为产甲烷菌和不产甲烷菌两大类。

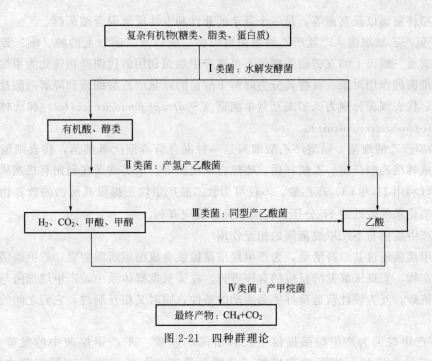

图 2-21 四种群理论

(1) 产甲烷菌及其作用

产甲烷菌（methanogen）是一种形态多样，具有特殊的细胞成分和产能代谢能力的严格厌氧的古细菌。其作用是将 H_2、CO_2 及乙酸等少数几种简单有机物转化成 CH_4。产甲烷菌在自然界中分布极为广泛，在与氧气隔绝的环境中几乎都有甲烷细菌生长，如海底沉积物、河湖淤泥、水稻田以及动物的消化道等。产甲烷菌作为厌氧发酵的核心微生物，充当着微生物分解有机物的食物链中最后一个生物体的角色。对于厌氧发酵产沼气的过程有着不可估量的推动力。根据产甲烷菌的形态和生理生态特征，其分类如表 2-5 所列。

表 2-5 产甲烷菌分类

目	科	属	代表菌种
产甲烷杆菌目	产甲烷杆菌科	产甲烷杆菌属 产甲烷杆菌属	产酸产甲烷杆菌 胃瘤产甲烷短杆菌
产甲烷球菌目	产甲烷球菌科	产甲烷球菌属	范式产甲烷球菌
	产甲烷微菌科	产甲烷微菌属 产甲烷菌属	运动产甲烷菌 黑海产甲烷菌
产甲烷微菌目		产甲烷螺菌产甲烷八叠球菌属	亨氏产甲烷菌
	产甲烷八叠球菌科	产甲烷丝菌属	巴氏产甲烷八叠球 索氏产甲烷丝菌

(2) 不产甲烷菌及其作用

不产甲烷菌包括发酵细菌、产氢产乙酸细菌和同型产乙酸细菌三类，这三类细菌在厌氧消化过程中都起着非常重要的作用。

① 发酵细菌 发酵细菌的作用是代谢有机物的水解产物，并将其转化成一系列有机酸和醇类物质（丙酸、丁酸、乳酸、乙醇、丙醇、丁醇类）。发酵细菌主要包括梭菌属、丁酸

弧菌属、拟杆菌属以及真菌等，是一个复杂的兼性和专性厌氧混合细菌群。

② 产氢产乙酸细菌　产氢产乙酸细菌群可将二碳以及二碳以上的醇、酮、芳香族有机酸以及三碳及三碳以上的支链脂肪酸等不可被产甲烷菌利用的代谢产物转化为甲烷。根据产氢产乙酸细菌的作用对象，可将其分为降解丁酸盐的产氢产乙酸细菌和降解丙酸盐的产氢产乙酸细菌，代表细菌分别为沃尔夫互营单胞菌（*Syntrophpomoras wolfei*）和沃林氏互营杆菌（*Syntrophobacter wolinii*）。

③ 同型产乙酸细菌　同型产乙酸细菌是一种混合营养型厌氧细菌，代表细菌有伍德乙酸杆菌、威林格乙酸杆菌、乙酸杆菌、嗜热自氧梭菌等。该类细菌在利用有机基质产乙酸的同时，也可利用 H_2 和 CO_2 产乙酸。不仅可为食乙酸产甲烷菌提供其所需的营养物质，还可维持厌氧消化系统较低的 H_2 分压，对厌氧发酵反应有利。

(3) 产甲烷菌与不产甲烷菌间的相互作用

不产甲烷菌通过其自身活动，为产甲烷细菌提供合成细胞所需物质；产甲烷菌利用不产甲烷菌的产物，实现厌氧发酵反应的有序进行。在厌氧发酵体系中，产甲烷细菌与不产甲烷细菌相互依赖，互为彼此营造良好生命活动的条件，同时又相互制约，它们之间的具体作用如下。

① 不产甲烷菌为产甲烷菌提供生长和所需的基质　不产甲烷菌中的发酵细菌将复杂有机物转化为碳酸、挥发性有机酸以及醇类等产物；然后在不产甲烷菌中的产氢产乙酸细菌的作用下，将这些代谢产物转化为 H_2、CO_2 和乙酸等产甲烷菌所需的营养物质。

② 不产甲烷菌为产甲烷菌创造适宜的氧化还原条件　产甲烷菌是严格专性厌氧的，然而进料的过程，难免会将少量的空气带入发酵罐，此外发酵液中也有微量的溶解氧，这对产甲烷菌都是不利的。不产甲烷菌中的兼性厌氧或兼性好氧微生物可通过其生命活动消耗氧，逐步降低发酵罐内的氧化还原电位。

③ 不产甲烷菌为产甲烷菌清除有毒物质　发酵原料中可能含有长链脂肪酸、苯酚、氰、苯甲酸和重金属离子等物质，这些物质容易引起产甲烷菌中毒。不产甲烷细菌中含有多种能裂解苯环、降解氰化物的物质，不但可解除这些物质对产甲烷菌的毒害作用，还可给产甲烷菌提供碳源和能源。此外，H_2S 等不产甲烷菌的代谢产物，还可以和某些重金属离子形成金属硫化物沉淀，从一定程度上解除了重金属对厌氧体系的毒害。

④ 不产甲烷菌和产甲烷菌共同维持环境中适宜的 pH 值　在发酵初期，废水（物）中的有机物被不产甲烷细菌分解，产生大量的有机酸；产生的 CO_2 也溶于水形成碳酸盐，使得发酵液的 pH 值逐渐下降。此外，不产甲烷菌中的氨化细菌迅速进行氨化反应，产生的氨可中和部分有机酸，起到一定的缓冲作用；乙酸、氢和 CO_2 等产物在产甲烷菌的作用下转化为 CH_4，可消耗发酵液中的酸和 CO_2，从而将发酵液的 pH 值稳定在一个适宜的范围。

⑤ 产甲烷菌为不产甲烷菌的生化反应解除反馈抑制　不产甲烷菌中的产酸细菌在产酸的过程中会产生大量的氢，系统氢气分压较高时会抑制产氢过程的进行。在运行正常的厌氧系统中，产甲烷菌可利用不产甲烷菌所产生的 H_2、CH_3COOH、CO_2 等产物，从而解除因氢和酸的积累而引发反馈抑制的情况，保证了不产甲烷细菌的正常代谢。

2.2.1.3 厌氧发酵环境因素

（1）温度

温度是影响微生物生命代谢活动的重要因素。污泥厌氧发酵过程是微生物将污泥中的有机质转化为目标产物的代谢过程。通过温度策略可控制厌氧发酵产酸效率，这是因为温度可从以下几个方面影响发酵过程：a. 微生物的种群结构；b. 微生物的生长速率；c. 酶活的高低；d. 生化反应的速率；e. 基质降解速率。厌氧消化过程主要由细菌完成。厌氧水解酸化细菌可适应的温度范围较广，可在低温、中温和高温，甚至更高的温度（100℃）条件下生存。因此，按温度范围不同可将厌氧发酵分为：低温厌氧发酵（15～20℃）、中温厌氧发酵（30～35℃）和高温厌氧发酵（50～60℃）三种类型。国内外针对温度影响因素的研究，主要是从生物可降解有机质的溶出率、有机物质的降解速率、代谢产物构成比的影响和发酵过程稳定性方面来探讨的。

厌氧发酵运行于不同温度条件下，污泥酸化效率的差异也较大。多数研究者报道，高温运行条件下可增大乙酸在总酸中的构成比及显著提高厌氧消化速率，从而缩短污泥停留时间，提高厌氧发酵生产强度。但是，高温运行发酵方式耗热量多，过程不稳定，运行管理要求也比其他两种发酵类型高而且复杂。此外，高温条件下有生物活性的水解产酸菌种群和数量都较少，导致发酵过程不稳定；并且温度的波动对酸化产物的影响也较大。上述缺点限制了这一发酵类型的扩大运用。

中温厌氧发酵方式基本不存在高温厌氧发酵方式上述的缺点，并且中温发酵反应速率较快，所需发酵时间又比低温发酵短，再加上反应温度适中，故目前在厌氧生物处理中大多采用中温发酵。近年来，众多研究者针对中低温条件下有机质的降解速率和酸化效率开展了有关的研究。如Banerjee等考察了22～35℃范围内温度对初沉污泥和工业废水混合物（1∶1）水解和酸化的影响。结果表明，水力停留时间（HRT）为30h，挥发性短链脂肪酸（VFAs）和SCOD的产量在温度为22～30℃范围内随温度升高有所增加，其中VFAs产量提高了15%。但是，当温度继续上升至35℃时，其产量却有所下降。中低温厌氧发酵方式的缺点就是底物中颗粒有机物质的水解往往成为厌氧发酵的限速步骤，这在低温厌氧发酵方式中更为突出。

（2）pH值

pH值是厌氧发酵过程中最重要的环境因子之一。产酸发酵细菌都存在一个适宜生长的pH值范围，超出这个范围将导致其生理活性丧失。此外，同一产酸发酵细菌由于环境pH值不同，生长繁殖的速率和代谢途径均可能发生改变，进而累积不同的代谢产物。因此，虽然厌氧发酵产酸过程可在pH值为3.0～12.0的范围内进行，但是不同的pH值条件能够导致酸化产物的种类和含量不同。任南琪等认为，pH值可以决定厌氧发酵产酸类型，如图2-22所示。Horiuchi等以葡萄糖作底物接种污泥厌氧发酵产酸。结果表明，当pH值为6左右时，酸化产物以丁酸为主；而当pH值为8时，主要产物则转变为乙酸和丙酸。Zhu等以酪丁酸梭菌（*Clostridium tyrobutyricum*）厌氧发酵木糖产酸，发现pH值为6.3时，丁酸为主要产物；pH值为5.0～5.7时，以产乙酸和乳酸为主。因此，得出控制厌氧发酵过程在不同的pH值条件可得到不同发酵产酸类型的结论。需要说明的是这些研究基本上都以碳水化合物或富含碳水化合物的有机废水作为底物，由此得出的结论可能并不适用于指导富含蛋白质的有机废水或有机废物如污泥的厌氧发酵产酸过程。

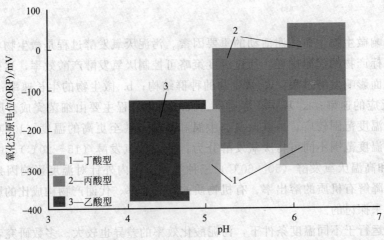

图 2-22　pH 值和氧化还原电位（ORP）值对厌氧发酵产酸类型的影响

　　结果表明，污泥中总固体和有机质的去除率，VFAs 的产量在 pH 值控制条件下都要高于不控制条件；且以活性污泥为底物产生的 VFAs 要高于初沉污泥。由此得出控制 pH 值在 6.5 左右可以使活性污泥水解发酵产酸最大化。Yu 等考察了 pH 值在 4.0～6.5 范围内变化时城市污泥的水解和发酵产酸情况，发现有机质的去除率和 VFAs 的产量都随着 pH 值的提高而增加。值得注意的是，有关厌氧发酵产酸的最适 pH 值，不同研究者得出的结论并不一致。大部分研究者认为 pH 在弱酸性或接近中性条件下比较适合厌氧发酵产酸。如 Banerjee 等研究发现污泥发酵 pH 值为 4.5 左右时，可获得较高的 VFAs 产量，此时其值为 1.181mg/L。Lin 等认为要提高高分子量的 VFAs 构成比，则适宜的 pH 值在 5.8～6.2 之间；若 pH 朝酸性方向移动，则导致低分子量的 VFAs 比例增大。然而，国内有部分研究者却得出碱性条件更有利于污泥厌氧发酵产酸的结论。如，肖本益等和苑宏英等考察了 pH 值为 4.0～11.0 范围内，pH 值对剩余活性污泥厌氧发酵产酸的影响。结果发现，厌氧发酵 8d，pH 值为 9.0 及 10.0 时，总 VFAs 的产率要明显高于酸性和中性条件；总酸最大产率出现在 pH 值为 10.0 条件下，为 256.2mgVFAs/gVS。她（他）们认为 VFAs 产率在强碱性条件下优于酸性和中性条件，原因可归于 2 个方面：a. 有机质的融出率在碱性条件下得以显著提高；b. VFAs 消耗途径即产甲烷过程在强碱性条件下被阻断。这些结论与蔡木林等和肖本益等的结论是一致的。

　　(3) 氧化还原电位

　　微生物引起的各种生物化学反应都是在特定的氧化还原电位范围内发生和完成的。因此，氧化还原电位对于微生物生命过程中的生物化学体系具有极其重要的影响。发酵体系中的氧化还原电位是由所有能形成氧化还原电对的化学物质的存在状态决定的。厌氧发酵水解产酸细菌可存活的氧化还原电位（ORP）在 -400～100mV 之间。任南琪等认为形成不同发酵类型的微生物优势菌群所需的 ORP 范围不同。比如，丙酸型优势菌群所需 ORP 在 -200～100mV 之间；丁酸型优势菌群在 -350～-200mV 和 -450～-200mV 之间。因此，在启动时可通过控制 ORP 形成不同的厌氧产酸类型，如图 2-22 所示。由于污泥中的成分较为复杂，能形成氧化还原电位的化学物质不易确定，通过控制 ORP 形成不同的发酵产酸类型可能难以实现。有部分研究者在对污泥进行预处理时，发现体系中的 ORP 与 SCOD 具有较好的相关性。因此，Chang 等提出可通过 ORP 来在线检测污泥的水解效率。

（4）水力停留时间

水力停留时间（HRT）是厌氧消化反应器运行控制的重要操作参数之一，是表征底物同微生物接触时间的工艺参数。早在 1975 年，Ghosh 等就开展了有关 HRT 对厌氧酸化效率影响的研究工作。Dinopoulou 等认为 HRT 能够影响厌氧产酸效率，而 Fang 和 Yu 则发现 HRT 对底物酸化效率并无显著的影响。这些研究者的结论之所以不同，可能是因底物的性质差异所导致的。如 Fang 和 Yu 进一步研究发现 HRT 对于简单的可溶性底物厌氧发酵产酸效率影响并不明显。Penaud 等发现复杂底物受 HRT 的影响较为显著。在连续运行无污泥回流的初沉污泥和剩余活性污泥的厌氧产酸反应装置中，水力停留时间实际上就是污泥在反应器中平均的停留时间。因而 HRT 越长，难降解的有机物质与水解产酸微生物接触时间也越长，有机质的水解效率也随之提高。Eastman 等考察了 HRT 在 9.0～72.0h 范围时，污泥中 COD 的融出率。结果发现，SCOD 的浓度随 HRT 的延长而提高。此外，HRT 还可以影响污泥厌氧发酵产酸。如 Lilley 等研究发现，当 HRT 少于 10d 时，污泥中 17%～20% 的 COD 可发酵转化为 VFAs。Elefsiniotis 和 Oldham 研究也发现 HRT 能够影响污泥总酸产率。在他们的研究结果中，HRT 为 12h 时取得的总酸产率最大，为 0.12mgVFAs/（mgVS·d）。但是他们还发现 HRT 的变化并不能促使 VFAs 的主要组成改变，当 HRT 在 6～15h 范围内变化时，产生的 VFAs 主要组成总是乙酸与丙酸，分别占总酸的 46% 和 32% 左右。

（5）污泥停留时间

污泥停留时间（SRT）也称为污泥龄。同 HRT 一样，SRT 也是反应器运行的重要参数之一。在没有污泥回流的连续运行反应装置中，HRT 与 SRT 几乎是相同的。Skalsky 等研究探讨了 SRT 分别为 2d、3d、4d、5d 和 6d 时，SRT 对污泥厌氧发酵产酸的影响。结果表明，SRT 为 5d 时，总酸产率最大，为 0.26mgVFAs/mgVS。Elefsiniotis 和 Oldham 研究了 SRT 对污泥发酵产酸的影响，结果发现 SRT 从 10d 延长到 20d，总酸浓度随 SRT 的提高稍有增大，但当 SRT 从 10d 减小到 5d 时，总酸产量却急剧下降；脂肪酸构成比随 SRT 的改变呈不同的变化，乙酸和丙酸随 SRT 延长而减少，而戊酸则相反。Elefsiniotis 在研究中也发现，VFAs 组成分布受到 SRT 的影响，特别是当 SRT 为 10d 时，高分子量的 VFAs 中异丁酸、正戊酸和异戊酸的含量较其他 SRT 条件增加显著。Miron 等研究了 SRT 对污泥中的蛋白质、碳水化合物及脂类物质的水解和酸化效率影响。结果发现，脂类和碳水化合物的水解效率随 SRT 的增大而提高，而蛋白质的水解仅存在于产甲烷过程中。

（6）营养元素

营养元素是厌氧微生物生长过程中必需的，能够影响底物厌氧消化效率及反应器的运行特性。C 和 N 是厌氧微生物最主要的两种营养元素，习惯上用 C/N 来表示二者在基质中的配比。与好氧微生物一样，厌氧水解产酸细菌同样需要一个合适的 C/N。就 C/N 对厌氧发酵产酸的影响，不同研究者看法不一。如 Kayhanian 和 Rich 认为城市生活垃圾如果 C/N 高于 30 则会导致 N 缺乏。然而，Tuomela 等却认为 50～70 是生活垃圾厌氧消化适宜的 C/N 值。需要说明的是，绝大多数有关底物 C/N 对污泥厌氧发酵影响的研究是基于以甲烷为目标产物的。这些结果是否适用于污泥厌氧发酵产酸有待于进一步研究。除了 C、N、P、K

和 S 这些宏量元素外，厌氧微生物还需要一些 Fe、Co、Mn、Cu、Ni 和 Se 等微量元素。

(7) 基质微生物比

厌氧生物处理过程中的基质微生物比，在实际应用中常以有机负荷（COD/VSS）表示，单位为 kg/(kg·d)。有机负荷对厌氧产酸过程的影响主要表现在底物降解和产物生成的速率方面。在污泥厌氧发酵产酸过程中，往往采用高有机负荷，从而达到改善产酸效率，缩短发酵周期的目的。然而，有机负荷并不是越高越好。如任南琪等研究发现污泥浓度为 6% 时产生的 VFAs 明显高于污泥浓度为 18% 和 30% 时产生的 VFAs，表明适宜的污泥浓度对加快产酸发酵启动速率，缩短反应周期是有利的。此外，多数厌氧发酵产酸研究采用提高有机负荷的方法是基于此条件下水解发酵产酸细菌的生长要快于产甲烷菌进行的，进而使得产酸菌在厌氧发酵的初始阶段迅速富集起来，导致产甲烷菌消耗乙酸的过程受到抑制，从而促使 VFAs 的累积。

2.2.1.4 厌氧消化工艺

根据工艺参数不同分成不同的类型：a. 发酵天数；b. 发酵固含率；c. 发酵温度；d. 级数（单级对多级）。工艺参数的决定最终取决于现场的实际情况和工程目标，关键工艺参数分述如下。

(1) 按照固含率可分为湿式、干式

湿式：垃圾固含率 10%～15%。

干式：垃圾固含率 20%～40%。

湿式单级发酵系统与在废水处理中应用了几十年的污泥厌氧稳定化处理技术相似，但是在实际设计中有很多问题需要考虑，特别是对于机械分选的城市生活垃圾，分选去除粗糙的硬垃圾、将垃圾调成充分连续的浆状的预处理过程非常复杂，为达到既去除杂质，又保证有机垃圾进入正常的处理的目的，需要采用过滤、粉碎、筛分等复杂的处理单元。这些预处理过程会导致 15%～25% 的挥发性固体损失。浆状垃圾并不能保持均匀的连续性，因为在消化过程中重物质沉降，轻物质形成浮渣层，导致在反应器中形成了三种明显不同密度的物质层。重物质在反应器底部聚集可能破坏搅拌器，因此必须通过特殊设计的水力旋流分离器或者粉碎机去除。干式发酵系统的难点在于：其一，生物反应在高固含率条件下进行；其二，输送、搅拌固体流。但是在法国、德国已经证明对于机械分选的城市生活有机垃圾的发酵采用干式系统是可靠的。Dranco 工艺中，消化的垃圾从反应器底部回流至顶部。垃圾固含率范围 20%～50%。Kompogas 工艺的工作方式与 Dranco 工艺相似，只是采用水平式圆柱形反应器，内部通过缓慢转动的桨板使垃圾均质化，系统需要将垃圾固含率调到大约 23%。而 Valorga 工艺显著不同，同为在圆柱形反应器中水平塞式流是循环的，垃圾搅拌是通过底部高压生物气的射流而实现的。Valorga 工艺优点是不需要用消化后的垃圾来稀释新鲜垃圾，缺点是气体喷嘴容易堵塞，维护比较困难。Valorga 工艺产生的水回流使反应器内保持 30% 的固含率，且亦能单独处理湿垃圾，因为固含率在 20% 以下时重物质在反应器内发生沉降。

(2) 按照阶段数可分为单级、多级

目前，工业上一般用单级系统，因为设计简单，一般不会发生技术故障。并且对于大部分有机垃圾而言，只要设计合理，操作适当，单级系统具有与多级系统相同的效能。

（3）按照进料方式分为序批式、连续式

序批式：消化罐进料、接种后密闭直至完全降解，之后，消化罐清空，并进行下一批进料。

连续式：消化罐连续进料，完全分解的物质连续从消化罐底部取出。

（4）按反应温度分为高温和中温

中温厌氧反应器反应温度较低，所以降解相同水平的有机物，一般停留时间要长（15～30d）。中温厌氧反应器产气率低，尽管生物反应过程比较稳定，但长停留时间需要更大的容积和更高的成本。高温厌氧反应器产气率高，停留时间短（12～14d），反应器容积小，但维修成本高。不同类型的厌氧反应器在市场中占的份额也不同。中温消化、高温消化都是可行的技术，实际运行的处理厂，中温消化占62%；湿式、干式系统各占一半；而单级消化、两相消化的密度相差大，其中两相消化占10.6%。厌氧消化技术在国外应用已相当广泛，据统计，到目前为止，已有大约117个垃圾处理厂采用厌氧消化工艺，其中90个已在运行，27个还在建设过程中，这些厂的处理能力都在2500t/a以上。主要分布在澳大利亚、丹麦、德国等国家，采用此工艺的公司主要有澳大利亚的Entech公司、德国的BAT公司、瑞士的Kompogas公司、丹麦的Kruger公司等。目前国内正在建设的北京市董村分类垃圾综合处理厂（650t/d）和上海市普陀区生活垃圾处理厂（800t/d）主要工艺采用厌氧发酵技术。

2.2.2 厌氧消化技术的工程应用

（1）Valorga干法厌氧消化工艺

本工艺是由法国Steinmueller Valorga Sarl公司开发，采用垂直的圆柱形消化器，是一项成熟工艺，其工艺如图2-23所示。反应器内垃圾固含率25%～35%，停留时间22～28d，产气量80～180m^3/t。消化后的固体稳定化需要进行10～21d的好氧堆肥。针对城市生活垃圾厌氧消化中存在的搅拌难、固体含量高抑制反应活性等特点，20世纪80年代后期Valorga工艺朝面向全部种类的垃圾发展。该工艺采用渗滤液部分回流与沼气压缩搅拌技术，具有比较好的经济与环境效应。中温（如Amien垃圾处理厂）或高温消化（如Freiburg垃圾处理厂）在该工艺中均有采用，垃圾平均产气量110m^3/t。目前世界上有十几个采用该工艺的垃圾处理厂，见表2-6。

表2-6 采用Valorga工艺的处理厂

厂址	处理垃圾类型	处理能力/(t/a)	投产时间
Amiens,法国	60%固体垃圾-63%挥发性有机垃圾	85000	1987年
Tilburg,荷兰	46%固体垃圾-45%挥发性有机垃圾	52000	1993年
Engelskirchen,德国	36%固体垃圾-70%挥发性有机垃圾	35000	1997年
Freiburg,德国	有机垃圾	36000	1999年
Geneva,瑞士	有机垃圾	10000	2000年
Mons,比利时	分拣垃圾与有机垃圾	58700	2000年
Cadiz,西班牙	生活垃圾	115000	2007年

厂址	处理垃圾类型	处理能力/(t/a)	投产时间
Varennes-Jarcy,法国	生活垃圾,分拣垃圾与有机垃圾	100000	2002 年
Bassano,意大利	50.8%固体垃圾-62.3%挥发性有机垃圾	52400	2007 年
Lacoruna,西班牙	混合生活垃圾	182500	2001 年
Barcelona,西班牙	42%固体垃圾-58%挥发性有机垃圾	120000	2003 年
上海宝山区垃圾处理厂	混合生活垃圾	216000	2009 年
上海普陀区垃圾处理厂	混合生活垃圾+集市垃圾	288000	2008 年

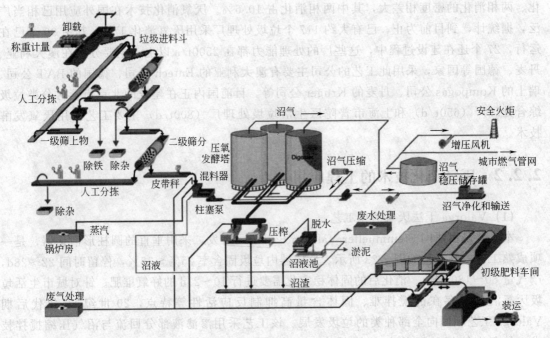

图 2-23　Valorga 工艺示意

(2) BRV 干法厌氧消化工艺

BRV 厌氧消化工艺最早是由瑞士的一家环保公司研制开发的,并于 1994 年在瑞士的 Baar 成功建设了第一个利用该工艺的有机垃圾处理厂,年处理有机垃圾 18000t,其工艺如图 2-24 所示。由于该工艺具有很高的生态环保性,其先进的工艺技术具有较大的市场潜力,符合欧洲对有机垃圾处理日益严格的环保标准。德国 Linde 公司根据市场的发展需要,收购了该公司并对该专利工艺进行了整合。当时的厌氧技术还不是很成熟,Linde 公司对其采取了严谨的完善措施,并于 1996 年首先在德国 Eurasburg 的 Quarzbichl 进行了处理规模为 4t/d 的小试,1997 年在德国的 Ravensburg 进行了处理规模为 1500t/a 的中试,以进一步完善工艺并确保该技术的适用性。在该工艺的干式消化过程中,有机垃圾经过分拣破碎等预处理后,与部分已经消化的物料混合,通过进料系统送入消化反应器内。消化物料的固含率在 20%~35%之间,消化反应器内的物料可通过气体或机械搅拌等方式进行搅拌,物料经过

25～30d 的厌氧消化后，由出料系统排出罐体，送入脱水系统进行脱水。在消化期间大约有60％的有机物被转化为生物气，可进行能源利用。BRV 卧式厌氧消化工艺成为德国目前最新的厌氧消化工艺，已经在欧洲多个垃圾处理厂实施，并取得了良好的运行效果。采用BRV 工艺的垃圾处理厂见表 2-7。

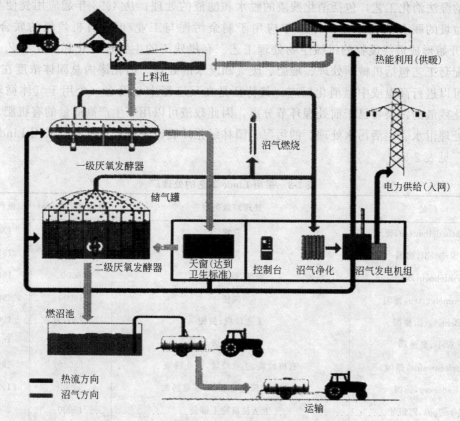

图 2-24　BRV 工艺示意

表 2-7　采用 BRV 工艺的垃圾处理厂

厂址	处理垃圾类型	规模/(t/a)	投产时间
Barr，瑞士	有机垃圾	18000	1994 年
Ravensburg，德国	城市生活垃圾、试验工厂	1500	1997 年
Heppenheim，德国	分类收集的有机垃圾、固体垃圾和工业有机垃圾	33000	1999 年
Lemgo，德国	有机垃圾和园林垃圾	38000	2000 年
Valladiod，西班牙	生活垃圾分选出的有机垃圾	15000	2001 年
Hoppstädten-Weierbach，德国	有机垃圾和园林垃圾	23000	2002 年
Westen-Isles，苏格兰	有机垃圾和渔业垃圾	8500	2006 年
Zittau，德国	玉米青储料	35000	2006 年
Lille，法国	有机垃圾、园林垃圾、餐厨垃圾	108600	2006 年
Malchin，德国	玉米、黑麦和草料	28000	2006 年

(3) Linde 湿法处理工艺

Linde 湿式厌氧消化技术属于单级厌氧消化技术，是典型的完全混合消化反应器。该工艺最早于 1968 年开发，好氧消化，好氧处理工业废水、粪便。自 1975 年开始进行粪便的厌氧处理，食品工业废水的好氧和厌氧处理，复杂的多级废水处理；自 1991 年对居民分类生物垃圾的湿法消化工艺，包括消化残渣的脱水和滤液的处理；从 1993 年起应用粪便与工农业有机垃圾的联合消化工艺；1996 年应用于剩余污泥与工业/市政有机垃圾的联合消化；1999 年开始形成最终废物的机械生物处理工艺、有机残渣的生物稳定化和熟化工艺。垃圾处理的配套工艺包括机械预处理、堆肥、废气和废水的处理。消化罐内总固体浓度在 8%～15%，可以进行高温或中温消化反应。其特征是在反应器中心设有一个用于气体循环的管道；消化残渣的污染物已于前处理环节分离，因此残渣可以用于生产高质量的有机肥。主要适用于处理泔水、生活污水处理厂的污泥、园林绿化垃圾以及有机垃圾等。采用 Linde 工艺的处理厂见表 2-8。

表 2-8 采用 Linde 工艺的处理厂

厂址	处理垃圾类型	处理能力/(t/a)	投产时间
Vippachedelhausen,德国	粪便	16000	1985 年
Berlstedt,德国	粪便	140000	1986 年
Vuiteboeuf,瑞士	粪便,炼油废料	6000	1986 年
Himmelgarten,德国	粪便	18000	1987 年
Behringen,德国	工业垃圾,粪便	23000	1995 年
Wels,奥地利	有机垃圾	15000	1996 年
Furstenwalde,德国	有机垃圾,工业垃圾,农业残渣	85000	1998 年
Radeberg,德国	有机垃圾园艺垃圾,下水道污泥	56000	1999 年
Barcelona,西班牙	生活垃圾筛下部分	15000	2001 年
Madrid,西班牙	生活垃圾筛下部分	73000	2002 年
Lisbon,葡萄牙	有机垃圾,餐饮和集市垃圾的有机部分,工业垃圾	40000	2002 年
Weidensdorf,德国	马铃薯浆	37500	2002 年
Camposampiero(Padua),意大利	有机垃圾,下水道污泥,粪便	40000	2003 年
Burgos,西班牙	生活垃圾筛下部分	40000	2004 年

(4) 瑞士 Kompogas（康保士）工艺

本工艺是干式、高温厌氧消化技术，由瑞士 Kompogas AG 公司开发，处于发展阶段，其工艺如图 2-25 所示。目前，在瑞士、日本等国家建立了大约 18 个垃圾处理厂，其中年处理量 10000t 以上的有 12 个。有机垃圾首先经过预处理达到以下要求：固含率 30%～45%，挥发性固体含量 55%～75%。粒径＜40mm，pH 值为 4.5～7，凯氏氮＜4g/kg，C/N＞18。然后进入水平的厌氧反应器进行高温消化。消化后的产物含水率高，首先进行脱水，压缩饼送到堆肥阶段进行好氧稳定化，脱出的水用于加湿进料或作为液态肥料。产生的生物气效益：10000t 有机垃圾可产生 $118 \times 10^4 \, m^3$ Kompogas 气体，其中蕴含的总能量为 $684 \times 10^4 \, kW$

•h，相当于 $71×10^4$ L 柴油，可供车辆行驶 $1000×10^4$ km。

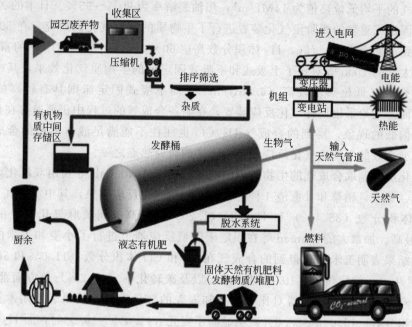

图 2-25 Kompogas 工艺示意

2.3 生物合成气制备与利用

2.3.1 国内外研究进展

近年来，生物质气化制合成气技术已成为了各国研究的热点，日本及欧美一些发达国家和地区在该领域取得了较多研究成果，尤其是气化装置和催化剂的研究处于世界领先水平。过去几年，我国在生物质气化技术方面也取得了一定的进步，而利用生物质气化途径制备合成气的研究单位还比较少，主要集中在中科院广州能源所、华中科技大学、中国科技大学等少数科研院所，并且大多数仍停留在实验室阶段。

2.3.1.1 国外研究进展

日本、美国及欧洲一些国家和地区在生物质气化制合成气技术领域经过了长期、系统的研究，一些工艺技术目前已进入成熟的商业化运营阶段。这些研究工作主要集中在气化反应装置、生物质原料类型、气化技术和催化剂研究等方面。

生物质气化的反应装置主要包括固定床气化器和流化床气化器两大类。Karmakar 等利用流化床反应器进行了富氢合成气的研究，得到的产气中 H_2 体积分数最高可达 53.08%，碳转化率为 90.11％，合成气的低位热值（LHV）在 12MJ/m³ 左右。瑞典的 Gtiransson 等对双流化床气化技术进行了探讨，得到了 H_2 体积分数为 40％ 的合成气，H_2/CO 可达 1.6 左右，合成气的平均低位热值为 14MJ/m³，焦油裂解率为 90％～95％。日本的 Xiao 等对流化床热解加固定床重整的两阶段气化装置进行了生物质的低温气化的研究，在 600℃ 的条件下，可以得到产率为 2.0m³/kg，H_2 体积分数高达 60％，LHV 为 14MJ/m³ 的富氢合成气。日本名古屋大学的 Ueki 等对比了上吸式和下吸式固定床的生物质气化效果，其中上吸式固定床得到的合成气低位热值较高（4.8MJ/m³），而下吸式固定床则具有较高的碳转化率（82％）。然而，无论采用何种气化反应装置，在制备合成气的过程中仍普遍存在焦油裂解率和碳转化率偏低的现象，得到的合成气 H_2/CO 也往往不能满足液体燃料的合成要求。因此，研制新型高效的生物质气化反应设备是将来的研究热点之一。

用于气化反应制取合成气的生物质原料有很多种。Asadullah 等利用双流化床反应装置对比了雪松、黄麻、稻草和甘蔗渣 4 种生物质的催化气化反应效果，其中雪松气化得到的合成气中 H_2 体积分数（35.4％）和 H_2/CO（1.20）都最高，而黄麻气化反应的碳转化率（84.0％）最高。加拿大的 Ahmad 等在固定床微型反应器上进行了小麦和玉米的气化反应对比实验，结果表明玉米气化得到的合成气在 H_2 和 CO 体积分数（11.0％ 和 56.5％）、产率（0.42m³/kg）、低位热值（10.65MJ/m³）以及碳转化率（44.2％）等方面都优于小麦。波兰的 Plis 等利用固定床反应器对比了木头和麦壳的气化效果，结果表明用木头得到的产气中 CO 体积分数（15.0％～28.0％）明显高于麦壳（11.0％～16.0％），而 H_2 体积分数也要比麦壳高出 2％～3％。希腊的 Skoulou 等则在下吸式固定床上进行了橄榄树锯屑和果仁的气化实验，发现在 950℃ 的条件下，锯屑得到的合成气低位热值（9.41MJ/m³）高于果仁（8.60MJ/m³），而 H_2/CO（1.52）则低于果仁（1.68）。

国外研究者一直在努力通过改进气化技术提高气化效果及合成气质量。Kantarelis 等将快速热解和固定床气化进行了对比，发现快速热解得到的合成气的 LHV 最高可达 14.80MJ/m³，H_2/CO 为 0.86；固定床气化合成气的 LHV 只有 11.62MJ/m³，但 H_2/CO 稍高（0.93）。日本的 Kazuhiro 等研究了木质生物质与煤的共气化，最终得到的合成气中 H_2 体积分数（41.6％～43.3％）和 H_2/CO（1.67～2.12）都较高，碳转化率也可达到 98.0％。美国佛罗里达大学的 Mahishi 等在松树皮的气化反应中加入了 CaO 作为 CO_2 吸附剂，结果表明气化效果得到了很大改善，在 600℃ 的条件下，与不加 CaO 的相比，合成气产率、H_2 产率及碳转化率分别提高了 62％（874.8～1418.1mL/g）、48.6％（573.0～852.3mL/g）和 83.5％（30.3％～56.0％）。

在生物质气化制合成气的过程中，会产生焦油等难以直接利用的物质，不仅造成能量的浪费，还会影响系统的正常运行。因此，研究开发能够降低焦油产生量的催化剂，是生物质气化制合成气技术的关键问题之一，也是各国研究的热点。生物质气化除焦油最常用且效果相对较好的催化剂是 Ni 基催化剂。美国国家可再生能源实验室的 Kimberly 等以 90％ 的 α-Al_2O_3 为载体，负载质量分数分别为 5.0％ 的 MgO、8.0％ 的 NiO 和 3.5％ 的 K_2O 得到的催化剂具有较好的焦油裂解效果，在 800℃ 下焦油裂解率可达 90％ 以上。其中载体 α-Al_2O_3 的粒径在 100～400μm，其抗磨损的能力强，经过 48h 的连续实验，粒径分布没有明显变化。日本名古屋大学的 Li 等以七铝酸十二钙为载体，通过浸渍法负载六水合硝酸镍制成的 Ni 基催化剂也可用于生物质气化制备富氢合成气。在温度为 650℃，气固比 S/C 为 2.1，时

空速率为 $8.9kg \cdot h/m^3$ 的条件下进行焦油裂解,焦油转化率可达 99% 以上,H_2 产率可达 80%,CO 选择性可达 63%。另外,在 $400 \sim 500$℃ 时使用浸渍法得到的纳米级 Ni 基催化剂,对于提高 H_2 产率和焦油转化率的效果非常明显。Ni 基催化剂的主要问题是失活现象比较严重,其中由于 H_2S 中毒而使 Ni 的活性位点减少是导致催化剂失活的最主要原因。另外,由于烧结导致 Ni 晶体变大以及炭化现象也可能造成催化剂的失活。Rh 基催化剂也是一种有效的焦油裂解催化剂,Colby 等在气化炉温度为 850℃,压力为 0.1MPa 的条件下,以 α-Al_2O_3 为载体负载 Rh 可使焦油转化率达到 50%。日本的 Keiichi 等以 SiO_2 为载体,负载上 Rh 和 CeO_2(其中 CeO_2 的质量分数占 35%)用以催化焦油裂解和生物质气化。在温度为 650℃,压力 0.1MPa,生物质进料量 85mg/min,空气流量 50m/min 的条件下,碳转化率达 99% 以上,可得到 CO 产量为 $2254\mu mol/min$,H_2 产量为 $2016\mu mol/min$ 的合成气。Rh 基催化剂在使用中的最大问题是催化剂的磨损和失活。除了 Ni 基和 Rh 基催化剂外,在生物质气化制合成气中,Ru、Zr、Pt 等重金属对焦油的去除也有一定效果,但目前研究较少。不管采用哪种催化剂,在合成气制备过程中普遍存在焦油转化率较低的问题,某些催化剂虽然具有比较理想的焦油转化率,但成本很高,因此研究开发催化效率高且价格低廉的新型焦油裂解催化剂是生物质气化制合成气技术发展过程中一个亟待解决的关键问题。

2.3.1.2 国内研究进展

我国生物质气化研究起步较晚,目前仍停留在气体生产阶段,生物质燃气主要用于炊事、锅炉供热及发电,在生物质气化制合成气进而生产化学品方面的研究和实践很少。

生物质气化制合成气实践方面,中科院广州能源所研制出了规模为 100t/a 的玉米气化制合成气进而生产二甲醚的生产系统,当玉米进料量为 $45 \sim 50kg/h$,得到的合成气产率可达 $40 \sim 45m^3/h$,产气中 H_2 体积分数为 32.5%,H_2/CO 在 1 左右。中国科技大学生物质洁净能源实验室研制出一套流化床式生物质定向气化装置,最多可处理 50kg/h 生物质,气化压力最高可达 3MPa。

国内在生物质气化制合成气方面的研究目前多数仍停留在实验室阶段。华中科技大学的李建芬等以树叶为原料,利用热裂解装置进行了生物质制合成气的研究。实验得到的合成气的主要成分是 CO、H_2、CH_4 及 CO_2,其中 CO 和 H_2 的总体积分数占 56%,合成气的低位热值为 $15 \sim 20MJ/m^3$,属于中热值可燃气,可以直接作民用燃气。武汉工业学院的杜丽娟等以松木锯屑为原料,使用自制的 Ni 基催化剂,在固定床装置上进行了催化裂解制合成气的实验。结果表明温度的升高和催化剂的加入都有利于焦油的裂解和产气量的升高。在 900℃ 时气化效果最好,得到的合成气中 CO 和 H_2 的体积分数达到 85%,焦油产率仅为 1.8%,产气量可达 $1.56m^3/kg$。

中科院广州能源所的 Lü 等以松木锯屑为原料进行了生物质气化制合成气的研究。实验装置前端是流化床气化炉,以白云石为催化剂,用于生物质气化;后端是固定床反应器,加入 Ni 基催化剂,用以去除气体中的焦油等杂质。在进料速率为 0.47kg/h,空气流量 $0.65m^3/h$,水蒸气流量 0.4kg/h,S/B 为 0.85 的条件下,最终得到的合成气中 H_2 体积分数最大可达 52.47%,H_2/CO 的值为 $1.87 \sim 4.45$。

大连理工大学的 Gao 等利用安装了多孔陶瓷改性装置的连续进料固定床反应器进行了松锯屑的气化实验。得到的合成气产率为 $0.99 \sim 1.69m^3/kg$,H_2 产率为 $43.13 \sim 76.37g/$

kg，合成气中 H_2/CO 可达到 $1.74\sim2.16$。与不加多孔陶瓷相比，产气中最大 H_2 体积分数可提高 45.4%。华中科技大学 Yan 等同样利用多孔陶瓷改性的上吸式固定床反应器进行了富氢合成气的研究，得到的合成气 LHV 为 $8.10\sim13.40MJ/m^3$，氢气产率为 $45.05\sim135.40g/kg$。产气中最大 H_2 体积分数可达 60.59%，与不用多孔陶瓷改性（43.37%）相比有明显提高。

除了传统的流化床和固定床气化器外，也有研究者利用等离子体反应器和高压微反应器进行生物质气化制合成气的实验，同样收到了不错的效果。虽然我国在生物质气化制合成气技术方面取得了一定的进展和成果，但尚处于起步阶段，研究工作仍然很少，与国外发达国家相比还存在较大差距。尤其是得到的合成气中 H/C 无法满足合成液体燃料的要求，而且焦油转化率也比较低，很多关键的技术问题还没有解决，因此我国在该领域的研究有待加强。

2.3.1.3 存在的问题

国外自 20 世纪 80 年代以来对生物质气化技术进行了大量的实验研究，对不同种类生物质气化的试验设备和工艺流程进行了大量攻关研究，气化工艺和设备已实现商品化，如瑞典的 Bioflow、美国的 BGF、意大利的 Energy Farm 等都是比较成熟的生物质气化发电工程。但是，生物质气化制合成气的研究大多为实验室研究和小规模中试研究，大型生产工艺和配套设备还有待进一步开发。而且多数的生物质气化制合成气技术与传统技术相比仅有社会、环境效益，无经济竞争优势，使该技术的工业化生产受到限制。尽管生物质气化制合成气技术研究已经取得了很大进展，但仍有很多问题急需解决，主要体现在以下几个方面。

1）生物质气化反应器对各类生物质或混合生物质原料气化试验的通用性不强。

2）现有生物质气化技术所得到的产气成分不符合化学品合成技术的要求。产气中 H/C 摩尔比一般较低，达不到甲醇、乙醇等化学品合成的理论比例，而且产气中的 CO_2、CH_4 的含量较高，影响后期的液体燃料的合成，需要进一步开发新的气化技术，以期得到最优的合成气比例，为新型能源的开发提供技术支持。

3）生物质气化制合成气过程中会产生大量难以利用的焦油，影响产气的效果及系统的运行，如何尽量减少焦油的产生量，一直是各国研究人员关注的热点问题。虽然开展了不少工作，但效果并不理想，后期研究需要进一步改善气化条件或者开发新型高效的焦油裂解催化剂，最大程度地降低合成气中焦油的含量。

4）国内生物质气化及利用研究多限于制备用于供暖锅炉、发电以及居民炊事等的低热值燃气，中热值燃气生产技术仅限于实验室及小规模中试研究，而对于生物质气化制液体燃料合成气技术的研究还很少。

2.3.1.4 未来研究方向

随着全球化石燃料的逐渐枯竭和温室气体效应的日益严重，开发一种廉价的清洁能源技术显得尤为重要。生物质气化制合成气，进而合成化工制品和液体燃料是一种效率高、低成本、无污染的新型可再生能源生产技术，已成为世界各国研究的热点，也取得了一定的研究成果，是生物质转化利用技术中极具潜力的发展方向，具有十分广阔的应用前景。

但是目前生物质气化制合成气技术在理论和实践上仍存在一些问题，尤其是国内在这方面的研究工作还很少。因此，尽快开展生物质气化制合成气技术的研究十分必要。若能通过开发一套新的气化技术路线和高效气化反应设备，并且研制出实用高效的催化剂，从而解决上述难题，使该技术最终走向工业化，必将带来巨大的环境效益和经济效益。

2.3.2 生物质气化制取合成气的模拟

生物质能是目前世界上使用的第四大能源，生物质气化技术被认为是能够达到资源可再生和 CO_2 减排双重目标的关键技术之一。生物质气化得到的合成气（CO 与 H_2 的混合气体）经过调整、净化等处理，再经费托合成可进一步获得液体燃料，这在化石燃料日益枯竭的今天具有特殊的意义。因此，国内外学者对生物质气化制取合成气进行了大量的研究。例如，有学者采用富氧气化的方式来提高产品气中合成气的浓度；为满足合成液体燃料的对合成气中的氢碳比（合成气中 H_2 与 CO 的体积分数之比，H_2/CO）的要求，有学者在气化剂中尝试添加水蒸气来调节合成气中的氢碳比等。

下面将从数值模拟的角度来研究生物质气化过程，即通过 ASPENPLUS 软件来研究生物质在串行流化床中气化生成合成气的规律，从而为生物质高效制取合成气的技术提供必要的理论参考数据。

2.3.2.1 串行流化床制取生物质合成气技术

本段主要介绍的是新颖的串行流化床制取生物质合成气的技术，它将生物质气化和燃烧过程分隔开，较好地解决了合成气被烟气和空气中的 N_2 稀释的问题，同时，通过生物质补燃，能实现系统的自供热。

串行流化床制取生物质合成气技术的示意见图 2-26。该系统包括 2 个主要的反应器，其中气化反应器采用的是鼓泡流化床，流化介质为水蒸气；燃烧反应器采用的是循环流化床，流化介质为空气，2 个反应器之间依靠床料进行热量传递。进入系统的生物质原料分为两部分：一部分（燃烧生物质）在循环流化床内燃烧使床料积蓄大量热量；另一部分（气化生物质）则进入鼓泡流化床，与水蒸气以及在循环流化床内蓄热后的床料颗粒剧烈混合，发生强烈的热量和质量交换。气化生物质在高温下发生热解，挥发分析出，同时热解气体产物和剩余固态物质还与水蒸气发生化学反应生成 H_2、CO 等气体。

2.3.2.2 串行流化床制取生物质合成气的模型

（1）气化模型

根据 ASPENPLUS 软件模拟处理过程的应用特点，并为了准确模拟生物质气化过程和简化模拟流程，对所建模型做 5 点假设：a. 气化反应器和燃烧反应器均稳定运行且所有发生的化学反应都能达到平衡状态；b. 不考虑气化反应器和燃烧反应器的压力损失；c. 气化产物中气体成分主要考虑 CO、H_2、CO_2、CH_4、H_2O、N_2、H_2S、NH_3、COS 和 SO_2 10 种，固体为灰分和未燃尽碳，不考虑焦油；d. 生物质原料中的灰分和床料为惰性组分，不参与气化过程的反应；e. 系统保温良好，故暂不考虑系统热损失。

在上述基础上，建立了串行流化床制取生物质合成气的质量平衡、化学平衡和能量平衡模型。

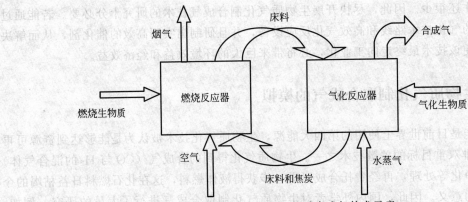

图 2-26 串行流化床制取生物质合成气技术示意

气化反应器中考虑的主要反应如下:

$$C+H_2O \longrightarrow CO+H_2+\Delta H^1_{f(298)}$$

$$\Delta H^1_{f(298)} = +130.414 kJ/mol \tag{2-1}$$

$$CO+H_2O \longrightarrow CO_2+H_2+\Delta H^2_{f(298)}$$

$$\Delta H^2_{f(298)} = -42.200 kJ/mol \tag{2-2}$$

$$C+CO_2 \longrightarrow 2CO+\Delta H^3_{f(298)}$$

$$\Delta H^3_{f(298)} = +172.615 kJ/mol \tag{2-3}$$

$$C+2H_2 \longrightarrow CH_4+\Delta H^4_{f(298)}$$

$$\Delta H^4_{f(298)} = -74.900 kJ/mol \tag{2-4}$$

$$CH_4+H_2O \longrightarrow CO+3H_2+\Delta H^5_{f(298)}$$

$$\Delta H^5_{f(298)} = +205.310 kJ/mol \tag{2-5}$$

利用 ASPENPLUS 建立串行流化床制取生物质合成气的模拟流程如图 2-27 所示,其中包括 6 个单元模块、9 个物流股和 5 个热流股。热解模块是一个计算收率的反应器,其模块来自 ASPENPLUS 中的 RYIELD 反应模块,主要功能是将生物质分解转化成简单组分和灰分。气化模块和燃烧模块均是基于吉布斯自由能最小化原理的反应器,来自 ASPENPLUS 中的 RGIBBS 反应模块。分流器模块来自 ASPENPLUS 中的 FSPLIT 的模块,用于将进入系统的生物质原料分为 2 股,即气化生物质送去生物质气化反应器进行气化反应,燃烧生物质送入生物质燃烧反应器燃烧,燃烧产生的热量支持整个系统完成生物质热解、气化以及给水气化所需的热量。换热器模块来自 ASPENPLUS 中的 HEATER 模块,用于加热给水获取气化所需的水蒸气,并借此调整水蒸气与进入到气化器中的生物质的比例(S/B)。

(2) 计算工况与参数

计算的生物质原料为江苏省某地区的松木锯末,其工业分析和元素分析如表 2-9 所列。

表 2-9 生物质的工业分析和元素分析　　　　　　　　　　　　　单位:%

工业分析				元素分析				
M_{ar}	C_{ar}	V_{ar}	A_{ar}	C_{ar}	H_{ar}	O_{ar}	N_{ar}	S_{ar}
7.89	14.77	75.78	1.56	40.06	5.61	43.88	0.90	0.10

注:低位热值为 14.47MJ/kg。

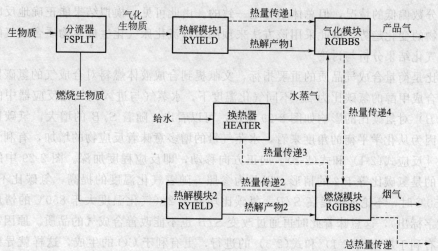

图 2-27 串行流化床制取生物质合成气的模拟流程

模拟生物质气化过程物流主要进口参数及运行条件为：环境温度 20℃，空气在环境温度下送入，换热器入口给水温度为 20℃，各反应器操作压力均为 0.1MPa，生物质进料量为 3kg/h，燃烧反应器的空气进气量为 7m³/h。

2.3.2.3 计算结果与分析

(1) 模拟结果与实验结果的比较

为了验证所建模型的准确性，将生物质在反应器中气化过程的模拟结果与实验结果进行比较。不同气化温度下气化产物体积分数的模拟结果与实验结果的比较如图 2-28 所示。

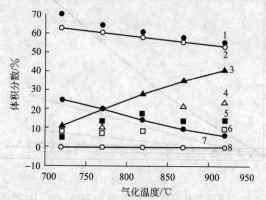

图 2-28 产物气体积分数的模拟结果与实验结果的比较

1—H_2 实验值；2—H_2 模拟值；3—CO 模拟值；4—CO 实验值；5—CO_2 实验值；
6—CH_4 实验值；7—CO_2 模拟值；8—CH_4 模拟值

由图 2-28 可见，模拟结果与实验结果基本吻合，其中 H_2 与 CO 吻合得很好，各组成气体的变化趋势也与实验结果基本相符。而 CH_4 的模拟值与实验值误差相对较大，这主要因为模拟计算是基于气化反应达到完全平衡的理想结果，而实际中 CH_4 与水蒸气的重整反应由于受反应时间的限制，并没有达到完全的平衡，这就造成模拟中的 CH_4 体积分数较实验产物体积分数偏低的情况，但总体趋势是一致的。由此可见，模拟结果能正确地反映气化过程气体产物的变化趋势，因此采用该方法来预测串行流化床气化生成生物质合成气的规律。

(2) 气化结果分析与讨论

氢碳比是衡量合成气品质的重要指标，文献提到合成液体燃料对合成气的氢碳比有一定要求，如合成甲醇的氢碳比为2。不同气化温度下，水蒸气与进入到气化反应器中的生物质之比（S/B）对氢碳比的影响如图 2-29 所示。可以看出，随着 S/B 的增大，氢碳比随之增大。这是因为从化学平衡的角度来看，水蒸气量的增多意味着反应物的增加，有利于水蒸气还原反应 [反应式(2-1) 和式(2-2)] 向正方向移动，即反应程度加深。图 2-29 中的 1 条平行线表示的是氢碳比等于 2 的情形，以此为参照，随着气化温度的提高，氢碳比不断下降，甚至到 850℃时，不论如何提高 S/B，氢碳比均低于 2（气化温度大于 850℃的情形没有在图中以数字标出），这意味着此时再通过改变 S/B 也不能改善合成气的品质。原因在于升高气化温度有利于反应式(2-1) 和式(2-3) 的进行，更有利于 CO 的生成，这样就导致合成气中 CO 体积分数的增加，氢碳比随之下降。

不同气化温度下 S/B 对气化份额和气化反应器中的碳转化率的影响如图 2-30 和图 2-31 所示。所谓气化份额是指系统在实现自供热的情况下进入气化反应器的生物质占送入整个系统的总生物质的比例。气化份额越高，表明有更多的生物质参与到气化反应中来。而气化反应器中的碳转化率是指合成气中的含碳量与进入到整个系统中生物质的含碳量之比。碳转化率越高，则证明有更多的生物质转化成合成气。

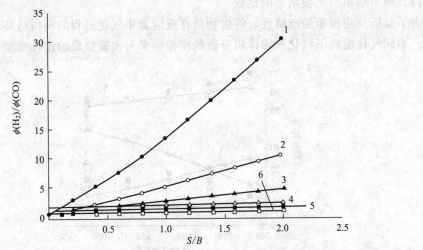

图 2-29 不同气化温度下 S/B 对 $\phi(H_2)/\phi(CO)$ 的影响

1—650℃；2—700℃；3—750℃；4—800℃；5—$\phi(H_2)/\phi(CO)=2$；6—850℃

图 2-30 表明在相同的 S/B 下，随着气化温度的上升，气化份额减小，燃烧份额增加，这主要因为气化温度的提高需要以燃烧更多的生物质为代价。另一方面，在相同的气化温度下，随着 S/B 的增加，气化份额也逐渐减小，这主要因为 S/B 的增加意味着进入系统的水量增加，要使增加的水量提高到气化温度，所需的热量也必须通过燃烧更多的生物质来获得，因此，此时燃烧份额增大，气化份额减小。

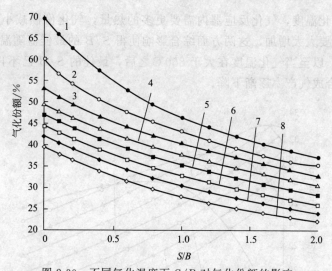

图 2-30　不同气化温度下 S/B 对气化份额的影响

1—650℃；2—700℃；3—750℃；4—800℃；5—850℃；6—900℃；7—950℃；8—1000℃

图 2-31 表明在相同气化温度下，随着 S/B 的增加，碳转化率下降，而在相同的 S/B 下，随着气化温度的上升，碳转化率减小。这是因为气化反应器中的碳转化率与气化份额密切相关，且呈现相同的变化趋势。由图 2-31 可见，要获得较高的碳转化率，气化温度不能太高，S/B 也不能太大。

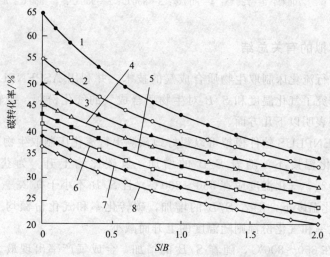

图 2-31　不同气化温度下 S/B 对碳转化率的影响

1—650℃；2—700℃；3—750℃；4—800℃；5—850℃；6—900℃；7—950℃；8—1000℃

图 2-32 给出了不同气化温度下 S/B 对合成气产率的影响。合成气产率是指单位质量生物质（干燥无灰基 daf）所能产生合成气（H_2+CO）的物质的量，其单位为 mol/kg。如图 2-32 所示，气化温度在 650～800℃，随着 S/B 的增加，合成气产率出现最大值（即存在最佳的 S/B 值），且随着气化温度的提高，这个最大值向左移，这主要因为水蒸气量的增多会促进水蒸气变换反应的进行，因此合成气的产量会提高；但是进一步提高 S/B，会使气化份额减小，则合成气产量不增反降，综合起来看，合成气产率会出现一个最大值。从温度的

角度来看，提高气化温度，气化反应器内需要更多的热量，气化份额减小而燃烧份额增加，且水蒸气吸热量也要大大增加，这两方面综合影响使得 S/B 的最佳值随温度的升高而减小，即最佳 S/B 减小，以至当气化温度在大于 $850℃$ 之后，最佳的 S/B 已不再出现，即此时随着 S/B 的增加，合成气产率逐渐下降。

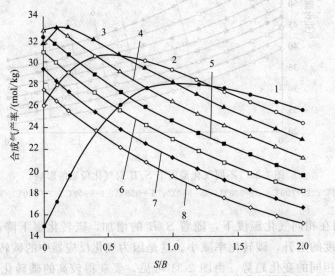

图 2-32　不同气化温度下 S/B 对合成气产率的影响

1—650℃；2—700℃；3—750℃；4—800℃；5—850℃；6—900℃；7—950℃；8—1000℃

2.3.2.4　模拟的有关总结

以上提出了串行流化床制取生物质合成气的技术，并利用 ASPENPLUS 软件对该流程进行模拟，分别研究了气化温度和 S/B 对生物质合成气的气化份额、碳转化率、合成气产率等的影响，结果表明以下几方面。

1）利用 ASPENPLUS 软件模拟可以很好地预测串行流化床制取生物质合成气的情形。

2）在不同气化温度下，随着 S/B 的增加，氢碳比均上升。为获得较高的氢碳比 $[\phi(H_2)/\phi(CO) \geqslant 2]$，气化温度应在 $650 \sim 800℃$，且 S/B 不小于 0.2。

3）在不同气化温度下，随着 S/B 的增加，碳转化率和气化份额均下降；在相同 S/B 的条件下，碳转化率和气化份额则随温度的上升而减小。

4）气化温度在 $650 \sim 800℃$，随着 S/B 的增加，合成气产率出现最大值；气化温度在 $850 \sim 1000℃$，合成气产率随着 S/B 的增加而下降。为获得较高的碳转化率、气化份额和合成气产率，较适宜的气化温度是 $650 \sim 800℃$，S/B 则在 $0.2 \sim 1.0$。

2.3.3　模拟技术举例分析

2.3.3.1　低碳醇合成工艺

低碳醇可以作为燃料、汽油添加剂和化工产品的原料。随着石油资源日趋减少，合成气尤其是生物质基合成气制低碳醇越来越受到关注。作为 C_1 化学的重要内容，CO 加氢选择催化合成低碳醇一直被认为是极具工业价值和应用前景的研究课题之一。然而，现有的低碳醇合成工艺单程转化率及生成 C_2+OH 的选择性仍较低，大多数体系合成的主要产物是甲醇，而非 C_2+OH，使其商业应用大受限制。目前，合成气制低碳醇作为国内外研究的热点之一，利用流程模拟软件 ASPEN 对合成气制甲醇模拟的比较多，并对实验甚至工业化起到了很好的指导作用，对合成气制低碳醇的模拟研究国外有一些合作开发的技术实例，而国内研究得比较少。利用流程模拟软件 ASPEN 建立 GTI 炉生物质基合成气制低碳醇模型，将结果与文献数据进行比较，并讨论过程含水量、碳转化形式和 CO_2 减排、产焦及进行工艺的质量和能量衡算，研究结果为今后开展合成气制低碳醇提供了理论依据。

(1) 生物质基合成气制低碳醇模拟基础

① 生物质基合成气制低碳醇热力学基础　生物质基合成气催化合成制取低碳醇的过程是一个非常复杂的反应体系，过程中除了生成低碳醇之外，还会生成许多副产物，如 CO_2、烃、醛、酯、酸、水等。主要包括的反应有低碳醇合成反应、F-T 合成反应、水煤气变换反应等。下面是一些主要的反应及其过程的吉布斯自由能变化（kJ/mol）与温度的关系：

$$CO+2H_2 \Longrightarrow CH_3OH$$

$$\Delta G_6^{\ominus} = -27.288 + 0.05838T \tag{2-6}$$

$$nCO + 2nH_2 \Longrightarrow C_nH_{2n+1}OH + (n-1)H_2O$$

$$\Delta G_7^{\ominus} = -38.386 + 11.098 + (5.982n - 0.144) \times 10^{-2}T \tag{2-7}$$

$$CO + H_2O \Longrightarrow CO_2 + H_2$$

$$\Delta G_8^{\ominus} = -8.514 + 0.77 \times 10^{-2}T \tag{2-8}$$

② 生物质基合成气制低碳醇的反应机制　生物质基合成气催化合成制取低碳醇是一个非常复杂的过程，其包含许多复杂的反应，研究催化反应的机制是研究低碳醇合成的一个重要方面，可为催化剂的改性和提高目标产物的产率提供重要的理论基础，对于低碳醇的合成具有重要的指导意义。图 2-33 是 $CO+H_2$ 合成低碳醇的反应链增长机制示意。

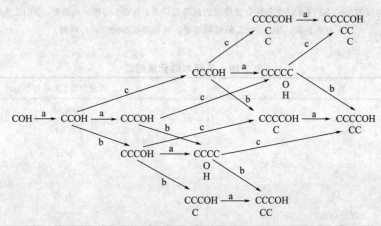

图 2-33　$CO+H_2$ 合成低碳醇的反应链增长机制示意

③ 生物质基合成气制低碳醇模型的建立　生物质经干燥后，水分含量由 50% 减少为 5%；干燥后的生物质进入 GTI 气化炉进行气化，生成粗合成气，主要为气体组分（CO、

H_2、CO_2、CH_4等)、焦油(大分子烃类)和生物质焦(生物质未完全气化的固体产物,主要含 C 元素);粗合成气由于含有大量的酸性气体(H_2S 和 CO_2)、焦油和颗粒等,需经焦油重整、分子筛脱水、水煤气变换、酸性气体去除等工艺进行气体的净化与调变,以生成合成醇要求的净化合成气(H_2/CO 摩尔比为 2.0~2.3);净化合成气进入两段式醇合成器进行醇的合成反应,产物预分离得到粗醇,而未转换的合成气大部分循环至焦油重整器,其余循环至炭燃烧炉进行燃烧;粗醇进行减压脱水,分离精制得到低碳醇,其中甲醇循环利用。生物质选取黄杨木,其元素组成见表 2-10,处理量为 2000t/d。根据生物质基合成气制低碳醇流程,运用流程模拟软件 ASPEN 建立模型,如图 2-34 所示。

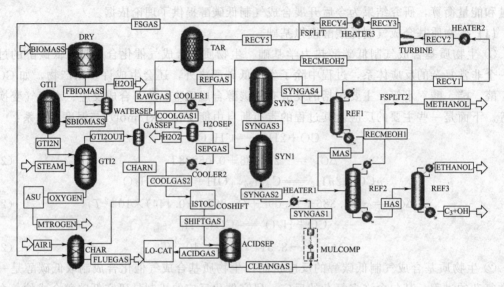

图 2-34 GTI 气化炉制低碳醇的工艺设计模型

说明:DRY 为生物质干燥器,用于生物质干燥处理;GTI1 与 GTI2 为生物质气化炉;GASSEP 为气化炉气焰分离装置;ASU 为空分单元;CHAR 为燃烧炉,共同构成 GTI 炉的主体;TAR 为焦油重整器;COSHIFT 为水煤气转换装置;ACIDSEP 为酸气脱除装置;LO-CAT 为硫转换装置;MULCOMP 为多段压缩机,依次完成合成气的重整、净化与压缩;SYN1 与 SYN2 是醇合成反应的两段反应器;REF1 为预分离装置;REF2 为甲醇分离装置,REF3 为乙醇精制装置,共同完成醇的合成与精制。

表 2-10 黄杨木的元素组成

成分	质量分数(干基)/%
C	50.88
H	6.04
N	0.17
S	0.09
O	41.90
灰分(ash)	0.92

(2) 结果与讨论

① 低碳醇合成产物分布 使用已建立的模型,对工艺过程中醇的产物分布进行计算,结果与美国可再生能源实验室 NREL2007 年度报告、NREL2009 年度报告、NREL2011 年

度报告进行对比，如表 2-11 所列。由表 2-11 可知，模型模拟的数据与 NREL2007 年度报告和 NREL2009 年度报告的数据能够很好地吻合，表明模型可以预测低碳醇合成产物分布；美国可再生能源实验室 NREL2011 年度报告采用了道化学公司的动力学模型，主要考虑了甲醇、乙醇和丙醇，所以模拟数据与其有很大差别。

表 2-11　低碳醇合成产物分布　　　　　　　　　　　　　　单位：%

醇分布	模拟	NREL2007	NREL2009	NREL2011
CHOH	8.47	8.5	8.5	61.6
C_2H_5OH	68.55	81.7	81.7	25.6
C_3H_7OH	13.77	8.8	8.8	2.8
C_4H_9OH	6.13	0.9	0.9	—
$C_5H_{11}OH$	3.08	0.1	0.1	—

② 过程含水量分析　使用已建立的模型，对工艺过程中含水量进行模拟计算，其结果见表 2-12。

表 2-12　合成气途径不同塔器的含水量变化

反应器	进口含水量/%	出口含水量/%
气化炉	—	15.20
焦油重整器	12.58	5.70
分子筛	5.70	0.85
CO 变换反应器	0.85	3.06
低碳醇反应器	4.65	6.40

通过分析可知，气化炉出口气与循环重整合成气混合并经焦油重整后，其含水量有所降低，但 5.7% (质量分数) 的含水量较高不利于进行压缩与净化处理，同时考虑到工艺的经济性，过程设计时采用了分子筛脱水的方法，焦油重整后的合成气经分子筛脱水后，含水量降为 0.85% (质量分数)。脱水后的合成气仍为醇-水-烃类-合成气的复杂气相混合物，后续的合成气净化与调变和醇合成过程，其含水量变化不大。

③ 碳的转化形式和 CO_2 减排　使用已建立的模型，对工艺过程中的碳的转化形式进行分析，结果见图 2-35。

由图 2-35 可知，生物质基合成气制低碳醇过程中，碳转化为乙醇等低碳醇的效率比较低，其中大量的碳转化为 CO_2 形式，主要原因是由于生物质的能量密度性质以及目前的工艺条件的限制。所以提高生物质整个过程的转化效率以及减少 CO_2 的生成尤为重要，而且对整个过程的经济性有很大的提高。

工艺流程中，CO 变换产生的 CO_2 与整个过程中生物质的利用以及过程 CO_2 减排有很大关系。在模拟其他工艺参数不变的情况下，分析 CO 转化率与碳转化形式的关系，如图 2-36 所示。其中，CO 转化率为参与变换的 CO 的量与进入变换装置的 CO 总量的比值。

由图 2-36 可知，随着 CO 转化率增加，过程中 CO_2 的排放量不断升高，而乙醇和其他低碳醇的产量不断降低，其中乙醇降低比较明显，所以在模拟过程中，使合成气达到醇合成催化剂的要求和提高醇产量的同时，应选择合理的 CO 转化率。

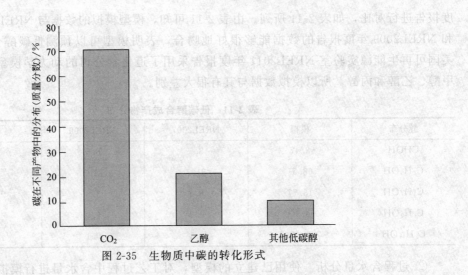

图 2-35　生物质中碳的转化形式

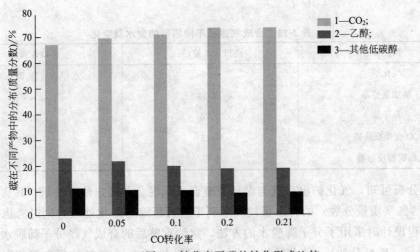

图 2-36　不同 CO 转化率下碳的转化形式比较

④ 产焦估算　在气化炉中，干燥后的生物质气化生成合成气，同时产生一部分焦，焦相应的元素估算如表 2-13 所列，结果与美国可再生能源实验室 NREL2007 年度报告的 BCL 炉进行对比。由表 2-13 可知，气化产生的焦都是高碳低硫生物质焦，可以作为高热值清洁燃料使用。

表 2-13　产焦的模拟数据与 BCL 炉数据的对比

成分	模拟（GTI 炉）/%	NREL2007（BCL 炉）/%
灰分	15.15	5.01
C	67.56	77.75
H	6.63	5.73
O	10.44	11.41
N	0.08	0.06
S	0.12	0.04

焦主要含 C 元素，说明生物质在气化过程中气化还不够完全，效率不够高。与 BCL 炉相比，GTI 炉 C 的利用有所提高，但还有很大的提升空间。

⑤ 过程质量平衡和能量平衡　使用已建立模型，对工艺过程的质量和能量进行了简单的计算，结果如表 2-14 所列。由表 2-14 可知，工艺过程中能耗比较大，"三废"（废水、废气和废渣）的排放也比较多，有必要通过水循环和联产进行能量的集成，合理配置，达到节能减排目的的同时，提高整体工程的经济性。

表 2-14　过程的质量和能量平衡

质量平衡/(kg/h)		能量平衡/%	
输入		输入	
生物质	166667.00	生物质	100
水	17580.33	水	−19.2
进入气化炉的空气	19494.79	空气	0.2
进入碳燃烧炉的空气	333837.00	总计	80.6
进入酸性气体去除的空气	146.92		
总计	537726.04	输出	
输出		乙醇	30.5
乙醇	34266.73	其他醇	7.2
其他醇	15950.03	硫	0.03
废水	78947.3	压缩机	13
废气	62986.69	换热器	19
硫	68.58	废水	−0.09
废物(灰/焦/水)	344872.96	烟气	15.9
排放	633.75	排放到大气	−6.5
总计	537726.04	蒸发	1.96
		总计	81

(3) 关于生物质基合成气制低碳醇的总结

通过运用流程模拟软件 ASPEN，对生物质基合成气制低碳醇建立模型并进行模拟计算，主要考察了低碳醇合成产物分布、过程含水量、碳的转化形式和 CO_2 减排、产焦以及工艺质量和能量平衡，得出如下结论。

1）由模拟数据和文献数据比较可以看出，模拟值与文献值能够很好地吻合，建立的生物质基合成气制低碳醇模型可有效地预测工艺关键问题，为工业化提供理论依据。

2）含水量在工艺过程中是一个很重要的问题，及时去除水对工艺的经济性将会有很大的提高；CO_2 的排放量可以有效反映生物质的利用程度，降低 CO_2 的排放，在提高生物质利用程度的同时，也可增强对环境的保护；减少生物质焦的生成，以及提高生物质的气化程度，可以提高生物质的利用。

3）过程物料和能量分析表明，需要减少工艺过程中能耗和"三废"的排放，合理配置，进行能量集成优化，以达到节能减排的目的，提高过程的经济性。

2.3.3.2 化学链燃烧工艺

化学链燃烧技术（chemical looping combustion，CLC）是 20 世纪 80 年代由德国科学家 Richter 等提出来的一种新型燃烧概念，该技术采用氧载体分子中的晶格氧而不是空气中的分子氧来为燃料提供燃烧所需的氧。由于燃烧气体产物不被空气稀释，从而不需要消耗能量，既能得到高浓度 CO_2，又有利于温室气体的捕集和封存。早期的化学链技术较多集中在对 CH_4 等气体燃料的化学链燃烧和重整方面的研究，近年来研究人员开始关注对煤和石油焦等固体燃料的化学链转化过程，化学链制氢技术（chemical looping hydrogen，CLH）、化学链重整技术（chemical looping reforming，CLR）和非耦合氧化学链燃烧技术（chemical looping with oxygen uncoupling，CLOU）三种 CLC 技术开始得到一定的应用。与化学链燃烧不同的是，化学链气化制氢利用载氧体中的氧与燃料反应，通过控制载氧体与燃料的比值，得到以 CO 和 H_2 为主要组分的合成气，而避免燃料被完全氧化生成 CO_2 和 H_2O。该技术使得生物质能够在载氧体的作用下发生部分氧化反应生成合成气，可以显著降低合成气生产成本；另外，氧载体的性能对化学链过程也是非常重要的，Fe 基氧载体以其廉价和无二次污染的优势得到了较广泛的应用。本研究利用 ASPENPLUS 模拟软件，建立化学链气化反应模型，生物质与载氧体在燃料反应器内发生部分氧化生成合成气，载氧体被还原成为低价态的氧化物或金属单质，然后被还原后的金属氧化物在空气反应器内被空气重新氧化，循环利用，两个反应器之间通过载氧体颗粒进行热量传递。对铁基生物质化学链气化制取合成气进行模拟，分析反应温度和压力等对气化结果的影响，为生物质化学链气化制取合成气技术提供必要的理论参考依据。

(1) 生物质化学链气化理论分析

以 Fe_2O_3 为载氧体时，在空气反应器中，可能发生的主要反应有：

$$4Fe_3O_4 + O_2 \longrightarrow 6Fe_2O_3$$
$$\Delta H_{1023.15} = -483.066 \text{kJ/mol} \tag{2-9}$$
$$4FeO + O_2 \longrightarrow 2Fe_2O_3$$
$$\Delta H_{1023.15} = -554.684 \text{kJ/mol} \tag{2-10}$$

在燃料反应器中，可能发生的主要反应如下。

生物质的热解：

$$C_nH_{2m}O_x \longrightarrow char + tar + syngas$$
$$(CO, H_2, CO_2, CH_4 \text{ 及 } C_nH_m) \tag{2-11}$$

Fe_2O_3 颗粒和生物质热解产物（CO，H_2 及 CH_4 等）以及焦炭颗粒的还原：

$$CO + 3Fe_2O_3 \longrightarrow CO_2 + 2Fe_3O_4$$
$$\Delta H_{923.15} = -37.666 \text{kJ/mol} \tag{2-12}$$
$$CO + Fe_2O_3 \longrightarrow CO_2 + 2FeO$$
$$\Delta H_{923.15} = -3.217 \text{kJ/mol} \tag{2-13}$$
$$H_2 + 3Fe_2O_3 \longrightarrow H_2O + 2Fe_3O_4$$
$$\Delta H_{923.15} = -2.011 \text{kJ/mol} \tag{2-14}$$
$$H_2 + Fe_2O_3 \longrightarrow H_2O + 2FeO$$
$$\Delta H_{923.15} = 32.438 \text{kJ/mol} \tag{2-15}$$

$$CH_4 + 3Fe_2O_3 \longrightarrow H_2 + CO + 2Fe_3O_4$$
$$\Delta H_{923.15} = 221.762 \text{kJ/mol} \tag{2-16}$$

$$CH_4 + 4Fe_2O_3 \longrightarrow 2H_2O + CO_2 + 8FeO$$
$$\Delta H_{923.15} = 317.871 \text{kJ/mol} \tag{2-17}$$

$$C + 3Fe_2O_3 \longrightarrow CO + 2Fe_3O_4$$
$$\Delta H_{923.15} = 133.646 \text{kJ/mol} \tag{2-18}$$

$$C + 2Fe_2O_3 \longrightarrow CO_2 + 4FeO$$
$$\Delta H_{923.15} = 164.877 \text{kJ/mol} \tag{2-19}$$

水气转换反应：

$$CO + H_2O \longrightarrow H_2 + CO_2$$
$$\Delta H_{923.15} = -35.656 \text{kJ/mol} \tag{2-20}$$

碳的气化反应：

$$C + 2H_2O \longrightarrow 2H_2 + CO_2$$
$$\Delta H_{923.15} = 135.656 \text{kJ/mol} \tag{2-21}$$

$$C + CO_2 \longrightarrow 2CO$$
$$\Delta H_{923.15} = 171.312 \text{kJ/mol} \tag{2-22}$$

CH_4 的重整反应：

$$CH_4 + H_2O \longrightarrow 3H_2 + CO$$
$$\Delta H_{923.15} = 223.733 \text{kJ/mol} \tag{2-23}$$

由上面的分析可知，生物质化学链气化是一个复杂的过程，系统内有多个反应相互竞争，最终的气化结果是多个反应相互协同和综合作用的结果。

(2) ASPENPLUS 模型

基于 ASPENPLUS 软件平台，对生物质化学链气化制合成气过程进行详细的研究，所建立的模型见图 2-37。由图 2-37 可以看出，该系统包括：3 个反应器（热解反应器 decomp、气化反应器 gasifier 和燃料反应器 burner），2 个产物分离模块，10 个物流股和 4 个热流股（热解反应热、气化反应热、燃烧反应热以及系统的热损失）。热解反应器来自 ASPENPLUS 中的 RYIELD 反应模块，该模块是一个仅计算收率的反应器，利用该热解模块将生物质分解转化成简单组分和灰分；气化反应器和燃烧反应器来源于 ASPENPLUS 中的 RGIBBS 反应模块，该模块是基于吉布斯自由能最小化原理的反应器，在反应过程中，当反应达到平衡时，体系的吉布斯自由能达到极小值。根据 ASPENPLUS 模拟过程的应用特点，模拟中做出以下假设：反应器运行稳定，具有足够长的反应停留时间，化学反应达到平衡状态；2 个反应器的压力相同，反应器之间没有气体和燃料串混；生物质的 C、H、O、N 及 S 全部转换为气相；生物质的灰分为惰性物质，不参与气化反应；不考虑生物质粒径差异，不考虑焦油的影响，不考虑载氧体的失活和烧结。在生物质化学链气化过程中，燃料反应器内的总反应是一个吸热过程，空气反应器内载氧体再生过程是一个放热过程，因此载氧体的循环量要确保载氧体能够向燃料反应器内提供足够的氧量和热量。由于从热量传递的角度出发所需要的载氧体理论循环速率通常要高于从氧量传递角度出发所需要的载氧体理论循环速率，因此在模拟生物质化学链气化过程中，载氧体的供给量要能够满足反应器间的热量传递，通过软件中的设计规定这一功能来计算当燃料反应器对外热量输出为零时的载氧体循环量。

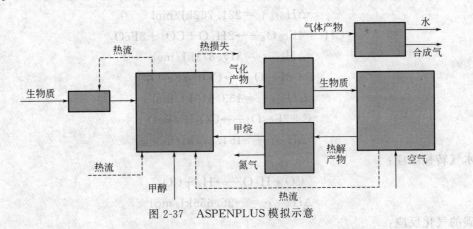

图 2-37　ASPENPLUS 模拟示意

生物质原料首先进入到系统的热解反应器中，分解为简单组分和灰分，定义模块的出口产物为 C、H_2O、H_2、O_2、N_2、S 及灰分。热解出口产物进入到燃料反应器中，同时，加入载氧体 Fe_2O_3，在该反应器内会发生一系列的化学反应，包括气体与载氧体的还原反应、水气变换反应和 CH_4 重整反应等，反应器会根据质量平衡、化学平衡和能量平衡来进行计算，在该过程中，定义气化出口产物包括 CO、CO_2、CH_4、H_2O、H_2、O_2、N_2、H_2S、COS、O_2S、灰分和未燃尽碳（UBC）。通过前期的实验可知，载氧体 Fe_2O_3 与生物质反应后处于还原状态时的 Fe 元素主要以 FeO 状态存在，还有少量的 Fe_3O_4，因此定义系统中 Fe_2O_3 的还原产物为 Fe_3O_4 和 FeO。出口气体产物携带被还原的 Fe_3O_4/FeO 经过旋风分离器 1，不能被分离的颗粒以飞灰形式与合成气排放出系统，被分离下来的 Fe_3O_4/FeO 进入空气反应器，空气反应器采用空气流化，燃烧温度维持在 900℃，Fe_3O_4/FeO 发生氧化反应再生为 Fe_2O_3，经过旋风分离器 2 再送入到燃料反应器中进行循环利用。

（3）计算条件

模拟采用的生物质原料为松木，来自广东某地，其元素分析和工业分析见表 2-15。载氧体选择分析纯 Fe_2O_3。生物质与载氧体的配比通过反应方程式计算得到。

表 2-15　松木的元素分析和工业分析

工业分析(ad)/%				元素分析(ad)/%					Q_{ad}/(kJ/kg)
M	V	FC	A	C	H	O[①]	N	S	
8.39	84.31	6.88	0.42	49.66	5.55	43.33	0.021	1.44	18506

①由差减法得到。

入口松木质量流量 1kg/h，系统压力 0.1MPa，环境温度 20℃。在以上计算条件下，对生物质化学链气化制合成气进行模拟研究。

（4）结果与讨论

① 燃料反应器温度对合成气气体组成的影响　考察气化反应温度对于合成气组成的影响，结果见图 2-38。由图 2-38 可知，在 700~1000℃ 这一温度范围内，随着温度的升高，CO 浓度逐渐上升，从 39.4% 增加到 48.9%，CO 的还原反应和水汽变换反应式(2-12) 均为放热反应，温度的升高有利于反应向左进行，而 C 的气化反应为吸热反应，温度的升高有利于反应的进行，因此在整个温度范围内，随着温度的升高，CO 浓度有一定幅度增加；

CO_2浓度逐渐降低，浓度从 23.9% 降低到 18.1%，这是由于生物质在低温热解阶段会产生大量的 CO_2，随着温度的升高，CO_2 与 C 的还原反应速率会明显提升，CO 与 Fe_2O_3 的反应也向右进行，更多的 CO_2 转变为 CO；CH_4 浓度略有降低，由最初的 0.82% 降低为 0.0007%，这是由于气体产物中的 CH_4 主要来源于生物质挥发分热裂解的产物，由于 CH_4 的重整反应和还原反应均为吸热反应，温度升高有利于反应的进行，因此随着温度升高，CH_4 的浓度逐渐降低；而 H_2 浓度变化不大，先略微上升，然后又缓慢地降低，最终维持在 33% 左右。水气转换反应是产生 H_2 的主要反应，该反应为放热反应，就该反应而言，温度的升高不利于 H_2 的产生，而 H_2 与 Fe_2O_3 的还原反应和 CH_4 的重整反应又有利于 H_2 的产生，因此综合考虑，H_2 浓度略微降低是由于 CO 大幅增加所导致的相对降低。综上所述，H_2 和 CO 是生物质气化产生的合成气中最主要的两种产物，提高气化温度，气化反应会向着有利于 CO 生成的方向移动，温度升高对气化过程是有利的，但是到 850℃ 以后，温度对合成气组成的影响减小，因此应该根据目标产物合理选择气化温度。

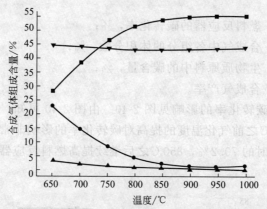

图 2-38　燃料反应器温度对燃料反应器气体产物组成的影响
■ CO；▼ CO_2；● CH_4；▲ H_2

② 合成气产率和热值　气体的热值是指可燃气体完全燃烧，生成最稳定的燃烧产物（CO_2 和 H_2O）时所产生的热量，即燃烧反应热效应值。计算中采用低位热值，由可燃气体混合组成的生物质热解产物气，其热值 Q_v（kJ/m^3）可按下式计算：

$$Q_v = 126V_{CO} + 108V_{H_2} + 359V_{CH_4} \tag{2-24}$$

式中　V_{CO}，V_{H_2}，V_{CH_4}——混合气体中各组分的体积分数，%。

燃料反应器温度对合成气产率和热值的影响见图 2-39。由图 2-39 可以看出，随着温度的升高，合成气产率和热值都在增加，提高气化温度对合成气产率的增加是有益的，合成气的热值介于 9700～11750kJ/m^3 之间，属于中热值气体。在 850℃ 之后，气体产率的增长缓慢，气体热值开始略微降低，这是由于对热值影响最大的 CH_4 的含量不断降低，而 CO 含量迅速上升，导致最终合成气的热值降低。

③ 碳转化率　在本模拟中，规定生物质中的碳在反应过程中有一小部分生成未燃尽碳，其余均进入气化反应器参加反应，因此定义燃料反应器中的碳转化率计算式为：

$$\eta = \frac{12(V_{CO_2} + V_{CO} + V_{CH_4})G_v}{22.4w[car(298/273)]} \tag{2-25}$$

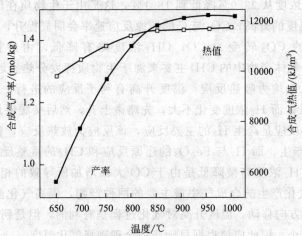

图 2-39　燃料反应器温度对合成气产率和热值的影响

式中　　　　　　　　η——燃料反应器的碳转化率，%；

V_{CO}，V_{CO_2}，V_{CH_4}——合成气中各组分的体积分数，%；

$w[car(298/273)]$——生物质原料中的碳含量，%；

G_v——合成气产率。

燃料反应器温度对碳转化率的影响见图 2-40。由图 2-40 可知，随着温度的升高，碳转化率不断提高，在 850℃之前气化温度的提高对碳转化率的影响非常显著，碳转化率由最初的 50.5% 提高到 800℃时的 70.2%，850℃之后继续提高燃料反应器内的温度，碳转化率增速减缓。

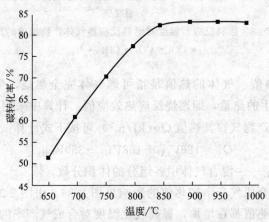

图 2-40　燃料反应器温度对碳转化率的影响

综上所述，生物质化学链气化具有可行性，提高气化反应器温度有利于气化过程的进行，但是当温度达到 850℃之后，优势减小。因此生物质化学链气化制取合成气温度不应过高，控制在 800～850℃较为适宜。

④ 燃料反应器压力的影响　目前，大部分化学链实验研究都是在常压下进行的。有报道指出，对于化学链燃烧来说，由于常压下的烟气能量利用有限，而加压条件可提高烟气的做功能力；加压能使气化速率加快；加压能使反应器反应参数增加，容积减小，减少建设成

本，且更容易实现规模化运行，因此化学链燃烧要实现工业应用，适当提高系统运行压力是有益的。因此，下文将探讨压力对合成气生成的影响。

分别选择 800℃ 和 850℃ 两个气化温度，其他反应条件不变，得到的燃料反应器合成气组成随压力的变化见图 2-41。由图 2-41 中可知，随着压力的增加，合成气中 CO 和 H_2 的含量略有减少，CO 下降的幅度略微大一些；CO_2 和 CH_4 的含量增加，并且压力对 CO_2 的含量影响更为显著。这是由于随着压力的增加，反应平衡向气体分子数减小的方向移动，反应的平衡均向左移动，CH_4 的重整反应也向着有利于 CH_4 生成的方向移动，因此最终导致了 CO 和 H_2 的减少，CO_2 和 CH_4 的增加；另外，随着压力的提高，气体产物的分压相应增加，扩散作用增强，提高压力一定程度上抑制了气体的析出。因此，对于生物质化学链气化来说，从制取合成气产物效益的角度来考虑，增加反应器的压力反而降低了气化效果，生产合成气时，不宜采用过高的气化压力；另外，通过对两个温度下的气体产率的对比可知，如果想提高系统压力的同时还能够获得较高产率的合成气，就必须提高燃料反应器温度。

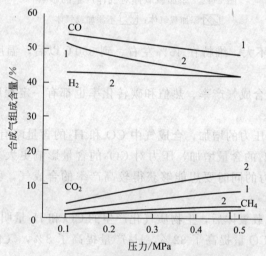

图 2-41 燃料反应器压力对合成气组成的影响
1—850℃；2—800℃

⑤ 添加载氧体与否的区别　为更好地了解载氧体对于生物质气化过程的影响，在模拟过程中在不添加载氧体的条件下进行了计算，并将得到的结果与添加载氧体后的结果做了对比，分析载氧体在生物质气化过程中所起的作用。添加载氧体和不添加载氧体时生物质产气情况的对比见图 2-42。由图 2-42 可知，添加了 Fe_2O_3 作为载氧体后，生物质气化产生的 CO 和 H_2 量明显增加，比不添加载氧体时生物质热解产生的 CO 量提高了 32%，H_2 产量提高了 8%；CO_2 量相对于不添加载氧体时也有少量增加，而 CH_4 产量变化较小，气化产生的总气体量有明显的增加，这进一步说明了 Fe_2O_3 作为载氧体进行生物质气化制取合成气的可行性，并且与氢元素相比，载氧体对 C 转化率的促进作用更加明显，C 能更彻底地转化为 CO 和 CO_2，CO 体积显著增加。

(5) 结论

1) 所建模型能够实现生物质化学链气化，合成气中 CO 和 H_2 占据主要组分。随着温度的提高，在铁基载氧体作用下的生物质气化合成气中的 CO 含量不断增加，CO_2 和 CH_4 含量

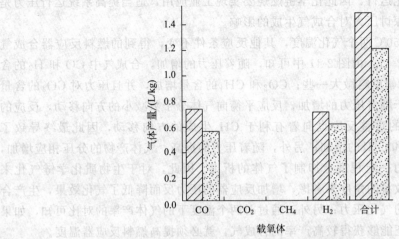

图 2-42　添加载氧体对气体产量的影响

▨ 添加载氧体；▨ 不添加载氧体

不断减少，H_2 含量变化不大，维持在 45% 左右。到 850℃ 以后，温度对合成气含量的影响减小。

2）提高气化温度，合成气产率、热值和碳转化率也都有一定程度提高，气化温度选择在 800~850℃ 较为适宜。

3）随着燃料反应器压力的增加，合成气中 CO 和 H_2 的含量略有降低，CO 下降的幅度略微大一点；CO_2 和 CH_4 的含量增加，压力对 CO_2 的含量影响更大。压力的提高降低了气化效果，在提高系统压力的同时要想能够获得较高产率的合成气，就必须提高燃料反应器温度。

4）添加 Fe_2O_3 作为载氧体后，生物质气化产生的 CO 和 H_2 量明显增加，比不添加载氧体时生物质热解产生的 CO 量提高了 32%，H_2 产量提高了 8%，气化产生的总气体量有明显增加。

2.4　生物氢气制备与利用

氢（H，hydrogen）是所有原子中最小，位于元素周期表第一位的元素。氢是最丰富的元素，宇宙中 75% 的质量由氢元素构成。H_2 是密度最小的气体，在 0℃ 和标准大气压下，H_2 密度为 0.0899g/L，仅为空气密度的 1/14。H_2 具有无色、无味、无臭、易燃的特点。常压下沸点为 -252.8℃，临界温度为 -239.9℃，临界压力为 1.32MPa，临界密度为 30.1g/L。在空气中体积含量为 4.0%~74% 时，即形成爆炸性混合气体。液态氢是无色透明液体，有超导性质。H_2 难溶于水，常温性质很稳定，不容易跟其他物质发生化学反应。在一定条件下，可以和 O、C、N 等发生化学反应，生成水、烃类化合物、NH_3 等。

在所有可替代性能源当中，氢能源被人们普遍认为是最经济、高效、环保和可再生性强的新型能源[20]。在 20 世纪 70 年代的世界性能源危机中，H_2 被称为"未来燃料"，受到了广泛的研究和推崇。到了90年代，氢能源以其污染"零排放"的特性，被人们正式列为化石能源的替代性能源。

与传统的能源燃料相比，H_2具备以下显著的特点。

① 氢是最丰富的元素，氢能的来源多样化　氢元素及其同位素占到了太阳总质量的84%，宇宙总质量的75%。由于氢的性质比较活跃，自然界中主要以化合物的形式存在，如水和烃类化合物石油、天然气等。而水是地球的主要资源，海洋的总体积约为$13.7 \times 10^{17} m^3$，如果能把其中的氢提取出来，总量约为$1.4 \times 10^{17} t$，所产生的热量是地球上化石燃料的9000多倍[21]。氢能可以通过各种一次能源获得，如煤矿、石油、天然气等化石燃料，也可以通过太阳能、风能、生物质能、海洋能、地热等可再生能源获得。地球各处都有可再生能源，不像化石燃料，在地球上分布不均，具有很强的地域性。

② 燃烧值高　氢是周期表中最轻的元素，与其他物质相比，具有最高的能量比。表2-16是几种物质的燃烧值。其中氢气燃烧值最高达到121kJ/g；而汽油仅44kJ/g，喷气飞机用燃料为51kJ/g，煤仅为30kJ/g。与同质量的化石燃料相比，H_2燃烧所释放的能量是汽油的3倍，乙醇（酒精）的3.9倍，焦炭的4.5倍。

表2-16　几种物质的燃烧值

名称	氢气	甲烷	汽油	乙醇	甲醇
燃烧值/(kJ/kg)	121061	50054	44467	27006	20254

③ 氢能是清洁环保的能源　H_2燃烧时和氧结合生成水，不产生CO、CO_2、烃类化合物等温室气体和其他对人体有害的物质，也不会产生烟尘排放，不会对环境产生污染。

④ 化学简单性　氢在快速释放能量时，破坏和形成的键相对很少，具有高的快速反应速率常数和较快的电极过程动力学，可以用电化学方法释放能量。氢在铂电极上放电时的交换电流密度（不施加电压时，基本的动态电荷转移速率）达$1mA/cm^2$。

⑤ 氢能的利用形式多样化、利用效率高　氢不仅可以直接燃烧提供热能，还可以用作燃料电池的原料直接转化为电能，或转换成固态氢用作结构材料。这也是当今研究领域比较推崇的能源使用形式。当氢作为燃料电池燃料使用时，其能量转化效率高达60%～80%，是煤炭转为电能的2倍多。

⑥ 氢能的储存、运输、携带方便　氢可以以不同的形态（气态、液态或者固态的金属氢化物）出现，相对于化石燃料来讲，能适应储存、运输和携带的要求。如H_2可以通过简单技术实现液态形式储存；H_2可以通过管道、槽罐等形式实现远距离输送。目前美国已进行管道输送的试点建设工作，累计建设H_2输送管道超过720km。在电力过剩的地方和时段，可以用氢的形式将电或热储存起来。这也使氢在可再生能源的应用中起到其他能源载体所起不到的作用。

⑦ 应用范围广泛　氢作为工业原料和试剂，可以应用于冶金和石油化工等行业。氢可以作为高能燃料，广泛应用于航天飞机、火箭和现代城市交通工具等部门[22,23]。H_2作为保护气体在电子工业和金属高温加工过程中也具有重要的用途。此外H_2可作为催化剂，用于食品工业。

从目前世界氢产量来看，96%是由天然的烃类化合物——天然气、煤、石油产品中提取的，4%是采用水电解法制取的。由于化学方法制氢要消耗大量的矿物资源，而且在生产过程中产生的污染物对地球环境会造成破坏，已不适应社会发展的要求，终将会被淘汰。部分生物质（绿色植物）可以通过一些途径（光合作用等）获得并储存能量，而且自身还能作为氢的载体，含质量分数为6%的氢元素，占生物总能量的40%以上[24]。利用生物质进行氢气生产，受到世人关注。与传统的物理化学方法相比，生物制氢具有清洁、节能和不消耗矿物资源等突出优点，是一种环境友好的清洁能源技术。而且生物质自身具有可再生性，是一种可再生能源。生物质可以通过光合作用吸收环境的CO_2，实现CO_2零排放，从本质上避免了化石能源制氢时产生的环境污染问题。

因此，生物质制氢的路线是一种坚持可持续发展路线的能源表现，也是一种环境友好的清洁能源技术。目前，生物质制氢技术主要分两类：一类是利微生物转化制氢，如厌氧发酵法制氢、光合法微生物制氢等；另一类是生物质原料通过热化学技术制取H_2，如生物质气化制氢、生物质热裂解制氢、超临界水气化制氢等。从生物质中制取H_2的方法见图2-43[25]。

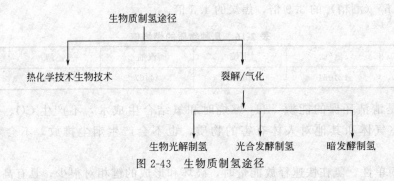

图2-43　生物质制氢途径

2.4.1　生物制氢机制

目前的生物制氢方法可以归纳为三种[26]：生物光解制氢、光合细菌制氢和厌氧暗发酵制氢。光合微生物的种类非常繁多，因此其产氢机制也多种多样。

2.4.1.1　生物光解制氢

光解水制氢是微藻及蓝细菌利用光能提供的能量和自身独特的产氢酶系，以太阳能为能源，以水为电子供体，通过光合作用将水分解为氢气和氧气的过程。此制氢过程不产生CO_2[27]。其反应方程式见式(2-26)。

$$2H_2O + 光能 \longrightarrow 2H_2 + O_2 \tag{2-26}$$

微藻和蓝细菌的光合作用类似于绿色植物的光合作用，在某些藻类和蓝细菌体内拥有PSⅠ、PSⅡ两个光合中心，PSⅠ产生还原剂用来固定CO_2，PSⅡ接收太阳光能分解水产生H^+、电子和O_2；PSⅡ产生的电子，由铁氧化还原蛋白携带，经由PSⅡ和PSⅠ到达氢酶，H^+在氢酶的催化作用下形成H_2。其中，利用藻类光解水产氢的系统称为直接生物光解制氢系统，利用蓝细菌进行产氢的系统称为间接光解水产氢系统。作用机制见图2-44[28]。

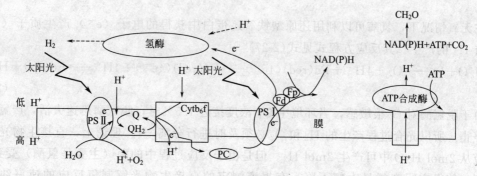

图 2-44 藻类光合产氢过程电子传递示意

说明：P680 为 PSⅡ 阶段的反应中心（PSⅡ reaction center）；P700 为 PSⅠ 阶段的反应中心（PSⅠ reaction center）；

Q 为 PSⅡ 阶段的主要电子接受体（PSⅡ main election receptor）；Cytb₆f 为细胞色素（b₆f cytochrome）；

PC 为质体蓝素（plastocyanin）；Fd 为铁氧还原蛋白；

NAD(P)H 为氧化还原酶（oxidoreductase）。

（1）直接生物光解制氢

直接生物光解制氢是直接利用光系统裂解水释放的电子经过铁氧化还原蛋白（Fd，简称铁氧还蛋白，下同）传递给氢酶后，产生 H_2 的过程。植物和藻类通过光合作用生成有机化合物，而产氢藻类可通过相同的生物过程按以下反应生成 H_2。微生物产氢的具体过程如图 2-45 所示[29]。

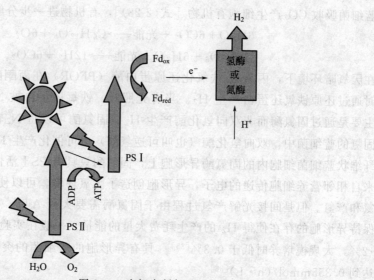

图 2-45 光解水制氢

这一过程涉及光吸收的两个不同系统，裂解水和释氧的光系统（PSⅡ）与生成还原剂用来还原 CO_2 的光系统（PSⅠ）。在光合系统的第二个阶段（PSⅡ），氧化侧从水中获得电子并产生氧气，经过一系列光驱动下的生化反应，电子的能量得到升级，最终达到第一阶段（PSⅠ）的还原侧并传递给氢酶，由氢酶传递给氢离子从而产生 H_2。在这两个系统中，两个光子（每一系统一个光子）用了从水中转移一个电子生成 H_2，产生的气体中 $H_2 : O_2$ 为 2

：1。

在无氧情况下，氢酶可以利用还原型铁氧还蛋白中获得的电子（e^-）产生质子（H^+）并参与 H_2 的产生。其反应方程式见式(2-27)[30]。

$$2H_2O + h\nu \longrightarrow O_2 + 4H^+ + Fd(red)(4e^-) \longrightarrow Fd(red)(4e^-) + 4H^+ \longrightarrow Fd(ox) + H_2$$
$$(2\text{-}27)$$

由于脱氢酶对 O_2 很敏感，当环境中 O_2 浓度接近 1.5% 时，脱氢酶迅速失活，产氢反应立即停止，所以光合过程产生的 H_2 和 O_2 必须及时进行分离[31]。理论上，直接生物光解制氢反应从 2mol H_2O 中可产生 2mol H_2。但是由于反应过程中的酶（主要是氢酶）受到 O_2 的抑制，使得实际产氢量大幅下降，有报道测定的直接生物光解制氢反应的速率约每升 0.07mmol/h[32,33]。

(2) 间接生物光解制氢

间接生物光解制氢将产氢和产氧过程分开，并伴以 CO_2 的固定反应。蓝细菌具有独特的利用空气中 CO_2 和太阳能作为能量来源的能力。由于蓝细菌具有很高的产氢能力，因此对蓝细菌的研究比较深入。

蓝细菌或称蓝藻，属革兰氏阳性菌。具有和高等植物同一类型的光合系统及色素，能够进行氧的合成。蓝细菌在形态上差异很大，有单细胞的、丝状的，也有聚居的。所需的营养非常简单，空气（N_2 和 O_2）、水、矿物盐和光照即可。蓝细菌的许多种属都含有能够进行氢代谢和氢合成的酶类，包括固氮酶和氢化酶。固氮酶催化产生分子氢。氢化酶既可以催化氢的氧化，也可以催化氢的合成，是一种可逆双向酶。

蓝细菌吸收 CO_2 产生细胞有机物［式(2-28)］，有机物进一步分解产生 H_2［式(2-29)］。

$$6H_2O + 6CO_2 + 光能 \longrightarrow C_6H_{12}O_6 + 6O_2 \qquad (2\text{-}28)$$
$$C_6H_{12}O_6 + 6H_2O + 光能 \longrightarrow 12H_2 + 6CO_2 \qquad (2\text{-}29)$$

在厌氧暗环境下，丙酮酸-铁氧化还原蛋白酶（PFOR）在丙酮酸脱羧形成乙酰辅酶 A 的同时通过还原铁氧还蛋白产生 H_2。当有光照时，铁氧还蛋白被 NADH 还原。固氮的蓝细菌主要是通过固氮酶而非双向氧化酶产生 H_2。固氮酶可以将 N_2 转化为 NH_3。但是在一些非固氮的蓝细菌中，双向氢化酶（也叫可逆氢化酶）也可催化产生 H_2[34]。

纤维状蓝细菌细胞内的固氮酶异形胞上，固氮酶只具有 PSⅠ活性而无 PSⅡ活性。PSⅠ接受来自相邻营养细胞传递的电子，异形胞创造了无氧环境，可以使蓝细菌在无氧条件下进行固氮和产氢。但是间接光解产氢过程由于固氮酶需要大量 ATP，并且细胞需要生物合成以及保持异形胞的存在使得 H_2 的产生耗费大量的能量。一般在实验室内的光能转化率仅为 1%～2%，大规模培养时低于 0.3%[35]。具有异形胞的蓝细菌的突变多变鱼腥藻的产氢能力可达到 0.355mmol/(h·L)[36]。

$$N_2 + 8H^+ + Fd(red) + 8e^- + 16ATP \longrightarrow 2NH_3 + 2H_2 + Fd(ox) + 16ADP + Pi \quad (2\text{-}30)$$
$$8H^+ + 8e^- + 16ATP \Longleftrightarrow 4H_2 + 16ADP + 16Pi \qquad (2\text{-}31)$$

异形胞的存在使得 O_2 和 H_2 的产生位于不同的细胞位置。没有异形胞的蓝细菌可以在不同时间分别产生 O_2 和 H_2[37]。

光解水制氢过程的优点在于：底物充足（水）；产物简单（H_2 和 O_2）。存在的缺点为：光转化效率低；产生的 O_2 对氢酶有抑制作用；光生物反应器造价昂贵。

2.4.1.2　光合细菌制氢

光合细菌发酵制氢是在固氮酶或氢酶催化下，将光合磷酸化和还原性物质代谢偶联利用吸收的光能及代谢产生的还原力形成 H_2 的过程。在光照厌氧条件下，光合细菌通过自身复合体上的细菌叶绿素和类胡萝卜素捕获高能光子，并将能量传递到光合反应中心，使高能光子发生电荷分离产生高能电子。高能电子经过环式磷酸化将光能转化成三磷酸腺苷（ATP），为产氢过程提供能量。产氢过程中所需要的还原力来自有机物的氧化代谢，由细胞内还原性的铁氧蛋白水平所决定。

光发酵的所有生物化学途径都可以表示为：

$$(CH_2O) \xrightarrow{ATP} 铁氧还蛋白 \xrightarrow{ATP} 固氮酶 \longrightarrow H_2 \tag{2-32}$$

这类微生物不能从水分子中获得电子，因此要以有机化合物为底物，通常是乙酸、丁酸、苹果酸、柠檬酸等小分子有机酸。这类光合细菌的产氢过程如图 2-46 所示[38]。

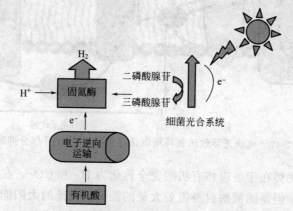

图 2-46　光发酵制氢

光合细菌产氧和蓝细菌、绿藻一样，都是太阳能驱动下光合作用的结果，但是光合细菌只有一个光合作用中心（相当于蓝细菌、绿藻的 PS I），由于缺少藻类中起光解水作用的 PS II，所以只进行以有机物作为电子供体的不产氧光合作用。光合细菌所固有的只有一个光合作用中心的特殊简单结构，决定了它所固有的相对较高的光转化效率，具有提高光转化效率的巨大潜力。固氮酶是光合细菌光合产氢的关键酶，在细胞提供足够的 ATP 和还原力的前提下，固氮酶将 N_2 转化成 NH_3，同时质子化生成 H_2［式(2-33)］。产氢是光合细菌调节其机体内剩余能量和还原力的一种方式，对其生命活动非常重要。在光合细菌内参与氢代谢的酶有 3 种：固氮酶、氢酶和可逆氢酶，催化光合细菌产氢的主要是固氮酶。

$$N_2 + 8e^- + 8H^+ + nATP \longrightarrow 2NH_3 + H_2 + nADP + nPi \tag{2-33}$$

在光生物反应器中，细胞内 PS II 的抑制可以产生厌氧环境。这主要是由于在反应系统中，参与水氧化的 O_2 减少而且剩余的 O_2 用于呼吸[39]。硫缺乏也会抑制 PS II 活性而导致厌氧环境[33]，这主要是无硫培养中光合放氧逐渐下降，而呼吸耗氧基本不变，光照下衣藻的呼吸耗氧速率大于光合放氧速率，体系中的氧气被消耗，形成厌氧状态，从而诱导氢酶的表达，实现了连续产氢[40]。PS II 反应中心蛋白 D1 的缺失会导致光抑制[41]。如果细胞中半胱氨酸和甲硫氨酸缺乏时，D1 蛋白的重新生物合成过程将不能完成。厌氧环境将诱导藻体

细胞内 [FeFe]-产氢酶活性[42]，因而催化产氢反应[43]。反应机制见图 2-47[42]。

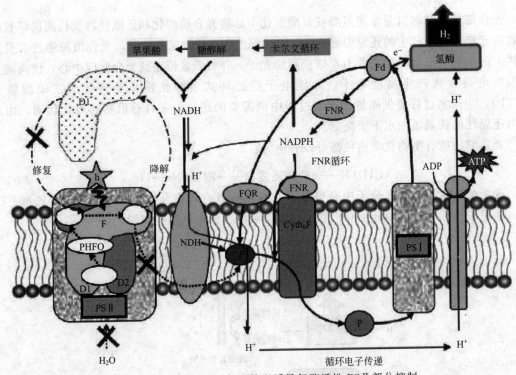

图 2-47 硫缺乏导致厌氧环境以诱导氢酶活性 PSⅡ 部分抑制

光合细菌制氢的优势在于可以将有机酸完全转化为 H_2 和 CO_2，在有机废物的生物处理方面有潜在发展前景。但是固氮酶自身需要大量的能量，较低的太阳能转换效率和光合生物反应器占地面积较大，光合生物反应器的设计、运行困难，成本较高。总之，该工艺和其他所有涉及光合过程的工艺的产氢效率都较低，限制了其工业化发展。

2.4.1.3 厌氧暗发酵制氢

厌氧暗发酵制氢（dark fermentation）是指在厌氧和黑暗的条件下利用厌氧产氢细菌将大分子有机物降解产生 H_2 和其他副产物的过程。暗发酵的副产物通常是酸（乳酸、乙酸、丁酸等）和醇（乙醇、丁醇等）。副产物的含量和种类会受到微生物种类、底物种类、pH值、氢分压、氧化还原电位等因素的影响。与光发酵制氢相比，此方法制氢的优点为不需要提供光源；反应器简单；底物利用范围广，可以利用能源作物或者是农业废物作为发酵底物。暗发酵的产氢路径如图 2-48 所示[38]。

产氢发酵细菌能够根据自身的生理代谢特征，通过发酵作用，在逐步分解有机底物的过程中产生分子氢。1965 年 Gray 和 Gest 在 Science 上曾发表一篇文章，提出 2 种可能的产氢途径（梭杆菌属的丙酮酸脱氢途径和肠杆菌属的甲酸裂解途径）[44]，但最大产氢能力均为1mol 葡萄糖产生 2mol H_2。经大量实验发现，产氢细菌利用 1mol 葡萄糖产生的 H_2 量为1.2～2.1mol（其中包括 $NADH+H^+$ 产生的少量 H_2），证明 Gray 和 Gest 推论的产氢代谢途径是正确的。2000 年 Tanisho 提出还存在 $NADH+H^+$ 产氢途径[45]。综上所述，目前发

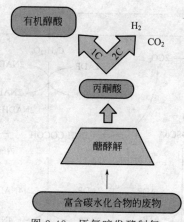

图 2-48　厌氧暗发酵制氢

现细菌产氢途径主要有 3 种，分别为丙酮酸脱氢途径、甲酸裂解途径和 $NADH＋H^+$ 产氢途径。

（1）丙酮酸脱羧途径

复杂糖类经水解后生成单糖，单糖通过丙酮酸途径实现分解，同时伴随挥发酸或醇类物质的生成（图 2-49）。微生物的糖酵解经过丙酮酸途径主要有 EMP（Embden-Meyerhof-Parnas）途径（又称糖酵解途径或二磷酸己糖途径）、HMP（Hexose Monophosphate Pathway）途径、ED（Entner-Doudoroff）途径（又称 2-酮-3-脱氧-6-磷酸葡萄糖裂解途径）和 PK（phosphoketolase）途径（又称磷酸酮解酶途径）4 种。丙酮酸经发酵后转化为乙酸、丙酸、丁酸、乙醇或乳酸等。

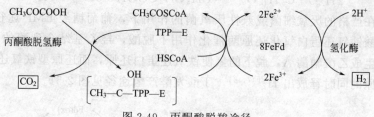

图 2-49　丙酮酸脱羧途径

丙酮酸是物质代谢中的重要中间产物，在能量代谢中发挥着关键作用。由于微生物种群的差异导致丙酮酸的去路不同，因此产氢能力不同（图 2-50）。

在丙酮酸不同去路的代谢途径中，目前发现通常丁酸发酵、混合酸发酵和细菌乙醇发酵可以产生 H_2，几种与产氢相关的细菌代谢途径见表 2-17[46]。

表 2-17　与产氢相关的细菌代谢途径

发酵类型	主要末端产物	典型微生物
丁酸发酵（butyric acid fermentation）	丁酸，乙酸，H_2，CO_2	梭菌属（Clostridium），丁酸弧菌属（Butyriolbrio）
混合发酵（mixed acid fermentation）	乳酸，乙酸，乙醇，甲酸，H_2，CO_2	埃希菌属（Escherichia），变形杆菌属（Proteus），志贺菌属（Shigella），沙门菌属（Salmonella）
细菌乙醇发酵（bacterial ethanol fermentation）	乙醇，甲酸，H_2，CO_2	梭菌属（Clostridium），瘤胃球菌属（Ruminococcus）

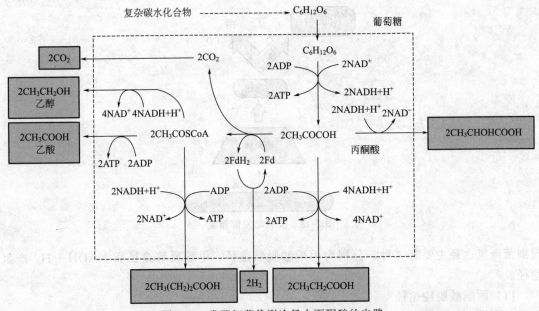

图 2-50　发酵细菌代谢途径中丙酮酸的出路

① 丁酸发酵　丁酸发酵制氢过程的末端产物主要是丁酸、乙酸、H_2、CO_2 和少量丙酸。许多可溶性的碳水化合物（如葡萄糖、蔗糖、淀粉等）主要是以丁酸发酵为主。丁酸发酵产氢的反应方程式可以表示如下：

$$C_6H_{12}O_6 + 2H_2O \longrightarrow 2CH_3COOH + 2CO_2 + 4H_2$$
$$2H_2O + C_6H_{12}O_6 \longrightarrow CH_3CH_2COOH + 3CO_2 + 5H_2$$

这些物质在严格的厌氧细菌或兼性厌氧菌的作用下，葡萄糖经 EMP 途径生成丙酮酸，丙酮酸在丙酮酸铁氧还蛋白氧化还原酶催化作用下脱酸，羟乙基结合到酶的 TPP（焦磷酸硫胺素）上，生成乙酰辅酶 A，脱下的氢使铁氧还蛋白还原，而还原型铁氧还蛋白在氢化酶的作用下被还原的同时释放出 H_2[47,48]。丁酸发酵产氢途径见图 2-51。

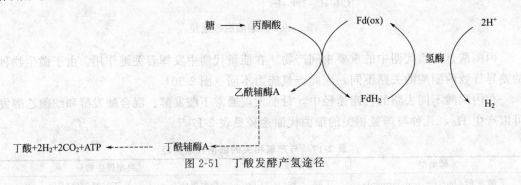

图 2-51　丁酸发酵产氢途径

以丁酸型发酵途径进行产氢的典型微生物主要有梭状芽孢杆菌属（*Clostridium*）、丁酸弧菌属（*Butyrivibrio*）等；其主要末端产物有丁酸、乙酸、CO_2 和 H_2 等[49]。

② 混合酸发酵　混合酸发酵产氢类型中，典型的微生物主要有埃希菌属和志贺菌属等，主要末端产物有乳酸（或乙醇）、乙酸、CO_2、H_2 和甲酸等。其总反应方程式可以用下式来

表示：

$$C_6H_{12}O_6 + H_2O \longrightarrow CH_3COOH + C_2H_5OH + 2CO_2 + 2H_2$$

在混合酸发酵产氢过程中，由 EMP 途径产生的丙酮酸脱羧后形成甲酸和乙酰基，然后甲酸裂解生成 CO_2 和 H_2。混合酸发酵产氢途径见图 2-52[49]。

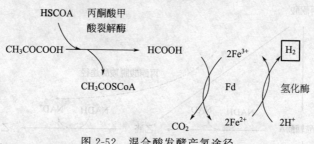

图 2-52　混合酸发酵产氢途径

③ 细菌乙醇发酵　乙醇发酵制氢是最近几年发现的一种新型制氢方法[50]。其主要末端产物为乙醇、乙酸、少量的丁酸、H_2 及 CO_2。目前推测这一发酵类型的优势种群可能与细菌乙醇发酵种群有关。这种方法不同于典型的微生物代谢过程中的乙醇发酵。典型的乙醇发酵是碳水化合物经糖酵解生成丙酮酸，丙酮酸经乙醛生成乙醇的过程。在此过程中，发酵产物为乙醇和 CO_2，无 H_2 产生。乙醇型发酵制氢的途径主要是葡萄糖经糖酵解后形成丙酮酸，在经丙酮酸脱酸酶的作用下，以焦磷酸硫胺素为辅酶，脱羧变成乙醛，继而在醇脱氢酶作用下形成乙醇。过程中还原型铁氧还蛋白在氢化酶的作用下被还原的同时释放出 H_2[51,52]。

所有产乙醇细菌的碳代谢都是经过葡萄糖发酵产生乙醇和 CO_2，经过 EMP 途径发生脱氢脱羧反应，同时也产生其他的一些产物，如乙酸、氢、乳酸等，其中共同的产物是乙醇，不过乙醇的产生途径不同[53]。厌氧发酵单胞菌，胃八叠球菌等严格厌氧菌，解淀粉欧文氏菌属等兼性厌氧菌发酵葡萄糖为乙醇时，与酵母菌是同一途径，即丙酮酸脱羧酶途径。经过如下反应：

$$C_6H_{12}O_6 \longrightarrow 2CH_3CH_2OH + 2CO_2$$

自然界中具有丙酮酸脱羧酶的细菌并不多见。许多肠细菌类，和梭菌类细菌以及嗜热厌氧菌类的细菌形成乙醇时并不是丙酮酸脱羧酶作用来合成乙醛，而是以乙酰辅酶 A 作为乙醛的前体，由乙醛脱氢酶还原乙酰辅酶 A 为乙醛，经如下反应：

$$CH_3COSCoA + NADH + H^+ \xrightarrow{\text{乙醛脱氢酶}} CH_3CHO + CoASH + NAD^+$$

图 2-53 可看出两种乙醇产生途径的不同之处不仅仅在催化的关键酶不同，两种途径对 NADH 的消耗量也不同。

（2）甲酸裂解途径

兼性厌氧异养细菌利用细胞色素为电子供体和甲酸产氢被称为第二种途径产生菌。这类细菌有大肠杆菌（Escherichia coli）、阴沟肠杆菌（Enterobacter cloaca）、产气肠杆菌（Enterobactera erogenes）等，肠杆菌型（Coli-type）脱氢酶是其催化酶系。图 2-54 是其产氢过程。

甲酸裂解酶被丙酮酸在缺乏合适电子受体或缺氧的情况作用，脱羧形成甲酸和乙酰辅酶

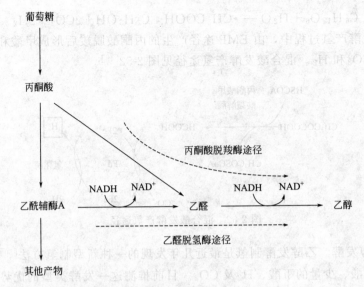

图 2-53 细菌乙醇发酵的产生途径

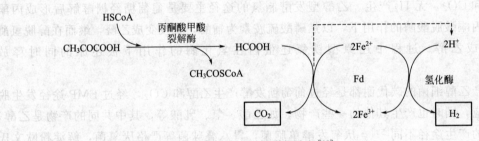

图 2-54 甲酸裂解途径[35]

A，甲酸由甲酸脱氢酶和氢酶共同作用分解甲酸产生 H_2 和 CO_2。目前对甲酸氢解酶的研究还不够成熟，其中必需元素硒和钼，同时铁元素是酶合成的结构元素，培养基中缺乏铁元素时，影响甲酸脱氢酶的合成。

(3) $NADH+H^+$ 产氢途径

该途径是通过还原型辅酶 I （$NADH+H^+$）的氧化还原平衡调节作用产氢，在碳水化合物发酵过程中，经 EMP 途径产生的 NADH 和 H^+ 可以通过与一定比例的丙酸、丁酸、乙醇和乳酸等发酵过程相偶联而氧化为 NAD^+，以保证代谢过程中 $NADH/NAD^+$ 的平衡。为了避免 NADH 和 H^+ 的积累而保证代谢的正常进行，发酵细菌可以通过释放 H_2 的方式将过量的 NADH 和 H^+ 氧化，其反应方程式为：

$$NADH+H^+ \longrightarrow NAD^+ + H_2$$
$$\Delta G = -21.84 kJ/mol \tag{2-34}$$

虽然在标准状况下，$NADH+H^+$ 转化为 H_2 的过程不能自发进行，但是在 NADH-铁氧还蛋白和铁氧还蛋白氢酶作用下，该反应能够进行。

对 NADH 产氢途径，Tanisho 认为，产氢量与细胞中残存的 NADH 成正相关[45]，推导出 NADH 计算公式为：

$$残留的 NADH =产生的 NADH -消耗的 NADH$$
$$=2 乙酸+2 丁酸+丁二醇+4 丙酮-琥珀酸-甲酸$$

  该计算公式是在对产气肠杆菌（*Enterobacteraerogenes*）E. 82005 的研究中推论出来的。对于不同的发酵途径而言，糖酵解时产生 NADH 的途径基本相似，但是消耗 NADH 的途径并不相同。NADH 产氢的假定模式如图 2-55 所示[54]。

  由于末端产物产生途径中有消耗 NADH 的过程，不可能所有的 NADH 都用来产氢。因此这个模式中体现的是扣除所有的被消耗的 NADH，所剩余的 NADH 被氢酶氧化产生 H_2 分子的过程。

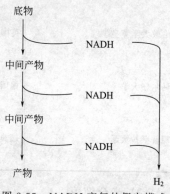

图 2-55　NADH 产氢的假定模式

2.4.2　生物制氢的微生物及其关键酶

2.4.2.1　光合产氢微生物

  光合生物产氢按照其分解底物的不同又可分为藻类和光合细菌类两大类。其中，藻类（如蓝藻和绿藻）主要依靠分解水来产生 H_2，而光合细菌则主要依靠分解有机质来产生 H_2。光合微生物能够利用太阳能产生 H_2。

（1）藻类

  蓝藻（又称蓝细菌）是一种原核生物，它可以利用太阳能还原质子产生 H_2。如：多变鱼腥藻（*Anabaenavariabili*）、柱孢鱼腥藻（*A. cylindrica*）、球胞鱼腥藻（*Anabaena* sp.）、满江红鱼腥藻（*A. azollae*）、钝顶螺旋藻（*Spirulinaplatensis*）、珊藻（*Scenedesmus*）、聚球藻（*Synechococcus*）、沼泽颤藻（*Oscillatorialimnetica*）、点形念珠藻（*Nostocpunctiform*）等[55,56]。研究表明，鱼腥蓝细菌属的蓝细菌生成 H_2 的能力远远高于其他蓝细菌。特别地，丝状异形胞蓝细菌（*A. cylindrica*）和多变鱼腥蓝细菌（*A. variabilis*）具有很高的产氢能力，具有开发前景。

  真核绿藻如莱因哈德衣藻（*Chlamydomonasreinhardtii*）、绿小球藻（*Chlorellalittorale*）、蛋白核小球藻（*Chlorellapyrenoidosa* C-101）、斜生栅藻（*Scenedesmusobliquus*）、杜氏盐藻（*Dunaliellasalina*）[57,58]等也具有产氢能力。表 2-18 为对不同国家目前微藻制氢研究现状的分析[59]。

表 2-18　不同国家实验室目前微藻制氢研究现状

实验室	国家	技术路径	研究特色	目前状况
橡树岭国家实验室	美国	微藻放氢	直接光解	不能连续进行
国家再生能源实验室	美国	微藻放氢	抗高氧分压的氢霉	仅能抗 2% 的氧气分压
夏威夷大学	美国	微藻放氢	反应器系统化集约培养微藻	放氢反应器的系统化还在摸索

实验室	国家	技术路径	研究特色	目前状况
加州大学伯克利分校	美国	衣藻放氢	利用缺硫代谢开关,成功实现两步法放氢	以 2.0~2.5mL/L 藻液的产氢速率持续72h,3 个循环,现在已经设计出连续的生物反应器
伦敦大学英皇学院	英国	蓝藻放氢	提高异形细胞比率从而提高放氢速率	可连续运行 1 个月,但产氢率和稳定性还需摸索
马尔堡大学	德国	绿藻放氢	耐氧氢霉在绿藻中稳定表达	分子生物学手段获得耐氧氢霉,完成氢霉的基因克隆,但耐氧氢霉的稳定性还需进一步研究
写普萨拉大学	瑞典	蓝藻放氢	着眼于吸氢霉的研究	已克隆吸氢霉基因,正在研究其失活机制

(2) 光合细菌

光合细菌（photosynthetic bacteria，PSB）是一群没有形成芽孢能力的革兰氏阴性菌，具有固氮能力，它们的共同特点是能在厌氧和光照条件下进行不产氧的光合作用。它属于原核生物，只含有光系统 PSⅠ，电子供体或氢供体是有机物或还原态硫化物，主要依靠分解有机物产氢。自从 Gest 首次在 Science 报道光合细菌可利用有机物光合产氢之后[60]，人们便相继发现了众多的产氢光合细菌。产氢光合细菌主要集中于以下几个属。

红假单胞菌属：红假单胞菌属（*Rhodopseudomonas*）的产氢光合细菌有球形红假单胞菌（*Rhodopseudomonas sphaeroides*）的一些菌株、*Rp. sphaeroides*，*Rp. spheaeordes*，*Rp. sphaeroides* 等；荚膜红假单胞菌（*Rp. capsulatus*）的一些菌株，*Rp. cap.* ATCC23782，*Rp. capsulatus* 等；绿色红假单胞菌（*Rp. viridis*）；红假单胞菌菌株 D；嗜酸红假单胞（*Rp. acidophila*）；沼泽红假单胞菌（*Rp. palustris*）等。

外硫红螺菌属：外硫红螺菌属（*Ectothiorhodospirace*），如空泡外硫红螺菌（*E. vacuola*）可以利用丙酮酸作为碳源产氢。

其他的光合细菌还有红微菌属（*Rhodomicrobium*）；小红卵菌属（*Rhodovulum*）；着色菌属（*Chromatium*）的酒色红硫菌（*C. vinosum*）；红螺菌属（*Rhodospririllum*）的深红红螺菌（*R. rubrum*）；荚硫菌属（*Thiocapsa*）的桃红荚硫菌（*Th. roseopersicina*）[61]。

20 多年来，关于利用光合细菌进行生物制氢的研究，各国的研究者们一直进行着不懈的努力。然而，氢生产率和对太阳能的转化效率仍然较低，诸如氢产率低和产氢代谢过程的稳定性差等问题，始终是制约光合生物产氢技术发展的主要障碍，有待于进一步研究解决。

2.4.2.2 发酵产氢微生物

发酵产氢微生物主要是一些不需要光照，主要以分解有机物为产氢提供能量的一些细菌。发酵产氢微生物主要包括专性厌氧发酵产氢菌、兼性厌氧发酵产氢菌和需氧发酵产氢菌。

(1) 专性厌氧发酵产氢菌

它们不具有细胞色素体系，通过产生丙酮酸或丙酮酸的代谢途径来产氢。包括梭菌属（*Clostridium*）、甲基营养菌（*Methylotrophs*）、产甲烷菌（*Methanogenicbacteria*）、瘤胃细菌（*Rumenbacteria*）以及一些古细菌（*Archaea*）等[62,63]，脱硫菌（*Desulfovibriodes-ulfuricans*）是唯一具有细胞色素体系的专性厌氧菌。

这些严格厌氧发酵菌可以用于单独放氢，也可以进行混合放氢。它们能够分解利用多种有机质放氢，如可以利用木糖、树胶醛糖、半乳糖、纤维二糖、蔗糖和果糖等小分子糖类，也能利用纤维素和半纤维素等大分子糖类放氢[64]。

进行丁酸型发酵制氢的菌类主要是一些厌氧菌，主要优势种群是梭菌属（*Clostridium*），如丁酸梭状芽孢杆菌（*C. butyricum*）等。丁酸梭菌发酵葡萄糖生成丁酸、乙酸、H_2 和 CO_2 的过程如图 2-56 所示。该菌的代谢是存在热动力学效率调节的产物途径。ATP 产量并不与葡萄糖分解呈化学计量。观察到的 ATP 产量为 3.3molATP/mol 葡萄糖。梭菌型产氢菌代表的丁酸梭菌产氢途径中具有两个产氢位点，分别在三磷酸甘油醛脱氢产生的 NADH 氧化产氢，和丙酮酸脱氢酶系作用下，丙酮酸脱氢脱羧产生时偶联氢酶产生氢。

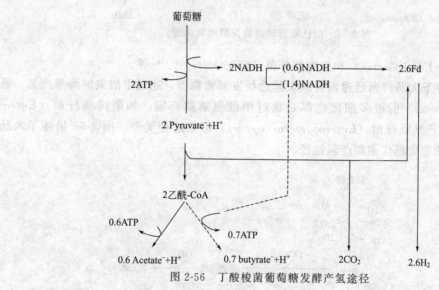

图 2-56　丁酸梭菌葡萄糖发酵产氢途径

瘤胃细菌生存在动物的瘤胃中，利用动物未完全消化的有机物作为产氢的底物。如白色瘤胃球菌（*Ruminococcus albus*）可以分解糖类产生 H_2[65]。发酵葡萄糖的产氢代谢途径如图 2-57 所示。

该菌的代谢途径属于细菌乙醇发酵，产物只有乙酸、乙醇、H_2 和 CO_2。产物中乙酸比乙醇要多很多。厌氧菌代表的丁酸梭菌和白色瘤胃球菌的产氢途径比较相似，二者都是梭菌型产氢机制的产氢菌。在热动力学调节的产物途径对产氢的调节下，不同的只是消耗 NADH 的产物。丁酸和乙醇分别作为消耗 NADH 的一种途径。因此，热动力学效率对微生物代谢的调节作用直接影响到微生物的产氢能力。

产甲烷细菌在厌氧的情况下有一定的放氢能力，在正常情况下，其主要产物仍然是甲烷；但在甲烷生成受到抑制的时候，巴氏甲烷八叠球菌（*Methanosarcinabarkeri*）可以利用 CO 和 H_2O，生成 H_2 和 CO_2[66]。

(2) 兼性厌氧发酵产氢菌

含有细胞色素体系，能够通过分解甲酸的代谢途径产氢。包括大肠杆菌（*Escherichia-*

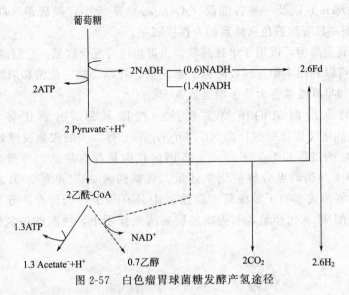

图 2-57　白色瘤胃球菌糖发酵产氢途径

coli)、肠道细菌（*Enterobacter*）和柠檬酸杆菌（*Citrobacte*）[67,68]等。

兼性厌氧条件下大肠杆菌通过混合酸发酵途径发酵葡萄糖，通过甲酸氢解酶系产氢。肠杆菌科（Enterobacter）的很多细菌也都是通过甲酸氢解酶产氢。如阴沟肠杆菌（*Enterobactercloaca*）和产气肠杆菌（*Enterobacteraerogenes*）都是这种类型。图 2-58 描述了大肠杆菌厌氧条件下的葡萄糖代谢和产氢途径。

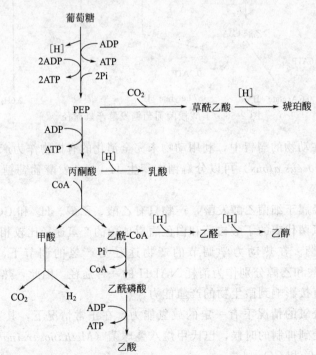

图 2-58　厌氧条件下大肠杆菌糖代谢途径与产氢途径

大肠杆菌代谢产生的甲酸在厌氧和缺乏合适电子受体情况下，由甲酸氢解酶复合物裂解

转化为 CO_2 和 H_2，属于非产能反应，受 O_2、NO_3^- 和甲基蓝（methyl blue，MB）的抑制。甲酸氢解酶复合物有合适电子受体如硝酸或者延胡索酸存在时，生成的还原力可以还原硝酸和延胡索酸，产生 ATP。各种氧化条件下的大肠杆菌的产氢反应和氢化反应见图 2-59。

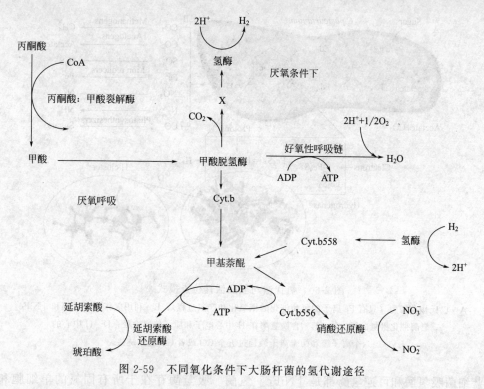

图 2-59　不同氧化条件下大肠杆菌的氢代谢途径

大肠杆菌有极高的生长率，能够利用多种碳源，而且产氢能力不受高浓度 H_2 的抑制，但是其缺点是产氢量比较低。

(3) 需氧发酵产氢菌

它们只能在有氧的条件下才能生长，有完整的呼吸链，以 O_2 作为最终氢受体。需氧放氢微生物主要包括有芽孢杆菌（*Bacillus*）、脱硫弧菌（*Desulfovibrio*）和产碱菌（*Alcaligenes*）等[69]。

2.4.2.3　氢酶的研究

能够产氢的微生物都含有氢酶（hydrogenas），氢酶是产氢代谢中的关键酶，它催化氢气与质子相互转化的反应，在微生物能量和氢代谢中起着关键作用。1931 年，Stephenson 和 Stickland 首次在大肠杆菌中发现了氢酶[70]。1974 年 Chen 等[71]首先从巴氏梭菌中分离纯化了可溶性氢酶，随后有多种氢酶从不同微生物中被分离纯化。

目前发现的氢酶按照所含金属原子种类可以分为四种：［NiFe］氢酶，［NiFeSe］氢酶，［Fe］氢酶和不含任何金属原子的 metal-free 氢酶[72]。［NiFe］氢酶和［Fe］氢酶研究较多，已经有晶体结构出现。［NiFe］氢酶分为吸氢酶和放氢酶，广泛存在于各种微生物中。典型的产氢细菌具有［Fe］氢化酶。［Fe］氢酶催化产氢的活性比［NiFe］氢酶高 100 多倍，对氧非常敏感。研究最多的是梭菌和绿藻的［Fe］氢酶。

Michael 等研究了巴氏梭菌，描述了糖氧化产氢的电子传递过程（图 2-60）。内酮酸氧化后电子通过 Fd（铁氧还蛋白，含有两个 Fe_4S_4），然后传递给氢化酶，到达 H 簇，至少要经过七个 Fe-S 簇[73]。

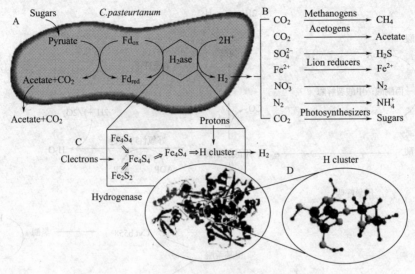

图 2-60　氢代谢与氢酶活性位点模式[46]
A—巴氏梭菌细胞（只有 Fe 离子的氢酶催化的糖氧化和产氢过程）；B—利用氢作为还原剂和 ［NiFe］
氢酶催化摄氢的微生物；C—含铁氢酶在 H 中心电子和质子传递途径；D—H 中心的
六个离子簇和两个离子簇通过五个 CO 或者 CN 配体链接。

蓝细菌吸氢酶和可逆氢酶都是［NiFe］氢酶。吸氢酶存在于所有固氮的单细胞和丝状蓝细菌中。吸氢酶与膜相结合，在一些丝状蓝细菌中仅在异形胞中表达，在营养细胞中没有或仅有极少活性。吸氢酶至少由约 60k 和 35k 的两个亚基（HupL 和 HupS）组成。吸氢酶对氢的回收具有三方面功能：通过氧氢反应（Knallgas 反应）提供 ATP；去除 O_2，保护固氮酶免于失活；为固氮酶和其他细胞活动提供电子。在丝状蓝细菌中，吸氢酶和固氮酶具有密切的联系。

2.4.2.4　固氮酶

固氮酶是和生物产氢联系最紧密的一种酶，也是一种多功能的氧化还原酶。固氮酶是由钼铁蛋白和铁蛋白组成的复合体，这两种蛋白单独存在时都不呈现固氮酶活性，只有两者形成复合体才具有还原氮的能力[74]。存在于能够发生固氮作用的原核生物（如固氮菌，光合细菌和藻类等）中，能够把空气中的 N_2 转化生成 NH_4^+ 或氨基酸。固氮酶的活性直接影响光合细菌的氢产率。氧气对固氮酶的活性有强烈的抑制作用，极微量的氧就足以使其钝化失活，因此到目前为止也仅有少数光合细菌的固氮酶被分离。铵和铵盐的存在既抑制固氮酶的活性，又抑制固氮酶的合成[75]。

固氮酶对氧极其敏感，主要由两个亚基组成：固氮酶（nitrogenase，MoFe-蛋白，或蛋白Ⅰ）和固氮酶还原酶（dinitrogenase reductase，Fe 蛋白或蛋白Ⅱ）[76]。固氮酶是一个 $\alpha_2\beta_2$ 异源四聚体，称为 MoFe-蛋白，在整个固氮催化的过程中，以连二亚硫酸盐为还原剂。

α 亚基和 β 亚基分别由 nifD 和 nifK 编码。光合细菌的固氮酶是一种铁硫蛋白。大亚基含有 2 个钼，20～30 个铁，以及 20～30 个硫。相对分子质量为 130k。固氮菌和蓝藻的相对分子质量为（220～240）k。固氮酶还原酶由 nifH 编码，是一个同源二聚体，主要调节电子从电子供体（铁氧化还原蛋白或黄素氧化还原蛋白）向双向固氮酶还原酶传递。光合细菌的固氮酶还原酶含有 4 个铁和 4 个硫，相对分子质量为 33.5k 左右。而蓝藻为（60～70）k。

2.4.3　生物制氢工艺及利用

固体废物生物法制氢时，可借鉴废水生物制氢反应器运行的经验。由于发酵液中存在细小的固体颗粒物，设计反应器、选择生物载体时应充分考虑颗粒污泥与固体废物颗粒物的分离问题。固定床反应器（接触滤池）[77]、浸出床反应器[78]都已成功地用于处理有机固体废物制氢。

2.4.3.1　光合制氢技术

由于光合菌具备能源自立式转化系统，可以汇集和利用太阳光和有机废物等大量分散的能源，具有较高的理论转化率，通过代谢产生清洁新能源 H_2，终产物中 H_2 组成可达到 95% 以上。该技术是将太阳能利用和环境治理结合起来的可再生能源生产技术，环境效益、社会效益和经济效益显著。光合细菌生物制氢技术只需常温常压的操作环境，具备实现规模化生产的前景，正在成为当前生物制氢研究的热点。

(1) 固定化技术

固定化光合细菌是通过一定的技术手段将光合细菌固定在载体上，使其高度密集并保持生物活性，避免菌体流失，在适宜条件下能够快速、大量增殖并提高菌体利用率的方法。固定化光合细菌解决了非固定化制氢工艺中存在的光合细菌流失和固液分离困难的问题。采用细胞固定化技术，在一定程度上可提高反应器内的生物持有量，使单位反应器的产氢率和运行稳定性有所提高，并利于实现产氢的连续化。另外，微生物细胞经固定化后，其产氢酶系统的稳定性提高，连续产氢能力增强，具有浓度易控制、耐毒害能力强、菌种流失少、产物易分离、运行设备小型化等特点。光合细菌的固定需要依附于一定的载体材料，适用于光合细菌固定的载体材料很多，但是性能不一。根据所固定光合细菌种类的不同和固定化方法的不同，需要选用或制备不同的固定化载体材料。固定化载体材料主要有三大类：无机载体、有机高分子载体和复合载体。用于制备固定化细胞的方法种类繁多，常见的固定化方法有吸附法、包埋法、共价结合法、交联法。除常见的固定化方法外，最近挂膜法也引起了人们的重视。但是，固定化技术的复杂性、巨大的工作量，以及高昂的制氢成本决定了该技术的应用只能局限于小型的实验室研究，无法实现大规模的工业化生产。而且作为固定化载体的基质会占据反应器内大量的有效空间，反应器比产氢率的进一步提高会由于生物持有量不足而受到限制。

(2) 光合生物反应器

光合细菌生物制氢反应器是用于光合细菌大规模培养并产氢的装置。保持反应器中光合细菌的生理活性和代谢稳定性，实现连续，稳定和高效的产氢。由于光合细菌产氢需要在厌氧光照的条件下进行，这就要求光合制氢反应器除是一个相对密闭容器外，其结构形式还要满足光照的要求。目前光合制氢反应器按照结构形式可分为管式、板式、箱式、螺旋管式和柱式等几种结构形式。

管式反应器是最早开发的光合细菌制氢反应器，也是结构最简单的反应器之一。反应器一般由一支或多支尺寸相等透光管组成，为了最大可能地增加采光面积，反应器一般采用圆管形式。目前已研制有单管式、列管式、正弦波浪管式等形状的光合细菌制氢反应器。管式反应器通体材料既作为采光面又作为结构材料，导致反应器容积受加工材料限制，反应器温度不易控制，占地面积大，反应液在管内的流动阻力大，反应器寿命受色素累积及材料老化等外界因素的影响。图 2-61 为环管式光合制氢反应器，该反应器由 10 支直管通过 U 形接头连接而成，每支长 2m，内径 48mm，其有效工作容积 53L[79]。

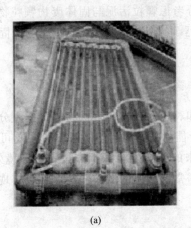 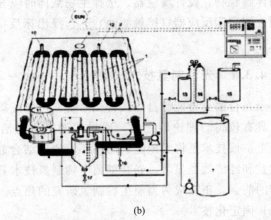

(a)   (b)

图 2-61　环管式光合制氢反应器

螺旋管式反应器是一种特殊的管式反应器，解决了单管或列管式反应器只能利用反应管的一侧作为采光面导致光能利用率低的问题。图 2-62 是一种内布光式的盘绕管光合制氢反应器。图 2-63 是澳大利亚 Murdoch 大学研制的螺旋管式光合细菌制氢反应器，反器由柔性透明管沿螺旋方向旋转围绕而成，该反应器容积达到 $1m^3$。对于螺旋管反应器来说，由于螺旋管的长度过大，无形中增加了反应液的流动阻力，驱动能耗成为一个关键问题，同时由于盘绕支架本身的结构问题不易使用较大管径的绕管，其运行中的温度控制也同样是不容忽视的问题。

板式反应器一般采用硬性材料作骨架，仅使用透光材料作采光面，非采光面可以使用强度较高的材料制作同时还可以进行保温处理，避免了管式反应器采光面同时作为结构材料所造成的容积受限和控温等问题。通过减少反应器厚度和采用双侧光照使反应器采光面积与容积比有了很大提高。目前已研制有单板式、多板叠合式、嵌槽式、网格板式等形式的反应器。图 2-64 是爱尔兰 Semastiaan Hoekema 研制的一种带气体循环搅拌的板式光合制氢反应器，该反应器采用不锈钢框架，采光面采用三聚碳酸酯材料，反应器有效工作容积为 2.4L[80]。板（箱）式反应器的主要缺点是：a. 由于受光线透过性的影响，反应器厚度不能太大，造成反应器容积受限；b. 不易实现温度控制；c. 光能利用率和光能转化率低；d. 反应器内溶液混合性差。

柱状光合细菌制氢反应器是在管式反应器的基础上进行的改进设计，通过多级串联或并联实现大容积反应器的开发。目前已研制了单柱式、双柱式及多柱回流等几种形式光合制氢反应器。图 2-65 是荷兰研制的单柱式反应器，反应器由有机玻璃制成，直径 20cm，高 2m，总容积为 65L[81]。柱状光合细菌制氢反应器存在的主要问题是：a. 柱体直径同样受限于光在反应液中穿透性；b. 反应器的高度受加工材料限制；c. 光能利用效率低；d. 温度不易控制；e. 反应器运行寿命受色素沉积和菌体吸附影响。

图 2-62　盘绕管光合制氢反应器

图 2-63　螺旋管式光合制氢反应器

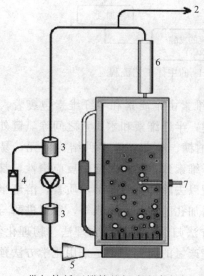

图 2-64　带气体循环搅拌的板式光合制氢反应器

图 2-65　单柱式反应器

　　其他类型的反应器还有瓶状反应器、内置光源反应器等。瓶状反应器主要是基于增大反应器光照表面积，同时通过缩小反应器高度可以容易实现反应温度控制进行研制的。内置光源反应器一般采用人工光源供光或通过使用光导纤维导入自然光和设置石英发光体为反应器提供光源。内置光源形式使光源向四周的辐射光能都能被利用，提高了反应器的光能利用率。

　　目前光合细菌制氢反应器的研究还处于初级探索阶段，其研究水平和规模还基本局限在实验室水平。

2.4.3.2 发酵制氢技术

利用发酵微生物制取 H_2 的原料来源广泛，现有的发酵制氢工艺以有机废水和有机固体废物为主。有机废水主要有含有单糖、二糖以及多糖的有机污染水体，如糖蜜废水、蔗糖生产废水、酿酒废水以及淀粉生产废水等。有机固体废物如木质纤维素、餐厨垃圾、粪便等。

(1) 木质纤维素类发酵制氢技术[82]

木质纤维素生物质是一种潜在的低成本原料，如农作物秸秆、木屑等，通常含有38%～50%的纤维素、20%～35%的半纤维素和15%～25%的木质素，其中纤维素和半纤维素可转化为发酵性糖用于 H_2 生产。但由于木质纤维素结构复杂，利用木质纤维素中纤维素和半纤维素生产 H_2 时需要一些额外的工序，如预处理、脱毒处理和生产水解酶类等。图 2-66 是以木质纤维素为原料，转化为 H_2 的主体工艺流程。

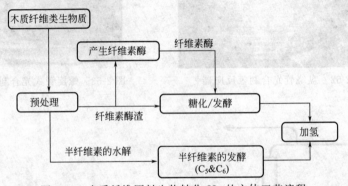

图 2-66　木质纤维原料生物转化 H_2 的主体工艺流程

① 木质纤维素的预处理技术　木质纤维素中纤维素由木质素和半纤维素包裹着，纤维素与半纤维素或木质素分子间的结合主要依赖于氢键；半纤维素和木质素之间除氢键外还有化学键合。半纤维素是无定形组分，含木糖、阿拉伯糖、葡萄糖等多种结构单元，易于水解；木质素和半纤维素对纤维素的包覆作用及结晶纤维素致密结构引起的反应惰性，都使纤维素酶水解严重受限。因此，需要对原料进行预处理以去除部分或全部木质素，溶解半纤维素，或破坏纤维素的晶体结构，从而减小聚合度，增加孔隙度和表面积等，以促进酶与底物相互接触并反应，提高酶解速率和得糖率。预处理方法归纳起来包括物理法、物理化学法、化学法和生物法。目前，用于木质纤维素预处理发酵产氢的研究主要是采用化学方法预处理和物理化学方法预处理。

机械粉碎是常用的物理预处理方法，它能使颗粒变小，降低结晶度，对处理高结晶度和高度木质化的材料都有较高的效果。此外粉碎处理后得到的粉料具有较高的容积密度，有利于增加酶反应的底物浓度，提高酶的作用效率。粉碎处理的方法中，以球磨尤其是振荡球磨的效率更高，高温下研磨比在常温下研磨的效果更好。如果在研磨时加入少量膨胀剂或木质素溶剂亦可以提高研磨的效果。但物理法具有耗能大、成本高、生产效率低的缺点，因此研究较少。

化学法是采用酸、碱、次氯酸钠、臭氧等试剂进行预处理，其中以碱和稀酸预处理研究较多。碱预处理是利用木质素能够溶解于碱性溶液的特点，碱预处理操作简便，设备要求较低。使用较多的碱有 NaOH、KOH、Ca(OH)$_2$ 和 NH$_3$ 等。用碱预处理天然木质纤维素可破坏其中木质素的结构，显著提高后续酶水解效率。碱处理法的机制在于 OH$^-$ 能够削弱纤维素和半纤维素之间的氢键以及皂化半纤维素和木质素分子之间的酯键。稀 NaOH 可引起木质纤维原料的膨胀，结果导致内部表面积增加，聚合度降低，结晶度下降，木质素和碳水化合物之间化学键断裂，从而破坏木质素结构。碱预处理相对于酸法成本较低，操作安全，但仍需废水和残余物的回收处理工序。稀酸预处理通常采用 0.5%～2% 的 H$_2$SO$_4$，在 110～220℃下处理一定时间。由于半纤维素被水解成单糖，残余物形成多孔或溶胀型结构，从而促进了酶解效果。在稀酸预处理条件下，半纤维素转化成可进一步发酵的单糖，有利于资源的充分利用。但木质素依然保留在固体残渣中，对后续酶水解步骤会有一定的不良影响。

物理化学方法有蒸汽爆破法、CO$_2$ 爆破法、氨纤维爆破法。木质纤维素原料在高压水蒸气或氨水中经过短时间加热后，快速地释放压力至大气压，此过程使纤维结构严重膨化破坏，从而促进后续的酶水解过程。氨纤维爆破法是蒸汽爆破法与碱处理法的结合，即将木质纤维原料在高温和高压下用液氨处理，然后突然减压使原料爆破。利用 NH$_3$ 爆破处理具有很多优点：不用机械粉碎将纤维素物料粒径变小；木质素除去后，大部分的半纤维素和纤维素可以保留下来得以充分利用；不会产生发酵抑制物，水解液可以不用处理直接发酵微生物；NH$_3$ 可以回收，残留的铵盐可以作为微生物的营养物。

生物法预处理是指利用一些微生物分解木质素的特性，有效地去除缠绕在纤维素外围的木质素外鞘，增大其与纤维素酶的接触面积，从而提高纤维素和半纤维素的酶解糖化率。普遍认为分解木质素的菌类有白腐菌、褐腐菌和软腐菌。微生物处理法具有无污染、耗能低、经济效益高的优点，但目前存在的微生物种类较少，木质素分解酶类的酶活低，培养菌种的时间长，并且某些白腐菌降解木质素的同时也会损失掉部分的纤维素和半纤维素，故而发展较慢，尚不能工业化应用。

② 木质纤维素发酵液产氢关键技术 利用木质纤维素水解物发酵产氢研究中主要有两个关键点：首先，如何解除木质纤维素预处理水解过程中产生的抑制物质对发酵的抑制作用；其次，木质纤维素水解产物包括戊糖（木糖、阿拉伯糖）和己糖（葡萄糖、甘露糖、半乳糖）多种糖的混合物，如何高效利用戊糖己糖混合糖进行发酵产氢。

木质纤维素原料在高温高压和催化剂预处理（水解）过程中会形成多种发酵抑制物质，如糠醛、羟甲基糠醛、乙酸、酚类化合物等。由于这些抑制物质对微生物的生长代谢有抑制作用，从而使水解液中糖发酵生成 H$_2$ 受到严重限制。因此，需要采用高效、经济的方法去除或减少木质纤维素水解液中的抑制性物质。目前，关于木质纤维素水解液抑制成分的脱除方法已有多种报道，如活性炭吸附、负压蒸发、加碱、离子交换、微生物降解或酶解法。其中效果较好的是离子交换法，但该方法成本高，不宜在大规模生产中使用。碱法是指用碱将pH 值调到 10 然后再调到发酵所需 pH 值，这是目前对水解液抑制成分脱除使用最多的一种有效方法，但该方法产生大量沉淀，使水解糖液中的糖损失较大，操作复杂，因此实际应用有一定难度。负压蒸发可去除挥发性抑制剂，但该方法在大规模生产应用中受到限制。活性炭吸附是一种廉价、有效的方法，所以对活性炭吸附脱除抑制成分做了较多研究，包括 pH值、温度、接触时间、活性炭浓度对脱除抑制成分的影响等。微生物或酶法降解抑制性物质，目前仍处于研究阶段。

木质纤维素水解产物中富含戊糖（木糖、阿拉伯糖）和己糖（葡萄糖、甘露糖、半乳糖）等混合糖。其中己糖较容易被微生物利用，目前关于能够利用己糖发酵产氢的微生物已有很多报道，且已获得了一些产氢能力较高的菌株。相比之下，水解液中的戊糖较难被微生物利用。如果仅将水解液中的己糖部分进行较高程度的利用，产生的 H_2 相对于木质纤维原料的利用率也不超过 40%，只有将水解液中戊糖、己糖全部转化成 H_2，才能获得较高的经济效益。因此，如果找到能同时利用戊糖和己糖产氢的微生物可大大提高水解液的利用效率，降低成本。近年来，研究者们陆续开展了一些关于戊糖发酵产氢及同步发酵戊糖己糖混合糖产氢的相关研究。

③ 纤维素生物制氢工艺　随着对纤维素原料生物转化生产清洁能源的不断研究，先后有学者提出纤维素生物转化的工艺过程，包括分步水解发酵（separate hydrolysis and fermentation，SHF）、同步糖化发酵（simultaneous saccharification and fermentation，SSF）、同步糖化共发酵（simultaneous saccharification and co-fermentation，SSCF）和联合生物加工工艺（consolidated bio processing，CBP）等工艺方案。以上各种方法分别在酶的产生与提供、纤维素水解、水解物发酵过程等方面存在一定的差异（图 2-67），这些差异也将导致纤维素产氢的效率有所不同。

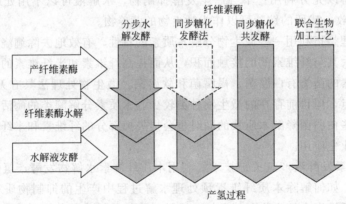

图 2-67　纤维素产氢的生物转化过程

分步水解发酵（SHF），是将纤维素酶法或微生物法水解糖化与利用糖化液发酵制氢分步进行的方法。在这一过程中，反应或发酵条件可独立控制完成，糖化或发酵更为准确，针对性更强。在混合培养体系中，最佳酶解条件与最佳生长或产氢条件会有所不同，可能导致单方面限制产糖或产氢效率，从而降低纤维素转化效率和产氢量。因此，为更好地进行高效率生产，单独水解和方法被很多学者所采用[83]。在分步水解发酵过程中，产物的形成也受多种因素的限制，如末端产物的反馈抑制，在糖化过程中产生的葡萄糖过量会抑制葡萄糖苷酶的活性，纤维素酶也会被纤维二糖和葡萄糖所抑制。此外，低细胞浓度以及高浓度基质也会抑制发酵过程。

分步水解发酵（SHF）从木质纤维素化学转化演变而来，即用酶解纤维素产生还原糖，进而再利用糖进行发酵。纤维素的酶解和酶解液的发酵分别在不同的反应器中进行。鉴于纤维素酶解糖化存在成本较高、酶活性及酶转化率不稳定等诸多问题，因此逐渐有人采用具有糖化功能的菌株或复合菌系对纤维素进行糖化，再进行产氢发酵[84]。与纯菌株相比，复合菌系同样可以应用于纤维素的糖化过程，利用复合菌系进行糖化与利用酶相比，反应体系更为稳定，不易受环境影响，再利用纯菌发酵糖化产物产氢可取得较好效果。但在糖化过程中，产糖效率不及酶糖化明显。

同步糖化发酵（SSF），即纤维素的酶水解糖化过程与厌氧产氢发酵同步进行。目前，很多学者利用糖化微生物而非直接添加酶进行糖化，并与产氢微生物进行联合培养，称为同步糖化共发酵（SSCF）。以上两种同步糖化发酵的方法，微生物糖化及发酵过程在同一体系内进行，纤维素糖化产物很容易迅速被产氢微生物所利用，解除其对糖化反应的反馈抑制。同步糖化发酵，较大程度上简化了发酵设备，缩短了纤维素物质转化周期，提高了转化率[85]。因其具有设备投资成本较低，生产能耗低等工业化优势，越来越受到人们的重视，也是目前较为流行的纤维素生物转化产氢的工艺方法。同步糖化发酵方法与分步糖化发酵法相比，有效提高了生产效率，降低了生产与设备成本，但纤维素酶解过程与产氢发酵过程在发酵条件、发酵周期、发酵速率等方面的不统一性，一直是限制该方法研究与应用的主要因素。

直接微生物转化（direct microbial conversion，DMC），又可称为联合生物加工工艺（CBP），是一种将纤维素酶的产生过程与糖化、产氢发酵集合在一个反应体系内同步进行的生产工艺，同时也是一种将纤维素直接利用转化为 H_2 的生产工艺。尽管该工艺也需要对木质纤维素原料进行一些预处理，但与以上几种方法相比，该工艺较大程度地降低了生产过程的能量消耗，有效地降低了生产成本。因此，它正成为第 3 代能源生产过程中非常经济而又受关注的目标[86]。

(2) 餐厨垃圾发酵制氢技术

餐厨垃圾有机物含量极高，在去除动物骨头、餐巾纸、筷子等少量杂质之后，挥发性固体与总固体含量的比值（VS/TS）达到 90% 以上，十分容易被生物降解。此外，餐厨垃圾营养成分丰富，配比均衡，是十分理想的厌氧发酵底物。

目前利用混合餐厨垃圾作为底物用以产氢的研究日益增多，主要目的在于综合各类因素，培养合适的混合菌种，研究最佳工艺控制条件和最大转化效率，证实餐厨垃圾发酵产氢的可行性，相关的研究结果见表 2-19[87]。

表 2-19　不同餐厨垃圾厌氧发酵系统产氢效果

基质	试验规模	菌种类型与来源	研究重点与最佳条件	产氢效果
餐厨垃圾＋污泥	血清瓶实验	混合菌种（Closrridium sp 为主）	可行性研究含水率为 97%	产氢率达到 122.9mL（以每千克糖类-COD 计）；每克 VSS 最大产氢速率为 111.2mL/h
厨房垃圾＋污泥	厌氧滤床小试	混合菌群	稀释率为 4.5d^{-1}	总发酵率最高达 58%
餐厨垃圾	反应器小试	高温：厌氧杆菌热解糖梭状芽孢杆菌 地热脱硫肠状菌 中温：栖热孢菌杆菌	温度条件：中温、高温	中温条件下出餐厨垃圾与污泥厌氧处理过程中有甲烷产生，而高温条件下无甲烷产生，且 H_2 产量高于中温条件；利用单位体积容器（以每升计）10gVS 得到 H_2 最大体积分数为 69%

基质	试验规模	菌种类型与来源	研究重点与最佳条件	产氢效果
蔗糖、脱脂牛奶和餐厨垃圾	250mL 血清瓶	厌氧污泥过 20 目筛，并经 4℃保存	动力学	随着底物量的增加，H_2 的产量和产率都随之增加，蔗糖、脱脂牛奶和餐厨垃圾的最大产氢率分别为 234mL、119mL、101mL（以每克 COD 计），高浓度底物导致 pH 值快速下降（pH<4.0)，动力学模拟表明，底物中糖类的含量是最大产氢率的限制因素
餐厨垃圾	12L 批式厌氧反应器	厌氧污泥	产物抑制	挥发酸的累积会导致系统产气的停滞。但当减少挥发酸的浓度时，系统产气能力得到恢复
餐厨垃圾	10kg 厌氧发酵罐	自体	乳酸发酵（25℃±2℃)	乳酸发酵能抑制其他细菌生长，进而影响到厨餐废物发酵的启动与进程
餐厨垃圾	底物 200g 半连续反应器	100℃处理过的河道污泥	37℃ 时 pH 值为 6.0 左右，稀释率为 1.0～4.0d^{-1}，回流比为 0.8	最大产氢速率可达 $10.9m^3/(m^3 \cdot d)$，最终 H_2 可达 65%（体积分数)

　　影响餐厨垃圾生物制氢的主要因素有温度、pH 值、底物种类和浓度、金属离子、氧化还原电位（ORP）、水力停留时间（HRT）、反应器类型、C/N 等，这些因素对厌氧产氢都有一定的影响。由于餐厨垃圾的组成复杂，每种组分如淀粉、蛋白质、脂肪等都需要特定的外界环境以及微生物条件才能获得最佳产氢效果，因此，餐厨垃圾来源不同，接种物质不同，产氢过程需要控制的条件不同。

　　此外，将餐厨垃圾与活性污泥混合厌氧发酵产氢，可以提高产氢效率。对于产氢菌来说，有机氮源如蛋白胨或酵母膏是很好的营养源，而铵盐或尿素则效果不佳，污泥是富含蛋白质的有机废物，在餐厨垃圾中加入污泥能够提高系统的 C/N，增加产氢菌的氮源营养物质，因此 H_2 产量会得到大幅度提高。

　　(3) 粪便发酵制氢技术

　　畜禽粪便中含有大量可用于发酵产氢的微生物，还含有大量的未被消化吸收的有机物质（纤维素、半纤维素、蛋白质等）及微生物生长代谢过程所必需的 N、P 等营养物质，可提供厌氧发酵制氢微生物生长所需的营养物质，如将其作为制氢原料，既可得到清洁能源 H_2，又可实现废物的资源化。

2.4.3.3　其他发酵制氢技术

(1) 暗-光偶联发酵制氢技术

　　暗发酵处理废物除产氢外，还产生大量的有机酸，其出水中的有机酸可用于光发酵制氢，因此开发出先经过暗发酵再进行光发酵的制氢技术，比单独使用一种方法制氢具有很多优势，可有效提高 H_2 的产量。暗-光发酵不仅显著提高氢气产率，还可去除水中的有机酸。

暗发酵处理城市有机固体废物制氢时，产生的有机酸和醇，以获得维持自身生长所需的能量和还原力，解除电子积累而快速释放部分 H_2。由于产生的有机酸不能被暗发酵细菌继续分解而大量积累，导致暗发酵细菌产氢效率低下，成为暗发酵细菌产氢大规模应用面临的瓶颈问题。而暗发酵产生的小分子有机酸是光发酵制氢的理想原料，消除有机酸对暗发酵制氢的抑制作用，进一步释放 H_2，其产氢速率甚至高于人工基质[88]。同时光发酵细菌不能直接利用纤维素和淀粉等大分子的复杂有机物，对廉价的废弃的有机资源的直接利用能力和产氢能力差。所以，充分结合暗-光发酵两种细菌各自的优势，将两者偶合到一起形成一个高效产氢体系，不仅可以减少光能需求，而且可以提高体系的产氢效率，同时还可以扩大底物的利用范围。适当控制介质的成分和环境，联合两个系统可获得较高的 H_2 产率。暗发酵的出水中存在有色物质、氨等，在光发酵制氢前需经预处理。此外，应适当稀释、中和暗发酵出水，调整各种营养物浓度，使有机酸浓度、pH 值、C/N 等有利于光发酵制氢[89]。因此形成光合细菌和厌氧细菌的混合的高效产氢体系，如图 2-68 所示[90]。

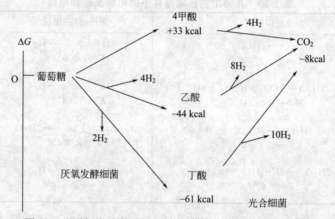

图 2-68　厌氧发酵细菌和光合细菌联合产氢生化途径[90]

(2) 暗发酵和微生物电解电池的组合

利用生物质进行碳中性-可持续的生物制氢，还可通过微生物电解产氢技术完成[91]。典型的微生物电解产氢装置是微生物电解池（microbial electrolysis cell，MEC），其工作原理为：生长在 MEC 阳极表面的产电微生物（无需外源电子介体而具有胞外电子传递能力微生物的统称，exoelectrogens），主要是产电细菌，氧化有机物产生电子、质子和 CO_2，电子被阳极收集后通过外电路到达阴极，在那里与质子结合产生 H_2（图 2-69）[92]。

MEC 的阳极反应与微生物燃料电池（microbial fuel cell，MFC）相同，阴极反应与电解水产氢一致。MFC 一般以 O_2 作为在阴极的电子受体，而 O_2 得电子的氧化还原电位比阳极反应的高，因而外电路中电子的流动是自发的。而在 MEC 中，阴极上质子还原的氧化还原电位比阳极反应的低，电子是不能自发流动的。为了克服此能量壁垒，使析氢反应得以进行，需外加一个理论值为 0.13～0.14V 的电压（表 2-20）[92]。在实际反应中，由于过电位的产生，此外加电压一般在 0.3～0.8V，但仍小于电解水产氢过程中所需的电压（1.8～2.0V）。通过 MEC 从生物质中产氢，获得的氢能与所输入的电能的比值往往介于 100%～400%。多出输入电能的这部分能量即为 MEC 从生物质中获取的能量收益。

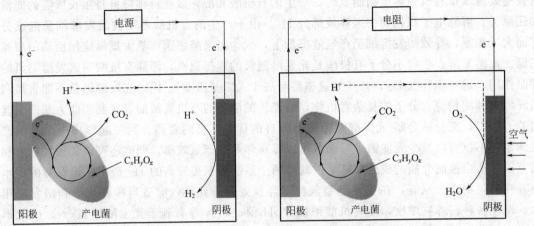

图 2-69 MEC（左）与 MFC（右）的原理示意

表 2-20 几种工艺标准条件下的电极反应和电位

工艺	阳极反应/电位	阴极反应/电位	电位差/V
MEC	$CH_3COO^- +4H_2O \longrightarrow 2HCO_3^- +9H^+ +8e^-$ $E=-0.279V$	$2H^+ +2e^- \longrightarrow H_2$ $E=-0.414V$	-0.135
	$CH_3COO^- +3H_2O \longrightarrow CO_2 +HCO_3^- +8H^+ +8e^-$ $E=-0.284V$	$2H^+ +2e^- \longrightarrow H_2$ $E=-0.414V$	-0.13
MFC	$CH_3COO^- +4H_2O \longrightarrow 2HCO_3^- +9H^+ +8e^-$ $E=-0.279V$	$O_2 +4H^+ +4e^- \longrightarrow 2H_2O$ $E=0.806V$	1.085
电解水	$2H_2O \longrightarrow O_2 +4H^+ +4e^-$ $E=0.82V$	$2H^+ +2e^- \longrightarrow H_2$ $E=-0.414V$	-1.22

　　发酵法制氢最大的局限就在于将底物转化为 H_2 的效率较低，这实际上造成了生物质的大量浪费，如果能将发酵产物继续转化为 H_2 将大大提高获得的 H_2 产率。虽然 MEC 能直接利用可发酵底物（如糖类）产氢，但往往给电极微生物群落带来较大的代谢压力，导致：a. 发酵细菌大量增长，造成底物（电子供体）损失，同时减少产电菌在电极上的比例，造成电子由底物向电极转移效率的下降；b. 有机酸在发酵过程中的积累，导致 MEC 中 pH 值的下降，最终给产电菌带来不可逆的破坏；c. 发酵底物产氢，将给其他非产电微生物（如甲烷菌）提供电子供体，造成底物的损失，从而导致 MEC H_2 产率的下降。因此，可将 MEC 置于暗发酵制氢后端，使二者作为一个体系梯级产氢。对于更复杂的生物质，如秸秆、林业废物、城市污水厂剩余污泥和牲畜粪便等，对其的直接发酵产氢效率较低，这时发酵可作为一种生物预处理手段，以产生可溶性小分子有机物，然后再通过 MEC 强化作用回收 H_2。

　　暗发酵制氢发酵类型有丁酸型和乙醇型，前者发酵产物主要以丁酸为主，伴有乙酸和其他一些有机酸的产生；后者以乙醇和乙酸为主要发酵产物。乙酸、乙醇和丁酸都可作为 MEC 的底物，其中乙酸最容易被产电菌利用，产氢效果最佳。乙醇作为一种可发酵有机物，能被产电菌直接利用或者在反应器中经过发酵转化为乙酸后被利用，因此也是 MEC 非常理想的底物。而丁酸在 MEC 中的表现相对较差。目前，研究者对 MEC 的认识和研究尚处于初级阶段，和 MFC 一样，对 MEC 的研究主要集中在开发新构型和廉价阴极材料上，目的是通过这些研究减少能量损失和提高产氢速率。

（3）厌氧发酵产氢阶段与产甲烷阶段的组合

厌氧发酵产氢阶段与产甲烷阶段的组合也能有效地提高 H_2 产量。在第 1 阶段（产氢阶段），H_2 通过产氢菌在低的 pH 值条件下被生产出来；在第 2 阶段（产甲烷阶段），产氢阶段的残留液被产甲烷菌在中性条件下利用以产生传统的燃料甲烷。Liu[93] 以家庭固体废物为底物，采用厌氧发酵产氢阶段与产甲烷阶段的组合培养方式，成功地进行了产氢和产甲烷试验。

2.4.4 生物制氢存在的问题

虽然生物制氢技术有着广阔的前景，但是，它也存在着基质种类单一、利用率较低、发酵产氢微生物不易获得和培养等问题。发酵法生物制氢技术距离大规模的工业化生产还有很大的距离，尚有很多关键性的技术问题没有很好的解决，制约着该项技术的工业化进程。提高系统的产氢效率和运行稳定性，降低生产成本是生物制氢技术实现工业化的根本问题。

2.4.4.1 高效生物制氢微生物的筛选及育种

优良的菌种是生物制氢成功的首要因素，也是制约生物制氢技术工业化的重要问题之一。光能转化效率低下问题一直困扰着广大研究者。为了适应工业化的生产，筛选优良产氢菌种是提高生物制氢产量，降低成本的最基本和直接的方法，由于菌种筛选工作量大，任务繁重，所以目前此类菌种系统筛选方面所做工作较少，而且菌株的产氢能力有限，这都严重制约了生物制氢产业化的进程。运用基因工程手段改造光发酵细菌的光合系统或人工诱变获取高光能转化效率的光发酵产氢菌株，深入研究光能转化机制包括光能吸收、转化和利用方面的机制，提高光能的利用率，以加快生物产氢的工业化进程。

无论是纯种还是混菌培养，提高关键菌株产氢效率都是最重要的工作。条件优化手段已经不能满足这一要求，需要运用分子生物学的手段对菌种进行改造，以达到高效产氢的目的。概括起来，菌种改造可以涉及如下几个方面。a. 运用代谢工程手段等现代生物技术对产氢细菌进行改造的研究目前在生物制氢领域还没有展开，是很值得深入研究的方向。b. 对产氢过程关键酶——氢酶的改造，如同源、异源表达氢酶以强化产氢过程。除此之外，由于产氢细菌内的氢酶种类繁多，基因敲除的方法也是一个可行策略。另外，通过蛋白质工程对氢酶进行强化，包括增加其活性、耐氧性也都是可行策略。c. 扩大底物利用范围。不仅仅依赖于筛选能够降解不同底物的产氢菌株，通过基因工程在目标菌株中表达降解不同生物体高分子的酶，也是将来一个重要的手段。

2.4.4.2 发酵产氢工艺条件优化

产氢工艺条件的优化研究是生物制氢试验中研究最多的方面，工艺条件的研究主要集中为确定特定菌种产氢的最佳环境参数。由于不同的菌种要求的生长条件各不相同，不同的研究者采用的菌种不同，使用的产氢基质不同，所以需要首先确定各自研究对象产氢的最佳工艺条件。工艺条件的优化研究主要包括培养基成分、温度、pH 值、氮源种类和添加量、接种量、菌龄等各方面的内容。但是对于其中的科学机制尚没有细致研究，仅依靠 pH 值、水力停留时间、接种来实现过程的控制。

发酵产氢工艺中产氢的稳定性和连续性问题一直是困扰产氢工业化的一个很大障碍。科学家们正试图通过菌种固定化、酶固定化技术来解决。特别是在产氢酶的固定化技术这方面的突破，必将加速产氢的工业化进程。

2.4.4.3 产氢方法的研究

目前生物制氢的研究主要集中在两大方面，即利用简单底物的纯培养和复杂底物的混合培养，这两种方法各有利弊。简单底物的纯培养虽然可以提高产氢收率，但是一般很难利用较复杂的底物产氢，即使有的细菌可以利用经过预处理的复杂底物产氢，但效果一直不太理想。这都不利于生物制氢的产业化大规模发展。另外，复合菌种由于组成复杂，现有的条件很难对其进行彻底的了解和充分利用其中每一个种群的功能，而且由于操作条件的小幅度变化都会导致体系的失衡和功能的变化，缺乏功能稳定性，当出现不稳定情况时，一般很难恢复，加大了操作的难度，同样也不适应生物种群的大规模生产应用，这就需要对现有的、可操作的和已基本掌握的微生物进行合理有效的组合，明确使用目的和使用范围，在最优的工艺条件下发挥其最佳的产氢能力。

2.4.4.4 混合细菌发酵产氢过程中彼此之间的抑制、发酵末端产物对细菌的反馈抑制等

暗发酵生物制氢虽然具有产氢稳定、速率快等优点，但是，由于挥发酸的积累而产生反馈抑制作用限制了其产氢量。有机废水存在许多适合光合生物与发酵型细菌共同利用的底物。理论上可以实现在处理废水的同时利用光合细菌和发酵细菌共同制取 H_2，来提高产氢的效率。但是，实际操作过程中发现，混合细菌发酵产氢过程中彼此之间的抑制、发酵末端产物对细菌的反馈抑制等现象的存在使得效果不明显甚至出现产氢效率偏低的问题[94]。

2.4.4.5 暗-光发酵偶合系统的协同及系统的生态共融性问题

暗-光发酵两种细菌在生长速率、酸的耐受力等方面存在巨大差异，而且暗发酵产酸速率快，致使体系 pH 值急剧下降，严重抑制光发酵细菌的生长，产氢效率降低，这也是混合培养产氢的瓶颈问题。如何使二者充分利用各自优势，发挥互补功能，解除彼此间的抑制及产物的反馈抑制，提高 H_2 生产能力、底物转化范围和转化效率，是亟需解决的问题。需要研究者不断地分离筛选同一生态位的光发酵和暗发酵细菌或改进产氢条件，优化产氢系统，使二者能够更好地发挥协同产氢作用，使之能够在同一系统中共存，实现真正意义上的底物的梯级利用，深度产氢[95]。

2.4.4.6 成本过高

成本问题制约了生物制氢技术的工业化应用。廉价底物的开发利用对降低生物制氢

的成本至关重要。重点开展以工农业废水、城市污水、畜禽废水等可再生资源以及秸秆等含纤维素类生物质为原料进行暗发酵和光发酵产氢的研究，既可降低生产成本又可净化环境。

2.4.4.7　对环境的不利影响

发酵制氢结束后剩余废液中仍然含有大量挥发性脂肪酸和脂肪醇，如乙酸、丙酸、丁酸、乙醇、丁醇等，这样的液体还需要进一步处理，才能达到排放标准。此外目前普遍采用的产氢菌驯化培育方式无法抑制 H_2S 产生，不但对环境造成影响，而且降低了产氢潜力，易腐蚀仪器设备。

2.4.5　生物制氢发展方向

人类赖以依存的化石能源将消耗殆尽，而 H_2 正是目前最理想的清洁燃料之一。目前，氢燃料汽车、氢燃料电池等都是以 H_2 作为化石能源的替代品。人类对氢燃料的需求也将越来越多，石油、化工、电力、化纤等行业都大量使用氢，强大的市场需求必将加快 H_2 工业产业化发展的步伐。H_2 必将成为后化石燃料时代的能源主要供应方式之一。H_2 作为能源是现代经济与可持续发展的需要。目前，从煤、石油和天然气等化石燃料中制取 H_2 已初具规模，但从长远观点看，不符合可持续发展的需要。成本高是生物制氢技术没有产业化的主要问题，我国可用于生物制氢的原料非常多，如利用工业废物、城市污水、生活垃圾、动物粪便等有机废物以及秸秆等含纤维素类生物质发酵制氢，可大大降低生产成本。暗-光发酵偶合生物制氢技术可将废水处理、太阳能利用和清洁能源生产三者有机结合，并形成一种新型的环保企业。因此，无论从环境保护，还是从新能源开发、可持续发展的角度来看，发酵法生物制氢技术都具有很大的发展潜力。今后生物转化产氢研究的主要发展方向有以下几个方面。

2.4.5.1　加大生物制氢微生物资源及产氢过程的研究

纯菌种生物制氢规模化面临诸多困难，而且自然界的物质和能量循环过程，特别是有机废水、废弃物和生物质的降解过程，通常由 2 种或多种微生物协同作用。因此，利用微生物进行混合培养或混合发酵产氢已越来越受到重视。大规模选育能同步发酵戊糖、己糖产氢微生物及直接转化纤维素产氢的微生物，优化产氢工艺条件，建立最佳的共降解生物质废物产氢菌群，可提高原料利用效率和目标产物收率。由于在有机废水发酵制氢过程中，将有大量有机挥发酸相伴而生，导致生物介质的 pH 值降低，选育和使用耐酸的产氢发酵菌种，可节约甚至完全节省因 pH 值调节对碱的大量需求，从而使制氢成本降低[96]。

相互作用关系，实现对过程的有效、智能控制。核心问题是不同细菌、不同菌群之间的代谢迁移机制。现代分子生物学的发展为研究这一问题提供了可能，目前已采用 FISH、DGGE、SSCP 等方法用于分析产氢污泥中的细菌分布，微生物群落的演替变化、功能微生物的定量和定性分析也将推动对这一问题的解析。目前的代谢网络构建往往只集中在单一细菌中，如何研究和有效利用菌群的代谢网络也将是一个重要的科学问题。

2.4.5.2 建立固体废物的定向高效产氢生物技术

开发多种微生物细胞固定化、微生物耐受逆境的生物技术，增强微生物对生物质废物水解液中抑制成分的耐受能力，提高产氢稳定性，实现高产氢速率、产氢量和连续稳定的生物制氢过程；开发吸附、中和等方法减少或消除代谢物中抑制物的抑制作用，结合多种高效、无污染、低成本的预处理方法，针对不同类型的生物质进行处理。探索高效的预处理方法、优化预处理工艺。

2.4.5.3 开发规模化生物制氢工艺

目前国内研究均处于由小试向中试过渡的阶段。光发酵生物制氢技术的研究程度和规模还基本处于实验室水平，暗发酵生物制氢技术已完成中试研究[97]。制氢设备的小型化在一定程度上严重制约了产氢工业化的进展。研制可以达到工业化生产规模的制氢设备，显得尤为重要。

为进一步提高产氢能力，提高基质利用率和多目标产物收率，多目标联合/偶合工艺模式值得推行。如暗发酵-光发酵偶合、暗发酵-微生物电解产氢工艺偶合、产氢-产甲烷工艺偶合等。

参 考 文 献

[1] 袁振宏，吴创之，马隆龙.生物质能利用原理与技术 [M].北京：化学工业出版社，2005.

[2] 王建楠，胡志超，彭宝良，等.我国生物质气化技术概况与发展 [J].农机化研究，2010，198 (1)：198-202.

[3] 郑昀，邵岩，李斌.生物质气化技术原理及应用分析 [J].热点技术，2010，106 (2)：7-10.

[4] 马隆龙，吴创之，孙立.生物质气化技术及其应用 [M].北京：化学工业出版社，2003.

[5] 朱锡峰.生物质热解原理与技术 [M].合肥：中国科学技术大学出版社，2006.

[6] 徐冰嬿，罗曾凡，陈小旺，等.上吸式气化炉的设计与运行 [J].太阳能学报，1988，9 (4)：358-368.

[7] 孙立，张晓东.生物质热解气化原理与技术 [M].北京：化学工业出版社，2013.

[8] 鲍振博，靳登超，刘玉乐，等.生物质气化中焦油的产生及其危害性 [J].安徽农业科学，2011，39 (4)：2243-2244.

[9] 金亮.生物质热解气化技术研究综述 [D].杭州：浙江大学，2011.

[10] 张军，范志林.灰化温度对生物质灰特征的影响 [J].燃料化学学报，2004，32 (5)：547-551.

[11] 孙云娟，蒋剑春.生物质气化过程中焦油的去除方法综述 [J].生物质化学工程，2005，40 (2)：31-35.

[12] 赖艳华，吕明新，董玉平.生物质热解气化气中焦油生成机理及其脱除研究 [J].农村能源，2001，98 (4)：16-19.

[13] 吴创之，马隆龙.生物质能现代化利用技术 [M].北京：化学工业出版社，2011.

[14] 钱城，田沈，杨秀山.焦化废水的微生物降解研究进展 [J].上海环境科学，2003，22 (2)：129-131.

[15] 杨秀山，赵军，骆海鹏，等.微生物降解生物质气化洗焦废水和焦油的研究 [J].中国环境科学，2001，31 (2)：109-111.

[16] 赵坤，何方，黄振，等.生物质化学链气化制取合成气模拟研究 [J].煤炭转化，2011，34 (4)：87-92.

[17] 陈元国，郝许峰，孙绍辉，等.生物质基合成气制低碳醇模拟研究 [J].当代化工，2012，41 (10)：1107-1113.

[18] 解庆龙，孔丝纺，刘阳生，等.生物质气化制合成气技术研究进展 [J].现代化工，2011，31 (7)：16-20.

[19] 涂军令，应浩，李琳娜.生物质制备合成气技术研究现状与展望 [J].林产化学与工业，2011，31 (6)：112-117.

[20] Tsygankov A S, Serebryakova L T, Sveshnikov D A, et al. Hydrogen photoproduction by three different nitrogenases in whole cells of *Anabaena variabills* and dependence on pH [J]. International Journal of Hydrogen Energy,

1997，22（9）：859-867.

[21]　毛宗强．氢能——21世纪的绿色能源［M］.北京：化学工业出版社，2005.

[22]　邢运民，陶永红．现代能源与发电技术［M］.西安：西安电子科技大学出版社，2007.

[23]　翟秀静，刘奎仁，韩庆．新能源技术［M］.北京：化学工业出版社，2005.

[24]　马承荣，肖波，杨家宽，等．生物质热解影响因素研究［J］.环境技术，2005，23（5）：10-35.

[25]　Manish S，Banerjee R. Comparison of biohydrogen production processes［J］. International Journal of Hydrogen Energy，2008，33（1）：279-286.

[26]　康铸慧，王磊，郑广宏，等．微生物产氢研究的进展［J］.工业微生物，2005，35（2）：41-49.

[27]　王亚楠，傅秀梅，刘海燕．生物制氢最新研究进展与发展趋势［J］.应用与环境生物学报，2007，13（6）：895-900.

[28]　张全国，尤希凤，张军合．生物制氢技术研究现状及其发展［J］.生物质化学工程.2006，40（1）：27-31.

[29]　Hallenbeck P C，Ghosh D. Advances in fermentative biohydrogen production：the way forward［J］. Trends in Biotechnology，2009，27（5）：287-297.

[30]　Dasgupta C N，Gilbert J J，Lindblad P，et al. Recent trends on the development of photobiological processes and photobioreactors for the improvement of hydrogen production［J］.　International Journal of Hydrogen Energy，2010，35（19）：10218-10238.

[31]　Hallenbeck P C，Benemann J R. Biological hydrogen production：fundamentals and limiting processes［J］. International Journal of Hydrogen Energy，2002，27：1185-1193.

[32]　Kosourov S，Tsygankov A，Seibert M，Ghirardi M L. Sustained hydrogen photoproduction by *Chlamydomonas reinhardtii*：effects of culture parameters［J］. Biotechnology and Bioengineering，2002，78：731-740.

[33]　Melis A，Zhang L，Forestier M，et al. Sustained photobiological hydrogen gas production upon reversible inactivation of oxygen evolution in the green alga *Chlamydomonas reinhardtii*［J］. Plant Physiology，2000，122：127-135.

[34]　Tamagnini P，Leitão E，Oliveira P，et al. *Cyanobacterial* hydrogenases：diversity，regulation and applications［J］. FEMS Microbiology Reviews，2007，31（6）：692-720.

[35]　Benemarn J R. Hydrogen production by microalgae［J］. Journal of Applied Phycology，2000，12：291-300.

[36]　Sveshnikov D A，Sveshnikov N V，Rao K K，et al. Hydrogen metabolism of *Anabaena variabilis* in continuous cultures and under nutritional stress［J］. FEBS Letters，1997，147：297-301.

[37]　Stal L J，Krumbein W E. Temporal separation of nitrogen fixation and photosynthesis in the filamentous，non-heterocystous *cyanobacterium Oscillatoria* sp［J］. Archives of Microbiology，1987，149：76-80.

[38]　Sinha P，Pandey A. An evaluative report and challenges for fermentative biohydrogen production［J］. International Journal of Hydrogen Energy，2011，36（13）：7460-7478.

[39]　Wykoff D D，Davies J P，Melis A，et al. The regulation of photosynthetic electron transport during nutrient deprivation in *Chlamydomonas reinhardtii*［J］. Plant Physiology，1998，117（1）：129-139.

[40]　Melis A. Green alga hydrogen production：progress，challenges and prospects［J］. International Journal of Hydrogen Energy，2002，27（11）：1217-1228.

[41]　Kyle D J，Ohad I，Arntzen C J. Membrane protein damage and repair：selective loss of a quinone-protein function in chloroplast membranes［J］. Proceedings of the National Academy of Sciences，1984，81（13）：4070-4074.

[42]　Forestier M，King P，Zhang L，et al. Expression of two ［Fe］-hydrogenases in *Chlamydomonas reinhardtii* under anaerobic conditions［J］. European Journal of Biochemistry，2003，270（13）：2750-2758.

[43]　Ghirardi M L，Zhang L，Lee J W，et al. Microalgae：a green source of renewable H_2［J］. Trends in Biotechnology，2000，18（12）：506-511.

[44]　Gray C T，Gest H. Biological formation of molecular hydrogen production［J］. Science，1965，148（3667）：186-192.

[45]　Tanisho S. A Strategy for improving the yield of hydrogen by fermentation［C］//Mao Z Q，Vezirglu T N. Beijing：Hydrogen Energy Progress，2000：370-374.

[46]　邢德峰．产氢-产乙醇细菌群落结构与功能研究［D］.哈尔滨：哈尔滨工业大学，2006.

[47] 秦智，任南琪，李建政．丁酸型发酵产氢的运行稳定性 [J]．太阳能学报，2004，25（1）：46-50.

[48] 丁杰，任南琪，刘敏，等．Fe 和 Fe^{2+} 对混合细菌产氢发酵的影响 [J]．环境科学，2004，25（4）：48-53.

[49] 任南琪．有机废水处理生物产氢原理与工程控制对策研究 [D]．哈尔滨：哈尔滨建筑大学，1993.

[50] 任南琪，王宝贞．有机废水发酵法生物制氢技术——原理与方法 [M]．哈尔滨：黑龙江科学技术出版社，1995.

[51] 王勇，任南琪，孙寓娇，等．乙醇型发酵与丁酸型发酵产氢机理及能力分析 [J]．太阳能学报，2002，23（3）：365-373.

[52] 樊耀亭，廖新成．有机废弃物氢发酵制备生物氢气的研究 [J]．环境科学，2003，24（3）：132-135.

[53] Mojović L，Nikolić S，Rakin M，et al. Production of bioethanol from corn meal hydrolyzates [J]. Fuel，2006，85（12）：1750-1755.

[54] 张露思．不同代谢类型细菌的产氢效能及作用机制研究 [D]．哈尔滨：哈尔滨工业大学，2011.

[55] Tomonou Y，Amao Y. Effect of micellar species on photoinduced hydrogen production with Mg chlorophyll—a from *spirulina* and colloidal platinum [J]. International Journal of Hydrogen Energy，2004，29（2）：159-162.

[56] Yoon J H，Hae Shin J，Kim M S，et al. Evaluation of conversion efficiency of light to hydrogen energy by *Anabaena variabilis* [J]. International Journal of Hydrogen Energy，2006，31（6）：721-727.

[57] Kojima E，Lin B. Effect of partial shading on photoproduction of hydrogen by *Chlorella* [J]. Journal of Bioscience and Bioengineering，2004，97（5）：317-321.

[58] Laurinavichene T，Tolstygina I，Tsygankov A. The effect of light intensity on hydrogen production by sulfur-deprived *Chlamydomonas reinhardtii* [J]. Journal of Biotechnology，2004，114（1-2）：143-151.

[59] 朱毅．微藻光合放氢的生理生化调控及生物技术研究 [D]．北京：中国科学院研究生院（植物研究所），2006.

[60] Gest H，Ormerod J G，Ormerod K S. Photometabolism of *Rhodospirillum rubrum*：Light-dependent dissimilation of organic compounds to carbon dioxide and molecular hydrogen by an anaerobic citric acid cycle [J]. Archives of Biochemistry and Biophysics，1962，97（1）：21-33.

[61] Morozov S V，Vignais P M，Cournac L，et al. Bioelectrocatalytic hydrogen production by hydrogenase electrodes [J]. International Journal of Hydrogen Energy，2002，27（11-12）：1501-1505.

[62] Valentine D L，Reeburgh W S，Blanton D C. A culture apparatus for maintaining H_2 at sub-nanomolar concentrations [J]. Journal of Microbiological Methods，2000，39（3）：243-251.

[63] Van Niel E W J，Budde M A W，de Haas G G，et al. Distinctive properties of high hydrogen producing extreme thermophiles，*Caldicellulosiruptor saccharolyticus* and *Thermotogael fii* [J]. International Journal of Hydrogen Energy，2002，27（11-12）：1391-1398.

[64] Taguchi F，Yamada K，Hasegawa K，et al. Continuous hydrogen production by *Clostridium* sp. strain no. 2 from cellulose hydrolysate in an aqueous two-phase system [J]. Journal of Fermentation and Bioengineering，1996，82（1）：80-83.

[65] Iannotti E L，Kafkewitz D，Wolin M J，et al. Glucose fermentation products in *Ruminococcus albus* grown in continuous culture with *Vibrio succinogenes*：changes caused by interspecies transfer of H_2 [J]. Journal of Bacteriology，1973，114（3）：1231-1240.

[66] Bhatnagar L，Krzycki J A，Zeikus J G. Analysis of hydrogen metabolism in *Methanosarcina barkeri*：Regulation of hydrogenase and role of CO-dehydrogenase in H_2 production [J]. FEMS Microbiology Letters，1987，41（3）：337-343.

[67] Jung G Y，Kim J R，Park J Y，et al. Hydrogen production by a new chemoheterotrophic bacterium *Citrobacter* sp. Y19 [J]. International Journal of Hydrogen Energy，2002，27（6）：601-610.

[68] Tanisho S，Suzuki Y，Wakao N. Fermentative hydrogen evolution by *Enterobacter aerogenes* strain E.82005 [J]. International Journal of Hydrogen Energy，1987，12（9）：623-627.

[69] Nandi R，Sengupta S. Microbial production of hydrogen：an overview [J]. Critical Reviews in Microbiology，1998，24（1）：61-84.

[70] Stephenson M，Stickland L H. Hydrogenase：a bacterial enzyme activating molecular hydrogen I. The properties of

the enzyme [J]. Biochemical Journal, 1931, 25 (1): 205-214.

[71] Chen J S, Mortenson L E. Purification and properties of hydrogenase from *Clostridium pasteurianum* W5 [J]. Biochimica et Biophysica Acta, 1974, 371 (2): 283-298.

[72] Vignais P M, Billoud B, Meyer J. Classification and phylogeny of hydrogenases [J]. FEMS Microbiology Reviews, 2001, 25 (4): 455-501.

[73] Michael A W W, Stiefel E I. Biological hydrogen production: not so elementary [J]. Science. 1998, 282 (5395): 1842-1843.

[74] 尤崇灼, 姜通明, 宋鸿遇. 生物固氮 [M]. 北京: 科学出版社, 1987.

[75] Sasikala K, Ramana C V, Raghuveer R P, et al. Effect of gas phase on the photoproduction of hydrogen and substrate conversion efficiency in the photosynthetic bacterium *Rhodobacter sphaeroides* O. U. 001 [J]. International Journal of Hydrogen Energy, 1990, 15 (11): 795-797.

[76] Tamagnini P, Axelsson R, Lindberg P, et al. Hydrogenases and hydrogen metabolism of cyanobacteria [J]. Microbiology and Molecular Biology Reviews, 2002, 66 (1): 1-20.

[77] Vijayaraghavan K, Abroad D, Ibrahim M K B. Biohydrogen generation from jackfruit peel using anaerobic contact filter [J]. International Journal of Hydrogen Energy, 2006, 31 (5): 569-579.

[78] Hart S K, Shin H S. Biohydrogen production by anaerobic fermentation of food waste [J]. International Journal of Hydrogen Energy, 2004, 29 (6): 569-577.

[79] Pietro C, Benjamin P, Alessandro D, et al. Growth characteristics of *Rhodopseudomonas palustris* cultured outdoors, in an underwater tubular photobioreactor, and investigation on photosynthetic efficiency [J]. Applied Microbiology and Biotechnology, 2006, 73 (4): 789-795.

[80] Semastiaan H, Martijn B, Marcel J. A pneumatically agitated flat-panel photobioreactor with gas re-circulation: anaerobic photoheterotrophic cultivation of a purple non-sulfur bacterium [J]. International Journal of Hydrogen Energy, 2002, 27: 1331-1338.

[81] 日本能源学会. 生物质和生物质能源手册 [M]. 史仲平, 华兆哲译. 北京: 化学工业出版社, 2007.

[82] 王爱杰, 曹广丽, 徐诚蛟, 等. 木质纤维素生物转化产氢技术现状与发展趋势 [J]. 生物工程学报, 2010, 26 (7): 931-941

[83] Olsson L, Hahn-Hagerdal B. Fermentative performance of bacteria and yeasts in lignocellulose hydrolyzates [J]. Process Biochemistry, 1993, 28 (4): 249-257.

[84] Lo Y C, Saratale G D, Chen W M, et al. Isolation of cellulose-hydrolytic bacteria and applications of the cellulolytic enzymes for cellulosic biohydrogen production [J]. Enzyme and Microbial Technology, 2009, 44 (6-7): 417-425.

[85] Stenberg K, Bollok M, Reczey K, et al. Effect of substrate and cellulase concentration on simultaneous saccharification and fermentation of steam-pretreated softwood for ethanol production [J]. Biotechnology and Bioengineering, 2000, 68 (2): 204-210.

[86] Lynd L R, vanZyl W H, McBride J E, et al. Consolidated bioprocessing of cellulosic biomass: an update [J]. Current Opinion in Biotechnology, 2005, 16 (5): 557-583.

[87] 牛冬杰, 赵雅萱, 刘常青, 等. 餐厨垃圾厌氧产氢综述 [J]. 环境污染与防治, 2007, 29 (5): 371-375.

[88] Fascetti E, Ascetti E, Daddario E, et al. Photosynthetic hydrogen evolution with volatile organic acids derived from the fermentation of source selected municipal solid wastes [J]. International Journal of Hydrogen Energy, 1998, 23 (9): 753-760.

[89] Redwood M D, Macaskie L E. A two-stage, two-organism process for biohydrogen from glucose [J]. International Journal of Hydrogen Energy, 2006, 31 (11): 1514-1521.

[90] 张全国, 尤希凤, 张军合. 生物制氢技术研究现状及其进展 [J]. 生物质化学工程, 2006, 40 (1): 27-31.

[91] Liu H, Grot S, Logan B E. Electrochemically assisted microbial production of hydrogen from acetate [J]. Environmental Science and Technology, 2005, 39 (11): 4317-4320.

[92] 路璐. 生物质微生物电解池强化产氢及阳极群落结构环境响应 [D]. 哈尔滨: 哈尔滨工业大学, 2012.

[93] Liu D W, Liu D P, Zeng R J, el a1. Hydrogen and methane production from household solid waste in the two-stage fermentation process [J]. Water Research, 2006, 40 (11): 2230-2236.

[94] 崔宗均. 生物质能源与废弃物资源利用 [M]. 北京: 中国农业大学出版社, 2011.

[95] 任南琪, 郭婉茜, 刘冰峰. 生物制氢技术的发展及应用前景 [J]. 哈尔滨工业大学学报, 2010, 42 (6): 855-863.

[96] 李建政, 任南琪. 生物制氢技术的研究与发展 [J]. 能源工程, 2001, 2: 18-20.

[97] 李建政, 任南琪, 林明, 等. 有机废水发酵法生物制氢中试研究 [J]. 太阳能学报, 2002, 23 (2): 252-256.

第3章
燃油化利用技术

生物质资源是一种无污染、可再生资源。生物质液体燃料是利用现代高新技术将固体生物质（如农林废物等）转化为液体燃料，它具有现存量大、可再生、对环境污染小等优点，开发生物质液体燃料是解决石油资源短缺和改善环境的有效途径之一。目前开发的生物质液体燃料主要有燃料乙醇、燃料丁醇、生物质热解油及生物汽柴油、生物航油等。这几种燃料都可以替代石油及其产品，作为发动机、锅炉等燃料。生物质液体燃料的开发已经受到各国的广泛关注。本章分为5小节，分别对以上提到的可再生生物质燃油技术进行分述，详述其生产过程、技术特点及其产业化规模等。

3.1 燃料乙醇

乙醇（ethanol）又称酒精，是一种重要的工业原料，广泛应用于化工、食品、饮料、军工、日用化工、医药卫生等领域。通常工业酒精中乙醇含量约为95%，无水酒精中乙醇含量在99.5%以上。因95.6%的乙醇与4.4%的水组成恒沸混合液，沸点78.15℃，而无法用蒸馏法去除少量水，通常采用工业酒精与新制生石灰混合加热蒸馏的方法制取无水乙醇。医用酒精中乙醇占75%的体积分数，此时能够获得最佳的细胞蛋白凝固效果，故常以其作为消毒杀菌剂。乙醇易被人体肠胃吸收，少量乙醇对大脑有兴奋作用，大量饮用会对肝脏和神经系统造成毒害。工业及医用酒精中含有少量甲醇，有毒而不能掺水饮用[1,2]。

近年来，乙醇用作能源领域的液体燃料成为热点。用以替代或部分替代汽油作发动机燃料的酒精，为燃料乙醇。我国2001年颁布的《与汽油混合用作车用点燃式发动机燃料的变性乙醇标准规格》中明确规定，燃料乙醇中乙醇的体积分数大于等于92.1%，水分含量在0.8%以内。燃料乙醇的应用对减少汽油用量，缓解化石燃料紧张，降低颗粒物、CO、挥发性有机化合物（VOCs）等的排放有重要意义。目前包括我国在内的巴西、美国、欧洲一些国家和印度、泰国、津巴布韦、南非等国都已开始实施乙醇汽油计划。用汽油发动机的汽车，乙醇加入量为5%～22%；专用乙醇发动机汽车，乙醇加入量为85%～100%[3,4]。

燃料乙醇生产技术主要有第一代和第二代两种。第一代燃料乙醇技术是以糖质和淀粉质作为原料生产乙醇。其工艺流程一般分为五个阶段，即液化、糖化、发酵、蒸馏、脱水。第二代燃料乙醇技术是以木质纤维素质为原料生产乙醇。与第一代技术相比，第二代燃料乙醇技术首先要进行预处理，即脱去木质素，增加原料的疏松性以增加各种酶与纤维素的接触，提高酶效率。待原料分解为可发酵糖类后，再进入发酵、蒸馏和脱水。

燃料乙醇的发展获得了国家的长期政策支持。目前，我国燃料乙醇的主要原料是陈化粮、木薯和甜高粱等淀粉质或糖质等非粮作物，今后研发的重点主要集中在以木质纤维素为原料的第二代燃料乙醇技术上。国家发改委已核准了广西的木薯燃料乙醇、内蒙古的甜高粱燃料乙醇和山东的木糖渣燃料乙醇等非粮试点项目，以农林废物等木质纤维素原料制取乙醇燃料技术也已进入年产万吨级规模的中试阶段。2011 年，国家发改委、农业部和财政部颁布了"十二五"农作物秸秆综合利用实施方案，提出推进秸秆纤维乙醇产业化的方案，预计2015 年通过粮棉主产区的示范项目，秸秆能源化利用比例将达 30%。

在燃料乙醇推广成功的巴西，政府曾颁布强制使用生物燃料的行政法令。麦肯锡的研究报告显示，预计 2020 年我国生产的二代燃料乙醇可替代 $3100 \times 10^4 t$ 汽油，每年可减排 $9000 \times 10^4 tCO_2$。从原料上看，我国玉米等淀粉类原料极限供应量可生产 $500 \times 10^4 t$ 乙醇；甘蔗、甜菜等糖质原料主要用于制糖，不足作为乙醇的主要生产原料；以木薯、能源甘蔗、甜高粱等能源作物原料生产技术成熟，全国有近 6 万亩（1 亩＝666.7m²，下同）的可利用边际性土地，应加快品种研发及因地制宜地推广应用进程；纤维素类原料可提供近 $6000 \times 10^4 t$ 燃料乙醇的能力，技术研发非常迫切[5]。

3.1.1 乙醇的物理性质

乙醇是由 C、H、O 三种元素组成的有机化合物，分子式为 C_2H_5OH，由乙基（—C_2H_5）和羟基（—OH）两部分组成，可以看成是乙烷分子中的一个氢原子被羟基取代的产物，也可以看成是水分子中的一个氢原子被乙基取代的产物，相对分子质量为 46.07。常温常压下，乙醇是无色透明液体，具有特殊的芳香味和刺激味，吸湿性很强，可以与水以任何比例混合并产生热量，易挥发，易燃烧。乙醇分子中含有极化的氢氧键，电离时生成烷氧基负离子和质子，乙醇的 $pK_a ＝15.9$，与水相近，具有很弱的酸性。乙醇的物理性质主要与其低碳直链醇的性质有关。分子中的羟基可以形成氢键，因此乙醇黏度很大，也不及相近相对分子质量的有机化合物极性大。表 3-1 是乙醇详细的物理性质。

表 3-1　乙醇详细的物理性质

项目	数值	项目	数值
密度/(g/cm³)	0.789	辛醇/水分配系数的对数值	0.32
熔点/K	158.8	混合气热值/(kJ/m³)	3.66
常压沸点/K	351.6	引燃温度/℃	363
黏度(20℃)/(mPa·s)	1.2	自燃点/K	1066
分子偶极矩/D	1.69	爆炸下限(体积分数)/%	3.3
折射率	1.3614	爆炸上限(体积分数)/%	19.0
相对密度(水=1)	0.79	闪点/K	

项目	数值	项目	数值
相对蒸气密度(空气＝1)	1.59	开杯法	294.2
饱和蒸气压(19℃)/kPa	5.33	闭皿法	287.1
燃烧热(25℃)/(J/g)	29676.6	热导率(20℃)/[W/(m·K)]	0.170
汽化热(沸点下)/(J/g)	839.31	磁化率(20℃)	7.34×10^{-7}
熔化热/(J/g)	104.6	十六烷值	8
比热容(20℃)/[J/(g·K)]	2.71	辛烷值(RON)	111
临界温度/℃	243.1	理论空燃比(质量)	8.98
临界压力/MPa	6.38		

注：$1D = 3.33564 \times 10^{-30} C \cdot m$，下同。

3.1.2 燃料乙醇原料

发酵制取燃料乙醇的原料有：糖原料、淀粉原料和纤维原料三种。不同原料处理方法如表 3-2 所列。

表 3-2 不同原料的处理方法[6]

项目	淀粉类	糖类	纤维素类
预处理	粉碎、蒸煮、糊化	压榨、调节	粉碎、物理或化学处理
水解	易水解，产物单一，无发酵抑制物	无水解过程，无发酵抑制物	水解较难，产物复杂，有发酵抑制物
发酵	产淀粉酶醇母发酵 六碳糖为乙醇	耐乙醇酵母发酵 六碳糖为乙醇	专用酵母或细菌发酵 六碳糖或五碳糖为乙醇
乙醇提取与精制	蒸馏、精馏、纯化	蒸馏、精馏、纯化	蒸馏、精馏、纯化
综合利用	饲料、沼气、CO_2	肥料、沼气、CO_2	木质素(燃料)、沼气、CO_2

(1) 糖原料

糖原料包括甘蔗、甜菜、甜高粱和各种水果。因其汁液的主要成分是葡萄糖，其制取乙醇就是微生物发酵葡萄糖的过程。理论上 100g 葡萄糖可以产生 51.4g 乙醇和 48.6g CO_2，实际上微生物生长要用去一些葡萄糖，实际产率低于 100%。

交通燃料一直严重依赖进口又盛产甘蔗的巴西自 1975 年开始制订计划支持甘蔗生产乙醇工业化项目，成为世界上燃料乙醇生产和利用最成功的例子。

(2) 淀粉原料

主要包括谷物（玉米和小麦）、土豆、红薯和木薯。淀粉分子由长链葡萄糖分子组成，通过水解将淀粉分子转变成葡萄糖分子，然后发酵成乙醇。1990 年世界玉米产量约 $4.75 \times 10^8 t$，其中 $2 \times 10^8 t$ 产于美国，$(8 \sim 9) \times 10^6 t$ 用来生产乙醇。采用不同的技术，1 蒲式耳（在美国相当于 2150.42in³，或 35.42L）玉米（25.3kg，15% 水分）可以生产 $9.4 \sim 10.9L$ 纯乙醇，乙醇密度按 0.789kg/L 计，折算产率（质量分数）为 37% ～ 43%（干基原料）。淀粉原料需要用水将淀粉分子水解成糖（糖化），通常将淀粉与水混合成浆液然后搅拌加热打碎细胞壁。在加热过程中加入用于将化学键打破的特殊酶。美国和中国都是以玉米为主要原料生产燃料乙醇的，皆需政府补贴，如我国东北地区燃料乙醇生产厂家年收益净现值为零：以新玉米为原料要补贴 379 元/t，陈玉米补贴 282 元/t；美国政府补贴 180 美元/t，折合人民币约 1200 元/t。

(3) 纤维原料

指主要组分是纤维素、半纤维素和木质素类生物质原料，包括木材、农业废物等，具体见表 3-3。这三种成分构成植物体的支持骨架：纤维素组成微细纤维，构成纤维细胞壁的网状骨架，半纤维素和木质素是填充在纤维之间的"黏合剂"和"填充剂"。在一般的植物纤维原料中，这三种成分的质量分数为 80%～90%。

表 3-3　用以制取燃料乙醇的木质纤维素类生物质

原料种类	名称	备注
木材纤维原料	软木（针叶材）	云杉、冷杉、马尾松、落叶松、湿地松、火炬松等
	硬木（阔叶材）	杨木、桦木、桉木等
非木材纤维原料	禾本科纤维原料	竹子、芦苇、甘蔗渣、高粱秆、稻草、麦草等
	韧皮纤维原料	树皮类和麻类
	籽毛纤维原料	棉花、破棉布等
	叶部纤维原料	香蕉叶、龙舌兰麻、甘蔗叶、龙须草等
半木材纤维原料	棉秆	性质类似软阔叶材

生物质纤维素主要是由 β-d-吡喃葡萄糖基通过 1-4β 苷键连接起来的线性高聚糖，分子式 $(C_6H_{12}O_5)_n$，聚合度 n 为 7000～10000，在植物纤维素中沿着纤维素分子链链长的方向彼此近似平行聚集成微细纤维状态而存在，排列整齐而紧密的部分为纤维素的结晶区，不整齐而较松散的部分为纤维素无定形区，结晶区比无定形区难水解。

半纤维素是由多种糖基（如木糖基、葡萄糖基、甘露糖基、半乳糖基、阿拉伯糖基、鼠李糖基等）、糖醛酸基（如半乳糖醛酸基、葡萄糖醛酸基等）和乙酰基所组成的分子中带有支链的复合聚糖（杂多糖）的总称[7,8]。聚合度 n 为 150～200，各种植物纤维中半纤维素组成和结构都有所不同，一般认为它是木糖单元组成的高聚糖。纤维素水解后生成葡萄糖，半纤维素水解产物是木糖。

木质素是由苯基丙烷单元通过醚键和碳-碳键连接而成的具有三度空间结构的高聚物，不能被水解，是水解残渣的主要成分。因占生物质 20% 以上的木质素不能水解，生物质制取乙醇转化率为 15%～22%。表 3-4 列出了各种木质纤维素粗原料的组成。

表 3-4　各种木质纤维素粗原料的组成

木质纤维素原料	糖类（相当于糖量）/%					非糖类/%	
	葡萄糖	甘露糖	半乳糖	木糖	阿拉伯糖	木质素	灰分
玉米芯	39.0	0.3	0.8	14.8	3.2	15.1	4.3
麦秆	36.6	0.8	2.4	19.2	2.4	14.5	9.6
稻草	41.0	1.8	0.4	14.8	4.5	9.9	12.4
稻壳	36.1	3.0	0.1	14.0	2.6	19.4	20.1

木质纤维素原料	糖类(相当于糖量)/%					非糖类/%	
	葡萄糖	甘露糖	半乳糖	木糖	阿拉伯糖	木质素	灰分
甘蔗渣	38.1	NA	1.1	23.3	2.5	18.4	2.8
杨树(硬木)	40.0	8.0	NA	13.0	2.0	20.0	1.0
花旗松(软木)	50.0	12.0	1.3	3.4	1.1	28.3	0.2

由于糖类和淀粉类原料都可作为食物,用来生产燃料乙醇存在与人争口粮的问题,目前乙醇汽油主要来自甘蔗和玉米,来自玉米等粮食作物的燃料乙醇,原料成本占生产成本的40%以上,生产厂家全部靠政府补贴得以维系,长远看来没有生命力。木质纤维素类生物质种类多、数量大,用来生产燃料乙醇的同时,可以充分利用农林废弃物,改善环境,长远看还可以得之于速生林,所以用木质纤维素类生物质生产燃料乙醇意义重大。由于木质纤维素类生物质结构复杂,使研究开发经济可行的木质纤维素类生物质水解和发酵方法成为研究热点。

近几年纤维素乙醇的研究很活跃,如 ABUS 公司以玉米芯、玉米秸秆等生物质为原料,用锤式粉碎机对添加稀酸的原料进行微粉碎;美国可再生能源实验室开发了稀酸预处理-酶解发酵工艺,约90%纤维素转化为葡萄糖,采用同步糖化共发酵技术使乙醇质量分数达5.7%;上海奉贤建成燃料乙醇 600t/a 的工业化示范厂;山东东平建立了玉米秸秆发酵燃料乙醇 3000t/a 的示范工程;天冠集团采用化学预处理和酶水解工艺,建成了 300t/a 玉米秸秆纤维乙醇中试装置;中粮集团采用连续蒸汽爆破预处理和酶水解工艺,建成年产 500t 玉米秸秆纤维素乙醇试验装置,其中酶制剂由中粮集团与丹麦诺维信公司联合开发。

制取燃料乙醇的主要方法是水解发酵制成乙醇,再通过不同的脱水方式制取质量浓度更高、可用于燃料中的乙醇。而木质纤维素与其他生物质不同的是需要在此之前进行更精细的预处理,而不仅仅是粉碎研磨。

木质纤维素的水解糖化并生产燃料乙醇的过程中,从葡萄糖转化为乙醇的生化过程是简单和成熟的,反应在温和条件下进行。目前传统的间歇发酵已被各种连续发酵工艺所取代,因而有较高的生产率,可为微生物生长保持恒定环境的同时,也能达到较高的转化率,其水解产物为以木糖为主的五碳糖。以农作物秸秆和草为原料时,还有相当量的阿拉伯糖生成(可占五碳糖的 10%～20%),故五碳糖的发酵效率也是决定过程经济性的重要因素。同时发酵戊糖和己糖的菌种也已发现和改良,并能够达到较高的产率。生物质制燃料乙醇即把木质纤维素水解制取葡萄糖,然后将葡萄糖发酵生成燃料乙醇的技术。

燃料乙醇的制备常用的催化剂是无机酸和纤维素酶,由此分别形成了酸水解工艺和酶水解工艺。我国在这方面开展了许多研究工作,比如华东理工大学开展了以稀盐酸和氯化亚铁为催化剂的水解工艺及水解产物葡萄糖与木糖同时发酵的研究,转化率在 70% 以上[5]。

3.1.3　燃料乙醇工艺

木质纤维素类生物质发酵法制乙醇的工艺流程见图 3-1,一般由前处理、水解、发酵、产品的回收净化和废水以及残渣的处理 5 个工艺部分组成,对于不同的工艺,可能有略微的不同。下文将对该 5 部分进行介绍，因在纤维素类生物质制取燃料乙醇的工艺中，关键步骤和技术瓶颈主要来自水解和发酵，所以下面将针对水解和发酵工艺作详细介绍。

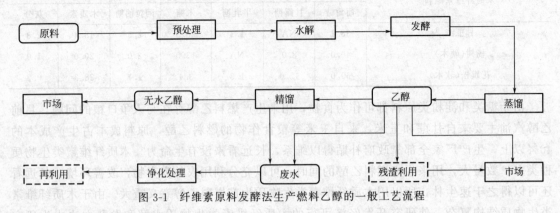

图 3-1　纤维素原料发酵法生产燃料乙醇的一般工艺流程

3.1.3.1　预处理工艺

所有的生物质在水解之前均要通过预处理这一工艺，并达到清洗和粉碎的目的。以木质纤维素为例，有效的预处理应当避免减小物料颗粒尺寸，保护戊糖（半纤维素）组分，限制抑制物的形成，降低能量需求和成本投入等。上述因素连同其他条件，如降低预处理催化剂（回收）成本、提取高值木质素副产品等，构成了评判预处理的基本标准。同时，预处理结果还需权衡其对后续工艺的影响，以及操作成本、资本成本和原料成本。生物质原料在加工过程中会掺杂一些诸如泥土等杂质，因此在使用前必须进行清洗，如果采用干态生物质作为原料，还要添加烘干步骤。原料的粒度大小，是影响其反应速率的重要因素。粒度越小，比表面积越大，有利于催化剂和热量的传递。通过研磨后生物质的粒度可以达到 0.2~2mm，但能耗较大，最大可达到总过程能耗的 1/3，因此一般粉碎粒度在 1~3mm 为宜。表 3-5 是不同预处理法的作用。

表 3-5　不同预处理法的作用[9]

项目	增加可及表面积	纤维素去晶作用	去除半纤维素	去除木质素	改变木质素结构
机械预处理	+	+			
无污染蒸汽爆碎	+		+		−
高温液态水预处理	+	ND	+		
高温液态水穿流预处理	+	ND	+	−	−
稀酸预处理	+		+		+
酸穿流预处理	+		+	−	+
碱预处理	+		+/−	+	+
AFEX	+	+		+	+
石灰预处理	+		+	+	+
氧化预处理	+	ND	−	+	+

注："＋"表示主要影响；"−"表示次要影响；ND 表示未知。

预处理方法可分为物理法、化学法、物理化学法和生物法。

（1）物理法

物理法包括机械粉碎、蒸汽爆碎、热液分解和超声波处理等，机械粉碎又分为干粉碎、湿粉碎、振动球磨碾磨和压缩碾磨。物理法具有污染小、操作简单等优点，但能耗大，成本高。

① 高能辐射　高能辐射处理木质纤维原料提高转化效率的作用机制有两个方面，一是使纤维素解聚；二是使纤维素的结构松散，晶体结构改变，活性增加，可及度提高。高能辐射可以降低纤维素的结晶度，增加纤维素酶的可及面积，减少酶的用量、提高转化率、降低成本，并且不会造成环境污染，具有很大的发展前景[10]。

② 微波、超声波处理技术　微波是一种波长在 1mm～100cm 范围内的电磁波（其频率 300MHz～300GHz）。微波处理木质纤维原料提高转化效率的作用机制是：微波处理能使纤维素的分子间氢键发生变化，处理后的粉末纤维素类物质没有润胀性，能提高纤维素的可及性和反应活性，从而提高基质浓度，得到较高浓度的糖化液。

微波、超声波对植物纤维素原料进行预处理有一定的效果，优点是易操作、方便和无污染，能降低纤维素的结晶度，但会产生对后续发酵不良影响的抑制物，故需更进一步的改进。

（2）化学法

化学法主要是指以酸、碱、有机溶剂作为物料的预处理剂，破坏纤维素的晶体结构，打破木质素与纤维素的连接，同时使半纤维素溶解，常用于预处理的化学试剂有 H_2SO_4 和 NaOH。纤维素溶剂能溶解甘蔗渣、玉米秸秆、高羊茅草等木质纤维素物料中的纤维素，使 90％的纤维素转化为葡萄糖，纤维素溶剂还能改变物料结构，提高物料的酶水解率。碱性双氧水、O_3、有机溶胶、甘油、二氧杂环乙烷、苯酚和乙二醇是破坏纤维素结构和促进水解型溶剂的典型代表。

① 酸预处理法　酸处理木质纤维素的机制是破坏纤维素的晶体结构，打破木质素与纤维素的连接，同时使半纤维素溶解。近年来，酸预处理越来越受到研究者的关注，用得最多的是稀硫酸[11]，其次是硝酸、盐酸和磷酸。稀硫酸可以去除半纤维素、水解纤维素，半纤维素的去除能够提高纤维素的消化率[12]。

安宏[13]以生物质的主要成分纤维素为原料，进行了以极低浓度硫酸为催化剂的水解研究，以 0.05％硫酸为催化剂，在 215℃、4MPa 等优化条件下得到了 46.55％的还原糖得率和 55.07％的纤维素转化率。Sun 等采用稀硫酸处理黑麦秆，结果表明，随着硫酸浓度的提高和反应时间的延长，半纤维素的溶解程度显著增加。在 0.9％ H_2SO_4、90min 或 1.2％ H_2SO_4、60min 条件下处理黑麦秆，超过 50％的半纤维素被溶解。

② 碱预处理法　碱处理的机制是基于木聚糖半纤维素和其他组分内部分子之间酯键的皂化作用，随着酯键的减少，木质纤维素原料的空隙率增加，纤维素结晶度降低，易于酶解。广泛使用的碱是 NaOH，主要是因为稀 NaOH 溶液可以引起木质纤维素溶胀，内表面积增加，纤维素结晶性降低，木质素和糖类之间的结构链分离，以破坏木质素结构。Zhu 等采用微波辅助 NaOH 预处理，将稻草在质量分数为 1％的 NaOH 溶液中，经 700W 微波处理 6min，还原糖得率显著提高。

③ 臭氧法　臭氧法实际上是一种利用氧化剂氧化破坏天然植物纤维的物理结构的方法，其他氧化剂还有过氧乙酸、O_3、硝酸、次氯酸钠等。臭氧法常被用来降解如麦秸、甜菜渣

等纤维素类物质中的木质素和半纤维素。此法的优点是：可高效去除木质素；不产生对进一步反应起抑制作用的物质；反应在常温常压下进行。缺点是需要 O_3 量比较大，提高了整个生产过程的成本。

此外化学方法还包括常用于预处理的有机溶剂处理，试剂包括甲醇、乙醇、丙酮等。物理化学法是物理法和化学法的有机结合，具有两者的优点。

④ 蒸汽爆破法　蒸汽爆破是将原料和水或水蒸气等在高温高压下处理一定时间后，立即降至常温常压的一种方法。蒸汽爆破可以改变纤维素的 O/C 和 H/C，提高化学试剂的可及度，改善化学反应性能。

罗鹏[14]等研究发现在温度 210℃、停留时间 8min 的条件下，汽爆麦草原料的纤维分离程度最佳，纤维素的酶水解得率最高达到 72.4%；廖双泉[15]等采用蒸汽爆破处理技术处理剑麻纤维，使纤维素含量提高到 84.54%，木质素含量降低到 3.61%，实现了原料组分的有效分离。

⑤ 氨纤维爆破法（AFEX）　氨纤维爆破法是蒸汽爆破法与碱处理法的结合，将物料置于高压状态的液氨中，温度范围为 50～100℃，保压一段时间后突然卸压，使液氨气化，物料爆破，主要是液氨和木质素发生反应。Kim 和 Lee 以玉米秸秆为原料进行液氨循环浸泡，试验结果表明，在高温下可以去除 75%～85% 木质素，溶解 50%～60% 的木聚糖。

Alizadeh[16]等用 AFEX 预处理柳枝，确定了最佳工艺条件：处理温度 100℃，氨与物料比为 1∶1，处理时间为 5min；物料葡萄糖转化率为 93%。

氨纤维爆破法主要能有效去除木质素，但与蒸汽爆破法相比对半纤维素的溶解程度不大；可有效破坏纤维素的晶体结构，提高酶解率；水解产物对发酵的抑制作用小，氨可以回收，污染小；设备投资成本低，操作简单，但耗能大。总的来说此种技术仍是最有前景的预处理方法。目前国内对此技术的运用还未见报道。

⑥ CO_2 爆破　CO_2 爆破也被用于纤维素的预处理。研究者认为在汽爆过程中加入 CO_2 可以有效促进酶水解。

Dale 和 Moreira[17]用该法处理苜蓿（$4kgCO_2/kg$ 纤维，压力为 5.62MPa），在经过 24h 的酶解后得到了 75% 的葡萄糖。这个量要相对低于蒸汽爆破和氨水处理，但另外的研究发现，CO_2 爆破不仅成本较低，而且不会像蒸汽爆破那样产生抑制产物。

(3) 生物法

生物处理法是利用真菌来溶解木质素，可降解木质素的微生物包括白腐菌、褐腐菌等。白腐菌主要降解木质素，褐腐菌主要降解纤维素和半纤维素。生物预处理能达到的处理效果有去木质素作用，减小纤维素的聚合度，并且能水解部分半纤维素。该法具有低能耗，无需化学试剂，处理条件温和及效率一般，应用范围不大的特点。常用的微生物是白腐菌、褐腐菌和软腐菌。最近大多学者研究了白腐菌降解木质纤维素的机制、变化规律及影响因子，为下一步纤维素类原料能源化、资源化利用奠定了良好的基础。

杜甫佑等[18]研究了 3 株白腐菌对木质纤维素的作用，结果表明，3 菌株都能较快地降解木质素。

生物法相对于其他预处理法的主要优点是将木质素降解，保护纤维素和半纤维素；耗能少，条件温和；副反应少，环境污染小。但目前存在的微生物种类较少，分解木质素的酶类的活力低，作用周期长，故此种方法多停留在试验阶段。最具前景的解决办法是采用基因工程技术对白腐菌进行改良[9]。

3.1.3.2 产品的回收净化

发酵之后的液体是酒精、微生物细胞、水以及一些副产物的混合物，其中目标产物酒精的含量较低，一般不超过5%。可以通过双塔精馏及分子筛吸附脱水的工艺对发酵液中的酒精进行提纯，以得到无水乙醇。

3.1.3.3 废水和残渣处理

精馏塔底废水中含有大量的有机物，可以将其通过厌氧发酵进行处理，同时产生的甲烷可作为内部燃料，用于生产蒸汽以降低能耗。水解所产生的水解残渣主要成分为木质素，可以用作普通燃料进行燃烧。为了提高纤维素乙醇产业的经济性，可以将水解残渣进行气化和裂解，分别制取合成气以及生物油。

3.1.3.4 生物质水解工艺

生物质水解是制取燃料乙醇的必要步骤。水解是指由复杂物质分解成重新与水分子结合的更简单物质的过程。生物质水解指主要成分为纤维素、半纤维素和木质素的木材加工剩余物、农作物秸秆等木质纤维素类生物质，在一定温度和催化剂作用下，使其中的纤维素和半纤维素加水分解（糖化）成为单糖（己糖和戊糖）的过程，其主要目的是将单糖通过化学和生物化学加工，制取燃料乙醇、糠醛、木糖醇、乙酰丙酸等产品[19]，当前主要用于制取燃料乙醇。常用的催化剂有无机酸和纤维素酶，以酸作为催化剂称做酸水解，包括稀酸水解和浓酸水解，后者称为酶水解。

影响木质纤维素水解的因素主要是纤维素的结晶度、有效表面积、木质素对纤维素的保护作用、物料特性和半纤维素对纤维素的包覆。故在进行预处理时应排除这些影响水解的因素，才能有效提高水解率。

水解反应方程式如下：

$$(C_6H_{10}O_5)_n + nH_2O \xrightarrow{H^+ 或酶} nC_6H_{12}O_6 \tag{3-1}$$

$$(C_5H_8O_4)_n + nH_2O \xrightarrow{H^+ 或酶} nC_5H_{10}O_5 \tag{3-2}$$

(1) 浓酸水解

指浓度在30%以上的硫酸或盐酸将生物质水解成单糖的方法。反应条件为：100℃以内，常压，2~10h，一般分预处理和水解两步进行。优点是糖转化率高，无论纤维素还是半纤维素都能达到90%以上，反应器和管路可以选用玻璃纤维等廉价、耐酸蚀材料，缺点是反应速率慢，工艺复杂，酸必须回收且费用高。主要用于处理玉米芯、麦秸等农业废物。

该技术始于19世纪20年代，第一个浓酸工艺由美国农业部（USDA）开发后经Purdue大学和TVA（Tennessee Valley Authority）改进并应用。目前做这方面研究的主要有美国的Arkernol公司、Masada Resource Group和TVA。

TVA浓酸水解工艺是将玉米废物与10%硫酸混合，在第一个处理半纤维素的反应器中在100℃温度下加热2~6h，残渣多次在水中浸泡并甩干，收集半纤维素水解产物；残渣经脱水烘干后在30%~40%浓酸中浸泡1~4h，以作为纤维素水解的预水解步骤；残渣脱水干燥后，放在另一只反应器中，酸浓度增大到 70%，在 100℃ 温度条件下加热 1~4h，过滤得到糖和酸的混合液。将该溶液循环至第一步水解，从第一步水解液中回收第二步水解的糖。典型的浓酸水解工艺如图 3-2 所示。

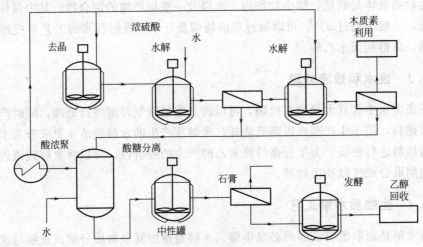

图 3-2　典型的浓酸水解工艺

（2）酶水解

酶水解是始于 20 世纪 50 年代的生化反应，是一种较新的生物质水解技术。利用纤维素酶对生物质中的纤维素预先糖化进而发酵生成乙醇。在常压、45~50℃、pH 值为 4.8 左右的条件下进行，可形成单一糖类产物且产率可达 90% 以上，不需要外加化学药品，副产物较少，提纯过程相对简单，生成糖不会发生二次分解，因此越来越受到各国重视，甚至有人预测酶水解有替代酸水解的趋势。缺点是酶生产成本高，要消耗 9% 左右的生物质物料，预处理设备较大，操作成本较高，反应时间长，合适的纤维素酶尚在开发研究中[12,13]。目前所应用的酶主要有三种：Endoglucanases（EC3.2.1.4），Cellobiohydrolases（EC3.2.1.91）和 H-glucosidases（EC3.2.1.21），全球最大的酶生产厂商是杰能科国际（Genencor International）和诺维信（Novozymes）。

酶水解工艺包括酶的生产、原料预处理和纤维素水解发酵 3 个部分。

① 酶的生产　纤维素酶制造方法有固体发酵法和液体发酵法两种。目前大规模生产纤维素酶的方法是固体发酵法，即使微生物在没有游离水的固体基质上生长，一般将小麦麸皮堆在盘中，用蒸汽蒸后接种。生长期经常喷水雾并强制通风，保持一定的温湿度和良好的空气流通，微生物培养成熟后用水萃取、过滤后将酶从萃取液中沉淀下来。目前酶的研究热点在于选择培养能够提高酶的产率和活性的微生物，以廉价的工农业废物作为微生物的培养基，开发各种酶的回收方法以及试验各种发酵工艺。在酶水解工艺中酶的生产成本最高。

② 原料预处理　因为生物质所含纤维素、半纤维素和木质素相互缠绕，纤维素本身又存在晶体结构，阻止酶接近其表面，导致直接酶解效率很低，故生物质原料需要通过预处理除去木质素，溶解半纤维素，破坏纤维素的晶体结构，增大其可接近表面。酶水解产物转化率很大程度上要依赖预处理的效果。

常用的预处理方法包括物理法、化学法和生物法。物理法主要有粉碎、高压蒸汽爆碎、照射（电子束、γ射线）等；化学法有酸处理（浓硫酸、稀硫酸、稀盐酸、亚硫酸、过氧乙酸等）、碱处理（氢氧化钠、氨等）、臭氧处理等；生物法主要有用褐腐菌、白腐菌和软腐菌等降解木质素、半纤维素和纤维素[20,21]。具体工艺已在预处理环节中进行了介绍。

目前最经济的预处理方法是稀酸预水解和稀酸浸润后蒸汽处理。

③ 纤维素水解和发酵 用纤维素酶将预处理后的生物质降解成可发酵糖，再将水解糖液进行发酵生产乙醇的过程，现主要有 3 种工艺：a. 分步水解和发酵（separate hydrolysis and fermentation，SHF）工艺，见图 3-3，先预处理生物质得到半纤维素的水解液和主要成分为纤维素的固体残渣，纤维素渣与纤维素酶混合进行酶水解，得到纤维素水解液，将两种水解液与发酵微生物一同放入发酵罐中，回收乙醇；b. 同步糖化和发酵（simultaneous saccharification and fermentation，SSF）工艺，见图 3-4，该工艺将预处理后的生物质、纤维素酶的微生物和发酵微生物混合，当产生的纤维素酶作用于纤维素物质并释放出单糖时，发酵微生物就将单糖转化成乙醇，使酶水解和发酵在同一个装置内完成；c. 直接微生物转化（direct microbial conversion，DMC）工艺，以既能产生纤维素酶，自身又能发酵生产乙醇的微生物一次性完成纤维素类生物质的转化。在这 3 种纤维素转化乙醇的工艺中，SSF 是最有效的方式。

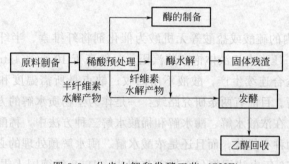

图 3-3　分步水解和发酵工艺（SHF）

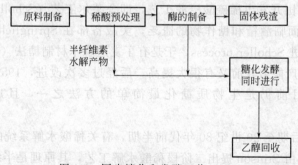

图 3-4　同步糖化和发酵工艺（SSF）

为了降低乙醇的生产成本，在 20 世纪 70 年代开发了同步糖化和发酵（SSF）工艺，即把经预处理的生物质，纤维素酶和发酵用微生物加入一个发酵罐内，使酶水解和发酵在同一装置内完成。SSF 不但简化了生产装置，而且因发酵罐内的纤维素水解速率远低于葡萄糖发酵速率，使溶液中葡萄糖和纤维二糖的浓度很低，这就消除了它们作为水解产物对酶水解的抑制作用，相应可减少酶的用量。此外，低的葡萄糖浓度也减少了杂菌感染的机会。图 3-5

为 SSF 工艺流程，目前 SSF 已成为很有前途的生物质制乙醇工艺，主要问题是水解和发酵条件的匹配。

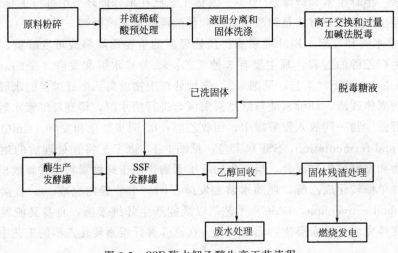

图 3-5　SSF 酶水解乙醇生产工艺流程

(3) 稀酸水解

一般指用 10％以内的硫酸或盐酸等无机酸为催化剂将纤维素、半纤维素水解成单糖的方法，温度 100～240℃，压力大于液体饱和蒸汽压，一般高于 10atm（1atm＝101325Pa，下同）。优点是反应进程快，适合连续生产，酸液不用回收；缺点是所需温度和压力较高，副产物较多，反应器材质要求高。目前有两条研究路线：一是作为生物质水解的方法，二是作为酶水解最经济的预处理方法。在浓酸水解、酶水解和稀酸水解三种方法中，稀酸水解在反应时间、生产成本等方面较其他两种有优势，而且还是浓酸水解、酶水解预处理的必要步骤。

稀硫酸水解法 1856 年由法国梅尔森斯首先提出，1898 年德国人提出木材制取酒精的商业构想，并很快实现工业化。第一次世界大战期间美国建有两个商业化工厂，后期因木材缺乏而停产。1932 年德国开发出稀硫酸浸滤工艺，即舍莱尔工艺（Scholler process）；第二次世界大战期间，美国面临酒精和糖作物的匮乏，美战备部在 Springfield 建工厂，指定林产品实验室（FPL）改进 Scholler process，于是有了麦迪森木材制糖法（Madison wood sugar process）的诞生，生产能力较前又有很大提高，后经过多次改进，1952 年制造出了稀酸水解渗滤床反应器，目前仍是生物质糖化最简单的方法之一，且成为发明新方法的基准[22~31]。

20 世纪 70 年代后期至 20 世纪 80 年代前半期，有关稀酸水解系统的模型和新的水解工艺成为热点。1983 年由 Stinson 提出二阶段稀酸水解工艺，其原理是半纤维素和纤维素的水解条件不同，以不同的反应条件分开水解；20 世纪 90 年代以来极低浓度酸水解、高压热水法等工艺因环境友好、对反应器材质要求低而受到重视；近十年来研究热点在于新型反应器开发和反应器理论模型研究以提高稀酸水解产率和开发单糖外的其他化学品，如糠醛、乙酰丙酸等；通过动力学模型研究及工艺设计实践，研究者认识到高的固体浓度、液固的逆向流动以及短的停留时间是提高单糖转化率的关键，据此新型反应器主要有逆流水解、收缩床水解、交叉流水解及其组合等，多处于小试和中试阶段，未见商业化报道[32,33]。各种稀酸水解方法如表 3-6 所列。

表 3-6　生物质稀酸水解方法

分类依据	名称	备注
反应步骤	单步水解	
	两步水解	
加热方式	反应器外加热	
	反应器内蒸汽加热	一般先将原料以稀酸浸润
催化剂种类	稀酸	H_2SO_4、HCl、CH_3COOH 等
	稀酸＋助催化剂	相应的 Fe 盐、Zn 盐等
酸浓度	高压热水法（HLW）[自动水解（autohydrolysis）]	无酸
	极低酸浓度	酸浓度 0～0.1%
	一般酸浓度	酸浓度 0.5%～10%
反应器形式	固定床间歇反应器	
	渗滤床反应器	
	收缩渗滤床反应器	
	平推流反应器	
	平推逆流收缩床反应器	
	交叉流收缩床反应器	模型阶段

① 两步水解　自 20 世纪 80 年代以来，木质纤维素类生物质稀酸水解多数采取两步工艺（图 3-6），第一步用低浓度稀酸和较低的温度先将半纤维素水解，主要水解产物为五碳糖；第二步以较高的温度及酸浓度，得到纤维素的水解产物葡萄糖。该工艺的优点：减少了半纤维素水解产物的分解，从而提高了单糖的转化率；产物浓度提高，降低了后续乙醇生产的能耗和装置费用；半纤维素和纤维素产物分开收集，便于单独利用。

② 极低浓度酸水解和高温热水法水解　极低酸（extremely low acids，ELA）是指浓度为 0.1% 以下的酸，以极低酸为催化剂在较高温度下（通常 200℃ 以上）的水解称为极低浓度酸水解。该工艺有以下明显优势：a. 中和发酵前液产生的 $CaSO_4$ 产量最小；b. 对设备腐蚀性小，可用普通不锈钢来代替昂贵的耐酸合金；c. 属于绿色化学工艺，环境污染小。美国可再生能源试验室（NREL）以极低浓度酸水解工艺在连续逆流反应器、收缩渗滤床（BSFT）和间歇床（BR）进行研究，发现连续逆流反应器在 ELA 条件下可得到 90% 的葡萄糖产率，BSFT 的反应速率是 BR 的 3 倍，是很有前景的工艺。

高温热水法（hot liquid water）又称自动水解（autohydrolysis），是指完全以液态水来水解生物质中的半纤维素，通常作为两步水解法中的预处理。因在高温高压下，水会解离出 H^+ 和 OH^-，具备酸碱催化功能，从而完成半纤维素的水解。该法用于酶水解的预处理，与其他方法相比具有成本低廉、产物中发酵抑制物含量低、木糖回收率高等优点[34,35]。

③ 稀酸水解反应器　根据生物质原料和水解液的流动方式，可把稀酸水解反应器分为固定式、活塞流式、渗滤式、逆流式和交叉流式等几种。稀酸水解反应器在高温下工作，其中与酸液接触的部件需用特殊材料制作，钛钢即耐蚀镍合金虽然能用，但价格太高，只宜用在必要场合[36]。用耐酸衬砖是较好的解决方法。

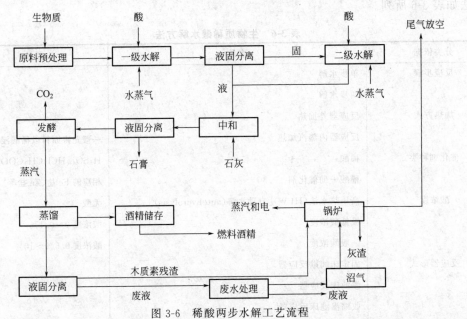

图 3-6 稀酸两步水解工艺流程

1）固定床和平推（活塞）流式反应器水解。固定床水解是最原始的方法，水解液和原料都一次性加入反应器，反应完成后一起取出。该法对设备和操作要求低，但糖分解严重，糖转化率较低，多用于水解的一些机制研究。

活塞流式水解中，固液两相在泵作用下，以同样的流速通过一管式反应器。它在形式上是连续的，但在本质上和固定式没有什么差别，因为在整个反应期间，和任一微元固体接触的始终是同一微元液体。这种反应器的优点是便于控制物料的停留时间，在其总停留时间小于 1min 时也能精确控制，故很适用于水解动力学研究。

2）渗滤式水解。固体生物质原料充填在反应器中，酸液连续通过的反应方式，相对固定床，这种设备属半连续式反应器。前苏联主要采取这种形式，我国华东理工大学亦设计利用该种反应器。具体工艺为：原料装入渗滤水解器的同时，加入稀硫酸浸润原料，上盖后由下部通入蒸汽加热，达到一定温度时使预热到一定温度的水和酸在混酸器中混合后，连续从反应器上部送入，同时将水解液从下部引出，待水解结束时，停止送入硫酸，用热水洗涤富含木质素的残渣，降温开阀排渣。它的主要优点如下：a. 生成的糖可及时排出，减少了糖的分解；b. 可在较低的液固比下操作，提高所得糖的浓度；c. 液体通过反应器内的过滤管流出，液固分离自然完成，不必用其他液固分离设备；d. 反应器容易控制。

3）收缩渗滤床反应器。收缩渗滤床反应器（bed-shrinking flow-throw reactor）是美国 Auburn 大学和可再生能源实验室（NREL）联合开发的用于极低酸（ELA）的生物质水解反应实验装置，该法是以极低浓度酸（质量分数低于 0.1%），在 200℃ 以上来水解生物质，因其酸用量少，对设备腐蚀小，反应器可用不锈钢代替昂贵的高镍耐酸合金，产物后处理简单，被誉为绿色工艺而日益受到重视[37]。其原理是在生物质固体物料床层上部保持一定的压力，随着生物质中可水解部分的消耗，固体床层的高度将被逐渐压缩，水解液在收缩床内的实际停留时间减少，从而减少了糖的分解，有利于提高糖的收率。反应装置见图 3-7。以黄杨为原料在 205℃、220℃、235℃ 条件下葡萄糖产率分别为理论产率的 87.5%、90.3% 和

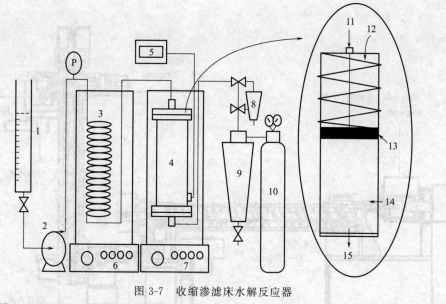

图 3-7 收缩渗滤床水解反应器

1—酸罐；2—计量泵；3—预热盘管；4—反应器；5—热电偶；6,7—温控沙浴罐；8—取样罐；9—保压罐；
10—N$_2$气瓶；11—进酸口；12—弹簧；13—活塞；14—原料；15—出液口

90.8%，葡萄糖浓度（质量分数）分别为 2.25%、2.37%和 2.47%，停留时间 10～15min时产率最高。

4）平推逆流收缩床反应器。平推流反应器是指固体原料和液体产物同向流动的反应器，而逆流反应器是指水解液和物料流动方向相反的反应器，二者相结合，可实现连续进料，水解液停留时间短，产物转化率高。图 3-8 是 NREL 开发的平推逆流收缩床反应器。

该装置为连续两阶段反应器系统，生产能力为 200kg/d，已连续运行 100h。采用生物质两步反应工艺，第一步通过水平螺旋平推流系统完成，170～185℃的蒸汽加热生物质，停留时间 8min，可使 60%半纤维素水解，随后物料流出此反应器进入垂直逆流收缩床反应器进行第二步水解，加入稀硫酸浓度小于 0.1%，反应温度在 205～225℃，此阶段几乎所有的半纤维素和 60%纤维素完成水解，以黄杨木屑为原料，纤维素、半纤维素水解率达80%～90%。

5）交叉流收缩床水解反应器。交叉流收缩床生物质水解反应器是美国 Dartmouth College 的 A. O. Converse 提出的模型（见图 3-9）。生物质浆液通过螺旋由液固混合浆料入口 1 送入环面 A，水或蒸汽通过液体空心管入口 2 进入布满孔隙的内胆，当物料通过 A 时，螺旋挤压将水解产物由 E 排出至 B，由水解液出口 3 流出，残渣由固体残渣排出口 4 排出。模拟计算在 240℃，1%酸，液固比为 1:1 时，可得到 88%的葡萄糖和 91%的木糖。但该装置尚处模型阶段。

④ 生物质两步稀酸水解的经济性 生物质水解生产燃料乙醇的经济性一直是人们关注的热点，影响因素包括原料价格、运输费用、生产规模、预处理方法、水解和发酵技术及乙醇市场价格等。对比当前以玉米、小麦等粮食作物为原料的生产情况，在原料价格上生物质水解有明显优势。据报道，原料占生产成本的 50%～60%，且每有 2.5×10^6t 玉米用于燃料乙醇的生产，玉米价格就会上浮 1.2～2 美元/t，而以生物质为原料，其价格只占生产成本

的 21%。

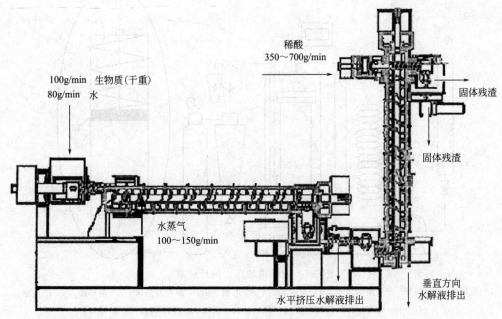

图 3-8 平推逆流收缩床反应器

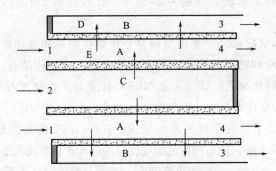

图 3-9 交叉流收缩床生物质水解反应器模型

A,B—环面；C—内胆；D,E—带孔穴的隔离筒；1—液固混合浆料入口；
2—液体空心管入口；3—水解液出口；4—固体残渣排出口

对生物质两步稀酸水解的经济性，美国可再生能源实验室做了较为详细的评估，见表 3-7。如原料价格适中，规模达到一定程度，该项目可获得近 20% 的收益。另外在生产乙醇的同时，生产糠醛、低聚糖等高附加值产品，会显著提高其收益率。

表 3-7 生物质两步稀酸水解经济性评估表

原料种类	林业废物	麦秆	城市绿色垃圾	废纸	草秆
原料消耗量/(BDT/d)	1369	2739	400	682	1232
原料价格/($/BDT)	28	30	20	20	35
建厂投资/×10^{12} $	50.1	74.5	30.5	34.7	47.7
燃料乙醇售价/($/gal)	1.25	1.25	1.25	1.25	1.25

原料种类	林业废物	麦秆	城市绿色垃圾	废纸	草秆
乙醇产量/(gal/BDT)	58	53	40	55	53
生产能力/(×10¹²gal/a)	29	54	6	14	24
内部收益率/%	19.0	18.3	14.0	7.0	−1.3

注：1gal=3.785L，下同。

BDT（Biomass dry ton）—干燥基生物质质量，t。

⑤ 发酵产乙醇工艺　常用的发酵方法有分批培养（batch culture）、连续培养（continuous culture）、半连续培养（semi-continuous culture）、补料分批培养（fed-batch culture）和固定化细胞发酵法。

分批培养是指培养基一次加入，产物一次性收获的方法，此间发酵液的组成是不断变化的。开始阶段糖浓度高，酒精浓度低，结束阶段糖浓度低，酒精浓度高。分批培养发酵的生产效率通常较低，在分批发酵过程中，必须计算全过程的生产率，即时间不仅包括发酵时间，而且也包括放料、洗罐、加料、灭菌等时间。

连续培养是指在培养器中不断补充新鲜营养物质，并不断排出部分培养物（包括菌体和代谢产物），以保持长时间生长状态的一种培养方式。连续培养主要分为恒浊连续培养和恒化连续培养两类。这样的连续发酵的方法可以为微生物保持恒定的生长环境，从而优化发酵条件，故能得到较高的生产率。同时，连续发酵所得产品性质稳定，便于自动控制，所需人工少，适合大规模生产。

半连续培养是指在发酵罐中的一部分发酵液保留下来作为菌种液，放出其余部分进入提炼加工工序，在剩余的培养液中加满新的未接种的培养液，继续培养，如此反复，谓之半连续培养。

补料分批培养又称半分批培养，是指在分批培养过程中，间歇或连续地补加新鲜培养液，但不取出培养物。待培养到适当时期，将其从反应器中放出，从中提取目的生成物（菌体或代谢产物）。若放出大部分培养物后，继续进行补料培养，如此反复进行，则称为重复补料分批培养。与传统分批发酵相比，补料分批发酵的优点在于使发酵系统中的基质浓度维持在较低水平，这有以下优点：a. 可除去快速利用碳源的阻遏效应，并维持适当的菌体浓度，以减轻供氧矛盾；b. 避免有毒代谢物的抑菌作用；c. 大大减少了无菌操作要求十分严格的接种次数。与连续发酵相比，补料分批培养不会产生菌种老化和变异等问题，故其应用范围十分广泛。

固定化技术是指通过化学或物理方法将酶或酵母整个细胞固定在固相载体上，使发酵器中细胞浓度提高，细胞可以连续使用，从而使最终发酵液中乙醇浓度得以提高的方法。常用的载体有海藻酸钙、卡拉胶、多孔玻璃和陶瓷等。目前在这方面研究较多的是酵母和运动发酵单胞菌的固定化，通常，固定化运动发酵单胞菌比酵母更有优越性。

在试验研究阶段多用分批培养，有报道称，补料分批培养可克服水解液中发酵抑制成分的影响，乙醇转化率较高。另外，固定化细胞发酵技术已用于以我国的甜高粱茎秆为原料制取乙醇的生产工艺中。

3.1.4　燃料乙醇示范工程与应用

近年来，世界各国对纤维素燃料乙醇工业都进行了相应的研究，将其定位为大力开发的可再生能源。许多国家都制订了相应的开发研究计划，例如美国的"能源农场"、巴西的"酒精能源计划"、印度的"绿色能源工程"和日本的"阳光计划"等发展计划。其他国家诸如丹麦、荷兰、德国等，多年来一直在进行各自的研究与开发，并形成了各具特色的生物质能源研究与开发体系，拥有各自的技术优势[38,39]。

我国在纤维素乙醇技术上也取得了一些重要进展。浙江大学主持的"利用农业纤维废物代替粮食生产酒精"的项目已在河北完成中试生产，以玉米芯为原料，乙醇产率为22.2%（质量分数）；华东理工大学已于2005年建成了纤维乙醇600t/a的示范性工厂，以废木屑为原料，以稀盐酸水解和氯化亚铁为催化剂的水解工艺以及葡萄糖与木糖的发酵，转化率达到了70%；河南农业大学利用黄胞原毛平革菌和杂色云芝的复合预处理，对选择性降解木质素的能力和规律进行了试验研究，生物降解后原料水解率达到了36.67%；山东大学微生物技术国家重点实验室主要开展"纤维素原料转化乙醇关键技术"研究，对纤维素酶高产菌的筛选和诱变育种，用基因手段提高产酶量或改进酶系组成，纤维素酶生产技术等进行研究；吉林轻工业设计研究院"玉米秸秆湿氧化预处理生产乙醇"在实验室规模为10L发酵罐条件下，经湿氧化预处理和酶水解后酶解率达86.4%，糖转化为乙醇产率的48.2%。下面将对国内外纤维素燃料乙醇工业的实例进行介绍[40～42]。

3.1.4.1　国外纤维素燃料乙醇工业的实例介绍

目前纤维素乙醇中试生产工艺主要有以下3种。

(1) 蒸汽爆破工艺

蒸汽爆破是将纤维素材料在高温高压下维持一段时间，随后突然释放压力的一种处理方式，在处理过程中可以加入一定量的硫酸、氨水及其他化学品，从而加强预处理的效果。采用此类工艺的主要有加拿大 Iogen、美国杜邦与丹麦丹尼斯科公司合作的DDCE 公司等。

(2) 稀酸及水热处理工艺

稀酸处理工艺是采用低浓度的硫酸、盐酸、磷酸等无机酸及甲酸、乙酸等有机酸，在高温条件下处理一定时间，从而增加纤维素水解效率。具有代表性的主要有芬兰科伯利公司（Chempolis）、意大利康泰斯（Chemtex）、丹麦（Dong Energy）公司等。

(3) 气化发酵工艺

气化发酵工艺是将纤维素材料在高温气化炉中进行气化，生成含有 CO、CO_2、H_2、CH_4、水蒸气及含量较低杂质的合成气，将合成气经过处理后通入特定的发酵设备中，经过发酵将 CO 和 H_2 转化为乙醇。新西兰的郎泽公司（Lanza Tech）及美国的 Coskata 公司采用此类工艺建成了合成气生产乙醇的中试装置。

国外纤维素燃料乙醇工业发展迅猛，特别是美国前总统布什大力支持可再生能源的开发，争取到 2017 年燃料乙醇的生产达到 350×10^8 USgal 之后，广大的能源企业争先恐后的建设纤维素燃料乙醇的中试以及大规模的工厂。这些企业中比较大型、实力雄厚的如：Verenium 公司、Coskata 公司、Range Fuel 公司、Mascoma Corporation 和 Abengoa Bioenergy 公司[43]。

此外，国外有很多公司在专门从事燃料乙醇的研究工作，下面将介绍几家规模较大的企业的研究方向和进展。

① Verenium 公司 Verenium 公司于 2008 年 5 月在美国路易斯安那州的 Jennings 建造了一个生物质酒精的示范工厂，以甘蔗渣和树木为原料，采用 2 级稀酸水解工艺，可年产酒精 140×10^4 USgal。以此中试工厂为基础，Verenium 公司准备建造酒精年生产能力为 $3000 \times 10^4 \sim 6000 \times 10^4$ USgal 的规模的工厂。美国能源部于 2008 年 7 月给该公司 2 亿 4 千万美元的联邦计划资助，令其在美国境内建造 9 个小规模的生物炼制工厂。

该公司的 2 级稀酸水解工艺过程主要可以分为 10 步，分别为：a. 原料的输送；b. 原料的预处理，包括粉碎和清洗；c. 稀酸水解半纤维素，通过蒸汽爆破以及较温和的稀酸水解工艺，将生物质中的半纤维素转化为五碳糖；d. 固液分离，将含有五碳糖的液体与固体物料分离，液体进入五碳糖发酵罐中，固体物质通过清洗后进入六碳糖的发酵罐中；e. 五碳糖发酵；f. 回收到的纤维素和木质素的物料，在六碳糖发酵罐中进行连续酶水解和发酵工序，得到稀的乙醇溶液；g. 将五碳糖和六碳糖的发酵液混合，进入精馏工序；h. 稀乙醇溶液精馏，可得到含量为 100% 无水乙醇；i. 水解之后的木质素残渣，进行燃烧，作为蒸汽的一部分热源；j. 将无水乙醇运送至各分销点，流通进入市场。

② Coskata 公司 目前 Coskata 公司仅在实验室中生产纤维素燃料乙醇，2009 年初，投资了 2500 万美元在美国宾夕法尼亚州的麦迪逊建造以生物质、农业及城市废物为原料，每年生产能力为 4×10^4 USgal 的纤维素燃料乙醇中试工厂，2011 年初扩大生产规模至 1×10^8 USgal/a。目前已从 Globespan Capital Partners、GM、Khosla Ventures 和 Great Point Venturesand Advanced Technology Ventures 处募集了 3 千万美元的资金。

该公司的燃料乙醇生产工艺可以分为 3 步：a. 气化部分，将原料气化得合成气；b. 发酵部分，将第一步得到的合成气发酵为燃料乙醇；c. 分离以及回收燃料乙醇。该生产工艺具有高效、低运行成本和灵活的优点，主要是因为：微生物具有高的选择性，可以接近完全地利用能量；如果采用稻草、农业废物和木屑为原料，可以减少 80%～90% 的 CO_2 排放，并且过程最后没有固体垃圾排放、废液处理及高价纤维素酶的限制；该过程能量的产出比投入高 7.7 倍，而玉米乙醇所产出的能量约是投入能量的 1.3 倍；而且该生产工艺不受纤维素酶的限制，采用独自开发的微生物将合成气转化为燃料乙醇，原料适用性强，可以选用木屑、稻草、林产品、玉米秸秆、城市垃圾和工业有机垃圾作为原料。

③ Range Fuel 公司 2008 年第一季度，Range Fuel 公司的中试工厂开始生产燃料乙醇，该中试工厂位于其在美国科罗拉多州丹佛市的研发中心。其生产工艺与 Coskata 的工艺相近，均是先采用热转化的方式将生物质原料转化为合成气，而后将净化过的合成气通过催化剂转化为燃料乙醇。

该工厂所用的生物质原料为林业废物、农业废物以及玉米秸秆等，在此中试工厂之后，Range Fuel 公司于 2007 年 11 月在美国乔治亚州的 Soperton 开始兴建其第一座商业化规模的纤维素燃料乙醇工厂，该工厂于 2010 年第一季度建成，甲醇和乙醇的实际生产能力达 1×10^8 USgal/a。

④ 国外其他燃料乙醇公司 玉米燃料乙醇生产公司——POET 公司，也开展了燃料乙醇相应的开发工作。该公司要将其在美国爱荷华州的 Emmetsburg 现有的玉米燃料乙醇装置进行改造扩建，由原来的 5000×10^4 USgal/a 的生产能力扩大至 1.25×10^8 USgal/a，其中 2500×10^4 USgal 为纤维素燃料乙醇。该工程目前已经开工，所用原料为玉米和谷物的废弃纤维。

杜邦公司与杰能科公司计划在 2009 年建造一座纤维素燃料乙醇的中试工厂，2012 年建造商业化工厂，以后的 3 年内共投资 1.4 亿美元，其中杜邦和杰能科各投 7000 万美元。该工厂采用玉米秸秆和甘蔗渣为原料，杜邦公司提供纤维素预处理技术及乙醇纯化技术，杰能科公司提供酶水解技术。

Blue Fire Ethanol 公司将与 MECS 和 Brinderson 共同在美国加利福尼亚州的兰开斯特建造生产能力为 310×10^4 USgal/a 的纤维素燃料乙醇工厂。同时 Blue Fire Ethanol 公司还将与 DOE 合作建造另外一间燃料乙醇工厂，该工厂的原料为垃圾填埋场的固体垃圾，生产能力为 1.7×10^7 USgal/a。

Abengoabio Energy 公司隶属于西班牙 Abengoa 工程公司，该公司于 2007 年 10 月耗资 3.5 千万美元在澳大利亚的约克角建造了一个燃料乙醇的中试工厂。Abengoa 公司计划耗资 3 亿美元在 Hugoton Kan 建造生产能力为 4.9×10^7 USgal/a 的燃料乙醇工厂，同时 DOE 资助 7.6 千万美元在堪萨斯州的 Colwich 建造一座生产能力为 1.14×10^7 USgal/a 的燃料乙醇生产工厂。

美国 Mascoma 公司成立于 2005 年，是一家专门从事纤维素乙醇研发的高技术公司，总部设在麻省剑桥，研发部门在新汉普顿，已经获得 2007 年纽约州政府奖励 1480 万美元，以及 Red Herring 奖和 Lemelson-MIT 奖。示范工厂建在纽约 Rochester，利用 Genencor 国际公司现有的设备及酶系统，采用 Mascoma 的创始人之一及首席科学家 LeeLynd 的技术，利用木屑和废纸生产乙醇，乙醇年产量 50×10^4 USgal。LeeLynd 的"利用纤维素原料生产乙醇的无机械搅拌的连续工艺"为：经稀酸预处理后的纤维素浆、发酵菌和酶混合物连续进入温度控制在 60℃ 的生物反应器中，经糖化发酵为乙醇。反应物在反应器内分为三层：上层为乙醇、水蒸气和微生物的混合气，中层为乙醇、水和微生物的混合液，下层主要是不溶的原料渣。中层混合液连续流出，一部分直接进入到蒸馏单元，另一部分回流到反应器以保证反应器内的酶和微生物浓度。上层气体中的乙醇可提纯，下层残渣在提取出乙醇和酶等后可用于燃料供热。该工艺特点是可实现酶和微生物的内循环，反应时间短，单位体积产率高。从 2006 年至今，Mascoma 公司累计从 Khosla、Flagship 和 General Catalyst Partners 公司等获得风险投资高达 5000 万美元。

加拿大 Sun Opta 是美国 NASDAQ 上市公司，成立于 1973 年，下属的生物技术集团是世界上在纤维素乙醇的预处理、蒸汽爆破和精制生产工艺领域处于领先地位的公司之一，20 年前在法国建立了第一家纤维素乙醇厂。该公司开发了全球第一套利用高压无水氨预处理纤维素的连续式生产工艺和设备，并于 1999 年申请了加拿大等国的专利，原理是先将原料放入压力为 $1.38 \sim 3.10$ MPa、装有活化剂的预处理反应器中，停留时间为 $1 \sim 10$ min，然后在常压下爆破，使原料角质化，再进行糖化发酵。由于 Sun Opta 公司拥有先进的纤维素乙醇技术，它为多个纤维素乙醇商业化项目提供技术。Abengoa 与 Sun Opta 公司合作，于 2005 年 8 月开始在西班牙 Babilafuente（Salamanca）的 BCYL 粮食乙醇厂旁边建设一座日处理

70t 干草，年产 5000kL 生物质乙醇厂，采用添加催化剂的蒸汽爆破预处理以及同步酶水解发酵工艺，是世界第一家纤维素乙醇商业厂。Sun Opta 为该项目提供专利的预处理技术和设备。Sun Opta 还对与 Celunol 公司合作的 Jennings 项目提供设备和技术，利用甘蔗渣生产乙醇，于 2007 年夏季开始建立美国第一个纤维素乙醇商业厂。2006 年 Sun Opta 与黑龙江华润酒精有限公司合作在肇东市建厂，由 Sun Opta 提供系统和技术，利用玉米秆生产乙醇。Sun Opta 还与加拿大 Green Field 乙醇公司成立合资公司，专门设计建造从木屑制造乙醇的工厂。

3.1.4.2 国内纤维素燃料乙醇工业的实例介绍

目前我国对燃料乙醇工业的研究也进展迅速，国内多家企业和科研单位对该工业投入了大量的人力物力进行研究，具有代表性的有：河南天冠集团、中粮集团、山东泽生生物科技有限公司、华东理工大学、中国科学院广州能源研究所和中国科学院过程工程研究所等。

"十五"期间该课题被列为 863 项目"木质纤维素原料生物高效转化技术及产品"，在上海奉贤建成以木质纤维素为原料，年产非粮燃料乙醇 600t 的示范工厂。该项目由华东理工大学等 6 个单位承担，以木屑为原料，稀硫酸水解工艺为主，同时研究了酸酶联合水解、双酸水解等工艺，目前该项目已验收完成。该项目的成功开发，表明我国在纤维素乙醇领域已经取得了重大突破，其意义非常深远。由于受规模的限制，纤维素乙醇的生产成本过高，为 6000～6500 元/t，比以小麦为原料的粮食乙醇高 500～1000 元，但随着生产规模的扩大，能耗比例会相应下降，生产成本也会大幅下降。

河南天冠集团先后与浙江大学、山东大学、清华大学和河南农业大学等科研机构交流合作，攻克了秸秆生产乙醇工艺中的多项关键技术，使原料转化率超过 18%，即 6t 秸秆可以转化为 1t 乙醇。针对秸秆原料的特殊构造，采用酸水解和酶水解结合，戊糖、己糖发酵生产乙醇。该集团自主开发培育高活性纤维素酶菌种，生产纤维素酶，通过优化工艺，提高酶活力，使生产纤维素乙醇的用酶成本降至 1000 元/t 以下。同时，该集团还成功开发了酒精发酵设备，从根本上解决了纤维素乙醇发酵后酒精浓度过低的难题，降低了水、电、汽的消耗，有效地降低了生产成本。

由中国农业科学院麻类研究所和陕西师范大学等单位合作开展的麻类等纤维质预处理、糖化液酶解生成燃料乙醇研究，取得了重大的突破。形成了"麻类等纤维质酶降解生产燃料乙醇技术"，麻类纤维质总糖转化率达到 67%，燃料乙醇转化率在 40% 以上。该项技术通过农业部成果鉴定。该项目首次将微生物技术应用于苎麻、芦苇和玉米芯等生物质合成燃料乙醇的预处理，开创了苎麻韧皮超临界二氧化碳介质中酶法预处理的先河。开发的高活性纤维素酶、木聚糖酶的活力显著高于国内同类水平。以木质素含量低的苎麻作为酶解生产燃料乙醇的原料，将超临界二氧化碳酶法脱胶、微生物发酵技术和酶工程有机结合起来，形成了苎麻生产燃料乙醇的新技术和工艺，使得苎麻韧皮、麻秆、玉米芯和芦苇的总糖转化率达到 67%，糖醇转化率达到 43.8%，达到国内同类研究领先水平，属自主创新成果。中国农科院麻类研究所表示，利用苎麻等纤维质生物降解生产燃料乙醇，"十一五"可望形成规模化生产工艺技术，为缓解我国能源危机提供新的途径。

天冠集团年产 3000t 的纤维素乙醇项目已于 2006 年 8 月底在河南省南阳市镇平开发区

奠基，于 2007 年 11 月 23 日第一批燃料乙醇下线，这是国内首条纤维素乙醇产业化生产线，其技术水平在生物能源领域处于国际领先地位。该项目总投资 4500 万元，每年可消化玉米秸秆类生物质 18000t，天冠集团负责人表示，在 3000t 装置运行正常的基础上，会对其进行改造，扩大生产规模至 10000t/a。

山东大学微生物技术国家重点实验室研究课题试生产过程中生产纤维素酶、乙醇等产品。其近期目标（2006～2010 年）为：先利用已经经过预处理的废弃纤维生产出纤维素酶和乙醇，尽快通过中试建立和完善木糖相关产品-乙醇联产工艺，建立起万吨级纤维素乙醇示范工厂，实现纤维素乙醇的较大规模试生产，并以此为进一步研发的工艺基础和基地，加快纤维素生产乙醇完整技术实用化的进程。中期目标（2010～2020 年）为：在完善万吨级木糖相关产品-纤维素乙醇联产示范工厂的基础上，扩大原料品种（如玉米秸秆和麦秸秆等），扩大联产产品（如纸浆、化学品、饲料、沼气、CO_2 等），进而以石油炼制企业为榜样，开发出以植物纤维资源为原料，全面利用其各种成分，同时生产燃料、精细化学品、纤维、饲料、化工原料的新技术，建立大型植物全株综合生物炼制技术示范企业。预期中国 2020 年可望建成年产 $200 \times 10^4 t$ 植物纤维基生物炼制产品的新兴产业，新增工业产值 2000 亿元，减少 $300 \times 10^4 t$ 石油需求，并安排 60 万农村人口就业，农民通过提供秸秆类原料增收 300 亿元，减少近亿吨 CO_2 净排放。远期目标（2050 年）为：实现生物质原料（淀粉、糖类、纤维素、木质素等）全部利用，产品（燃料、大宗化学品和精细化学品、药品、饲料、塑料等）多元化，形成生物质炼制巨型行业，部分替代不可再生的一次性矿产资源，初步实现以糖类为基础的经济社会可持续发展。山东大学承担的"酶解植物纤维工业废渣生产乙醇工艺技术"项目，成功开发了木糖-乙醇联产工艺，实现了生物质资源的综合及高值利用。这项技术实现了玉米芯的高值利用。科研人员将提取了木糖、木糖醇后的玉米芯下脚料木糖渣中 60% 的成分，先进行深度预处理，然后将处理过的纤维素用作原料生产葡萄糖，再由葡萄糖进一步生产燃料乙醇，残余高热能木质素则充当燃料。山东大学研究并成功实现了纤维素酶的产业化，初步的技术经济分析表明，木糖-乙醇联产工艺的乙醇生产成本低于粮食乙醇成本，具有良好的经济和社会效益。

山东滨州光华生物能源集团有限公司完成的甜高粱茎秆生物水解发酵蒸馏一步法制取燃料乙醇系统项目，通过由山东省科技厅组织的鉴定，由中国可再生能源协会、中国农业大学、中科院等单位组成的专家组鉴定认为：该系统提高了产酒率和发酵速率，减少了固定物料位移次数，创新设计了一套由可移动式含蒸酒器和混合型静态生物反应器为一体的一步法生产燃料乙醇成套设备，减少了能耗，降低了成本，从而提高了经济效益。

甜高粱秸秆制取无水燃料乙醇工程项目已于 2006 年 9 月底在新疆南部莎车县启动。甜高粱秸秆制取的无水燃料乙醇部分功能可代替石油，且价格成本比市场上使用的 93 号汽油价格成本要低。使用甜高粱秸秆制取无水燃料乙醇可减少环境污染，提取燃料乙醇的废渣还可以作饲料、造纸、制作密度板的原材料，延伸产业链，提高综合效益。莎车县与浙江浩淇生物新能源科技有限公司合作共同开发的甜高粱秸秆制取无水燃料乙醇项目建成，可使莎车县 4 个乡镇近 2 万亩的甜高粱秸秆得到综合利用，农户种植甜高粱每亩可增收 150～200 元。该公司计划将用 5 年的时间分 3 期投资 12.6 亿元建设年产 $30 \times 10^4 t$ 甜高粱秸秆制取无水燃料乙醇项目。

由清华大学、中国粮油集团公司和内蒙古巴彦淖尔市五原县政府共同完成的甜高粱秸秆生产乙醇中试项目获得成功。中试结果显示，发酵时间为 44h，比目前国内最快的工艺缩短了 28h；精醇转化率达 94.4%，比目标值高出 44 个百分点；乙醇收率达理论值的 87% 以上，比目标值高出 7 个百分点。该成果意味着我国以甜高粱秸秆生产乙醇的技术取得重大突破。在近一个月的试验期内，科研人员采用菌种（TSH-1）和转鼓式固态发酵装置实施了 6 次试验。这是我国采用固体发酵形式进行糖转醇的研究以来，首次成功实现乙醇收率超过预期指标。业内专家表示，该项目采用的发酵工艺与装备可行，为甜高粱秸秆制燃料乙醇进行工业化示范提供了科学的依据。据介绍，此次甜高粱秸秆制乙醇项目试验由清华大学提供技术，中国粮油集团公司提供资金，内蒙古巴彦淖尔市五原县政府提供原料和场地条件联合完成。以此项目为契机，内蒙古河套地区计划建设 $3 \times 10^4 t/a$ 的绿色生物燃料乙醇生产基地。专家预测，未来 3~5 年，我国的东北、华北、西北和黄河流域部分地区共 18 个省市区的 $2678 \times 10^4 hm^2$ 荒地和 $960 \times 10^4 hm^2$ 盐碱地将成为甜高粱的生产基地，加上我国每年产生 7 亿多吨的作物秸秆，这些地区将成为我国生物燃料乙醇工业丰富的原料基地。

吉林九新实业集团白城庭峰乙醇有限公司年产 $3 \times 10^4 t$ 玉米秸秆燃料乙醇项目于 2007 年 5 月初奠基，它标志着吉林省瞄准非粮生物原料开发生物能源工程，迈出了具有划时代意义的一步。由白城庭峰公司投资建设的这一秸秆燃料乙醇项目是目前我国唯一一家利用玉米秸秆生产酒精（乙醇）的高技术项目，拥有目前国际上规模最大的秸秆燃料乙醇生产线。在技术上，该企业在加强国际合作的基础上，自行研发了具有自主知识产权的玉米秸秆燃料乙醇生产技术，并正在积极申报国家专利。据介绍，该项目建成后，每年可转化玉米秸秆 $23 \times 10^4 t$，可生产秸秆燃料乙醇 $3 \times 10^4 t$，秸秆饲料 $6 \times 10^4 t$，并可通过燃烧秸秆废料生产蒸汽 $64 \times 10^4 t$、发电 $4800 \times 10^4 kW \cdot h$，年可实现销售收入 1.78 亿元，实现利润 8200 万元，带动当地农民年增加收入 2700 多万元。另悉，继 2006 年 $50 \times 10^4 t$ 燃料乙醇扩建项目达产后，一向以玉米为生产原料的吉林燃料乙醇有限公司正在开展原料多样化研究，积极探索走"非粮"路线。目前，该公司 $3 \times 10^3 t/a$ 玉米秸秆生产燃料乙醇工业化试验研究项目的某些关键技术已取得重大突破。此外，以玉米深加工为龙头项目、以燃料酒精（乙醇）为主要产品的吉安新能源集团有限公司也在尝试以甜高粱秸秆生产燃料酒精。吉林省秸秆原料丰富，随着玉米生产规模的扩大和效益的显现，秸秆燃料乙醇必将在全省形成新的产业，玉米等粮食秸秆也将从此变废为宝，成为重要的能源资源。

2007 年 9 月 28 日，吉林燃料乙醇有限公司年 $3 \times 10^3 t$ 甜高粱茎秆制乙醇示范项目在江苏省盐城地区东台市启动。吉林燃料乙醇公司确定以甜高粱茎秆为原料制乙醇作为"非粮"发展燃料乙醇的方向之一，立足于不占用耕地、不消耗粮食、不破坏生态环境的原则，坚持发展"非粮"生产燃料乙醇路线。甜高粱是普通高粱的一个变种，其茎秆所含主要成分是糖类和纤维素。在充分利用甜高粱茎秆丰富的糖分生产乙醇的同时，还能综合利用其废物，创造更高的效益附加值。甜高粱籽粒可食用或作酿酒原料；叶片富含蛋白，可作饲料，也可直接还田，改善土壤；茎秆纤维部分可用来造纸，也可作为饲料。通过加工与综合利用，基本上不产生废物，可形成良性循环。该项目建设投资 6500 万元，以甜高粱茎秆为原料制燃料乙醇工程的实施，不仅开启了我国发展生物质能源的新途径，而且还可带动当地农民增收，拉动农业经济发展。

有关单位在山东禹城已经建立了以玉米芯为原料的产业集群，形成了玉米芯-低聚木糖、木糖醇、糠醛-纤维残渣发电的产业链条，并初具规模，年产木糖相关产品能力达 $5×10^4$ t。然而，这些生产工艺只利用了原料中的部分半纤维素，$7\sim10$ t 原料才能生产 1t 产品，同时产生的数吨木糖渣只能低价卖给电厂烧掉。这些已经集中起来的木糖渣的纤维素含量高达 $55\%\sim60\%$，由于已经经过深度预处理，比较容易被纤维素酶水解生成葡萄糖，进而发酵生成燃料乙醇。废渣的乙醇得率可以达 20% 以上。

在此基础上，山东大学开发出新的生物炼制工艺，从原料玉米芯生产出低聚木糖、木糖醇、燃料乙醇及木质素产品。据估计，"木糖-酒精联产"工艺的酒精生产成本低于粮食酒精成本，初步的技术经济分析显示，该项目有良好的经济和社会效益。该课题组目前已经建立起年产 $3×10^3$ t 乙醇的试验装置，正在完善木糖相关产品-酒精联产工艺，争取尽快建立起万吨级的纤维素酒精示范工厂。

由山东龙力生物科技有限公司和山东大学合作完成的国内第一套以木糖渣为原料的乙醇生产装置于 2007 年 8 月初通过技术鉴定。成果鉴定认为，木糖废渣生产纤维乙醇技术达到国内领先水平，是利用生物炼制技术发展循环经济的典型范例，符合国家的产业发展方向。该成果把生物炼制概念引入生物质资源开发领域，打破了原来用生物质单纯生产单一产品的传统观念，用玉米芯加工残渣为原料生产乙醇，其纤维素含量高达 60% 左右，纤维素转化率达到了 86% 以上，经检测产品达到燃料乙醇质量标准，实现了原料充分利用、产品价值最大化和土地利用效率最大化。同时，该成果避开了纤维素原料收集运输、预处理和戊糖利用 3 个难题。龙力公司在此成果技术的基础上，建成了国内首套以玉米芯废渣为原料、年产 $3×10^3$ t 乙醇的工业装置。

经过多年的努力，我国燃料乙醇事业有了飞速的发展，特别是粮食乙醇工业已跻身国际先列。但从我国的国情出发，我国并不适合发展粮食乙醇产业。通过多年以来对纤维素燃料乙醇的研究，我国在这一方面已取得了可喜的成绩，但是距离发达国家的先进水平还有一定的差距。因此，要合理利用优势，充分发展我国的纤维素燃料乙醇产业，为节能减排以及国家能源安全事业做出贡献。

3.1.5 燃料乙醇产业化进程

3.1.5.1 燃料乙醇现状

"十五"期间，我国在黑龙江、吉林、河南、安徽 4 省建成 4 个以玉米、小麦等陈化粮为原料的生物燃料乙醇生产试点项目，分别为吉林燃料乙醇有限公司、黑龙江华润酒精有限公司、河南天冠燃料乙醇有限公司和安徽丰原燃料酒精股份有限公司。2007 年 12 月，中粮集团投资的 $20×10^4$ t/a 的木薯燃料乙醇试点项目在广西北海投产，成为我国迄今为止最大的非粮燃料乙醇项目。2011 年，我国燃料乙醇产量为 $190×10^4$ t，见表 3-8。当前，我国生物燃料乙醇产业按照"定点生产、定向流通、封闭销售"的原则布点发展，黑龙江、吉林、河南、安徽、辽宁、广西 6 省全境和江苏、山东、河北、湖北 4 省的 27 个地市已经实现了车用乙醇汽油替代普通汽油。我国已成为继美国、巴西和欧盟之后的第四大生物燃料乙醇生产国和消费国。

表 3-8　2011 年我国燃料乙醇产量

企业名称	原料	企业产能/×10⁴t
中粮肇东	玉米、水稻	25
吉林燃料	玉米	50
安徽丰原	玉米	45
河南天冠	玉米、小麦、木薯	50
广西中粮	木薯	20

国家《可再生能源中长期发展规划》明确提出，要高度重视生物质能开发与粮食和生态环境的关系，不得违法占用耕地，不得大量消耗粮食，不得破坏生态环境，不再增加以粮食为原料的燃料乙醇生产能力，未来重点发展非粮燃料乙醇，并努力实现纤维素乙醇的产业化，到 2020 年实现生物燃料乙醇年利用量 1000×10^4 t 的目标。据测算，我国以木薯、甘蔗、甘薯、甜高粱等经济作物为原料每年可生产第 1.5 代非粮乙醇 1800×10^4 t。以稻草、玉米秸秆、小麦秸秆、稻壳、玉米芯等农林废物，每年可低成本生产第 2 代纤维素乙醇 $5000 \times 10^4 \sim 7000 \times 10^4$ t，生产潜力巨大。

根据国家发展和改革委员会发布的《可再生能源发展"十一五"规划》，在"十一五"期间，在东北、山东等劣质土地资源丰富的地区，集中种植甜高粱，发展以甜高粱茎秆为主要原料的燃料乙醇；在广西、重庆、四川等地重点种植薯类作物，发展以薯类作物为原料的燃料乙醇；同时开展以农作物秸秆等木质纤维素为原料的生物燃料乙醇生产试验。目前，在我国相关企业和研究机构的共同努力下，已建成、在建或筹建中的非粮燃料乙醇项目和纤维燃料乙醇项目见表 3-9 和表 3-10。

表 3-9　我国已建成、在建或筹建中的非粮燃料乙醇项目

项目	位置	原料	产能/(×10³t/a)
天冠燃料乙醇有限公司	河南南阳	木薯、甘薯	100
广西中粮生物质能源有限公司	广西北海	木薯	200
四川银山鸿展工业有限责任公司	四川资中	甘薯	10
湖北金龙泉啤酒集团公司	湖北荆门	甘薯	100
中石化江西雨帆酒精有限公司	江西东乡	木薯	100
吉林三华集团	吉林松原	甘薯	300

表 3-10　我国已建成、在建或筹建中的纤维燃料乙醇项目

项目	位置	原料	产能/(×10³t/a)
松原来禾化学有限公司	吉林松原	秸秆	35(生物丁醇)
山东龙力生物科技有限公司	山东禹城	玉米芯废渣	50
河南天冠燃料乙醇有限公司	河南南阳	秸秆	70
山东泽生生物科技有限公司	山东东平	秸秆	3
安徽丰原集团	安徽蚌埠	玉米芯	5
上海天之冠可再生能源有限公司	上海	秸秆和稻壳	0.6
中粮生化能源(肇东)有限公司	黑龙江	秸秆	0.5

项目	位置	原料	产能/(×10³t/a)
广西凭祥市丰浩酒精有限公司	广西崇左	蔗渣	2
中石化/中粮	黑龙江肇东	玉米秸秆	10
中科（营口）新能源科技有限公司	辽宁营口	秸秆	10（生物丁醇）
中粮集团	黑龙江肇东	玉米秸秆	100

3.1.5.2 燃料乙醇的政策环境

在燃料乙醇补贴方面，国家政策不断变化。2005 年国家财政部发布了《关于燃料乙醇补贴政策的通知》，该政策为成本加利润型补贴政策，国家对各定点生产企业给予略有不同的定额财政补贴，如丰原生化生产燃料乙醇的补贴标准 2005 年为 1883 元/t、2006 年为 1628 元/t、2007 年和 2008 年同为 1373 元/t。2006 年，国家对燃料乙醇的补贴政策由成本加利润型改为定额补贴，即对全国 4 家定点生产厂家的补贴全部统一为 1373 元/t。2007 年，国家财政部再次出台《生物燃料乙醇弹性补贴财政财务管理办法》，国家对定点生物燃料乙醇生产企业的财政补贴由过去的定额制改为弹性制。按照新《生物燃料乙醇弹性补贴财政财务管理办法》规定：当油价上涨，燃料乙醇销售结算价高于企业实际生产成本，企业实现盈利时，国家不予亏损补贴。企业应当建立风险基金，风险基金要由企业专户存储，专项用于弥补今后可能出现的亏损。《生物燃料乙醇弹性补贴财政财务管理办法》还规定了弹性补贴标准的核定方法。当燃料乙醇销售结算价低于标准生产成本，企业发生亏损时，先由企业用风险基金以盈补亏，风险基金不足以弥补亏损时，国家将启动弹性补贴。

在弹性补贴政策的指导下，丰原生化生产燃料乙醇的实际补贴 2007 年为 2251 元/t，2008 年为 2185 元/t。从 2009 年开始，补贴额度逐年下降：2009 年为 2246 元/t，2010 年为 1659 元/t，2011 年为 1267 元/t。2012 年初，财政部发布了 2012 年度生物燃料乙醇财政补助标准：以粮食为原料的燃料乙醇，补助标准为 500 元/t；以木薯等非粮作物为原料的燃料乙醇，补助标准为 750 元/t。

在其他优惠政策方面：初期，国家对 5 家指定的燃料乙醇生产企业免征 5% 的消费税，对生产燃料乙醇的增值税实行先征后返，对其生产所需的陈化粮实行补贴，对陈化粮的供应价格实行优惠等。从 2011 年 10 月 1 日起，根据财政部、国家税务总局联合下发的《关于调整变性燃料乙醇定点生产企业税收政策的通知》，以粮食为原料生产用于调配车用乙醇汽油的变性燃料乙醇，将逐步取消增值税退税政策，同时逐步恢复征收消费税。至 2015 年 1 月 1 日起，增值税退税政策则完全取消，并征收 5% 的消费税。

3.1.5.3 燃料乙醇的发展障碍

(1) 粮食燃料乙醇已不可能实现增产

与美国的玉米燃料乙醇生产不同，我国人多地少的基本国情，决定了粮食必须首先用作口粮。民以食为天，食以粮为安，吃饭问题始终是头等大事，粮食安全关系国计民生。国家自 2001 年开始推广粮食燃料乙醇生产试点，初衷是为了消耗陈化粮，但是随着陈化粮逐渐减少，继续以玉米和小麦等为原料生产燃料乙醇变得不再可行。实际上，2006 年年底，国家发布紧急通知，暂停核准和备案粮食燃料乙醇加工项目，要求积极发展非粮生物液体燃料。2007 年 9 月，发改委出台《关于促进玉米深加工业健康发展的指导意见》，要求停止建设新的以玉米为主要原料的燃料乙醇项目，并鼓励发展第 1.5 代非粮燃料乙醇项目和第 2 代纤维素乙醇项目。

(2) 非粮燃料乙醇发展受制于原料持续供应

由于甘蔗制糖更具经济性，因此，我国目前的非粮燃料乙醇生产原料主要为薯类。薯类生产乙醇的最大问题在原料品种、种植、收获和储存环节。特别是储存环节，需进行综合配套才能保证全年使用，这样势必导致成本增加。对甘薯而言，鲜薯无法长期过冬储存，仅能保证稳定供应 2 个月左右。而切片晒干是传统上的储存方式，但又是现在农民最不愿干的，劳动强度大且需要"望天收"。对木薯而言，作为热带作物引入我国后，在产量上有较大下降，我国目前还缺乏适应于亚热带地区生产的高产木薯品种。而且，种植经济作物的利润是木薯的 3 倍，农民缺乏种植木薯的积极性。对于马铃薯，单位面积乙醇产率及原料成本都不占优势，基本可不予考虑。而能源作物甜高粱生产乙醇，季节性太强，收获期仅 2 个月左右，存放期仅 1 个月左右，对于连续生产是个难题。

另外，用于非粮作物种植的边际土地开发难度大。能够用于非粮作物种植的边际土地数量以及非粮作物的大规模种植对生态环境的影响，目前还缺乏可靠的数据。边际土地的开垦成本谁来承担、低收益谁来补偿还未明确。

(3) 纤维燃料乙醇产业化还面临着诸多挑战

从目前的情况看，纤维燃料乙醇技术还不成熟，生产成本较高。目前纤维燃料乙醇的生产成本高达每吨 6000～7000 元，近期目标是将生产成本降低到每吨 5500 元左右。造成生产成本较高的原因包括：a. 部分关键技术还未突破，例如高效水解酶、五碳糖与六碳糖同步高效发酵产酒精技术还停留在分子操作水平的基础研究阶段；b. 纤维类原料的预处理过程能耗高、水耗大；c. 纤维素酶的生产成本高，生产效率低；d. 能量产出与能量的投入比还有待提高；e. 农作物秸秆能量密度小，分散度高，不易收集，集中收购成本高。

(4) 燃料乙醇流通和销售环节存在问题

我国生物燃料乙醇产业按照"定点生产、定向流通、封闭销售"的原则布点发展取得了很大的成就。然而，由于销售困难，生产的燃料乙醇成品已无法存放，迫使广西中粮生物质能源有限公司于 2011 年 3 月 21 日宣布全面停产，该消息震惊了整个生物质能产业界。销售困难，究其原因在于加油站乱象丛生，"封闭"销售成一纸空谈。

为配合木薯燃料乙醇销售，广西壮族自治区于 2007 年 12 月 23 日颁布了《广西壮族自治区车用乙醇汽油管理暂行办法》，规定自 2008 年 4 月 15 日起全区封闭销售使用车用乙醇汽油，在广西境内不得销售其他汽油。按照《广西壮族自治区车用乙醇汽油管理暂行办法》规定，全广西境内所属加油站销售的汽油都应该来自于 20 座车用乙醇汽油调配中心，零售价格均执行国家发改委制定价格，与同标号的普通汽油同价。

然而，《广西壮族自治区车用乙醇汽油管理暂行办法》实施 3 年来，在自治区仍然存在同时销售乙醇汽油和普通汽油的现象，并未能完全实现在全区"封闭"销售使用车用乙醇汽油。目前，全广西壮族自治区境内中石油中石化所属加油站有 1317 座，社会民营加油站 990 座。然而，中石油所属加油站中销售乙醇汽油的只有 50.2%，社会加油站中销售乙醇汽油的仅有 12.12%。造成乙醇汽油市场覆盖率较低的主要原因有如下几条。a. 社会加油站的油品来源复杂，多来自一些小炼油厂，更有非法走私的，其销售价格较低，甚至低于普通汽油价格。以南宁市曾经出现的加油站挂牌价为例，社会加油站的 93 号普通汽油零售价为 7.45 元/L，比中石油、中石化加油站的乙醇汽油低 0.12 元/L。由于社会加油站的价格优势，中石油、中石化加油站的市场销售份额急剧下降；加上乙醇汽油配送成本大于原有的普通汽油，在这种形式下，中石化、中石油的部分加油站也开始恢复销售普通汽油。b. 一些社会加油站还存在着误导消费者的现象，例如，很多加油站都设立了写着醒目字样"纯汽油"的广告牌，对顾客宣扬使用乙醇汽油存在耗油量大且会损坏发动机等诋毁乙醇汽油的错误说法。c. 车用乙醇汽油推广过渡期过长，来自社会加油站的劣质油品、普通汽油与乙醇汽油长期混用导致部分车辆油耗增加、动力下降，造成消费者对乙醇汽油的误解，促使消费者重新选择普通汽油。

(5) 燃料乙醇市场接受度比较低

对于加油站以及乙醇汽油的使用者来说，乙醇汽油从价格方面与普通汽油相比并无优势，同时由于在消费观念、市场监管等方面仍然存在差距，大范围推广仍然存在障碍。汽车在使用乙醇汽油前一般需要先进行彻底清洗。在使用乙醇汽油后，行驶 $3 \times 10^4 \, \text{km}$ 以上的汽车必须进行一次油路清洗。虽然有些地方政府将清洗费用进行了相应规定，但很大一部分车主仍持观望态度。在推广使用乙醇汽油的试点地区，一些加油站因为害怕失去顾客而不出售乙醇汽油。

(6) 定价机制不合理

国家规定燃料乙醇价格执行同期公布的 90 号汽油出厂价乘以价格系数 0.911，由石油销售公司调配乙醇汽油。90 号汽油价格本身就低，再乘以 0.911，所以经济性比较差。此外，在封闭销售使用的省份中大部分地区已没有 90 号汽油，多是与更高价格的 93 号和 97 号汽油混配，但价格仍然统一到 90 号汽油上，经济性更差。

3.1.5.4 排除燃料乙醇发展障碍的对策与建议

(1) 加大科研投入，攻克非粮乙醇和纤维乙醇的技术瓶颈

国家应在以下关键技术领域继续投入科研经费：a. 薯类和甜高粱等的大规模低成本保鲜（半年以上）或低成本干燥等非粮燃料乙醇的原料储存技术；b. 适合我国各地区的高产木薯、甘薯以及其他能源作物的品种选育；c. 高效节能环保的纤维原料预处理方法和工艺技术；d. 高活性纤维素水解酶，高效的酶解、酸水解工艺；e. 高效的六碳糖、五碳糖同步发酵技术，相关的高效菌种开发；f. 配套开发水解残渣的综合利用技术及节能型乙醇蒸馏技术。

(2) 合理开发边际土地，加强非粮乙醇原料基地建设

开展全国性的边际土地普查，根据生态脆弱性、可开发利用程度等进行分类，确定能够用于各种非粮作物种植的边际土地数量及分布；政府主导加强对边际土地利用进行规划、评估；鼓励企业和个人对边际土地进行改良；加强非粮乙醇原料基地建设，引导农民与企业合作共赢。

(3) 加大纤维乙醇产业的扶持力度

虽然目前的纤维燃料乙醇技术还不成熟，生产成本较高，但从长远来看，纤维乙醇才是生物燃料乙醇的唯一出路。建议国家在纤维乙醇的研发及产业化示范上提供财政支持，并出台相应扶持政策，整合国内研发力量，推动纤维乙醇产业化技术早日实现。

（4）完善燃料乙醇补贴政策，合理定价

为落实非粮替代的政策导向，推动燃料乙醇企业健康有序发展，建议国家在燃料乙醇弹性补贴的基础上，根据燃料乙醇生产原料分别确定补贴额度。基本原则是：纤维乙醇高于非粮乙醇，非粮乙醇高于粮食乙醇，逐渐降低并取消粮食乙醇补贴。提升燃料乙醇销售价格，建议燃料乙醇价格执行同期公布的 93 号汽油出厂价。

（5）规范管理社会加油站，真正实现"封闭"销售

广西目前出现问题的核心并不是车用乙醇燃料应用过程中出现的技术性问题，而是普通燃料与乙醇燃料在市场竞争中的不平等造成的。一方面，石油销售企业应该稳定生产与供应，保证乙醇汽油生产与供应；另一方面，在推广使用乙醇汽油的地区，应加强对社会加油站的监督检查，完善或出台相关的法规、管理办法和奖惩措施，为全面推广乙醇汽油创造良好的市场法制环境，真正落实"定点生产、定向流通、封闭销售"的原则。

（6）积极宣传乙醇汽油

加大乙醇汽油的宣传力度，提高车用乙醇汽油的市场认知度。通过印发"宣传手册"和"用户指南"、公益广告、记者专题采访、开辟新闻专栏等多种形式，以科学的理论和真实的检测数据为基础，广泛倡导使用车用乙醇汽油，正确引导消费者，改变消费观念，提高环保意识。

3.1.5.5 燃料乙醇的发展趋势

根据可再生能源发展"十二五"规划，到 2015 年，生物燃料乙醇利用规模将达到 400×10^4 t。可以看出，国家大力发展生物燃料乙醇产业的决心不会动摇，在保持现有粮食燃料乙醇生产规模的基础上，近期将重点发展非粮燃料乙醇，并推进纤维乙醇产业化。

（1）2012 年生物燃料乙醇产量同比下降

在粮食价格上涨，粮食燃料乙醇补贴下降，粮食燃料乙醇生产企业税收优惠逐渐取消等客观因素和主观政策导向的大背景下，燃料乙醇生产企业可能会主动减少粮食燃料乙醇生产。玉米价格从 2005 年的 1100 元/t 上升至 2012 年 10 月的 2200 元/t。按生产 1t 燃料乙醇消耗 3.3t 玉米计算，每吨燃料乙醇仅原料成本就高达 7260 元，再加上加工成本，每吨燃料乙醇的成本至少为 9500 元。2012 年 10 月 90 号汽油的出厂价为 9295 元/t，乘以价格系数 0.9111 后，燃料乙醇的销售价格为 8469 元/t，加上国家 500 元/t 的补贴后 8969 元/t，低于生产成本，因此，企业存在亏损的风险。随着粮食燃料乙醇补贴下降，粮食燃料乙醇生产企业税收优惠逐渐取消，企业将面临更大的亏损风险。为减少亏损，企业可能会减产。

（2）近期来看，发展非粮燃料乙醇是必然选择

粮食乙醇的快速发展引起了粮价的飙升，不利于农业结构调整，并可能引发国家粮食安全问题。近期来看，可以考虑木薯、甘薯、甜高粱等作为过渡性替代原料，减少对玉米、小麦等粮食的依赖，避免粮食价格继续攀升。我国拥有大量可种植能源作物的荒山、荒坡和盐碱地等边际性土地，例如，南方可发展薯类乙醇，北方可发展甜高粱乙醇。

（3）从远期来看，发展纤维乙醇是必由之路

由于薯类和甜高粱等非粮作物生长，同样需要土地和人工管理，随着未来非粮燃料乙醇的大规模发展，势必会推高原料价格。因此，从长远来看，以廉价而丰富的农林废物为原料

的纤维乙醇才是未来的发展的方向。

3.2 木质纤维素水解发酵制备丁醇

与乙醇相比，丁醇具有一系列的优势，譬如具有较低的蒸气压和疏水特性等，使得丁醇的运输依靠现有的汽油输送管道及分销渠道成为可能，是一种理想的汽油替代燃料。丁醇除可作为优质的液体燃料外，还是一种重要的化工原料，用途十分广泛。

3.2.1 丁醇的物理、化学性质与用途

丁醇，分子式 $C_4H_{10}O$ 或 $CH_3(CH_2)_3OH$，相对分子质量 74.12，相对密度 0.8109，折射率 1.3993（20℃），熔点 90.2℃，沸点 117.7℃，蒸气压 0.82kPa（25℃），闪点 35～35.5℃，自燃点 365℃。纯丁醇是一种无色透明液体，有酒精味，微溶于水，易溶于乙醇、醚及多数有机溶剂，蒸气与空气形成爆炸性混合物，爆炸极限 1.45%～11.25%（体积分数）。

丁醇是一种重要的 C_4 平台化合物，也是一种战略性产品，用途非常广泛，主要用于合成邻苯二甲酸正丁酯、脂肪二元酸和磷酸丁酯、丙烯酸丁酯及醋酸丁酯等；可经过氧化生产丁醛或丁酸；还可用作油脂、医药和香料的提取溶剂及醇酸树脂的添加剂等。此外，也可用作有机染料和印刷油墨的溶剂、脱蜡剂等。

我国丁醇主要用于生产醋酸丁酯、丙烯酸丁酯、邻苯二甲酸二丁酯（DBP）及医药中间体等，用量较大的是醋酸丁酯、丙烯酸丁酯和邻苯二甲酸二丁酯，分别占我国丁醇消费总量的 32.7%、15.3% 和 9%。

甲醇、乙醇的燃烧性能的研究已日趋完善，但甲醇和乙醇的一些物化性质限制了它们在发动机中的应用，如亲水性强需要很好的密封措施，汽化潜热大造成低温启动困难，甲醇的毒性等问题使得纯甲醇和乙醇燃烧仍然实现困难。由于甲醇和乙醇是良好的有机溶剂，会造成缸内润滑油的稀释和输油管橡胶的溶胀；挥发性强使得输油管路容易造成气阻，蒸发排放量大。

与乙醇相比，丁醇是一种重要的、极具潜力的新型生物燃料，无论是燃烧值还是辛烷值，丁醇都与汽油接近，可以以任意比与汽油混合，而不需要对汽车进行任何改装。此外，丁醇具有较低的蒸气压和疏水特性，可以依靠现有的汽油输送管道及分销渠道，是一种理想的汽油替代燃料。

作为生物燃料，丁醇与其同系物及其他燃料物化和燃烧特性的比较，见表 3-11和表 3-12。

中国是农业大国，每年约产 8×10^8 t 农作物秸秆，相当于 4×10^8 t 标准煤。除农作物秸秆外，一些速生牧草、木质原料、废弃纤维素类等也可用于纤维丁醇的发酵生产。柳枝稷（*Panicum virgatum*）和巨芒（*Miscanthus giganteus*）被公认为是 2 种最具潜力的能源植物。

表 3-11　甲醇、乙醇、丁醇、汽油和柴油物化特性比较

项目	密度(20℃)/(kg/L)	沸点/℃	气化热/(kJ/kg)	液态黏度(20℃)/Pa·s	闪点/℃	研究法辛烷值	十六烷值(CN)	Reid 法蒸气压(20℃)/kPa
甲醇	0.7920	64.5	1088	0.61	11～12	106～115	3～5	31.69
乙醇	0.7893	78.4	854	1.20	13～14	约110	8	13.80
丁醇	0.8109	117.7	430	3.64	35～37	96	25	2.27
汽油	0.72～0.78	40～210	310～340	0.28～0.59	45～38	80～98	5～25	31.01
柴油	0.82～0.86	180～370	250～300	3.00～8.0	65～88	约20	45～65	1.86

表 3-12　正丁醇与甲醇、乙醇、正丙醇着火和燃烧特性比较

项目	甲醇	乙醇	丙醇	正丁醇
低热值/(MJ/kg)	19.916	26.778	32.465	35.103
体积热值/(MJ/L)	15.77	21.26	26.10	28.43
理论混合热值/(MJ/kg)	2.6599	2.6700	2.8561	2.8733
摩尔热值/(MJ/mol)	638.2	1233.6	1951.0	2601.9
着火温度/℃	470	434	425	385
与空气混合气着火界限(体积分数)/%	6.0～36.5	3.5～18.0	2.3～12.5	1.4～11.2
与空气燃烧表观活化能/(kJ/mol)	172.9	176.7	189.7	202.6
研究法辛烷值(RON)	91	92	约90	94
马达法辛烷值(MON)	106～115	100～112	98～104	95～100
十六烷值	3	8		12
与空气燃烧理论体积分数 $F/(F+A)$/%	12.22	6.51	4.44	3.36
理论空燃比/(kg/kg)	6.4988	9.0293	10.3788	11.2171
沸点/℃	64.5	78.4	97.2	117.7
亲水疏水平衡值(HLB)	8.4	8.0	7.5	7.0
闪点/℃				
开口	15.6	17.5	22	37
闭口	12	13	16	28.9
理论变更系数 μ	1.0613	1.0653	1.0667	1.0675

注：汽油的理论空燃比 A/F 为 14.6。

美国的燃料丁醇发酵生产总溶剂质量浓度可达到 25～33g/L，居世界领先水平，但生产原料主要以玉米淀粉、糖蜜等为主。由于原料成本是影响生物丁醇价格的主要因素之一，在粮食短缺与能源危机的双重威胁下，探索纤维质原料生产燃料丁醇成为生物质能源发展战略的重要组成。

关于燃料丁醇燃烧特性的研究，科威特大学的 F. N. Alasfour 在单缸试验机上进行了 30％丁醇与汽油混合燃料的空燃比、进气温度、点火角对动力性、热效率、废气温度的影响的试验研究。研究发现，相同条件下与纯汽油相比热效率下降 7％；进气温度在 40～60℃时，空燃比为 0.9，NO_x 排放增加 10％；较小的点火提前角，容易爆燃[43]。法国的 Philippedagaut 等在喷射搅拌反应器研究 15%～85%丁醇汽油的氧化动力学反应[44]。关于丁醇的各种燃烧试验国内鲜有报道，相关的研究只是将丁醇作为助溶剂增加乙醇和柴油的相溶性[45]，没有涉及燃烧特性的研究。

3.2.2 丁醇制备的基本方法

工业上生产丁醇的方法主要有羰基合成法、发酵法和醇醛缩合法。比较而言，前两种方法应用得更为广泛。丁醇的化学合成方法，除上面提到的醇醛缩合法外，还有丙烯羰基合成法，主要是丙烯与 CO、H_2 经钴或铑催化剂催化发生羰基合成反应生成正丁醛和异丁醛，经加氢得正丁醇和异丁醇，这也是全球丁醇化学合成的主要方法。

利用发酵法生产丙酮和丁醇始于 1913 年，是仅次于酒精发酵的世界第二大传统发酵。英国首先改造酒精厂为丙酮丁醇工厂，继而又在世界各地建立分厂，以玉米为原料大规模生产丙酮、丁醇。我国从建国初期开始利用玉米粉进行丙酮、丁醇发酵的工业化生产，同时也形成了稳定的发酵工艺。20 世纪 50～60 年代，由于来自石油化工的竞争，丙酮、丁醇发酵工业逐渐走向衰退。但随着石化资源的耗竭和温室效应等环境问题的日益突出，利用可再生资源生产化工原料和能源物质受到了人们的高度重视，为发酵法生产丙酮、丁醇也带来了新的机遇[46～51]。

3.2.3 丁醇制备的基本原理

3.2.3.1 木质纤维素水解发酵制备丁醇的反应机制

丙酮丁醇发酵分为产酸期和产溶剂期两个阶段，其代谢途径见图 3-10。在发酵初期，产生大量的有机酸（乙酸、丁酸等），pH 值迅速下降，此时有较多的 CO_2 和 H_2 产生。当酸度达到一定值后，进入产溶剂期，此时有机酸被还原，产生大量的溶剂（丙酮、丁醇、乙醇等），也有部分 CO_2 和 H_2 产生。

(1) 产酸期

在这一阶段，葡萄糖经过糖酵解（EMP）途径产生丙酮酸。五碳糖通过磷酸戊糖途径（HMP）转化为 6-磷酸果糖和 3-磷酸甘油醛，进入 EMP 途径。丙酮酸和 CoA 在丙酮酸-铁氧还蛋白氧化还原酶的作用下生成乙酰-CoA，同时产生 CO_2。铁氧还蛋白通过 NADH/NADPH 铁氧还蛋白氧化还原酶及氢酶和此过程偶合，调节细胞内电子的分配和 NAD 的氧化还原，同时产生 H_2。乙酸和丁酸都由乙酰-CoA 转化而来。在乙酸的形成过程中，磷酸酰基转移酶（PTA）催化乙酰-CoA 生成酰基磷酸酯，接着在乙酸激酶（AK）的催化下生成乙酸。丁酸的形成较复杂，乙酰-CoA 在硫激酶、3-羟基丁酰-CoA 脱氢酶、巴豆酶和丁酰-CoA 脱氢酶 4 种酶的催化下生成丁酰-CoA，然后经磷酸丁酰转移酶（PTB）催化生成丁酰磷酸盐，最后丁酰磷酸盐经丁酸激酶去磷酸化，生成丁酸[52]。

(2) 产溶剂期

溶剂产生的开始涉及碳代谢由产酸途径向产溶剂途径的转变。这种转变机制目前尚未研究透彻。早期的研究认为，这种转变和 pH 值的降低及酸的积累是密不可分的。在产酸期产生大量的有机酸，不利于细胞生长，所以产溶剂期的酸利用被认为是一种减毒作用。但是pH值的降低以及酸的积累并不是产酸期向产溶剂期转变的必要条件。

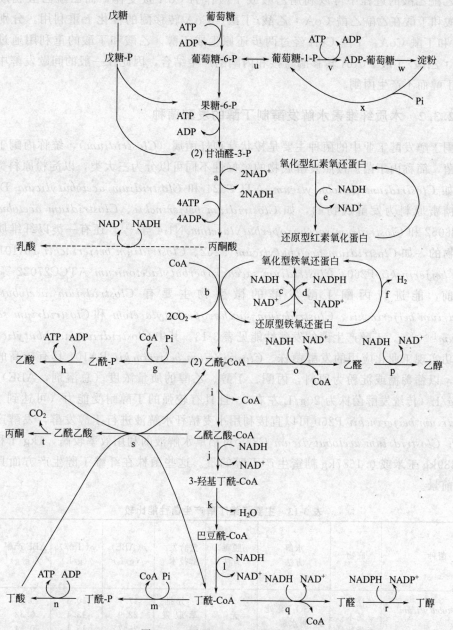

图 3-10　丙酮丁醇发酵代谢途径

酶：a—3-磷酸甘油醛脱氢酶；b—丙酮酸-铁氧还蛋白氧化还原酶；c—NADH-铁氧还蛋白氧化还原酶；
d—NADPH-铁氧还蛋白氧化还原酶；e—NADH-红素氧化蛋白氧化还原酶；f—氢酶；
g—磷酸酰基转移酶；h—乙酸激酶；i—硫激酶；j—3-羟基丁酰-CoA 脱氢酶；
k—巴豆酰酶；l—丁酰-CoA 脱氢酶；m—磷酸丁酰转移酶；n—丁酸激酶；
o—乙醛脱氢酶；p—乙醇脱氢酶；q—丁醛脱氢酶；r—丁醇脱氢酶；
s—乙酰乙酰-CoA：乙酸／丁酸：CoA 转移酶；t—乙酰乙酸脱羧酶；
u—葡萄糖磷酸变位酶；v—ADP-葡萄糖焦磷酸化酶；w—淀粉合
成酶；x—淀粉磷酸化酶

乙酰乙酰-CoA：乙酸/丁酸：CoA 转移酶是溶剂形成途径中的关键酶之一，有广泛的羧酸特异性，能催化乙酸或者丁酸的 CoA 转移反应。乙酰乙酰-CoA 转移酶在转化乙酰乙酰-CoA 为乙酰乙酸的过程中可以利用乙酸或丁酸作为 CoA 接受体，而乙酰乙酸脱羧形成丙酮。乙酸和丁酸在乙酰乙酰-CoA：乙酸/丁酸：CoA 转移酶的催化下重利用，分别生成乙酰-CoA 和丁酰-CoA。丁酰-CoA 经过两步还原生成丁醇。乙酸和丁酸的重利用通过乙酰乙酰-CoA：乙酸/丁酸：CoA 转移酶直接和丙酮的产生结合，因此在一般的间歇发酵中不可能只得到丁醇而不产生丙酮。

3.2.3.2　木质纤维素水解发酵制丁醇的发酵菌种

丙酮丁醇发酵工业中的菌种主要是梭状芽孢杆菌属（*Clostridium*），统称丙酮丁醇梭状芽孢杆菌，简称丙丁菌。按照发酵底物的嗜好性不同可以分为三大类，以淀粉原料为发酵底物的，如 *Clostridium acetobutylicum* ATCC824 和 *Clostridium acetobutylicum* DSM1731 等；以糖蜜原料为发酵底物的，如 *Clostridium beijerinckii*、*Clostridium acetobutylicum* NCIMB8052 和 *Clostridium saccharoperbutylacetom* N1-4 等[53]，还有一类以纤维质原料为发酵底物的，如 *Clostridium acetobutylicum* P262、*Clostridium beijerinckii* BA101、*Clostridium beijerinckii*.P260、*Clostridium saccharoperbutylacetonicum* ATCC27022 等[54]。

目前，能进行丙酮-丁醇发酵的微生物主要有 *Clostridrium acetobutylicum*、*Clostridrium beijerinckii*、*Clostridrium saccharoperbutylacetom* 和 *Clostridrium saccharobutylicum*[55~57]，丁醇产生菌的发酵性能见表 3-13。其中 *Clostridrium acetobutylicum* 是第一个成功实现工业化应用的发酵菌株。*Clostridrium beijerinckii* BA101 具有较高的淀粉糖化能力，以葡萄糖或淀粉为原料，丙酮、丁醇、乙醇的质量浓度（总溶剂，ABE）可达到 18~33g/L（传统发酵菌株为 20g/L 左右），且具有较强的丁醇耐受能力（可达到 19g/L）。*Clostridrium beijerinckii* P260 可以直接利用小麦秸秆水解液进行丁醇发酵，发酵产量与纯糖相当；*Clostridrium acetobutylicum* C375 对稻草水解液的利用效率较高，1kg 干稻草可相当 0.1389kg 玉米或 0.1687kg 糖蜜生产丁醇的量。这些菌株在纤维丁醇生产方面具有很好的应用前景。

表 3-13　主要纤维丁醇产生菌性能比较

菌种	底物	水解方法	脱毒方法	整合发酵技术	ρ(ABE)/(g/L)	ρ(丁醇)/(g/L)	ABE 产率/(g/g)	ABE 产生速率/[g/(L·h)]
C. acetobutylicum P262	松树杨木玉米秸秆	SO₂ 预处理-酶水解	无	分批-萃取发酵	17.7 22.9 25.7	10.8 13.4 15.1	0.36 0.32 0.34	0.73 0.95 1.07
C. saccharoperbutyrlacetonicum ATCC 27022	甘蔗渣稻草秸秆	碱法预处理-酶水解	硫酸铵与活性炭	SHF	18.1 13.0	14.8 10.0	0.33 0.28	0.30 0.15
C. beijerinckii BA101	玉米纤维	稀酸预处理-酶水解 水热处理-酶水解	XAD-4 树脂 无	SHF SHF	9.3 8.6	6.4 6.5	0.39 0.35	0.10 0.10

菌种	底物	水解方法	脱毒方法	整合发酵技术	ρ(ABE)/(g/L)	ρ(丁醇)/(g/L)	ABE产率/(g/g)	ABE产生速率/[g/(L·h)]
C. beijerinckii P260	小麦秸秆	酸预处理-酶水解	无	SSF-气提	21~42		0.41	0.31
C. acetobutylicum C375	稻草	酶法水解	无	SHF	12.8	8.42	0.30	0.21
C. acetobutylicum AS1.132	玉米秸秆	汽爆处理-酶水解	无	膜循环酶解偶合发酵技术		0.14	0.21	0.31

3.2.3.3 木质纤维素水解发酵的工艺特点

生物发酵法制备丁醇的产物中还包含大量的丙酮和少量的乙醇（产物统称 ABE）等。当产物 ABE 浓度达到一定值时，微生物停止生长，因此必须采用有效的方法将产物 ABE 从发酵液中移除，降低产物抑制，从而提高发酵产率，降低工业成本。针对丁醇发酵产物抑制问题，可以采取基因工程（或代谢工程）、发酵分离偶合技术手段加以解决。

丁醇发酵菌株的基因工程（或代谢工程）改造，主要是解除代谢过程中可能存在的产物或者中间产物的抑制，提高菌种对丁醇的耐受性，强化丁醇生产中的关键酶，切断丙酮、乙醇的生成代谢途径，提高丁醇在溶剂中的比例。尽管基因工程手段被认为是最有前途的手段之一，且 *Clostridium acetobutylicum* ATCC824 的全基因序列已经获得，但由于丙酮-丁醇发酵途径极其复杂以及在代谢过程中基因控制很难操作，所以在这一领域的进展仍很缓慢。到目前为止，尚没有适合的基因工程菌能应用于工业化生产。

目前，丙酮-丁醇发酵产物分离偶合的主要技术包括吸附（adsorption）、气提（gas stripping，GS）、液液萃取（liquid-liquid extraction）和渗透气化（pervaporation，PV）等[58]（表 3-14）。

表 3-14 不同的丁醇生产工艺

发酵方式	发酵工艺	菌株	总溶剂量/%	溶剂得率/%	生产率/%
分批式	蒸馏法	*C. beijinckii* BA101	<33	0.38-0.40	0.35
	气提法	*C. beijinckii* BA101	75.6	0.47	0.61
	吸附法	*C. acetobutylicum*	23.2	0.32	0.92
补料分批	气提法	*C. beijinckii* BA101	23.3	0.47	1.16
	渗透蒸发法	*C. acetobutylicum*	32.8	0.42	0.5
	吸附法	*C. acetobutylicum*	59.8	0.32	1.33
连续式发酵	气提法	*C. beijinckii* BA101	463	0.40	0.91

(1) 吸附

近年来，采用吸附法分离丙酮-丁醇发酵产物的吸附剂主要集中在硅藻土、活性炭、聚乙烯吡咯烷酮（polyvinylpyridine，PVP）上。硅藻土对丁醇及丙酮具有非常高的吸附能力。Meagher 等[59]利用硅藻土吸附丙酮-丁醇发酵液，发现硅藻土对丁醇和丙酮的吸附能力分别为 48mg/g 和 11mg/g，乙酸和丁酸的吸附量小于 1mg/g。PVP 吸附-发酵偶合工艺虽使发酵过程的各性能参数大幅提高，但由于丁醇在置换相中浓度较低，仍需进一步通过精馏等手段浓缩丁醇。相比而言，硅藻土比 PVP 更具吸引力，其可应用的丁醇浓度范围更广。

(2) 气提

丙酮-丁醇发酵偶合分离气提的原理主要是利用气体（如 N_2 或发酵自产气体）在发酵液中产泡，气泡截获 ABE，随后在一个冷凝器中压缩收集。当溶液被浓缩后，气体重新回收利用进入发酵器以便截留更多的溶剂[60]，见图 3-11。

气提与底物预处理、发酵及产物移除等过程相偶合可以降低能耗，同时可大大提高发酵产率及底物的利用率，并能降低发酵-分离偶合工艺的成本。Qureshi 等[61]用 *C. acetobutylicum* 以 CFAX 糖（葡萄糖、木糖、半乳糖和树胶醛醣）作为原料发酵生产 ABE，将底物水解、发酵、气提回收等过程偶合后，率率及产量大大提高，同时由于 ABE 的回收，所有糖及酸被转化成 ABE，使得 ABE 的产量及率率比单一发酵过程有所提高，且 ABE 的分离因子达到 12.12。

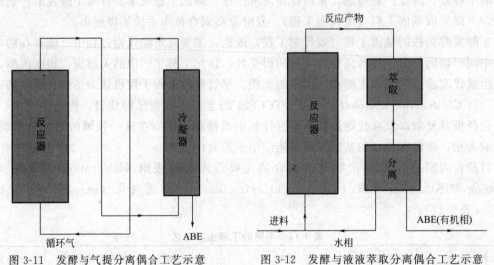

图 3-11　发酵与气提分离偶合工艺示意　　图 3-12　发酵与液液萃取分离偶合工艺示意

(3) 液液萃取

液液萃取-发酵分离偶合的原理主要是利用 ABE 在水相和有机相中分配系数不同，向发酵液中添加完全不溶于水、对 ABE 分配系数高、对发酵底物分配系数低和对生产菌株没有毒性的溶剂，将积蓄在培养液中 ABE 萃取出来，进行连续发酵[62]。该法可有效提高发酵产率、产量及糖的利用率，其工艺流程见图 3-12。

萃取发酵偶合工艺中一个重要的影响因素是萃取剂的毒性。目前研究较多的萃取剂有油醇（oleylalcohol）、苯甲酸苄酯（benzylbenzoate）、邻苯二甲酸二丁酯（dibutylphthalate）、生物柴油等[63,64]。

部分液液萃取法去除丙酮-丁醇发酵产物的研究结果，见表 3-15。以生物柴油作为萃取剂，可结合生物柴油和丁醇的优点，将含有丁醇的生物柴油直接作为高品质燃料使用，省去发酵产物分离过程，在提高发酵强度的同时，节约发酵产物回收所需的能量。生物柴油萃取剂的种类、用量、添加时间及添加方式对萃取发酵的溶剂浓度和发酵强度有一定的影响，生物柴油也会对发酵菌体具有一定的毒害作用，但可通过设计新型静态生物反应器来增加ABE 在油水两相间的传质速率以降低萃取剂对发酵菌体的毒性。

表 3-15　液液萃取从发酵液中萃取 ABE 参数

萃取剂	发酵参数			液液萃取-发酵参数	
	产量/[g/(L·h)]	ABE 收率/(g/g)	稀释率/h^{-1}	产量/[g/(L·h)]	ABE 收率/(g/g)
油醇	3.0	0.35	0.35	1.9	0.36
苯酸苄酯	3.6	0.36	0.45	1.9	0.39
邻苯二甲酸二丁酯	3.5	0.36	0.41	1.5	0.23
棕榈生物柴油	—	0.38			0.40
肯德基生物柴油	0.31	—		0.32	—
地沟生物柴油	0.31	—		0.35	—
菜籽生物柴油	0.31	—		0.33	—

(4) 渗透气化

渗透气化主要是利用膜的选择性从发酵液中移除 ABE 挥发性组分，发酵液中的挥发组分或有机组分有选择性的在膜内气化透过，而营养物质、糖以及微生物细胞等被截留下来，ABE 通过浓缩回收[65]，见图 3-13。渗透气化-发酵的偶合工艺既有利于发酵产率的提高，也有利于提高底物的利用率，同时对发酵体系无污染，是一种清洁、无污染的新型分离技术。

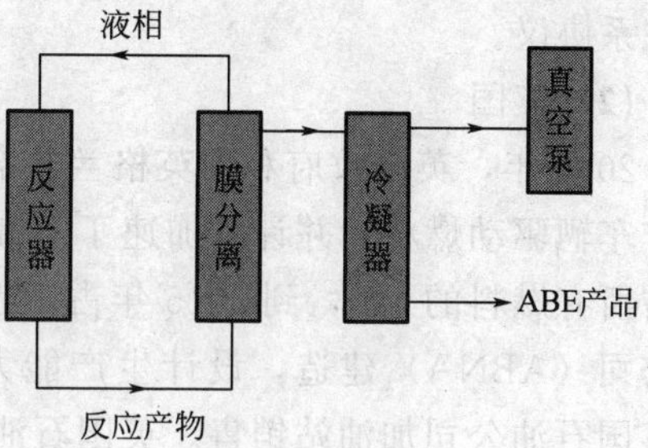

图 3-13　发酵与 PV 分离偶合工艺示意

目前针对丙酮-丁醇发酵产物去除的方法很多，但是到目前为止，无论是吸附、气提、液液萃取还是渗透气化，其分离效果、应用成本等离工业化应用要求还有较大差距。但随着能源的日益紧张，发酵分离偶合技术势必得到更为广泛的关注[58,66]。

3.2.4　丁醇制备的示范工程及应用

丁醇作为一种重要的平台化合物，经酯化、取代、消去、还原、氧化等化学反应可以生成丁二烯、丁胺、丁醛、丁酸等重要的化工原料。此外，随着石油资源的短缺，石油价格的变幻，丁醇作为一种清洁、无污染的生物质液体替代燃料，其发酵生产也日益受到世界众多国家的广泛关注[66]。

（1）美国

美国能源部在 2001 年拨款进行生物丁醇的研究，开发出 EEI's 工艺，每 52lb[❶] 玉米可以生产 2.5USgal 丁醇，不含丙酮和乙醇。按每蒲式耳（52lb）玉米的价格为 2.5 美元计，每周生产 100USgal 规模的生产工艺数据分析，丁醇的成本为 1.2 美元/gal（未考虑到所产生的氢气的价值）。目前用化石原料生产丁醇的价格从 1.35 美元/gal 升到 3.15 美元/USgal。如果用工农业废物生产丁醇，其成本可下降为 0.85 美元/gal。美国农业部农业研究所（USDA-ARS）研究项目"以木质纤维素为原料制取生物燃料的低成本生物加工技术"利用拜氏梭菌转化纤维素生物质生产生物丁醇。

2006 年 6 月，美国杜邦（DuPont）公司和英国 BP 公司联合宣布建立合作伙伴关系，共同开发、生产并向市场推出新一代生物燃料——生物丁醇，以满足全球日益增长的燃料需求。美国 Ener Genetics International Inc.（EGI）通过代谢工程调控和专利技术开发连续固定化反应器，采用膜技术回收产物，发酵仅需 6h，菌种能耐受 4%～5% 的丁醇，发酵液中丁醇占总溶剂的 90%，丁醇产量达 415～510g/(L•h)，产率为 40%～50%，比传统丁醇工艺产量提高 400%～500%，生产成本不到 0.264 美元/L，车间成本 500 万～1000 万美元，而传统丙酮丁醇发酵法生产成本为 2.5 美元，传统发酵车间投资至少需要 1 亿美元。

美国绿色生物有限公司（GBL）宣布投资 8515 万欧元与 EKB 公司合作，研发创新丁醇发酵工艺技术，并计划开发生产生物燃料丁醇用于交通运输，预计可降低 1/3 的运输成本。而加利福尼亚州的多家研究院已将自己的研究方向从乙醇转向了丁醇。2010 年 1 月美国加州的 Cobalt Technologies 公司公开了纤维素类生物丁醇的验证生产设备。2010 年 8 月，Cobalt Technologies 公司与美国大型工程公司 Fluor 公司签署了与生物丁醇生产技术相关的伙伴关系协议。

（2）英国

2006 年，英国政府利用英格兰东部的甜菜发酵生产生物丁醇，将其与传统汽油混合后，用作车辆驱动燃料，并计划加速丁醇和其他生物燃料的生产，使生物燃料销售份额到 2010 年占所有燃料的 5%，到 2015 年占 10%。目前，第一个丁醇燃料工厂正由英国联合食品有限公司（ABNA）建造，设计生产能力为 7000×10⁴L/a，到 2010 年，丁醇燃料可在 1250 个英国石油公司加油站销售。英国石油公司和英国联合食品有限公司还在就建造更多的丁醇燃料厂进行可行性研究，并宣布在未来的 10 年内投入 5 亿美元的研发经费，并依托美国加州大学的伯克莱设立 BP 能源生物科学研究所，通过工艺技术的改进，使丁醇在经济上可以进入燃料市场。

Butamax 生物燃料公司已经在实验室完成生物丁醇的各种试验，并完成了行车试验。此外，由 BP 公司、DuPont 公司及 British Sugar 公司共同出资的 Vivergo Fuels 公司，在位于 Hull 的 BP 公司的工厂区域内正在建设以小麦的淀粉为原料的年产 1.1×10^8 UKgal（1UKgal=4.55L，下同）的丁醇商业生产装置。

（3）韩国

为应对高油价，韩国产业资源部 2007 年表示，计划大力研发生化丁醇、生物合成石油等下一代新能源技术和天然气固化储存和运输技术。第一阶段从 2007～2010 年，3 年内计

---

❶ 1lb=0.45kg，下同。

划投入 200 亿韩元开发上述技术，其中政府投资 113 亿韩元，由韩国化学研究院、GS 精油、SK 建设、三星综合技术院（SAIT）和汉城大学等 29 个企业和研究机构共同参与。第一阶段研发结束时，将开发出生产能力为 3×10^4 L/a 的生物丁醇、35 桶（1 桶＝158.987L，下同）生物合成柴油和 20t 固化天然气的成套设备。

（4）日本

2010 年 8 月，日本的出光兴产与财团法人地球环境产业技术研究机构（RITE）发表了共同开发比生物乙醇效率更高的生物丁醇的批量生产技术，引起人们的关注。该技术以稻草等为原料，利用转基因细菌进行丁醇的生产。

据披露，该技术以稻草等植物纤维为原料，利用 RITE 开发的基因重组菌生产生物丁醇，计划于 2020 年由 1t 植物生产 300L 的生物丁醇。

（5）中国

目前，我国正丁醇的生产厂家有 20 多家，总生产能力约为 20×10^4 t/a，生产工艺主要采用羰基合成法和发酵法，其中采用合成法的生产能力约占正丁醇总生产能力的 80％。虽然近年来我国丁醇的产量有很大提高，但仍然不能满足国内实际生产的需求，进口量已经占到国内总消费量的 50％左右，具体见表 3-16。

表 3-16　我国丁醇 1996～2003 年供需情况

年份	产量/$\times 10^4$ t	进口量/$\times 10^4$ t	出口量/$\times 10^4$ t	表观消费量/$\times 10^4$ t	自给率/％
1996 年	7.59	8.25	0.05	15.79	48.1
1997 年	8.33	6.57	0.16	14.74	56.5
1998 年	9.34	10.48	0.06	19.76	47.7
1999 年	10.18	16.61	0.04	26.75	38.1
2000 年	11.93	16.73	0.01	28.66	41.6
2001 年	17.43	22.28	0.07	39.64	44
2002 年	17.4	24.3	0.06	41.64	41.8
2003 年	25.38	29.58	0.10	49.86	50.9

2004 年以来石油价格持续攀升，国际原油价格一度超过 140 美元/桶，通过石油化工获得丙酮、丁醇成本大幅提高，而通过发酵法生产丙酮、丁醇重新显示出其优势。基于丁醇化学合成的不可替代性，我国众多的生产企业和科研院所纷纷把注意力转向了生物发酵法生产丁醇。我国目前从事丁醇研发的科研院所主要有中国科学院上海植物生理生态研究所、中国科学院广州能源研究所、上海工业微生物研究所、清华大学核能与新能源技术研究院等，其中中国科学院上海植物生理生态研究所"七五"期间承担过高丁醇比丙酮丁醇菌的选育，并成功选育出了 7：2：1 的丙酮丁醇菌种，总溶剂在 20g/L，其中丁醇稳定在 71.9％。中国科学院广州能源研究所也在科学院重要方向项目的资助下，开展木质纤维素水解液发酵制取丁醇研究。

2004 年河南天冠企业集团公司下属的上海天之冠可再生能源有限公司和中国科学院上海生命科学研究院正式签订了丙酮-丁醇发酵技术合作项目，双方决定在"改进丙酮-丁醇发酵技术"的相关项目方面开展合作研究，加快其产业化进程。2007 年 6 月由联通实业、上由房地产公司等投资 8000 万美元兴建了江苏联海生物科技有限公司，设计年产 20×10^4 t 正

丁醇和 $10 \times 10^4 t$ 丙酮。华北制药有限责任公司也与中国科学院微生物研究所签署战略合作框架协议，双方将在生物能源、生物基化学品等领域展开战略合作，建立稳定的产学研合作关系。双方合作的重点之一就是生物质燃料丁醇的研发。2008 年 10 月山东省科学院能源研究所与英国绿色生物制剂（GBL）签署生物丁醇合作项目。2008 年 10 月，全球最大的生物丁醇项目江苏联海生物科技有限公司在海门投产，该项目设计以木薯为原料生产生物丁醇，年产量在 $20 \times 10^4 t$。

鉴于国外生物丁醇技术知识产权和专利的限制，需要根据我国的具体国情因地制宜，广泛利用价廉、丰富的木质纤维素资源，改良传统丁醇发酵菌种，采取有效的回收技术，开发新型生物反应器，在掌握丁醇发酵代谢机制的基础上，运用代谢调控理论和发酵工程技术，切实提高丁醇产量和产率，降低生物丁醇的生产成本，力争早日实现其规模化生产。

国家能源供应多元化是国家能源战略的一个重要方面，在世界未来的能源结构中，可再生生物能源将是能源利用的主体之一。丁醇作为一种新型生物燃料，随着丙酮丁醇发酵工业上游和下游工程技术的完善，必将以其特有的优势在生物燃料市场中发挥越来越重要的作用。

3.3 生物质燃油制备与利用

生物质热裂解是指生物质在完全没有氧或缺氧条件下加热，产物经快速冷却，使中间液态产物分子在进一步断裂生成气体之前冷凝，从而得到高产量的生物质液体油。生物质热解的最终产物包括生物油、木炭和可燃气体。三种产物的比例取决于热裂解工艺和反应条件。目前，以生物油为主要产物的热裂解技术已经成熟，并进入了示范及商业化阶段。

3.3.1 生物质热解方法

按热解温度来分，热裂解技术可以分为低温、中温和高温；按升温速率来划分，热解可以分为慢速、常规、快速和闪速。如果反应条件合适，可获得原生物质 80％ 以上的能量，生物油产率可达 70％ 以上。生物质热解的主要工艺类型见表 3-17。

表 3-17 生物质热解的主要工艺类型

工艺类型	气相停留时间	升温速率	最高温度/℃	主要产物
慢速热解(干馏)	数小时至数天	非常低	400	焦炭
常规热解	5～30min	低	600	气、油、炭
快速热解	0.5～5s	较高	650	生物油
闪速热解	<1s	高	<650	生物油

3.3.1.1 快速热解

快速热解是在缺氧或无氧条件下使生物质快速加热到中间温度（400～600℃），利用热能将生物质大分子中的化学键切断，从而得到低分子量的物质，并将所产生的蒸气快速冷却为生物油，它可将所有生物质成分，包括木质素，转化为液体产品。

快速热解可使质量和能量的约 70% 转化成液体产品。生物油即热解油包含许多与水互溶的含氧有机化学品和与油互溶的组分。与慢速热解相比，快速热解的整个传热反应过程发生在极短的时间内，强烈的热效应直接产生热解产物，再迅速淬冷，通常在 0.5s 内急冷至 350℃ 以下，最大限度地增加了液态产物。

与传统的热解工艺相比，快速热解能以连续的工艺和工厂化的生产方式处理低品位木材或农林废物（如锯末、稻壳、树枝以及其他有机废物），将其转化为高附加值的生物油，可比传统处理技术获得更大效益，因此物质快速热解液化技术得到了国内外的广泛关注。

3.3.1.2 慢速热解

传统的慢速热解又称干馏工艺、传统热解，该工艺具有几千年的历史，是一种以生成木炭为目的的炭化过程。低温干馏的加热温度为 500～580℃，中温干馏温度为 660～750℃，高温干馏的温度为 900～1100℃。干馏工艺是将木材放在窑内，在隔绝空气的情况下加热，可以得到原料质量 30%～35% 的木炭产量。传统的生物质慢速热解，是一种以得到固体产物为目标的生物质利用方法，一般得到的液体产物产率较低。

热解的速率对生物油的组成有着很大的影响，高加热速率有利于产生更多的液相产物；低加热速率有利于气、固相产物的生成。

总体来说，慢速热解是一种以生成焦炭为主要目的的热解过程，在慢速热解条件下焦炭产率可达 30%～35%。有研究者以固体废物作为原料进行了慢速热解，CO 和 CO_2 的含量占到了 2/3 以上，在热解终温 >500℃ 时，H_2 和 CH_4 含量开始逐渐增加。在 P. T. Williams[67] 的松木慢速热解实验研究中，他发现在低温区木质生物质的主要热解产物是水、CO_2 和 CO，在高温区则是油、水、H_2 以及气相烃类化合物。

近几年来，科研工作者对慢速热解又有了新的应用。张巍巍[68] 等将慢速热解方法作为生物质气化的前处理工艺，通过慢速热解方法解决生物质在气流床气化过程中能量密度低、物料运送难度大及焦油含量高等问题，以提高气化合成气的热值。

3.3.1.3 真空热解

真空热解液化技术是指在一定的真空度下将生物质迅速加热到 500～600℃，将热解蒸气迅速凝结成液体，尽可能地减少二次裂解，从而得到以液体产物为主的技术。液态产物生物油可直接作为燃料使用，也可通过精制提炼后作为化石燃料的替代品，进一步处理后的生物油还是重要的化工原料。生物质经真空热解液化技术后同时可得到部分固体焦和少量气体燃料。

该方向的研究最早于 1992 年，1993 年在加拿大魁北克拉瓦尔大学的研究人员[69] 对白杨进行了真空热解的研究。反应在 2m 高、0.7m 内径、六段加热的反应器中进行，原料由反应器顶部进料，顶部温度为 200℃，内部温度可达 400℃，系统压力为 1kPa。Pakdel 等[70] 于 1996 年以甘蔗渣为原料，制备了真空热解生物油。加拿大 Manuel 等[71] 于 2002 年进一步研究了甘蔗渣的真空热解工艺，并对热解得到的真空热解生物油的物化性质进行了深入的研究。Manuel 等[71] 分别在间歇式和连续式中试真空热解反应器中，在真空度 8kPa 的压力下研究了生物质的真空热解。应用真空热解的方法，在两种不同的反应器中制备得到的生物油产率质量分数分别为 34.4% 和 30.1%，产碳率质量分数为 19.4% 和 25.7%。与快速热解生物油相比较，该生物油含有较少的灰分（0.05%），相对较低的黏度（4.1mm²/s 90℃），相对较高的热值（22.4MJ），含有少量的甲醇可溶物。Manuel 等[71]在 80℃下做了加速老化试验，表明该生物油与其他方法制备的生物油有着很相似的热平衡常数，并对真空热解得到生物油的含水量、运动黏度、闪点、密度、热值、灰分含量、金属含量等进行了分析。国内在该方向的报道不多，徐莹[72]等研究了以松木粉为原料的真空热解生物油的物化性质及特点，并与其他热解方式进行比较。

真空热解液化技术的特点是：体系内压力低，热解蒸气停留时间短。生物质的热解是一个固相转变成气相、体积增大的过程，真空条件有利于热解反应的进行。真空热解过程中体系压力的降低相应地降低了热解产物的沸点，因而有利于热解产物分子的蒸发，同时缩短了热解产物在反应区的停留时间，可以降低二次裂解生成气体的概率，有利于液体产物的生成。

采用真空热解技术的目的在于通过真空，即压力的降低来达到在较低温度下使生物质中的聚合有机物快速热解为需要的挥发性组分的目的，进而将其冷凝为具有高热值的热解燃料油。

3.3.2　生物质快速热裂解液化机制与工艺特点

3.3.2.1　生物质快速热裂解液化技术的机制

生物质主要成分是纤维素、半纤维素与木质素，它们的热解速率、机制与途径各不相同。纤维素和半纤维素热解后主要产生挥发分，木质素主要产生焦炭。纤维素由若干个 D-吡喃式葡萄糖单元通过以 β-苷键形成的氧桥键 C—O—C 组成。氧桥键较 C—C 键弱，受热易断开而使纤维素大分子断裂为挥发性小分子。半纤维素由两个或两个以上单糖（丁糖、戊糖、己糖等）通过氧桥键 C—O—C 聚合组成，稳定性较纤维素差，在 225～325℃下氧桥键断裂，裂解为挥发分。木质素具有最好的热稳定性，它由苯基丙烷通过 C—C 键与氧桥键C—O—C 结合形成，在 250～500℃下，连接单体的氧桥键与单体苯环上的侧链键断裂，形成苯环自由基，同时其他小分子与自由基极易发生缩合反应，生成更稳定的大分子，进而转变为焦炭。

研究人员经过多次实验发现，在反应器中的热量传递由外传递到生物质颗粒内部，颗粒外层首先发生一次热解，产生挥发分与炭，其中挥发分中的可凝气体经冷凝后产生一次生物油。当热量传递到颗粒内部，内层颗粒热解为挥发分和炭，挥发分从内层通过外层传质到炉内气相主体中。在挥发分的传质过程中，挥发分发生二次热解生成不可凝气体与可凝气体，可凝气体冷凝后生成二次生物油[73]。

3.3.2.2　生物质快速热裂解液化工艺特点

生物质快速热裂解技术的一般工艺流程包括物料的干燥、粉碎、热裂解、产物炭和灰的分离、气态生物油的冷却和生物油的收集。

(1) 干燥

为了避免原料中过多的水分被带到生物油中，对原料进行干燥是必要的。一般要求物料含水率在 10% 以下。

(2) 粉碎

为了提高生物油产率，必须有很高的加热速率，故要求物料有足够小的粒度。不同的反应器对生物质粒径的要求也不同，旋转锥所需生物质粒径小于 200μm；流化床所需生物质粒径要小于 2mm；传输床或循环流化床所需生物质粒径要小于 6mm；烧蚀床由于热量传递机制不同可以采用整个的树木碎片。但是，采用的物料粒径越小，加工费用越高，因此，物料的粒径需在满足反应器要求的同时与加工成本综合考虑。

(3) 热裂解

热裂解生产生物油技术的关键在于要有很高的加热速率和热传递速率、严格控制的中温以及热裂解挥发分的快速冷却。只有满足这样的要求，才能最大限度地提高产物中油的比例。在目前已开发的多种类型反应工艺中，还没有发现最好的工艺类型。

(4) 产物炭和灰的分离

几乎所有生物质中的灰都留在了产物炭中，所以分离了炭的同时也分离了灰。但是，炭从生物油中的分离较困难，而且炭的分离并不是所有生物油的应用中都是必要的。因为炭会在二次裂解中起催化作用，并且在液体生物油中产生不稳定因素，所以，对于要求较高的生物油生产工艺，快速彻底地将炭和灰从生物油中分离是必需的。

(5) 气态生物油的冷却

热裂解挥发分由生产到冷凝阶段的时间及温度影响着液体产物的质量及组成，热裂解挥发分的停留时间越长，二次裂解生成不可冷凝气体的可能性越大。为了保证油产率，需快速冷却挥发产物。

(6) 生物油的收集

生物质热裂解反应器的设计需保证温度的严格控制外，还应在生物油收集过程中避免由于生物油的多种重组分的冷凝而导致的反应器堵塞。

生物质快速热裂解技术作为一种高效的生物质能量转换技术是目前世界上生物质能研究开发的前沿技术，具有独特的优势。它能以连续的工艺和工业化生产方式将生物质转化为高品位的易储存、易运输、能量密度高且使用方便的液体燃料，可作为可再生替代液体燃料在锅炉中直接燃烧、与煤混燃、乳化代替柴油或精制后作为动力燃料，还可以作为化工原料从中提取具有商业价值的化工产品。生物油 S、N 含量低，是清洁无污染的液体燃料，生产原料广泛，不与粮食争地，原料收集面积小，便于运输，大大降低了成本，也是国家政策大力支持的产业[74~76]。

3.3.3 快速热解反应器

针对生物质快速热解获取高产率生物油所需的反应条件，各国研究机构已开发出了多种类型的热解技术和热解反应器，对各种反应器的结构特性以及工作原理进行了详细介绍。各种热解技术的应用状况各异[78]。

1) 携带床反应器（entrained flow reactor）研发单位主要有美国的 GTRI 和比利时的

Egemin 公司。Egemin 公司在 1991 年将其热解技术规模放大并实现了商业应用，但在运行过程中发现，依靠流化载气向生物质颗粒传递热量，在热量传递速率方面存在很大问题，最后 Egemin 中止了该项技术的深入研究。GTRI 则一直没有对其技术进行规模扩大。

2）涡流反应器（vortex reactor）研发单位主要有美国 SERI（即现在的 NREL）、英国 Aston 大学和德国 Pytec。NREL 开发的涡旋反应器小试装置显示出了较好的热解效果，但在规模扩大过程中没有克服如何保持颗粒在反应器内的高速运动这一技术难题，NREL 在 1997 年之后停止了该项技术的研究。Aston 大学和 Pytec 在烧蚀式热解原理的基础上，研发了移动刮板式热解反应器，目前尚不知其技术的成熟程度如何。烧蚀反应器（见图 3-14）是快速热解研究最深入的方法之一，它能够热解相对于其他的反应器来说较大颗粒的生物质。关于烧蚀反应器的很多开拓工作是由 NREL 和 Nancy 的 CNRS 完成的，其中 NREL 是在涡旋反应器里完成的。

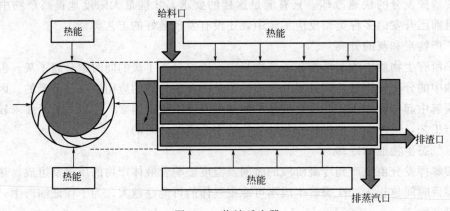

图 3-14　烧蚀反应器

3）真空式热解反应器（vacuum pyrolysis reactor）研发单位主要有加拿大 Pyrovac。真空热解技术实际上是中速至慢速热解，生物油产率较低（35%～40%）。在 2000 年 Pyrovac 成功建立了日处理 93t 生物质原料的工业示范装置，但由于真空热解所得到的生物油黏度大、使用困难、缺乏相应的应用市场，在 2002 年之后这项技术也没有继续深入开发。

4）奥格热解反应器（auger reactor）研发单位主要有加拿大 Renewable Oil International（ROI）。ROI 是一家致力于开发先进的快速热解生物炼制技术，将木材和其他生物质转化为高价值产品的公司，其公司的技术具有能源自给自足，成本低廉，可使用大部分生物质原料生产等特点。ROI 已经完成了日处理 5t 生物质原料的中试装置，正在筹建日处理 25t 和 100t 原料的工业示范装置。该热解工艺不需要使用流化载气，设备造价比较低，具有较好的开发前景。

5）螺旋热解反应器（screw pyrolysis reactor）研发单位主要有德国 Forschungszentrum Karlsruhe。这项技术对生物质进行快速热解后并不对产物进行气固分离而是直接冷凝，从而得到生物油和焦炭的浆状混合物，作为气化合成气原料。目前这项技术还没有进入工业示范研究。

6）鼓泡流化床反应器（bubbling fluidizing bed）研发单位主要有加拿大 Dyna Motive、西班牙 Union Fenosa、英国 Wellman 等。其中，Dyna Motive 已建立了日处理 100t 木屑的

鼓泡流化床工业示范装置（图 3-15），生物油产率超过 60％，油品用于燃气轮机发电。

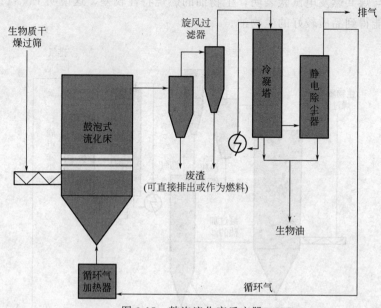

图 3-15 鼓泡流化床反应器

7）旋转锥反应器（rotating conereactor）研发单位主要有荷兰 Twente 大学和 BTG。BTG 已在马来西亚建立了日处理 50t 棕榈壳的旋转锥工业示范装置（见图 3-16），生物油产率超过 60％，油品用于锅炉燃烧发电。

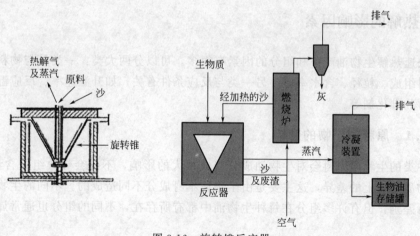

图 3-16 旋转锥反应器

8）循环流化床反应器（circulating fluidizing bed）（图 3-17）研发单位主要有加拿大 ENSYN、希腊 CRES 和 CPERI、意大利 ENEL、芬兰 VTT 等。ENSYN 开发了多种不同结构的循环流化床热解装置，这是目前世界上唯一的已经实现商用的热解技术，其中规模最大的装置日处理 50t 原料，出售给美国 Red Arrow 公司。但 Red Arrow 公司并不是利用该装置生产生物油作为燃料使用，而是从生物油中提取高附加值的食品添加剂，反应条件与常规的获得最大生物油产率的反应条件有所不同，主要是大大缩短了气相滞留时间（数百毫秒），经过化学提取后的残油作为燃料油燃烧使用。然而美国 Manltowoc 一发电厂对该装置生产的生物油与煤共燃发电试验表明，生物油的燃烧特性较差，这说明 ENSYN 目前使用的热解技术还不能得到品质较好的生物油。

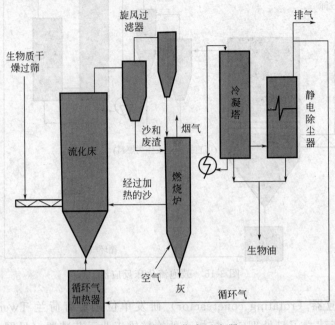

图 3-17 循环流化床反应器

3.3.4 热解的影响因素

影响快速热解生物油产率和组分的因素有很多，可以分两大类：一类是与物料特性有关的，如物料组成、粒径、含水率等；另一类与反应条件有关，如升温速率、反应温度、滞留时间、压力和催化剂等。

3.3.4.1 原料对产物的影响

不同种类的生物质原料会对生物油成分造成很大的影响，不仅会导致组分含量的差异，还会导致物质组成上的差异，这主要是由生物质本身成分不同造成的。不同的生物油，组分含量虽有所差别，但有许多组分在每种生物油中都有所存在，不同的组分也通常属于同一个化学族类。

生物油主要组分包括小分子有机酸、芳香族化合物以及醛、酮等物质，其中酚类及其衍生物含量较高，一般都是带有甲基、甲氧基、羟基和烯基等官能团的有机化合物。而在生物油热解中产生的芳香族化合物，通常被认为不是产出自快速热解过程，而是在反应停留时间中由一次挥发分二次热解所得的。

3.3.4.2 热解温度对产物的影响

生物质种类不同，热解过程温度范围也有所不同。大体上来说，生物质的热解主要发生在750℃以下，在122～202℃时发生预热解，375～527℃为主要热解阶段，热解温度对各相产物产率的影响结论较为一致，随着热解温度的升高，一次和二次分解反应加剧，固相产物减少；液相产物先增加后减少；由于液相产物的二次裂解和固相产物的二次分解，气相产物增加。因此，为得到较高的生油产量，反应温度宜选取在500℃左右，温度过低有可能导致生物质的不完全热裂解，而当温度过高时，气体产量增加同时生物油产量减小，这主要是由于气相生物油的二次裂化或重整加剧使得生物油产量有所减小的缘故。而且气相产物分子的平均自由历程很大，使得相互之间碰撞的可能性变得很小，从而降低了气相生物油重整的概率，因此二次反应主要以二次裂化反应为主。

Wang等在研究垃圾热解时发现，300～550℃为主要热解阶段，超过550℃为炭化阶段。Wagenaar[79]等发现，在450～550℃下生物油收集率达到最高；当温度超过550℃后，有大量的热解气体产生，生物油产率下降的非常快，而焦炭产率变化不大，原因是在自由空间内，过高的温度使得二次热解较容易发生，促使生物油产率快速下降。王树荣[80]等以花梨木为生物质原料，经粉碎、干燥后，在循环流化床内进行快速热解。研究发现伴随着温度升高，焦炭产率逐渐下降到一个稳定值，而生物油产率在500～550℃达到最大。

3.3.4.3　加热速率对产物的影响

加热速率对热解产物产量和特性也有较大影响，升温速率越慢，生物质颗粒越容易被炭化，这会使产物中碳含量大大增加，同时产生一定量的副产物。所以如果想要获得高产率的生物油，就必须提高升温速率，升温速率增加，物料达到所需温度的时间变短，从而降低二次热解发生的概率。较快的加热速率可以使反应器内部与生物质颗粒快速达到所需热解温度，促进了生物质的快速热解，提高了生物油的产率，但也会导致热解不完全。

Debdoubi等对细茎针草进行热解发现，随着加热速率的提高，气、固相产物产量减少，液相产物产量增加[81]。在不同加热速率下，保证液相产物产量最大的热解温度有一定差别。当加热速率为50℃/min和150℃/min时，该温度为500℃；当加热速率为250℃/min时，该温度为550℃。对树皮慢速热解而言，450℃时液相产物产量最大；对油菜籽快速热解而言，550℃时液相产物产量最大。Guerrero等在不同加热速率下对桉木进行热解，并对所得焦炭比表面积进行测试发现，当热解温度为900℃时，由于挥发分迅速析出会造成生物质颗粒内较大的压力，使焦炭形成较多开放性微孔，快速热解所得焦炭比表面积大于慢速热解所得焦炭。Cetin等对辐射松热解所得焦炭进行研究发现，焦炭活性随着加热速率的提高而增加，但高加热速率会导致颗粒的塑性形变。此外，Demirbas研究了不规则加热速率下生物质热解产物的分布规律[82]。

3.3.4.4　生物质物料预处理对产物的影响

生物质快速热解之前，需要进行粉碎处理。文献发现[76]，当进料粒径<1mm时，热解反应为反应动力学控制；当粒径>1mm时，反应为传热与传质控制。平均热解速率随原料粒径上升而下降，生物热解达到最大失重速率时所对应的温度有增大趋势。由于生物油分为水相和油相，而水相是生物油不稳定的最关键因素。所以通过对原料颗粒的干燥，可使水分在原料颗粒中低于 10%，很大程度降低生物油含水率，进而提高生物油的稳定性；酸洗预处理脱灰可以使生物质热解的挥发分产量增加，生物油产量提高，气体产量降低，脱灰增大了其有效比表面积，提高了生物油的热值；焙烧预处理在近些年也引起了研究者的关注，研究证明，经过低温（<300℃）焙烧可以部分脱除生物质中的氧含量，从而得到低氧含量的生物油[76]。

3.3.4.5 其他因素对产物的影响

热解温度和升温速率是影响热解的两个主要因素，除这两个因素外，影响热解生物油产率和组分的因素还有催化剂、颗粒尺寸、吹扫气流、热解压力等。

催化剂的种类繁多，其催化效果与其孔径大小、尺寸分布、孔道结构、金属的负载等因素有关，在大部分研究中所使用的催化剂都可以使催化热解所得液相产物中氧含量减少，热值提高，Ates 等[77]对玉米棒芯进行催化热解发现，催化剂能降低同等热解效果的反应温度。随着催化剂用量的增加，生物质热解脱水效应增强，从而使液相产物的含水量增加，同时固相产物随催化剂用量增加而增加。再加上催化剂在反应过程中会发生不可避免的结焦，能否找到适合热解的催化剂也是热解工艺能否大规模工业化的一大影响因素。

颗粒尺寸和吹扫气量对热解产物也存在着一定的影响，在早期的研究中，研究者已发现对传统热解而言，颗粒尺寸越小，反应越快，而增加吹扫气流量，可以使生成的热解生物油和不凝性气体及时逸出反应器，缩短了挥发分在固定床内的停留时间，减小了二次反应发生的可能性，热解生物油产量增加。但是过分减小颗粒尺寸，增大吹扫气量会导致成本增加，反应不充分等问题。另外研究者在研究热解压力对固相产物特性影响时发现，随着热解压力的提高，焦炭孔径变大，孔壁变薄，但在 1000℃下，颗粒发生熔融，焦炭微孔减少，比表面积减小[75]。

3.3.5 生物油组分与特性

生物油是指通过快速加热的方式在隔绝氧气的条件下使组成生物质的高分子聚合物裂解成低分子有机物蒸气，并采用骤冷的方法，将其凝结成液体，它具有原料来源广泛、可再生、便于运输、能量密度较高等特点，是一种潜在的液体燃料和化工原料。

作为燃料，生物油可用于窑炉、锅炉等产热设备，将生物油用于柴油机也具有很大应用前景，对减少柴油消耗、缓解高品质燃料油供应紧张有重要意义。

3.3.5.1 生物油的理化性质

生物油的组成和理化性质受多个因素影响，如原料种类、含水量、反应器类型、反应参数、产物收集方法等，但不同途径制得的生物油仍具有一些共同的性质，如水分含量高、含颗粒杂质、黏度大、稳定性差、有腐蚀性等，这与传统石化燃料（柴油、汽油）有很大不同，也给生物油用于柴油机带来了很多困难。表 3-18 和表 3-19 是各类生物油的典型理化特性。

表 3-18　生物油的典型性质

生物油特性	数值范围	典型值
水分/%	15～31	23
相对密度	1.15～1.25	1.20
HHV/(MJ/kg)	15～19	17.5
LHV/(MJ/kg)	—	16.2
黏度(40℃)/(mm²/s)	35～53	40
pH 值	2.8～3.8	3.2
C/%	54～58.3	54.5
H/%	5.5～6.8	6.4
N/%	0.07～0.20	0.2
S/%	0.00～0.17	0.0005
O/%	34.4～42.9	38.9
灰分/%	0.13～0.21	0.16

表 3-19　各种生物油的元素组成与理化特性

原料	元素组成/%					热值/(kJ/kg)	密度/(kg/m³)	黏度/(mm²/s)	pH 值
	C	H	O	水分	灰分				
松木屑(pine wood)	41.7	7.7	50.3	25.6	0.07	1170	17.27	120	3.4
稻壳(rice husk)	41.0	7.4	51.2	24.5	0.08	1150	17.16	110	3.2
玉米秆(corn stalk)	41.9	8.3	49.5	25.2	0.07	1145	17.11	130	2.8
棉花秆(cotton stalk)	42.3	7.9	49.4	24.4	0.07	1160	17.77	125	3.3

(1) 物理性质

木质纤维素生物质热解制取的生物油，其相对密度变化不大，约为 1.2。生物油黏度变化较大，40℃时生物油的黏度一般为 20～200mPa·s。如 K. Sipila[83]等快速热解稻草、松木，硬质木材，在 50℃时，三种生物油的黏度分别为 11mPa·s、46mPa·s 和 50mPa·s，且在室温条件下，前 65 天可以观察到生物油黏度显著增加，此后生物油黏度变化不大；徐宝江等快速热解松木屑，温度为 40℃时，生物油的黏度约为 64mPa·s；廖艳芬等快速热解木材获得的生物油，黏度为 150mPa·s。含水率对生物油的黏度影响较大，含水率大的生物油，其黏度一般较小。此外，如果生物油含有较多的极性基团（一般是含氧基团）和较大的分子，分子间作用力大，则黏度增大。

(2) 化学性质

生物油来源于生物质，但不同生物质在不同热解条件下制取的生物油的元素组成可能差别很大。一般木质纤维素中氧的质量分数在 40% 左右，其热解产生的生物油中氧的质量分数一般也在 40% 左右，这种生物油的典型元素组成为：$w(C)=53\%$，$w(H)=6\%$，$w(O)=40\%$ 和 $w(N)=0.2\%$。而藻类生物质含有较多的脂类、可溶性多糖和蛋白质，所以，藻类生物质制取的生物油含氧量低，$w(O)$ 约为 17%。在快速热解工艺中，裂解产物的二次反应被减至最小，生物质的许多官能团被保留，因此从生物质转化为生物油的过程中氧元素的含量变化不大。所以，快速热解虽然获得了较高的生物油产量，但由此获得的生物油也存在含氧量高的缺点。中速、慢速热解工艺由于裂解产物的二次裂解，许多含氧官能团断裂，氧元素进入不可凝气体，由此得到的生物油含氧量较快速热解工艺低。如 A. A. Zabaniotou 等[84]利用木材为原料 [$w(O)$ 达 51.1%]，在温度为 400~700℃，加热速率 120~165℃/s 的条件下，获得了 $w(O)=30\%$ 的生物油。

目前，对生物质热解油组成进行分析的方法主要有 GC，TG，GC-MS，GPC，HPLC，CNMR，HNMR，FTIR 和 CE 等。热解油中的沥青质通过 n-正己烷沉淀，可溶组分通过柱层析分别用正己烷、甲苯和甲醇可以转化为脂肪族、芳香族和极性组分。芳香组分和极性组分可以利用红外吸收光谱法分析，通过气相色谱配合火焰离子检测器，可以分析不同沸点的脂肪组分。GC-MS 被证明是研究不同气氛下热解产物的一种较好的工具。

生物油的化学成分非常复杂，获知其详细化学组成非常困难。目前采用的方法是将生物油的复杂化学组成进行分类，然后再鉴别各类的主要成分。生物油大致是由酸、醛、醇、酯、酮、糖、苯酚、邻甲基苯酚、丁香醇、呋喃、木质素衍生取代酚、提取物衍生萜和水等组成的混合物，其组成很复杂，多达数百种。王树荣等[85]利用色谱-质谱分析了生物油的组成，发现不同种类的生物油中主要组分的相对含量大都相同，如糠醛、二甲氧基苯酚、2-甲氧基-4-甲基苯酚、丁子香酚、雪松醇、2-呋喃酮等在每种生物油中都占有很大的比例。生物油中带有酮、醛取代基的苯酚类物质种类最多。色谱-质谱分析还证明了大量存在的醛类和酮类化合物使生物油具有亲水性，并使其含水量高且水不易去除。在 K. Sipila 等[83]对水萃取木质纤维素生物质如稻草和松木等热解制取的生物油进行了分析，他们将生物油分为溶于水的组分（水相）和不溶于水的组分（油相）两大类，并定量测定了水相主要成分的组成，结果发现水相占据生物油质量的 60%~80%，水相主要由水、小分子有机酸和小分子醇组成。以源于稻草的生物油为例，水相中的水占生物油质量的 19.9%，甲酸占 1.85%，乙酸占 7.41%。张素萍等[87]也用此法测定了源于木屑的生物油的组成，水相中含量较多的成分为水 [$w(H_2O)=66.1\%$]，乙酸质量分数为 17.9%，羟基丙酮质量分数为 11.4%，油相用正庚烷萃取，对正庚烷的萃取物进行柱色谱分离后分析，发现甲基呋喃占正庚烷的萃取物质量的 14.17%，苯乙醇占 12.38%，检验出的酚类占 51%。对正庚烷不溶物用 ^{13}CNMR 进行分析，发现脂肪碳的含量远远大于芳香碳的含量，烷氧基碳的含量较高。戴先文等[86]快速热解木粉，发现生物油中酚和有机酸的含量较大，烷烃占生物油质量的 31.04%，芳烃占 13.47%。易维明等利用等离子加热的方法快速热解玉米秸粉，发现乙酸占生物油质量的 25.99%，羟基丙酮占生物油质量 19.24%（换算后的数值）。由此可见，快速热解木质纤维素一类生物质获得的生物油，成分随具体工艺条件和原料而变化，含量较多的成分有水（质量分数在 20%左右）、小分子有机酸、酚类、烷烃、芳烃、含碳氧单键和碳氧双键的化合物如甲基呋喃、羟基丙酮等[87]。

如前文所述，不同生物油尽管在组分上有所不同，但在主要成分的相对含量上大都表现出相同的趋势，如糠醛、二甲氧基苯酚、2-甲氧-4-甲基苯酚、2,6-二甲氧基苯酚、2-呋喃酮和左旋葡聚糖等在每种生物油中都占有较大比例。经过多年的研究，已对市政污水污泥、城市垃圾、工业废油、废皮革制品、新闻用纸、优良纸、废纸浆、腰果壳、棉籽块、软木材的树皮、向日葵壳、榛果壳、桉木废物、阿月浑子树以及白杨锯屑、云杉锯屑、橡树锯屑、亚麻块、绿藻、微藻、水曲柳、花梨木、芒、橄榄、大豆、稻草秸秆、油菜秸秆、芝麻秆、玉米秸秆、高粱渣、小麦壳和水稻等多种生物质热解油的组成和性质进行了研究。

生物油含水量较高，其主要来自于生物质原料本身、热解反应和生物油存储时的脱水反应。水一方面降低了生物油的热值和火焰温度，另一方面降低了生物油的黏度，增强了生物油的流动性，使其有利于在发动机内喷射燃烧。Shihadeh 等[73] 对美国国家可再生能源实验室（NREL）和 Ensyn Technologies Inc. CA（ENSYN）制备的生物油进行了比较，发现 NREL 的热解步骤改善了生物油的化学和气化性质，得到的生物油含水量低、相对分子质量小，因此其点火等性能比 ENSYN 制备的生物油好。

生物油含有较多的小分子有机酸，pH 值较低，一般为 2.5 左右。强酸性使生物油的腐蚀性很强，高温下腐蚀性更强，因此对于容器的抗腐蚀性要求很高。如果把生物油用作车用燃料，则需对其进行精制。如 K. Sipila 等[83] 快速热解稻草、松木和硬质木材，三种生物油的 pH 值分别为 3.7、2.6 和 2.8；戴先文等[86] 快速热解木粉，获得的生物油 pH 值为 2.1；任铮伟等快速热解木屑，获得的生物油 pH 值为 2.5。

生物质快速热解过程中还会生成一些碳，这些碳大部分在旋风分离器被分离，但仍会有微量的碳夹杂在生物油中。戴先文等由木粉快速热解获得的生物油，$w(C)$ 为 2%。

生物油在生产过程中还可能会混入一些灰分，其含量一般占生物油质量的 0.1% 左右，生物油中的灰分会引起发动机和阀门的腐蚀、反冲启动等问题，当灰分质量分数大于 0.1% 时，情况更加恶化。灰分对热裂解制取生物油有负面作用，会促进小分子量的气体的生成。灰分主要含碱金属和碱土金属，主要是易沉积、可引起高温腐蚀的 Na、K 及会导致更坚硬的固体沉积的 Ca，它在热裂解反应温度下几乎不分解或挥发，所以其起作用的方式类似于催化剂。生物油含有 K、Na、Ca，质量分数分别为 2×10^{-6}，6×10^{-6}，1.3×10^{-5}。NREL 研究的热蒸气过滤步骤可有效降低生物油中碱金属和碱土金属的质量分数，使之分别达到 2×10^{-6}。如 K. Sipila 等快速热解稻草、松木和硬质木材，三种生物油的 w（灰分）分别为 0.14%、0.07% 和 0.09%；戴先文等快速热解木粉制取的生物油中 w（灰分）为 0.1%；徐保江等[89] 快速热解松木屑制得的生物油中 w（灰分）为 0.2%。生物油的热稳定性比较差，加热到一定温度后，生物油的内部组分将会发生聚合反应，这对生物油的精馏分离等过程非常不利。任铮伟等[88] 发现，快速热解木屑制取的生物油加热到 120℃ 左右就形成海绵状胶体，不能用蒸馏法分离，考察了由树皮经过真空热解获得生物油的热稳定性，生物油样品分别在 40℃、50℃ 和 80℃ 储存 168h，另外的一个样品在室温下储存 1 年，然后测量生物油的相分离时间（水相和油相）、黏度和平均分子质量。结果表明：被加热到 80℃ 储存的生物油的性质发生了显著改变，而在 40℃ 和 50℃ 储存的生物油的性质变化不大；在 80℃ 的条件下，生物油迅速出现相分离，放置 1 周，其相对分子质量的改变相当于生物油在室温下放置 1 年的改变。实验还发现，如果将生物油的水相部分加入到另外一个生物油样品，则这个生物油样品的热稳定性显著变差，这充分证明了生物油水相的组分是生物油不稳定的原因；此外，如果在生物油中加入甲醇，生物油的稳定性将会得到增强。

3.3.6　生物油精制

生物油精制的目的就是要降低生物油中氧含量，提高 H/C，使其性能更接近化石燃油，从而使生物油可以在生活中替代化石燃料。氧主要来源于纤维素、半纤维素和木质素热解产生的酸类、酚类和聚酚类等一些含氧化合物。这些含氧化合物导致生物油热稳定性差，热值低，低挥发性和腐蚀性等，因此需要对生物油进行精制。

生物油的精制方法主要分为两大类：物理处理和化学精制。主要包括催化加氢、催化裂解、添加溶剂、乳化、分子蒸馏及催化酯化。

3.3.6.1 物理处理方法

物理处理方法主要采用乳化或分离等手段来克服生物油的缺点，一般都在比较温和的条件下进行，所采用的设备和操作成本也比较低。通过处理，生物油的物理特性可以得到一定的改善，甚至可以部分应用于发动机。但是，造成生物油诸多缺点的根本原因是其复杂的物质组成和化学结构，所以大多的物理处理很难从根源上解决生物油中存在的问题[81]。

3.3.6.2 化学精制法

化学精制法主要是针对生物油中成分的特性，采用一些有针对性的加工，可以实现生物油的高品位转化。根据生物油的特性，采用两步法精制加工生物油具有一定的意义。生物油的成分多样，且热稳定性不好，首先通过在比较温和条件下对生物油进行提质，从而得到稳定性或者酸性改善的油品；然后在更苛刻的条件下进行进一步的加工精制，从而获取高品质的燃油。

生物油精制常用的工艺包括催化加氢、催化裂化、乳化技术等。

(1) 催化加氢

催化加氢是在高压（10～20MPa）和供氢溶剂存在的条件下，通过催化剂催化作用对生物油进行加氢处理的技术。氧元素以 CO_2 与 H_2O 的形式脱除。催化剂通常使用经过硫处理后的 Co-Mo 催化剂。对生物油而言，由于生物油中氧含量远高于硫和氮含量，因此，生物油中的催化加氢的主要目的为催化加氢脱氧（HDO）。对生物油的催化加氢精制一般是在加氢催化剂作用下，在高压（10～20MPa）或有供氢溶剂（如甲醇，甲酸等）存在的条件下，使生物油中的氧以 CO_2 或 H_2O 的形式除去。因此，生物油的加氢精制能够有效降低生物油中的含氧量，提高生物油的燃烧性能和稳定性，增加生物油的燃烧热。研究者在一定的压力、温度和氢流量下，以戊酸甲酯和庚酸甲酯为模型化合物进行实验，根据研究结果推测认为脂肪酸甲酯生成烃类有 3 种途径：第 1 种是酯生成醇，然后脱水生成烃；第 2 种是酯水解生成羧酸和醇，再脱羧和脱水生成烃；第 3 种是酯直接脱羧基生成烃，加氢的最佳工况约为250℃，反应时间 2h，冷氢气压力约 1.5MPa。

Piskorz[90] 等将由快速热解产生的高温气态生物油直接与 H_2 混合后进行加氢反应，不仅可以利用热反应的余热，还可以进一步降低油的含氧量（小于 0.5%）。但是，生物油稳定性差，超过 80℃后就会发生强烈的聚合反应，导致黏度迅速增加，生物油进入催化剂基体中，覆盖催化剂活性中心，极易导致催化剂失活。Mahfud 等[91] 使用均相钌催化剂对生物油水溶组分进行催化加氢，试验采用温和的反应条件（4MPa，90℃），并在水/甲苯有机两相体系中催化生物油。反应后，羟丙酮和羟乙醛的含量显著减少，分别转化成丙二醇、乙二醇，含氧量大大降低。

催化加氢技术可以大幅度降低生物油的含氧量，但过程中需要大量的 H_2，这造成催化加氢的成本非常高。而且由于生物油成分复杂，热稳定性差，催化加氢的效果都不是十分理想。精制后，生物油的产率较低，同时会产生相当量的积炭，这些焦炭类物质易沉积在催化剂表面，覆盖催化剂的活性位点，导致催化剂失活。并且此过程产生焦炭类物质易堵塞反应装置，使催化加氢过程难以进行，Co-Mo 等催化剂造价昂贵，易结焦失活，并且需要在高压下进行，反应条件苛刻，所以催化加氢技术目前仍未广泛使用，研究低温高活性的催化剂是生物油加氢产业化的出路。

（2）催化裂化[92~94]

催化裂化方法主要是在中温、常压下通过加催化剂对生物油进行精制处理，将生物油中所含的大分子脱除裂化为小分子，将氧元素以 CO_2、CO 和 H_2O 的形式脱除。但以 CO_2、CO 的形式脱除好于以 H_2O 的形式，因为 H_2O 的生成必然会降低生物油中的氢元素含量，降低 H/C，从而降低生物油中饱和烷烃、环状脂肪烃的含量，使油品下降。催化裂化方法无需还原性气体，操作压力较低，温度适中，易于将裂解和改性两个步骤紧密相连，因此比较简易方便。对于酒精原料的分子筛处理，已进行过商业运行，主要用于将醇类转化为汽油，同时还用于纤维素热解产品的改性，但是对木质素热解产品的处理，沸石分子筛处理还存在着焦化问题。相比于催化加氢，催化裂解是在常压没有氢气的条件下进行的反应，反应所需设备及运行操作成本都比催化加氢低，但效果不如催化加氢，其获得的精制油的产率一般比催化加氢低。

催化裂解技术近些年的变化主要围绕在两个方面：一是由生物油液相加热催化裂解发展为生物质热裂解蒸气在线催化裂解，优点是节约能耗，避免生物油加热时聚合而导致催化剂结焦；二是催化剂的选择由传统的沸石分子筛向介孔分子筛发展，优点是介孔材料作为催化剂使用时，能够一定程度上改善结炭，介孔有助于提高反应物和产物的扩散速率。介孔材料的特点是具有均匀规则的介孔（2~50nm），很大的比表面积（一般≥1000m^2/g）和孔道体积，这使得介孔材料在有大分子参加的催化反应中显示出特别优异的催化性能。结合目前的应用情况来看，介孔分子筛的热稳定性（一般都在 800℃以上）完全可以满足快速裂解（裂解的温度一般不超过 600℃）的要求，但与常规的微孔分子筛晶体相比，一是酸性较弱；二是介孔材料具有较低的水热稳定性（介孔分子筛的水热稳定性是指将其放入冷水或热水中，经过一段时间后，孔壁介孔结构塌陷，变成无定形），这是目前尤其应注意的问题，因为生物质在快速裂解的过程中不可避免的会产生水蒸气。与传统的沸石类分子筛催化剂相比，介孔材料类的催化剂反应后焦炭类产物较少，催化剂失活得到有效的改善。但是，由于介孔材料类催化剂是由纯二氧化硅组成的，缺少酸性的位点，因此在催化裂解前必须引入离子或酸性氧化物，以增加其酸性。然而，酸性强弱对催化反应结果影响非常显著，不同反应或同一反应在不同条件下对催化剂酸性强度要求都不一样，因此，实验过程催化剂的酸性难以掌握，增加了应用推广的难度。

催化剂的结焦失活问题能否解决是催化裂解技术能否进一步普及的关键。目前来看，介孔分子筛催化精制后的目标产物的产率还不能令人满意，选用的介孔分子筛主要是 MCM-41、SBA-15、MSU-S 等。因此，要进一步寻找廉价简便的合成方法和回收模板剂，降低成本，强化无机孔壁的结构，改善水热稳定性和机械强度，孔结构、孔分布和酸性要可调控，有效地改善结构和性能，合成功能化、多层次（从大孔到介孔到微孔）、多维孔道结构的介孔材料，使介孔分子筛的优势真正地发挥出来是今后生物油裂解精制的重要发展方向。

Williams[95]等认为催化裂化主要通过以下 2 种途径进行：a. 沸石分子筛将生物油催化

裂化为烷烃，然后将烷烃芳构化；b. 将生物油中的含氧化合物直接脱氧后形成芳香族化合物。目前，催化裂化的催化剂主要使用酸性催化剂，如 HZSM-5、NaZSM-5、Y 型分子筛以及磷酸铝分子筛等。郭晓亚[96]等采用 HZSM-5 分子筛催化剂，将生物油与溶剂四氢化萘以 1∶1 的质量比混合，在固定床反应器内催化裂解，实验结果表明，精制油中的含氧化合物，如有机酸、酯、醇、酮和醛的含量大大降低，而不含氧的芳香烃含量增加。

(3) 乳化

因为稳定性差、黏度高、酸性强等特点，经快速热解制得的生物油不可直接用于柴油机。向生物油中加入表面活性剂（乳化剂）后，可有效地降低生物油表面张力、抑制凝聚，可与柴油形成乳化液，提升稳定性、降低腐蚀性，更重要的是只需将现有柴油机的喷嘴与输油泵更换为不锈钢制品，即可将乳化液作为车用燃油使用。

乳化机制为：生物油水相溶液中水、醛、酸、酮等极性组分稳定地被乳化剂包裹在 W/O 型乳化液液滴中，生物油水相溶液中少量的乙酸乙酯、芳香类化合物等则溶于非离子乳化剂胶束的亲水基（聚氧乙烯基）中。

Chiaramonti[97]在柴油中添加了质量分数 25%、50%、75%的生物油，并对其乳化情况进行了研究，发现乳化油比生物油更稳定。生物油的含量越高，乳化油的黏度越高。当乳化剂添加量的质量分数在 0.5%~2.0%时，乳化油的黏度适中。Ikura 等[98]考察了生物油-柴油乳浊液的稳定性和腐蚀性，他们先将生物油置于离心机中离心，以除去生物油的重组分，然后将处理后的生物油与柴油混合制成乳化油。实验发现，表面活性剂浓度对乳化油的腐蚀性影响很大，经腐蚀实验测定，浸泡在纯生物油中的钢棒质量损失了 72%，而浸泡在生物油质量分数为 20%的乳化油体系中的钢棒质量只损失了 35%，即后者腐蚀性能更弱。Michio 等研究了乳化温度、乳化时间、表面活性剂的用量、生物油在混合油中的浓度以及单位体积输入功 5 种因素对生物油乳化性能的影响。研究表明，后面 3 种因素对生物油乳化性能有较大影响；表面活性剂的用量为总质量的 0.8%~1.5%和生物油的加入量为 10%~20%时，所得乳化油的运动黏度最好；与此同时，乳化油的性能与生物油在混合油中的浓度以及单位体积输入功也有关系。

乳化方法操作简单，不需要进行化学反应。但乳化剂的成本较高，乳化过程需要投入较大的能量，所得乳化油对内燃机的腐蚀性较大。目前，已经报道的生物油乳化技术均未能对生物油中的木质素、水分以及酸类化合物进行处理。生物油中所有的木质素、水分以及酸类化合物都保留在乳化油中，使得制备的乳化油热值较低（水分蒸发吸收热量），燃烧不完全、易产生积炭（木质素低聚物燃烧不充分），同时对内燃机有一定的腐蚀作用（有机酸没有被排除）。因此，该技术目前还有待于进一步的研究，以处理上述问题。

综上所述，目前生物油精制改性技术的研究热点主要集中在催化加氢、催化裂解、添加溶剂及乳化几个方面。每种方法都能够提高生物油的品质，然而每种都有一定的局限性，单独使用某一方法不足以解决生物油所有问题，不能够实现生物油的商业化利用。因此，必须开发新的生物油精制改性技术，提高生物油品质，以使其真正成为化石燃料的替代品。结合上述精制方法的优缺点和生物油的性质特点，一步或多步精制生物油，提高生物油的品质可能是一个有效的方案。

(4) 催化酯化

生物质快速热解产物生物油中有机羧酸含量较高，种类较多，导致生物油的酸性和腐蚀性很强。催化酯化就是在生物油中加入醇类助剂，在固体酸或碱催化剂的作用下发生酯化等反应，从而将生物油中的羧基等组分转化为酯类物质，降低羧酸的腐蚀性，达到提高生物油物化性能的目的。

生物油中含有大量小分子有机酸类化合物，这些酸类化合物在燃烧过程中会造成内燃机的腐蚀；同时，酸类化合物能够促使生物油中的醛酮及木质素低聚物等发生缩聚反应，导致生物油的老化变质；此外，酸类化合物的存在对生物油的储存和运输也提出了更高的要求。因此，必须将生物油中的酸类化合物除去或转化为其他化合物。然而，与醛酮类化合物相比，酸类化合物性质较为稳定、反应活性较弱。对酸的加氢精制条件要求较为苛刻，对设备要求较高，往往需要高温高压（反应温度要求 300℃以上，体系 H_2 压力 10.0MPa 以上）才能进行。因此加氢精制不是处理酸类化合物的理想方法。而催化酯化具有反应条件温和、催化剂成本低（无需贵金属活性中心）等特点，同时，催化酯化反应还有设备要求低（无需高温高压反应釜）、操作简单和成本低廉等优点。此外，酯化反应的产物为酯类化合物，酯类化合物具有易挥发，易燃等特性，能够提高生物油的点火性能和燃烧性能。综合上述 3 个方面考虑，将生物油中的酸类化合物转化为性质稳定的酯类化合物，是提高生物燃烧性能和油稳定性的有效方法。但是，精制后的生物油的 H/C 提高不明显，热值还是偏低，不能用于汽车燃料使用。

SO_4^{2-}/M_xO_y 固体酸催化剂较早实现工业化，此类固体超强酸的酸中心是由金属氧化物与 SO_4^{2-} 之间的相互作用所致。常用的固体超强酸有 SO_4^{2-}/ZrO_2、SO_4^{2-}/TiO_2、SO_4^{2-}/Fe_2O_3、SO_4^{2-}/Al_2O_3 和 SO_4^{2-}/Sb_2O_3 等，催化效果很明显。固体酸催化剂按照组成不同，大致分为 5 大类：杂多酸、无机酸盐、金属氧化物及其复合物、沸石分子筛和阳离子交换树脂。其中 M_xO_y 类氧化物具有催化活性高，对水的稳定性很好，且副反应少，后续处理简单等优点。M_xO_y 经 H_2SO_4 处理后可显著提高固体 SO_4^{2-}/M_xO_y 的酸量，引入氧化物体系确实对原有氧化物产生诱导作用，导致酸性增强。自从 1979 年日本的 Hino[99] 获得首例 SO_4^{2-}/M_xO_y 型固体酸（SO_4^{2-}/Fe_2O_3）以来，至今已开发了一系列基于某些金属氧化物的 SO_4^{2-}/M_xO_y 型固体酸，其中 SO_4^{2-} 基于 Fe、Ti、Sn、Zr、Hf 等氧化物固体酸的研究已被广泛应用。固体酸催化的反应有烷烃异构化、裂化、烷基化、酯化、醚化、聚合、低聚等，这方面的研究还在不断发展中。固体碱则包括担载碱阴离子交换树脂、金属氧化物、金属盐、氧化物混合物以及经碱金属或碱土金属交换的各种沸石等。

传统的酯化反应催化剂中，应用最广泛的是浓硫酸，其缺点是：硫酸同时具有氧化、磺化、脱水和异构化等作用，会导致发生一系列的副反应；反应产物复杂，后续处理烦琐，并有大量废液产生，污染环境；硫酸严重腐蚀反应设备。酯化反应通常受平衡限制，尤其是在液相反应中。必须不断地将产生的水除掉或在某一反应物过剩的情况下操作，这样才可能得到较高的酯产率。基于此，国内外对替代硫酸的新型催化剂进行了大量研究，主要集中在固体催化剂方面。固体催化剂活性高，与异相反应物容易分离，无设备腐蚀和环境污染，且具有易回收，可重复使用，可实现连续生产等优点。

近些年来，用于酯化反应的固体酸催化剂在制备过程中，添加某些贵金属或过渡金属组分，可以改善其催化性能，提高催化活性。金华峰[100] 采用共沉淀和浸渍法制备了纳米复合固体超强酸 $S_2O_8^{2-}/CoFe_2O_4$、$SO_4^{2-}/ZnFe_2O_4$，而王绍艳[101] 用纳米 Fe_2O_3 粉体浸渍硫酸制备了纳米复合固体超强酸 SO_4^{2-}/Fe_2O_3，常铮[102]用纳米磁性材料 Fe_3O_4 和固体酸 ZrO_2 进行组装，采用全返混液膜反应法制备出新型磁性纳米固体酸催化剂 ZrO_2/Fe_2O_3，实现了以磁性材料为核心将固体酸包覆在其外部的结构模型。梅长松[103]则将磁性材料 CF 加入 $ZrOCl_2$ 的溶液中，获得钴基磁性固体超强酸催化剂 SCFZ，并应用于乙酸和正丁醇的酯化反应。Song 等[104]研究了不同固体酸催化剂对生物油性质的影响。结果表明，SO_4^{2-}/SiO_2-TiO_2 催化剂有较好的催化性能，生物油的热值增加了 83.22%，动力学黏度下降了 95.45%，pH 值升高了 68.63%，水的质量分数下降了 52.23%。也经常有报道用离子交换树脂作酸碱催化剂，这符合绿色化学要求，应用前景广阔。常用的强酸性阳离子交换树脂有 D001、D061、NKC-9 和 732 型等，已在试验中显示出了较好的催化性能。

Wang[105]等选取了 732 和 NKC-9 型离子交换树脂作为研究对象，以生物油模型物与甲醇反应，其结果是 732 型树脂和 NKC-9 型树脂的精制油酸值分别下降了 88.54% 和 85.95%，生物油模型的发热量分别增加了 32.26% 和 31.64%，水质量分数分别下降了 27.74% 和 30.87%，两者的密度降低了 21.77%，黏性降低了大约 97%。此法精制油的稳定性增强，腐蚀性降低，黏性降低幅度最大，是一种很好的降低黏度和提高生物油热值的方法。王琦[106]等利用间歇式玻璃反应釜，在 60℃，油醇质量比为 1:2，催化剂质量分数为 20% 和全回流条件下，研究了强酸性离子交换树脂催化的生物油酯化精制反应。结果表明，酯化后生物油的含水量和黏度下降，热值提高了 42.7%；生物油中低级羧酸均得到不同程度的转化，产物分布发生较大变化，主要生成乙酸乙酯、原乙酸三乙酯等新成分。

随着绿色化学的发展，人们也越来越关注固体碱催化剂。徐莹等[107]以超细 γ-Al_2O_3 负载 K_2CO_3 为原料制备固体碱进行催化酯化研究，结果表明，添加了 K_2CO_3 后的 γ-Al_2O_3 酯化效果较好，乙酸转化率显著增加。若添加适量的 NaOH，不仅能增强催化剂的耐水性，而且能提高生物油的 pH 值从而降低生物油的腐蚀性。

通过催化酯化反应能够显著提高生物油的品质，精制后，生物油的 pH 值上升，稳定性增加，热值提高。但是，固体酸催化剂普遍存在酸性强弱和酸性流失的问题，这主要是由于生物油中存在的水分造成的。一般来说酸性越强催化酯化的效果越好，但酸性越强酸流失的程度就越严重。催化剂酸性的流失不但极大地降低了催化剂的活性，而且导致生物油的 pH 值下降。所以，在催化酯化过程中选择合适酸性催化剂是至关重要的，一般而言，应当选择具有一定的抗水能力的催化剂。

(5) 分子蒸馏

分子蒸馏是一种特殊的液-液分离技术，它不同于传统蒸馏依靠沸点差分离原理，而是靠不同物质分子运动平均自由程的不同实现分离的。不同种类的分子，由于其分子运动平均自由程不同，逸出液面后与其他分子碰撞的飞行距离也就不同，在大于重分子平均自由程而小于轻分子平均自由程处设置冷凝板，气体中轻分子不断被冷凝，从而打破其动态平衡，促使液相中轻分子不断逸出；相反气相中重分子不能到达冷凝板，很快与液相中重分子趋于动态平衡，表观上重分子不再从液面中逸出，实现了液相中轻、重分子的分离。

郭祚刚[108]等利用分子蒸馏技术将生物油中的水分与酸性组分作为整体对象进行分离，既得到生物油酸性组分富集馏分，又获得了水分含量低、酸性较弱、热值较高的精制生物油Ⅰ（蒸馏重质馏分）与精制生物油Ⅱ（常温冷凝馏分）。同时，他们具体考察了精制前后生物油的 pH 值、热值和水分等参数的变化规律。Martinello[109]等以分子蒸馏法研究了葡萄籽油的物理精制过程，对原料粗油进行水脱胶、脱蜡和漂白三步预处理，然后再进行分子蒸馏以脱氧。实验以物料流量（0.5～1.5mL/min）和蒸发温度（200～220℃）为变量考察了精制油中游离脂肪酸和生育酚（维生素 E）的含量。

（6）添加溶剂

也有很多研究者希望通过添加溶剂来改善生物油的各项性能。添加溶剂是指在生物油中加入其他性质稳定的化合物，以提高生物油的稳定性和降低生物油的黏度的过程。添加甲醇和乙醇等溶剂不仅可以降低生物油的黏度，还可以降低生物油的 pH 值，提高生物油的点火性能，是常见的提高生物油稳定性的方法。许多研究者研究了添加剂对生物油改性的作用。结果表明甲醇是优良的生物油改性添加剂，向生物油中添加少量（约 10%）的甲醇，就能显著地提高生物油的稳定性。Lopez 等[110]分别对纯生物油和生物油与乙醇混合（生物油质量分数为 80%，乙醇质量分数为 20%）在涡轮机中进行了燃烧试验研究。结果发现，由于混合油黏度较高，需要对燃烧室中的喷嘴进行改进，在燃烧性能方面与标准燃料相比有明显差异。添加醇类虽然改善了生物油的品质，但甲醇等燃料的自燃性都很差，有较高的抗爆性，低温蒸发性差，蒸发潜热高，不利于低温冷启动；而生物油本身的十六烷值很低，因此，添加醇类的生物油作为内燃机燃料应用可能有一定的困难。而且，添加溶剂并不能够降低生物油中的含氧量，不能够提高生物油的燃烧热，此外，添加溶剂的成本往往较高，难以大范围地推广。因此，通过添加溶剂来对生物油进行改性的研究较少。

（7）其他方法

除了加氢、酯化、乳化等传统的改性方法外，目前又出现了新的工艺，如高压均化处理技术（HPH），Ronghai He 等[111]通过 HPH 方法处理生物油，生物油的平均分子量减小，其组成发生了很大的变化，生物油中的糠醛、左旋葡萄糖、二乙氧基甲基醋酸盐等含量明显增加，醋酸和 1，2-二醇明显减少，精制后的生物油在 40℃ 以下放置 60d，黏度只增加了 13.9%，而原生物油在相同的条件下却增加了 56%，说明高压均相反应能够有效改善生物油的品质。

还有一些方法可以对生物油进行提质。萃取法是利用被分离组分在 2 种互不相溶的溶剂中溶解度的差异而达到分离目的的一种方法；与它类似的还有利用膜达到分离目的的膜分离法，膜分离以半透膜为选择障碍层，在膜两侧施加一定的压差，使不同的溶质在通过液层时具有不同的扩散系数，从而将各溶质分离。膜分离高效、节能、环保、选择性高、富集倍数大且操作简便。但由于生物油的复杂性，因此还没有在真实生物油体系中应用膜分离技术。

由于生物油含氧量的问题长期得不到良好的解决方法，所以有一些新思路被提了出来。一些研究者认为应该将生物有体制改造成结构简单的含氧化合物，这些化合物本身也可以作为燃料使用，并非必须降低生物油含氧量才能使用。为实现品位提升，调控的目标是使长链和结构复杂的分子裂解，醛和酮的不饱和键加氢，正构碳链的异构化，氮和硫原子的加氢脱除以及有机酸和醇的酯化等。这些反应均可在金属/酸碱催化中心上协同完成。Tang 等[112]设计了以下模型加氢酯化归并反应：醛＋H_2＋酸——→酯。将乙醛和丁醛分别与乙酸构成模型体系，在酸性载体 HZSM-5 和 $Al_2(SiO_3)_3$ 上负载 Pt 制成双功能催化剂。在氢压 1.5MPa 和 150℃ 条件下，醛和酸确实转化生成了乙酸乙酯和乙酸丁酯。这个结果说明，在生物质热解油提质过程中，提质反应的偶合、归并是完全可能的。

此外，将生物油进行分离提取出某种价值较高的化工产品也不失为一种很好的处理方法。如何提取其中含量较少但价值很高的化工产品被很多研究者，尤其是商家所关注。生物油中可提取的化工产品有与醛形成树脂的多酚、食品工业中的添加剂和调味剂、制备除冰剂的挥发性有机酸、左旋葡聚糖、羟基乙醛和可用于制药、合成纤维、化肥工业的物质等。

3.3.7 生物油示范工程与应用

3.3.7.1 国外生物质快速热裂解技术的商业化进程

几种典型热裂解反应器的特性评价见表 3-20。

表 3-20 几种典型热裂解反应器的特性评价

反应器类型	喂入颗粒尺寸	设备复杂程度	惰性气体需要量	设备尺寸	扩大规模
流化床	小	中等	高	中	易
烧蚀反应器	大	复杂	低	小	难
引流床	小	复杂	高	大	难
旋转锥	小	复杂	低	小	难
真空移动床	大	复杂	低	大	难

早在 20 世纪 80 年代初期，欧盟就开始使用流化床装置把农林废物转化为燃料油和木炭，并在意大利建造了设计容量为 1t/h 的欧洲第一个示范工厂，液体产物的产率在 25% 左右。在同一时期，瑞士的 Bio-Alternative 公司也建成了一套 50kg/h 的固定床中试装置，主要用于生产焦炭副产品油，焦油产率仅为 20%。虽然这两个项目属于常规热裂解工艺，液体产物产率低，却极大地激发了欧洲对生物质热裂解技术的兴趣。自 20 世纪 90 年代生物质热裂解液化技术在欧洲开始蓬勃发展，随着试验规模的扩大和工艺的完善，各种各样的示范性和商业化运行的生物质热裂解装置在世界各地不断地被开发和建设。荷兰 Twente 大学生物质小组 (BTG) 研制了一套 10kg/h 的转锥式反应器模型，并建立了中试和商业装置，此后还研制了容量为 200kg/h 的改进旋转锥式反应器。希腊可再生资源中心建造了利用生物质热裂解产物焦炭作为热裂解过程中加热燃料的 10kg/h 的循环流化床反应装置，液体产率高达 61%。西班牙的 Union Fenosa 电力公司于 1993 年建立了基于加拿大 Waterloo 大学流化床反应器技术的 200kg/h 的热裂解示范厂，之后又开发了 2~4t/h 的商业规模生产线。意大利 ENEL 从加拿大 Ensyn 公司购买了一台给料量为 10t/d 的循环流化床反应器热裂解设备，在北美，一些规模达到 200kg/h 的快速热裂解商业与示范工厂正在进行。为使生物质热裂解早日实现商业化，由英国 Aston 大学生物质能研究室 Tony Bridgwater 教授牵头，由欧盟和国际能源机构 (IEA) 共同资助的热裂解协作网 (PyNe) 项目有来自欧美的 17 个国家参加，研究人员对生物质热裂解基础理论及生物油特性与应用做了大量研究工作，取得了很大进展。实现商业化已成为当今世界生物质快速热裂解技术的发展趋势。荷兰皇家航空公司开通从首都阿姆斯特丹到美国纽约的生物燃油航班。据了解，这个航班使用的生物燃料是以餐厨废油，也就是俗称的"地沟油"为原料，提炼、加工而来的。

而在古巴，研究人员以麻风树种子为原料生产出生物柴油，并在轻型汽车中试用成功。

加拿大 Ensyn 公司是最早建立生物质快速热裂解商业化运行的公司，自 1989 年以来开始商业化生产和出售生物油，当前该公司仍在运行的最大设备在 2002 年建于美国威斯康星州，日处理量 75t（图 3-18），该反应器为流化床反应器，主要的生物质物料为木材废物，平均产油率在 75％，生产的生物油主要用来提取食品添加剂和一些聚合物，然后将剩余的生物油在锅炉中燃烧。

加拿大 Dynamotive 公司在 2001 年和 2005 年相继成功运行了 15t/d 与 100t/d 的示范性生物质热裂解试验台以后，于 2007 年在加拿大安大略省建立了目前世界上最大的生物质快速热裂解工厂，日处理量在 200t（图 3-19），反应器为流化床。该公司的主要生产流程如图 3-20 所示，预处理后的干燥物料被送进鼓泡流化床反应器中，加热至 450～550℃，热裂解后的气体进入旋风分离器，焦炭得到脱除，剩余的气流进入喷淋冷凝塔内，利用已经制取的生物油喷淋来实现冷凝。剩余的不可冷凝气体被重新送回反应器内，提供整个过程所需要的大约 75％的热量。生物油的产率在 65％～75％。

图 3-18　Ensyn 公司 75t/d 生物质热裂解示范台

图 3-19　世界上最大的生物质热裂解装置

澳大利亚近年来在生物质快速热裂解商业化推广上也有很大进展。Renewable Oil 公司于 2007 年利用 Dynamotive 公司技术建成商业性示范工厂，从生物质物料接收开始，经过物料预处理、储备，再进入热裂解，最后储存生物油。每天处理生物质物料的能力为 178t，

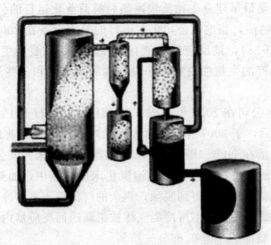

图 3-20   Dynamotive 生物质热裂解工艺流程

物料主要以小桉树为主，同时也处理其他木材废料、甘蔗渣或其他生物质。澳大利亚有辽阔的海岸线，土地由于海水入侵，盐渍化严重，需要大量种植生存力强、又能抵抗海水入侵的小桉树，因此这不仅保证了生物质热裂解物料的供应同时又促进了农民种植小桉树的积极性，形成了生态与经济的良性循环。

表 3-21   我国生物质热裂解生产生物油的一些技术

反应器类型	研发机构	规模尺寸
旋转锥	沈阳农业大学	50kg/h
	上海理工大学	10kg/h
流化床	哈尔滨工业大学	内径 32mm，高 600mm
	浙江大学	5kg/h
	沈阳农业大学	1kg/h
	中国科学院广州能源所	5kg/h
	上海理工大学	5kg/h
	华东理工大学	5kg/h
	浙江大学	—
	中国科学技术大学	1kg/h
平行反应管	河南农业大学	微量原料
热裂解釜	浙江大学	—
固定床	浙江大学	直径 75mm，长 200mm
回转窑	浙江大学	4.5L/次
热分解器	清华大学化工系	—
等离子体	山东理工大学	0.5kg/h

　　国内虽然生物质热裂解技术商业化起步较晚（表 3-21），但发展迅速，目前也已经出现了几家较大的商业示范公司。安徽易能生物能源有限公司联合中国科学技术大学开展生物质热裂解液化技术研究，2004 年 8 月成功研制出每小时处理 20kg 物料（时产 10kg 生物油）

的小试装置。2005 年 8 月他们将上述装置改造成自热式的热裂解液化小试装置。2006 年 4 月，该公司又开发出每小时处理 120kg 物料的自热式热裂解液化中试装置（时产 60kg 生物油）。目前，该公司已成功开发出 500kg/h、1000kg/h 生物油生产设备，首期建设用地 60 亩，项目投资总额为 7220 万元，在 2007 年建成 20 台 1000kg/h 生物油生产设备并布入网点。

青岛福波思新能源开发有限公司已经建成每天吞吐 24t 物料规模的工业生产示范站。该装置使用自身产生的燃气加热，并可依据市场对产品的需求情况，通过调节热裂解温度及物料裂解滞留时间，调整产品（气、炭、油）的产出比率。但是和国外相比，我国生物质热裂解公司规模偏小，且生物油产率均不高（50% 左右），并未形成完善的营销管理体系，较多地依靠政府支持。

潍坊金鑫达生物化工有限公司利用自主研发的生物能源技术，以每天潍坊市区内 200t 剩饭剩菜和 150t 地沟油为原料，每年生产生物柴油 4 万多吨，生产完柴油则用沼气发电，沼渣则生产成无公害生物肥，实现了整个餐厨废物的全部资源化利用。

由北京林业大学研制的全国首家自热式流化床生物质快速热解中式生产线落户平泉，并于 2012 年 9 月 5 日投入调试运营生产。这一自热式流化床生物质快速热解中试生产线是北京林业大学木质材料科学与工程研究所常建民教授用八年时间研制成功的，该技术生产线在国内尚属首家，在国际处于领先地位，生产线以农林废锯末、秸秆、柴草、林业"三剩物"为原料，每吨废物可生产出 0.6t 生物油、0.4t 生物炭，其中生物油用于家具胶制作原料，生物炭用于土壤缓释剂、生物肥料等。

武汉阳光凯迪新能源集团实现了用废柴火、秸秆制造燃油的过程，油内含有 3 种成分，50% 为生物柴油、50% 为生物航空油和生物汽油。当柴火被收集后，首先蒸发部分水分，随后粉碎成小颗粒送到炼油厂。在专用气化炉里，这些柴火颗粒会通过化学热分解，在高温高压条件下分解成气态，并最终在催化剂作用下合成为液化油品，此时出来的是航空煤油、汽油和柴油的混合物，由于三种油的密度、分子量不一样，还要再通过物理方法，让三种油进一步分离。阳光凯迪采用的化学热分解技术，利用农林废物生产液体燃料，全过程的整体能源转化率超过 60%。

3.4 生物柴油制备与利用

生物柴油是指短链一元烷醇的脂肪酸酯。由于甲醇价格便宜、易回收、易纯化，大多数生物柴油标准（如欧盟标准 EN 14214、美国标准 ASTM D6751）定义生物柴油为来源于动植物油脂的脂肪酸甲酯。生物柴油的动力、效率、托力和爬坡能力与普通柴油相当，二者其他性能也相近，如十六烷值、黏度、燃烧热、倾点等。生物柴油具有环境友好的特点，体现在生产、燃烧过程的各个层面。生物柴油的生产可减少石化能源的开采和消耗，燃烧排放的 CO_2 远低于植物生长过程吸收的 CO_2，可缓解因 CO_2 积累造成的全球气候变暖；生物柴油含硫量低，可使 SO_2 和硫化物的排放减少约 30%，且不含造成环境污染的芳香烃，其废气排放可满足欧洲Ⅲ号排放标准[91,92]。

以地沟油为原料炼制成品柴油是中国石化新能源开发的重点技术，被列为中国石化液体生物燃料攻关项目的子项目。经过升级改造后的石家庄炼化厂的 2000t/a 生物柴油中试装置目前顺利完成了该工艺的所有生产试验工作，试验结果达到预期效果，目前已进入标定阶段。SRCA 二代生物柴油技术中试装置试车的成功，并生产出了符合国际标准 BT 100 的生物柴油产品，为该技术的工业化应用提供了技术支撑，同时标志着中国石化生物柴油技术获得突破。

3.4.1 生物柴油的特点

与柴油相比，生物柴油具有以下明显的优越性能：减少污染物排放量；较好的润滑性能，可降低喷油泵、发动机缸和连杆的磨损率，延长其使用寿命；闪点高，运输及储存安全；使用便捷，对发动机无特殊要求；具有可再生性。表 3-22 给出了生物柴油与 0 号柴油的性能比较[113]。

表 3-22 生物柴油与 0 号柴油的性能比较

项目名称	生物柴油	0 号柴油
十六烷值	>49	45
排放	碳氢化物、微粒子以及 SO_2、CO 排放量少	有黑烟
闪点/℃	>105	>60
密度(20℃)/(kg/L)	0.88	0.815
低位热值/(MJ/kg)	37.5	44.95
元素组成	C、H、O	C、H
相对分子质量	300 左右	190~220

国外对生物柴油在柴油机上的应用进行了广泛的研究。Staat 等研究了用菜籽油生产的甲酯生物柴油在柴油机上的动力性和排放性能，他们对同一柴油机使用了 3 年的生物柴油并跟踪其性能状况。研究结果表明，使用生物柴油可以减少烃类化合物（HC）和颗粒排放，但 NO_x 有略微的升高。生物柴油相对石化柴油的略低热值对动力性的影响很小。使用生物柴油的柴油机在不改变其原来构造的情况下，能够达到使用柴油时的功率。Mustafa Canakei 研究了用餐饮废油生产生物柴油并进行了排放试验，研究的结果表明生物柴油和普通柴油具有几乎相同的热效率：在 HC、CO 和烟度排放方面比普通 2 号柴油（美国标准）分别降低了 46.27%、17.77%、64.21%。Tsolakis 等研究了 EGR 措施对生物柴油调和油的燃烧和排放性能的影响，指出在发动机各工况及各种调和比例情况下，生物柴油的 NO_x 排放高于柴油，采用 EGR 可以降低 NO_x[114,115]。

3.4.2 生物柴油采用的原料

目前生物柴油的原料主要来源于食用草本植物油、木本油料植物油、废油脂和水生植物油等。

(1) 食用草本植物油

以食用油料作物油（如菜籽油、大豆油、花生油、棉油、米糠油等）生产出来的生物柴油品质好，质量稳定，原料来源充足。如欧盟、美国等发达国家和地区，将菜籽油作为生物柴油的主要原料，已占到生物柴油原料的84%。可能是由于生活方式和习惯的不同，不喜欢食用菜籽油的缘故。

(2) 木本油料植物油

目前研究生产出来的木本油料植物油有棕榈油、麻风籽油、黄连木油、乌桕油、文冠果油、苦楝籽油、油莎豆油、果皮精油、苦杏仁油、花椒油、松节油等。以木本油料植物油生产出来的生物柴油油品好，质量稳定，成本低，尤其是棕榈油、麻风籽油、乌桕油，但目前原料难以满足需要。另外，要特别引起重视的是，一些木本植物种子具有毒性，如麻风果榨油后的饼粕含有极毒的物质，安全问题需特别注意，以免带来更大的环境污染。

(3) 废油脂

据估计，我国每年产生地沟油、煎炸油、油脚、酸化油、废机油等废油脂 $400 \times 10^4 \sim 800 \times 10^4 t$，它是生物柴油原料来源的重要途径。

(4) 水生植物油

工程微藻的太阳能利用效率高，单位面积产油量为陆生油料作物如大豆等的几十倍，是理想的原料来源。如美国可再生资源国家实验室通过现代生物技术制成工程微藻，在实验室条件下可以使其脂质含量达到 40%～60%，预计每公顷工程微藻可年产 2590～6475L 生物柴油，为生物柴油的生产开辟了一条新途径[116]。

(5) 微生物油脂

微生物油脂又称单细胞油脂，是由酵母、霉菌、细菌等微生物在一定的条件下产生的，其脂肪酸组成与一般植物油相近，以 C_{16} 和 C_{18} 系脂肪酸如油酸、棕榈酸、亚油酸和硬脂酸为主。一些产油酵母菌能高效利用木质纤维素水解得到的各种糖类，包括五碳糖和六碳糖，胞内产生的油脂可达到细胞干重的70%以上。

(6) 微藻油脂

藻类光合作用转化效率可达10%以上，含油量可达50%以上。美国的研究人员从海洋和湖泊中分离得到 3000 株微藻，并从中筛选出 300 多株生长速率快、脂质含量较高的微藻。在各种藻类中，金藻纲、黄藻纲、硅藻纲、绿藻纲、隐藻纲和甲藻纲中的藻类都能产生大量不饱和脂肪酸。小球藻为绿藻门小球藻属（*Chlorella*）单细胞绿藻，生态分布广，易于培养，生长速率快，应用价值高。小球藻细胞除了可在自养条件下利用光能和二氧化碳进行正常的生长外，还可以在异养条件下利用有机碳源进行生长繁殖，可以获得含油量高达细胞干重55%的异养藻细胞。

3.4.3 生物柴油的生产方法

生物柴油的制备方法，主要有物理法、化学法和生物法。

(1) 物理法

物理法是指通过机械作用，将动植物油脂与石化柴油按比例混合，得到生物柴油的方法。根据混合方式的不同，又分为直接使用法、稀释混合法和微乳化法三种。

① 直接使用法　又称稀释法，在生物柴油研究初期，研究人员设想将天然油脂与柴油的方法、溶剂或醇类混合以降低其黏度，提高挥发度。长期使用后常发生植物油变质、聚合和燃烧不完全现象。Amans 等将脱胶的大豆油与 2 号柴油分别以 1∶1 和 1∶2 的比例混合，在直接喷射涡轮发动机上进行 600h 的试验。当两种油品以 1∶1 混合时，会出现润滑油变浑以及凝胶化现象，而 1∶2 的比例不会出现该现象，可以作为农用机械的替代燃料。

② 微乳化法　微乳化是利用乳化剂将植物油分散到黏度较低的有机溶剂（如甲醇、乙醇）中，从而将植物油稀释，降低黏度，满足作为燃料使用的要求。形成微乳化的机制各不相同，所形成的乳化液的稳定性主要取决于加入的能量和乳化剂的类型和数量。微细乳是由油、水、表面活性剂和两性的小分子（cosurfactant）形成的各向同性的、清澈的或半透明的热动能稳定的分散体系。在微细乳内液滴的直径在 $100 \sim 1000 \text{Å}$（$1\text{Å} = 10^{-10} \text{m}$，下同）之间。一个微乳体可以由植物油和分散剂（两性溶剂）制成，或者由植物油、醇和表面活性剂、柴油或不含柴油制成[117]。

(2) 化学法

化学法包括高温裂解法和酸、碱催化法。高温裂解法是在无空气或无氧的环境下，通过加热或催化剂辅助加热使底物分子分解为多种较小的分子的方法。

① 热裂解法　热裂解，是一种在严格的热解高温环境下将一种物质断裂生成更小的分子的生产方法，又称为高温分解。热裂解过程中会出现各种反应，并生成反应油、动物油、脂肪酸、脂肪酸甲酯等物质，脂肪热裂解的研究已有 100 年的历史，石油稀缺的国家和地区对热裂解的研究较深入。

② 酸、碱催化法　均相酸、碱催化法是生物柴油产业化中最常见的生产方式，但是存在的问题是必须回收过量的醇，废液也会对环境产生不良影响。而生物酶法和超临界法虽然绿色，但分别受到酶本身的性质（易中毒影响催化活性，且价格昂贵）和反应条件成本的限制，目前很难进行大规模产业化。

③ 酯交换法　酯交换法是目前生产生物柴油最普遍的方法，即油脂在催化剂作用下与短链醇作用形成长链脂肪酸单酯。该反应需要催化剂（如酸或碱）分裂甘油三酯与短链醇重新结合为单酯，同时副产甘油。因为甲醇成本最低，从而成为最常用的短链醇。其他短链醇，如丙醇、正丁醇、异丁醇等也有研究，但无产业化报道。目前实际应用的工业催化剂多为酸、碱和脂肪酶，其中 NaOH 因价格低廉、催化活性较高而被广泛使用。

(3) 生物法

与前两者相比，生物法具有原料选择性低、反应条件温和、醇用量少、无污染物排放、副产物甘油较易分离等优点。目前，天然的脂肪酶作为催化剂来生产生物柴油存在着一定的局限性，主要是：a. 脂肪酶对低链醇的转化率较低，致使脂肪酶用量过大、反应周期过长；b. 短链醇特别是甲醇对脂肪酶有一定的毒性，酶的使用寿命缩短，生产成本过高[118~120]。

3.4.4　生物柴油的发展现状

100 多年前，Rudolf 就开始研究用植物油直接代替石化柴油作燃料，但是存在不完全燃烧物、对发动机的长期运转不利、需要经常清洗发动机等问题。20 世纪 70 年代，在世界范围内发生了石油危机，石油供给不足，美国、法国、意大利等发达国家开始相继成立了专门的生物柴油研究机构，以寻求替代石油的新能源。近十几年来，生物柴油产业在世界各国发展很快，一些国家和地区已开始建立商品化生物柴油基地。

目前，生物柴油技术发展最为成熟的是美国与欧盟国家。美国是最早研究应用生物柴油的国家，主要以大豆油为原料生产，欧洲主要以菜籽油为原料生产生物柴油。预计到 2016 年美国生物柴油年产量将达到 330×10^4 t，美国还明确提出，到 2020 年，生物燃油要达到交通燃油总比例的 20%。欧盟是生物柴油发展最快的地区，2010 年欧盟 27 国生物柴油年产量占生物柴油市场份额的 5.75%，计划在 2020 年提高至 20%。加拿大 Diester 工业公司在连续流动反应器中强化油与甲醇混合，采用多相催化剂，避免中和、洗涤等步骤，不会产生废物流，明显降低投资费用。德国鲁奇公司采用的是两级连续醇解工艺，油脂转化率达 96%，过量的甲醇可以回收继续作为原料进行反应。

德国是欧洲最大的生物柴油生产国，其生产原料主要是菜籽油。目前，德国种植生产生物柴油的专用油菜籽面积已达 100 多万公顷。同时，德国拥有 8 个生物柴油生产企业，生物柴油已占德国再生能源市场的 60% 以上。德国政府积极鼓励生产和应用生物柴油，对农民种植油菜籽给予一定的补贴。同时，德国拥有 1500 多个生物柴油加油站。并且从 2004 年 1 月起对生物柴油实行免税政策，免征生物柴油或与普通石化柴油混用的柴油消费税，混用油免税额度根据生物柴油所占比例而定。这项措施进一步推动了生物柴油在德国的生产和使用。目前，生物柴油在德国已替代普通柴油作为公交车、出租车以及建筑和农业机械等使用的燃料。

法国政府从 2003 年开始，采取了一系列积极措施，促进生物能源的开发，鼓励生物能源的利用。例如，降低税收或免税；汽车发动机的设计以生物柴油发动机为主，约占法国汽车保有量的 63%。这一系列鼓励措施有可能使法国超过德国，成为欧洲生物柴油生产第一大国。

意大利是大量进口能源的国家，进口数量大约是全部能源需求量的 80%。目前，意大利的生物柴油年生产总能力为 35×10^4 t，生产原料主要是来自从法国、德国进口的油菜籽，1/5 的原料来自大豆。意大利政府虽然大力支持生产生物柴油，但是政府在 2005 年预算法案中把每年享受减免税收的生物柴油额度由 30×10^4 t 减少到 20×10^4 t。其原因为：一方面受生物柴油原料的制约；另一方面为了保护意大利农民的利益。

巴西是世界第二位的大豆生产国。从 2004 年开始，巴西政府实施国家生物柴油生产计划，该计划允许利用多种技术生产生物柴油，而且提供多项免税优惠。2005 年，巴西颁布实施国内第一个生物柴油销售法令，要求从 2008 年开始，所有柴油必须添加 2% 的生物柴油，到 2013 年生物柴油添加量必须达到 5%。同时，巴西政府又决定：从 2008 年 7 月 1 日起把柴油中生物柴油的添加量从目前的 2% 提高到 3%。

日本大阪市立工业研究所成功开发使用固定化脂酶连续生产生物柴油，分段添加甲醇进行反应，反应后静置分离，得到的产品可直接用作生物柴油。日本关西化学工程公司采用全细胞生物催化剂用于废植物油的反酯化新技术将 Rhizopas Oryzae 细胞固定在由聚氨酯泡沫制作的生物质支撑多孔颗粒（BSP）上，以培养脂肪酶。

韩国自 2006 年 7 月起，加油站供应的柴油中添加了 0.1%～5% 的生物柴油（BD5），政府对添加的生物柴油部分免征税收。

中国生物柴油的研究起步较晚，但发展很快。国家在"十二五"能源发展计划中已明确提出要发展各种石油替代品，目前中国的生物柴油产业已呈现出民营、外资以及国有大公司共同参与的格局，为促进国内生物柴油行业的进一步规范发展，中国颁布了生物柴油的建议标准 GB/T 25199—2010《生物柴油调和燃料》。现阶段国内主要以废油脂为原料，大多采用液体酸催化剂进行酯化反应制备生物柴油。

北京化工大学开发投建了国内外第 1 套 200t/a 酶法生产生物柴油的中试装置。东南大学生物柴油研究中采用负载型固体碱作催化剂，在固定床中进行催化反应，生物柴油的转化率能达到 95%。中石化集团开发了基于超临界的生物柴油生产技术，即将实现工业化。

中国作为世界第二大石油消费国，对外依存度接近 50%。2010 年柴油需求量约 1×10^8 t，2015 年将达到 1.3×10^8 t。另一方面，我国大气污染趋于恶化，2005 年 SO_2 排放量达 2549×10^4 t，居世界首位，较 2000 年增加 27%。节能减排、保障能源和环境安全是我国长期面对的难题，发展环保、可再生的生物燃料成为国家的战略需求。

3.4.5　生物柴油的产业化现状

3.4.5.1　生物柴油产业发展历程

我国生物柴油产业起步于 2001 年，且率先在民营企业实现。油价飙升促进了生物柴油的迅速发展。从 2006 年开始，生物柴油在上海、福建、江苏、安徽、重庆、新疆、贵州等地陡然升温，我国生物柴油正式进入产业化生产的快车道，迎来了投资高潮。不同于以前带有试验性质的、年产 1×10^4 t 的小规模投入，各地开始呈现较大规模投入趋势。其中，仅山东省的临沂、济宁、东营市就有 3 个以民资投入为主的年产 10×10^4 t 规模的生物柴油项目。同时，我国石油业巨头为代表的大型国企也开始涉足生物柴油领域，以取得有战略价值的资源基地为首选，将资金投入油料林基地建设，与地方政府及农户合作种植油料林项目总量超过 1000 万亩。四川、贵州、云南等地分布着大量野生麻风树资源，并具有发展数十万公顷麻风树原料林基地的潜力。中石化、中石油在这些地区各自建立研发基地，大力研究生物柴油，规划设计了大规模的生物柴油项目及建立配套原料林基地。中海油也在积极运作，逐步加强与各方联系和合作。中粮油也开始进入生物能源行业，成立了生化能源事业部，推动生物柴油产业的快速发展。2009 年 8 月由中国江南航天集团投资的以麻风树等为原料生产清洁能源的万吨级生物柴油项目在贵州省正式投产。此外，外资公司也积极介入我国生物柴油产业。

3.4.5.2　生物柴油企业现状

至今为止，全国生物柴油生产厂家超过 200 家，设计总生产能力已经超过 350×10^4 t/a，以小企业居多。据广州能源研究所生物柴油课题组的不完全统计，现有产能超过 10×10^4 t/a 的生物柴油企业 16 家，最大规模为 30×10^4 t/a。山东省为生物柴油生产企业数量最多的省份，超过 18 家，其设计总生产能力高达 80.55×10^4 t/a，居全国首位，其次为江苏、河北、广东等省份。除了现有产能外，我国还有多项大规模的生物柴油项目正在建设中，累计约 180×10^4 t/a。

从产能来看，我国生物柴油行业已经形成了一定规模。但是，受我国原料主要为地沟油等所限，我国现有企业生产的生物柴油很难达到 BD100 标准的要求。此外，由于原料短缺、价格高涨以及部分小企业技术水平低等原因，最近三年我国生物柴油产量均维持在 30×10^4 ~60×10^4 t，处在产业化发展的艰难时期。目前，我国很多企业处于部分停产或完全停产状态，行业发展陷入了困境。虽然出台了免消费税，以及 B5 标准的相关激励政策，很多生产企业能够有微利或改变亏损状态，然而，今后短时间内生物柴油产业仍受到原料来源的严重制约。

目前全国仅 28 家公司保持营业生产生物柴油（见表3-23），总生产能力为 153.2×10^4 t，全部为民营企业。除少数两家企业原料采用油脚或进口棕榈油外，其他所有企业原料均采用地沟油、潲水油等废油脂，技术来源大多为自主研发。生物柴油发展较好的重点省份依次为福建、山东、河北、河南、广东、江苏等，这些省份 2011 年度实际产量占全国总产量的 71%，总生产能力占全国总生产能力的 85% 以上。

3.4.5.3　生物柴油相关标准

2007 年 5 月，我国发布了生物柴油产业首部产品标准《柴油机燃料调和用生物柴油（BD100）》（GB/T 20828—2007）。2009 年 4 月，《生物柴油调和燃料（B5）》GB/T 25199—2010 标准通过审查，B5 标准于 2011 年 2 月 1 日正式实施，规范了调和燃料油技术标准。2%~5%（体积分数）生物柴油可与 95%~98%（体积分数）石油柴油调和，经过这种标准调和的生物柴油可进入成品油零售网络销售，这意味着被认为是石化能源最好替代品的生物柴油可名正言顺地进入成品油零售网络。

3.4.5.4　生物柴油产业链情况

生物柴油产业是一个系统工程，是包含原料供应、设备提供、生产加工、流通、终端应用等完整的产业链，涵盖了农业、化工、设备制造、能源、环境等领域。

(1) 原料

原料成本占生产总成本的 75% 左右，对生物柴油的价格起决定性作用。我国生物柴油行业的主要原材料供应商为地沟油及餐饮废油回收企业、油脂厂、油品经销商等。目前，伴随着原料不足、供给不稳定以及市场渠道不完善等诸多原因，我国生物柴油产业链濒临脱节，产能严重过剩。从长期看，我国以麻风树、黄连木等木本油料植物果实作为生物柴油主要原料具有较大发展空间。如充分利用，生产的果实可满足 500×10^4 t/a 生物柴油装置的原料需求。遗憾的是，前几年四川等地种植的麻风树能源林由于所需投入资金巨大，基地建设的造林费用没能及时到位，缺乏下游产业的带动，持续三年大旱等综合原因，几十万亩麻风树缺乏后续看护管理，目前收果率低于 10%。目前，全国并没有形成"南方麻风树、北方黄连木"的局面。因此，有待进一步提高并稳定树种的产油率，完善能源林的管理。

(2) 设备

设备供应商既包括德国 Westfalia 食品技术公司、意大利梅洛尼集团、美国鲁齐公司、奥地利 Energea 生物柴油技术公司等国际知名技术设备供应商，国内少数生物柴油设备公司，如清远有亚环保设备科技有限公司、无锡华宏生物燃料有限公司、恒顺达生物能源集团公司、无锡市正洪生物柴油设备科技有限公司，也包括国内一些专业油脂设备生产商，例如，河南修武永乐粮机集团、武汉理科鑫谷科技有限公司、无锡市瑞之源生物燃料设备制造

表 3-23　中国营业生产的生物柴油公司调查（2012 年）

省份	序号	公司名称	原料	设计产量/×10⁴t	实际产量/×10⁴t	备注
广东（设计产量 8.5×10⁴t，实际产量（3.8～3.9）×10⁴t）	1	佛山市锦威燃料有限公司	油脚、油渣	2	1	作烧火油,4500～4600 元/t
	2	四会市水蓝天新能源科技有限公司	进口棕榈酸	1	0.3～0.4	棕榈酸 6000 元/t,生物柴油 7800 元/t,甘油提纯 5000 元/t
	3	佛山三水正合精细化工有限公司	地沟油、动植物油	5	2	地沟油 5000 元/t,生物柴油进入加油站 7800 元/t,甘油 6000 元/t
	4	中山市俊源生物科技有限公司	地沟油	0.5	0.5	地沟油 5000 多元/t,生物柴油作燃料油 6400 元/t
山东（设计产量 31×10⁴t,除山东锦江外实际产量(10.7～10.8)×10⁴t）	5	山东菏泽华瑞生物能源有限公司	地沟油	1	0.7～0.8	生物柴油 8000 元/t
	6	山东锦江生物能源科技有限公司	地沟油、酸化油	10	—	生物柴油 8200 元/t,甘油 2000 元/t,植物沥青 4400 元/t
	7	东营市慧恩生物燃料有限公司	各种废油脂	20	10	原料 5000 元/t,生物柴油 8000 元/t,甘油作燃料
河北（设计产量 8×10⁴t,实际产量 7.5×10⁴t）	8	河北金瑞生物化工有限公司	地沟油、酸化油	2	2	地沟油,酸化油 5300 元/t,生物柴油 7800 元/t,部分进入加油站,大部分作烧火油
	9	石家庄金谷生物制品厂	地沟油	1	1	地沟油 5000 元/t,没有种植,生物柴油烧火油及化工原料 8000 元/t,甘油 2000 元/t
	10	河北中天明生物燃料有限公司	地沟油	5	—	2012 年 5 月试产
	11	河北隆海生物能源有限公司	地沟油、酸化油	5	5	地沟油 5000 多元/t,生物柴油加加油站 8300 元/t,甘油 2000 元/t,没有种植
浙江（设计产量 9×10⁴t）	12	温州华科生物能源有限公司	地沟油	1	0.3	地沟油 5000 元/t,生物柴油 7000～8000 元/t,甘油烧火油
	13	东江能源科技（浙江）有限公司	地沟油、酸化油	5	—	—
	14	温州中科新能源有限公司	地沟油、酸化油	3	—	2012 年 6 月试产

省份	序号	公司名称	原料	设计产量/×10⁴t	实际产量/×10⁴t	备注
江苏(设计产量31.6×10⁴t,实际产量约为3.2×10⁴t)	15	江苏高科石化股份有限公司	地沟油、潲水油、酸化油	2	2	原料5000元/t,生物柴油部分进入加油站,大部分化工原料8000元/t,没种植
	16	江苏卡特新能源有限公司	地沟油、酸化油	2	1	地沟油5500元/t,生物柴油8000元/t,大部分作增塑剂
	17	徐州沛县生物柴油厂	地沟油	0.6	0.17~0.2	地沟油5000多元/t,生物柴油进入加油站7500~8000元/t
	18	海油碧路(南通)生物能源蛋白饲料有限公司	棉籽油等	27		2012年5月正常生产
福建(设计产量约13×10⁴t,实际产量为11.5×10⁴~11.8×10⁴t)	19	厦门兴重环保化工有限公司	地沟油、潲水油	2	1.2~1.5	地沟油5000元/t,生物柴油部分进入加油站,部分作增塑剂,8000元/t
	20	中国生物柴油国际控股有限公司	各种废油脂	10	10	—
	21	先锋(厦门)电镀开发有限公司生物柴油事业部	地沟油	1	0.3	地沟油5200元/t,生物柴油作烧火油,7800元/t,甘油烧掉,没有种植
上海(设计产量6×10⁴t,实际3×10⁴t)	22	上海中器环保科技有限公司	地沟油	5	2	地沟油4800~5000元/t,甘油3000元/t
	23	上海绿铭环保科技有限公司	餐厨垃圾	1	1	生物柴油4800~5000元/t,生物柴油作燃料油化工品8000
其他省市	24	荆州市大地生物工程有限公司	地沟油、潲水油	2	2	地沟油5000元/t,生物柴油做烧火油7000元/t,四川、福建、河北均有加工
	25	古杉生物油有限公司	地沟油、酸化油	24	—	原料5100元/t,生物柴油8200元/t,作化工原料
	26	重庆天润能源开发有限公司	地沟油、潲水油	2	0.84~0.96	地沟油潲水油5000元/t,生物柴油5000元/t
	27	通化市华成化工厂	地沟油、潲水油	0.5	0.3	地沟油4800元/t,生物柴油作燃料油6500元/t
	28	河南星火生物有限公司	废油脂	5	5	用作增塑剂
	29	西安宝润实业发展有限公司	废油脂	10	2	—
	30	天津益生能绿保能源技术有限公司	废油脂	1	0.5~1	加油站
	31	合肥金皖绿保能源有限公司	地沟油	1	—	暂时生产,拟再生产
	32	湖南南和生物能源有限公司	地沟油、潲水油	5	1~2	地沟油5500元/t,生物柴油7500元/t,增塑剂,甘油1000元/t
	33	倡威科技有限公司(香港)	废油脂	2	1~2	生物柴油原料,化工原料

有限公司、上海中器环保科技有限公司等。一般而言，进口设备质量较好，但价格昂贵，对原料要求也比较苛刻，适用生产规模较大的企业；而国产设备质量相对逊色，但价格低，对原料的适应性也强，适合于中小型企业。

(3) 产品

从已知产品销售方式的生产营业公司数据统计发现，我国生物柴油产品的类型及销售比例分别如下（副产品较为单一，几乎均为粗甘油及植物沥青）。

① 作为车辆动力用油　占总产品的 54%，其中，90% 销售给加油站。目前销售价格为 7500～8000 元/t，远低于国内柴油均价 8670 元/t（2012 年 3 月）。目标客户为石化、石油公司，民营加油站，各种运输车队，船队和公交公司。

② 作为普通燃料用油　占总产品的 12%。主要销售价格范围为 7000～7800 元/t，少量低于 7000 元/t。目标客户为各种船舶、工业锅炉、餐饮锅炉。

③ 作为脂肪酸甲酯　目标客户为大型化工企业，主要作为增塑剂使用，其次还有表面活性剂等。这部分产品占总产品的 34%。销售价格为 8000～8200 元/t。

3.4.5.5　生物柴油发展障碍

(1) 原料有限，价格上涨，盈利空间不足

国情决定了我国不能像欧盟和北美国家一样直接采用食用植物油作生物柴油的原料。我国现有生物柴油企业的主要原材料来源均取自于植物油下脚料或城市地沟油、泔水油，但下脚料资源总量有限，远远不能满足生物柴油产业快速发展对原料的需要。原料价格的不断攀升，较大程度地影响了生物柴油企业的盈利能力。以地沟油为例，其价格从 2006 年的 800 元/t 上涨到目前的 5500 元/t，而且供不应求。有些企业采用棉籽油或棕榈油等作原料，2005～2006 年初尚有利可图，2007 年起则已无利可图，被迫停产。在沉重的成本压力下，企业难以为继。

(2) 设备落后，产品品质不达标

为了适应成分复杂的原料，我国生物柴油技术形成了原料适应性较强的工艺路线。目前，形成了以废油脂和野生树木种子为原料，以常规酸碱和改性酸碱、固体分子筛为催化剂的实用工业技术以及脂酶为催化剂和超临界无催化剂的技术储备体系。总体而言，我国生物柴油主体生产技术相对成熟，但生产设备比较落后，生物柴油厂的生产设计和运行没有技术规范，存在安全隐患。由于原料和设备技术问题，多数达不到标准的要求。生物柴油市场混乱，以次充好、以假乱真的现象非常多，对产业发展造成不良影响。

(3) 销售渠道匮乏

销售渠道匮乏表现为民营企业的生物柴油无法进入国有加油站。我国生物柴油生产、调配后，尽管符合国家相关标准，却无法进入市面上的加油站进行销售，使得生物柴油市场不畅通。政策问题主要表现为在成品油价格管制的前提下，我国仍缺乏对生物柴油生产和使用的扶持政策。在成品油市场管理方面，生物柴油进入主流市场还缺乏完善的国家商务主管部门市场管理办法，无相应的生物柴油市场准入条件，没有建立配套的规模化调配站，绝大多数省份的民营企业的生物柴油暂时无法顺利进入中石油、中石化的销售网络中，使得大部分生物柴油只能以土炼油的价格出售，由此导致每吨生物柴油售价比普通柴油低 600 元左右。

（4）生物柴油产业扶持政策还不完善

我国相关领域缺乏投资补贴的市场经济杠杆手段调节的政策性法规，生物柴油的收购价格及定价机制并没有国家相关部门的正式指导；没有形成原料储存标准、生物柴油加工设备的规范、生产过程的技术评价标准等一系列完备标准体系，从而导致企业进入生物柴油行业的技术门槛过低，在遇到原料价格瓶颈时，运营困难的局面。另外，相关政策之间也存在着协调性差，政策难以落实等问题，还没有形成支持生物柴油产业持续发展的长效机制。

3.4.5.6　生物柴油发展建议

（1）加强生物柴油原料供应体系建设

深入认识国情，理性分析自然和资源条件，从以下几个方面着手保障我国未来油脂资源供应：a. 充分利用现有废油脂；b. 利用转基因等生物技术改良传统油料作物，提高作物产量和出油率；c. 合理利用冬闲田，发展油菜等草本油料作物；d. 加强边际土地与油脂植物资源的调查等基础平台性研究；e. 发展木本油料植物，建立油料林；f. 积极发展微生物油脂和微藻等前沿生物柴油原料。

（2）加大研发，加大科研投入，延伸产业链，完善支撑产业

生物柴油的制备技术虽然基本成熟，但应用性较差，今后应加大研发，重点提高生物柴油经济可行性，降低动植物油的黏度及提升其可燃性，改善生物柴油对发动机润滑油的破坏腐蚀作用。此外，还可建立原料收集系统，提高原料收集利用率；加大对附加值高的下游化工产品的研发，提高行业的盈利能力和竞争性，吸引更多企业进入。

（3）尽快制定落实有关废油脂回收处理的法规

如果全面建立废油收集体系，估计可满足年产 100×10^4 t 生物柴油的原料需求。为规范废食用油脂进入食用油系统冲击食品安全，各地分别出台了相应的法规，如《上海市废弃食用油脂污染防治管理办法》、《北京市餐厨垃圾收集运输处理管理办法》，其他中小城市也参照这些规定正在制定相应的法规。但这些规定比较笼统，缺乏可操作性。规定颁布以后取得一些实效，但废油脂冲击食用油安全的状况并没有从根本上得到改善，往往随着打击力度而时好时坏。在这方面，可学习欧洲和香港的一些先进管理经验。

（4）由国家协调生物柴油产业与中石油及中石化的关系

生物柴油要进入市场，必须通过加油站系统，而目前的加油站系统 90％ 以上属于中石油和中石化两大集团。目前，由于种种原因屡屡出现中石化、中石油拒绝销售而导致生物柴油滞销的情况。鉴于 B5 标准，建议各省建立加油站试点，在两大石油加油站销售 B5 生物柴油，并由国家指导生物柴油的定价机制，制定相应的调配工艺及储存设备。目前，我国生物柴油企业多采用直接销售的方式，或大多低价销售给加油站，没有真正进入石油、石化两大集团销售网络。随着生物柴油产量的增加，相关部门应制定政策对生物柴油的市场推广予以支持。

（5）实行政府引导、规划、支持和市场机制结合的发展方针

我国生物柴油的产业发展首先在民营企业发起，发展初期没有政府的引导、规划，各种投资者（个体、民营、国企、外资等）一哄而上形成了抢原料、抢市场的局面，最后大部分因原料问题停业亏损。因此，要实行政府规划引导和与市场相结合的方针使我国生物柴油产业有条不紊地发展壮大。

3.4.5.7　生物柴油发展趋势

原料短缺和面临亏损的局面近期难以扭转。生物柴油产业目前的重心在于开拓原料。根据原料发展的不同，我国生物柴油产业可分成三个阶段发展：近期阶段，主要以废油脂为主，民营以及外资企业居多，生产规模小、数目多，经营风险相应较大；中期阶段，大规模种植木本油料作物为原料，实行生产企业和原料种植者结合的模式，规模为年产 10×10^4 t 以上的大型工厂，以国有企业为主；远期阶段，在沿海和内地水域大规模种植产油藻类，规模为年产 50×10^4 t 乃至百万吨以上的大型和特大型工厂。

3.5　生物汽油和航空生物燃油的制备与利用

3.5.1　生物汽油

在汽油中加入由生物能源（生物资源）提炼出的乙醇（生物乙醇）的燃料称为生物汽油。混合方式分为两种，即将乙醇直接加入汽油的方式和加入乙醇化合物 ETBT（乙基叔丁基醚）的方式。生物 ETBT 是指生物乙醇和提炼石油时的副产品异丁烯合成的添加剂。

2007 年 4 月，我国 9 家石油公司在首都圈的 50 个加油站开始销售 ETBT 方式的生物汽油。之后，制定了"ETBT 混合率 1% 以上"等生物汽油的标注方针，自 2009 年度起开始正式销售。石油联盟将 2010 年度的引进目标设为 84×10^7 L（换算成原油相当于 21×10^7 L）。

新日本石油在 2009 年秋开动了 ETBT 制造设备。原先 ETBT 全部依靠从国外进口。正在推进利用国产生物乙醇作为 ETBT 原料。

生物乙醇是利用植物原料发酵后产生的一种乙醇。主要制造方法是使用甘蔗等易分解成糖分的原料，但会出现与粮食生产争夺原料的难题。从树木等的纤维素中提取乙醇的实证试验也取得了进展。

生物乙醇燃烧后排放出的 CO_2 与植物生长过程中吸收的 CO_2 可以相抵，所以在《京都议定书》中认定为"零排放量"。另一方面，也开始讨论应该掌握生物乙醇从制造到消费的整个生命周期内的 CO_2 总量，关于如何正确估计排放量的研究也未曾间断。三菱综合研究所进行了以下估算：巴西产的乙醇进口日本后直到消费前的 CO_2 排放量可减少至汽油的约 1/5。

日本环境省制定了支援方针，为制造及销售在汽油中直接加入 3% 生物乙醇的燃料提供补贴。与直接方式相比，ETBT 混合时的性状更为稳定，但很难大幅提高混合比例。国家设定了汽油的乙醇混合比例为 10% 的目标，在实现该目标的过程中，ETBT 方式有可能成为瓶颈。

3.5.1.1　生物汽油的优点

（1）减少排放

车用乙醇汽油含氧量达 35%，可使燃料燃烧更加充分，据国家汽车研究中心所做的发动机台架试验和行车试验，结果表明，使用车用乙醇汽油，在不进行发动机改造的前提下，动力性能基本不变，尾气排放的 CO 和烃类化合物平均减少 30% 以上，有效地降低和减少了有害尾气的排放。

（2）动力性好

乙醇辛烷值高（RON 为 111），可采用高压缩比提高发动机的热效率和动力性。加上其蒸发潜热大，可提高发动机的进气量，从而提高发动机的动力性。

（3）积炭减少

因车用乙醇汽油的燃烧特性，能有效地消除火花塞、燃烧室、气门、排气管消声器部位积炭的形成，避免了因积炭形成而引起的故障，延长了部件使用寿命。

（4）使用方便

乙醇常温下为液体，操作容易，储运使用方便。与传统的发动机技术有继承性，特别是使用乙醇汽油混合燃料时，发动机结构变化不大。

（5）资源丰富

我国生产乙醇的主要原料有含糖作物以及纤维类原料，这些都是可再生资源且来源丰富，因而使用乙醇燃料可减少车辆对石油资源的依赖，有利于我国的能源安全。

3.5.1.2 生物汽油的缺点

（1）蒸发潜热大

乙醇的蒸发潜热是汽油的 2 倍多，蒸发潜热大会使乙醇类燃料低温启动和低温运行性能恶化，如果发动机不加装进气预热系统，燃烧乙醇燃料时汽车难以启动。但在汽油中混合低比例的醇，由燃烧室壁供给液体乙醇以蒸发热，蒸发潜热大这一特点可成为提高发动机热效率和冷却发动机的有利因素。

（2）热值低

乙醇的热值只有汽油的 61%，要行驶同样里程，所需燃料容积要大。乙醇尽管热值较汽油小得多，但由于含氧量较高，其理论混合气热值与汽油接近，因此，乙醇可以作为汽油机燃料使用，而且其动力性可以接近使用汽油的发动机。

（3）易产生气阻

乙醇的沸点只有 78℃，在发动机正常工作温度下，很容易产生气阻，使燃料供给量降低甚至中断供油。

（4）腐蚀金属

乙醇在燃烧过程中，会产生乙酸，对汽车金属特别是铜有腐蚀作用。有关试验表明，在汽油中乙醇含量在 10% 以下时，对金属基本没有腐蚀，但乙醇含量超过 15% 时，则必须添加有效的腐蚀抑制剂。

（5）与材料的适应性差

乙醇是一种优良的溶剂，易对汽车密封橡胶及其他合成非金属材料产生一定的轻微腐蚀、溶胀、软化或龟裂作用。

（6）易分层

乙醇易吸水，车用乙醇汽油的含水量超过标准指标后，容易发生液相分离，影响使用。车用乙醇汽油的储运周期只有 4～5d，因此必须改造、建设专供车用乙醇汽油使用的储罐、槽车、调和与加油设施。

3.5.2 生物航油

飞机燃油大致有：航空汽油、航空煤油、航空柴油三种。民用客机绝大多数使用航空煤油，而航空煤油要求有较好的低温性、安定性、润滑性、蒸发性以及无腐蚀性、不易起静电和着火危险性小等特点。

航空煤油（jet fuel）是由直馏馏分、加氢裂化和加氢精制等组分及必要的添加剂调和而成的一种透明液体，主要由不同馏分的烃类化合物组成，分子式 $CH_3(CH_2)_nCH_3$（n 为 $8\sim16$）。还含有少量芳香烃、不饱和烃、环烃等，纯度很高，杂质含量微乎其微。航空煤油的主要判断指标有发热值、密度、低温性能、馏程范围和黏度。喷气式飞机的飞行高度在 10km 以上，这时高空气温低达 $-60\sim-55℃$，这就要求航空煤油能在这样的低温下不凝固，以便确保飞机在高空中正常飞行。

航空燃料性能要求：a. 密度适宜，热值高，能迅速、稳定、连续、完全燃烧，且燃烧区域小，积炭量少，不易结焦；b. 低温流动性好，能满足寒冷低温地区和高空飞行对油品流动性的要求；c. 热安定性和抗氧化安定性好，能满足超音速高空飞行的需要；d. 洁净度高，无机械杂质及水分等有害物质，硫含量尤其是硫醇性硫含量低，对机件腐蚀小。

生物航油是以多种动植物油脂为原料，采用自主研发的加氢技术、催化剂体系和工艺技术生产的。近年来，中国石化一直在开发餐饮废油和海藻加工生产生物航油的技术。利用生物质全成分制取航空燃料技术具有原料适应性广、产品纯度和洁净度高、清洁无污染等特点，是可成为理想的交通运输动力燃料的新型生产技术。美国、欧盟和日本等国和地区已高度重视 biomass to liquid（BTL）技术，并建立了相应的生物质气化合成醇醚及烃类液体燃料示范装置。利用生物质水相重整技术将生物质转化为液体燃料是一个新颖和前沿的课题，主要将纤维素类生物质先水解降解，然后经过醇醛缩合、连续加氢，实现产物向航空燃料组分生成。这种工艺最先由美国科学家 Dumesic 提出，采用生物质模型化合物（单糖类）在贵金属负载型 Pt-Re 催化剂上水相重整得到 $C_7\sim C_{15}$ 长链烷烃。中国科学院广州能源所对生物质水相重整制取生物汽油和航空燃料的工艺进行了反复的探索与研究，制备了高性能的非贵金属负载型催化剂，已建立了百吨级生物汽油示范系统，取得了较好的研究成果。

由于木质素结构组成的复杂性和晶相结构的无定形性，导致其高品质利用一直没有突破性进展。目前木质素大多作为水泥添加剂、水煤浆分散剂、选矿表面活性剂等加以利用。水解残渣气化制氢，是将木质素高品质利用的一种先进技术路径，可为生物质的加氢炼制提供氢源保证。瑞典皇家理工学院在黑液高效气化转化方面做了大量的研究工作，积累了大量的基础数据，其研究成果处于世界先进水平。中国科学院广州能源研究所亦在实验室开展了造纸黑液气化制备优质合成气方面的探索工作。在生物质的利用过程中，若将水解残渣高效气化制备氢气，将会为生物质的加氢炼制工艺提供稳定的氢气，摆脱对外部氢源的依赖，从而实现生物质全成分利用。

3.5.2.1 生物航油的合成技术

航油的主要合成技术主要是以下 3 种。

（1）费托合成技术

费托合成技术是一种把含碳物质先气化得到合成气然后再合成液体烃的工业技术，该方法由德国科学家 Fischer Frans 和 Tropsch Hans 首先提出，简称 F-T 合成。费托合成技术可以按照操作条件的不同分为高温费托合成（HTFT）和低温费托合成（LTFT）。高温费托合成主要使用铁基催化剂得到性能较好的汽油、柴油、溶剂油和烯烃等产品，反应温度一般控制在 $300\sim350℃$；而低温费托合成主要使用钴基催化剂生产性能稳定的煤油、柴油、润滑油基础油、石脑油馏分等产品，反应温度一般控制在 $200\sim240℃$。产品中不含芳烃，硫含量也较低。费托合成技术按照原材料的不同可以分为 3 种类型：煤炭为原料的煤制油工艺（CTL），天然气为原料的天然气合成油工艺（GTL）以及生物质为原料的生物质合成油工艺（BTL）。为了解决当地石油的需求问题，南非于 1951 年建成了第一座由煤生产液体运输燃料的 SASOL-I 厂。荷兰皇家 Shell 石油公司一直在进行从煤或天然气基合成气制取发动机燃料的研究开发工作，尤其对 CO 加氢反应的 Schulz-Flory 聚合动力学的规律性进行了深入的研究。在 1985 年第五次合成燃料研讨会上，荷兰皇家 Shell 石油公司宣布已开发成功 F-T 合成两段法新技术（SMDS，Shell middle distillate synthesis），并通过中试装置的长期运转。基于费托合成的生物质合成油工艺可以适用于各种不同的生物质原料，包括森林和农业废物，木质加工业底料，能源作物，以及城市固体废物等。

（2）氢化处理技术

用作航空燃料的第二代航空生物燃料不仅需要具备第二代可再生新型生物燃料的各种特性，同时还要求具备更高的燃烧性能以及安全性能。目前，比较典型的第二代航空生物燃料技术包括美国 Honeywell's UOP 公司开发的 UOPTM 工艺和美国 Syntroleum 公司开发的 Bio-SynfiningTM 工艺。UOPTM 工艺主要包括加氢脱氧和加氢裂化/异构化两个部分。首先通过加氢脱除动植物油中的氧，该部分是强放热过程，加氢脱氧之后的物料再通过加氢进行选择性裂解和异构化反应获得石蜡基航空油组分。另外，美国 Honeywell's UOP 公司还开发了 RTPTM 工艺，通过生物质的快速裂解和加氢精制来提取芳烃，作为航空生物燃料的调和组分。在美国 Syntroleum 公司开发的 Bio-SynfiningTM 工艺中，脂肪酸和脂肪酸甘油酯通过 3 个工艺过程转化为航空燃油。首先，要除去原料油中的杂质和水，98％的金属杂质和磷脂组分也将会被选择性脱除。处理后的脂肪酸通过加氢催化转化成长碳链饱和烷烃，最后再通过加氢裂化/异构化过程制得含有支链的短链饱和烷烃。2008 年美国 Syntroleum 公司已经以废动物油脂和皂脚为原料通过 Bio-SynfiningTM 工艺生产了 600USgal 航空燃油用于美国空军的飞行计划。美国 Honeywell's UOP 公司也计划为美国海军和空军分别提供 190000USgal 和 400000USgal 的航空生物燃油，该计划将采用动物油脂，第一代能源作物大豆油和棕榈油，以及第二代可再生能源植物麻风树、亚麻和微藻作为原料。

（3）生物合成烃技术

美国 Virent 能源公司通过 Bio-Forming 新型催化反应工艺用植物的糖类或纤维素制取了传统的非含氧液体喷气燃料，该工艺组合了美国 Virent 公司自有的水相重整（APR）技术以及催化加氢、催化缩合和烷基化等石油炼制中的常规加工技术。从生物质原料分离出来的水溶性糖类首先经过催化加氢处理将糖类组分转化为多元醇类物质。然后在水相重整（APR）过程中，得到的糖醇类组分与水在专有的多相金属催化剂作用下通过一系列的并联和串联过程降低反应物料的氧含量，生成 H_2 和化学品中间体，以及少量的烷烃组分。APR

反应的温度一般为 450～575K，反应压力为 1～9MPa。最后，水相重整过程得到的化学品中间体通过碱催化的缩合途径就可以转化为喷气燃料组分。通过改变催化剂的类型以及转化途径，利用这一技术也可以产出汽油、柴油等其他液体燃料。该工艺得到的烃类液体燃料在组成、性能和功能方面完全可以替代现有的石油产品。与发酵法不同，Virent 能源公司的新型催化反应工艺原料来源广泛，它可直接采用混合糖类、多糖类和从纤维素生物质衍生的 C_5 和 C_6 糖类。该工艺所需的氢气可以通过水相重整过程直接提供，而且生物质原料中的非水溶性组分经过分离后燃烧产生的能量，可以为该工艺提供所需的热量和电力，因此该工艺仅需要很少的外部能源。

3.5.2.2　生物航油的原料

(1) 微藻

在第 2 代生物燃料中，被寄予厚望的是微藻生物油，也有人认为微藻是第 3 代生物燃料。微藻繁殖快，不与人争粮，不与粮争地，只要有阳光和水就能生长，甚至在废水和污水中也能生长。微藻生长迅速，从生长到产油只需要十几天，而大豆、玉米等作物需要几个月时间。

微藻生产的成本主要集中在大面积生长，收获方面，需要独立的扩大培养系统、脱水或浓缩系统以及微藻油的提取系统。微藻在培养过程中还需要添加营养成分、CO_2，补充水分。常规的微藻油抽提系统需要进行藻类生物质脱水和干燥，能耗大。高产油微藻不一定高产，高产的微藻又不一定含油量高；微藻死亡后，如不迅速处理，就会降解，发出腥臭，污染环境，因此，微藻的大面积培养、收集及提取都存在一定的问题，现在离工业化还有一定的距离[121,122]。

(2) 麻风树

麻风树是一种灌木，耐干旱贫瘠，可在山林种植，不与粮争地，主要生长在拉丁美洲。麻风树种子油的脂肪酸成分组成比较简单，主要集中在 C_{14}、C_{18}；其含油酸、亚油酸较多，二者含量高达 70% 以上，这样的品质有利于再加工利用[123]。

麻风树油作为生物柴油的主要原料，受到广泛重视，尤其是印度、奥地利和尼加拉瓜等国政府不断加大了这方面的研究。麻风树种子油运动黏度太高[124]，不能直接用作生物柴油；但转化的脂肪酸甲酯或者是乙酯均可达到菜籽油甲酯的标准。然而，生物柴油的指标远远达不到生物航油的标准，特别是它的凝固点比较高，若要达到生物航油的标准，尚需进一步处理。

(3) 亚麻籽

亚麻籽（flaxseed 或 linseed）也称胡麻籽，为亚麻科亚麻属一年生或多年生草本植物亚麻的种子。主要分布在地中海、欧洲地区。亚麻油是典型的干性油，外观为黄色透明液体状，有亚麻籽油的固有气味。其理化特性为相对密度 0.9260～0.9365（20℃/4℃）；凝固点 −25℃；黏度 7.14～7.66Pa·s（20℃）；脂肪酸相对平均分子质量 270～307[125,126]。

(4) 盐生植物

盐生植物有盐地碱蓬、海滨锦葵等。盐地碱蓬属高耐盐真盐生植物，主要生长于海滨、湖边等盐生沼泽环境。其种子含油量高达 260g/kg，且碱蓬油中不饱和脂肪酸含量很高，亚油酸含量约占总脂肪酸的 70%，盐地碱蓬油成分与红花油相近，也可作为共轭亚油酸的生产原料。海滨锦葵为锦葵科锦葵属多年生宿根植物，具备耐盐耐淹特性。其种子黑色、肾形，含油率在 17% 以上，和重要经济作物大豆相比，油脂含量不相上下。海滨锦葵是集油料、饲料、医药与观赏价值于一身的耐盐经济植物，在沿海滩涂种植不但充分利用了盐土资源，并且能加快滩涂脱盐，帮助土壤改造，有着潜在的巨大经济和社会效益[127~129]。

3.5.2.3　生物航油的生产方法

(1) 脱氧化处理

用特定的海藻菌株生产的油所含的是大量中度链长的脂肪酸，在脱氧化处理后，链长完全接近常规煤油中存在的烃类长度。与少量燃料添加剂相混合后，就成为 JP8 或 JetA 喷气燃料，适合喷气航空飞行应用。利用脱氧化处理生产中度链长脂肪酸基煤油的一个竞争性优势是无需采用昂贵的化学或热裂化过程，而动物脂肪、植物油和典型的海藻油中常见的长链脂肪酸却需采用这些过程处理。

(2) 加氢化处理

希腊的 Stella[130]研究了真空汽油（VGO）-植物油的混合物，通过氢化裂解处理，可得到生物柴油、煤油/航空煤油和石脑油。他们利用未处理的向日葵油、真空汽油和预氢化处理的真空汽油进行研究，催化剂为 3 种常规催化剂。Huber[131]研究了植物油以及植物油-重真空油（HVO）混合物的氢化裂解。加氢条件为 300~450℃，常规的加氢催化剂为 NiMo 硫化物/Al_2O_3，产物主要为 C_{15}~C_{18} 烷烃。催化温度低于 350℃时，C_{15}~C_{18} 烷烃的产量随着植物油量的增加而增加；但另一方面，催化剂性能会因催化过程中有水分而钝化。

(3) 生物质热解处理

研究人员已对很多种物料进行了生物质快速热解技术的研究，大部分的工作集中在木材原料上。在快速热解过程中，木质原料中高挥发性成分多，因此液体产物高、灰分高导致有机液体产物减少，特别是灰分中 K 和 Ca 化合物高会使液体产物降低。非木质原料灰分高，液体产物低。Chiaramonti[132]研究了生物质快速热裂解技术。发现生物质热解液体与石油基燃料在物理性质和化学组成方面显著不同。轻质油主要由饱和石蜡、芳烃化合物（C_9~C_{25}）组成，与高极性热解液体不能混合。

(4) 费-托合成

K. Kazuhiro 研究了以合成气为原料，采用 Fe 基催化剂，利用费-托合成反应生产相当于煤油的航空代用燃料。费-托合成所用反应器为下吸式连续流动型固定床反应器，反应温度为 533~573K，反应压力为 3.0MPa。他还研究了气体变化、反应时间、反应温度、Fe 基催化剂化学成分改变时对费-托合成煤油产量的影响。在 C_6 以上的烃中，生成相当于煤油（C_{11}~C_{14} 烃）的 CO 的选择性居第 2 位，选择性最高的是生成相当于蜡的 C_2O 以上的烃。煤油产量最大的条件是不含其他化学成分的 Fe 基催化剂，气体原料 H_2：CO：N_2 比例为 2：1：3，反应时间为 8h，费-托合成温度为 553K。

(5) 生物油裂解

Yee Kang Ong 研究了以可食用油及不可食用油为原料，借助催化剂裂解生产生物油的现状和前景。与热分解、酯交换过程相比，催化裂解反应具有以下优点。首先，催化裂解反应的温度为 450℃，远远低于热分解时的 500~850℃；其次，热分解产物的质量主要取决于给料方式。高纤维素原料产生的液相部分包括酸、乙醇、乙醛、酮和酚类化合物。酯交换只是用来生产生物柴油，而催化裂解可用来生产煤油、汽油和柴油。酯交换的主要缺点在于利用均相催化剂，总的生产能耗和分离成本较高。现在非均相催化剂和超临界反应仍在不断的研究中。

3.5.3　生物燃料在民航应用案例

2007 年，CFM 国际公司在斯奈克玛公司靠近巴黎的 Villaroche 试车台使用酯基生物燃料对 CFM56-7B 发动机进行了最初的测试。当时使用的生物燃料为 30％的甲酯植物油。在 2007 年末该公司在 GE 位于俄亥俄州的户外试车台 Peebles 对两种替代燃料进行了数小时的地面测试。一部分燃料是巴西棕榈果仁和椰子提炼混合而成的可再生的生物燃料。

2008 年 2 月 24 日，英国维京大西洋航空公司用波音 747-400 型客机进行了一次由生物燃料提供动力的飞行试验，这架客机共有 4 个主燃料箱，其中之一使用了由普通航空燃料和生物燃料组成的混合燃料。飞行中试用的生物燃料由椰子油和棕榈果油制成。

位于美国加利福尼亚的合成微生物学公司 Solazyme，于 2008 年 9 月生产出世界第一款微生物衍生的喷气燃料，已通过航空涡轮燃料标准（ASTM D1665）中的 11 项测试。Solazyme 公司现已生产数千升海藻油，是生产这类燃料唯一通过标准测试的先进生物燃料公司。

2008 年 12 月 30 日，新西兰航空公司的一架以植物油作部分燃料的客机当天成功完成 2h 试飞。这架波音 747-400 型客机的一个发动机使用普通航空燃油与麻风树种子提炼燃油各半的燃料。

2009 年 1 月 12 日，美国大陆航空公司与波音、通用电气航空系统/CFM 国际以及霍尼韦尔子公司 UOP 合作，采用可持续生物燃料提供动力的波音 737-800 型飞机完成试飞，其配备了两台 CFM 国际提供的 CFM56-7B 引擎，此次试飞采用包含海藻与麻风树提取物的混合生物燃料。

美国亚利桑那州立大学与 Heliae 开发公司和亚利桑那科学基金会（SFAZ）合作，取得了利用海藻开发、生产和销售煤油基航空燃料方面的商业化突破。该项目采用亚利桑那州立大学海藻研究与生物技术实验室开发的专利技术。据称，现已从实验室走向中型规模验证和生产阶段。与从石油生产煤油的常规方法相比，海藻燃油开发可大大降低生产成本。

2009 年 1 月 30 日，日航历时约 1.5h 示范飞行了一架未搭载乘客的日航波音 747-300 飞机，飞机 4 台普惠 JT9D 发动机中的三号发动机使用生物燃料与传统 Jet-A（煤油）各占 50％的混合燃油。此次测试的生物燃料成分是 3 种第 2 代生物燃料原料的混合物，分别是亚麻荠油、麻风树油以及海藻油。

前不久，德国柏林新一代钻石 DA42 飞机首航成功。飞机使用的不是航空煤油，而是 100％由海藻制成的生物燃料。与航空煤油相比，藻类生物燃料在飞机飞行中可节省 5％～10％的燃料。废气排放检测数据显示，海藻燃料排放的氮氧化物，比传统航空煤油少 40％，排放的碳氢化合物减少 87.5％，生成的硫化物浓度仅为传统燃料的 1/60。

2013 年，中国首架使用含有地沟油成分的生物航油航班在东航成功试飞，这标志着我国成为了继美国、法国和芬兰之后，第 4 个能自主生产生物航油的国家。据中石化相关专家介绍，目前已成功转化为生物航煤的原料有废动植物油脂（地沟油）、农林废物、油藻等，而本次试飞加注的航煤部分是由地沟油转化的，部分是由棕榈油转化的。过程中，科研人员需要将原本浓稠、黏腻的油脂黏度、沸点等降低，再生为生物燃油。相较于传统航煤，生物航煤可实现减排 $55\%\sim92\%$ 的 CO_2，不仅可以再生，具有可持续性，而且无需对发动机进行改装，具有很高的环保优势。

目前，全球航空运输业每年消耗 15 亿～17 亿桶的航空燃油。为减少化石基油料的依赖、降低成本和实现航空减排，必须开发大规模应用于航空发动机的可持续生物燃料，而生物质、藻类等第 2 代生物燃料将是未来航空替代燃油的主要来源。国际航空运输协会预计到 2025 年总燃料的 25% 将采用生物燃料，同时提出到 2020 年将航空燃油能效提高 1.5%，2050 年与 2005 年相比 CO_2 将减排 50%。德国 Lufthansa 公司计划 2020 年采用 10% 生物航空燃料，使航线飞行每千米的碳排放减少 25%。

参 考 文 献

[1] 裴坚，裴伟伟，邢其毅，等．基础有机化学 [M]．北京：高等教育出版社，2005．

[2] 徐伟亮．有机化学 [M]．北京：科学出版社，2002．

[3] 吴创之，马隆龙．生物质能现代化利用技术 [M]．北京：化学工业出版社，2003．

[4] 袁振宏，吴创之，马隆龙．生物质利用原理与技术 [M]．北京：化学工业出版社，2005：211-283．

[5] 于斌，齐鲁．木质纤维素生产燃料乙醇的研究现状 [J]．化工进展，2006，03：244-249．

[6] 武冬梅，李冀新，孙新纪．纤维素类物质发酵生产燃料乙醇的研究进展 [J]．酿酒科技，2007：116-120．

[7] Prosen E M，Radlein D，Piskorz J. Microbial utilization of levoglucosan in wood pyrolysate as a carbon and energy source [J]．Biotechnology and Bioengineering，1993，42 (4)：538-541．

[8] Silva C J S M，Roberto I C. Improvement of xylitol production by Candida guilliermondii FTI 20037 previously adapted to rice straw hemicellulosic hydrolysate [J]．Letters in Applied Microbiology，2001，32 (4)：248-252．

[9] 胡蝶，杨青丹，刘洪，等．木质纤维素预处理技术研究进展 [J]．湖南农业科学，2010：105-108．

[10] 刘丽英．秸秆组分分离及其高值化转化的研究 [D]．北京：中国科学院过程工程研究所，2006．

[11] Nguyen Q A，Tucker M P，Keller F A，et al. Two stage dilute-acid pretreatment of softwoods [J]．Applied Biochemistry and Biotechnology，2000，561-576．

[12] Grous W R，Converse A O，Grethlein，H E. Effect of steam explosion pretreatment on pore size and enzymatichydrolysis of poplar [J]．Enzyme and Microbial Technology，1985，(8)：274-280．

[13] 安宏．纤维素稀酸水解制取燃料酒精的试验研究 [D]．杭州：浙江大学，2005．

[14] 罗鹏，刘忠．蒸汽爆破预处理条件对麦草酶水解影响的研究 [J]．林业科技，2007，32 (5)：37-40．

[15] 廖双泉，马凤国，邵自强，等．椰衣纤维的蒸汽爆破处理技术 [J]．热带作物学报，2003，24 (1)：17-20．

[16] Alizadeh H，Teymouri F，Gilbert T I，et al. Pretreatment of switchgrass by ammonia fiber explosion (AFEX) [J]．Applied Biochemistry and Biotechnology，2005，124：1133-1141．

[17] Dale B E，Leong C K，Pham T K，et al. Hydrolysis of ligno-cellulosics at low enzyme levels：application of the AFEX process [J]．Bioresource Technology，1996，56 (1)：111-116．

[18] 刘海军，李琳，白殿国，等．我国燃料乙醇生产技术现状与发展前景分析 [J]．化工科技，2012：68-72．

[19] Eken-Saracoglu N，Arslan Y. Comparison of different pretreatments in ethanol fermentation using corn cob hemicellulosic hydrolysate with Pichia stipitis and Candida shehatae [J]．Biotechnology Letters，2000，22 (10)：855-858．

[20] Kim S，Holtzapple M T. Lime pretreatment and enzymatic hydrolysis of corn stover [J]．Bioresource Technology，2005，96 (18)：1994-2006．

[21] Xia L M，Cen P L. Cellulase production by solid state fermentation on lignocellulosic waste from the xylose industry [J]．Process Biochemistry，1999，34 (9)：909-912．

[22] Mohammad J T，Claes N. Conversion of dilute-acid hydrolyzates of spruce and birch to ethanol by fed-batch fermentation [J]．Bioresource Technology，1999，69 (1)：59-66．

［23］ Chung I S, Lee Y Y. Ethanol fermentation of crude acid hydrolyzate of cellulose using high-level yeast inocula ［J］. Biotechnology and Bioengineering, 1985, 27 (3): 308-315.

［24］ Olsson L, Hahn-Hägerdal B. Fermentation of lignocellulosic hydrolysates for ethanol production ［J］. Enzyme and Microbial Technology, 1996, 18 (5): 312-331.

［25］ Sun Y, Cheng J. Hydrolysis of lignocelulosic materials for ethanol production: a review ［J］. Bioresource Technology, 2002, 83 (1): 1-11.

［26］ Lee J. Biological conversion of lignocelulosic biomass to ethanol ［J］. Journal of Biotechnology, 1997, 56 (1): 1-24.

［27］ Agu R C, Amadife A E, Ude C M. Combined heat treatment and acid hydrolysis of cassava grate waste (CGW) biomass for ethanol production ［J］. Waste Management, 1997, 17 (1): 91-97.

［28］ Iranmahbooba J, Nadima F, Monemib S. Optimizing acid-hydrolysis: a critical step for production of ethanol from mixed wood chips ［J］. Biomass and Bioenergy, 2002, 22 (5): 401-404.

［29］ Xia L M. Cellulase production by solid state fermentation on lignocellulosic waste from the xylose Industry ［J］. Process Biochemistry, 1999, 34 (9): 909-912.

［30］ Takagi M, Abe S, Suzuki S. A method of production of alcohol directly from yeast. //Ghose T K. Proc Symp Bioconversion of Cellulosic Substances into Energy, Chemicals and Microbial Protein. New Delhi: Indian Institute of Technology, 1978: 551-571

［31］ Wright J D, Wyman C E, Grohmann K. Simultaneous saccharification and fermentation of lignocellulose ［J］. Applied Biochemistry and Biotechnology, 1988, 18: 75-90.

［32］ Puppim J A, de Oliveira J A P. The policymaking process for creating competitive assets for the use of biomass energy: the Brazilian alcohol programme ［J］. Renewable and Sustainable Energy Reviews, 2002, 6 (1-2): 129-140.

［33］ 方芳, 于随然, 王成焘. 中国玉米燃料乙醇项目经济性评估 ［J］. 农业工程学报, 2004, 20 (3): 239-242.

［34］ Mark L, Deborah S, Stephen G A, et al. A comparison of liquid hot water and steam pretreatments of sugar cane bagasse for bioconversion to ethanol ［J］. Bioresource Technology, 2002, 81 (1): 33-44.

［35］ Minowa T, Zhen F, Ogi T. Cellulose decomposition in hot-compressed water with alkali or nickel catalyst ［J］. The Journal of Supercritical Fluids, 1998, 13 (1-3): 253-259.

［36］ Pettersson P O, Torget R W, Eklund R. Simplistic modeling approach to heterogeneous dilute acid hydrolysis of cellulose microcrystallites ［J］. Applied Biochemistry and Biotechnology, 2003, 105-108: 451-455.

［37］ Converse A O. Simulation of a cross-flow shrinking-bed reactor for the hydrolysis of lignocellulosics ［J］. Bioresource Technology, 2002, 81 (2): 109-116.

［38］ Fey A, Conrad R. Effect of temperature on the rate limiting step in the methanogenic degradation pathway in rice field soil ［J］. Biology and Biochemistry, 2003, 35 (1): 1-8.

［39］ Prasad S, Singh A, Joshi H C. Ethanol as an alternative fuel from agricultural industrial and urban residues ［J］. Resources, Conservation and Recycling, 2006, 50 (1): 1-39.

［40］ 孙晓梅. 纤维素乙醇燃料的研究及应用进展 ［J］. 节能与环保, 2007, 10: 22-23.

［41］ 胡炜, 宋先锋, 翟媛媛. 天冠集团 "非粮" 乙醇的先行者 ［J］. 创新科技, 2008, 2: 30-33.

［42］ 钱伯章. 我国纤维素乙醇开发进展 ［J］. 精细石油化工进展, 2008, 9 (6): 54-58.

［43］ Martinello M, Hecker G, Del C P M. Grape seed oil deacidification by molecular distillation: Analysis of operative-variables influence using the response surface methodology ［J］. Journal of Food Engineering, 2007, 81 (1): 60-64.

［44］ Alasfour F N. Butanol-A Single-Cylinder Engine Study: Availability Analysis ［J］. Applied Thermal Engineering, 1997, 17 (6): 537-549.

［45］ Philippe D, Casimir T. Oxidation kinetics of butanol-gasoline surrogate mixtures in a jet-stirredreactor: Experimental and modeling study ［J］. Fuel, 2008, 87: 3313-3321.

［46］ Varisli D, Dogu T, Dogu G. Silicotungstic acid impregnated MCM-41-like mesoporous solid acid catalysts for dehydration of ethanol ［J］. Industrial and Engineering Chemistry Research, 2008, 47 (12): 4071-4076.

[47]   Jones D T, Woods D R. Acetone-butanol fermentation revisited [J]. Microbiological Reviews, 1986, 50 (4): 484-524.

[48]   Nimcevic D, Gapes J R. The acetone-butanol fermentation in pilot plant and pre-industrial scale [J]. Journal of Molecular Microbiology and Biotechnology, 2000, 2 (1): 15-20.

[49]   Durre P. New insights and novel developments in clostridial acetone/butanol/isopropanol fermentation [J]. Applied Biochemistry and Biotechnology, 1998, 49 (6): 639-648.

[50]   Gapes J R. The economics of acetone-butanol fermentation: theoretical and market considerations [J]. Journal of Molecular Microbiology and Biotechnology, 2000, 2 (1): 27-32.

[51]   靳孝庆, 王桂兰, 何冰芳. 丙酮丁醇发酵的研究进展及其高产策略 [J]. 化工进展, 2007, 26 (12): 1727-1732.

[52]   Bennett G N, Rudolph F B. The central metabolic pathway from acetyl-CoA to butyryl-CoA in Clostridium acetobutylicum [J]. FEMS Microbiological Reviews, 1995, 17 (3): 241-249.

[53]   Keis S, Shaheen R, Jones D T. Emended descriptions of *Clostridium acetobutylicum* and *Clostridium beijerinckii* and descriptions of *Clostridium saccharoperbutylacetonicum* sp. nov. and *Clostridium saccharobutylicum* sp. nov [J]. International Journal of Systematic and Evolutionary Microbiology, 2001, 50 (6): 2095-2103.

[54]   Annous B A, Blaschek H P. Isolation and characterization of *Clostridium acetobutylicum* mutants with enhanced a-mylolytic activity [J]. Applied Environmental Microbiology, 1991, 57 (9): 2544-2548.

[55]   Qureshi N, Sahaa B C, Hector R E. Butanol production from wheat straw by simultaneous saccharification and fermentation using *Clostridium beijerinckii*: part I: batch fermentation [J]. Biomass and Bioenergy, 2008, 32 (2): 168-175.

[56]   Parekh S R, Parekh R S, Wayman M. Ethanol and butanol production by fermentation of enzymatically saccharified SO_2 prehydrolysed lignocellulosics [J]. Enzyme and Microbial Technology, 1988, 10 (11): 660-668.

[57]   Marchal R, Rebeller M, Vandecasteele J P. Direct bioconversion of alkali pretreated straw using simultaneous enzymatic hydrolysis and acetone butanol production [J]. Biotechnology Letters, 1984, 6 (8): 523-528.

[58]   童灿灿, 杨立荣, 吴坚平. 丙酮-丁醇发酵分离耦合技术的研究进展 [J]. 化工进展, 2008, 27 (11): 1782-1788.

[59]   Meagher M M, Qureshi N, Hutkins R W. Silicalite membrane and method for the selective recovery and concentration of acetone and butanol from model ABE solutions and fermentation broth: US, 5755967. 1998-5-26.

[60]   Ezeji T C, Qureshi N, Blaschek H P. Butanol fermentation research: upstream and downstream manipulations [J]. Chemical Record, 2004, 4 (5): 305-314.

[61]   Qureshi N, Li X L, Hughes S. Butanol production from corn fiber xylan using Clostridium acetobutylicum [J]. Biotechnology Progress, 2006, 22 (3): 673-680.

[62]   Qureshi N, Maddox L S. Continuous production of acetonebutanol-ethanol using immobilized cells of *Clostridium acetobutylicum* and integration with product removal by liquid-liquid extraction [J]. Journal of Fermentation and Bioengineering, 1995, 2 (80): 185-189.

[63]   Crabbe E, Hipolito C N, Kobayashi G. Biodiesel production from crude palm oil and evaluation of butanol extraction and fuel properties [J]. Process Biochemistry, 2001, 37 (1): 65-71.

[64]   Ezeji T C, Qureshi N, Blaschek H P. Bioproduction of butanol from biomass: from genes to bioreactors [J]. Current Opinion in Biotechnology, 2007, 18 (3): 220-227.

[65]   刘娅, 刘宏娟, 张建安. 新型生物燃料-丁醇的研究进展 [J]. 现代化工, 2008, 28 (6): 28-33.

[66]   石元春. 中国可再生能源发展战略研究丛书: 生物质能卷 [M]. 北京: 中国电力出版社, 2008.

[67]   Williams P T, Besler S. The influence of temperature and heating rate on the slow pyrolysis of biomass [J]. Renewable, 1996, 7 (3): 233-250.

[68]   张巍巍, 曾国勇, 陈雪莉, 于尊宏. 生物质气流床气化前的处理工艺 [J]. 过程工程学报, 2007, 7 (4): 747-750.

[69]   Lu N, Gustavo B, Carlos C N. Integrated energy systems in China: The cold Northeastern region experience [M]. Rome: Food And Agriculture Organization Of The United Nations, 1994.

[70]   Pakdel H, Roy C, Chaala A. Production of useful products by vacuum pyrolysis of biomass//Proc XV Chemical Con-

ference of the Oriente University, Santiaga de Cuba, November 27-29, Editorial Oriente, 1996.

[71] Manuel Garcïa-Pe'rez, Abdelkader Chaala, Christian Roy. Vacuum pyrolysis of sugarcane bagasse [J]. Journal of Analytical and Applied Pyrolysis, 2002, 65: 111-136.

[72] 徐莹, 王铁军, 马隆龙, 等. 真空热解松木粉制备生物油的工艺研究 [J]. 农业工程学报, 2013, 1: 196-201.

[73] Shihadeh A, Hochgreb S. Impact of biomass pyrolysis oil process conditions on ignition delay in compression ignition engines [J]. Energy Fuels, 2002, 16 (3): 552-561.

[74] 朱锡锋, 郑冀鲁, 郭庆祥, 等. 生物质热解油的性质精制与利用 [J]. 中国工程学, 2005, 7 (9): 83-89.

[75] 王勇, 邹献武, 秦特夫. 生物质转化及生物质油精制的研究进展 [J]. 化学与生物工程, 2010, 27 (9): 1-5.

[76] 林木森, 蒋剑春. 生物质快速热解技术现状 [J]. 生物质化学工程, 2006, 40 (1): 21-26.

[77] Ates F, et al. Fast Pyrolysis of sesame stalk: yields and structural analysis of bio-oil [J]. Journal of analytical and applied pyrolysis, 2004, 71: 779-790.

[78] Bridgwater A V. Review of fast pyrolysis of biomass and product upgrading [J]. Biomass and Bioenergy, 2011, 91 (1): 263-272.

[79] Wagenaar B M, Prins W, Vanswaaij M W P. Pyrolysis of biomass in the rotating cone reactor: Modeling and experimental justification [J]. Chemical Engineering Science, 1994, 49 (24): 5109-5126.

[80] 王树荣, 骆仲泱, 董良杰. 生物质闪速热裂解制取生物油的试验研究 [J]. 太阳能学报, 2002, 23 (1): 4-10.

[81] 熊万明. 生物油的分离与精制研究 [D]. 安徽: 中国科学技术大学, 2010.

[82] Demirbas A. Effect of initial moisture content on the yields of oily products from pyrolysis of biomass [J]. Journal of Analytical and Applied Pyrolysis, 2004, 71 (2): 803-815.

[83] Sipila K, Kboppala E, Fagernas L. Characterization of biomass-based flash pyrolysis oils [J]. Biomass and Bioenergy, 1998, 14 (2): 103-113.

[84] Zabaniotou A A, Karabelas A J. The Evritania (Greece) demonstration plant of biomass pyrolysis [J]. Biomass and Bioenergy, 1999, 16: 431-445.

[85] 王树荣, 骆仲泱, 谭洪, 等. 生物质热裂解生物油特性的分析研究 [J]. 工程热物理学报, 2004, 25 (6): 1049-1052.

[86] 戴先文, 吴创之, 周肇秋, 等. 循环流化床反应器固体生物质的热解液化 [J]. 太阳能学报, 2001, 22 (2): 124-130.

[87] 颜涌捷, 张素萍, 任铮伟, 等. 生物质快速裂解液体产物的分析 [J]. 华东理工大学学报, 2001, 6: 666-668.

[88] 任铮伟, 徐清, 陈明强, 等. 流化床生物质快速裂解制液体燃料 [J]. 太阳能学报, 2002, 23, (4): 462-466.

[89] 徐保江, 李美玲, 曾忠. 旋转锥式闪速热解生物质试验研究 [J]. 环境工程, 1999, 17 (5): 71-74.

[90] Piskorz J, Majerski P, Radilein D, et al. Conversion of liginins to hydrocarbon fuels [J]. Energy and Fuels, 1989 (3): 723-726.

[91] Mahfud F H, Ghijsen F, Heeres H J. Hydrogenation of fast pyrolysis oil and model compounds in a two-phase aqueous organic system using homogeneous ruthenium catalysts [J]. Journal of MolecularCatalysis A: Chemical, 2007, 264 (1/2): 227-236.

[92] Soltes E J, Lin K S C, Shen E Y H. Catalyst specificities in high pressure hydroprocessing of pyrolysis and gasification tars [J]. ASC Division of Fuel Chemistry, 1987, 32 (2): 229-239.

[93] Courtney A F, Tonya M, Ji Y, et al. Bio-oil upgrading over platinum catalysts using in situ generated hydroge [J]. Applied Catalysis (A): General, 2009, 358: 150-158.

[94] Zheng X, Lou H. Recent advances in upgrading of bio-oils from pyrolysis of biomass [J]. Chinese Journal of Catalysis, 2009, 30 (8): 765-770.

[95] Williams P T, Home A P. The influence of catalyst regeneration on the composition of zeolite: upgraded biomass pyrolysis oils [J]. Fuel, 1995, 74 (12): 1839-1851.

[96] 郭晓亚, 颜涌捷, 李庭琛, 等. 生物质油催化裂解精制中催化剂上焦炭前身物的分析 [J]. 高校化学工程学报, 2006, 20 (2): 222-227.

[97] Chiaramonti D, Bonini M, Fratini E. Development of emulsions from biomass pyrolysis liquid and diesel and: their

use in engines: Part 1: emulsions production [J]. Biomass and Bioenergy, 2003, 25: 85-99.

[98] Ikura M, Stanciulescu M, Hogan E. Emulsification of pyrolysis derived bio-oil in diesel fuel [J]. Biomass and Bioenergy, 2003, 24: 221-232.

[99] Hino M, Yarata K. Solid catalysts treated with anions. I catalytic activity of iron oxide treated with sulfate ion for dehydration of 2-propanol and ethanol and polymerization of isobutyl vinylether [J]. Chemistry Letters, 1979.

[100] 金华峰, 李文戈. 纳米复合固体超强酸 $SO_4^{2-}/ZnFe_2O_4$ 的制备与催化合成癸二酸二乙酯的研究 [J]. 无机化学学报, 2002, 18 (3): 265-268.

[101] 王绍艳, 张志强, 吕玉珍, 等. 纳米固体超强酸 SO_4^{2-}/Fe_2O_3 的制备及其催化合成乙酸乙酯 [J]. 无机化学学报, 2002, 18 (3): 279-283.

[102] 常铮, 郭灿雄, 李峰, 等. 新型磁性纳米固体酸催化剂 ZrO_2/Fe_3O_4 的制备及表征 [J]. 化学学报, 2002, 60 (2): 298-304.

[103] 梅长松, 景晓燕, 林茹春, 等. 磁性固体超强酸的制备及催化酯化反应的研究 [J]. 化学试剂, 2002, 24 (1): 1-2.

[104] Song M, Zhong Z, Dai J J, et al. Different solid acid catalysts influence on properties and chemical composition change of upgrading bio-oil [J]. Journal of Analytical and Applied Pyrolysis, 2010, 89: 166-170.

[105] Wang J J, Chang J, Fan J. Catalytic esterification of bio-oil by ion exchange resins [J]. Journal of Fuel Chemistry and Technology, 2010, 38 (5): 560-564.

[106] 王琦, 姚燕, 王树荣, 等. 生物油离子交换树脂催化酯化试验研究 [J]. 浙江大学学报: 工学版, 2009, 43 (5): 927-930.

[107] 徐莹, 王铁军, 马隆龙, 等. MoNi/γ-Al$_2$O$_3$催化剂的制备及其催化乙酸临氢酯化反应性能 [J]. 无机化学学报, 2009, 25 (5): 805-811.

[108] 郭祚刚, 王树荣, 朱颖颖, 等. 生物油酸性组分分离精制研究 [J]. 燃料化学学报, 2009, 37 (1): 50-52.

[109] Martinello M, Hecker G, Del C P M. Grape seed oil deacidification by molecular distillation: Analysis of operative-variables influence using the response surface methodology [J]. Journal of Food Engineering, 2007, 81 (1): 60-64.

[110] Lopez J G, SalvaMonfort J J. Preliminary test on combustion of wood derived fast pyrolysis oils in a gas turbine combustor [J]. Biomass and Bioenergy, 2000, 19: 119-128.

[111] He Ronghai, Ye X Philip. Effects of high pressure homogenization on physicochemical properties and storage stability of switchgrass bio-oil [J]. Fuel Processing Technology, 2009, 90: 415-421.

[112] Tang Y, Yu W J, Mo L Y, et al. One-step hydrogenation-esterification of aldehyde and acid to ester over bifunctional Pt catalysts: A model reaction as novel route for catalytic upgrading of fast pyrolysis bio-oil [J]. Energy Fuels, 2008, 22: 3484-3488.

[113] 张志颖, 张道玮. 车用生物柴油的应用现状与展望 [J]. 现代农业科技, 2010, 9: 263-264.

[114] Staat F, Gateau P. The effects of rape seed oil methyl ester on diesel engine performance, exhaust emissions and long-term behavior-a summary of three years of experimentation [J]. Translation of the ASAE, 1995, 26 (4): 164-169.

[115] Mustafacanakei. Production of ciodiesel from feed-stocks with high free acids and its effect on diesel engine performance and emissions [D]. Iowa: Iowa State University, 2001.

[116] 刘光斌, 刘苑秋, 黄长干, 等. 5 种野生木本植物油性质及其制备生物柴油的研究 [J]. 江西农业大学学报, 2010, 32 (2): 339-344.

[117] 胡亚伟, 邸青, 陈玉红. 生物柴油的制备及发展趋势 [J]. 河南化工. 2010, 02: 1-2.

[118] 李攀, 王贤华, 李允超. 生物柴油研究现状及其进展 [J]. 能源与节能, 2012, (10): 31-32.

[119] 张华涛, 殷福珊. 第二代生物柴油的最新研究进展 [J]. 日用化学品科学, 2009, 32 (2): 17-20.

[120] 吴逸民. 我国生物质能产业发展现状及展望 [J]. 农业工程技术: 新能源产业, 2011 (8): 20-22.

[121] Stuart A S, Matthew P D, John S, et al. Biodiesel from algae: challenges and prospects [J]. Current Opinion in Biotechnology, 2010, 21 (3): 277-286.

[122] Val H S, Belinda S M S, Frank J D, et al. The ecology of algal biodiesel production [J]. Trends in Ecology and Evolution, 2009, 25 (5): 301-309.

[123] 李化，陈丽，唐琳，等. 西南地区麻风树种子油的理化性质及脂肪酸组成分析 [J]. 应用与环境生物学报，2006，12 (5): 643-646.

[124] Achten W M J, Verchot L, Franken Y J, et al. Jatropha bio-diesel production and use [J]. Biomass and Bioenergy, 2008, 32 (12): 1063-1084.

[125] 吴艳霞. 亚麻籽及亚麻籽油 [J]. 陕西粮油科技，1994，19 (2): 22-23.

[126] 王俊国，王新宇. 亚麻（籽）油的精炼技术研究 [J]. 粮油加工，2007 (1): 47-48.

[127] 李洪山，范艳霞. 盐地碱蓬籽油的提取及特性分析 [J]. 中国油脂，2010，35 (1): 74-76.

[128] 张学杰，樊守金，李法曾. 中国碱蓬资源的开发利用研究状况 [J]. 中国野生植物资源，2003，22 (2): 1-3.

[129] 杨庆利. 海滨锦葵种子油脂提取及制备生物柴油研究 [D]. 北京：中国科学院研究生院，2008.

[130] Stella B, Aggeliki K, Iacovos A V. Hydrocracking of vacuum gas oil-vegetable oil mixtures for biofuels production [J]. Bioresource Technology, 2009, 100 (12): 3036-3042.

[131] Huber G W, O′connor P, Corma A. Processing biomass in conventional oil refineries: production of high quality diesel by hydrotreating vegetable oils in heavy vacuum oil mixtures [J]. Applied Catalysis A: General, 2007, 329 (1): 120-129.

[132] Chiaramonti D, Oasmaa A, Lantausta Y. Power generation using fast pyrolysis liquids from biomass [J]. Renewable and Sustainable Energy Reviews, 2007, 11 (6): 1056-1086.

第 4 章
发电供热利用技术

4.1　发电利用

4.1.1　生物质发电技术概况

（1）生物质发电技术

生物质燃料发电是利用生物质所具有的生物质能进行的发电，是可再生能源发电的一种，一般分为直接燃烧发电技术和气化发电技术。

（2）生物质发电装置的优点

生物质动力工业不仅能产生成本效益高的电力，而且还有活跃农业经济的潜力。生物质作为本地的自然资源，是可以连续不断地种植和收获的。而且，生物质的种植、运输和收获需要劳动力，从这个意义上说，它和肥料、杀虫剂以及农业设备一样都能创造就业机会。生物质动力工业具有增加农业收入的潜力，能促进农村经济的发展。

未来，生物质电站规模将更大，效率更高，而且建在种植生物质的大农场附近。这些农场将和燃料加工厂，如气化厂相结合，气化器将直接与高效率燃气轮发电机组耦合。

生物质发电有利于环境，因为生物质在生长时吸收的 CO_2 量和它作为燃料燃烧时排放出的大致相当。生物质含硫量很小，低于 0.1%。与燃煤电站相比，它的有害排放物要少得多。因此，在燃煤电站中采用生物质燃料，不仅有助于降低有害排放物，而且能满足更为严格的环境要求。

生物质发电系统还有助于满足新增发电容量的要求。生物质电站规模一般较小，计划、建造较快，财务风险也较小。此外由于原料来源可靠，减少了受意外的燃料供应中断或突然涨价的影响。

（3）生物质能发电必须考虑的条件

1）稳定供应。为消除生物质的季节依赖性，可采用多种燃料相互补充的措施。

2）低环境污染。从环境的角度看，希望减少 CO_2 的排放量，希望减少氮氧化物、硫化物的排放。

3）高效率。希望发电出力与投入燃料能量之比（发电效率）越大越好。在使用锅炉、汽轮机等以蒸汽为动力的发电系统中，发电效率可以分解为锅炉效率（有效蒸汽热出力与投入燃料之比）与蒸汽循环效率（发电出力与有效蒸汽热出力之比）两项。

4.1.2 生物质直接燃烧发电技术

生物质直接燃烧发电技术的原理是将农作物秸秆、稻壳、林木废物等生物质与过量空气在锅炉中燃烧，产生的热烟气和锅炉的热交换部件换热，产生出的高温高压蒸汽在蒸汽轮机中膨胀做功发出电能。燃烧后产生的灰粉可作为钾肥返田，该过程将农业生产原本的开环产业链转变为可循环的闭环产业链，是完全的变废为宝的生态经济。

其工艺流程如图 4-1 所示，将生物质原料从附近各个收集点运送至电站，经预处理（破碎、分选）后存放到原料存储仓库，仓库容积要保证可以存放 5d 的发电原料量；然后由原料输送车将预处理后的生物质送入锅炉燃烧，通过锅炉换热将生物质燃烧后的热能转化为蒸汽，为汽轮发电机组提供汽源进行发电。生物质燃烧后的灰渣落入出灰装置，由输灰机送到灰坑，进行灰渣处置。烟气经过烟气处理系统后由烟囱排放入大气中。

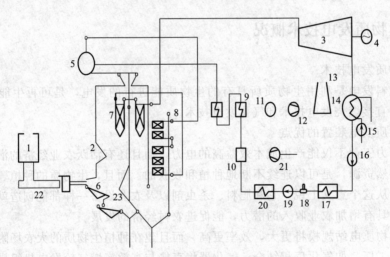

图 4-1　生物质直燃发电系统示意

1—料仓；2—锅炉；3—汽轮机；4—发电机；5—汽包；6—炉排；7—过热器；8—省煤器；9—烟气冷却器；10—空气预热器；11—除尘器；12—引风机；13—烟囱；14—凝汽器；15—循环水泵；16—凝结水泵；17—低压加热器；18—除氧器；19—给水泵；20—高压加热器；21—送风机；22—给料机；23—灰斗

生物质发电厂发电设备与同规模的燃煤电厂基本相同，但由于生物质燃料和燃烧设备的特殊性，使得燃烧过程复杂，受热面更容易结焦，锅炉效率较低，运行水平有待提高。

(1) 生物质锅炉燃烧的主要问题

① 生物质燃料的收集和存储问题　我国生物质资源以农林废物为主，其特点是资源分散，搜集运输较困难，季节性强，原料供应稳定性差，并且品种多样。不同的生物质燃料的各种成分含量不同，这要求锅炉的上料系统具有对燃料种类、粒度有较广泛的适应性。

生物质燃料的密度较小，存储堆放场地要求较大，而且还要进行防雨、防潮和防火设施建设，维护费用较大。

② 进料和上料系统问题　生物质质地松软，密度小，发热量低，因此生物质燃料的体积消耗量要比同规模燃煤电厂大很多，生物质电厂需要更大的上料系统。另外由于生物质燃料种类很多，混合上料的时候，容易出现堵料，不均匀，从而导致锅炉的燃烧不稳定。

③ 受热面积灰、结焦，腐蚀严重　生物质燃料具有高氯、高碱、挥发分高、灰熔点低等特点，燃烧时易腐蚀锅炉，并产生结渣、结焦等现象。生物质燃料灰中碱金属特别是 K 的含量较高，灰熔点较低，高温状态下易出现水冷壁和受热面产生结焦、腐蚀等现象。另外，灰中可能存在一定量的 Cl^-，Cl 和 K 会以 KCl 的形式直接沉积在传热表面，也可能与灰中的硅酸盐反应生成低熔点灰，使锅炉结焦、腐蚀的趋势更加严重。

④ 燃烧不稳定，优化运行水平有待提高　生物质燃料的水分和氧量含量较多，热值较低，在相同锅炉出力的情况下，烟气量较大，燃烧稳定性差，灰渣含碳量高，进而导致主要辅机故障率和能耗较高、燃烧效率低。

（2）生物质锅炉燃烧分析

由于生物质的含氧量和水分比较多，所以所需的风量以及一次风、二次风比和常规燃煤锅炉不同。而且由于生物质黄秆和灰秆的各成分的含量不同，所以在生物质燃料改变时，对应的运行参数也随之改变。锅炉效率主要是在安全运行的基础之上通过采用最佳的燃烧器运行方式、最佳的送风量（最佳过量空气系数）以及最佳的一次风、二次风的配比来得到优化的。

① 燃料的影响　不同的生物质燃料的组成成分以及性质是不同的。生物质锅炉较为常用的燃料是黄秆和灰秆。黄秆着火快，燃烧时间短，在炉膛内一般不会形成堆积；而灰秆着火慢，燃烧时间长，容易形成堆积，也不易燃烧完全。因此不同的燃料对应风量配比及炉排振动参数也是不同的。

② 一次风的影响　生物质燃料密度较低，结构较松散，挥发分含量较高，着火热较低，挥发分析出的时间较短，若一次风供应不足，挥发分容易不被燃尽而排出，会产生大量的青烟，使排烟含碳量过高。若一次风量过大，会使未燃尽的小木炭随烟气排入大气，不但使飞灰含碳量增加，影响燃烧的经济性，而且可能会引起烟道尾部积灰以及尾部烟道的再燃烧，影响锅炉和除尘器的安全运行。

③ 二次风的影响　二次风一方面为炉内未燃尽的燃料提供 O_2，另一方面压低火焰位置，防止火焰过分上飘，延长烟气在炉膛内的行程，减少机械不完全损失，从而提高锅炉的效率。必须使一次风、二次风合理配比，才能保证燃烧顺利进行，使锅炉效率达到最优。

④ 送料风压力的影响　燃料投入的长度与送料风的压力有关。当送料风压力过高时，燃料投入时分布会很长，甚至分布在炉排上超过 75% 的地方，燃烧就不会均匀。燃料投入的长度依靠送料风的压力来调节，其分布依靠空气阀门来调节。

⑤ 振动炉排的影响　如果炉排振动较小，就会使炉排上的燃料堆积过多，燃料燃烧不完全，使飞灰含碳量增加；如果炉排振动幅度过大，一些燃料来不及燃烧就会排入落渣口，增加锅炉机械不完全燃烧，降低锅炉的整体热效率。

⑥ 最佳过量空气系数　若空气供给量不足，会产生大量的还原性气体，从而影响燃料的完全燃烧，使燃料堆积、炉排结焦等。若空气供给过多，烟气含氧量过高，一方面增加了

风机的功耗以及磨损，另一方面会使未燃尽的燃料排入大气，增加排烟损失，降低锅炉效率。

(3) 运行优化调整和改进措施

① 燃料检测　我国生物质发电厂燃料根据含氧量、水分、挥发分等含量主要可以分为两类：灰秆和黄秆。在生物质送料设备处增设燃料在线检测分类装置，根据物理性质把其大致分为两类，以供运行人员参考和设定合适的一次风、二次风量。

② 改进送料设备　燃料输送系统和锅炉给料系统环节较多，工艺复杂，另外由于生物质燃料种类很多，混合上料的时候，容易出现螺旋和斗式提升机经常堵塞的现象。可以考虑改进现有的给料工艺减少给料环节，不采用斗式提升机，改用栈桥、皮带，直接将料仓的料输送到炉前料仓。同时严格控制燃料湿度和粒度，防止燃料结团、缠绕，并改进自动化控制手段，保证输料系统连续稳定运行。

③ 改进受热面和吹灰的控制策略　生物质燃料具有高氯、高碱、灰熔点低等特点，燃烧时比燃煤电厂更易发生结焦、腐蚀，从而影响过热蒸汽的产量以及锅炉性能。一方面可以改进低压烟气冷却器鳍片式紧凑结构，采用光管烟气冷却器可以减轻积灰；另一方面在过热器、再热器等换热面的吹灰设备控制策略应当改进，通过人工智能方法，利用炉膛监测的信号建立神经网络模糊专家系统来选择最优的吹灰时刻，以减少换热面结焦和提高锅炉效率。

④ 燃烧调整试验优化　针对生物质电厂锅炉，设计燃烧调整试验，分析一次风、二次风和燃料性质等因素对燃烧的影响，得到典型工况点下最佳的一次风量、二次风量比以及配风方式，从而降低锅炉不完全燃烧损失和排烟损失，提高锅炉效率。

⑤ 燃烧过程的建模与优化应用智能理论　对生物质锅炉的燃烧过程进行建模。把一次风量、二次风量、风压等数据作为燃烧过程的输入量，把飞灰含碳、锅炉效率等量作为输出量，利用支持向量机、神经网络等智能理论建立基于数据驱动的模型，然后再根据模型对锅炉效率寻优，得到在最优效率下的一次风量、二次风量、风压等设定值，从而使燃烧过程处于最优状态。

⑥ 采用新型燃烧方式　生物质燃料水分比较高，采用流化床技术，有利于生物质的完全燃烧，提高锅炉效率。相比炉排燃烧技术，流化床燃烧技术具有布风均匀、燃料与空气接触混合良好等优点。同时，在炉内温度控制和机组负荷控制上也具有一定的优势。采用特定的流化介质，形成蓄热量大、温度高的密相床层，为高水分、低热值的生物质提供优越的着火条件，依靠床层内剧烈的传热过程和燃料在床内较长的停留时间，使生物质燃料得以充分燃尽。

⑦ 生物质与煤混燃发电　生物质共燃技术简单，投资和运行费用低，此外，生物质相对较便宜，对燃煤电厂而言还可增加燃料的选择范围和燃料适应性，降低燃料成本。煤粉燃烧发电效率高，可达 35% 以上，生物质燃烧低硫低氮，在与煤粉共燃时可以降低电厂的 SO_x 和 NO_x 排放。煤与生物质共燃，为现役电厂提供了一种快速而低成本的生物质发电技术，是一种廉价而低风险的可利用再生能源的发电技术。

生物质直接燃烧发电的技术已经成熟，进入推广应用阶段，国外生物质能电厂概况见表 4-1。美国大部分生物质采用直接燃烧，近年来已建成 350 多座生物质发电站，生物质能发电的总装机容量已超过 10000MW，单机容量达 10~25MW，处理的生物质大部分是农业废物或木材厂、纸厂的森林废物。这种技术单位投资较高，大容量机组效率也较高，但它要求生物质集中，数量巨大，只适于现代化大农场或大型加工厂的废物处理。对生物质较分散的发展中国家不是很合适，如果考虑生物质大规模收集与运输，成本也较高。从环境效益的角度考虑，生物质直接燃烧与煤燃烧相似，会放出一定的 NO_x，但其他有害气体比燃煤要少得多。奥地利成功地推行建立燃烧木质能源的区域供电计划，目前已有 80～90 个容量为 1000～2000kW 的区域供热站，年供热 1×10^{10} MJ。瑞典和丹麦正在实行利用生物质进行热电联产的计划，使生物质能在提供高品位电能的同时，满足供热要求。瑞典早在 1999 年地区供热和热电联产所消耗的能源中，生物质能就达到 26%。

表 4-1 国外生物质能电厂概况

厂名(国家、投产年)	锅炉	燃料	出力/MWe	效率/%				单位投资(1992年)美元/kWe	排放物		
				η_b(炉,LHV)	η_t(机,LHV)	η_e(发电,LHV)	η_e(发电,HHV)		NO_x(mg/MJin)	CO/(mg/MJin)	灰尘/(mg/MJin)
AverageZurn/约旦	移动床炉	废木	25	—	—	29	24	1200～1600	129	215	
Delano(美国,1991年)	沸腾炉	秸秆	27	86	35	29	26	—	25	6.5	
McNeil(美国,1984年)	移动床炉	稻草,废木,垃圾,天然气	50	83	39	30	25	1800	74	177	4
Mabjergvaerket 热电联产(丹麦,1993年)	振动炉	废木	34	89	36	30	—	2900	108	130	4
Handeloverket 热电联产(瑞典,1994年)	循环流化炉	废木	46	89	38	32	26	1100	50	90	10
Grenaa 热电联产(丹麦,1992年)	循环流化炉	稻草	27	—	37	—	—	2500	150	200	50
Enköping 热电联产(瑞典,1995年)	振动炉	废木	28	96	37	33	28	1900	32	90	—
EPON 与煤混燃(荷兰,1995年)	煤粉炉	废木	20	—	—	37	34	800	—	—	—
WholeTreeEnergy(美国,1997年)	炉排炉	废木,煤	100	90	41	38	32	1400	54	134	12
ELSAM 与煤混燃(丹麦,2005年)	循环流化炉	稻草,废木	250	—	—	44	—	—	—	—	—

芬兰是世界上利用林业废料、造纸废物等生物质发电最成功的国家之一，其技术与设备为国际领先水平。福斯特威勒公司是芬兰最大的能源公司，也是具有世界先进水平的燃烧生物质的循环流化床锅炉公司，最大发电量达 30×10^4 kW。该公司可提供的生物质发电机组的功率为 3～47MW，生产的发电设备主要利用木材加工业、造纸业的废物为燃料，废物的最高含水量可达 60%，排烟温度为 140℃，热效率达 88%。

我国和国外在生物质利用方面差距较大的是生物质的直接燃烧技术。国内生物质直接燃烧转化为热能主要以炉灶燃烧利用为主，效率低。我国目前只有燃用甘蔗渣的锅炉，其他生物质还没有定型的锅炉产品，由于直接燃烧技术的限制，生物质直接燃烧用于发电或供热的应用较少，造成了农业和林业废物的大量浪费。

近两年，随着我国生物质直燃发电迅猛发展，各大发电公司对发展生物发电投入不断加大，据称国能公司这两年在建和投产的项目有 20 个，据粗略统计，国家发改委已核准的示范项目有：河北晋州（$1×25MW$）；山东单县（$1×25MW$）；江苏海安（$1×25MW$）；河南鹿邑（$1×30MW$）；河南浚县（$1×30MW$）。近期计划开工项目：黑龙江庆安；北京平谷区；江苏如东县；山东寿光、博兴、东营、高密、德州、历城等。

4.1.3 生物质气化发电

生物质气化发电技术又称生物质发电系统，其原理是利用气化炉把生物质转化为可燃气体，经过除尘、除焦等净化工序后送入锅炉、内燃发电机、燃气机的燃烧室中燃烧来发电。过程包括三方面：生物质气化、气体净化、燃气发电。生物质气化发电既可以解决可再生能源的有效利用，又可以解决各种有机废物的环境污染，是生物质能最有效最洁净的利用方法之一。表 4-2 给出了国外生物质气化项目的概况。

表 4-2　国外生物质气化项目的概况

工程组织/项目名	工程概况	国家	原料	规模	备注
Foster Wheeler 公司，原奥斯龙公司	常压/压力 CFB 气化发电	芬兰	木片，树皮，泥煤	$2～27t/h$	该公司的全尺寸 CFB 气化炉，以 MSW 为原料已在瑞典投入商业运行
THERMIE 能源农场项目 BioelettricaS. P. A.	速生能源林示范，Lurgi 公司 CFBIG-CC 技术	意大利	木片	11.9MW	1994 年开始计划组织，常压鼓空气循环床气化
Varnamo IGCC 项目（Syd-kraft）	压力循环流化床 IGCC,空气气化	瑞典	废木材	$6～9MW$	第一座成功运行的生物质 IGCC 电厂
BGF 项目（Westing house, PICHTR/IGT,DOE）	压力鼓泡流化床 IGCC	美国	蔗渣,能源林	100t/d	在 1997 年 8～11 月期间试运行
BIOSYN 项目	O_2 气化产品气合成甲醇	加拿大	木头		已投运
VERMONT 工程 BURLING-TON 电力公司	Battelle 工艺的 IGCC 示范	美国	木片	200t/d	Battelle Columbus 双流化床工艺,燃气热值 $16～18MJ/m^3$
IMTRANVOIMA	水蒸气干燥,蒸汽联合循环	芬兰	高水分木柴,泥煤,造纸废液		鼓空气压力气化,水蒸气联合循环
JWP Enepgy Products 公司	流化床气化	美国	木头,农业废物,RDF	25MW	已有 3 台木柴流化床气化装置,分别在 Oregon, Califonia 和 Missouri
Lurgi Umwelt Technik Gmbh	循环流化床气化发电、水泥、石灰窑供热	德国	RDF,木头,树皮等	14MW 50～100MW	
POWERSOURCES,INC.	不同的供热、发电、产蒸汽商用气化装置	美国	木片,稻壳,造纸废液	最大达 330t/d	已有 2 台废木材气化器,一台稻壳气化器投运

工程组织/项目名	工程概况	国家	原料	规模	备注
THERMOCHEM 公司（MT-CI）	脉动燃烧水蒸气流化床气化	美国	木片,稻壳,造纸废液	20～50t/d	间接加热流化床气化,燃烧增加传热,典型燃气热值 9～12MJ/m³
PRODUCERS RICEMILLS ENERGY SYSTEMS 公司	多区固定炉排气化器,产热、蒸汽和电能	美国	稻壳,秸秆,树皮,	10～1000t/d	在美国,澳大利亚,马来西亚和哥斯达黎加有18套系统投运
SUR-LITECORP.	流化床气化,产煤气和蒸汽	美国	木片,秸秆,稻壳等	120t/d	已有 4～5 个商业运行装置
TPSTERMISKAPROCES-SORAB（原 STUDSVIK 公司）	流化床气化器（IGCC）	瑞典	木柴,树皮,泥煤,秸秆,RDF	最大50MW	其技术已应用于许多大型气化系统
Tampella Power Inc.	流化床气化	芬兰			U-GAS 气化工艺
WELL MAN PROCESS ENGINEERING	上流式固定床气化装置	英国	木头,褐煤等	最大直径3m	提供气化器和净化系统定制设计的商业服务
BRIGHTSTAR SYNFUELS Co.	外热式水蒸气生物质重整,中热值气化技术	美国	木屑,树皮,蔗渣,MSW		中热值气化技术,典型热值 12.5MJ/m³
BIG-GT 工程（STATEBAHIA,BRAZIL, ELECTRO-BRAZ,SHELL,世界银行）	生物质整体气化联合循环以验证BIG-GT 的商业可行性	巴西	木头,桉树能源林		采用 TPS 技术,预计系统效率可达 47%
ARBRE 项目（TPS 技术）	8MW CFB IGCC和速生林工程	英国		8MW	热气净化系统也是示范内容,空气净化
COMBUSTION CONSULT-ANTS Ltd.	固定床气化燃烧整合系统,提供高温清洁的烟气	新西兰	木片,树皮等	2～60MBtu/h	投运装置超过 600 台
FERCO（Future energy resources Co.）	高效、大型气化系统发展商	美国	木片	5MW	

注：1Btu=1055.06J,下同。

气化发电过程包括三个方面：一是生物质气化,把固体生物质转化为气体燃料；二是气体净化,气化出来的燃气都带有一定的杂质,包括灰分、焦炭和焦油等,需经过净化系统把杂质除去,以保证燃气发电设备的正常运行；三是燃气发电,利用燃气轮机或燃气内燃机进行发电,有的工艺为了提高发电效率,发电过程可以增加余热锅炉和蒸汽轮机。生物质气化发电工艺流程如图 4-2 所示。

经预处理的（以符合不同气化炉的要求）生物质原料,由进料系统送进气化炉内。由于有限地提供 O_2,生物质在气化炉内不完全燃烧,发生气化反应,生成可燃气体——气化气。气化气一般要与物料进行热交换以加热生物质原料,然后经过冷却系统及净化系统。在该过程中,灰分、固体颗粒、焦油及冷凝物被除去,净化后的气体即可用于发电,通常采用内燃机、燃气轮机及蒸汽轮机进行发电。

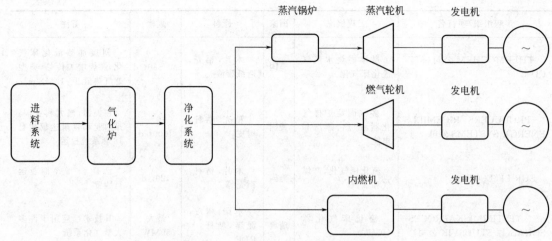

图 4-2　生物质气化发电工艺流程示意

(1) 生物质气化的过程

在传统的燃烧技术中,生物质使用过量空气以确保完全燃烧。在气化中,O_2含量通常是理论上完全燃烧所需要量的 $1/5\sim1/3$,固体生物质和 O_2、空气或水蒸气在反应器中发生反应,生成可燃的产品气。产品气中主要包括 CO 和 H_2。生物质气化包括两个基本的过程。

① 热解　热解也被称为轻度气化、热裂解、炭化和脱挥发分。燃料在低于 600℃ 条件下经过一系列复杂的反应释放出挥发性气体。这种挥发性气体中包含有烃类气体、H_2、CO、CO_2、焦油和水蒸气。因为生物质比煤含有较多的挥发性成分(干基下为 70%~80%),所以热解在生物质气化过程中所起的作用比煤气化过程中大。热解产生的不可挥发副产品通常被认为是炭,主要由固定碳和灰分组成。

② 气化　在此过程中,热解过程产生的碳发生典型气化(水蒸气＋碳)和燃烧(碳＋氧气)反应,正是通过燃烧反应释放出的热量促使热解和炭的气化反应的进行。

(2) 生物质气化发电的设备与技术特点

生物质的气化有各种各样的气化工艺过程。但从气化发电的质量和经济性出发,生物质气化发电要求达到发电频率稳定、发电负荷连续可调两个基本要求,所以对气化设备而言,它必须达到燃气质量稳定,燃气产量可调,而且必须连续运行。在这些前提下,气化能量转换效率的高低才是气化发电系统运行成本的关键所在。表 4-3 是各种气化炉的特性,是气化发电系统选择气化炉形式和控制运行参数的制约条件。

从实际应用上考虑,固定床气化炉比较适合于小型、间隙性运行的气化发电系统。它的最大优点是原料不用预处理,而设备结构简单紧凑,燃气中含灰量较低,净化可以采用简单的过滤方式,但它最大的缺点是固定床不便于放大,难以实现工业化,发电成本一般较高。另外,固定床由于加料和排灰问题,不便于设计为连续运行的方式,对气化发电系统的连续运行不利,而且燃气质量容易波动,发电质量不稳定。这些方面都限制了固定床气化技术在气化发电系统中的大量应用,是小型生物质气化发电系统实现产业化的最大技术难题。

表 4-3　各种气化炉的特性

特性	上吸式	下吸式	鼓泡流化床	循环流化床
原料适应性	适应不同形状尺寸原料,含水量在15%~45%间可稳定运行	大块原料不经预处理可直接使用	原料尺寸控制较严,需预处理过程	能适应不同种类的原料,但要求为细颗粒原料,需预处理过程
燃气特点:后处理过程的简单性	H_2和C_xH_y含量少,CO_2含量高,焦油含量高需要复杂净化处理	H_2含量增加,焦油经高温区裂解,含量减少	与直径相同的固定床比,产气量大4倍。焦油较少,燃气成分稳定,后处理过程简单	焦油含量少,产气量大,气体热值比固定床气化炉高40%左右,后处理简单
设备实用性:单炉生产能力,结构复杂程度,制造维修费用	生产强度小,结构简单,加工制造容易	生产强度小,结构简单,容易实现连续加料	生产强度是固定床的4倍,但受气流速率的限制。故障处理容易,维修费用低	生产强度是固定床的8~10倍,流化床的2倍。单位容积的生产能力最大,故障处理容易,维修费用低
与发电系统的匹配性	工作安全,稳定	安全,稳定	操作安全,稳定。负荷调节幅度受气速的限制	负荷适应能力强,启动、停车容易,调节范围大,运行平稳

各种流化床气化技术,包括鼓泡床、循环流化床、双流化床等,是比较适合于气化发电工艺的气化技术。首先它运行稳定,包括燃气质量、加料与排渣等非常稳定,而且流化床的运行连续可调,最重要的一点是它便于放大,适于生物质气化发电系统的工业应用。当然,流化床也有明显的缺点:一是原料需进行预处理,使原料满足流化床与加料的要求;二是流化床气化产生燃气中飞灰含量较高,不便于后续的燃气净化处理;另外,生物质流化床运行费用较高,它不适合于小型气化发电系统,只适合于大中型气化发电系统。所以研究小型的流化床气化技术在生物质能利用中很难有实际意义。

生物质流化床气化工艺有三种典型的形式,即鼓泡床气化器、循环流化床气化器及双流化床气化器。三种流化床气化炉中以循环流化床气化速率最快,它适用于较小的生物质颗粒,在大部分情况下可以不必加流化床热载体,所以它运行最简单,但它的炭回流难以控制,在炭回流较少的情况下容易变成低速率的载流床。鼓泡床流化速率较慢,比较适合于颗粒较大的生物质原料,而且一般必须增加热载体。双流化床系统是鼓泡床和循环流化床的结合,它把燃烧和气化过程分开,燃烧床采用鼓泡床,气化床采用循环流化床,两床之间靠热载体进行传热,所以控制好热载体的循环速率和加热温度是双流化床系统最关键也是最难的技术。

生物质气化发电技术是生物质能利用中的独特方式,有以下 3 个特点。

1) 技术有充分的灵活性,由于生物质气化发电可以采用内燃机,也可以采用燃气轮机,甚至可以结合余热锅炉和蒸汽发电系统,所以可以根据规模的大小选用合适的发电设备,保证在任何规模下都有合理的发电效率,这一技术的灵活性能很好地满足生物质分散利用的特点;

2) 具有较好的洁净性,生物质本身属于可再生能源,可以有效地减少 CO_2、SO_2 等有害气体的排放,而气化过程一般温度较低(在 700~900℃),NO_x 的生成量很少,所以能有效地控制 NO_x 的排放;

3）经济性，生物质气化发电技术的灵活性，可以保证其在小规模下有较好的经济性，同时燃气发电过程简单，设备紧凑，也使其比其他可再生能源发电技术投资更小，所以总的来说，生物质气化发电技术是所有可再生能源技术中最经济的发电技术。

(3) 生物质气化发电系统的分类

生物质气化发电系统由于采用气化技术和燃气发电技术以及发电规模的不同，其系统构成和工艺过程有很大的差别。

① 根据生物质气化形式不同分类　从气化形式上看，生物质气化过程可以分为固定床和流化床两大类。另外，国际上为了实现更大规模的气化发电方式，提高气化发电效率，正在积极开发高压流化床气化发电工艺。

② 根据燃气发电技术不同分类　从燃气发电过程上看。生物质气化发电主要有三种方式：

1）将可燃气作为内燃机的燃料，用内燃机带动发电机组发电；

2）将可燃气作为燃气轮机的燃料，用燃气轮机带动发电机组发电；

3）用燃气轮机和汽轮机实现联合发电，即利用燃气轮机排出的高温废气把水加热成蒸汽，再用蒸汽推动汽轮机带动发电机组发电。

内燃机发电系统以简单的燃气内燃机组为主，可单独燃用低热值燃气，也可以燃气、油两用，前者使用方便，后者工作稳定性好，效率较高。该系统机组属于小型发电装置，它的特点是设备紧凑，操作方便，适应性较强，但系统效率低，不宜连续长时间运行，单位功率投资较大。它适用于农村、农场、林场的照明用电或小企业用电，也适于粮食加工厂、木材加工厂等单位进行自供发电。

燃气轮机发电系统采用低热值燃气轮机，燃气需增压，否则发电效率较低，由于燃气轮机对燃气质量要求高并且需要有较高的自动化控制水平和燃气轮机改造技术，所以一般单独采用燃气轮机的生物质气化发电系统较少。

燃气-蒸汽联合循环发电系统在内燃机、燃气轮机发电的基础上增加余热蒸汽的联合循环，该种系统可以有效地提高发电效率。一般来说，燃气-蒸汽联合循环的生物质气化发电系统采用的是燃气轮机发电设备，而且最好的气化方式是高压气化，构成的系统称为生物质整体气化联合循环（B/IGCC）。它的一般系统效率可以达到 40% 以上，是目前发达国家重点研究的内容。

例如，丹麦哥本哈根（AVEDORE）电厂始建于 1990 年，原发电设备热输出功率为 440MW，燃料为天然气和油，其热电联产工程规模和技术水平是世界最先进的。2002 年，该厂又增加了热功率为 150MW 的生物质发电设备，采用天然气（油）与 50% 麦秸混合燃烧工艺，每小时秸秆消耗量为 25t，农业秸秆主要来源于芬兰和丹麦。生物质的水分含量用超声波测定，控制在 25% 左右。该系统的锅炉高 70m，炉温达到 583℃，产生 24～29.4MPa 的超临界水平的蒸汽，发电功率为 16.5MW，能源效率达 90%。

③ 根据生物质气化发电规模分类　从发电规模上分，生物质气化发电系统可分为小型、中型、大型三种。

小型气化发电系统简单灵活，主要功能为农村照明或作为中小企业的自备发电机组，它所需的生物质数量较少，种类单一，所以可以根据不同生物质形状选用合适的气化设备，一般发电功率<200kW。

中型生物质气化发电系统主要作为大中型企业的自备电站或小型上网电站，它可以适用于一种或多种不同的生物质，所需的生物质数量较多。需要粉碎、烘干等预处理，所采用的气化方式主要以流化床气化为主。中型生物质气化发电系统用途广泛，是当前生物质气化技术的主要方式。功率规模一般在 500～3000kW 之间。

大型生物质气化发电系统主要功能是作为上网电站，它可以适用的生物质较为广泛，所需的生物质数量巨大，必须配套专门的生物质供应中心和预处理中心，是今后生物质利用的主要方面。大型生物质气化发电系统功率一般在 5000kW 以上，虽然与常规能源比仍显得非常小，但在生物质能发展成熟后，它将是今后替代常规能源电力的主要方式之一。各种生物质气化发电技术的特点如表 4-4 所列。

表 4-4 各种生物质气化发电技术的特点

规模	气化过程	发电过程	主要用途
小型系统（功率＜200kW）	固定床气化、流化床气化	内燃机组，微型燃气轮机	农村用电，中小企业用电
中型系统（500kW＜功率＜3000kW）	常压流化床气化	内燃机	大中企业自备电站、小型上网电站
大型系统（功率＞5000kW）	常压流化床气化、双流化床气化	高压流化床气内燃机＋蒸汽轮机燃气轮机＋蒸汽轮机	上网电站、独立能源系统

(4) 不同发电技术对发电设备的要求

生物质燃气的特点是热值低（4～6MJ/m³）、杂质含量高，所以生物质燃气发电技术虽然与天然气发电技术、煤气发电技术的原理一样，但它有更多的独特性，对发电设备的要求也与其他燃气发电设备有较大的差别。

① 低热值燃气内燃机发电技术 气体内燃机是常用的燃气发电设备之一，燃气内燃机都要求有强制点火系统，点火系统的设计必须根据燃气燃烧速率等进行调整；同时还需要解决生物质燃气热值低引起内燃机出力大大降低、含 H_2 量高可能引起的爆燃、焦油及含灰量的影响、排烟温度过高及效率过低等问题。正是由于这些难题，我国生物质燃气发电机组的产品开发很少，目前只有 200kW 的机组；更大的机组还没有定型产品，正在开发之中。国外这方面的产品也很少，只有低热值与油共烧的双燃料机组，大型的机组和单燃料生物质燃气机都是从天然气机组改装而来的，所以产品价格很高。

② 燃气轮机发电技术 燃气轮机是最常见的发电设备之一，生物质气化发电所需要的燃气轮机有它的独特性。首先生物质燃气是低热值燃气，它的燃烧温度和发电效率与天然气等相比明显偏低，而且由于燃气体积较大，压缩困难，从而进一步降低了系统发电效率；其次，生物质燃气杂质偏高，特别是含有碱金属等腐蚀成分，对燃气轮机的转速和材料都有更严格的要求，燃气轮机对大部分杂质的要求极为苛刻，一般生物质气化燃气净化过程很难满足燃气轮机的要求，必须针对具体原料的特性进行专门的设计，而燃气轮机也必须经过专门的改造，以适应生物质气化发电系统的特殊要求；最后，因为生物质较分散，生物质气化发电规模不可能很大，所以所需的燃气轮机也较小，一般为几兆瓦左右，小型燃气轮机设备的效率较低，而单位造价较高。这几方面使燃气轮机应用于生物质气化发电系统更为困难。

③ 燃气蒸汽循环联合发电技术 不管是燃气内燃机，还是燃气轮机，发电后的尾气温度都在 500～600℃ 之间，有大量的余热可以利用；同时，生物质气化炉出口的燃气温度也

很高（达 $700 \sim 800 ℃$），所以通过余热锅炉和过热器把这部分的气化显热和燃气发电设备的余热利用起来，用以产生蒸汽，再利用蒸汽循环进行发电，是大部分大型生物质气化发电系统采用的气化发电工艺。由于该工艺与传统的煤 IGCC 系统相同，所以一般称其为生物质整体气化联合循环发电系统（B/IGCC）。图 4-3 是生物质整体气化联合循环发电系统的示意。

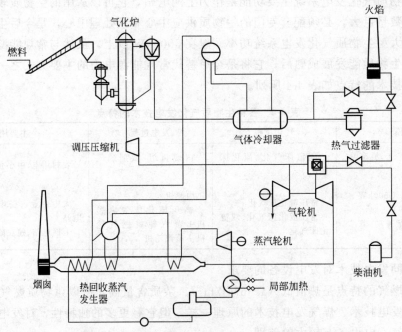

图 4-3 瑞典 Varnamo 生物质 IGCC 示范项目流程

由图 4-3 可见，它的主要设备除了气化炉、净化设备和燃气轮机之外，还必须增加余热锅炉、用于高温燃气的蒸汽过热器和蒸汽轮机三大部分，整个系统的构成与煤的 IGCC 几乎一样。

目前国际上正在建设的 B/IGCC 示范项目大部分在 10MW 左右，所以总的系统效率远比煤的 IGCC 系统低。即使这样，大部分生物质的 B/IGCC 项目的效率都在 35% 以上。比一般简单的生物质气化-内燃机发电系统高出了近 1 倍，但也是由于规模的原因，目前国外的 B/IGCC 系统几乎全部采用专门改造的燃气轮机设备。但由于焦油处理技术与燃气轮机改造技术难度很高，仍存在很多问题，如系统未成熟、造价也很高、实用性仍很差等，限制了其应用推广。

总的来说，生物质气化发电有两种基本的形式：一是采用内燃机；二是采用燃气轮机。为了提高系统效率，可以考虑同时采用蒸汽联合循环发电系统。燃气内燃机与燃气轮机的选用与比较主要是根据气化发电系统规模来确定的，虽然两者之间有明显的界限，但在国际上，传统的观点认为燃气内燃机比较适合于 $5 \sim 10MW$ 以下的气化发电系统。燃气轮机比较适合于 $10 \sim 20MW$ 的常压气化发电系统，但超过 20MW 的气化发电系统除了必须采用燃气轮机外，还必须采用高压气化技术。一般来说采用燃气轮机的气化发电系统都带有蒸汽联合循环，效率有明显提高，所以在大规模应用下燃气轮机具有更明显的优势。

（5）生物质发电技术存在的问题

如何利用已较成熟的技术，研制开发在经济上可行而效率又有较大提高的系统是目前发展生物质气化发电的一个主要课题。

全国在建和已投入运行的生物质气化示范发电站共有 16 座。生物质气化发电技术的大规模商业化推广在技术、资金和管理方面还存在不少问题，归纳如下。

① 技术方面　我国生物质气化发电系统多采用内燃机发电方式，它具有设备紧凑、操作方便、适应性强等优点。然而也有重要的缺陷，如发电机单机功率低、气化效率偏低、气体内焦油等杂质含量高、处理不当容易造成水污染等。

② 原料收集、储存难，成本较高　由于生物质资源能量密度低，电厂对生物质原料需求量巨大。海南三亚 1MW 生物质气化发电厂日消耗生物质 30t，年消耗量超过 1×10^4 t。我国生物质资源虽然丰富，但分布分散，如果考虑生物质原料的收集、储存和运输费用，生物质原料费用将近 1 元/kg。按此价格计算，原料费用占到 1MW 电站发电成本的 50%。如果生物质原料价格下降 50%，1MW 电站的供电价格将由 0.42 元/（kW·h）降至 0.31 元/（kW·h），低于煤电上网电价。

③ 资金方面　建设生物质气化发电厂的初始投资额度大，海南三亚 1MW 生物质气化发电厂初始投资总计 350 万元。金融机构对该行业缺乏了解，出于降低自身经营风险的考虑，不愿为生物质气化发电项目融资。由于我国资本市场发展不成熟和不完善，融资渠道十分有限，项目建设的融资成为生物质气化发电技术商业化的另一个障碍。

（6）典型的生物质气化发电系统

① 比利时生物质气化发电系统　该系统位于布鲁塞尔自由大学校园内，于 1986 年建成并投入运行。该发电厂由三部分组成（见图 4-4）：一是生物质气化部分，主要设备有加料装置、常压流化床气化炉、旋风分离器等；二是发电部分，主要设备有高温热交换器、涡轮机、发电机、空气压缩机等；三是余热回收利用系统，主要包括供水、低温热交换装置。

该系统的工艺流程是：被粉碎的生物质原料由加料装置送入常压流化床气化炉中燃烧，产生的可燃气体经旋风分离器去除其中的颗粒杂质，再通过保温管和高温阀门进入高温热交换器的燃烧室，进行外部燃烧；压缩机供给的空气经高温热交换器温度升至 85℃ 左右，然后经过附加燃烧器（燃烧天然气），使其温度达到 1000℃ 左右后，进入涡轮机膨胀做功发电。从高温热交换器中排出的烟气温度较低，经低温热回收装置可收回烟气中的部分余热，供自由大学校园区使用。

② TPS 生物质 IGCC 发电系统　一般生物质气化主要存在以下问题。生物质灰熔点低、碱金属元素含量高，直接燃烧易结焦和产生高温碱金属元素腐蚀。生物质气化时，渣与飞灰的含碳高，气化效率低。此外燃气中焦油含量高，导致一方面产生大量含焦废水；另一方面影响燃气利用设备的连续正常运行。

燃气和经发电机组产生的尾气显热未回收，造成整个系统效率低（18% 左右）。燃料单耗高，如木粉和谷壳发电燃料单耗分别为 1.3kg/（kW·h）和 1.8kg/（kW·h）。

针对上述问题，瑞典采用了 TPS 气化工艺，其流程如图 4-5 所示。该工艺的主要特点是飞灰采用旋风分离器进行分离，燃气中的焦油采用石灰石进行催化裂解，显热进行回收。

TPS 的 IGCC 系统建立在低压气化基础上，其工作流程包括工作压力接近常压的气化和进入燃气机前的一系列的调节步骤，这些步骤包括焦油裂解为不可压缩的气体、冷却、布袋

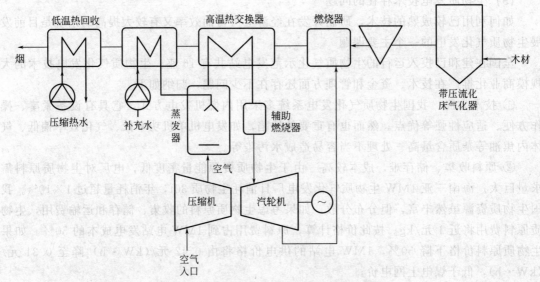

图 4-4　比利时自由大学开发的气化发电流程

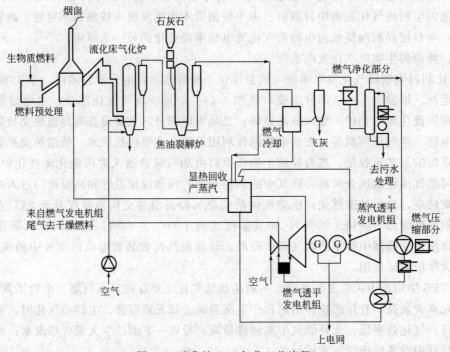

图 4-5　瑞典的 TPS 气化工艺流程

式除尘、水喷淋塔除尘、压缩、再热。具体的过程如图 4-6 所示。

　　生物质经过预处理过程，使物料的尺寸符合气化器的要求。原料采用的是烟气干燥方式，从余热锅炉来的烟气进入干燥器，将原料水分干燥到 10%～20%。原料通过闭锁漏斗装置输送到 TPS 的低压循环流化床气化器中，气化器的运行温度 850～900℃。在 TPS 系统中，焦油在第二个循环流化床反应器催化裂解为简单的化合物。从气化器出来的产品气和一

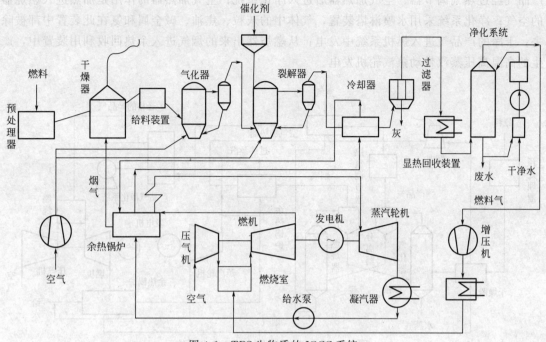

图 4-6　TPS 生物质的 IGCC 系统

些空气进入焦油催化裂解器的底部，然后和床料（石灰石）接触，出来的产品气在冷却器中被冷却，同时冷却器产生高压的饱和蒸汽。产品气离开冷却器进入高效的布袋式除尘器，然后产品气进入水喷淋塔，气体中的焦油、碱金属和氨都被除去。从水喷淋塔出来的废水流到污水处理厂处理。产品气在燃烧机的燃烧室中增压燃烧后进入燃气机，从燃气机排放出来的燃气温度是 450～500℃。如果需要提高温度，可以在进入余热锅炉前采用附加的燃料进行补燃。在余热锅炉中产生的蒸汽进入蒸汽轮机发电。

③ Battele 生物质气化发电系统　Battele 系统中的气化器是从 20 世纪 70 年代末开始研究的，主要用木质生物质、草本植物作试验原料。它的技术特点是间接加热的气化器，两个反应器组成一个整体的气化器。该气化器使用两个独立的反应器：一个是气化反应器，生物质在这里转化为中热值的气体；另一个是燃烧反应器，气化反应器中的剩余的炭在这里燃烧，提供气化所需的热量。两个反应器之间的热量传递通过气化反应器中的循环砂粒来完成。该气化器根据生物质燃料固有的较高的反应特性利用循环流化床作为反应器，在气化反应器中利用循环砂粒间接加热的高加热速率和较短的驻留时间，有效地减少类似焦油物质的形成。这个气化器和其他生物质气化器相比，其独特之处是它的设计和开发都针对生物质，而其他的气化器或者是由煤气化装置发展而来，或者是受煤气化技术的影响。

Battele 生物质 IGCC 发电系统如图 4-7 所示。生物质原料经过预处理过程（粉碎、成型）后进入干燥器，使原料中的水分满足气化器的要求；干燥剂的作用相当于燃气机系统中余热锅炉的排气作用；间接加热的气化器采用水蒸气作为气化剂，从气化器出来的热产品气经过旋风分离器，炭、灰粒和循环砂粒被分离后回送到燃烧器中；在燃烧器中，炭和热空气发生燃烧反应。放出的热量传递给循环砂粒；从燃烧器出来的烟气经过另一个旋风分离器，烟气中的砂粒和少量的灰粒被分离出来，然后回送到气化器中，提供气化反应所需的热量；

产品气经过热气调节器、空气加热器后进入净化系统；空气加热器的作用是加热进入燃烧器的空气；净化系统采用水喷淋塔装置，气体中的灰粒、焦油、碱金属和氨在此装置中都被除去；干净的产品气进入燃机系统中发电；从燃烧器出来的烟气进入余热回收利用装置中，产生的高温高压蒸汽带动蒸汽轮机发电。

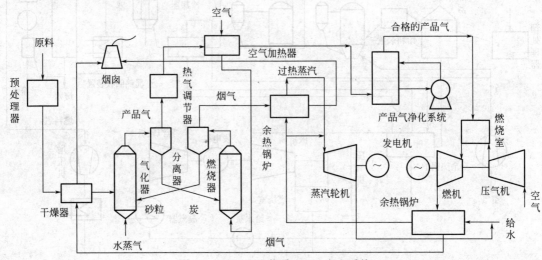

图 4-7　Battele 生物质 IGCC 发电系统

④ Varnamo IGCC 工程　第一个完全利用生物质燃料的 IGCC 工程由 Sydkraft AB 建造。是瑞典 Varnamo 市城区供热系统的一部分，这套设备的额定负荷为 6MW（4MW 来自燃气轮机，2MW 来自蒸汽循环）。气化装置是由 Sydkraft AB 和 Foster Wheeler 国际能源公司联合开发的一台增压流化床。产生热值为 $5\sim6MJ/m^3$ 的生物气。生物气被冷却至 $350\sim400℃$，经陶瓷过滤器清洁后进入燃气轮机燃烧，燃烧后的尾气进入循环余热炉。燃气轮机由 ALSTOM 燃气轮机公司制造。

Varnamo 电站是世界上第一个用木材作为燃料的 IGCC 电站。电站采用 Sydkraft 和 Foster Wheeler 合作开发的空气作为气化剂的循环流化床气化技术。该电站既生产电力，同时又向 Varnamo 市供热。该电站在 1996 年春季完成了启动试运期，到现在，使用 100％的生物质燃料运行超过 950h。具体工作流程如下。在一个独立的燃料储备站用烟气将原料的水分干燥到 10％～20％。经过干燥和粉碎的木材原料在闭锁漏斗装置中被压缩到一定压力值。气化器是循环流化床类型，由气化器本体、旋风分离器、分离器回料腿组成，所有的这些部件都有耐火材料层。当燃料进入气化器后，立即被热解，热气体夹带着床料和剩余的炭进入旋风分离器，大多数的固体颗粒从气体中分离出来，通过回料腿流回到气化器的底部。再循环的固体颗粒中包含炭，这些含炭颗粒在气化器的底部区域燃烧，燃烧放出的热量维持了气化器所需的温度。产品气流过旋风分离器后，进入气体冷却器和热气体过滤器。气体冷却器把产品气的温度冷却到 $350\sim400℃$，然后产品气进入陶瓷过滤器。陶瓷过滤器的作用是清除产品气中的灰粒。灰粒从陶瓷过滤器和气化器的底部排出。合格的产品气进入燃气轮机的燃烧室，和压气机送来的高压空气混合燃烧，高温高压的燃气进入燃气轮机，膨胀做功后，发出电力。燃气轮机的排气进入余热锅炉，产生过热蒸汽，蒸汽进入抽汽凝汽式蒸汽轮机。Varnamo 电站的技术数据和设备状况如下：原料为木片，产品气低位发热量为 5MJ/

m³，气化压力为18bar❶，气化温度为950～1000℃，气化器净效率为83％，发电量为6MWe，供热量为9MWth，蒸汽压力为40bar，蒸汽温度455℃；气化器、气体冷却器、余热锅炉由Foster Wheeler提供，陶瓷过滤器由Schumacher GmbH提供，燃气机由欧洲燃气机有限公司提供，增压机由Ingersoll-Rand提供，蒸汽机由Turbinenfabrik Nadrowski Gmbh提供。

⑤ McNeil GCC电站　另一个示范工程，是位于美国佛蒙特州Burlington的McNeil电站，其利用由Battelle Columbus实验室开发的非直接气化炉和高效燃气轮机集成。Battelle气化装置由两个物理上分离的CFB反应器组成，生物质在第一个反应器中被在两个反应器中循环的高温砂粒（900～950℃）加热，分解为碳和氢、氧等可燃气体。气体、冷却的砂粒和炭一起被送到旋风筒，经分离的生物气被送到燃气轮机内燃烧，而砂粒和炭被送到第二个反应器——燃烧室。在燃烧室中炭完全燃烧，砂粒又被高温加热，产生的热烟气经除尘器后送入第一个反应器中用于气化过程，砂粒和灰经第二旋风筒分离后，砂粒返回第一反应器，而灰则被收集起来处理。该气化技术的最大特点是不需要生物气的清洁系统，并因生物气的热值更高而不用对燃气轮机进行改造。一台5MW的燃气轮机在1999年6月开始运行。利用Battelle技术的中等规模的生物质IGCC电厂的净循环效率为35％～40％。

⑥ 意大利Energy Farm工程　Energy Farm示范工程的目的是示范生物质燃料的IGCC发电的可行性。该电站在1995年末开始设计，采用空气作为气化剂的循环流化床气化器，联合循环发电量是11.9MWe，效率是33％。生物质先被加工成最大颗粒为30mm×30mm×6mm的粒状原料，然后在旋转干燥器中干燥，使原料的水分含量降到8％～10％。干燥方法是采用省煤器下游的烟气作为干燥剂。气化器是Lurgi的常压循环流化床气化器。生物质通过螺旋给料机输送到气化器中。气化在800℃和1.4bar的条件下进行。产品气的冷却分为两个阶段进行。在空气预热器中，产品气从800℃冷却到600℃，同时作为气化剂的空气被加热到500℃，而产品气通过气体冷却器后其温度降到240℃。灰粒在旋风分离器和布袋式除尘器分离出来，送到一个燃烧器进行彻底的炭转化，燃烧后产生的气体被回送到气化器。最后，产品气在多级水洗系统净化后，其温度降到45℃。废水在净化站中处理。干净的产品气在多级压缩机中升压至20bar，燃气轮机的型号是PGT10B/1，由Nouvo Pignone公司制造。燃气轮机排气进入余热锅炉，产生的蒸汽进入蒸汽轮机。蒸汽轮机在单一压力55bar下运行，在气体冷却器中产生的蒸汽供给锅炉。过热蒸汽的参数是55bar和470℃，蒸汽流量是18t/h。锅炉装有补燃设备，可以用来燃烧产品气。

4.2　供热利用

4.2.1　生物质供热利用简介及特点

(1) 生物质供热利用简介

冬季采暖是中国北方地区城镇居民的基本生活要求。我国城镇集中供热已有几十年的历

---

❶ 1bar＝10⁵Pa，下同。

史，但在广大农村地区，受居住条件和经济发展关系的制约，农民的冬季取暖基本由各农户自行解决，供热燃料一般都是以薪柴、煤炭为主，造成了供热效率低、资源浪费和环境污染等问题[1]。农户用供热所消耗的能源占到我国农村能源消费总量的一大部分[2,3]。

生物质供热利用生物质为热源，用人工的方法向需要供热的对象供给热量，满足供热对象的需求。与传统的供热方式相比，生物质供热主要是热源利用的原料不同，热网和热用户与传统供热方式的差别并不是很大。主要流程如图 4-8 所示。

图 4-8 生物质供热的主要流程

（2）生物质供热利用的特点

1）由于我国经济的快速发展，化石能源越来越短缺，成为限制我国经济发展的主要因素，而生物质能具有取之不尽、用之不竭的特点，利用生物质供热能够缓解我国的能源危机。

2）利用化石燃料供暖会造成环境污染、温室效应等不良后果，生物质里面含 S、N 元素很少，一些生物质元素分析举例见表 4-5[4]，只要合理利用，不会对空气造成严重污染；生物质燃烧后释放的 CO_2 气体，通过光合作用又被植物吸收，基本能实现"CO_2 的零排放"，不会产生温室效应。

3）城镇的供热技术虽然已经很成熟，但在农村由于各种条件的限制，使以传统原料的热源的供热方式很难满足大部分农村的需求。而生物质主要分布在农村，这为在农村进行生物质供热提供了原料的前提。

表 4-5 一些生物质的元素分析举例

项目	猪粪	牛粪	羊粪	鸡粪	玉米秸	稻草
$C_{daf}/\%$	43.03	42.07	37.85	31.54	43.83	42.37
$H_{daf}/\%$	6.08	5.60	5.69	4.48	5.75	6.92
$O_{daf}/\%$	47.09	50.58	54.26	59.70	49.00	48.84
$N_{daf}/\%$	3.08	1.75	2.20	4.28	0.97	0.81
$S_{daf}/\%$	—	—	—	—	0.12	0.18
低位发热量/(MJ/kg)	17.12	15.64	13.89	11.02	17.75	17.64
高位发热量/(MJ/kg)	18.80	17.01	15.27	12.15	19.07	18.80

4.2.2 生物质供热按热源原料分类

4.2.2.1 生物质直接燃烧供热

（1）省柴灶

柴灶在中国农民的生活中已沿用了几千年，受一些传统习惯的影响，目前仍有相当比例的农户还在使用旧式柴灶。旧式柴灶不但热效率低（只有 10% 左右），浪费燃料，而且严重污染了环境，损害人民的身体健康。省柴灶比旧式柴灶节能 1/3～1/2，同时也大大减少了排烟中有害气体的含量。多年来，经中国农村能源科技工作者的努力，我国广大农村推广省柴灶的工作已经收到积极的、普遍的成效。而且在国家发展规划中规定，将继续巩固、提高和发展推广省柴灶这一重要成果，从而对封山育林，减少水土流失，保护生态环境，提高广大农村的文明生活水平，促进农村地区的可持续发展起到积极的作用[5]。

① 我国旧式柴灶存在的弊病　我国旧式柴灶虽然形式较多，各地也有差异，但总的来说热效率都很低，柴草浪费严重，也大大污染了室内环境。归纳起来，我国传统的老式灶具有"一不、二高、三大、四无"的弊病[5]。

1）一不：通风不合理。旧时灶没有通风道（落灰坑），只能靠灶门（添柴口）通风，从灶门进入的空气不能直接通过燃料层与燃料调和均匀，所以，燃料不能充分燃烧。同时，从灶门进来大量的冷空气在经过燃料表面时又降低了灶内温度，带走了一部分热量，使得一些可燃气体和炭不能充分氧化。故常言道"灶下不通风，柴草必夹生；要想燃烧好，就得挑着烧"[5]。

2）二高：锅台高，吊火高。旧式灶只考虑做饭方便和添柴省力，没注意燃料的燃烧和节约。锅台都搭得很高，锅脐与地面距离很大，使火焰不能充分接触锅底，大量的热能都散失掉了。这种灶开锅慢，做饭时间长，正是"锅台高于炕，烟气往回呛；吊火距离高，柴草成堆烧"[5]。

3）三大：灶膛大、灶门大、排烟口大（灶喉眼）。a. 大灶膛：即燃烧室容积大，其直径均和锅的直径相等甚至超过，可一次添入相当多的燃料以避免频繁添柴，但炉膛过大，火力分散，散热损失大，燃烧温度低；火焰和锅底距离大，传热效果差；柴层过厚，底层燃料不易获得新鲜空气，故灰渣中残炭多，而且燃烧速率过慢。b. 大灶门：大灶门适合于大量添柴，但因灶门大而使大量冷空气拥入，相当多的冷空气未参与燃烧而吸收热量后从烟囱排出，增加了排烟损失；同时大量冷空气的进入降低了燃烧室的温度，使燃烧和传热的效果变差。c. 大排烟口：排烟口过大使炉膛内负压过大，这样，大量冷空气进入炉膛，使燃烧室温度降低，燃料的挥发分析出后往往不经燃烧或燃烧不完全便从烟囱逸出，热损失加大；排烟口过大会减少高温烟气在炉膛内的停留时间，使传热效果变差。旧式灶由于这"三大"使灶内火焰不集中，火苗发红，灶膛温度低。灶内又没有挡火圈，柴草着火就奔向排烟口，火苗成一条斜线，火焰在灶膛内停留时间较短，增大了燃烧热能辐射损失，使一部分热量从灶门和进烟口白白地跑掉了[5]。

4）四无：无炉箅、无炉门、无挡火圈、无灶眼插板。旧式灶由于无炉箅使灶内通风效果不好，燃料不能充分燃烧，出现燃烧不尽和闷炭的现象。由于灶口无炉门，大量的冷空气从灶口进入炉内，降低了灶内温度，影响了燃烧效果，增大了散热损失。由于灶膛内无挡火圈，使灶内火焰和高温烟气在灶内停留的时间短，火焰奔向灶喉眼不能充分接触锅底，锅底受热面积小，做饭慢，时间长，费燃料。由于旧式灶没有灶喉眼插板，因此造成喉眼烟道留得小，无风天时抽力小，烟气就排不出去，出现燎烟、压烟和不易起火的现象；灶喉眼烟道留得大，在有风时，炕内抽力大，烟火又都抽进炕内，出现不易开锅、做饭慢等现象，同时，又使灶内不保温，火炕凉得快，也增大了排烟损失[5]。

由于上述问题的存在，所以旧式柴灶的排烟温度高，散热损失大，不完全燃烧多，烟气中过剩的空气也多，因而热效率很低。为了获得需要的供热强度，只能靠多烧柴[5]。

② 省柴灶结构　我国已在 1 亿多农户中推广了省柴灶，数量大，柴灶的形式也很多，各自具有相应的地区特点。但是从我国省柴灶的整体形式来看，亦有其共性，即避免了上述旧式柴灶的弊病，在结构上基本都由燃烧室、拦火圈、回烟道、烟囱、炉算、炉门、进风道等部位组成[5]。柴草从灶门添加到灶膛内后点燃，燃烧时放出大量的热量。炉算使燃烧的柴草层架空，利于空气经进风道穿过炉算进入燃烧层，并能使最后的燃烧的焦炭得到空气而燃尽，同时可使燃烧后的灰渣落到炉底。燃料燃烧释放的热量主要通过对流、辐射形式传递给锅的外壁；热量再通过传导形式由锅的外壁传到内壁；然后热量通过对流形式传给锅内介质，从而达到炊事目的。炉膛燃料产生的烟气经回烟道、过烟道、烟囱排入大气[5]。

（2）炕连灶

炕（俗称火炕）是我国北方农村居民取暖的主要设施，是睡眠与家务活动的场所。炕的热量一般来源于炊事用的柴灶，炕与灶相连，故称炕连灶。炕连灶的结构包括：炕墙、炕内垫土、炕内烟道、进烟口、出烟口及炕面等部分。炕连灶的工作原理是燃料在灶膛里与空气较充分的混合燃烧后的热量被锅吸收一部分用于炊事，产生大部分的热烟气从炕的进烟口进入炕内，经过分烟砖将烟气分流向两侧，以免炕面温度分布不均。炕内烟道是高温烟气的通道，炕内烟道的形式和数量各地也不尽相同，主要有直洞、横洞、花洞、转洞等形式。烟气在炕内烟道里通过对流、导热的方式，把热量传到炕面和炕墙，再扩散到室内空间，以达到供暖的目的。为了蓄热保温和减小炕内烟道的体积，一般要在炕内垫土。前后有落灰膛，以防止炕内烟道内和烟囱根处积灰[5]。

（3）燃池

燃池是一种新型火炕，其主体为砌筑在供热室内地面下或半地下的空腔燃烧池，所以也叫做"地炕"。燃池取暖就是将细碎的农业废物燃料放入池内，经阴燃（缺氧缓慢燃烧）均匀持久地释放热量，并通过传导、辐射和对流方式提高室内温度的一种取暖方法。燃池的受热面积大，换热充分，其热效率可达 82％左右[5]。

燃池的结构包括池体、顶部散热板、进料口、出料口、通风管、调温插板（烟囱插板）、烟囱以及注水管 7 个部分[5]。

燃池池体一般深 1.2～1.5m，容积 5～8m³，一次可装填细碎的生物质（锯末、稻壳、树叶、牛马粪等）0.8～1.2t。池腔一侧经较细的通风管（直径 30～40mm）和外界相通，另一侧经插板通烟囱。运行时，将细碎屑状（含水率 40％～50％）的生物质装填在池的里侧，但在入料口引火区（点火处向里 500～700mm）装有一部分干料以便点火。点火后，通过调节烟囱插板位置和通风管的进风量，使池内燃料由外周向内缓慢燃烧，热量逐渐放出，里层燃料经加热后释放的水分和挥发分向外逸出，水蒸气和燃烧层烘热的炭会发生还原反应生成水煤气，水煤气和挥发分经过燃烧层时燃烧充分，排烟和池周散热损失小。燃池取暖的主要优点是：地表面在合理温度条件下（25～30℃）连续散发热量供热，室内温度均匀平和，无燥热感，且温度可调节；入料口和烟囱都可设在室外，环境较干净；一次添料、出灰，运行期间不出灰、不添料，无须用人管理；燃料来源广泛而且都是废弃的碎屑型生物质燃料，花费的代价很少。在东北地区农村中小学添料一次就可以过冬，住户一般一个冬天添料两次就可以过冬。目前我国东北地区许多农村学校的教室和办公室采用了燃池取暖方法，燃池也适用于普通的平房住宅取暖和蔬菜大棚等的供热[5]。

4.2.2.2　生物质成型燃料供热

目前，我国农村地区供热燃料以薪柴、煤炭为主，用生物质固体成型燃料进行供热并不多见。在燃烧设备方面，开发了生物质燃烧器、生物质炊事采暖炉、生物质常压热水锅炉等[6~8]。生物质固体成型燃料供热技术在欧洲各国发展的比较成熟。以瑞典、奥地利、德国为代表[9]。在瑞典户用供热的主要方式是单户自给供热和区域集中供热。其中，单户自给供热主要有电加热供热、燃油供热、混合燃料供热、生物质燃料供热[10]。20 世纪 70~80年代，石油危机的出现以及瑞典对化石燃料税的征收，促进了电加热供热技术和区域供热技术的发展[11]。在此过程中，有些区域供热厂利用未加工的木质燃料代替燃油。到 1980 年，生物固体成型燃料开始用于供热。随着生物质颗粒燃烧技术的逐渐成熟，户用生物质颗粒加热设备（生物质颗粒燃烧器、生物质颗粒炉）逐渐开始取代原先使用的燃油加热设备和电加热设备[12]。

（1）集中供热锅炉技术类型

集中供热锅炉是指可向多个独立的空间供热的加热设备，主要用于单户或者多户家庭供热。其工作原理是通过生物质燃烧器加热锅炉中的水，然后被加热的水通过室内的散热片向室内释放热量。目前，集中加热锅炉的最大功率在 10~40kW 不等，自动化程度比较高，可以实现燃烧功率的连续调节。调节范围是 30%~100%。根据结构的不同。集中供热锅炉可分为组合式锅炉和整体式锅炉[1]。

组合式锅炉在瑞典比较多见，是在燃油锅炉的基础上改造的。它由生物质颗粒燃烧器和锅炉组成，二者可分离。一般带有外置的料仓，通过螺旋机构向燃烧器自动供料。具有成本低，消费者易于接受等优点，有利于广泛推广[1]。

然而，采用同一种结构的锅炉燃烧两种性质完全不同的燃料（燃料油和生物质颗粒燃料）存在一定的问题：a. 燃油锅炉不产生灰渣，但是燃烧生物质颗粒却会产生大量灰渣，原有锅炉结构无法满足自动排灰渣的要求，缩短了人工清灰的周期；b. 仅能输出固定的功率或只有 2 到 3 个功率挡位可调，不能实现输出功率的连续调节，导致锅炉的效率不高，一般在 85% 以下；c. 一般没有安装精确的测控装置，不能及时监测排放物中 CO、O_2 的浓度以及烟气的温度，因此，无法根据燃烧状况及时调节进料量和空气供给量，导致燃烧性能差，污染物排放量大等问题[13]。

整体式锅炉（见图 4-9）在奥地利和德国比较多见，瑞典目前主要是从国外进口。整体式锅炉与组合式锅炉类似，由生物质颗粒燃烧器和锅炉两部分组成。但这两部分是不可分离的，并带有内置料仓。该类型的锅炉是根据生物质颗粒的燃烧特性专门进行设计的，因此，性能上优于组合式锅炉。其主要优点如下。a. 自动化程度比较高。生物质燃烧器和烟道中带有可以自动清灰的螺旋机构。不仅可以自动清灰还具有紊流作用，有利于热量的交换。有的生产商还安装了内置式灰渣压缩机，使得人工清理的周期有效延长。b. 可实现输出功率的连续调节，提高了锅炉的燃烧效率和供热性能。c. 安装了 O_2 传感器、空气供给装置。可及时根据烟气中的氧含量判断燃烧状况并及时调整进料量和空气供给量以达到最佳比例，使燃料充分燃烧。燃烧效率高达 94%，降低了污染物排放。但整体式锅炉价格高，在推广过程中难度较大[1]。

组合式锅炉和整体式锅炉的比较见表 4-6[1]。

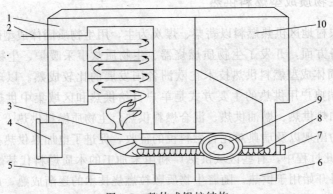

图 4-9　整体式锅炉结构

1—储水室；2—烟道；3—生物质颗粒燃烧器；4—炉门；5—积灰室；6—控制单元；
7—电机；8—送料螺旋；9—风机；10—料仓

表 4-6　组合式锅炉和整体式锅炉的比较

项目	组合式锅炉	整体式锅炉
功率调整	50%和100%	30%～100%
锅炉效率	78%～85%	86%～94%
燃烧空气供给装置	鼓风机	引风机
燃烧控制	无	λ传感器/变速风机
点火	自动	自动
空气通道清理	人工	自动/人工
燃烧器清理	人工	自动/人工
燃烧室中的灰渣清除	人工	自动/人工
灰渣清除周期	每周一次	每年2～8次
CO排放量/(mg/m³)	260～650	12～250
价格/欧元	4000～6500	7000～10000

(2) 生物质燃烧炉

生物质燃烧炉主要适用于室内单个的房间、公寓等小空间供热。它通过对流和辐射作用直接与室内空气进行热交换，从而达到供暖的目的。某些生物质燃烧炉还附有水套，与室内的散热片连接，通过散热片进行热量交换。户用生物质燃烧炉的功率在 10kW 左右，有的可以根据室内温度自动或人工调节[1]。

目前应用的有两类生物质炉具：独立颗粒炉具（见图 4-10）和烟囱一体式炉具。烟囱一体式炉具适于安装在壁炉中。而独立式颗粒炉应用较为普遍。在生物质炉具中，颗粒燃料在一个内置的燃烧器中点火、燃烧，这与颗粒锅炉类似。大多数的生物质锅炉采用斜置螺旋将颗粒燃料从内置或外部料仓运送到燃烧盘，燃烧盘底部开有小孔，能够保证一次空气和自动点火所需的热空气进入。在燃烧盘壁上同样开有小孔，能够对二次进风预先加热。燃烧器底部的吸气管将提供燃烧空气，通常采用鼓风机提供助燃空气，并促进炉具与周围空气的热交换[1]。

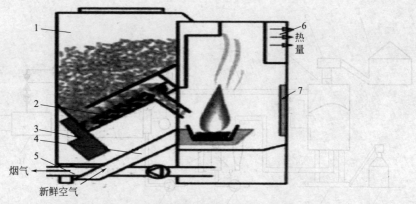

图 4-10　独立式生物质颗粒燃烧炉结构

1—料仓；2—送料螺旋；3—电机；4—进气道；5—排气道；6—散热窗；7—炉门

4.2.2.3　生物质气化供热

生物质气化供热是指生物质经过气化炉气化后，生成的生物质燃气被送入下一级燃烧器中燃烧，为终端用户提供热能。图 4-11 是生物质气化工艺原理，系统包括气化炉、滤清器、燃烧器、混合换热器及终端装置，该系统的特点是经过气化炉产生的可燃气可在下一级燃气锅炉等燃烧器中直接燃烧，因而通常不需要高质量的气体净化和冷却系统，系统相对简单，热利用率高。气化炉常以上吸式气化炉为主，燃料适应性较广[14]。

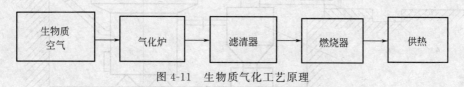

图 4-11　生物质气化工艺原理

生物质气化供热技术广泛应用于区域供热和木材、谷物等农副产品的烘干等。图 4-12 是区域供热的工艺流程[14]。

图 4-13 是气化炉干燥木材及农副产品示意。与常规木材烘干技术相比具有升温快、火力强、干燥质量好的优点，并能缩短烘干周期，降低成本。几种木材烘干方法的效益对比见表 4-7[14]。

表 4-7　几种木材烘干方法的效益对比

项目	火炕烘干	蒸汽烘干	电力烘干	气化炉烘干
周期能耗/烘干周期	6000～7000kg 木材	6～7t 煤 60～100kW·h	3000～4000 kW·h	木材加工废物
单位能耗/m³	30～40kg 木材	300～500kg 煤 30～40kW·h	100～150kW·h	0.5kW·h
烘干成本/(元/m³)	20～40	80～100	80～100	10～20
烘干周期/d	12～15	7～10	5～8	5～10
烘干质量	—	差	好	好
设备投资	少	大	大	少

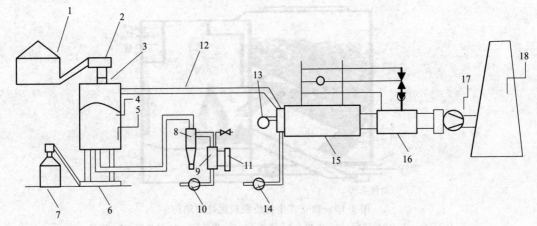

图 4-12 区域供热的工艺流程

1—燃料仓；2—燃料输送机；3—燃料喂入器；4—气化炉；5—灰分清除器；6—灰分输送机；7—灰分储箱；

8—沉降分离器；9—加湿器；10—气化进气风机；11—盘管式热交换器；12—烟气管道；13—可燃气燃

烧器；14—燃烧进气风机；15—燃气锅炉；16—省煤器；17—排气风机；18—烟筒

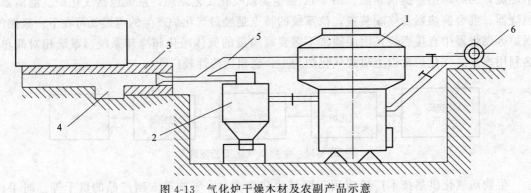

图 4-13 气化炉干燥木材及农副产品示意

1—气化炉；2—滤清器；3—燃烧室；4—膨胀沉降池；5—配风道；6—鼓风机

4.2.3 生物质供热实例

4.2.3.1 生物质直接燃烧供热（热电联产）实例

(1) 内蒙古奈曼旗林木生物质热电联产电厂[15]

该厂发电机组容量 50MW；燃料为林木质。内蒙古奈曼旗林木生物质热电联产示范建设项目是国家发改委和国家林业局于 2005 年确定的我国第一个林木生物质直燃发电示范项目。项目的投资和建设由大连鑫宸世纪集团公司承担，运营和管理由内蒙古奈曼旗林木质发电有限公司承担。

发电项目规划总规模为 50MW，第一期工程建设规模为 2×12MW。一期工程总投资为 2.69 亿元，年耗林木质原料为 17.15×10^4t，年发电量 1.6×10^8kW·h，年供热 $100 \times$

10^4 GJ。表 4-8 和表 4-9 为奈曼旗当地林木质原料的种类、产量、热值及燃烧特性。

表 4-8　奈曼旗现有林木质原料的种类、产量及热值

原料种类	产量/(t/hm²)	热值/(kJ/kg)
杨树丰产林采伐加工剩余物	5	17160
旱柳采伐加工剩余物	2	18000
柠条灌木林平茬	5	18840
黄柳灌木林平茬	5	17580
沙棘灌木林平茬	6	19260

表 4-9　奈曼旗现有林木质原料特性

性能(干燥基)	数值
水分/%	15～20
固定碳/%	20.2
挥发物/%	77.3
含灰量/%	2.5
C/%	49.2
H/%	5.7
O/%	41.1
S/%	0.07
N/%	1.32

(2) 黑龙江省庆安县生物质能热电联产电厂[15]

该厂发电机组容量 2×75 t/h 高温高压锅炉＋1×25 MW 抽汽式汽轮发电机组；燃料为秸秆。该厂年发电量约 13.75×10^4 kW·h，年耗秸秆量 17×10^4 t，年供热量约 65000GJ，年节标煤 75×10^4 t，安置务工农民 200 多人，其产生的废物是生产水泥、化肥必不缺少的原材料，发电完成的余热可以解决冬季供暖问题。

(3) 圣保罗热电联产电厂[15]

该厂发电机组容量 25MW；燃料为废木料。圣保罗热电联产责任有限公司在 2003 年竣工完成的圣保罗热电联产电厂是由 Trigen 能源公司、Cinergy Solution 公司、市场街道能源公司（圣保罗区域能源公司的分公司）共同组建的。设备投资 3500 万美元，每年燃烧大约 280×10^4 t 废木料，为圣保罗的市区建筑提供 25MW 电力，和用于取暖和制冷的 200×10^4 lb/h 的蒸汽。圣保罗热电联产电厂已经同 Xcel 能源公司和区域能源公司分别达成电和热量的购买协定。这项工程位于圣保罗市第九和第十街之间，连接了明尼苏达州科学博物馆、Lawson 广场和明尼苏达州生活办公大楼。

4.2.3.2　生物质成型燃料供热实例

辽宁盘锦市生物质成型燃料供暖节能多。2010 年 11 月初，辽宁各市开始供暖。在承担大洼城区 1.5 万户居民供暖任务的盘锦圣宏热力有限公司厂区，看不到供暖最主要的原料

（煤）。因为这家供暖公司从 2010 年冬天起，全部采用自主研发的"生物质能"技术为居民集中供热，彻底摈弃传统的燃煤供暖方式，让居民度过一个既温暖又低碳环保的冬天。这家供暖公司的副总经理王惠介绍说，生物质能是太阳能以化学能形式储存在生物质中的能量形式，即以生物质为载体的能量，是一种可再生能源。生物质燃料密度大，在燃烧过程中具有燃烧充分、热效率高（火焰中心温度可达 1000℃）、残灰少的特点。它燃烧后 CO_2 和 SO_2 的排放量为 0.02%，其中 CO_2 的排放量仅是煤的 1/15，是典型的清洁能源。据王惠介绍：若煤和生物质燃料同时供 $3.7 \times 10^4 m^2$ 办公大楼热能，室温保持在 17～19℃，那么燃烧生物质的废渣一天只需清理一次，而燃烧煤炭每半小时就可清理出一小车煤灰。2010 年冬以生物质能成型燃料集中供热，节省标煤 $5.2 \times 10^4 t$，减少 CO_2 排放 $11 \times 10^4 t$、SO_2 $44 \times 10^4 t$。

4.2.3.3 生物质气化供热实例

以生物质气化供热在烟叶烘烤中的应用为例。烟叶烘烤是一个大量耗能的过程，目前中国烤烟生产上普遍用煤作热源，用量大，而能源日趋紧张，煤炭价格不断上涨，导致烘烤成本增加，极大地影响了烟农的种烟积极性。因此，在确保烟叶烘烤质量的前提下，如何提高烟叶烘烤的热能利用率，寻找新的替代能源，降低烘烤成本，增加经济效益，迫在眉睫。程冠华等研制了固定床移动层下吸式生物质气化炉及用于双燃料发动机的移动层下吸式生物质气化炉，燃料消耗量较少，以谷壳为燃料消耗量为 8.3kg/h[16,17]；栗日奎研制了用于木材烘烤的 ND-600 型气化炉，容积大，可装 20～40kg/m³ 木材[18]。农作物秸秆是一种很好的可再生清洁能源，其燃烧值约为标准煤的 50%，且来源十分丰富，如 1hm² 烤烟可提供 3600kg 左右的烟秆，1hm² 玉米有近 30000kg 秸秆，1hm² 水稻能产 7500kg 干稻草，稻谷中稻壳的重量约占稻谷的 20%。生物质气化技术已基本成熟，进入示范推广阶段[19]，为使该技术在烟叶烘烤上推广应用，进行了该项目的研究。

为了实现烟叶烘烤的环保节能，研究者进行了生物质气化设备的开发和试验。结果表明：研制的生物质气化炉能确保烟叶烘烤的热量需求且能连续供热，烘烤的烟叶质量正常，热能利用率较高，能耗较低，中部烟叶每千克干烟耗燃料量为 2.21～3.15kg，上部烟叶每千克干烟耗燃料量为 1.76～1.93kg，与普通烤房的煤耗基本一致。生物质气化设备解决了秸秆气化炉连续大量供气、加料不熄火、电动出灰及火力大小控制等问题，但仍有不自动落料、焦油处理等问题尚待解决[20]。

以湖南省永州市东安县的一座 2.7m×6.0m 密集烤房和中南站永州基地一座 2.7m× 8.0m 密集烤房，供试烤烟品种为云烟 87 为例[20]。

由表 4-10 可以看出，2 个试验点烘烤下部烟叶时所需的燃料较多，其中中南站永州基地为 1920.5kg，每千克干烟耗燃料量为 9.25kg，东安县为 1500kg，每千克干烟耗燃料量为 7.76kg，可能与气化炉第一次使用、烟叶含水量大、空气湿度高、烘烤时间过长和谷壳热值较低有关；烘烤中部烟叶的能耗上，东安县所需燃料为 943.0kg，每千克干烟耗燃料量为 2.21kg，中南站永州基地所需燃料为 976.5kg，每千克干烟耗燃料量为 3.15kg；烘烤上部叶的能耗上，东安县所需燃料为 940.0kg，每千克干烟耗燃料量为 1.76kg，中南站永州基地所需燃料为 1055.0kg，每千克干烟耗燃料量为 1.93kg。中上部烟叶采用生物质气化供热所需的燃料与普通烤房所需的煤量接近[20]。

表 4-10　不同部位烟叶采用生物质气化供热进行烘烤的能耗情况

试验点	部位	干烟质量/kg	燃料使用量		
			烟梗/kg	谷壳/kg	锯末/kg
中南站永州基地	下部叶	207.70	185.00	1365.00	370.50
	中部叶	310.37	600.00	—	376.50
	上部叶	546.64	550.00	—	505.00
东安县	下部叶	193.20	—	1500.00	—
	中部叶	426.70	500.00	243.00	200.00
	上部叶	532.60			940.00

　　由表 4-11 可知，试验点的结果相一致，采用气化炉供热烘烤的下、中部烟叶颜色以柠檬黄较多，油分略差，而上部烟叶则以橘黄烟较多，且在叶片结构、身份、油分及弹性上表现均较好[20]。

表 4-11　不同部位烟叶采用生物质气化供热进行烘烤的烟叶外观质量

试验点	部位	成熟度	叶片结构	身份	油分	弹性	颜色
中南站永州基地	下部叶	成熟	疏松	稍薄	少	较好	多柠檬黄
	中部叶	成熟	疏松	中等	有	好	多柠檬黄
	上部叶	成熟	尚疏松	中等～稍厚	多	好	多橘黄
东安县	下部叶	成熟	疏松	稍薄	少	较好	多柠檬黄
	中部叶	成熟	疏松	中等	有	较好	多柠檬黄
	上部叶	成熟	尚疏松	中等～稍厚	多	好	多橘黄

　　表 4-12 结果表明，除中南站、永州基地采用气化炉进行烘烤的下部叶上中等烟比例较低外，其他各房烟叶上中等烟比例较高，但鲜干比较高，特别是中、上部烟叶。可能与未掌握使用气化炉技术和气化炉机械故障造成烘烤时间长有关系[20]。

表 4-12　不同部位烟叶采用生物质气化供热进行烘烤的烟叶经济性状

试验点	部位	上等烟比例/%	中等烟比例/%	均价/(元/kg)	鲜干比
中南站永州基地	下部叶	0	78.29	11.36	10.98
	中部叶	37.90	62.10	16.39	8.18
	上部叶	43.20	56.80	14.86	6.89
东安县	下部叶	0	95.00	12.60	10.06
	中部叶	55.60	34.40	15.10	9.01
	上部叶	46.30	53.70	15.70	7.34

　　采用生物质气化供热可以替代化石能源烘烤烟叶，且节能环保，有利于环境的可持续发展。同时将秸秆以能源的方式利用，有效地解决了农作物秸秆的废弃、荒烧等问题[20]。

4.2.4　生物质供热在农村可行性研究

　　生物质能作为可再生能源的一个重要组成部分，是仅次于石油、煤炭和天然气的第四大能源。中国是一个农业大国，每年的农作物秸秆加工剩余物极丰富，生物质能在中国农村生活能源消费中的比例占 60%以上[21]。秸秆主要有 5 个方面的用途：燃料、饲料、肥料、工业原料和食用菌基料，简称"五料"[22]。

随着农村人口的不断增加和生活水平的不断提高。北方农村居民逐渐告别了冬季传统的供暖方式，商品能的普及率大幅提高，使得秸秆过剩现象严重。2005 年，我国秸秆总产量为 84183×10⁴t，其中可收集利用秸秆量占 81.48%，秸秆田间残留量占 18.52%。在可收集利用秸秆总量中，直接燃用量占 34.90%，饲用量占 25.74%，废弃和焚烧量占 20.70%，直接还田量占 9.81%，工业加工利用量占 6.71%，食用菌栽培利用量占 1.46%，新能源开发利用量占 0.69%[23]。大部分秸秆被直接燃用和焚烧，能源利用效率低且产生了大量的废气污染物。在常规能源总量约束条件下，如果中国农村延续城市的发展模式，以城市居民的能源消费为模板，7 亿多农村居民的能源消耗将导致中国经济难以为继[22]。可再生能源在农村地区的应用为农村能源的可持续发展提供了条件。从长远发展的角度来看，生物质能是适用于农村地区的资源充足、利用前景广阔的可再生能源[22]。下面以一个农村某农房生物质供热为例，从技术经济和环境效益两个方面阐述生物质供热在农村的可行性。

(1) 农房概况[22]

该农房位于甘肃省榆中县，地处甘肃中部。建筑供暖面积为 60.24m²，客厅和卧室 1 为砖混结构，墙体未作保温，外墙传热系数为 1.9W/(m²·K)，门窗采用铝合金中空双玻璃。生物质气化炉位于厨房内，仅对客厅和卧室 1 进行供暖，如图 4-14 所示。经计算，总热负荷为 4559.32W。

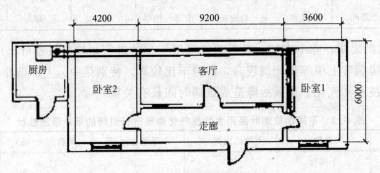

图 4-14　农房建筑供暖平面图

(2) 技术经济分析[22]

该农房冬季供暖每小时需颗粒燃料约 2kg，系统 24h 运行，冬季供暖季为 132d，建筑面积大约为 100m² 的农户 1 个供暖季大致要消耗秸秆颗粒 6.3t。秸秆颗粒成本价约为 260 元/t，平均每吨颗粒燃料销售价格 500 元。若农户每人拥有秸秆 0.46t，1 户人口为 4 人，则农户自家拥有秸秆 1.84t，还需要购买颗粒燃料 4.46t，需花费 2230 元。生产 1000kg 秸秆颗粒，秸秆粉碎机的耗电量为 34kW·h，单位功率生产量为 29.4kg/(kW·h)；颗粒制粒机的耗电量为 86kW·h，单位功率生产量为 11.6kg/(kW·h)。故生产 1000kg 秸秆颗粒共需耗电 120kW·h，单位功率生产量为 8.33kg/(kW·h)。电价为 0.47 元/(kW·h)，故生产 1000kg 秸秆颗粒需花费 56.4 元。生物质气化炉供回水温差取为 8℃，气化炉每小时的制热量为 4.64kW·h，则整个供暖季的需热量为 14700kW·h。电价按 0.47 元/(kW·h)计，如果用电提供相同的热量，则需要 6909 元；若按标煤计算，需要标煤 1.806t，燃煤燃

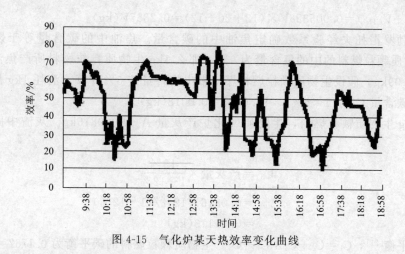

图 4-15　气化炉某天热效率变化曲线

烧效率取为 50%，实际需要 3.6t 标煤，价格为 1200 元/t，则需要 4300 元；若采用天然气，天然气价格为 1.8 元/m³，天然气热值取为 36MJ/m³，天然气用量为 1470m³，则需 2646 元。具体比较结果见表 4-13，由表可知，生物质气化炉比其他供暖方式的运行费用低，其初投资仅高于煤炉。另外，相对于煤炉，生物质气化炉供暖 1 年便可收回初投资。图 4-15 为气化炉某天燃效率变化曲线。

表 4-13　生物质气化供暖与其他供暖方式的经济比较

项目	生物质气化炉	燃气壁挂式供暖炉	煤炉	电采暖
初投资/元	3000	5000	1000	4500
每年运行费用/元	2080	2646	4300	6909

(3) 环境效益分析[22]

型煤的发热量为 26.5MJ/m³，生物质颗粒燃料的发热量为 17.39MJ/m³。型煤所产煤气的热值为 5.41MJ/m³，灰渣含碳量为 28.5%。生物质颗粒燃料灰渣含碳量为 12%。具体比较结果见表 4-14 和表 4-15。

表 4-14　生物质颗粒燃料和型煤的工业分析指标

项目	挥发分/%	固定碳/%	含硫量/%	含水量/%	灰分/%
生物质颗粒燃料	70.76	17.62	0.11	3.46	8.16
型煤	6.4	70	0.49	2.45	21

表 4-15　生物质颗粒燃料和型煤的产气比例

项目	CO_2/%	O_2/%	CO/%	H_2/%	CH_4/%	N_2/%
生物质颗粒燃料	12	1	20	9	12	52
型煤	7.5	0.24	22.24	16.2	2.3	5.52

1kg 生物质颗粒燃料中固定碳含量 C_1 为 0.1762kg，设 1kg 的生物质颗粒燃料产气量为 $V(m^3)$，其中所含的组分 CO_2、O_2、CO、H_2、CH_4 和 N_2 的量分别为 V_{CO_2}、V_{O_2}、V_{CO}、V_{H_2}、V_{CH_4} 和 V_{N_2}。可以求得生物质颗粒燃料产生燃气总固定含碳量为 $C_2 = 0.005356 \times$

$(V_{CO_2}+V_{O_2}+V_{CH_4})=0.005356V\times(12+20+12)=0.2357V(kg)$。

应用杜勃罗霍托夫经验系数确定焦油中的碳含量。焦油中的碳含量等于燃料中的氢量[24]，生物质颗粒燃料的中的氢含量为9%，那么1kg生物质颗粒燃料所产焦油中的含碳量 C_3 则为0.09kg。假设生物质颗粒燃料煤气带出物料量按5%计算，消耗1kg原料煤时带出物中固定碳含量 C_4 为 $(1\times5\%)\times17.62\%=0.0018(kg)$。

消耗1kg生物质颗粒燃料，生物质气化炉产灰量 A 为0.0816kg。灰渣中固定碳含量 C_5 为：

$$C_5 = 产灰量 \times \frac{12\%}{1-12\%}$$
$$= 0.0816\times12\%/(1-12\%)$$
$$= 0.01113(kg)$$

根据碳平衡[21]，$C_1=C_2+C_3+C_4+C_5$。生物质颗粒燃料的碳平衡为 $0.1762=0.2357V+0.09+0.0018+0.01113$，$V=0.31m^3$，即生物质颗粒燃料的气化率为 $0.31m^3/kg$，而型煤的气化率为 $3.27m^3/kg$[25]。燃烧1kg生物质颗粒燃料产生排放的气体含碳量为0.07kg，燃烧1kg型煤产生排放的气体含碳量为0.56kg。整个供暖季需要燃烧生物质颗粒燃料4.46t，而如换成燃烧型煤则需要3.6t，故采用生物质颗粒燃料供暖的总碳排放量为312.2kg，而采用型煤供暖的总碳排放量为2016kg。可以看出，如果用生物质颗粒燃料代替型煤进行供暖的碳减排率为84.5%。

表4-16给出了检测到的生物质颗粒燃料和型煤的废气污染物排放情况，图4-16给出了供暖季生物质颗粒燃料和型煤污染物排放量的比较，由图可知，在整个供暖季，生物质颗粒燃料各种污染物的排放量远低于型煤。

表 4-16　检测到的生物质颗粒燃料和型煤的废气污染物排放情况

项目	烟尘/(mg/m³)	CO/(mg/m³)	SO₂/(mg/m³)	NO/(mg/m³)
生物质颗粒燃料	89.5	664	202	208
型煤	156.9	255	434	215

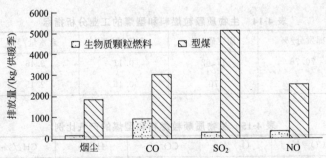

图 4-16　供暖季生物质颗粒燃料和型煤污染物排放量比较

(4) 结论

根据技术经济和环境效益分析，生物质气化炉比燃气壁挂式供暖炉、煤炉和电采暖炉的运行费要低，虽然初投资略高于煤炉，但1年内便可以收回投资；使用生物质秸秆颗粒供暖比使用型煤供暖的污染物排放量有大幅的降低，对环境污染小。因此，生物质气化技术应用于中国北方农村的供暖具有可行性，比其他供暖方式更加经济、环保，且可有效利用中国北方农村地区的秸秆资源，为中国农村地区未来能源的使用指明了一个新的方向[22]。

4.3 生物质混合发电利用

单独的生物质直燃发电厂具有明显的环境效益，但是通常都存在较高的投资费用，并带来诸如原料供应安全等问题。生物质直燃发电项目的建设规模较小，单位造价高。新建项目建设成本达 9000~10000 元/kW（小火电项目改造为生物质直燃发电项目造价可降低至 5000 元/kW 以下）。生物质直燃发电项目的燃耗高，一般发电 1kW·h 要消耗生物质 1.1~1.5kg，仅燃料成本，1kW·h 电就要达到 0.3~0.45 元。另外，生物质发电的关键设备及其附属设备还存在许多需要改进的技术问题，造成目前生物质发电设备的年运行时间（h）比较低。同时，生物质发电成本在未来还有上涨的可能。虽然随着生物质发电关键技术进步和运行经验的日益丰富，设备造价、单位发电量的生物质燃料等有一定的下降空间，但是，由于对发电成本影响最大的秸秆等燃料价格，会随着经济的发展、劳动力价格的上升有进一步上涨的趋势。上述种种情况，导致大部分生物质直燃发电项目在经济效益测算期内，仍然难以实现商业化运行。

将生物质与燃煤在现有的燃煤电站上结合起来将会在一定程度上消除以上问题。燃煤能够削弱因生物质原料质量差异所造成的影响，并在没有足够的原料供应时对系统形成缓冲。同时，混燃在大型单元中可产生较高的热效率，相比于小规模系统，单位运行成本可更低且对现有燃煤电站的改装费用应比建设一个新的专门系统的费用更低。该技术能充分利用现有技术与设备，是一种低成本、低风险、大规模使用生物质发电的有效技术手段，对于减少常规化石能源消耗，减排 CO_2、NO_x 和 SO_2，带动当地经济发展，增加当地农民收入，提供就业机会等诸方面都有重要意义[27]。

IEA Bioenergy Tasl 32 认为混燃是可再生电力生产中最低风险、最廉价、最高效和最短期的选择。生物质混燃发电技术在挪威、瑞典、芬兰和美国已得到应用。早在 2003 年美国生物质发电装机容量约达 $970 \times 10^4 kW$，占可再生能源发电装机容量的 10%，发电量约占全国总发电量的 1%[26]。其中生物质混燃发电在美国生物质发电中的比重较大，混燃生物质燃料的份额大多占到 3%~12%，预计还有更多的发电厂将可能采用此项技术。我国也开展了相关的研究和项目示范，如十里泉发电厂 5 号机组秸秆发电工程项目就是对原有燃煤机组上增加秸秆粉碎及输送和燃烧器，实现了秸秆和煤粉混合燃烧。

4.3.1 生物质混合燃烧的概念和优势

生物质的混合燃烧包括生物质原料与燃煤、天然气、石油焦等化石燃料共利用于锅炉燃烧，目前较为常见的主要是与燃煤的混燃。最初，生物质混燃技术主要应用于大量生物质副产品的企业，如造纸厂、木材加工厂、糖厂等，使用生物质替代部分化石燃料，其产生的热量和电量可以自用，也可以输出到电网，经济性较好。随着技术的日渐成熟，生物质混燃技术已经越来越多地用于大型高效的电厂锅炉。

生物质与煤混合燃烧发电就是指将生物质原料应用于燃煤电厂中，使用生物质和煤两种原料进行发电。混合燃烧的方式可以多样化，既可以将不同燃料事先按一定比例混合之后一起送入锅炉燃烧，也可以是不同燃料不经过混合而各自独立地送入同一个锅炉燃烧，也可以先将生物质气化为清洁的可燃气体后再通入燃煤炉与煤共同燃烧，还可以不同燃料在不同燃烧装置中燃烧而产生的热能送入同一系统进行利用[28]，这些方式在概念上都是可行的，并且都已经有了成功的应用。

在发电产业中，生物质与煤混合燃烧的优势表现在成本、效率和排放方面[29,30]：

1）受到生物质原料能量密度低、运输成本高、季节性供应、资源分散性以及原料供应安全等问题的制约，单独的生物质电厂规模受到限制，并且通常都包含较高的投资费用，这在一定程度上制约了生物质发电的经济性和产业化发展。生物质与燃煤混合燃烧，将充分利用燃煤电厂规模效益，并削弱因生物质原料质量和供应所造成的影响。

2）混合燃烧为生物质和矿物燃料的优化混合提供了机会，燃煤的高碳含量与生物质的高挥发分含量可以互相补偿，在燃烧中产生一个更良好的燃烧过程，在大型单元中可产生较高的热效率。

3）对于常规火力发电厂而言，生物质是可再生能源，煤与生物质共燃，许多现有设备不需太大改动，因而整个投资费用低，为现有电厂提供了一种快速而低成本的生物质发电技术。

4）生物质资源丰富，且分布广泛，能够部分缓解煤资源短缺、资源分布地域性强以及需要长距离运输等问题，为发电产业提供了一种可持续供应的清洁能源。

5）生物质燃烧低硫低氮，在与燃煤混燃时可以降低电厂 SO_2 和 NO_x 排放，也是现有燃煤电厂降低 CO_2 排放的有效措施。

混合燃烧发电也存在着一些制约因素[31]。混燃电站周边要求有充足的生物质资源供应，而这并不是所有的燃煤电站都能具备的。目前大多数燃煤电厂主要针对粉煤设计，生物质必须经过预处理才能应用。生物质含水量一般较高，产生烟气体积较大，将影响现有锅炉尾部热交换设备性能，并且生物质燃料的不稳定性也将锅炉稳定燃烧复杂化。由于生物质燃烧特性的影响，混燃可能增加锅炉的沉积形成和结渣倾向，同时混燃灰分的利用也受到限制。这些都将会限制混燃生物质的比例，否则就需要对锅炉进行改造，现在大部分混燃项目中生物质比例一般低于10％。中国政府目前对可再生能源发电有一定的政策支持，但总的来说，这些扶持政策有很多不明确的地方，对地方政府和管理部门来说操作相当困难。特别是对生物质与煤混合燃烧发电的电价优惠政策的规定，在一定程度上阻碍了该项技术的推广应用。混合燃烧工程应用中，有时可能需要进行必要的改造以适应生物质的独特的燃烧特点，一个重要的方面就是给料系统。对于粉煤燃烧单元，生物质可能需要磨碎，然后与燃煤预混后气动给料。对于流化床燃烧系统，可能需要进行的改造包括：选择布风板以实现更好的固体混合，床层内和自由空间中燃烧空气的分级步入布置，各级送风比例调整以适应生物质的高挥发分燃烧等。

4.3.2 生物质混合燃烧技术

4.3.2.1 混合燃烧形式

混合燃烧的形式包括直接混燃、间接混燃、并行混燃。

(1) 直接混燃

直接混燃为目前最为常见的混燃应用,即生物质与燃煤在同一个锅炉中一起燃烧,包括以下几种方式[31]。

生物质与燃煤混合后同时进入锅炉。将生物质与燃煤在燃料场进行混合并将这种混合物通过燃煤的处理和燃烧装备进行利用。这是最便宜也是最为直接的方式,但可能会因燃料性质的差异而引发一些问题。可用的生物质包括橄榄/棕榈壳、可可壳以及锯末等,而草本类生物质在给料和切碎处理时会出现问题。

设置独立的生物质处理和给料生产线,经过机械或者气动形式给料,然后在现有的燃煤喷入系统和燃烧器中燃烧。这种情况下燃料的混合发生于燃烧室,不会影响化石燃料的输送系统,但投资会相对较高。

设置独立的生物质处理和给料生产线,并将燃料送入锅炉上设置的专门的生物质燃烧装置。这种方式提高了可以给入锅炉的生物质的数量,但其安装相对较为复杂且昂贵。

直接混燃对于现有燃煤发电系统的改动较小,投资相对较少,但可能面临因混合原料的特性差异所引发的问题,而且混合灰的回收利用也受到严重限制。

(2) 间接混燃

生物质独立进行气化或者燃烧,所产生的燃气喷入燃煤锅炉燃烧。一种方式是生物质在气化器中进行气化,得到的燃气送入燃烧室,在燃气燃烧器中燃烧。另一种方式是生物质在前置炉中燃烧,所产生的烟气送入燃煤锅炉以利用其热焓,这种方式较少利用。生物质气化技术相对比较成熟,气化过程相对温和的反应条件将降低生物质中部分有害成分(碱金属、氯、低熔点灰分等)对于转化过程和设备的影响,可降低燃烧中对于燃料质量的要求,扩大混燃过程的生物质原料范围。而且,间接混燃将生物质灰分同燃煤灰分分离开来,并允许实现非常高的混燃比。间接混燃需要安装额外的生物质气化器和生物质处理单元,投资成本相对较高。间接混燃目前在奥地利 Zeltweg、芬兰 Lahti 和荷兰 Geertruidenberg 等几个示范电厂中得到应用[29]。

(3) 并行混燃

并行混燃系统中,生物质与燃煤的燃料准备和给料以及燃烧都是独立的。生物质和燃煤分别在独立的锅炉中燃烧,并向一个共同的终端供应蒸汽。在并行混燃中,由于生物质与燃煤是在独立的系统中转化的,因此可以对两种燃料分别采用优化的系统,比如生物质采用流化床燃烧而燃煤采用煤粉炉加压燃烧。并且,生物质和燃煤的灰是分离的,生物质灰的质量不会对燃煤灰的传统利用方式产生影响。但是,在这种方式下,对现有燃煤电站进行改造需要考虑汽轮机等现有下游设施的容量,需事先确认汽轮机有足够的过负载能力以适应生物质燃烧所产生的额外电力。

4.3.2.2 污泥干化后与煤混合燃烧发电技术

(1) 污泥焚烧特点

在处理污水过程中，由于污水中固体物质的沉降，在处理中不可避免地要产生大量污泥。污泥是由有机残片、无机颗粒、细菌体、胶体等组成的极其复杂的非均质体，污泥中含有的大量有机物，易腐化发臭，有些污泥中还含有金属毒物。污泥处置的最终目标是实现减容化、稳定化和无害化。污泥处置途径主要有 3 种，包括土地利用、卫生填埋、水体消纳和焚烧处理等。

污泥焚烧将脱水污泥加温干燥，再用高温氧化污泥中的有机物，使污泥成为少量灰烬。近年来污泥焚烧技术已经成为处理污泥的主流。总的来说，焚烧法与其他方法相比具有突出的优点：

1) 焚烧可以使剩余污泥的体积减少到最小化，最终需要处置的物质很少；

2) 焚烧灰可制成有用的产品，实现资源化利用；

3) 污泥焚烧处理速率快，不需要长期储存和运输；

4) 焚烧产生的热量还可以用于发电和供热，变废为宝。

污泥的热值随着含水率的降低而升高（表 4-17）[32]，由污水处理厂进行简单的浓缩脱水后的污泥，含水率较高（80%～90%），当含水率低于 50%时，污泥才适合焚烧，燃烧时若达不到污泥焚烧时的热值，还需耗费过多的热量。为了便于进一步地利用与处理，可将其干燥为较低的含水率（20%～40%）的干化污泥，然后进行焚烧。

表 4-17 含水率与污泥热值

含水率/%	90	80	70	60	50	40	30	20	10	0
热值/(kcal/kg)	−227	132	491	849	1207	1566	1925	22833	2642	3000

(2) 污泥与煤混燃优势和缺点

干化污泥热值较低，污泥单独焚烧时，效果不稳定，有可能需要辅助燃料来提高焚烧的质量，动力消耗也较大，所需的基建投资和运行费用比较高，工艺操作复杂，引进的设备一次性投资较大，一般企业难以承受其高昂的费用，同时污染物排放量也较高。若将污泥与煤混合燃烧，基于已有的煤粉燃烧装置（例如煤粉炉）和污染物净化回收装置进行合理的改造来实现，比建立独立的污泥焚烧厂，有其明显的优势，对今后城市污泥处理有极其重大的意义。其主要优势有以下几个方面[33]。

1) 投资小。污泥焚烧炉及尾气净化系统等设备价格昂贵，国外一套日处理 1000t 的污泥焚烧系统需要投资 6.7 亿元。

2) 建设周期短。在现有的燃煤电厂的基础上，进行相应的改造后适应污泥掺烧的需要，建设周期比建立独立的污泥焚烧处理厂要短得多。

3) 低运输成本。污水污泥含水率高，体积庞大，并且城市污水处理厂分散性大，建立单独的焚烧厂集中燃烧，运输费用会很高。如果利用现有的燃煤电厂就近处理污泥，投资少，见效快，具有显著优点。

4) 运行成本低。污泥含水率高、热值低，必须吸收大量的热能后才能燃烧，需要消耗大量的常规能源，目前国内单独焚烧 1t 污泥的成本，上海需要 160 元，江苏需要 200 元。

燃煤电厂掺烧污泥，不仅可以大大提高城市污泥的处理能力，而且同时还利用了污泥的热值进行发电或供热，其飞灰产物在某些条件下还可以作为副产品出售。因此，燃煤电厂掺烧污泥可以带来显著的经济效益和环境效益。

5）改善稳定性。利用与煤混合燃烧提高污泥的热值，改善了污泥和煤混燃过程中的稳定性。

6）抑制有害气体。通过污泥中的碱性成分可抑制煤燃烧过程中氮氧化物、硫氧化物等有毒有害气体的排放，减轻对大气环境造成的污染。

此外，这种处理处置方式在经济和技术上的可行性备受关注和争议[34]。

1）污泥的含水率和添加率对焚烧锅炉的热效率有很大影响。污泥含水率越高，热值越低，含水率 80% 的污泥对发电的热贡献率很低，为保证良好的掺烧效果，其掺烧的量不可过大，否则会对电厂的运行造成不良影响。

2）污泥是一种污染物，需要满足相关标准所规定的热氧化环境，其焚烧处理所需的过剩空气系数大于燃煤，因此污泥掺烧会导致电厂烟气排量大，热损失大，锅炉热效率降低。

3）污泥掺入还会影响锅炉的焚烧效果。由于掺烧工况下烟气流速会增大，对烟气系统造成磨损，烟气流速的上升还会导致燃烧颗粒炉内停留时间缩短，可能产生停留时间<2s 的工况，不符合避免二噁英产生的基本条件。

4）掺烧对锅炉的尾气排放也会带来较大影响。由于污泥具有较高浓度的污染物（如汞浓度数十倍于等质量的燃煤），焚烧后烟气中有害污染物浓度明显增加，但由于烟气量大幅度增加，烟气中污染物被稀释，其浓度可能低于非掺烧烟气污染物的浓度，目前无法严格合理地界定并控制排入大气的污染物浓度。

综上，现阶段我国污泥处理处置尚无经济有效的运行方式，为防止污泥无序弃置，污染生态环境，在有条件的地区，利用电厂循环流化床锅炉掺烧一定比例的城市污水厂污泥是比较经济可行的。

(3) 污泥与煤混燃的国内外研究现状

目前，国外许多学者在污泥与煤混燃技术方面已经开展了一定的研究，M. B. Folgueras[35]等针对污泥中常见痕量元素的挥发机理以及 $Ca(OH)_2$ 和 $FeCl_3$ 含量对痕量元素挥发过程的影响进行了研究；该学者[36]还研究了污泥与煤混燃过程中的灰渣固硫机理，灰渣中 Ca、Cl、Fe、Si 等元素对固硫效果的影响。D. Dajnak[37]等也针对污泥中汞的污染问题，提出了一种用于预测汞的蒸发和分配情况的数学模型。Y. Ninomiya[38]等针对污泥与煤混燃过程中的颗粒物进行了初步研究。葡萄牙的 M. Oter 等通过热重分析法将三种不同的污泥经过干燥方式处理后与无烟煤进行混燃试验，研究了挥发分的析出、混合燃烧的失重曲线以及气体的释放情况。M. B. Folgueras[39]等针对三种污泥、一种烟煤以及它们的混合物，在 $25 \sim 800 ℃$ 的温度范围内进行了热重分析研究。

国内一些学者在污泥与煤混燃技术方面也开展了一定的研究，如徐朝芬[40]等利用热重-红外联用的方法对某一煤种、污泥及两种混合物进行了升温速率为 15℃/min、模拟空气气氛条件下的燃烧情况和红外适时在线跟踪检测情况，分析了其燃烧过程中燃烧特性参数和IR 谱图的变化情况。其结果表明混合试样和煤相比其着火温度有所上升，综合燃烧性能有所下降，在混燃过程中煤和污泥基本上保持了各自的特性，而煤的燃烧表现得更为明显；IR 谱图与 TG 结果完全吻合。张成[41]等针对某电厂四角切圆煤粉炉进行掺烧污泥的改造，根据煤与污泥掺混后在煤粉炉上的着火、稳燃、结渣等特性分析了煤粉炉掺烧干化污泥的可行性。结果表明，当污泥掺混比例小于 1：4 时，泥煤混合燃烧特性与煤相似，污泥掺混大于该比例后，其灰熔点下降明显，有明显结渣倾向，且排烟损失显著增加。张云都[42]等利用热重法研究污泥与煤粉的混合燃烧，并用 Matlab 分析计算污泥与煤粉按不同比例混合燃烧时的活化能 E 与指前因子 A，并对燃烧过程及特性略加分析。发现活化能和指前因子跟污泥与煤粉按不同比例混合的燃烧特性有着密切的关系，可通过活化能和指前因子来判断混合的燃烧状况。武宏香[43]等通过热天平分析装置对城市污水污泥、煤及木屑单独或混合燃料的燃烧行为进行研究。结果表明，燃料的燃烧过程分为脱水干燥、挥发分的析出和燃烧、残余挥发分与焦炭的燃尽三个阶段，污泥的着火温度低，燃尽温度高，灰分产量高，燃烧放热量较低，污泥单独燃烧性能较差，综合燃烧指数较低，加入煤或木屑后能明显改善其燃烧性能，缩短燃烧温度范围，提高燃烧速率，降低灰分产率，但同时使挥发分与固定碳燃烧的活化能增加，燃烧对温度的敏感度增加。刘亮[44]等利用热重试验得到污泥与煤混燃表现出的着火和燃尽等燃烧特性在某些方面优于污泥或煤单独的燃烧特性。肖汉敏[45]向煤和煤矸石中添加污泥实验表明污泥可以显著提高混合样品的着火性能。

(4) 污泥与煤混燃技术

目前，污泥与煤掺烧发电技术主要有两种形式：循环流化床燃煤电厂污泥掺烧技术和煤粉炉电厂污泥掺烧技术。目前，我国已有多个污泥掺烧的成功实例，但应用炉型仅限于循环流化床锅炉，由于煤粉炉上掺烧污泥较流化床炉相比制粉系统难度加大，故在目前最常见的四角切圆燃烧煤粉炉上进行污泥掺烧的电厂几乎空白。

① 循环流化床燃煤电厂污泥掺烧技术　循环流化床技术是一种新型、高效和清洁的燃烧技术，具有混合迅速、燃烧效率高和污染物排放量小等特点，因此我国正在积极开发煤与污泥在流化床中的混燃技术。其典型工艺流程见图 4-17。含水率 80% 左右的污泥经喷嘴喷入炉膛，迅速与大量炽热床料混合后干燥燃烧，随烟气流出炉膛的床料在旋风分离器中与烟气分离，分离出的颗粒再次送回炉膛循环利用，炉膛内传热和传质过程得到强化。炉膛内温度能均匀地保持在 850℃ 左右，由旋风分离器分离出的烟气引入锅炉尾部烟道，对布置在尾部烟道中的过热器、省煤器和空气预热器中的工质进行加热，从空气预热器出口流出的烟气经除尘净化后，由引风机排入烟囱，排向大气。

② 煤粉炉电厂污泥掺烧技术　对燃煤电厂煤粉炉中煤粉与污泥的掺烧技术方面，污泥首先必须被烘干，然后根据具体锅炉特性参数把污泥磨制成合适的粉末，以便燃烧；除此之外，为了掺烧污泥，电厂必须拥有相应的燃料制备系统和相应的处理污染物副产品的设备，且原燃烧系统需要进行改造以适应污泥掺烧。

污泥在掺烧前的干化处理是燃煤电厂掺烧污泥的一个必不可少的步骤，污泥在高温下开始着火燃烧，污泥含水量不同对锅炉的燃烧有直接的影响，处理后污泥含水率的高低直接影响到干化成本，从而影响到污泥掺烧发电技术的经济效益。同时掺混比例的高低直接影响到机组的安全经济运行和污泥处理能力的高低，是燃煤电厂掺烧污泥技术的另一个关键环节。因此污泥含水率和掺混比例是影响燃煤电厂掺烧污泥发电的一个重要环节，需要进行更深入的研究。另外由于污泥的成分特别是有害元素的含量较煤相比有较大不同，因此污泥和煤掺混的燃烧特性、污染物和重金属的排放特性也是要引起高度重视的。

综上所述，尽管国内外许多学者对污泥与煤粉在电站锅炉上进行了相关研究，但是仍然

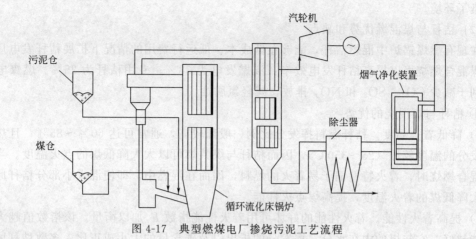

图 4-17　典型燃煤电厂掺烧污泥工艺流程

有许多问题摆在人们的面前。一方面我国污泥处理处置技术还比较落后，另一方面需要加强对城市污水污泥处理技术的研究，以及与实际应用的结合，加大投资，加强研究，来取得更好的成果。目前主要存在的煤粉炉污泥掺烧的主要问题有以下几个方面[33]：

1) 污泥掺配后的煤质变化情况；

2) 不同水分污泥对制粉系统运行的影响，制粉系统的异常及堵塞情况等；

3) 污泥的含水率和添加率对锅炉的热效率的影响；

4) 污泥掺烧对锅炉燃烧稳定性的影响；

5) 污泥掺烧对锅炉负荷变化的适应性问题；

6) 污泥掺烧对锅炉粉尘、污染气体以及有害重金属排放的影响。

4.3.2.3　秸秆与煤混合燃烧发电技术

(1) 农作物秸秆资源状况

生物质秸秆包括玉米秆、小麦秆、稻秆、油料作物秸秆、豆类作物秸秆、杂粮作物秸秆、棉花秸秆等多种作物的秸秆，其富含有机质和 N、P、K、Ca、Mg、S 等多种养分，是一种洁净的可再生能源。我国是一个农业大国，农作物的种类很多，而且数量也较大。水稻、玉米和小麦是 3 种主要的农作物，其产生的废物——秸秆是中国主要的生物质能资源之一。1995 年，中国农作物秸秆总产量为 6.04×10^8 t[46]，可获得系数为 85%，约 5.13×10^8 t，相当于 3.1×10^8 t 标准煤，其中水稻、玉米和小麦秸秆约相当于 2.5×10^8 t 标准煤，占秸秆总产量的 84.3% 左右。近年来，随着农村经济的发展，中国的农作物秸秆产量也在逐年递增，平均年增长率为 2.33%。如 1980 年，生物质能资源量约为 2×10^8 t 标准煤，到 1995 年达到 3.1×10^8 t 标准煤，到 2000 年，中国生物质能资源量达到 3.4×10^8 t 标准煤。

在中国，农作物秸秆主要作为生活燃料、饲料、肥料和工业原料。据不完全统计，在 1995 年农作物秸秆 6.04×10^8 t 总产量中，其中约有 15.0%（即 0.91×10^8 t）的秸秆被用来直接还田造肥，有 25.0%（即 1.51×10^8 t）的秸秆被作为饲料，有 9.0%（即 0.54×10^8 t）的秸秆被用作为工业原料。除此之外，约 51.0%（即 3.08×10^8 t）的农作物秸秆可以作为能源用途，其中只有 1.9×10^8 t 的农作物秸秆被中国农民在民用炉灶内直接燃烧用来炊事和取暖，其余 1.2×10^8 t 则被废弃在田间地头或在田间直接焚烧掉，不仅浪费了资源，也严重地污染了环境。

(2) 秸秆与煤混燃优势和缺点

在现有燃煤锅炉中混燃秸秆，能够在低成本、低运行费用的情况下扩展秸秆发电厂。秸秆与煤混合燃烧可以提高秸秆发电效率：混燃发电为38%；专用秸秆为25%。燃煤电厂混燃有利于减少 CO_2、SO_2 和 NO_x 排放，减轻氯腐蚀。

① 秸秆与煤混烧的优势[47]

1）降低着火温度。秸秆燃料挥发分比例一般都较高，通常可达60%~85%，且热解释放挥发分的温度较低（25~350℃），因而秸秆与煤共燃可以大大降低煤的点火温度。当不同燃料混合燃烧时，着火特性偏于易着火的燃料，因而在混燃中，即使混入小部分秸秆原料也可大大降低煤的着火温度，提高煤点火性能。

2）提高着火性能。着火性能的好坏可用着火性能指数 F_z 加以衡量。该指数值越大，着火性能越好，它与煤的内在水分、挥发分的析出以及碳含量的大小成正比。多数秸秆原料因为挥发分含量高，和煤共燃可明显改善煤的着火性能，体现在煤的着火性能指数明显增加，见表4-18。

表4-18 部分煤种和秸秆共燃与着火性能指数 F_z 的关系

样品	挥发分/%	水分/%	含碳量/%	F_z
花生壳	73.95	1.67	24.05	13.74
长焰煤	34.10	9.40	46.10	8.69
无烟煤	5.60	3.65	87.14	0.74
10%花生壳+90%长焰煤	38.08	8.54	43.89	9.54
10%花生壳+90%无烟煤	12.41	3.45	80.86	2.03

3）减少 CO_2 温室气体的排放。由于秸秆在燃烧过程中排放出的 CO_2 与其生长过程中所吸收的一样多，所以秸秆燃烧对空气 CO_2 的净排放为零。同时由于燃烧秸秆剩余物减少了其自然腐烂所产生的 CH_4，进一步减少了温室气体的排放，CH_4 气体的温室效应是 CO_2 的21倍。在减排 CO_2 的成本上，相对来说秸秆直燃发电也是非常低的。煤电厂通过提高效率来减少 CO_2 的排放量是非常有限的，因而它是目前最经济可行的 CO_2 减排手段之一。

4）减少 NO_x 的排放。根据燃料燃烧过程中 NO_x 生成机制的形成特性，NO_x 的生成可分为热力型 NO_x、快速型 NO_x 和燃料型 NO_x。秸秆含有大量挥发分，在低温下迅速析出进而燃烧，形成秸秆挥发分与煤抢氧燃烧，从而形成较低 O_2 浓度，有利于还原物质（C 和 CO 等）对 NO_x 的还原分解反应，减少 NO_x 的生成；秸秆本身氮含量比煤少得多，故秸秆与煤共燃过程中生成 NO_x 的数量也会降低；燃烧过程中秸秆释放出的挥发分与煤相比更富 NH_3，而后者则更富 HCN，NH_3 能够分解成 NH_2 和 NH，它们能够将 NO 还原成 N_2，从而起到降低 NO_x 作用，而 HCN 能在 O_2 的作用下分解成 NCO，它进一步与 NO 反应会生成污染物 N_2O。值得注意的是，秸秆与煤共燃对降低燃烧过程中排放 NO_x 的作用会因生物质本身的含氮量、煤种（灰成分）以及燃烧方式的不同而差别较大。

5）减少 SO_2 的排放。SO_2 的排放量主要决定于燃料中硫的输入量，因为在煤的燃烧过程中80%~100%的燃料硫会转变成 SO_2。大部分秸秆含硫量极少或不含硫，因而通过将秸秆与煤共燃能够有效降低 SO_2 的排放量，减排的效果因共燃秸秆和煤种硫含量的不同而不同。同时，多数秸秆灰分中含有大量碱金属或碱土金属的氧化物，能够与 SO_2 反应生成硫酸盐，起到固硫剂的作用。

6）防治结渣和腐蚀性。秸秆一般含有较高的碱金属（Na、K）氧化物和盐类，这将造成灰熔点降低，给燃烧过程带来许多问题。其原因是碱金属（Na、K）氧化物和盐类可以与 SiO_2 发生以下反应：$2SiO_2 + Na_2CO_3 \Longrightarrow Na_2O \cdot 2SiO_2 + CO_2$ 和 $4SiO_2 + K_2CO_3 \Longrightarrow K_2O \cdot 4SiO_2 + CO_2$，形成的低温共熔体熔融温度分别仅为 874℃ 和 764℃，从而造成严重的烧结现象。秸秆燃烧时的灰沉积率在燃烧早期最大，然后会单调递减，与煤燃烧时的灰沉积相比，具有光滑的表面和很小的孔隙度，因而它的黏度和强度都比较高。这意味着秸秆燃烧所产生的灰沉积更难去除。灰污和熔渣不仅降低了换热效率，而且还对设备造成严重的腐蚀和磨损。煤灰与秸秆灰中 K、Na 元素的含量相近，但煤灰中 Fe_2O_3 含量远高于秸秆灰中的含量，Fe_2O_3 易与碱金属氧化物、盐反应，形成 $X_2Fe_2O_3$，$X_2Fe_2O_3$ 的熔点为 1135℃，远高于运行温度，因此可防止烧结的产生。通过煤与秸秆共燃，可以大大降低燃料中碱金属所占的比例，从而可以缓解由于秸秆高碱金属含量带来的熔渣和腐蚀问题。

② 秸秆和煤混燃发电存在的问题

1）秸秆与煤在循环流化床中燃烧时，混合燃料的燃烧特性与煤或秸秆都不相同，发生了一定的变化。农作物秸秆，都含有较多的水溶性碱性金属物质，燃烧时会引起拥塞和结块，损坏燃烧床。有时还会沉淀于过热器造成腐蚀，严重时则引起工厂停产。

2）直接燃烧秸秆产生的颗粒排放物对人体的健康有影响。

3）由于秸秆中含有大量的水分（有时高达 60%～70%），在燃烧过程中大量的热量以汽化潜热的形式被烟气带走排入大气，燃烧效率相当低，浪费了大量的能量。

(3) 秸秆与煤混燃发电的国内外研究现状

美国是直接混燃秸秆、木料发电规模最大的国家，有 40 多座示范和商业运行的混合燃烧电厂，其中 30 多座是在煤粉锅炉中直接混燃秸秆、木料，份额大多在 3%～35% 之间。

德国在煤粉锅炉中直接混燃污泥技术已经投入商业运行，正在试验混燃秸秆和木片。

荷兰从 1993 年开始直接混燃发电试验，大多是秸秆和木片，混燃数量保持在 10% 左右。丹麦的秸秆直接混燃发电技术已经商业化运行，实践证明当混燃 10% 的秸秆时，系统可安全可靠地运行；当混燃 7% 的秸秆时，没有发现脱硝反应催化剂中毒失活的迹象；当混燃 20% 的秸秆时，受热面腐蚀速率明显比燃煤时加快，具有较大的风险。

芬兰和瑞典利用循环流化床锅炉将农林废物、泥草炭和煤的直接混燃发电已经商业化运行，通常混燃农林废物的比例大于 20%。为示范推广多燃料直接混燃发电技术，芬兰和瑞典还联合建立了世界上最大的农林废物循环流化床锅炉热电厂，最大供电功率 2.4×10^5 kW。该锅炉原料适应性广，可完全燃烧煤，也可完全燃烧农林废物，通常混燃农林废物的比例在 50%。为了便于运输和储存，秸秆和木料都打成 71cm×300cm、重约 450kg 的圆捆。

我国秸秆发电起步晚，目前仍属起步阶段。2005 年，河北省石家庄市建立了我国第一座秸秆燃烧发电厂，目前我国江苏已投产的农作物废物发电厂有 8 家，集中分布在苏北的农业大县，目前总装机容量达 204.5MW，其中采用混燃发电技术的有 3 家，装机容量为 90MW，约占农作物废物发电总装机容量的 44.0%。

（4）秸秆与煤混燃技术

秸秆混燃发电是指秸秆原料经过预处理，和化石燃料一起在锅炉中燃烧，产生蒸汽，驱动蒸汽轮机，带动发电机发电的技术。秸秆原料在燃烧前需要经过物理化学转变，如打捆、制块、气化等。秸秆混燃发电系统包括秸秆的预处理与输送系统、锅炉系统、烟气净化系统、汽轮机系统和发电机系统。秸秆的预处理、输送系统包括秸秆的干燥、粉碎、打包、运输和储存等过程；锅炉系统包括喂料系统、供风系统。

秸秆混燃发电包括直接混燃发电、间接混燃发电和并联混燃发电3种方式。

① 直接混燃发电　直接混燃发电是秸秆混燃发电的主要方式，其生产过程概括起来是先将秸秆加工成适合锅炉燃烧形式的粉状或块状和煤一起送入锅炉进行充分燃烧，使秸秆和煤中的化学能转化为热能，锅炉的水吸热后产生饱和蒸汽，饱和蒸汽在过热器内继续加热进入汽轮机，驱动汽轮机发电机组旋转，经蒸汽的内能转化为机械能，最后由发电机将机械能变成电能，其生产过程如图 4-18 所示。技术关键为锅炉对燃料的适应性，积灰和结渣的防治，避免受热面的高温腐蚀和粉煤灰的工业利用。由于生物质灰分中 K 和 Cl 含量较高，当掺烧比例较大时，会引起锅炉积灰及其腐蚀，因此秸秆的掺烧比例不宜太大。

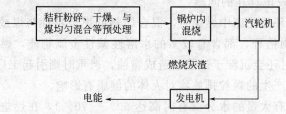

图 4-18　秸秆和煤直接混合燃烧发电生产过程

② 间接混燃发电　间接混燃发电是指首先将秸秆原料在气化炉中缺氧条件下进行气化，产生可燃气体（主要成分 CO、CH_4、H_2 和 C_mH_n 等），然后可燃气再进入传统燃料锅炉内共同燃烧，产生蒸汽发电的技术。

秸秆气化与煤混燃发电过程如图 4-19 所示[48]。秸秆原料经过预处理后由送料系统送入气化炉，秸秆在气化炉内不完全燃烧，发生气化反应，生成可燃合成气。秸秆气化产物含有一些杂质，其中的固体杂质是由灰分和微细的炭颗粒组成的混合物。秸秆气化后燃气的固体杂质含量较大，因此在气化炉出口处需要设置旋风分离器，以脱除燃气中的固体杂质。如果合成气含有对锅炉运行有影响的污染成分，在进入锅炉前还需要对合成气进行净化处理。然后再将合成气送入锅炉与煤粉共燃，释放的热量将给水加热成高温高压蒸汽，蒸汽经汽轮发

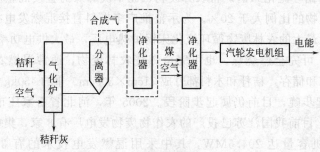

图 4-19　秸秆气化与煤混燃发电过程

电机后将其热能转换为电能。

③ 并联混燃发电　并联混燃发电是指秸秆原料在单独的锅炉内燃烧产生蒸汽，蒸汽再经过传统燃料进一步过热，然后再发电的技术。工艺流程网见图4-20。

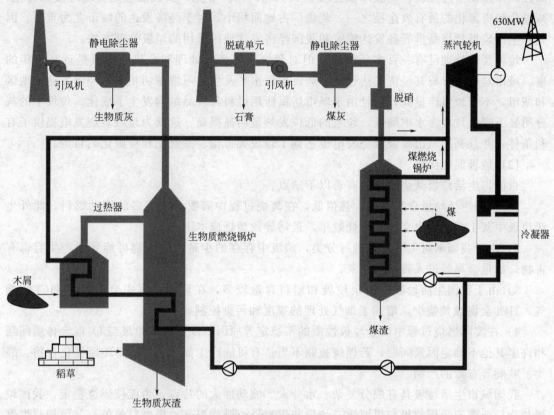

图 4-20　秸秆并联混燃发电系统示意

4.3.2.4　城市生活垃圾与煤、生物质混合燃烧发电技术

(1) 我国城市生活垃圾基本概况

随着我国经济发展及城市周边卫星城和小城镇的建设，市区范围不断扩大，城市人口不断增加，城市生活垃圾产量也呈逐年递增趋势。据国家统计部门调查，我国城市垃圾产生量以每年10％的速率递增。解决垃圾问题的目标是使垃圾"无害化、减量化、资源化"。

目前，对生活垃圾主要采用卫生填埋、堆肥、焚烧和综合利用的处理方法。卫生填埋现在技术比较成熟，但其资源化水平较低，处理成本较高，占地面积大且使用期有限，同时垃圾渗滤液还会污染环境，造成安全隐患。堆肥处理工艺相对简单，成本小且处理量大，但堆肥机械设备技术水平较低，难以保证设备正常、稳定地运行，垃圾中的石块、金属、玻璃等废物需要分拣出来，另行处理，分选工艺复杂、费用高。综合处理垃圾方式可以解决混合处理方式出现的问题，对生活垃圾进行回收利用处理，该法可将大部分垃圾资源化，但由于受处理规模、产品销路等原因影响，综合处理生活垃圾的方式应用得较少。

垃圾焚烧是一个非常复杂而又强烈的氧化燃烧反应，一般而言，垃圾焚烧时将依次经历脱水、脱气、起燃、燃烧、熄火等几个步骤。垃圾焚烧过程产生的热量用来发电或供热，可以实现垃圾的资源化，性质稳定的残渣可直接填埋处理。经过焚烧处理后，垃圾中的细菌、病毒能被彻底消灭，各种恶臭气体得到高温分解，烟气中的有害气体经过处理达标后排放，而且固体废物经过焚烧，一般体积会减少 $80\% \sim 90\%$。可见，焚烧处理是实现垃圾无害化、减量化和资源化的最有效途径之一。焚烧厂占地面积小，对于经济发达的城市尤为重要。因此，生活垃圾焚烧是世界各发达国家和我国经济发达地区采用的垃圾处理方法。

垃圾焚烧处理已有一百多年历史，但对焚烧采用烟气处理和余热利用只是近几十年的事。城市垃圾成分与其经济发达程度、居民生活水平及生活习惯密切相关，经济发达的地区和城市，不仅垃圾产量高，而且由于城市居民所用燃料与食品结构发生了变化，垃圾中的灰分明显下降，垃圾含水率降低，垃圾的低位发热量明显提高，这就为垃圾焚烧发电提供了有利条件，并且利用城市垃圾焚烧发电也达到了垃圾无害化、减量化和资源化的目的。

（2）垃圾混燃优势

目前，生活垃圾焚烧技术还有着以下缺点：

1）我国生活垃圾含水率高、热值低，在焚烧过程中需要添加更多的辅助燃料，此外生活垃圾中灰土含量多也会影响焚烧效果，最终导致焚烧成本上升；

2）由于我国未对生活垃圾进行分类，垃圾中存在的少量危险废物可能导致产生有毒有害物，如重金属等进入残渣和飞灰；

3）由于我国生活垃圾中厨余垃圾和塑料含量较多，在焚烧过程中会产生含 HCl 的烟气，HCl 会腐蚀焚烧炉，增加了烟气处理的难度和污染控制成本；

4）在实际燃烧过程中由于垃圾性质的不稳定等原因，以及由于垃圾与 O_2 混合传质问题和许多其他不确定因素问题，若燃烧控制不当，有可能产生如二噁英、多环烃类化合物、醛类、呋喃等有毒的产物。

我国城市生活垃圾具有成分复杂、水分大、波动性大的特点，为能使燃烧稳定，我国垃圾焚烧行业普遍采用垃圾与煤混燃。垃圾与煤混燃，既能提高垃圾燃料热值，又可抑制煤燃烧时 SO_2 等有害气体生成，这对减轻大气环境的污染具有非常重要的意义。煤与垃圾混燃，煤中的硫对二噁英的生成具有抑制作用。目前我国在垃圾焚烧过程中普遍添加煤进行混燃，在焚烧垃圾的同时有时浪费了煤的使用量。经人们研究发现，生物质与垃圾混燃，可节省煤的使用量。

（3）垃圾混燃发电的国内外研究现状

Lawrence A Ruth 等研究表明：若掺烧 20% 的生活垃圾，锅炉热效率降低 3.3%，SO_2 与 NO_x 含量下降，但 HCl 含量和粉尘含量增加[49]。董长青[50]等针对我国城市生活垃圾热值低等特性，在流化床装置上进行了城市生活垃圾与煤混燃实验，研究了在混燃过程中城市生活垃圾与煤掺烧比例及床层温度变化对排放浓度的影响，实验结果显示，随掺烧垃圾量逐渐增加时，排放浓度降低，而排放浓度先降低然后增加；当城市生活垃圾与煤掺烧比例恒定时，随床温的增加，排放浓度增加，排放浓度呈下降趋势。李大中[51]等依据山西省某垃圾混燃电厂现场运行数据，建立了垃圾与煤、秸秆混燃锅炉污染物排放过程模型，验证表明模型能够较好地模拟混燃锅炉污染物排放过程。魏小林[52]等从技术、经济和环保等方面，对煤与垃圾在流化床中的混燃技术进行了比较详细的分析。对于我国目前的垃圾，混燃比率宜小于 90%。垃圾收费和售电价格对于垃圾焚烧厂的经济性影响很大，从鼓励多焚烧垃圾而不是多发电的角度出发，应尽量增加垃圾收费补贴来使垃圾焚烧厂正常运行；与纯烧煤相比，混燃时除 SO_2 外，其余污染物排放均有所增加，但混燃有利于提高燃烧温度，减少二噁英类物质的生成。田文栋[53]等讨论了低热值垃圾焚烧中添加煤混燃的必要性，给出了垃圾处置收费和售电价格对于混燃电厂的经济性影响。对于所给定焚烧项目的垃圾来讲，其垃圾的低位热值近似为 4200kJ/kg，需要进行混燃，其中煤的比例应小于 10%～20%。垃圾量提高后，垃圾收费带来的收益大；垃圾热值提高后，售电价格带来的收益大。增加垃圾收费补贴可鼓励垃圾焚烧厂焚烧更多的垃圾。

此外，孙红杰等[54]在鼓泡流化床燃烧炉内进行了煤与垃圾衍生燃料（RDF）的混燃试验研究。刘安平[55]对含油污水处理后的固体废物与燃煤混燃特性进行了分析。李相国[56]等采用热重方法剖析了废轮胎与煤的混燃特性，认为废轮胎胶粉与煤的混燃有利于改善高灰分煤的着火和燃尽特性。金余其等[57]将废塑料与煤在 1MW 流化床焚烧炉试验台上进行了混燃试验。蒲舸等[58]则研究了医疗垃圾与煤不同混燃比时在循环流化床装置内的燃烧特性。

(4) 垃圾混燃技术

① 影响生物质与垃圾混燃污染物生成的因素

1）炉膛燃烧温度随着掺混比、一次风率和进料量的增大而增大。

2）燃料的燃烧效率随着炉膛温度和掺混量的增大而增大。

② 垃圾和生物质混燃污染物排放受掺混比和炉膛温度影响的变化规律

1）掺混比的增加使得烟气中 HCl、CO、二噁英等污染物的排放浓度降低，SO_2 和 NO_x 生成量略有增加，飞灰和底渣重金属含量降低。

2）炉膛燃烧温度的增加使得烟气中 NO_x 生成量略有增加，CO、SO_2、二噁英排放浓度降低，颗粒物和 HCl 排放浓度基本上恒定不变。

生物质与煤、垃圾共燃，不仅提高了燃烧效率，使得燃烧充分、稳定，还降低了污染物的生成，减少了煤的使用量。添加生物质从而保证减少煤量同时热值的提高，既经济又环保。

传统燃烧理论认为，燃料颗粒的燃烧是由很多阶段构成的复杂物理化学的过程。当燃料颗粒受热后，先析出水分，再发生热分解并释放可燃挥发分。当温度升高到一定程度时，挥发分开始着火、燃烧。此时放出的热量，通过燃料颗粒表面导热和辐射传给燃料颗粒，随着温度的逐渐提高，进一步释放挥发分。此时因剩余焦炭温度较低，释放的挥发分及其燃烧产物限制了 O_2 向焦炭扩散，焦炭还不能燃烧。若挥发分释放完后，焦炭开始着火。只要焦炭粒在一定温度下有适量的 O_2，就会燃烧完，形成灰渣。

③ 生物质与垃圾、煤的燃烧机制　一般燃烧过程可分为挥发分的燃烧和焦炭（固定碳＋灰分）的燃烧。生物质与垃圾混合物、煤的燃烧均属于气体与固体间多相燃烧反应，而燃烧过程却完全不同。

1）生物质与垃圾燃烧机制。由混合物工业分析的结果可知，其主要过程是指以其中可燃有机物挥发分的析出和燃料分解的燃烧，以气相燃烧为主、多相燃烧为辅非均相燃烧的混合过程，同单纯液态燃料、气态燃料的燃烧过程相比更为复杂。表面燃烧和蒸发燃烧为次要过程，同煤的燃烧相比有本质的不同，原因是：a. 混合物挥发分的主要部分是有机可燃物；b. 混合物中含碳量较低，发热量较小，燃烧最迟，很大程度上只决定混合物燃尽时间；c. 在燃烧过程中，挥发分放出的热量占据混合物发出的热量的绝大部分。

2）煤的燃烧机制。煤燃烧发电主要是固定碳的燃烧，原因是：a. 煤燃料可燃质中的焦炭里的碳所占比例较大；b. 焦炭着火晚、燃烧迟，对燃烧时间和燃烧状态有很大的影响；c. 在燃烧过程中，煤发热量比焦炭中的碳放出的热量要多。

因为固定碳的着火点约为800℃，煤的挥发分量、析出和燃烧情况、混燃温度，对固定碳能否点燃，燃烧能否顺利完成起着重要的作用。

4.3.3 生物质混合燃烧发电工程实例

4.3.3.1 不同混合燃烧形式的发电工程实例[31]

(1) 直接混燃发电技术

生物质与燃煤的直接混燃典型规模为 50～700MWe，也有部分项目处于 5～50MWe。大部分电厂采用煤粉锅炉，其中混燃可以不同的方式进行。生物质可以在锅炉中独立的木材燃烧器中燃烧，可以在煤粉锅炉底部的独立炉排上燃烧，也可以采用鼓泡流化床、循环流化床、旋风炉、抛煤机炉等进行混燃。

① 荷兰 Gelderland 电站采用燃煤与木材废物直接混燃发电，是欧洲最早的大型电站在锅炉中进行生物质混燃的示范项目。该项目将该电站原有的一台 635MWe 煤粉电站锅炉改造成燃烧废木材锅炉，以解决该地废木材处理问题并实现对于燃煤的部分替代。电站将收集来的废木材处理成木片，达标木料送入电站后，经过除铁除杂后送入粉碎机粉碎到 4mm 以下，然后进行过筛和制粉。最终进入锅炉的木粉需达到如下指标：水分<8%，尺寸 90%<0.80mm、尺寸 99%<1.00mm、尺寸 100%<1.50mm。木粉通过气力输送到炉前料仓，经计量装置计量并与煤粉混合后，送入现有的煤粉燃烧器中燃烧。如图 4-21 所示为电站燃料处理系统布置。

锅炉炉膛内采用对墙燃烧，前墙和后墙上布置了三排，每排六支燃烧器。木粉燃烧容量约为每小时 10t，相当于锅炉热输入的 3%～4%，在该混燃比例并采用相对高质量燃料的条件下，混燃对于锅炉运行、环境性能以及锅炉可用性方面的影响很小。锅炉装备有湿式石灰石烟气脱硫系统和 SCR 系统用于脱硫脱硝，所以锅炉排放能够达到当地环保标准。锅炉飞灰用作建筑材料的组分。电厂电力效率43%，考虑燃料预处理，净效率估计为 36%～38%。

该项目 1995 年交付使用之后，已经完全商业化运行多年。每年消耗大约 6×10^4 t 干木材，替代了大约 4.5×10^4 t 燃煤。同时，由于木材燃料较低的灰分含量，混燃还减少了每年4000t 左右的飞灰产出。

② 芬兰 Alholmens Kraft 电站是目前世界上最大的生物质电站之一，装机容量265MW。该电站采用了多种燃料电站的概念，主要目标是在商业规模上示范多种固体燃料燃烧和低排放联产的创新技术，允许化石燃料与生物质废物的混合燃烧。

电站年燃料消耗 3500GW·h，燃料种类构成为：木质燃料 30%～35%，来源于制浆造纸工厂；锯木和林业剩余物 5%～15%，来源于短距离内的锯木场和林产业；泥煤 45%～55%，来源于电厂附近；燃煤或者燃油10%，主要用于启动或辅助燃料。因为锅炉容量大，每小时需要供应1000m³ 燃料，因此对于燃料给料系统的要求非常高。林业剩余物经打包加工送入电厂，在电厂内进行破碎。

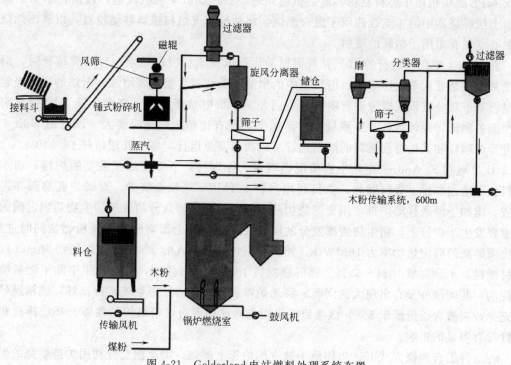

图 4-21　Gelderland 电站燃料处理系统布置

电站采用的循环流化床锅炉也是最大的，由 Kvaerner Pulping 设计制造，其基本技术数据为：锅炉容量 550MWth，蒸汽产量 194kg/s，蒸汽参数 545℃/165bar，锅炉效率 92%。主要针对生物质燃料设计，可以燃烧单一燃料也可以燃烧几种设计燃料的混合燃料。在采用泥煤、木材剩余物混合燃料和燃煤燃烧时，都可获得满负荷运行。

该电站属于热电联产电站，位于制浆造纸产业区，以利用其提供的燃料，并为周边林产工业提供蒸汽和区域供热。电站基本生产能力为发电 240MWe，过程蒸汽生产能力 100MWth，区域供热能力 60MWth。

该项目 2001 年开始商业运行，电厂内约 50 人进行电厂运行和维护工作，400 多人进行燃料的处理和运输方面的工作。项目总体投资费用约为 1.7 亿欧元，该项目同时也得到了欧盟 THERMIE 计划的支持。

③ 丹麦 Studstrup 电站进行了谷物秸秆和其他打捆生物质材料混燃的示范和商业运行。1996~1998 年之间，在该电站 Unit 1 机组进行了秸秆混燃的示范，获得了秸秆混燃对于锅炉性能、换热表面积灰和腐蚀、灰渣质量以及燃烧排放等方面影响的知识。Unit 1 为 150MWe 煤粉锅炉，蒸汽参数 540℃/143bar，蒸汽流量 500t/h。为了混燃秸秆，该电站建立了一个完全商业化的秸秆接收、储存和预处理设施，处理能力每小时 20t，相当于锅炉满负荷时能量输入的 20%，并对燃煤系统进行了改造以适应与秸秆的混燃，还进行了 10%、20% 热输入秸秆混燃比例下的长期运行测试。

2002 年，在 Unit 1 成功示范的基础上，该电站进行了 Unit 4 机组的秸秆混燃改造，该机组为 824MWth/350MWe Benson 型煤粉锅炉，生产 540℃/250bar 蒸汽，24 支（4×6）Doosan Babcock MarkⅢ低 NO$_x$ 燃烧器，分上下两层，对墙燃烧布置，4 台 Deutsche Babcock MPS 磨煤机用于燃料制粉，然后供应到燃烧器。Unit 4 机组改造，包括将锅炉炉膛后墙上上层燃烧器中的 4 支改造用于混合燃烧，将油枪和火焰扫描器移动位置，以腾出燃烧器的中心空气管道用于秸秆的喷射。

在 Unit 4 机组上进行的 10%秸秆混燃的运行取得了积极的结果，当混燃秸秆时，锅炉的飞灰烧失量要比单纯燃煤低，但飞灰中的水溶性碱和氯含量显著增加。电站的运行经验说明混燃对于灰分沉积或腐蚀没有明显的负面影响。该电站还进行了高含尘量 SCR 催化剂失活性能的测试，混燃秸秆时所测量的失活速率并没有比单纯燃煤时要大。该电站 Unit 4 机组进行的秸秆和其他打捆燃料的混燃进行了成功的商业运行，每年处理秸秆 16×10^4 t。

④ 奥地利 St Andrea 电站生物质混燃项目，在煤粉炉下部增加了独立的炉排，而木材燃料独立地在炉排上进行燃烧。项目利用一台 124MWe 煤粉燃烧炉，对锅炉底部灰斗进行改造，增加了两条移动炉排，用于燃烧切片木料和锅炉底部灰分的处理。生物质固定碳的燃烧主要发生于炉排上，而生物质挥发分的燃烧发生于炉排上部空间，与煤粉燃烧同时进行。生物质燃烧的额定热功率为 10MWth，相当于锅炉总热输入的 3%，采用切削到 50mm 以下木材燃料，水分含量 10%~55%。该混燃项目 1995 年交付使用，运行几年中除了燃料给料系统的一些问题外没有出现大的问题，移动炉排和湿式灰渣处理系统运行良好，燃料燃尽较为充分，灰渣含碳量低于 5%。该项目所采用混燃比率下对煤粉锅炉的性能、环境排放和可用性没有明显的影响。

在这种混合燃烧方式下，生物质于独立的炉排上燃烧，因此能充分利用炉排燃烧的燃料灵活性强的优势，对于生物质燃料预处理方面的要求也将降低，包括燃料的尺寸、水分含量以及灰分含量等。燃料的灵活性较强，可以采用单一燃料也可以采用多种燃料混合物，包括树皮、锯末、木屑等。就设备改造来说，采用独立炉排生物质燃烧的混合燃烧方式，投资相对较低，但是仅适合于较低的生物质混燃比率，并且这种方式需要在煤粉炉下部安装燃料给料和炉排系统，因此仅能应用于锅炉灰斗下有足够空间的情况。

(2) 间接混燃发电技术

间接混燃中的生物质气化可以看做是一种原料的预处理。间接混燃发电在欧洲也建立了一些示范项目，多数采用木质燃料进行气化，气化燃气在燃煤锅炉中燃烧，其中最为著名的一个示范项目就是奥地利 Zeltweg 电站。

① 作为 THERMIE 计划资助的 BIOCOCOMB 项目的一部分，Zeltweg 电站采用一台 137MWe 煤粉锅炉进行混燃改造。该锅炉最初是设计燃烧褐煤，在 20 世纪 80 年代改烧烟煤，锅炉为切向燃烧炉膛，生产蒸汽参数为 535℃/185bar、535℃/44bar。

锅炉前置一台 CFB 气化器用于木质燃料的气化，燃料主要为树皮，还可以燃烧木材废物、锯末和木屑等。燃料经磁选去除金属后送入料仓，通过螺旋输送机和称重带式输送机送入给料机并给入气化器，燃料颗粒尺寸最大为 30mm×30mm×100mm。CFB 气化器容量 10MWth，由 Austrian Energy & Environment 公司作为供应商，采用砂子作为床料，运行温度 820~850℃，以避免结渣。气化器出口产品燃气的指标见表 4-19。

由于进入气化器的燃料没有经过预先干燥，因此气化燃气的热值较低。燃气经旋风分离器分离颗粒物之后，直接以热态送入锅炉炉膛，燃气中还携带有部分在旋风分离器中没有分离下来的细炭颗粒。燃气在锅炉炉膛上部专门为燃气设计的喷嘴中燃烧，在煤粉燃烧中起再燃燃料的作用以降低 NO_x 排放水平。燃气输入热量约占炉膛输入热量的 3%。

表 4-19　气化燃气组成

燃气组分	计算值	测量值	燃气组分	计算值	测量值
O_2（摩尔分数）/%	0.00	0.00	CH_4（摩尔分数）/%	0.00	1.11
N_2（摩尔分数）/%	38.12	43.62	H_2（摩尔分数）/%	9.03	3.32
CO（摩尔分数）/%	2.74	2.73	H_2O（摩尔分数）/%	37.54	35.00
CO_2（摩尔分数）/%	12.45	13.20	热值/(MJ/kg)	1.963	—

该系统在 1998～2000 年间进行了广泛的性能测试和长时间运行，总共气化了超过 5000t 的生物质，并对其他一些废物燃料也进行了部分测试。系统运行总体良好，混燃对于锅炉的性能和可用性方面没有产生明显影响。

② 芬兰 Lahti Kymijärvi 电站生物质气化间接混燃项目对一台 200MWe 化石燃料锅炉进行改造以燃烧生物质燃气，锅炉为 Benson 型单通道锅炉，蒸汽参数为 540℃/170bar、540℃/40bar，以燃煤为主要燃料，在春秋季节锅炉运行于低负荷下，采用天然气作为唯一燃料。1997～1998 年间，该电站安装了一台 60MWth 常压循环流化床生物质气化器，气化器由 Foster Wheeler 公司提供，运行温度 800～900℃，配备旋风和空气预热器。气化器的设计与其他的循环流化床生物质气化器设计类似，能够燃烧较宽范围的生物质燃料，如木材废物、泥煤、废纸、废轮胎，气化器能够处理水分含量达 60% 的燃料。所产生的低热值气化燃气出口温度为 830～850℃，在空气预热器中，燃气被冷却到 700℃ 后通过管道输送到锅炉燃烧，而气化空气将被预热到约 400℃。气化燃气的基本组成如下（体积分数）：CO_2 12.9%，N_2 40.2%，CO 4.6%，H_2O 33.0%，H_2 5.9%，C_xH_y 3.4，热值（标准状态）为 2.0～2.5MJ/m³。

对于锅炉的改造主要是在锅炉煤粉燃烧器之下安装了两个生物质燃气燃烧器，能够供应电站年度能量需求 15% 的能量。这种未经净化的粗燃气对于锅炉性能没有表现出明显的负面影响，而且锅炉排放得到降低，锅炉受热面保持了相对洁净。NO_x 排放降低了 5%，灰尘排放降低了近一半，但 HCl 排放少量增加了，约 5mg/m³。

③ 荷兰 Amer 电站在其 9 号机组上进行了间接混燃的改造项目。9 号机组为煤粉炉系统，机组净生产能力为 600MWe 和 350MWth。1998～2000 年间，该电站安装了一台 83MWth 低压鲁奇循环流化床生物质气化器，运行温度 850～950℃，将废木材（约 15×10⁴ t/a）进行气化。电站最初的设计是，在蒸汽发生锅炉中将气化燃气冷却到 220～240℃ 同时进行蒸汽回收，然后经袋式过滤器将颗粒物脱除，经湿式清洗单元将氨和可凝焦油等脱除，经过净化的燃气被再次加热到 100℃ 后送入燃煤锅炉燃烧器中燃烧。从袋式过滤器中收集的飞灰将部分循环到气化器中，作为床料的一部分，湿式清洗单元的清洗水经脱氨之后将喷入锅炉炉膛。

经初期运行，机组出现了非常迅速和严重的燃气冷却单元水管的沾污现象，其主要与焦油和炭粒等的沉积有关。为了解决这个问题，该电站对于燃气冷却和净化系统进行了较大的改造，采用燃气粗净化后直接送入锅炉的方式。改造后的系统中，燃气被冷却到约 500℃，处于焦油的露点以上，然后利用旋风除尘器进行热态的燃气颗粒物收集。改造后系统运行良好。该项目中，输入锅炉的气化燃气和燃气冷却器所产蒸汽的总能量相当于锅炉总体能量输入的 5%，气化燃气对于燃煤锅炉系统的运行和排放性能没有表现出明显的负面影响。

(3) 并联混燃发电技术

丹麦 AvedøreⅡ电站生物质与化石燃料并行混燃项目，2001 年进入商业运行。该电站采用了多燃料的概念，如图 4-22 所示，以天然气、燃煤、燃油等化石燃料和秸秆、木颗粒等作为主要燃料，每种燃料在锅炉内都是独立地燃烧，对每种燃料都采用了优化的燃烧条件以达到最高效率。化石燃料采用大型超临界煤粉锅炉，额定功率 430MWe，发电效率可达48%以上。配套烟气净化、蒸汽轮机和发电机，以及两台 51MWe 轻型燃气轮机用于调峰发电并通过余热回收实现预热锅炉给水。

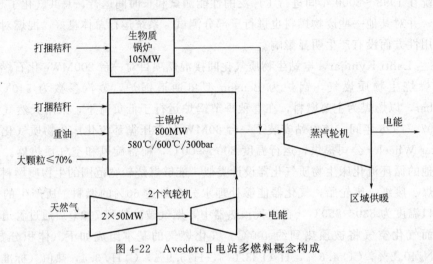

图 4-22　AvedøreⅡ电站多燃料概念构成

生物质锅炉单元由秸秆储存设施、锅炉、灰分分离器和灰渣处理设备等构成，设立独立的生物质燃烧锅炉，形式为 Benson 型振动炉排燃烧秸秆锅炉，负荷 105MWe·h，蒸汽参数设为 583℃/310bar，后来由于过热器的高腐蚀速率而将蒸汽温度减小到 540℃。生物质锅炉主要采用秸秆为燃料，最大负荷时锅炉每小时需消耗 Hesston 秸秆捆 50 个，年消耗秸秆15×10^4 t。

生物质锅炉的水/蒸汽循环与主锅炉集成，两台锅炉产生的蒸汽送入同一个蒸汽轮机发机组。蒸汽轮机运行温度可达 600℃，当时曾是世界上最为先进高效的超临界机组。蒸汽运行于 580℃/300bar 条件下，再热温度 600℃，冷凝压力 0.22bar。该电站采用了热电产模式，可以纯凝模式、纯背压模式或者两者结合的模式运行。当以纯背压模式运行时，凝蒸汽的热能全部用于区域供热，总体能量效率可达 94%。

为了避免秸秆类生物质燃料直接燃烧对于锅炉和排放系统的影响，特别是高温腐蚀问题，丹麦 Enstedvaerket 电站采用了不同的并行混燃方式。系统布置如图 4-20 所示。

该电站采用了秸秆燃烧和木屑燃烧两台锅炉，秸秆燃烧锅炉生产 470℃蒸汽，送入木屑燃烧锅炉过热到 542℃，过热蒸汽引入电站 3 号机组的高压蒸汽系统（210bar）。生物质锅炉计划每年满负荷运行 6000h，由于锅炉容量较大，所以电站秸秆储存运输压力较大。该项目 1998 年交付商业化运行，电站每年消耗 12×10^4 t 秸秆和 3×10^4 t 木屑，生物质燃烧锅炉产生 88MW 热能，发电 39.7MW（约为 3 号机组所产生总电力的6.6%）。生物质燃烧锅炉 40MW 电力和燃煤锅炉的 630MW 电力相结合，电站净电力效率为 40%。

4.3.3.2 污泥混燃发电工程实例

常州广源热电有限公司于1997年成立，于2002年搬迁至常州天宁经济开发区内，现有1台35t/h链条炉、5台循环流化床锅炉，并配套1台7MW双抽式汽轮发电机组、1台7MW背压式汽轮机组、1台15MW背压式汽轮发电机组。供热管网分南北两条主干线，南线联通常州市东南经济开发区区域常州热电公司管辖的供热管网主干线，形成了两大管网的供热互补局面；北线主要供给常州纺织工业园各纺织印染企业，现有供汽户有78余家，广源热电设计年产量为：蒸汽$287×10^4$t/a、电$2.03×10^8$kW·h/a。广源热电2010年全年消耗煤300390t，全年供电量$14919×10^4$kW·h，全年供热量$150×10^4$t，全年总产值31547万元。目前该公司拥有员工216人，年工作日365d，四班三运转制生产。

经过多年的调查与研究并引进国内外先进技术，常州广源热电公司与常州市建设局排水管理处联合研发了循环流化床锅炉焚烧城市污泥技术，并与2005年利用广源热电现有3台75t/h的循环流化床锅炉（2号、3号、4号炉）处理含水率85%污泥180～225t/d，其工程投资由焚烧锅炉本体防磨喷涂改造和新建污泥储存、输送系统两部分组成，投资总额120万元，每吨污泥的混燃处理成本为106元。截至2010年8月广源热电共焚烧污泥37万多吨。该循环流化床锅炉焚烧城市污泥项目虽然达到了设计要求处理量，但由于污泥的含水量高，只能在锅炉特定的燃烧工况下才能掺烧污泥，另外因外供汽流量引起的锅炉负荷波动减少了污泥的焚烧，严重制约了污泥的大规模处理量。由全市的生活污泥和工业污泥产生量可估算，广源热电有限公司目前的污泥处理量只有全市的1/4，还有3/4的污泥急待寻找最终的无害化、资源化处理。

为此，常州广源热电有限公司投资800万元建设污泥焚烧装置技术改造项目。该项目利用广源热电5台75t/h循环流化床锅炉（2号、3号、4号、5号、6号炉，4用1备），购置镍基合金、合金钢防磨瓦、输运系统、烟囱内衬等设备28台套，进行污泥焚烧设备技术改造。该项目报告表已于2011年8月25日取得常州市环境保护局出具的环评批复。本项目利用广源热电现有设备，通过适应性改造满足焚烧污泥的要求，不新增用地。5台75t/h锅炉可形成日处理绝干污泥160t的能力，按年工作365d计，则全年可处理绝干污泥达$5.84×10^4$t。

4.3.3.3 秸秆混燃发电工程实例

位于山东枣庄的华电国际十里泉发电厂引进丹麦BWE公司的秸秆发电技术，静态投资8357万元，于2005年5月对其5号燃煤发电机组（140MW机组，锅炉400t/h）进行秸秆-煤粉混合燃烧技术改造，增加了一套秸秆收购、储存、粉碎、输送设备，同时增加了两台额定输入30MW的秸秆专用燃烧器，并对供风系统、供变电系统及相关控制系统也进行了调整改造。锅炉原有系统和参数基本不变，改造后两台新增燃烧器热负荷能达到锅炉额定负荷的20%，既可单独烧煤，也可混燃秸秆与煤。该项目于2005年12月16日投产运行，主要生物质原料是麦秆和玉米秆，秸秆的额定掺烧比例按热值计为单位输入热量的20%，质量比约为30%，秸秆燃烧输入功率为60MW，占锅炉热容量的18.5%，秸秆耗用量为14.4t/h，可以替代原煤10.4t/h。机组每年可燃用$10.5×10^4$t秸秆，相当于替代$7.56×10^4$t原煤（20930kJ/kg）。该秸秆发电项目是国内在秸秆与煤粉混燃发电方面最早的示范和尝试，为该领域技术装备的开发和产业发展提供了宝贵的经验。

4.3.3.4 垃圾混燃发电工程实例

来宾市垃圾焚烧发电厂是广西第一个城市生活垃圾焚烧发电综合循环利用的 BOT 项目，系统主要由垃圾储存及输送给料系统、焚烧与热能回收系统、烟气处理系统、灰渣收集与处理系统、给排水处理系统、发电系统、仪表及控制系统等子项组成，工程项目设计日处理生活垃圾 500t，装备两台 250t/d 循环流化床焚烧炉和两组 7.5MW 凝汽式发电机，同时配套建设 10.5kV/35kV 升压站、生活垃圾＋煤＋甘蔗叶燃料输送系统和水、电、气辅助设施及"三废"处理系统。

本工程选用的循环流化床焚烧炉由无锡太湖锅炉有限公司生产，目前该类焚烧炉已在宁波、东莞、嘉兴等城市垃圾处理中投入运营。从已投入运行的循环流化床焚烧炉运行检测结果分析，焚烧炉在燃烧低位热值生活垃圾并添加辅助煤（其混合物低位发热量在 8700kJ/kg）的情况下，在烟气净化系统仅采用 $Ca(OH)_2$ 作为吸收剂不加活性炭时，各项排放指标全部达到我国生活垃圾焚烧污染控制标准》（GB 18485—2001），二噁英等主要指标达到欧盟污染控制标准，用灰渣制砖各项检测指标均不超过相关标准限值。

循环流化床焚烧炉基本技术资料如表 4-20 与表 4-21 所列。

表 4-20 循环流化床焚烧炉技术特性

项目	技术特性	项目	技术特性
设计燃料	城市生活垃圾＋烟煤	燃料配比(质量)	80％＋20％
设计燃料热值	8700kJ/kg	额定垃圾处理量	250t/d
燃烧温度	850~950℃	启动用燃料	柴油
助燃用燃料	煤	烟气净化	半干法脱酸塔、布袋除尘
灰渣热灼减	<3.0％		

表 4-21 循环流化床焚烧炉技术参数

项目	技术参数	项目	技术参数
额定蒸发量	38t/h	额定蒸汽压力	3.82MPa
额定蒸汽温度	450℃	给水温度	105℃
连续排污率	2％	冷风温度	20℃
一次风热风温度	204℃	二次风热风温度	178℃
一次风、二次风比例	2∶1	排烟温度	160℃
设计热效率	>82％		

4.3.4 混合燃烧对系统运行和排放的影响

4.3.4.1 混合燃烧对锅炉系统运行和排放的影响[31]

混燃应用中存在的限制因素主要来自于生物质燃料特性方面，包括燃料准备、处理和储存、磨碎和给料问题、与化石燃料不同的燃烧行为、总体效率的可能下降、受热面沉积、聚团、腐蚀和磨损、灰渣利用等。这些限制性因素的影响程度取决于生物质在燃料混合中的比例、燃烧或气化的类型、混燃系统的构成以及化石燃料的性质等。这些因素如果处理不当，生物质的利用将对原有燃煤系统产生设备使用寿命和性能方面的严重影响。表 4-22 对生物质燃料特性对混燃过程和设备的影响进行了分析。

表 4-22　生物质燃料的物理和化学特性对混燃的影响

属性	影响
水分	储存性能、干物质损失、热值、自燃性
灰分	颗粒物排放、灰尘量、灰渣利用
体积密度	储存、运输、处理等成本
颗粒尺寸	给料系统的选择、燃烧技术及设备的选择、燃料输送中的运行安全
重金属	污染物排放、灰渣利用、气溶胶形成
N	NO_x、HCN 排放
S	SO_x 排放、腐蚀
Cl、Na	HCl、HF 排放、腐蚀
K、Na	腐蚀（换热器、过热器）、降低灰熔点、气溶胶形成
Mg、Ca、P	提高灰熔点、灰渣利用（作物养分）

从现有系统运行经验来看，这些问题在较低的混燃比（10%以下）和较高的生物质质量时不明显，而且上述问题大部分都可以在一定程度上通过采用适宜的生物质预处理而得以解决，但是随着生物质利用的扩大，有些问题就不可避免了。

直接混燃中，需要将生物质原料处理成适合燃煤锅炉燃烧的尺寸、水分含量等，因此在生物质的独立粉碎、研磨制粉或者与燃煤的共同研磨制粉中出现问题。现有的燃煤制粉系统具有一定的容量，生物质的热值仅为燃煤的 1/2，因此混燃比例较高时可能对制粉系统产生较大压力。在一般情况下，煤磨通过脆性断裂机制打破煤，而大部分生物质材料研磨性能较差，这样磨煤机耗电量会随着生物质混燃比的增加而增加，而且特定类型的生物质还可能不能处理。

生物质粉在燃煤燃烧器中的燃烧，或者打捆/切碎生物质在炉排上的燃烧，或者生物质与燃煤颗粒在流化床内的共同燃烧，可能会遇到燃烧稳定性、锅炉效率以及锅炉积灰、结渣、腐蚀等问题。燃烧后的烟气流经对流换热通道，又会因烟气中携带的生物质燃烧产生的碱性物、含氯物等产生腐蚀、积灰等问题，对于尾部烟道中布置的脱硫脱硝装置也可能产生影响。

间接混燃中，直接混燃系统的一些问题可以在独立的生物质气化器部分进行解决，而不会对原有燃煤锅炉的运行产生较大影响。例如，在生物质气化器中利用较低的反应温度、还原性反应气氛等应对床层结渣、腐蚀、沾污等问题，而将相对容易处理的生物质燃气送入锅炉燃烧。生物质燃气在燃煤锅炉燃烧器中的燃烧，需要解决燃气燃烧对火焰稳定、燃气再燃以及降低燃煤飞灰燃尽方面的影响。同时，生物质燃气的燃烧仍有可能对下游对流换热面和烟气净化装置的运行产生影响，例如增大了烟气流量、降低了烟气温度等。

生物质燃烧中挥发分的燃烧占较大比例。在与燃煤的混合燃烧中，生物质的高挥发分含量可能导致气相燃烧的增强和气相燃烧区内气流扰动的增加，提高燃煤颗粒悬浮燃烧区域的温度并延长燃煤颗粒在此区域的停留时间，可保证更为稳定地着火和更为充分地燃尽，一般情况下可降低底灰和飞灰中未燃尽炭的水平。单位生物质能量产生的烟气量将远大于燃煤，这意味着燃烧烟气流经锅炉的情况将改变，对锅炉的尾部受热面换热情况产生影响。生物质中的水分含量一般较燃煤要高，混燃生物质尤其是湿生物质，将对锅炉的燃烧过程和稳定性产生影响，并最终影响锅炉出力和效率。研究结果表明，在 3%～5% 混燃比例下，锅炉效率没有受到生物质混燃的明显影响。一些生物质燃料中相对较高的碱性组分含量和非常低的灰熔点等因素，可能会加剧灰分沉积的形成，引起结渣、积灰等问题，并进而引发锅炉材料和换热问题。生物质的燃烧将形成更多的碱金属化合物进入气相，其将冷凝在锅炉受热表面，导致金属-氧化物-灰沉积界面上钾化合物的富集，并对沉积于锅炉受热面的灰分化学产生重要影响，从而影响材料腐蚀。生物质灰中低熔点化合物的存在，可能会导致结渣和腐蚀问题的增加。生物质燃烧灰与燃煤灰混合在一起，将使得燃烧炉内的结渣倾向性大为增加，在流化床中导致床层聚团，引起局部温度升高，而这又会进一步加速聚团过程并可能导致床层烧结。

同时，直接混燃中，增加的烟气量将增加烟气对细小固体颗粒的携带，从而增加受热面的磨损。混燃情况下因机械磨损和电化学腐蚀的协同作用所引起的金属破坏将随混燃比例的增加而增长，需要引起注意。

据研究，混燃中来自燃煤的硫对生物质所导致的氯腐蚀具有一定的减弱作用。材料表面附着的碱性氯化物可与主要来自燃煤的 SO_2 反应形成腐蚀性较弱的碱性硫酸盐，但该过程的发生要受到局部区域反应气氛、炉内扰动情况等的影响。在 Larry Baxter 的研究中对生物质中氯、硫和碱性物浓度与表面氯腐蚀之间的关系进行了关联，一般性研究结论认为，硫与可用的碱和氯的摩尔比应该超过 5，这个比值越大氯腐蚀的风险就越小。

混燃系统中遇到的这些挑战可以通过一些上游或下游措施进行解决。上游措施包括向现有燃煤系统中引入专门的生物质基础设施、采用先进的混燃模式、控制混燃比例、采用适宜的生物质预处理等。生物质预处理通过修改生物质的属性，可从源头上解决问题，例如进行水洗淋滤，进行制粒、烘焙以提高能量密度和处理性能等。下游措施包括更换锈蚀或磨损的设备、通过吹灰清洁积灰、更换聚团的床料等。在混燃过程中添加一些化学品可以降低生物质燃烧的影响。例如，有研究结果显示，生物质燃烧中添加硫酸铵能将气态氯化钾转化为硫酸钾，并能够把腐蚀速率和沉积形成速率降低 50%。加入白云石或者高岭土，可提高生物质灰熔点以减少碱性化合物的负面影响。

4.3.4.2 混合燃烧对燃烧排放的影响

混燃过程中主要的大气污染物排放包括颗粒物、SO_x、NO_x、CO、重金属、二噁英、VOCs、PAH 等有机化合物。分析结果表明，生物质用于电力生产相比燃煤系统将会产生明显环境效益，混燃将减少温室气体和传统污染物的排放。

一般意义上生物质是 CO_2 中性的资源，生物质混燃可以降低单位电力产生的 CO_2 排放。但是，CO_2 中性概念只有在不考虑生物质生产、收获、运输和预处理过程时的一些排放并且大气中封存的总碳保持不变的情况下才能够成立，对生物质利用过程中的环境影响进行评估时，应采用生命周期分析，不仅包括能源转化相关影响，还要包括生物质整个生命周期中其他潜在的环境负担。

生物质含硫量很低，因此利用低硫生物质替代高硫燃煤时可以减少 SO_x 排放，而且排放减少量通常与生物质在整体热负荷中的比例成线性关系。当与高硫煤混燃时，生物质中的碱性灰分还能够捕捉部分燃烧中产生的 SO_2。

生物质中氮含量一般都处于 1% 以下水平，因此燃烧中 NO_x 排放将低于燃煤。据研究，混燃中 NO_x 排放的水平可能会取决于生物质类型、燃烧状态、装置等多种因素。有多项实验测试发现，燃煤电站中混燃秸秆或者木料之后，混燃秸秆的比例与 NO_x 降低成直接比例关系。一般情况下，生物质中的燃料氮通常是以 NH_3 的形式随挥发分释放出来，氨有利于将氮氧化物还原，从而实现原位热力脱硝。例如，Gulyurtlu 等对于燃煤、秸秆混燃中 HCN 和 NH_3 的测量显示，随着秸秆比例的增加，NH_3 呈线性增加而 HCN 下降。根据 NO_x 生成机制方面的研究，N_2O 的形成主要取决于 HCN，因此生物质中释放的挥发分将可能导致混燃中较低的 N_2O 排放。生物质中较高的挥发分含量，在与燃煤的混燃过程中，还可能起到再燃燃料的作用，从而达到进一步降低燃料氮转化为 NO_x 的概率。

生物质的混燃可能对采用选择性催化还原系统（SCR）进行 NO_x 脱除的系统产生较大影响，这些系统的性能强烈依赖于催化剂的活性，而生物质燃烧释放出较高浓度的碱金属化合物等，经过烟气侧冷凝，将可能引起催化剂中毒速率的提高，导致催化剂材料寿命的缩短。目前，正在进行对碱金属和磷酸盐等容忍程度更高的催化剂开发方面的研究。

颗粒物排放方面，除了与燃烧工况有关之外，电站装备的除尘装置的性能也是一个重要方面。生物质与燃煤混燃，总体来说会因为生物质中灰分含量要远低于燃煤而可以降低总的飞灰量，但是混合飞灰中将出现较大比例的非常细的气溶胶类物质，而这对于现有的燃煤电站除尘装置可能是个挑战。当采用静电除尘器时将影响除尘效率，而当采用袋式除尘器时，这些非常细的颗粒物又容易导致布袋的堵塞和清灰困难，并导致系统阻力增大。例如，丹麦 Midkraft 电站在 70MWe 抛煤机炉和 Vestkraft 电站在 150MWe 煤粉炉中进行了秸秆与燃煤混燃测试，秸秆混燃比例分别为 30% 和 16%，两个电站的测试发现，随着秸秆量的增加，颗粒物排放增加明显，秸秆所产生的灰分都以飞灰的形式离开燃烧器，以至于增加了颗粒物排放。一些草本类生物质中氯含量较高，混燃中增加了对于锅炉的氯输入，所以 HCl 排放可能增加，同时可能会影响锅炉的积灰、腐蚀等问题。CO 和有机污染物排放水平的变化主要取决于燃烧质量，在燃烧充分的状态下其排放与单独燃煤状态没有明显差别。

4.3.4.3 混合燃烧对灰渣利用的影响

在间接混燃和并行混燃中，生物质灰和燃煤灰是分离的，因此其灰渣利用较为灵活，生物质灰不会对燃煤灰的常规利用方式产生影响，但在直接混燃中产生的混合灰的利用就需要考虑可能的互相影响。虽然生物质相比燃煤而言属于低灰燃料，但是生物质灰分中富集的特定组分还是会对混合灰的利用产生影响。

燃煤燃烧灰大部分都用于水泥和进一步的混凝土生产。在欧美发达国家，几乎所有的燃煤锅炉渣和大约 50% 的飞灰、底灰和流化床燃烧灰都用于建筑工业和地下采矿，另外 50% 大都用于恢复露天矿山、矿井和采石场等。在欧洲，大约 30% 的飞灰用于混凝土添加和替代部分水泥，并有相关标准规范燃煤灰渣利用。

随着生物质利用规模的扩大，生物质灰的利用引起了很多国家的重视，近年来研究人员进行了很多关于这方面的研究工作。欧洲国家进行了较多的生物质灰渣在建筑中应用的研究和测试工作，不过尚未进入规模化应用。生物质与燃煤混合灰的利用可能性，取决于生物质来源、生物质灰特点以及生物质灰在混合灰渣中所占的比例。在较低的混燃比例下，混合灰进入燃煤灰渣利用领域应该不会有太大问题。北欧国家针对木质生物质材料产生的灰进行了较多研究，实验室测试结果表明，当采用木质材料混燃所产生的飞灰作为原料时，其对混凝土的特性没有表现出明显的负面效果。在草本生物质情况下，数据显示碱、氯和其他特性可能会影响很多重要的混凝土特性。Larry Baxter 的研究中对草本生物质灰对混凝土特性的影响进行了分析，混凝土中 25％的水泥由含 40％草本生物质材料所产生的飞灰所替代，得出一般性结论是当加入混凝土时，生物质飞灰就结构和性能特性上与燃煤灰在质量上相似。

目前，欧美国家都在试图拓展生物质灰的利用进入燃煤灰渣利用领域。如欧盟 EN450 标准为飞灰在混凝土中应用进行了规范，该标准最初用于混凝土的飞灰仅指硅质飞灰（低于 10％的反应性 CaO 质量含量），近几年欧盟对该标准进行了修订，向生物质灰进行拓展。2004 年 CEN 成员投票赞成该标准的修改版，包括了一些基本的修正，其中之一就是有关接受混燃飞灰。其表述为混燃中燃煤比例最小为 80％，而另一种混燃材料灰分的最大比例不能超过 10％。混燃的材料为一定类型的生物质和废物，如木屑、秸秆、橄榄壳和其他蔬菜纤维等材料，以及市政废水污泥、造纸污泥、石油焦、实质上无灰的液体和气体燃料。标准要求来自于共同燃烧物质的灰量不得超过 10％，这必须通过在采用混合燃烧量最大的情况下的混燃锅炉燃烧飞灰测试来证明，而且标准还要求进行一系列的测试以证明。此外，在该灰用于混凝土之前必须证明其环境相容性，满足粉煤灰利用的地方规定要求。

4.3.5　生物质和煤混燃的经济性评价

生物质和煤混燃的经济性主要是指改造成本和改造后的经济、社会效益等方面。Sara Nienow 采用线性分析方法的分析表明[59]，混燃为电厂节约了成本，又改善了环境，减少了温室气体的排放，可谓一举两得。采用一次或者二次木材加工后的下脚料用于混燃，对于电厂而言是一种比较经济的方式。国外的改造数据表明[60]，在电厂原有的燃料处理系统中预混合煤与生物质，再将预混燃料送入锅炉进行混燃时，系统的改造费用为 50～100 美元/kW；当生物质和煤采用单独的进料系统时，系统的改造费用可达 175～200 美元/kW。肖军等认为将低温热解后的生物质与煤预混合直接燃烧，可以节省大量设备改造费用[61]。董信光等在 400t/h 四角切圆煤粉炉上进行的混燃试验及模型分析表明[62]，炉膛氧量是影响系统经济性和排放特性的最关键因素，其最佳控制值为 3.7％。炉膛温度对 NO 的排放影响很大，对 SO₂ 的排放影响甚小。在一定范围内生物质粒径对经济性和排放特性没有影响。锅炉的最佳运行方式是：一次风配风采用上下均匀配风方式，二次风采用束腰型配风方式。

参　考　文　献

[1] 王泽龙，侯书林，赵立欣，等. 生物质户用供热技术发展现状及展望 [J]. 可再生能源，2011，29（4）：72-77.
[2] 田宜水，孟海波. 农作物秸秆开发利用技术 [M]. 北京：化学工业出版社，2008.
[3] 罗娟，侯书林，赵立欣，等. 生物质颗粒燃料燃烧设备的研究进展 [J]. 可再生能源，2009，27（8）：90-95.
[4] 吴占松，马润田，赵满成. 生物质能利用技术 [M]. 北京：化学工业出版社，2009.
[5] 周建斌. 生物质能源工程与技术 [M]. 北京：中国林业出版社，2011.

[6] 都建亭. 生物质燃烧器：中国，200810054690.3.2008-3-25.

[7] 曾科，马骏. 全自动生物质燃烧器：中国，010010175939.3.2010-5-19.

[8] 北京盛昌绿能科技有限公司. 生物质常压热水锅炉 [EB/OL]. http://www.bj-sbst.com，2010-12-25.

[9] Gerhard F. Combined solar-biomass district heating in Austria [J]. Solar Energy, 2000, 69 (6): 425-435.

[10] Frank F. The state of the art of small scale pellet-based heating systems and relevant regulations in Sweden, Austria and Germany [J]. Renewable and Sustainable Energy Reviews, 2004, (8): 201-221.

[11] Frank F. Combined solar and pellet heating systems [D]. Sweden: Mälardalen University, 2006.

[12] Magnus S, Fredrik W. Swedish perspective on wood fuel pellets for household heating: A modified standard for pellets could reduce end-user problems [J]. Biomass and Bioenergy, 2009, 33: 803-809.

[13] Tomas P, Frank F, Svante N, et al. Validation of a dynamic model for wood pellet boilers and stoves [J]. Applied Energy, 2009, 86: 645-656.

[14] 马隆龙，吴创之，孙立. 生物质气化技术及其应用 [M]. 北京：化学工业出版社，2003.

[15] 李海滨，袁振宏，马晓茜，等. 现代生物质能利用技术 [M]. 北京：化学工业出版社，2011.

[16] 程冠华. 固定床移动层下吸式生物质气化炉的研究 [J]. 能源工程，1997，(2): 30-32.

[17] 程冠华，杨启岳，陈熔. 用于双燃料发动机的移动层下吸式生物质气化炉及净化器系统 [J]. 农村能源，1998，82 (6): 18-22.

[18] 栗日奎. ND-600 型生物质气化炉的设计 [J]. 林业机械，1992，(6): 15.

[19] 张百良，杨世关，杨群发，等. 生物质气化烤烟系统技术研究 [J]. 太阳能学报，2003，24 (5): 683-687.

[20] 蒋笃忠，唐绅，石江波，等. 生物质气化供热在烟叶烘烤中的应用 [J]. 中国农学通报，2010，26 (14): 392-395.

[21] 袁振宏，吴创之，马隆龙. 生物质能利用原理与技术 [M]. 北京：化学工业出版社，2005.

[22] 李沁，武涌，刘吉林，等. 生物质气化供暖在中国北方农村地区的可行性研究 [J]. 北京供热节能与清洁能源高层论坛论文集，2011: 212-215.

[23] 毕于运，寇建平，王道龙. 中国秸秆资源综合利用技术 [M]. 北京：中国农业科学技术出版社，2008.

[24] 国家机械工业委员会. 发生炉煤气生产原理 [M]. 北京：机械工业出版社，1988.

[25] 樊宇红. 煤气炉烧型煤经济效益分析 [J]. 化工设计，2008，18 (5): 46-49.

[26] 李静，余美玲，方朝君，等. 基于中国国情的生物质混燃发电技术 [J]. 可再生能源，2011，29 (1): 124-128.

[27] 技术经济部"新能源和可再生能源开发利用的机制和政策"课题组. 北欧国家利用生物质发电的现状、政策与启示 [R]. 北京：国务院发展研究中心，2007.

[28] 胡润青，秦世平，樊京春，等. 生物质混燃发电政策研究 [J]. 可再生能源，2008，30 (5): 22-24.

[29] Sjaak V L, Jaap K. The handbook of biomass combustion and co-firing [M]. London: Earthscan, 2008.

[30] 中国电力科学研究院生物质能研究室. 生物质能及其发电技术 [M]. 北京：中国电力出版社，2008.

[31] 孙立，张晓东. 生物质发电产业化技术 [M]. 北京：化学工业出版社，2011.

[32] 王兴润. 国内外城镇污水厂污泥处理情况及我国有关经济技术政策. 中国环境科学研究院，2009.

[33] 王丹. 煤与污泥的混燃特性研究 [D]. 武汉：华中科技大学，2011: 1-44.

[34] 高亮，邵德州，张曙光，等. 污泥掺烧技术研究 [J]. 环境卫生工程，2008，16 (4): 48-51.

[35] Folgueras M B, Ramona M D, Jorge X, et al. Volatilisation of trace elements for coal-sewage sludge blends during their combustion [J]. Fuel, 2003, 82 (15-17): 1939-1948.

[36] Folgeras M B, Ramona M D, Jorge X, et al. Sulphur retention during co-combustion of coal and sewage sludge [J]. Fuel, 2004, 83 (10): 1315-1322.

[37] Otero M, Díez C, Calvo L F, et al. Analysis of the co-combustion of sewage sludge and coal by TG-MS [J]. Biomass and Bioenergy, 2002, 22 (4): 319-329.

[38] Ninomiya Y, Zhang L, Sakano, et al. Transformation of mineral and emission of particulate matters during co-combustion of coal with sewage sludge [J]. Fuel, 2004, 83 (6): 751-764.

[39] Folgueras M B, Diaz R M, Xiberta J, et al. Thermogravinetric analysis of the co-combustion of coal and sewage sludge [J]. Fuel, 2003, 15 (82): 2051-2055.

[40] 徐朝芬，孙学信，向军．污泥和煤混燃特性的研究 [J]．华中电力，2005，18（3）：9-11，15.

[41] 张成，王丹，夏季．煤粉掺烧干化污泥的燃烧特性及能效分析 [J]．热能动力工程，2012，27（3）：383-387.

[42] 张云都，喻剑辉，郭建全，等．煤与城市污泥混燃的热重法研究 [J]．煤炭转化，2005，28（2）：67-71.

[43] 武宏香，赵增立，李海滨，等．污泥与煤、木屑的混合燃烧特性及动力学研究 [J]．环境科学与技术，2011，34（7）：73-77，97.

[44] 刘亮，李录平，周子民，等．污泥和煤混烧特性的热重试验研究 [J]．华北电力大学学报，2006，33（6）：76-84.

[45] 肖汉敏，马晓茜．污泥与煤和煤矸石共燃特性研究 [J]．燃料化学学报，2008，36（5）：545-550.

[46] 钟银燕．生物质发电可持续发展路在何方 [N]．中国能源报，2009-07-06（23）.

[47] 张培远．国内外秸秆发电的比较研究 [D]．河南：河南农业大学，2007.

[48] 王爱军，张小桃．秸秆气化与煤混燃发电成本分析 [J]．农机化研究，2011，（8）：188-191.

[49] Saito M，Amagai K，G Ogiwara．Combustion characteristics of waste material containing high moisture [J]．Fuel，2001，80：1201-1209.

[50] 董长青，金保升，兰计香．城市生活垃圾与煤流化床混烧过程中氮氧化物排放研究 [J]．环境科学学报，2002，22（2）：183-187.

[51] 李大中，王晨颖，娄云．垃圾与煤、秸秆混燃锅炉污染物排放优化 [J]．农业机械学报，2012，43（7）：117-123.

[52] 魏小林，田文栋，盛宏至，等．煤与垃圾在流化床中的混烧利用技术分析 [J]．环境工程，2000，18（4）：37-39.

[53] 田文栋，魏小林，黎军，等．流化床中垃圾与煤混烧的技术经济分析 [J]．工程热物理学报，2002，23（S1）：227-230.

[54] 孙红杰，赵明举，王亮，等．煤与垃圾衍生燃料的流化床混烧试验研究 [J]．现代化工，2006，26（1）：28-31.

[55] 刘安平．含油污水中固体废物固化与燃煤混烧的可行性 [J]．油气田环境保护，2005（1）：41-43.

[56] 李相国，马保国，徐立，等．废轮胎胶粉与煤混烧的热重分析 [J]．中国电机工程学报，2007，27（14）：51-55.

[57] 金余其，蒋旭光，李晓东，等．废塑料与煤流化床混烧试验研究 [J]．电站系统工程，2001，17（4）：233-236.

[58] 蒲舸，张力，辛明道，等．医疗垃圾与煤在循环流化床中的混烧试验 [J]．重庆大学学报：自然科学版，2003，26（8）：106-108.

[59] Sara N．Assessing plantation biomass for co-firing with coal in northern Indiana：a linear programming approach [J]．Biomass and Bioenergy，2000，（18）：125-135.

[60] Hughes E．Biomass co-firing：economics，policy and opportunities [J]．Biomass and Bioenergy，2000，（19）：457-465.

[61] 肖军，段菁春，王华，等．低温热解生物质与煤共燃的污染性能和经济性能评价 [J]．再生资源研究，2003，（2）：28-33.

[62] 董信光，刘志超，牛尉然，等．生物质与煤混燃经济性和排放特性的敏感因素优化 [J]．华东电力，2008，36（10）：1275-1278.

第5章
燃料化利用技术

生物质成型燃料是生物质原料经干燥、粉碎等预处理之后，在特定设备中被加工成的具有一定形状、一定密度的固体燃料。生物质成型燃料和同密度的中质煤热值相当，是煤的优质代替燃料，很多性能比煤优越，如资源遍布地球、可以再生、含氧量高、有害气体排放远低于煤、CO_2零排放等。

生物质的成型主要有两种方式：一是通过外加黏合剂使松散的生物质颗粒黏结在一起；二是在一定温度和压力条件下依靠生物质颗粒相互间的作用力黏结成一个整体。目前，生物质成型燃料主要通过后一种方式生产。松散的生物质在不外加黏结剂的条件下能够被加工成具有固定形状和一定密度的燃料，是许多作用力共同作用的结果。通过近十多年来对生物质成型机制的系统研究，目前已经形成了对生物质成型过程中各种作用机制的相对完整的认识。图 5-1 是生物质成型过程中原料颗粒的变化及生产的作用力总和。

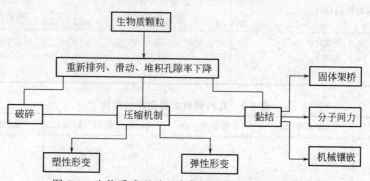

图 5-1　生物质成型过程中作用力的形成过程及机制

生物质成型过程中的黏结机制之一在于固体架桥作用的形成。在压缩过程中，通过化学反应、烧结、黏结剂的凝固、熔融物质的固化、溶解态物质的结晶等作用均可形成架桥作用。在压缩成型过程中，压力也可降低颗粒的熔融点并使它们相互靠近，从而增加相互之间的接触面积并使熔融点达到新的平衡水平。

颗粒之间的相互吸引归功于范德华静电力和磁力。范德华静电力对颗粒间的黏结作用的影响是微弱的，通常发生在微细颗粒之间；同时，对于微细颗粒，当磁力存在时颗粒间的摩擦力也有助于颗粒黏结。

纤维状、片状或块状颗粒之间可以通过镶嵌和折叠黏结在一起。颗粒间的镶嵌可以为成型燃料提高机械强度用以克服压缩后弹性恢复生产的破坏力。有人利用光学显微镜观察到了柳枝稷成型燃料横切面上存在着镶嵌现象。

生物质的化学组成，包括纤维素、半纤维素、木质素、蛋白质、淀粉、脂肪、灰分等对成型过程存在影响。在高温条件下压缩时，蛋白质和淀粉发生缩化起黏结作用。成型时的高温和高压条件会使木质素软化从而增强生物质的黏结性。低熔融温度（140℃）和低热固性使得木质素在黏结过程中发挥了积极的作用。生物质成型过程中的高压力可以将生物质颗粒压碎，将细胞结构破坏，使得蛋白质和果胶等天然黏结剂成分暴露出来。

张百良等[1]对秸秆的成型机制进行了研究。秸秆的力传导性极差；通过对成型过程中的各种作用力之间的相互关系的研究，张百良等提出了弥补该缺陷的预压方式。在工程应用中，通过成型设备结构设计使预压的受力方向与成型压力的方向保持垂直，这样在一定压力和温度条件下更有利于被木质素携裹的纤维素分子团错位、变形、延展，从而使其相互镶嵌、冲洗组合而成。

将松散的生物质加工成成型燃料的主要目的在于改变燃料的密度。制约生物质规模化利用的一个障碍就是其堆积密度低，通常情况下，秸秆类生物质的堆积密度只有80～100g/cm³，木质类生物质的堆积密度也只有150～200g/cm³。过低的堆积密度严重制约了生物质的运输、储存和应用。虽然生物质的质量能量密度与煤相比并不算很低，但是生物质堆积密度低导致其体积能量密度很低，与煤相比这是其很大的一个缺点。表5-1和表5-2分别给出了生物质与煤的能量密度的对比及生物质和化石燃料的能量密度。

表 5-1　生物质与煤能量密度比值

生物质的特性	生物质与煤体积能量密度比值	生物质与煤质量能量密度比值
含水率50%，密度1g/cm³	0.25	0.33
含水率10%，密度1g/cm³	0.57	0.66
含水率10%，密度1.25g/cm³	0.72	0.66

表 5-2　几种燃料能量密度的对比

燃料	含水率/%	密度/(g/cm³)	低位热值/(kJ/g)	低位热值/(kJ/cm³)
生物质	50	1.0	9.2	9.2
	10	0.6	18.6	11.2
生物质成型燃料	10	1.0	18.6	20.9
	10	1.25	18.6	26.1
木炭	0	0.25	31.8	8.0
烟煤	—	1.3	28.0	36.4
甲醇	0	0.79	20.1	15.9
汽油	0	0.7	44.3	30.9

生物质的分子密度并不低，可以达到1.5g/cm³，这是生物质成型燃料密度的理论上限。

但是，植物体内有大量的运输水分和养分的中空管存在，使得生物质密度显著下降，樱木的密度通常为 $0.65g/cm^3$，软木的密度为 $0.45g/cm^3$，农作物秸秆和水生植物的密度更低。生物质在存放过程中，单个的生物质个体与个体之间存在大量的空隙，使得其应用的堆积密度更低。通过压缩消除颗粒之间的空隙，并将其物体内的导管等生物结构空间填充就可以改变生物质的密度，这正是生物质压缩成型的出发点。

密度的改变不仅解决了制约生物质规模化利用在运输、储存和应用方面面临的体积能量密度过低的瓶颈，同时，对生物质的燃料特性也产生了积极作用。生物质自身的机构比较疏松，加之其挥发分含量高且易于析出的特点，使得生物质的燃烧过程及其不稳定，前期大量挥发分含量高且易造成气体不完全燃烧热损失，后期松散的炭骨架又易于被热气流吹散随烟气排出炉外，导致固体不完全燃烧热损失。由于密度和结构的改变，生物质成型燃料燃烧过程中这两个影响燃料燃烧效率的问题都得到了一定程度的解决，从而改善了燃烧性能。

5.1 成型燃料国内外发展历程

5.1.1 国际生物质成型燃料的发展历程

在人类大规模开发利用化石燃料之前，生物质一直是人类赖以生存和发展的主要燃料，但后来却逐渐"没落"了。最根本的原因在于生物质没有及时适应人类生产和生活方式的变革和发展。工业革命以来，工业化的生产方式和城市化的生活方式需要集中消耗大量的燃料，这要求燃料应具备两个基本特点：一是便于集中获取；二是便于运输和储存。而这两方面恰恰是生物质的"软肋"。

为了弥补生物质自身的这些天生缺陷，在工业革命时期人们就开始探索通过压缩来改变生物质燃料性能。早在 1880 年美国人 William Smith 发明了一项专利，将加热到 66℃ 的锯末和其他废木材利用蒸汽锤加工成致密的成型块，这应是有记载的最早的"生物质固体成型燃料"了；1945 年日本人发明了生物质螺旋挤压成型技术。但这些发明在当时未能挽救生物质能的颓势，只能归因于它们"生不逢时"。工业革命时期，人类正陶醉于化石能源带来的便捷，充分享受着由化石能源开发利用提供的舒适生活，因此，这些"不合时宜"的发明被淹没在飞速向前的历史车轮中也就不足为奇了。

然而，自人们进入 21 世纪以来，人类愈发清醒地认识到这种对化石能源过度依赖是不可持续的，英美两国的 14 位科学家联合在《科学》杂志上撰文，发出了"在还没有被冻僵在黑暗中之前，人类必须实现由对不可再生的碳基资源的依赖向生物基资源转变"的呼吁。目前，生物燃料的开发利用在世界许多国家被提上了重要议程，成为了一个时代潮流，那么，背后的推动力是什么呢？

(1) 人类忧患意识的增强

在支撑了人类 200 多年的强劲发展之后，地球上的化石能源资源渐进枯竭。根据《BP

世界能源统计 2011》，全球石油的储产比仅剩下 46.2 年，天然气 58.6 年，煤 118 年，石油和天然气的剩余年限是很多当代人可以亲眼见证的时间长度，这迫使当代人不得不考虑 40 多年后该如何应对化石能源的枯竭。

而且，当人们频繁遭受"厄尔尼诺"现象侵袭的时候，当代人真真切切体会到了"人类同住一个地球"的含义，当充斥在各种媒体上的"低碳"、"京都议定书"、"哥本哈根宣言"这些词汇冲击着人们的眼球和耳膜时，越来越多普通人开始明白了小小的 CO_2 气体分子的神通和威力。在工业化以来，短短 250 余年间人类排放了大约 1.16×10^{12} t 的 CO_2，这可能是全球大气 CO_2 浓度由 280×10^{-6} 升高到 379×10^{-6} 的最主要原因。

对待这一问题，人们应该学学巴菲特的态度。有位记者曾问巴菲特 CO_2 是否是导致全球气候变暖的原因，巴菲特说了这样一段话："气候变暖看来的确是这么回事，但我不是科学家。我不能百分之百或百分之九十地肯定，但如果说气候变暖肯定不是个问题也是很愚昧的。一旦气候变暖在很大程度上越来越明显时，那时再采取措施就太晚了。我觉得我们应该在雨下来之前就做好防护准备。如果犯错误的话，也要错在和大自然站在一边。"

这种忧患意识，应该是人类推动具有 CO_2 零排放特性的生物燃料发展的一个根本性的原因之一。

(2) 能源供应方式的变革

长期以来，被大型能源企业或集团控制的集中式供能方式统治着世界各国的能源供应市场，这种被国家集团或大型企业所垄断的能源供给方式长期以来由于缺乏民主属性而广受诟病，从而催生了"分布式能源"这一新的能源供应方式的诞生。分布式能源的发展为资源具有分散性特点的生物质能的发展提供了重要机遇。

(3) 能源安全观念的改变

美国、中国、印度这些能源消耗大国，由于自身化石能源资源均难以满足本国发展需求，因此，都需要依赖能源进口，而由于影响能源进口的不确定性因素太多，这些国家普遍面临着能源安全问题。在这种形势下，立足于通过增强能源自给来提高本国的能源安全就成为这些能源消耗大国不约而同的选择。与化石能源分布存在着巨大的区域性差别不同，生物质对世界各国和地区而言基本上可以说是类似一致，上述这些能源消耗大国都有丰富的生物质资源可供转化和利用。

上述背景下，近年来，以木屑为原料的生物质颗粒燃料在欧美等地得到了快速发展。目前，颗粒燃料的最大市场在欧美，世界十大颗粒燃料生产国分别是瑞典、加拿大、美国、德国、奥地利、芬兰、意大利、波兰、丹麦和俄罗斯，这十个国家 2007 年的颗粒燃料生产量达到了 850×10^4 t。多年来，Bioenergy International 每年都发布颗粒燃料地图。近年来，颗粒燃料在瑞典得到了快速发展，目前已经成为欧洲颗粒燃料最大的生产和消费国，紧随其后的是德国和奥地利。瑞典之所以能够领跑颗粒燃料的发展，主要得益于三个因素：充足的便于利用的原料，有利于生物燃料发展的税收体系，以及广泛的区域供暖网络。

颗粒燃料之所以在欧洲得到快速发展，固然得益于其高森林覆盖率所能提供的丰富的原料资源。例如，瑞典的森林覆盖率达到 66％，是世界上人均森林面积最多的国家之一，德国的森林覆盖率也在 30％ 以上。同时，另外一个不容忽视的重要原因就是欧洲对开发利用生物燃料的重视。

在生物质成型燃料产业发展过程中，欧美国家非常重视标准的建设。美国材料与实验协会（ASTM）在1985年成立E48生物技术委员会，其生物转化子委员会制定了包含生物质燃料特性测试和分析方法的9个标准；美国农业和生物工程协会制定了生物质产品收割、收集、储运、加工、转化、应用术语和定义标准；颗粒燃料研究所制定了产品标准，这些标准形成了美国生物质成型燃料标准体系。欧洲标准化委员会（CEN）2000年设立了生物质固体燃料技术委员会（CEN/TC 335），并委托瑞典标准委员会建立涉及生物质成型燃料生产、样品测试、产品储存和销售及质量保证的30个技术条件的固体生物质标准体系，并在欧洲各国试行。此外，欧洲很多国家，如瑞典、德国、意大利等各国也各自建立了生物质成型燃料的相关标准。

5.1.2 启示

由上述内容可以看出，国际上生物质成型燃料的发展经历了漫长的历程，直到20世纪80年代全世界的市场销售量一直徘徊在（$400 \sim 500$）$\times 10^4$ t，中国10×10^4 t左右，进入21世纪以来，世界的生产能力达到5000余万吨，燃料市场销售达到3000×10^4 t左右，中国的生产能力也达到500×10^4 t，市场销售达到300余万吨。国际成型燃料发展过程对我国成型燃料的发展提供的有价值的启示主要有以下3个方面。

(1) 影响生物质成型燃料发展过程的不是技术，而是资源和市场

当社会需求程度小时，技术只能作为储备，成不了产业发展的推动力。通过研究瑞典、德国、奥地利、美国不同的发展进程，就可以清楚地看出这一点。因此，我国的企业在决定规模化发展成型燃料时，首先要了解社会的需求有多大，再者要研究有没有资源保证，能否使产品持续供给。从国家宏观层面看，支撑我国经济社会发展的主要能源在30年内还是煤、油和天然气，生物质能及其他可再生能源还是处在补充能源的地位，从长远看是技术储备，但是它带给人们信心和希望。目前我国的生物质资源允许消耗量是3×10^8 t左右，成型燃料达到1×10^8 t就要认真审视它与周围诸多因素的协调关系，生物质资源在分布上有很大的不平衡性，因此生物质成型燃料企业建设第一位要考虑的是资源。

除了资源量的考虑以外，还要考虑资源种类。欧美之所以大力发展以木屑为原料的燃料颗粒，与其高森林覆盖率能够提供丰富的林产加工剩余物有关。我国可用作生产成型燃料的林产加工剩余物的量很少，这不仅是因为我国森林的覆盖率比较低，可以利用的林产资源相对较少，还因为在现阶段我国林产品加工剩余物多被用于生产各类板材，能被用于生产燃料的部分亦占少数。因此，我国生物质成型燃料产业的发展主要依靠年产量在7×10^8 t左右的农作物秸秆，这是我国的资源现实情况。

(2) 成熟的工程化技术

产业在工程化阶段的重要任务是集成单个技术再创新。研究国际上几个成型燃料技术先进的国家历程可以发现，他们在工程化阶段花费了很大的经费和时间代价，国家资助基本上都在这个阶段。因此不论哪种设备都有详细的工程化试验数据积累，每个重要部件的生产、加工和维修换件都有成熟的依据。这对我国是个很好的启示。2005～2008年我国不由自主地走向了低水平扩张的道路，一个省级市一年就建了90多个企业，结果又一窝蜂垮台。从经济上讲他们没有考虑社会的实际需求，没有市场对象，眼里仅仅盯着的是国家补贴。从技术上讲就没有经过工程化试验阶段，在设备技术都不成熟的情况下起哄进入市场发展阶段，这是违背技术发展规律的，"低水平扩张，大起大落"与严格的工程化试验基础上的发展是水火不容的，人们应严肃对待先进国家的这一启示。

(3) 有比较完善的标准体系是产业健康发展的保障

目前先进国家的成型燃料企业已经有了一套适应先进国家需要的技术标准（体系），美国甚至从手机机械化开始都有指定时间，大都在工程化试验的后期，与成熟的设备一起进入市场。我国目前还在无序发展阶段，目前仅有 2 个产品约束性标准，其他 7 个是试验性标准。但是在无标准可依的条件下，设备照样堂而皇之地进入市场，而且生物质产品同样受到国家的补贴，这种状态是不能持续的。

5.1.3 中国生物质燃料的发展历程和问题

根据中国生物质成型燃料的发展特点，可以将中国成型燃料的研究和产业化发展分为 3 个阶段。

第一阶段是 20 世纪 70 年代末至 80 年代初，是技术引进与试验阶段，由农业部牵头从韩国、泰国等引进了十余台螺杆挤压成型机，分别在辽宁、湖北、贵州、河南等省进行试验、改进。最后因三个方面原因这种设备没有作为燃料成型机坚持下来。一是当时的煤比成型燃料便宜；二是螺杆特别是螺旋头磨损太快（大部分在 40h 左右，有的企业使用特殊的合金堆焊，维修周期也不超过 60h）；三是没有市场需求，且设备不配套。

第二阶段是 20 世纪 80 年代中期到 20 世纪末，为国家开始投资、积极开展研究阶段。1979 年初，国家经济贸易委员会资助原河南农学院开展以秸秆为原料的活塞式棒状成型机的基础研究，这是国家几个部委首次对生物质成型燃料开展资助。80 年代后期林业部门也开始了以木质原料为主的成型燃料研究，国内出现了几种以棒状燃料为主的实验装置，但当时也是国家没有在经费上给予足够的支持，设备技术问题较多，企业不愿意介入，市场需求很弱，因此一直处在技术研究阶段，市场年供给量不大于 $3 \times 10^4 t$。

第三阶段是发展阶段。20 世纪末至今，化石能源价格不断飙升，国际上石油上涨到100 多美元/桶，比 10 年前上升 10 倍，国内虽然也进行了相应的调整，但涨多降少；煤炭由每吨 80 多元上升到每吨 800 多元，并且由此带动了各种产品价格上升，CPI、PPI 居高不下。全社会都提出了疑问：能源价格上升是因为资源问题吗？油和煤消耗尽了怎么办？就在这样的环境下，各国政府纷纷制定了战略规划和方针政策，大量投资新能源产业。2010 年中国总投资超过了美国，居世界第一位。多项激励政策出台鼎力支持新能源产业，教育战线也增设新能源专业，为今后新能源发展培养战略型人才。2010 年国家几项拉动生物质成型燃料发展的政策兑现，2011 年又启动了绿色新能源示范县建设工作，成型燃料又成为这个标志性项目的主要技术。这种背景使成型燃料的地位大大提高，市场供给能力很快上升到 400 多万吨，国内企业重组，准备上市，大规模发展的势头再次来临。

但发展过程中也存在一些问题，中国生物质成型燃料已有 20 多年的历史，结合我国城乡能源发展实际，中国的成型燃料产业还存在以下几个必须解决的问题。

（1）技术问题

目前国内加工木质原料的环模设备从设计到制造基本上都沿用了颗粒饲料成型机的技术，生产厂家没能根据生物质成型燃料的特定要求对设备进行实质性改进，因此用于燃料生产就存在维修周期短，成本耗能都比较高的问题。秸秆类成型燃料加工主要问题是成型系统和微乳机构磨损太快，环状成型机产品加工质量不高，密度较低，表面裂缝太多，运输、储存、加料过程中机械粉碎率远远超过行业标准；棒状燃料机构造比较复杂，生产率较低，能耗较高。

生物质成型燃料应用过程中还存在结渣和沉积腐蚀问题。秸秆中含有较多的 Cl、K、Ca、Fe、Si、Al 等成分，特别是 Cl 和 K，其含量比任何固体燃料都高得多。这些元素的存在，使得结渣和沉积腐蚀问题非常严重。生物质成型燃料在锅炉内燃烧时，当炉温达到 780℃以后，部分金属和非金属氧化物熔化，并和未燃尽的燃料混搅在一起形成结渣阻挡空气进入炉膛，这已成为生物质锅炉被迫停止运转的最主要原因。

生物质灰分中的共晶钠和钾盐在大约 700℃的条件下就能气化。在 650℃左右时，这些碱金属的蒸气就开始凝结到颗粒上面，一些细尘粒也接踵而来，在锅炉系统的水冷壁和空气预热器的表面上沉积下来，造成受热面的沾污，其厚度可达 10～30mm 以上，严重影响传热效率。同时，由于生物质中 Cl 含量较高，锅炉受热面存在严重的 Cl 腐蚀问题，这是导致生物质燃料锅炉停机维修周期短的主要原因。

（2）产业发展不成熟

中国的生物质成型燃料产业还处于初级阶段，主要表现是：无序发展，原料和产品价格还处于议价交换阶段；设备没有标准，没有衡量设备实际状况的技术检测和鉴定；没有独立的标准体系；收获、运输、储存和加工机械化程度差别大；秸秆原料大多是花生壳、玉米芯等农副产品加工剩余物，玉米秸秆等大宗秸秆资源还没有得到充分利用；成型燃料使用对象以乡镇锅炉、茶炉、热风炉为主，农户使用比例很小；与化石燃料相比，国家在生物质燃料基础建设、人才技术培训、科学研究、制造装备等方面的投资可以说是微不足道的，生物质成型燃料企业 80％以上是个体经营，缺乏现代企业管理意识，没有抗风险能力。这些现象和问题严重制约着生物质成型燃料产业的发展。

（3）政策引导待加强

目前，国家出台的生物质成型燃料相关的政策，其引导作用还没有完全表现出来，补贴方法也不成熟，还存在不少负面反应，政策引导应进一步加强。

5.2 生物质成型燃料制备与利用[1]

5.2.1 生物质成型燃料的制备技术与工艺

国内外多年来应用的成型机主要有两类：一类是颗粒燃料成型机；另一类是棒状或块状成型机。这两类成型机生产的成型燃料的密度都可达到 $1.0g/cm^3$ 以上，颗粒燃料直径为8～

12mm，密度为 $1.1\sim1.3g/cm^3$，不同规格的环模机是国外颗粒燃料成型机的主流机型，生产实现了自动化、规模化，产品实现了商业化，全部是木质原料，目前全球有近 7000×10^4t 的颗粒燃料生产能力。燃炉配套，绝大多数用于生活取暖，热水锅炉等，少数用于小型发电。棒形或块形成型燃料主要在农场应用，原料是作物秸秆，绝大多数是大螺距、大直径挤压机，产品直径为 $50\sim110mm$，也有液压驱动活塞冲压式成型机，设备已实现收集、装料、成型、捆绑运输全套机械化，这类成型机在国外占生产能力的 $15\%\sim20\%$。

5.2.1.1　生物质成型燃料的制备技术比较

国内成型机目前进入市场较多的有三类。第一类是颗粒燃料成型机，我国的这类设备除进口外大多数是沿用饲料环模加工设备，应用的细长加工钻头也是进口买来的，目前生产技术没有新的突破，这类产品原料与国外无大区别，基本上是木质原料，除用于国内城市高档取暖炉外，其余大都出口。从战略上讲，出口成型燃料对中国这个能源消耗大国来说是不能提倡的，因为用国内钢铁和高品位能源生产的绿色能源，生产过程中把污染留下了，把中国同样缺少的洁净能源出口，然后再进口煤炭及其他能源，经济效益、能源效益、环境效益都是不合算的。

目前，中国 90% 以上的生物质成型燃料是利用农业生物质资源。设备大多是环模成型机（主轴是垂直设置的环模机），也有卧式环模成型机，这是第二类成型机。成型孔是双片组合式方孔 $(30\sim35)mm\times(35\sim40)mm$，成型腔长度为 $8\sim14mm$，喂入形式为辊压式，辊轮转速为 $50\sim100r/min$。这是我国的主流设备，也是中国自己创造的，具有自己独立知识产权的技术。秸秆类物质加工中磨损最快，也是难以粉碎、耗能最高的资源，加之我国加工金属细小长孔的能力不强，所以未采用秸秆类物质生产颗粒的技术路线，而创造了辊压式环模或平模成型技术。这类燃料因保型段短，每次喂入量较小，因此密度一般小于 $1.0g/cm^3$，外观也不太好，但是实用，能耗低，$30kW\cdot h/t$ 左右。多数用于生活炊事、取暖燃炉，或热水锅炉。第三类是棒状冲压式成型机。这类设备国内外都用于鸡肝原料的加工，产品直径 $50\sim110mm$，密度大（$1\sim1.3g/cm^3$），维修周期很长，$2000h$ 左右，生产率 $500kg/h$ 左右，单位能耗 $70kW\cdot h/t$ 左右。多用于壁炉取暖、$4t$ 以上热水锅炉。国内研究较多，有双向单头，双向多头。设备多用液压驱动，也有机械驱动，整体技术比较成熟，运行比较平稳。

关于螺杆类成型机，中国有两种用处：一种是加工生物质碳化用的木质空心棒料，这种产品生产总体部署于能源范畴（当然也有利于碳化过程放出的部分挥发分作燃料的）；另一种是农产品加工剩余物的"熟料"资源，我国每年生产糠醛、酒糟、醋糟、牛粪等几千万吨，在生产厂区堆积成害，这些原料含热值较低，$10MJ/kg$ 左右，含水分较高，40% 左右，目前国内生产的大螺距、大直径多空螺旋挤压成型机使用与这类生物质加工，生产率 $5t/h$ 以上。但是产品密度很低，一般为 $0.3\sim0.5g/cm^3$，远低于农业行业标准，产品需要再晾干脱水。螺杆类成型机不适合加工秸秆类生物质，因为成型螺杆维修周期近 $40h$。基于上述情况螺杆类成型机没有列入农业行业标准。

5.2.1.2　中国生物质成型燃料技术路线的选择原则

中国生物质成型设备的研究与生产已走过了 20 多年的历史，其研究目标一直是以解决农业生物质资源的能源利用问题为主线。20 世纪 70 年代引进了螺杆挤压机型，80 年代开展了棒状液压活塞冲压成型机研制，21世纪初多家企业开展了环模、平模成型机研制，2005年以后各类成型机并出，2008年组合式块状成型机在市场上占了上风，在漫长发展过程中，不少研究单位及企业停止了工作，极少数坚持了下来，总结过去经验和教训，人们摸索出了中国规模化发展成型燃料的技术路线及应坚持的几条基本原则。

(1) 资源许可原则

中国生物质中主要是农林生物质资源，每年农业生物质产生约 7×10^8 t，其中允许作能源资源利用的资源，在目前经济和技术条件下有 $2 \times 10^8 \sim 3 \times 10^8$ t，林木采集、加工副产品是个变数，每年产生的资源量也是 3×10^8 t 左右，可以用来作资源使用的不到 1×10^8 t。这是国家在2020年以前的大盘子，而且，这些资源也不可能全部供某一种生物质转化技术使用。因此具体到某个企业组建生物质成型燃料加工厂时，就必须首先考虑资源的供给数量和种类，数量是基础，种类是技术选择的重要依据。

我国地域辽阔，农业作物种类大不相同。东北玉米生长期较长，表层含木质素较高，矿物质也比较多，因此外壳硬度大，内芯水分多，玉米棒外苞纤维长而厚。这些特点都使它不容易脱水，粉碎难度增大，粉碎耗能很高，有的甚至与成型耗能差不多。西部地区，如甘肃、山西、河北西部、内蒙古等地作物收获水分很低，自然干燥几天就可以直接成型加工。南方作物资源进行成型加工遇到的首要问题是水分高、空气湿度大、脱水难，其次是稻谷秸秆纤维多。棉花秆也是如此，外皮纤维长，不能揉搓，内部木质素高。这些特点提示人们两点：一是任何成型机都不能包打中国"天下"，中国的成型机必须在结构上有地域适应性；二是成型机的设计必须与粉碎机匹配，除了木质颗粒外，原料一般采取切断法处理，切断长度要由实验得出。压块状成型机原料长度一般为 $1 \sim 3$ cm，颗粒状成型机原料要经切断和揉搓两道工序，长度在 1cm 以下。

中国的作物秸秆的产量是按粮食产量计算出来的，预计中国2020年、2030年粮食总产量可能达到 5.8×10^8 t 和 5.9×10^8 t，秸秆产量会达到 8.24×10^8 t 和 8.38×10^8 t。2030年前秸秆产量每年会有所增加，但不会永远递增；而林木采伐和加工剩余物潜力很大，会随着森林覆盖率的提高相应增加。

另外农产品加工副产物和部分牲畜粪便也是成型燃料的原料，中国2008年农副产品加工的副产物总量为 1.17×10^8 t，相当于 0.68×10^8 t 标准煤；按畜禽头数算干物质排泄量是 8.75×10^8 t，含能量折合 4.52×10^8 t 标准煤。但从实际出发决定我国畜禽粪便可利用量是猪、牛、鸡的排泄物，可能源化利用废物干物质达 4.68×10^8 t，含能量折合 2.82×10^8 t 标准煤；中国每年还有近千万吨的生物质"熟料"（如酒糟、糠醛、醋糟等），也是良好的成型燃料原料。总体看来中国的生物质资源是丰富的，更主要的是它可以再生。

生物质资源的能源化的程度，取决于多种因素。目前中国农业生物质资源中21%用于农村生活用能，36%用于还田，20%用于饲料，约3%用作工业原料，约20%被抛弃和焚烧。当前成型燃料利用的最大量就是焚烧和生活用燃烧的一部分，大约 2×10^8 t。

(2) 技术发展程度原则

技术发展程度原则是规模化发展程度的依据。通过长期实践可知，中国的农业工程类产业，应特别重视高层突破，不能搞低水平扩张，更不能一哄而起。也就是在技术处于工程化试验之前，不能一哄而起，大起必然大落，这是过去多年来人们没有逾越的障碍，这既是管理问题，又是理念问题。目前我国的成型燃料生产已进入推广阶段，但我国的工程化技术试验做得并不扎实。2008年前后一哄而起的问题依然发生，数百家企业同时兴起，2010年后又有不少企业停产。主要问题表现为成型机快速磨损，燃烧锅炉结渣和沉积腐蚀，规模化生产企业的原料不足，储存技术没有解决。

(3) 能量投入产出比原则

能量投入产出比（简称能投比）是研究、生产各种能源第一位的评价指标，是能源中含有的能量与能源生产过程中所投入的化石能源所含能量的比值，它与能源产品的工艺和技术水平有直接关系，因此不同国家、不同时期的能量投入与产出比是不相同的，目前还没有统一的标准，也没有统一的计算方法，但大都采用全周期能耗计算方法。在目前的技术水平条件下中国几种生物质能源的能量投入与产出比见表5-3。

表5-3　几种生物质能源的能量投入与产出比

能源种类	能投比	说明
煤	80.25	中质煤,平均热值16kJ/kg
生物质成型燃料	53.67	原料设计作投入能量,但加工成成型燃料后,因它是最终产品,所以按产品数量计算能量
纤维乙醇	0.8~1.4	中国试验条件下
玉米乙醇	1.25	资料来源:2006.8,美国能源部能源效率与可再生能源以及美国阿尔贡国家实验室,含农业生产过程投入
大豆乙醇	1.93	资料来源:2006.8,美国能源部能源效率与可再生能源以及美国阿尔贡国家实验室,含农业生产过程投入
甜高粱	3~4	中国试验条件下
秸秆气化发电	8.25	秸秆能量和收集用能不作为能量投入,如计入则为0.24
生物甲烷气	4.4~6.5	中国试验条件下
煤甲醇	1.9	中国试验条件下

注：1. 中国各类原料及收集用能都没有计入能量投入中去，如化石能源，这是为了与煤比较。因为煤的生成耗能无法计算，只能从开采用能计算。

2. 中国作物秸秆的田间生成耗能没有计入，因为中国农事能量投入应计算的主要因素是机械犁、耕、耙、播、收、施肥、灌溉、除草，运输，计入的能量应是化石能源，中国除小麦外机耕水平还很低，差别也较大，秸秆资源能源化利用水平很低，小于原来计荒烧、废弃资源数量。因此把田间能量投入进去，目前企业不易接受，也不准确。

(4) 经济合算、投入许可原则

在市场经济条件下，企业是生物质能源产业的主体，企业的投入是有条件的，就是经济上合算；国家有公益投入的责任，有为国家、民族长远利益考虑的功能，因此只要符合国家长远利益就应投入，但投资的数量、方式、时机等同样要考虑当前经济是否有承受能力。在目前对生物质能的投入应是战略性的、基础性的，以突破技术瓶颈的科学研究为主。因此经济条件是生物质能源利用的决定因素。

(5) 环境许可原则

这里指的环境主要是生态环境。如前述我国每年允许秸秆能源化利用的数量约2×10^8t，如果过量消费能源必然带来还田、饲料等消费的减少，这样就要影响到生态平衡，进而带来严重后果；另外，生物能源工业化生产系统中规模化储存技术是亟待解决的瓶颈，在储存工程化技术不突破的情况下进行规模化成型燃料生产，就会出现三个问题：一是大面积占地；二是严重的安全问题；三是面源污染，风吹雨淋使秸秆热值降低，腐烂释放出大量甲烷气体，污染环境。如果生产环境条件不具备而简单上马，带来的经济效益就可能是负值，是不持续的。

5.2.1.3　中国技术路线的确定

根据上述原则，中国生物质成型燃料的发展宜采用以下技术路线：机械化收集—大段粉碎—湿储存—立式环模辊压块状成型—双燃室分段燃烧—中小型锅炉、热风炉、取暖炉应用。

以作物秸秆为主要原料的块状生物质成型燃料，即断面为 30mm×30mm，直径为 25～35mm 的"压块"成型机是主流机型，设备形式以立式环模为主，其次是圆柱平模机型；秸秆粉碎机就以切断为主，不需揉搓；活塞冲压式成型机是适用于秸秆类原料做成型燃料的加工设备，产品密度大、外观质量较高，便于商品化经营，设备稳定连续工作性能好，粉碎多用切断式，能耗低，但其生产率不高。秸秆类原料不宜采用颗粒成型机加工。

以木质生物资源为主要原料的环模颗粒，也是我国生物质成型燃料发展的重要机型之一，适用于木质原料比较丰富、比较集中的地区。这种设备设计和工程技术方面国际上都比较成熟，但我国大型环模机械制造能力较差，国产设备大都套用饲料加工技术，成型腔表面硬度小，用于加工秸秆类成型燃料磨损太快，修复成本高，颗粒设备及产品成本也很高，消费市场受经济因素约束在国内发展不快，作为能源资源出口对国家环保、经济并无太多益处。因此在 2020 年前，如无新的开拓市场的政策支持，很难成为成型燃料的主导产品。

大棒型燃料（直径 50～100mm）成型机，无论是液压驱动，还是机械驱动都是解决难于加工原料的重要设备机型。例如，高纤维棉花秆、东北高寒区玉米秆、烟秆、亚麻等。粉碎使用大段切割机，应用市场主要是工业锅炉及壁炉、暖炕等。2030 年以前，我国生物质利用的主要形式是生物质成型燃料，生物质大中型沼气和生物质气化技术。而能够规模化利用固体生物秸秆原料、能投比比较高、经济上合算、适用范围广泛、技术成熟、易于产业化、便于进行市场化运作的首选是生物质成型燃料。

5.2.1.4　生物质成型燃料的理化特性

(1) 物理特性

生物质的分布、自然状态、尺寸、堆积密度、高位发热量、含水率及熔点的凝固物理特性对燃料的收集、运输、储存和相应的燃烧技术有极大的影响。

① 含水率　水分是生物质原料一个易变的因素，新鲜的木材或秸秆的含水率高达 50%～60%，自然风干后为 8%～20%。水分是燃料中不可燃的部分。根据与燃料结合的情况，生物质燃料所含的水分可以分为两部分：一部分存在于细胞腔内和细胞之间，称为自由水，可用自然干燥的方法去除，与运输和储存条件有关，在 5%～60% 变化；另一部分称为细胞壁的物理化学结合水，称为生物质结合水，一般比较固定，约占 5%。含水率影响燃烧性能、燃烧温度和单位能量所产生的烟气体积。含水率高的生物质在燃烧时水分蒸发要消耗大量的热，热值有所下降，点火难、燃烧温度低，产生的烟气体积较大。因此，在直接燃烧的过程中要限制原料的含水率，预先对燃料进行干燥处理。

原料含水率对生物质成型技术也有重要的影响。生物质体内的水分也是一种必不可少的自由基,流动于生物质团粒间,在压力作用下,与果胶质或糖类混合形成胶体,起黏结剂的作用,因此过于干燥的生物质材料在通常情况下是很难压缩成型的,甚至会导致颗粒表面炭化,并引起黏结剂自燃。生物质体内的水分还有降低木质素的玻变(熔融)温度的作用,使生物质在较低温度下成型。但是,含水率太高将影响热量的传递,并增大物料与模具的摩擦力。秸秆在热压成型时环(平)模块状燃料的含水率控制在16%~20%,其他含水率一般为8%~15%。

② 堆积密度 堆积密度是指包括燃料颗粒空间在内的密度,反映了单位容量中燃料的质量,一般在自然堆积情况下进行测量。堆积密度在很大程度上影响着生物质利用反应床的几何尺寸和对附属设备的选取,并对其利用的经济性有直接影响。与煤相比,生物质普遍具有密度小、体积大、含氧量高的特点。例如,纯褐煤的密度为 $560\sim600kg/m^3$,玉米秸秆的堆积密度为 $150\sim240kg/m^3$,樱木木屑的堆积密度为 $320kg/m^3$ 左右。

堆积密度对生物质的热化学利用有重要的影响。当受热时,挥发分从空隙处洗出后,剩余的木炭机械强度较高,可以保持原来的形状,从而形成空隙率高、均匀的反应层,而秸秆炭的机械强度很低,不能保持原有的形状,细而散的颗粒也降低了反应层活性和透气性。从白杨木、麦秸和玉米秸秆自然风干后的生物质原料总剖面的显微结构,可以明显看出,木材质地紧密,而麦秸和玉米秸秆则是细而疏松的纤维状物质支撑着原料的形状。

秸秆内部分子间距大,堆积密度低,这些特点决定了秸秆具有较大的可压缩性。但是较低的堆积密度需要占用的空地更大,对生物质的储存和运输非常不利,尤其是秸秆类生物质。秸秆的堆放体积庞大,搬运、运输、码垛需要消耗较多的人力财力,运输有一定的困难,尤其是远距离大规模运输成本高。如果加上人工费和含水率及运输损耗,成本将会更高,而且较大的体积会给大型生物质燃烧系统带来一定的困难,这直接制约了秸秆燃烧技术的推广和应用。

③ 生物质原料工业成分分析 生物质工业成分分析参照煤的工业分析方法,主要测定原料中水分、挥发分、灰分及固定碳的含量。生物质原料的工业分析成分并不具有唯一性,因为所沿用的煤质工业分析方法相当于隔绝空气的热解,但按标准方法测得的工业分析成分有助于与煤炭等其他固体燃料相比较。热解开始,首先是水分蒸发逸出,然后是燃料中的有机物热解析出各种气态产物,即挥发分,生物质原料中的挥发分物质中,一部分是常温下不凝结的简单气体,如 CO、H_2、CO_2、CH_4 等;另一部分则在常温下凝结成液体,其中包括水和各种较大分子的烃类,其析出量与加热速率密切相关。挥发分析出后,剩余物为固定碳和灰分,结构松散状,气流的扰动就可使其解体悬浮起来,迅速进入炉膛的上方空间,形成飞灰颗粒。通常秸秆燃烧产生的飞灰量高达5%,远远高于木质燃料产生的飞灰量,木材燃烧产生的飞灰量约为0.5%。较多飞灰颗粒也增加了对受热面的撞击次数,加剧了锅炉受热面管子的磨损腐蚀。表5-4是部分生物质原料的工业分析数据。

从表5-4所列的部分生物质原料的工业分析数据可以看出,生物质原料的挥发分远高于固定碳的含量,一般为76%~86%(干基),与煤炭的工业分析数据正好相反,这样,在热利用时就表现出与煤炭不一样的特点。秸秆类生物质在燃烧时,一般在350℃,就有80%的挥发分析出。

表 5-4　部分生物质原料的工业分析

原料	水分/%	挥发分/%	固定碳/%	灰分/%
麦秸	4.39	67.36	19.35	8.90
玉米秸	4.87	71.45	17.75	5.93
稻草	4.97	65.11	16.06	13.86
豆秸	5.10	74.65	17.12	3.13
棉柴	6.78	68.54	20.17	3.07
杂草	5.43	68.27	16.4	9.40
马粪	6.34	58.99	12.82	21.85
牛粪	6.46	48.72	12.52	32.40

④ 发热量　生物质原料的发热量（热值）在生物质的热利用过程中是最重要的理化特性，决定了其进行工业利用的可行性。

生物质原料的发热量（热值）是指在一定温度下，单位质量的燃料完全燃烧后，在冷却至原来的温度时所释放的热量，单位是 MJ/kg。根据燃料中的水蒸气是否释放汽化潜热，将热值分为高位热值和低位热值，二者的公式分别为

$$Q_{GW}=0.3491X_C+1.1783X_H+0.1005X_S-0.0151X_N-0.1034X_O-0.0211X_{灰}$$

式中，Q_{GW} 为高位发热量，MJ/kg；X_C、X_H、X_S、X_N、X_O、$X_{灰}$ 分别为碳（C）、氢（H）、硫（S）、氮（N）、氧（O）和灰分的干基质量分数，%。

$$Q_{DW}=Q_{GW}-25(9H+W)$$

式中，Q_{DW} 为低位发热量；H 为生物质原料中氢的质量分数；W 为生物质原料中水的质量分数。

根据上面的公式，高位发热量和低位发热量之差是水蒸气的汽化潜热。由于低位热值接近于生物质在大气压下完全燃烧时放出的热量，通常计算采用低位热值，生物质的热值一般为 14～19MJ/kg。部分生物质原料发热值（干基）见表 5-5。

表 5-5　部分生物质原料发热值（干基）

原料	高位热值/(MJ/kg)	低位热值/(MJ/kg)	原料	高位热值/(MJ/kg)	低位热值/(MJ/kg)
麦秸	18.487	17.186	棉柴	15.830	14.724
玉米秸	18.101	16.849	木屑	19.800	18.556
稻草	15.954	14.920	树皮	19.556	18.284
稻壳	15.670	14.557	白桦	19.719	18.279

(2) 物化特性

燃料的元素成分是热化学转换的物质基础。生物质燃料中大部分是由 C、H、O、N、S、P 等基本元素组成的可燃物质，只有少量的无机物和一定量的水分。

① 大量元素

1）碳。C 在自然界中是一种很常见的元素，它以多种形式广泛存在于大气和地壳之中。C 的一系列化合物——有机物是生命的根本，C 是占生物体干重比例最多的一种元素。植物通过光合作用吸收 CO_2，然后通过呼吸作用、腐烂分解及燃烧等方式释放 CO_2 完成碳循环。

在生物质燃料中，C 的含量大小决定着燃料发热量的大小，其完全燃烧的热化学反应方程式为：

$$C(s)+O_2(g)=CO_2(g), \Delta H=-393.5kJ/mol$$

燃烧热值为 393.5kJ/mol。

在秸秆燃料中，C 的含量一般在 45% 左右，煤炭中含碳量为 80%～90%。一般来说，含 C 越高，燃点越高，因此秸秆比煤炭易点燃。

2）氢。H 是所知道的元素中最轻的，在正常情况下，H 是无色、无臭、极易燃烧的双原子气体，在地球上和地球大气中只存在极稀少的游离状态 H。H 在生物质中的含量约为 6%，主要来源于水，是仅次于 C 的主要可燃物质，H 燃烧可放出 142256kJ/kg 的热量，在生物质中常以烃类化合物的形式存在，燃烧时以挥发分气体析出。由于 H 容易着火燃烧，所以含 H 越高，燃点越低。H 燃烧后主要生成水。

3）氮。在自然界，N 元素以分子态（N_2）、无机结合 N 和有机结合 N 三种形式存在。大气中含有大量的分子态 N。但是绝大多数生物都不能够利用分子态的 N，绝大多数植物只能从土壤中吸收无机态的铵态氮（铵盐）和硝态氮（硝酸盐），用来合成氨基酸，再进一步合成各种蛋白质，通过动物身体的利用和代谢及植物体自身的分解和燃烧转化为无机氮，完成氮循环。在生物质中，N 不能燃烧，但会降低燃料的发热量。

4）氧。O 是地壳中最丰富、分布最广的元素，O 通过呼吸作用进入生物体，再以水或者 CO_2 的形式回到大气，水可由光合作用变成 O_2，完成氧循环。O 可以助燃，它的存在使反应物质内部出现一个均匀分布的体热源。生物质中氧含量为 35%～40%，远高于煤炭等化石燃料，因此在燃烧时的空气需求量小于煤。

5）硫。S 是植物生长必需的矿物质营养元素之一，是构成蛋白质和酶所不可缺少的元素。植物从土壤中吸收硫是逆浓度梯度进行的，主要以 SO_4^{2-} 的形式进入植物体内。植物体内的 S 可分为无机硫酸盐（SO_4^{2-}）和有机硫化合物两种形态，大部分为有机态硫。无机态 S 多以 SO_4^{2-} 的形式在细胞中积累，其含量随着 S 元素供应水平的变化存在很大差异，既可以通过代谢合成有机 S，又可以转移到其他部位被再次利用。

S 在植物体中的含量一般为 0.1%～0.5%，其变动幅度受植物种类、品种、器官和生育期的影响。通常，十字花科植物需 S 最多，禾本科植物最少。S 在植物开花前集中分布于叶片中，成熟时叶片中的 S 逐渐减少并向其他器官转移。例如，成熟的玉米叶片中含硫量为全株硫量的 10%，茎、种子、根分别为 33%、26% 和 11%。

在生物质燃料中，硫也是可燃物质，硫燃烧放出的热量为 9210kJ/kg。其燃烧产物 SO_2 和 SO_3，在高温下与水蒸气反应生成 H_2SO_3 和 H_2SO_4。这些物质对金属有强烈的腐蚀作用，污染大气。在燃烧过程中，S 元素从燃料颗粒中挥发出来，与气相的碱金属元素发生化学反应生成碱金属硫酸盐，在 900℃ 的炉膛温度下，这些化合物很不稳定。在秸秆燃烧过程中，气态的碱金属、S、Cl 及它们的化合物将会凝结在灰颗粒或水冷壁的沉积物上。如果沉积物不受较大的飞灰颗粒或吹灰过程的扰动时，它们就会形成白色的薄层。这一薄层能够与飞灰混合，促进沉积物的聚集和黏结。在沉积物表面上，含碱金属元素的凝结物还会继续与气相含硫物质发生反应生成稳定的硫酸盐，而且在沉积物表面温度下，多数硫酸盐呈熔融状态，这样会增加沉积层表面的黏性，加剧沉积腐蚀的程度。现场运行实践表明，单独燃烧 Ca、K 含量高，含硫量少的木柴时，沉积腐蚀的程度低；而当将木材与含硫较多的稻草共燃时，则沉积腐蚀的就很严重，而且沉积物中富含 K_2SO_4 和 $CaSO_4$。同时，在燃烧过程中，S 元素还可以被 Ca 元素捕捉。在运行的固定床和流化床燃烧设备中可以观察到，当循环流化床中加入石灰石后，会导致回料管和对流烟道中含 Ca、S 物质的聚集。值得注意的是，$CaSO_4$ 被认为是过热器管表面灰颗粒的黏合剂，能够加重沉积腐蚀的程度。

不同生物质的元素含量是不相同的，这主要是由生物质种类、生长时期和生长条件等因素决定的。扣除灰分变化的影响后，C、H、O 这三种主要的元素分析只有细微的差别。

6) 钾。K 在地球表壳的蕴藏量占第七位，是植物生长必需的营养元素，是以主动吸收和被动吸收两种方式进入植物体内的。它在植物体内不形成稳定的化合物，而呈离子状态存在，主要是以可溶性无机盐形式存在于细胞中，或以 K^+ 形态吸附在原生质胶体表面。至今尚未在植物体内发现任何含 K 的有机化合物。有人对两种稻草和麦秆中 K 的形态进行了测试，结果如表 5-6 所列。

表 5-6　稻草和麦秆中钾的形态

种类	水溶性钾/%	离子交换钾/%	酸溶性钾/%	不溶性钾/%
稻草 1	59	34	5	2
稻草 2	89	7	0	4
麦秆 1	40	39	17	4
麦秆 2	90	6	0	4

植物体内，K 的含量常因作物种类不同而不同，有些作物体内的钾含量甚至比 N 的含量还高。不同作物的 K 含量如表 5-7 所列。一般植物体内的含钾量（K_2O）占干物重的 $0.3\% \sim 5.0\%$。另外，同一株植物的不同器官的钾含量也有很大差异，谷类作物种子中钾的含量较低，而茎秆中钾的含量则较高。薯类作物的块根、块茎的含钾量较高。

表 5-7　不同秸秆中的 K 含量

名称	K 含量/%	名称	K 含量/%
玉米	0.90	麦秆	83
稻秆	1.76	油菜秆	2.21
麻秆	3.05	籽粒苋	7.68
豆秆	2.40	薯类茎叶	$3.00 \sim 7.32$
向日葵	36	烟秆	1.85

在秸秆燃烧过程中，秸秆中的钾气化，然后与其他元素一起形成氧化物、氯化物及硫酸盐等，最终生成化合物的种类主要取决于燃料的组分和燃烧产物在炉内的驻留时间。但所有这些化合物都表现为低熔点。它们对受热面上沉积物的影响程度取决于两个方面：一是这些化合物的蒸气压力；二是所生成的熔融物是直接沉积在炉管表面形成一个熔化的表面，还是沉积在飞灰颗粒上形成一个很黏的表面。当 K 和其化合物凝结在飞灰颗粒上时，飞灰颗粒表面就会富含 K，这样就会使飞灰颗粒更具有黏性和低熔点。灰粒的熔点和黏性主要取决于 K 的凝结速率和扩散速率。

② 少量元素　生物质中大量的含氧官能团对无机物质的包容能力比较强，为这一类物质在燃料中驻留提供了可能的场所，因此秸秆中内在固有无机物元素的含量一般较高。这些

元素的来源主要有两个：一是秸秆本身固有的，是其在生长过程中从土壤、地下水、大气中通过生物吸附而来的；二是来自人们利用秸秆过程中混入的灰尘、土壤，其组分与燃料固有的灰分差别很大。后者常常是秸秆燃料灰分的主要组成部分。

1）钠。Na 不是植物生长所必需的营养元素，故在植物体内含量不高，对内蒙古栗钙土典型草原地带植物的化学元素的研究，表明草中 Na 含量平均为 $0.313\% \pm 1.065\%$，一般植物中的 Na 含量约为 0.1%。

Na 与 K 属于同一主族元素，燃烧过程中其运动形式相似，在沉积形成和腐蚀过程中的作用相同。

2）氯。Cl 是植物所必需的营养元素中唯一的第七主族元素，又称为卤族元素，是唯一的气体非金属微量元素。Cl 的亲和力极强，岩石圈中找不到单质 Cl。地壳中的 Cl 含量平均仅为 0.05%，被认为是岩石圈的次要组成成分。植物对 Cl 的吸收是通过根和地上部分以离子的形态进行的，属于逆化学梯度的主动吸收过程，大多数植物吸收 Cl^- 的速率很快，数量也不少。Cl 在植物体中主要以 Cl^- 形态存在，且移动性很强，主要作用是调节叶片气孔开闭，保持细胞液的浓度，调节渗透压的平衡，提高作物的抗旱能力等。

Cl 在植物体内虽属微量营养元素，但含量甚高，常高达 $0.2\% \sim 2\%$，主要分布于茎叶中，籽粒中较少。据埃泼斯坦测定，高等植物（包括作物）中 Cl 和铁（Fe）含量居 7 种必需微量元素之首，含氯量大约是含锰（Mn）量的 2 倍，锌（Zn）、硼（B）含量的 5 倍，铜（Cu）含量的 17 倍，钼（Mo）含量的 1000 倍。一般认为，植物需氯量几乎与需硫量一样多。不同植物中的含氯量见表 5-8。

表 5-8　不同植物中的含氯量

名称	含量/(mg/kg)	名称	含量/(mg/kg)
水稻	4700～6660	红麻	7010
甘薯	7590～9270	甘蔗	6770
大豆	780	芥蓝菜	6570
花生	4650	油菜	14000
小麦	5900	空心菜	24920

秸秆燃烧过程中，Cl 元素对沉积的形成及腐蚀程度起着重要作用。首先，秸秆燃烧过程中，Cl 元素起着传输作用，当碱金属元素从燃料颗粒内部迁移到颗粒表面与其他物质发生化学反应时，将碱金属从燃料中带出；其次，Cl 元素有助于碱金属元素的气化。Cl 是挥发性很强的物质，在秸秆燃烧过程中，几乎所有的 Cl 都会进入气相，根据化学平衡，将优先与 K、Na 等构成稳定且易挥发的碱金属 Cl 化物，这也是 Cl 元素析出的一条最主要的途径，600℃以上碱金属氯化物的蒸气压升高进入气相，随着碱金属元素气化程度增加，沉积物的数量和黏性也增加。与此同时，Cl 元素也与碱金属硅酸盐反应生成气态碱金属氯化物，这些氯化物蒸气是稳定的可挥发物质，与那些非氯化物的碱金属蒸气相比，它们更趋向于沉积在燃烧设备的下游。另外，Cl 元素还有助于增加许多无机化合物的流动性，特别是 K 元素的化合物。经验表明，决定生成碱金属蒸气总量的限制因素不是碱金属元素，而是 Cl 元素。因此，可以用秸秆中 Cl 含量与碱金属一起来预测沉积物的特性。由现场的运行实践可知，碱金属含量高而 Cl 含量低的燃料，在燃烧过程中形成的沉积量，要低于碱金属和 Cl 含

量都较高或者碱金属含量低但 Cl 含量高的燃料。

一般认为煤中 Cl 的含量超过 0.25% 时，在燃烧过程中就会腐蚀设备，并且在设备中产生结皮和堵塞现象。与木质燃料相比，秸秆作物中的 Cl 含量过高，根据试验测定玉米秸秆中 Cl 的含量为 0.5%～1%，在高温的情况下将会对设备形成高温腐蚀，缩短锅炉的使用寿命。一般情况下，燃烧木材燃料的锅炉可以使用 15 年左右，而燃烧农作物秸秆时一般 10 年左右就会报废。

3）硅。Si 在地壳中含量高达 28%，仅次于 O，居第二位。Si 在植物体内的存在形态主要是水化无定形 SiO_2，其次是 H_2SiO_3 和胶状硅酸。水稻是吸收 H_2SiO_3 最多的植物，H_2SiO_3 进入植物体内后大部分变成难溶性硅胶或多硅酸聚合体。

Si 在植物体内的含量因植物种类的不同而差异极大，禾本科植物如水稻中的 Si 含量一般较高，通常为 10%～15%，而双子叶植物，尤其是豆科植物，含量小于 0.5%。Si 在植物体内的分配受器官的影响，同一植物的不同部位，含硅量有极大的差异，如水稻各器官中硅（SiO_2）含量大小依次为谷壳（15%）、叶片（12%）、叶鞘（10%）、茎（5%）、根（2%）。

在秸秆燃烧过程中，碱金属是以氧化物、氢氧化物、有机化合物的形式与 Si 结合形成低熔点共晶体的。单晶硅的熔点是 1700℃，从不同比例的 K_2O-SiO_2 混合物的熔点相图可以看出：32% K_2O 与 68% SiO_2 混合物的熔点为 768℃，这个比例与含 25%～35% 的碱金属（K_2O+Na_2O）生物质灰的成分很相似。试验表明，以秸秆为燃料的链条炉受热面上形成的玻璃状物质以及 760～900℃ 下流化床的床料所形成的渣块，主要成分都是 SiO_2。

③ 生物质灰分的熔解特性

1）灰熔融温度。生物质中的少量元素是生物质燃烧后的主要灰分。在高温下，灰分会变成熔融状态，形成含有多种组分的灰（具有气体、液体或固体的形态），在任意冰冷的表面或炉壁形成沉积物，即积灰结渣。生物质灰的熔点测定按照煤灰的测定方法，根据灰的形态变化可以分为四类：变形温度、软化温度、半球温度和熔化温度。

测定方法：将煤灰制成一定尺寸的三角锥，在一定的气体介质中，以一定的升温速率加热，观察灰锥在受热过程中的形态变化，观测并记录它的四个特征熔融温度。

变形温度（DT）：灰锥尖端或棱开始变圆或弯曲时的温度。

软化温度（ST）：灰锥弯曲至锥尖触及托板或灰锥变成球形时的温度。

半球温度（HT）：灰锥形变至近似半球形，即高约等于底长的一半时的温度。

熔化温度（FT）：灰锥熔化展开成高度在 1.5mm 以下的薄层时的温度。

2）燃料成分对生物质灰熔融温度的影响。燃料灰的熔点与燃料的种类和成分有关。生物质灰中的大量的碱金属和碱土金属是导致锅炉床料聚团、受热面上沉积的主要因素，生物质中的 Ca 和 Mg 通常可以提高灰分点，K 可以降低灰分点，Si 在燃烧过程中与 K 形成低熔点的化合物，农作物秸秆中 Ca 含量低，K 含量较高，导致灰分的软化温度较低。例如，麦秸的变形温度为 860～900℃。

较高碱金属及碱土金属含量使生物质灰易于熔化、结渣。在秸秆燃烧过程中，当碱金属与石英砂等床料反应时，就会引起床料的聚团甚至烧结。Bapat 等在研究高碱金属含量生物质流化床上的燃烧时发现碱金属能够造成流化床燃烧中床料颗粒的严重烧结。其原因是碱金属（Na、K）氧化物和盐类可以与 SiO_2 发生以下反应：

$$2SiO_2 + Na_2CO_3 \!\!=\!\! Na_2O \cdot 2SiO_2 + CO_2$$
$$4SiO_2 + K_2CO_3 \!\!=\!\! K_2O \cdot 4SiO_2 + CO_2$$

形成的低温共熔体熔融温度分别仅为874℃和764℃,从而造成严重的烧结现象。

当碱金属和碱土金属以气体的形态挥发出来,然后以硫酸盐或氯化物的形式凝结在飞灰颗粒上,这就降低了飞灰的熔点,增加了飞灰表面的黏性,在炉膛气流的作用下,粘贴在受热面的表面上,形成沉积,甚至结垢,受热面上沉积的形成影响热量传输,使得设备堵塞,严重时造成锅炉熄灭,甚至爆炸。

(3) 热解特性

热解是以热化学反应为基础的生物质能转换技术之一,是指生物质在完全缺氧或部分缺氧条件下热分解,最终生成木炭、生物油和不可冷凝气体的过程。三种产物的比例取决于热解工艺的类型和反应条件。生物质经过热解后转化成易储存、易运输、热值高的燃料。

根据反应温度,生物质的热解可分为低温热解、高温热解和中温热解三类。一般地,低温热解温度不超过580℃,产物以木炭为主;高温热解温度为700~1100℃,产物以不冷凝的燃气为主;中温热解温度为500~650℃,产物中燃料油产率较高,可达60%~80%。

按升温速率和完成反应所用的时间,热解也可分为传统热解(慢热解)、快速热解和闪速热解。慢热解又称为干馏工艺,是一种以生成木炭为目的的炭化过程,主要特点是升温速率低。根据反应温度也可分为低温干馏、中温干馏和高温干馏。低温干馏的加热温度为500~580℃,中温干馏温度为660~750℃,高温干馏的温度为900~1100℃。快速热解的升温速率为10~200℃/s,气相停留时间小于5s;闪速热解的升温速率更高,而且冷却速率也高。实际上快速热解和闪速热解并没有严格的区分。

(4) 燃烧特性

生物质燃料的燃烧过程是强烈的化学反应过程,又是燃料和空气间的传热、传质过程。其燃烧过程可分为四个阶段:干燥过程、挥发分的析出与燃烧、过渡阶段及焦炭燃烧。

生物质燃料在燃烧过程中具有以下几个特点。

1)生物质燃料的密度小,结构比较松散,挥发分含量高。在150℃时,热分解开始,350℃时挥发分能析出80%。达到着火温度时,开始燃烧,挥发分的燃烧主要在炉膛的稀相区进行。由于挥发分析出时间比较短,此时若空气供应不当,挥发分不能燃尽而排出,排烟为黑色,严重时为浓黄色烟。所以在设计生物质燃烧设备时,燃烧室必须有足够的容积,以便有一定的燃烧空间和燃烧时间。

2)生物质燃料在着火以前,为吸热反应,吸收的热量称为预燃热,它包括水分的蒸发潜热、低温馏分物质热分解及其产物加热到达着火温度所需要的热量;到着火温度以后,先后进行了气相和固相燃烧,为放热反应。

3)存在两个放热峰值,两个反应速率峰值。燃料的挥发分物质主要是纤维素的热分解产物,燃烧形成第一个放热峰,由于热值比较低,形成的放热峰面积较小;焦炭的燃烧形成第二个放热峰,由于热值比较高,形成的放热峰面积比较大。在280~500℃,纤维素快速热解,出现第一个反应速率的峰值,当燃料中的木质素已全部炭化,表面生成炙热的火焰,燃烧反应速率加快,并出现第二次反应速率峰值。

4)生物质燃料中的挥发分物质,其热分解燃烧速率大于炭化物质的固相燃烧速率。

5.2.1.5 生物质成型技术与装备

本节详述了国内目前应用的环模、平模、活塞、螺旋式四大类生物质成型机的基本结构与工作过程；分析了主要工作部件重要技术参数对成型性能的影响；介绍了国内生物质成型机生产企业应用的典型案例；针对成型机关键部件磨损问题进行了深入的研究，在结构设计和材料选择方面提出了减摩措施和建议；阐明了我国生物质成型机的发展方向。

(1) 环模式成型机

环模式成型机，加工成型燃料的原理与其他类型成型机基本相同，其结构包括三大部分，第一部分是驱动和传动系统，主要部件由电动机、传动轴、齿轮或 V 带传动组成；第二部分是成型系统，主要部件是原料预处理仓、成型筒（腔）、压辊（轮）；第三部分是上料、卸料部分。其中成型系统是成型机的核心技术部分。

环模式成型机在动力的驱动下使压辊（轮）（以下简称压辊）或环模做回转运动，在运转中与进入压辊和环模间隙的生物质原料产生强烈的摩擦挤压，将物料挤入环模成型孔内，物料不断地摩擦、挤压产生高温，在高温高压的作用下，进入模孔中的生物质原料先软化后塑变。压辊和环模的不断旋转，模孔中的物料不断被推挤，挤出模孔后即成为高密度成型燃料。

① 环模辊压式成型机的种类 环模辊压式成型机按压辊的数量可分为单辊式、双辊式和多辊式三种，如图 5-2 所示。单辊式的特点是压辊直径可做到最大，使压辊外切线与成型孔入口有较长的相对运动时间，挤压时间长，挤出效果理论上应该是最好的，但机械结构较大，平衡性差，生产率不高，只用在小型环模式成型机上。双辊式的特点是机械结构较简单，平衡性能好，承载能力也可以。三辊式的特点是三辊之间的受力平衡性好，但占用混料仓面积大，影响进料，生产率并不高。一般大直径环模成型机设计成两辊或四辊结构。

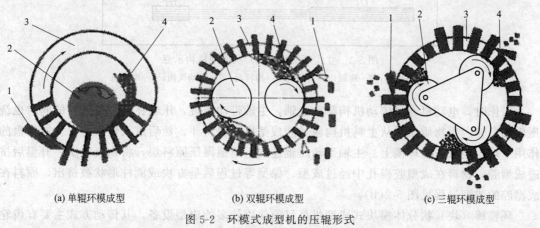

(a) 单辊环模成型　　　(b) 双辊环模成型　　　(c) 三辊环模成型

图 5-2　环模式成型机的压辊形式

1—切刀；2—压辊；3—环模；4—生物质原料

环模成型机按环模主轴的放置方向可分为立式和卧式两种。立式环模成型机的主轴呈垂直状态，原料从上方的喂料斗靠原料的自重直接落入原料预压仓，原料在预压仓中依靠转轮分送到每个成型腔中，分配量比较均匀。卧式环模成型机的主轴呈水平状态，虽然原料也是从上方的喂料斗进入预压仓，但是由于转轮是在垂直面内回转的，进入喂料斗的原料必须从环模的侧面倾斜进入预压仓，预压仓中的原料在环模内壁的分布是不均匀的，在环模的下方和环模向上转动的一边原料分布得较多，环模的上方和环模向下转动的一边原料分布较少。即原料的分布不均，造成了压辊的受力和磨损不均匀。因此，从原料的喂入方面分析，立式环模成型机优于卧式。

环模成型机按成型主要运行部件的运动状态可分为动辊式、动模式和模辊双动式三种。立式环模棒（块）状成型机一般为动辊式。为了减少压辊对模盘的冲击力，加装陶管的成型机也可采用动模式，将压辊设置成绕固定轴自转的立式成型机；卧式环模颗粒成型机多为动模式。动模式的环模固定在大齿轮传递的空心轴上，压辊则固定在用制动装置固定的实心轴上。

环模式成型机根据环模成型孔的结构形状不同，可以压制成棒状、块状和颗粒状成型燃料。按照农业部《生物质固体成型燃料技术条件》（NY/T 1878—2010）行业标准的规定，燃料直径或横截面最大尺寸大于 25mm 的称为棒状或块状，小于 25mm 的为颗粒状。

② 环模辊压式棒状成型机　环模辊压式棒（块）状成型机主要是由上料机构、喂料斗、压辊、环模、传动机构、电动机及机架等部分组成。图 5-3 所示的是立式环模棒（块）状成型机的结构，其中环模和压辊是成型机的主要工作部件。

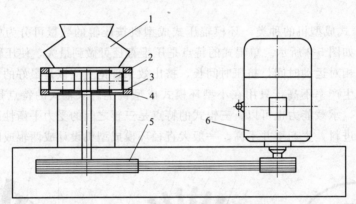

图 5-3　立式环模棒（块）状成型机构示意

1—喂料斗；2—压辊；3—环模；4—拨料盘；5—传动机构；6—电动机

工作时，电动机通过传动机构驱动主轴，主轴带动压辊，压辊在绕主轴公转的同时也绕压辊轴自转。生物质原料从上料机构输送到成型机的喂料斗，然后进入预压室，在拨料盘的作用下均匀地散布在环模上。主轴带动压辊连续不断地碾压原料层，将物料压实、升温后挤进成型腔，物料在成型腔模孔中经过成型、保型等过程后呈方块或圆柱形状被挤出，原料在成型腔的成型过程见图 5-2(b)。

环模棒（块）状分体模块式成型机是目前使用较多的成型设备，其传动方式主要有齿轮和 V 带传动。齿轮传动具有传动效率高、结构紧凑等特点，但生产时噪声较大，加工成本较高；V 带传动噪声小，并有较好的缓冲能力，但传动效率低，不能实现低成本的二级变速。

环模式棒（块）状组合式成型机具有结构简单、生产效率高、耗能低、设备操作简单、性价比高等优点；环模以套筒和分体模块方式组合后，套筒和模块的结构尺寸可以单体设计，分别加工，产品易于实现标准化、系列化、专业化生产。可用于各类作物秸秆、牧草、棉花秆、木屑等原料的成型加工。但是分体模块式成型机加工工序多，批量维修量大，技术要求高，成本也高。固定母环或平模盘配以成型套筒的成型机具有较好的发展前景和较强的市场竞争力。

环模辊压式棒（块）状成型机主要技术性能与特征参数见表5-9。

表5-9   环模辊压式棒（块）状成型机主要技术性能与特征参数

技术性能与特征	参考范围	说　　明
原料粒度/mm	10～30	棒状、块状成型粉碎粒度可大一些,粉碎粒度小于10mm
原料含水率/%	15～22	含水率不宜过低,含水率低需要的成型压力大,成型率下降
产品截面最大尺寸/mm	30～45	实心棒状、块状,则生产率高；直径小于或等于25mm的为颗粒
产品密度/(g/cm³)	0.8～1.1	保证成型的最低密度,密度要求高,会使成型耗能剧增
生产率/(t/h)	0.5～1	成型棒块状一般生产率较高,颗粒成型则生产率较低
单位产品耗能/(kW·h/t)	40～70	棒状成型耗能较低,否则成型耗能增加
压辊转速/(r/min)	50～100	压辊转速不易过高,否则成型耗能增加
模辊间隙/mm	3～5	模辊间隙小,可降低耗能,颗粒成型的模辊间隙为0.8～1.5mm
压辊使用寿命/h	300～500	采用合金材料,价格较高。加工秸秆小于300h
环模(模孔)使用寿命/h	300～500	采用套筒时,磨损后只能更换套筒,环模基本不变,模块重点修补
成型方式	热压成型	启动时采用外部加热
动力传动方式	齿轮、V带	因主轴转速要求较低,可采取二级减速转动
对原料的适应性	各类生物质	通过更换不同的成型组建,可对各科类生物质成型加工

③ 环模式颗粒成型机　环模式颗粒成型机一般由喂料室、螺旋供料器、搅拌机构、成型总成（压辊、颗粒环模、切刀等）、出料口、减速箱及电动机等部分组成,见图5-4。

供料螺旋起喂料作用,通过改变螺旋的转速和控制闸门开度来控制进料量。搅拌机构由

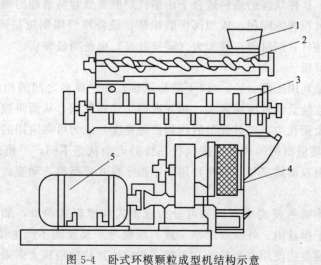

图5-4   卧式环模颗粒成型机结构示意
1—喂料斗；2—螺旋供料器；3—搅拌机构；4—成型组件；5—电动机

可调节角度的搅拌杆组成，搅拌杆按螺旋线排列，起搅拌和推运粉状物料的作用。在搅拌室的侧壁装有供应蒸汽或添加剂的喷嘴，使喷出的蒸汽或雾滴和粉料混合，然后送入环模室成型。加蒸汽的目的是增加原料的温度和湿度，这样有利于成型，提高生产率，且能减少环模磨损。

环模辊压式颗粒成型机的传动方式与环模式棒（块）状成型机类似。二者相比，环模辊压式颗粒成型机设计时充分借鉴了颗粒饲料成型机械的原理，具有自动化程度高，单机产量大，适于规模化和产业化发展的优点。缺点是投资规模较大，成型温度主要依靠压辊与环模间的原料的摩擦热量；压辊、环模等易损件的磨损速率较快，整体式环模磨损后需整体更换，每次的维修费用相对较高；较小的模孔直径对稻草、麦秸类的生物质原料成型效果较差；原料粉碎粒度通常为1~3mm，粉碎和成型工序的耗能远大于棒（块）状成型，综合经济效益较差。

从中国成型燃料设备技术的发展状况分析，环模式颗粒成型并不是秸秆类成型燃料利用的发展方向。目前环模式颗粒成型技术的应用领域仍以颗粒饲料成型为主，颗粒成型燃料的主要加工原料是木质料以及经过处理的"熟料"。

由此看来，压力、温度、颗粒大小是成型的基本要素。但这里必须说明，目前我国环模块状辊压立式环模机，适应了当前我国分布式固体生物燃料的使用和生产现状，且具有一定市场，可以满足当前生产力发展的需要。但随着成型燃料市场化、规模化、专业化的进程其问题就会逐步暴露出来。主要有以下2个方面。

1）滚轮喂入是靠转轮与轮环间隙构成的挤压力喂入的，压力大小与间隙大小是一对矛盾，间隙太大挤压力太小，正压力更小；间隙太小，每次喂入量太小，且容易卡死，形成停车故障。这种喂入方式导致每次喂入块之间有较大空隙，构不成分子引力，黏结剂也没起作用。

2）块型燃料环模机是饲料行业从加拿大引进的，2005年后，改造为成型燃料成型机，2007年以后相互模仿，多家企业生产，在国内大面积推广。但它的成型腔设计没有清晰概念，主要是长径比失调、长度太短；没有合理的成型腔结构；燃料外形尺寸不规则，粉碎率高；单体密度较低。这种状态的燃料适合于小型且炉膛管壁容易清理的燃炉，对中大型锅炉将带来较难清除的沉积腐蚀问题。成型部件磨损快、设备维修周期短是此类成型机的要害。单位生产率的设备耗材（钢材等）量太大（碳排放高）也是明显弊病。

(2) 平模式成型机

平模式成型机是利用压辊（轮）（以下简称压辊）和平模盘之间的相对运动，使处在间隙中的生物质原料连续受到辊压而紧实，相互摩擦生热而软化，从而将被压成饼状的生物质原料强制挤入平模盘模孔中，经过保型后达到松弛密度，成为可供应用的生物质成型燃料。

① 平模式生物质成型机的种类　按执行部件的运动状态不同，平模式成型机可分为动辊式、动模式和模辊双动式三种，后两种用于小型平模式成型机，动辊式一般用于大型平模式成型机。

按压辊的形状不同平模式成型机又可分为直辊式和锥辊式两种，如图5-5和图5-6所示，锥辊的两端与平模盘内、外圈线速率一致，压辊与平模盘间不产生错位摩擦，阻力小，耗能低，压辊与平模盘的使用寿命较长。平模式棒（块）状成型机大多采用直辊动辊式，如图5-7所示。

图 5-5 平模直辊式颗粒成型

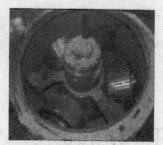

图 5-6 平模锥辊式颗粒成型

平模式成型机依据平模成型孔的结构形状不同也可以用来加工棒状、块状和颗粒状成型燃料。成型燃料截面最大尺寸大于25mm的称为棒状或块状。

② 平模式棒（块）状成型机 平模式棒状生物质成型机主要由喂料斗、压辊、平模盘、减速与传动机构、电动机及机架等部分组成，参见图5-8。

图 5-7 平模直辊式棒状成型

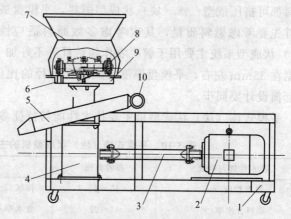

图 5-8 平模式棒状成型机结构示意

1—机架；2—电动机；3—传动轴；4—减速器；
5—出料斗；6—成型套筒；7—进料斗；
8—压辊；9—平模盘；10—振动器

工作时，经切碎或粉碎后的生物质原料通过上料机构进入成型机的喂料室，电动机通过减速机构驱动成型机主轴转动，主轴上方的压辊轴也随之低速转动，由于压辊与平模盘之间有0.8~1.5mm的间隙（称为模辊间隙），通过轴承固定在压辊轴上的压辊先绕主轴公转。被送入喂料室中的生物质原料，在分料器和刮板的共同作用下被均匀地铺在平模上，进入压辊与平模盘之间的间隙中。在压辊绕主轴公转过程中，生物质原料对压辊产生反作用力，其水平分力迫使压辊轮绕压辊轴自转，垂直分力使压辊把生物质原料压进平模孔中，在压辊的不断循环挤压下，已进入平模孔中的原料不断受到上层新进原料层的推压，进入成型段，在多种力的作用下温度升高，密度增大，几种黏结剂将被压紧的原料黏结在一起，然后进入保型段，由于该段的断面比成型段略大，因此被强力压缩产生的内应力得到松弛，温度逐步下降，黏结剂逐步凝固，合乎要求的成型燃料从模孔中被排出。达到一定长度和重量时自行脱离模孔或用切刀切断。如图5-9所示。

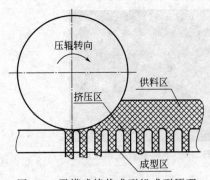

图 5-9　平模式棒状成型机成型原理

目前投入市场的平模式棒（块）状成型机逐渐增多，随压辊设计转速的进一步降低，电动机的动力传递仅采用一级 V 带传动方式，在结构上显得较为庞大，提倡用传动效率高的齿轮减速传动，目前齿轮传动总成生产已标准化、专业化，传动比可以达到20∶1以上，润滑、连接、维修、经营都已规范化，非常适合大传动比的农业工程类设备应用。

平模式棒（块）状成型机结构简单，成本低廉，维护方便；由于喂料室的空间较大，可采用大直径压辊，加之模孔直径可设计到 35cm 左右，因此对原料的适应性较好，不用做揉搓预处理，只用切断就可以。

例如，秸秆、干甜菜根、稻壳、木屑等体积粗大、纤维较长的原料都可以直接切成 10～15mm 的原料段就可投入原料辊压室。对原料水分的适应性也较强，含水率15％～250％的物料都可挤压成型；棒（块）状成型燃料，平模盘最好采用套筒式结构，平模盘厚度尺寸设计首先要考虑燃料质量，其次考虑多数原料适应性以及动力、生产率的要求。平模式棒（块）状成型系统主要用于解决农作物秸秆等不好加工的原料，成型孔径可以设计得大一些，控制在 35mm 左右，平模盘厚度与成型孔直径的比值要随直径的变大适当减小，盘面磨损与套筒设计要同步。

平模式棒（块）状成型机主要技术性能与特征参数见表 5-10。

表 5-10　平模式棒（块）状成型机的主要技术性能与特征参数

技术性能与特征	参考范围	说　明
原料粒度/mm	10～30	棒状、块状成型粉碎粒度可大一些,粉碎粒度小于 10mm
原料含水率/%	15～22	含水率不宜过低,含水率低需要的成型压力大,成型率下降
产品直径/mm	25～40	秸秆类原料适宜大直径实心棒(块)状
产品密度/(g/cm³)	0.9～1.2	保证成型的最低密度,密度要求高,会使成型耗能剧增
生产率/(t/h)	0.5～1	成型棒块状一般生产率较高,颗粒成型则生产率较低
成型率/%	>90	原料含水率合适时,成型率较高,含水率过高时,成型后易开裂
单位产品耗能/(kW·h/t)	40～70	棒状成型耗能较低,否则成型耗能增加
压辊转速/(r/min)	<100	压辊转速不易过高,否则成型耗能,设计时尽可能不超过100r/min
模辊间隙/mm	0.8～3	模辊间隙越小,可降低耗能,颗粒成型的模辊间隙较小,盘、辊间隙应可调
压辊使用寿命/h	300～500	采用合金材料,价格较高,可加模套
平模盘(套筒)使用寿命/h	300～500	采用衬套套筒,磨损后更换,平磨盘母体可长时间使用
成型方式	预热启动	冷启动时,需预热,也可少加料空转预热
动力传动方式	减速器	电机直联减速驱动效率高,结构紧凑
对原料的适应性	多种生物质	通过更换不同的成型组件,可对多种类生物质成型加工

③ 平模式颗粒成型机　平模式颗粒成型机一般由喂料室、主轴、压辊、颗粒平模盘、

均料板、切刀、扫料板、出料口、减速箱及电动
机等部分组成，见图 5-10。

平模式颗粒成型机与平模式棒（块）状成型
机的结构、工作过程基本相同。

平模式颗粒成型机的传动方式与平模式棒
（块）状成型机相同。具有与环模式颗粒成型机相
似的技术特征，仍然存在整体式平模磨损后维修
费用高、原料粉碎粒度细小、粉碎耗能高的问题，
不是国内秸秆成型燃料技术发展的主流设备。

平模式颗粒成型机的主要技术性能参数与特
征参考范围见表 5-10。

（3）活塞冲压式成型机

活塞冲压式成型机是利用机械装置的回转动
力或液压油缸的推力，使活塞（或柱塞）做往复
运动。由活塞（或柱塞）带动冲杆在成型套筒中
往复移动产生冲压力使物料获得成型。

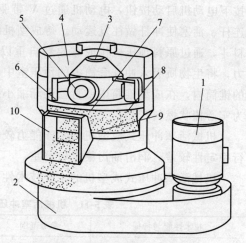

图 5-10　平模式颗粒成型机结构

1—电动机；2—减速箱；3—主轴；4—喂料室；
5—压辊；6—均料板；7—平模；8—切刀；
9—扫料板；10—出料口

① 活塞冲压式成型机的种类　活塞冲压式成型机按驱动动力不同可分为机械活塞冲压
式和液压活塞冲压式两大类。机械活塞冲压式成型机是由电动机带动惯性飞轮转动，利用惯
性飞轮储存的能量，通过曲轴或凸轮将飞轮的回转运动转变为活塞的往复运动。机械活塞冲
压式成型机按成型燃料出口的数量多少可分为单头、双头和多头冲压成型。液压活塞冲压式
成型机是利用液压油泵所提供的压力，驱动液压油缸活塞做往复运动，活塞移动推动冲杆使
生物质冲压成型的。液压活塞冲压式成型机按油缸的结构形式不同可分为单向成型和双向成
型，按冲压成型燃料出口的数量多少又可分为单头、双头和多头冲压成型。

② 机械活塞冲压式成型机　机械活塞冲压式成型机主要由喂料斗、冲杆套筒、冲杆、
成型套筒（成型锥筒、保型筒、成型锥筒外套）、夹紧套、电控加热系统、曲轴连杆机构、
润滑系统、飞轮、曲轴箱、机座、电动机等组成，见图 5-11。

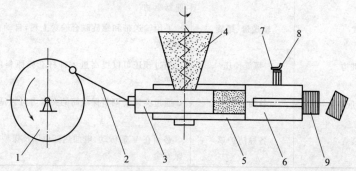

图 5-11　机械活塞冲压式成型机成型原理

1—曲轴；2—连杆；3—冲杆；4—喂料斗；5—冲杆套筒；
6—成型套筒；7—加热圈；8—夹紧套；9—成型燃料

成型机第 1 次启动时先对成型套筒预热 10～15min，当成型套筒温度达到 140℃以上时，

按下电动机启动按钮，电动机通过 V 带驱动飞轮使曲轴（或凸轮轴）转动，曲轴回转带动连杆、活塞使冲杆做往复运动。待成型机润滑油压力正常后，将粉碎后的生物质原料加入喂料斗，通过原料预压机构或靠原料自重以及冲杆下行运动时与冲杆套筒之间产生的真空吸力，将生物质吸入冲杆套筒内的预压室中。当冲杆上行运动时就可将生物质原料压入成型腔的锥筒内，在成型锥筒内壁直径逐渐缩小的变化下，生物质被挤压成棒状从保型筒中挤出成为实心棒状燃料产品。

机械活塞冲压式成型机的生产能力较大，由于存在较大的振动负荷，噪声较大，机器运行稳定性较差，润滑油污染也较严重。

机械活塞冲压式成型机的主要技术性能与特征见表 5-11。

表 5-11　机械活塞冲压式成型机的主要技术性能与特征

技术性能与特征	参考范围	说　　明
原料粒度/mm	5～20	成型棒状直径大，原料粒度可选大一些，原料粒度小，成型效果好，但粉碎能耗增高
原料含水率/%	10～15	原料含水率过高易"放炮"，过低会增加成型阻力，使能耗增加，成型效果变差
产品直径/mm	50～80	一般呈实心棒状
产品密度/(g/cm³)	0.9～1.3	密度不宜太大，否则会使成型能耗剧增
成型温度/℃	160～220	成型温度不宜太高，一般不大于 280℃
生产率/(t/h)	0.5～1	单头生产率低，多头成型生产率较高
单位产品耗能/(kW·h/t)	40～70	与各种原料有关，"熟料"成型能耗可大大降低
曲柄的转速/(r/min)	250～300	在保证成型压力的条件下，曲柄的转速尽可能选低一些，转速太高成型耗能剧增
成型锥筒的使用寿命/h	600～1000	灰铸铁使用寿命短，合金材料使用寿命长，但价格较高
保型筒使用寿命/h	>1500	保型筒的使用寿命一般是成型锥筒使用寿命的 3 倍以上
成型方式	热压成型	常采用外部加热圈加热，热压成型可减少成型阻力，降低成型能耗
减速机构	V 带	一级减速传动采用 V 带居多，若要求传动比增大，可选用减速器驱动
上料方式	输送带、螺旋	采用输送带和螺旋联合输送上料，自动化程度高，可降低劳动强度
进料预压机构	螺旋预压	经过预压可以提高进入冲杆套筒原料的密度，可大大提高生产率
对原料的适应性	各类生物质	通过夹紧套调节保型筒的夹紧力可以适应各种类型原料的成型
安全防护装置	各种防护罩	必须在 V 带传动、电加热部位以及保型筒出口设防护罩，确保安全

③ 液压活塞冲压式成型机　液压活塞冲压式成型机是河南农业大学在机械活塞冲压式成型机的基础上研究开发的系列成型设备，采用的成型原理均为液压活塞双向成型。主要由上料输送机构、预压机构、成型部件、冷却系统、液压系统、控制系统等几大部分组成。

工作时，先对成型套筒预热 15～20min。当成型套筒温度达到 160℃时，依次按下油泵电机按钮、上料输送机构电机按钮，待整机运转正常后，通过输送机构开始上料，每一端的原料都经两级预压后依次被推入各自冲杆套筒的成型腔中，并具有一定的密度。冲杆在一个行程内的工作过程是一个连续的过程，根据物料所处的状态分为：供料区、压紧区、稳定成型区、压变区和保型区5个区。如图5-12所示：

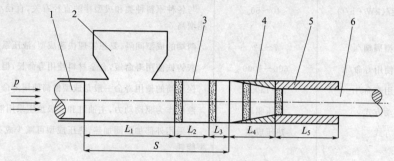

图5-12　液压活塞冲压式成型机成型原理

L_1—一级预压长度；L_2—二级预压长度；L_3—塑性变形区长度；
L_4—成型锥筒长度；L_5—保型筒长度；p—成型压强
1—活塞冲杆；2—喂料斗；3—冲杆套筒；4—成型锥筒；5—保型筒；6—成型棒

随着活塞冲杆的前移，物料进入稳定成型区。在该区活塞冲杆压力急剧增大，进一步排除气体，相互贴紧、堆砌相镶嵌，并将前面基本成型的物料压入成型锥筒内。随成型锥筒孔径的逐渐缩小，挤压作用越来越强烈，在成型锥筒内物料发生不可逆的塑性变形和黏结，直至成型后被不断成型的物料推入保型区。

保型区的成型棒，随活塞冲杆的往复运动不断被新成型的物料向前推挤，在保型筒内径向力、筒壁和成型筒摩擦力、相邻成型块间轴向力的作用下，保持形状，最后从保型筒中挤出成为燃料产品，完成成型过程。

目前的液压活塞冲压式成型机技术已经成熟，在工作中运行较平稳，油温便于控制，工作连续性较好，驱动力较大。但由于采用了液压系统作为驱动动力，生产效率较低，加工出的成型燃料棒块直径大，利用范围小。为解决成型燃料棒块直径较大不便在生活用炉中燃烧的问题，在成型腔的成型锥筒与保型筒之间可增设分块装置。分块装置由1条或2条独立的刀片组合而成，每块刀片的一面制成三角状，可以减小出料阻力，分块装置与保型筒焊接在一起，加工过程对成型燃料的影响很小。通过分块后的成型燃料被切分为2个近似半圆形或4个扇形截面的条块形状，解决了成型燃料棒块直径大的问题，扩大了成型燃料的利用范围。

液压活塞冲压式成型机的主要技术性能与特征见表5-12。

表 5-12　液压活塞冲压式成型机的主要技术性能与特征

技术性能与特征	参考范围	说　明
原料粒度/mm	10~30	因成型棒状直径大，原料粒度可选大一些，节省粉碎耗能
原料含水率/%	13~18	原料含水率过高，易开裂不成型，含水率过低不容易成型
产品直径/mm	70~120	一般呈实心棒状
产品密度/(g/cm³)	0.8~1.3	密度不宜太大，否则会使成型能耗剧增

技术性能与特征	参考范围	说　明
成型温度/℃	160～240	成型温度不宜太高，一般不大于280℃
生产率/(t/h)	0.4～0.6	目前市场上的液压式成型机生产率都还比较低
单位产品耗能/(kW·h/t)	40～60	与各种原料种类和成型棒的直径有关，直径小，单位产品耗能增高
冲杆的成型周期/s	7～12	两端的成型间隔，要想实现快速成型，液压系统很难实现
成型锥筒的使用寿命/h	600～1000	灰铸铁使用寿命短，合金材料使用寿命长，但价格较高
保型筒使用寿命/h	>1500	保型筒的使用寿命一般是成型锥筒使用寿命的5倍以上
动力驱动方式	液压驱动	液压作为驱动动力，主油缸和二级预压采用液压系统
成型方式	热压成型	常采用外部加热圈加热，热压成型可减少成型阻力，降低成型能耗
上料方式	输送带	每端采用一套上料带式输送机上料，可降低劳动强度
进料预压机构	螺旋、液压	经过螺旋、液压两级预压，可提高进入成型腔原料的密度，提高生产率
对原料的适应性	各类生物质	通过改变保型筒出口的大小，可以适应各种类型原料的成型
安全防护装置	各种防护罩	必须在电加热部位以及保型筒出口设防护罩或安全标志，确保安全

(4) 螺旋挤压式成型机

螺旋挤压式成型机利用螺旋杆挤压生物质原料，靠外部加热，维持一定的成型温度，在螺旋杆与成型套筒间隙中使生物质原料的木质素、纤维素等软化，在不加入任何添加剂或黏结剂的条件下，使物料挤压成型。

螺旋挤压式成型机按螺旋杆的数量可分为单螺旋杆式、双螺旋杆式和多螺旋杆式成型机。单螺旋杆式使用得较多；双螺旋杆式成型机采用的是两个相互啮合的变螺距螺旋杆，成型套筒为"8"字形结构。双螺旋杆式和多螺旋杆式因结构复杂在生物质成型机上应用较少，主要用在其他物料的成型加工。

螺旋挤压式成型机按螺旋杆螺距的变化不同可分为等螺距螺旋杆式和变螺距螺旋杆式成型机。采用变螺距螺旋杆，可以缩短成型套筒的长度。但螺旋杆制造工艺复杂，成本高。

螺旋挤压式成型机按成型产品的截面形状可分为空心圆形和空心多边形（四方形、五边形、六边形等）成型机。通过在螺旋杆的末端设置一段圆形截面的锥状长度，可使成型后的成型燃料中心呈空心状。通过改变螺旋杆成型套筒内壁的截面形状，可以使成型燃料的表面形状呈四方形、五边形、六边形等形状。

螺旋挤压式生物质成型机主要由电动机、传动部分、进料机构、螺旋杆、成型套筒和电热控制等几部分组成，如图5-13所示，其中螺旋杆和成型套筒为主要工作部件。

工作时，收集通过切碎或粉碎的生物质原料，由上料机、皮带输送机或人工将原料均匀送到成型机上方的进料口中，经进料预压后沿螺旋杆直径方向进入螺旋杆前端的螺旋槽中，在螺旋杆的连续转动推挤和高温高压作用下，将生物质原料挤压成一定的密度，从成型套筒和保型筒内排出即成一定形状的燃料产品。

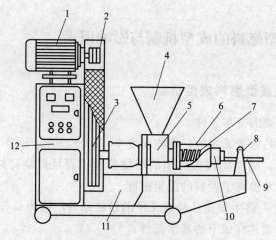

图 5-13　螺旋挤压式成型机的结构

1—电机；2—防护罩；3—大带轮；4—进料斗；5—进料预压；
6—电热丝；7—螺旋杆；8—切断机；9—导向槽；
10—成型套筒；11—机座；12—控制柜

螺旋挤压式成型机的主要技术性能与特征见表 5-13。

表 5-13　螺旋挤压式成型机的主要技术性能与特征

技术性能与特征	参考范围	说　明
要求原料粒度/mm	3～5	生物质原料的粒度越细小，越利于成型，但会剧增粉碎耗能
原料含水率/%	8～12	生物质原料的含水率过高或过低成型效果都会变差
产品直径/mm	50～70	产品呈空心棒状居多，大螺旋、多空成型"熟料"直径小，形状为实心棒状
产品密度/(g/cm³)	1.1～1.4	密度太小，炭化后的炭棒易开裂，密度太大，会使成型能耗剧增
生产率/(t/h)	0.2～0.5	一般生产率较低，大螺旋、多孔成型机的生产效率高
单位产品耗能/(kW·h/t)	>100	螺旋挤压式能耗一直较高，"熟料"成型能耗可大大降低
螺旋杆的转速/(r/min)	300～350	螺旋杆的转速不宜太高，否则成型耗能剧增
螺旋杆使用寿命/h	50～80	一般材料的螺旋杆使用寿命较低，"熟料"成型使用寿命可大大降低
成型套筒使用寿命/h	200～300	成型套筒的使用寿命一般是螺旋杆使用寿命的 3～5 倍
成型方式	热压成型	一般采用外部加热，热压成型可减少成型阻力，降低成型能耗
动力传动形式	V 带	采用 V 带传动居多，螺旋轴前增加以及齿轮传动可增加挤压力，避免卡死现象
进料预压机构	螺旋、液压	经过螺旋、液压两级预压，可提高进入成型腔原料的密度，提高生产率
对原料的适应性	木屑类	螺旋挤压式成型机对木屑类成型效果好，大直径螺旋式成型机适合成型

5.2.2 生物质成型燃料的成型机制与影响因素

5.2.2.1 生物质成型燃料成型机制

(1) 生物质成型需要的基本条件

生物质的自然形态是松散无序的，堆积密度小（50～150kg/m³），因此，自然形态的生物质如果直接用作燃料，则需要较大体积的燃烧炉膛，而且燃烧持续时间短，燃料添加频繁。生物质成型燃料技术提高了燃料的能量密度。

① 生物质自身条件　将生物质从松散无序的粉碎原料压缩为具有一定形状的成型燃料，从原料本身来分析，必须具有如下的基本条件。

1) 含有黏性成分。生物质本身所含的淀粉类物质的凝胶和糊化作用，在生物质成型过程中起到一种黏结剂的作用；生物质成型过程中，内部含有的蛋白质之间聚合、共价偶合会增强物质之间的黏结作用；生物质本身的木质素在一定温度下会呈熔融状态，黏性增加，形成天然的黏结剂；生物质中的纤维素分子连接形成纤丝，在成型过程中起着类似于混凝土中"钢筋"的加强作用，成为提高成型块强度的"骨架"；生物质里含的腐殖质、树脂、蜡质等物质对压力和温度比较敏感，适宜的温度和压力下，黏结作用也很明显。

2) 具有可以压缩的空间结构。生物质材料质地松散，堆积密度低，分子间结合间隙大，有较大的可压缩性空间。当施加外力后，易于把原料中的空气挤出，使原料颗粒分子之间致密紧凑。生物质压缩成型后回弹变形小，有利于保证成型燃料的稳定性和抗潮解性能。

3) 适宜的流动性。生物质中的脂肪和液体有利于成型时原料的流动，能够提高成型的产率，并降低成型所需要的压力。但当生物质中的脂肪或液体含量过高时，则不利于物质之间的黏结。

4) 适宜的含水率。生物质内的水分是一种必不可少的自由基，流动于生物质团粒间，适当的含水率有利于提高生物质成型流动性。在一定压力作用下，水与果胶质或糖类物质混合形成胶体，从而起到成型黏结剂的作用。另外，水分还能降低软点温度。试验表明，当含水率为8%时，软点温度为143℃；当含水率为27%时，软点温度降到90℃左右。不同原料加工时水分要求不同，一般为16%～20%，生物质成型燃料的安全储存要求含水率为12%～13.5%，应特别提出，水分过低或过高都不宜成型。不论哪类成型机，水分过低时难以启动，水分过高难以成型，容易产生"放炮"现象，危及安全。

② 生物质成型的外部施加条件　研究表明，要使生物质成型，必须满足两个基本外部条件。

1) 压力。秸秆类生物质力传递能力差，流动性差，要使其成型必须给予足够压力，压力大小以燃料自由存在时保证设计密度、形状不发生变化为目标。为实现该目标，成型腔应设计为三段，第一段是预压段，水分在这一段蒸发，原料开始软化；第二段是成型段，这一段原料应具有160～180℃的成型温度，木质素成为熔融状态；第三段为保型段，这一段要使高压成型的燃料内应力慢慢释放，长度一般应是成型段的2倍。成型压力与温度有直接的关系。外部加热可以降低成型压力，减少磨损，进而降低能耗。经在螺杆成型机上试验，外加 2kW·h 预热装置，加工锯末成型燃料时，维修周期为 44h，单位能耗为 45kW·h/t；不加预热装置时的维修周期为 17h，单位耗能为 71kW·h/t；把秸秆加热到 115℃ 利用螺杆成型机挤压成型试验表明，驱动电机功率可减低 54%，外加热用能下降 30.60%，整个系统能耗下降 40.2%；用液压装置试验结果表明，能够使生物质成型的压强一般为 10～30MPa，有外部加热时为 10MPa 左右，没有任何外在辅助加热设施时需要 28MPa 左右。

2）成型温度。成型温度设定的依据主要是生物质的软点温度和熔融温度。实验证明，木质素的软点温度为 134～187℃，纤维素的软点温度为 120～160℃（245℃ 时结晶破坏），半纤维素的软点温度为 145～245℃。由于生物质内成分并不是单一的，而是多种元素和成分的交叉组合，其中包含各种碱金属元素，这样生物质的成型温度就不能按单一成分来设 160～180℃，在成型时，秸秆的软化温度为 110℃ 左右，成型熔融温度为 160～180℃。

（2）生物质成型燃料的成型过程

被粉碎的生物质，在成型机预压阶段受压力和温度的作用开始软化，体积减小，密度增大；进入成型段后，原料温度提高至 160～180℃，生物质呈熔融状态，粒子之间流动性增加，以正压力为主的多种受力作用增强，大小不一的生物质颗粒发生塑性变形，相互填充、胶合、黏结，燃料体积进一步减小，密度提高，随着压力强度增大，原料开始成型；进入保型段后，因成型腔内径尺寸略有放大，高密度成型燃料内应力松弛，生物质温度逐渐降低，各类黏结剂冷却固化，在保型腔作用下，成型燃料逐渐接近设计的松弛密度，然后被推出成型腔，成为成型燃料产品。

多数粉碎后的生物质原料在较低的压力作用下结构就被破坏，形成大小不一的颗粒，在成型燃料内部产生架桥现象。随着压力增大，细小的颗粒间相互填充，产品的密度和强度显著提高；大颗粒变成更小的粒子，并发生塑性变形或流动，粒子间接触更加紧密。构成成型燃料的粒子越小，粒子间充填程度就越高，接触越紧密；当粒子的粒度小到一定程度（几至几百微米）后，粒子间的分子引力、静电引力和液相附着力（毛细管力）上升到主导地位，燃料强度会达到更高的程度。

（3）生物质成型燃料成型工艺制订

生物质成型工艺的选择和制订应考虑以下因素。

① 按供热要求选择合适密度和形状的成型燃料类型　我国生物质成型燃料按标准规定分为颗粒、块状、棒状。进行成型工艺设计之前首先要确定生产的产品拟用于何种燃烧设备。例如，大型锅炉或蒸汽锅炉可选择棒状燃料，家庭取暖的高档燃炉可选木质颗粒燃料；小锅炉、热水炉、家用普通"半气化炉"可选块状燃料等。

② 以成型机为核心，选择系统加工设备　不同成型燃料类型需要选择不同的成型机来生产。木质颗粒燃料一般用环模成型机，原料粉碎要求较高，多有揉搓工序，原料颗粒大小 1～5mm；秸秆块状燃料，目前可选用立式滚压环模块状成型机，粉碎采用切断机，不需揉搓程序，原料粉碎粒度 10～30mm；棒状成型燃料直径一般为 35～45mm，这类燃料外形、密度等质量指标及市场销售情况都比较好，适用于在现代工业用能设备中作为煤的替代燃料，目前国内生产的这类成型设备有机械式和液压式两种。

对不同成型机需要制订不同的生产工艺，制订工艺时主要应考虑：原料类型，原料含水率，设备是否有外加热设施，设备喂入方式，冷态启动难易程度等。

前已叙及，木质素在生物质成型过程中发挥了重要的黏结剂作用。在成型过程中为了让木质素的黏性表现得更加突出，现代的成型工艺往往采用加热的方法，通过给生物质原料加热来让木质素软化、产生黏性。加热软化木质素一般有两种方法：一是通过外部热源加热，可以有电加热器、高温蒸汽或者高温导热油等多种形式，也称为热压成型工艺；二是通过成型模具与原料间摩擦产生热量来加热生物质原料，又称为常温成型工艺。

热压成型工艺：外加热源将木质素软化的热压成型技术，有利于减少直接的挤压动力，同时由于加热的高温能够将原料软化，在一定程度上提高了原料颗粒的流动性，有效减少了生物质原料颗粒对模具的磨损，提高了模具寿命。研究认为，同等材料的模具，使用外加热源的成型模具比靠摩擦产生热量软化木质素的模具寿命高 10～100 倍。

常温成型工艺：该工艺并不是在真正的常温下对生物质进行成型的工艺，而是成型设备没有辅助的外部热源装置供给热量，其成型是依靠压辊和模具与原料之间的摩擦产生的热量软化木质素，从而达到黏结的效果。常温成型技术主要有环模或平模燃料成型技术、机械冲压成型技术等。

除此之外，还有一种常温成型技术与木质素的黏性无关，是在成型原料中加入具有黏结作用的添加剂，成型过程基本没有热量产生，该成型技术类似于型煤技术，原料含水率一般比较高，成型后需要晾晒，产品应用范围受限制，原料通常是糠醛渣等加工剩余物，产品用于企业本身的锅炉等，较少用于商品销售。

需要说明的是，前几年在中国成型燃料市场曾经有一种"冷成型"的说法，这没有科学根据。经证实，所谓"冷成型"只是炒作的一个概念，其实质就是颗粒燃料（平模或环模）常温成型，成型过程中由模具与原料之间摩擦产生的热量促使原料木质素升温软化起到黏结剂作用而完成成型过程，此类技术属于常温成型技术。

5.2.2.2　影响生物质燃料成型的关键因素

影响生物质燃料成型的因素很多，包括内在因素和外在因素：内在因素主要是指原料种类、含水率等；外在因素主要包括加热的温度、压力和粉碎粒径的大小等。

(1) 成型温度对生物质燃料成型的影响

生物质成型燃料的密度和机械强度受成型时温度的影响很大，当原料含水率一定时，成型时温度越高，达到成型所需的压力就越小；反过来如果成型温度变高，则原料就可以允许具有更高的含水率。研究发现，高温会增强燃料的机械强度，因为，生物质原料中的木质素在 70～110℃时开始变软，黏结力增强，当温度升至 160℃时，木质素将会熔融成为胶体物质，在一定的压力作用下可与纤维素紧密黏结，生物质颗粒相互嵌合，外部析出焦油或焦化、冷却、成型后不会散开，从而起到提高产品质量的作用。

除使用黏结剂的湿压成型技术外，干燥松散的生物质被压缩成型，都需要有一定的温度来软化木质素，使之起到黏结剂的作用，来保证成型燃料的质量。成型过程中加热的作用主要有：a. 通过加热使生物质中的木质素软化、熔融，黏性增强，成为天然的黏结剂；b. 通过加热使成型燃料的表层炭化，能顺利滑出模具，减少挤压动力消耗；c. 通过加热为生物质原料内部组织结构的变化和化学反应提供能量。

目前，生物质成型过程中的加热方式有外加热和摩擦生热 2 种加热方式：

① 外加热系统的成型温度对生物质成型燃料的影响　液压成型技术、螺杆成型技术需要较多的外加热热源，立式块状环模启动时亦需要外加热。这些成型设备一般使用电加热系

统对成型套筒进行加热，再通过成型套筒导热来加热原料，辅助成型。国外部分机械冲压成型设备也设计了预加热系统，多采用蒸汽或导热油进行加热，通过加热成型设备的外套，将热量传导给成型筒内的原料，实现成型。

另外，一些直接从饲料成型设备改进而来的环模或平模成型燃料设备也保留了蒸汽加热系统，利用混料器前部安装的蒸汽添加系统中的蒸汽对粉碎后的原料进行直接加热，在加热的同时向干燥的低含水率原料中添加一些必要的水分，使其在压缩成型过程起到润滑模具的作用，参见图 5-14。

位于混料器内的蒸汽辅助加热系统

图 5-14　环模或平模成型设备的加热系统

加热温度对成型能耗和成型燃料的品质有明显的影响。原料的木质素含量不同、组织状态不同、成型设备不同对加热温度的要求也不尽相同，不可统一要求。

1) 产品粒径的影响。直径大于 30mm 的大粒径成型燃料因为热传导较差，要求加热温度相对稍高。原料在模具内成型的过程是流动的、动态的，温度的升高主要靠热传导，由于成型（加热）过程较短，一般 7~10s，因此成型燃料的表层与中心温度差别较大。为了使中心原料的木质素处于软化、熔融状态并具有黏性，成型套筒中心原料的温度应不低于 160℃，则套筒外表包裹的加热系统的温度应该调节得更高一些，具体需要多高的温度应根据原料种类、成型设备、原料粒度、燃料的成型直径及当地环境温度来确定。

2) 设备运转起始温度的影响。一般情况下，采用电加热或导热油加热的成型设备，设备运转的起始温度需要适当高于木质素的软化温度，并经过一段时间的预热后再运转设备，但起始最高温度应不高于 300℃，这主要是由生物质的遇热挥发特性所决定的。生物质主要成分中含有 60%~80% 的挥发分，与套筒接触的部分生物质遇热在 200℃ 左右开始就有部分挥发分析出，当温度达到 300℃ 时，生物质的挥发分开始大量析出，350℃ 左右时，挥发分将会有 80% 析出，大部分热值随挥发分燃烧而损失，并有部分焦油析出。为了避免挥发分流失，减少成型燃料热值的损失，因此，在成型燃料生产设备为大粒径的液压成型设备或螺杆挤压成型设备等依靠电加热或导热油的加热系统中，设定对生物质预加热温度不应高于 300℃ 的限制，既可保证中心温度达到木质素软化点，又不至于挥发分过多损失。根据试验及实际生产经验，通常在大粒径成型燃料预加热系统中设定运行起始温度范围是 200~300℃，设备正常运转后温度可以适当降低至 240℃ 左右。如果起始运转温度低于 200℃，则被压缩的生物质原料所含木质素软化不充分，启动阻力较大，严重时甚至无法启动设备进行正常运转，运转过程的能耗也较高。更为关键的是，如果温度达不到木质素软化点，或者套筒模具内原料受热不均，则原料内木质素无法起到黏结剂的作用，这样的原料即使经过模具压缩，从成型套筒挤压出来后受松弛应力作用便会立即开裂，无法完成成型过程，成型燃料质量将严重降低，甚至无法成型。

3）加热温度。通常情况下，外部加热温度为150～300℃。温度过低，系统输入的热量不足以使木质素软化而促进颗粒间的黏结，加工的原料不能成型，不能使成型燃料表面热分解收缩，这增加了与套筒内壁的摩擦，加快了套筒的磨损，增加了成型设备的功率消耗。温度过高，电机功耗减小，成型压力变小，产品密度降低，成型燃料表面热分解加强，出现裂纹，导致产品的强度下降。

② 设备摩擦产热对生物质成型燃料的影响　生物质颗粒环模成型机和平模成型机一般不采用外加热。依靠环模和压辊与物料间的相互摩擦产生的热使物料升温，软化原料中的木质素，起到黏结剂的作用。

这些技术主要应用于生产颗粒燃料或块状燃料的成型燃料设备，产品直径通常在15mm以下。对于较小截面积的成型燃料成型时，原料受热后，热量的传导较快，摩擦产生的热足够到达成型燃料中心，其所产生的温度也足以软化木质素，因此可以满足成型燃料的温度需要。

环模或平模成型燃料设备在生产过程由压辊和模具摩擦产生的温度有多高，没有具体的要求，一般根据原料、环境、产品及设备运转情况来定，原则上产生的热量要能够使木质素软化、熔融，起到黏结的作用，成型设备可以稳定成型，保证产品质量就可以。

生产经验证明，如果摩擦产生的温度较低，则成型燃料的品质较差，成品率较低，生产所需能耗也较高，设备磨损严重。同样，如果设计过程中为了促进颗粒间的黏结而一味追求利用摩擦产生高温，使得压辊与模具配合过于紧密，则会引起设备磨损速率加快，维修更换配件成本提高，能投比偏低。

环模成型设备的压辊在环模内高速旋转过程中与喂入环模内的原料经摩擦生热，温度可达200℃以上；压辊运动的分力挤压秸秆进入成型孔成型。在此条件下，压辊和成型孔磨损较快。一方面，可通过改变金属材料的耐磨性能来解决；另一方面，可调整成型孔与压辊切线的角度，增加推入力，减少挤压力，降低磨损程度，延长使用寿命。

(2) 压力的影响

在生物质成型过程中，正是以成型设备为原料提供的压力使得原料由松散的状态通过秸秆的塑性形变和本身的木质素软化作用转变为成型状态，因此，压力是生物质成型过程中的最重要的因素。一般说来，压力增大会提高成型燃料的密度。对生物质物料施加压力的主要目的是首先破坏生物质原料本身的组织结构，形成新的物相结构，然后加固分子间的凝聚力，使物料更加致密，增加产品的强度和刚度，最后为物料的成型和向前推进提供动力。

通过实验观察到，作用在含水率为10.3%的橡树木屑上的压力速率增大，当压力从0.24MPa/s升高到5.0MPa/s时，该木屑的密度会明显增大；对于含水率为7%的废纸，当其上的压力由300MPa增大到800MPa时，其密度由182kg/m³增大到325kg/m³；而含水率为18%的则由278kg/m³升高到836kg/m³。

生物质的压缩过程可分为松软阶段、过渡阶段和压紧阶段。在压力较小时，成型密度随压力增大而增大的幅度较大；达到压紧阶段后，成型密度的增加变化缓慢，直至趋于常数。

压力过低不能将原料压紧实，甚至不足以克服原料与套筒间的摩擦阻力，不能成型或产品的机械强度低，达不到相关的质量指标，如抗跌碎性、抗变形性、抗渗水性以及储运性能等；压力过高，原料在套筒内停留的时间较短，不能获取足够的热量，同样不能成型；另外，在较大压力下获得的产品过于致密，不易点燃。相关研究认为，棒状成型燃料的成型压力为 50～200MPa 即可获得较理想的产品，最佳成型压力为 120MPa，中国林业科学研究院林产化学工业研究所与江苏省溧阳正昌集团合作开发的 KYW32 型内压滚动式颗粒成型机的成型压力为 50～100MPa，制备的颗粒成型燃料的质量达到日本"全国燃料协会"公布的颗粒成型燃料标准的特级或一级。

（3）成型和保型时间的影响

成型燃料的质量受到原料在成型阶段和保压阶段时间的影响，有研究者认为，成型压力在 5～20s 对橄榄树木屑制成的成型棒的机械强度的影响不大，对于橡树木屑成型来说，在低压下成型时间对成型燃料质量的影响较大，而压力较高时，该影响较小，尤其在超高压（达到 138MPa 时）情况下，成型时间的影响可以忽略。一般来说，当成型时间超过 40s 时，其对燃料质量的影响可以忽略，而当成型时间为 20s 时，如果成型时间延长 10s，则燃料的密度会增大 5%。

一般说来，成型燃料的密度随着保型时间的延长而减小。对于大多数的原料来说，从成型段进入保型段时，燃料具有最大的膨胀速率和最高的密度，随着保型时间的延长，燃料内颗粒的体积逐渐达到稳定，其膨胀速率逐渐下降并稳定，燃料的密度也在逐渐地降低并达到最终的产品密度。可以用下式来描述燃料在保型阶段的体积膨胀率。

$$Y = \alpha_0 + \alpha_1 p + \alpha_2 T$$

式中，Y 为保型段燃料体积膨胀率；p 为成型段的压力，Pa；T 为成型段的温度，℃；α_0、α_1、α_2 为常数。

（4）成型套筒的几何尺寸和成型速率的影响

当前，使用的多数成型设备均为挤压方式生产成型燃料，因此，成型压力与模具（成型孔）的形状和尺寸密切相关。原料经喂料室进入成型机，连续地从模具的一端压入，另一端挤出，原料经受挤压所需的成型压力与成型孔内壁面的摩擦力相平衡，即仅能产生与摩擦力相等的成型压力，而摩擦力的大小与模具的形状和尺寸直接相关，因此，成型套筒的几何形状和尺寸影响着成型时的压力，从而影响燃料的含水率、密度和机械强度。对于质量一定的生物质，在相同的压力下，直径越小的成型套筒生产的成型燃料的密度越大、长度越长；理想的成型套筒的长度与直径之比为 8～10，此时能生产出质量很高的颗粒燃料；有学者研究了 6.4mm 和 7.2mm 的成型套筒对于谷壳颗粒燃料成型的影响发现，7.2mm 成型套筒生产的燃料的机械强度较低。

（5）原料种类的影响

生物质原料质地松散、单位体积密度小、分子间结合空隙大，有极大的可压缩性空间。外力作用后，原料中的空气被挤出，空隙率减小，原料颗粒分子间相互紧凑。不同生物质原料的压缩成型特性有较大的差异，不仅影响成型的质量（如产品的热值、松弛密度、耐久性等），而且影响成型设备的能耗和产量，导致单位产品成本增加。

常温、不加热条件下进行生物质压缩时，较难压缩的原料不易成型，容易压缩的原料成型容易。林业废物在压力作用下变形较小，很难压缩；纤维状植物的秸秆在压力作用下极易发生形变，可压缩性强。

木质素含量高的农作物秸秆和林业废物比较适合热压成型。在压缩成型过程中，木质素在相应的温度下软化具有黏结剂的功能，在压力作用下黏附和聚合生物质颗粒，提高产品的成型密度和耐久性；灌木纤维硬度大、韧性强，成型时颗粒间会互相牵连，不易变形。可见，生物质原料的成型与原料种类和成型方式紧密相关。

（6）含水率对生物质成型燃料的影响

生物质成型燃料产品的含水率直接影响产品的松弛密度和燃烧性能，原料的含水率对产品的松弛密度具有显著的影响。因此，生物质原料的含水率是成型燃料压缩成型过程中需控制的重要参数之一。

生物质原料中适宜的含水率可达到理想的成型效果。合适的水分含量，一方面能传递压力，另一方面有润滑剂的作用，辅助粒子互相填充、嵌合，促进原料成型。含水率过高或过低都不利于压缩成型。不同的成型方式，对原料含水率的要求也不尽相同。一般要求农作物秸秆的含水率小于15%。从自然界中收集的生物质原料含水率多为20%～40%，高者可达55%，因此需要对原料进行干燥处理。

原料含水率过高时，水分容易在颗粒间形成隔离层，使得层间无法紧密结合；一部分热量消耗在多余的水分上；加热产生的蒸汽来不及从成型筒排出，体积膨胀，在成型筒的纵向形成很大的蒸汽压力，轻者使产品开裂，重者产生"放炮"现象，不能成型，还会危及人身安全。

原料含水率太低，不利于木质素的塑化和热量传递，不易成型。微量的水分可促进木质素的软化和塑化；水分作为润滑剂在生物质团粒间流动，降低了团粒间的摩擦力，通过压力作用与果胶质和糖类物质混合形成胶体，发挥黏结剂的作用，易于滑动而嵌合。

（7）粉碎粒度的影响

农作物秸秆粉碎粒度的大小和粉碎后原料颗粒的质量是影响成型燃料产品质量指标（如抗跌碎性、抗渗水性以及松弛密度等）的重要因素之一。对于某一确定的成型机制和成型方式，原料的粉碎粒度一般应小于成型孔（成型筒）的尺寸。原料粒度不均匀，尤其是形态差异较大时，成型物表面将出现开裂现象，产品的强度降低，影响使用性能和运输性能。如果粉碎长度较长和粉碎处理的质量较差，将直接影响成型机的成型效果、生产效率和动力消耗。

通常情况下，粒度小的原料，粒子的延伸率较大，容易压缩，原料易于成型；同时，粒度较小时，粒子在压缩过程中表现出的充填特性、流动特性和压缩特性对生物质成型有显著影响。

粒度大的原料粒子，粒子间充填程度差，相互接触不紧凑，较难压缩；而且粉碎粒度过大，易架桥，不易成型；原料的粒度越大，在低压下原来的物相结构越不易被破坏，分子之间的凝聚力不能增强而使得颗粒间结合松散，导致产品的质量下降。

实际生产中，对于稻草等长且不易粉碎的原料，经常会有较长的原料混入喂料室，引起原料间的缠绕，堵塞设备，不能连续成型，缩短有效生产时间，热量不能及时发散，出现"放空炮"现象，不仅能耗增加，释放的火花还会造成火灾。

5.2.3　生物质成型燃料的利用[2]

我国一些科研单位针对成型设备生产固体生物质燃料进行了大量研究试验，对设备的关键部件进行了改进，还对各类成型机进行比较分析，综合其优点进行了设备改造。下一步应加快对生物质燃料使用技术进行专项研究，研究者可以加大固化燃料深加工和专用燃烧锅炉的研发步伐，从而推动压缩成型技术的商业化发展。

5.2.3.1　生物质成型燃料的深加工

经过固化成型的生物质燃料可继续加工生产机制木炭，生产出来的木质炭可代替天然木炭作为燃料炭；炭中不含致癌物质，特别适合食品熏烤；对其进行二次活化加工，还可以生产出合格的工业活性炭，用于冶金还原物和渗碳剂；还可以作为吸附剂，用于环保工业；用炭粉施田，可以有效提高地温、地力和防病虫害。利用炭粉生产各种型炭，成本较低，而且具有很强的市场竞争力。

5.2.3.2　生物质成型燃料的民用

民用炉灶是以燃烧颗粒燃料为主的，在设计中以小型半气化取暖炉和炊事炉具为主。在气化区，空气使颗粒成型燃料转变为可燃性气体（木煤气），空气中的氧与炭相互作用，发生如下反应：

$$C+O_2 \longrightarrow CO_2+408.86kJ/mol \tag{5-1}$$
$$C+1/2O_2 \longrightarrow CO+123.30kJ/mol \tag{5-2}$$
$$C+CO_2 \longrightarrow 2CO+162.7kJ/mol \tag{5-3}$$

为保证得到高质量的木煤气，在设计气化炉灶时，必须充分考虑应有足够灼热炭层，使式(5-1)产生的CO_2通过式(5-3)反应，转变成CO_2颗粒成型燃料。民用炉灶与普通炉灶相比，无论使用颗粒或成型燃料还是木片作为燃烧原料，其热效率都显著提高。

5.2.3.3　生物质成型燃料的锅炉应用

大部分生产出来的生物质固化燃料都可以直接或与煤混燃，并不需要改造锅炉。有少部分烧煤锅炉由于鼓风、温度、燃烧形式等原因须经改造方可进行生物燃料使用。

5.2.4　生物质成型燃料利用过程中存在的问题

生物质成型燃料是煤的良好替代燃料，而且具有不同于煤的燃烧特性，可用于家庭炊事取暖炉、中小型热水锅炉、热风炉等生活生产的供热能源，是我国充分利用生物质资源替代煤炭的主要途径之一。随着成型技术水平的提高和规模的扩大，生物质成型燃料的竞争力不断提高，在我国未来的能源消耗中将占有越来越大的比例，应用领域及范围也将逐步扩大。

20世纪80年代以来中国一些研究机构和企业从欧洲引进壁炉、炊事炉、水暖锅炉等生物质燃烧设备，这些炉具只适用木质类燃料，不适合以秸秆生物质为原料的颗粒、块状、棒状成型燃料，其原因是秸秆生物质中含有较多的 Al、Ca、Si 等元素，极易形成结渣而影响正常燃烧；秸秆生物质中还含有大量的 Cl、K、Na 等元素，在燃烧设备中燃烧一段时间就会产生沉积，大大降低换热效率，并对锅炉换热面造成严重腐蚀。

研究实践证明，我国生物质成型燃料产业发展必须把握好三个重要环节：一是原料存储，需要保证连续供给；二是成型设备，需要保证稳定连续运行；三是燃烧设备，要求结构合理造价低廉，以及高效节能环保。燃烧设备是生物质成型燃料的利用终端，是成型燃料利用好坏的检验标准。目前，国内在成型燃料燃烧设备利用方面存在两个方面的误区，一是对生物燃料的燃烧特性不十分了解，认为燃煤炉改造一下进料机构就可以燃烧成型燃料了，结果造成很大的浪费，出现很多问题，诸如锅炉出力不足、燃烧效率低、设备结渣沉积腐蚀严重等；二是没有对燃烧设备做工程型试验，国家也没有标准，在没有适合成型燃料设备工程参数的条件下，任意设计所谓生物质成型燃料燃烧设备，同样出现不少问题和事故。

5.2.4.1 生物质成型燃料燃烧过程的沉积与腐蚀

(1) 沉积特性

沉积是指在燃炉的受热面上黏附含有碱金属、矿物质成分的飞灰颗粒及有机物粉尘的现象。沉积会随着生产时间的延长逐渐增厚，使换热效率逐步降低，严重时会造成换热管破坏，漏水，中断正常运行。这种现象出现的时间虽然有差别，但若处理不当几乎所有设备都会发生。

生物质（秸秆）成型燃料因含有较高的不利燃烧的元素，如 K、Ca、Na、Mg 等碱金属氧化物和 Si、Cl、S、N 等非金属元素，在燃烧过程中都是助成沉积的因素，因此，在受热面上形成的沉积与煤相比，程度更严重。生物质燃料具有光滑的表面和较小的孔隙度，它的黏结度和强度更高，也更难去除。

沉积的典型特征是它的形成物都来自高温的气相中，没有与未燃尽的成型原料混合胶结，这是沉积定义的主要物理依据。沉积是由生物质中易挥发物质（主要是碱金属）在高温下挥发进入气相后与烟气、飞灰一起在对流交换器、再热器、省煤器、空气预热器等受热面上凝结、黏附或者沉降的现象，这些部位的烟气温度低于飞灰的软化温度，沉积物大多以固态飞灰颗粒形式堆积形成，颗粒之间有清晰的界限，温度过高时，外表面会发生烧结，形成一个比较硬的壳。

(2) 沉积形成机制和过程

① 沉积形成机制 沉积的形成主要是灰分在燃烧过程中的形态变化和输送作用的结果，生物质燃烧形成沉积的机制应从两个方面分析。

一是内因，就是秸秆等生物质中含有形成沉积的物质条件，如作物秸秆中几乎含有土壤和水分中所包含的各种元素，其中金属元素 K、Na、Ca、Mg，非金属元素 Cl、N、S 等，它们大都性质活泼，极易反应形成 KCl、NaCl、NO_x、HCl 等。碱金属是形成沉积的物质基础，非金属元素 Cl 等有推动碱金属流动的能力，是不断供给沉积成型成长的运输工具。

二是外因，就是炉膛提供的温度及热动力条件，使挥发析出的碱金属以及在热空气中游动的矿物质、有机质颗粒具有到达受热面的推动力，具备进行热化学反应的温度条件。通过内、外因的有机配合生物质燃烧过程中就形成了沉积。

可见，生物质燃烧过程发生沉积有其形成的必然性和复杂性，只要有生物质燃烧就会发生沉积，因此，沉积是生物质燃烧设备运行过程中不可避免的；当然，不同的燃烧设备也没有完全相同的内、外因素，因此不同的燃烧设备产生沉积的状态及形成过程是不可能完全相同的。解决沉积的技术路线主要考虑以上分析的内外因素，需要采取破坏这两个形成因素的气氛与动力场，即采取反向技术措施，一是削减内因的基础，二是降低炉温及避免炉膛热动力的推动力过强作用，三是要及时清除已经形成的沉积，从而达到减少、预防、铲除沉积，保证燃烧设备稳定可靠运行。

实践中发现，生物质，尤其是秸秆成型燃料的燃烧过程中，在炉膛内巨大气流的作用下，烟道气中粒径较大的颗粒由于惯性撞击受热面，撞击受热面的颗粒一部分被反弹回烟气中，另一部分粘贴在受热面上与烟气中酸性气体形成低熔化合物或低熔共晶体，这些沉淀物经长时间高温烟气烧结，形成致密结晶盐类沉积于受热面。

在高温对流烟气中，烟气温度一般高于 800℃，而受热面的壁面温度一般为 550～650℃。由于飞灰中碱金属离子（Na^+、K^+）在高温下处于气态，约 730℃发生凝结。当烟气进入对流烟道遇到低于 700℃的受热面时，碱金属离子就会在表面凝结，形成碱金属的化合物沉积于受热面，同时混有一些其他成分的灰粒一起被黏附在受热面。这些沉积经长期高温烟气酸化烧结，形成密实的积灰层。烟气温度越高，灰中碱金属越多，烧结时间越长，沉积就越厚，越难清除。

② 沉积形成过程　根据观察和化验结果的分析，沉积主要是通过凝结和化学反应机制形成的。凝结是指由于换热面上温度低于周围气体的温度而使气体凝结在换热面上的过程。化学反应机制是指已经凝结的气体或沉积的飞灰颗粒与流过它的烟气中的气体发生反应。例如，凝结的 KCl 和 KOH 与气态的 SO_2 反应生成 K_2SO_4 等。试验发现，受热面沉积中 S 的浓度很高，碱金属多以硫酸盐（Na_2SO_4、K_2SO_4、$Na_2S_2O_5$）等低熔化合物或低熔共晶体的形式出现，而 K、Na 多是以气态形式从燃料中挥发出来的，然后凝结在受热面上。

用 XRD 对沉积样进一步进行测试发现，秸秆燃烧过程 Cl 是以 KCl 的形式凝结在沉积中的，是形成沉积的主要物相，根据 X 射线衍射仪对生物质原料的研究可知，生物质原样中的 XRD 图谱中没有 KCl。可见，KCl 是在燃烧过程中通过化学反应形成的。

试验过程发现，烟气进入低温受热面后，烟气中的水蒸气、酸雾等会吸附灰尘颗粒形成尾部积灰，进而发生沉积。沉积的表面上有部分颗粒较大的飞灰粒子，这主要是烟道气中的大颗粒撞击受热面后，粘贴在沉积的表面上的，此时形成的沉积属于低温沉积，主要是飞灰粒子受含有酸雾的烟气影响而形成的，具有较强的腐蚀性。温度较低的水冷壁表面及过热器尾部的沉积在形成过程中逐渐从液相转向固相。

研究结果表明在秸秆燃烧过程中，碱金属在炉膛高温下挥发析出，然后凝结在受热面上，呈黏稠状熔融态，捕集气体中的固体颗粒，使得颗粒聚团，导致沉积的形成。另外，秸秆等生物质中含有较高的 Cl 等非金属元素，它们均以离子状态存在，很容易与碱金属形成稳定的化合物进而发生沉积，沉积物能够不断在较高的炉膛温度中将碱金属运往受热面，粘贴在受热面上形成沉积。其沉积过程可以用图 5-15 表示。

形成沉积的受热面都是由直径大小不一的球状晶粒组成的，这些晶粒排列混乱，部分动能较大的晶粒逃离了原来的位置与其他晶粒聚集在一起，在受热表面上形成一个凸面，而在原来的位置上形成了空位，犹如一个个洞穴，随着温度的升高，具有较大动能的晶粒在晶粒中的比例增加，洞穴的数量也随之增多，受热面的表面将更加凹凸不平。凹陷部分具有接纳、保护沉积的作用，更易形成沉积。当高温烟气中飞灰颗粒遇到炽热的受热面时，大部分

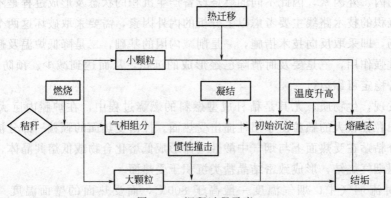

图 5-15　沉积过程示意

聚集在受热面表面的凹陷处，形成沉积；落在凸面上的灰粒，一部分在重力、气流黏性剪切力及烟道中的飞灰颗粒的撞击力的作用下脱落，重新回到高温烟气中。另外，在沉积初始形成时，由于受热面表面上沉积的粒子少、壁面温度较低，粒子表面的黏度不足以捕获、黏住撞击壁面的大颗粒，所以主要以小颗粒为主。随着留在表面上的沉积越积越厚，粒子黏性增加，当遇到高温烟气中大颗粒碰撞壁面或碱金属硫酸盐及氯化物凝结在壁面上时，二者就发生聚团现象，并逐步增大。

　　较多的沉积降低了此处受热面的换热性能，壁面温度升高，沉积表面熔化，黏性增加，黏结越来越多的飞灰颗粒，从而出现了沉积聚团现象。最终覆盖整个表面。

　　受热面上形成的沉积是由大小不一的颗粒黏结在一起形成的聚团，聚团之间有一些小孔，表面形状呈蜂窝状部分，聚团的颗粒表面出现熔化现象，黏性增加，为沉积的进一步增长提供了有利条件。当烟道气中的大颗粒遇到具有较大黏性的沉积面也会被捕获，图 5-16为利用扫描式电子显微镜拍摄的图片。

图 5-16　脱落灰块的 SEM

　　具体来说，沉积的形成主要是秸秆中的灰分在燃烧过程中的形态变化和输送作用的结果，其形成过程可分为颗粒撞击、气体凝结、热迁移及化学反应四种。

　　秸秆成型燃料在燃烧过程中，在炉膛内气流的作用下，烟道气中粒径较大的颗粒由于惯性撞击受热面，撞击受热面的颗粒一部分被反弹回烟气中，另一部分粘贴在受热面上形成沉积。

随着壁温的增高及沉积滞留期的延长，沉积层出现了烧结和颗粒间结合力增强的现象。在较高的管壁温度作用下，沉积层的外表面灰处于熔化状态，黏性增加，当烟道气气流转向时，具有较大惯性动量的灰粒离开气流而撞击到受热面的壁面上，被沉积层捕捉，沉积层变厚。

当重力、气流黏性剪切力以及飞灰颗粒对壁面上沉积的撞击力等破坏沉积形成的共同作用力超过了沉积与壁面的黏结力时，沉积块就从受热面上脱落，这种脱落的沉积块在锅炉上称为塌灰（垮渣），一般的塌灰将使炉内负压产生较大波动，严重塌灰将会造成锅炉灭火等事故。

(3) 影响沉积的因素

秸秆成型燃料燃烧过程中，原料的成分、形状及受热面温度等因素对沉积的形成有重要影响。这里所指原料的成分就是沉积形成的物质条件，高含量的碱金属存在是沉积形成的主要因素，非金属元素如 Cl 等是帮助碱金属流动、不断向沉积层补充碱金属的运载工具。温度是碱金属析出、迁移、流动的热动力。它们严重影响着沉积的形成状况。

① 原料成分对沉积形成的影响　秸秆燃烧过程中，燃料成分是影响受热面上沉积形成的主要因素之一。与煤等化石燃料相比，秸秆中 O 的含量较高，大量的含氧官能团为无机物质在燃料中驻留提供了可能的场所，使秸秆对这一类物质的包容能力比较强，因此秸秆中内在固有无机物元素的含量一般较高，其中导致锅炉床料聚团、受热面上沉积的主要元素有 Cl、K、Ca、Si、Na、S、P、Mg、Fe 等，尤其是 Cl 元素、碱金属和碱土金属。

燃烧过程中，碱金属和碱土金属在高温下以气体的形态挥发出来，然后与 S 或 Cl 元素结合，以硫酸盐或氯化物的形式凝结在飞灰颗粒上，降低了飞灰的熔点，增加了飞灰表面的黏性，在炉膛气流的作用下，粘贴在受热面的表面上，形成沉积。显然，没有这些碱金属的存在就不可能形成沉积。秸秆生物质比煤含有的碱金属高得多，因此比煤的沉积严重，相应带来的腐蚀等问题也多。一般秸秆中 K 的含量是煤的 10 倍，Cl 的含量是煤的 20～40 倍，Ca 的含量也是煤的 2 倍多。而且 K、Cl、Na 在植物体中都是以离子状态存在的，具有很高的可移动性，并具有受热进入气相中的倾向性，为沉积创造了很好的物质条件。

② 炉膛温度对沉积形成的影响　炉膛温度的变化直接影响烟道气中飞灰颗粒和受热面的温度，从而影响受热面上沉积的形成。温度对沉积的影响主要表现在三个方面：一是影响碱金属的析出，温度越高，碱金属析出的量越大，且析出速率加快；二是形成炉膛高温环境，使析出的碱金属挥发分具有流动和热迁移的动力；三是受热面、沉积体上的热化学反应必须有相应的温度，温度低，形不成熔融体，黏结力小，形成的沉积强度小容易脱落。根据试验，炉膛温度低于 600℃ 左右时，受热面上的沉积呈现灰黑色，手感光滑，主要是未完全燃烧的炭黑融入了沉积体中；随着炉膛温度的升高，碱金属从燃料中逸出，逸出的碱金属凝结在飞灰上，从而降低了飞灰熔点，受热面上的沉积变为银灰色，表面呈玻璃状，有烧结现象。与此同时，沉积中 SiO_2 的含量也上升，使碱金属与 SiO_2 结合生成低熔点的共晶体，增加了沉积的强度。

③ 供风量对沉积形成的影响　供风速率影响炉膛内的空气动力场、改变烟气中飞灰颗粒的运动速率、方向，影响沉积量。风速增大时，烟气中的飞灰与受热面撞击百分比增加，沉积量上升，但当风速超过 12m/s 时，烟气中含有较多气体组分的飞灰来不及与受热面接

触，就随烟气排出；而初始粘在受热面上的颗粒在较大风速的作用下重新回到烟气中，受热面上的沉积量开始下降。另外，供风速率对飞灰颗粒的沉积位置也有重要的影响，在燃烧秸秆成型燃料的锅炉中，沉积不仅在受热面上的迎风面形成，在风速产生的漩涡作用下，背风面上也经常出现沉积。因此，在秸秆成型燃料燃烧过程中，合适的供风速率不但有利于燃料的燃烧，对受热面上沉积的形成及其成分也有重要的影响。严格控制供风量，使碱金属析出后没有足够的移动动力，是减少沉积的重要技术手段。

④ 受热面温度对沉积形成的影响　受热面温度对飞灰沉积率的影响至今尚未深入探讨，这一参数一般取决于其他设计参数的考虑，如过热器和再热器温度控制范围，以及材料选用在内的经济因素。

当受热面温度较低时，烟气中飞灰颗粒遇到温度较低的受热面会迅速凝结，形成沉积，使受热面上的沉积率升高；随着受热面温度的升高，若低熔点的飞灰仍处于气相状态，就会随烟气排出炉外，受热面上的沉积率会逐渐下降，如温度使初级沉积表面出现熔融态，烟道气中的颗粒物就会碰击后被黏结，使沉积层增厚。但是一旦黏性最大的沉积层全面形成后，受热面温度对沉积率的影响就会因热导率的下降而下降，最终随着沉积物的增长温度的影响力大大下降。

图5-17表示受热面温度对沉积形成的影响，由图可以看出，温度在550℃以下是碱金属大量析出的过程，这一段在其他条件具备时很容易形成沉积，是值得研究、预防的温度段。随着受热面温度的提高，沉积率呈逐渐降低的趋势。这种趋势形成的原因很复杂，概括起来有三个方面：一是碱金属的挥发，氯化物的形成都不是温度越高越多；二是在燃烧室空气场中供风量与原料燃烧温度是有最佳匹配关系的，风量对温度起决定作用，也就是说风量充足时温度最高，或者说，在这个范围内，温度最高时的风量最大，在这样的条件下，许多挥发物颗粒随高速空气流失，没有了沉积的机会，因此温度高不一定沉积多；三是当温度达到600℃以后沉积层厚度就会逐渐加大，达到一定程度，受热面的温度对碱金属挥发物的影响就越来越小，对沉积率的作用也越来越微弱了。

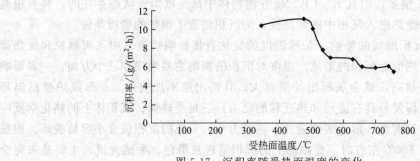

图 5-17　沉积率随受热面温度的变化

⑤ 燃料形状对沉积率形成的影响　图5-18是生物质（秸秆）成型燃料燃烧过程中沉积率随燃烧时间变化的关系。

在燃烧早期，秸秆成型燃料表层挥发分开始燃烧，在炉膛内气流的扰动下，表层松散的飞灰颗粒离开秸秆成型燃料进入烟道气，粘贴在受热面上，沉积率最大；表面挥发分燃烧完成后，温度向成型燃料内部传导，内部的可燃挥发物开始持续析出燃烧。但由于秸秆成型燃料结构密实，很快就形成结构紧密的焦炭骨架，运动的气流不能使骨架解体，飞灰颗粒减少，受热面上的沉积率逐渐下降，然后稳定在一定值。沉积的形成过程与燃料燃烧规律是吻合的。

未经成型的原生秸秆燃烧试验也证明符合这个递减规律。秸秆原料在燃烧过程中，由于炉膛内扰动气流的作用，燃烧后形成的松散的灰分很容易离开秸秆表面，进入炉膛烟道气中，在炉膛内高温下，粘贴在受热面上，随着燃烧的进行，飞灰颗粒减少，沉积也逐渐减少。由此得出沉积率早期最大，然后递减的规律的结论。

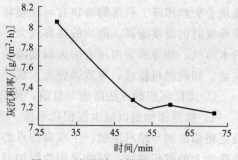

图 5-18　沉积率随燃烧时间的变化

试验表明，生物质（秸秆）成型燃料燃烧过程中在受热面上形成的沉积率明显低于原生秸秆燃烧试验的结果。主要因为：一是生物质成型燃料燃烧后形成了焦炭骨架，飞灰颗粒减少，从而降低了受热面上的沉积率；二是生物质压缩成型后，灰分的熔融特性发生了变化，生物质成型燃料飞灰的软化温度、流动温度均高于生物质原始原料直接燃烧时灰分的软化温度和流动温度，降低了熔融灰粒在飞灰中的比例，减少了碱金属和氯化物与灰粒黏结的概率，从而降低了粘贴在受热面上的飞灰颗粒的数量。

(4) 沉积的危害及降低沉积的措施

① 沉积的危害　沉积对燃烧设备的危害主要表现在三个方面。

第一，在生物质成型燃料燃烧过程中，受热面上形成沉积带来的最直接的危害是锅炉的热效率下降。在受热面上沉积的热导率一般只有金属管壁热导率的 $1/1000 \sim 1/400$；当受热面上积灰 1mm 厚时，热导率降低为原来的 1/50 左右，所以锅炉受热面上的灰沉积将严重影响受热面内的热量传导及热效率。

第二，长期的沉积将对受热面造成严重的腐蚀。众所周知，煤的含氯量过高会引起锅炉受热面的腐蚀；在燃用生物质的锅炉中也发现了受热面严重腐蚀的问题，如当混合燃烧含氯高的生物质燃料稻草时，当壁温高于 400℃ 时，将使受热面发生高温沉积腐蚀，同时酸性烟气也极易造成过热器端低温酸腐蚀。

由于生物质，尤其是秸秆类生物质含有较多的 Cl 元素，在燃烧过程中，原料中的 Cl 在高温下将被释放到烟气中。研究发现，烟气中的含 Cl 成分主要有 Cl_2、HCl、KCl 和 NaCl 等，其中 HCl 占优势，但在高温和缺少水分时还存在一定量的 Cl_2，在还原性气氛下 HCl 的热分解也会产生 Cl_2。释放出来的 Cl 与烟气中的其他成分反应生成氯化物，凝结在飞灰颗粒上，当遇到温度较低的受热面时，就与飞灰一起沉积在受热面上，沉积中的氯化物就与受热面上的金属或金属氧化物反应，把 Fe 元素置换出来形成盐等不稳定化合物，使受热面失去保护作用，从而逐渐腐蚀受热面。还有一部分酸性烟气在过热器侧遇水蒸气冷凝后形成酸性液体，附着在过热器表面，对其形成腐蚀。

第三，沉积的形成会对锅炉的操作带来一定影响。随着锅炉的运行，受热面上的沉积物日益增厚，当重力、气流黏性剪切力以及飞灰颗粒对壁面上沉积的撞击力等破坏沉积形成的共同作用力超过了沉积与壁面的黏结力时，沉积渣块就从受热面上脱落，形成塌灰。锅炉塌灰会严重影响锅炉正常燃烧，诱发运行事故，导致设备损坏，甚至造成人员伤亡。

当水冷壁表面上有大渣块形成时，在渣块自重和炉内压力波动或气流扰动的作用下，大渣块会突然掉落。脱落的渣块有可能损坏设备，引起水冷壁振动，引发更多的落渣。而且渣块形成时的温度很高，渣块的热容较大，短时间内大量炽热渣块落入炉底冷灰斗，蒸发大量的水蒸气，会导致炉内压力的大幅度波动。压力波动超过一定限制时，会引发燃烧保护系统误动，切断燃料投放，导致锅炉灭火或停炉。

② 降低沉积的方法措施　目前，降低沉积的有效方法主要有以下几种。

1）掺混添加剂以减少沉积物形成。通过添加剂降低秸秆燃烧过程中受热面上的沉积物，就是将添加剂与秸秆混燃，生成高熔点的碱金属化合物，使碱金属固定在底灰中，从而降低受热面上的沉积腐蚀。经常采用的添加剂有煤、石灰石等。

2）机械降低沉积物的形成。解决秸秆燃烧过程中受热面上的沉积腐蚀问题还可以通过在管壁上喷涂及吹灰等机械方式。

喷涂法是通过在受热面的表面上喷涂耐腐蚀材料，提高管壁的抗腐蚀能力从而降低沉积物对受热面腐蚀的一种方法。采用喷涂方法增强受热面的抗腐蚀性是一种很有前景的方法，寻找合适的涂层材料是该技术的关键。

吹灰法是燃煤锅炉上降低水冷壁表面上沉积物的一种最通用的方法。通过吹灰可以防止飞灰颗粒积累，保持受热面清洁，使烟气分布、受热面吸热能力及蒸汽温度维持在设计水平。通常，吹灰后，水冷壁的吸热量增加 8%～10%，高温对流受热面的吸热量增加 6%～7%，低温对流受热面及省煤器的吸热量增加 2%～4%。

刮板法去除受热面上的沉积物就是通过刮板在受热面表面上进行上下运动使得受热面上的沉积物脱离受热面，从而达到去除沉积物的目的。刮板法是去除沉积物的一种行之有效的方法，可以根据受热面上沉积的形成情况设置刮板的运动频率。

3）通过操作方式的变化降低受热面上沉积物。通过操作方式的改变降低受热面上的沉积物就是通过对锅炉运行中的参数的调整、改变锅炉布置及燃料燃烧方式等方法降低受热面上的沉积物。

风速对受热面上沉积物的形成具有重要的影响。当风速超过一定速率时，大部分飞灰来不及撞击受热面而随烟气排出，减少了飞灰颗粒与壁面的接触概率；与此同时，初始黏在受热面上的颗粒在较大风速的作用下也会重新回到烟气中，从而降低了受热面上的沉积物，因此，增大风速应该是降低水冷壁表面上沉积物的一种方法。但是较大的风速提高了排烟热损失，降低了锅炉效率，同时过大的风速可能吹灭锅炉。目前，对锅炉供风速率的调整一般是根据锅炉和燃料的类型而进行的。

较高的炉膛温度是影响沉积物形成的主要原因之一。较高的炉膛温度使得烟气中碱金属、氯化物含量较高的飞灰颗粒处于熔融状态，当遇到温度较低的受热面时就凝结在受热面上，形成沉积物。通过锅炉串联降低受热面上的沉积就是根据使用目的及燃料特点将两台锅炉串联起来，降低燃烧秸秆锅炉的炉膛温度，减少高温下熔融的飞灰颗粒，生物质成型燃料技术与工程化从而降低受热面上的沉积物。

锅炉串联可分为三种。第一种是将两台燃烧秸秆的热水锅炉进行串联。串联的方法是把第一台锅炉排出的烟气通入另一台锅炉，然后利用烟气的余热产生热水，从而有效地降低烟气温度，使烟气中的飞灰颗粒处于固相状态，这种处理方式实际上就是烟气的余热利用。江苏盐城的一个浴池就是通过此种方式解决秸秆燃烧过程中受热面上的沉积问题的。第二种是燃秸秆的热水锅炉与燃煤蒸汽锅炉的串联。燃秸秆锅炉生产热水、炉膛温度较低，产生的热水通入燃煤蒸汽锅炉，燃煤蒸汽锅炉炉膛温度较高，可将蒸汽继续加热到一定的温度和压力。通过热水锅炉与蒸汽锅炉的串联，降低了秸秆燃烧炉的温度，从而减少了秸秆燃烧过程中在受热面上形成的沉积物。第三种是将燃秸秆锅炉与燃木材锅炉进行串联。原理是秸秆中碱金属及 Cl 的含量较高，燃烧过程中易在锅炉受热面上形成沉积物，而木材中碱金属及 Cl 的含量较低，燃烧时不易在受热面上形成沉积物，将燃秸秆的锅炉产生的低温蒸汽通入燃木材的锅炉中进一步加热到所要求的温度和压力，通过这种方式，既降低了燃秸秆锅炉的炉膛温度，减少了受热面上的沉积物，又利用了秸秆等生物质能源。丹麦的 EV3 厂就是通过这种方式降低受热面上的沉积量及腐蚀率的，其工艺流程是将燃秸秆的锅炉产生的 470℃ 的蒸汽通入到燃木材的锅炉中，使温度提高到所需要的温度（542℃），此时，燃秸秆锅炉的炉膛温度维持在灰熔温度以下，降低了碱金属和 Cl 的析出量，从而降低了飞灰在受热面上沉积率及 Cl 对锅炉受热面的腐蚀率。

可见，根据燃料的特点将不同的锅炉串联起来，既解决了秸秆燃烧在锅炉受热面上产生的沉积腐蚀问题，又解决了化石燃料燃烧带来的环境和资源问题，是秸秆热利用中比较有前途的一种发展方式。

低温热解也是降低在锅炉受热面上形成沉积物的一种非常有效的方法。其过程是首先将秸秆在低温下进行热解，然后将产生的热解气体通入一个独立的燃烧器里进行燃烧。由于热解温度低，还没有达到灰熔点，就已经析出挥发分并开始燃烧，在热解过程中碱金属、Cl 仍然保留在焦炭内，产生的热解气体中含有较少的 Cl、碱金属及飞灰颗粒，因此减少了受热面上的沉积物，从而降低了腐蚀率。必须指出，秸秆低温热解的确可以减少沉积物，但是低温热解也增加了焦油析出量，可能会引起管道堵塞、黏结烟尘的产生等问题。

(5) 生物质成型燃料燃烧过程的腐蚀

① 腐蚀过程与机制　腐蚀就是物质表面与周围介质发生化学或电化学作用而受到破坏的现象。腐蚀可由沉积物引起，也可由酸碱性有害气体引起，腐蚀程度视沉积物累积或有害气体的浓度决定。

秸秆燃烧过程中受热面上的沉积物若不及时清理，不但会降低燃烧设备的换热效率，也会对受热面造成严重的腐蚀。另外，一般认为当燃料中氯或硫的含量超过一定数值时，在燃烧过程中形成的有害酸性气体在低温下（酸露点）冷凝，形成的强酸液体就会腐蚀燃烧设备，并且在设备运行过程中产生结皮和堵塞现象。与木材等其他燃料相比，秸秆作物中的 Cl 含量过高。根据试验测定，中国的玉米秸秆中氯的含量为 0.5%～1%，燃烧过程中燃料释放出来的 Cl 与烟气中的其他成分反应生成氯化物，然后与飞灰颗粒一起沉积在受热面上形成沉积物，其中的氯化物就与受热面上的铁发生化学反应，将管壁中的 Fe 逐步转移到沉积物中，从而使管壁越来越薄，对管壁造成严重的腐蚀。在当前燃用生物质的锅炉中已经发现了受热面腐蚀的问题。

生物质成型燃料燃烧对设备造成的腐蚀通常分为 4 种情况。

1) 炉膛水冷壁高温腐蚀。主要由于生物质成型燃料中 S 元素、O 元素的存在，以及燃烧过程缺 O_2 氛造成的。在缺氧气氛条件下，高温下的 Fe_2O_3 会转化为亚铁（FeS、FeO等）形式，熔点降低；同时，H_2S、HCl 及游离的 S 容易破坏金属表面原有的氧化层，而导致水冷壁发生腐蚀。

2) 高温对流受热面的腐蚀。主要由于碱金属形成的盐类在受热面沉积造成腐蚀。碱金属离子在730℃左右就会凝结，然后与烟气中有害气体（SO_2、SO_3、HCl 等）形成低熔化合物或共晶体——复合硫酸盐及盐酸盐，在高温时黏结在受热面上并被烧结沉积，在590℃左右具有较强腐蚀性，造成过热器及再热器管道腐蚀，研究发现，沉积造成的腐蚀在550～730℃时比较严重。

3）低温受热面腐蚀（低温腐蚀）。主要由于受热面壁温低于烟气中酸露点时，酸性气体形成酸雾冷凝在受热面形成腐蚀。酸性气体的多少及酸露点的高低影响腐蚀程度不一样，一般300℃以下低温腐蚀就会发生，主要由酸雾形成的硫酸及盐酸对金属产生腐蚀。

4）高温氧化腐蚀。烟气或者管内蒸汽的温度超过金属的氧化温度时，金属氧化层被高温破坏，造成高温氧化腐蚀。

腐蚀根据机制不同可以分为化学腐蚀和电化学腐蚀。

化学腐蚀是铁离子通过化学反应被逐步转移到沉积物当中，受热面原来致密的 Fe_2O_3 结构保护膜遭到破坏，一部分变成不稳定的亚铁离子存在于表面沉积物当中，随着时间的延长，沉积物越来越多，腐蚀程度不断加剧，越来越多的铁离子被转移到沉积物中，受热面逐渐变薄，直至出现漏洞。

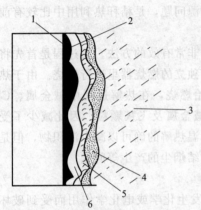

图 5-19　附着沉积的受热面
1—管壁；2—腐蚀面；3—烟道气；
4—沉积；5—氧化层外层；
6—氧化层内层

试验证实，受热面上脱落的沉积块主要由两部分组成，一是表面没有沉积的受热面，其主要成分是 Fe，其次是 O；二是沉积的中心部分，Cl、K 及 Na 含量最高。在沉积物中，Fe 的含量由中心向外是逐渐增加的。

电化学腐蚀在沉积腐蚀受热面的过程中扮演着重要的角色。腐蚀面位于氧化层和管壁之间，主要是 $FeCl_3$ 扮演腐蚀角色，如图 5-19 所示。根据分析，腐蚀层中的 $FeCl_3$ 不是沉积层与氧化层反应形成的，而是沉积中的氯化物穿过氧化层与管壁中的 Fe 反应的产物。沉积层中的氯化物与管壁中的 Fe 反应，不断地生成 $FeCl_3$，随后 $FeCl_3$ 被氧化，Cl_2 又被还原出来再次与 Fe 反应，增加了

$FeCl_3$ 浓度。同时，沉积层中的硫酸盐与腐蚀层中的 $FeCl_3$ 反应生成 FeS，更多的管壁材料中的铁被反应丢失，加剧了腐蚀程度。

沉积对受热面的腐蚀，以化学方程式表示如下。

沉积在金属表面的 KCl 和 NaCl 可与烟气中的 SO_2 或 SO_3 反应，析出 Cl_2 和 HCl：

$$2KCl(s) + SO_2(g) + 1/2O_2(g) + H_2O(g) \longrightarrow K_2SO_4(s) + 2HCl(g)$$

$$2KCl(s) + SO_2(g) + O_2(g) \longrightarrow K_2SO_4(s) + Cl_2(g)$$

当温度低于1000℃时，由于化学反应降低了受热面的温度，碱金属硫酸盐的形成速率高于碱金属氯化物的凝结速率。

同时，HCl 气体与氧化铁反应生成了还原性的亚铁化合物，也破坏了管道表面的氧化物保护膜，反应方程式如下：

$$2HCl + Fe_2O_3 + CO \longrightarrow FeO + FeCl_2 + H_2O + CO_2$$

以上反应释放出的 Cl_2，一部分随烟气排出，另一部分穿过水冷壁的氧化层，落在与大

气逐渐隔绝的管壁上，当管壁被污垢和灰覆盖时，Fe 和 Cl_2 反应：

$$2Fe + 3Cl_2 \longrightarrow 2FeCl_3$$

$FeCl_3$ 的融化温度较低（310℃），在金属表面形成较高的蒸气压。随着 $FeCl_3$ 蒸气压的升高，$FeCl_3$ 穿过氧化层，由于外层的氧的浓度较高，$FeCl_3$ 与 O_2 发生化学反应：

$$6FeCl_3 + 4O_2 \longrightarrow 2Fe_3O_4 + 9Cl_2$$

Cl_2 再次被释放出，一部分会重新回到腐蚀面，结果又开始了新一轮的化学反应。在循环过程中 Cl_2 扮演了把铁从管壁运输到外层的催化作用。气态氯可重复释放并与受热面发生反应，不断地将 Fe 从壁面运输到外层，加速了腐蚀过程。

与氯化物相比，SO_2 的反应路径明显更快些。氧化层中的 Fe_2O_3 对 SO_2 的形成具有催化作用，在氧化层的外部，SO_2 与 $FeCl_3$ 发生如下反应：

$$4FeCl_3 + O_2 + SO_2 \longrightarrow Fe_3O_4 + 6Cl_2 + FeS$$

可见，烟道气中的 SO_2 会增强腐蚀。

沉积对受热面的腐蚀率还受温度的影响。首先是随着温度的升高，$FeCl_3$ 蒸气压增加。一般情况下，热水锅炉的壁温低于蒸汽锅炉受热面的温度 100～150℃，腐蚀率也较低，但根据对各种生物质燃烧器的腐蚀和结构层的分析，腐蚀过程仍在进行。另外，随着受热面温度的升高，$FeCl_3$ 及 FeS 的分解加剧，气相腐蚀的作用增强。图 5-20 为高温下金属腐蚀速率与金属表面温度的关系。

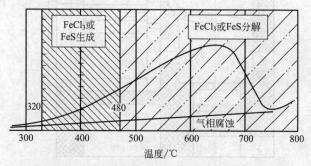

图 5-20　高温下金属腐蚀速率与金属表面温度的关系

② 降低腐蚀的方法和措施　产生腐蚀的最主要根源是沉积的形成，因此从理论上分析，降低腐蚀首先要减少沉积。其次是对原料进行预处理，减少碱金属及 Cl 的含量。最后是通过工艺和设计措施降低沉积形成，减少沉积造成的腐蚀程度。

1）水洗法脱除碱金属和 Cl。水洗法脱除秸秆中碱金属和 Cl 是一种预防沉积腐蚀非常有效的预处理方式。在秸秆成型燃料成型之前对秸秆进行处理，除去秸秆中所含的碱金属和 Cl，是减少秸秆成型燃料燃烧过程中在受热面上腐蚀的一种有效方法。一般采用水洗或自然放置一段时间便可减少碱金属和 Cl 的含量。

随着木质纤维素爆破等预处理技术的突破，生物质综合利用技术有了较快的发展。生物质预处理过程中，绝大部分碱金属及有腐蚀作用的 Cl 等得到了脱除，为生物质成型燃料直燃技术防腐蚀提供了极好的条件。例如，秸秆沼气化工程与纤维素乙醇技术预处理及发酵过程使用了大量的水洗处理，绝大部分碱金属和 Cl 被洗出，发酵后剩余的木质素可以用来生产颗粒燃料，该颗粒燃料可以广泛用于生物质锅炉，其性能优于纯木质颗粒燃料，使结渣、沉积与腐蚀的危害性大大降低。

2）自然预处理法脱除碱金属和 Cl。这是降低秸秆中碱金属和 Cl 的另外一种预处理方式。将收获的秸秆在大自然中自然露天放置，使 Cl 及碱金属等流失，这种方法的指标是垂萎度，即存放时间与 Cl 和碱金属的关联度，用%表示，垂萎度越低，碱金属和 Cl 含量越低，越不易于产生腐蚀。

3）通过结构与机制控制沉积及腐蚀产生。根据秸秆类生物质燃烧特性，合理设计生物质燃烧设备，主要通过结构设计（分段供风、分室燃烧）以控制燃烧温度，不给沉积提供合适的温度及环境气氛。

图 5-21 是一款双层炉排生物质成型燃料锅炉托炉结构简图，这是一种典型的生物质成型燃料燃烧设备的设计思路，该设备充分结合生物质成型燃料的特点，集中采用了分段供风、分室燃烧的结构，而且采用双层炉排结构，低温裂解与高温燃烧分开进行，炉排进行低温裂解避免炉排结渣，可燃气在后部燃烧室高温燃烧提高效率；可燃物折返多流程燃烧，可保证较大灰粒及早沉降，减轻换热面沉积与腐蚀的程度。

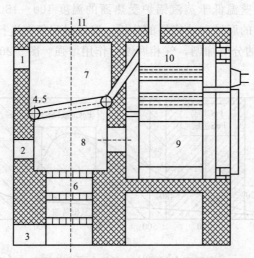

图 5-21　双层炉排生物质成型燃料锅炉托炉结构

1—上炉门；2—中炉门；3—下炉门；4—上炉排；5—辐射受热面；6—下炉排；
7—风室；8—炉膛；9—降尘室；10—对流受热面；11—炉墙

除以上介绍的锅炉燃烧过程发生的沉积腐蚀之外，空气预热器的低温腐蚀也常常影响燃烧设备正常运行，因此，需要采取必要的措施防止或减轻低温腐蚀程度。

对于减轻低温腐蚀，主要采用以下几种措施：一是提高空气预热器受热面的壁温，实践中常采用提高空气入口温度的方法来提高空气预热器受热面壁温；二是冷段受热面采用耐腐蚀材科，使用耐腐蚀的金属材料可以减缓腐蚀进程与程度，同时也会增加设备造价，需要根据要求进行设计使用；三是采用降低露点或抑制腐蚀的添加剂，一般采用石灰石添加剂以降低烟气中 SO_3 和 HCl 等浓度；四是降低过量空气系数和减少漏风，避免 SO_3 产生，减轻腐蚀。

利用混燃等降低沉积量或利用吹灰等机械方法清除沉积，也可以减少沉积对受热面的腐蚀。

5.2.4.2 生物质成型燃料燃烧过程结渣

(1) 结渣过程与机制

过程：生物质成型燃料的灰熔点较低，燃烧过程容易结渣，影响燃烧效率及锅炉出力，严重时会造成锅炉停机。生物质成型燃料易于结渣的根本原因在于碱金属元素能够降低灰熔点，导致结渣。生物质中的 Ca 和 Mg 元素通常会提高灰熔点，K 元素可以降低灰熔点，Si 元素在燃烧过程中容易与 K 元素形成低熔点化合物。农作物秸秆中 Ca 元素含量较低，K 元素和 Si 元素含量较高，因此农作物秸秆的灰熔点较低，燃烧温度超过 700℃时即会引起聚团结渣，达到 1000℃以上将会严重结渣。

生物质成型燃料结渣的形成过程可以描述为 3 个阶段。

① 灰粒软化具有黏性　成型燃料燃烧过程中，随着炉温的升高，局部达到了灰的软化温度，这时灰粒就会软化，灰中的 Na、Ca、K 以及少量硫酸盐就会形成一个黏性表面。

② 灰粒熔融形成聚团　随着炉膛内温度的进一步升高，氧化层和还原层内温度超过了灰的软化温度，熔融的灰粒开始具有流动性，特别是在还原层内，燃料中的 Fe^{3+} 被还原成 Fe^{2+}，致使燃料的灰熔点降低，灰粒在还原层大部软化并相互吸附，形成一个大的流态共熔体。

③ 聚团冷却形成结渣　熔融态的灰粒聚团块温度逐渐降低，冷却后形成固体，黏附在炉排或水冷壁上形成结渣。

机理：生物质秸秆类燃料灰渣与木质燃料及煤炭灰渣相比，碱性氧化物含量高导致灰熔融温度低是其结渣的最主要原因。生物质燃料的灰渣组成主要有 SiO_2、Fe_2O_3、Al_2O_3、CaO、MgO、TiO_2、SO_3、K_2O、Na_2O、P_2O_5 等，其中 K、S 和 Cl 元素在生物质燃烧过程中对形成结渣起到关键作用。

K 元素是影响生物质成型燃料结渣的主要元素。在生物质燃料中 K 元素以有机物的形式存在，在燃烧过程中气化和分解，形成氧化物、氯化物和硫酸盐，这些化合物都表现为低熔点。当 K 和其化合物凝结在灰粒上时，灰粒表面就会富含 K，这样就会使灰粒更具有黏性和低熔点。

实验表明，生物质燃烧过程中有机钾转化为不同形式的无机钾盐和不同的 K_2O-SiO_2 共晶化合物。聚团和不流化过程对于温度非常敏感，降低温度可以明显减少聚团和结渣。研究认为，生物质尤其是秸秆中富含 K 和 Na 元素的化合物，与生物质燃料中混有砂土的 SiO_2 反应，可生成低熔点的共晶体，渐渐聚团后形成大面积结渣。

反应方程式如下：

$$2SiO_2 + Na_2O \longrightarrow Na_2O \cdot 2SiO_2$$
$$4SiO_2 + K_2O \longrightarrow K_2O \cdot 4SiO_2$$

这两个反应可以形成熔点仅为 650～700℃的共晶化合物，正是这些熔融态的物质充当灰粒之间的黏合剂而引起了聚团和结渣。

S 元素在燃烧过程中，从燃料颗粒中挥发出来，与气相的碱金属元素发生化学反应生成碱金属类的硫化物，这些化合物将会凝结在灰粒或炉排上。在沉积物表面，含碱金属元素的凝结物还会继续与气相含硫物质发生反应生成稳定的硫酸盐，多数硫酸盐呈熔融状态，会增加沉积层表面的黏性，加剧结渣的程度。实践表明，单独燃烧 Ca、K 含量高，含硫量少的木质生物质时，积灰结渣程度低；而当燃烧秸秆类生物质成型燃料，尤其含硫高的稻草燃料时，则结渣就很严重，且沉积物中富含 K_2SO_4 和 $CaSO_4$。$CaSO_4$ 被认为是灰粒的黏合剂，能够加重结渣的程度。

Cl 元素在结渣中起着重要的作用。首先，在生物质燃烧时，Cl 元素起着传输作用，有助于碱金属元素从燃料内部迁移到表面与其他物质发生化学反应；其次，Cl 元素有助于碱金属元素的气化。Cl 元素能与碱金属硅酸盐反应生成气态碱金属氯化物。这些氯化物蒸气是稳定的可挥发物质，与那些非氯化物的碱金属蒸气相比，它们更趋向于沉积在燃烧设备的下游；同时，Cl 元素还有助于增加许多无机化合物的流动性，特别是含 K 元素的化合物。经验表明，决定生成碱金属蒸气总量的限制因素不是碱金属元素，而是 Cl 元素。随着碱金属元素气化程度的增加，沉积物数量和其黏性也增加。碱金属含量高而 Cl 含量低的燃料，其积灰结渣程度要比两者含量都较高的燃料轻。Cl 可以和碱金属形成稳定且易挥发的碱金属化合物，Cl 的浓度决定了挥发相中碱金属的浓度。在多数情况下，Cl 起输送作用，将碱金属从燃料中带出。在 600℃以上，碱金属氯化物在高温下开始进入气相，是碱金属析出的一条最主要途径。

碱金属无论作为氧化物、氢氧化物、有机金属化合物都将与 SiO_2 结合生成低熔点的共晶体。SiO_2 和碱金属氧化物是生物质灰的主要组成成分。SiO_2 的熔点为 1700℃，当 32% 的 K_2O 和 68% 的 SiO_2 混合时，混合物的熔点仅为 769℃。该比例非常接近含有 25%～35% 碱金属氧化物的生物质灰的成分。

很显然，生物质尤其是秸秆类燃料燃烧过程结渣主要受碱金属和 Cl、S 元素的影响，碱金属和 Cl、S 元素的含量越高，越易于形成低熔点的共晶体，越易发生聚团结渣，影响正常燃烧工况。

(2) 形成结渣的主要因素

生物质成型燃料燃烧过程中，燃料层燃烧的温度高于灰的软化温度 t_2 是造成结渣的重要原因。在低于灰的变形温度 t_1 时，灰粒一般不会结渣，但燃烧温度高于 t_1，甚至达到软化温度 t_2 时，灰粒熔融的灰渣形成共熔体便黏在炉排或水冷壁上造成结渣。当然，如果锅炉设计的风速不合理，造成炉内火焰向一边偏斜，引起局部温度过高，使部分燃料层的温度升高达到灰熔点，冷却不及时也会造成结渣。另外，燃烧设备超负荷运行，或者炉膛层燃炉内的燃料直径、燃料层厚度较大等都会使层燃中心的局部温度过高，使燃料层的温度达到燃料的灰熔点，同样会造成结渣。在以下几种工况下可能具有形成结渣的条件。

① 炉膛温度过高形成结渣　张百良通过对玉米秸秆成型燃料燃烧研究发现，玉米秸秆成型燃料结渣率随炉膛温度的增高而增大，在温度为 800～900℃时结渣增加缓慢，在温度达 900～1000℃时结渣现象明显增加，在温度大于 1000℃以后结渣率逐渐增大。考虑到燃烧装置运行安全性，炉膛温度过高较易形成炉排及换热面结渣，生物质成型燃料燃烧设备的炉膛温度应在 900℃以下，此时结渣率较低。

② 燃料粒径及料层厚度过大形成结渣　研究发现，随着生物质成型燃料粒径的增大，结渣率逐渐增大。这是因为随着粒径的增大，燃料燃烧中心温度升高，灰渣温度达到灰熔点，因而易发生结渣。

随着燃料层厚度的增大，结渣率增大。主要由于随着燃料层厚度的增大，燃烧层内氧化层与还原层的厚度增大，燃烧中心温度增高达到灰熔点，形成结渣。

③ 运行整体工况恶劣形成结渣　运行工况影响炉内温度水平和灰粒所处气氛环境。炉内温度水平是由调整和控制炉内燃烧工况来实现的。若燃烧调整和供风控制不当，使炉内温度水平升高，易引起炉膛火焰中心区域受热面或过热面结渣。运行时，在保证充分燃烧和负荷要求的情况下，通过调整和控制燃烧风量、燃料量来降低炉内温度，防止或减轻结渣。

生物质燃烧装置通常过量空气系数在 1.5～2.0 运行。若过量空气系数过大或过小，则炉膛内烟气中含有的 CO 量增多，火焰中心的灰粒处于还原性气氛中，Fe^{3+} 还原成 Fe^{2+}，会引起灰粒的熔融特性降低，加大炉内结渣的倾向。运行时，应调整风速、风量，改善燃烧质量，将炉内烟气中还原性气氛降低，使结渣降低到最低水平。

(3) 减少结渣及消除结渣的措施

① 控制燃烧温度抑制结渣形成　由于生物质成型燃料结渣的主要原因是灰熔点较低，在高温下易聚团结渣，因此可以通过供风与燃料量的配合调节，利用自动控制系统，让燃烧维持稳定，保证不超过灰熔点温度，便不会形成结渣。目前生物质锅炉通常有采用水冷或空冷炉排的结构，结合自动控制系统来降低炉排的温度，实现生物质成型燃料在低于灰熔点温度下燃烧，控制结渣的生成。

丹麦某生物质锅炉企业采用烟气风冷技术设计运行状况可简述如下，精确控制炉膛温度不高于 700℃，整个燃烧过程几乎没有结渣发生。炉排下的通风除了供给必需的空气量外，还有一部分是来自烟囱的低温烟气，烟气温度在 140℃ 以下。这样设计的好处是，利用烟气既起到冷却炉排的作用，又不至于输入过多的冷空气降低燃烧温度，增加热损失。

图 5-22 是风冷活动炉排实物拍摄照片，由炉排中间风孔供给燃料 O_2，既保证 O_2 量充分又有预热过程，从烟囱引出的低温烟气同样也由此风孔供给炉膛，同时起到平衡空气量和降低燃烧温度的作用。

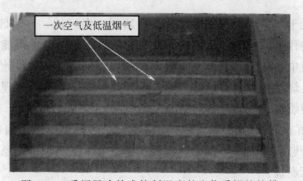

一次空气及低温烟气

图 5-22　采用风冷技术控制温度的生物质锅炉炉排

同样是欧洲的生物质锅炉技术，还有一些采用水冷炉排的设计方式。就是在炉排中间通入冷却水，起到冷却炉排的作用。典型水冷炉排代表是丹麦 BWE 公司的水冷振动炉排技术，实际应用案例比较多，中国的国能生物发电锅炉就是采用该技术进行设计加工的，目前在中国已有近 40 座生物质电站采用了该技术，运行效果表明该设计可以有效避免炉排结渣。

② 机械除渣　现代生物质锅炉的设计，机械炉排除渣的应用也很普遍，其设计理念就是定时振动、转动、往复运动炉排，捶打或剪切等依靠外力破坏渣块聚团，避免结渣。如上所述的水冷振动炉排设计就是采用了炉排的振动来破坏渣块的形成和聚团。往复炉排应用于生物质锅炉的设计也相当普遍。

图 5-23 是生物质锅炉燃烧过程依靠炉排模块中心的活塞式推杆破渣的实物照片。设计该锅炉结构时，在炉排中心设计有活塞式破渣推杆，可间歇式推动该推杆，破碎聚团的渣块，避免结渣。该推杆中心有通风孔与风机相连，兼有通风作用，既可提供燃料燃烧所需 O_2，又具有吹去灰渣功能，避免灰渣堆积。

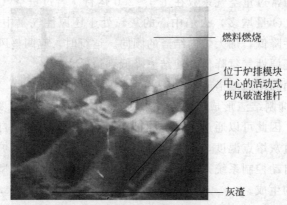

燃料燃烧

位于炉排模块
中心的活动式
供风破渣推杆

灰渣

图 5-23　生物质锅炉带破渣活塞推杆的炉排

③ 改善结构设计避免结渣　除了利用机械外力破除灰渣聚团和降低燃烧温度避免结渣产生的方法外，通过改善结构设计使燃烧温度降低也是有效避免结渣的措施。比较成熟的设计思路是生物质燃烧设备分段式燃烧理念的植入，首先在燃料输入阶段前端供给少量的空气，让生物质成型燃料进行热解过程，低温下（一般不高于 650℃）挥发分在此阶段大量析出，并有部分在此燃烧，更多的可燃气体将在下一阶段在受热面区域与二次、三次空气接触燃烧，释放热量。

由于热解温度低于灰熔点，灰分形成后没有遇到高温区域，高温区几乎没有灰粒聚集，这样就不会在燃烧过程形成结渣，从结构设计上根本杜绝了结渣的可能。这种结构现已广泛用于生物质成型燃料中小锅炉，甚至一些炊事采暖炉也采用了这种设计，也有人把它叫作半气化燃烧。单炉排反烧结构以及双炉排下燃式设计就是采用的这个原理进行设计的，都能很好地解决生物质成型燃料燃烧结渣的问题。

图 5-24 是反烧蓄式热锅炉结构示意，其原理与双层炉排反烧结构相同，燃料由接触炉排的底层开始小部分燃烧并热解，上层燃料依次靠重力下沉至炉排，经热解后析出可燃气穿过炉排在二次燃烧区燃烧。

④ 加入添加剂混燃减少结渣　研究发现，生物质原料灰熔点低的主要因素是灰的成分中含有大量碱金属氧化物造成的，为了减少结渣，通过混合一些易于与碱金属氧化物反应并把碱金属固定下来的添加剂，可以起到减少和避免结渣的作用。

试验证明，添加剂可以使灰熔融现象基本消除，可以减少结渣的添加剂很多，通过试验验证，结合性价比来分析，原料易于采集的、比较理想的添加剂通常包括 $CaSO_4$、CaO、$CaCO_3$ 等。$CaSO_4$ 可以将 K 以 K_2SO_4 的形式固定于灰渣中；CaO、$CaCO_3$ 能够促进系统中熔融态 K 的转化析出，使底灰中 K 的含量相对减少，底灰变得比较松软而不发生聚团。以上几种添加剂中，用得较多的添加剂是在生物质燃烧过程中定量添加 CaO，这项技术在丹麦等欧洲国家的生物质秸秆锅炉中已经得到普遍应用。

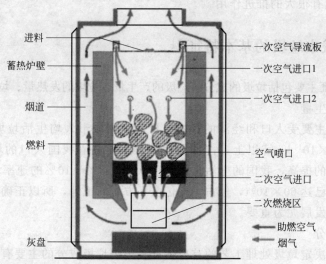

图 5-24 反烧蓄式热锅炉结构示意

一定比例的生物质成型燃料与煤的混燃也会减少结渣。

5.3 垃圾衍生燃料制备与利用

随着城市化的加剧，人口的增加以及人民生活水平的提高，城市生活垃圾以每年 8%～10% 的速率迅猛增长，垃圾的成分也一直在变化。据相关部门统计，全国 668 座城市中至少有 200 座以上处于垃圾的包围中；在城市周围历年堆存的生活垃圾量已达 60×10^8 t，侵占了 5 亿多平方米的土地，显然垃圾的处理处置问题已经成为我国所面临的最紧迫的问题之一。随着经济的发展，我国城市生活垃圾的组分出现明显变化，特别是在我国一些经济发达地区，垃圾中塑料等高热值成分也急剧增加，造成的"白色污染"日趋严重。处理城市生活垃圾，消除"白色污染"，实现垃圾无害化、资源化和减量化，已成为我国必须解决的重大问题。城市生活垃圾按其化学组分可以分为有机垃圾和无机垃圾，前者主要是厨余、餐饮、塑料、布、橡胶制品等；后者主要是灰土、渣、玻璃等。厨余和餐饮垃圾是很好的堆肥原料；塑料、布、金属、玻璃等可以回收利用；废布、废塑料、废纸有很高的热值可以用来焚烧，所以垃圾是一种"放错了地方的资源"[3]。

由于我国人口众多，居民的环境意识差，垃圾的混合收集等原因，造成了我国实行垃圾源头分类难等问题。基于这个问题，2010 年 4 月份，沈阳航空航天大学李润东教授在第二届全国垃圾处理技术与资源利用研讨会上进行了题为《基于源头提质的垃圾能源化技术》专题演讲，并且在苏州市甪直镇建造了一个垃圾源头提质制备垃圾衍生燃料（refuse derived fuel，RDF）的实验基地，他提出了垃圾可以按质分类，首先分为干湿二类，居民易于接受。湿的一类主要是厨余垃圾，可以用来堆肥或者进行生物处理；干的一类主要是可回收和高热值的垃圾，可以经过人工分选进行回收利用，之后经机械分选并对其进行破碎，最后压制成 RDF 颗粒，此方法可行而且有很好的经济效益，已经引起了政府的高度重视，加之人们对资源和生态环境的日益关注，垃圾生产能源和回收再生技术得到迅速发展，对实行

RDF 生产的产业化有很大的推进作用[3]。

5.3.1 我国城市垃圾的基本特征[3]

垃圾的基本特征主要包括垃圾的成分、垃圾的产生量、垃圾的发热量、垃圾的含水率等。

(1) 垃圾的产生量

垃圾的产生量主要受人口和经济的影响。目前全国城市人均生活垃圾产量为 440kg/a，垃圾总量已达 1.5×10^{11} kg/a 以上，占世界的 26.5%。随着我国人口的增加，城市化的加剧，人民生活水平的提高，我国的生活垃圾正在以每年 8%～10% 的速率增长，而且历年累积的城市生活垃圾已达 60×10^8 t，侵占了 5 亿多平方米的土地，所以正确地处理生活垃圾对我国经济和环境的发展尤为重要。

(2) 垃圾的成分

垃圾的成分是决定垃圾处理工艺的首要依据。影响垃圾成分的主要有经济水平、能源结构、人民的生活习惯、废品的回收利用、地理环境等。我国地域辽阔，南北温差大，东西经济发展不平衡，因此，我国的垃圾成分随地域变化很大。但是总的来说我国生活垃圾的成分中，有机垃圾和高热值的垃圾含量明显偏高，其中有机垃圾的含量占到 60% 以上，高热值垃圾占 20% 以上。由于我国垃圾的成分比较复杂，所以很难用一种方法把垃圾处理处置好，只有进行源头提质，把湿的组分用来堆肥或者生物处理；干的组分用来制备 RDF 或者焚烧，这种综合的处理方式才能很好地进行资源化。

(3) 垃圾的发热量

由于我国的生活垃圾含水率比较高，一般为 55%～65%，所以导致我国垃圾的热值比较低，一般只有 4000～6000kJ/kg，不能直接进行焚烧，必须要混煤或者油才能焚烧，这大大提高了焚烧的成本。垃圾中高热值组分一般为 30% 左右，但是它占了垃圾全部热量的 70%，所以如果能把这 30% 的高热值组分分选出来制备成 RDF 再去焚烧的话，会有很多优点：热值会提高 3 倍以上，可以达到直接焚烧的标准；燃烧非常稳定；在原料中添加废石灰，不但可以和垃圾混得很均匀，而且在燃烧的时候可以很好地固硫固氯，有防臭的作用。

(4) 垃圾的含水率

我国的垃圾含水率较高，而且随季节和城市变化很大，一般为 55%～65%，一些南方城市在夏天高达 70%，而西方国家一般为 30%～35%。由于我国的垃圾含水率很高，导致很多问题。例如如果利用原生垃圾去制备 RDF 的话，必须进行干燥，而且干燥的费用会占总费用的很大一部分，大大地提高了制备 RDF 的成本。所以如果对垃圾进行按质分为干湿两类后再把干的一类用来制备 RDF 的话，垃圾的含水率一般为 15% 左右，只需要添加一些生物质和石灰来调节原料的含水率后就可以制备 RDF，不需要进行干燥，节约了很大一部分成本，而且很大程度上提高了垃圾的热值，所以垃圾进行源头提质是非常有意义的。

5.3.2 垃圾的处理方法[3]

(1) 填埋法

垃圾填埋主要分为传统填埋和卫生填埋。传统填埋一般是指是在自然条件下，利用坑、塘、洼地，将垃圾集中堆置在一起，不加掩盖，未进行灭菌、除臭、防污染等处理的堆填，目前应用的非常少；卫生填埋是指采用工程技术措施，防止产生污染及危害环境的土地处理方法，它是在科学选址的基础上，采用必要的场地防护手段和合理的填埋场结构，以最大程度地减缓和消除垃圾对环境，尤其是对地下水污染的技术。

填埋主要有适用范围广、处理量大、投资和运行费用低、减容量大、处理处置彻底等优点。但是这种方法也有很多缺点，主要有以下几个方面：

1）填埋场会占用大量的土地，而且合适填埋的场地日益缺少，不能满足垃圾日益增长的数量要求，随着适合的填埋场地选择变少，越来越远离市区，运输费用越来越高；

2）垃圾填埋易产生大量渗滤液，渗滤液中有害物质浓度较高，导致渗滤液的处理费用很高，而且很多填埋场没有正规合理的渗滤液处理设备，导致渗滤液污染地下水和周围土地的事故频繁发生；

3）垃圾又被称为"放错了地方的资源"，其中含有很多可以回收和高热值的组分，不经过分类直接填埋的话，浪费了很大的一部分资源而且其中还有一些很难降解的部分；

4）填埋场在垃圾填埋一个月后就会产生沼气，现在很少的填埋场配备了填埋气的应用技术，很多填埋场都是露天排气，如果不收集利用而排入大气，不仅造成严重的温室效应（高于正常大气中 CO_2 的 100 倍），而且也是巨大的资源浪费。

综上所述，应该把填埋作为其他处理方法的一种辅助工艺，而不是占到主导地位，所以说应该把填埋场作为垃圾最终处置的一个消纳场。因此我国需要采纳一些其他有效的垃圾处理方式，对垃圾填埋的比例进行适当的调整，才能更加有效地做好垃圾的处理处置和相应的能源资源的回收再利用。

（2）堆肥法

堆肥处理是指在有控制的条件下，利用微生物对垃圾中的有机物进行分解转化的生物化学反应，使垃圾最后形成类似腐殖质土壤的物质的处理方法，该物质可作肥料或土壤改良剂。堆肥包括好氧发酵和厌氧发酵两种方式。一般常用好氧发酵工艺，周期短、无害化效果好。中国是最早采用堆肥的国家之一，发展到现在已有几千年的历史。

堆肥和填埋相比，对设备要求不高，投资较少，运行费用较低，操作简单，随着现在城市生活垃圾中有机物比重的提高，应用前景正逐步扩大。

目前限制堆肥发展的主要因素有：

1）占地较多，对周围环境影响较大，技术不成熟，目前主要是一些农村的简易堆肥处理；

2）堆肥产品质量不高，而且我国城市生活垃圾未经过分选，不能有效地将厨余等有机垃圾分选出来，用于堆肥的垃圾中含有玻璃、塑料，甚至电池等有害垃圾，导致堆肥产品质量不高，销路差；

3）堆肥产品质量不高，只能作为土壤的改良剂，而且其销路地域影响较大，只在南方有较好的销路。

所以综上所述，如果可以把垃圾进行源头提质后，把其中湿的一类（主要是厨余和餐饮等有机垃圾）用来堆肥的话，既提高了堆肥产品的质量又会减少堆肥的成本，这将成为一个很好的处理方法。

（3）焚烧法

焚烧法是使垃圾中的可燃成分经过燃烧反应，最终成为无害稳定的灰渣的一种方法。焚烧是一种高温热处理技术，即以一定的过剩空气量与被处理的物质在高温（800~1000℃）的焚烧炉内进行氧化燃烧反应，废物中的有害有毒物质在高温下氧化、热解而被破坏，也是一种可同时实现废物无害化、减量化、资源化的处理技术。

焚烧的主要优点是减容量大，垃圾焚烧后体积会减少85%~95%，重量减少70%~80%；焚烧占地面积小，运行简单，可以有效地将细菌、病毒等有害微生物彻底消灭，无害化显著；垃圾焚烧可以配备热能回收利用，也可以进行焚烧发电，资源化显著。

近年来，城市生活垃圾的焚烧处理发展迅速，特别是在欧美和日本得到迅速发展。在法国90%的垃圾均在垃圾处理厂焚烧发电；美国在20世纪80年代投入70亿美元兴建了90座垃圾焚烧处理厂，年处理垃圾能力达到3.0×10^{10}kg；日本垃圾焚烧的比例已达73%；丹麦、瑞典则分别有70%、80%的垃圾被用于焚烧发电。

但是由于我国的垃圾的特殊性，导致有很多因素限制了焚烧在国内的发展。主要原因有：a. 技术不成熟，焚烧设备都需要国外进口，而且进口的设备很难适应国内的垃圾组分，导致一次性投资太大，很多单位政府都难以接受；b. 烟气处理难度大，费用高，而且焚烧时会产生难以控制的二噁英等高毒性有机物；c. 我国垃圾含水率高（一般为50%~60%），低位发热量低，导致焚烧的时候必须要混煤或者油才能直接进行焚烧，进一步加大了焚烧的成本，经济效应差。

5.3.3 垃圾衍生燃料简介

(1) 定义

垃圾衍生燃料（refuse derived fuel，简称RDF），是指从垃圾中去除金属、玻璃、砂土等不燃物，将垃圾中的可燃物（如塑料、纤维、香蕉、木头、食物废料等）破碎、干燥后，加入添加剂，压缩成所需形状的固体燃料。具有热值高、燃烧稳定、易于运输、易于储存、二次污染低和二噁英类物质排放量低等特点，广泛应用于干燥工程、水泥制造、供热工程和发电工程等领域[4]。

(2) RDF的分类[5]

美国检查及材料协会（ASTM）按城市生活垃圾衍生燃料的加工程度、形状、用途等将RDF分成7类（见表5-14）。在美国RDF一般指RDF-2和RDF-3，瑞士、日本等国家RDF一般是RDF-5，其形状为直径（10~20）mm×（20~80）mm圆柱状，其热值为14600~21000kJ/kg。

表5-14 美国ASTM的RDF分类

分类	内容	备注
RDF-1	仅仅是将普通城市生活垃圾中的大件垃圾去除而得到的可燃固体废物	
RDF-2	将城市生活垃圾中去除金属和玻璃，粗碎通过152mm的筛后得到的可燃固体废物	coarse(粗)RDFC-RDF
RDF-3	将城市生活垃圾中去除金属和玻璃，粗碎通过50mm的筛后得到的可燃固体废物	fluff(绒状)RDFF-RDF
RDF-4	将城市生活垃圾中去除金属和玻璃，粗碎通过1.83mm的筛后得到的可燃固体废物	powder(粉)RDFP-RDF

分类	内 容	备 注
RDF-5	将城市生活垃圾分拣出金属和玻璃等不燃物,粉碎、干燥、加工成型后得到的可燃固体废物	densitied(细密)RDFD-RDF
RDF-6	将城市生活垃圾加工成液体燃料	liquid fuel(液体燃料)
RDF-7	将城市生活垃圾加工成气体燃料	gaseous fuel(气体燃料)

(3) RDF 的组成[5]

RDF 的性质随着地区、生活习惯、经济发展水平的不同而不同。RDF 的物质组成一般为:纸 68.0%,塑料胶片 15.0%,硬塑料 2.0%,非铁类金属 0.8%,玻璃 0.1%,木材、橡胶 4.0%,其他物质 10.0%。各种 RDF 的元素分析和工业分析见表 5-15。

表 5-15 各种 RDF 的元素分析和工业分析

种类	元素分析(质量分数)/%							工业分析(质量分数)/%			
	C	N	H	O	S	Cl	灰	M	FC	V	A
RDF(a)	45.9	1.1	6.8	33.7	—	—	12.3	4.0	9.9	77.8	12.3
RDF(b)	48.3	0.6	7.6	31.6	0.1	0.2	11.6	4.5	15.0	73.4	11.6
RDF(c)	40.8	0.9	6.7	38.9	0.6	0.7	11.4	15.5	20.5	68.1	11.4
RDF(d)	42.2	0.8	6.1	39.9	0.1	0.5	10.4	4.0	13.1	76.4	10.4

5.3.4 垃圾衍生燃料的特性[5]

(1) 防腐性

RDF 的水分为 10%,制造过程加入一些钙化合物添加剂,具有较好的防腐性,在室内保管 1 年无问题,而且不会因吸湿而粉碎。

(2) 燃烧性

RDF 的热值高,发热量在 14600~21000kJ/kg,且形状一致而均匀,有利于稳定燃烧和提高效率。RDF 可单独燃烧,也可和煤、木屑等混合燃烧,其燃烧和发电效率均高于垃圾发电站。

(3) 环保特性

RDF 含氯塑料只占其中一部分,加上石灰,可在炉内进行脱氯,抑制氯化物气体的产生,烟气和二噁英等污染物的排放量少,而且在炉内脱氯后形成 $CaCl_2$,有益于排灰固化处理。

(4) 运营性

RDF 可不受场地和规模的限制而生产,生产方便。一般按 500kg 袋装,卡车运输即可,管理方便。适于小城市分散制造后集中于一定规模的发电站使用,有利于提高发电效率和进行二噁英等治理。

(5) 利用性

RDF 作为燃料使用时虽不如油、气方便，但和低质煤类似。另外据报道，在日本川野田水泥厂用 RDF 作为水泥回转窑燃料时，其较多的灰分可变成有用原料，该技术已开始在其他水泥厂推广。

(6) 残渣特性

RDF 制造过程产生的不燃物占 1%～8%，适当处理即可；燃后残渣占 8%～25%，比焚烧炉灰少，且干净，含钙量高，易利用，对减少填埋场有利。

(7) 维修管理特性

RDF 生产装置无高温部，寿命长，维修管理方便，开停方便，利于处理废塑料。而焚烧炉寿命为 15～20 年，定检停工 2～4 周，管理严格，处理废塑料不便，不宜用作填埋处理。

5.3.5 垃圾衍生燃料的制备技术与工艺[5]

垃圾进场经预处理，将可燃部分选出，由一次破碎机破碎为易于干燥的碎粒，物料通过输送机进入烘干机，在烘干机内自动滚下。热风在烘干机上部通过，避免物料因与热风接触而着火。通过热风调整含水率，使物料水分降到 8% 以下。干燥后的烟气经除尘排出。干燥后的物料送入风选机，将不燃物（灰土、碎玻璃、金属等）除去后，进入二次破碎机，将物料破碎至易成型的小颗粒，添加一定比例的消石灰（脱氧）和防腐剂后送入成型机。成型机连续制出 RDF，经冷却后通过振动筛筛分送入成品漏斗，由自动称量机装袋，筛下物则返回重新成型。所获得的 RDF 产品，水分一般在 10% 以下，挥发物质 55%～75%，固态碳 7%～13%，灰分 12%～25%，发热量为 12500～17500kJ/kg，燃点 210～230℃，是一种优质的燃料，硬且大小均匀，方便运输及储备，在常温下能在仓内保管一年以上不会腐败。这种燃料可以单独燃烧，也可以根据锅炉工艺要求情况，与煤、燃油混燃。

RDF 的制造不受场地和规模限制，适合中、小型垃圾厂分散制造后，再收集起来进行高效发电，有利于提高垃圾发电的规模和效益，比用原生垃圾焚烧发电效率提高 25%～35%，从而使得大规模的热能循环利用成为可能。RDF 经分选、脱氯、脱硫处理，可大大减轻烟气对设备的腐蚀，烟气和灰渣比原生垃圾焚烧时减少 2/3，并减少了相关处理设备的投资。产生的烟气不需要复杂的处理，灰渣干净易治理，含钙量高，可以再利用，减少填埋量。

垃圾衍生燃料技术的主要生产工艺如图 5-25 所示。

城市生活垃圾固型燃料的制备工艺一般有散装 RDF 制备工艺、干燥成型 RDF 制备工艺和化学处理的 RDF 制备工艺。

(1) 散装 RDF 制备工艺

散装 RDF 是由美国研发的，目前主要在美国应用。该工艺非常简单（如图 5-26 所示），生产的 RDF 与原生活垃圾相比具有不含大件垃圾、不含非可燃物、粒度比较均匀和利于燃烧等优点；但有不宜长期储存、长途运输，否则易于发酵产生沼气、CO、CO_2 和恶臭，污染环境等缺点。

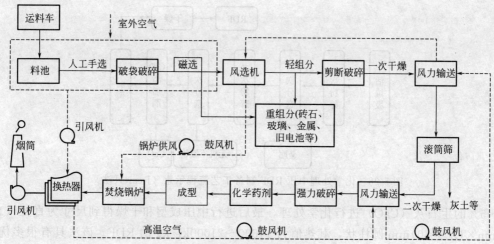

图 5-25 垃圾衍生燃料技术的主要生产工艺

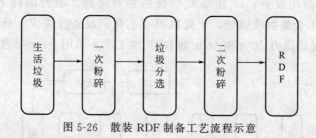

图 5-26 散装 RDF 制备工艺流程示意

(2) 干燥成型 RDF 制备工艺

干燥成型 RDF 制备工艺是由美国、欧洲的一些国家开发的。城市生活垃圾经粉碎、分选、干燥和高压成型等加工工序后，其最终的形状一般为圆柱状。它具有适于长期储存、长途运输、性能较稳定等优点。缺点是不易将城市生活垃圾中的厨余除去、干燥后短时间内较稳定，长时间储存后易吸湿。干燥成型 RDF 制备工艺流程如图 5-27 所示。

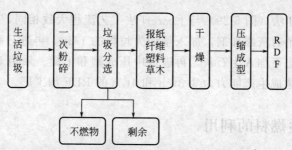

图 5-27 干燥成型 RDF 制备工艺流程示意

(3) 化学处理的 RDF 制备工艺

化学处理 RDF 有两种制备工艺，一种是瑞士的卡特热公司的 J-carerl 法，另一种是日本再生管理公司的 RMJ 法。

① J-carerl 法 J-carerl 法工艺流程（图 5-28）的特点是先将含有厨余、不燃物的生活垃圾进行破碎，然后将金属、无机不燃物分选除去，在余下的可燃生活垃圾中加入垃圾量

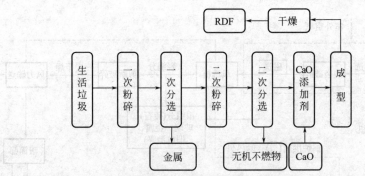

图 5-28　化学处理中压 RDF 制备工艺流程示意（J-carerl 法）

3%～5%的生石灰（CaO）进行化学处理，最后进行中压成型和干燥得到尺寸为直径（10～20)mm×(20～80)mm 圆柱状，其热值为 14600～21000kJ/kg 的 RDF。该法具有很多优点：a. RDF 可长期储存不发臭，燃烧时 NO_x、HCl 和 SO_x 的量少，并抑制了二噁英的产生；b. RDF 成型时不需高压设备；c. 压缩成型机的容量降低，动力消耗下降，运行费用低；d. 干燥机内塑料等不会熔融或燃烧，干燥机可小型化，设备投资少。日本在札幌市和小山町等地分别建成日处理能力 200t 和 150t 的 RDF 加工厂，采用 J-carerl 法。

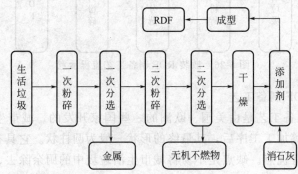

图 5-29　化学处理高压 RDF 制备工艺流程示意（RMJ 法）

　　② RMJ 法　RMJ 法（图 5-29）与 J-carerl 法工艺流程大致相同，优点也差不多。RMJ 法是先干燥，再加入消石灰添加剂，加入量约为垃圾的 1/10，再进行高压成型；J-carerl 法是先在垃圾含湿的状态下加入生石灰，再进行中压成型和干燥。采用 RMJ 法，目前日本在资贺县和富山县分别建成生产能力为 3.3t/h 和 4t/h 的 RDF 加工厂。

5.3.6　垃圾衍生燃料的利用

　　垃圾衍生燃料具有热值高、燃烧稳定、易于运输、易于储存、二次污染低和二噁英类物质排放量低等特点，广泛应用于干燥工程、水泥制造、供热工程和发电工程等领域。

　　RDF 技术在国外已应用多年，目前欧美等国家主要偏重于发展 RDF-2 和 RDF-3，在欧洲已有 RDF-5 的商品，而日本则是着重在 RDF-5 的应用上。发达国家对 RDF 技术的重视，使其应用范围不断扩大，目前主要应用在以下几个方面。

　　① 中小公共场合　主要是指温水游泳池、体育馆、医院、公共浴池、老人福利院、融

化积雪等方面。

② 干燥工程　在特制的锅炉中燃烧 RDF，将其作为干燥和热脱臭中的热源利用。

③ 水泥制造　日本将 RDF 的燃烧灰作为水泥制造中的原料进行利用，从而取消 RDF 的燃烧灰处理过程，降低运行费用。此技术已实现了工业化应用。

④ 地区供热工程　在供热工程基础建设比较完备的地区，只需建设专门的 RDF 燃烧锅炉就可以实现 RDF 供热，投资较少。

⑤ 发电工程　在火力发电厂将 RDF 与煤混燃进行发电，十分经济。在特制的 RDF 燃烧锅炉中进行小型规模的燃烧发电，也得到了较快的发展。日本政府从 1993 年开始研究 RDF 燃烧发电方案，并已投资进行 RDF 燃烧发电厂的建设。

⑥ 作为炭化物应用　将 RDF 在空气隔绝的情况下进行热解炭化，制得的可燃气体燃烧，作为干燥工程的热源，热解残留物即为炭化物，可作为还原剂在炼铁高炉中替代焦炭进行利用。

美国是世界上第一个将 RDF 作为化石燃料的替代品用于发电的，目前已有 RDF 发电厂 37 家，占发电总量的 21.6%，美国 Columbia 大学对用轮胎制备 RDF 做过初步试验研究，美国密苏里大学哥伦比亚分校着重在 RDF 与煤混合燃烧特性进行研究。日本是亚洲应用 RDF 技术最先进的国家之一，日本的 Ishikawajima-Harima Heavy Industries Co. Ltd. 对 RDF（单纯可燃垃圾制成）成型、生产研究深入，可以达到中小规模商用化，日本名古屋大学（Nagoya University）对 RDF 生产中燃烧、腐蚀及有害气体的吸附和防止有较多的研究，它于 20 世纪 90 年代就着手开发 RDF 燃烧实验，从 1997 年开始进行设备的设计、制造和安装，1998 进行燃烧实验，最后发现其发电效率达到 35%，比直接焚烧垃圾提高了 130%，而且大幅度地降低了二次污染，最后以政府资助的方式大力推动 RDF 技术的应用，到现在已有 40 多座 RDF 燃料制造厂在进行生产，生产出来的 RDF 主要应用于发电[3]。

国内对 RDF 技术的应用起步较晚，但是也取得了一些进展，中国科学院广州能源研究所固体废物能利用实验室和太原理工大学煤科学与技术山西省重点实验室，1996 年两单位在国内率先开展一系列 RDF 成型、热解、气化、污染物控制等方面的研究，并联合培养了 RDF 技术领域方面的博士生。四川雷鸣生物环保工程有限公司已研究设计出符合国内垃圾特性的混合垃圾焚烧炉垃圾衍生燃料 RDF 生产线，已建成示范装置。同济大学崔文静、周恭明等对矿化垃圾制备 RDF 燃料进行研究，他们是基于矿化垃圾的特点，通过对矿化垃圾可燃物质的分离提纯，并对其理化性质、燃烧和热解过程的分析，从而对矿化垃圾中的可燃成分用作制备 RDF 原材料的价值进行了初步评价。四川海法可再生能源开发有限公司利用选自生活垃圾的可燃组分加工而成的垃圾衍生燃料，部分替代都江堰水泥厂水泥生产所需要的煤耗，提供垃圾衍生燃料 350t/d，节约用煤量约 6.5×10^4 t/a，并实现 SO_2 减排 40t/a。黑龙江省环境保护科学研究院的张显辉、任卉等对 RDF 的制备过程及其对环境的影响进行了研究，并研究了三种 RDF 的燃烧技术。刘鲲、于敏等将铁路客运站车垃圾制成复合垃圾衍生燃料（C-RDF），掺混到正在运行的燃煤锅炉中进行混燃，掺混比例为 30% C-RDF 和 70% 煤。

衍生燃料技术的推广，必须得到政府的积极支持，如落实税收优惠政策等。衍生燃料技术具有广阔的应用前景，目前限制发展的主要原因就是成本太高。2010 年在苏州市甪直镇建成的 RDF 生产基地中解决了这个难题，他们先用垃圾源头提质后制备 RDF，首先按质分类，按质收集，然后进行人工分选机械分选在破碎压制成型。该系统降低成本的主要原因就是垃圾按质分类收集后，原料的含水率在 15% 左右，节省了干燥的很大一部分成本，目前正在协商产业化中[3]。

在 RDF 燃烧技术研究方面，目前有 3 种方式[5]。

(1) RDF 流化床燃烧技术

目前循环流化床技术以及内循环流化床技术较为普遍。如成川公史等以及丰田隆治在进行燃烧实验时使用的是循环流化床技术，并研究了 Ca 的加入对尾气成分的影响。结果表明：RDF 中的钙化物在燃烧时有很好的除盐酸气的效果。而日本荏原公司则研究开发了内循环流化床 RDF 燃烧技术。

(2) RDF 与煤在煤粉炉中的燃烧技术

燃烧煤的煤粉炉由于垃圾成分和尺寸波动较大，很难直接用于燃烧生活垃圾，而在煤中焚烧 RDF 被证明是可行的并且有效的。

(3) RDF 用于气化

据报道，当气化温度超过 900℃ 时，RDF 的热值比气化气体的热值高，说明垃圾 RDF 可以用于气化。另外在 RDF 气化过程中添加一些添加剂如高岭石，可以使重金属被固化在固体中。目前在意大利的 Greve 市建有垃圾 RDF 气化示范工程。

5.3.7 存在的问题[6]

垃圾衍生物利用过程中也存在许多问题，主要有以下 2 类。

1) 近年来，垃圾被用于获取热能，但是以单纯焚烧垃圾的方式供热发电等过程中，会产生二次污染尤其是烟气问题。

2) 垃圾中的含氯物质在热处理过程中会产生 HCl 气体，一方面会引发炉体高温腐蚀的问题；另一方面，它对植物有较强的破坏作用，排放在大气中会形成酸雨造成大气污染。据研究，当温度超过 300℃ 时，HCl 对金属的腐蚀速率迅速加快，但若以此发电的锅炉温度控制在 300℃ 以下，会致使发电效率仅有 10%～15%。因此如何有效控制 HCl 的生成对垃圾热利用和发电技术的发展有着重要的意义。

5.3.7.1 燃烧污染排放烟气分析

(1) SO_2 的生成特性分析

SO_2 对环境的危害比较大，是形成酸雨的主要来源之一。垃圾与煤粉混燃过程中产生的 SO_2 主要是来自于煤，但垃圾中可能含有的少量含硫化合物燃烧后也会产生 SO_2。

① S 的赋存形态　煤中的 S 以多种不同的形态存在，大致可分为可燃硫和不可燃硫两类。可燃硫在一定的条件下可以燃烧从而产生 SO_2，不可燃硫则不能。可燃硫包括有机可燃硫和无机可燃硫两类。有机可燃硫的化学分子式可表示为 $C_x H_y S_z$，包括硫醇、硫醚、硫酮、噻吩等。无机可燃硫主要是黄铁矿，有些煤中含有少量的元素硫和方铅矿、闪锌矿等。不可燃硫主要是硫酸盐硫，通常是石膏（$CaSO_4 \cdot 2H_2O$），有时还含有绿矾（$FeSO_4 \cdot 7H_2O$）等。煤中所含的 S 90% 以上是黄铁矿硫、有机硫及元素 S 等可燃硫。

② 煤中 S 的转化　在煤燃烧过程中，处于氧化气氛中的所有可燃硫，都会在受热时从

煤中释放出来，并被氧化为SO_2。煤燃烧中SO_2的生成过程主要包括：黄铁矿的氧化、有机硫的氧化、SO的氧化及元素S的氧化等。

在燃煤锅炉的一般燃烧条件下，黄铁矿和O_2反应比较完全，即：

$$4FeS_2 + 11O_2 \longrightarrow 2Fe_2O_3 + 8SO_2$$

当炉内温度较高时，反应产物还有Fe_3O_4。

有机可燃硫在温度超过200℃时可以部分分解，释放出H_2S、硫醚、硫醇及噻吩等物质。这些物质的燃点较低，当温度达到300℃以上时，即可燃烧生成SO_2；未分解的部分和O_2直接反应燃烧：

$$C_xH_yS_z + nO_2 \longrightarrow zSO_2 + xCO_2 + \frac{1}{2}yH_2O$$

大多数煤种有机硫的分解反应在490℃左右即可结束，但某些特殊煤种的S元素以芳香硫形式存在时，反应可持续到900℃以上。硫铁矿S的氧化在400℃左右开始，580℃左右结束，反应生成SO_2和Fe_2O_3。

硫酸盐中S的理论分解温度很高，一般高于1350℃。在通常的燃烧温度下基本上不会分解，不过在某些物质如MnO_2、Cl_2等存在时，温度低于1000℃也可以有少量分解。在煤粉炉炉膛中心温度高达1500～1600℃的条件下，也会有部分硫酸盐发生热解反应生成SO_3，大部分硫酸盐硫随灰渣及飞灰固定下来。

如果以煤中的可燃硫含量来计算SO_2的生成量，往往和实测值有一定差别，因为有时并不是全部可燃硫都能发生反应而生成SO_2。在煤中某些碱金属氧化物和一定炉内燃烧条件下，可以有少量的S（占5%～10%）被灰渣固定下来。

③ 垃圾中硫的转化　垃圾中的含硫化合物焚烧氧化也会产生SO_2。而在还原气氛条件中，垃圾中的H_2S一般经由如下的动力学过程氧化成SO_2。

$$H_2S \longrightarrow HS \longrightarrow SO \longrightarrow SO_2$$

反应为：

$$2H_2S + 3O_2 \longrightarrow 2SO_2 + 2H_2O$$

$$S + O_2 \longrightarrow SO_2$$

$$Cl_2 + H_2O + SO_2 \longrightarrow SO_3 + 2HCl$$

$$C_xH_yO_zS_p + O_2 \longrightarrow CO_2 + H_2O + SO_2$$

④ SO_3的形成机制　燃烧过程中，在炉膛的高温条件下存在氧原子或在受热面上有催化剂时，一部分SO_2会转化为SO_3，但比例较小，一般生成的SO_3不到SO_2的2%。对于煤粉炉，当过量空气系数大于1.0时，烟气中也会有0.5%～2.0%的SO_2进一步氧化成SO_3。在硫转化过程中，湿度对SO_2的转化率有重要的影响。相对湿度低于40%转化速率缓慢，相对湿度高于70%，转化速率明显提高。

SO_3的形成机理主要有：在高温燃烧区域存在的自由氧分裂成具有高反应能力的氧原子，将SO_2进一步氧化成SO_3；烟气接触到某些具有催化性质的物质，如Fe_2O_3、V_2O_3等，促使微量SO_2氧化成SO_3，催化作用的主要温度范围是425～625℃；硫酸盐矿物质的高温分解。

(2) CO的生成特性分析

CO是由于可燃物的不完全燃烧产生的，它是烃类燃料和氧发生的化学反应的中间产物。CO 对人体有毒，因为它能与血液中携带氧的血红蛋白（Hb）形成稳定配合物 COHb。CO 与血红蛋白的亲和力为 O_2 的 230～270 倍。COHb 配合物一旦形成，就使血红蛋白丧失了输送 O_2 的能力，所以 CO 中毒将导致组织低氧症。如果血液中 50% 血红蛋白与 CO 结合，即可引起心肌坏死。同时，产生过多的 CO 会使燃烧效率降低，浪费能源资源，从而会对能源和环境造成更大的压力，因此尾气中 CO 的排放量是检验锅炉等燃烧设备性能的一个重要指标。

可燃物中的 C 元素的大部分被氧化成 CO_2，但由于燃料在燃烧过程中炉膛局部供氧不足或温度较低，就会产生 CO 排放到周围环境中。当燃烧温度接近 1500℃ 时，CO 转化成 CO_2 的平衡常数会降低，造成 CO 浓度明显升高。关于 CO 的主要反应有：

$$3C + 2O_2 \longrightarrow CO_2 + 2CO$$
$$C + CO_2 \longrightarrow 2CO$$
$$C + H_2O \longrightarrow CO + H_2$$

(3) NO_x 的生成特性分析

燃料在燃烧过程中产生的氮氧化合物主要是 NO，另外还有少量 NO_2，NO_x 在大气中通过一系列复杂的化学反应生成 HNO_2、HNO_3，不仅能够产生酸雨而且还能促进大气气溶胶的形成，同时对人体健康也有很大的威胁。NO_x 的生成量和排放量与燃烧温度和过量空气系数等燃烧条件关系密切。

燃料燃烧过程中生成的氮氧化物可分为热力型、燃料型和快速型 3 种。

① 热力型 NO_x　热力型 NO_x 是燃烧时空气中的氮（N_2）和氧（O_2）在高温下生成的 NO 和 NO_2 的总和。根据捷里多维奇理论，在高温下生成 NO 和 NO_2 的总反应式为：

$$N_2 + O_2 \Longleftrightarrow 2NO$$
$$NO + \frac{1}{2}O_2 \Longleftrightarrow NO_2$$

热力型 NO_x 主要的影响因素是温度和反应环境中的氧浓度。温度对生成速率的影响呈指数函数关系。在 1350℃ 以下时，热力型 NO_x 生成量很少，但随着温度的升高，NO_x 生成量迅速增加，当温度达到 1600℃ 时，热力型 NO_x 生成量可占炉内 NO_x 的生成总量的 25%～30%。研究表明，热力型 NO_x 生成速率与氧浓度的平方根成正比。

② 燃料型 NO_x　燃料型 NO_x 是燃料中的氮化合物在燃烧过程中发生热分解，并进一步氧化生成的（同时还伴随 NO 的还原反应）。

燃料型 NO_x 的生成机制非常复杂，其生成和破坏过程不仅和燃料的特性、结构、燃料中的 N 受热分解后在挥发分和焦炭的比例、成分和分布有关，而且大量的反应过程还和燃烧条件如温度和 O 及各种成分的浓度等密切相关。总结近年来的研究工作，燃料型 NO_x 的生成机理，大致有以下规律。

1）在一般的燃烧条件下，燃料中的氮有机物首先被分解成氰化氢（HCN）、氨（NH_3）和 CN 等中间产物，它们随挥发分一起从燃料中析出，称之为挥发分 N，挥发分 N 析出后仍残留在焦炭中的氮有机物，称之为焦炭 N。

2）挥发分 N 中最主要的氮化合物是 HCN 和 NH_3。

3）挥发分 N 中 HCN 被氧化的主要反应途径如图 5-30 所示。

从上面的反应途径可以看出，挥发分中的 HCN 氧化成 NCO 后，可能有两条反应途径，取决于 NCO 进一步所遇到的反应条件。在氧化气氛中，NCO 会进一步氧化成 NO，如遇到还原气氛，则 NCO 转化为 NH，此时 NH 在氧化气氛中被氧化成 NO，成为 NO 的生成源。同时，又能与已生成的 NO 进行还原反应，使 NO 还原成 N_2，成为 NO 的还原剂，由此可见，燃料型 NO_x 的反应机制比热力型 NO_x 的复杂得多。

4）挥发分 N 中 NH_3 被氧化的主要反应途径如图 5-31 所示：

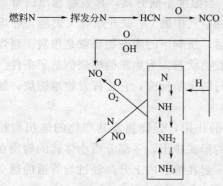
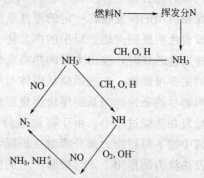

图 5-30　HCN 被氧化的主要途径　　　　图 5-31　NH_3 被氧化的主要途径

根据这一反应途径，NH_3 可能作为 NO 的生成源，也可能成为 NO 的还原剂。

5）在通常的燃烧温度下，燃料型 NO_x 主要来自挥发分氮燃料燃烧时由挥发分生成的 NO_x 占燃料型 NO_x 的 $60\%\sim80\%$，由焦炭 N 所生成的 NO_x 占 $20\%\sim40\%$。焦炭 N 的析出情况比较复杂，这与 N 在焦炭中 N—C、C—H 之间的结合状态有关。有人认为，焦炭 N 是通过焦炭表面多相氧化反应直接生成 NO_x 的。也有人认为焦炭 N 和挥发分 N 一样，是首先以 HCN 和 CN 的形式析出后再和挥发分 NO_x 的生成途径一样氧化为 NO_x。但研究表明，在氧化性气氛中，随着过量空气的增加，挥发分 NO_x 迅速增加，明显超过焦炭 NO_x，而焦炭 NO_x 的增加则较少。

影响燃料型 NO_x 生成的因素主要是煤质（含氮量、挥发分、燃料比等）与燃烧设备运行参数两方面的因素。锅炉燃烧运行方面的因素主要是燃烧区的氧浓度和火焰温度等。燃料型 NO_x 生成速率与燃烧区的氧气浓度的平方成正比。

③ 快速型 NO_x　目前对煤燃烧烟气生成机制的研究表明，快速型氮氧化物占 NO_x 生成总量的比例不到 5%。燃煤锅炉生成的氮氧化物（NO_x）主要是 NO 和少量的 NO_2。对于炉内温度低于 2000K 的炉膛，生成的 NO_x 中燃料型最多，占总量 $75\%\sim80\%$；热力型次之；快速型最少。

5.3.7.2　烟尘颗粒的生成机制

烟尘是燃料燃烧的产物。烟，是一种固体颗粒气溶胶。一般为燃烧冶炼过程中熔化的物质在高温下蒸发后又在空气中降温凝聚而产生的。尘，是燃料不完全燃烧的产物，与燃烧方式有很大关系。其颗粒一般在几个、几十个到几百个微米，个别也有几个毫米的颗粒。

烟尘按其重力作用下的沉降特征可以分为：总悬浮颗粒（指粒径小于 $100\mu m$ 的所有颗粒）、降尘（指粒径大于 $10\mu m$ 在重力作用下能很快落到地面的颗粒物）、飘尘（指粒径在 $10\mu m$ 以下可进入人体呼吸道的颗粒）和黑烟（通常指小于 $1\mu m$ 的颗粒和气体的混合物）。

其中飘尘是对人体危害最大的颗粒，几乎都可以进入鼻腔和咽喉，它可以几小时或更长时间飘浮在大气中，其中粒径为 $0.5 \sim 5.0 \mu m$ 的尘粒，由于气体的扩散作用，可以进入人体肺部黏附在肺泡壁上，通过血液送往全身，从而引发各种疾病。

在煤的燃烧过程中，当煤块受热后温度达 100℃，煤中水分就逐渐被烘干。当煤块温度继续升温时，在煤尚未与空气作用的条件下，煤开始干馏出碳氧化合物及少量的 H_2 和 CO，这些气体的混合物叫挥发物（着火 250～700℃）。当温度不断升高，挥发物逸出的量不断增多，煤粒周围的挥发物在一定的温度条件下，遇到空气中的 O_2 就开始着火燃烧，在煤粒外层形成黄色明亮的火焰。煤中的挥发物全部逸出后，所剩下的固态物质就是焦炭。当煤块周围的挥发物燃烧时，放出大量的热将焦炭加热到红热状态，为焦炭的燃烧创造了条件。焦炭是煤的主要可燃物，它的燃烧是固体与气体间进行的化学反应，它比挥发物难燃烧，如何创造焦炭燃尽的条件，关系到煤块燃烧程度。

垃圾在焚烧过程中，由于高温热分解、氧化的作用，燃烧物及其产物的体积和粒度减小。其中的不可燃物大部分滞留在炉排上以炉渣的形式排出，一部分质小体轻的物质在气流携带及热泳力的作用下，与炉膛产生的高温气体一起在炉膛内上升，经过与管道的热交换后从烟囱出口排出，形成含有颗粒物即飞灰的烟气流。

5.3.7.3　HCl 的生成特性及控制途径

国内外学者对 PVC 热解或燃烧时生成 HCl 的特性及 NaCl 生成 HCl 的特性都进行了较为深入的研究。有人对煤中的 HCl 释放特性做了许多研究，结果显示 HCl 的释放主要来自垃圾中有机氯的分解，但是同时垃圾中无机氯在焚烧过程同样会有大量 HCl 放出。RDF 不仅组成相对稳定有利于污染物质的控制，而且成型过程中钙化物等添加剂的加入可以减少 HCl 酸性气体的生成。对于钙化物脱除 HCl 的特性，国内外学者也进行了较多的研究。研究表明，钙的化合物脱氯的最佳温度范围为 873～973K，脱氯反应的动力学可用收缩核模型描述，钙化物的加入促使 RDF 自身在燃烧过程中脱除氯化氢。973K 是最佳脱氯温度，RDF 燃烧过程中释放的氯大部分被 RDF 中的钙化物所捕获。

(1) HCl 的理化特性

常温下 HCl 为无色气体，有刺激气味，极易溶于水而形成盐酸。HCl 对人体的危害很严重，能腐蚀皮肤和黏膜，致使声音沙哑，鼻黏膜溃疡，眼角膜浑浊，咳嗽直至咳血，严重者出现水肿以致死亡。对于植物 HCl 会导致叶子褪绿，进而变黄、棕、红至黑色的坏死现象。在锅炉中 HCl 的存在可能会腐蚀管壁。

$$Fe + 2HCl \longrightarrow FeCl_2 + H_2$$

$$FeO + 2HCl \longrightarrow FeCl_2 + H_2O$$

$$Fe_2O_3 + 2HCl + CO \longrightarrow FeO + FeCl_2 + H_2O + CO_2$$

$$Fe_3O_4 + 4HCl + CO \longrightarrow FeO + 2FeCl_2 + 2H_2O + CO_2$$

除了对 Fe 及其氧化物腐蚀外，Cl 与氯化物还可能在高温条件下对 Cr_2O_3 保护膜造成腐蚀：

$$Cr_2O_3 + 4HCl + H_2 \longrightarrow 2CrCl_2 + 3H_2O$$

(2) 垃圾焚烧中 HCl 的生成机制

垃圾焚烧过程中 HCl 主要来源于垃圾中的食盐、PVC 等含氯废物。以 NaCl 和 PVC

为例。

对 NaCl，以下反应可生成 HCl：

$$NaCl + H_2O \longrightarrow NaOH + HCl$$

$$2NaCl + H_2O + SO_2 \longrightarrow Na_2SO_3 + 2HCl$$

$$2NaCl + H_2O + SO_3 \longrightarrow Na_2SO_4 + 2HCl$$

$$2NaCl + H_2O + SiO_2 \longrightarrow Na_2SiO_3 + 2HCl$$

对 PVC，其热解产生 HCl 的反应可能为：

$$PVC \longrightarrow L + HCl + R + HC$$

式中，L 为凝结性有机物；R 为固体焦炭；HC 为挥发性有机组分。

在充分燃烧的情况下，垃圾中有 50%～60% 的 NaCl 会转化为 HCl。在温度低于 360℃ 时无机氯是以固态 NaCl 形式存在的，而温度超过 360℃ 后，NaCl 开始和垃圾中其他成灰元素结合生成 $Al_2O_3 \cdot Na_2O \cdot 6SiO_2$（名称为钠长石），因此无机氯也开始转化为 HCl 气体。

随着温度升高到 800℃ 后，HCl 浓度开始下降而气态 NaCl 浓度上升，这是由垃圾在焚烧过程中无机氯盐生成 HCl 气体的反应在温度超过 800℃ 后 $\Delta G > 0$，反应开始逆向进行，在消耗 HCl 的同时生成气态 NaCl 而造成的。

$$4NaCl(g) + 2SO_2(g) + O_2(g) + 2H_2O(g) = 2Na_2SO_4 + 4HCl(g)$$

(3) HCl 的生成特性分析

① 垃圾的燃烧特性分析　垃圾的基本燃烧特性通常采用燃烧三组分方法进行描述，即废物组成以水分、可燃分和不可燃分来表示。水分组成的分析方法类似含水率的测定，是固体废物在 105℃ 下干燥至恒重后的质量减少量。可燃分和不可燃分的分析方法是在有氧环境中进行的，燃烧过程中固体废物的失重量即为固体废物的可燃组分组成，而残留量为不可燃组分。

② 垃圾中可燃组分元素的物料平衡　根据固体废物的元素分析结果，固体废物中的可燃组分可用 $C_xH_yO_zN_uS_vCl_w$ 表示，固体废物的完全燃烧的氧化反应可用总反应式来表示：

$$C_xH_yO_zN_uS_vCl_w + \left(x + y + \frac{y-w}{4} - \frac{z}{2}\right)O_2 \longrightarrow xCO_2 + wHCl + \frac{u}{2}N_2 + vSO_2 + \left(\frac{y-w}{2}\right)H_2O$$

燃烧空气和烟气的物料平衡就是根据固体废物的元素分析结果和上述燃烧化学反应方程式，计算燃烧所需空气量和烟气量及其相应组成的。

理论燃烧空气量是指废物（或燃料）完全燃烧时，所需要的最低空气量，一般以 A_0 来表示。固体废物中 C、H、O、S、N、Cl 的含量分别以 y_C、y_H、y_O、y_S、y_N、y_{Cl} 来表示，根据固体废物的完全燃烧化学反应方程式，可以计算理论空气量。

但值得注意的一点是，由于固体废物燃烧过程中，Cl 元素可以与 H 元素反应生成 HCl 气体进入烟气，从而减少相应与 H_2 反应的氧气量。因此在含氯量较高的固体废物焚烧的理论燃烧空气量的计算中，应注意 Cl 元素的影响。因此 1kg 垃圾完全燃烧的理论 O_2 需要量 $V_{O_2}^0$ 为：

$$V_{O_2}^0 (m^3/kg) = 1.866y_C + 0.7y_S + 5.66(y_H - 0.028y_{Cl}) - 0.7y_O$$

空气中 O_2 的体积含量为 21%，所以 1kg 垃圾完全燃烧的理论空气需要量 A_0 为：

$$A_0 (m^3/kg) = [1.886y_C + 0.7y_S + 5.66(y_H - 0.028y_{Cl}) - 0.7y_O]/0.2$$

在实际燃烧过程中，由于垃圾不可能与空气中的 O_2 达到完全混合。为了保证垃圾中的可燃组分完全燃烧，实际空气供气量要大于理论空气需要量。两者的比值即为过量空气系数 α。实际供给的空气量 A 为：

$$A = \alpha A_0$$

固体废物以理论空气量完全燃烧时的燃烧烟气量称为理论烟气产生量。根据固体废物的元素组成，分别以 C、H、O、S、N、Cl、W 表示单位废物中 C、H、O、S、N、Cl 和水分的质量比，则理论燃烧湿基烟气量为：

$$G_0(\text{m}^3/\text{kg}) = 0.79A_0 + 1.867C + 0.7S + 0.631Cl + 0.8N + 11.2(H - 0.028Cl) + 1.244W$$

理论燃烧干基烟气量为：

$$G_0(\text{m}^3/\text{kg}) = 0.79A_0 + 1.867C + 0.7S + 0.631Cl + 0.8N$$

将实际焚烧烟气量的潮湿气体和干燥气体分别以 G 和 G' 来表示，其相互关系可用下式表示：

$$G = G_0 + (m-1)A_0 \quad \text{和} \quad G' = G_0' + (m-1)A_0$$

则生成的 HCl 烟气可由以下计算过程得出：

HCl 的体积分数组成，湿烟气为 $0.631Cl/G$，干烟气为 $0.631Cl/G'$；

HCl 的质量分数组成，湿烟气为 $1.03Cl/G$，干烟气为 $1.03Cl/G'$。

5.3.7.4 HCl 的控制途径分析

垃圾焚烧时的 HCl 主要来源于塑料和 PVC 类物质以及食物中存在的无机氯化物的焚烧。为了减少 HCl 的排放量，可以对收集的垃圾进行分选。垃圾中有很大一部分由塑料制品组成。塑料制品可以作为再生资源回收，这样可使垃圾减容减量，也可减轻支付给环卫部门的垃圾经费，同时还可减少垃圾储运环节中的一些运输费用等。

基本剔除塑料成分后，剩余的垃圾成分与煤粉等比例混合配制成垃圾衍生燃料。此时，燃烧 RDF 时 HCl 的生成主要由食物中所含的无机氯化物（主要为 NaCl）贡献。

5.3.7.5 钙化物脱除 RDF 中 HCl 的机制

对于产生的 HCl 气体，可以考虑通过在 RDF 预处理中加入钙化物，达到在脱硫的同时也可以降低 HCl 浓度的效果。常用脱氯剂 CaO、Ca(OH)₂、CaCO₃ 单独与 HCl 气体作用进行脱氯的反应如下：

$$CaCO_3(s) + 2HCl(g) \Longrightarrow CaCl_2(s) + H_2O(g) + CO_2(g)$$

$$CaO(s) + 2HCl(g) \Longrightarrow CaCl_2(s) + H_2O(g)$$

$$Ca(OH)_2(s) + 2HCl(g) \Longrightarrow CaCl_2(s) + 2H_2O(g)$$

当温度高于 400℃ 时，Ca(OH)₂ 还会发生如下反应：

$$Ca(OH)_2(s) \Longrightarrow CaO(s) + H_2O(g)$$

$$CaO(s) + 2HCl(g) \Longrightarrow CaCl_2(s) + 2H_2O(g)$$

研究表明，加入的各种钙化物脱氯剂中，Ca(OH)₂ 的脱氯效果比较好。RDF 在预处理中应加入的钙化物的量通常按照一定范围内的 Ca/S 或 Ca/Cl 值进行计算。

钙硫摩尔比（Ca/S）可按以下公式计算：

$$Ca/S = \frac{CaCO_3 \times G}{100} \Big/ \frac{S \times B}{32} = \frac{32}{100} \times \frac{CaCO_3}{S} \times \frac{G}{B}$$

式中，32 为 S 的相对分子质量；100 为 $CaCO_3$ 的相对分子质量；G 为石灰石的下料量，lb/h（1lb=454g）；B 为煤的下料量，lb/h；$CaCO_3$ 为石灰石中 $CaCO_3$ 的含量，%；S 为煤中硫的含量，%。

类似地，可以定义钙氯摩尔比（Ca/Cl）：

$$Ca/Cl = \frac{CaCO_3 \times G}{100} \bigg/ \frac{Cl \times B}{35.5} = \frac{35.5}{100} \times \frac{CaCO_3}{Cl} \times \frac{G}{B}$$

研究表明，当 Ca/2Cl 达到 2 时，HCl 的脱除率可达到 99.75%。另有研究表明，当 Ca/(S+0.5Cl)<2.5 时，随着此比值的增大脱氯效果越明显，而当 Ca/(S+0.5Cl)>2.5 时，脱氯效果逐渐减小。研究中当比值为 2.5 时，脱氯效果达到 82.23%。

5.4 污泥衍生燃料制备与利用

5.4.1 污泥的特性及分类[7]

5.4.1.1 污泥的特性

污泥是城市污水处理厂在各级污水处理净化后所产生的含水量为 75%~99% 的固体或流体状物质。污泥的固体成分主要包括有机残片、细菌菌体、无机颗粒、胶体及絮凝所用药剂等。污泥是一种以有机成分为主、组分复杂的混合物，其中包含有潜在利用价值的有机质、氮（N）、磷（P）、钾（K）和各种微量元素，同时也含有大量的病原体、寄生虫（卵）、重金属和多种有毒有害有机污染物，如果不能妥善安全地对其进行处理处置，将会给生态环境带来巨大的危害。图 5-32 所示为污泥的主要组成。

（1）物理特性

污泥是一种含水率高（液态污泥含水率为 97% 左右，脱水污泥含水率为 80% 左右）、呈黑色或黑褐色的流体状物质。污泥由水中悬浮固体经不同方式胶结凝聚而成，结构松散、形状不规则、比表面积与孔隙率极高（孔隙率常大于 99%），其特点是含水率高、脱水性差、易腐败、产生恶臭、相对密度较小、颗粒较细，从外观上看具有类似绒毛的分支与网状结构。

污泥脱水后为黑色泥饼，自然风干后呈颗粒状，硬度大且不易粉碎。

污泥的主要物相组成是有机质和硅酸盐黏土矿物。当有机质含量大于硅酸盐黏土矿物含量时，称为有机污泥；当硅酸盐黏土矿物含量大于有机质含量时，称为土质污泥；当两者含量大致相同时，称为有机土质污泥。

① 水分分布特性　根据污泥中水分与污泥颗粒的物理绑定位置，可以将其分为四种形态：间隙水、毛细结合水、表面吸附水、和内部结合水。

1）间隙水又称为自由水，没有与污泥颗粒直接绑定。一般要占污泥中总含水量的 65%~85%，这部分水是污泥浓缩的主要对象，可以通过重力或机械力分离。

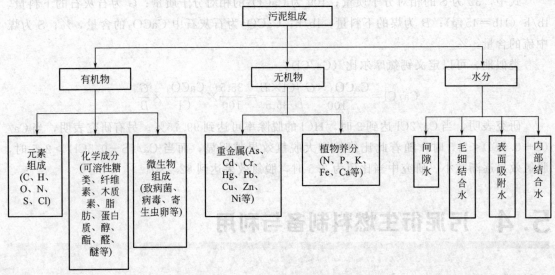

图 5-32 污泥的主要组成

2）毛细结合水，通过毛细力绑定在污泥絮状体中。浓缩作用不能将毛细结合水分离，分离毛细结合水需要有较高的机械作用力和能量，如真空过滤、压力过滤、离心分离和挤压可去除这部分水分。各类毛细结合水占污泥中总含水量的 15%～25%。

3）表面吸附水，覆盖污泥颗粒的整个表面，通过表面张力作用吸附。

4）内部结合水，指包含在污泥中微生物细胞体内的水分，含量多少与污泥中微生物细胞体所占比例有关。去除这部分水分必须破坏细胞膜，使细胞液渗出，由内部结合水变为外部液体。内部结合水一般只占污泥中总含水量的 10% 左右。内部水只能通过热处理等过程去除。

② 沉降特性　污泥沉降特性可用污泥容积指数（sludge volume index，SVI）来评价，其值等于在 30min 内 1000mL 水样中所沉淀的污泥容积与混合液浓度之比，具体计算公式如下：

$$SVI = V/C_{SS}$$

式中，V 为 30min 沉降后污泥的体积，mL；C_{SS} 为污泥混合液的浓度，g/L。

③ 流变特性和黏性　评价污泥的流变特性具有良好的现实意义，它可以预测运输、处理和处置过程中污泥的特性变化，可以通过该特性选择最恰当的运输装置及流程。黏性测量的目的是确定污泥切应力与剪切速率之间的关系，污泥黏性受温度、粒径分布、固体含量等多种因素影响。

④ 热值　污泥的热值取决于污泥含水率和元素组成。污泥中主要的可燃元素包括 C、H 和 S，而 S 对污泥热值的贡献通常可忽略不计。污泥中如含有较多的可燃物（油脂、浮渣等），则其热值较高；如含有较多的不可燃物（砂砾、化学沉淀物等），其热值较低。污泥中纯挥发性固体的平均热值大概是 23MJ/kg。

（2）化学特性

生物污泥以微生物为主体，同时包括混入生活污水的泥沙、纤维、动植物残体等固体颗粒，以及可能吸附的有机物、重金属和病原体等物质。污泥的化学特性是考虑如何对其进行资源化利用的重要因素。其中，pH 值、碱度和有机酸是污泥厌氧消化的重要参数；重金属有机污染物是污泥农用、填埋、焚烧的重要参数；热值是污泥气化、热解、湿式氧化的重要参数。表 5-16 是生污泥及熟污泥中典型的化学组分及含量。

表 5-16　生污泥及熟污泥中典型的化学组分及含量

污泥成分	生污泥		熟污泥		变化范围
	变化范围	典型值	变化范围	典型值	
总干固体(TS)/%	2.0～8.0	5	6.0～12.0	10	0.83～1.16
挥发性固体(占总干固体质量分数)/%	60～80	65	30～60	40	59～88
乙醚可溶物/(mg/kg)	6～30	—	5～20	18	—
乙醚抽出物/(mg/kg)	7～35	—	—	—	5～12
蛋白质(占总干固体质量分数)/%	20～30	25	15～20	18	32～41
氮(N 占总干固体质量分数)/%	1.5～4	2.5	15～20	18	32～41
磷(P_2O_5 占总干固体质量分数)/%	0.8～2.8	1.6	1.5～4.0	2.5	2.8～11.0
钾(K_2O 占总干固体质量分数)/%	0～1	0.4	0～3.0	2	0.5～0.7
纤维素(占总干固体质量分数)/%	8.0～15.0	10	8.0～15.0	10	—
铁(非硫化物)/%	2.0～4.0	2.5	3.0～8.0	4	—
硅(SiO_2 占总干固体质量分数)/%	15.0～20.0	—	10.0～20.0	—	—
碱度/(mg/L)	500～1500	600	2500～3500	—	580～1100
有机酸/(mg/L)	200～2000	500	100～600	3000	1100～1700
热值/(kJ/kg)	10000～12500	11000	4000～6000	200	8000～10000
pH 值	5.0～8.0	6	6.5～7.5	7	6.5～8.0

① 丰富的植物营养成分　污泥中含有植物生长发育所需的 N、P、K、Ca、Mg 等大量元素与维持植物正常生长发育的多种微量元素（Ca、Mg、Cu、Zn、Fe 等）和能改良土壤结构的有机质（一般质量分数为 60%～70%），因此它能够改良土壤结构，增加土壤肥力，促进作物的生长。我国 16 个城市里 29 个污水处理厂污泥中有机质及养分含量的统计数据表明，我国城市污泥的有机质含量最高达 696g/kg，平均值为 384g/kg；总氮、总磷、总钾的平均含量分别为 2711g/kg、1413g/kg 和 619g/kg。经过稳定化及消毒后的污泥不但可以农用，也可以用于复垦土地，这取决于当地相关的环保法规。表 5-17 是对美国 6000 种不同污泥中营养物质含量的调查数据。

表 5-17　污泥中营养物质含量

物质成分	平均值	最小值	最大值
N(按 SS 计)/(g/kg)	38.4	0.1	246
P_2O_5(按 SS 计)/(g/kg)	36.5	0.2	344
K_2O(按 SS 计)/(g/kg)	4.2	0.1	95
MgO(按 SS 计)/(g/kg)	9.7	0.1	122
CaO(按 SS 计)/(g/kg)	73.7	0.1	727
SS/%	12	0.1	100

② 多种重金属　城市污水处理厂污泥中的重金属来源多、种类繁、形态复杂,并且许多是对环境毒性比较大的元素,如 Cu、Pb、Zn、Ni、Cr、Hg、Cd 等,它们具有易迁移、易富集、危害大等特点,是限制污泥农业利用的主要因素。

污泥种的重金属主要来自污水,当污水进入污水处理厂时,里面含有各种形态、不同种类的重金属,经过物理、化学、生物等污水处理工艺,大部分重金属会从污水中分离出来,进入污泥。这是一个复杂的过程:如污水经过格栅、沉砂池时,大颗粒的无机盐、矿物颗粒等通过物理沉淀的方式,伴随其中的重金属进入污泥;在化学处理工艺中,大部分以离子、溶液、配合物、胶体等形式存在的重金属元素通过化合物沉淀、化学絮凝、吸附等方式进入污泥;在生物处理阶段,部分重金属可以通过活性污泥中微生物的富集和吸附作用,和剩余活性污泥、生物滤池脱落的生物膜等一起进入污泥。一般来说,来自生活污水污泥中的重金属含量较低,工业废水产生的污泥中重金属含量较高。表 5-18 和表 5-19 为国内部分污水处理厂污泥的重金属含量。

表 5-18　污泥中典型重金属含量(按干污泥计)　　　　　单位: mg/kg

金属元素	浓度范围	平均值
As	1.1~230	10
Cd	1~3.410	10
Cr	10~990000	500
Co	11.3~2490	30
Cu	84~17000	800
Fe	1000~154000	17000
Pb	13~26000	500
Mn	32~9870	260
Hg	0.6~56	6
Mo	0.1~214	4
Ni	2~5300	80
Se	1.7~17.2	5
Sn	2.6~329	14
Zn	101~49000	1700

表 5-19　国内部分城市污水处理厂污泥的重金属含量(按干污泥计)　　　　　单位: mg/kg

项目	Zn	Cu	As	Cd	Cr	Ni
太原杨家堡污水处理厂	831	174	9.7	0.95	145	26.2
唐山市丰润污水处理厂	323	152	16.3	0.56	26.1	63.2
唐山市西郊污水处理厂	482	134	36.4	1.35	56.3	23.9
桂林市污水处理厂	506	154	37	0.9	594	98
济南市水质净化二厂	600.08	102.85	6.36	1.78	166.85	73.13
上海市曹杨污水处理厂	147	146	15	5.6	70	42.9
天津市纪庄子污水处理厂	1095	336	10	3	565	200

③ 大量的有机物　城市污泥中的有机有害成分主要包括聚氯二苯基（PCBs），聚氯二苯氧化物/氧芴（PCDD/PCDF），多环芳烃和有机氯杀虫剂等。大量有机颗粒吸附富集在污泥中，导致许多污泥中有机污染物含量比当地土壤背景值高数倍、数十倍甚至上千倍。

(3) 生物特性

① 生物稳定性　污泥中的生物稳定性评价主要有 2 个指标：降解度和剩余生物活性。

1）降解度。污泥降解度可以描述其生物可降解性。一般来说，厌氧消解污泥的降解度是 40%～50%，好氧消解污泥的降解度是 25%～30%。降解度（P_m，%）可通过下式计算：

$$P_m = (1 - C_{VSS_1}/C_{VSS_0}) \times 100$$

式中，C_{VSS_0} 为消解前污泥中的挥发性固体悬浮物浓度，mg/L；C_{VSS_1} 为消解后污泥中的挥发性固体悬浮物浓度，mg/L。

2）剩余生物活性。污泥的剩余生物活性是通过厌氧消解稳定后，生物气体的再次产生量来测定的。当污泥基本达到完全稳定化后，其生物气体的再次产生量可忽略不计。

② 致病性　污泥中主要的病原体有细菌类、病毒和蠕虫卵，大部分由于被颗粒物吸附而富集到污泥中。在污泥的应用中，病原菌可通过各种途径传播，污染土壤、空气、水源，并通过皮肤接触、呼吸和食物链危及人畜健康，也能在一定程度上加速植物病害的传播。

5.4.1.2　污泥的分类

污水处理厂产生的污泥，可以分为以有机物为主的污泥和以无机物为主的沉渣。污泥依据不同产生阶段可分为生污泥、消化污泥、浓缩污泥、脱水干化污泥和干燥污泥；按处理工艺可以分为初沉污泥、剩余污泥、消化污泥和化学污泥。本书按照污泥处理工艺的分类具体介绍如下。

(1) 初沉污泥

初沉污泥是指一级处理过程中产生的污泥，即在初沉池中初沉淀下来的污泥。含水率一般为 96%～98%。初沉污泥的产生量可以通过如下经验公式计算：

$$W_{PS} = Q_i E_{SS} C_{SS} \times 10^{-5}$$

式中，W_{PS} 为初沉污泥量，按干污泥计，kg/d；Q_i 为初沉池进水量，m^3/d；E_{SS} 为悬浮物 SS 的去除率；C_{SS} 为 SS 的浓度，mg/L。

(2) 剩余污泥

剩余污泥是指在生化处理工艺等二级处理过程中排放的污泥，含水率一般为 99.2% 以上。Koch 等提出的剩余污泥量计算公式如下：

$$W_{WAS} = W_i + aW_{VSS} + bBOD_{sol}$$

式中，W_{WAS} 为剩余污泥产生量，按干污泥计，kg/d；W_i 为惰性物质，即污泥中固定态悬浮物的量，kg/d；W_{VSS} 为挥发态悬浮物的量，kg/d；BOD_{sol} 为溶解性 BOD 的量，kg/d；a、b 为经验常数，a 取 0.6～0.8，b 取 0.3～0.5。

(3) 消化污泥

消化污泥是指初沉污泥或剩余污泥经消化处理后达到稳定化、无害化的污泥，其中的有机物大部分被消化分解，因而不易腐败，同时，污泥中的寄生虫卵和病原微生物被杀灭。

(4) 化学污泥

化学污泥是指絮凝沉淀和化学深度处理过程中产生的污泥，如石灰法除磷、酸碱废水中和以及电解法等产生的沉淀物。

5.4.2 污泥衍生燃料的制备、方法与工艺[8]

污泥中的有机物约占干重的50%，因此污泥含有热能，具有燃料价值。干化后污泥可用作发电厂或水泥厂的燃料。污泥燃料化利用是污泥实现减量化、无害化、稳定化和资源化的另一有效方法。

由于污泥的含水率高，污泥的燃料化最主要的步骤是除去污泥中的水分。污泥脱水的方法大致可分为自然干燥、机械脱水和加热脱水。自然干燥占地面积大，花费劳力多，干燥时间长，卫生条件差，这种方法不能再应用。机械脱水法是以过滤介质两面的压力差作为推动力，使污泥水分被强制通过过滤介质，形成滤液，而固体颗粒被截留在介质上，形成滤饼，从而达到脱水的目的的。但机械脱水主要脱除污泥中的表面水，脱水率有一定限度，目前脱水泥饼的含水率一般只能达到65%~80%，要将污泥中的毛细管水和加吸附水脱除，必须采用加热脱水法。污泥加热脱水的方法有很多，目前常用的方法有热风干燥、水蒸气干燥和气流干燥。其中水蒸气干燥应用广泛，因为它的热效率高，节省能耗，热源温度低，产生的臭气成分和排气量少。一般要经过机械脱水和加热脱水，污泥的含水率才能达到燃料的要求。

5.4.2.1 污泥衍生燃料的制备

(1) 机械脱水

污泥机械脱水的方法有加压过滤法、离心脱水法、真空过滤法、电渗透脱水法。

① 加压过滤脱水　利用各种加压设备（如液压泵或空压机）来增加过滤的推动力，使污泥上形成4~8MPa的压力，这种过滤的方式称为加压过滤脱水。加压过滤脱水通常所采用的设备有板框压滤机和带式压滤机。近年来带式压滤机广泛用于污泥脱水。

袋式压滤机是利用滤布的张力和压力在滤布上对污泥施加压力使其脱水的，并不需要真空或加压设备，其动力消耗少，可以连续操作。典型的带式压滤机示意见图5-33。污泥流入连续转动的上、下两块带状滤布后，先通过重力脱去自由水，滤布的张力和轧辊的压力及剪切力依次作用于夹在两块滤布之间的污泥上而进行脱水。污泥实际上经过重力脱水、压力脱水和剪切脱水三个过程。

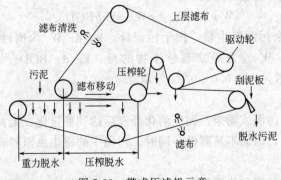

图 5-33　带式压滤机示意

刮泥板将脱水泥饼剥离，剥离了泥饼的滤布用喷射水洗刷，防止滤布孔堵塞。冲洗水可以是自来水或不含悬浮物的污水处理厂出水。

带式压滤脱水与真空过滤脱水不同，它不使用石灰和 $FeCl_3$ 等药剂，只需投加少量高分子絮凝剂，脱水污泥的含水率可降低到 $75\%\sim80\%$，也不增加泥饼量，脱水污泥仍能保持较高的热值。加压过滤脱水的优点是：过滤效率高，对过滤困难的物料更加明显；脱水滤饼固体含量高；滤液中固体浓度低；节省调质剂；滤饼的剥离简单方便。

② 离心脱水　污泥离心脱水设备一般采用转筒机械装置。污泥的离心脱水利用污泥颗粒与水的密度不同，在相同的离心力作用下产生不同的离心加速率，从而导致污泥固、液分离，达到脱水的目的。无机药剂和有机药剂都可应用于离心脱水工艺中。随着聚合物技术和离心机设计的进步，聚合物目前已广泛应用于市政污水污泥的多数离心脱水系统之中。

离心脱水设备的组成有转筒（通常一端渐细）、旋转输送器、覆盖在转筒和输送器上的箱盒、重型铸铁基础、主驱动器和后驱动器。主驱动器驱动转筒，后驱动器则控制传输器速率。转筒和传输器的速率因不同的生产商而不同。转筒机器装置有两种形式，即同向流和反向流。在同向流结构中，固体和液体在同一方向流动，液体被安装在转筒上的内部排放口去除；在反向流结构中，液体和固体运动方向相反，液体溢流出堰盘。

离心脱水设备的优点是结构紧凑、附属设备少、臭味少、可长期自动连续运行等；缺点是噪声大、脱水后污泥含水率较高、污泥中砂砾易磨损设备。

③ 真空过滤脱水　真空过滤技术出现在 19 世纪后期，美国 20 世纪 20 年代就将其应用于市政污泥的脱水。真空过滤利用抽真空的方法造成过滤介质两侧的压力差，从而产生脱水推动力进行污泥脱水。其特点是运行平稳，可自动连续生产。主要缺点是附属设备较多、工序较复杂、运行费用高。近年来，由于更加有效的脱水设备的出现，真空过滤脱水技术的应用日趋减少。真空过滤也可用于处理来自石灰软化水过程的石灰污泥。

④ 电渗透脱水　污泥是由亲水性胶体和大颗粒凝聚体组成的非均相体系，具有胶体的性质，机械方法只能把表面吸附水和毛细水除去，很难将结合水和间隙水除去。而且机械脱水往往是污泥的压密方向与水的排出方向一致，机械作用使污泥絮体相互靠拢而压密，压力越大，压密越甚，堵塞了水分流动的通路。Banon 等采用核磁共振（NMR）的方法，测定了机械脱水污泥泥饼极限含水率为 60%，而该污泥采用压力过滤得到的泥饼实际含水率为 $70\%\sim76\%$。为了节能和提高污泥脱水的彻底性，多年来，研究者致力于脱水技术的研究，通过他们的不懈努力，电渗透脱水技术（electro-osmotic dewatering，EOD）作为一种新颖的固液分离技术正在逐步发展，并开始应用。

带电颗粒在电场中运动，或由带电颗粒运动产生电场称为动电现象。在电场作用下，带电颗粒在分散介质中做定向运动，即液相不动而颗粒运动称为电泳（electrophoresis）；在电场作用下，带电颗粒固定，分散介质做定向移动称为电渗透（electroosmosis）。根据研究，电渗透脱水可以达到热处理脱水的水平，是目前污泥脱水效果最好的方法之一，脱水率比一般方法提高 $10\%\sim20\%$。

在实际应用中，电渗透脱水大多是在传统的机械脱水工艺中引入直流电场，利用机械压榨力和电场作用力来进行脱水的。因为只经过机械脱水的污泥含水率比较高，所以采用两种方式结合进行深度脱水，较为成熟的方法有串联式和叠加式。串联式是将污泥经机械脱水后，再将脱水絮体加直流电进行电渗透脱水；叠加式是将机械压力与电场作用力同时作用于污泥进行脱水。

电渗透脱水具有许多独特的优点。

1）脱水控制范围广。对于一般的污泥脱水法，当污泥浓度和性质发生变化时，即使调整压力等机械条件也只能在很小范围内改变泥饼的含水率，而电渗透脱水可以在很大的范围内，改变电流强度和电压，调整脱水泥饼的含水率。

2）脱水泥饼性能好。电渗透脱水泥饼含水率低，可达到 50%～60%，对污泥焚烧或堆肥化处理有利。电渗透脱水过程中污泥温度上升，污泥中一部分微生物被杀灭，泥饼安全卫生。

(2) 加热脱水

污泥中的水分有 4 种存在形式：自由水分、间隙水分、表面水分以及结合水分。污泥加热干燥过程如图 5-34 所示。自由水分是蒸发速率恒定时去除的水分；间隙水分是蒸发速率第一次下降时期所去除的水分，通常指存在于泥饼颗粒间的毛细管中的水分；表面水分是蒸发速率第二次下降时期所去除的水分，通常指吸附和黏附于固体表面的水分；结合水分是在干燥过程中不能被去除的水分，这部分水一般通过化学力与固体颗粒相结合。

① 污泥干燥基本过程　干燥过程可分为三阶段：第一阶段为物料预热期；第二阶段是恒速干燥阶段；第三阶段是降速阶段，也称物料加热阶段。干燥速率随时间的变化情况如图 5-35 所示。

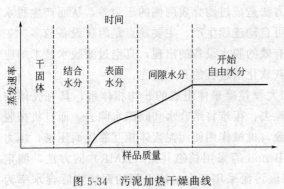

图 5-34　污泥加热干燥曲线　　　　　图 5-35　干燥速率曲线

1）预热阶段。这一阶段，主要对湿物料进行预热，同时也有少量水分汽化。物料温度（这里假定物料初始温度比空气温度低）很快升到某一值，并近似等于湿球温度，此时干燥速率也达到某一定值，图中的 B 点。

2）恒速干燥阶段。此阶段主要特征是空气传给物料的热量全部用来汽化水分，即空气所提供的显热全部变为水分汽化所需的潜热，物料表面温度一直保持不变，水分则按一定速率汽化，图中的 BC 段。

3）降速干燥阶段。此阶段空气所提供的热量，只有一小部分用来汽化水分，而大部分则用来加热物料，使物料表明温度升高。到达 C 点后，干燥速率降低，物料含水量减少得很缓慢，直到平衡含水量为止。

很明显，上述第二阶段为表面汽化控制阶段，第三阶段为内部扩散控制阶段。

② 加热干燥工艺　加热干燥的方法有很多种，一般按照热介质是否与污泥相接触分为 2

类：直接加热干燥技术和间接加热干燥技术。

1）直接加热干燥工艺。直接加热干燥技术又称对流热干燥技术。直接干燥工艺与间接干燥工艺明显不同之处是湿物料与热蒸气直接接触。在操作过程中，加热介质（热空气、燃气或蒸汽等）与污泥直接接触，加热介质低速流过污泥层，在此过程中吸收污泥中的水分，处理后的干污泥需与热介质进行分离。排出的废气一部分通过热量回收系统回到原系统中再用，剩余的部分经无害化处理后排放。直接干燥工艺，相对来说需要更大量的热空气，其中通常混有可燃烧物质。热量在相邻的热蒸汽和颗粒间传递，这是直接干燥器中最基本的热传递方式。直接干燥工艺系统是一个固-液-蒸汽-加热气体混合系统，这一过程是绝热的，在理想状态下没有热量的传递。

在直接加热干燥器中，水和固体的温度均不能加热超过沸点，较高的蒸汽压可使得物料中的水分蒸发。当干燥物料的表面上水分的蒸汽压远远大于空气中的蒸汽分压时，干燥就容易进行了。随着时间的延长，空气中的蒸汽分压逐渐增大，当二者相等时，物料与干燥介质之间的水分交换过程达到平衡，干燥过程就会停止。

直接加热干燥设备有转鼓干燥器、流化床干燥器、闪蒸干燥器等类型，在众多的干燥器中转鼓干燥器应用最为广泛，其费用较低，单位效率较高。

但是所有的直接加热干燥器都有共同的缺点。a. 由于与污泥直接接触，热介质将受到污染，排出的废水和蒸汽需经过无害化处理后才能排放；同时，热介质与干污泥需加以分离，这给操作和管理带来一定麻烦。b. 所需的热传导介质体积庞大，能量消耗大。c. 气量控制和臭味控制较难，虽采用空气循环系统可部分消除这一不利影响，但所需费用高。d. 所有的直接干燥工艺都很复杂，均涉及一系列的物理、化学过程、如热传递过程、物质传递过程、混合、燃烧、传导、分离、蒸发等。

2）间接加热干燥（传导干燥）工艺。在间接加热干燥技术中，热介质并不直接与污泥接触，而是通过热交换器，将热传递给湿污泥，使污泥中的水分得以蒸发，因此在间接加热干燥工艺中热传导介质可以是可压缩的（如蒸汽），也可以是非压缩的（如液态的热水、热油等）。同时，加热介质不会受到污泥的污染，省去了后续的热介质与干污泥分离的过程。干燥过程中蒸发的水分在冷凝器中冷凝，一部分热介质回流到原系统中再利用，以节约能源。

蒸汽、热油、热气体等热传导介质加热金属表面，同时在金属表面上传输湿物料，热量从温度较高的金属表面传递到温度较低的物料颗粒上，颗粒之间也有热量传递，这是在间接加热干燥工艺中最基本的热传递方式。间接干燥系统是一个液-固-气三相系统，整个过程是非绝热的，热量可以从外部不断地加入到干燥系统内。在间接干燥系统内，固体和水分都可以被加热到100℃以上。搅动可以使温度较低的湿颗粒与热表面均匀接触，因而间接加热干燥可获得较高的加热效率，加热均匀。间接干燥工艺有以下显著特点：由于可利用大部分低压蒸汽凝结后释放出来的潜热，因此热利用效率较高；不易产生二次污染；由于只有少量的气体导入，因此对气体的控制、净化及臭味的控制较为容易；在有爆炸性蒸气存在时，可免除其着火或爆炸的危险；由干燥而来的粉尘回收或处理均较为容易；可以适当的搅拌，提高干燥效率。

蒸汽干燥法的热效率高，节省能耗，热源温度低，产生的臭气成分和排气量少。污泥多效蒸发干燥是由美国 Carver-Greenfield 公司开发的，故简称 CG 法。该法有两种操作方法：

一是多效蒸发法，二是多效式机械蒸汽再压缩法。

a. 多效蒸发法。传统的单效蒸发法其蒸发 1kg 水所需要总热量为 4200kJ 以上，如果单采用多效蒸发，每蒸发 1kg 水所需热量为 740～900kJ，多效蒸发与机械蒸汽再压缩同时采用，则蒸发 1kg 水所需热量可以降低到 420kJ。蒸发器主要由加热罐和蒸发室构成，污泥用泵输送到加热罐的最上端，沿传热管呈液膜落下，在此期间被蒸汽充分加热，然后流入真空蒸发室，产生的蒸汽在这里与污泥固体分离。一般由 2～5 个蒸发器串联构成多效蒸发系统，污泥含水率越高，级数越多，以尽可能节约能耗，目前最多为 5 级串联多效蒸发。

从锅炉产生的蒸汽先进入相邻蒸发器，在这里污泥中水分被蒸发变成蒸汽，蒸汽再依次进入下一个蒸发器，使污泥中的水分蒸发。以四级串联多效蒸发系统为例，理论上采用四效蒸发操作 1kg 蒸汽（蒸汽压力 0.3MPa，120℃）可蒸发出 4kg 水分，而单效蒸发器蒸发 1kg 水分需 1.18kg 蒸汽。实际上由于需要将污泥升温，蒸发器壁散热等造成热损失，1kg 蒸汽只能蒸发 3kg 水分，但比单效蒸发器热量利用率大大提高。

b. 多效式机械蒸汽再压缩法。二次蒸汽再压缩蒸发，又称热泵蒸发。在单效蒸发器中，可将二次蒸汽绝热压缩，随后将其返回到蒸发器的加热室。二次蒸汽压缩后温度升高，与污泥液体形成足够的传热温差，故可重新作加热剂用。这样只需补充一定量的能量，就可利用二次蒸汽的大量潜热。实践表明，设计合理的蒸汽再压缩蒸发器的能量利用率可以胜过 3～5 级的多效蒸发器。

当欲干燥的污泥含固率很低，需要的蒸发级数多，超过所能控制的范围时，可以采用多效式机械蒸汽再压缩装置。例如，将含固率 3% 的进料，先用 MVR 法，蒸发到固体含量 50%～70% 的浓度，再送到多效蒸发器蒸发，比直接用多效蒸发器蒸发更经济合理。

③ 干燥设备

1）直接干燥设备

a. 旋转干燥器。旋转干燥器又称转鼓干燥器，具有适当倾斜度的旋转圆筒，圆筒直径 0.3～3m，中心装有搅拌叶片，内侧有提升板。圆筒旋转时物料被提升到一定高度后落下，物料再下落过程中与其前进方向相同（并流）或相反（逆流）的热风接触，水分被蒸发而干燥。为了使物料再下落过程充分分散并保持较长时间，综合许多研究结果认为，一般物料投加量占圆筒容积的 8%～12%，转速 2～8r/min 为宜。旋转干燥器能适应进料污泥水分大幅度波动，操作稳定，处理量大，是长期以来最普遍采用的干燥器。但存在局部过热，污泥黏结圆筒壁等问题。

b. 通风旋转干燥器。旋转干燥器的缺点是容积传热系数比较小，为了使物料与热风接触更好，提高容积传热系数，在转筒内再安装一个带百叶板（导向叶片）的旋转内圆筒，热风通过外圆筒和内圆筒的环状空间（分成多个相隔的空间），从百叶板的间隙透过物料层排出，其结构略比旋转干燥器复杂。但能耗低，污泥也不易在筒壁上黏结。

此外，还有热风带式干燥机，带式流化床干燥器等，多段圆盘干燥器、喷雾干燥器、气流干燥器等。

2）传导加热型干燥装置　污泥干燥着重要求能耗低，并能真正解决臭气问题，使之达到实际应用。传导加热型干燥装置是通过加热面热传导将物料间接加热而干燥的装置，产生的臭气少。目前常采用的有蒸汽管旋转干燥器和高速搅拌槽式干燥器 2 种。

a. 蒸汽管旋转干燥器。这种干燥器是在旋转的圆筒内设置了许多加热管，管内通过热蒸汽,将污泥加热干燥。加热温度比较低,蒸汽中极少含有不凝性气体(漏入的空气),热量几乎全部用于干燥,能量消耗低;干燥器及其连接设备等内部留存的空间小,从而大大降低了因粉尘微粒和燃烧气体引起的爆炸和着火的危险,排气量和排出的粉尘少。但对黏附性大的污泥不适用。

b. 高速搅拌槽式干燥器。这种干燥器在带夹套的圆筒内装有桨式搅拌器,使物料沿加热面一边翻滚移动,一边干燥。因此对黏附性大的污泥也适用,而且传热系数大,热效率高,但搅拌消耗的动力大。干燥的污泥呈粒状,但也有一部分含水率低的粉状干燥污泥。

5.4.2.2 污泥衍生燃料的制备方法

污泥燃料化方法目前有三种:一是污泥能量回收系统(hyperion energy recovery system),简称 HERS 法;二是污泥燃料化法(sludge fuel),简称 SF 法;三是浓缩污泥直接蒸发法。

(1) HERS 法

HERS 法工艺流程如图 5-36 所示,它将剩余活性污泥和初沉池污泥分别进行厌氧消化,产生的消化气经过脱硫后,用作发电的燃料。混合消化污泥离心脱水至含水率 80%,加入轻溶剂油,使其变成流动性浆液,送入四效蒸发器蒸发,然后经过脱轻油,变成含水率2.6%、含油率 0.15% 的污泥燃料。轻油再返回到前端作脱水污泥的流动媒体,污泥燃料燃烧产生的蒸汽一部分用来蒸发干燥污泥,多余蒸汽发电。

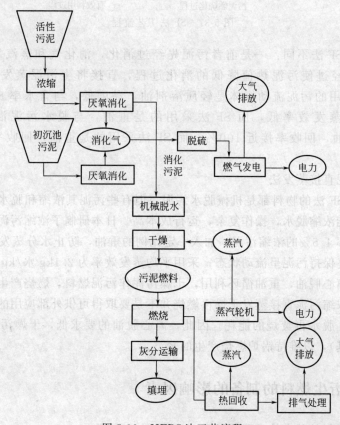

图 5-36 HERS 法工艺流程

HERS 法所用物料是经过机械脱水的消化污泥。污泥干燥采用多效蒸发法，一般的蒸发干燥方法不能获得能量收益，而采用多效蒸发干燥法可以有能量收益；污泥能量回收采用两种方式，即厌氧消化产生消化气和污泥燃烧产生热能，然后以电力形式回收利用。

(2) SF 法

SF 法工艺流程如图 5-37 所示。它将未消化的混合污泥经过机械脱水后，加入重油，调制成流动性浆液送入四效蒸发器蒸发，然后经过脱油，变成含水率约 5％以上、含水率 10％以下、热值为 23027kJ/kg 的污泥燃料。重油返回作污泥流动介质重复利用，污泥燃料燃烧产生蒸汽，作污泥干燥的热源和发电，回收能量。

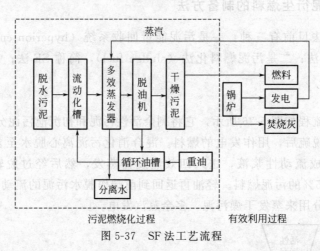

图 5-37　SF 法工艺流程

HERS 法与 SF 法不同：一是前者污泥先经过消化，消化气和蒸汽发电相结合回收能量，而后者不经过使污泥热值降低的消化过程，直接将生污泥蒸发干燥制成燃料；二是 HERS 法使用的污泥流动媒体是轻质溶剂油，黏度低，与含水率 80％左右的污泥很难均匀混合，蒸发效率低，而 SF 法采用的是重油，与脱水污泥混合均匀；三是 HERS 法轻溶剂油，回收率接近 100％，而 SF 法采用的是重油，回收率低，流动介质要不断补充。

(3) 浓缩污泥直接蒸发法

HERS 法和 SF 法的物料都是机械脱水污泥，但有些污泥其浓缩和脱水性能差，需要投加大量的药剂才能浓缩脱水，操作复杂，运行成本高。日本研制了浓缩污泥直接蒸发法，该法利用平均含固率 4.5％的浓缩污泥，加入一定比例的重油，防止水分蒸发后污泥黏结到蒸发器壁上，并始终保持污泥呈流动状态；采用平均蒸发效率为 2.1kg 水/kg 蒸汽的三效蒸发器；蒸发后经过离心脱油，重油循环利用，干燥污泥作污泥燃料，燃烧产生蒸汽，作污泥蒸发干燥的热源。浓缩污泥直接蒸发干燥再燃烧并不是要取得可供外部应用的燃料，而是为了减少将污泥浓缩、脱水再焚烧的能耗。因此，离心脱油的要求低，干燥污泥总残留油分为 40％～50％（干基），以维持锅炉燃烧产生的蒸汽。

5.4.3　污泥衍生燃料的制备的影响因素[7]

污泥制衍生燃料的基本技术路线如图 5-38 和图 5-39 所示。

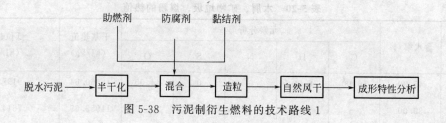

图 5-38 污泥制衍生燃料的技术路线 1

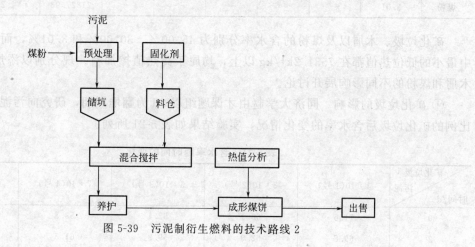

图 5-39 污泥制衍生燃料的技术路线 2

(1) 翻堆频率和翻抛时间的影响

污泥体系在混合后需经过一定的时间来自然干化，在这段时间里应给污泥堆翻堆，以加快混合体系中的水分蒸发。翻堆频率是指一段时间内翻堆的次数，而翻抛时间则着重指有翻堆操作的时间，一般是以天数为单位。总的来说，污泥混合体系的翻堆频率越高，翻抛时间越长，则体系的含水率下降越明显，燃烧性能也越好，燃烧热值也越高。

(2) 添加剂的影响

引燃剂的使用改善了合成燃料的挥发分，燃料易着火。疏松剂可提高合成燃料的孔隙率，空气可深入燃料内部，使其反应剧烈而燃烧完全，大大降低炉渣的含碳量。常用的催化剂是金属氧化物。试验表明，在燃烧中掺入适量的金属氧化物能促进炭粒完全燃烧，阻止被灼热的炭还原而造成化学热损。英国近年开发的 MHT 工艺，为改善型煤燃烧条件而加入部分铁矿石粉。固硫剂的使用则是考虑到环境保护，使 S 的氧化物不扩散到空气中污染大气。

在污泥制固体燃料技术工艺中，通常添加固化剂来提升污泥的固化效果，一般用于固化的材料有膨润土、普通高岭土等，根据固化剂的加入是否有利于提高混合体系的热值以及固化效果来选择。

污泥衍生燃料在燃烧过程中会有令人不快的气味散出，加入泥土或者某些固化剂有利于臭味的减轻。也有学者通过向混合体系中加入经干燥粉碎的贝壳类物质来减低臭味污染，此法还有利于减缓合成燃料的燃烧速率。

除了上述的添加剂以外，工艺中还经常会使用一些添加剂来提高污泥固体燃料的热值和固化效果。提高固化污泥热值的一般做法是向其中添加经过干燥的木屑、矿化垃圾和煤粉等掺加料，三种物质的热值分析见表 5-20。

表 5-20　木屑、矿物垃圾、煤粉的热值

| 项目 | 含水率/% | 元素分析/% | | | | | 干基热值/(kJ/kg) | 低位热值/(kJ/kg) |
		C	H	N	S	O		
木屑	45.00	50.00	6.00	0	0	44.00	18660.64	9137.86
矿化垃圾	30.00	—	—	—	—	—	11953.69	7614.88
煤粉	3.01						21827.93	21097.82

矿化垃圾、木屑以及煤粉的含水率分别为 45.00%、30.00% 和 3.01%，而三种掺加料中最小的低位热值都在 7531.2kJ/kg 以上，均属于高热值掺加料。现分别以添加矿化垃圾、木屑和煤粉的不同影响展开讨论。

① 矿化垃圾的影响　同济大学赵由才课题组以 2d 为翻堆周期，研究向污泥中掺入不同比例的矿化垃圾后含水率的变化情况，实验结果如表 5-21 所列。

表 5-21　含水率随时间的变化　　　　　　　　　　　　单位：%

矿化垃圾：污泥 时间/d	1:10(1号)	3:10(2号)	5:10(3号)	7:10(4号)	0:10(5号)
0	71.6	66.1	62.1	53.8	78.6
2	69.8	62.0	59.9	61.5	77.7
4	70.5	61.8	56.3	52.2	74.1
6	69.6	59.6	57.6	46.7	71.7
8	63.0	52.0	46.2	42.6	69.7
10	—	—	—	—	—
12	60.5	40.0		46.9	—
14	56.5	51.5	41.3	34.7	59.7
16	57.0	44.0	37.8	32.5	61.3
18	54.7	41.0	35.8	29.5	61.1
21	55.6	41.3	32.7	30.3	49.8

从表 5-21 中可以看出：向污泥中掺入矿化垃圾可降低其含水率，而且矿化垃圾掺入越多，经过同样的稳定时间后，混合体系的含水率降得越低。在混合体系含水率低于流变界限含水率 62% 时，能够满足安全承压要求。因此，从经济性方面考虑，希望能在掺入较少的矿化垃圾的基础上尽快使混合体系的含水率低于 62%。其中，3 号混合材料即使不经历稳定化过程也可以直接安全承压，但为了降低其臭度，简易稳定化过程不可省略，因而其最后的含水率必然大大低于 62%，可见，按这个比例混合后进行简易稳定化不是最优的。混合比例低于 3 号堆的有 1 号和 2 号，但 1 号混合材料的含水率在 8d 后仍不能低于 62%，从工程应用来看，这也是不经济的，因为需要的稳定化时间越长，预处理场的总面积必然越大，虽然掺入的矿化垃圾少了，但相对增加的处理场面积和额外的翻堆成本来说是得不偿失的。

进一步观察不同环境温度对掺入矿化垃圾污泥混合体系的影响。在天气炎热的时候，即

生物质废物资源综合利用技术

环境温度为 32℃条件下，矿化垃圾与污泥比例为 5∶10 时，测定混合体系的热值如表 5-22 所列。

表 5-22　矿化垃圾与污泥混合体系的热值（高温）

时间	试验当天	1d 后	3d 后	5d 后	6d 后
含水率/%	56.1	49.8	45.2	22.0	14.1
热值/(kJ/kg)	4354.71	5201.55	5684.80	8590.59	9248.73

矿化垃圾与污泥以 5∶10 的比例混合后，体系的含水率为 56.1%，低位热值 4354.71kJ/kg。随着翻抛时间的延长，体系的含水率逐渐降低，而且，随着时间的延长，含水率下降的速率也增大。翻抛 3d 以后，污泥的热值升高到 5684.80kJ/kg，完全达到了自持燃烧的要求，而翻抛 6d 后，含水率下降到 14.1%，体系的低位热值达到了 9248.73kJ/kg，这不仅满足自持燃烧的要求，可以在不添加燃料的情况下进行焚烧处置，而且有余热收集利用。

在气温相对较低的时候（20℃以下），矿化垃圾与污泥比例为 6∶10 时，其混合体系热值见表 5-23。

表 5-23　矿化垃圾与污泥混合体系的热值（低温）

时间	试验当天	2d 后	4d 后	6d 后	8d 后
含水率/%	56.6	55.4	54.0	51.0	49.8
热值/(kJ/kg)	3928.78	4118.31	4339.23	4812.44	4993.19

当气温较低时，翻抛 8d 后，含水率降至 49.8%，此含水率与 32℃时，矿化垃圾∶污泥=5∶10 时翻抛 1d 后的含水率相近，这说明温度对污泥含水率的降低有至关重要的影响。随着翻抛时间的延长，热值的升高有限，从试验当天的 3928.78kJ/kg 升高到 8d 后的 4993.19kJ/kg。污泥满足自持燃烧的最低低位热值为 3486.53kJ/kg，因此，在气温较低的情况下，提高矿化垃圾的比例至 6∶10，是可以基本满足自持燃烧的要求的。

② 木屑的影响　同济大学赵由才课题组研究了向污泥翻抛体系中添加木屑以提高混合体系的热值。按木屑、矿化垃圾、污泥的比例为 15∶50∶100 进行实验，即加入木屑的比例约 10%。环境温度为 32℃条件下测得翻抛过程中的含水率和热值变化情况见表 5-24。

表 5-24　木屑、矿化垃圾、污泥混合体系的含水率和热值（高温）

时间	试验当天	1d 后	3d 后	5d 后	6d 后
含水率/%	54.1	47.3	42.5	22.3	13.9
热值/(kJ/kg)	4629.60	5551.33	6098.60	9458.35	10771.71

添加了 10%左右的木屑体系初始含水率要比不掺加木屑体系的要高，但由于木屑具有疏松的效果，体系的脱水效果更好。随着翻抛时间延长，体系的含水率逐渐降低，热值逐渐升高。翻抛 6d 后，混合体系的含水率降至 13.9%，而其低位热值却上升到 10771.71kJ/kg，这不仅满足自持燃烧的热值要求，还可以作为低热值的燃料使用。在气温相对较低的情况下（常温下），木屑、矿化垃圾、污泥的比例为 15∶60∶100 时，混合体系的热值如表 5-25 所列。

表 5-25　木屑、矿化垃圾、污泥混合体系的含水率和热值（低温）

时间	试验当天	2d 后	4d 后	6d 后	8d 后
含水率/%	54.6	50.2	48.7	47.6	46.3
热值/(kJ/kg)	4212.03	4943.81	5193.18	5376.02	5592.33

显然，三者混合体系在低温条件下含水率降低比较慢，在翻抛的 8d 时间内，含水率仅从 54.6% 降低至 46.3%，热值从 4212.03kJ/kg 升至 5592.33kJ/kg，基本上只能满足自持燃烧的条件。在低温条件下，掺加了木屑的体系能够进一步降低含水率，提高热值，但是效果并不明显。

③ 煤粉的影响　除了木屑和矿化垃圾，还可以考虑采用掺加煤粉的方式来提高污泥的热值。煤的优点是热值高、含水率低，可以将煤矿碎成煤粉掺加到污泥中。在固化剂与污泥的比例为 1:10 的前提下（即每组体系中污泥用量均为 100g）进行试验，放置 3d 实验结果如表 5-26 所列。

表 5-26　放置 3d 实验结果

编号		药剂质量/g	煤粉质量/g	含水率/%	低位热值/(kJ·kg)
1 号污泥	1-1	10	0	55.14	3001.18
	1-2	10	5	50.95	5416.19
	1-3	10	10	46.58	6281.86
	1-4	10	15	43.68	6914.90
	1-5	10	20	42.31	8594.77
2 号污泥	2-1	10	10	28.04	9471.74
	2-2	10	15	28.73	12167.91
	2-3	10	20	27.13	11515.20

随着煤粉掺加量的增加，体系含水率逐渐下降，热值也逐渐升高。从表 5-26 的数据可以看出，2 号污泥的脱水效果要明显好于 1 号污泥。1 号污泥在固化剂:煤粉:污泥的比例为 1:2:10 的条件下，污泥的热值升高到 8594.77kJ/kg，而在同样条件下，2 号污泥体系的污泥热值升高至 11515.20kJ/kg，可见两者均达到了自持燃烧的要求，其中 2 号污泥还可以作为低热值燃料，在燃烧过程中进行热值回收利用。

对于 1 号污泥，延长放置时间至 5d 时，含水率会进一步下降，热值进一步得到提高。具体的实验结果见表 5-27。

表 5-27　放置 5d 实验结果

编号		药剂质量/g	煤粉质量/g	含水率/%	低位热值/(kJ/kg)
1 号污泥	1-1	10	0	38.45	7800.23
	1-2	10	5	33.26	11040.32
	1-3	10	10	28.47	16597.10
	1-4	10	15	28.34	13627.71
	1-5	10	20	26.14	14234.39

实验结果表明，放置 5d 以后，1 号污泥体系的含水率进一步下降，固化剂、煤粉、污泥的比例为 1：2：10 体系的热值达到 14234.39kJ/kg，也可以作为低热值燃料进行利用。

从上述讨论可以知道，城市生活污水处理厂脱水污泥经过掺煤固化后，低位热值大幅上升，在有足够放置时间的情况下，热值可达 12133.6～14225.6kJ/kg，远远超过自持燃烧所需热值，燃烧时可释放大量的热。目前普通煤粉的热值为 16736～23012kJ/kg，价格高达 1000～1300 元/t，且供应紧张。因此，掺加少量煤粉固化后的污泥完全可作为一种再生燃料使用，具有广阔的市场空间。

5.4.4 污泥衍生燃料的利用

近年来，随着城市人口密度的增长和工业的发展，市政污水量日益增加，污水处理过程中产生的污泥量随之迅猛增加。2010 年中国约产生 3600×10^4 t 污泥，仅北京市年产污泥就有约 130×10^4 t。市政污泥组成非常复杂，含大量水分，污泥脱水是实现污泥处置减量化的瓶颈问题，且污泥中所含重金属、有毒有机物、病原菌、寄生虫和卵等严重污染环境，并带来一系列经济问题。

广泛应用于市政污泥处置的方法主要有填埋、堆肥、焚烧和填海，但这些方法都各有不足之处。填埋方法操作简单，成本低，已成为最普遍的污泥处置方式，但污泥填埋不仅占用大量土地资源，且渗沥液难以处理，易污染地下水；堆肥工艺简单，成本低，但污泥中所含重金属和细菌病毒易污染土壤和地下水；焚烧法能实现污泥的最大减容，同时燃烧产生的热量可被其他工程利用，在很长时间内被广泛应用，但污泥焚烧比较耗能，对设备要求高且易产生气体污染；而填海方法最廉价，但易污染海洋环境，加之《伦敦公约》的限制该法已于 2012 年被禁止。由于污泥处置比较耗能，其能耗约占整个污水厂总运转成本的 20%～60%，且我国的污泥产量较大，因此，寻求一种能满足经济和环境需要、适合中国国情的处置方式至关重要[9]。近年来许多学者研究通过降低其含水率、提高热值，来实现污泥特性的改变，促进污泥的燃料化利用，主要有以下几种应用。

(1) 污泥质废物衍生燃料（RDF-5）技术

一项可代替矿石燃料技术，名为污泥质废物衍生燃料（RDF-5）技术，被泾林某化工有限公司技术人员所攻克。这项技术的具体方法是：首先对含水较高的污泥进行预处理，然后与其他工业废物（含碳类）进行优化配方，最后进行机械成型，制成颗粒燃料。这项工艺技术已向国家专利局申请发明专利。该技术的最主要的特性是污泥含水量高（80%），属于亲水性结构，内水分不易自然挥发，采用物理方式处理，掺入多种工业废物（含碳类）和添加剂后，使其变成疏水性物质，原先难以加工成型的污泥改变了物性，为颗粒造型生产奠定了基础。该颗粒采用机械化成型工艺，使之能达到规模生产，成为能充分燃烧的锅炉燃料。颗粒在成型过程之前添加固硫剂，燃烧时可有效降低 SO_2 的排放，减轻对环境的影响。不同质的污泥，以不同的组合配方，用所添加物质来提高燃料的强度和耐水性，确保储运过程中燃料质量。充分利用污泥与多种工业废物（含碳类）物性，采用免烘燥工艺，即下机的燃料可直接入炉燃烧，仅这一项就能节约大量的能源，用时还可节约设备（烘燥机、气体净化机）的投资，节约人工，节约场地，并且没有大量含甲烷气体排放，可减轻温室气体对环境的影响。通过该技术生产的燃料，其低位发热量在 12560J/kg 左右，含硫量控制在 0.76%，挥发分高达 43.51%。经过多家印染厂的导热油锅炉试用,以 25%~30% 的比例掺入矿石燃料中试烧,燃烧情况相当稳定,没有带来任何额外操作负担。污泥质废物衍生燃料经过焚烧后的残渣,可作为制砖、制水泥的原料。残渣中含有硅质、铝质成分还可替代部分黏土质原料的使用,间接地保护了土地资源。残渣中的重金属元素亦可固定在砖和水泥中,不会对土地造成污染[10]。

(2) 污泥制砖技术[7]

污泥的热值按 7000kJ/kg 计,燃烧每吨干污泥相当于燃烧 0.24t 原煤,若原煤每吨按800 元计算,每吨污泥的热值利用价值约 190 元,再加上节省原料费用和处理污泥的补贴资金,因此,通过制砖技术处理污泥,为砖瓦企业节省了燃料和原料,在获得社会效益、环保效益的同时完全有可能获得更大的经济效益,这项技术既利用了污泥的自身的热值,又可以高温分解重金属和有机污染物等有毒有害及致癌物质,较好地解决了污泥的二次污染问题。污泥制砖工艺主要分为:砖坯成型、自然干燥和高温焙烧三个阶段。砖坯高压成型,成坯含水率决定了砖坯成型的优劣,成坯含水率控制在 25%~30% 时,其塑性较合适。自然干燥主要是脱除砖坯中的自由水以达到临界含水率,干燥后砖坯的含水率越大,干燥线收缩率越大,严重影响砖体尺寸,一般干燥线收缩率控制在 3% 以内。高温焙烧是烧结砖的重要阶段,砖体因排出结合水而产生微小的线收缩率,烧结线收缩率应小于 1%,否则砖体会产生裂纹;由于污泥有机物的燃烧,烧失量会随着污泥掺比量的增加而增大,烧失量应控制在50% 以内,较大的烧失量会影响砖体的力学性能。

此外,污泥焚烧灰渣制砖技术也广泛应用。利用污泥焚烧灰渣制砖时,灰渣的化学成分与制砖黏土的化学成分比较接近,因此,污泥焚烧灰渣制砖有两种方式:一是与黏土等掺和料混合烧砖;二是不加掺和剂单独烧砖。

因污泥焚烧中 SiO_2 含量较低,因此在利用污泥焚烧灰渣制砖时,需按焚烧灰:黏土:硅砂=1:1:(0.3~0.4)(质量比)添加黏土与硅砂,提高 SiO_2 含量,形成制砖原料。污泥焚烧灰渣/黏土混合转的工艺过程为原料制备、成坯、干燥、烧制、养护等,制造工艺均与黏土砖相近,先将污泥经过浓缩、脱水、干燥后进行焚烧,制备成污泥灰,掺入黏土等原料,经干燥、高温烧制而成。

烧制成品既可用于非承重结构,也可按标号用于承重结构,制造过程设施可利用现有黏土砖制造厂。将污泥焚烧后搜集的灰渣与黏土混合制砖,可不掺加添加剂单独烧砖,也可与黏土掺和后制砖,砖的综合性能好,但没有利用污泥的热值。

污泥焚烧灰渣制造非建筑承重用的地砖,是一种基本利用焚烧灰渣单一原料的污泥建材利用方法,该方法无需掺和大量黏土,因此有符合相关建材技术政策的优势。

(3) 利用造纸污泥生产建筑轻质节能砖[7]

用造纸污泥生产建筑轻质节能砖时,可以利用其中的有机纤维在高温灼烧后留下的微小气孔,同时利用有机纤维燃烧所产生的热量降低生产能耗,具有环保节能的社会效益和经济效益。有人直接采用当地的造纸污泥和页岩土进行小试和中试,掌握了大比例掺和造纸污泥制成轻质节能砖的新技术,其各项指标均达到国家标准,并具有明显的节能特性,质量比普通砖轻 25%,热导率低 33%。浙江省建筑材料科学研究所和平湖市广轮新型建材有限公司合作,以造纸污泥、河道淤泥和页岩为原料,经高温焙烧生产新型节能烧结保温砖,自2006 年 4 月正式批量生产以来,已使用造纸污泥 500t 以上,生产的砖块在平湖几家建筑工地上使用后反响较好。此外，也有将造纸废渣和污泥作为燃煤配料，生产全淤泥多孔砖和标准砖的，在一部分造纸废渣、污泥和砖窑焙烧期间，将一部分造纸废渣和污泥从窑顶放入窑内，替代煤炭燃料。燃料产生的灰渣再用于制砖，形成制砖生产的闭合生态链，这样既节省了泥土又节省了外投煤和内燃煤的耗量，同时还可以提高成品砖的质量。

(4) 烧结法生产陶粒[7]

烧结型污泥陶粒主要是粉煤灰陶粒，在原料的成分控制上，以粉煤灰作为提供 SiO_2 和 Al_2O_3 的主体组分，也可选用污水处理厂的污泥。另外，选用城市污泥代替黏土作为黏结剂，既不影响陶粒成本，又可以用全废物来生产陶粒。原料中还需要助熔剂和燃料组分。助熔剂的加量根据 SiO_2 和 Al_2O_3 的总含量确定，硅铝含量高，助熔剂就多加，反之则少加。燃料组分通常采用燃料煤粉，使污泥能顺利燃烧，这样，陶粒烧结时还利用了污泥的热值。具有以下的优点。

1）污泥中有机质和无机成分均得到了有效利用。污泥中的有机质作为焙烧过程中的发泡剂，无机成分成为陶粒主要成分。

2）减少了二次污染。制陶粒时，焙烧的高温环境可以完全将难降解有机物、病原体、重金属等有害物质得到分解和固化，具有一定的经济效益和环境效益。

3）污泥烧制陶粒可充分利用现有陶粒生产设备和水泥窑等，用途广泛，市场前景好，生产成本较低。

4）污泥可替代传统陶粒制造工艺中的黏土和页岩，节约了土地和矿物资源。因此，污泥陶粒利用，具有广泛的应用前景。

5）污泥可取代普通砂石配制轻集料混凝土。因轻集料混凝土具有密度小、强度高、保温隔热、耐火、抗震性能好的特点，在世界各国得到了迅速发展，现在已经成为仅次于普通混凝土的用量最大的一种新型混凝土。

(5) 污泥生产水泥技术[7]

水泥作为价廉而可靠的建设用基础材料，在现代社会中树立了极其稳固的地位。自1997 年来，我国水泥年产量一直超过 $5 \times 10^8 t$，占世界水泥年产量的 1/3 以上，水泥年产量连年居世界首位并不断增长，产量的增长伴随着资源的削减、能源的消耗和沉重的环境压力。我国水泥企业多用黏土作为硅质原料，全部是用煤作燃料。每生产 1t 熟料消耗 0.16t黏土，消耗 0.11t 标准煤。水泥生产过程中不仅对资源和能源消耗量大，还对环境污染严重。每吨熟料中平均含 CaO 约 650kg，按此计算，由生料中的 $CaCO_3$ 排除的 CO_2 为 511kg；加上由于燃料燃烧排放的 CO_2，生产 1t 熟料排放 CO_2 就达 1t 左右；另外，还排放 SO_2 约为0.74kg 和 NO_x 约为 1.51kg。CO_2 会引起温室气体效应，使全球变暖，破坏生态平衡，祸及全球。NO_x 也有引起温室效应和酸雨的情况，还有诱发癌症和呼吸疾病等问题。

社会进步与文明发展要求我国水泥工业的发展在满足国民经济发展要求的同时，还应减少环境污染，追求"零排放、零污染"的目标。根据《京都议定书》的约定，水泥工业必须走减少废物排放的道路。水泥是资源、能源消耗性工业，也是 CO_2 排放大客户，随着我国经济的快速发展，不可再生资源能源短缺，环境容量压力加大，需承担的国际义务增加，水泥工业以资源能源消耗型进行发展的模式必然受到冲击。因此，水泥工业实施可持续发展战略，走循环经济发展模式是必由之路。

水泥生产系统具有较大的热容量，对整个物料中加入的成分具有很强的包容性，同时由于水泥矿物在形成过程中有液相出现，因此，在物料中加入废物后，焚烧残渣可以被水泥矿物吸收或者固熔，不存在残渣处理问题。水泥窑处理污泥的方法在污染的排放和能源的利用上具有较大优势，是固体废物处理和利用的一个较好出路。用污水处理厂污泥部分或全部代替黏土来生产水泥，充分利用我国大量的回转窑系统来处理有毒、有害的污泥就是一条切实可行、符合国情的有效途径。利用水泥窑的碱性气氛来中和酸性气体，使水泥生产不仅可以实现污泥的利用，减少环境污染，而且还有利于污水处理厂的可持续发展。污泥中含有部分的有机质（55％以上）和可燃成分，它们在水泥窑中煅烧时会产生热量；污泥的低位热值在11MJ/kg左右，从热值意义上讲相当于贫煤。贫煤含55％灰分和10％～15％挥发分，并具有10～12.5MJ/kg的热值。所以用污泥代替黏土来生产水泥是可行的。用污泥来生产水泥熟料的研究已有许多，其中很多是申请的基金项目，并已出成果，国外也已有实际生产成功的范例。

利用水泥回转窑处理城市污泥并生产生态水泥是一种既安全又经济的方法，可大量节省对垃圾焚烧炉的投资（目前，一套日处理城市垃圾 1000t 的垃圾焚烧炉需投资 6.7 亿元，新建污泥焚烧炉处理每吨干污泥的成本要达 480 元）。水泥窑的高温生产条件可保证污泥的充分燃烧；水泥窑的碱性气氛可中和酸性气体；而生成水泥熟料可固化有毒有害物质及重金属离子。由于水泥窑具有处置污泥数量大、投资少（不需另建焚烧炉）、炉内气体温度高、物料在窑内停滞时间长、自净化程度高、二次污染少、处理彻底等优点，同时，利用污泥等废物财政补贴还可能降低水泥的生产成本，因此其经济效益、社会效益和环境效益均较为显著。

水泥生产的基本原理：污泥制水泥的理论是污泥灰分高，其化学特性与水泥生产所用的原料基本相似，干化和研磨后添加适量石灰即可制成水泥。水泥窑具有燃烧炉温高和处理物料大等优点，利用城市污泥烧制水泥同时兼具减容和减量的作用。作为水泥生产的主要原料之一，黏土的化学成分及碱含量是衡量黏土质量的主要指标。一般要求所用黏土质原料中的 SiO_2 含量与 Al_2O_3 和 Fe_2O_3 含量和之比为 2.5～3.5，Al_2O_3 和 Fe_2O_3 含量之比为 1.5～3.0。水泥生产中的天然黏土质原料包括黄土、黏土、土、页岩、泥灰岩、粉砂岩等。城市污水处理厂的污泥或焚烧后的污泥灰除 CaO 含量较低，与黏土有着非常相似的组成，可以将污泥或污泥灰作为黏土质原料来生产水泥。因此，污泥焚烧灰加入一定量的石灰或石灰石，经煅烧可制成灰渣波特兰水泥。城市污泥和污泥灰的利用可制备普通水泥，其生产工艺与常规水泥生产工艺相同。制成的污泥水泥性质与污泥的比例、煅烧温度、煅烧时间和养护条件相关，该污泥水泥的物理性质强度符合水泥规范。采用污泥生产水泥，煅烧过程温度高，焚烧停留时间长，可将污泥中的绝大多数重金属离子彻底固化在水泥熟料中，减少有害气体排放，避免产生二次污染，污泥资源化效率高。

水泥的生产主要是以石灰质和黏土质原料为主，以铁质、铝质和硅质校正配料为辅助原料，同时还需要加入石膏，调整原料凝结时间，原料处理后变成所需的矿物状态，最后进行熟料粉磨。其基本原理是：

1）低于 150℃，生料中物理水蒸发；

2）500℃左右时，黏土质原料释放出化合水，并开始分解出氧化物，如 SiO_2 和 Al_2O_3；

3）900℃左右时，碳酸盐分解放出 CO_2 和新生态 CaO；

4）900～1200℃时，黏土的无定形脱水产物结晶，各种氧化物间进行固相反应；

5）1250～1280℃时，所产生的矿物部分熔融出现液相；

6）1280～1450℃时，液相量增大，C_2S（硅酸二钙）通过液相吸收CaO形成C_3S（硅酸三钙），直至燃料矿物全部形成；1450～1300℃熟料矿物冷却；

7）水泥熟料的粉磨通常在钢球磨机中进行，应加入少量石膏作为缓凝剂。

参 考 文 献

[1] 张百良. 生物质成型燃料技术与工程化 [M]. 北京：科学出版社，2012.

[2] 李世密，寇巍，张晓健. 生物质成型燃料生产应用技术及经济效益分析 [J]. 环境保护与循环经济，2009，47-49.

[3] 李玉龙. 垃圾源头提质制备RDF及其能源化利用 [D]. 沈阳：沈阳航空航天大学，2012.

[4] 张益，陶华. 垃圾处理处置技术及工程实例 [M]. 北京：化学工业出版社，2002.

[5] 陈盛建，高宏亮，余以雄. 垃圾衍生燃料技术及研究现状 [J]. 四川化工，2004，4（7）：19-22.

[6] 牛牧晨. 铁路固体废弃物衍生燃料RDF的燃烧过程与污染特性研究 [D]. 北京：北京交通大学，2007.

[7] 李鸿江，顾莹莹，赵由才. 污泥资源化利用技术 [M]. 北京：冶金工业出版社，2010.

[8] 占达东. 污泥资源化利用 [M]. 青岛：中国海洋大学出版社，2009.

[9] 王娟，潘峰，肖朝伦，等. 市政污泥的燃料资源化利用 [J]. 过程工程学报，2011，11（5）：800-805.

[10] 苏铭华. 污泥质废弃物衍生燃料（RDF-5）的研制及实用开发性初探 [J]. 能源研究与利用，2009，3：40-41.

第6章
肥料化利用技术

堆肥化（composting）是指利用自然界广泛分布的细菌、放线菌、真菌等微生物或人工添加高效复合微生物菌剂，在人工控制的条件下，将有机固体废物与调理剂或膨胀剂按一定的比例均匀混合后堆沤，在合适的通气、湿度、孔隙度和 pH 值等条件下，人为地促进可生物降解有机物向稳定的腐殖质转化的微生物学过程，从而达到环境潜在危害有机物质的无害化和资源化，即最后的得到的产物是稳定的、不含病原菌及杂草种子，富含有机质的有机肥料。具体地讲，堆肥化就是利用微生物的作用，将堆料中不稳定的有机物降解和转化成为较为稳定的有机质，并使挥发性物质含量降低、臭气消除；堆料物理性状明显改善（如含水率降低，堆料呈均匀分散、疏松的颗粒结构），便于储存、运输和施用。由于好氧堆肥堆体温度高（一般在 50~65℃），故又称为高温好氧堆肥。好氧堆肥过程中堆体温度较高，堆肥微生物活性强，有机物质分解速率快，降解更为彻底；而且在堆肥过程中，经过高温的热灭活作用，能够杀死固体废物中的病原菌、寄生虫（卵）及杂草种子等，提高堆肥使用的安全性能。因此，好氧发酵堆肥化是能够达到热灭活有害病原菌，实现无害化的行之有效的方法。好氧堆肥原理如图 6-1 所示。

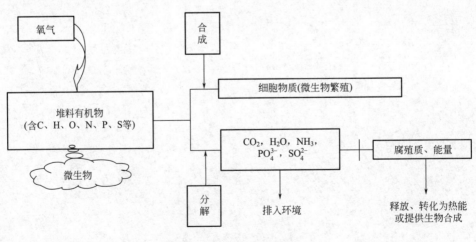

图 6-1　好氧堆肥原理

该过程可用以下表达式描述：

$$C_s H_t N_u O_v \cdot a\,H_2O + b\,O_2 \longrightarrow C_w H_x N_y O_z + c\,H_2O +$$
$$d\,H_2O(l) + e\,H_2O(g) + f\,CO_2 + g\,NH_3 + 热量$$

好氧堆肥利用好氧菌和 O_2，使粪便发生高温发酵，它是处理规模化养殖场畜禽粪便的一种经济有效而又简便可行的方法，具有使有机有害物分解彻底、堆肥发酵周期短、臭味小、易于控制等优点。它运用了多学科理论知识与技术，利用不同微生物群落在特定环境中对多相有机物进行分解，将污粪中有机质转化为稳定的腐殖质，用于肥田或土壤改良。

6.1　堆肥工艺[1~3]

6.1.1　堆肥工艺

堆肥化工艺技术的主要区别在于维持堆体物料均匀及通气条件所使用的技术手段。目前常用的好氧堆肥方法主要有条垛式堆肥系统（windrow）、槽式堆肥系统、发酵仓堆肥系统（in-vessel）和动态好氧堆肥系统。

(1) 条垛式堆肥系统

条垛式是一种传统式的堆肥方法，它将堆肥物料以条垛式条堆状堆置，在好氧条件下进行发酵。是一种开放式堆肥，堆肥过程的可视性使得操作者可以随时对搅拌、通气和调湿过程进行调节控制，因此物料发酵相对较快而均匀。垛的断面可以是梯形、不规则四边形或三角形。条垛式堆肥的特点是通过定期翻堆的方法通风。堆体最佳尺寸根据气候条件、场地有效使用面积、翻堆设备、堆肥原料的性质及通风条件的限制而定。条垛式堆肥方法按其通风供氧方式可分为静态堆肥和翻堆堆肥两类。典型的条垛式静态堆肥技术亦称为快速好氧堆肥技术，物料堆置在地面和通风管道系统上，通过自然复氧、强制吸风或送风来保证发酵过程所需的氧量，堆体表面覆盖约 30cm 的腐熟堆肥，以减少臭味的形成扩散及保证堆体内维持较高的温度，初发酵周期为 3 周，此后静置堆放 2~4 个月即可完全腐熟。如强制通风静态垛堆肥工艺，负压通风静态垛堆肥工艺等。翻堆堆肥处理技术是国外较为传统的堆肥方法之一，有着较为广泛的应用。它采用搅拌机械或人工机翻堆的手段使堆料与空气接触而补给氧气，同时使堆料混合更加均匀，腐熟更彻底，而且有利于水分的散失，不断干燥物料。初发酵周期为 1~2 周，翻堆时间大约为每周两次，整个堆肥过程需要 1~3 个月。如机械翻堆静态垛堆肥工艺，由于条垛式堆肥采用了机械化操作，因而生产效率高，成本低，但占地面积较大。

(2) 槽式堆肥系统

槽式堆肥系统将可控通风与定期翻堆相结合，堆肥过程发生在长而窄的槽型通道内。通道上安装有匹配的堆肥机，它采用搅拌螺旋或连枷使原料通风、粉碎并保持一定的孔隙度。大部分商业堆肥系统还包括通气管或安装在槽上的布气装置通风供氧，冷却物料。为了保护机器设备并控制堆肥条件，堆肥槽一般建造在建筑物或温室中。槽的长度和预定的翻堆数决定了堆肥周期。鼓风槽式堆肥系统的堆肥周期一般为 2～4 周。槽式堆肥系统占地面积小，运行成本低，发酵周期短，且产品质量好，被认为是一种很有应用前景的工厂化堆肥技术。

(3) 发酵仓堆肥系统

发酵仓系统是使物料在部分或全部封闭的发酵装置（发酵仓、发酵塔等）内，控制通气和水分条件，进行生物降解和转化。发酵仓系统一般包括：发酵仓、通气装置和搅拌装置。发酵仓堆肥具有高度机械化和自动化的优点，堆肥周期短（10d 左右），发酵效率高。

(4) 动态好氧堆肥系统

动态好氧堆肥系统可分为连续式动态好氧堆肥工艺和间歇式动态好氧堆肥工艺。前者反应器为滚筒式，在发酵过程中缓慢转动，物料随着转筒的转动而不断翻滚、搅拌、混合，并逐渐向滚筒的下方移动，直至最后排出，经筛分后进入二次发酵进一步降解。如 Dano 式滚筒堆肥工艺系统，占地少，发酵周期短（一次发酵期约 1 周），且具有较高的自动化程度，特别适合小型畜禽粪便堆肥，在西欧、日本得到了一定程度的应用。间歇式堆肥是将原料一批批地发酵，其特点是采用分层均匀进出料的方式，分层发酵，如生物发酵塔堆肥工艺。发酵周期大大缩短，发酵仓数量比静态一次发酵工艺大大减少，节约了空间和成本，提高了劳动生产率，但其操作较复杂，处理规模不宜太大。

6.1.2 堆肥工艺参数条件与控制[4~6]

堆肥过程是可降解有机物在微生物作用下的分解、稳定化的过程，该过程与微生物的生殖繁衍及堆料成分有直接的关系。虽然堆肥过程可以自然地进行，但高效堆肥需要对其影响因素进行合理的调控，改变好氧堆肥中有机物的降解速率来加速腐熟，避免臭气、粉尘等对环境的干扰，并提高最终堆肥产品的品质。影响堆肥生物降解过程（特别是主发酵）的因素有很多，对于好氧发酵堆肥工艺来说，堆料堆体温度、含水率、通风供氧是最主要的发酵条件，其他的还有有机质含量、pH 值、颗粒度、孔隙度、外源菌剂、碳氮比及碳磷比等。

(1) 堆体温度

温度是堆肥系统微生物活动的宏观反映，也是判定堆肥能否达到无害化要求的重要指标。温度控制可以提高堆肥效率，有效控制臭气的产生。通过控制堆体温度也为有效控制堆肥过程提供了很好的依据。在好氧堆肥一次发酵过程中，堆温经历升温期、高温期、降温期三个阶段。堆温在 55℃ 以上条件下保持 3d，或 50℃ 以上保持 5～7d，是杀灭堆肥中所含致病菌，保证堆肥的卫生指标合格和堆肥腐熟的重要条件。但在堆肥过程中，堆温过高或过低都将对堆肥产生不良的影响。堆温过低，微生物活性较低，分解缓慢，将会延长堆肥达到腐熟的时间，且不易达到无害化的要求；而堆温过高（>70℃）将会抑制大部分微生物的活性，甚至杀死部分有益降解微生物，从而也会延缓堆肥的进行，降低堆肥处理的效率。因此，堆温的控制是十分必要的。有研究认为，一般工程上要求堆肥温度应控制在微生物活性的最佳范围上限，即 50～60℃。

(2) 含水率

水分条件是堆肥过程的一个重要物理因素。水分的主要作用在于：a. 溶解有机物；b. 调节堆肥温度。水分含量直接影响好氧堆肥反应速率的快慢，从而影响堆肥处理和产品的质量，甚至关系到好氧堆肥工艺的成败。含水率过高时，堆体内自由空域（FAS）降低，通气性差，形成微生物发酵的厌氧状态，产生臭味，温度难以上升，分解速率明显降低，有机物降解速率减慢，延长堆腐时间；水分含量低于40%时，水溶性成分的转移受到影响，微生物降解速度下降；水分含量低于15%时，细菌的代谢作用会普遍停止。因此，堆肥过程中水分的控制十分重要。

堆肥最适宜的含水率根据堆料组成成分的不同会有所变化，堆料的极限水分（最大含水量）受到物质结构强度的限制。理论上讲为维持微生物活性含水率高达90%仍是适宜的。但通常情况下，研究结果表明，在堆肥过程中，堆料含水率一般应保持在50%～60%，最利于微生物的分解活动；在堆肥的后腐熟阶段，堆体的含水率也应保持在一定的水平，以利于细菌和放线菌的生长而加快后腐熟，同时减少灰尘造成的污染。也有研究认为采用适当的堆肥工艺，在较高的初始含水率条件下，堆肥也可以顺利达到腐熟，且会使腐熟期保持一定的水分条件，更有利于堆肥的腐熟。庞金华等在对猪粪堆肥的研究中认为66%的初始含水率可以使堆温上升相对较快，在3d内便出现持续高温；Zhu利用猪粪与粉碎的玉米棒在高含水率条件下（70%～80%），做了用通气静态堆肥反应器堆肥的研究，认为在初始含水率不高于80%时，在较高含水率条件下堆肥亦可以顺利达到腐熟；Dai通过向牛粪中添加不同的有机废物在含水率达78%条件下堆肥，研究了病原菌含量的变化，结果表明在较高的含水率条件下，只要易降解有机物达到166.2mgO_2/g时，可以在高温期（>55℃）持续56h杀灭病原菌，为奶牛粪便堆肥的无害化处理提供了依据。因此，如果在较高的初始含水率条件下，采用适当的堆肥工艺，在不影响堆肥效率和堆肥品质的前提下，在处理高含水率的畜禽粪便时，可以显著减少调理剂的用量，降低堆肥成本，具有现实的应用意义。

(3) 通风供氧

通风以保持堆体充足的氧浓度是保证好氧堆肥能够取得成功的重要的控制因素。向堆体通风的作用主要有3个方面。a. 为堆体内的微生物提供 O_2，大量研究表明：堆体 O_2 浓度应维持在15%～20%，以保证微生物代谢的需要；堆体供氧不足，堆肥微生物处于厌氧发酵状态，产生 H_2S 等气体，污染周围环境，并会产生大量有机酸，抑制微生物活性，降低了有机物分解速率，使堆体温度下降。b. 控制散热，调节温度。高温期维持堆体温度在60～65℃以下。堆肥需要微生物反应而产生的高温，但是对于快速堆肥来讲，必须避免长时间的过度高温，温度控制的问题就要靠强制通风来带走多余的热量。c. 去除过量的水分、CO_2 及一些对微生物生命活动有抑制作用的物质，通风很好地实现了降低堆肥含水率，干化物料的效果。通风控制成为许多堆肥系统的关键技术。常用的通风方式有：自然通风；向堆体内插入通风管；翻堆通风；用风机强制通风或抽气。现代化堆肥厂多采用翻堆通风和强制通风相结合的方式。目前，国内通常采用基于温度、时间及温度-时间联合的控制方法；国外堆肥通风控制技术研究较早，已针对基于时间参数、温度参数、好氧速率和综合控制等进行了深入的研究，并提出了 Beltsville、Rutgers、Leeds 等控制方式。

(4) 碳氮比

微生物的生长与繁殖等生命活动需要大量的碳源与氮源，微生物每合成一份蛋白质大约需要30份碳，因此，对堆肥过程来讲，物料的初始碳氮比为30较为理想，其最佳值一般在（25～35）:1之间。但杨毓峰进行畜禽废物好氧堆肥化条件研究时指出鸡粪堆料碳氮比在10～30之间，牛粪堆料的碳氮比在25～50之间均能很好地进行高温好氧堆肥。而且也有研究表明：利用奶牛粪便堆肥时，较高的碳氮比（≥40）更有利于控制堆料氮素的损失，以提高堆肥产品的品质；碳氮比低于20∶1，可供消耗的碳素较少，氮素相对过剩，有机氮转变成氨态氮后以 NH_3 的形式大量挥发损失，从而导致 N 元素大量损失，降低了肥效。但碳氮比过高会降低有机物的分解速率，延长堆肥发酵的周期，而且高碳氮比的堆肥施入土壤后，会利用土壤原有的氮素，使土壤出现"氮饥饿"的状态，进而会影响作物生长。而且在施用有机肥时最好与无机氮肥配合使用，以避免土壤"氮饥饿"的现象。

(5) pH 值

畜禽粪便堆肥的 pH 值范围一般应在 6.7～9.0 之间较为合适。有研究认为，堆腐有机垃圾，当堆料初始 pH 值控制在 8 左右时，可以显著提高堆肥初期的反应速率，极大地缩短堆肥达到高温所要需的时间，从而可以避免由于堆肥反应延缓所造成的臭味问题，但当 pH 值控制在较低值（≤5）时，葡萄糖和蛋白质的降解将会停止，堆肥反应受到强烈的抑制。pH 值对 N 的损失有很大的影响，因为当 pH>8.2 时，氨氮以 NH_3 的形式大量逸出而损失，使堆肥品质降低。在通常情况下，堆肥过程中，堆料成分较为复杂对 pH 值有足够的缓冲作用，能使 pH 值稳定在适当的酸碱度水平，而且在堆肥后期形成的碳酸盐缓冲体系对 pH 值的变化具有很好的调节作用。

(6) 外源菌剂

堆肥物料中有机物的降解是在不同种类的微生物群共同作用下进行的，适当加入外源菌剂可以对堆肥进程起到很大的促进作用。目前，国内外对于堆肥接种技术的研究已经有了很大的发展，明显地促进了堆肥反应的进程。传统堆肥有益微生物在堆肥初期量少，需要较长时间才能繁殖起来，因此传统堆肥存在发酵时间长、产生臭味且肥效低等问题。

赵京音发现用外接高效菌剂（EM 菌）处理鸡粪能显著加快堆肥的腐熟，并可减少堆肥臭气的排放，改善堆肥环境；严力蛟用 EM 菌处理猪粪时发现：在猪粪中加入 EM 菌后，对猪粪臭源和各类有害菌数量有明显的抑制作用，且能加快猪粪的腐熟；刘克锋在研究不同微生物处理对猪粪堆肥质量的影响时发现接入菌剂能加快堆肥的升温速率，提高最高温度，加速堆肥中的碳氮比下降，促使堆肥中生物毒性物质的分解。外源菌剂的添加，可加快牛粪堆肥腐熟，并于一周内杀灭牛粪中的杂草种子和虫卵病菌，达到堆肥无害化标准，并可显著降低重金属活性等。因此，研究在人工条件下通过接种高效微生物菌剂来提高堆肥效率、加速堆肥反应过程具有重要意义。

此外，通过对堆体孔隙度、堆料颗粒度及堆肥膨松剂等的调控和加入，可以增强堆料结构，吸收多余水分，增加孔隙率，改善堆体的通气性能，为堆肥微生物营造一个良好的生长环境，使堆料微生物数量增多，种群结构复杂而稳定，从而加快有机物的分解，有效控制臭气的产生，提高堆肥效率。

6.1.3　堆肥腐熟度指标

堆肥条件的研究主要是为了让堆肥达到腐熟，即堆肥的有机质经过矿化、腐殖化过程达到的稳定程度。堆肥腐熟程度以腐熟度指标作为参考，是堆肥厂设计、运行、堆肥过程控制及堆肥产品质量评价的重要依据。未腐熟的堆肥施入土壤后，会毒害植物的根系，影响作物的正常生长；而堆肥腐熟过度则养分损失大，浪费能源，且腐熟周期长降低了堆肥效率。

所以，堆肥腐熟度是衡量堆肥产品质量的一个重要指标，同时也是堆肥产品安全施用的保证。

堆肥腐熟度作为衡量堆肥过程控制及堆肥产品质量评价的重要指标，国内外许多专家学者都进行了大量的研究和探讨，提出许多判定标准，但由于堆肥原料及堆肥条件的复杂性，迄今仍未定出人们普遍接受的较为准确的堆肥腐熟度的评价标准参数和方法。堆肥腐熟度的评估方法一直是堆肥研究的重要课题。根据堆肥腐熟度参数及指标的分析手段不同，现阶段国内外主要有以下堆肥腐熟度指标。

6.1.3.1 物理学评价指标

在堆肥过程中，堆体的温度、气味及颜色等表观特征都会随着堆肥发酵的进行而发生变化，如堆体温度自然降低，接近环境温度；堆料颗粒变细变小，均匀，不再具黏性，呈疏松的团粒结构；臭味逐渐消失，不再吸引蚊蝇，带有湿润的泥土气息；腐熟后的堆料呈黑褐色或黑色等。这些指标的检测直观方便，因此较早地被用于判断堆肥的腐熟度。

(1) 温度

温度与堆肥中微生物活性密切相关，有机物质被微生物氧化分解越快，热量释放越多，堆体温度也就会越高。初期加热阶段，堆温很快上升到 50℃ 以上，并在高温期维持一段时间后，堆肥逐渐达到腐熟，进入冷却稳定阶段。堆肥腐熟后，堆温与环境温度趋于一致，一般不会再有明显的变化。但由于堆体是一个非均相体系，各个区域的温度分布并不均衡，不同堆肥系统的温度变化也会存在很大的差异，这限制了温度作为腐熟度定量指标的应用，但其仍是堆肥过程最重要的常规检测指标之一。

(2) 颜色与气味

通常，堆肥原料含有令人不快的恶臭气体，如硫醚类、硫醇类及低分子挥发性脂肪酸等。堆肥系统运行良好时，这种气味逐渐减弱并在堆肥腐熟后消失。取而代之的是由真菌和放线菌产生的土臭味素所散发出的潮湿的泥土气息。堆肥过程中堆料颜色逐渐发黑，由于真菌的生长，堆肥出现白色或灰白色，堆肥产品呈现疏松的团粒结构，腐熟后的堆肥产品呈黑褐色或黑色。Sugahara 提出一种简单的方法用于检测堆肥产品的色度，并回归出如下关系式：

$$Y = 0.388 \times (C/N) + 8.13 (R^2 = 0.749)$$

并认为 Y 值为 11～13 的堆肥产品是腐熟的，使用这种方法判定腐熟度时需要特别注意取样的代表性。但堆肥的色度易受其原料成分的影响，因而很难建立起统一的色度标准来辨别各种堆肥的腐熟程度。

6.1.3.2 化学指标

温度、气味及颜色等物理指标只能定性描述堆肥过程所处的状态，但难于定量表征堆肥过程中堆料成分的变化，也就不易定量说明堆肥的腐熟程度。所以，常通过分析堆肥过程中堆料化学成分或性质的变化来评价堆肥的腐熟度。用来研究堆肥腐熟度的常用化学指标有：pH 值、有机质、水溶性氮化物、碳氮比及腐殖化指标等。

(1) pH 值

pH 值可以作为评价堆肥腐熟程度的一个指标。堆肥发酵初期，pH 为弱酸性到中性，一般为 6.5～7.5。腐熟的堆肥一般呈弱碱性，pH 值在 8.0～9.0。因此，有研究认为 pH 值也可以作为评价堆肥腐熟的标准。Chikae 以 pH 值及 NH_4^+ 浓度和磷酸酯酶活性为参数建立湿地电化学传感器系统来判断堆肥的腐熟程度，与种子发芽指数（GI）具有很好的相关性（$r=0.873$）。但 pH 值易受堆肥原料和条件的影响，故只能作为堆肥腐熟度的一项参考指标。

(2) 有机质含量变化指标

堆肥化的过程实际就是有机质被微生物降解利用的过程。在堆肥过程中，堆料中的不稳定有机质被分解转化为 CO_2、H_2O、矿物质及更为稳定的有机物质，堆料中的有机质含量变化显著。通常用于反映有机物质变化的参数有五日生化需氧量（BOD_5）、挥发性固体、水溶性有机碳（WSC）等。

BOD_5 反映了堆肥过程中可被微生物利用有机物的含量，因此，随着堆肥过程的进行，BOD_5 不断降低。Mathur 研究认为在腐熟的堆肥产品中，BOD_5 值应小于 5mg/g 干堆肥。用机械化设备生产的堆肥产品，其 BOD_5 一般为 20～40mg/g。但堆肥原料成分对 BOD_5 的影响很大，有些固体废物初始 BOD_5 值原本就较低，使得这一参数对于不同原料堆肥的指标无法统一；且测定 BOD_5 的方法比较复杂而耗时，不能及时地反馈检测结果，影响对实际操作过程的控制。

堆肥过程是利用微生物分解和转化原料中的不稳定有机质，即挥发性固体含量逐渐降低的过程。William 研究认为挥发性固体经堆腐后必须降解 38% 以上，腐熟堆肥产品中挥发性固体含量应低于 65%。但不同原料的挥发性固体含量及性质显著不同，使得这一参数及指标的使用难以具有普遍意义。水溶性有机碳（WSC）是堆料中各种微生物优先利用的碳源，Sharon 研究发现：初始时 WSC 含量较高，堆肥化的前 7d，其含量迅速下降，随后不溶性有机物质在微生物胞外酶的作用下开始降解，水溶性有机碳含量逐渐升高，大约 10d 后，其含量再次大幅度降低，4 周以后才缓慢减小并趋于平衡，堆肥腐熟时其含量一般应低于 0.4%，这一标准与 Zmora-Nahum 的研究结论基本相同。但 Benaletal 以多种有机固体废物堆肥后研究提出：堆料 WSC 含量小于 1.7% 是堆肥腐熟的标志；而 Garcia 通过对城市废物堆肥的研究认为，当堆肥中的 WSC 含量小于 0.5% 时，堆肥已达腐熟要求。

另外，在堆肥过程中，易降解有机物质可能被微生物用作能源而最终消失，所以一些研究者认为它们是判断腐熟度最有用的参数。堆肥过程中，可溶性糖类首先消失，接着是淀粉，最后才是纤维素。淀粉和可溶性糖是堆肥原料中典型的易降解有机物质，易被微生物利用。陈世和在垃圾堆肥试验中，堆腐进行至第 10 天时，淀粉含量从最初的 2.7% 降低到 0.06%，到第 12 天时，淀粉基本消失；Poincelot 通过试验得出，垃圾中可溶性糖和淀粉含量分别为 5.0% 及 2.0%～8.0% 时，经 5～7 周的堆腐即可完全降解。因此可以认为完全腐熟的、稳定的堆肥产品，以检不出淀粉为基本的条件，但是淀粉只占堆料可降解有机物的一小部分，检不出淀粉也并不一定表示堆肥已经腐熟。

(3) 氮化合物参数的变化指标

堆肥氮素的转化主要也是微生物作用的结果，并决定最终堆肥产品的腐熟度。堆肥中氮素主要以有机氮和无机氮（NH_4^+-N 和 NH_3-N）的形态存在，而且有机氮是全氮的主要组成部分，因此有机氮的含量也基本上反映了堆肥全氮的变化。堆肥过程中氮素的转化主要包括四种作用：氨化作用、硝化作用、反硝化作用和固氮作用。堆肥过程中伴随着有机氮的矿化，NH_4^+-N 和 NH_3-N 含量均会发生显著的变化。NH_4^+-N 的变化趋势主要取决于高温、

pH 值及堆料中氨化细菌的活性。堆肥化初期，由于微生物的氨化作用，堆料中含氮成分发生降解产生大量 NH_4^+-N，因此与其他形态氮素相比，NH_4^+-N 含量急剧增加；在高温期时，由于高温和大量 CO_2 抑制了硝化细菌的作用，氮素主要以 NH_4^+-N 的形式存在，而不出现 NH_3-N；高温期过后，在堆肥腐熟阶段，NH_4^+ 在硝化细菌的作用下生成氮氧化物（NO_2^- 与 NO_3^-）。堆肥中氮的变化过程可用以下方程式表示：

$$R-NH_2 \longrightarrow NH_3 + H_2O \Longrightarrow NH_4^+ + OH^-$$
$$2NH_4^+ + 3O_2 \longrightarrow 2NO_2^- + 4H^+ + 2H_2O$$
$$2NO_2^- + O_2 \longrightarrow 2NO_3^-$$

因此，在堆肥后期，氨氮的硝化也常被用来作为判断堆肥腐熟的指标。研究表明，NH_4^+-N 在堆肥进行到一定的阶段（腐熟期）开始出现，而且当 NH_3-N 的含量开始大量增加时，NH_4^+-N 的含量急剧降低，认为大量的微生物降解过程即将完成，堆肥已基本经达到了腐熟，并因此认为 NH_4^+-N 含量的变化是评价堆肥腐熟度的简单有力的参数。Zucconi 建议腐熟堆肥的 NH_4-N 含量不超过 0.4g/kg；而 Tiquia 认为，当猪粪堆肥中的 NH_4^+-N 含量小于 0.5g/kg 时，可判断堆肥基本达到腐熟；Bernal 了以 NH_4^+-N/NH_3-N 小于 0.16 作为不同有机废物堆肥的腐熟度的限值；加拿大政府有关堆肥标准中规定，当 NH_4^+-N/NH_3-N$\leqslant$0.5 或 NH_3-N/NH_4^+-N$\geqslant$2.0 时，可认为堆肥已达腐熟。Sánchez-Monedero 研究了不同有机废物堆肥后氮素形态的变化规律及其对堆肥 pH、电导率和腐熟度的影响，发现当堆肥的温度下降至 40℃ 以下时，硝化作用才开始，硝化量与产生铵盐的含量有密切的关系，在堆肥的腐熟后期 NH_3-N 的含量达到了最高值；NH_3-N 的含量与 pH 值和电导率有显著的相关性，随着 pH 值的下降和电导率的上升而增加；NH_4^+-N/NH_3-N 可以清楚地指示堆肥的腐熟程度，最终的比值分别为 0.08、0.04、0.16 和 0.11，均低于或等于 Bernal 建议堆肥达到腐熟要求的限值。

(4) 碳氮比

碳氮比是常用的堆肥腐熟度评价方法之一。在堆肥过程中，碳源不断被消耗，转化成 CO_2、H_2O 和腐殖质物质；而氮素则会以 NH_3 的形式挥发而散失，或转变为 NO_2^- 与 NO_3^-，或是被堆肥微生物同化吸收。因此，碳素和氮素的变化是堆肥化过程的基本变化特征之一。

① C/N（固相碳氮比） 赵由才认为腐熟堆肥理论上讲应趋于微生物菌体的碳氮比，即 16 左右；加拿大有关堆肥质量标准提出 C/N 必须小于 25，同时须符合其他相关腐熟的指标时方可认为堆肥达到腐熟。Garcia 研究提出堆料的 C/N 从初始的 25～30 降低到 20 以下时，即可认为堆肥已经基本腐熟。Mathur 提出堆肥 C/N 小于 20 时堆料基本腐熟，且认为 C/N 小于 10 时作为腐熟标准更好；Bernal 建议对有机固体废物堆肥，可将 C/N 小于 12 作为腐熟度的标准。但是许多堆肥原料的初始碳氮比较低，如污泥等，且在不同的堆肥条件下，堆料中氮素含量的变化不尽相同，此时，碳氮比不适合作为腐熟度评价指标。因此，达到腐熟条件的 C/N 值指标的适用性应视堆肥条件的差异而定。

② CO(W)/NO(W)（水溶性有机碳与有机氮之比） 堆肥的生化反应过程是在水相中进行的，而且主要是堆肥微生物对原料中的水溶性有机质矿化的过程，因此通过研究堆肥水溶态组分的变化，可以判断堆肥的腐熟过程。但与固相 C/N 相似，堆料化学组成会对

CO(W)/NO(W) 的影响较大，从而限制了其作为腐熟度评价指标的应用。Hirai 分析了 12 种不同配比物料的堆肥产品后发现，完全腐熟的堆肥 CO(W)/NO(W) 几乎都在 5～6。但当堆肥原料中含有污泥时，原料的 CO(W)/NO(W) 很低，只有 6 左右，这时 CO(W)/NO(W) 不宜作为腐熟度的判定指标。此外，由于腐熟堆肥水溶性有机氮检测较为困难，Hue 建议使用水溶性有机碳/总有机氮（WSOC/TON）作为评价腐熟度的指标，提出 WSOC/TON 小于 0.70 作为腐熟度参考标准，Bernal 则建议 WSOC/TON 小于 0.55 作为堆肥腐熟的参数。由于用碳氮比评价堆肥腐熟存在诸多局限性。Morel 认为 C/N≤20 只是堆肥腐熟的必要条件，并建议采用 T 值（T＝终点碳氮比/初始碳氮比）来评价城市垃圾堆肥的腐熟度，并认为当 T 值小于 0.6 时，堆肥达到腐熟。Vuorinen 认为，腐熟猪粪与稻草混合堆肥的 T 值应在 0.49～0.59 之间；Itavaara 的研究则表明当包装废物堆肥的 T 值下降到 0.53～0.72 之间时，堆肥基本达到腐熟。不同原料堆肥后 T 值变化不大，均在 0.5～0.7 之间，因而可以认为其适于评价不同物料堆肥的腐熟度。

(5) 腐殖化指标

在有机碳分解转化过程中，一方面碳素在急速分解，另一方面分解产物在微生物作用下又重新合成新的腐殖酸碳，如新鲜的堆肥中含有较低含量的胡敏酸（HA）和较高含量的富里酸（FA），而随着堆肥化的进行，HA 含量显著增加，FA 含量则逐渐降低，这种变化可表征堆肥的腐熟化过程，因此腐殖酸碳含量是衡量堆肥质量及腐熟度的重要指标之一。Inbar 研究报道，在牛粪堆腐过程中，其 CHS 有机质的含量从 377g/kg，提高到 710g/kg。但也有学者认为有机物的腐殖化程度不适于描述堆肥腐熟度，因为其总含量有时在堆肥过程中变化不明显，新腐殖质形成同时，原有腐殖质会发生矿化作用。Chefetz 通过市政固体废物堆肥的试验研究发现，在堆腐期腐殖质碳（CHS）有变化，而胡敏酸碳（CHA）和富里酸碳（CFA）却各有增减。因此，对不同的原料和堆肥技术很难给出较为统一的腐殖化定量标准来判定堆肥的腐熟。根据堆肥在酸碱浸提剂中的溶解性质，可将堆肥中的腐殖酸碳的类型划分为：腐殖质碳（CHS 或 CEx），胡敏酸碳（CHA），富里酸碳（CFA）及胡敏素碳（CNH）。堆肥过程中常用来评价堆料有机物腐殖化水平的指标有：腐殖化指数 HI（humification index，HI＝CHA/CFA）、腐殖化率 HR（humification ratio，HR＝CEx/Corg×100）及腐殖酸百分率 PHA（percent of humic acids，PHA＝CHA/CEx×100）等。Hsu 研究给出腐殖化指数的定义，并发现它会随堆肥进行而不断增高。Bernal 研究发现腐熟的城市垃圾、污泥和猪粪等物料混合堆肥的 HI 均大于 1.9。Roletto 研究了不同来源的五类有机固体废物堆肥过程中有机物的腐殖化进程，并认为当 HR≥7.0；HI≥3.5；PHA≥50 是堆肥达到腐熟的标准。

6.1.3.3 生物学指标

堆料中微生物的活性及其对植物生长的影响常用以评价堆肥的腐熟程度，这些指标主要有呼吸作用和好氧速率、微生物活性及种子发芽率。

(1) 呼吸作用和好氧速率

堆肥过程中，好氧微生物降解有机物，同时消耗 O_2 产生 CO_2，因此，O_2 的消耗速率和 CO_2 的产生速率标志着有机物的降解程度和堆肥反应的进行程度。新鲜堆肥中，由于微生物活动对有机物质的氧化分解作用，耗氧速率增大，产生大量的 CO_2，但随着堆肥的进行，可利用的有机质减少，微生物活动减缓，耗氧速率降低，释放出 CO_2 也因此减少。Garcia 研究认为，不论何种物料堆肥，当堆料中每 100g 有机质能降解释放出 CO_2 的有机质小于 400mg 时，表明堆肥已达稳定；小于 200mg 时，认为达到腐熟。

William 认为好氧速率代表堆肥过程中的生物特性，反映了好氧微生物的活性，因而以好氧速率作为腐熟标准符合生物学基本原理，可以很好地判断堆肥的腐熟度。陈世和总结有关堆肥好氧速率的研究成果，认为好氧速率数据的测定不受堆肥物料成分的影响，只要环境适宜，堆肥微生物就会消耗 O_2，产生一定的耗氧速率，因此更适于评价堆肥的腐熟程度。美国堆肥腐熟度质量协会（CCQC）认为好氧速率小于 1.5VS/h，呼吸作用 CO_2 产生率小于 8VS/d 是堆肥达到腐熟的标准（VS 表示单位质量的活性污泥在单位时间内所利用氧的量）。郑玉琪等（2004）利用自制的堆肥 O_2 实时、在线监测系统监测堆肥过程中耗氧速率的变化，并探讨了利用耗氧速率判断堆肥农用腐熟度的可行性与可靠性，认为在堆肥高温阶段末期，耗氧速率下降到 $100\mu L/(L \cdot s)$ 以下，可作为堆肥腐熟的标志。

(2) 微生物活性

反映微生物活性变化的参数包括酶活性、ATP 和微生物量。堆肥过程中，多种酶与 C、N、P 等基础物质代谢密切相关，分析其活力，可直接或间接反映微生物的代谢活性，一定程度上反映堆肥的腐熟程度。倪治华在研究猪粪堆肥过程中发现，在堆肥快速分解阶段，脲酶活性在初始值高位维持一段时间（10～15d）后快速下降；纤维素酶活性则直接从初始高位值快速下降到较低水平。倪治华因此认为，转化酶活性下降 95％ 以上，脲酶、纤维素酶活性下降 70％ 以上时，可以作为判定猪粪堆肥腐熟度的指标。三磷酸腺苷（ATP）的分析是土壤中生物量的测定方法之一，现在也用于对堆肥过程的研究。Tiquia 研究猪粪垫料堆肥时发现，ATP 含量从开始的 $0.1\mu mol/g$ 逐渐上升到 $0.3\mu mol/g$，并在这一水平保持到第 28 天，之后开始下降，到第 56 天时仅为 $0.05\mu mol/g$。但 ATP 的测定比较复杂，对测定条件要求较高。同时，原料中如果含有 ATP 抑制成分，会对 ATP 的测定结果产生影响。这些活性指标的变化可以用来了解堆肥的稳定性，但对于如何作为堆肥腐熟度的指标，还需要进一步的研究。Gazi 等对绿色有机废物堆肥过程中微生物菌群的数量（包括总的好氧菌、芽孢杆菌、氨化细菌、放线菌、硝化细菌和纤维素分解菌等）进行研究，发现在绿色有机废物堆肥高温阶段末期大部分菌种的数量增加，甚至在温度下降时菌群数量仍呈级数增长，硝化细菌、放线菌及真菌数量随堆肥过程变化较为明显，微生物菌群变化很好地反映了堆肥过程的变化。Tang 利用醌类图谱分析法研究牛粪和稻草堆肥并发现了类似的结果。某种微生物量及种群的变化，间接反映了堆肥过程中腐熟度的变化。因此，用微生物来评价堆肥过程是合适的，特别是用它来指示堆肥是否达到稳定阶段或是否已经腐熟，因此微生物分析可作为评价堆肥腐熟度的合适方法。

(3) 发芽指数

考虑到堆肥腐熟度更为实用性的意义，植物生长试验应是评价堆肥腐熟度的最终和最具说服力的方法。堆肥的植物毒性常用种子发芽指数（germination index，GI）来评价，GI 由以下公式确定：

GI＝（堆肥处理的种子发芽率×种子根长）/（对照的种子发芽率×种子根长）×100％

理论上，只要 GI＜100％，就可以判断堆肥仍具有植物毒性，但在实际实验中，如果 GI 达到 80％，即可认为堆肥已基本消除了植物毒性。Zucconi 报道，许多植物种子在堆肥原料和未腐熟堆肥萃取液中生长受到抑制，而在腐熟的堆肥中种子发芽抑制因素逐渐消除，植物生长得到促进，以水萃种子发芽和根长度计算发芽指数 GI，更能有效反映堆肥植物毒性的大小，当发芽指数 GI 大于 50％时可认为堆肥腐熟，这是一个使用比较普遍的评价指标。该方法被加拿大政府用作评价有机废物和粪便堆肥腐熟度的标准，规定当水萃种子发芽率到达 90％，表示堆肥达到腐熟。李国学根据对城市有机废物的试验认为，根据堆肥的腐熟度可以将堆肥过程分为三个阶段：抑制发芽阶段，迅速上升阶段和缓慢上升至稳定阶段。但不同植物对植物毒性的承受能力和适应性有差异，除草剂等残余或高盐度或某些特殊物质在初始阶段分解没有正常进行，种子发芽实验可能是不可靠的，且方法工作量大，需要的时间较长。

6.1.3.4 堆肥腐熟的综合评价

物理、化学和生物学指标均能从不同的角度反映堆肥腐熟情况，但由于堆肥的原料、堆制方法和环境条件等影响因素导致堆肥过程的复杂性，仅用单一指标来评价堆肥腐熟度往往比较片面，可能存在较大的偏差，很难客观全面地判断堆肥的腐熟程度。因此，大多研究者认为应建立多种指标作为综合评价堆肥腐熟度的参数，从不同侧面来综合反映堆肥腐熟度，确保对堆肥产品腐熟度质量控制。钱晓雍对畜禽粪便堆肥腐熟度评价指标体系做了深刻的研究，认为 C/N、种子发芽势及根系建成指标作为具有代表性的堆肥腐熟度控制指标与 Solvita 腐熟等级指标高度相关，结合常规温度指标，构建了新的堆肥产品腐熟度评价指标体系。Bernal 研究认为在有机物堆肥中 $C/N<12$、$C_w<1.7\%$、$C_w/N_{org}<0.55$、$NH_4^+-N/NH_3-N<0.16$、$NH_4^+-N<0.04\%$ 和 $GI>50\%$ 可作为堆肥腐熟指标。Miyuki 在研究厨余物和农业固体废物堆肥时，对 32 种腐熟度评价指标进行了测定后，以 GI 为标准，选取了 pH 值、NH_4^+、磷酸酶活性及酯酶等水溶性参数建立多重回归方程，发现 GI 预测值与真实值之间有很好的相关性。因此，可以建立以水溶性参数为主要指标的体系来评价堆肥腐熟度。因此，为准确评价堆肥腐熟度，应该采用多种指标综合分析堆肥的腐熟情况的方法。目前，将化学指标与生物学指标结合起来用以评价堆肥腐熟度是目前最为常用的方法，但统一具体综合评价标准的制定仍需进行深入的研究，以保证堆肥产品的合理利用和环境的安全。

6.2 堆肥设备

现代化堆肥厂是以广泛采用各种各样的堆肥设备为特征的。一个完整的机械化堆肥系统必然要保证生产出符合相关卫生学与环境学控制指标的堆肥产品，其中堆肥发酵设备是实现整个堆肥机械化生产的关键，而相应的辅助机械与设施也必不可少，应尽量使这些设备在设计上满足堆肥工艺的特殊要求。

如图 6-2 所示，堆肥化系统设备的基本工艺流程大致可分为计量设备、进料供料设备、前处理设备、发酵设备、后处理设备及其他辅助处理设备等。由于计量设备和进料供料设备处于整个工作流程的最前端，通常也可并入前处理设备之内讨论。堆肥物料在经计量设备称重后，通过进料供料设备进入预处理装置，完成破碎、分选与混合等工艺；接着被送至一次发酵设备，在将发酵过程控制在适当的温度和通气量等条件下，使物料达到基本无害化和资源化的要求；然后，一次熟化物料被送至二次发酵设备中进行完全发酵，并通过后处理设备对其进行更细致的筛分，以去除杂质；最后烘干、造粒并压实，形成最终堆肥产品后包装运出。在堆肥的整个过程中可能产生多种二次污染，如臭气、噪声和污水等，这些二次污染同样需要采用对应的辅助设备予以去除，以达到环境能够接受的水平。

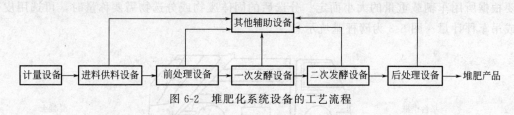

图 6-2　堆肥化系统设备的工艺流程

6.2.1　前处理设备

前处理设备主要包括计量设备、破碎设备、混合设备和储料装置等。在整个堆肥工艺流程的前端设置前处理设备的目的主要在于以下 3 个方面。

(1) 提高堆肥物料中的有机物含量

高温是堆肥化成功的关键，高温的产生来源于微生物的正常繁衍，而微生物的生长繁衍又是以充足的有机物为基础的，因此堆肥物料中充足的有机物含量是正常发酵的首要条件。农村固体废物中往往含有大量如泥土、石头等不可堆腐物质，通过前处理工艺可以提高堆肥物料中有机物的比例，以保证微生物有足够的营养物质，从而提高最终堆肥产品的质量。

(2) 保证合适的物料粒度

不同类型的有机物料粒度大小有很大的差异，直接影响到发酵的效果和发酵的周期。粒度大的块状物料，菌种只能附着在物料的外表面，里表面的物料在发酵过程中不易熟透；秸秆类原料纤维素含量高，如果物料太大，则降解时间长，堆制效果差。如果物料粒度太细，发酵过程中物料的透气性很差也会影响到发酵的效果，所以前期物料粒度的处理非常重要，也非常必要。为了取得好的发酵效果，进入发酵前的物料粒度一般不能大于 50mm，但也不能小于 0.65mm。粒度太大的物料可以通过粗粉碎，改变粒度的大小；粒度太小的物料可以加入一定比例的填充料，以确保进入发酵的物料粒度均匀、适中。

(3) 调节物料适宜的含水率和 C/N

堆肥物料合适的含水率和 C/N，不仅可以提高堆肥厂的生产效率，而且可以保证获得高效的堆肥，特别是对于含水率高的固体废物的处理，如中药渣等。通常使用堆肥成品、稻草、木屑、油渣、干草粉等作为高湿度、低含碳量物料的调理剂，而使用人粪尿作为低湿度物料的水分调节剂。解决以上环节的常用的设备有储料装置、给料装置和物料混合设备等。

6.2.1.1　计量装置

常用的计量设备有如下 3 种。

(1) 地磅秤称量

常选用 20kg 或更小的最小刻度，并装备有快速稳定机构的地磅秤。地磅秤一般安装在堆肥厂内废物收运车的通道上（最好将其设置在高出防雨路面 50～100mm 处，并建造顶棚），同时容易检测进出车辆的开阔位置。为了便于检修计量装置，最好在计量装置前后约 10m 处建一条直通道。在地磅秤旁还应建造副车道，供不需称量的车辆通过。地磅秤的选择要根据所用车辆载重量的大小而定。分选后的固体废物或分选物需要称量时，可选用皮带秤或吊车秤计量。图 6-3 为磅秤基坑示意。

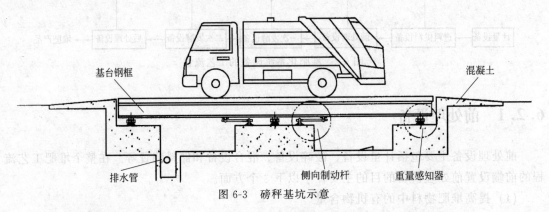

图 6-3　磅秤基坑示意

(2) 自动配料系统

自动配料系统包括失重式计量系统和变频调速带式计量系统。自动配料系统借助工业计算机、将各种物料按照计算机预先设定的比例加入到一起，达到自动配料的目的。其优点是计量方便、准确。缺点是设备投资高，物料黏性大、湿度高时在配料过程中流动性不好，很容易影响到计量的准确性。所以自动配料系统在前期搅拌、混合中实际应用较少。

(3) 容器式定量计量设备

用定量的容器如翻斗车、铲车的料斗等，来粗略地统计每次加入的物料重量。这种计量方式设备投资少、操作简单，所以在实际生产中应用非常广泛。

6.2.1.2　破碎设备

堆肥物料的粒度大小决定着发酵时间的长短和发酵速率的快慢。堆肥物料粒度越小，其表面积越大，微生物新陈代谢越快，堆肥物料的发酵速率也就越高，因此可堆肥化物料粒度是提高堆肥厂生产效率的关键环节。根据国内外有关资料，可堆肥化物料的粒度以 50mm 以下为宜，而精破碎要求的物料粒度在 12mm 以下，以利于造粒和深加工。通过选用合适的破碎设备，可以提供合理的堆肥物料粒度。

常用破碎设备包括锤滚式磨、破碎机、槽式粉碎机、水平旋转磨和切割机，可根据物料特点、设备性能、维护要求、投资及运行费用选择这些设备。限于篇幅，这里仅介绍常用的两种破碎机：剪切式破碎机和锤滚式破碎机。破碎设备运行时最需要注意的是安全问题。

(1) 剪切式破碎机

剪切式破碎机是以剪切作用为主的破碎机，它通过固定刀和可动刀之间的啮合作用，将固体废物破碎成适宜的形状和尺寸。剪切式破碎机特别适合破碎 SiO_2 含量低的松散物料（见图 6-4）。

剪切式破碎机的转子上布置刀片，可以是旋转刀片与定子刀片组合，也可以是反向旋转的刀片组合。以上两种情况下，都必须有机械措施阻止在万一发生堵塞时可能造成的损害。通常由一负荷传感器检测超压与否，必要时使刀片自动反转。剪切式破碎机属于低速破碎机，转速一般为 20～60r/min。

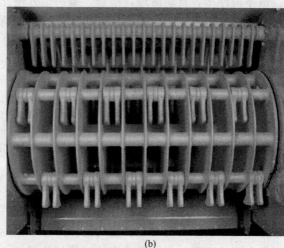

(a)   (b)

图 6-4　移动式剪切破碎机实物图及剪切破碎机的刀片组合结构

不管物料是软的还是硬的，有无弹性，剪切破碎总是发生在切割边之间。刀片宽度或旋转剪切破碎机的齿面宽度（约为 0.1mm）决定了物料尺寸减小的程度。若物料黏附于刀片上时，破碎不能充分进行。为了确保体积庞大的物料能快速地供料，可以使用水压等方法，将其强制供向切割区域。实践经验表明，最好在剪切破碎机运行前，人工去除坚硬的大块物体如石头、金属块、轮胎及其他难以破碎的杂质，这样可有效确保系统正常运行。

(2) 锤滚式破碎机

锤滚式破碎机的结构如图 6-5 所示，机壳内装有两个主轴平行排列的转子，一根主轴挂

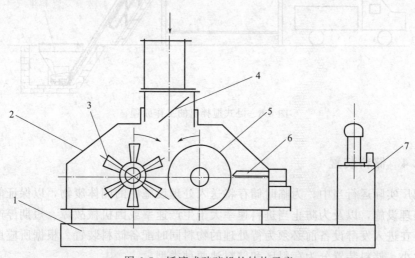

图 6-5　锤滚式破碎机的结构示意

1—机架；2—机壳；3—锤子；4—挡料板；5—滚筒；6—清理刮刀；7—液压泵站

有若干重锤的转子，另一主轴上固装着滚筒转子，两转子分别由电动机驱动做相对转动。进入机内的物料，受到随转子高速旋转的重锤而被破碎并撞击向另一低速旋转的滚筒表面，挤压和物料间相互碰撞使物料进一步被粉碎。粉碎后物料由机器下方出料口排出。在沿滚筒轴线方向表面安装有刮刀，在连续作业中，由液压缸带动做往复运动，以清理滚筒表面上的黏结料。故不需停车，自动清理，检修、维护也方便。

锤滚式破碎机具有破碎比大、适应性强、构造简单、外形尺寸小、操作方便、易于维护等特点，适用于破碎中等硬度、软质、脆性、韧性及纤维状等多种固体废物。锤滚式破碎机适宜于秸秆和树枝类等相对其他物料前期粉碎难度大，粉碎成本高的物料。

6.2.1.3 混合搅拌设备

混合搅拌的目的主要是将要进行堆制并有一定黏性的有机物料与填充料（如秸秆）等按比例搅拌均匀，以提高堆制效果，缩短堆制周期。如果在堆制发酵前不经过混合搅拌工序，几种不同物料的搭配不均匀，会直接影响堆制效果，尤其是堆制初期的效果，最终会延长堆肥化生产周期。

混合搅拌设备有立式混合搅拌机和卧式混合搅拌机两类。立式混合搅拌机搅拌效果差、设备故障率高，所以在物料发酵前的搅拌处理中实际中应用得很少。卧式混合搅拌机又可以分为单轴和双轴两种。双轴卧式搅拌机搅拌效果好、产量高，所以应用极为广泛。

卧式搅拌机的工作原理如图 6-6 所示。

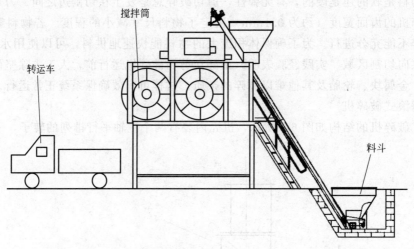

图 6-6　卧式搅拌机的工作原理

6.2.1.4 储料装置

在堆肥厂实际运行当中，为临时储存将送入处理设施中的固体废物，以保证能均匀地将物料送入处理设施，以及为防止当进料速率大于生产速率或因机械故障、短期停产而造成的物料堆积，在进入发酵设备前必须为待处理的物料同时配备储料装置。根据所应用堆肥厂生产规模的大小，储料装置分为存料区和储料池两种类型。

对于日处理量在 20t 以上规模的堆肥厂的储料装置，必须设置存料区。存料区的容积一般要求达到最大日处理量的 2 倍，以适应各种临时变动情况。存料区必须建立在一个封闭的仓内，它由固体废物车卸料地台、封闭门、滑槽、固体废物储存坑等组成。固体废物储存坑一般设置在地下或半地下，采用钢筋混凝土制造，要求耐压防水并能够承受起重机抓斗的锤滚式。固体废物储存坑底部必须有一定的坡度，并具备集水沟，使固体废物堆积过程中产生的渗滤液能顺利排出。此外，为了防止火灾和扬尘，存料区还必须配置洒水、喷雾、通风等装置，以便在必要情况下工作人员可进入仓内清理或排除故障。

对于日处理量 20t 以下的堆肥厂的储料装置则一般采用储料池的形式。储料池是一个底部设有固体废物传送设备的固体废物储料设施，其功能和固体废物存料区相同，但是结构相对较简单，造价也相对便宜。储料池由地坑、固体废物输送设备、雨棚等组成。地坑一般设置在地下，地坑容积一般为 $10 \sim 20 m^3$。由于储料池设置在地下，因此要求其能够承受水压、土压、堆集废物重和内压以及废物吊车铲车的锤滚式；同时还要求其不受废物的流出物影响。因此，储料池最好建成钢筋混凝土结构，外层为防水结构，内层为混凝土。此外，为了易于排放由堆集废物中挤榨出的废水，防止其溃积在地坑内，必须使地坑有适当的坡度，并在底部设置集水沟。

6.2.2 后处理设备

经过一次发酵、二次发酵后的熟化有机物料，往往含有大量的石子等杂质和未完全腐熟的物料，粒度也还很大。为了提高堆肥产品质量，必须设置后处理工艺。

后处理的设备主要包括筛选设备、粉碎设备、造粒设备和打包装袋设备。在实际工艺中，应根据当地的需要来选择组合后处理设备。

6.2.2.1 筛选设备

筛选设备是利用筛子将固体废物中各种组成成分进行分类的机械装置。常用的筛选设备有固定筛、滚筒筛、振动筛、弛张筛等。

(1) 固定筛

固定筛筛面由许多平行排列的筛条组成，可以水平安装或倾斜安装。由于构造简单、不耗用动力、设备费用低和维修方便，故在固体废物处理中被广泛应用。固定筛又可分为格筛和棒条筛两种。

格筛一般安装在粗碎机之前，起到保证入料块度适宜的作用。

棒条筛（见图 6-7）主要用于粗碎和中碎之前，安装倾角应大于废物对筛面的摩擦角，一般为 $30° \sim 35°$，以保证废物沿筛面下滑。棒条筛筛孔尺寸为要求筛下粒度的 1.1～1.2 倍，一般筛孔尺寸不小于 50mm。筛条宽度应大于固体废物中最大块度的 2.5 倍。这种筛适用于筛分粒度大于 50mm 的粗粒废物。

(2) 滚筒筛

滚筒筛也称转筒筛。图 6-8 为一简易的手动滚筒筛。滚筒筛为一缓慢旋转的圆柱形筛分面，以筛筒轴线倾斜安装。筛分时，固体废物由稍高一端供入，随即跟着转筒在筛内不断翻滚，细颗粒最终穿过筛孔而透筛。滚筒筛倾斜角度决定了物料轴向运行速率，而垂直于筒轴的物料行为则由转速决定。

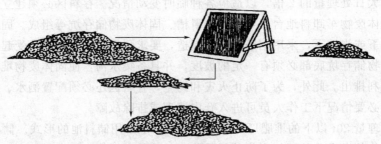

图 6-7 棒条筛示意

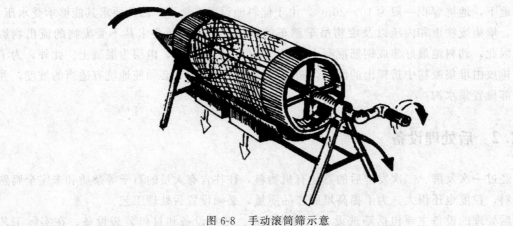

图 6-8 手动滚筒筛示意

（3）振动筛

振动筛是利用振动原理进行筛分的机械。振动筛具有以下特点：a. 由于筛面强烈振动，因此与其他网眼筛相比，能减少筛孔堵塞，生产能力和筛分效率均很高；b. 可以在封闭条件下筛分和输送，能防止环境污染；c. 结构简单，耗费功率小。因此，振动筛在堆肥处理系统中应用较广泛。但是，振动筛对粗大物料的分选效果不理想，因此在预分选中一般不采用振动筛。经预分选发酵腐熟后的堆肥物料，用振动筛进行分选，能取得较好效果，在精分选中往往选用振动筛作为精分选机械。

振动筛对物料的含水率有一定要求，一般对于含水率小于 30% 的物料，能取得较理想效果，而对于纤维含量较高的废物，使用振动筛则容易造成筛孔堵塞，一般不宜选用。振动筛主要有惯性振动筛（图 6-9）和共振振动筛（图 6-10）。

（4）弛张筛

弛张筛是以摇动筛为基础发展起来的一种新型筛具，对于含水量较高、黏滞性强的物料能取得较好的筛分效果。

弛张筛具有内外两个筛箱，通过两套曲柄连杆机构的传动，使内外筛箱做往复摆动，从而带动固定在箱底上的弹性筛板做伸缩运动（弛张运动）。由于筛板的伸屈变形交替着呈绷紧或松弛状态，使带面上的物料以较高的速率抛掷而弹跳，在较高频率的弹跳过程中，增加了透筛的机会，从而有效地防止黏结潮湿物料对筛孔的堵塞而获得了较高的筛分效率。

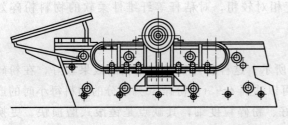
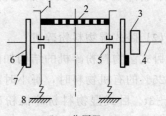

(a) 构造   (b) 工作原理

图 6-9　惯性振动筛结构示意

1—筛箱；2—筛网；3—带轮；4—主轴；5—轴承；6—配重轮；7—重块；8—板簧

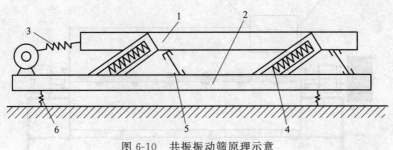

图 6-10　共振振动筛原理示意

1—上筛箱；2—下机体；3—传动装置；4—共振弹簧；5—板簧；6—支承弹簧

6.2.2.2　粉碎设备

目前粉碎处理的工艺有两种。一种是先将发酵后的物料烘干到 10％左右的水分后再进行直接粉碎。如河南银鸽集团无道理生物技术有限公司年产 8×10^4 t 有机肥厂和浙江湖州科航公司年产 2×10^4 t 有机肥生产厂都是按这种工艺设计的。这种处理工艺的物料含水率较低，粉碎粒度较细，粉碎后的成品可以达到 70～80 目，甚至更高，缺点是前期粉碎烘干成本高，能源浪费大。另一种是将发酵后的物料直接在高湿状态下进行粉碎，如新疆石河子金阳光农资有限公司年产 5×10^4 t 有机肥厂和江门美商年产 1×10^4 t 有机肥厂都是按这种工艺方式进行设计的。这种粉碎工艺不需要烘干，所以成本低，缺点是湿度大、粉碎机容易堵塞，成品的粒度能达到 40～50 目。这种状态的原料配上合适的造粒工艺，造粒后依然可以获得很好的外观和成品率，目前在国内有机肥生产中得到了广泛的应用，也是有机肥生产及发展的一种方向。

烘干后的物料粉碎比较容易，普通的粉碎机就可满足要求，本书不做介绍。下面只对湿物料的粉碎及筛选进行说明。

目前国内生产的湿物料粉碎设备种类较多，但是在堆肥生产中真正可以投入批量应用的设备实际很少。其主要问题是产量低或者粉碎粒度达不到规定的要求。在实际应用的湿物料粉碎设备主要有两种：双层链式粉碎机和卧式湿物料粉碎机。

(1) 双层链式粉碎机

双层链式粉碎机的结构与普通链式粉碎机相似，增加了独特的双层结构设计后粉碎的物料粒度可以达到 30 目，甚至更细。这种粉碎机产量高，粉碎成本低，机体堵塞情况相对其他湿料粉碎机要好。其缺点是粉碎粒度相对较粗，对秸秆等纤维性柔软的物料粉碎效果较差。

（2）卧式湿物料粉碎机

卧式湿物料粉碎机的结构如图 6-11 所示。这种粉碎机粉碎干料的效果较好，在粉碎水分≤25％的有机物料时，每小时的产量可以达到 4～5t；粉碎 30％水分的物料每小时的产量为 2～3t。卧式湿物料粉碎机粉碎效果好、粉碎粒度细，其缺点是锤滚式磨损快、更换麻烦，仍需要进一步地改进。

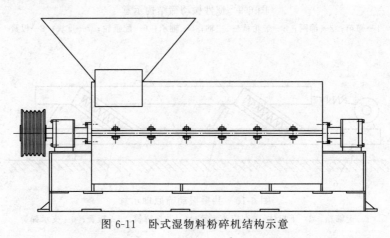

图 6-11　卧式湿物料粉碎机结构示意

6.2.2.3　造粒精化设备

造粒精化能提高堆肥的商品性能。造粒工序是当前有机无机复合肥生产的关键工序，其造粒质量是复合肥质量的关键指标：a. 水溶性很低的肥料通常要碾成小颗粒才能确保它在土壤中有效地迅速溶解，并被植物所吸收；b. 肥粒粒度的控制对于确保良好的储存和运输性能也是很重要的，随着施肥设备的改进而增加的造粒使得肥料的储存和运输性能有了很大的改进，使它具有更好的流动性能及在颗粒产品中不结块等优点；c. 为改进农艺性质，粒度控制的另一个作用与某些不易溶组分缓慢释放出氮的性质相关；d. 在早期混合操作中，若不考虑粒度的配合就将物料混合，在储运中混合物料就很容易分离（不混合），对掺和性能造成影响。

造粒机必须具有处理一定粒度比的能力，粒度比指的是堆肥未压缩的粒度体积与压缩后的粒度体积之比，这可通过筛选测量。造粒机的成型机制与下面一些因素有关，在使用设备时要充分注意到这些因素，以便得到理想的效果：a. 湿度与水分的表面张力或毛细管的形成有关；b. 颗粒组成与注入造粒机的物料有关；c. 颗粒形状与注入造粒机的物料的附着力有关。

有机无机复合肥的造粒与无机肥的造粒相比较，因其原料纤维粗、密度轻、杂质大，所以造粒较无机肥造粒困难很多，成品的外观相对无机肥也不是很美观。

传统的有机肥造粒设备主要有转鼓造粒机、圆盘造粒机、挤压造粒机。近两年，国内复混肥设备生产厂家又陆续开发出了一些新的造粒设备，比如挤压抛光设备。最近湖北荆门市万泰机械有限公司已成功研发出了模糊造粒机组等。

(1) 圆盘造粒机

圆盘造粒机是最传统的有机肥造粒设备，其结构见图 6-12。圆盘造粒机的工作原理是：有机物料通过输送装置，输送到圆盘造粒机中部或顶部；其工作圆盘在电机减速机及传动轴的带动下转动，将物料带到一定的高度后物料在重力的作用下顺着底括板沿圆盘的底部滑落，搓揉后形成颗粒，造粒后大颗粒物料浮在圆盘的上面，小颗粒沉入底部；有机原料经过多次搓揉，形成符合要求的颗粒，最后在出料刮板的作用下沿盘缘排出。调节圆盘造粒机圆盘的倾斜角度可以改变物料造粒时间，以获得较好的造粒效果。圆盘造粒机圆盘与水平面的夹角一般在 35°～45° 之间。

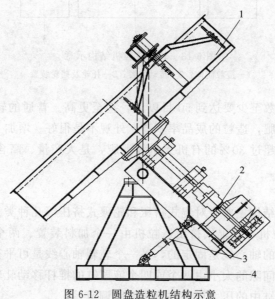

图 6-12　圆盘造粒机结构示意
1—工作盘体；2—传动装置；3—转盘调节装置；4—支座

一般低含量的有机无机复混肥都可以采用大直径圆盘造粒机进行造粒。圆盘造粒机生产出来的颗粒圆润度好、产量高，单台直径为 3mm 的圆盘造粒机，每小时造粒的成品可以达到 2～3t；设备成本低、功耗小，操作简单、直观。其缺点是成品强度差、造粒时物料含水率要达到 30% 左右，烘干难度大，生产有机质含量超过 35% 以上的有机无机复混肥成品率低。

(2) 转鼓造粒机

图 6-13 为转鼓造粒机结构示意，其主要造粒部分为一倾斜的旋转圆筒，进口处有挡圈以防止进料溢出，出口处也有挡圈以保证料层深度。工作筒体在传动齿轮的带动下在托轮上转动，挡轮限制了筒体沿轴向上下窜动。物料在筒体内随着筒体的转动而转动，转动到一定高度后，物料在重力的作用下开始下滑，与筒体的内壁进行搓揉，形成颗粒。筒体内壁衬有内衬，内衬的材料有高分子聚丙烯、耐热橡胶、不锈钢等多种。内衬主要目的是防止物料黏壁，提高造粒的光滑度和成品率。近两年来有些生产设备厂家及用户对转鼓造粒机进行了多种改进，比如在筒体中增加与筒体转动方向相反的带耙齿的搅拢，增加原料与造粒机的搓揉，提高造粒的成品率，收到了一定的效果。

转鼓造粒机是引用原无机肥造粒设备来进行有机肥造粒的，它对有机物料细度要求比较

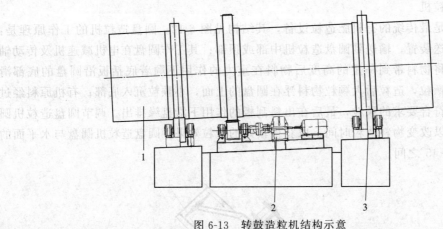

图 6-13 转鼓造粒机结构示意
1—造粒筒体；2—传动装置；3—托轮及挡轮装置

高，一般要求原料的目数至少要达到 50 目以上，甚至更高。普通的转鼓造粒机只适合生产低含量的有机无机复混肥，造粒的成品率不高、外观不是很好。增加了尿素熔融装置的转鼓造粒机可用于生产含量超过 30% 的有机无机复混肥，是大产量、高含量有机无机复混肥造粒目前常用的造粒设备。

(3) 挤压造粒机

挤压造粒机的挤压结构主要有对辊式挤压和轮碾式挤压等几种类型。

① 对辊式挤压造粒机　对辊式挤压造粒机由一个加料装置、两个平行并列做相对旋转的轧辊组成。一个轧辊的轴心线是固定的，另一个轧辊轴心线是可平行移动的，使两轧辊间有准确的微小间隙。该间隙的大小由两个或四个液压缸的推杆移动轧辊轴心线来调节，以保持恒定的挤压力。液压缸中的压力可通过液压回路调节。

通常，加料装置装在并列轧辊的上方，靠加料系统的物料与轧辊间的摩擦力将物料强制加入两轧辊间的辊隙。在轧辊转动下将物料带入，挤压成薄饼（片）状，落下后破裂成小碎块，再经筛分得合格粒级的粒子作为成品。

图 6-14 所示为成都科技大学恒通科技实业公司生产的 DZJ 型对辊式挤压造粒机的结构，该机吸收国内外同类机型的先进技术，将造粒机组的粉碎挤压成型、破碎、成品筛分等工序合为一体，结构紧凑、方便操作。粉料从料斗连续均匀加入至两轧辊的上方，在挤压轧辊连续旋转作用下，粉料被咬入两轧辊间挤压成板料。然后，在离心作用和板料自身重力作用下脱落，至带有齿爪的整形轮经打击而被分开成粒。再进入分料筛网上。筛下粉料送回返料，筛上粒料经滚筒滚动，磨去颗粒的锐角，由筛斗上出料流出进包装。轧辊的移动侧轴承支座装有弹簧，借助弹簧的变形使支座平行移动，调整两轧辊的距离，以维持所需的挤压压力。

② 轮碾式挤压造粒机　轮碾式挤压造粒机的基本结构如图 6-15 所示。混合后的物料由螺旋送料器加入至造粒机的压模盘中；在碾压滚轮以 3m/s 的线速度和 $1500\sim2000N/mm^2$ 的比压下，在压模盘上转动，产生的强大挤压力碾压物料，使物料强制通过模盘的孔板，将物料挤压成圆柱条形；在其排出的同时由割料刀切断成颗粒肥料，从出料斗排出。成品为 $\phi2.5\sim4mm$ 圆柱颗粒，成粒率可达 90% 以上，无返料，颗粒强度可达 $8\sim20N$。

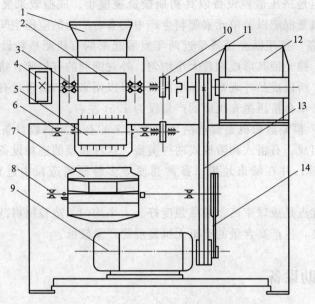

图 6-14　DZJ 型对辊式挤压造粒机结构示意

1—料斗；2—挤压轧辊；3,6,8—轴承；4—齿轮；5—整形轮；7—分料筛；9—电动机；
10—链轮；11—联轴节；12—减速箱；13,14—传动带

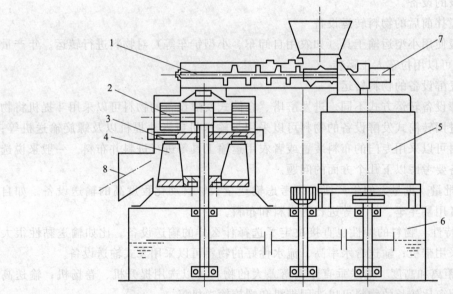

图 6-15　轮碾式挤压造粒机基本结构示意（方天翰，2005）

1—螺旋送料器；2—碾压滚轮；3—压模盘；4—割料刀；5—主电动机；
6—减速传动装置；7—送料器电动机；8—出料斗

　　国内早期小规模有机肥厂基本上采用的都是挤压造粒设备。挤压的成品形状有柱状、片状、条状及椭圆状等多种形式。挤压造粒设备与其他造粒设备相比设备投资少、工艺简单、上马快、不需烘干节约了能源。缺点是功率消耗大，挤压机备品备件消耗高，在很大程度上

制约了它的应用。但是挤压造粒设备以其初期投资规模小、成型效果显著的特点，在小规模、高含量有机无机复混肥以及单元素肥料生产中仍有着广泛的应用空间。

③ 挤压抛光设备　挤压抛光设备是近两年发展起来的有机肥造粒设备。它将挤压后的柱状颗粒高速整型、抛光使其形成颗粒大小均匀、外观圆润的有机肥。挤压抛光造粒成品大小均匀、外观圆润，所以成品外观好、品质高，也可以用来生产高含量有机无机肥。其缺点是产量低、功耗大，单台挤压抛光机组的产量仅为 1.5t 左右。

④ 模糊造粒机　模糊造粒机是最近两年发展起来的有机肥造粒设备。它由两台或多台单个的造粒器串联组成。有塔式和阶梯式两种类型。这种新型的造粒设备经过生产厂家的多次改进现已日益完善，并在城市垃圾、畜禽粪便等多种原料造粒中进行了应用并取得了成功。

模糊造粒机的优点是成球率高、成品强度好、大小均匀、造粒物料范围宽；缺点是功耗相对圆盘、转鼓要高，生产高含量的有机无机复混肥产量较低。

6.2.3　其他辅助设备

6.2.3.1　物料的转运设备

转运设备包括混合搅拌前后的物料转运、进出发酵设备的物料转运以及发酵成熟后的物料转运三个阶段的设备。

(1) 混合搅拌前后的物料转运设备

混合前一般使用小型运输工具（如农用自卸车、小型铲车等）对物料进行转运。年产量2000t 以下，也可以用拉车人工运转。

(2) 进出发酵设备的物料转运

不同的发酵设备转运方式不同。进发酵塔、仓筒式发酵设备的物料可以采用斗提机将物料提升上去；进回转筒式发酵设备的物料可以采用带输送机或者斗提机以及螺旋输送机等；进发酵槽的物料可以采用专门的布料装置或者农用运输工具等进行进料并布料。一般来说选择何种转运设备要考虑以下几个方面的问题。

① 生产的批量　批量大的生产线必须考虑输送量大、自动化程度高的输送设备。如自动布料系统或用翻斗车、铲车等进行进出料和布料。

② 物料的特性　物料的特性也直接决定了选择什么样的输送设备。比如输送黏性很大的物料，往往采用带机；输送含水率高、流水性好的物料可以采用泵式输送设备。

③ 输送的距离和高度　输送垂直距离落差大的物料可以选用提升机、卷扬机；输送高度不大、水平距离比较长的物料可以选用带机和螺旋输送机等。

(3) 发酵成熟后的物料转运

受发酵设备的影响，不同发酵设备对发酵后的物料转运差异很大。发酵塔对发酵后的物料可以通过螺旋输送或带机将物料直接输送到造粒车间或原料场；回转筒式发酵设备发酵后的物料可以通过收集带机将物料集中收集起来；槽式发酵后的物料可以直接通过转运工具将物料从发酵槽转运出去，也可以配上荆门市万泰机械有限公司研制的出料机和带机一起进行出料。

6.2.3.2 辅助性环保设备

环保设备包括三类：发酵过程中的除臭设备，发酵过程中防止二次水污染的设备，以及造粒过程中的除尘设备。

(1) 除臭设备

由于绝大多数有机肥发酵前和发酵过程中的臭味、氨味都很浓，在发酵过程中很容易对空气造成一定的二次污染，所以除臭就非常重要。目前发酵过程中的除臭主要有下列2种方法。

1) 在发酵过程中加入除臭菌，不仅可以有效地抑制和降解发酵过程中产生的臭味，而且还可以杀死部分有害细菌。

2) 在发酵过程中将发酵产生的臭气和废气用管道和其他收集方式收集起来，然后通过专门的除臭装置，除去空气中的臭味，达到净化空气的目的。常用的除臭装置原理如下：收集起来的废气通过风机和管道抽入到除臭池中，除臭池底部装满了除臭介质，臭气从介质中通过时，臭气分子被吸附在介质表面上，净化的空气通过烟囱或其他装置排放到空气中。除臭介质有很多，比如活性炭等。

(2) 废水处理设备

在发酵过程中会产生一些废水，这些废水如不加以处理，会造成二次污染，影响环境，所以在设计发酵工艺时必须要考虑废水的处理。目前国内用得最多的一种方式就是将废水加以回收、沉淀过滤后用来发酵原料或用于造粒过程中的加水，这样既解决了废水处理的问题，同时由于发酵过程中的废水中往往含有很高的有机质和氧分，加入到有机原料中后可以提高肥料的有机质和氧分。

(3) 除尘设备

在造粒生产中有很多地方都会产生粉尘，这些粉尘既影响了工人的身体健康，又影响到周围的环境，所以造粒生产线上的除尘十分重要。以圆盘造粒生产线为例，整个生产线中配料、粉碎、烘干、冷却、筛分等多道工序中都会产生大量的粉尘，其中以粉碎、烘干、冷却、筛分时的粉尘尤为严重。

现在常用的除尘方法就是将各个粉尘点进行收集，然后集中除尘。收集的方法很多，最常用的办法就是将需要除尘的部位做成密闭式的，然后通过风管引到旋风除尘器或沉降室中进行集中除尘。常用的除尘设备有：旋风除尘器（也称刹克龙）、迷宫式除尘器（沉降室）、鼓泡式除池、水幕除尘器、脉冲静电除尘器、布袋除尘器等，这些除尘设备既可以单独使用，也可以将两个或多个并联或串联起来后一起使用。

① 旋风除尘器　旋风除尘器的结构如图6-16所示。工作原理是：带有粉尘的空气从顶部进入旋风除尘器，进入旋风除尘器后，由于旋风除尘器的体积迅速增大近3倍以上，气流立即向旋风除尘器的四周扩散，气流的压力大幅降低，空气中的粉尘因为相对密度比空气大，受重力的影响自然下落，沉到除尘器的底部，滤去部分粉尘的空气由旋风除尘器的侧面抽出，达到除尘的目的。

② 迷宫式除尘器　迷宫式除尘器，也称沉降室，是肥料生产中用得最多、最广泛的一种除尘器。在迷宫式除尘器后配上水幕除尘器或鼓泡式除尘器，可以使排放出的空气中含尘率降到最低，肉眼基本上看不到粉尘。图6-17所示为迷宫式除尘器沉降室结构。

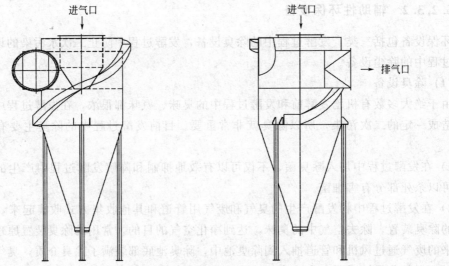

图 6-16 旋风除尘器结构示意

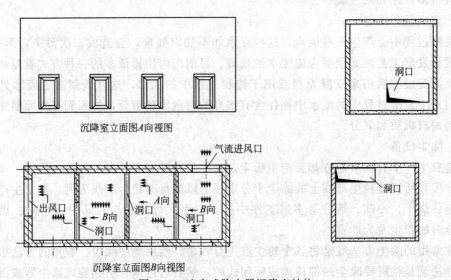

图 6-17 迷宫式除尘器沉降室结构

迷宫式除尘器的工作原理为：带有粉尘的空气从进风口进入沉降室，进入沉降室后的空气因沉降室的截面积突然增大，空气压力急剧下降，空气中相对密度较大的物料在重力的作用下，碰到墙体后而自然沉落。净化了部分粉尘的空气经洞口流入下一道沉降室，再次重复前一次的过程，经过 3～5 级除尘后，最后逐渐达到除尘的目的。

迷宫式除尘器除尘效果好、维护简单、故障率低，缺点是占地面积大，对于类似尘埃的粉尘处理效果不是很好。

③ 水幕除尘器　水幕除尘器一般和沉降室或旋风除尘器结合在一起，它是在旋风除尘或沉降室的后面加上一道水幕，带有粉尘的气流从水幕中通过时水幕将气流中的粉尘冲刷下来，起到除去细微粉尘的目的。水幕除尘器除尘后的水只需经简单过滤就可以循环利用，在生产中只需定期清理循环池中沉淀物即可。

水幕除尘器的除尘效果好,经水幕除尘后的空气呈白色,肉眼基本上看不到粒状的粉尘,特别适合对环境要求非常高的场所使用。其缺点是必须使用循环水,冬季在北方地区使用受到一定程度的限制,其次水幕除尘器使用的水含有大量的硫化物以及有害物质不经过有效处理易造成二次污染,而且气流中的粉尘含有量不能太高,否则清理过于频繁不利于生产的连续进行。

　　④ 鼓泡式除尘器　鼓泡式除尘器的原理和水幕除尘器的原理基本相同,它是将带有粉尘的气流直接通过水池的液面之下,气流在鼓风机的作用下,从水中冲起形成气泡再经烟囱排放到大气中。与水幕除尘器相比鼓泡除尘器的效果更好,其缺点也与水幕除尘器的相似,而且由于除尘后的空气要从水池中的液面下排出,这样风机功率消耗大,所以使用鼓泡除尘器的风机风量要比不使用鼓泡除尘的风量大20%以上。

　　以上所介绍的几种除尘设备,是肥料生产中常用的除尘设备。在实际应用中为了达到理想的除尘效果,人们往往将两种或两种以上的除尘设备组合在一起使用。

　　目前最常见的组合是在沉降室后面配上水幕除尘或鼓泡除尘后再接烟囱。图 6-18 所示为某有机肥厂牛粪烘干的除尘组合系统示意。粉尘首先被引入旋风除尘器,经初次除尘后再进入沉降室进行二次除尘,再经过鼓泡除尘器进一步除尘,最后经过烟囱排放到空气中。该除尘系统中风机放在旋风除尘器的后面。整个除尘系统的除尘效果非常好,特别适合粉尘量大、环保要求高的地方使用。

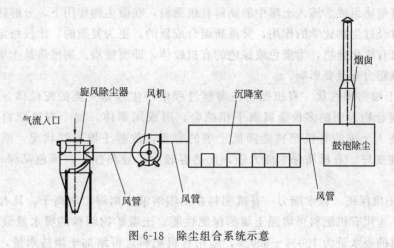

图 6-18　除尘组合系统示意

6.3　有机肥料施用及再加工[7]

6.3.1　加工、施用有机肥料的重要意义

6.3.1.1　有机肥料的基本作用

有机肥料种类繁多,其加工原料十分广泛,肥料性质也千差万别。但从肥料角度归纳,

它在农业生产中主要起到以下几个方面的作用。

(1) 提供作物生长所需的养分

有机肥料富含作物生长所需养分，能源源不断地供给作物生长。除矿质养分以外，有机质在土壤中分解产生 CO_2，可作为作物光合作用的原料，有利于作物产量提高。提供养分是有机肥料作为肥料的最基本特性，也是有机肥料最主要的作用。同化肥相比，有机肥料在养分供应方面有以下显著特点。

① 养分全面　有机肥料不仅含有作物生长必需的 16 种营养元素，还含有有益于作物生长的元素，可全面促进作物生长。

② 养分释放均匀、长久　有机肥料所含的养分多以有机态形式存在，通过微生物分解转变成为植物可利用的形态，可缓慢释放，长久供应作物养分。比较而言化肥所含养分均为速效态，施入土壤后，肥效快，但有效供应时间短。

③ 养分含量低　纯有机肥料所含的养分比较低，应在加工生产过程中加入少量化肥，或在使用时配合使用化肥，以满足作物旺盛生长期对养分的大量需求。

(2) 改良土壤结构，增强土壤肥力

① 提高土壤有机质含量，更新土壤腐殖质组成，增肥土壤　土壤有机质是土壤肥力的重要指标，是形成良好土壤环境的物质基础。土壤有机质由土壤中未分解的、半分解的有机物质残体和腐殖质组成。施入土壤中的新鲜有机肥料，在微生物作用下，分解转化成简单的化合物，同时经过生物化学的作用，又重新组合成新的、更为复杂的、比较稳定的土壤特有的大分子高聚有机化合物，为黑色或棕色的有机胶体，即腐殖质。腐殖质是土壤中稳定的有机质，对土壤肥力有重要影响。

② 改善土壤物理性状　有机肥料在腐解过程中产生羟基一类的配位体，与土壤黏粒表面或氢氧聚合物表面的多价金属离子相结合，形成团聚体，加上有机肥料的密度一般比土壤小，施入土壤的有机肥料能降低土壤的容重，改善土壤通气状况，减少土壤栽插阻力，使耕性变好。有机质保水能力强，比热容较大，导热性小，颜色又深，较易吸热，调温性好。

③ 增加土壤保肥、保水能力　有机肥料在土壤溶液中离解出氢离子，具有很强的阳离子交换能力，施用有机肥料可增强土壤的保肥性能。土壤矿物颗粒的吸水量最高为 $50\% \sim 60\%$，腐殖质的吸水量为 $400\% \sim 600\%$，施用有机肥料，可增加土壤持水量，一般可提高 10 倍左右。有机肥料既具有良好的保水性，又有不错的排水性。因此，能缓和土壤干湿之差，使作物根部土壤环境不至于水分过多或过少。

(3) 提高土壤的生物活性，刺激作物生长

有机肥料是微生物取得能量和养分的主要来源，施用有机肥料，有利于土壤微生物活动，促进作物生长发育。微生物在活动中或死亡后所排出的东西，不只是 N、P、K 等无机养分，还能产生谷酰氨酸、脯氨酸等多种氨基酸，多种维生素，还有细胞分裂素、植物生长素、赤霉素等植物激素。少量的维生素与植物激素，就可给作物的生长发育带来巨大影响。

(4) 提高解毒效果，净化土壤环境

有机肥料有解毒作用。例如：增施鸡粪或羊粪等有机肥料后，土壤中有毒物质对作物的毒害可大大减轻或消失。有机肥料的解毒原因在于有机肥料能提高土壤阳离子代换量，增加对 Cd 的吸附。同时，有机质分解的中间产物与 Cd 发生螯合作用形成稳定性配合物也可解毒，有毒的可溶性配合物可随水下渗或排出农田，提高土壤自净能力。有机肥料一般还能减少 Al 的供应，增加 As 的固定。

6.3.1.2　加工、施用有机肥料的重要意义

进入 20 世纪 90 年代，随着人民生活水平的提高，人们对食品质量提出新的要求，施用有机肥料的绿色食品深受广大消费者的喜爱。提高农产品品质带来有机肥料的大量需求，促进了有机肥料的加工生产，除传统的人工堆腐加工有机肥料的方式外，还涌现出一大批企业利用现代技术加工有机肥料，开发了大量高品质的新型有机肥料。与此同时，随着工农业和城市的发展，产生了大量有机废物，以前只有少量被利用，其中大多数排放至自然界，不仅污染了环境，而且造成了有机资源的浪费。随着人民生活水平的改善，人们对环境条件也提出了新的要求。焚烧秸秆不仅造成有机质资源的浪费，还造成空气污染。随着国家经济实力增强和人民生活水平的提高，人们的环保意识增强，国家严令禁止焚烧秸秆。各级领导都十分重视秸秆利用问题，为此，1997 年农业部连续两次发文要求各地大力推广秸秆还田技术，控制田间焚烧秸秆的行为。并于同年 8 月底召开了"全国禁烧秸秆暨秸秆综合利用"大会。1999 年 4 月 16 日，国家环境保护总局、农业部、财政部、铁道部、交通部、中国民用航空总局联合发布了《秸秆禁烧和综合利用的管理办法》，禁止在机场、交通干线、高压输电线路附近和省、直辖市（地）级人民政府划定区域内焚烧秸秆，到 2005 年各省、自治区的秸秆综合利用率要达到 85%。农业部把秸秆还田作为实施"沃土计划"的重点，得到各级党政领导的重视和支持，把此项工作部门行为变为政府行为，有力促进了秸秆还田工作的深入开展。

20 世纪 80 年代以前，我国畜牧生产在农村基本上处于副业地位，城郊虽有一些专业畜牧场，由于数量少和规模小，农民没有条件使用大量化肥来维持作物高产，而主要靠使用有机肥料，故畜牧业产生的粪便能被当地农业生产所消纳，对环境的污染相对较小，对农业生态环境还未构成威胁。进入 20 世纪 80 年代，我国经济改革使畜牧生产迅速发展，畜牧业生产集约化、商品化程度明显提高。一方面畜牧场的兴建由农牧区向城市、工矿区集中；另一方面饲养场规模由小型向大型发展。此外，由于化肥养分含量高，使用方便，也促使农民主观上倾向于"重化肥、轻粪肥"，化肥工业的迅速发展为这种趋势提供了保证。这样，畜牧饲养业和种植业日益脱节，加上家畜粪便的长期均衡产出与农业生产的季节性用肥不相一致，导致大量畜粪和污水不能充分地被农田消纳，多数养殖场随意堆置粪便、排放污水，风吹、雨淋、日晒而使粪便的肥效大大降低，并污染周围环境。据上海市农业学校的调查估计，约有 25% 的家畜粪便流失，如 1998 年就约有 500×10^4 t 的畜牧场污水流入河滨，不仅浪费了大量资源，对畜牧场的环境卫生与疫病防治也带来极大的危害，而且已成为城市环境的主要污染源之一。与之相应，每年每亩农田仅施畜肥 0.75t，化肥用量（折成碳酸氢铵）却高达 0.2t 以上。

随着国家经济实力的增强，国家更重视环境治理和有机废物的利用，投入了大量资金，在有机废物的利用过程中建立许多有机肥料厂，不仅治理了环境，而且变废为宝，增加了有机肥料的供给。废物的循环利用为有机肥料发展提供了广阔的领域，把农业生产同工业、农产品加工和城市建设等融为一体，提高了物质利用率。

6.3.2 农田有机肥料的施用方法

6.3.2.1 作基肥施用

(1) 概念

有机肥料养分释放慢、肥效长，最适宜作基肥施用。在播种前翻地时施入土壤，一般称作底肥；也有的在播种时施在种子附近，也称种肥。

(2) 施用方法

① 全层施用 在翻地时，将有机肥料撒到地表，随着翻地将肥料全面施入土壤表层，然后耕入土中。这种施肥方法简单、省力，肥料施用均匀。这种方法同时也存在很多缺陷。第一，肥料利用率低。由于采取在整个田间进行全面撒施，所以一般施用量都较多，但根系能吸收利用的只是根系周围的肥料，而施在根系不能到达的部位的肥料则白白流失掉。第二，容易产生土壤障碍。大量施肥容易造成 P、K 养分的富集，造成土壤养分的不平衡。第三，在肥料流动性小的温室，大量施肥还会造成土壤盐浓度的增高。该施肥方法适宜于：a. 种植密度较大的作物；b. 用量大、养分含量低的粗有机肥料。

② 集中施用 除了量大的粗杂有机肥料外，养分含量高的商品有机肥料一般采取在定植穴内施用或挖沟施用的方法，将其集中施在根系伸展部位，可充分发挥其肥效。集中施用并不是离定植穴越近越好，最好是根据有机肥料的质量情况和作物根系生长情况，采取离定植穴一定距离施肥，作为特效肥随着作物根系的生长而发挥作用。在施用有机肥料的位置，通气性变好，根系伸展良好，还能使根系有效地吸收养分。从肥效上看，集中施用特别对发挥磷酸盐养分的肥效最为有效。如果直接把磷酸盐养分施入土壤，有机肥料中速效态磷成分易被土壤固定，因而其肥效降低。在腐熟好的有机肥料中含有很多速效性磷酸盐成分，为了提高其肥效，有机肥料应集中施用，减少土壤对速效态磷的固定。沟施、穴施的关键是把养分施在根系能够伸展的范围。因此，集中施用时施肥位置是重要的，施肥位置应根据作物吸收肥料的变化情况而加以改变。最理想的施肥方法是，肥料不要接触种子或作物的根，距离根系有一定距离，作物生长一定程度后才能吸收利用。采用条施和穴施，可在一定程度上减少肥料施用量，但相对来讲施肥用工投入增加。

6.3.2.2 作追肥施用

有机肥料不仅是理想的基肥，腐熟好的有机肥料含有大量速效养分，也可作追肥施用。人粪尿有机肥料养分主要以速效养分为主，作追肥更适宜。追肥是作物生长期间的一种养分补充供给方式，一般适宜进行穴施或沟施。

有机肥料作追肥应注意以下事项。

1) 有机肥料含有速效养分，但数量有限，大量缓效养分释放还需一过程，所以有机肥料作追肥时，同化肥相比追肥时期应提前几天。

2) 后期追肥的主要目的是满足作物生长过程对养分的极大需要，保证作物产量，有机肥料养分含量低，当有机肥料中缺乏某些成分时，可施用适当的单一化肥加以补充。

3) 制订合理的基肥、追肥分配比例。地温低时，微生物活动小，有机肥料养分释放慢，可以把施用量的大部分作为基肥施用；而地温高时，微生物发酵强，如果基肥用量太多，定植前，肥料被微生物过度分解，定植后，立即发挥肥效，有时可能造成作物徒长。所以，对高温栽培作物，最好减少基肥施用量，增加追肥施用量。

6.3.2.3 作育苗肥施用

现代农业生产中许多作物栽培，均采用先在一定的条件下育苗，然后在本田定植的方法。育苗对养分需要量小，但养分不足不能形成壮苗，不利于移栽，也不利于以后作物生长。充分腐熟的有机肥料，养分释放均匀，养分全面，是育苗的理想肥。一般以10％的发酵充分的发酵有机肥料加入一定量的草炭、蛭石或珍珠岩，用土混合均匀作育苗基质使用。

6.3.2.4 有机肥料营养土

温室、塑料大棚等保护地栽培中，多种植一些蔬菜、花卉和特种作物。这些作物经济效益相对较高，为了获得好的经济收入，应充分满足作物生长所需的各种条件，常使用无土栽培。

传统的无土栽培以各种无机化肥配制成一定浓度的营养液，浇在营养土或营养钵等无土栽培基质上，以供作物吸收利用。营养土和营养钵，一般采用泥炭、蛭石、珍珠岩、细土为主要原料，再加入少量化肥配制而成。在基质中配上有机肥料，作为供应作物生长的营养物质，在作物的整个生长期中，隔一定时期往基质中加一次固态肥料，即可以保持养分的持续供应。用有机肥料的使用代替定期浇营养液，可减少基质栽培浇灌营养液的次数，降低生产成本。营养土栽培的配方为：$0.75m^3$ 草炭、$0.13m^3$ 蛭石、$0.12m^3$ 珍珠岩、3.00kg 石灰石、1.0kg 过磷酸钙（20％P_2O_5）、1.5kg 复混肥（15∶15∶15）、1.5kg 腐熟的发酵有机肥料。

6.3.3 有机肥料的科学施用

有机肥料具有有机物质，不仅可提供作物生长所要的各类营养物质，而且能改善土壤的结构、增强土壤保水保肥能力。有机质分解后产生腐殖酸、维生素、抗生素和各种酶，改善了作物根系的营养环境，促进了作物根系及地上部分的生长发育，提高了作物对养分的吸收能力。有机质分解所产生的有机酸还可提高土壤中微量元素的有效性。施肥的最大目标就是通过施肥改善土壤理化性状，协调作物生长环境条件。充分发挥肥料的增产作用，不仅要协调和满足当季作物增产对养分的要求，还应保持土壤肥力不降低，维持农业可持续发展。土壤、植物和肥料三者之间既是互相关联，又是相互影响、相互制约的。科学施肥要充分考虑三者之间相互关系，针对土壤、作物合理施肥。

6.3.3.1 因土施肥

(1) 根据土壤肥力施肥

土壤有别于母质的特性就是其具有肥力，土壤肥力是土壤供给作物不同数量、不同比例养分，适应作物生长的能力。它包括土壤有效养分供应量、土壤通气状况、土壤保水保肥能力、土壤微生物数量等。

土壤肥力高低直接决定着作物产量的高低，首先应根据土壤肥力确定合适的目标产量。一般以该地块前三年作物的平均产量增加 10% 作为目标产量。

根据土壤肥力和目标产量的高低确定施肥量。对于高肥力地块，土壤供肥能力强，应适当减少底肥所占全生育期肥料用量的比例，增加后期追肥的比例；对于低肥力土壤，土壤供应养分量少，应增加底肥的用量，后期合理追肥。尤其要增加低肥力地块底肥中有机肥料的用量，有机肥料不仅可提供当季作物生长所需的养分，还可培肥土壤。

(2) 根据土壤质地施肥

根据不同质地土壤中有机肥料养分释放转化性能和土壤保肥性能不同，应采用不同的施肥方案。

砂土土壤肥力较低，有机质和各种养分的含量均较低，土壤保肥保水能力差，养分易流失。但砂土有良好的通透性能，有机质分解快，养分供应快。砂土应增施有机肥料，提高土壤有机质含量，改善土壤的理化性状，增强保肥、保水性能。但对于养分含量高的优质有机肥料，一次使用量不能太多，使用过量容易烧苗，转化的速效养分也容易流失，养分含量高的优质有机肥料可分底肥和追肥多次使用。也可深施大量堆腐秸秆和养分含量低、养分释放慢的粗杂有机肥料。

黏土保肥、保水性能好、养分不易流失。但土壤供肥慢，土壤紧实，通透性差，有机成分在土壤中分解慢。黏土地施用的有机肥料必须充分腐熟；黏土养分供应慢，有机肥料可早施，可接近作物根部。旱地土壤水分供应不足，阻碍养分在土壤溶液中向根表面迁移，影响作物对养分的吸收利用，应大量增施有机肥料，增加土壤团粒结构，改善土壤的通透性，增强土壤蓄水、保水能力。

6.3.3.2　根据肥料特性施肥

有机肥料原料广泛，不同原料加工的有机肥料养分差别很大，不同品种肥料在不同土壤中的反应也不同。因此，施肥时应根据肥料特性，采取相应的措施，提高作物对肥料的利用率。

各类有机肥料中以饼肥的性能最好，它不仅含有丰富的有机质，还含有丰富的养分，对改善作物品质作用明显，是西瓜、花卉等作物的理想用肥。由于其养分含量较高，既可作底肥，也可作追肥，尽量采用穴施、沟施，每次用量要少。

秸秆类有机肥料的有机物含量高，这类有机肥料对增加土壤有机质含量，培肥地力作用明显。秸秆在土壤中分解较慢，秸秆类有机肥料适宜作底肥，肥料用量可加大。但 N、P、K 养分含量相对较低，微生物分解秸秆还需消耗氮素，因此，要注意秸秆有机肥料与氮磷钾化肥的配合。

畜禽粪便类有机肥料的有机质含量中等，N、P、K 等养分含量丰富，由于其来源广泛，使用量比较大。但由于其加工条件的不一样，其成品肥的有机质和 N、P、K 养分有差别，选购使用该类有机肥料时应注意其质量的判别。以纯畜禽粪便工厂化快速腐熟加工的有机肥料，其养分含量高，应少施，集中使用，一般作底肥使用，也可作追肥。含有大量杂质，采取自然堆腐加工的有机肥料，有机质和养分含量均较低，应作底肥使用，量可以加大。另外，畜禽粪便类有机肥料一定要经过灭菌处理，否则容易给作物和人、畜传染疾病。

绿肥是经人工种植的一种肥地作物，有机质和养分含量均较丰富。但种植、翻压绿肥一定要注意茬口的安排，不要影响主要作物的生长。绿肥一般有固氮能力，应注意补充磷钾肥。

垃圾类有机肥料的有机质和养分含量受原料的影响，很不稳定，每一批肥料的有机质和养分含量都不一样，一般含量不高，适宜作底肥使用。由于垃圾成分复杂，有时含有大量对人和作物极其有害的物质，如重金属、放射性物质等，使用垃圾肥时对加工肥料的垃圾来源要弄清楚，含有有害物质的垃圾肥严禁施用到蔬菜和粮食作物上，可用于人工绿地和绿化树木。

6.3.3.3　根据作物需肥规律施肥

不同作物种类、同一种类作物的不同品种对养分的需要量及其比例、养分的需要时期、对肥料的忍耐程度等均不同，因此在施肥时应充分考虑每一种作物需肥规律，制订合理的施肥方案。

(1) 蔬菜类型与施肥方法

① 需肥期长、需肥量大的类型　这种类型的蔬菜，初期生长缓慢，中后期由于肥料产生效果，从根或果实的肥大期至收获期，能维持旺盛的长势。西瓜、南瓜、萝卜等生育期长的蔬菜，大都属于这种类型。这些蔬菜的前半期，只能看到微弱的生长，一旦进入成熟后期，活力增大，像秋天的水稻一样旺盛生长。

从养分需求来看，前期养分需要量少，应重在作物生长后期多追肥，尤其是氮肥，但由于作物枝叶繁茂，后期不便施肥。因此，最好还是作为基肥，施在离根较远的地方，或是作为基肥进行深施。

② 需肥稳定型　收获期长的西红柿、黄瓜、茄子等茄果类蔬菜，及生育期长的芹菜、大葱等，生长稳定，对养分供应也要求稳定持久。前期要稳定生长形成良好根系，为后期的植株生长奠定好的基础。后期是开花结果时期，既要保证好的生长群体，又要保证养分向果实转移，使形成品质优良的产品。因此这类作物底肥和追肥都很重要，既要施足底肥保证前期的养分供应，又要注意追肥，保证后期养分供应。一般有机肥料和磷钾肥均作底肥施用，后期注意 N、K 追肥。同样是茄果类蔬菜，西红柿、黄瓜是边生长边收获，而西瓜和甜瓜，则是边抑制藤蔓疯长，边西瓜膨大，故两类作物的施肥方法不同。

③ 早发型　这类型作物是在初期就开始迅速生长的蔬菜。像菠菜、生菜等生育期短，一次性收获的蔬菜就属于这个类型。这些蔬菜若后半期氮素肥效过大，则品质恶化。所以，应以基肥为主，施肥位置也要浅一些，离根近一些。白菜、圆白菜等结球蔬菜，既需要良好的初期生长，又需要其后半期也有一定的长势，保证结球紧实，因此后半期也应追少量氮肥，保证后期的生长。

(2) 根据栽培措施施肥

① 根据种植密度施肥　密度大可全层施肥，施肥量大；密度小，应集中施肥，施肥量减小。果树按棵集中施肥。行距较大，但株距小的蔬菜或经济作物，可按沟施肥；行、株距均较大的作物，可按棵施肥。

② 注意水肥配合　肥料施入土后，养分的保存、移动、吸收和利用均离不开水，施肥应立即浇水，防止养分的损失，提高肥料的利用率。

③ 根据栽培设施施肥　保护地为密闭的生长环境，应使用充分腐熟的有机肥料，以防

有机肥料在大棚内二次发酵，造成 NH_3 富集而烧苗。由于保护地内没有雨水的淋失，土壤溶液中的养分在地表富集容易产生盐害，因此有机肥料、化肥一次使用量不要过多，并且施肥后应配合浇水。

6.3.3.4　有机肥料与化肥配合

有机肥料虽然有许多优点，但是它也有一定的缺点，如养分含量少、肥效迟缓、肥料中 N 的利用率低（20%～30%），因此在作物生长旺盛，需要养分最多的时期，有机肥料往往不能及时供给养分，常常需要用追施化学肥料的办法来解决。有机肥料和化学肥料的特点分别如下。

(1) 有机肥料的特点

1）含有机质多，有改土作用。

2）含多种养分，但含量低。

3）肥效缓慢，但持久。

4）有机胶体有很强的保肥能力。

5）养分全面，能为增产提供良好的营养基础。

(2) 化学肥料的特点

1）能供给养分，但无改土作用。

2）养分种类单一，但含量高。

3）肥效快，但不能持久。

4）浓度大，有些化肥有淋失问题。

5）养分单一，可重点提供某种养分，弥补其不足。

因此，为了获得高产，提高肥效，就必须有机肥料和化学肥料配合使用，以便相互取长补短，缓急相济。而单方面地偏重于有机或无机，都是不合理的。

6.3.4　有机肥料施用的误区

6.3.4.1　生粪直接施用

在农忙时节，有些农户没有提前准备有机肥料，而所种植的有些作物，如蔬菜、果树等经济作物又离不开有机肥料，便直接到养殖场购买鲜粪使用，这样会对日常生活造成很大影响。因此，严禁生粪直接下地。这时农民可购买工厂化加工的商品有机肥料，工厂已为农民进行了发酵、灭菌处理，买回来后可直接使用。

6.3.4.2　过量施用有机肥料的危害

有机肥料养分含量低，对作物生长影响不明显，不像化肥容易烧苗，而且土壤中积聚的有机物有明显改良土壤作用，有些人错误地认为有机肥料使用越多越好。实际过量施用有机肥料同化肥一样，也会产生危害。危害主要表现在以下几点。

1）过量施用有机肥料导致烧苗。

2）大量施用有机肥料，致使土壤中 P、K 等养分大量积聚，造成土壤养分不平衡。

3）大量施用有机肥料，土壤中硝酸根离子积聚，致使作物硝酸盐超标。

6.3.4.3 有机、无机配合不够

有机肥料养分全面，但含量低，在作物旺盛生长期，为了充分满足作物对养分的需求，在使用有机肥料基础上，应补充化肥。有些厂家片面夸大有机肥料的作用，只施有机肥料，作物生长关键时刻不能满足养分需求，导致作物减产。

6.3.4.4 喜欢施用量大、价格便宜的有机肥料

有机肥料种类繁多，不同原料、不同方法加工的有机肥料质量差别很大。如农民在田间地头自然堆腐的有机肥料，虽然经过较长时间的堆腐过程已杀灭了其中病菌，但由于过长时间的发酵和加工过程，以及雨水的淋溶作用，里面的养分已损失了很大一部分。另外加工过程中不可避免地带入一些土等杂质，也没有经过烘干过程，肥料中水分含量较高。因此，这类有机肥料虽然体积大，重量大，但真正能提供给土壤的有机质和养分并不多。以鸡粪为例，鲜粪含水量较高，一般含水量在70%，干物质只占少部分，大部分是水，所以3.5m³左右鲜粪才加工1t含水量20%以下的干有机肥料。

有机肥料的原料来源广泛，有些有机肥料的原料受积攒、收集条件的限制，含有一定量的杂质，有些有机肥料的加工过程不可避免地会带进一定的杂质。我国有机肥料的强制性产品质量标准还没有出台，受经济利益的驱动，有些厂家和不法经销商相互勾结，制造、销售伪劣有机肥料产品，损害农民利益。农民没有化验手段，如果仅从数量和价格上区分有机肥料的好坏，往往上当受骗。

不法厂家制造伪劣有机肥料的手段多种多样，有的往畜禽粪便中掺土、砂子、草炭等物质；有的以次充好，向草炭中加入化肥，有机质和N、P、K等养分含量均很高，生产成本低，但所提供N、P、K养分主要是化肥提供的，已不是有机态N、P、K的特点性质；有些有机肥料厂家加工手段落后，没有严格的发酵和干燥，产品外观看不出质量差别，产品灭菌不充分，水分含量高。

商品有机肥料出现时间不长，但发展迅速，国家有关部门正在制定肥料法和有机肥料国家标准，对有机肥料产品的管理将逐步趋于正规。农民购买有机肥料，要到正规的渠道购买，不要购买没有企业执照、没有产品标准、没有产品登记证的"三无"产品。土杂粪、鲜粪价格虽然便宜，但养分含量低、含水量高、体积大，从有效养分含量和实际肥效上来讲，不如购买商品有机肥料合算。

6.3.5 有机肥料的再加工

6.3.5.1 有机无机复混肥

有机肥料中加入化肥，混合，形成有机无机复混肥。可以造粒，也可以掺混后直接施用。

(1) 加工有机无机复混肥的原料

① 有机物料 经过无害化、稳定化处理的有机物料，经过风干或烘干后，再粉碎和筛

分，作为加工有机无机复混肥的原料。无害化处理是指通过一定的技术措施杀灭病原菌、虫卵和杂草种子等有害物质的处理。稳定化处理是指通过生物降解将物料中易被微生物降解的有机成分，如可溶性有机物、淀粉、蛋白质等转化为相对稳定的有机物的过程，可使物料不会对植物种子和作物苗期生长产生不利的影响。

② 大量元素化肥　有机物料加入化肥，主要是为了提高肥料中各养分的含量。氮素化肥有尿素、NH_4Cl、NH_4HCO_3、$(NH_4)_2SO_4$ 等。做有机无机掺混肥用 $(NH_4)_2SO_4$ 比较适宜，肥料挥发损失小，粉末状容易同有机肥料混合均匀，效果优于其他形式的氮肥。磷素化肥有过磷酸钙和钙镁磷肥，北方地区适宜用过磷酸钙，南方酸性土钙镁磷肥和过磷酸钙均可使用。钾素化肥主要有 KCl 和 K_2SO_4，加工马铃薯、烟草、西瓜等忌氯作物的有机无机专用肥，严禁使用 KCl。

③ 其他营养元素肥料　除了上述三种植物生长营养元素外，还有一些中量元素和微量元素的作用也是不能忽视的。这些元素主要包括 B、Mn、Mo、Zn、Fe、Co、Cu、Mg、Ca、Si、S 等。这些元素在植物生理功能中是不能用其他元素代替的，它们各具有专一的生理功能。在植物的整个生长过程中它们互相依赖，互相制约，处于一种平衡状态。一旦失去平衡，便会使作物产生生理病害以致减产。在复混肥中增加适量的微量元素，以使农作物增产增收是现代农业科学技术的一大突破。各种微量元素的施用浓度范围往往较小，一般为 $0.05\sim1.5mg/kg$，过少或过多都是无益的，甚至会造成危害。据有关资料报道，微量元素的加入量为每吨有机肥料可加入 B 0.2kg，Zn 0.5kg，Fe 1kg，Mn 0.5kg，Cu 0.5kg，Mo 0.005kg。这些微量元素可以直接从化工厂购进，也可根据本地条件，从海泥、盐泥或有关矿物中获取，但必须严格考察其含量及形态。

(2) 有机-无机复混肥加工方法

① 有机-无机复混肥原料的制备　生产复混肥的原料（过磷酸钙、尿素、KCl 等）如不进行粉碎，颗粒较大，造粒不好，肥料混配不均匀，会直接影响到复混肥的质量和外观。因此，在造粒之前，必须分别进行粉碎，保证各种物料粒度小于 1mm。过磷酸钙、尿素可用链式粉碎机粉碎。尿素不能用高速磨粉机粉碎，以免温度高，物料黏度大，粉碎效果差。KCl 可用高速磨粉机粉碎，也可用链式粉碎机粉碎。经粉碎后的小于 1mm 的物料用来混合造粒，最好经振动筛筛选，大于 1mm 的物料返回再次粉碎。

② 混合　混合就是大量、微量元素化肥和有机肥料，按照拟好的配方，输送于混合机内进行混合。混合机可用滚筒式或立式圆盘。混合必须充分，即混即用，不宜混合后放置太久，以免受潮。对于直径为 2m 的混合机来说，转速为 $24\sim30r/min$ 为宜，混合时间 30min 左右。微量元素肥料用量少，掺混不均匀不仅影响其使用效果，还容易产生肥害，可采取逐级放大掺混。先将粉碎的细微量元素肥料与少量粉碎的有机肥料掺混均匀，再用掺微肥的有机肥料向大量有机肥料中掺混，最后掺入大量元素化肥，混合均匀。

③ 造粒　有机肥料中掺入化肥可形成有机无机掺混肥，但为了使其物理性状更好，使用方便，可对其进一步造粒。

1) 团粒法。把混合机混合好的物料，输送到造粒机内，再加入选好的黏合剂。物料由于造粒机的转动翻滚，逐渐变大成粒。该工艺造出的粒光滑、美观，但对有机物物料的细度要求较高，且有机肥料的加入量有限，一般有机物料总量应小于原料总量的 20% 为宜。

2) 挤压法。该法是将物料直接挤压成成品的造料过程。挤压法特别适合于热敏物料的造粒。挤压法造粒可以看做是干料加蒸汽进行无化学反应的造粒过程。其主要特点是降低能耗，简化工艺流程，由于产品始终保持干燥，因此可省去团粒法的干燥和冷却工序，避免氮损失，也不存在排放物污染环境的问题。挤压法设备投资低，有机物料加入比例较大，但形状或表面光滑度不如团粒法。

④ 干燥　有机无机复混肥料在干燥筒内烘干，脱水。

⑤ 冷却　烘干后有机无机肥料颗粒进入冷却筒中冷却。

⑥ 筛分　烘干后有机无机复混肥料在分选设备内进一步分离，粒径未达到标准的肥料颗粒被分离，返回进入原料中，经破碎后重新造粒。

6.3.5.2　生物有机肥料

以发酵加工后的有机肥料为载体，加入功能菌，加工成生物有机肥料。生物有机肥料是指一种含有益于作物生长的发酵微生物的特定有机肥料，它既具有微生物肥料的功效，又具有有机肥料的作用，应用于农业生产中，能够获得特定的肥料效益。生物有机肥料中所加的微生物肥料种类也很多，按其成品中特定微生物的种类分为细菌类、放线菌类、真菌类；按其作用机制分为根瘤菌类、固氮菌、解磷菌类、解钾菌类；按有机肥料中所加微生物种类的数目可分为单一的生物有机肥料和有机无机复混生物有机肥料。

(1) 生物有机肥料的作用

生物有机肥料因所含微生物的种类不同，所起作用也不同，概括起来有以下几方面。

① 氮作用　例如根瘤和固氮菌，它们在适宜环境条件下，可以固定空气中的 N，为作物生长提供氮素营养。据估计，全球每年生物固定的氮素可达 $1.01 \times 10^8 t$。

② 养分释放作用　微生物把土壤中一些难于被作物吸收利用的物质分解转化为能被作物吸收利用的有效养分。如硅酸盐细菌不仅能分解土壤中钾长石和云母等难分解的矿物，把其中固定的 K 释放出来，还能促使土壤中难溶性的 P 转化为作物可以利用的形态。

③ 促生作用　土壤中施入微生物肥料后，不仅增加了土壤中的养分含量，而且促进了各种维生素、酶及其他有利于作物生长物质的合成，刺激作物的生长，协助作物吸收营养。

④ 抗病作用　土壤中接种有些微生物后，在作物根部大量繁殖，在一段时期内成为作物根际的优势菌，抑制或减少了病原微生物的繁殖机会，有的微生物还会对病原微生物产生抵抗作用。

微生物肥料虽然能为作物生长提供养分，并刺激和促进作物生长，但它的作用毕竟还是有限的，作物生产中主要还是靠有机肥料和化肥来提供作物生长所需的养分。自然界许多原料中含有很多有益的微生物，但这些原料一旦施入土壤中，其中的微生物会被土壤中无数的微生物吃掉。因而，不能在土壤中稳定成活，其效果也难以表现出来。但是，如果先将有益菌种加到发酵后的发酵有机肥料里，发酵有机肥料本身是扩大培养基，从而使细菌大量增殖。这时再将微生物肥料施入土壤中，微生物很快在土壤中形成优势种群，便可对作物的根系起到良好作用。发酵有机肥料对发挥微生物材料具有良好作用。

(2) 使用注意事项

生物有机肥料使用注意事项有以下几点。

1) 要仔细了解微生物菌剂的功能与使用条件，有针对性的使用菌剂。固氮菌只能用于具固氮能力的豆科、牧草等作物，且不同作物所适用的菌种不一样；磷细菌、硅酸盐细菌适用于缓效态 P、K 含量丰富的土壤。

2）微生物肥料必须深施入土，防止阳光直接照射杀伤微生物。

3）微生物肥料最好集中使用在作物根部，使微生物在作物根系周围形成有益生态环境，促进作物生长。

4）生物有机肥料不宜与化肥、杀菌剂或其他农药混合使用，以免影响肥效。

参 考 文 献

[1] 邵森.奶牛养殖场粪便堆肥处理技术研究 [D].西安：西北农林科技大学，2010.
[2] 席北斗.有机固体废弃物管理与资源化技术 [M].北京：国防工业出版社，2006.
[3] 李国学，张福锁.固体废物堆肥化与有机复混肥生产 [M].北京：化学工业出版社，2000.
[4] 赵由才，柴晓利.生活垃圾资源化原理与技术 [M].北京：化学工业出版社，2002.
[5] 柴晓利，张华，赵由才，等.固体废物堆肥原理与技术 [M].北京：化学工业出版社，2005.
[6] 朱能武.有机固体废弃物好氧堆肥的生态因子及其调控 [J].环境卫生工程，2005，13（5）：3-6.
[7] 贾晓红.有机肥料加工与施用 [M].北京：化学工业出版社，2010.

第 7 章
建材化利用技术

随着人们生活水平的日益提高，生活垃圾及污泥的产量也随之增加。焚烧处理技术的应用可以大大地降低生活垃圾及污泥的存量，但是随之却带来了大量的焚烧灰渣。从经济的发展、城市生态环境和资源的开发与有效利用等方面分析，垃圾焚烧灰渣及污泥的理想处置方案是资源化利用。同时为节省日益紧张的填埋场地，焚烧灰渣的资源化利用已被提上了议事日程。目前焚烧灰渣经预处理后在建材、道路工程等领域具有广泛的应用。而污泥作为生产路基材料及建筑材料的原料既解决了污泥的出路问题，又能变废为宝。垃圾焚烧灰渣及污泥的资源化利用对创建资源节约型和环境友好型社会具有重大意义。

7.1　路基材料制备与利用

城市生活垃圾焚烧（MWC）灰渣根据其收集位置的不同，主要可分为底灰和飞灰。底灰一般包括炉排渣（grate ash）和炉排间掉落灰（grate siftings），底灰占了灰渣总量的80%左右（质量计）。焚烧后底灰的组成也基本上是稳定的，有害元素 Pb、Hg、Cd、Cr 等均未超过作为建材用的国家标准。

由于炉渣主要含有中性成分（如硅酸盐和铝酸盐等，含量占 30% 以上），且物理化学和工程性质与天然骨料（石英砂和黏土等）相似，因此是很好的建筑材料。关于焚烧灰渣作建筑材料应用方面有大量报道，如用焚烧灰渣制沥青和混凝土骨料以及填充材料等。国外垃圾焚烧灰渣产生与资源化利用的情况见表 7-1[1]。

表 7-1　国外垃圾焚烧灰渣产生与资源化利用的情况

国家	灰渣种类	产生量/kg	资源化利用率/%	用途
美国（2000 年）	混合灰渣	6000×10^6		填埋场覆盖材料，沥青、混凝土骨料，路基材料等
日本（1991 年）	炉渣	5000×10^6	10	填料、路床、水泥砖及沥青骨料等
	飞灰	1160×10^6	0	

国家	灰渣种类	产生量/kg	资源化利用率/%	用途
荷兰（1995 年）	炉渣	620×10^6	95	道路路基、路堤等的填充材料，混凝土与沥青的骨料，沥青中的细骨料
	EPS 飞灰	55×10^6	30	
丹麦（1993 年）	炉渣	500×10^6	90	停车场、道路等的路基材料
	飞灰	50×10^6	0	
德国（1993 年）	炉渣	3000×10^6	60	路基和声障等
	飞灰	200×10^6	0	
法国（1994 年）	炉渣	2160×10^6	45	市政工程
	飞灰			
瑞典（1990 年）	炉渣	430×10^6		在限定范围内，用于道路铺面，资源化利用十分有限
	飞灰	60×10^6	0	
意大利	炉渣			陶粒烧结激发剂
	飞灰			

目前，全世界每年产生炉渣 1700×10^4 t，而且预测 10 年或 15 年后将成倍增长。根据国外的资料，垃圾焚烧炉渣重金属和溶解盐含量低，一般属于一般废物，在欧美一些国家替代天然集料或部分替代天然集料应用于公路基层中。但是，由于炉渣的性质受生活垃圾成分、焚烧炉的炉型、运行条件等诸多因素的影响，故应对我国垃圾焚烧厂产生的炉渣特性进行详尽的分析，特别是炉渣的重金属含量和活性，从而为炉渣利用过程的环境安全做出正确评价。

7.1.1　水泥混凝土和沥青混凝土的骨料

美国富兰克林研究所（费城）实验工厂用垃圾焚烧炉灰渣作波特兰水泥混凝土和沥青混凝土的骨料，生产成本为每吨 4～5 美元，用于铺设试验公路的沥青路面，效果良好。用焚烧灰渣生产混凝土砌块也是可行的。日本东京工业试验所对城市垃圾焚烧物作轻骨料进行了成功的研究，产品表现出良好的性能。轻骨料的试验制造过程如下。

1）除去焚烧物中的废金属，磨细至 200 目，制成直径为 2mm、高 3mm 的圆柱体，在氧化气氛中高温加热，并用人造轻骨料的膨胀页岩及赤泥进行对比试验。为了增大焚烧物的膨胀率，加入一定比例的赤泥和燃烧灰，配比为焚烧物∶赤泥∶燃烧灰＝45∶4∶10。

2）将混合料进行筛选、调和、混炼后挤压成型，用回转窑进行烧结，温度 900～920℃，停留时间 40～45min，产量 55kg/h。产品性能见表 7-2。

表 7-2　轻骨料的性能

20℃表观密度/(g/cm³)	吸水率/%	实和率/%	溶解 Na_2O/(mg/L)
1.24	14.86	61.2	8～20

3）混凝土试验。试验是根据日本工业标准 JIS 5002 中的有关规定进行的。具体情况见表 7-3。

表 7-3　混凝土的产品试验结果

坍落度/cm	灰水比/%	砂骨比/%	轻骨料/(kg/m³)
7.9	40	39.8	565

不同龄期抗压强度/(kgf/cm²)			混凝土密度/(kg/m³)
28d	180d	360d	1888
422	474	476	

注：1kgf=9.80665N，下同。

研究结果表明：建筑混凝土的轻骨料完全可以用垃圾焚烧灰渣作主要原料[2]。

7.1.2　烧结炉渣利用技术

烧结炉渣通常是高密度砂砾状熔块。由于经过玻璃化，故重金属溶出量很小，利用这个优点作建筑材料、铺路骨料很适用。日本东京工业实验所对烧结炉渣做了研究：首先将烧结炉渣粉碎成 1mm 以下颗粒，再成型为 5～25mm 颗粒，送回砖窑烧结。当炉渣为碱性时，烧结比较困难，必须先用酸中和。产品的性能是：作普通混凝土的骨料，其压缩强度为10×10^6Pa，吸水率为 5% 以下，相对密度为 2.0 以上。若作轻质混凝土骨料使用，吸水率为 10% 以下，相对密度为 1.3 以下。

7.1.3　焚烧灰渣的土木工程应用

炉渣的土木工程性质表明它们替代传统的填充材料有很大的优势（J. H. Tay, et al.，1991）。一种应用是作为路堤和土壤改良的材料。飞灰和水冷熔渣的密度低，这使它们在作路堤和软土的填料时比传统的填料要好，因为施加在软土上的负荷小，所以引起的地面沉降也小。飞灰和水冷熔渣的抗剪强度很高，表明这两种物质有足够的耐受能力和稳定性。飞灰和水冷熔渣的渗透系数很高，与砂子具有相同的数量级，这使它们在作填料时很稳定。

7.1.4　研究进展

王志新等根据污泥灰渣的物理特性，对其进行了急性毒性分析和水化活性分析，并经过无害化处理的污泥焚烧灰渣寻找到了使其资源化利用的新方法，即固化后制成的路基材料。用该法制成的路基材料抗压强度满足规定的技术要求，同时，重金属浸出毒性也满足国家固体废物排放标准的要求。

由于目前垃圾填埋库容的紧张、重新选址的困难和填埋费用的昂贵，同时天然建筑骨料缺乏的压力，同时又因为底灰的稳定性好，密度低，其物理和工程性质与轻质的天然骨料相似，并且焚烧灰渣容易进行粒径分配，易制成商业化应用的产品，因此灰渣成为了一种适宜的建筑填料。底灰用作停车场、道路等的建筑填充材料，成为欧洲目前灰渣资源化利用的主要途径之一，在美国也有一些示范工程应用。

美国将飞灰和焚烧炉底灰进行混合收集，利用分选获取适当粒径的灰渣，将其作为道路铺面及底基层材料替代砂石骨料方面的应用实例最多。实际运行结果表明，采用灰渣取代部分砂石、水泥用作路基材料，完全可以满足道路承载力的要求，且经过长期的观测和实验结果证明，该方面的开发利用对环境无不良影响。

同济大学章骅等也认为对底渣进行适当的预处理以满足建筑材料所规定的技术要求后，底渣的资源化利用（如道路基层和底基层骨料、填埋场覆盖材料和石油沥青路面或水泥/混凝土的替代骨料等）是完全可行的，并且只要管理得当，可以做到不对环境造成危害。

同济大学何晶晶等试验研究指出，底渣粒径分布主要集中在 $2\sim50mm$ 的范围内（占 $61.1\%\sim77.2\%$），小于 $0.074mm$ 的颗粒不到 0.6%，基本符合道路建材（骨料、级配碎石或级配砾石等）的级配要求，级配均匀的物质通常稳定性比较好，而且抗压强度较大，易压实到高承载力的状态。

张建铭通过对石料-软土和石料-底渣两种模型的对比，发现底渣作为软土的换填土，沉降可以减少 60%。为了减少沉降，对路基下方软土地基的处理是很有必要的，而底渣可以作为一种良好的地基换填材料。底渣-软土和石料-软土两种模型中，底渣的沉降量比石料的稍小，因此，底渣也可以代替普通填料成为一种良好的路基工程填筑材料。

顾国忠等发明了一种将生活垃圾焚烧炉渣用石灰稳定作为公路基层和路基的材料的方法。以质量分数计算，生活垃圾焚烧炉渣为 100%，与 $0.5\%\sim3.0\%$ 石灰混合并掺水拌和制得公路基层和路基的材料，该公路基层和路基的材料含水率为 $1\%\sim10\%$。

罗才松等发明了一种利用城市生活垃圾焚烧灰渣的公路路面基层及其制作方法，该路面基层包括如下质量份的各组分：城市生活垃圾焚烧灰渣 $60\sim70$ 份；石灰 $5\sim10$ 份；粉煤灰 $10\sim15$ 份；碎石 $10\sim20$ 份；自来水 $8\sim15$ 份。制作时利用磁选设备将垃圾焚烧灰渣中的少量金属清除；采用破碎机将灰渣进行破碎，粒径均小于 $3cm$；采用有机氯化物水溶液对筛分的灰渣进行喷洒消毒和杀菌；按上述比例将各组分按比例混合即可。

7.2 砖体材料制备与利用

7.2.1 干化污泥及污泥直接制砖

用干化污泥直接制砖时，应对污泥的成分进行适当的调整，使其成分与制砖黏土的化学成分相当。当污泥与黏土质量比为 1:10 配料时，污泥砖基本上与普通红砖的强度相当。将污泥干燥后，对其进行粉碎以达到制砖的粒度要求，掺入黏土与水，混合搅拌均匀，制坯成型焙烧[3]。干化污泥直接制砖的缺点是污泥中有机质在高温下燃烧导致砖的表面不平整、掺量低和抗压强度低等，但利用了污泥的热值，且价格低[4]。

美国马里兰大学的詹姆斯·阿里门研究出了如何处置那些被重金属污染的污泥。他先在污泥中掺入一定量的黏土，经挤压加工制成污泥砖，再将之放入一个高温窑中烧制。在烧制的过程中，砖中的残渣燃烧，释放出热量，减少了烧砖所需的燃料消耗。此外，污泥砖中的有机物被烧掉，在砖内形成微小的气孔，使其具有良好的绝热性。这种砖的强度达到了美国材料实验学会（ASTM）所规定的强度标准。

我国台湾的一个研究小组发现，可以利用地下水道污泥压制成普通的建筑用生态砖。这种污泥生态砖是黏土砖中混入 10%~30% 的污泥，并在 900℃ 条件下烧制而成的。这种方法的优点是在烧制过程中将有毒重金属封存在污泥中，同时杀死了所有有害细菌，并且这种砖完全没有异味[5]。

7.2.2 污泥焚烧灰-黏土混合砖制备

污泥焚烧灰渣的化学成分与制砖黏土的化学成分比较接近，污泥焚烧灰的成分与制砖黏土的成分比较如表 7-4 所列。但是污泥焚烧灰中的 SiO_2 含量较低。在利用污泥焚烧灰渣制砖时，需添加适量黏土和硅砂，提高 SiO_2 含量。一般合适的配比为焚烧灰∶黏土∶硅砂 = 1∶1∶(0.3~0.4)（质量比），制成的污泥砖的物理性能如表 7-5 所列。如果焚烧灰中含过高的生石灰，加入黏土与硅砂，烧成的砖块强度很低，难以达到使用要求[6]。

表 7-4　污泥焚烧灰的成分与制砖黏土的成分比较　　　　　　　　　　单位：%

项目	SiO_2	Al_2O_3	Fe_2O_3	CaO	MgO
污泥焚烧灰	17~30	8~14	8~20	4.6~38	1.3~3.2
制砖黏土	57~89	4.0~20.6	2.0~6.6	0.3~13.1	0.1~0.6

表 7-5　污泥砖的一般物理性能

焚烧灰∶黏土	平均抗压强度/MPa	平均抗折强度/MPa	成品率/%	鉴定标号
2∶1	8.036	2.058	83	75
1∶1	10.388	4.41	90	75

污泥焚烧灰/黏土混合砖的制坯、烧成、养护等制造工艺均与黏土砖相近，砖坯烧结温度以 1080~1100℃ 为宜。烧制成品既可用于非承重结构，也可按标号用于承重结构，制造设施可利用现有黏土砖制造厂。

7.2.3 污泥焚烧灰制砖

以污泥焚烧灰作为单一原料制造非建筑承重用的地砖，是一种污泥建材利用方法，该法无须掺和大量黏土，因此更符合相关建材技术政策，但其工艺与一般黏土砖制作工艺有很大的差异[7]。

(1) 工艺要点

① 原料　利用污水处理厂污泥焚烧灰作为原料，原料特性直接影响烧制地砖的质量。主要影响因素有以下三个方面：工艺要求的灰渣平均粒径应小于 $30\mu m$，以避免使成品出现丝状裂痕，流化床污泥焚烧炉的灰渣更接近于原料要求；灰渣原料中有机质和水分含量均应控制在 10% 以下，避免引起成品开裂的现象；灰渣原料的 CaO 含量应小于 15%，灰渣中 CaO 含量过高，会使烧制成品出现丝状裂痕，而影响质量，因此，污泥预处理时不宜采用石灰当脱水调节剂。

② 制坯　制坯采用细灰注模、冲压成型的工艺，关键的质量控制参数是坯体密度和坯体内有无空气，为此采用的控制方法为：焚烧灰的平均粒径为 $20\mu m$，冲头压强为 100MPa，

坯体密度≥1.68g/cm³，模具内应施加26kPa的真空度，以保证坯体内空气顺利释放。

③烧结　污泥焚烧灰地砖烧结工艺是采用辊道炉膛烧结窑进行砖坯烧制的。成品坯从辊道的一端进炉，烧结后再由辊道输出。由于污泥焚烧灰几乎不含水，因此本地砖的烧结升温速率可大于一般黏土砖。

烧结过程需先控温在约930℃，保持约1h，作用是使坯体内的残余有机质充分氧化，避免"黑核"问题；而真正的烧结温度在1020℃左右，其作用是使坯体整体达到均匀烧结的目的；降温速率控制要相对缓慢而均匀，避免因砖体的热应力释放过快而使其碎裂。烧结过程的最高温度与成品砖的质量指标（热缩率、抗压强度、抗折强度、磨耗及吸水率）有关。从节能的角度出发，烧结温度选在1020℃。

图7-1为日本东京的污泥制砖工艺流程。

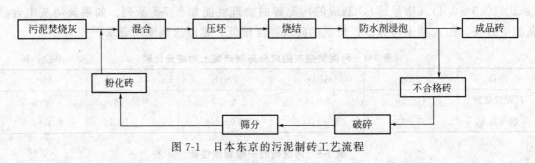

图7-1　日本东京的污泥制砖工艺流程

(2) 质量

污泥焚烧灰地砖与传统黏土烧制砖的质量指标比较如表7-6所列。

从表7-6中可以看出，污泥焚烧灰地砖各方面的指标均优于传统砖。但是，此工艺制成的地砖在日本东京的公共场所人行道铺设的实际应用中，还存在一些缺陷：地砖铺设于潮湿、光照不充分的路面时，表面有茂盛的绿苔生长；地砖表面即使在无雨的冬天，也会出现一层薄冰，使行人行走困难；地砖表面出现$CaCO_3$结晶形成的白斑，这种现象在铺设于混凝土和混合砂浆基础上的地砖中出现得更为普遍，使其外观质量恶化。

表7-6　污泥砖与黏土砖的质量比较

项目	污泥砖	黏砖土
抗压强度/MPa	15～40	4～17
吸水率(质量分数)/%	0.1～10	16
磨耗/g	0.01～0.1	0.05～0.1
抗折强度/MPa	80～200	35～120

7.2.4　污泥与粉煤灰混合制砖

现有研究结果表明：对有些工业废水和生活污水混排处理后的污泥含有有机物质、重金属和一些有害微生物，不宜作农肥使用，简单堆埋易造成二次污染，为此可将该污泥（含水率为85%）与粉煤灰以1:3比例混合，进行烧制建材产品。

其工艺流程为：1份85%含水率污泥与3份干粉煤灰混合搅拌，造粒，烘干，焙烧烧结料（砖）。试验表明，由于粉煤灰有稀释作用，以污泥与粉煤灰混合烧结，制成品性优良、无臭味，基本符合卫生标准，且重金属含量大为降低，接近土壤。该法可将污泥烧制成普通烧结砖、隔热、耐火特种烧结砖，为污泥处理、利用提供新途径。

7.2.5 垃圾焚烧灰制砖

我国贵阳、西安等地利用垃圾灰，配上其他原料，制出了符合国家标准的硅酸蒸养垃圾砖。其工艺仅比普通蒸养砖多一道垃圾筛选工序，价格略高于普通蒸养砖。但这些地区对建筑砖的需求量大于供应量，因此在蒸养砖价格略高的情况下，还是能够销出去的。

程峰发明了一种利用城市生活垃圾焚烧灰渣制造的复合轻质砖的方法，该砖按重量比例的组成成分是：城市生活垃圾焚烧灰渣 60%～80%、水泥小于等于 10%、膨胀珍珠岩小于等于 10%、添加剂小于等于 5%、填料 2%～20%。制造所得的复合轻质砖具有强度高，砖体不容易开裂，节能，隔声和隔热的特点；其结构简单、加工方便、相互之间接合牢固，适用于各种非承重性应用。

7.3 墙体材料制备与利用

7.3.1 焚烧灰渣制墙体材料

随着我国经济的快速发展，垃圾及污泥等废物也逐年增加。垃圾中一般没有重金属，即使有，含量也很少。腐蚀垃圾中放射性核素的含量符合国家标准允许值。焚化应是处理垃圾最有效的方法，焚化后残渣的体积仅占原体积的 20%，但这 20% 的灰渣仍需要处理。灰渣因具有一定的活性，可作为生产某些墙材的原材料[8]。

墙体材料工业利用城市污泥最好采用烧结工艺，这既能利用城市污泥中有机质的燃烧产生的热量，又可以高温分解有毒有害及致癌物质，完全解决了城市污泥的二次污染问题，如加上余热利用则效果更佳。

日本东京工业实验所在利用焚烧残渣制作墙砖方面进行了大量的研究。研究表明，烧制出的墙砖，性能完全符合日本国家标准 JISA 5209 的要求。垃圾焚烧残渣可替代硅石、长石及黏土等制砖原料中的一部分。试验表明，可以用焚烧残渣和硅质黏土的 1∶1 配比物烧制成砖。烧制的方法是：将配比物装入瓷制球模，湿粉全部通过 200 目网筛，经过一次脱水和干燥，加水 8%～10%，用油压机压挤成型，干燥后用电炉焙烧 24h，保温 2h。烧成温度为1000℃，烧成后所得产品为褐色[9]，其性质如表 7-7 所列。

表 7-7　墙砖的性质

项目	收缩/%	凸变形/mm	凹变形/mm	吸水率/%	抗弯强度/(kgf/m²)
墙砖	4.7	0.5	0.4	4.5	1.3～3.2
	—	≤2.0	≤2.0	≤10.0	≥6.0

陈宏胜发明了一种利用城市污水处理厂的新鲜污泥和其他原料混合生产墙体材料的方法。过程如下：a. 将原料煤矸石和页岩，混合后粉碎至细度为 2～3mm，放置陈化 24～72h；b. 与含水量为质量百分比 80% 的城市污水处理厂污泥混合，输送至轮碾机中碾匀，经双轴搅拌机搅拌均匀，经真空挤出机挤出，经切条机切条、切坯机切坯后烧制。其中原料煤矸石、页岩和城市污水处理厂污泥的用量按质量分数计分别为：煤矸石 60%～90%，页岩 5%～20%，城市污水处理厂污泥 5%～30%。所烧制为一次码烧，放入砖窑在 900～1100℃ 条件下烧制成砖。

曹燕飞等提出了一种利用城镇生活垃圾烧制轻集料及以其生产墙体材料的方法。工序如下：a. 城镇生活垃圾热分解；b. 垃圾生料处理；c. 与煤混合；d. 加助熔分解剂；e. 造粒；f. 烧结熔融；g. 冷却水淬；h. 料块破碎筛分；i. 制墙体材料。

7.3.2　污泥制墙体材料

城市用水的循环使用，需要进行水处理，污水处理产生了污泥，这也是城市的主要废物源。但若经过加工处理，这些废弃物既可以作为新型墙材的原材料，同时又可减少占地和环境污染。

强浩等发明了一种墙体材料及用该材料加工墙体砖的方法。按质量分数计，材料组成为：污泥 20%～80%、淤泥 0～60%、粉煤灰 10%～40%、添加剂 0～5%。具体操作步骤为：a. 污泥和粉煤灰按 10∶(1～8) 混合，加入除臭剂或二氧化氯杀菌剂，制成污泥-粉煤灰混合料，制成坯体，干燥后粉碎得干粉；b. 以质量分数计，取干粉 0～45%、淤泥 0～60%、污泥 0～80%、粉煤灰 10%～40%、添加剂 0～5%，将它们混合、碾炼、破碎，加入除臭剂或二氧化氯杀菌剂，制得坯料；c. 制坯后干燥，在 900～1100℃ 下焙烧 18～36h，得成品砖。

李兴等发明了一种污泥资源化制品免加气砌块墙砖的方法。工艺流程为：a. 将已用压力机压过的污泥板块用打浆机打成泥浆；b. 在泥浆中添加引发剂配制成免加气砌块墙砖的原料，储存备用；c. 在储存原料中加入固化剂拌和；d. 再加入发泡剂发泡；e. 注入砖坯模内，用塑料薄膜覆盖；f. 初固化；g. 切割成砌块墙砖；h. 堆码、用塑料薄膜覆盖；i. 反应成熟后，除去薄膜；j. 成品出厂。

江西晨鸣污泥烧结砖项目建设顺利启动，该项目是利用污水处理后的污泥作为原料，配以一定的页岩、煤矸石，利用污泥自身的热值，制成新型墙体材料"环保节能保温砖"，不仅解决了污泥处置难题，同时不会造成二次污染，并为建筑业提供了新型环保墙体材料。

河南省某建材有限公司利用废水经处理后得到的污泥为原料，配以一定比例的页岩，并用污泥自身的热值烧结页岩砖，生产出新型墙体材料——环保节能保温页岩砖。

7.4　污泥制生态水泥

近年来，日本利用城市垃圾（污泥）焚烧灰和地下水道污泥作为原料生产水泥获得成功。用这种原料生产的水泥叫做"生态水泥"，2001 年日本建成世界上第一座"生态水泥厂"，年设计能力为 11×10^4 t，污泥的加入量 5%左右[10]。

利用污泥作水泥原料有三种利用形式：一是直接用脱水污泥；二是用干燥污泥；三是用污泥焚烧灰。实际的生产过程可根据水泥厂和污水处理厂污泥的实际情况选择合适的污泥预处理方法。污泥制硅酸盐水泥的可能处理途径如图 7-2 所示。

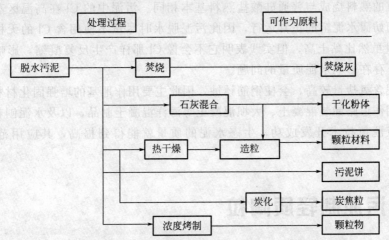

图 7-2　污泥制硅酸盐水泥的可能预处理途径

（1）焚烧灰

污水处理厂污泥经过焚烧后产生焚烧灰，焚烧可直接被水泥厂利用。当污水处理厂与硅酸盐水泥厂之间的距离较远时，可选这一种方法。

（2）脱水污泥饼

脱水污泥含水量少，有一定的热值。硅酸盐水泥厂利用脱水污泥饼时，脱水污泥在水泥厂可直接放入烧结窑制造熟料。

（3）石灰混合

石灰混合是另一种无须焚烧的污泥制水泥预处理工艺。脱水污泥与等量的石灰混合，利用石灰与水的反应释放热来使得污泥充分干化。此过程只需很少的热量，混合后的产物为干化粉体，可被水泥厂接受。

（4）污泥干化

干化污泥作为水泥厂的原料，并替代一部分燃料。干化后污泥保留的有机质可为水泥烧制提供能量，污泥组分则替代部分原料；污泥灰分成为水泥熟料，其中的重金属也能最终有效地固定在水泥构件中。干化污泥作为脱水污泥制硅酸盐水泥的预处理方法，在欧盟国家有多个应用实例。

不论采用哪种方式，关键是污泥中所含无机成分的组成必须符合水泥生产的要求。一般情况下，污泥焚烧后的灰分成分与黏土成分接近，故可代替黏土作原料。生料配料计算结果，理论上可替代 30%的黏土原料。

利用污泥作原料生产水泥时，主要要解决污泥的储存、生料的调配及恶臭的防治问题，确保生产出符合国家标准的水泥熟料。上海水泥厂的生产工艺是：污泥—封闭式汽车运输—堆放—淘泥机—调制生料—泥浆库—生料磨—搅拌池—从窑尾入水泥窑焚烧。为防止污泥堆放过程中产生恶臭，首先在污泥中掺入生石灰，然后采用水调和，再用泵输送到泥浆库，整个过程基本处于封闭状态，直至进入水泥窑[11]。

掺入生石灰还可调节污泥的含水率。日本某污水处理厂向含水率80％的脱水污泥中以1:1比例加入生石灰，因生石灰与水化合放热，最终能形成含水率10％以下的散装污泥颗粒，再以这种污泥颗粒作为水泥原料。

污泥颗粒的熟料烧成与普通硅酸盐熟料基本相同。污泥中的Cl在高温区蒸发，在低温区冷凝，从而妨碍水泥窑的正常运行，因此污泥脱水时尽量不使用含Cl的无机凝聚剂。污泥中的P含量虽然比黏土高，但实践表明它不会像Cl那样产生反复凝缩，影响水泥窑的运行，也完全不存在影响水泥质量的问题。

生态水泥含氯盐量较高，会使钢筋锈蚀，因此主要用作地基的增强固化材料——素混凝土。此外还用作道路铺装混凝土、大坝混凝土等海洋混凝土制品，以及水泥刨花板、水泥纤维板等。一旦脱氯技术开发成功，生态水泥的质量就能得到提高，其应用范围必将得到扩大。

7.5 污泥制轻质陶粒

污泥制轻质陶粒的方法按原料不同可以分为两种：一种是用生污泥或厌氧发酵污泥的焚烧灰造粒后烧结，它需要单独建设焚烧炉，污泥有机成分未得到有效利用；另一种是直接用脱水污泥制陶粒技术。脱水污泥制轻质陶粒烧结工艺流程如图7-3所示。

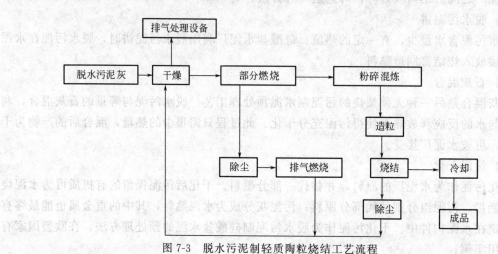

图 7-3 脱水污泥制轻质陶粒烧结工艺流程

下面对几个关键工序进行说明。

（1）干燥

为防止污泥在干燥过程中结成大块，应采用旋转干燥器，热风进口温度为800～850℃，污泥经干燥后，含水率从80％左右下降到5％～10％。由于干燥器内装有破碎搅拌装置，污泥块大小一般在10mm左右。干燥器的排气进入脱臭炉，干燥热源来自部分燃烧炉的排气、烧结炉排气，不需要外界补充热源。

（2）部分燃烧

燃烧在理论空气比以下（约 0.25）进行，使污泥中的有机成分分解，大部分成为气体，一部分以固定碳的形式残留。燃烧炉内温度控制在 700～750℃，燃烧的排气中含有的许多未燃成分，送到排气燃烧炉再燃烧，产生的热风作为污泥干燥热源用。燃烧后的污泥固定碳含量为 10%～20%，热值为 1256～7536kJ/m³。

（3）造粒

燃烧过的污泥中掺入少量干燥污泥，调节物料含水率至 20%～30%，混合后造粒。造粒物料中必须含碳，如此烧结过程中由于燃烧产生的气体从粒子内部向外部逸出，使烧结成品形成许多小孔，质量轻。

（4）烧结

烧结陶粒的强度和密度与烧结温度、烧结时间和产品中残留碳含量有关。烧结温度以 1000～1100℃为宜，超出此温度范围，陶粒强度会降低。残留碳含量越多，强度越低，因此希望控制在 0.5%～1.0% 的范围内，此时陶粒强度在 1.5～2.0kgf/cm² 之间。陶粒的相对密度随烧结温度的升高而减少。在上述烧结范围内，其相对密度为 1.6～1.9，烧结时间为 2～3min。

轻质陶粒的组成见表 7-8，轻质陶粒在酸性和碱性条件下的浸出试验结果见表 7-9，试验结果表明，轻质陶粒符合作为建材的要求。

表 7-8　轻质陶粒的组成　　　　　　单位：%

成分	SiO₂	Al₂O₃	Fe₂O₃	CuO	SO₂	C	燃烧减量
轻质陶粒试样 1	41.9	14.3	10.4	8.8	0.18	0.44	1.08
轻质陶粒试样 2	43.5	15.7	10.6	10.8	0.17	1.08	0.55

表 7-9　轻质陶粒在酸性和碱性条件下的浸出试验结果　　　　　　单位：mg/L

试验条件	Cr^{6+}	Cd	Pb	Zn	As
HCl	0.00	0.51	0.30	16.2	0.18
NaOH(pH=13)	0.00	0.00	0.00	0.04	0.06
水(pH=7)	0.00	0.00	10.6	0.01	0.04

此外，污泥与粉煤灰混合烧结制陶粒，每生产 1m³ 陶粒可处理含水 80% 的污泥 0.24t。这不仅可以大量处理污泥和粉煤灰，而且是一种优良的建材产品和处理技术。

轻质陶粒一般可作路基材料、混凝土骨料或花卉覆盖材料使用，近年来日本将其作为污水处理厂快速滤池的滤料，以代替目前常用的硅砂、无烟煤，取得了良好的效果。轻质陶粒作快速滤池填料时，空隙率大，不易堵塞，反冲洗次数少。

参 考 文 献

[1] 赵由才，宋玉．生活垃圾处理与资源化技术手册 [M]．北京：冶金工业出版社，2007．

[2] 张益，赵由才．生活垃圾焚烧技术 [M]．北京：化学工业出版社，2000．

[3] 宁平．固体废物处理与处置 [M]．北京：高等教育出版社，2007．

[4] 任芝军．固体废物处理处置与资源化技术 [M]．哈尔滨：哈尔滨工业大学出版社，2010．

[5] 张光明，张信芳，张盼月．城市污泥资源化技术进展 [M]．北京：化学工业出版社，2006．

[6]　王绍文．城市污泥资源利用与污水土地处理技术［M］．北京：中国建筑工业出版社，2007.

[7]　占达东．污泥资源化利用［M］．青岛：中国海洋大学出版社，2009.

[8]　孙向远．建材工业利用废弃物技术标准体系［M］．北京：中国建材工业出版社，2010.

[9]　柴晓利，赵爱华，赵由才，等．固体废物燃烧技术［M］．北京：化学工业出版社，2005.

[10]　汪群慧．固体废弃物处理及资源化［M］．北京：化学工业出版社，2003.

[11]　朱开金，马忠亮．污泥处理技术与资源化利用［M］．北京：化学工业出版社，2006.

第8章
高值化利用技术

8.1 高附加值基础化学品

2004年，美国国家可再生能源实验室和太平洋西北国家实验室完成了基于生物质来源的高附加值生物基化学品的筛选，并编制了报告"Top Value Added Chemicals from Biomass：Volume I—Results of Screening for Potential Candidates from Sugars and Synthesis Gas"[1]。该报告从技术潜力与现状、对石油产品的替代性、成本等角度出发，使用反复验证的筛选方法从300多种候选化学品中初筛出了30种具有应用潜力的候选化学品。该方法以已有的石油化工化学品模型、化学品数据、已知的市场信息、化学品物性、化学品所具有的应用潜能，以及太平洋西北国家实验室和国家可再生能源实验室先前的研究和工业经验等为基础。初筛后，对这些选出的化学品及其衍生物的市场潜力、转化途径技术的复杂性进行探讨和研究，最终又从初筛出的30种化学品中确定了12种最具开发潜力的基础化学品。这些基础化学品可以进一步转化为高附加值的生糖基化学品和生物基材料。本节内容参考该报告及其翻译版《现代生物能源技术》[2]，重点介绍生物基高值基础化学品的筛选、合成和转化。

8.1.1 基础化学品的筛选

筛选总体策略和具体步骤如图8-1所示。首先，参考美国能源部和国家实验室以往的报告以及各种工业和学术研究资料，收集300多种不同来源获得的基础化学品，并编制了Access数据库。数据库中包括这些化学品的化学名称、结构、生物质原料来源、生产工艺现状和前景、在大宗化学品/精细化学品/聚合物或食品/农业化学产品中的分类，以及相关文献和引用信息等。然后，基于原料价格、估算的加工成本、目前的市场容量与价格，以及与现在或将来的生物炼制过程的关联性，进行初筛。初筛后，对这些选出的化学品及其衍生物的市场潜力、转化途径技术的复杂性进行探讨和研究，最终又从初筛出的30种化学品中确定

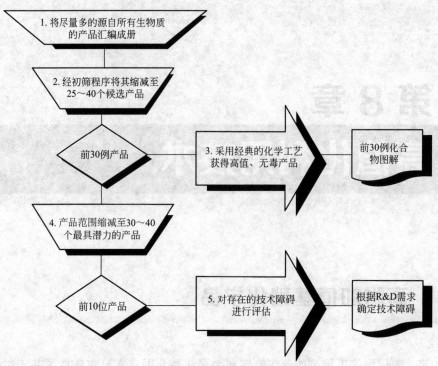

图 8-1 基础化学品筛选总体策略和步骤

了 12 种最具开发潜力的基础化学品。

8.1.1.1 基础化学品初筛

石油化工化学品加工过程中,几乎全部产品都来源于 8~9 种基础化学品。借鉴传统石油化工产业上所使用的流程图的概念,进行生物质基础化学品的初筛。筛选方法建立在对化学品及其预期市场生产情况、潜在候选材料和性能估计以及科研和工业经验的基础之上,是一个反复验证的过程。

首先从 300 多种初始的化学品中筛选出了数量较少的化学品。表 8-1 列出了筛选过程中重要的选择因素。第一轮筛选的标准包括每个候选基础化学品的原料和估算的加工成本、估算的销售价格、已有最好的加工技术、技术的复杂性、市场潜力等。

通过这一初筛获得了大约 50 种具有潜力的候选基础化学品。继续使用表 8-1 中的筛选标准(可直接取代已有产品、新产品、基础中间体化学品),以碳的数目为分类架框($C_1 \sim C_6$),把 50 种候选化学品进行了分组,见表 8-2。

表 8-1 生物质来源基础化学品筛选标准

项目	可直接取代已有产品	新产品	基础中间体化学品
特性	直接与已有的石油化工产品竞争	拥有新的或改良的性质,可以替代已有化学品的功能或有新的应用	可以为一个中间体化学品生产多样化的产品提供基础
实例	从丙烯或乳酸获得丙烯酸	聚乳酸(唯一生产途径是葡萄糖经乳酸来生产)	琥珀酸、乙酰丙酸、谷氨酸、甘油、合成气

项目	可直接取代已有产品	新产品	基础中间体化学品
优势	已经存在产品市场 明确的成品结构及其增长潜力 市场风险小	新产品具有独特的性质,因此可以弱化生产的中央成本 与石油化工路线不存在竞争 区别主要在新产品的性能上 有全新的市场机遇 能最有效地利用生物质特有的性质	可用循环生产的策略降低市场风险;市场潜力可以被扩展;固定投资可以通过多种单元操作分散;整合了替代产品和新产品的优势
劣势	与已有产品在成本上严格竞争 与折旧费用竞争 生物基产品绿色标签与石化产品分割不明显	市场前景不清晰 投资风险高 产业化时间较长	难以确定研发突破点

表 8-2　生物基化学品第一轮筛选结果（50 种化学品）

碳数	名称	预测或已知用途	是否前 30	理由
1	甲酸	试剂	否	使用有限;一般在 C_1 反应中使用
1	甲醇	有限的基础化学品	否	合成气来源的超级大宗化学反应
1	一氧化碳	基础化学品	是	
1	二氧化碳	试剂	否	难利用
2	乙醛	中间体化学品	否	使用非常有限
2	乙酸及其酸酐	试剂和中间体化学品	否	现阶段来自合成气的大宗化学品
2	乙醇	燃料	否	预期主要用于燃料;超级大宗化学品
2	甘氨酸	试剂	否	使用有限;可预见的应用较少
2	草酸	试剂	否	主要用于螯合剂和试剂
2	乙二醇	基础化学品和试剂	否	超级大宗化学品
2	环氧乙烷	基础化学品和试剂	否	超级大宗化学品
3	丙氨酸	中间体	否	使用有限,可预见的应用较少
3	甘油	基础化学品	是	
3	3-羟基甲醇	基础化学品	是	
3	乳酸	基础化学品	是	
3	丙二酸	基础化学品和试剂	是	
3	丝氨酸	基础化学品	是	
3	丙酸	基础化学品和试剂	是	
3	丙酮	中间体化学品	否	从生物质资源出发生产没有优越性
4	3-羟基丁酮	基础化学品	是	
4	天冬氨酸	基础化学品	是	
4	丁醇	中间体化学品	否	
4	延胡索酸	基础化学品	是	
4	3-羟基丁内酯	基础化学品	是	
4	苹果酸	基础化学品	是	

続表

碳数	名称	预测或已知用途	是否前30	理由
4	琥珀酸	基础化学品	是	
4	苏氨酸	基础化学品	是	
5	阿拉伯糖醇	基础化学品	是	
5	糠醛	基础化学品	是	
5	谷氨酸	基础化学品	是	
5	戊二酸	基础化学品	否	市场非常有限；衍生物种类未知
5	衣康酸	基础化学品	是	
5	乙酰丙酸	基础化学品	是	
5	脯氨酸	基础化学品	否	市场有限；衍生物种类未知
5	木糖醇	基础化学品	是	
5	木质酸	基础化学品	是	
6	乌头酸	基础化学品	是	
6	己二酸	中间体化学品	否	大宗化学品，工业化以前的实验不成功
6	抗坏血酸	基础化学品	否	市场有限；衍生物种类未知
6	柠檬酸	基础化学品	是	
6	果糖	基础化学品	否	从其他途径生产其衍生物比较简单
6	2,5-呋喃二羧酸	基础化学品	是	
6	葡萄糖二酸	基础化学品	是	
6	葡萄糖酸	基础化学品	是	
6	曲酸	基础化学品	否	市场有限；衍生物种类未知
6	赖氨酸	基础化学品	是	
6	山梨糖醇	基础化学品	是	

接下来考察了候选化学品的化学功能性和应用前景。化学功能考虑的是候选化学品能够被化学或生物转化成的衍生物的数量。如果候选化学品的一个官能团能转化出若干衍生物，且该候选化学品含有多个这样的官能团，它就有生产出大量衍生物和新化合物的潜力。

此外，还考察了具有成为超级大宗化学品潜力的候选化学品。大宗化学品都来源于基础化学品或者石油炼制产品。虽然用生物质生产这些化合物是可能的，但巨额资金的投入和较低的市场竞争力是主要经济障碍，而克服这些障碍十分困难。

除去那些不符合筛选标准的化学品，上述筛选形成了一个约有30个基础化学品的候选目录（表8-3）。在这个目录中的化学品都是具有多种官能团、适合进一步转化为衍生物或是多分子家族的，可以由木质纤维素和淀粉制得，是一碳到六碳单体而不是从木质素衍生来的芳香族化合物，也不是已有的超级大宗化学品。值得注意的是，像乙酸和乙酸酐这样的二碳化合物被认为是潜力比较小的，而像丙酮这样已经产业化的石油副产物的三碳化合物也不考虑在内。另外，从合成气转化到氢、氨、甲醇、乙醇、乙醛和费托合成产物已经实现产业化。

表 8-3　生物基化学品第二轮筛选结果（30 种化学品）

碳数	最具潜力的 30 种基础化学品
1	一氧化碳和氢气(合成气)
2	空缺
3	甘油、3-羟基丙酸、乳酸、丙二酸、丙酸、丝氨酸
4	3-羟基丁酮、天冬氨酸、延胡索酸、3-羟基丁内酯、苹果酸、琥珀酸、苏氨酸
5	阿拉伯糖醇、糠醛、谷氨酸、衣康酸、乙酰丙酸、脯氨酸、木糖醇、木质酸
6	乌头酸、柠檬酸、2,5-呋喃二羧酸、葡萄糖二酸、赖氨酸、左旋葡聚糖、山梨糖醇

8.1.1.2　基础化学品复筛

经初筛后，对 30 种候选基础化学品及其衍生物的市场潜力、转化途径技术的复杂性进行探讨和研究。作为部分的筛选指标，对候选化学品的所有可能的转化路径进行了汇总和鉴别。共选择了 4 个标准来评价候选化学品：a. 木质纤维素和淀粉生物质在生物精炼中的策略匹配性；b. 作为替代已有化学品或作为新化合物的基础化学品及其衍生物的价值；c. 反应路径转化中每个环节的技术难度（糖转化为基础化学品和基础化学品转化为衍生物）；d. 基础化学品生成同族或同组衍生物的潜力。

基础化学品转化反应途径的数量和性质代表了其潜在价值。转化途径的分类包括：a. 现在的工业用途；b. 一个类似于已知技术的转化；c. 温和生产过程要求；d. 重要过程开发需求。与基础化合物不同，衍生物可被分为两类：一类是能被用作当前石化工业产品和生化药剂的替代品；另一类是能用于具有新型性能特征的新材料，这种性能能够产生新的应用或者产生新的市场格局。

每一个基础化学品候选者的评价都采用统一的标准。统计学分析中，12 个候选化学品高于平均值，3 个是平均值（乳酸、左旋葡聚糖和赖氨酸），其他低于平均值。最终确定了 12 种基于糖质原料的、最具开发潜力的基础化学品，见表 8-4，包括 1,4-二羧酸（琥珀酸、延胡索酸和苹果酸）、2,5-呋喃二羧酸、3-羟基丙酸、天冬氨酸、葡萄糖二酸、谷氨酸、衣康酸、乙酰丙酸、3-羟基丁内酯、甘油、山梨糖醇及木糖醇/阿拉伯糖醇。

表 8-4　基于糖质原料的 12 种高值基础化学品

序号	化学品名称	序号	化学品名称
1	1,4-二羧酸(琥珀酸、延胡索酸和苹果酸)	7	衣康酸
2	2,5-呋喃二羧酸	8	乙酰丙酸
3	3-羟基丙酸	9	3-羟基丁内酯
4	天冬氨酸	10	甘油
5	葡萄糖二酸	11	山梨糖醇
6	谷氨酸	12	木糖醇/阿拉伯糖醇

在某些情况下，上述分子由于有和它们的结构相关的潜在协同作用而被放在一起，如1,4-二羧酸中的三种化学品，木糖醇和阿拉伯糖醇。这些分子或是异构体，或相互转化后可形成相同分子，或可以经一定路径后能得到同族化合物。

8.1.2　基础化学品的合成与转化

8.1.2.1　1,4-二羧酸

(1) 1,4-二羧酸的合成

1,4-二羧酸作为重要的基础化学品具有非常大的潜力，可以直接衍生出大宗化学品和精细化学品。以琥珀酸为例，琥珀酸通常是由产琥珀酸放线杆菌、基因工程大肠杆菌等通过葡萄糖发酵而产生的，并且已初步具备商业规模。目前，尽管该技术已有改善，但与石油化工路线相比，该方法仍需要更强的竞争力。

可通过以下几方面改善发酵过程，降低生产成本。

① 产率　为了具有经济效益上的竞争优势，最少要达到 2.5g/(L·h) 的生产速率。

② 发酵培养基　使用最低营养成分的发酵培养基对降低工业发酵成本非常重要，不能使用如酵母提取物和生物素之类的昂贵营养成分。如果可能，应只限于玉米浆或类似成分。

③ 产品最终浓度　对丁整个过程的成本来说，产品最终浓度是一个重要的部分。这部分的成本很容易被忽略，但较高的产品最终浓度可以降低产物分离和浓缩的成本。

④ pH 值影响　理想的发酵过程应该在低 pH 值条件下进行，最好是发酵过程不需要调节 pH 值。发酵过程控制 pH 的成本可能不高，但对琥珀酸盐转化为酸的成本影响还是较大的。要使丁二醇（BDO）、四氢呋喃（THF）和 γ-丁内酯类（GBL）等琥珀酸衍生物在市场上具有竞争力，必须在低 pH 值条件下发酵。

(2) 1,4-二羧酸的转化

以琥珀酸为例，主要转化途径、技术难点及其产物应用见表 8-5。

表 8-5　琥珀酸的转化途径、技术难点及其产物应用

反应类型	产物	技术难点	应用
还原	BDO、THF、GBL 家族	将酸选择性还原为醇类、内酯和呋喃 温和的反应条件（压力、温度等） 对抑制物的耐受性及催化剂寿命	用作溶剂、纤维物质（如弹力纤维）
	吡咯烷酮家族	酸盐的选择性还原 温和的过程条件（压力、温度等） 对抑制物的耐受性及催化剂寿命	用作溶剂、纤维物质（如弹力纤维）
直接聚合	直链型	聚合过程的产业化	纤维物质（如弹力纤维）
	支链型	选择性酯化的支链控制 控制聚合物的分子质量和性能	TBD

琥珀酸最基本的用途是将其选择性还原形成丁二醇（BDO）、四氢呋喃（THF）和 γ-丁内酯类（GBL）化合物。琥珀酸的加氢或还原反应过程类似于石油化工上顺丁烯二酸酐的还原。不同的是，琥珀酸的还原要考虑到发酵产物的杂质对催化剂的影响。

吡咯酮是 γ-丁内酯类的一种衍生物，在作为溶剂方面具有广阔的市场。γ-丁内酯类和不同的胺反应可得到不同的衍生物如吡咯酮和 N-甲基吡咯烷酮。琥珀酸也可以通过琥珀酸

二铵发酵直接生成吡咯酮。通过琥珀酸的衍生物进行发酵生产吡咯酮的成本较低，具有较大的优势。从这个方面来说，就缓解了低 pH 值发酵琥珀酸的压力。

延胡索酸和苹果酸也具有类似的化学性质，并且可以将延胡索酸选择性地还原成琥珀酸，以及用苹果酸生产替代四氢呋喃和 N-甲基吡咯烷酮的相关衍生物。

用二羧酸生产生物基产品具有广阔的市场前景。其主要的挑战在于降低发酵成本。如果要生物基产品在市场上比石化产品更有竞争力，那么其发酵成本至少要低于每磅 0.25 美元。这在未来相当长的一段时期内是仍是一个巨大的技术挑战。整体上讲，利用二羧酸作为原料生产多种大宗化学品具有很大潜力。

8.1.2.2　2,5-呋喃二甲酸

(1) 2,5-呋喃二甲酸的合成

2,5-呋喃二甲酸是呋喃族化合物的一种，它是由葡萄糖经氧化脱水形成的，还可以经 5-羟甲基糠醛氧化得到 2,5-呋喃二甲酸，而 5-羟甲基糠醛是从六碳糖转化为乙酰丙酸中的一个中间产物的，乙酰丙酸也在 12 种高值基础化学品之中。

糖的脱水过程是一项很重要的技术，此过程可以生成很多价值低廉的原料单元，但对于该项技术并不成熟。目前，脱水反应通常是无选择性的，产物的形成决定于所生成化合物的化学稳定性。所以，有必要针对糖脱水反应及相关催化剂进行深入研发。此外，2,5-呋喃二甲酸的生产还需要与脱水过程相对应的、有效并有经济价值的氧化技术。

糖氧化脱水合成 2,5-呋喃二甲酸，主要技术难点有两方面。a. 脱水。选择性脱水，消除副反应；脱水生成酐类或内酯类化合物；开发新型的非均相催化剂（如固体酸催化剂）代替液体催化剂。b. 氧化。难以使用 O_2、H_2O_2 以外的催化剂；抑制剂（生物质处理过程中产生）耐受性问题；从醛类氧化到酸，从醇类氧化到醛。

(2) 2,5-呋喃二甲酸的转化

表 8-6 汇总了 2,5-呋喃二甲酸的主要转化途径、技术难点及其产物应用。

表 8-6　2,5-呋喃二甲酸的转化途径、技术难点及其产物应用

反应类型	产物	技术难点	应用
还原	二醇和胺类	烯烃存在条件下的选择性还原 直接将羧酸还原成醇 对多聚衍生物化学性质的研究	瓶子、薄膜、容器类用途的呋喃多聚酯
	乙酰丙酸和琥珀酸	选择性催化剂	菊芋糖和琥珀酸的所有用途
直接聚合	聚对苯二甲酸乙二酯类	单体的反应性能 反应速率的控制 选择性酯化的支链控制 聚合物分子质量和性能的控制	绿色环保性溶剂 水溶性多聚物
	呋喃多聚胺	单体的反应性能 反应速率的控制 选择性酯化控制聚合物的支链 控制聚合物的分子量和性能	应用于尼龙的多聚胺类市场

2,5-呋喃二甲酸可以通过简单的转化而形成不同的衍生物。例如，将 2,5-呋喃二甲酸选

择性还原可以得到其脱氢产物 2,5-双羟甲基呋喃，也可形成完全脱水产物如 2,5-二羟甲基四氢呋喃。这些产物都可以作为醇类生产新的尼龙产品，它们和 2,5-呋喃二甲酸结合将会开辟生物质材料应用的新领域。2,5-呋喃二甲酸与二元胺反应或将 2,5-呋喃二甲酸转化为 2,5-二羟甲基四氢呋喃继而合成新的尼龙，每年可以产生 90 亿美元的市场价值。2,5-呋喃二甲酸还可以用来生产琥珀酸，其用途在本书中已有描述，此处不再赘述。

2,5-呋喃二甲酸作为对苯二甲酸的替代品极具潜力。目前，对苯二甲酸广泛应用于合成各种聚酯类化合物，如聚对苯二甲酸乙二酯（PET）、聚对苯二酸丁二酯（PBT）。其中，PET 每年的市场规模有 40 亿美元，而 PBT 每年也有 10 亿美元。PET 的市场价值决定于它的用途，如作为薄膜和热塑性聚合物，它每年具有 10 亿～30 亿美元的市场价值。将 2,5-呋喃二甲酸用作生成 PET 或 PBT 类产品，无论从市场容量还是市场价值来说都非常具有潜力。

在利用 2,5-呋喃二甲酸（或相关物质）生产新的聚合物方面也存在一些技术难点。其中，良好地控制酯化反应，提高单体的反应性能尤为重要。对于生产厂家来说，更好地了解聚合反应过程中的反应特点，及这些反应特点与聚合物的最终形成之间的联系，将有利于他们将这项技术转化为具有市场价值的产品。

8.1.2.3　3-羟基丙酸

3-羟基丙酸（3-HPA）是重要的三碳化工原料单元，它可以用来生产大宗化学品或精细化学品。现有的石油化工过程无法生产 3-羟基丙酸。

(1) 3-羟基丙酸的合成

表 8-7 列出了 3-羟基丙酸的合成情况。

表 8-7　糖转化合成 3-羟基丙酸

合成途径	技术难点	基础化学品直接应用
化学途径	不清楚，可能需要多步反应，成本高昂	
生物发酵途径	开始工业化，但发酵途径未知 发酵过程所需的一般要求 提高生物催化性能：a. 减少其他有机酸副产物；b. 增加得率和生产速率 降低提取成本，减少不必要的盐类 过程放大以及系统综合化等问题	无

将 3-羟基丙酸作为基础化学品进行开发的主要技术难点在于降低发酵成本。从技术上考虑，可以使用有更好的代谢途径的微生物菌种。原则上，从发酵产量上来说它应该达到与乳酸相当的水平。发酵生产 3-羟基丙酸过程的优化可以从以下方面考虑。

① 产率　提高生产效率主要是为了降低发酵过程的原料成本和操作成本。为了具有经济效益上的竞争优势，最少要达到 2.5g/(L·h) 的生产速率。

② 代谢工程　从代谢工程的角度去构建发酵生产 3-羟基丙酸适当的途径是很有必要的。它的发酵产量应该达到与乳酸同等水平。

③ 发酵培养基　使用最低营养成分的发酵培养基对降低工业发酵成本非常重要。不能使用如酵母提取物和生物素之类的昂贵营养成分。如果可能，应只限于玉米浆或类似成分。

④ **产品最终浓度** 产品最终浓度是过程成本一个重要的部分,这部分的成本很容易被忽略,较高的产品最终浓度可以降低产物整个分离和浓缩的成本。

⑤ **pH 值影响** 理想的发酵过程应该在低 pH 值条件下进行,最好是发酵过程不需要调节 pH 值。

(2) 3-羟基丙酸的转化和应用

图 8-2 汇总了 3-羟基丙酸到衍生物或次级代谢物的不同反应途径,图中圈起的衍生物是现在正在使用的商品和日用品。

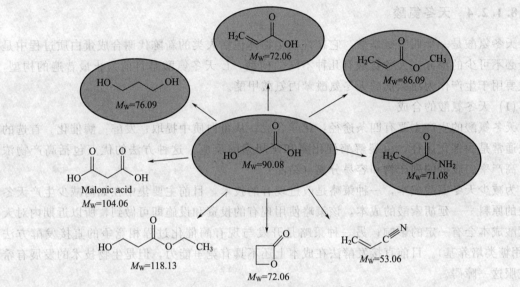

图 8-2 3-羟基丙酸转化路径[1]

其中,由 3-羟基丙酸转化生产 1,3-丙二醇和丙烯酸的情况见表 8-8。

表 8-8 3-羟基丙酸转化生产 1,3-丙二醇和丙烯酸

产物	技术难点	应用
1,3-丙二醇	从二羧酸直接还原有高的选择性 在温和条件下还原——中等氧气压力,低温 对生物基原料的抑制因子的耐受性 稳定的催化剂和催化寿命	Sorona 纤维(新材料)
丙烯酸	没有副反应的选择性脱水(生物质高值化需求) 新型非均相催化剂(如固体酸催化剂)来代替液相催化剂,从而提高现有体系的催化效率	隐形眼镜 尿布(超级吸收性聚合物,如 SAP)

1,3-丙二醇被杜邦公司作为一种有潜力的单体,应用于生产地毯纤维,该新型纤维具有更好的着色性能和弹性。将 3-羟基丙酸脱氢或还原成 1,3-丙二醇,一种方法是首先将 3-羟基丙酸生成相应的酯类,然后再还原酯类化合物到醇,这从技术上来说比较容易达到,但成本仍较高。因此,需要新型的催化系统,直接将羧酸还原成相应的醇类。此外,从发酵产物中直接还原 3-HPA 要求催化剂有很好的稳定性,并且不受发酵副产物的抑制作用。

将 3-羟基丙酸脱水生成丙烯酸或丙烯酸胺,现有体系仍存在选择性低、效率低等不足,

需要新的具有高选择性的催化系统。此外，在脱水过程中应该避免它的聚合反应。对于丙烯酸胺的合成，可以使用 3-羟基丙酸铵盐的形式作为原料，这同时可避免发酵过程在低 pH 值下进行的限制。

总体而言，3-羟基丙酸作为三碳的基础化学品应用于生物材料生产具有广阔的市场前景，其主要的技术难点在于降低 3-羟基丙酸的发酵过程的成本和再由 3-羟基丙酸作为原料生产其他产品的成本。为了达到比石油化工产品更有竞争性的目的，发酵过程和后续的催化过程都必须有较高的得率。

8.1.2.4　天冬氨酸

天冬氨酸是一个四碳氨基酸，它在许多生物体包括人类的新陈代谢合成蛋白质过程中是一个必不可少的部分。天冬氨酸有几种不同的构型，L-天冬氨酸是目前为止最普遍的构型，它主要用于生产作为甜味剂的天冬氨酰苯丙氨酸甲酯。

(1) 天冬氨酸的合成

天冬氨酸的生产主要有四条途径：化学合成；从蛋白质中提取；发酵；酶催化。首选的方法通常是酶催化途径，由裂解酶催化氨和延胡索酸反应。这种方法的优点包括高产物浓度、高产率、较少的副产物和容易分离（结晶）。

为减少天冬氨酸成本，一种策略是改进现有的技术，目前主要集中在如何减少生产天冬氨酸的原料——延胡索酸的成本，该策略使用现有的投资和设施即可做到，所以近期内对天冬氨酸成本会有一定的影响；另一种策略是开发与现有酶催化过程相竞争的直接发酵方法（利用糖类培养基）。目前直接发酵法在成本上还不具有竞争能力，但是生物技术的发展有希望克服这一障碍。

高发酵产率和产品回收是天冬氨酸生产技术提高的两个主要技术方向，使用糖碳源直接发酵可能比以延胡索酸和氨为原料便宜。

① 产率　产率的提高可以减少资金和发酵成本。现有的酶催化途径可以满足天冬氨酸作为精细化学品的需求，若作为大宗化学品的生产技术，产率仍需进一步提高。

② 分离回收　降低从发酵培养基中分离天冬氨酸的成本非常重要。氨和延胡索酸经酶催化的生产路线使得产物浓度很高并容易利用结晶分离产物，但结晶过程成本较高。使用发酵技术从发酵培养基分离天冬氨酸可能具有一定竞争力。

③ 产品最终浓度　产品最终浓度是过程成本的一个重要因素。这部分的成本很容易被忽略，但较高的产品最终浓度可以降低产物整个分离和浓缩的成本。

④ 发酵培养基　如果使用低成本的发酵液营养成分，天冬氨酸生产的经济成本能够显著降低。

(2) 天冬氨酸的转化和应用

选择性还原天冬氨酸能生产目前大量使用的化学物的类似物，如 1,4-丁二醇、四氢呋喃和 γ-丁内酯。这些类似物有聚合物和溶剂应用的巨大潜在市场，如能高选择性并在温和条件下合成这些类似物，这些生物基化学品将具有很强的市场竞争力。

在酸催化剂存在下选择性脱水可生成酸酐，目前，开发新型的无副反应的选择性脱水催化剂是降低酸酐成本的关键。此外，合成聚天冬氨酸和聚天冬氨酸盐类型的可生物降解专用聚合物可以取代聚丙烯酸和聚羧酸，目前该途径尚未得到充分开发。表 8-9 汇总了天冬氨酸的主要转化途径和应用。

表 8-9　天冬氨酸的主要转化途径和应用

反应类型	产物	技术难点	应用
还原	丁二醇胺、四氢呋喃、丁内酯胺	类似琥珀酸、苹果酸和延胡索酸的转化 选择性的还原反应 温和条件作用（常压、低温等） 催化剂对抑制物耐受性和催化剂寿命	C_4 氨基类似物
脱水	天冬氨酸酸酐	无副反应的选择性脱水反应 新的非均相催化剂（固体酸催化剂）取代液体催化剂系统	新的领域
聚合	聚天冬氨酸	选择性酯化作用以控制分支发生 控制分子质量和性质	新的领域

总体而言，利用基因工程手段和传统菌种改良技术对天冬氨酸或延胡索酸发酵过程进行改进以降低过程成本是今后发展的趋势之一。L-天冬氨酸作为替代聚丙烯酸和聚羧酸的新的可生物降解特种聚合物（聚天冬氨酸和聚天冬氨酸酯），将有新的潜在市场，其应用可能包括洗涤剂、水处理系统、腐蚀抑制剂、超强吸水聚合物。

8.1.2.5　葡萄糖二酸

（1）葡萄糖二酸的合成

葡萄糖二酸是氧化性糖类家族的一员，可由化学方法氧化（如硝酸）葡萄糖生成。葡萄糖二酸市场很好。例如，2000 年，世界范围内年用量为 $4.6×10^4$ t。葡萄糖二酸的生产原料并不限于葡萄糖，木糖、阿拉伯糖、甘油等都可能通过新的技术研发生产葡萄糖二酸。并且，所开发的由葡萄糖氧化生成葡萄糖二酸的过程也可以有效地应用于其他糖类的氧化，如木糖和阿拉伯糖。

目前，以淀粉为原料，一步硝酸氧化法或使用漂白剂（碱性）催化氧化合成葡萄糖二酸，主要技术难点包括：高选择性氧化醇类生成酸；降低氧化剂使用浓度；开发非均相催化剂系统；提高对抑制剂的耐受性等。此外，开发高效和选择性氧化葡萄糖技术，无需使用硝酸作为氧化剂，对降低葡萄糖二酸生产成本，提高其应用潜力有重大意义。

（2）葡萄糖二酸的转化和应用

以葡萄糖二酸为起始原料，可以生产一系列具有很大市场需求的其他产品。表 8-10 列出了葡萄糖二酸的主要转化途径和应用。

表 8-10　葡萄糖二酸的主要转化途径和应用

反应类型	产物	技术难点	应用
脱水	内酯	无副反应的选择性脱水 脱水生成酐或内酯 新型非均相催化剂（固体催化剂）取代液体催化剂或改进已有催化剂系统	溶剂
聚合	聚葡萄糖二酸酯和氨基化合物	控制反应速率 选择性酯化作用以控制分歧反应 分子质量与物性控制	尼龙或不同特性（如凯夫拉尔与地毯纤维）

其中，生产新的尼龙（聚多羟基酰胺）是一个重要的市场机遇。以目前廉价的葡萄糖和可利用的二胺，生产的聚多羟基酰胺，其市场需求超过 $90 \times 10^8 \text{lb/a}$，而价格根据生产过程的不同，为 $0.85 \sim 2.2$ 美元/lb。

葡萄糖二酸（及其酯）也是一种潜在的生产新型超支化聚酯的起始原料，这种新型聚酯的市场规模和价值与目前的尼龙相当。同时，葡萄糖二酸经过简单的化学转化能够生成作为更多聚合材料起始原料。此外，葡萄糖二酸具有很好的离子螯合性能，因此还有着非常大的表面活性剂市场潜力。总体而言，开发葡萄糖二酸及其衍生物能够拓展糖平台技术的应用，并创造高需求和高价值的产品市场。

8.1.2.6 谷氨酸

(1) 谷氨酸的合成

谷氨酸是一个五碳氨基酸，它有可能成为一种潜在的合成新型五碳聚合物的基础化学品。目前已有几种基于谷氨酸钠盐的发酵技术，将钠盐转化为游离酸。在今后，需要开发一个能够低成本生产谷氨酸游离酸的发酵技术，新技术须满足去除中和工段、大幅度降低纯化和将钠盐转化为游离酸成本等要求。

五碳的谷氨酸作为基础化学品的开发有着巨大的市场机遇，其面临的挑战主要是减少发酵成本。为了保持对石化产品的竞争力，发酵成本必须达到或低于 0.25 美元/lb。

目前，技术改进还包括改善发酵菌种的产率和最终的酸化过程等。

① 产率　提高产率可以减少固定资金投入和发酵成本。为了具备作为大宗化学品的经济竞争力，产率至少应达到 2.8g/(L·h) 的水平。

② 发酵培养基　使用最低营养成分的发酵培养基对降低工业发酵成本非常重要。不能使用如酵母提取物和生物素之类的昂贵营养成分。如果可能，应只限于玉米浆或类似成分。

③ 产品最终浓度　最终的产品浓度对整个过程的成本影响很大。较高的产品浓度能够降低分离和浓缩的成本。

④ pH 值　最好能在低 pH 值下进行发酵而不需要中和。中和成本可能不高，但将盐转化为游离酸会大幅增加成本。

(2) 谷氨酸的转化和应用

通过加氢或还原反应，可将谷氨酸转化为二醇（1,5-丙二醇）、二酸（1,5-戊二酸）、氨基二醇（5-氨基-1-丁醇）等化合物，这些化合物可进一步合成聚酯和聚酰胺等材料。目前对选择性还原反应了解不够充分，特别是在水介质中的反应。这方面的技术难点是开发新的催化剂系统以获得高的产率、限制副反应（胺生成）。另一个挑战是开发发酵过程中不受杂质影响的催化剂，这自谷氨酸工业发酵产业化以来一直是一个重大的挑战，在开发早期应予以考虑。

8.1.2.7 衣康酸

(1) 衣康酸的合成

衣康酸是一种五元二羧酸化合物，像甲基琥珀酸一样可以合成很多大宗化学品和精细化学品。化学法合成衣康酸仍存在合成步骤多、成本较高等不足。目前，衣康酸主要通过真菌发酵产生，用于生产与丙烯酸或苯乙烯-丁二烯的共聚物。衣康酸作为大宗化学品的主要技术障碍是发酵过程成本，为了能比石化产品更有市场竞争力，发酵成本必须控制在 0.25 美元/lb。一般而言，可通过改进微生物催化剂、减少其他副产物、提高发酵速率、最终产品浓度和产品收率、过程放大和系统集成等途径来降低发酵成本。

① 产率　至少达到 2.5g/(L·h) 的产率，发酵过程才具备经济价值。

② 发酵培养基　不能使用如酵母提取物和生物素之类的昂贵营养成分。如果可能，应只限于玉米浆或类似成分。

③ 产品最终浓度　最终的产品浓度对整个过程的成本影响很大。较高的产品浓度能够降低分离和浓缩的成本。

此外，菌体利用五碳糖和六碳糖共发酵也是一个技术难点。

(2) 衣康酸的转化和应用

通过加氢或还原作用，可将衣康酸转化为甲基丁二醇、3-甲基四氢呋喃、丁内酯、2-甲基-1,4-丁二胺，进而用于合成 BDO、GBL 和 THF 家族聚合物。主要技术难点包括对于特定官能团的还原性不高、催化体系对抑制物和生物质组分的耐受性差等。

将衣康酸转化为吡咯酮的过程和从 GBL 到吡咯酮的过程是相同的。发酵法得到的琥珀酸的加入有利于磷酸氢二铵衣康酸盐转化为吡咯酮，从而降低发酵成本，这也使在衣康酸的发酵过程中不用再调节 pH 值，而是直接得到衣康酸。

而衣康酸的直接聚合反应还需要进一步研究。衣康酸聚合物是否可以替代已有聚合物还有待研究。表 8-11 汇总了衣康酸的主要转化途径和应用。

表 8-11　衣康酸的主要转化途径和应用

反应类型	产物	技术难点	应用
还原	甲基丁二醇、丁内酯、四氢呋喃系列	对于特定官能团的还原性不高 在常压和低温的温和条件下反应 催化体系对抑制物和生物质组分的耐受性差	合成 BDO、GBL 和 THF 家族聚合物
	吡咯酮	对于特定官能团的还原性不高 在常压和低温的温和条件下反应 催化体系对抑制物和生物质组分的耐受性差	溶剂及聚合物前体
聚合	聚衣糠醛	反应速率不易控制 支链酯化反应难控制 相对分子质量及物性难以控制	有可能合成新的聚合物

8.1.2.8　乙酰丙酸

(1) 乙酰丙酸的合成

乙酰丙酸是酸水解淀粉或木质纤维素得到的六碳化合物。半纤维素（木糖、树胶醛糖）水解后得到的五碳糖（木糖和阿拉伯糖）在增加一步还原反应后也可以转化为乙酰丙酸。所以说乙酰丙酸几乎可以通过所有生物提取物的糖转化而获得，是可以从糖类转化而成的众多已知的基本物质之一。

很多研究表明酸水解合成乙酰丙酸的产率在 70% 左右，技术难点主要在于：降低副反应，提高生产效率；开发新的非均相催化剂（固体催化剂）取代现有的液体催化剂。目前，正在通过研发新的选择性脱氢催化剂来提高产率。

(2) 乙酰丙酸的转化和应用

乙酰丙酸已经成为很多化合物合成的起始原料,由乙酰丙酸合成的化合物种类很多,并在化工市场上占有重要的地位。例如:a. 乙酰丙酸转化得到的甲基四氢呋喃和各种乙酰丙酯作为汽油和生物柴油添加剂占有很大的燃料市场;b. 5-氨基乙酰丙酸是一种除草剂,每年的市场需求量为 $(2\sim3)\times10^8$ lb,而每磅的售价为 $2\sim3$ 美元;c. 氨基乙酰丙酸在生产过程中会产生一种中间体——乙酰丙烯酸,这种物质可以用于新型丙烯酸聚合物的合成,价格为每磅 1.3 美元,年生产量达到 23×10^8 lb;d. 双酚酸尤其引人注目,它取代了聚碳酸酯合成中的双酚 A,聚碳酸酯每年产量大约为 40×10^8 lb,每磅约 2.40 美元。表 8-12 汇总了衣康酸的主要转化途径和应用。

表 8-12 衣康酸的主要转化途径和应用

反应类型	产物	技术难点	应用
还原	甲基四氢呋喃、γ-丁内酯类	选择性还原生成醇、内酯和呋喃二元酸 常温常压下的温和条件 催化体系对抑制物和生物质组分的耐受性差	助燃剂、溶剂
氧化	乙酰丙烯酸酯、乙酸丙烯基琥珀酸	从醇到酸的选择性氧化 降低氧化剂的浓度(安全因素) 催化体系对生物质组分中的抑制物耐受性差 醛转化为酸和醇转化为醛的选择性转化 酶转化需要辅因子	与其他单体生成共聚物提高物质性能
缩合	双酚酸	反应速率控制 相对分子质量及性质控制 聚合过程控制	取代聚碳酸酯合成中用到的双酚 A

8.1.2.9　3-羟基丁内酯

(1) 3-羟基丁内酯的合成

3-羟基丁内酯是一种通过化学转化法合成的环状四碳化合物,不太可能通过发酵法合成。合成路径需要多步反应,并且比较困难。一种途径是以苹果酸(2-羟基丁二酸)作为起始原料,通过环化形成羟基琥珀酸酯,还原后生成羟基丁内酯。目前苹果酸是由延胡索酸或马来酸合成的,而这两种酸都是经烃类化合物(尤其是丁烷)气相氧化产生马来酸酐,然后衍生转化获得的。将延胡索酸转化为苹果酸是通过发酵法。因此,如果生物转化可以使糖转化为苹果酸成为可能,这将是一个高效合成 3-羟基丁内酯的转化途径。另一种可能途径是糖直接转化为 3-羟基丁内酯,但目前还不成熟。

(2) 3-羟基丁内酯的转化和应用

3-羟基丁内酯的研究和市场机遇来源于其生成新衍生物的潜力。3-羟基丁内酯可以转化生成 3-羟基四氢呋喃、3-氨基四氢呋喃等衍生物,也可以合成 γ-丁烯内酯(脱羟基)和丙烯酸内酯(酯化作用)等化合物。这些衍生物的潜在应用有溶剂、新型聚合物纤维、医药产物等。

8.1.2.10　甘油

(1) 甘油的合成

甘油作为一种极其通用的基本原料，在生物炼制上具有很大的潜力，2003 年甘油的年产量为 $500 \times 10^3 \sim 750 \times 10^3 t$。美国是世界上最大的精制甘油生产国和消费国。甘油和各种甘油的衍生产品（如三羧酸甘油酯、硬脂酸甘油酯、油酸甘油酯）主要由化学法生产。经酶促酯交换反应，也可以生产甘油，但目前缺少在甲醇/水溶液中仍保留高酶活的酶制剂，使其在经济上无法与化学转化相比。甘油来源有 2 种方式：a. 作为油脂产业和生物柴油产业副产品的天然甘油；b. 丙烯水合得到的合成甘油。美国利用的甘油有接近 75% 来源于天然甘油，其他 25% 来自于合成甘油。几乎所有的粗甘油在最终利用前都要经过精炼。

(2) 甘油的转化和应用

表 8-13 汇总了甘油的主要转化途径和应用。

表 8-13　甘油的主要转化途径和应用

反应类型	产物	技术难点	应用
氧化	PLA 类似物、甘油醛	醇氧化成酸 避免外来的氧化剂对空气、O_2 和稀释的过氧化物类氧化剂的影响 对生物质中的抑制物耐受性低 醛氧化成酸和醇氧化成醛的氧化	个人/口腔护理用品、药物/药物制剂、食品/饮食和聚醚型多元醇（用于聚氨酯）
氢解	丙二醇	对 C—C 和 C—O 的特异性 提高速率 催化剂对生物质来源的糖中杂质的耐受度	抗冻剂、保湿剂等
氢解	1,3-丙二醇	对 C—C 和 C—O 的特异性 提高速率 催化剂对生物质来源的糖中杂质的耐受度	Sorona 纤维
聚合	支链聚酯和多元醇	控制速率 选择性的酯化作用控制支链的生成 控制分子引力和特性	绝缘材料中的树脂、不饱和的聚亚胺酯

甘油一般可以直接使用，或经过简单的结构修饰即可使用。利用甘油特有的结构和特性来开发低成本的各种新产品具有很大的发展优势。因为甘油本身无毒、可食用、易生物降解，其新产品具有较好的环境兼容性。低价甘油将打开聚酯、醚及其他化合物的巨大市场，从技术上来说，甘油技术的发展将拓宽整个生物炼制领域。由于甘油的结构与糖类似，从价格较便宜的葡萄糖、木糖等转化成甘油的过程发展必将极大地提高生物精炼的多样性。

甘油的选择性氧化将拓宽其衍生物的范围，这些氧化物可以作为新的化学中间体，或者作为新的支链聚酯或尼龙的成分。这些产品将占据很大的化学品市场。2003 年聚酯的市场需求为每年 $20 \times 10^8 \sim 30 \times 10^8 lb$，价格为 $1 \sim 3.5$ 美元/lb；而尼龙的市场需求为每年 $90 \times 10^8 lb$，价格依赖于用途为 $0.85 \sim 2.2$ 美元/lb。用这些材料生产产品的技术关键在于需要开发具有选择性的催化剂，该技术能够在诸如甘油的其他多功能分子上进行操作。整个氧化过程也需要单独的氧化剂，如 O_2 或空气，来进行期望的转化。

氢键断裂反应（氢解作用）能够生成大量有价值的中间体。丙二醇（PG）和 1,3-丙二醇（PDO）被认为是重要的衍生物，它们能够通过甘油厌氧发酵生成。PDO也可以生产，但通过葡萄糖来生产PDO的路线可能相对比较经济。美国的丙二醇生产能力为每年 $15 \times 10^8 lb$，因此丙二醇为甘油提供了巨大的市场。该转化方法最重要的是使其成本和石化路线具有可竞争性。再者，对于这种转化法，开发选择性的催化剂也是很重要的，特别是这种催化剂能够区分C—C键和C—O键。

由于甘油是生物柴油生产过程中的主要副产品，提高生物柴油的使用将导致大量可利用甘油的生产并导致甘油价格的下降。粗甘油的最低价格可能降低到0.5美元/lb，这是因为在蒸汽制氢、动物饲料及其他相关产业将会产生大量甘油。如果甘油的价格降到 $0.2 \sim 0.5$ 美元/lb，其将成为生物炼制的主要原料。

8.1.2.11 山梨糖醇

(1) 山梨糖醇的合成

山梨糖醇是葡萄糖脱水后的产物，已被几家公司进行了商业化开发，每年的需求量为 $2 \times 10^8 lb$。其生产过程采用Raney镍催化剂的间歇操作工艺。采用间歇工艺的主要原因是确保葡萄糖能够完全转化。因为大多数的山梨糖醇用于食品工业，对山梨糖醇中还原糖的要求严格，所以葡萄糖的完全转化十分重要。

将葡萄糖到山梨糖醇的转化过程由间歇过程变成连续过程，是今后发展趋势之一。目前已经证明利用钌-碳催化剂可以完成从葡萄糖到山梨糖醇的连续转化，在非常高的催化效率下收率接近99%。这种新工艺能促使山梨糖醇成为一种廉价的原料来生产衍生物。此外，山梨糖醇价格下降也会导致其异构体——异山梨糖醇价格的下降。异山梨糖醇常作为一种共聚单体来提高聚合物的玻璃化温度，这种新型聚合物的主要用途是作为PET共聚物来生产耐温的硬质容器。

(2) 山梨糖醇的转化和应用

表8-14汇总了山梨糖醇的主要转化途径和应用。

表8-14 山梨糖醇的主要转化途径和应用

反应类型	产物	技术难点	应用
脱水	异山梨糖醇、脱水糖	无副反应的选择性脱水反应 生物酐或内酯的脱水步骤 新的非均相催化（固体催化剂）取代已有的液体催化剂	类似于PET的聚酯，如对苯二甲酸-异山梨糖醇-聚乙烯酯聚合体
加氢	丙二醇、乳酸	对C—C和C—O键的专一性 提高反应速率 催化剂体系对生物质原料中抑制剂的耐受性	抗冻剂、PLA
聚合	支链聚单糖	选择性酯化控制支链 控制分子大小和特性	水溶性聚合物（水处理）、新聚合物的应用

利用山梨糖醇生产异山梨糖醇最大的挑战在于开发过程和脱水催化剂的研制，以提高异山梨糖醇得率。报道中最高得率在76%左右，而提高到90%才可以使生产费用、回收与纯化成本有较大降低。

山梨糖醇加氢即可转化为二醇化合物（主要是丙二醇），但主要问题是如何提高丙二醇的收率。文献报道丙二醇收率是 35%，产业化要求至少要提高到 60%，为此必须开发新的催化剂。此外，二醇类化合物在不饱和聚酯树脂中的共聚将是主流，其他直接聚合产物仍需进行性能和市场评价。

山梨糖醇有很大的潜力成为生成大宗化学品的基础化学品，山梨糖醇转化成异山梨糖醇为重要单体的商业化应用提供了机会。山梨糖醇转化成丙二醇为大宗化学品的生产提供了一个大量、可再生的重要资源。

8.1.2.12　木糖醇/阿拉伯糖醇

(1) 木糖醇/阿拉伯糖醇的合成

木糖醇和阿拉伯糖醇是木糖和阿拉伯糖的加氢产物。把五碳糖木糖和阿拉伯糖转化成木糖醇和阿拉伯糖醇，类似于葡萄糖转化生成山梨糖醇，以 Ni、Ru、Rh 等作为催化剂进行加氢反应，没有重大的技术问题。木糖到木糖醇的转化在化学机制上与葡萄糖生成山梨糖醇相近，收率约在 99%，如果木糖的成本不高，木糖醇的生产成本也会非常低。

(2) 木糖醇/阿拉伯糖醇的转化和应用

木糖醇选择性氧化后即可生成木糖二酸，但收率很低，据报道仅有 60%，并且需要从反应混合物中分离产物。只有使收率提高到 90% 或更高，木糖二酸的生产才有可能实现产业化。因此，从木糖醇选择性氧化到木糖二酸需要开发新的催化剂。另外，氧化剂需要使用 O_2 而不是硝酸和过乙酸等强酸。

通过加氢可以将木糖醇转化为丙二醇和乙二醇。研究表明从木糖醇到丙二醇和乙二醇的收率可以达到 80% 以上，而未来要求达到 90% 以上以提高其经济性。目前主要的挑战是发现廉价的木糖来源。有一种思路是从木糖、阿拉伯糖和葡萄糖的混合糖直接转化，乙二醇作为初级产品，丙二醇作为次级产品，这可能会使二醇类化合物的成本降低，但尚需进一步的开发。

表 8-15 汇总了木糖醇/阿拉伯糖醇的主要转化途径和应用。

表 8-15　木糖醇/阿拉伯糖醇的主要转化途径和应用

反应类型	产物	技术难点	应用
脱水	木糖二酸、阿拉伯酸和阿拉伯树胶酸	醇(ROH)到酸(RCOOH)的选择性氧化 降低氧化剂的浓度(安全考虑) 催化体系对生物质原料中抑制剂的耐受度 从醛到酸和从醇到醛的选择性转化 酶氧化的辅因子	新用途
加氢	多羟基化合物(丙烯和乙烯基二酸)、乳酸	对 C—C 和 C—O 键的专一性 提高反应速率 对催化剂生物质中毒性的耐受度	抗冻剂、UPR
聚合	木糖醇、木质酸、木纤维酸 聚酯和尼龙 同类型的阿拉伯树糖醇	反应速率的控制 选择性酯化中支链的控制 控制分子大小和特性	新的聚合体

木糖和阿拉伯糖类的五碳糖有成为生产大宗化学品的重要基础化学品的潜力，其技术挑

战是如何得到一个相对较纯的糖原料。研究已经表明，从糖到糖醇、二醇类混合物的过程是可行的，但首先要实现的可能是产物乙二醇和丙二醇的转化。

8.2 生物塑料合成与应用

塑料是一大类具有可塑性的有机固体材料，其主要成分是高分子聚合物，约占塑料总质量的 40%～100%。目前绝大部分塑料均以石油为原料，据不完全统计，全球可开采的石油储量仅可供人类使用大约 50 年。利用丰富的可再生生物质资源，特别是农林废物、生活垃圾等废生物质资源，开发环境友好的生物塑料，对于替代石油基塑料、减少环境污染、建设环境友好型社会具有重要的意义。

跟石油基塑料相比，生物塑料具有明显的优势，如：原料储量丰富，且可再生；原料成本低，特别是废生物质资源；大部分生物塑料都具有良好的生物降解性能；固碳功能，生物质资源能将 CO_2 转化成糖类，然后合成固体生物塑料。

生物塑料包括天然生物塑料和合成生物塑料。其中，天然生物塑料主要有纤维素塑料、木质素塑料、热塑性淀粉、蛋白质塑料、明胶及胶原等；合成生物塑料是指以生物质基化学品（如乳酸、1,4-丁二醇等）为单体合成的一类生物塑料，合成方法有微生物发酵合成、化学合成等。具体包括聚乳酸、聚羟基脂肪酸酯（PHA）、聚二甲苯丙二酯（PTT）、聚丁二酸丁二醇酯（PBS）、聚氨酯等[3]。本书针对生物质废弃资源的特性，重点介绍纤维素基塑料、木质素塑料两类天然生物塑料以及重要的几类合成生物塑料，包括其合成、性质和应用。

8.2.1 纤维素基塑料

8.2.1.1 纤维素结构与性质

纤维素是由 D-葡萄糖基通过 β-1,4-糖苷键连接而成的线状高分子化合物，其聚合度（DP）为 100～20000[4]，分子式及其结构如图 8-3 和图 8-4 所示。纤维二糖苷是纤维素的重复单元，相邻纤维素分子间通过分子内、分子间氢键和范德华力相互连接，形成定向排列及晶体结构，并进而组成复杂的基元纤维、微纤维等纤维素聚合物的超分子结构。结晶区部分分子排列整齐、规则，呈现清晰的 X 射线衍射图，密度大。无定形区部分的分子链排列不整齐、较疏松，因此分子间距离较大、密度较小。分子间氢键使分子链具有很大的张力，使纤维素很难溶解在大多数溶剂中，并在一定程度上抵抗微生物的侵害[5]。同时，Matthews 等[6]得出纤维素的疏水表面形成了一层致密的水膜，可阻碍酶及微生物的接触、吸附与降解。

纤维素不溶于水和乙醇、乙醚等有机溶剂，但能溶于铜氨 $[Cu(NH_3)_4(OH)_2]$、N-甲基吗啉-N-氧化物（NMMO）、N,N-二甲基乙酰胺（DMAC）/LiCl 等溶液。纤维素的比热容为 0.32～0.33J/(kg·K)，其燃烧热为 4200cal/g。实验表明，纤维素在 100℃下持续加

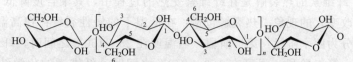

图 8-3 纤维素的分子结构式

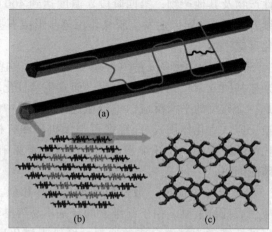

图 8-4 纤维素结构示意[7]

热，将失去柔性乃至变脆；加热到 150℃（大气压为 3kgf/cm²）则开始分解呈现焦黄色，分解作用为放热反应；温度达到 1000℃ 以上，可挥发性产物全部逸出，只留下"炭渣"。

在化学性质方面，纤维素具有以下性质，决定了纤维素的重要功能。

（1）纤维素的降解特性[8]

① 酸可降解性 在硫酸、盐酸、甲酸等作用下，纤维素分子链上的葡萄糖苷键断裂，产生还原性末端基，聚合度下降，将纤维素转化成寡糖、单糖，单糖在高温下可进一步降解为糠醛类物质。

② 碱可降解性 碱性降解包含有碱性水解和剥皮反应（peeling reaction）。在高温下（＞150℃），纤维素在碱液中将会发生碱性水解，其结果基本上与酸水解相同；在常温下（＜150℃），纤维素分子受碱液的影响会产生"剥皮反应"，所谓剥皮反应就是指纤维素长链分子的末端存在一个还原性的醛基，含醛基的葡萄糖在碱的作用下，一个接一个地脱掉，直到产生的纤维素末端基转化为糖酸基才会停止反应。

③ 生物可降解性 自然界存在大量微生物可降解纤维素，研究最多的是细菌和真菌。可降解纤维素的细菌包括：a. 好氧性纤维素细菌，如弧菌、黏液菌；b. 厌氧性纤维素细菌，如芽孢杆菌；c. 兼性好氧厌氧纤维素细菌，如放线菌。真菌中木霉、青霉、黑曲霉、根霉和漆斑霉研究最为成熟。这些细菌或真菌中含有纤维素酶，可将纤维素降解为糊精、寡糖，并进一步降解为单糖，然后好氧性细菌把生成的可溶性糖变成 CO_2；厌氧性细菌则将其转化为各种有机酸（如乙酸、丙酸、丁酸、乳酸）、醇类、CO_2、H_2 等。

④ 氧化裂解 纤维素中的葡萄糖基在 C2、C3、C6 上都存在醇羟基，它们很容易被氧化剂氧化，根据不同氧化条件生产醛基、酮基或羧基。纤维素受氧化后，会发生不同程度的降解，可采用添加剂（如氨基磺酸、$MgCO_3$ 等）来抑制纤维素的氧化。

⑤ 热裂解　纤维素的热裂解是在纤维素受热的过程中，其聚合度降低，甚至发生石墨化反应（即结构改变）的现象。热裂解包括：在低温下的慢性裂解；在高温下的快速分解。热裂解过程大体分为四个阶段：第一阶段，当温度在 25～150℃ 之间时，纤维素中的物理吸附水，受热蒸发；第二阶段，温度在 150～240℃ 之间时，纤维素的化学结合水开始脱除；第三阶段，温度在 240～400℃ 之间时，纤维素大分子的糖苷键和一些碳碳键逐渐断开，并产生一些低分子的挥发性产物及其他产物；第四阶段，温度达到 400℃ 以上时，纤维素的残余部分进行芳环化，继续升温至 700℃ 以上发生脱氢作用逐步形成石墨结构（炭化）。

(2) 纤维素的衍生化反应[9]

① 纤维素酯化反应　纤维素是一种多元醇（羟基）化合物，这些羟基为极性基团，在强酸溶液中，它们可被亲核基团或亲核化合物所取代，而发生亲核化取代反应，生成纤维素酯。纤维素的酯化作用是一个典型的平衡反应，可以通过去除体系中的水，促进平衡朝酯的方向进行，从而抑制其逆反应（皂化作用）。纤维素可与无机酸和有机酸反应生成酯，生成一取代、二取代和三取代的纤维素酯，如纤维素硝酸酯、纤维素亚硝酸酯、纤维素醋酸酯、纤维素硫酸酯、纤维素磷酸酯等。

② 纤维素醚化反应　合成纤维素醚的一般反应与酯化作用相似，经由一个水合氢离子中间体，与过量的醇反应生成纤维素醚。由于纤维素的羟基不易为醚化剂所接近，难以得到满意的产物，所以通常以碱纤维素为醚类合成的原料。纤维素醚化反应类型包括：a. Williamson 醚化反应，如甲基纤维素、乙基纤维素、羧甲基纤维素的合成；b. 碱催化烷氧基化作用，如羟乙基纤维素、羟丙基纤维素、羟丁基纤维素的合成；c. 碱催化加成反应，如氰乙基纤维素的合成。

③ 亲核取代反应　纤维素羟基的亲核取代反应是一类重要的反应，经该反应可以合成新的纤维素衍生物。例如：采用烷基磺酸酯（对甲苯磺酰氯、甲基磺酰氯、甲苯磺酸酯）合成各种脱氧纤维素衍生物，如脱氧纤维素卤代物、脱氧氨基纤维素等。

④ 接枝共聚反应　纤维素的接枝共聚反应可分为三个基本类型：自由基聚合、离子型聚合，以及缩合或加成聚合。a. 自由基聚合。自由基引发聚合是生成纤维素接枝共聚物的主要方法。最常见的是自由基链转移反应，即从一个易自由基化的化合物（如过氧化物）开始，生成具有自由基活性点的聚合物链，然后通过基团转移反应，直接在纤维素大分子上产生自由基，并引发乙烯单体在纤维素上的接枝共聚反应。b. 离子型聚合。纤维素的离子引发接枝共聚，可分为阳离子（如 BF_3、$TiCl_4$ 等金属卤化物）引发接枝与阴离子引发接枝两种。它们都是通过在纤维素分子上生成活性点来实现的。c. 缩合或加成反应聚合。许多环状单体，如环氧化合物、环亚胺、内酰胺等，可经由缩合反应与纤维素接枝共聚。除了三个活泼羟基外，纤维素还可能被轻微氧化而生成羧基或羰基，因此，环状单体也可以被这些基团引发聚合。

⑤ 交联反应　纤维素经由交联剂（单、双或多功能基团）的交联反应，得到三维的网络结构，主要包括醛类交联反应、N-羟甲基化合物的交联反应、活化乙烯基化合物的交联反应、开环交联反应以及与不对称试剂的交联反应。

8.2.1.2　纤维素基塑料

天然纤维素不具有热塑性，一般不能直接应用加工成塑料。基于上述纤维素化学反应特性，可通过化学改性（如酯化反应、醚化反应、接枝反应、交联反应等）将天然纤维素转化成纤维素衍生物，赋予其热塑性及其新的性能。纤维素基塑料是将天然高分子纤维素（如木材、棉花及草类纤维素）经化学处理得到的纤维素衍生物，再经适当增塑后的一类塑料的总称。纤维素塑料是最早工业化的一类生物塑料，如硝酸纤维素和醋酸纤维素，已有百余年历史。

纤维素被酯化的衍生物包括硝酸纤维素、亚硝酸纤维素、醋酸纤维素、乙酸丙酸纤维素、乙酸丁酸纤维素、丙酸纤维素等；被醚化的衍生物包括甲基纤维素、乙基纤维素、羧甲基纤维素、羟乙基纤维素、氰乙基纤维素、苄基纤维素等；接枝共聚后生成的衍生物有纤维素-聚甲基丙烯酸甲酯、纤维素-聚苯乙烯、纤维素-聚己内酯、纤维素-聚异丙基丙烯酰胺等[10]。

(1) 硝酸纤维素塑料

硝酸纤维素是一种重要的纤维素无机酯化工业产品，是人类第一个从自然界中制备的可塑性聚合物。硝酸纤维素于 1833 年问世，当时用浓硝酸处理棉花、纸或木屑生成纤维素硝酸酯。而由硝酸纤维素成功合成塑料并商业化则直到 1872 年，美国 A.D.P 公司投产了世界上第一个由天然高分子材料经改性制成的塑料材料，俗称赛璐珞（celluloid nitrate）。由于该树脂具有迅速干燥及与绝大多数树脂相容性的特点，引起了人们对这种树脂的极大兴趣，硝酸纤维素至今还有一定的应用市场。

在进行纤维素硝化过程中，若单用硝酸，且浓度低于 75%，几乎不发生酯化作用；当硝酸浓度达 77.5% 时，约 50% 的羟基被酯化；而用无水硝酸时，便可制得二取代纤维素硝酸酯。若要合成较高取代度的产物，则必须使用酸的混合物[11]。工业上生产硝酸纤维素主要采用硝酸/硫酸混合酸体系，即 $HNO_3 : H_2SO_4 = 1 : 3$（质量比），所得取代度较高。在混合酸体系中，可能生成了硝酰正离子 NO_2^+，该离子是一种活泼消化剂，可促进硝酸酯的形成。硫酸的主要作用是作为脱水剂，以除去反应生成的水，有助于反应向酯合成方向进行。此外，硫酸可作为原纤之间的溶胀剂，以利于硝酸的渗透，从而加速酯化反应。

在硝化操作工艺上有间歇法和连续法，由于连续法更有利于生产均匀和稳定的产物，因而在工业上广泛使用。无论是间歇式还是连续化生产工艺，纤维素硝酸酯产物的纯化和稳定性都是至关重要的环节。在硝化期间，少量硫酸酯的生成可催化纤维素的降解，释放出氧的氧化物而引起物质强烈燃烧。因此，新鲜产物都必须经过沸水洗涤等处理，以除去残留的硫酸酯等杂质。此外，一些其他纯化和稳定技术也具有良好的效果，如引入超声波，可除去纤维上残留的硫酸；采用 $Mg(NO_3)_2$、$Zn(NO_3)_2$、有机酸等非硫酸消化剂，采用这些体系，可制得稳定的硝化纤维素。

硝酸纤维素是一种白色纤维状聚合物，耐水、耐稀酸、耐弱碱和各种油类。但不耐浓酸、强碱，难溶于水，溶于丙酮、乙酸乙酯、乙醇、吡啶等多数有机溶剂。其主要缺点是易燃，对热和阳光不太稳定，易变色、脆化。

硝酸纤维素的聚合度不同，其强度亦不同，但都是热塑性物质。在加工中需加入增塑剂（如樟脑）、稳定剂、润滑剂等助剂，经浇铸、压延、压制及挤出等成型方法加工成不同形状的制品，其塑料制品包括文教用品（如乒乓球、三角尺、笔杆及乐器外壳）、日常用品（如化妆品盒、眼镜框、伞柄、自行车把及刀柄）等。

（2）醋酸纤维素塑料

醋酸纤维素，又称纤维素醋酸酯，是公认的至为重要的纤维素有机酸酯，包括纤维素三醋酸酯和纤维素二醋酸酯，它首次报道于 1865 年，将棉花和醋酸酐混合物加热至 180℃，制得醋酸纤维素。纤维素三醋酸酯的发现并没有获得马上应用，因为它只能溶于二氯甲烷、吡啶、二甲基甲酰胺等少数溶剂。后来，人们发现了纤维素三醋酸酯的部分水解产物——纤维素二醋酸酯，可溶于廉价的工业溶剂丙酮，便很快得到了商业化应用，于 1905 年由德国拜耳公司投入生产。直到 1914 年，该公司仍然保持世界上独家生产纤维素二醋酸酯的记录。醋酸纤维素作为热塑性塑料是 1927 年开始的，到 1929 年，粒状的醋酸纤维素塑料见诸销售市场。1933 年开始，基于醋酸纤维素的纤维素混合酯类便成为当时注模和挤压塑料的重要成员。目前，它仍是纤维素塑料中应用最广泛的一个品种。从全球范围看，醋酸纤维素的生产主要集中在美国、西欧和日本，这些地区的产量之和约占世界总产量的 80%。

纤维素三醋酸酯的工业化生产过程，可分为多相体系和溶液过程的乙酰化作用。多相体系乙酰化过程中，采用惰性稀释剂，如苯、甲苯，以代替或部分代替酯化混合物中的醋酸，使纤维素始终保持纤维状结构，经高氯酸催化合成纤维素三醋酸酯。溶液过程的乙酰化，以醋酸为溶剂，硫酸为催化剂，醋酐为催化剂，反应从无定形区开始，然后进入结晶区，经历纤维素逐层反应—溶解—裸露新的纤维—继续反应等过程，直到最后成为单一均相体系。

由上述反应所制得的纤维素三醋酸酯经部分水解反应，降低酯化度，使之转变为纤维素二醋酸酯。水解作用在除去若干乙酰基的同时，可除去结合的硫酸酯。从而改变纤维素醋酸酯的热稳定性。水解速率取决于水解的温度、催化剂浓度及水的加入量等因素。纤维素二醋酸酯的工业化生产主要包括如下几个步骤：纤维素预处理；乙酰化；水解；产物分离和溶剂回收。实际生产中将几个步骤结合在一体，成为一个连续化的酯化过程。

醋酸纤维素外观为白色粒状、粉状或棉花状固体，具有坚硬、透明及光泽好等优点，熔融流动性好，易成型加工。它具有优良的尺寸稳定性、耐油性、耐折叠性、不易老化，具有良好的韧性、硬度和强度。它的使用温度不宜超过 70℃，但醋酸纤维素塑料的吸水性较大，在潮湿气候下容易膨胀变形。

醋酸纤维素的成型加工方法主要有：配成溶液用以生产薄膜、片材等；与增塑剂（如邻苯二甲酸二辛酯）等混配合后进行挤出或注射成型。纤维素三醋酸酯较二醋酸酯强韧，拉伸强度高出几乎 1 倍左右，耐热性高，可用于胶片、薄膜及磁带等制品；纤维素二醋酸酯则广泛用于汽车转向盘、电气外壳、手柄、自行车把手、笔杆及眼镜框等塑料制品，也可用于香烟道滤嘴、涂料等领域。

（3）纤维素混合酯塑料

纤维素混合酯，主要是基于纤维素醋酸酯的混合酯。尽管纤维素醋酸酯具有防燃、高熔点、坚硬度和透明度好等优良性能，然而在抗水性、溶解性及与改性树脂的相容性等方面尚显不足。因此，基于纤维素醋酸酯的混合酯的合成受到了关注，例如纤维素乙酰丙酸酯、纤维素乙酰丁酸酯，这些混合酯不但保持了纤维素醋酸酯的预期性质，而且在溶解性、相容性、抗水性、弹性等方面也得到了很大的改善。

纤维素乙酰丙酸酯和纤维素乙酰丁酸酯是两种重要的纤维素混合酯。丙酰基、丁酰基提供了获得某些优于纤维素醋酸酯性能产物的机会。这两种混合酯可以克服醋酸酯柔软、低强度，以及纤维素丙酸酯或纤维素丁酸酯难以制备的缺点。因此，纤维素醋酸酯丁酸酯和纤维素醋酸酯丙酸酯便分别于 1933 年和 1939 年问世于塑料工业。此外，在涂料、黏合剂、油墨等领域也可以发现以上混合酯的广泛用途。

目前，这些混合酯以相似于纤维素醋酸酯的方法大量工业化，生产出各种不同酰基取代和黏度的产品。例如，在醋酸的存在下，用丁酸酐或丙酸酐与纤维素发生酯化反应合成混合酯，产物组成可准确加以调控；混合酯的工业化制备还可以采用酸作为酰基化合物，例如，在醋酐与醋酸的混合物存在下，不必用酸酐，而直接用丙酸或丁酸，便可制得含有两种酰基的、高质量的、均匀的混合酯。从经济角度来看，工业化生产尽量采用醋酐而少用高级的酸酐。当然，具体情况还取决于对所制混合酯的组成和黏度的要求，以及所用纤维素材料的反应性。

在合成调控方面，如要制备含适中的丁酰的混合酯，必须用醋酸预处理，然后再用丁酸和醋酐，以及适当的催化剂进行酯化；若要合成高含量丙酰或丁酰基的纤维素混合酯，则要求特别的预处理。例如，对于 3～4 个碳原子的酸类的预处理，混合物中含有 5%～20% 的水分，则有利于混合酯化反应的均匀性；而如果要制备高分子量的纤维素醋酸酯丁酸酯，则需用二氯甲烷作为稀释剂，以防止过分降解。此外，应用水稀释技术制备水解的纤维素醋酸酯丁酸酯，具有良好的均匀性和溶液性能。

一般情况下，纤维素乙酰丙酸酯（CAP）含乙酰基 2.5%～9%、丙酰基 39%～47%，模塑性好。CAP 尺寸稳定性好，具有抗湿、耐寒、耐脂、透明、表面光滑、光泽度好、电绝缘等性能，与高沸点的增塑剂具有良好的相容性。CAP 使用时加入 5%～20% 的增塑剂，经注射、挤出等方法加工成型，已广泛用于照明设备、眼罩、闪光灯、汽车零件、转向盘、笔杆、眼镜框架及玩具等。

纤维素乙酰丁酸酯（CAB）含乙酰基 12%～15%，含丁酰基 26%～39%，为透明至不透明白色颗粒，相对密度 1.15～1.22，熔融温度 140℃，长期使用温度 60～104℃。韧性、耐候、耐油、耐寒性及电绝缘性良好，容易加工。可用于包装薄膜、感光片基、输液管道、汽车方向盘及其他零部件、电缆电线包覆层、路标、灯具、透明绘图板等。

（4）乙基纤维素塑料

乙基纤维素是纤维素中的部分或全部羟基上的氢被乙基取代的一类纤维素衍生物。制备乙基纤维素主要的方法是采用氯乙烷与纤维素进行醚化作用。原料多采用精制浆粕，首先把浆粕用 40%～50% 的 NaOH 处理，反应条件为：纤维素与碱的比例 1:3，温度 24～400℃，时间 3～3.5h；然后加入氯乙烷，在 130℃、13～14.5atm 下进行醚化反应 10～12h。再加水使乙基纤维素沉淀出来，并洗涤、干燥，最后得到晶形产物。

改变参加反应的氯乙烷的数量可以控制乙基纤维素的醚化度，其醚化度随卤烃量的增加而提高。在乙基化反应中，碱的浓度和绝对量都具有很大的影响。由于反应开始时大部分碱将消耗于中和放出的氯化氢，而导致碱的浓度降低，则卤烷皂化副反应的强度相对增加。

乙基纤维素是白色无定形的粉末，具有良好的化学稳定性。能够耐热、耐冷、耐强碱、弱碱和稀酸，电绝缘性和机械强度优良，其溶解性视醚化度和分子破坏情况而定，例如：醚化度 50～100 的乙基纤维素可溶于 4%～8% 的 NaOH 溶液中；醚化度 150～200 的化合物可溶于吡啶中，并且部分溶于乙醇、三氯甲烷和苯等溶剂中；醚化度 200～270 的化合物溶于苯、甲苯、醋酸及三氯甲烷中。

乙基纤维素塑料的相对密度约为 1.24，是纤维素塑料中最轻的一种，并且能承受铸造、挤压、拉伸等加工处理。由于乙基纤维素具有在高温和低温下保持强度和柔韧等特性，它在0℃时能经受冲击，-60~-80℃和相对湿度为100%时仍不被破坏，所以乙基纤维素可以用来制作汽车、飞机、无线电产品、电机等中的某些零件；用乙基纤维素加工而成的薄膜，既透明，又有弹性，同时还能绝缘，多在电气、无线电设备中充当绝缘材料。

(5) 纤维素接枝共聚物

纤维素接枝共聚物既具有纤维素固有的优良特性，又具有合成聚合物支链赋予的新性能，例如，耐磨性、尺寸稳定性、黏附性、高吸水性或抗水性、抗油性、阻燃性、抗微生物降解和离子交换性能等。

纤维素接枝共聚物具有刚性的六元糖环骨架及线形侧链，是一种典型的梳形聚合物。目前，纤维素接枝共聚物的合成方法一般可以分为两种：一种是直接在纤维素本体上进行共聚合；另一种是在纤维素的衍生物上进行接枝。聚合方法包括自由基聚合、离子型聚合，以及缩合或加成聚合[12]。

纤维素本体接枝共聚主要为非均相聚合，是指直接在纤维素原料，即纤维丝、纤维棉、纸片、滤纸或纤维质基底的表面进行聚合。在反应过程中，纤维素并不能溶解于溶剂中形成均相体系，但随着接枝聚合的进行，产物因侧链的不断增长，使共聚物整体的可溶性增加，在体系中逐渐形成局部的均相平衡，促进聚合反应进行。这种合成方法的优点在于可以选择多种纤维素原料原位反应，产物经简单处理直接成为改性材料，方法简单易行。目前，已报道了许多经该方法合成的纤维素共聚物，如纤维素-聚甲基丙烯酸甲酯[13]、纤维素-聚苯乙烯[14]、纤维素-聚甲基丙烯酸二甲氨基乙酯[15]、纤维素-聚-ε-己内酯和纤维素-聚乳酸[16]等。

纤维素衍生物的接枝共聚物是指采用纤维素衍生物，如羧甲基纤维素、乙基纤维素、二醋酸纤维素、羟乙基纤维素、羟丙基纤维素等，进行接枝聚合形成的共聚物。纤维素衍生物的接枝共聚物结构多样，功能复杂，是非常有潜力的发展方向之一。目前已成功合成了大量功能纤维素共聚物，如基于乙基纤维素的聚苯乙烯、聚甲基丙烯酸羟乙酯、聚甲基丙烯酸寡聚乙二醇酯、聚乙二醇、聚甲基丙烯酸等[17,18]。此外，基于二醋酸纤维素、羟乙基纤维素等其他纤维素衍生物的接枝共聚物也有大量报道[19,20]。

理性设计功能性纤维素接枝共聚物是现阶段的热点与难点，特别是如何接枝具有丰富功能的聚合物链段，使纤维素成为新型的具有光、电、力学性能的生物可降解材料，是科学家们大力开发研究的课题。此外，利用纤维素在生物体内的良好相容性，结合聚合物的超分子自组装行为所构造的一些纤维素纳米组装体，也是一个崭新的领域，其发展对新型药物输运、药物缓释、分子识别、医学成像及临床研究具有重大意义。

8.2.2 木质素基塑料

8.2.2.1 木质素结构与性质

木质素是植物界中仅次于纤维素的最丰富的天然高聚物，每年产量可高达1500×10^8 t。它广泛分布于具有维管束的羊齿娄植物以上的高等植物中，是裸子植物和被子植物所特有的化学成分。自然界中木质素很少单独出现，它和半纤维素一起作为细胞间质填充在细胞壁的微细纤维之间，加固木化组织的细胞壁，也存在于细胞间层把相邻的细胞黏结在一起。

木质素是一类由苯丙烷单元通过醚链和碳碳键连接的呈三维立体网络结构的无定形高聚物。其苯丙烷单元主要有三种基本结构：愈创木基结构、紫丁香基结构和对羟苯基结构，如图 8-5 所示。此外，木质素侧链 α 或 γ 位存在对羟基安息香酸、香草酸、对羟基肉桂酸、阿魏酸等酯型结构。而侧链 α 位除了酯型结构外，还有醚型或联苯型结构。

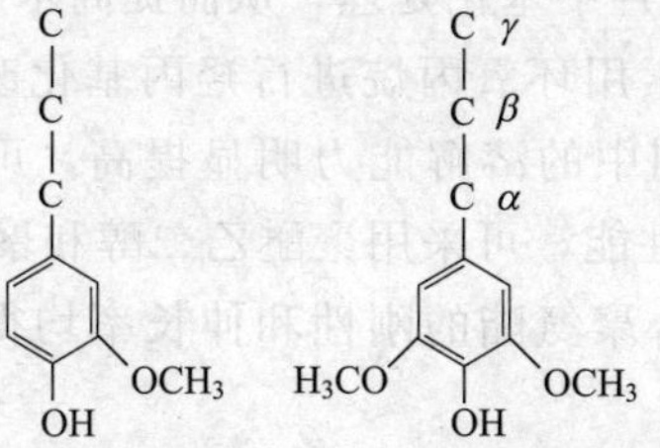

图 8-5　木质素的苯丙烷单位类型

木质素的相对密度为 $1.35 \sim 1.50$，结构中存在羟基等许多极性基团，形成了很强的分子内和分子间的氢键。天然木质素不溶于大多数溶剂，经衍生化处理后，溶解性能大大提高。与纤维素不同，木质素本身即具有热塑性，玻璃化温度为 $127 \sim 193℃$，但没有明显的熔点。此外，木质素具有良好的热稳定性，从 $235℃$ 开始分解，到 $300℃$ 仅失重约 2%。

由于木质素的分子结构中存在着芳香基、酚羟基、醇羟基、碳碳共轭双键等活性基团，因此可以进行氧化、还原、水解、醇解、酸解甲氧基与羧基、光解、磺化、烷基化、卤化、硝化、缩聚、接枝共聚等许多化学反应。其中，又以氧化、磺化、缩聚和接枝共聚等反应性能在研究木质素的应用中显示着尤为重要的作用，同时也是扩大其应用的重要途径[21]。

8.2.2.2　木质素基塑料

(1) 木质素改性与衍生化

木质素经化学改性（如脱甲基化、羟甲基化）和衍生化之后，其反应活性明显提高，可直接作为单体参与反应，合成酚醛树脂、聚氨酯、聚酯和聚酰亚胺等树脂。

木质素改性后含有酚羟基、羟甲基等活性基团，可部分代替苯酚与甲醛进行缩聚反应合成木质素基酚醛树脂。目前已有多种工业类木质素合成酚醛树脂的方法，包括木质素磺酸盐法、碱木质素法、甘蔗渣木质素法、酶解木质素等[22,23]。具体工艺如下。

1）木质素磺酸盐在酸性高温下先与苯酚反应，酚化产物再与甲醛反应合成酚醛树脂。酚化可以使木质素的相对分子质量和甲氧基含量降低，酚羟基含量增加，从而更多地代替毒性较高的苯酚，达到环保及可持续性使用的目的。工业上应用的主要是木质素磺酸钠及木质素磺酸钙。

2）碱木质素合成酚醛树脂主要经过甲基化、脱甲基化和碱性条件酚化 3 种方法进行化学改性。其中，脱甲基化改性是将占据木质素芳环活性位置的甲氧基转化为酚羟基的反应。如采用硫化纳使木质素的甲氧基分解，并生成二甲硫醚，蒸去二甲硫醚，剩余的就是脱甲基木质素，进而用于生产酚醛树脂。碱性条件酚化改性是碱木质素在碱性高温条件下与苯酚发生的化学反应。使用该方法改性后可制成性能良好的树脂，其中木质素代替苯酚的比例可高达 $60\% \sim 70\%$。

3）甘蔗渣中木质素苯丙烷的结构上存在较多羟甲基，从而有利于提高反应活性。在工业生产中为了能更多地代替苯酚，可进一步进行甲基化反应，经甲基化的甘蔗木质素可代替50％的苯酚，制得性能与水溶性酚醛树脂相近的木质素基树脂。

木质素的醇羟基可取代部分二元醇与二异氰酸酯可用来合成聚氨酯。为了提高两相间反应程度，可采用甲醛改性木质素，进行羟甲基化处理，从而提高木质素与二异氰酸酯间的接枝反应效率[24]；此外，还可以将木质素用环氧丙烷进行羟丙基化改性，将酚羟基转化为脂肪族羟基，处理后的木质素在有机溶剂中的溶解能力明显提高，可用于合成聚氨酯工程塑料[25]。为提高聚氨酯的热性能和力学性能，可采用聚醚乙二醇和聚丁烯乙二醇改性木质素，当木质素含量达到35％～45％时，复合聚氨酯的刚性和伸长率均得到了改善，杨氏模量达到380～1670MPa[26]。

(2) 木质素接枝共聚物

能与木质素及其衍生物（如木质素磺酸盐）接枝共聚合成塑料的单体主要有苯乙烯、丙烯腈、甲基丙烯酸甲酯等。木质素接枝后性能大大改善，例如木质素接枝甲基丙烯酸甲酯比纯聚甲基丙烯酸甲酯的强度、模量和耐热性更好。

以木质素磺酸盐为例，根据接枝方法的不同，目前主要可分为化学接枝、生物化学接枝和电化学接枝[27]。

① 化学接枝　化学接枝分为一步法和两步法。一步法先将木质素磺酸盐溶于水中，将引发剂、不饱和单体及还原剂一并加入反应瓶中，然后升温反应。该方法反应速率快，工艺简单，生产效率高，但由于不饱和单体的一次加入，导致单体的部分自聚，而少量与木质素的接枝反应，得不到高接枝化的产物。两步法先将木质素磺酸盐溶于水中，并加入还原剂，搅拌均匀，升温后，将不饱和单体及过氧化物并流滴加，让单体有足够的时间与木质素磺酸盐混合后聚合。其优点是共聚物黏度低，反应易于控制，可制备高固体含量的接枝共聚物，但其生产效率较一步法低。

② 生物化学接枝　该方法将木质素磺酸盐溶于水中，在漆酶、木质素过氧化酶或过氧化锰酶的作用下，在酸性条件下，将不饱和单体和叔丁基过氧化苯甲酰加入溶液进行接枝共聚。该方法接枝率高，但时间较长、生产效率低。

③ 电化学接枝　该方法是将木质素磺酸盐溶于水溶液或非水溶液中，在电极的作用下进行接枝反应。接枝单体可以是一种或多种，但必须有一种单体是能以自由基进行反应的烯烃或取代烯烃。和化学法相比电化学接枝具有效率高、反应条件温和、环境友好等优点。

(3) 木质素共混塑料

采用共混的方法，可以改进塑料的冲击韧性、耐热性、成型加工性等性能。例如，用有极性基团的聚合物与木质素共混，可以大幅度提高弹性模量。近年来，木质素共混树脂已取得了显著进步，包括聚乙烯、聚丙烯、聚氯乙烯、聚乙烯醇、聚乳酸、聚己内酯等体系。

由于木质素含有大量极性官能团，与非极性树脂的相容性不好，必须加入相容剂才能实现共混。以聚乙烯/木质素共混为例，加入乙烯/丙烯酸酯共聚物作为相容剂，可使木质素的加入量达到30％。经改性后，复合材料模量可提高15％，断裂伸长率可提高4％，而且热性能也稍有提高。当木质素与聚丙烯共混时，常加入马来酸酐接枝聚丙烯作为相容剂，得到共混物的力学性能优于无机填料（如碳酸钙、滑石粉）填充，并且相对密度低[21]。

木质素与极性树脂的相容性好，可不加相容剂直接混合。以聚氯乙烯/木质素共混为例，由于木质素的羧基、羟基等基团与聚氯乙烯中氢原子、氯原子产生强相互作用，从而提高共混塑料的力学性能。此外，木质素的受阻酚结构可以捕获自由基而终止链反应，提高 PVC 的热稳定性。但木质素的加入会导致共混塑料的抗冲击性能有所降低，需要提高增塑剂含量来补偿，一般每 100 份木质素要增加 30 份增塑剂。

除了与合成聚合物共混之外，跟天然高分子（如纤维素、蛋白质等）的共混塑料也多有报道[24]。例如，以经羟丙基化处理的纤维素与有机溶剂木质素以嘧啶或二氧乙烷为溶剂，采用熔铸法和熔融挤出注射成型，在木质素含量低于 40% 时，制得了具有单一玻璃化转变温度的复合多相材料，材料的拉伸强度随木质素含量的增加有所增加；用 30%～40% 的木质素与大豆蛋白共混，并以甘油为增塑剂，两共混组分发生了强烈的交联作用，使得共混材料的拉伸强度和断裂伸长率得到提高，并降低了水对大豆蛋白的破坏作用。

8.2.3 聚乳酸

8.2.3.1 概述

聚乳酸（poly lactic acid，PLA）是以乳酸为主要原料聚合得到的新型聚酯材料，乳酸则由玉米、木薯等生物质资源经微生物发酵方法制成。聚乳酸具有良好的生物相容性和生物可降解性，是迄今最有市场潜力的生物可降解聚合物之一。PLA 可以加工成各种包装材料、塑料型材、薄膜、无纺布、纤维、手术缝合线、药物控释载体、骨科固定材料、组织工程支架和眼科材料等。

聚乳酸属于聚交酯类生物塑料，其他聚交酯类生物塑料包括聚乙醇酸、聚乙丙交酯等（本书不做介绍）。聚乳酸是继聚乙醇酸之后第二类经美国食品和药物管理局批准，可以用于人体的可降解聚合物材料。PLA 在人体内代谢的最终产物是 CO_2 和水，中间产物乳酸也是体内正常糖代谢的产物，对人体不会造成危害，具有优异的可生物降解吸收的性能，因此，被广泛用于生物医用材料中。在未来将有望代替聚乙烯、聚丙烯及聚苯乙烯等高分子用于塑料制品，应用前景十分广阔。

8.2.3.2 聚乳酸的合成

由乳酸合成聚乳酸的生产工艺有直接缩聚法（一步法）和丙交酯开环聚合法（两步法），目前工业上大多采用两步法进行生产[28,29]。

（1）直接缩聚法

单个的乳酸分子中有一个羟基和一个羧基，采用高效脱水剂和催化剂使乳酸分子间脱水缩合生成聚乳酸，通常包括熔融缩聚法、熔融缩聚-固相聚合法和溶液缩聚法。直接缩聚法的关键是把原料和反应过程中生成的小分子水除去，并控制反应温度。在高真空状态下，可有效带走水分子，但同时也会带走解聚生成的丙交酯，不利于高分子量聚乳酸的生成；而提高反应温度虽然有利于反应的正向进行，但当温度过高时，低聚物会发生裂解环化，解聚成丙交酯。所以，该方法条件要求较苛刻。采用直接法合成的聚乳酸，原料乳酸来源充足，大大降低了成本，有利于聚乳酸材料的普及，但该法得到的聚乳酸相对分子质量较低，力学性能较差，这就限制了聚乳酸的实际应用。

(2) 丙交酯开环聚合法

开环聚合法的第一步是乳酸经脱水环化制得丙交酯，第二步是丙交酯经开环聚合制得聚丙交酯。具体地，乳酸分子间脱水缩聚成乳酸低聚物，然后在一定温度下低聚物解聚成丙交酯；丙交酯经过精制提纯后，在引发剂作用下开环聚合，得到相对分子质量为 70 万~100 万的聚乳酸。目前，高分子量聚乳酸的制备多采用该方法，例如，美国 Nature Works 公司即采用该工艺生产聚乳酸。根据引发剂的不同，丙交酯开环聚合可分为阴离子型开环聚合、阳离子型开环聚合和配位开环聚合。

① 阴离子型开环聚合　引发剂主要为是仲或叔丁基锂、碱金属烷氧化物，较弱的碱如苯甲酸钾、硬脂酸钾只能在 120℃ 以上进行本体聚合。烷氧负离子进攻丙交酯的酰氧键，形成活性中心内酯负离子，该负离子进一步进攻丙交酯进行链增长。其特点是反应速率快，活性高，可进行溶液和本体聚合，但副反应不易消除，不易得到高分子量的聚合物。

② 阳离子型开环聚合　一般认为阳离子型开环聚合的机制为阳离子先与单体中氧原子作用生成锇离子或氧锇离子，经单分子开环反应生成酰基正离子，并引发单体进行增长。由于每次增长发生在手性碳上，因此不可避免外消旋化，而且随聚合温度的升高而增加。这类引发剂很多，主要有质子酸型引发剂，如 HCl、HBr、RSO_3H 等；路易斯酸型引发剂，如 $SnCl_2$、$MnCl_2$、$Sn(Oct)_2$、$SnCl_4$ 等；烷基化试剂，如三氟甲基磺酸（$CF_3SO_3CH_3$）等多种酸性化合物。其中，$SnCl_2$ 被认为是聚乳酸开环聚合的高效催化剂，以 $SnCl_2$ 为催化剂，在聚合温度较高的情况下（>160℃）得到的聚合物仍保持原来单体的构型，而不会发生消旋化。

③ 配位开环聚合　在开环聚合中，配位开环聚合一直是人们关注的焦点，所用的引发剂为羧酸锡盐类、异丙醇铝、烷氧铝或双金属烷氧化合物等。其中，羧酸锡盐类，尤其是辛酸亚锡 [$Sn(Oct)_2$]，已成功应用于工业生产中。该引发剂在乳酸聚合中可与有机溶剂和熔融乳酸单体互溶，具有单体高转化率和产物低消旋化的优点，并且辛酸亚锡经美国 FDA 认定，可作为食品添加剂。

在研究中使用较多的另一引发剂是异丙醇铝，金属铝可与不同配体形成配位化合物，催化开环聚合得到大分子单体，进而可制备接枝、星形等结构的共聚物。在一定范围内，认为异丙醇铝分子中所有的"Al—OR"都参与了引发反应，表现出活性聚合的特征；当聚乳酸的理论相对分子质量超过 90000 时（70℃溶液聚合），或长聚合时间，或提高聚合温度，都能导致分子内酯交换，生成环状的乳酸低聚物，从而导致分子量分布变宽，不再符合活性聚合。

8.2.3.3　聚乳酸的性质与成型[30]

(1) 降解和溶解性

聚乳酸可自然降解，在 3~6 个月降解为低分子聚合物，6~12 个月则分解成为 CO_2 和水。与聚对苯二甲酸乙二酯类似，聚乳酸还具有良好的耐溶剂性，在醇类、脂肪烃、食物油及润滑油中不溶。但在酮、醚及芳香烃中可溶胀，在苛性碱的稀溶液中易水解，在强酸强碱的浓溶液中易溶解。

(2) 立体选择性

乳酸是最简单的手性分子之一，有 2 种旋光异构体。根据立体构型不同，聚合之后聚乳酸可分为聚左旋乳酸（PLLA）、聚右旋乳酸（PDLA）和聚消旋乳酸（PDLLA）三种。由于 D-乳酸目前没有微生物能大量生产，可以常用的是 PLLA 和 PDLLA。

（3）结晶性能

PLLA 是半结晶聚合物，当 L-乳酸含量大于 93％时，PDLLA 也是半结晶聚合物，当 L-乳酸含量介于 50％～93％之间时，PDLLA 是非晶态的。PLA 晶形有 α、β、γ 晶形和立体复合结晶四种。其中，α 晶形是最普通的 PLA 结晶晶形。光学纯 PLLA 和 PDLA 在等温和非等温结晶时都形成均一的 α 晶体。根据等温结晶的温度和时间，PLLA 的结晶度可从完全无定形变化到 87％；非等温结晶的 PLLA 的结晶度可从完全无定形变化到 47％。α 晶体的平衡熔融温度为 215℃。β 晶形目前可在特殊的加工条件下得到，如溶液纺丝、在高 α 结晶度下热拉伸、轴相共挤出等。取向的 β 晶形 PLA 具有高模量和高强度，弹性模量可达 8GPa，拉伸强度可达 500MPa。γ 晶形只可通过附生结晶获得。

（4）光学性能

PLA 在 190～220nm 范围内几乎不透过紫外线，但是在 225nm 以后 PLA 的紫外线透过率急速增长，250nm 时紫外线透过率已达到 85％，300nm 时紫外线透过率达到 95％，320～400nm（UV-A）几乎完全透过。PLA 的 UV-B（280～320nm）和 UV-A 透过率均高于聚对苯二甲酸乙二酯、聚苯乙烯和玻璃纸。因此，如果要将 PLA 用于牛奶等的包装时必须添加紫外稳定剂。此外，PLA 的透明性能好，透光率达到 94％，雾度在 1％～2％之间。

（5）力学性能

PLA 的强度和刚性较高，拉伸强度达 60MPa 以上，是高强度生物降解塑料之一。但韧性和延展性差，常温下是一种硬而脆的材料。聚乳酸的结晶特性和分子量对力学性能和降解性能影响很大。无定形 PDLLA 的力学性能明显低于晶态的 PLLA，如一定分子量的 PLLA 和 PDLLA 的弯曲强度分别为 270MPa 和 140MPa，两者相差几乎 1 倍。此外，结晶之后可降低其降解速率，PDLLA 分子量半衰期为 3～12 周，而晶态 PLLA 则至少需要 20 周。在分子量方面，随 PLA 相对分子质量的增大，其力学性能提高，用于塑料的 PLA 要求相对分子质量至少要达到 10 万以上。

（6）气体阻隔性能

气体（如水蒸气、O_2 和 CO_2）阻隔性能对塑料薄膜在包装上的应用非常重要，一般用透过量和渗透系数来表示。PLA 的 O_2 和 CO_2 的阻隔性优于常见的塑料薄膜，如聚乙烯、聚丙烯，但是水蒸气阻隔性比要低 2～3 个数量级。通常可通过多层复合、真空蒸镀、涂层、共混等方法改变材料的阻隔性；也可通过提高结晶度的方法，提高阻隔性。

（7）成型加工特性

聚乳酸具有优异的加工性能，可用通用的塑料加工设备加工，具体方法有注射、挤出、拉伸、纺丝及吹塑等，此外聚乳酸还具有良好的制袋、印刷及二次加工性。在加工过程中，PLA 具有很好的热稳定性，如晶态聚乳酸的加工温度可达 200℃，但其熔融表面张力小，限制了其发泡成型加工。

8.2.3.4　聚乳酸的改性

聚乳酸具有良好的生物降解性能和生理相容性能。在实际应用过程中，聚乳酸的化学结构决定了其性能上存在一定局限性。主要包括脆性高、易碎，延展率低，撕裂强度低、水蒸气阻隔性差、结晶速率低、热稳定性不足、易水解、加工过程中黏度不稳定等。因此，需要通过化学或物理方法对其改性，如共聚、接枝、交联、共混、填充/复合等，以增益其所不能，拓展其应用领域。

(1) 共聚改性[31,32]

共聚改性是在乳酸单体基础上，引入其他单体，通过调节乳酸和其他单体的比例改变聚合物的性能，或由第二单体提供 PLA 共聚物的新性能。聚乳酸的共聚改性物可以是生物降解类材料如乙交酯、己内酯等，也可以是非生物降解类材料如聚甲基丙烯酸甲酯、聚丁二烯、聚酰亚胺等。聚乳酸通过共聚在力学性能、亲水性、降解性能、功能反应性能等方面有很大的提高。

① 与 α-羟基酸共聚　α-羟基酸是共聚改性聚乳酸中最常见的有机小分子，特别是最简单的乙醇酸（GA）。乙醇酸可直接参与共聚，或生成乙交酯之后再共聚。乳酸或丙交酯单体与乙醇酸或乙交酯共聚后可形成无定型橡胶状韧性材料，该共聚物易于纺丝，纤维强度较高，伸长度适中，并且可通过调节两单体的比例控制材料的降解速率。其中，L-丙交酯与乙交酯的共聚物已商品化。以天然的 α-氨基酸为原料，经重氮化可生成各种 α-羟基酸，进而通过直接本体共聚法合成各种 α-羟基酸-LA 共聚物。经改性后，具有光学活性 α-羟基酸有利于获得具有旋光性的 PLA 共聚物。

② 与二醇类单体共聚　二醇类单体，如 1,4-丁二醇、乙二醇、二乙醇胺、1,4-丁烯二醇等，可用于直接熔融共聚改性聚乳酸。由于直接共聚产物的相对分子质量一般只有数千，其获得的端羟基 PLA 通常被用于继续扩链以提高产物的分子量。以 1,4-丁二醇为例，由 1,4-丁二醇与 L-乳酸直接熔融缩聚生成端羟基聚 L-乳酸预聚体，同时引入含对苯二甲酸单元的端羟基聚酯为芳香族预聚体，两个预聚体在扩链剂（2,4-甲苯二异氰酸酯）作用下，合成得到脂肪族-芳香族的多嵌段共聚物，重均分子量最高可达 34 万，且具有良好的热稳定性。此外，如果直接将 L-乳酸与 1,4-丁二醇、丁二酸在钛酸丁酯催化下直接进行本体缩聚，所得三嵌段共聚物的相对分子质量也可达 21 万。该共聚物具有比 PLLA 更好的拉伸性能。

③ 高分子共聚改性　有很多高分子可用于共聚改性 PLA，通常都含有可与乳酸羧基反应的羟基，其中，最常见的是聚乙二醇（PEG）。PEG 具有优异的生物相容性，在体内能溶于组织液中，相对分子质量 4000 以下的 PEG 能被机体迅速排出体外而不产生毒副作用，其安全性已经得到了美国 FDA 的认证。PEG 的引入不但提高了 PLA 的亲水性，同时还赋予材料新的特性和功能。例如，它可以减少生物体内蛋白质在材料表面的吸附和细胞的黏附；在体内不易被免疫系统识别，保护被改性的 PLA 不受免疫系统的破坏；形成的两亲性共聚物具有可修饰性，可引入端基活性基团等。根据聚乳酸-聚乙二醇结构不同，该共聚物可分为线性共聚物（包括两嵌段、三嵌段或多嵌段共聚物）和星形共聚物两类。

a. 线性共聚物合成。以含有一个端羟基的聚乙二醇单甲醚引发丙交酯开环聚合，可形成两嵌段聚乳酸-聚乙二醇共聚物；而以两端基均为羟基的 PEG 引发丙交酯开环聚合，则可形成三嵌段聚乳酸-聚乙二醇共聚物（PLA-PEG-PLA）；或将两嵌段共聚物偶联，得到分子链两端均为 PEG 的三嵌段共聚物（PEG-PLA-PEG）。为得到高 PEG 含量和高分子量 PEG 的共聚物，人们合成了多嵌段共聚物，其中一条合成路线是 PLA 与丁二酸等反应得到端羧基的 PLA，然后在二环己基碳二亚胺（DCC）和 4-二甲氨基吡啶（DMAP）的环境下与端羟基的 PEG 进行酯化反应；还可以先合成不同 PEG 链长和比例（PEG∶PLA）的三嵌段共聚物，再以 DCC 为缩合剂、DMAP 为催化剂，通过酸酐、二酰氯或异氰酸酯等偶联剂扩链得到多嵌段共聚物。

b. 聚乳酸-聚乙二醇星形共聚物合成方法主要包括三种。第一种方法为先核后臂法，由三羟甲基丙烷、季戊四醇等多元醇与萘钾形成醇钾盐引发环氧乙烷阴离子聚合，形成多臂 PEG，进而引发丙交酯开环聚合，形成以多臂 PEG 为核心的星形共聚物；第二种方法为先臂后核法，将聚乳酸-聚乙二醇共聚物经均苯三甲酰氯等偶联，形成以多臂 PLA 为核心的星形共聚物；第三种方法将前两种方法结合起来，通过多元醇引发丙交酯开环聚合形成多臂 PLA，进而与端羧基 PEG 偶合，形成以多臂 PLA 为核心的星形共聚物[33~35]。

④ 其他体系　除了上述常见的有机小分子、高分子共聚改性之外，还有许多体系可用于聚乳酸的改性，包括己内酯、环状酯醚（如对-2-二氧六环酮）、磷酸酯（如二氧磷杂环己烷）、聚乙醚、聚乙烯醇、聚甲基丙烯酸甲酯、聚丁二烯、聚酰亚胺、淀粉、蛋白质、碳纳米管、纳米二氧化硅、纳米二氧化钛等。

（2）接枝改性

在 PLA 熔融挤出过程中加入含异氰酸酯、酸酐、环氧化物等官能团的支化剂，与 PLA 分子上的羰基、羧基及羟基等基团发生反应，在分子中引入长支链，可增加其熔体强度。

① 含环氧官能团化合物　PLA 分子链中的端羟基或端羧基可与环氧官能团发生反应，可在其上引入长支链，从而提高 PLLA 的熔体强度，改善其吹膜、吹塑和发泡性能。可用的含环氧官能团化合物有甲基丙烯酸缩水甘油酯、丙烯酸缩水甘油酯和 3,4-环氧环己基甲基丙烯酸甲酯等。例如，采用日本油脂公司产的含环氧官能团的丙烯酸聚合物（BULENMA-CP-50M）对 PLA 进行改性，加入 0.8% 时，熔体强度从 6mN 增加到 17mN，熔融黏度从 555Pa·s 增加到 836Pa·s。

② 多价异氰酸酯化合物　多价异氰酸酯化合物可与 PLA 的端羧基反应，引入支化结构。不同种类的异氰酸酯化合物改性效果不同，其中芳香族类效果较好，如二苯基甲烷二异氰酸酯（MDI）、2,4-甲苯二异氰酸酯（TDI）、亚二甲苯基二异氰酸酯（XDI）、MDI 官能度为 2~5 的混合物。例如，在 PLA 中加入 1% 的 MDI 混合物，其熔体强度达到 22mN；加入 1% 的 XDI 可达到 17mN；加入 1% 的 MDI 可达到 16mN；加入 1% 的 TDI 可达到 15mN。可见，其效果为 MDI 混合物＞XDI＞MDI＞TDI，加入量一般控制在 0.5%~5% 范围内。

（3）交联改性

交联改性是指在交联剂或者辐射作用下，通过加入其他单体与 PLA 发生交联反应，生成网状聚合物，改善其熔体强度等性能。交联剂通常是多官能团物质，针对不同的情况，交联方式和交联程度都会有所不同。

① 有机过氧化物　PLA 分子链末端的端羟基和端羟基上的 H 属于活泼氢，过氧化物可夺取此 H 而使 PLA 产生自由基，分子间发生交联反应，从而提高其熔体强度。常用的有机过氧化物有烷基过氧化物、过氧化酮、酯类过氧化物和酰类过氧化物等，一般优先选用热稳定性好的品种，加入量为 0.5%~2%。例如，日本三井公司采用 2,6-二甲基-2,5-双（叔丁过氧基）己烷为有机过氧化物（简称 PO）与 PCL 或 PBS 协同改性聚乳酸，结果见表 8-16。可见，PO 的加入有助于提高熔体强度和断裂伸长率等性能参数。

表 8-16　PO 改性 PLA 的性能参数

比例	熔体强度/mN	弹性模量/MPa	断裂伸长率/%
PLA：PCL=50：50	6	1000	90
PLA：PCL：PO=50：50：0.5	120	1000	260
PLA：PBS=50：50	6	1300	120
PLA：PBS：PO=50：50：0.5	25	1500	200

② 辐射交联　可用的辐射源有电子辐射和 γ 射线，其中电子射线的辐射剂量为 1～40kGy。为促进辐射交联，需加入助交联剂。助交联剂为含有两个或两个以上双键的低分子化合物，主要有三烯丙基异氰尿酸酯、三烯丙基氰尿酸酯、三甲基烯丙基异氰尿酸酯、三甲基烯丙基氰尿酸酯等。其中三烯丙基异氰尿酸酯效果较好，例如，PLA 中加入三烯丙基异氰尿酸酯后，用 13kGy 的电子射线辐射，可显著提高 PLA 的熔体强度，获得可耐 100℃ 的 PLA 注射制品。

(4) 共混改性[36,37]

共混改性是将两种或两种以上的聚合物进行混合，通过聚合物各组分性能的复合来达到改性的目的。共混物除具有各组分固有的优良性能外，由于组分间某种协同效应还呈现新的性能，通过共混改性可以获得满足各类要求的新型材料。目前，已报道了许多可与聚乳酸混合的聚合物，包括聚乙烯、聚己内酯、聚羟基丁酸酯、聚丁二酸丁二酯、聚乙二醇、聚乙烯吡咯烷酮、聚醋酸乙烯酯、聚甲基丙烯酸甲酯、淀粉、壳聚糖等。本书就几种常见的共混体系进行介绍。

① 不同结构 PLA 之间共混　晶态 PLLA 的降解速率慢，而 PDLA 的降解速率快，但难以合成高相对分子质量的产品，因而性能不好。将两者共混，可弥补各自缺点。两者共混后的熔融温度为 220～230℃，高于 PLLA 和 PDLA 的熔融温度 170～180℃。此外，PLLA 硬而脆，而 PDLLA 韧性较好，两者共混可制成韧性好的聚乳酸。

② 与聚乙烯共混　聚乳酸与聚乙烯不具备溶混性，因此不能直接共混。先合成聚乳酸-聚乙烯嵌段共聚物作为两相增容剂，降低分散相聚乙烯粒径尺寸，可提高形态稳定性，增加界面黏结力，共混后三相共混物的力学性能如拉伸强度、拉伸模量，特别是耐冲击性能得到较大幅度的提高。

③ 与聚己内酯（PCL）共混　该共混体系是不相容的，为了改善相界面之间的黏结力，可加入亚磷酸三苯酯作为催化剂，在熔融状态下进行混合。结果表明，在共混过程中发生酯交换反应，生成界面相容剂，可促进组分均匀分布，进而提高体系的力学性能。

④ 与聚 3-羟基丁酸酯（PHB）共混　PLA 的相对分子质量决定了共混组分的相容性，相对分子质量较低（如小于 18000）的 PLLA 和 PHB 完全相容，而相对分子质量较高（如大于 20000）的 PLLA 和 PHB 则出现相分离。共混体系的相容性影响着共混物结晶行为。

⑤ 与聚丁二酸丁二酯（PBS）共混　PLA 和 PBS 是部分相容体系，可加入赖氨酸三异氰酸酯（LTI）到 PLA/PBS 基体中，研究发现 LTI 主要作用于两相界面上，起反应增容作用，大幅提高了共聚物的延展性和韧性。此外，过氧化二异丙苯（DCP）也可作为反应增溶剂，加入 0.1%DCP 后，PBS 分散相尺寸和结晶度减小，在提高共混物冲击强度的同时，还可以提高其透明度。

⑥ 与聚乙烯吡咯烷酮（PVP）共混　PVP 具有良好的生物相容性，且玻璃化温度高，亲水性高。共混后可提高 PLA 的亲水性和力学性能。

⑦ 与淀粉共混　热塑性淀粉（TPS）是一种可生物降解的大分子，在价格和耐久性等方面具有明显优势。但两者具有很低的相容性，因此需将淀粉糊化或添加相容剂，以提高两者的相容性。淀粉糊化后的淀粉结晶度降低，增强了与 PLA 的黏结性能；添加的相容剂主要包括二苯基甲烷二异氰酸酯（MDI）、马来酸二辛酯（DOM）等。此外，加入马来酸酐接枝 PLA，也可增加两者的相容性。

(5) 复合/填充改性[3,36]

① 与各种纤维复合　纤维复合主要是为了提高材料的力学性能，如玻璃纤维（GF）、碳纤维。以玻璃纤维为例，在 PLA 中加入 40% 2mm 长玻璃纤维，改性后 PLA 的拉伸强度、弯曲强度/模量、冲击强度、热变形温度等性能参数均得到了明显改善，见表 8-17。

表 8-17　玻璃纤维（GF）改性前后 PLA 的性能参数

性能	PLA	PLA+40%GF
拉伸强度/MPa	66	108
弯曲强度/MPa	107	180
弯曲模量/MPa	3490	10870
Izod 缺口冲击强度/(kJ/m²)	5	26
热变形温度(1.82MPa)/℃	58	167

② 与成核剂复合　PLA 耐热性能差，注射制品的热变形温度只有 58℃，影响了其使用范围。可通过添加成核剂，改变其耐热性能。PLA 常用成核剂见表 8-18。为提高成核剂分散性可加入分散剂。例如，以滑石粉为成核剂时，可加入酰胺类有机化合物作为分散剂。

表 8-18　PLA 常用成核剂品种

品种	名称
单体	石墨
金属氧化物	二氧化硅
黏土类	水滑石、高岭土、滑石粉、跖石、黏土、膨胀性氟云母、蒙脱土
无机盐类	乳酸型(乳酸钙)、碱性无机铝化合物(氢氧化铝、氧化铝、碳酸铝等)、硫酸钡、硅酸盐化合物(如钠、铝等)、贝壳粉
有机盐类	苯甲酸盐、山梨糖醇化合物、金属磷酸盐、安息香酸盐(钠、钾)、芳香族和脂肪族羧酸酰胺化合物、邻苯二甲酸酯、柠檬酸酯、乳酸酯
高分子类	聚羟基乙酸及衍生物、聚乙醇酸及衍生物、碳纤维、有机纤维、木粉、竹粉、对苯二甲酸和间苯二酚构成的聚酯

③ 与羟基磷灰石（HA）复合　羟基磷灰石是一种重要的生物材料，是人体骨骼、牙齿的主要成分。人工合成的 HA 与人体组织有着良好的相容性，但 HA 本身较脆，不适合单独用于骨折内固定材料。HA 呈弱碱性，对 PLA 的酸催化降解有一定的抑制作用，因而可降低 PLA 的降解性能。此外，PLA 与 HA 复合物还可消除乳酸降解产生过量酸引起的非感染性炎症。HA 与 PLA 的复合方法包括：a. 低分子量聚乳酸与颗粒型 HA 加热、加压复合，具有良好的可塑性，用作口腔修复材料；b. 将 HA 等离子喷涂在 PLLA 表面，厚度约

50 μm，可延缓聚乳酸的降解；c. HA 微粒与丙交酯混合，在一定温度和真空状态下由引发剂引发聚乳酸聚合，得到具有很高压缩强度和拉伸强度的 PLLA-HA 复合材料，两者之间界面存在化学结合力，在体内降解速率较慢，且具有各向同性的力学性能。

④ 与纳米材料复合　PLA 与纳米材料复合，如纳米二氧化硅、纳米二氧化钛、碳纳米管等，可改善聚乳酸复合材料的力学性能、熔体强度等性能。

8.2.3.5　应用与产业化发展[3,38,39]

国外聚乳酸技术开发和工业化生产已经取得了突破性进展。1997 年，美国 Cargill 公司与陶氏化学公司合资成立公司，开发和生产聚乳酸，产品商品名为 Nature Works，当时生产能力为 1.6×10^4 t/a，使 PLA 成为世界上首个大规模生产的生物基塑料。目前，Nature Works 公司经营世界上最大规模的聚乳酸生产工厂。其中，建于美国 Nebraska 的聚乳酸生物塑料生产线，年产量达 14×10^4 t，其产品有 20 余种品牌，分别用于注塑、纺丝、制模、发泡等用途。该生产线以玉米等谷物为原料，通过发酵得到乳酸，再以乳酸为原料，聚合生产可生物降解塑料聚乳酸。同时，Nature Works 转让相关技术在亚洲、欧洲和南美建厂，如 2009 年在亚洲建立了万吨级的 PLA 生产线。Nature Works 公司销售的 PLA 塑料的价格在美国市场已经与传统的石油产品价格相当，实现了生物基塑料 PLA 真正代替石油产品的低碳、节能、环保目标。该公司还计划在 2013～2028 年期间对生产原料进行转型，采用纤维素如秸秆等废弃农作物为原料，并实现工业化。

薄膜和纤维仍是聚乳酸当前应用最多的两大类型，Nature Works 公司与意大利 Amprica 公司和中国台湾 WMI 公司合作，推进聚乳酸用于薄膜包装材料。这种聚合物可与石油生产的塑料共混，可像石油生产的塑料一样使用。Nature Works 树脂的包装性能等同或优于传统的以石油为原料的聚合物包装材料，有高透明度、高光泽度等优点，并有持久宜人的香味，可耐绝大部分食品中的油脂。它可以加工成薄膜、刚性瓶和各种容器，亦可拉伸取向，采用现有设备热成型、涂覆和印刷。和中国台湾 WMI 公司合作采用 PLA 生产终端用途的包装材料，商品名为 Nature Gree，推动了生物塑料在亚洲的使用。

杜邦公司 2006 年开始向市场推出聚乳酸生物塑料用的 Biomax 品牌助剂，该助剂已经 FDA 认证。其中，2007 年推出的增韧改性剂 Biomax® Strong 可提高 PLA 的加工性、耐久性、冲击强度以及在刚性结构中的弹性，并可作为加工助剂提高挤出工作效率。后来推出 Biomax® Therma1300 助剂，可以使聚乳酸包装材料在高至 95℃ 下保持尺寸稳定性，并且可承受运输、储存和使用期间的高温。它的推出扩大了 PLA 包装材料使用范围不再局限于冷冻食品和饮料行业。

Rohm & Haas 公司在 2008 年也推出了多种丙烯酸添加剂以提高聚乳酸的加工能力，包括 Paraloid™ BPM-500 抗冲击改性剂和另外两种新型产品，即第二代 Paraloid™ BPM-515 抗冲击改性剂和 Paraloid™ BPMS-250 熔体强度增强剂。新产品符合美国食品与药物管理局和欧盟食品级材料指令 2002/72/EC 的要求，可提高聚乳酸在薄膜和片材挤出、吹膜挤压及压延处理过程中的熔体强度，帮助提高流水线的速率、减少设备的故障发生率并节约成本。这些产品的特别之处在于他们完全易于混合，并且满足大部分聚乳酸应用对高透明度的要求，保留高透明度这一重要特性，使得这些产品成为市场上最好的添加剂之一。

此外，美国从事生物塑料生产的 Cereplast 公司为满足美国客户不断增长的需求，已进一步扩大了其在加州生产装置的生物塑料能力。该公司从聚乳酸、淀粉和纳米组分添加剂生产 100％的生物基塑料，扩建的装置将使其新生产线的生产能力提高到 $1.8×10^4t/a$。新生产线的投运，使该公司成为美国第二大生物塑料树脂生产商。

在欧洲、日本等其他地区也有很多聚乳酸生产厂商，如德国的 Pyramid 公司拥有 $6×10^4t/a$ 的 PLA 生产能力。荷兰 Solanyl 公司的产能达到 $4×10^4t/a$。日本三井东压公司、NEC、帝人、岛津公司、丰田汽车公司也在积极开发聚乳酸塑料制品，探索在汽车零部件、电气、电子零件、土木、建筑材料、家具等领域中的应用。

我国聚乳酸的合成企业也很多，如浙江海正公司、深圳光华伟业公司、上海同杰良公司、江苏九鼎公司。其中，浙江海正药业生产规模为 5000t/a，商品名为 Revode。目前，制约 PLA 发展的原因主要为价格因素，一方面是乳酸原料的价格偏高，另一方面是 PLA 生产的提纯工艺复杂，增加了生产成本。

8.2.4　聚丁二酸丁二醇酯

8.2.4.1　概述

聚丁二酸丁二醇酯（PBS），是一种由丁二酸和 1,4-丁二醇合成的可生物降解聚合物，属于脂肪族聚酯类生物降解塑料。PBS 具有优异的生物降解性，易被自然界的多种微生物或动植物体内的酶分解、代谢，在自然条件下可 100％分解成水和 CO_2，具体降解性能如下：在厌氧气下，30 日可降解 90％以上；在试验厂堆肥试验 12 周后降解 90％。PBS 是典型的可完全生物降解的聚合物材料，具有良好的生物相容性和生物可吸收性。

PBS 为乳白色颗粒，密度 $1.26g/cm^3$，熔点 114℃，不溶于水和通常的有机溶剂，仅溶于卤化烃类化合物。根据分子量的高低和分子量分布的不同，结晶度在 30％～45％之间。PBS 耐热性能好，热变形温度高，制品使用温度可以超过 100℃。PBS 机械强度较高（40～45MPa），韧性好（断裂伸长率＞400％），弯曲强度可达 56MPa，弯曲模量 600MPa。

PBS 属热塑性树脂，加工性能良好，可以在普通加工聚乙烯（PE）和聚丙烯（PP）的成型设备上进行加工制得不同形状的产品，加工温度范围 140～260℃。可以用注塑、吹塑、吹膜、吸塑、层压、发泡、纺丝等成型方法进行加工。

8.2.4.2　聚丁二酸丁二醇酯的合成

目前聚丁二酸丁二醇酯的合成方法主要有生物发酵法和化学合成法，生物发酵法成本较高，不易于大批生产。化学合成法由于合成成本较低，简单易行，故目前多采用化学合成法。PBS 的化学合成方法主要包括以下几类[40,41]。

（1）熔融缩聚法

首先在一定的温度下将丁二酸和丁二醇酯化，然后升高温度在高真空下进行缩聚反应。例如，采用钛酸丁酯作催化剂，在 N_2 的保护下，首先由 160℃恒温反应 4h 完成酯化。然后升温到 180℃，减压至 $6.65×10^{-3}kPa$ 恒温反应 1.5h 完成缩聚反应，可获得相对分子质量为 $2.35×10^4$ 的 PBS 聚合物。该方法需要在高温高真空条件下进行，优点是反应时间较短，生成聚酯相对分子质量高；缺点是低温时脱水难，高温时可加快脱水但容易产生副反应。

（2）溶液聚合法

溶液聚合法是使用不同的溶剂，先在一定的温度下反应，让溶剂回流带走一部分水，同时丁二酸和丁二醇完成酯化，然后采用更高的温度进行缩聚反应。常用的溶剂包括二甲苯、十氢萘等。该方法所需反应时间较长，产物的相对分子质量也不是很高。

（3）酯交换法

酯交换合成 PBS 是以丁二酸的衍生物——丁二酸二甲酯或二乙酯和 1,4-丁二醇为原料，在催化剂存在下，经高温、高真空脱甲醇或乙醇得到的。

（4）环状碳酸酯法

丁二酸和等当量的环状碳酸酯在催化剂作用下脱除 CO_2 后得丁二酸单丁二醇酯，进一步在高温、高真空下脱水得到聚酯。

（5）扩链法

缩聚-扩链法是一种重要的合成高相对分子质量聚酯的方法。即在缩聚法获得聚酯的基础上，利用扩链剂进一步提高其相对分子质量。该法可以在短时间内大幅度提高聚合物的相对分子质量，具有便捷、高效、设备投资低等优点，因此近年来在国内外很受重视。根据聚酯端基的类型选择不同的扩链剂。端羟基聚酯的扩链常用二异氰酸酯类、二酸酐、二酰氯等作扩链剂；而咪唑啉、双环氧化合物，则适用于端羧基预聚体。扩链剂用量很少，一般质量分数在 1% 左右。

前面四种合成 PBS 过程中需不断脱除小分子物质以获得高分子量 PBS。但在反应过程中，尤其是在反应后期，温度往往较高，不可避免地会出现脱羧、热降解、热氧化等副反应，从而制约了聚合物分子量的提高。而扩链法则有利于获得高分子量的 PBS 聚合物。

8.2.4.3 聚丁二酸丁二醇酯的改性

PBS 均聚物有结晶度高、脆性大、疏水性强、缺少活性位点、降解速率较低等不足，大大限制了其应用，需要对其进行改性处理，通过对其进行共聚、共混/填充、辐射交联、成核剂改性等方法修饰，可实现亲水性、生物相容性、反应活性及降解性的改善[3]。

（1）共聚改性

为改善 PBS 的生物降解性，加入己二酸、乙二醇、ε-己内酯（CL）等共聚组分，发现调节共聚组分的比例，可以改变聚酯的生物降解性能。例如，PBS 与己二酸的共聚物为聚丁二酸丁二醇/己二酸酯（PBSA），其生物降解性大幅提高。孙杰等分别以乙二醇、己二醇、己二酸作为其共聚组分，采用溶液缩聚法合成了三种相应的共聚酯，与 PBS 本身 58% 的高结晶度相比，共聚酯的结晶度下降到 40% 以下，降解性能得到明显改善。Montaudo 报道了聚丁二酸丁二醇酯（PBS）、聚己二酸丁二醇酯（PBA）、聚癸二酸丁二醇酯（PBSe）及其共聚酯 P（BS-co-BA）、P（BSe-co-BS）的生物降解性，结果发现，由于结晶度降低，共聚酯降解速率比 PBS 要快，且随结晶度的降低，降解速率增大。Cao 等通过熔融缩聚合成了聚丁二酸丁二醇-ε-己内酯，该共聚酯显示出远高于 PBS 的降解速率，尤其是当 CL/BS 的比例为 4.52 时，降解速率最快。

PBS 熔点较低，而芳香族聚酯的熔点高、耐热性能好，在 PBS 中引入适量的芳环共聚组分，既可以提高使用温度又能保留生物降解性。研究发现在芳环含量较低时，随着芳环含量的增加，结晶度降低，生物降解性提高。在芳环含量增大到一定程度时，芳环起了主导作用，由于芳香族聚合物很难降解，导致共聚物的降解性下降。清华大学郭宝华课题组多年来在 PBS 改性方面做了大量的工作，制备了聚丁二酸甲基丁二酸丁二酯、聚丁二酸苯基丁二酸丁二酯、聚丁二酸-2,2-甲基丁二酸丁二酯、聚（丁二酸丁二酯-co-丁二酸丙二酯）、聚丁二酸丙二酯等，并对系列材料的性能进行了深入的研究。研究发现调节共聚组分的比例，可以改变共聚物的结晶性、熔点及其生物降解性等性能。

此外，脂肪族聚酯类具有优异的生物降解性能，但综合性能一般。芳香族聚酯虽不具有生物降解性能，但力学性能好。两者共聚可综合脂肪族聚酯的降解性能和芳香族聚酯的力学性能，获得性能优良的共聚材料。比较典型的共聚品种有 PBST 和 PBAT，它们分别为聚丁二酸丁二醇酯/对苯二甲酸丁二醇酯类共聚物和聚己二酸丁二醇酯/对苯二甲酸丁二醇酯类共聚物。

为改善 PBS 的亲水性，可通过共聚改性在 PBS 大分子中引入亲水基团—OH、—NH、—COOH 等，使其具有亲水性和反应活性。例如，将富马酸作为丁二酸、丁二醇的共聚组分，通过缩聚法合成了一系列聚丁二酸丁二醇酯-co-富马酸丁二醇酯，并在催化剂及水的共同作用下，实现了该高分子主链含有不饱和碳双键的双羟基功能化，制备得到了带有亲水性功能侧羟基的新型生物降解脂肪族聚酯。通过苹果酸酯类化合物的 α-羟基保护，与丁二醇的缩合聚合，侧羟基的去保护反应等途径，合成了主链带有亲水性活性羟基基团的生物降解性聚苹果酸丁二醇酯。此外，用聚乙二醇与 PBS 进行嵌段共聚，得到 PBS/PEG 嵌段共聚物，可改善 PBS 的亲水性，大幅度提高降解速率，并适当提高其相对分子质量。表 8-19 显示了 PBS/PEG 共聚物吸水情况以及在 3% NaOH 水溶液中 50h 失重情况。

表 8-19　PBS/PEG 嵌段共聚物的吸水率及失重率

PBS/PEG	100/0	80/20	70/30	60/40	50/50
吸水率/%	9.86	15.7	26.8	45.3	608
失重率/%	2	5	24	61	—

(2) 共混/填充改性

在具体应用中，PBS 可以与天然高分子（如淀粉、脱乙酰壳多糖、大豆蛋白、黄麻纤维）、合成高分子（如聚乳酸、聚环氧乙烷、聚偏二氟乙烯）进行共混，以弥补单组分材料各自的缺点。除了高分子外，一些无机盐、玻璃纤维、纳米材料等均可用于和 PBS 共混或复合，提高其应用性能，并降低材料生产成本。

天然高分子与聚酯由于极性不同，在共混时两相相容性差会使共混材料的力学性能变差，此时可加入第三种组分以增加两者的相容性。例如，加入少量的马来酸酐即可在很大程度上改善淀粉和大豆蛋白与 PBS 的相容性。以淀粉为例，采用玉米淀粉与 PBS 共混制备出淀粉/PBS 共混材料，所得共混物结晶度降低、韧性延伸性得到改善、熔点微降、降解性提高。此外，聚酯与淀粉共混时，也可将淀粉糊化处理，淀粉在水和热的作用下发生糊化，以破坏淀粉的结晶；然后将糊化淀粉干燥后与聚酯共混。淀粉与 PBS 都是完全降解材料，但淀粉的力学性能差，选择合适的配比以得到既保留力学性能又最经济的材料还有待研究。

聚乳酸也可用于共混改性 PBS，该共混材料综合了 PLA 高强度、高硬度和 PBS 高韧性、高耐温性、良好加工性的优点，可获得综合性能良好的 PBS/PLA 共混材料。聚乳酸的共聚物，如聚乳酸-天冬氨酸（PAL），也可用于改性 PBS。研究发现 PBS/PAL 混合物薄膜在磷酸盐缓冲溶液中的降解速率与 PBS 薄膜相比明显加快，大约两周时间分子量即降至初始值的一半，并且 PAL 含量越高，降解越快。

其他生物降解高分子，如聚碳酸亚丙酯树脂（PPC）、聚羟基丁酸酯（PHB）、聚己内酯（PCL）等，也常用于共混改性 PBS。例如，利用 PBS 与 PPC 共混，可制备出一系列性能优异的 PBS/PPC 复合材料，既达到了对 PPC 增强、提高耐热性的目的，同时，PPC 对 PBS 也起到了增韧的作用，拓宽了 PBS 的加工温度范围，而且无定形的 PPC 也进一步加快了 PBS 的降解速率。而将 PBS 和 PCL 进行共混复合，由于 PCL 熔点低，降解速率快，从而 PCL 对 PBS 可起到一定的增塑作用，加快 PBS 的降解速率。

跟其他普通树脂共混，例如，PBS 和芳香性 PBT 或 PET 共混，在较高温度及 N_2 保护下使其熔融并在混合阶段抽真空促进酯交换反应的发生，这样可提高两种聚酯的相容性以便于生产和加工。但熔融反应时间不能太长，以避免热降解等副反应发生。而将 PBS 与 PEO 共混后，利用 PEO 的强亲水性，显著地弥补了 PBS 亲水性差的缺点，使得 PBS 在亲水性要求较高的领域得到了应用。

在填充复合方面，利用一些天然环保的有机或无机填料对 PBS 进行填充改性，是一种简单易行而且常用的改性手段。一般填料的价格非常低，填充 PBS 后，能大幅度地降低 PBS 的成本，而且还可以起到一定的增强和润滑作用，对材料的硬度、耐温性也有一定的改善。但是，填料填充 PBS 后，使得材料的韧性下降明显，材料的流动性也很差，同时也会使得材料的密度大幅增加，间接增加了材料的成本，所以填料填充 PBS 要根据产品的用途灵活选择。例如，采用层状蒙脱土对 PBS 进行复合改性，对复合材料的微观结构以及性能进行了研究，结果发现，蒙脱土对 PBS 不但可以起到增强的作用，还可以起到提高其耐温性的作用。

8.2.4.4 应用和产业化发展[3,42,43]

丁二酸和丁二醇缩聚反应合成的 PBS 相对分子质量低，力学性能差，难以作为塑料应用。20 世纪 90 年代中期，日本昭和高分子株式会社采用异氰酸酯作为扩链剂，与传统合成的低相对分子质量 PBS 反应，得到相对分子质量为 200000 的 PBS，才使 PBS 的合成真正实现产业化生产，并迅速成为生物降解塑料的研究热点之一。该公司推出的 PBS 产品，商品名为 Bionolle，年产 5000t，主要用于生产包装瓶、薄膜等。

目前，国外主要有日本昭和高分子株式会社和美国伊士曼等公司进行了 PBS 的工业化生产，规模分别为 5000t/a 和 15000t/a。除这两家公司外，日本的三菱化学株式会社和味之素公司、韩国的 SK 化学、韩国的 Ire 也都生产 PBS。

21 世纪初，一些国际知名的化学公司相继推出可生物降解的脂肪族/芳香族共聚酯产品，最为典型的共聚品种为聚己二酸丁二醇酯/对苯二甲酸丁二醇酯类共聚物（PBAT）。跟 PBS 共聚物相比，该产品原料将丁二酸换成己二酸，其工艺跟 PBS 共聚类似。代表性公司有美国伊士曼公司、杜邦公司、德国巴斯夫公司、日本 Teijin 公司。其中，美国伊士曼公司开发出的 PBAT 产品，商品名为 Eastar-Bio，由己二酸、对苯二甲酸和 1,4-丁二醇缩聚而成，性能与 PET 相仿，符合美国 FDA 标准，可用于薄膜。该公司在英国已建成年产 1.5×10^4 t 的合成工厂。德国巴斯夫公司开发出商品名为 Ecoflex 的 PBAT 产品，共聚成分为己二酸、对苯二甲酸和 1,4-丁二醇，已具备 1.4×10^4 t 的生产能力，正准备增加一条 6×10^4 t 的生产线。此外，巴斯夫还开发了 Ecoflex 与淀粉的共混产品 Ecobras 以及 Ecoflex 与 PLA 的共混系列产品 Ecovio，并有市场供应。此外，日本的 Teijin 公司开发了商品名为 Creen Eco-pet 的 PBAT 产品。美国杜邦公司也开发了商品名为 Biomax 的 PBAT 产品。

在我国，PBS 也入围了国家中长期科技计划指南，是我国重点推动产业化的生物降解塑料。清华大学在安庆和兴化工有限公司建成了年产 1×10^4 t PBS 的生产装置。中国科学院理化所在浙江杭州鑫富药业有限公司改建了年产 3000t PBS 的生产装置，并于 2007 年底投入试运行。广州金发科技股份有限公司年产 300t 聚丁二酸丁二醇/己二酸丁二醇酯（PBSA），目前正在建设年产 5000t PBSA 的生产线。北京理工大学与燕山石油化工公司合作，用熔融缩聚法合成了基于 PBS、聚对苯二甲酸丁二醇酯（PBT）以及聚乙二醇的嵌段共聚物，从而获得具有生物相容性及潜在医用价值的生物材料。

目前，国内外已建、在建和规划建设的 PBS 基生物塑料项目见表 8-20。

表 8-20　国内外已建、在建和规划建设的 PBS 基生物塑料项目

企业	生产能力
日本昭和高分子株式会社	5000t/a
美国伊士曼公司	1.5×10^4 t/a
三菱化学株式会社	3000t/a
安庆和兴化工有限公司	1×10^4 t/a(2009 年投产)，二期 10×10^4 t/a(规划中)
杭州鑫富药业有限公司	3000t/a(2007 年投产)，二期 2×10^4 t/a(规划中)
广州金发科技股份有限公司	300t/a，二期 5000t/a(在建)

在 PBS 基制品应用方面，日本昭和高分子株式会社开发的可生物降解的 PBS 聚酯，主要用于生产包装瓶、薄膜等，可小批量生产。日本纤维生产商尤尼吉卡公司用含有 PBS 和丁二酸乙二醇酯的共聚物制备具有高拉伸强度的生物降解性耐热皮带聚酯单丝，皮层聚合物熔点比芯层低，制得的单丝在土壤中埋藏 3 个月后质量损失 3.6%。德国 APACK 公司开发了 PBS 降解塑料薄膜，其降解性能和力学性能优良，已经应用于餐具以及食品包装业等。

PBS 生产原料为脂肪族二元酸和二元醇，以前来源于石油资源，今后将从淀粉、纤维素、奶业副产品、葡萄糖、果糖、乳糖等资源中发酵生产。近年来，随着发酵法丁二酸技术的不断完善，发酵法生产丁二酸的成本逐渐降低，未来 PBS 的发展方向必然是生物基 PBS。为了实现 PBS 产业的可持续发展，这些单体有必要通过高效经济的微生物发酵工艺获得，而如何通过更为经济的途径得到丁二酸原料，是 PBS 产业化发展的本质问题。因此，对丁二酸的微生物代谢途径必须进行深入的研究，构建出高效的丁二酸发酵生产菌株，如果能在这方面实现突破，有效地降低丁二酸的发酵成本，以提供较便宜的原料用于 PBS 合成，对 PBS 产业的可持续发展有重要的意义。

8.2.5　聚羟基脂肪酸酯

聚羟基脂肪酸酯（polyhydroxy alkanote，PHA）是一类由微生物在 C、N 营养失衡的情况下，作为碳源和能源储存而合成的一类热塑性聚酯。PHA 以天然可再生资源（如天然

植物淀粉）为原料，通过微生物发酵方法合成生物降解塑料，具有优良的生物可降解性、生理相容性、压电性和非线性光学活性，可广泛用于包装材料、药物缓释材料及电化学材料等。PHA力学性能好、耐热性优良、耐紫外线、耐油性和阻隔性良好、热塑性加工性良好，可用注射、吹塑及压延等方法加工。

目前已经发现PHA至少有125种不同的单体结构，并且还在不断地发掘出新的单体。根据单体结构或含量的不同，PHA有较宽的性能谱，如可呈现从坚硬到柔软到弹性的一系列变化[44]。其中，聚3-羟基丁酸酯（PHB）及其改性共聚物，如聚3-羟基丁酸酯/3-羟基戊酸酯共聚物（PHBV）、聚3-羟基丁酸酯/3-羟基己酸酯共聚物（PHBH）、聚3-羟基丁酸酯/4-羟基丁酸酯共聚物（P34HB），是PHA家族中的典型代表。本书对聚3-羟基丁酸酯（PHB）及其典型改性共聚物的合成、改性、应用和产业化进展进行介绍。

8.2.5.1 概述

聚3-羟基丁酸酯（PHB）是PHA家族中研究最多、工业化生产最早的品种。1925年由法国巴斯德研究所Lcmoigne在巨大芽孢杆菌中发现，于1927年首次从其细胞中分离出这种颗粒状不溶于醚的组分，并进一步研究了PHB的大分子溶液性质、分离方法和分子量的测定。Merrick等首先揭示了微生物积累PHB的生理意义，对PHB的生物合成以及酶催化降解的过程做了阐述。20世纪60年代初，PHB开始在材料领域崭露头角，1981年，英国帝国化学公司（ICI）采用氢细菌（A. eutrophus）以葡萄糖、丙酸为碳源，在伯明翰建立了年产500t PHB的生产线，推出商品名为Biopol的PHB产品。

PHB的相对分子质量因菌种及合成条件不同而异，一般为$4.5 \times 10^5 \sim 6 \times 10^6$，相应的聚合度$n$为$700 \sim 12000$。PHB的聚合物容易结晶，其结晶度高达$60\% \sim 80\%$。如在PHB中添加成核剂，可以控制球晶的大小；如在固化过程中对材料进行拉伸，球晶会出现平坦扩展式的排列，拉伸强度会大幅度增加至300MPa以上。PHB在结晶时，因球晶在半径和圆周的收缩率不同，在大晶内部产生裂纹，冲击诱发时，裂纹迅速增加和扩大，导致材料非常脆、耐溶剂性差、断裂伸长率也很低，通过热处理、共聚可改变其结晶和非结晶结构，通过添加无机物、增塑剂或其他降解聚合物，可使其抗冲击性和耐溶剂性得到改善。

PHB的性能特点为高熔点、高结晶度和高拉伸强度、密度大、光学活性好、透氧性低、抗紫外线辐射、生物可降解性、生物相容性、压电性和抗凝血性好等，可望在电子、光学及生物医学等高技术领域获得应用。PHB的生物降解性良好，无论在好氧、厌氧的环境中，均可完全降解，分解产物为水和二氧化碳及生物有机质，可以全部为生物所利用，对环境无任何污染。

PHB属于热塑性塑料，其熔融温度为$175 \sim 180$℃。但PHB在高温下极其不稳定，205℃即已开始分解，分解温度仅略高于熔点，导致加工温度范围很窄。PHB的熔体强度很低，无需极大的合模力，也可成型超薄壁或复杂结构的制品。PHB可进行注射成型、挤出成型和模压成型。PHB后结晶现象比较严重，很长一段时间才成完成结晶，制品定型较慢，成型周期较长。PHB注射成型温度一般为$160 \sim 180$℃，注射压力为$80 \sim 120$MPa，模具温度控制在40℃左右。PHB的挤出温度为$150 \sim 170$℃，常用聚3-羟基戊酸酯为内增塑剂来改善PHB的加工性能。

8.2.5.2　PHB 的合成[45]

PHB 广泛存在于多种微生物中，作为储存能量的物质，像动植物体内的糖元、淀粉一样。它是细菌体内同化作用的初级产物，是细菌维持渗透平衡、储存被还原碳的一种形式。研究人员已经搞清许多种类不同、生物特性各异的微生物中均有 PHB 的积累，在光合作用细菌、好氧类群及有机营养细菌中都发现有 PHB。糖类、脂肪醇、脂肪酸、烃类化合物甚至 CO_2 和 H_2 的混合气体都可作为碳源。

大多数合成途径是乙酰辅酶 A 作为生产 PHB 的构造板块[46]。碳源经丙酮酸最后代谢成乙酰辅酶 A，再经聚合酶作用生成 PHB，同时也以某种方式进行链转移以控制 PHB 的分子量。具体的生化过程在此不做详细介绍，可参考相关文献。在 PHB 的生物合成中，有 3 个关键步骤，先是各种碳源形成单体（β-羟基丁酰辅酶 A），然后在聚合物颗粒表面的酶体系作用下进行链增长，最后经历某种链转移反应控制 PHB 的相对分子质量。PHB 分子链以直径 10nm 左右的纤维线团聚集成 $0.2 \sim 0.50 \mu m$ 大小的球形颗粒，存在于细胞质中。每个细菌中的颗粒是固定的，在 A. eutrophus 中为 8～12 个。自然条件下细胞中 PHB 含量较低，一般为 1%～3%。在 C 过量、N 限量的控制发酵下，PHB 含量可达细胞干重的 70%～80%。

Slater 等[47]利用基因工程法将可合成 PHB 的 A. eutrophus 的有关酶引入油菜、向日葵等植物中获得了"转基因植物"，从这些转基因植物的细胞质或质体中可克隆合成 PHB。由于避免了细菌合成 PHB 的分离、提纯步骤，使成本降低成为可能。利用转基因植物合成聚酯的方法为生物降解材料的研制开辟了诱人的前景。

PHB 合成机制：在 3-ketothiolase（PHBA gene）催化作用下缩合 2 个乙酰辅酶 A 为乙酰乙酰（基）辅酶 A，在乙酰乙酰（基）辅酶 A 还原酶（PHBB gene）作用下，乙酰乙酰（基）辅酶 A 被还原为 β-羟基丁酸辅酶 A（β-hydroxybutyry-CoA），然后，β-hydroxybutyry-CoA 在 PHB 合成酶（PHBC gene）作用下被合成 PHB 聚酯。

自 20 世纪 80 年代后期，类似 Slater 的有关基因合成聚酯的文献和专利层出不穷，转基因植物的研究越来越得到人们的重视，这是因为 PHB 能够得到广泛应用的关键还在于产量的提高和生产成本的降低。而同细菌发酵相比，PHB 的基因合成避免了繁杂的分离提纯步骤，可以使 PHB 产品的价格大大降低。正如《科学》杂志有关报道指出那样：细菌合成聚酯是在发酵罐或反应器中以千克级水平产出，而利用基因工程的农场每英亩以吨级水平产出，两者产出率相差甚大。转基因合成 PHB 聚酯已在油菜、向日葵的质体中得到实现。甜菜、块茎、淀粉类作物的基因转换正在进行探索。利用转基因植物合成聚酯将开辟生物降解聚合物研制的诱人前景。

8.2.5.3　PHB 的提取[45]

通过微生物发酵得到的在细胞内积累的 PHB，经过破壁、分离、提取等处理后可获得一定分子量的纯 PHB。PHB 的常用提取方法主要有有机溶剂法、次氯酸钠法、酶法、表面活性剂-次氯酸钠法等。近年来一些新的、改良的 PHB 的提取方法陆续有报道，如氨水法、氨水-溶剂法和表面活性剂-配合剂法等。

(1) 有机溶剂法

其基本原理是某些有机溶剂一方面能改变细胞壁和膜的通透性，另一方面能使 PHB 溶解到溶剂中，而非 PHB 的细胞物质（NPCM）不能溶解从而将 PHB 与其他物质分离开来。一般所用的溶剂有四氢呋喃、氯仿、二氯乙烷、乙酸酐、碳酸乙烯酯及碳酸丙烯酯等有机溶剂。

(2) 次氯酸钠法

次氯酸钠对细胞的 NPCM 的消化作用很有效，可通过破坏细胞来提取 PHB。这种方法的优点是不使用大量的有机溶剂，免去了有机溶剂法提取过程中烦琐的前、后处理工作，但由于次氯酸钠对 PHB 分子有严重的降解作用因而获得的产品分子量较低。

(3) 酶法

酶法的提取原理与次氯酸钠法类似，用酶使大量的 NPCM 溶解而 PHB 不溶解，从而达到分离、提纯的目的。由于 NPCM 通常包括核酸、类脂物、磷脂、肽聚糖以及蛋白质等物质，因此实际上是通过多种酶的多步或协同作用达到消化 NPCM 的目的的。

(4) 表面活性剂-次氯酸钠法

在低浓度时表面活性剂单个分子进入到细胞膜的磷脂双层中，随着表面活性剂浓度的增加，更多表面活性剂分子结合到磷脂双层中，细胞膜的体积不断增大。一旦磷脂双层被表面活性剂饱和，再增加表面活性剂就使得细胞膜受到破坏，表面活性剂与磷脂形成大量的胶团，胞内物质 PHB 释放出来。表面活性剂的另一作用是通过对蛋白质的变性、增溶作用，使细胞膜更易被破坏。

(5) 其他方法

近年来随着基因工程技术的进步，人们开发了重组大肠杆菌生产 PHB 的方法，用氨水从这类细胞中提取 PHB 是其中一种方法。该法基于碱性条件下氢氧根离子的皂化作用溶解了细胞中的脂类物质，从而使得 PHB 释放出来。

这些方法提取 PHB 的基本原理为：一是利用提取液中的化学物质对 PHB 和细胞物质不同的溶解性，将 PHB 和其他细胞物质分离；二是破坏细胞膜的稳定性，让胞内物质容易释放出来。

8.2.5.4　PHB 的改性

虽然 PHB 为最早开发的微生物发酵合成的完全生物降解塑料，但由于 PHB 的化学结构简单规整，其结晶度高达 55％～80％，因而表现出脆、硬、断裂、伸长率较低，同时由于 PHB 熔点（180℃）与分解温度（190～200℃）相近，使得其加工窗口非常窄，在加热温度高于熔点 10℃时就会热降解，从而增加了 PHB 成型加工的难度，导致应用面不广。因此需要对其进行改性，改善应用性能，改性方法主要有共混改性、化学改性和生物改性。

(1) 共混改性

共混改性是一种简便易行、较为经济的改性方式，根据共混聚合物的性质不同，改善 PHB 的热稳定性、韧性等性能。

① 与聚氧乙烷（PEO）共混　当 PEO 的含量在 20％以下时，两者形成完全相容体系；当 PEO 的含量在 20％以上时，两者形成部分相容体系。随着 PEO 用量的增加，共混物由脆性材料变为韧性材料。

② 与聚乳酸（PLA）共混　当 PEO 的含量在 40％时，共混物的断裂伸长率是 PHB 的 8 倍。PHB 与低含量的 PLA 以任何比例混合完全相容，而 PHB 与高含量的 PLA 混合会出

现相分离。

③ 其他共混体系　PHB 跟聚氧化丙烯、聚醋酸乙烯、聚环氧氯丙烷、聚甲基丙烯酸甲酯、聚偏二氟乙烯等热塑性高聚物共混；与聚顺式-1,4-异戊二烯、乙丙橡胶等橡胶共混；和淀粉、木质纤维素、麦秸纤维等天然高分子共混都有报道。

(2) 化学改性[48]

① 反应性共混　针对非相容共混体系，可直接外加相容剂，或添加催化剂后反应形成相容剂，以提高共混效果，例如 PHB 与聚己内酯（PCL）共混，在 PHB/PCL 体系中加入锌酸亚锡作为催化剂，在液相条件下使 PHB/PCL 进行酯交换反应，产生嵌段共聚物作为共混体系的相容剂，可极大地改变共聚物的结晶行为，提高 PHB 的热稳定性；也可以在 PHB/PCL 共混过程中加入过氧化二异丙苯（DCP），提高共混物间的相容性，明显提高 PHB 的韧性。

② 大单体改性　PHB 大单体改性的第一步是要得到末端带有官能团的 PHB 低分子链段，这种末端带官能团的低分子链段也称为 PHB 大单体。有关 PHB 大单体的生成方法主要有以下几类，其中以醇解反应最为常用。a. 醇解。以对甲苯磺酸为催化剂，用醇或二醇对 PHB 分子进行醇解，得到单端或双端带羟基的 PHB 大单体。b. 水解。在酸性或碱性条件下水解 PHB 分子，生成含有羧酸或其盐类端基的 PHB 大单体。c. 热裂解。PHB 分子在热解条件下发生消除，产生含烯键末端基的 PHB 大单体。在获得 PHB 大单体后，就可采用大单体反应技术合成含 PHB 链段的新分子结构，例如，嵌段共聚物 P（HB-b-CL）和 P（HB-b-LA），以及接枝共聚物壳聚糖-g-PHB 等。

(3) 生物改性

生物改性就是通过细菌发酵，并采用不同的碳源，不同的发酵条件，在 PHB 的链段上引入其他的羟基脂肪酸的链节单元，以期改善 PHB 的性能。在通过生物改性制得的 PHA 材料中，研究比较广泛、改性比较成功的有聚 3-羟基丁酸酯/3-羟基戊酸酯共聚物（PHBV）、聚 3-羟基丁酸酯/3-羟基己酸酯共聚物（PHBH）、聚 3-羟基丁酸酯/4-羟基丁酸酯共聚物（P34HB）[3]。

① 聚 3-羟基丁酸酯/3-羟基戊酸酯共聚物（PHBV）　PHBV 共聚物是 PHA 的第二代产品，开发它的主要目的是改善 PHB 的脆性。PHBV 于 20 世纪 70 年代由英国帝国化学公司首先开发，它以丙酸、葡萄糖为碳源食物，通过 *Alcaligence eutrophus* 发酵获得，并形成工业规模，商品名 Biopol。

PHBV 的合成原料为各类有机物，如糖、水果、蔬菜、植物秸秆和果壳等，具有完全可生物循环性。PHBV 具有完全生物降解性（可完全降解为 CO_2 和水）、生物相容性、压电性和光学活性等特殊性能，可用作降解包装材料、组织工程材料、缓释材料和电学材料等。

PHBV 中因 3-羟基戊酸酯共聚组分的加入，使其性能随共聚物中 3-羟基丁酸的含量不同而变化。当其含量为 3%～8% 时，PHBV 的热学和力学性能与 PP 类似，可熔融加工，具有热塑性。因此，可通过改变 PHV 的比例，将 PHBV 物性的变化控制在需要的范围内；当 3-羟基戊酸酯共聚物的含量为 20% 时，其熔点可以由 PHB 的接近于 180℃ 降低到 137℃，结晶度降低，熔体黏度增加，从而显著改善热塑加工性，同时提高机械力学稳定性，如冲击强度和韧性增加，硬度脆性下降；一般情况下，随着 3-羟基戊酸酯共聚组分加入量的增加，

PHBV 的物性由原来 PHB 的硬脆转变为软韧。PHBV 中的 HV 含量高时,共聚物的柔软性好、冲击性高,但弹性模量低。

② 聚 3-羟基丁酸酯/3-羟基己酸酯共聚物(PHBH) PHBH 是一种近年来开发的新型完全生物降解聚合物。PHBH 共聚物的性能严重依赖共聚物中 3-羟基己酸(3HHx)的含量大小,目前的合成技术已可以任意控制 3HHx 的含量。由于 3HHx 单体的掺入,使得 PHBH 的柔性和韧性比 PHB 都有很大的提高,断裂伸长率也得到提高,硬度和脆性下降,在柔韧性和硬度方面也都达到较好的平衡,具有很好的力学性能。此外,PHBH 的生物降解性能也好于 PHBV 和 PHB。

用于生产 PHBH 的菌株中嗜水汽单胞菌(*Aeromonas hydrophila*)和豚鼠气单胞菌(*Aeromonas caviae*)是研究得最多的两个菌株,这两个菌种能够利用月桂酸等脂肪酸作为碳源合成较高含量的 PHBH。利用比脂肪酸更为廉价的非相关碳源(如糖类)生产 PHBH 是降低生产成本的有效手段之一。构建基因重组菌,例如 *W. euthopha* PHB-4,可以以果糖作为碳源合成 PHBH,但是其中 3HHx 的含量很低,最多的摩尔含量只有 1.6%。由于 3HHx 的含量较低,对 PHBHHx 的材料学性能进行改性的作用仍然有限。因此用非相关碳源合成仍然是 PHBH 生产中面临的一个难题。

③ 聚 3-羟基丁酸酯/4-羟基丁酸酯共聚物(P34HB) 聚 3-羟基丁酸酯/4-羟基丁酸酯共聚物属于 PHA 家族中的第四代产品,最早由日本东京工业大学用发酵法合成。

P34HB 是一种微黄色颗粒或白色粉末状固体,不易溶于水,其吸水率小于 0.4%,成型收缩率一般为 1%~2.5%。P34HB 属热塑性结晶高分子材料,结晶度随 4-羟基丁酸酯(4HB)含量不同而有所不同。4HB 含量高的(18% 以上)P34HB 将不具有结晶特性,成为一种橡胶态聚合物。P34HB 可以通过调节共聚物的组成,从而得到从塑料到橡胶一系列性能不同的产品。在 P34HB 的共聚物组成中,单体 3HB 脆性较大,赋予材料刚性;P4HB 有类似橡胶的性质,赋予 P34HB 良好的韧性。

在 3-羟基丁酸酯/4-羟基丁酸酯共聚物中,随着 4-羟基丁酸酯单元的增加,共聚物由结晶性的硬塑料向富有弹性的橡胶态过渡,结晶度、熔点及玻璃化温度也随之下降(玻璃化温度最低可达 -30℃ 以下),这对于加工制造行业节约能源提供了极大的方便;材料的热稳定性能得到进一步提高,P34HB 的热分解温度一般在 185℃ 以上,达到 250℃ 时快速分解;此外,可以通过改变聚合物中 4HB 的含量来改善共聚物的力学性能,例如,4HB 由 40% 增至 100%,拉伸强度可以从 17MPa 增加到 104MPa。

8.2.5.5 应用与产业化发展

在近十几年对 PHA 的研究热潮中,美国、日本、欧洲等发达国家和地区掌握了主要的技术专利,涉及生产和应用的许多方面。我国 PHA 的研究起步较晚,但在微生物合成可降解聚酯 PHA 领域也已经取得了重要进展,掌握了一些具有自主知识产权的菌种和后期工艺。例如,1999 年我国在世界上首次成功地进行了新型聚酯、3-羟基丁酸和 3-羟基己酸共聚物(PHBH)的工业化生产。

目前,我国是世界上生产 PHA 种类最多、产量最大的国家。宁波天安生物材料公司年产 1×10^4 t 聚羟基丁酸羟基戊酸酯(PHBV)的高技术产业化示范工程已经被国家发改委列入生物基材料高技术产业化专项。天津国韵生物材料有限公司已经建成年产万吨规模 PHA

的生产基地，其产品主要用于开发高强度纤维热敏胶、水乳胶、组织工程材料等高附加值产品，也作为一次性材料应用于食品及日用包装行业。我国工业化生产的 PHA 材料还包括江苏南天集团与清华大学合作的聚羟基丁酸酯（PHB），以及清华大学与鲁抗集团合作的聚羟基丁酸羟基己酸酯（PHBHHx）等。目前清华大学正开发利用极端嗜盐菌在高渗状态下发酵生产 PHA 的新技术，将实现无需灭菌和连续培养，这一技术的成功有助于大大降低 PHA 的生产成本。

表 8-21 列出了国内外 PHA 产业化项目。

表 8-21　国内外 PHA 产业化项目[49]

企业	规模/产量	PHA 种类
德国 Biomers 公司	1000t/a	PHB
英国 Biocycle 公司	100t/a	PHB
英国帝国化学工业集团	350t/a	PHBV
美国 Metabolix 公司	—	P34HB
美国 Tepha 公司	—	PHO/P4HB
美国 ADM 公司	50000t/a	P34HB
美国宝洁公司	5000t/a	PHBH
日本 kaneka 株式会社	—	PHBH
天津北方食品公司	10t/a	PHB
江苏南天集团	10t/a	PHB
江门生物技术中心	10t/a	PHB/PHBH
宁波天安生物材料公司	10000t/a	PHBV
天津国韵生物科技公司	10000t/a	P34HB
深圳意可曼生物科技有限公司	5000t/a	P34HB

我国成立了许多与 PHA 生产和应用有关的公司，现有的一些大型发酵企业也参与了 PHA 的产业化工作。然而，由于投入经费的短缺，我国无法形成系列的应用开发，使许多专利技术不能为我国所有。同时，由于目前绝大多数 PHA 单体结构都是国外发现的，给我国的产业化带来一些障碍，我国在新型 PHA 发现方面的创新性还有待提高。此外，虽然 PHA 研究和产业化取得了一些进展，但必须看到，目前 PHA 生产成本还高于以石油原料为基础的塑料，大量研究工作必须集中在提高原料转化为 PHA 的效率及发现新 PHA 材料上。

8.2.6　聚对苯二甲酸丙二醇酯

8.2.6.1　概述

聚对苯二甲酸丙二醇酯（PTT）是近 10 年来迅速发展起来的新型热塑性聚酯材料。PTT 纤维具有良好的材料学性能，包括柔软性、弹性回复性、抗折皱性、尺寸稳定性、易染色性和抗污性等，能作为工程塑料、纤维和地毯等材料而得到广泛的应用，是当前国际上的热门高分子材料之一。其中，PTT 聚酯纤维引起人们极大的关注，很多国内外大公司及科研单位已经把它列为 21 世纪新型纤维材料之一，一些国际大公司则已经投入了较大物力和财力进行 PTT 的研究和开发，并取得了较大的进展。

8.2.6.2　PTT 的合成

(1) 单体 1,3-丙二醇合成[50]

有三种路线可以用来合成单体 1,3-丙二醇，包括环氧乙烷甲酰化法、丙烯醛水合法和生物发酵法，如 1,3-丙二醇单体来源于生物质资源发酵，则合成的 PTT 塑料可称为生物塑料。壳牌公司于 1996 年实现了环氧乙烷路线的工业化生产，Evonik 公司发明了以丙烯醛为原料的生产路线，杜邦公司则提出生物发酵法制备 1,3-丙二醇。

① 环氧乙烷甲酰化法　通过乙烯与 O_2 在 Ag 的催化作用下合成环氧乙烷，环氧乙烷进一步与 CO、H_2 经催化制得 1,3-丙二醇。该工艺可以采用一步法直接合成 1,3-丙二醇，也可以采用两步法，即先通过氢甲酰化反应生成 3-羟基丙醛，3-羟基丙醛经萃取浓缩之后进行后续的加氢反应制得 1,3-丙二醇。目前，催化剂体系主要有钴基和铑基体系，其中钴基催化剂体系有较多的研究和改进。

② 丙烯醛水合法　以丙烯醛为原料，通过水合作用制备中间体 3-羟基丙醛，进一步催化加氢制得 1,3-丙二醇。第二步加氢跟上述加氢过程相同，第一步为水合反应，反应催化体系分为均相体系（无机酸、酸碱缓冲液等）和多相体系（弱酸性阳离子交换树脂、氨基磷酸类树脂、分子筛等）。

③ 生物发酵法　主要以甘油、葡萄糖等为原料，经微生物发酵合成 1,3-丙二醇。在诸多可以生产 1,3-丙二醇的菌种中，克雷伯肺炎杆菌、丁酸梭状芽孢杆菌和弗氏柠檬酸菌由于具有较高的生产效率和 1,3-丙二醇收率而受到较多的关注。野生菌种由于其酶系复杂，在制备 1,3-丙二醇的过程中会产生多种副产物，毒害菌种，而且给分离提纯带来困难，需要通过基因工程对菌种进行改造。

由于葡萄糖的价格低于甘油，因此以葡萄糖为底物，通过发酵法制备 1,3-丙二醇具有很大的吸引力，遗憾的是，迄今为止还未发现符合要求的野生菌种。杜邦公司和杰能科公司联合成功地通过基因工程制备出符合要求的菌种，该菌种含有来自克雷伯氏肺炎杆菌生产 1,3-丙二醇的基因和来自啤酒酵母生产甘油的基因，1,3-丙二醇的最终浓度可达到 135g/L，生产效率为 3.5g/(h·L)。

清华大学以葡萄糖和粗淀粉（如木薯粉）为原料，采用双菌种两步发酵生成 1,3-丙二醇，该技术已在 5000L 发酵罐上通过中试。针对发酵过程副产大量有机酸（盐）的特点，在提纯过程中引入了电渗析脱盐技术，并通过絮凝、浓缩和精馏等工序，使 1,3-丙二醇产品纯度达到 99.92%，收率超过 80%。黑龙江辰能生物工程有限公司与清华大学合作，实现了年生产 2500t 1,3-丙二醇的生产规模。

发酵法生产 1,3-丙二醇的缺点主要表现在工艺的生产难度大，酶的成活周期较短，1,3-丙二醇的产物浓度低，生产效率低，生产装置的兼容性较差，分离提纯较为困难。如果能通过基因改造、菌种选育筛选出优良的菌种，增强菌种的底物耐受性，优化工艺条件，设计高效的反应器，使用廉价的原料，提高 1,3-丙二醇的收率和时空产率，同时降低分离提纯的成本，该方法一定具有广阔的前景。

（2）PTT 合成[51]

目前工业生产 PTT 的方法主要有酯交换法（DMT 法）和直接酯化法（PTA 法），DMT 法由对苯二甲酸二甲酯（DMT）与 PDO 进行酯交换再聚合，PTA 法则由对苯二甲酸（PTA）和 1,3-丙二醇（PDO）直接酯化聚合。

无论是酯化反应还是酯交换反应，得到的都是中间产物对苯二甲酸双羟丙酯（BHPT）。BHPT 在随后的阶段缩聚为 PTT，DMT 和 PTA 路线在缩聚阶段是完全相同的。PTA 法的优点是由于 PTA 价格比 DMT 便宜，使聚酯生产成本降低，而且 PTA 路线不副产甲醇，可以省去回收甲醇的工序，节约投资，减少污染，有利于安全生产，工业生产中适宜采用 PTA 法。但缺点在于反应体系为固相 PTA 与液相 PDO 共存的非均相体系，反应控制难度大，随着 PTT 聚合过程中分子链的增长，一些副反应如生成环状低聚物、链端降解、链间降解等会影响聚合物的分子量。而且 PTT 端基反应生成的烯丙基与烯丙醇是可逆转变，端基稳定，从而抑制了分子链的继续增长。而 DMT 路线虽然在实验室条件下容易控制、操作方便，但是由于 DMT 路线生产流程长，投资大，在生产过程中有甲醇的参与、污染较多，而且 PTA 的价格又比 DMT 便宜，因此 DMT 路线不适合工业化生产。

新型催化剂的开发已成为 PTT 聚酯生产厂家竞相研究开发的热点。目前，可用于合成 PTT 的催化剂主要由 Sb、Ge、Ti 等系列以及复合催化剂，其中 Sb 系催化剂（如三氧化二锑、醋酸锑、乙二醇锑等）活性适中，价格低廉，使用最为普遍；Ge 系催化剂（如二氧化锗）价格昂贵，目前应用得还比较少；Ti 系催化剂（如乙二醇钛、钛酸四丁酯、二氧化钛等）活性最高，可用于聚对苯二甲酸-1,3-丙二醇酯、聚对苯二甲酸丁二醇酯、聚对苯二甲酸-1,4-环己烷二甲醇酯等的合成。

在复合催化剂方面，德国 Acordis 公司研制的钛/硅复合催化剂（商品名为 C-94），由 SiO_2 和 TiO_2 复合而成（Si：Ti 为 1：9），是典型的一款复合催化剂。该催化剂无毒、容易溶于醇、不溶于水，既可用于 PTA 工艺路线，也可用于 DMT 路线，同时适用于连续装置和间歇装置。

由于 PTT 缩聚过程在较高温度下进行，所以除了主反应外，还会发生大分子链端基（如羧基和羟基等）和大分子链中酯键裂解等副反应。少量烯丙醇和丙烯醛等挥发性副产物会在制备 PTT 过程中产生，并且它们在馏出液中以溶解状态存在，影响了产物色相和熔体黏度，进而对产品的纺丝和后加工性能造成影响。Shen 公司发明了一种处理 PTT 产物馏出液中烯丙醇和丙烯醛的方法，即加入无机碱（如 NaOH、KOH 等），通过丙烯醛的自身氧化还原生成酸和醇，这样产物色相就会有较大的改变。此外，在预缩聚前加入含磷化合物（如 H_3PO_4、H_3PO_2 等），也可以通过添加着色剂，使醋化催化剂失活，从而降低 PTT 中烯丙醇和丙烯醛含量。另一种副产物是二缩丙二醇醚，二缩丙二醇醚的存在会对 PTT 的性能产生影响。如降低 PTT 树脂的熔点，并对聚合物的热和光稳定性也产生一定影响。

8.2.6.3　性能与成型加工

PTT 的结晶结构是三斜晶系，分子链是螺旋型，分子中三个亚甲基为紧密排列的旁式-旁式构型。分子中处于螺旋状态且能在小范围内旋转的亚甲基单元，虽然偏离旁式-旁式构型却不至于引起能量的显著增加，这使得面对外在的微小应力时，PTT 分子立即做出反应发生形变，这种分子构型使 PTT 具有突出的弹性。

PTT 在室温时为延性，在 360% 应变时，发生应变硬化和断裂，当应变达到 514% 时屈服；PTT 在 T_g 以上与橡胶类似，断裂伸长率增加到 600%，拉伸能力降低，重新变成延性。拉伸性能则取决于热历史及在热拉伸过程中是否有冷晶生成，因为拉伸时有冷晶生成，导致模量增加，对拉伸过程不利。当冷结晶速率增加到一定程度时，PTT 会由橡胶态原位转变至和室温类似的延展态，所以拉伸能力随温度的这些异常变化仅发生在介于室温和 T_g +30℃ 的范围内。当温度继续升高时，冷结晶生成速率加快，PTT 继续变脆，导致拉伸失败。

PTT 熔体随温度升高或相对分子质量降低，非牛顿指数增大，熔体表观黏度对温度的敏感性大，属切力变稀型流体。实际生产中，要通过温度来调节 PTT 的熔体黏度。

PTT 属于热塑性聚合物，与其他热塑性树脂类似，可采用传统工艺进行加工成型。其中，PTT 纤维通过熔融纺丝加工，包括 2 种纺丝工艺：a. 切片纺丝，即通过将缩聚后的聚合物熔体经造粒制成切片，再经过一系列过程工艺，如干燥、螺杆挤压、升温重新熔融，再次进行纺丝；b. 直接纺丝，即将聚合物熔体经喷丝板喷丝后拉伸而成。

在纺丝前将 PTT 切片干燥以除去水分。当干燥到含水量为 25~80 μg/g 时，送 PTT 切片进入螺杆挤出机于 245~285℃ 加热熔融。经计量泵计量，纺丝熔体在 225℃ 左右，卷绕速率超过 4000m/min，压力为 10MPa 下纺丝。

为了符合纺丝的要求，PTT 纤维须经过后加工处理如拉伸等。拉伸温度应在 PTT 纤维的玻璃化温度和 200℃ 之间，在这种温度下纤维的取向度和结晶度得到了提高。PTT 长丝的拉伸工艺可采用双区热拉伸工艺：第一拉伸倍数为 1.005 左右，拉盘的温度为 80℃，加热器温度在 120~200℃ 范围内，拉伸速率控制在 800~1200m/min；第二拉伸倍数为 1.10~1.90，既能热拉伸又可起到定型的作用。

8.2.6.4　应用与产业化发展[51]

美国壳牌公司在 1995 年和 1998 年先后开发了 PTT 纤维用树脂和用于热塑性工程塑料和薄膜的 PTT 树脂，后者的相对分子质量比前者要高。目前在 PTT 聚酯切片生产方面，壳牌公司在美国 PTT 工厂年产能力 73×10^4 t，并在墨西哥新建一家年产 11.5×10^4 t 的工厂，处在领先地位。在染色助剂、工程塑料、非织造布、聚酯等领域，壳牌公司已经成功开发 PTT 的应用。例如，公司成功生产各种 PTT 纺织用短纤维，通过采用拉伸热处理短纤维拉伸/松弛生产工艺，从纺织用短纤维纱到非织布领域，公司生产的 PTT 纺织用短纤维用途广泛。

继壳牌化学公司之后，杜邦公司推出商品名为 "Sorona" 的 PTT 树脂，在 1989 年，杜邦公司已经实现了 PTT 纤维的工业化，其也在国外寻求合作。由于 1,3-丙二醇原料的限制，目前生产的 PTT 聚酯价格仍较高。通过成功开发以玉米为原料的遗传因子重组的生物酶发酵的方法，杜邦公司制备了 1,3-丙二醇，由于其成本低、方法简单且可以回收及利于环保，此方法受到国内外专家广泛关注。目前杜邦公司与 Genencor 公司合作，通过采用葡萄糖一步法制备 PDO，提高生产能力 500 多倍。

继壳牌公司和杜邦之后，日本旭化成工业公司于 1998 年研制出了 PTT 纤维。该公司在 1999 年底申请相关专利 83 项，并加强 PTT 纤维技术开发和专利保护力度，在 1999 年夏季率先推出商品名称为 "Solo" 的 PTT 纤维，该公司的生产规模在 1000t 以上。在 PTT 纤维的开发方面，公司研制了多个品种的 PTT 纤维。如仿丝绸绒头织物、高强高延高弹性纤维、微凹坑纤维、中空绝缘纤维、弹性纤维等。其中，在弹性纤维方面，将熔融纺丝后的 PTT，在热板上拉伸 3 倍，从而得到了模量 22.54cN/dtex、弹性回复 88%、纤维强度 4.12cN/dtex 的弹性纤维。使用该纤维织成机织物，在特定的温度下定型一段时间，再染色得到的织物弹性良好，手感柔软。

此外，日本东洋纺公司成功研制了强度为 3.54cN/dtex 的 PTT/PET 嵌段共聚纤维，其单丝线密度为 0.23dtex，经起绒、干燥、聚氨酯溶液浸渍、磨光得到了质地柔软的仿鹿皮织物。

从性能和应用角度看，PTT 由于其优异性能，可以广泛用于多个领域，包括装饰、衣料、和工程塑料，尤其在地毯领域，PTT 将和 PA 进行竞争。据估计，地毯领域占了 PTT 纤维需求量的 55%，其他纺织品领域约占 45%；从技术角度看，生产 PTT 的工艺如聚合、纺丝、后加工等均非常成熟，能否得到低成本的 1,3-丙二醇原料成为 PTT 广泛运用的关键。目前，生物质资源经发酵合成 1,3-丙二醇新工艺的突破为 PTT 生物塑料的发展创造了条件；从企业动向角度看，壳牌和杜邦两公司认为 PTT 拥有良好的性能和巨大的发展潜力，使得 PTT 树脂及纤维被世界化纤化工企业争先发展，并出现了开发和生产 PTT 纤维的热潮。综上可见，PPT 塑料及纤维拥有着巨大的发展潜力和广阔的前景。

8.2.7 其他生物塑料

8.2.7.1 淀粉基塑料

(1) 淀粉概述

淀粉是含有多羟基的天然高分子化合物，其广泛存在于植物的种子、果实、块茎及根中。在自然界中，淀粉储量丰富，全世界年产淀粉量可达到 $4600 \times 10^4 t$，其中大部分为玉米淀粉，其余为木薯、小麦和马铃薯淀粉等。淀粉在各种环境中具有完全生物降解能力，降解产物为 CO_2 和水，不对土壤和空气产生任何危害，因此以淀粉为主要原料的降解塑料受到人们的高度重视，是目前天然降解材料的研究重点之一。

淀粉含直链淀粉和支链淀粉两类，两者的结构和性能都大不相同。

① 直链淀粉 直链淀粉，又称可溶性淀粉，是脱水葡萄糖单元间经 α-1,4-糖苷键连接而成的链状结构聚合物，聚合度在 100～6000 之间，相对分子质量为 3 万～16 万。直链淀粉的结晶性高，属于热塑性高分子材料，加热可熔化，可用热塑性方法加工，因此也称为热塑性淀粉；但由于其脆性大，需加入增塑剂进行改性，常用的增塑剂有甘油、乙二醇、乙二醇/甘油、甘油三乙酸酯及水等。

直链淀粉具有如下特性：

1）具有抗润胀性，水溶性较差；

2）糊化温度较高，约 81℃；

3）膜性和强度很好；

4）具有近似纤维的性能，用直链淀粉制成的薄膜，具有好的透明度、柔韧性、抗张强度和水不溶性，可用于生产密封材料、包装材料和耐水耐压材料。

② 支链淀粉　支链淀粉，又称胶淀粉、淀粉精，是天然淀粉的两种主要高分子化合物之一。从结构上来讲，支链淀粉是一个具有树枝形分支结构的多糖。相对分子质量较大，一般由 1000～300000 个葡萄糖单位组成，相对分子质量约为 100 万，有些可达 600 万。D-吡喃葡萄糖单位通过 α-1,4-苷键连接成一直链，该直链上通过 α-1,6-苷键形成侧链，在侧链上又会出现另一个分支侧链。主链中每隔 6～9 个葡萄糖残基就有一个分支，每一个支链平均含有 15～18 个葡萄糖残基，平均每 24～30 个葡萄糖残基中就有一个非还原端基。支链淀粉属于热固性高分子材料，不可以用热塑性方法加工。

直链淀粉与支链淀粉的性质差别较大，主要的区别在于支链淀粉有较好的黏着性能，但成膜性差，而直链淀粉黏着性很差，而且易结成半固体的凝胶体，但其乙酰衍生物制成的薄膜坚韧而有弹性。在天然淀粉中，直链淀粉含量高的品种更适用于制备生物塑料，制品具有较好的力学性能。天然淀粉由于耐水性差、湿强度低、塑化性差、尺寸稳定性差、不同淀粉的物性差别大等特点，因此纯淀粉难以直接加工成塑料制品，需要进行改性处理，使之具有热塑加工性能，并改善其强度。目前，用淀粉做出的塑料主要为如下两大类：全淀粉塑料和淀粉复合塑料。

(2) 全淀粉塑料

全淀粉是用 90% 以上淀粉加入适量的添加剂进行改性而使之具有热塑性能的一类淀粉，又称为热塑性淀粉、塑化淀粉、改性淀粉等，英文为 thermoplastic starch，简称 TPS。热塑性淀粉具有热塑性，既可进行热塑加工，又能快速、完全地在自然环境中降解，是目前生物降解塑料行业的热点之一。

天然淀粉的分子结构中含有大量的羟基，在分子间形成很多氢键，形成微晶结构完整的颗粒，具有较大的结晶度。高结晶的淀粉熔点高于其热分解温度，在熔融前已经分解，因而不具有热塑性，不能用热塑性塑料加工设备成型。因此，必须破坏其结晶度，使分子结构无序化，降低氢键的作用力，进行塑化改性，使其熔点在分解温度之下，具有热塑性能。对天然淀粉进行改性的方法很多，主要分为物理改性和化学改性两类。

① 物理改性　物理改性是指在热、剪切力和适当增塑剂的作用下破坏淀粉原有的球晶结构，实现由晶态向无定形态的不可逆转变，形成热塑性淀粉。在淀粉物理改性中经常用的增塑剂为多元醇类，如乙二醇、丙三醇、山梨糖醇及聚乙烯醇等。加入增塑剂可渗透到淀粉分子内部，削弱氢键的作用力，降低淀粉的结晶度，软化淀粉，利于加工。

② 化学改性　利用淀粉中含有的大量的活性可反应羟基，可以进行各类化学反应以进行改性。常见的化学改性有以下几类。

1) 氧化。将淀粉中活性羟基用碱性次氯酸盐、高碘酸盐等氧化剂处理，增加淀粉中羧基和醛基的含量，削弱分子间氢键，使得淀粉具有易糊化、黏度低、成膜性好、透明度高等优点。

2) 酯化。淀粉中的羟基与酸（如磷酸、醋酸等）发生的酯化反应，生成淀粉单酯、双酯或三酯。淀粉经酯化处理后，透明性及热稳定性明显提高，黏度增大，分散性提高，糊化温度降低。

3) 醚化。淀粉中的羟基与活性物质发生醚化反应生产醚化淀粉。醚化淀粉分为非离子型（包括羟乙基淀粉、羟丙基淀粉等）、阳离子型（包括叔胺烷基醚化淀粉、季烷基醚化淀粉等）和阴离子型（包括羧甲基淀粉钠等）三种。醚化淀粉的黏度稳定性提高，强碱性条件下不易水解。

4）交联。淀粉中的羟基与多官能团化合物反应生成二醚键或二酯键，使两个或两个以上的淀粉分子连接在一起形成交联淀粉。常用的交联剂有三氯氧磷、偏磷酸三钠、甲醛、丙烯醛、环氧氯丙烷等。交联是淀粉最有效的改性方法之一，交联淀粉的相对分子质量提高，糊化温度升高，可得到高凝胶强度的改性淀粉。

5）接枝。在淀粉的活性端接枝上某一聚合物，可用于淀粉接枝的单体有很多，如丙烯腈、乙酸乙烯酯、丙烯酸酯、甲基丙烯酸酯、丙烯酰胺、丁二烯、苯乙烯及环氧化物等，也可以两种以上单体并用。淀粉接枝聚合物具有热塑性能，可直接加工成薄膜类制品，具有生物降解性能。

目前，典型的热塑淀粉制品为薄膜，用热塑性淀粉制成的薄膜具有透明、柔软、无毒等性能。德国用培养的青豌豆高直链淀粉加工的薄膜柔软、透明，与 PVC 软质薄膜类似。全降解热塑性淀粉在价格上比 PLA 等具有竞争力，发展潜力巨大，但全降解热塑性淀粉存在易吸湿、耐潮湿性不好，材料的稳定性差等问题，不宜在与水接触或超过 50℃、相对湿度为 30%～80% 的环境中使用，其降解过程也难以精确控制。但作为降解塑料的发展方向，热塑性淀粉塑料具有诱人的市场前景。

(3) 淀粉复合塑料

淀粉复合塑料是指将原生淀粉或改性淀粉与树脂进行复合，使淀粉具有可塑化性能和一定的强度，这是目前最实用的淀粉塑料。按与淀粉复合的树脂是否具有生物降解性能，将淀粉复合材料分为淀粉/降解树脂复合材料和淀粉/非降解树脂复合材料两大类。

① 淀粉/降解树脂复合塑料　淀粉与聚乳酸（PLA）、聚乙烯醇（PVA）、聚己内酯（PCL）、聚丁二酸丁二酯（PBS）、聚羟基脂肪酸酯（PHA）等合成降解树脂，及纤维素、蛋白质、壳聚糖、木质素等天然高分子均可共混复合，产品为完全降解类，性能又可基本满足市场需要，是目前大力推广的共混改性方向。其中，意大利著名的 Mater-Bi 降解塑料即为淀粉/PVA 复合塑料，我国广东肇庆华芳降解塑料有限公司也实现了该复合塑料的工业化生产。

在淀粉中加入 PVA 可提高淀粉的力学性能，共混物中 PVA 的含量增加，拉伸强度和断裂伸长率增加，吸水率增大。淀粉/PVA 的共混工艺为淀粉糊化—共混合—交联，糊化可打破淀粉颗粒的原有形态结构，促进与 PVA 的相容性。典型配方为：淀粉 60%、PVA20%、甘油（增塑剂）14%、尿素（耐水剂）3%、增强剂 3%。该配方制成薄膜的主要性能指标为：28d 生物降解率≥66.6%（国家标准为≥10%，国际标准为≥15%），90～180d 完全降解，纵向拉伸强度≥30MPa，断裂伸长率≥600%，撕裂强度≥86.6kN/m，相对密度 1.1，透光率＞90%，雾度 6.6%，防静电性良好，热封性良好，使用温度范围 −18～100℃。

② 淀粉/非降解树脂复合塑料　淀粉与非降解树脂如聚乙烯、聚丙烯、聚苯乙烯、聚氯乙烯、聚碳酸酯等共混复合，复合产品的力学性能好，价格低于普通塑料，也低于淀粉/降解树脂的复合产品。淀粉/非降解树脂复合塑料的缺点为产品不能完全降解，只能部分降解，最后有残片残留于土壤中。因此，提高复合产品种的淀粉含量是关键，据报道，已有淀粉含量 50% 的聚乙烯投产，用于生产各类包装材料；也有含有 70% 淀粉的聚丙烯投产，用于注射加工餐具制品等。

8.2.7.2　生物尼龙

尼龙是聚酰胺（polyamide）塑料的俗称，英文简称PA。美国杜邦公司最先开发用于纤维，于1939年实现工业化。20世纪50年代开始开发和生产注塑制品，以取代金属满足下游工业制品轻量化、降低成本的要求。聚酰胺主链上含有许多重复的酰胺基，用作塑料时称尼龙，用作合成纤维时称为锦纶。聚酰胺可由二元胺和二元酸制取，也可以用ω-氨基酸或环内酰胺来合成。根据二元胺和二元酸或氨基酸中含有碳原子数的不同，可制得多种不同的聚酰胺，目前聚酰胺品种多达几十种，目前主要的尼龙品种有PA6、PA66、PA1010、PA610、PA410、PA1012、PA46、PA11、PA12、PA6T、PA9T、PA10T及PPA等。

PA具有良好的综合性能，包括力学性能、耐热性、耐磨损性、耐化学药品性和自润滑性，且摩擦系数低，有一定的阻燃性，易于加工，适于用玻璃纤维和其他填料填充增强改性，提高性能和扩大应用范围。PA塑料制品主要用于汽车、机械、包装、电子、电气及日用等领域。例如，在汽车行业，主要用于发动机部件、电子配件、车体部件及输油件等，具体产品有输油管、空调管、喷油嘴、油箱、燃料过滤器、储油罐及汽车外板等；在机械工业，用于制造齿轮、涡轮、垫片、螺栓、螺母、轴承等；PA纤维在纺织行业应用广泛，其最突出的优点是耐磨性高，在混纺织物中稍加入一些聚酰胺纤维，可大大提高其耐磨性。

在众多尼龙品种中，目前属于生物尼龙的品种有PA1012、PA1010、PA610、PA10T、PA11及PA410等。这几种材料的共同特点是其中的癸二酸是由生物质材料蓖麻油裂解制成的，因此称之为生物尼龙。此外，还可以利用由植物中提取的氨基酸来制造生物尼龙。本书对蓖麻油裂解制癸二酸工艺过程以及典型生物塑料PA610的合成、性能和成型加工进行介绍。

(1) 癸二酸合成

合成癸二酸的原料包括蓖麻油、丁二烯、己二酸单脂、米糠醛乙酰丙酸等，其中，用作生物尼龙的原料癸二酸由蓖麻油提炼而成。蓖麻油的主要成分为蓖麻酸甘油酯，用NaOH将蓖麻油皂化制得蓖麻酸（顺式-12-羟基十八碳烯-9-酸）和甘油，然后以甲酚为溶剂，蓖麻油酸与NaOH反应，发生热碱裂解，再经中和、酸化得到癸二酸。我国是目前世界上癸二酸主要生产国，基本都采用该工艺路线生产，具体化学反应式如下。

① 水解反应

$$R^1COOCH_2-(R^2COO)CH-CH_2OOCR^3+3H_2O \longrightarrow$$
$$R^1COOH+R^2COOH+R^3COOH+C_3H_5(OH)_3$$

其中，混合脂肪酸中以蓖麻油酸为主，占85%左右。

② 裂解反应

$$CH_3(CH_2)_5CHOHCH_2CH=CH(CH_2)_7COOH+NaOH \longrightarrow$$
$$NaOOC(CH_2)_8COONa+CH_3(CH_2)_5CHOHCH_3（甲酚、常压、260～280℃）$$

③ 中和反应

$$2NaOOC(CH_2)_8COONa+H_2SO_4 \longrightarrow 2NaOOC(CH_2)_8COOH+Na_2SO_4(pH=6～7)$$

④ 酸化反应

$$2NaOOC(CH_2)_8COOH+H_2SO_4 \longrightarrow 2HOOC(CH_2)_8COOH+Na_2SO_4(pH=2～8)$$

（2）尼龙 610 合成

癸二酸和己二胺发生缩聚反应即可得到尼龙 610。工业上为了使癸二酸和己二胺以等摩尔比进行反应，一般先制成尼龙 610 盐后再进行缩聚反应。在脱水的同时伴随着酰胺键的生成，形成线型高分子，所以体系内水的扩散速率决定了反应速率，在短时间内高效率地将水排除反应体系是尼龙 610 制备工艺的关键所在。上述缩聚过程既可以连续进行也可以间歇进行，目前工业上一般采用间歇缩聚生产 PA610。具体地，癸二酸和己二胺在 N_2 保护下进入聚合釜，加入分子量调节剂等，加热至 230～260℃、1.2～1.8MPa，然后降压，根据要求产品的品级调整时间、温度、压力，最后在 N_2 压力下卸料。整个过程需 6～8h。熔体经挤压机铸带，在水浴中冷却、切粒后得到成品。间歇法的生产过程是柔性的，通过对添加剂和反应时间、压力、温度进行调整，可以生产出不同品级的产品。

（3）性能与加工

PA610 为半透明或乳白色结晶型热塑性聚合物，性能介于 PA6 与 PA66 之间，相对密度和吸水性较小，属于自熄性树脂，力学性能和韧性较好，尺寸稳定性好，耐强碱、耐弱酸性好于 PA6 和 PA66，溶于酚类和甲酸。具体的一些性能参数如下：吸水性 1.8%～2.0%、拉伸强度 60MPa、拉伸模量 2400MPa、弯曲强度 90MPa、屈服应力 65MPa、热变形温度 82℃、熔融温度 220℃。

PA610 可用注射、挤出等传统方法加工。干燥温度 80～100℃，加工温度范围比 PA66 宽。其中，注射成型工艺条件为：允许最大含水率 0.15%、预干燥温度 80℃、预干燥时间 4h、熔融温度范围 250～270℃、模具温度范围 40～60℃、注射压力 69～137MPa、停留时间 10min；挤出成型工艺条件为：干燥温度 80℃、干燥时间 2～4h、加工含水率 <0.1%、熔融温度范围 230～290℃。

目前 PA610 的应用类似于 PA6 和 PA66。例如，在机械行业，交通运输业，用作套圈、套筒及轴承保持架等；在汽车制造业用于制作转向盘、法兰、操纵杆等，但与 PA6 和 PA66 相比，尤其适合于制造尺寸稳定性要求高的制品，如齿轮、轴承、衬垫、滑轮及要求耐磨的纺织机械的精密零部件；在电子电气行业，PA610 可用于制造工业生产电绝缘产品、仪表外壳、电线电缆包覆料等；另外，PA610 还可用于制造输油管道、储油容器、绳索、传送带、单丝及降落伞布等[3]。

8.2.7.3 聚烯烃

聚烯烃是烯烃经过加聚反应形成的高分子化合物，即通过相同或不同的烯烃分子，如乙烯、丙烯、1-丁烯等 α-烯烃以及某些环烯烃聚合形成。常见的聚烯烃有聚乙烯、聚丙烯、聚 1-丁烯等。聚烯烃主要通过高压聚合、低压聚合（包括溶液法、浆液法、本体法、气相法）等方式生产。其中，单体来源于生物质资源的聚烯烃称为生物聚烯烃，目前主要包括生物聚乙烯和生物聚丙烯两类产品，其单体来源于生物乙醇，由玉米、秸秆、甘蔗等植物经生物发酵而得。

（1）生物聚乙烯

聚乙烯（polyethylene，PE）是指由乙烯单体经自由基聚合而成的聚合物，包括低密度聚乙烯（LDPE）、高密度聚乙烯（HDPE）和线性低密度聚乙烯（LLDPE）等。薄膜类制品是 PE 的最主要用途，由于其多应用于终端消费及运输环节，其需求的增长与国内整体经济形势的发展关系较大，基本维持着略高于国内 GDP 的增长，其增长势头稳定。从软包装薄膜产量统计来看,自 2006 年起平均以 13％的速率递增,印证了塑料薄膜的稳速增长。聚乙烯的另一个重要的消费领域是塑料管材,它的产量也随着我国城镇化步伐加快、市政管道建设项目增加的实施不断增加。未来几年,城镇供排水、燃气管道,以及城市地下电力、通信护套管道等市政用塑料管道仍将成为 PE 的发展重点。

我国聚乙烯行业通过近几年不断发展,年产能达到 $1082 \times 10^4 t$。在"十二五"期间仍有抚顺石化、武汉乙烯、四川炼化、大庆石化等装置投产,到"十二五"末期,聚乙烯产能将达到 $1667 \times 10^4 t$。从 2011 年的数据来看,聚乙烯国产量在 $1015.2 \times 10^4 t$,表观需求量在 $1727.27 \times 10^4 t$,可看出国内聚乙烯仍存在 700 多万吨的缺口不得不依托进口。随着国内产能的扩大和"十二五"期间烯烃原料的多元化,我国聚乙烯的自给率将大幅提高,对外依存度将逐渐降低。

目前,石脑油制烯烃是我国烯烃产品传统的主要生产方法,"十二五"规划中提出烯烃原料多元化,制定了煤制烯烃的发展规划。煤制烯烃是指以煤为原料合成甲醇后再通过甲醇制烯烃的技术。烯烃的巨大需求量、煤炭的价格优势和石油资源的紧缺,使煤制烯烃项目极具市场竞争力,是实现我国煤代油能源战略,保证国家能源安全的重要途径之一。据了解,未来几年有将近 20 套煤制烯烃项目计划投建,但是煤化工是资源密集、技术密集、资金密集的大型产业,装置必须建在原料产地且对水资源用量极大,目前技术方面仍不十分成熟。同时"十二五"期间国家节能减排目标进一步提高,而煤制烯烃从开采煤炭到生产对环境污染都相当严重。综合来看,煤制烯烃规划仍难以改变石脑油制烯烃的传统地位,能否对聚乙烯行业发展带来冲击和替代,需要进一步考量观察。

19 世纪,乙醇脱水曾经是主要的乙烯生产路线。由于石油化工的蓬勃发展,乙醇脱水制乙烯逐渐被淘汰。但是近年来,随着石油的快速消耗,乙醇脱水制取乙烯路线重新受到重视。由生物质资源出发,利用生物发酵技术生产乙醇已经非常成熟,为乙醇脱水制乙烯技术提供了廉价原料和技术支撑。例如,巴西化工巨头 Braskem 公司以甘蔗乙醇为原料开发了一种生物聚乙烯。与传统石油原料聚乙烯相比,新型塑料生产过程中的 CO_2 排放量较少。该公司已计划启动这种生物塑料的商业化生产,每年生产能力为 $20 \times 10^4 t$。

生物聚乙烯的关键技术在于生物质炼制乙醇以及由乙醇合成乙烯,其中,生物质制乙醇在本书前面章节已有介绍,本节主要介绍乙醇制乙烯的技术现状。

乙醇在加热催化条件下脱水生成气态产物乙烯,是一个非均相的表面催化过程。目前,已报道的乙醇脱水催化剂有活性氧化铝、氧化硅、磷酸、硫酸、氧化钛、氧化锆、磷酸钙、杂多酸盐、分子筛、铝酸锌等。其中,有工业应用报道的主要分为活性氧化铝和分子筛催化剂两大类[52]。最有代表性的氧化铝催化剂是 Halcon 公司开发的多元氧化物催化剂(主要成分为 Al_2O_3-MgO/SiO_2),1981 年该公司推出的 Sydol 催化剂应用在当时世界上最大的 $50 \times 10^3 t/a$ 的乙醇脱水装置上,乙醇单程转化率 97％～99％,乙烯选择性 96.8％,单程使用周期达 8～12 个月,是当时性能最好的催化剂[53]。目前,活性氧化铝仍为现有工业应用的主要催化剂。该催化剂要求的反应温度为 300～450℃,空速为 0.2～0.8h^{-1},乙醇单程转化率 92％～97％,乙烯选择性 95％～97％,但能耗较高,设备利用率不高。研究发现分子筛催化剂在乙醇脱水反应中比氧化铝催化剂具有更低的反应温度,更高的操作空速和更高的单程反应转化率和乙烯收率。特别是 ZSM-5 分子筛催化剂因其具有亲油疏水性,在催化脱水性能方面更具有优势。反应温度 250～300℃,空速 1～2h^{-1},乙醇转化率大于 99.5％,乙烯选择性大于 99%，比活性 Al_2O_3 催化剂有了较大提高[54]。在工业应用上，中石化四川维尼纶厂已采用分子筛催化脱水制乙烯，但总体来说，目前分子筛催化剂的工业应用报道还很少。

乙醇脱水制乙烯装置都采用气相催化脱水，原料乙醇经预热汽化在气相状态下进入反应器。乙醇脱水制乙烯的反应是热效应较大的吸热反应，为提高传热效率最早都采用列管反应器，后来又发展了催化剂床层间换热的层式反应器及绝热固定床反应器。国外最大的乙醇脱水工业装置是巴西、印度、印度尼西亚等国在 20 世纪 80 年代前建成的，均为 $6 \times 10^4 t/a$ 固定床反应器装置。由于乙醇法制乙烯一度无法与石油法制乙烯相竞争，直接制约了大型乙醇脱水装置的建设，流化床反应器工艺也未见有相关工业应用报道。但从现有国内外乙醇脱水装置的现状及发展趋势看，若要与大型石化企业的裂解乙烯装置相竞争，建设更大规模的乙醇脱水工业装置，对反应器的研究开发至关重要。

随原油价格上涨，裂解法乙烯的生产成本急剧上升。生物质乙醇生产技术的突破，有望使乙醇价格大幅下降，从而提高生物乙醇制乙烯的竞争力，同时乙醇法制取的乙烯纯度高，产物单纯，同石油法制乙烯相比，可减少分离提纯费用，且乙醇法制乙烯装置投资小，建设周期短，收益快。因此，在高油价时代，生物乙醇制乙烯路线可与现有的烃类裂解制乙烯进行竞争。

(2) 生物聚丙烯

聚丙烯（polypropylene，PP）是一种半结晶的热塑性塑料，在工业界有广泛的应用，是最常见的高分子材料之一。按 PP 结构中甲基的排列位置不同，PP 可分为等规、间规及无规三类，它具有强度高、硬度大、耐磨、耐弯曲疲劳、耐热温度高、耐湿和耐化学性优良、容易加工成型、价格低廉等优点。同时具有低温韧性差、不耐老化等缺点。

聚丙烯用途广泛多样，可用注塑、挤塑、吹塑和中空成型等方法进行加工，广泛应用于纺织、包装、家电、汽车和建筑等行业。中国石化是中国最大的聚丙烯生产商，生产能力达 $505 \times 10^4 t/a$，目前拥有 25 套连续法聚丙烯生产装置（包括在建装置），分别采用日本三井的 HYPOL 工艺、Amoco 公司的气相法工艺、Basell 的 Spheripol 与 Spherizone 工艺、Novolen 气相法工艺等。中国石化自行也开发了国产第二代环管工艺聚丙烯生产技术。目前，中石化采用不同工艺技术的装置可生产出各具特色的均聚、无规共聚和抗冲共聚聚丙烯产品，用于生产 BOPP 薄膜、CPP 薄膜、纤维、管材、涂覆、拉丝和各种注塑产品。

跟聚乙烯一样，聚丙烯的单体丙烯也是主要来源于石油裂解。据美国《世界炼油商务文摘周刊》报道，随着聚丙烯需求增长，丙烯供应是否充足正引起越来越多的关注。为填补供需之间的差异，科技公司开发了几种丙烯生产专用方法，如丙烷脱氢、甲醇制烯烃等。同时，还有一些正在开发的绿色方法，致力于使用生物质制造丙烯[55]。

日本三井化学公司就生物质制丙烯的 3 种方法申请了专利。第一种方法是将发酵生物乙醇脱水为乙烯，生物乙烯二聚生成丁烯，然后将二者进行复分解生成丙烯；第二种方法则是生物乙醇二聚生成正丁醇，然后使正丁醇脱水生成正丁烯，丁烯再与乙烯进行复分解反应，制成生物丙烯；第三种方法则是由发酵方法直接制成正丁醇，然后脱水为正丁烯，最后通过复分解反应制成丙烯。

日本丰田公司申请了一项专利，通过乙醇在固体酸催化剂上连续反应，直接将乙醇转化成丙烯。首先，由酸催化脱水使乙醇转化成乙烯，并使催化剂提供的乙基阳离子发生二聚反应生成丁基阳离子。然后，由丁基阳离子形成异丁烯或正丁烯。最后，通过键断裂而形成丙烯。根据该专利，在 $350\sim400℃$ 时，丙烯选择性高达 $80\%\sim90\%$。

另外，法国一家公司也就乙烯转化成丙烯申请了一项专利。该反应在以 Al_2O_3 为载体的催化剂上完成，在压力 76kPa 和 150℃ 条件下，乙烯转化率约为 34%，丙烯选择性为 90.55%，副产品包括己烯和丁烯。

美国可持续材料生产商 Cereplast 公司推出名叫 Biopropylene（生物丙烯）的新系列聚丙烯复合树脂，作为该公司生物聚烯烃系列产品的一部分。据公司介绍，生物聚丙烯中 50% 以上源于玉米、木薯、小麦等生物质淀粉，替代从石油加工得到的塑料。生物聚丙烯复合树脂在许多应用中能替代传统聚丙烯。另外，这种新材料加工成型时间（周期）与一般聚丙烯相同，但由于加工温度低，因此所需能耗少。Cereplast 公司现在供应注塑、热成型、挤出型材和技术吹塑用 Biopropylene 牌号，达到 ASTM D6400—04 标准关于毒性限定的要求。Biopropylene 产品的重大突破在于其热变形温度、弯曲模量和冲击强度等性能与传统聚丙烯相同，但表面能高于未处理过的聚丙烯，因此具有更好的可印刷性。

8.3 生物基碳材料

碳材料是重要的结构材料和功能材料，具有优良的耐热性能、高热导率、良好化学惰性、高电导率等优点，被广泛应用于冶金、化工、机械、电子航空等领域。生物质资源如农林业生物质、水生植物等，含有丰富的 C 元素，是制备各种碳材料的丰富原料。自碳材料诞生起，以可再生的生物质资源为原料，制备各种碳材料一直都是研究者关注的重点。利用生物质原料制备各种碳材料，可以降低碳材料生产成本，实现碳材料的可持续发展。

8.3.1 活性炭材料

8.3.1.1 活性炭概述

活性炭是一种具有丰富孔隙结构和巨大比表面积的碳质材料，它具有吸附能力强、化学稳定性好、力学强度高，且可方便再生等特点。其需求量随着社会发展和人民生活水平提高，呈逐年上升的趋势，尤其是近年来随着环境保护要求的日益提高，使得国内外活性炭的需求量越来越大，逐年增长。

活性炭产品种类很多，按生产原料不同可分为煤基活性炭、木质活性炭、果壳活性炭和合成活性炭等。其中，以煤为原料生产活性炭具有原料来源稳定、生产成本低等特点，是目前国内外产量最大的活性炭产品。我国煤炭资源品种齐全，具有生产活性炭的优质原料煤，煤基活性炭是目前我国产量最大的活性炭产品，2002 年我国活性炭产量达到约 17×10^4t，其中约 3/4 是煤基活性炭产品。但由于煤储量有限、不可再生，且需要用于能源领域，因此煤基碳材料的发展和应用受到了限制。近年来，采用农林废物等可再生生物质资源为原料的生物基活性炭受到了越来越多的关注。

活性炭按形状不同可分为粉状炭和粒状炭两大类，粒状炭又可进一步分为破碎状颗粒炭（又称散粒炭）和圆柱形、球形成型炭。粉状炭主要用于液相，其用途如谷氨酸钠、蔗糖、淀粉水解糖、酒类、医药制品、油脂等的脱色、精制和净化水等。另一方面，粒状炭有液相用和气相用两种，其用途如气体吸附、溶剂回收、乙烯树脂的催化剂和水净化等。

活性炭结构比较复杂，既不像石墨、金刚石那样具有碳原子按一定规律排列的分子结构，也不像一般含碳物质那样具有复杂的大分子结构。一般认为活性炭由类似石墨的碳微晶按"螺层形结构"排列，由于微晶间的强烈交联形成了大量的孔结构，活性炭的孔结构与原料、生产工艺有关。活性炭的孔由大孔、中孔和微孔组成，大孔孔径为 $50\sim2000\text{nm}$，中孔孔径为 $2\sim50\text{nm}$，微孔孔径小于 2nm。活性炭比表面积较大，一般活性炭产品的比表面积可达 $500\sim1200\text{m}^2/\text{g}$，特殊用途的活性炭具有更高的比表面积。

活性炭的化学性质非常稳定，能耐酸、碱，能在比较大的酸碱度范围内应用；活性炭不溶于水和其他溶剂，所以能在水溶液和许多溶剂中使用；活性炭能经受高温和高压的作用，在有机合成中常用作催化剂或载体。活性炭使用失效后，可以用各种方法进行再生，使其恢复原来的吸附能力，活性炭一般能进行多次反复再生，如果再生方法合适，其吸附能力不会显著降低。

8.3.1.2 生物基活性炭的合成

生物质资源，如棉秆、稻壳、秸秆、玉米芯、竹刨花、椰壳和核桃壳以及造纸工业产生的废弃纸浆等，都可以用来制造活性炭材料。随着原料和制造方法的不同，产品活性炭的吸附性或催化性也有很大的差别。与活性炭的吸附性和催化性有关的因素，有属于细孔结构的孔隙率、比表面积、细孔容积、孔径分布等，和引起不同表面特性的、存在于活性炭表面上的官能团或配合物。选择合适的原料和工艺条件，能够制造出适于各种用途的活性炭。例如，以椰壳为原料制备而成的活性炭质地坚固、不易破碎，常用于防毒面具等消毒装置；以亚麻纤维为原料，采用 $ZnCl_2$ 化学活化制备的活性炭，其比表面积高达 $2400\text{m}^2/\text{g}$；以核桃壳为原料，经水蒸气为活化剂制得的活性炭，对挥发性有机化合物（VOCs）的吸附性能远远地高出煤基活性炭，是一种液相吸附 VOCs 的优良材料。

生物基活性炭的具体合成工艺很多，但是其原理基本是相同的，即要把各种生物质原料经过炭化和活化制成活性炭。炭化的目的是脱除非 C 元素，使生物质原料转变成具有无定形结构的 C，并具有大的比表面积；活化的目的是使炭的比表面积进一步增大，并且形成大量的孔结构，形成吸附量大并具有大量精细孔结构的活性炭。按活化方式的不同主要包括物理活化法和化学活化法。物理活化法是将炭化后的原料在高温下用水蒸气、CO_2、空气等氧化性气体对原料进行活化，通过活化气体对 C 原子的氧化造成原料中碳的"烧失"，从而形成孔隙制造活性炭。目前最常用的活化气体是过热水蒸气。化学活化法是用化学药品（如强碱、强酸或强氧化剂，如 HNO_3、KOH、MnO_2、$ZnCl_2$ 等）将原料浸渍后再进行加热处理，通过加热状态下化学试剂对原料中 C 的氧化引起 C 原子的脱除，从而产生大量孔隙，制备活性炭[56,57]。

(1) 炭化

作为活性炭原料使用的有机物质，除含有 C 元素以外，还含有 O、H、N、S 等元素。所谓炭化，就是把有机物质加热，脱除这些非 C 元素，以制造适于随后进行活化的碳质材料的操作。炭化温度通常在1000℃以下，炭化过程可分为如下三个阶段。

第一阶段（室温～400℃）：发生脱水、脱酸等一次分解，但—O—键不分解而残留着。

第二阶段（400～700℃）：由于氧键的断裂，O以H_2O、CO、CO_2等形式脱除，原料中的挥发分逐渐减少，到700℃时几乎变为零。

第三阶段（700～1000℃）：该阶段是脱氢反应，芳香族核间的键大量形成，进一步可以观察到由于芳香族核的融合而形成二维平面结构，同时，芳香族核通过—CH_2—键而形成三维立体结构，经过这些过程，形成了一种聚合芳香环平面状分子交联结构。

由于在炭化过程中的表现不同，碳质材料可以分为"焦炭型"和"木炭型"两类。焦炭型原料炭化时，在350～500℃条件下发生熔融，而木炭型原料不发生熔融。本书所涉及的生物质资源基本都属于在木炭型原料，炭化装置主要采用固定床活化炉、流动炉等。

(2) 活化

① 水蒸气物理活化法 水蒸气物理活化法操作简单，生产成本比较低，是制备活性炭最常用的方法。所谓水蒸气物理活化就是利用水蒸气在高温条件下与C发生的氧化还原反应，活化温度一般为800～1000℃。C和水蒸气的反应机制如下：

$$C^* + H_2O \longrightarrow C(H_2O)$$
$$C(H_2O) \longrightarrow H_2 + C(O)$$
$$C(O) \longrightarrow CO$$

C^*表示位于活性点上的碳原子，( )表示化学吸附状态。

以木屑为原料，在固定床活化炉中进行活化，活化介质为水蒸气。活化的工艺条件：升温速率为15℃/min，活化温度为700～950℃，活化时间为20～80min，加水量$m(H_2O)/m(C)$为1.2～1.8。随着炭活化时间的延长、活化温度的提高及水蒸气用量的增加，活性炭的比表面积、碘吸附值和苯吸附值均明显的增加，产品收率减少，而酚吸附值则基本上没有改变；进一步延长和提高活化时间和温度，可使活性炭的碘值和比表面积出现极大值。由于苯分子可进入到孔径大于0.4nm的孔；碘值主要反映孔径为1nm以上的孔表面积，而酚值及亚甲基蓝吸附值则反映孔径为1.5nm以上的孔表面积。所以，延长时间、提高温度和增加水蒸气的用量都可以显著提高活性炭微孔的含量，而中孔含量变化不明显，从而说明水蒸气物理活化主要是通过增加活性炭的微孔表面积来提高活性炭的吸附性能。然而，太高的温度和水蒸气用量则可使炭的孔结构发生改变，并使收率显著降低。延长活化时间也会导致类似的情况发生。所以，生物质炭的活化反应要控制在一个适宜的条件范围，例如活化时间为40～60min，活化温度为850～900℃，加水量为每克炭加入水3.6～4.6g。

② 化学活化法 化学活化法是将化学试剂加入碳质材料中，然后在惰性气体介质中加热，同时进行炭化和活化的一种方法。通常采用木质素含量较高的生物质原料。虽然有许多种化学试剂都曾用于碳的活化研究中，但在工业上，主要使用的是$ZnCl$、H_3PO_4和K_2S三种。

1) $ZnCl_2$活化。在原料中加入相对密度约为1.8的浓$ZnCl_2$溶液并进行混合，让$ZnCl_2$浸渍。然后在回转炉中隔绝空气加热到600～700℃。由于$ZnCl_2$的脱水作用，原料里的H和O主要以水蒸气形式脱除，形成多孔性结构的炭。产物中由于含有大量的$ZnCl_2$，因此加入HCl以回收$ZnCl_2$，同时除去可溶性的盐类。然后，用水洗涤除去酸和氯化物，进行湿式粉碎及干燥处理。与气体活化法相比，$ZnCl_2$法的特点是C的固定率高。原料中C的固定率，在生产粉状炭时约为80%，在生产成型炭时为65%~70%。

2）H_3PO_4活化。与$ZnCl_2$活化法相比，H_3PO_4活化工艺具有污染少、碳化温度低且成本较低的优点，是活性炭活化工艺的重要发展方向。以竹粉为原料，加入一定浓度的H_3PO_4溶液，按设定的浸渍比混合、浸渍，然后放入瓷坩埚，在马弗炉中升温至预定的温度活化，冷却后把活化料水洗至中性，再进行干燥处理。H_3PO_4浓度、浸渍比、活化温度、活化时间均影响活性炭的孔结构和吸附性能。总体而言，利用H_3PO_4活化工艺制备的活性炭存在着产品性能不高，应用的范围比较窄等缺点。

3）K_2S活化。KOH活化法是20世纪70年代兴起的一种制备高比表面积活性炭的活化工艺。例如以玉米芯为原料，利用KOH为活化剂，与在400~600℃炭化后的材料混合，在活化温度800℃下活化1.2h，可制备出比表面积大于2700m^2/g的活性炭。与$ZnCl_2$活化工艺相似，活化工艺的效果也受到活化温度、活化时间、活化剂的用量等因素的影响。但是，KOH在500℃以上时对碳有侵蚀作用。工业上为了防止设备的腐蚀，用比较缓和的K_2S、KSCN等硫酸盐为活化剂，例如K_2SO_4已用于制造药用活性炭，烧成温度是950℃左右，原料中C的固定率为6%~8%。

除了物理法和化学法之外，还有化学物理活化法和催化活化法。化学物理活化法，即原料先用化学药品浸渍，然后进行加热处理，在加热时通入适量的活化气体，是将化学活化法与物理活化法结合起来的一种工艺；催化活化法，根据生产活性炭的碳材料的不同特点，在活性炭生产过程中加入不同的催化剂，当活化时催化碳与水蒸气、CO_2等活化介质发生氧化反应，制备具有特殊孔隙结构或高吸附性能的活性炭产品。

上述四种活化方法各有特点。与物理活化法相比，化学活化法的优点是产品孔隙大，操作温度较低，但其生产过程中产生的酸性或碱性腐蚀性气体不仅对生产设备本身存在氧化和腐蚀，而且对生产环境也会造成污染，同时，化学活化法对原料本身的结构及化学反应活性有较严格的要求，因此，化学活化法的使用在一定程度上会受到限制，特别是原料结构比木质原料相对致密得多的煤基活性炭的生产，化学活化法基本难以应用。所以，在目前煤基活性炭的生产过程中，国内外最常用的活化方法是采用物理活化法（气体活化法），世界煤基活性炭产品中超过80%是用物理活化法工艺生产的，有时为了提高产品吸附能力或调整产品孔隙结构，也采用化学物理活化法，但该法对生产设备要求严格，应用难免受到限制，催化活化法实际上是物理活化法工艺的一种发展，在活性炭制备过程中的某一工艺阶段加入催化剂，可以降低活化气体与C反应的活化能，从而缩短活化反应时间，提高活化反应速度，达到在相同工艺条件下提高活性炭的产量和产品质量，降低活性炭生产成本的目的。但是由于生产原料和生产的目标活性炭产品性能不同，所用催化剂差异很大。针对不同原料的催化剂选择需经过大量的实验室和工业性试验研究，目前这种先进的活性炭生产技术正在我国推广应用，用于生产高档活性炭产品。

（3）后处理

① 去杂 一些常见的杂质方法和策略包括：a. 活化时加过催化剂如K_2CO_3的活性炭常用作酸洗或用水洗进行后处理，以减少K、Na化合物等的含量；b. 低灰分活性炭可用水、HCl或HNO_3洗涤，去除一些杂质；c. 用于精细化学品、药物、催化剂、催化剂载体的活性炭，需要特殊的充分洗涤；d. 用800℃水蒸气活化的活性炭，再在500~600℃、碱存在下进一步空气活化，可提高脱色力；e. 活性炭经亚硝气，尤其是NO_2后氧化可形成新

增表面氧化物，比通常的再活化效果更好；f. 降低活性炭的硫含量可利用水蒸气和 H 的作用；g. 降低活性炭的 Fe 含量可趁热用 Cl 或氯化物的气体或 CO 处理，将 Fe 转变为挥发性化合物。

② 浸渍　根据用途不同，浸渍方法也不同，如：a. 用于防护毒气的活性炭用铜盐和铬盐浸渍；b. 用于去氨的活性炭以锌盐浸渍；c. 用于从含氧气体中去硫化氧、从废气中去汞蒸气的活性炭以碘化合物处理；d. 用于提取核装置发生的放射性甲基碘和其他气体的活性炭也以碘化合物处理；e. 用于将 H_2S 和甲醛氧化为无毒物的活性炭以 MnO_2 浸渍，高温下甲醛不氧化成甲酸，而直接生成 CO_2；f. 用于从低氧的气体混合物中除去二价硫化合物的活性炭以铁盐浸渍，再加热转变为三价的 Fe_2O_3；g. 用于从天然气、H_2 和其他气体中消除汞蒸气的活性炭用元素硫处理；h. 用于饮用水净化的活性炭以银盐浸渍；i. 用于各种目的的催化剂的活性炭以贵金属化合物浸渍，例如涂钯的活性炭是典型的氢化催化剂；j. 用于矿物油中硫醇的氧化的活性炭以酞菁钴浸渍。

8.3.1.3　生物基活性炭的应用

活性炭作为具有高比表面积的吸附性材料在众多领域中都有十分广泛的应用。本书重点介绍活性炭在环境治理中的应用，特别是在空气污染治理和水处理两方面的应用[58]。

(1) 空气污染治理

随着人们对环境越来越重视，活性炭在治理空气污染方面的需求量将越来越大。废气与具有大比表面积的多孔性的活性炭接触，废气中的污染物被吸附，使其与气体混合物分离，从而起净化作用。用于气体吸附的活性炭多为颗粒状，细孔结构比较发达，因而具有很强的吸附能力。活性炭吸附流程有 3 种形式。

① 间歇式流程　间歇式流程常用单个吸附器，应用于废气间歇排放、排气量较小、排气浓度较低的情况，吸附饱和后需要再生。当间歇排气的间隔时间大于再生所用的时间，可在吸附器内再生；当间歇排气时间小于再生所用时间时，可将吸附器内的活性炭更换，将失效活性炭集中再生。

② 半连续式流程　半连续式流程由两台吸附器并联组成，是应用最普遍的流程，既可用于处理间歇排气，又可用于连续排气。其中一台吸附器进行吸附，另一台吸附器进行再生。

③ 连续式流程　连续式流程由连续操作的流化床吸附器、移动床吸附器等组成，处理连续排出废气，不断有用过的活性炭移出床外再生，并不断有新鲜的活性炭或再生的活性炭补充到床内。

用活性炭吸附法可不同程度去除污染物，例如 SO_2、NO_x、CS_2、CCl_4、H_2S、Cl、苯、甲苯、二甲苯、丙酮、乙醇、乙醚、甲醛、乙酸、乙酯、苯乙烯、光气、汽油、煤油、恶臭物质等。其中，浸渍活性炭可去除烯烃、酸雾、碱雾、胺、硫醇、Cl、SO_2、H_2S、HCl、HF、NH_3、Hg、CO、二噁英等。

用活性炭吸附气体中污染物，一般要避免高温，因为吸附量随温度上升而下降。并且要避免高含尘量，因为焦油类尘雾会堵塞活性炭细孔，降低吸附，应采取过滤等预处理。

以治理含"三苯"废气为例，"三苯"是指苯、甲苯和二甲苯三种有毒、易燃、与空气能爆炸的芳香烃，其废气常出现在制鞋、涂料、印刷等行业。例如一个年产 200 万双运动鞋厂需用胶黏剂 40t 之多。目前胶黏剂大多用"三苯"作为溶剂和稀释剂。国内较成熟技术是吸附法和催化燃烧法。催化燃烧法净化率较高，但处理强度低，适用于小风量高浓度废气净化。对于大风量低浓度的废气，采用催化燃烧法，设备负荷重、能量消耗大，催化剂损失严重，且溶剂不能回收。

污染严重的中小型制鞋厂宜用活性炭吸附法，操作简单，净化率可达 95％以上，污染源可得到有效控制，溶剂可回收，是一种经济有效的净化手段，目前许多企业选用此法。

采用活性炭吸附法治理"三苯"废气现大体有三种类型。

一是活性炭吸附脱附回收。活性炭吸附一定量污染物后，用水蒸气进行脱附，并进行冷凝分离，回收溶剂。例如杭州南方环保设备厂、福建宇清化工环保产业发展中心，有可处理大于 $1000mg/m^3$ 单一组分的废气的装置，但一次性投资较大，不适于小厂使用。

二是活性炭吸附催化燃烧。活性炭吸附污染物后，用热风解吸，解吸下来的污染物采取催化燃烧。例如北京防化研究院设计的装置可处理大风量有机废气，无二次污染，自动控制能力高。但该方法活性炭炭层较厚，热量容易堆积，而引起自燃。

三是活性炭分散吸附、集中再生。适用于"三苯"废气排放点多面广、规模小、资金少的厂家。吸附器结构设计是关键，考虑到颗粒活性炭层厚度、气流分布、阻力处理能力、活性炭的装卸更换，该设备外形是环形，占地面积小。再生全过程是在活化炉内预热、脱附、煅烧活化和炉内废气燃烧及冷却出料。这种活性炭净化废气装置已有许多小型厂投入使用。

活性炭吸附法整个工艺过程包括：活性炭吸附废气中的"三苯"溶剂；吸附饱和后的活性炭脱附和溶剂回收；活性炭活化再生。一般在常温下吸附，以蒸汽在 110℃以下解吸，冷凝分离回收。例如天津石油化纤厂回收对二甲苯，西安石棉制品厂回收汽油和苯。

目前大多数用水蒸气汽提法或热风再生法，但操作步骤较繁，能源消耗甚大，且会损失活性炭。研究发现采用超临界流体萃取技术，操作费用比水蒸气汽提法降低 50％～90％，活性炭的再生效率和再生后的活性均很高，多次再生后活性炭的活性几乎不变。

（2）水处理

活性炭用于水处理可去除无机污染物（如重金属类）、有机污染物（如芳香族化合物、有机氯化合物），溶解的有机物通常可去除 90％以上。

以含重金属 Hg 废水为例，首先将椰壳活性炭吸附聚胺和 CS_2，继续反应，获得固定有聚硫脲的活性炭，将该活性炭装入塔中，用循环泵连续通入含 Hg 百万分之十的水溶液，以活性炭体积 5 倍容量每小时的速率进行，10h 后，活性炭对 Hg 的吸附量为 0.6mol/L，废水中的 Hg 浓度达标排放。我国水银温度计工厂常采用粉状活性炭处理低浓度的含汞废水，吸附后将饱和炭加热升华、冷凝回收 Hg。

活性炭吸附水溶液中的二价汞与 pH 值有关。pH 值降低，吸附增大，适合在酸性范围吸附金属 Hg，例如，pH 值从 9 降到酸性后，Hg 去除率可提高 2 倍以上。此外，去汞效率还与活性炭性质和活化工艺、添加剂等因素有关。例如，以木材和椰子壳为原料，经 $ZnCl_2$ 法活化的活性炭比水蒸气法活化的去汞量要高，并且后者需要在 pH＜5 条件下操作，而前者在 pH＞5 时仍有较高的去汞量。

活性炭对有机污染物也有明显的脱除效果，如多环芳香烃、非离子农药、有机氯、有机磷、酚类、阴离子洗涤剂等。例如，炼油厂排出的废水中含有油、酚等有机杂质，以粒状活性炭处理炼油废水，可使出水达到地面水水质标准，饱和炭采用高温加热再生。先后有湖南农岭炼油厂、兰州炼油厂、浙江炼油厂、九江炼油厂、石家庄炼油厂等建成工业化装置，活性炭吸附法已成为炼油废水深度处理的主要手段。

含多氯联苯的废水可用粉状或粒状活性炭去除，以热再生法再生；或用苯淋洗、以萃取法回收。例如，在活性炭吸附多氯联苯后，加入苯，在 50℃加热 3～5h，即可去除 90%～98%的多氯联苯，出水中尚含的多氯联苯可控制在 1 μg/L 以下，国外已有工业规模装置。此外，含卤烃废水也可用活性炭吸附处理，例如，含二氯乙烷（500mg/L）的废水，以 12L/h 的流速通过 12L 活性炭，饱和后在 200℃下用 0.2MPa 的蒸汽再生 2h，蒸汽冷凝后将冷凝液分层可回收 0.8～1.2kg 的二氯乙烷。含氯苯 100～150mg/L 的废水，因在活性污泥曝气时，氯苯极易解吸而散到空气中，因此不宜用生化法处理。采用活性炭处理，当氯苯浓度较高时，先以二氯甲烷萃取，使氯苯浓度降低到 2～3mg/L，然后用 1m 长活性炭柱，以 5m/h 的速率通过 1kg 活性炭可去除 2.73kg 的氯苯。

8.3.1.4 活性炭的再生

活性炭在应用过程中往往存在用量大、成本高的问题，其费用往往占运行成本的30%～45%。使用后活性炭不经处理即废弃，不仅浪费资源，还将造成应用成本高、二次污染等问题。因此，活性炭的再生具有极其重要的意义。活性炭再生是指用物理、化学或生物的方法在不破坏活性炭原有结构的前提下，将吸附于活性炭上的吸附质予以去除，恢复其吸附性能，从而达到重复使用的目的。目前，国内外活性炭再生方法主要有热再生法、超临界流体再生法、溶剂再生法、电化学再生法、湿式氧化法、生物再生法等[59,60]。

(1) 热再生法

热再生法是目前应用最多、工业上最成熟的活性炭再生方法。它通过两种方式实现活性炭的再生，一种是使吸附质脱附，即通过加热方式使吸附质分子与活性炭之间的作用力减弱或消失，从而除去可逆吸附质。该方式主要在低温下进行，也称为低温加热再生法。另一种是依靠热分解反应破坏吸附质的结构而达到除去吸附质的目的，该方式通常在高温下进行，也称为高温再生。传统热再生方法通常都是在电炉中进行的，采用的介质一般为水蒸气、CO_2 等，温度通常为 300～900℃。电炉热再生的优点是再生效率高，对吸附质无选择性，但存在炭损失大、再生后机械强度下降、比表面积减小等不足，且热再生所需设备较为复杂，运转费用较高，不易小型化。

(2) 超临界流体再生法

采用超临界流体萃取法再生活性炭是 20 世纪 70 年代末开始发展的一项新技术。以 CO_2 为例，由于超临界 CO_2 具有黏度小、对有机物的溶解度大、扩散性能好、传质速率高等优点，便于渗透进入活性炭的微孔体系，从而活化微孔。以超临界 CO_2 作为萃取剂，以氯酚作为模型化合物，45min 的再生效率可达到 92%，且超临界 CO_2 对活性炭表面存在活化作用，是一种比较理想的活性炭再生方法。

(3) 溶剂再生法

该方法用酸、碱等无机试剂或苯、丙酮、甲醇等有机溶剂处理活性炭，对吸附质进行化学反应、萃取或替换，实现吸附质的强离子化，形成盐类或因萃取作用而达到解吸。该方法通常用于有价值产品的回收，是一种非破坏性的再生过程。采用此种再生方式活性炭损耗较小，但再生不太彻底，微孔易堵塞，多次再生后吸附性能明显降低。同时，溶剂再生的针对性较强，往往一种溶剂只能脱附某类污染物。

（4）电化学再生法

电化学再生是指将使用后的活性炭放入电解槽阳极室，进行溶液的电解。一方面依靠电泳力使炭表面有机物脱附，另一方面依靠电解产物（如 Cl_2、$HClO_2$、新生态氧等）氧化分解吸附物或与之生成絮状物。电化学再生方法的主要影响因素有：活性炭所处的电极、所用辅助电解质的种类、辅助电解质的含量、电化学再生电流的大小和再生时间等。该方法虽有效率高、能耗低、炭损少等优点，但活性炭再生的均一性、电效率、不同吸附质的处理、活性炭本身氧化以及经济性等还有待研究。一般而言，该方法多用于化学吸附用活性炭的再生处理。

（5）湿式氧化法

活性炭湿式氧化再生是指在高温、中压下，将吸附已达到饱和的活性炭直接用空气选择氧化除去其中所吸附的有机物质，实现活性炭再生的方法。该法最早由美国 Zimprom 公司研制成功并开始应用，主要应用于粉状活性炭。活性炭再生条件一般为 $200 \sim 250℃$、$40 \sim 70atm$，氧化时间 60min，再生效率则因吸附质的种类及再生条件不同而不同。湿式氧化法能充分利用实效炭本身氧化热来维持反应系统温度，排出废气中不包含 N、S 的氧化物，二次污染少。但也存在需要选用催化剂、氧化液和废气需进一步处理、活性炭再生后吸附性能下降、设备要求高等不足。

（6）O_3 氧化再生法

O_3 氧化再生法是用 O_3 作氧化剂将吸附在活性炭上的有机物氧化分解，实现活性炭再生的方法。该工艺中将放电反应器中间做成活性炭吸附床，废水通过床层，有机物就被吸附，当吸附饱和后，炭床外面的放电反应器就以空气流制造 O_3，随冲洗水将 O_3 带入活性炭床层进行再生，此法处理对象广泛、反应时间短、再生效率稳定，但也存在对设备要求高、运行和维护费用高等难题。

（7）生物再生法

活性炭在吸附有机物的过程中，细孔中会有微生物的繁殖和生长。生物再生法即用活性炭作为微生物的载体氧化分解饱和炭上的有机物，与污水的生物处理类似。生物再生法包括厌氧法和好氧法。活性炭的生物再生是建立在对生物活性炭吸附、降解有机污染物的机制进行研究基础上产生的。这一方法综合了物理吸附的高效性和生物处理的经济性，充分利用了活性炭的物理吸附作用和生长在炭表面的微生物的生物降解作用。活性炭生物再生的设备和工艺均比较简单，且方法本身对活性炭无危害作用。但有机物氧化速率缓慢、再生时间长、吸附容量的恢复程度有限，并且对吸附质具有一定选择性，生物不能降解的吸附质不能应用该方法。另外，生物降解的中间产物仍易被活性炭吸附，并积累在活性炭的细孔中，并且微生物和活性炭的分离也比较困难。

8.3.2　新型碳材料

目前研究较多或应用比较广泛的新型生物质碳材料主要有生物质碳纤维、碳包覆纳米金属材料、生物质碳分子筛等。

（1）生物质碳纤维

碳纤维是纤维状的碳素材料，含碳量 90％以上，它是利用各种有机纤维在惰性气体中高温下炭化而制得的作为高性能纤维的一种碳素材料。碳纤维既有碳材料的固有特性，又兼备纺织纤维的柔软可加工性，是先进复合材料最重要的增强材料。由于其特有的高比强度、高拉伸模量、低密度、耐高温、抗烧蚀、低热膨胀等特殊性能，已成为发展航天航空等尖端技术和军事工业必不可少的新材料[61]。

碳纤维是由有机纤维经碳化及石墨化处理而得到的微晶石墨材料。碳纤维的微观结构类似人造石墨，是乱层石墨结构。碳纤维的轴向强度和模量高、密度低，例如，它的相对密度不到钢的 1/4，但碳纤维树脂复合材料抗拉强度一般都在 3500MPa 以上，是钢的 7～9 倍，抗拉弹性模量为 230～430GPa，亦高于钢。碳纤维无蠕变，非氧化环境下耐超高温，耐疲劳性好，比热容及电导性介于非金属和金属之间，热膨胀系数小且具有各向异性，耐腐蚀性好，X 射线透过性好。但其耐冲击性较差，容易损伤，在强酸作用下发生氧化，与金属（比如 Al）复合时会发生金属碳化、渗碳及电化学腐蚀现象。

目前碳纤维制备方法主要有有机纤维法和气相生长法，以各种生物质原料为前驱体的碳纤维，其制备大多采用有机纤维法，即采用不同的有机纤维为原料，经纺丝、氧化、炭化、石墨化、表面处理、上胶、卷绕及包装，分别制得各种不同性能的碳纤维和石墨纤维。

生物质碳纤维一般采用纤维素、木质素等生物质为原料，例如，采用用棉、竹等天然纤维研制黏胶碳纤维，用于灯泡的灯丝；利用蒸汽爆破法获得桦木木质素，然后通过纺丝、硬化及炭化制成抗拉强度最高达到 890MPa 的木质素基碳纤维。由于蒸汽爆破法获得的生物质没有污染，相对其他方法获得的木质素制备碳纤维更有利。

利用纤维素、木质素等生物质原料制备碳纤维时，必须将其从生物质原料中分离出来，再加工成碳纤维原丝，制备工艺复杂。如将乙酰化木材溶于苯酚，然后加入固化剂，加热可生成具有较好拉丝性的树脂化溶液，拉丝后并以一定速率加热使其硬化，在 900℃炭化可制备出与通用的沥青碳纤维强度相当的木材基碳纤维，从而可实现木材整体制备碳纤维。

在应用方面，碳纤维可加工成织物、毡、席、带、纸及其他材料。传统使用中碳纤维除用作绝热保温材料外，一般不单独使用，多作为增强材料加入到树脂、金属、陶瓷、混凝土等材料中，构成复合材料。碳纤维增强的复合材料可用作飞机结构材料、电磁屏蔽除电材料、人工韧带等身体代用材料以及用于制造火箭外壳、机动船、工业机器人、汽车板簧和驱动轴等。随着从短纤碳纤维到长纤碳纤维的学术研究，使用碳纤维制作发热材料的技术和产品也逐渐进入军用和民用领域。

（2）碳包覆纳米金属材料

碳和各种金属形成的复合结构存在特殊的结构和性质，使其在电磁学、医学、化学及微电子学等领域都有广泛的应用。其中碳包覆纳米金属材料作为一种新型的碳复合纳米材料，其制备及性质研究已成为材料科学领域的研究热点。碳包覆金属纳米粒子是一种碳颗粒中填充金属颗粒的纳米材料。碳包覆金属纳米材料在诸多领域有着巨大的潜在应用，包括磁记录材料、癌症诊断与治疗、静电印刷、磁流体以及核磁共振成像等；此外，碳包覆纳米材料的外包碳形成封闭空间使被包覆的纳米材料与环境隔绝，使其能够稳定存在，进一步拓展了不稳定的纳米材料的实际应用空间，使这种材料在化学、材料、物理等领域有着巨大的潜在应用价值[62]。

对于碳包覆纳米材料的制备方法到目前为止已有很多报道，如电弧法、激光法、离子束法、CVD法、有机质热解法、球磨法等方法。由于所采用的碳源和生长方式不同，使其制备过程和产品性质也有所差异。采用生物质有机碳为碳源，一般采用热解法。例如，采用淀粉、纤维素为有机碳源，在还原气氛中采用控温还原炭化工艺，制备大量的各种碳包覆金属材料；此外，由铁蛋白经低温热解炭化，亦可制得粒度均一的碳包覆金属纳米材料。

碳包覆纳米金属材料的应用有以下几方面。

① 分析检测　碳包覆纳米颗粒由于表层由C组成，因而是一种安全无毒的前驱体材料。利用纳米颗粒进行细胞分离技术可在肿瘤早期的血液中检查出癌细胞，实现癌症的早期诊断和治疗。

② 吸波材料　碳包覆纳米材料作为吸波材料，兼备了宽频带、兼容性好、质量轻、厚度薄、性质稳定等优点，为未来高性能吸波材料的需要提供了可能。

③ 电子器件　碳包覆金属纳米材料在电学量子器件上的应用是目前的一个研究热点。磁电子纳米结构器件是20世纪末最具有影响力的重大成果之一。其中纳米结构高效电容器阵列研制具有重要意义，而碳包覆纳米材料是制造这种电容器的理想材料。但目前纳米级高容量的超微型电容器的设计和制备尚处于实验室阶段。此外，碳包覆金属纳米材料在磁头、传感器、金属晶体管等微电子器件、电磁存储等方面也有巨大应用空间。

④ 其他应用　碳材料在燃料电池上的研究越来越多，研究发现碳包覆纳米材料（碳包覆钴纳米颗粒）作为燃料电池的阳极材料具有较好的电化学还原性能，是一种理想的电池阳极材料，此方面的应用研究具有重要实际意义。此外，碳包覆材料在印刷油墨添加剂、化学催化等方面也有应用。

(3) 生物质碳分子筛

碳分子筛是在20世纪末期发展起来的一种具有较为均匀微孔结构的碳质材料，它具有接近被吸附分子直径的楔形狭缝状微孔，能够把立体结构大小有差异的分子分离开来。碳分子筛的孔隙以微孔为主，孔径分布集中在 $0.3 \sim 1.0$nm 范围内，其孔径分布可使不同的气体以不同的速率扩散进入孔隙中。碳分子筛已经用于空气分离制氮、催化剂载体、脱除天然气中的杂质 CO_2 和水、色谱的固定相、从焦炉气中回收 H_2 等方面[61]。

碳分子筛利用筛分的特性来达到分离 O_2、N_2 的目的。在分子筛吸附杂质气体时，大孔和中孔只起到通道的作用，将被吸附的分子运送到微孔和亚微孔中，微孔和亚微孔才是真正起吸附作用的容积。碳分子筛内部包含有大量的微孔，这些微孔允许动力学尺寸小的分子快速扩散到孔内，同时限制大直径分子的进入。由于不同尺寸的气体分子相对扩散速率存在差异，气体混合物的组分可以被有效的分离。因此，在制造碳分子筛时，根据分子尺寸的大小，碳分子筛内部微孔分布应在 $0.28 \sim 0.38$nm。在该微孔尺寸范围内，O_2 可以快速通过微孔孔口扩散到孔内，而 N_2 却很难通过微孔孔口，从而达到氧、氮分离。微孔孔径大小是碳分子筛分离氧、氮的基础，如果孔径过大，O_2、N_2 分子筛都很容易进入微孔中，也起不到分离的作用；而孔径过小，O_2、N_2 都不能进入微孔中，也起不到分离的作用。

碳分子筛的制备工艺因原材料的不同而存在差异。以生物质为原料的粒状碳分子筛的制备工艺主要包括粉碎、预处理、加胶黏剂捏合成型、干燥、炭化、活化造孔、碳沉积调孔等环节。在制造过程中，炭化、活化和调整孔径都很重要，如果活化出的孔径过大则不利于进一步的碳沉积调孔；过小则在碳沉积的过程中会将小孔堵死，所以控制好工艺条件活化出适当的孔径，有利于进一步的碳沉积缩孔。

生物质原料本身富含挥发分，低灰分、结构均一对于碳分子筛的制备非常有利。目前，生物质碳分子筛研究较多的是采用植物的坚硬果壳来制备。例如，以果壳为原料，经过活化造孔、沉积缩孔和再活化开孔，可制备出孔容为 $0.19cm^3/g$、孔径在 $0.37\sim0.49nm$ 之间的碳分子筛，并成功地用于 CS_2 和 C_5H_{12} 的分离；以棕榈壳制备出碳分子筛，通过控制炭化温度来调孔，发现 $900\sim1000℃$ 制备的碳分子筛适合分离 CO_2 和 CH_4，而 $700℃$ 制备的碳分子筛适合分离丙烷和丙烯；采用少量 KOH 浸渍炭化胡桃壳，然后高温热解改性后生成碳分子筛，其孔隙大小在 0.5nm 左右。

8.4 其他产品

8.4.1 生物基涂料

涂料是一种可以用不同的施工工艺涂覆在物件表面，形成黏附牢固、具有一定强度、连续固态薄膜的材料，由成膜物质（如树脂）、溶剂、颜料、干燥剂、添加剂组成。

从 20 世纪 90 年代初开始，世界发达国家进行了"绿色革命"，促进了涂料工业的发展向"绿色"涂料方向大步迈进。以工业防腐涂料为例，在北美，1992 年常规溶剂型涂料占49％，到 2000 年降为 26％；水性涂料、高固体分涂料、光固化涂料和粉末涂料等绿色涂料由 1992 年的 51％上升到 2002 年的 74％。在欧洲，常规溶剂型涂料由 1992 年的 49％将降到2002 年的 27％；而绿色涂料由 1992 年的 51％增长到 2002 年的 73％。尽管如此，涂料用树脂、添加剂等均来自石油等化工资源，随着不可再生石化资源量的锐减及人们对 CO_2 减排需求的呼声渐高，市场对可以代替不可再生能源及原料的产品的需求日益迫切，采用不可食用油料作物、废物生物质资源等有机生物质为原料，合成聚酯及相关添加剂以适用于涂料生产，受到了科技界和工业界的积极关注[63]。

例如，1980 年由卡德莱公司首次开发出来了以天然腰果壳油为原料的改性环氧树脂低黏度改性剂以及固化剂。经过近 20 年的工业应用，产品不断升级换代，由颜色较深，黏度较高，发展到今天的低黏度及浅色，在重防腐涂装体系特别是船舶涂料防腐体系中得到了相当广泛的应用，已经成为低表面处理、单一配方全年都能快速重涂的、高效益的厚浆型环氧树脂重防腐涂料的标准。这种环氧树脂及其涂料体系既有低分子量脂肪胺体系的硬度和优良的耐化学腐蚀性能，又有低相对分子质量聚酰胺体系的长适用期和良好的韧性以及低毒性能，还有一般酚醛胺体系的快速固化和优良的附着力。更重要的是，这种体系对涂装表面的处理要求不高，有轻度的锈蚀仍然能按正常施工，而且可不添加含重金属的防腐颜料，仍然能达到重防腐涂料的防腐性能要求。

此外，美国用谷物、虾壳生产"涂料"。美国能源部布罗卡温实验室的专家研制成一种

"生物"涂料，它是利用谷物、螃蟹壳、龙虾或小虾壳为原料制成的。这种新型涂料防止金属生锈具有很好的效果。在适当的温度条件下，涂料成分改变了分子结构。变得坚固光滑，能紧密附着于 Al 和其他金属的表面。该涂料保护金属免受盐水侵蚀的时间是其他涂料的 2 倍，甚至在苛刻的地热环境中使用，也能起到很好的保护作用。

2012 年，Adanced Polymer Coatings（简称 APC，下同）公司和 Reactive Surfaces（简称 RS，下同）公司签订了一项协议，目的是结合各自的专业技术，为船舶工业大胆地开发出一种环境友好的、带有生物基添加物的外部船用涂料，以用于浸在水中的船体表面。这种新涂料将利用表面可变更的添加物以便能达到或超过市场现有船用涂料的涂装效果[64]。

目前，全球的船东和船舶经营者都在朝着无毒性、低阻力的水下船舶表面以及通过水来增加水下船舶表面的"润滑性"为主要目标而努力。APC 公司认为，这种新一代外部水下船用涂料将扩大该公司对船舶工业的供货范围。因此，该公司打算今后要提前利用不断增加的对无毒性、低阻力的水下船舶表面的"绿色"倾向的有利条件，趁机把 RS 公司采用诸如蛋白质和缩氨酸之类天然材料的生物基功能引入新的涂料中。RS 公司认为，由于生物基功能采用天然的生物材料，例如蛋白质和缩氨酸，可提供一个庞大的功能添加物的原料来源，而且该添加物在环境中是非持久性的、无毒性的和可回收的，因此有利于环境保护。通过把开发的重点放在这些生物材料的独有和特殊的结合上，该公司这种生物基添加物可对涂料系统形成一种称为"补充能力"的创新功能。由于该涂料有能力去改变和更新功能而且无需再重新涂装，因此，对于用这种涂料涂装过的船舶表面将增加一层新的有效的保护面积。APC 公司和 RS 公司将共同对使用若干这些不同生物基添加物的涂料进行试验，首先在各种各样聚合物系统中和同时模拟在固定式结构和水下表面的船舶环境中进行试验，并最后在实船上进行试验。

8.4.2 生物染料

染料是能使纤维和其他材料着色的物质，分为天然染料和合成染料两大类。作为染料，必须能够使一定颜色附着在纤维上且不易脱落、变色。1856 年 Perkin 发明第一个合成染料——马尾紫，使有机化学分出了一门新学科——染料化学；20 世纪 50 年代，Pattee 和 Stephen 发现含二氯均三嗪基团的染料在碱性条件下与纤维上的羟基发生键合，标志着染料使纤维着色从物理过程发展到化学过程，开创了活性染料的合成应用时期。目前，染料已不只限于纺织物的染色和印花，它在涂料、塑料、皮革、光电通信、食品等许多部门得以应用。

按照生态纺织品的要求以及禁用 118 种染料以来，环保染料已成为染料行业和印染行业发展的重点，环保染料是保证纺织品生态性极其重要的条件。环保染料除了要具备必要的染色性能以及使用工艺的适用性、应用性能和牢度性能外，还需要满足环保质量的要求。环保型染料应包括以下十方面的内容：a. 不含德国政府和欧共体及 Eco-Tex Standard 100 明文规定的在特定条件下会裂解释放出 22 种致癌芳香胺的偶氮染料，无论这些致癌芳香胺游离于染料中或由染料裂解所产生；b. 不是过敏性染料；c. 不是致癌性染料；d. 不是急性毒性染料；e. 可萃取重金属的含量在限制值以下；f. 不含环境激素；g. 不含会产生环境污染的化学物质；h. 不含变异性化合物和持久性有机污染物；i. 甲醛含量在规定的限值以下；

j. 不含被限制农药的品种且总量在规定的限值以下。

从严格意义上讲，能满足上面要求的染料应该称为环保型的染料，真正的环保染料除满足上面要求外，还应该在生产过程中对环境友好，即使产生少量的"三废"，也可以通过常规的方法处理而达到国家和地方的环保和生态要求。随着人们对保健、环保消费的重视，生物染料受到了大家的关注。生物染料一方面包括直接从生物质资源中获得的天然染料；另一方面包括以生物质或生物基分子为原料，经化学或生物方法获得的合成染料。

天然染料根据来源可分为植物染料、动物染料和矿物染料。天然燃料历史悠久，诸如从姜汁中可提出姜黄素，从胭脂虫中可提出胭脂红，从苏木中可提出苏木色素等。随着提取和纯化技术的不断进步，天然染料目前发展成为不同色相、色调、门类的几百种色谱系列。其中，植物染料是天然染料中应用历史最悠久，应用面最广的染料，例如茜草（红色）、紫草（紫色）、苏木（黑色）、苏枋（红色）、靛蓝（蓝色）、红花（红色）、黄栀子（黄色）、姜金（黄色）、槐米（黄色）、薯莨（棕色）、崧蓝（蓝色）、荩草（黄色）、紫苏（紫色）、墨水树（黑色）、五倍子（黑色）、苏木（黑色）、皂斗（黑色）等。

植物染料提取方法主要包括直接提取和辅助提取。直接提取即用水煮出汁，滤去杂质，分离浓缩即可；辅助提取，包括加入化学试剂（如乙醇）、超声辅助、酶法提取等，例如，对于某些难溶性植物色素，将植物粉碎后，放入密闭容器中，倒入 95% 的乙醇，浸渍 24h后，将溶液倒出，再用同样的乙醇浸渍 6h，重复两次。最后将所有的溶液混合后，进行过滤，获得染液粗品。

天然染料虽然环保，但是难以进行大量生产，而且成本较高，使得大部分天然染料仍难以工业化应用。而以生物质或生物基分子为原料，经化学或生物方法获得的合成染料，则可克服传统化学染料污染环境、天然染料成本高两个难题，为染色工业开辟了一条新的方向。有研究报道可通过基因重组技术，大量生产天然染料。目前韩国一公司已成功研发出了利用微生物（重组大肠杆菌）生产生物靛蓝的技术。通过化学合成方法生产蓝色与红色等染料时，虽然成本低廉，但是生产过程中排放出大量的毒性物质对环境有害，经过这种染料染色的衣物和壁纸等会对过敏性反应及皮炎患者带来不良影响。而通过环境生物工程生产，虽然比生产化学染料的成本有所增增加，但是与从植物蓼蓝中提取天然染料相比，不仅成本相对低廉，而且能实现规范化、标准化、连续化生产。尤其值得一提的是，生物天然染料与天然染料相比，色泽的重现性优秀，对防紫外线、汗液、洗涤、摩擦等的耐久性更强，而且具备抗菌性。公司方面计划先以牛仔裤布料的染色企业为对象，展开市场销售。然后利用生物靛蓝生产技术，进军可以预防新家综合征的环保壁纸和涂料市场。

8.4.3 生物基润滑油

润滑油是加入到两相对运动表面之间以减少摩擦、降低磨损的油料，它包括矿物油、合成油、动植物油和含水液等基础油液。据不完全统计，摩擦消耗了世界上一次性能源的 1/3以上，而磨损是材料与机械设备失效的三种主要形式之一，润滑则是减少摩擦，降低或避免磨损的最有效手段。因此润滑油在国民经济各部门中有着广泛的应用，是任何机械运转时不可缺的化学品。

矿物润滑油是当前使用最多、消耗量最大的润滑剂品种。即使在润滑剂回收利用率高

（＞60％）的国家，仍有 4％～10％的润滑剂进入环境，仅欧盟每年就有 $60×10^4t$ 润滑油进入环境。引起这些问题的油品是循环系统的液压油和一次性通过的润滑油，如链锯油、二冲程发动机油、铁路轨道润滑剂、开式齿轮油和钢丝润滑油等。进入环境的润滑剂严重污染生态环境，像矿物油对地下水的污染可长达 100 年之久。

随着人类环保意识和环保立法的不断加强，人们已经开始注意和研究润滑油在环境中散失所引起的污染问题。世界上诸多石化企业已经开始投入大量的研究力量开发环境友好、性能优异的石油化工产品，以解决润滑油在广泛使用过程中所带来的环境问题。同时，随着科学技术的发展，工业润滑油需求增长幅度较大，现今欧美各国向长寿命、可生物降解（包括与植物油的掺和油）的润滑油方向发展[65,66]。

植物油天然的可再生和可生物降解性能使它和传统润滑油相比提供明显的环境和经济可持续发展的好处。此外，植物油与传统矿物基础油相比，具有低挥发性、高闪点、高黏度指数以及优异的润滑性等优势。因此，以植物油为来源的生物基润滑油就成为了环保润滑油的主要力量。可作为"绿色"基础油的植物油主要有橄榄油、菜籽油、花生油、大豆油、蓖麻油、棕榈油等。植物油可通过大面积种植、餐饮废油提取获得，再生能力强。目前全世界每年生产 $7000×10^4t$ 植物油，约有 $1000×10^4t$ 产于美国，美国用于生产润滑油的植物油约有 $5.4×10^4t$。1990 年美国总的润滑油需求为 $860×10^4t$，植物油润滑油仅占润滑油总量的 0.63％。由于技术和经济上的原因，植物油润滑油没有被大批量应用。

由于植物油自身的一些结构特点，限制了其应用，包括以下几方面。

1）植物油含有不饱和键，其氧化稳定性差。当亚油酸和亚麻酸的含量达 50％时，氧化非常严重，氧化后有树脂化现象，将会破坏摩擦面的润滑以及产生酸性腐蚀等问题；当饱和度提高时，低温流变性变差。需要通过生物技术、化学改性或添加抗氧化剂等方式提高其稳定性。

2）低温流变性差。在植物油中，饱和度越高，固化温度越高，低温流变性越差，而饱和度低，氧化稳定性又不好。通过加入降凝剂和其他溶剂有可能使植物油的低温流变性得到改善，但一般效果不太明显，植物油与大量饱和酯调和也是一种改善抗氧性和低温流变性的消极方法。

3）大部分植物油的运动黏度范围较窄，从而限制了其应用范围。

4）水解稳定性差。植物油由于其分子结构中含有三个甘油酯键，容易水解。

5）植物油倾点范围在 $-19～90℃$，不适合在严寒气候下使用。

因此，如何克服植物油氧化稳定性差和低温性能成为了主要的障碍。油酸只含有一个双键，相比之下其氧化稳定性比亚油酸、亚麻酸等多不饱和酸性能好，但是其仍含双键，氧化稳定性仍然不高。考虑到植物油中脂肪酸上的不饱和双键容易发生化学反应，人们采用各种方法对植物油进行改性以提高其抗氧性能。常见的方法有选择氢化、加成、环氧化、离子液体催化等[65]。

(1) 加氢

在以 Si 为载体的 Cu 催化剂上进行选择性加氢，将植物油中的碳碳双键饱和，可达到提高氧化稳定性的目的，但是加氢后的油脂倾点明显上升。

(2) 环氧化

先将其中不饱和双键氧化为环氧基团，再将环氧基团转换为羟基基团后与有机酸进行反应，经过这种方法改性的植物油具有较好的低温性能和氧化稳定性。例如，将毛叶山桐子油通过转酯化反应，得到脂肪酸酯，随后通过环氧化反应得到环氧化脂肪酸酯，再利用饱和酸进行开环反应，得到含有羟基的带有支链的脂肪酸酯；最后再加入低碳酸酐进一步酯化制得高性能润滑油。

(3) 离子液体催化

以离子液体为催化剂制备生物润滑油，先将植物油脂和三羟甲基丙烷混合，然后加入酸离子液体作催化剂，在 120～180℃ 搅拌反应 4～8h。将反应后的物料迅速冷却至 30℃，离子液体冷却后成固体，而产物和未反应完全的物料仍呈液相。将产物和未反应完全的物料送入精馏塔蒸馏，塔底产品即为生物润滑油。该生物润滑油生物降解性好，且具有很好的抗氧化性能和热稳定性。

(4) 其他

对于高油酸含量的植物油，也可通过加入降倾点剂或同其他饱和酯类油调和而使其性能得以改善。

自 1991 年以来，美国就启动了对植物油基（生物）润滑油广泛的研究和开发项目，研究机构包括瑞安勃润滑油、美国能源部、农业部、陶氏益农公司、宾夕法尼亚州立大学等。例如，瑞安勃开发的高油酸基础油具有很好的低温性能和氧化稳定性，使其可用于高、低温发动机，变速箱，液压，齿轮润滑剂和许多工业加工油等应用中。

8.4.4　生物油墨

油墨是用于包装材料印刷的重要材料，它通过印刷将图案、文字表现在承印物上。油墨中包括主要成分和辅助成分，它们均匀地混合并经反复轧制而成一种黏性胶状流体。由颜料、连接料、助剂和溶剂等组成。用于书刊、包装装潢、建筑装饰等各种印刷。随着社会需求增大，油墨品种和产量也相应扩展和增长。

油墨是印刷业界最大的污染源，世界油墨总产量高达 300×10^4t。传统油墨中含有大量挥发性有机化合物（VOCs），主要来自石油中含易挥发性的多环芳香族化合物。这些挥发性有机化合物为强烈致癌物质之一，严重危害油墨生产操作和使用人员的身体健康，并且对环境造成极大的破坏，如光化学烟雾，严重污染大气环境。因此，为了使油墨符合环保要求，必须改变油墨的组成，使用环保材料。目前，环保油墨有水性油墨、醇溶油墨和生物油墨等。其中，生物油墨包括直接利用植物油代替矿物油的油墨，如大豆油墨；采用生物技术制备的油墨，如细菌视紫红质色素蛋白。

大豆油墨是将大豆油轻度提纯后，与色素、树脂等添加剂混合制成的。采用大豆油部分替代石油系溶剂，多环芳烃化合物含量低，使用时减少排放 VOCs，从而减少对环境造成的危害，同时也利于制造者及使用者的健康。此外，大豆油墨中使用的大豆油取自天然，可再生，又能生物降解，同时它的色素降解率也是标准汽油油墨的 4 倍。因此，无论从资源利用还是从环保角度，都比传统油墨有无可比拟的优势。

在油墨性能方面，大豆油墨具有耐擦不黑手、耐光耐热、更易于回收、颜色广等优点。例如，使用传统油墨印刷后承印物上的油墨很容易摩擦掉，而大豆油墨较传统油墨耐摩擦，使报纸读者不受油墨沾手的困扰；大豆油墨的沸点比石油挥发成分高很多，而当油墨受激光打印机或复印机加热时，不会挥发而黏在纸上，亦不会污染机器零件；此外，大豆油墨比普通油墨更容易脱墨，而且纸纤维损伤少。利用大豆油墨的这种特性，废纸回收再生时废料少，回收成本较低，极具行业竞争力。脱墨处理后的油墨残渣比较容易降解，利于污水处理。

在成本方面，大豆油墨比石油提取物更纯净，要达到同样的染色效果，前者需要的色素更少，也降低了油墨成本。此外，大豆油墨能够比一般油墨的延展性高出15%，进一步降低了油墨使用量，印刷成本从而降低。目前，虽然大豆油墨的均价比汽油油墨平均高出5%~10%，然而综合考虑色素使用、油墨用量、打印机清洗成本、环保可降解、油墨回收等因素，大豆油墨具有明显的优势。

1987年，爱荷华州一家媒体开始用大豆油墨进行印刷；2004年，大豆油墨成为美国日报界的主要印刷用油，为了推广大豆油墨的研发和使用，美国于1993年还成立了"全国大豆油墨信息中心"；2005年，大豆油墨在美国乃至世界范围内推广成功。目前，大豆油墨在美国、日本等国已经获得了大规模的应用。我国大豆油墨的使用相对来说起步比较晚，但是近几年对于大豆油墨的需求也处在一个急速增长的状态。

利用生物技术生产油墨，主要是指从天然植物、微生物等资源中提取、合成色素，进而制备油墨。以视紫红质色素为例，视紫红质，又称菌紫质，是盐性细菌"盐生盐杆菌"(*Halobacterium halobium*) 紫膜中存在的一种色素蛋白，相对分子质量2.6万，一分子中有7条α螺旋链，各链以横断膜的形式与紫膜交织在一起，是内在性膜蛋白。视紫红质具有独特的光致变色效应，因此在油墨上具有巨大的应用前景。基因工程技术为视紫红质的研究和应用提供了有力工具，例如，墨尔本大学与德国OeBS、Agfa等公司合作开发出了含菌紫质材料的打印油墨，用于防止非法拷贝。总体而言，这种生物油墨目前正处在研发阶段，尚未大规模使用。

8.4.5　生物基吸附剂

除了上述生物基碳材料外，研究发现多种廉价易得的生物质及其衍生物，不经炭化亦可用于吸附剂。已经公开报道的生物质吸附剂有树皮、甲壳素、木质素、苔藓、海草、稻壳和海藻等。利用天然生物资源合成新型吸附分离材料，是吸附分离材料领域一个重要的研究方向。本书主要介绍木质素吸附剂的制备与应用。

木质素属于天然高分子聚合物，它的比表面积大，因而在固体状态表现出较强的物理吸附能力。木质素中含有较多的甲氧基、羟基和羧基，这些功能基团可作为金属离子的吸附位点。经蒸煮后木质素产生了许多的磺酸基，这些基团中氧原子上的未共用电子对能与金属离子形成配位键生成木质素-金属配合物，表现出对金属离子的吸附性。木质素对重金属离子吸附能力的大小与其酚羟基、羧基、氨基等配位基含量和空间网络结构有关，其中影响最大的是酚羟基含量。此外，木质素结构中包含有芳环、脂肪族侧链和许多活性官能团，本身具有一定的离子交换与吸附功能。工业木质素通过改性可以制备出各种功能不一的木质素基吸附材料。20世纪50年代以来，许多研究者致力于木质素吸附性能研究和木质素基吸附材料的研制[67~69]。

未经改性的水解木质素，特别是木质素磺酸盐，本身可以作为吸附剂，主要用来吸附去除各种重金属离子。例如，用来去除水中的 Pb^{2+}、Cr^{2+}、Cu^{2+} 等，在 pH 值为 6 时最大的 Cu^{2+} 吸附量约为 4mg/g 木质素磺酸盐，对 Pb^{2+} 的吸附容量范围为 $0.47\sim1.72mg/g$。但未经改性的木质素吸附量有限。

为了进一步提高木质素吸附剂的吸附容量，很多研究均对木质素进行化学改性，以提高木质素吸附剂的吸附效果。根据对木质素吸附剂不同用途和不同要求，可对木质素进行不同的改性处理，改性方法主要有酚化、羟甲基化、巯基化、氧化、环氧化、酚醛化、脲醛化、聚酯化等。例如，木质素与氨基酸经 Mannich 反应后，引入螯合基团 N-羧甲基（N-CH_2COOH），或通过羧甲基化在苯环的酚羟基上引入 O-羧甲基（O-CH_2COOH），这种改性木质素衍生物具有良好的螯合性，并对铜离子表现出高选择性，吸附容量可达 75.6mg/g；在木质素磺酸盐中引入巯基后，对重金属离子的吸附能力可提高 $5\sim7$ 倍。

除了重金属离子外，改性后的木质素吸附剂对阴离子染料、苯酚及含氮芳香族化合物等具有很好的吸附作用。例如，木质素经含氮试剂——氯化烷基三甲胺改性后，木质素对阴离子染料的吸附能力明显提高；经季铵化改性后，对苯酚的吸附能力增加 $2\sim3$ 倍，而且改性产品对重金属的吸附性能也有很大的提高。此外，季铵化木质素吸附剂对胆汁酸和胆固醇的吸附量分别可达 140mg/g 和 80mg/g。

木质素吸附方式主要有物理吸附、氢键、配位键、共价键、酸碱中和。而这些吸附机制发生的先决条件是木质素的溶解度相对小，以及其基本交联结构中存在大量各异的含氧基团。木质素表面官能团与水分子形成氢键。影响木质素及其衍生物吸附的主要因素主要有粒径、相对平均分子质量、官能团、pH 值和浓度。例如：a. 粒径，以水溶性木质素吸附铅离子为例，发现该吸附过程符合 Langmuir 吸附等温线，大粒径木质素吸附剂的吸附效果明显优于小粒径的吸附剂；b. 相对平均分子质量，以木质素对亚硝基二乙胺的吸附为例，研究发现木质素的吸附能力随着平均分子量的增大而增大；c. 官能团，甲烷基硫醚化木质素对 Hg^{2+} 的吸附能力大于对 Pb^{2+}、Cd^{2+}、Fe^{2+} 等离子的吸附能力，羧基和酚羟基对铜离子的吸附起决定作用；d. pH 值，不同的 pH 值条件下木质素对 Cu^{2+} 的吸附量不同，pH 值为 6.8 时，木质素的吸附率最大，达 87%，水解木质素在 pH 值为 5.4 时，胆汁酸的去除率为 93%，而在 pH 值为 8.0 条件下只有 67%。

木质素是一种非常有前景的吸附材料，但由于木质素结构不均一，各种木质素的改性产物亦为复杂的混合物，这在一定程度上妨碍了木质素基吸附材料的研究和应用。在木质素的改性和吸附剂的研制、吸附剂的结构表征、吸附性能、吸附特点和吸附机制等多方面还有待进一步研究，特别是木质素基吸附材料的解吸与再生、多功能改性、成球技术、吸附选择性、经济性评价等方面。

参考文献

[1] Werpy T, Petersen G. Top value added chemicals from biomass: Volume I—results of screening for potential candidates from sugars and synthesis gas. Available electronically at. http://www.osti.gov/bridge/product.biblio.jsp?osti_id=15008859, 2004.

[2] 鲍杰. 现代生物能源技术 [M]. 北京: 科学出版社, 2009: 105-158.

[3] 陈寿. 低碳生物塑料 [M]. 北京: 机械工业出版社, 2011.

[4] O'Sullivan A C. Cellulose: The structure slowly unravels [J]. Cellulose, 1997, 4: 173-207.

[5] Ward O P, Moo-Young M. Enzymatic degradation of cell wall and related plant polysaccharides [J]. Critical Reviews

in Biotechnology, 1989, 8: 237-274.

[6] Matthews J F, Skopec C E, Mason P E, et al. Computer simulation studies of microcrystalline cellulose I beta [J]. Carbohydrate Research, 2006, 341: 138-152.

[7] Himmel M E, Ding S Y, Johnson D K, et al. Biomass recalcitrance: Engineering plants and enzymes for biofuels production [J]. Science, 2007, 315: 804-807.

[8] 刘仁庆. 纤维素化学基础 [M]. 北京: 科学出版社, 1985: 176-188.

[9] 高洁, 汤烈贵. 纤维素科学 [M]. 北京: 科学出版社, 1999: 66-71.

[10] 高洁, 汤烈贵. 纤维素科学 [M]. 北京: 科学出版社, 1999: 81-124.

[11] Ott E, Spurlin H M. Cellulose and cellulose derivatives [M]. New York: Interscience Publishers Inc, 1954: 715-726.

[12] 闫强, 袁金颖, 康燕, 等. 纤维素接枝共聚物的合成与功能 [J]. 化学进展, 2010, 22: 449-457.

[13] Wang J S, Matyjaszewski K. Controlled living radical polymerization: atom transfer radical polymerization in the presence of transition-metal complexes [J]. Journal of the American Chemical Society, 1995, 117: 5614-5615.

[14] Roy D, Guthrie J T, Perrier S. Graft polymerization: Grafting poly (styrene) from cellulose via reversible addition-fragmentation chain transfer (RAFT) polymerization [J]. Macromolecules, 2005, 38: 10363-10372.

[15] Roy D, Guthrie J T, Perrier S. Synthesis of natural-synthetic hybrid materials from cellulose via the RAFT process [J]. Soft Matter, 2008, 4: 145-155.

[16] Lönnberg H, Zhou Q, Brumer H, et al. Grafting of cellulose fibers with poly (ε-caprolactone) and poly (l-lactic acid) via ring-opening polymerization [J]. Biomacromolecules, 2006, 7: 2178-2185.

[17] Shen D, Yu H, Huang Y. Densely grafting copolymers of ethyl cellulose through atom transfer radical polymerization [J]. Journal of Polymer Science Part A: Polymer Chemistry, 2005, 43: 4099-4108.

[18] Li Y, Liu R, Huang Y. Synthesis and phase transition of cellulose-graft-poly (ethylene glycol) copolymers [J]. Journal of Applied Polymer Science, 2008, 110: 1797-1803.

[19] Wan S, Jiang M, Zhang G. Dual temperature and pH-dependent self-assembly of cellulose-based copolymer with a pair of complementary grafts [J]. Macromolecules, 2007, 40: 5552-5558.

[20] Vlček P, Janata M, Látalová P, et al. Bottlebrush-shaped copolymers with cellulose diacetate backbone by a combination of ring opening polymerization and ATRP [J]. Journal of Polymer Science Part A: Polymer Chemistry, 2008, 46: 564-573.

[21] 罗继红, 汤志刚. 木质素与塑料共混技术研究进展 [J]. 合成树脂及塑料, 2005, 22: 81-84.

[22] 卜文娟, 阮复吕. 木质素改性酚醛树脂的研究进展 [J]. 粘接, 2011, 32: 76-78.

[23] 何金存, 郭明辉, 王宏棣. 国内木质素改性合成酚醛树脂的研究进展 [J]. 化工新型材料, 2012, 40: 7-8.

[24] 黎先发, 罗学刚. 木质素在塑料中的应用研究进展 [J]. 塑料, 2004, 33: 58-61.

[25] Glasser W G, Barnett C A, Rials T G, et al. Engineering plastics from lignin: Ⅱ. Characterization of hydroxyalkyl lignin derivatives [J]. Journal of Applied Polymer Science, 1984, 29: 1815-1830.

[26] Evans C S. Lignin: properties and materials [J]. Journal of Chemical Technology & Biotechnology, 1990, 49: 406-406.

[27] 周道兵, 储富祥. 木质素磺酸盐的接枝改性及应用研究进展 [J]. 林产化学与工业, 2005, 25: 171-174.

[28] 杨惠, 刘文明, 黄小强, 等. 聚乳酸合成及改性研究进展 [J]. 合成纤维, 2008, 37: 1-5.

[29] 张国栋, 杨纪元, 冯新德. 聚乳酸的研究进展 [J]. 化学进展, 2000, 12: 89-102.

[30] 桂宗彦. 聚乳酸材料的改性研究 [D]. 上海: 华东理工大学, 2012.

[31] 罗时荷, 汪朝阳, 杨丽庭, 等. 直接法共聚改性聚乳酸研究新进展 [J]. 高分子通报, 2011, 1: 7-15.

[32] 姚军燕, 杨青芳, 范晓东, 等. 生物降解材料聚乳酸的共聚改性研究进展 [J]. 材料导报, 2005, 19: 23-26.

[33] 李晓然, 袁晓燕. 聚乙二醇-聚乳酸共聚物药物载体 [J]. 化学进展, 2007, 19: 973-981.

[34] Jie P, Venkatraman S S, Min F, et al. Micelle-like nanoparticles of star-branched PEO-PLA copolymers as chemotherapeutic carrier [J]. Journal of Controlled Release, 2005, 110: 20-33.

[35] Lee S J, Han B R, Park S Y, et al. Sol-gel transition behavior of biodegradable three-arm and four-arm star-shaped PLGA-PEG block copolymer aqueous solution [J]. Journal of Polymer Science Part A: Polymer Chemistry, 2006,

44：888-899.

[36] 姚军燕，杨青芳，马强．生物高分子材料聚乳酸的改性研究进展 [J]．高分子材料科学与工程，2004，20：28-32.

[37] 邰燕芳，吴景梅，周丽．聚乳酸的共混改性研究进展 [J]．科技信息，2010，11：431.

[38] 张涛．生物基材料国际发展态势分析 [D]．青岛：中国科学院青岛生物能源与过程研究所，2011

[39] 聚乳酸研发、生产与应用．生命经纬知识库．http：//refer.biovip.com/doc-view-510.html.2008

[40] 张昌辉，赵霞，黄继涛．PBS基聚酯合成工艺的研究进展 [J]．塑料，2008，37：8-10.

[41] 张世平，宫铭，党媛，等．聚丁二酸丁二醇酯的研究进展 [J]．高分子通报，2011，3：86-93.

[42] 陈庆，刘宏．三大生物降解塑料未来5年市场需求预测 [J]．塑料工业，2010，38：1-3.

[43] 李正军，陈国强．我国生物基材料发展的现状及方向 [J]．生物产业技术，2010，6：94-99.

[44] 李爱萍，李光吉．聚羟基脂肪酸酯生物合成的研究进展 [J]．高分子通报，2004，5：20-26.

[45] 王铁柱．生物可降解聚3-羟基丁酸酯的改性研究 [D]．天津：天津大学，2005.

[46] Linko S，Vaheri H，Seppälä J. Production of poly-β-hydroxybutyrate by *Alcaligenes eutrophus* on different carbon sources [J]. Applied Microbiology and Biotechnology，1993，39：11-15.

[47] Slater S C，Voige W H，Dennis D E. Cloning and expression in *Escherichia coli* of the *Alcaligenes eutrophus* H16 poly-beta-hydroxybutyrate biosynthetic pathway [J]. Journal of Bacteriology，1988，170：4431-4436.

[48] 王铁柱，赵强，成国祥．聚（3-羟基丁酸酯）的化学改性研究进展 [J]．塑料，2004，33：48-53.

[49] 陈国强．生物可降解材料产业现状与趋势分析 [J]．新材料产业，2007，12：42-46.

[50] 吴从意，陈静．1,3-丙二醇制备研究进展 [J]．分子催化，2012，26：276-283.

[51] 王萍萍．聚对苯二甲酸丙二醇酯的合成与研究 [D]．上海：华东理工大学，2011.

[52] 顾志华．乙醇制乙烯技术现状及展望 [J]．化工进展，2006，25：847-851.

[53] Kochar N K，Merims R，Padia A S. Gasohol developments：Ethylene from ethanol [J]. Chemical Engineering Progress，1981，77：66-71.

[54] Talukdar A K，Bhattacharyya K G，Sivasanker S. HZSM-5 catalysed conversion of aqueous ethanol to hydrocarbons [J]. Applied Catalysis A：General，1997，148：357-371.

[55] 中国科学院青岛生物能源与过程研究所．生物能源产业动态，2009，（20）.

[56] 高尚愚，陈维．活性炭基础与应用 [M]．北京：中国林业出版，1984.

[57] 沈曾民，张文辉，张学军，等．活性炭材料的制备与应用 [M]．北京：化学工业出版社，2006.

[58] 郑士庚．活性炭的应用 [M]．上海：华东理工大学出版社，2002.

[59] 邹学权．水处理用活性炭的微波改性与再生 [D]．杭州：浙江大学，2008.

[60] 刘守新．活性炭光再生技术与 TiO_2-活性炭协同作用机制研究 [D]．哈尔滨：东北林业大学，2002.

[61] 马晓军，赵广杰．新型生物质碳材料的研究进展 [J]．林业科学，2008，44：147-150.

[62] 安玉良．生物基碳纳米材料的制备与性质研究 [D]．大连：大连理工大学，2004.

[63] 司卫华．"绿色"重防腐涂料和生物基重防腐涂料 [J]．热固性树脂，2007，22：47-50.

[64] 正在开发中的生物基涂料．船舶物资与市场，2012，5：42.

[65] 李清华．新型植物油改性润滑剂的研究与开发 [D]．上海：上海大学，2009.

[66] 陈利．可生物降解蓖麻油基润滑油的制备及性能研究 [D]．太原：中北大学，2009.

[67] 洪树楠，刘明华，范娟，等．木质素吸附剂研究现状及进展 [J]．造纸科学与技术，2004，23：38-43.

[68] 吴宇雄．木质素基吸水吸附材料的合成及性能研究 [D]．长沙：中南林业科技大学，2010.

[69] 洪树楠．一种球形木质素金属吸附剂的研制及其应用研究 [D]．福州：福州大学，2005.

第9章

生物质废物资源综合利用中的污染物控制

9.1 污染物监测分析

固体废物在无害化处理过程中会产生对环境有害的二次污染物,如何有效地控制二次污染是彻底解决固体废物的最关键的问题之一。而固体废物的监测分析技术是最基本的前提。

9.1.1 固体废物样品的采集和制备

固体废物的监测包括采样计划的设计和实施、分析方法、质量保证等方面。其中,采样是一个十分重要的环节。所采样本的质量如何,直接关系到分析结果的可靠性。特别是在分析手段日益精细、分析结果日益精密的今天,采样可能是造成分析结果变异的主要原因,有时甚至起着决定性的作用。

为了使采集样品具有代表性,在采集之前要调查研究生产工艺过程、废物类型、排放数量、堆积历史、危害程度和综合利用情况。如属于危险废物,则应根据其危险特性采取相应的安全措施。

9.1.1.1 样品的采集

(1) 采样工具

工业固体废物的采样工具包括尖头钢锹、钢锤、采样探子、采样钻、气动和真空探针、取样铲、带盖盛样桶或内衬塑料薄膜的盛样袋等。

(2) 采样程序

1) 根据固体废物批量大小确定采样单元(采样点)个数;

2) 根据固体废物的最大粒度(95%以上能通过最小筛孔尺寸)确定采样量;

3) 根据固体废物的赋存状态，选用不同的采样方法，在每一个采样点上采取一定质量的物料，组成总样（图 9-1 为采样示意），并认真填写采样记录。

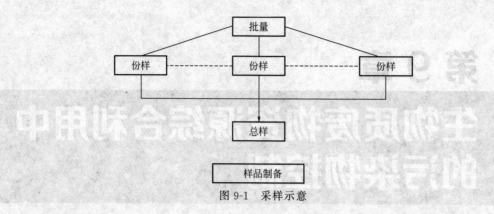

图 9-1 采样示意

(3) 采样单元数

采样单元的多少取决于 2 个因素。

① 物料的均匀程度　物料越不均匀，采样单元应越多。

② 采样的准确度　采样的准确度要求越高，采样单元应越多。

最小采样单元数可以根据物料批量的大小进行估计，如表 9-1 所列。

表 9-1　批量大小与最小采样单元数　　　　单位：t（固体）；1000L（液体）

批量大小	最小采样单元数/个	批量大小	最小采样单元数/个
<1	5	≥100	30
≥1	10	≥500	40
≥5	15	≥1000	50
≥30	20	≥5000	60
≥50	25	≥10000	80

(4) 采样量

采样量的大小主要取决于固体废物颗粒的最大粒径，颗粒越大，均匀性越差，采样量应越多，采样量可根据切乔特经验公式（又称缩分公式）计算，见式(9-1)。

$$Q = Kd^a \tag{9-1}$$

式中，Q 为应采的最小样品量，kg；d 为固体废物最大颗粒直径，mm；K 为缩分系数；a 为经验常数。

K、a 都是经验常数，与固体废物的种类、均匀程度和易破碎程度有关。一般矿石的 K 值介于 0.05～1 之间，固体废物越不均匀，K 值就越大。a 的数值介于 1.5～2.7，一般由实验确定。

(5) 采样方法

① 现场采样　当废物以运送带、管道等形式连续排出时，需按一定的间隔采样，采样间隔以式(9-2) 计算：

$$t \leqslant Q/n \tag{9-2}$$

式中，t 为采样质量间隔，s；Q 为批量，t；n 为表 9-1 中规定的采样单元数。

注意：采第一个试样时，不能在第一间隔的起点开始，可在第一间隔内随机确定。在运送带上或落口处采样，应截取废物流的全截面。

② 运输车及容器采样 在运输一批固体废物时，当车数不多于该批废物规定的采样单元数时，每车应采样单元数按下式计算：

每车应采样单元数（小数应进为整数）＝规定采样单元数/车数

当车数多于规定的采样单元数时，按表 9-2 选出所需最少的采样车数后，从所选车中各随机采集一个份样。在车中，采样点应均匀分布在车厢的对角线上（见图 9-2），端点距车角应大于 0.5m，表层去掉 30cm。

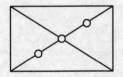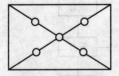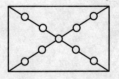

图 9-2 车厢中的采样布点的位置

对于一批若干容器盛装的废物，按表 9-2 选取最少容器数，并且在每个容器中均随机采两个样品。

表 9-2 所需最少采样车数

车数（容器）	所需最少采样车数
＜10	5
10～25	10
25～50	20
50～100	30
＞100	50

③ 废渣堆采样法 在渣堆两侧距堆底 0.5m 处画第一条横线，然后每隔 0.5m 划一条横线；再每隔 2m 划一条横线的垂线，其交点作为采样点。按表 9-1 确定的采样单元数，确定采样点数，在每点上从 0.5～1.0m 深处各随机采样一份（见图 9-3）。

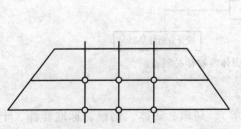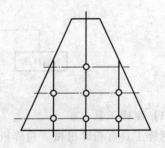

图 9-3 废渣堆中采样点的分布

9.1.1.2 样品的制备

根据以上采样方法采取的原始固体试样，往往数量很大、颗粒大小悬殊、组成不均匀，无法进行实验分析。因此在实验室分析之前，需对原始固体试样进行加工处理，称为制样。制样的目的是将原始试样制成满足实验室分析要求的分析试样，即使数量缩减到几百克，组成均匀（能代表原始样品），粒度细（易于分解）。制样的步骤包括破碎、过筛、混匀、缩分。制样的四个步骤反复进行，直至达到实验室分析试样要求为止。样品的制备过程如图9-4 所示。

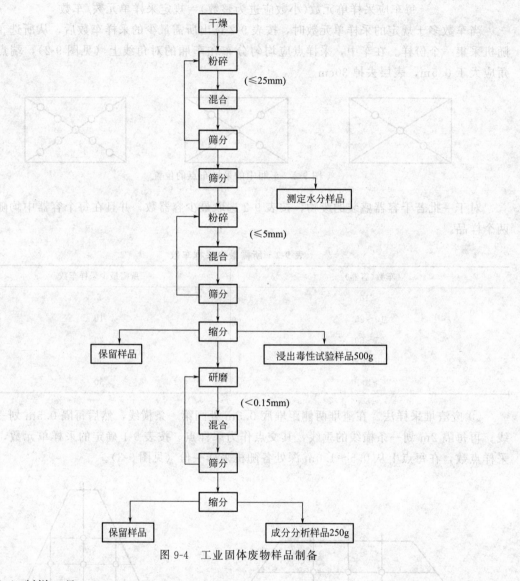

图 9-4　工业固体废物样品制备

（1）制样工具

制样工具有粉碎机械（粉碎机、破碎机等）、药碾、研钵、钢锤、标准套筛、十字分样板、机械缩分器等。

（2）工业固体废物样品制备

将所采样品均匀平铺在洁净、干燥、通风的房间自然干燥。当房间内有多个样品时，可用大张干净滤纸盖在搪瓷盘表面，以避免样品受外界环境污染和交叉污染。

① 粉碎　经破碎和研磨以减小样品的粒度。粉碎可用机械或手工完成。将干燥后的样品根据其硬度和粒径的大小，采用适宜的粉碎机械，分段粉碎至所要求的粒度。

② 筛分　保证样品95％以上处于某一粒度范围。根据样品的最大粒径选择相应的筛号，分阶段筛出全部粉碎样品。筛上部分应全部返回粉碎工序重新粉碎，不得随意丢弃。

③ 混合　使样品达到均匀。混合均匀的方法有堆锥法、环锥法、掀角法和机械拌匀法等，使过筛的样品充分混合。

④ 缩分　将样品缩分，以减少样品的质量。根据制样粒度，使用缩分公式求出保证样品具有代表性前提下应保留的最小质量。采用圆锥四分法进行缩分。

圆锥四分法：将样品置于洁净、平整板面（聚乙烯板、木板等）上，堆成圆锥形，将圆锥尖顶压平，用十字分样板自上压下，分成四等份，保留任意对角的两等份，重复上述操作至达到所需分析试样的最小质量。

9.1.2　危险特性的监测

9.1.2.1　急性毒性

急性毒性是指一次投给实验动物的毒性物质，半致死量（LD_{50}）小于规定值的毒性。对急性毒性的具体鉴别方法介绍如下。

1) 将100g制备好的样品置于500mL具塞磨口锥形瓶中，加入100mL蒸馏水（即固液1:1，振摇3min，在常温下静止浸泡24h后，用中速定量滤纸过滤，滤液留待灌胃实验用。

2) 以10只体重18～24g的小白鼠（或体重200～300g的大白鼠）作为实验对象。若是外购鼠，必须在本单位饲养条件下饲养7～10d，健康者，方可使用。实验前8～12h和观察期间禁食。

3) 灌胃采用1mL（或5mL）注射器，注射针采用9号（或12号），去针头，磨光，弯曲呈新月形，经口一次灌胃，灌胃量为小鼠不超过0.4mL/20g（体重），大鼠不超过1.0mL/100g（体重）。

4) 对灌胃后的小鼠（或大鼠）进行中毒症状的观察，记录48h内实验动物的死亡数目。根据实验结果，如出现半数以上的小鼠（或大鼠）死亡，则可判定该废物是具有急性毒性的危险废物。

9.1.2.2　易燃性

易燃性是指闪点低于60℃的液态废物和经过摩擦、吸湿等自发的化学变化或在加工制造过程中有着火趋势的非液态废物，由于燃烧剧烈而持续，以至会对人体和环境造成危害的特性。鉴别易燃性的方法是测定闪点。

(1) 采用仪器

应采用闭口闪点测定仪，常用的配套仪器有温度计和防护屏。

① 温度计　温度计采用1号温度计（-30～170℃）或2号温度计（100～300℃）。

② 防护屏　采用镀锌铁皮制成，高度550～650mm，宽度以适用为度，屏身内壁漆成黑色。

（2）测定步骤

按标准要求加热试样至一定温度，停止搅拌，每升高 1℃点火一次，至试样上方刚出现蓝色火焰时，立即读出温度计上的温度值，该值即为测定结果。

9.1.2.3 腐蚀性

腐蚀性是指通过接触能损伤生物细胞组织，或使接触物质发生质变，使容器泄漏而引起危害的特性。测定方法一种是测定 pH 值，另一种是指在 55.7℃以下对钢制品的腐蚀率进行测定。现介绍 pH 值的测定。

（1）仪器

采用 pH 计或酸度计，最小刻度单位在 0.1pH 单位以下。

（2）方法

用与待测样品 pH 值相近的标准溶液校正 pH 计，并加以温度补偿。

1）对含水量高、呈流态状的稀泥或浆状物料，可将电极直接插入进行 pH 值测量。

2）对黏稠状物料可离心或过滤后，测其滤液的 pH 值。对粉、粒、块状物料，称取制备好的样品 50g（干基），置于 1L 塑料瓶中，加入新鲜蒸馏水 250mL，使固液比为 1:5，加盖密封后，放在振荡机上［振荡频率（120±5）次/min，振幅 40mm］于室温下，连续振荡 30min，静置 30min 后，测上清液的 pH 值，每种废物取 3 个平行样品测其 pH 值，差值不得大于 0.15，否则应再取 1～2 个样品重复进行试验，取中位值报告结果。

3）对于高 pH 值（9 以上）或低 pH 值（2 以下）的样品，2 个平行样品的 pH 值测定结果允许差值不超过 0.2，还应报告环境温度、样品来源、粒度级配；试验过程的异常现象；特殊情况试验条件的改变及原因。

9.1.2.4 反应性

反应性是指在通常情况下固体废物不稳定，极易发生剧烈的化学反应；或与水反应猛烈；或形成可爆炸性的混合物；或产生有毒气体的特性。测定方法包括撞击感度实验、摩擦感度实验、差热分析实验、爆炸点测定、火焰感度测定、温升实验和释放有毒有害气体实验等。现介绍释放有害气体的测定方法。

（1）反应装置

1）250mL 高压聚乙烯塑料瓶，另配橡皮塞（将塞子打一个 6mm 的孔），插入玻璃管；

2）振荡器采用调速往返式水平振荡器；

3）100mL 注射器，配有 6 号针头。

（2）实验步骤

称取固体废物 50g（干重），置于 250mL 的反应容器内，加入 25mL 水（用 1mol/L HCl 调节 pH 值为 4），加盖密封后，固定在振荡器上，振荡频率为（110±10）次/min，振荡 30min 后停机，静置 10min。用注射器抽气 50mL 注入不同的 5mL 吸收液中，测定其硫化氢、氰化氢等气体的含量。第 n 次抽 50mL 气体测量校正值：

$$校正值(mg/L) = 测得值 \times (275/225)^n \tag{9-3}$$

式中，225 为塑料瓶空间体积，mL；275 为塑料瓶空间体积和注射器体积之和，mL。

(3) H₂S 气体的测定

① 原理　含有硫化物的废物当遇到酸性水或酸性工业有害固体废物遇水时便可使固体废物中的硫化物释放出 H₂S 气体：

$$MS + 2HCl \longrightarrow MCl_2 + H_2S$$

醋酸锌溶液可吸收 H₂S 气体，在含有高铁离子的酸性溶液中，S^{2-} 与对氨基二甲基苯胺生成亚甲基蓝，其蓝色与 S^{2-} 含量成比例。本方法测定 H₂S 气体的下限为 0.0012mg/L。

② 样品测定　在固体废物与水反应的反应瓶中，用 100mL 注射器抽气 50mL，注入盛有 5mL 吸收液（醋酸锌、醋酸钠溶液）的 10mL 比色管中，摇匀。加入 0.1% 对氨基二甲基苯胺溶液 1.0mL，12.5% $NH_4Fe(SO_4)_2$ 溶液 0.20mL，用水稀释至标线，摇匀。15～20min 后用 1cm 比色皿，以试剂空白为参比在 665nm 波长处测吸光度。从校准曲线上查出硫化氢的含量。

③ 结果计算

$$硫化氢浓度(S^{2-}, mg/L) = 测得硫化物量(\mu g) \times (275/225)^n / 注气体积(mL) \qquad (9\text{-}4)$$

式中　n——抽气次数。

(4) HCN 气体的测定

① 原理　含氰化物的固体废物，当遇到酸性水时，可放出 HCN 气体，用 NaOH 溶液吸收 HCN 气体。在 pH=7 时，CN^- 与氯胺 T 生成氯化氰，而后与异烟酸作用，并经水解而生成戊烯二醛再与吡唑啉酮进行缩合反应，生成蓝色的染料，其色度与氰化物浓度成正比，依此可测得 HCN 的含量。本法的检测下限为 0.007mg/L。

② 样品测定　取固体废物与水反应生成的气体 50mL，注入 5mL 的吸收液中（NaOH 溶液），加入磷酸盐缓冲溶液 2mL，摇匀。迅速加入 1% 氯胺 T 0.2mL，立即盖紧塞子，摇匀。反应 5min 后加入异烟酸-吡唑啉酮 2mL，摇匀，用水定容至 10mL。在 40℃左右水浴上显色，颜色由红→蓝→绿蓝。以空白作参比，用 1cm 比色皿，在 638nm 波长处测定吸光度。由校正曲线上查得氰化物的含量。

③ 结果计算

$$氰化氢浓度(CN^-, mg/L) = 测得氰化物量(\mu g) \times (275/225)^n / 注气体积(mL) \qquad (9\text{-}5)$$

式中　n——抽气次数。

9.1.2.5　浸出毒性

浸出毒性是指在固体废物按规定的浸出方法的浸出液中，有害物质的浓度超过规定值，从而会对环境造成污染的特性。鉴别固体废物浸出毒性的浸出方法有水平振荡法和翻转法。浸出试验采用规定办法浸出水溶液，然后对浸出液进行分析。我国规定的分析项目有汞、镉、砷、铬、铅、铜、锌、镍、锑、铍、氟化物、氰化物、硫化物、硝基苯类化合物等。

(1) 水平振荡法

该法是取干基试样 100g，置于 2L 的具盖广口聚乙烯瓶中，加入 1L 去离子水后，将瓶子垂直固定在水平往复式振荡器上，调节振荡频率为 (110±10) 次/min，振幅 40mm，在室温下振荡 8h，静置 16h 后取下，经 0.45μm 滤膜过滤得到浸出液，测定污染物浓度。

（2）翻转法

该法是取干基试样 70g，置于 1L 具盖广口聚乙烯瓶中，加入 700mL 去离子水后，将瓶子固定在翻转式搅拌机上，调节转速为（30±2）r/min，在室温下翻转搅拌 18h，静置 30min 后取下，经 0.45μm 滤膜过滤得到浸出液，测定污染物浓度。

浸出液按各分析项目要求进行保护，于合适条件下储存备用。进行测定时，每种样品做两个平行浸出试验。每瓶浸出液对欲测项目平行测定两次，取算术平均值报告结果。实验报告应将被测样品的名称、来源、采集时间、样品粒度级配情况、实验过程的异常情况、浸出液的 pH 值、颜色、乳化和相分层情况说明清楚。对于含水污泥样品，其滤液也必须同时加以分析并报告结果。如测定有机成分宜用硬质玻璃容器。

9.1.3 其他监测项目

9.1.3.1 垃圾的粒度分级

粒度采用筛分法，将一系列不同的筛目的筛子按规格序列由小到大排列，筛分时，依次连续摇动 15min，依次转到下一号筛子，然后计算每一粒度微粒所占的百分比。如果需要在试样干燥后再称量，则需在 70℃ 的温度下烘干 24h，然后再在干燥器中冷却后筛分。

9.1.3.2 淀粉的测定

（1）原理

垃圾在堆肥处理过程中，需借助淀粉量分析来鉴定堆肥的腐熟程度。淀粉的测定是利用垃圾在堆肥过程中形成的淀粉碘化配合物的颜色变化与堆肥降解度的关系进行的。当堆肥降解尚未结束时，淀粉碘化配合物呈蓝色；降解结束即呈黄色。堆肥颜色的变化过程是深蓝→浅蓝→灰→绿→黄。

（2）步骤和试剂

分析试验的步骤是：a. 将 1g 堆肥置于 100mL 烧杯中，滴入几滴酒精使其湿润，再加 20mL36％的 $HClO_4$；b. 用网纹滤纸（90 号纸）过滤；c. 加入 20mL 碘反应剂到滤液中并搅动；d. 将几滴滤液滴到白色板上，观察其颜色变化。

试剂是：a. 碘反应剂，将 2g KI 溶解到 500mL 水中，再加入 $0.08gI_2$；b. 36％的 $HClO_4$；c. 酒精。

（3）生物降解度的测定

垃圾中含有大量天然的和人工合成的有机物质，有的容易生物降解，有的难以生物降解。目前，通过试验已经寻找出一种可以在室温下对垃圾生物降解做出适当估计的 COD 试验方法。

分析步骤是：a. 称取 0.5g 已烘干磨碎试样于 500mL 锥形瓶中；b. 准确量取 20mL $c\frac{1}{6}(K_2Cr_2O_7)=2mol/L$ 重铬酸钾溶液加入试样瓶中并充分混合；c. 用另一支量筒量取 20mL H_2SO_4 加到试样瓶中；d. 在室温下将这一混合物放置 12h 且不断摇动；e. 加入大约 15mL 蒸馏水；f. 再依次加入 10mL H_3PO_4、0.2g NaF 和 30 滴指示剂，每加入一种试剂后必须混合；g. 用标准 $(NH_4)_2Fe(SO_4)_2$ 溶液滴定，在滴定过程中颜色的变化是棕绿→绿蓝→蓝

→绿，在等当点时出现的是纯绿色；h. 用同样的方法在不放试样的情况下做空白试验；i. 如果加入指示剂时易出现绿色，则试验必重做，必须再加 30mL $K_2Cr_2O_7$ 溶液。

生物降解物质的计算：

$$BDM = (V_2 - V_1)Vc \times 1.28/V_2 \tag{9-6}$$

式中，BDM 为生物降解度；V_1 为试样滴定体积，mL；V_2 为空白试验滴定体积，mL；V 为 $K_2Cr_2O_7$ 的体积，mL；c 为 $K_2Cr_2O_7$ 的浓度；1.28 为折合系数。

(4) 热值的测定

由于焚烧是一种可以同时并快速实现垃圾无害化、稳定化、减量化、资源化的处理技术，在工业发达国家，焚烧已经成为城市生活垃圾处理的重要方法，我国也正在加快垃圾焚烧技术的开发研究，以推进城市垃圾的综合利用。

热值是废物焚烧处理的重要指标，分高热值和低热值。垃圾中可燃物燃烧产生的热值为高热值。垃圾中含有的不可燃物质（如水和不可燃惰性物质），在燃烧过程中消耗热量，当燃烧升温时，不可燃惰性物质吸收热量而升温；水吸收热量后汽化，以蒸汽形式挥发。高热值减去不可燃惰性物质吸收的热量和水汽化所吸收的热量，称为低热值。显然，低热值更接近实际情况，在实际工作中意义更大。

两者换算公式为：

$$H_N = H_0 \times \frac{100 - (I + W)}{100 - W_L} \times 5.85W \tag{9-7}$$

式中，H_N 为低热值，kJ/kg；H_0 为高热值，kJ/kg；I 为惰性物质含量，%；W 为垃圾的表面湿度，%；W_L 为剩余的和吸湿性的湿度，%。

热值的测定可以用量热计法或热耗法。测定废物热值的主要困难是要了解废物的比热容值，因为垃圾组分变化范围大，各种组分比热容差异很大，所以测定某一垃圾的比热容是一复杂过程，而对组分比较简单的（例如含油污泥等）就比较容易测定。

(5) 渗沥水分析

渗沥水是指垃圾本身所带水分，以及降水等与垃圾接触而渗出来的溶液，它提取或溶出了垃圾组成中的污染物质甚至有毒有害物质，一旦进入环境会造成难以挽回的后果，由于渗沥水中的水量主要来源于降水，所以在生活垃圾的三大处理方法中，渗沥水是填埋处理中最主要的污染源。合理的堆肥处理一般不会产生渗沥水，焚烧处理也不产生，只有露天堆肥、裸露堆物可能产生。

① 渗沥水的特性　渗沥水的特性决定于它的组成和浓度。由于不同国家、不同地区、不同季节的生活垃圾组分变化很大，并且随着填埋时间的不同，渗沥水组分和浓度也会变化。

因此，它的特点如下。

1) 成分的不稳定性。主要取决于垃圾的组成。

2) 浓度的可变性。主要取决于填埋时间。

3) 组成的特殊性。渗沥水不同于生活污水，而且垃圾中存在的物质，渗沥水中不一定存在，一般废水中有的它也不一定有。例如，在一般生活污水中，有机物质主要是蛋白质（40%～60%）、糖类（25%～50%）以及脂肪、油类（10%），但在渗沥水中几乎不含油类，因为生活垃圾具有吸收和保持油类的能力，在数量上至少达到 2.5g/kg 干废物。此外，渗沥水中几乎没有氰化物、金属铬和金属汞等水质必测项目。

②渗沥水的分析项目 根据实际情况，我国提出了渗沥水理化分析和细菌学检验方法，内容包括：色度、总固体、总溶解性固体与总悬浮性固体、硫酸盐、氨态氮、凯氏氮、氯化物、TP、pH值、BOD、COD、K、Na、细菌总数、总大肠杆菌数等。其中细菌总数和大肠杆菌数是我国已有的检测项目，测定方法基本上参照水质测定方法，并根据渗沥水特点做一些变动。

(6) 渗沥试验

工业固体废物和生活垃圾堆放过程中由于雨水的冲力和自身关系，可能通过渗沥而污染周围土地和地下水，因此，对渗沥水的测定是重要项目。

①固体废物堆场渗沥水采样的选择 正规设计的垃圾堆场通常设有渗沥水渠道和集水井，采集比较方便。典型安全填埋场也设有渗出液取样点，见图9-5。

②渗沥试验 废物堆场对地下水和周围环境产生的可能影响可采用渗沥试验法测定。

1) 工业固体废物的渗沥模型。固体废物长期堆放可能通过渗沥污染地下水和周围土地，应进行渗沥模型试验。见图9-6固体废物渗沥模型试验装置。

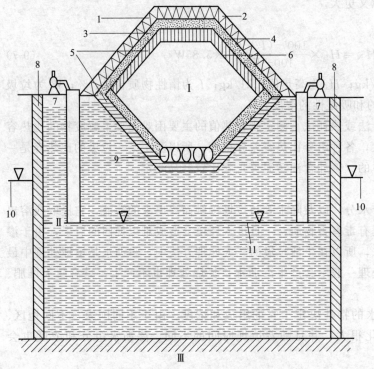

图9-5 典型安全填埋场示意及渗沥水采样点

Ⅰ—废物堆；Ⅱ—可渗透性土壤；Ⅲ—非渗透性土壤；

1—表层植被；2—土壤；3—黏土层；4—双层有机内衬；5—砂质土；

6—单层有机内衬；7—渗出液抽汲泵（采样点）；8—膨润土浆；

9—渗出液收集管；10—正常地下水位；11—堆场内地下水位

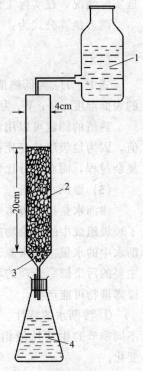

图9-6 固体废物渗沥
模型试验装置

1—雨水或蒸馏水；2—固体
废物；3—玻璃棉；
4—渗漏液

固体废物先经粉碎后，通过0.5mm孔径筛，然后装入玻璃柱内，在上面玻璃瓶中加入雨水或蒸馏水以12mL/min的速率通过管柱下端的玻璃棉流入锥形瓶内，每隔一定时间测定渗析液中有害物质的含量，然后画出时间-渗沥水中有害物浓度曲线。这一试验对研究废物堆场对周围环境影响有一定作用。

2）生活垃圾渗沥柱。某环境卫生设计科研所提出了生活垃圾渗沥柱，用以研究生活垃圾渗沥水的产生过程和组成变化。柱的壳体由钢板制成，总容积为 0.339m³，柱底铺有碎石层，容积为 0.014m³，柱上部再铺碎石层和黏土层，容积为 0.056m³，柱内装垃圾的有效容积为 0.269m³。黏土和碎石应采自所研究场地，碎石直径为 1～3mm。

实验时，添水量应根据当地的降水量。例如，我国某县年平均降水量为 1074.4mm，日平均降水量为 2.9436mm。由于柱的直径为 600mm，柱的面积乘以降水高度即为日添水量。因此，渗沥柱日添水量为 832mL，可以 7d（1 周）添水一次，即添水 5824mL。

9.2 污染物控制方法与技术

9.2.1 沼渣的处理与控制技术

沼渣由未分解的原料和新生的微生物菌体组成，含有丰富的有机物，其中有机质 36.0%～49.9%；腐殖酸 10.1%～24.6%；粗蛋白 5%～9%；全氮 0.78%～1.61%；全磷 0.39%～0.71%；全钾 0.61%～1.3%，还有一些富含矿物质的灰分。沼渣中的有机质、腐殖酸可改良土壤，N、P、K 等元素可提供作物生长所需的营养元素，未腐熟原料施入农田可继续发酵释放肥分，起到兼效的作用，故沼渣是优质、高效、无污染的有机肥料。

沼渣利用有以下几方面。

(1) 作基肥使用

沼渣中含有大量的 Cl、P、K 等速效养分，还含有丰富的中量元素及微量元素，可促进作物的生长发育。另外，含大量的有机质和腐殖质，能改善土壤结构，理化性质，培肥地力。同时，沼渣中不含硝酸盐成分，是优质的无公害、绿色、有机农产品生产的肥料。

(2) 配制营养土

与肥沃大田土按 1∶3 比例掺匀，可作为营养土使用。用沼渣配制的营养土能较好地防治枯萎病、立枯病、地下害虫的危害，并起到壮苗作用。

(3) 栽培食用菌用

沼渣产品不仅营养丰富，而且质地疏松，酸碱适中，是食用菌栽培的上乘培养料，可单独使用，也可与稻壳、锯末混合使用。据测定，用沼渣栽培食用菌，可增产 30%～50%，并提高品质。

9.2.2 液体污染物处理与控制技术

9.2.2.1 生物质乙醇制备的废水

废水来源：纤维乙醇生产预处理过程产生的废水。

主要污染物：部分纤维素、木质素、半纤维等难生物降解物质。

处理方法：物理化学处理、生物处理法。

(1) 物理化学处理

物理化学处理方法是利用物理和化学的综合作用净化废水的方法。是由物理方法和化学方法一起组成废水处理系统，或是包括物理过程和化学过程的单项处理方法，如浮选、吸附、吹脱、结晶、萃取、电渗析、电解、反渗透、离子交换等。如为去除悬浮和溶解的污染物而采用的化学混凝-沉淀和活性炭吸附的两级处理，这是一种相对比较典型的物理化学处理系统。

① 废水萃取处理法　废水萃取处理法是利用萃取剂，通过萃取作用净化废水的方法。根据同种溶剂对不同的物质相应具有不同溶解度这一性质，可将溶于废水中的某些污染物完全或部分分离。向废水中投加不溶或难溶于水的溶剂（萃取剂），使溶解于废水中的某些污染物（被萃取物）经萃取剂和废水两液相间界面转入萃取剂中得到分离。

② 废水光氧化处理法　废水光氧化处理法是利用紫外线和氧化剂的协同氧化作用来分解废水中有机物，净化废水的方法。废水氧化处理使用的氧化剂（Cl、次氯酸盐、O_3、H_2O_2 等），因受温度的影响，往往不能充分发挥氧化能力；采用人工紫外线照射废水，使废水中的氧化剂分子吸收光能被激发，形成具有更强氧化性能的自由基团，增强了氧化剂的氧化能力，可以迅速、有效地去除废水中的有机物。光氧化法适用于废水的高级处理，特别是生物法和化学法难以氧化分解的有机废水的处理。

③ 废水离子交换处理法　废水离子交换处理法是借助于离子交换剂中的离子同废水中的离子进行交换而去除废水中有害离子的方法。其交换过程可分为以下 4 种：a. 被处理溶液中的某种离子迁移到附着在所选的交换剂颗粒其表面的液膜中；b. 这种离子通过液膜扩散进入颗粒，并在颗粒的孔道中扩散，从而到达交换剂的交换基团的部位；c. 该离子同交换剂上的离子进行交换过程；d. 被交换下来的离子沿着相反的途径转移到溶液中，离子交换反应瞬间完成，而交换过程的速率主要取决于历时最长的膜扩散或颗粒内扩散。

④ 废水吸附处理法　废水吸附处理法是利用多孔性固体（称为吸附剂）吸附废水中某种或几种污染物（称为吸附质），以回收或去除某类污染物，从而使废水净化的方法。吸附有物理吸附和化学吸附之分。物理吸附没选择性，是放热过程，温度降低有利于吸附过程的进行；化学吸附具选择性，是吸热过程，温度的升高利于吸附过程。

(2) 生物处理法

生物处理工艺主要有厌氧生物处理、好氧生物处理及厌氧-好氧组合处理工艺。

① 厌氧生物处理　厌氧处理是在缺氧条件下有效去除有机污染物的技术，它能够将有机污染物转变为甲烷和 CO_2 等气体（统称为沼气）。厌氧反应器可以分为厌氧悬浮生长工艺和厌氧接触生长工艺。目前所用的厌氧反应器主要分为以下几种类型：a. 普通厌氧消化池；b. 厌氧接触工艺；c. 升流式厌氧污泥床（UASB）反应器；d. 厌氧生物滤池；e. 厌氧颗粒污泥膨胀床（EGSB）；f. 厌氧流化床反应器和厌氧复合反应器。

1）升流式厌氧污泥床（UASB）反应器。需处理的废水从 UASB 反应器的底部引入，向上流过絮状或颗粒状污泥组成的污泥床；污水与污泥相接触发生厌氧反应，产生大量的沼气从而引起污泥床的不停扰动；污泥床上所产生的气体会有一部分附着在污泥颗粒的表面，自由气体和那部分附着在污泥颗粒表面上的气体会上升到反应器的顶部。污泥颗粒上升过程中，撞击到脱气挡板底部，经撞击污泥颗粒脱气，脱气的污泥颗粒沉淀后返回反应器的污泥层；气体被收集在位于反应器顶端的集气室内部；少量剩余固体物和部分生物颗粒会随废水进入到沉淀区内，经沉淀后会通过反射板落回到污泥层的上面；由于分离器的斜壁沉淀区的过流面积在接近水面的位置时增大，因此上升流速在接近排放点时降低，流速的降低使污泥絮体在沉淀区有充分时间进行絮凝和沉淀，当累积在三相分离器上的污泥絮体的重力超过将其保持在斜壁上的摩擦力时，其将沿三相分离器滑回到消化区，这部分污泥又可与进水有机物继续发生反应。

2）厌氧流化床。流化床系统中，依靠在惰性载体微粒表面形成的生物膜来保持污泥的密度。液体与污泥的混合、物质的传递依靠使这些带有生物膜的微粒形成流态化。流化床的主要特点如下：a. 能保证厌氧微生物与被处理的物质的充分接触；b. 形成的生物量大，且生物膜较薄，传质好，反应过程也因此比较快，反应器的水力停留时间短；c. 克服了厌氧生物滤池的堵塞和沟流等问题；d. 由于反应器负荷高，高度与直径比例大，因此可以减少占地面积，节约工程的土建投资。

3）厌氧颗粒污泥膨胀床（EGSB）。EGSB 反应器实际上是改进的 UASB 反应器，其运行在较大的上升流速下，使颗粒污泥处于悬浮状态，从而保持了进水与污泥颗粒的充分接触。EGSB 反应器的特点是，颗粒污泥通过采用较大的上升流速，运行过程中处于膨胀状态。EGSB 反应器不适于去除颗粒有机物，进水悬浮固体"流过"颗粒污泥床后会随出水离开反应器，胶体物质被污泥絮体吸附被部分去除。

4）内循环厌氧反应器（IC）。IC 反应器可以看成是由两个 UASB 反应器的单元相互垂叠而成的。它的特点是在一个高的反应器内将沼气的分离分为两个阶段。底部处于高负荷状态，上部处于低负荷状态。

② 好氧生物处理　好氧生物处理工艺主要是早期传统活性污泥法和 20 世纪 70 年代开发的替代工艺，如 SBR、氧化沟、深井曝气及生物接触氧化法等。常规的活性污泥法处理废水以其价格低廉、适应性广、出水水质好等优点在废水处理中得到了广泛应用。但常规的连续流活性污泥法也存在着较多的缺点；例如由于其泥水分离需要通过污泥在沉淀池中的自然沉降来实现，因此，常常发生污泥膨胀的问题；从另一方面来讲，曝气池中污泥的浓度由于氧传递速率的控制而难以得到提高，从而曝气池的容积负荷也难以有很大的提高；此外，它还有抗冲击负荷能力差、剩余污泥量大、对有毒有害物质敏感、需单独建设三级处理用来克服脱氮除磷等缺点。所以，基于传统活性污泥法，人们提出了很多的改进方法，如氧化沟法、接触氧化法、SBR 法等新工艺。

1）接触氧化法。接触氧化法又称浸没曝气式生物滤池法，在池内装填滤料浸没在污水中，在滤料支撑下部设置曝气管，用鼓风机对其进行鼓风曝气，废水中的有机物被吸附（接触）在滤料表面的生物膜上，被微生物氧化分解。生物膜经历挂膜、生长、增厚、脱落这 4 个交替过程。部分生物膜脱落后变成活性污泥，在循环流动中，吸附和氧化分解废水中的有机物。多余的脱落生物膜在二次沉淀池中加以去除。空气通过设在池底的曝气装置进入废水中，气泡上升时向废水供氧，并使池中的废水得到充分混合。接触氧化法的优点是：易管理；可忍受负荷、水温的大幅变动，抗冲击能力强；剩余污泥量少；和活性污泥法相比，容易去除难分解和分解速率慢的物质。其缺点是滤料间水流缓慢，接触时间长，水流冲刷作用小，污泥容易结团；剩余污泥沉降性能差，易发生污泥膨胀，从而恶化出水水质；动力消耗大；调试时挂膜需要时间长。

2）氧化沟法。氧化沟又称为循环曝气池，是活性污泥法的一种变形，属于延时曝气活性污泥系统。污水和活性污泥的混合液在环状构筑物中循环流动，靠曝气转刷或池底的水力推进器使污泥保持流动状态，并通过曝气转刷工作时间设定使活性污泥交替处于厌氧和好氧环境，这不仅为脱氮提供了有利条件，而且调整了污泥性能，有利于生物絮凝，使活性污泥更容易被沉淀下来。氧化沟曝气时间比较长，出水水质较好，抗冲击负荷能力也大为提高，并且剩余污泥量少，污泥性质稳定，可直接进行干化处理，省去了污泥消化池，节省了该部分的投资费用，并简化了运行管理操作。与普通的三级处理比较，氧化沟具有脱氮除磷的功能。但氧化沟建设时需要较大的平面占地面积，并对曝气转刷、水力推进器等设备要求较高，其厌氧、好氧的交替也对设备的自动化提出了相当高的要求。

3）SBR 法。序批式生物反应器（SBR）是污水生物处理方法的最初模式，是一种间歇运行的污水处理工艺，在一个反应器中完成进水、曝气、静止沉淀、排水（排泥）等一系列过程，并在一个周期结束后再进入下一运行周期。其显著的优点是省去了二次沉淀池和污泥回流系统，使系统得以简化。由于 SBR 可自由调整过程参数，运行管理相当灵活。可以在 SBR 运行过程中增加缺氧环节，并通过控制排水量从而控制适当的回流比，这能够使 SBR 实现良好的脱氮效果。SBR 运行属于完全混合式，同时时间属于推流式，所以 SBR 兼具完全混合式和推流式两者的优点，例如不易发生污泥膨胀、抗冲击负荷能力强、出水水质好等优点。同时，由于 SBR 可以实现静沉，因此，SBR 的沉降效果最好。但 SBR 需要在每个反应池内部装设曝气装置，并需要满足排水时不同水位变化的要求，因此，SBR 的设备投资较高，同时设备利用率较低。而且 SBR 需要在装设曝气管的反应池中完成静止沉降的过程，这样会导致曝气管容易堵塞。SBR 的间歇运行所导致的繁琐操作，使 SBR 需要较为复杂的自动控制系统，这也使其设备投资费用升高。

4）膜生物反应器（MBR）。膜生物反应器将活性污泥法和膜分离技术相结合，将膜分离技术作为处理单元中微生物富集的手段，并对微生物进行有效拦截或者吸附，具有工艺流程简单、占地面积小、出水水质好、剩余污泥产量低、可直接回用、维护管理方便等特点。按照膜组件和生物反应器的相对位置，可以分为分体式膜生物反应器、一体式膜生物反应器。分体式膜生物反应器的混合液由泵增压后进入位于反应器外面的膜组件，在压力作用下，通过膜过滤，出水作为处理出水，活性污泥、大分子物质等则被膜截留，回流到生物反应器内。分体式膜生物反应器特点是：运行稳定可靠，操作管理容易，易于膜的清洗、更换及增设。但为了减缓膜污染和膜的更换与清洗，需要用泵将混合液以较高的流速（3～6m/s）压入膜组件，并在膜表面形成错流冲刷，未通过膜组件的物质随浓水返回反应器内，由此存在动力费用高的问题。一体式膜生物反应器分为两种。第一种组合是硝化-反硝化系统。有两个反应器，其一作为硝化池，另一作为反硝化池。膜组件浸没在硝化池内，两池之间通过泵来使要过滤的混合液连通。该组合基于以下原因：一是可以提供配套的膜和设备，便于旧系统的更新改造；二是膜浸没池为好氧区，缺氧区用来实现硝化-反硝化的目的。通过比较，第二种组合最简单，即直接将膜组件放入生物反应器内部，通过工艺泵的负压抽吸作用得到膜过滤出水。一体式膜生物反应器膜面的错流效果利用曝气进行的时候气液向上的剪切力来实现。与分体式相比，一体式不需要混合液的循环系统，能耗相对较低。

9.2.2.2　沼液的处理与控制技术

沼液富含有机质和腐殖酸，所含活性物质有助于增强农作物的抗逆能力、提高作物产量和品质。沼液中含有矿质营养元素、生长素及赤霉素，能促进植物生长。同时，沼气发酵残留物对多种常见的农田病虫害具有抑制、防治效果，对大肠杆菌、副伤寒杆菌和猪丹毒杆菌等致病菌有显著抑制作用。沼液的利用主要有以下几方面。

（1）作叶面肥使用

沼液内含有作物需要的多种营养物质、微量元素、生长素、抗生素，适宜作叶面肥使用，效果比单纯化肥还明显，特别在棚菜、果树、花卉等作物上使用，有明显的壮秧、保果、增产、提质效果。作为叶面肥，也可与农药混用，减轻工时负担。一般选在晴天上午10时前或下午3时后进行喷施，效果较好。每7～10d喷一次，喷1～3次即可。使用时一般加水稀释，一般对水量是4倍左右，亩用量20～40kg。喷施时注意叶片正反两面都要喷到，水滴欲流为宜。

（2）作杀虫杀菌剂使用

沼液内含多种活性物质，其中丁酸、吲哚乙酸、维生素B_{12}等对病菌有明显抑制作用，沼液中的氨和氨态氮、抗生素等对一些害虫有直接防治作用，试验表明，沼液对粮食、蔬菜、果树等13种作物、23种病害、14种虫害有防治效果。具体使用方法，也是适量对水喷施。

（3）作饲料添加剂使用

沼液中含有丰富的氨基酸、维生素及其他动物生长所需营养物质，作为一种独特的饲料添加剂，喂养猪、牛、羊、鸡等畜禽，可促进生长，缩短育肥期，提高饲料转换率，增加经济效益。

9.2.3　气体污染物处理与控制技术

堆肥产生的污染气体包括甲烷（CH_4）、CO_2、氨气（NH_3）、硫化氢（H_2S）、甲硫醇（CH_3SH）、甲基硫［$(CH_3)_3S$］、二氧化硫（SO_2）等烷烃类气体。

处理方法有常用的吸附法与吸收法、冷凝法和热破坏法，以及近年来发展起来的膜分离法、生物法和光氧化分解法等。

（1）吸附法与吸收法

吸附法是一种重要的处理有机废气的物理方法，它主要是利用活性炭等对有机气体的有机成分的吸附作用，来达到去除有机废气的目的，此法主要适用于低浓度的有机废气净化。在处理有机废气的方法中，吸附法是使用最为普遍的一种处理方法，其具有去除效率高、能耗低、处理工艺成熟等优点，但当废气中有胶粒物质或其他杂质时，活性炭的吸附孔容易堵塞，从而使吸附剂失效。活性炭又分颗粒状和纤维状两类。纤维状活性炭比表面积大，气孔小，主要靠分子间引力对气体进行吸附。其表面小孔直接开口向外，使得气体扩散距离缩短，吸附和解吸速率均比较快，常用于吸附浓缩法，此法适用于有机废气浓度为0～0.6mg/m³，风量为0～600000m³/h的有机废气处理工程当中。而颗粒状活性炭气孔均匀，气体需从外向内扩散，扩散距离较长，使得吸附解吸速率较慢，常用于固定床式活性炭吸附法，此法适用于有机废气浓度为 $0\sim0.1\mathrm{mg/m^3}$，风量为 $0\sim48000\mathrm{m^3/h}$ 的有机废气处理工程。

吸收法是利用恶臭气体的物理或化学性质，使用水或化学吸收液对恶臭气体进行物理或化学吸收脱除恶臭的方法。即用适当的液体作为吸收剂，使恶臭气体与其接触，并使这些有害组分溶于吸收剂中，气体得到净化。吸收剂可以是水或其化学试剂溶液。使用吸收法时需选用合适的吸收设备以存放吸收液，目前常用的吸收设备有以下 3 种。

1）表面吸收器逆流填料塔。

2）鼓泡式吸收器连续鼓泡吸收塔和筛板吸收塔。

3）喷淋式吸收器。

（2）冷凝法

由于各种有机废气在不同温度下具有不同饱和蒸气压，如果对系统降温或增压，处于蒸气状态的污染物就会冷凝并从废气中分离出来，这即是冷凝法的原理。冷凝可通过在恒压的条件下用降温或在恒温条件下增压来实现，但多采用前一种方法。冷凝法具有回收物质纯度高、所需设备和操作条件简单等优点，但由于其通常需要较高的压力或较低的温度，使得处理的运行费用过高，因而常与压缩、吸附、吸收等过程联合应用。这就使得冷凝法在理论上可达到很高的净化程度，但从经济角度上来看并不可行。冷凝法常作为预处理来减轻燃烧、吸附等方法的处理负荷，它适用于回收浓度在 $1000\mathrm{mg/m^3}$ 以上的有机溶剂蒸气。

（3）热破坏法

热破坏法是一种应用广泛的有机气体处理方法，其处理工艺设备都比较成熟，具体包括直接燃烧法、催化燃烧法和浓缩燃烧法三种方法。有机化合物的热破坏机理比较复杂，有氧化、热裂解和热分解等反应过程，此工艺方法适合小风量，高浓度，连续排放的场合。

直接燃烧法主要是利用了有机气相污染物易燃烧的性质，从而把可燃的有机气相污染当作燃料来燃烧得到处理。它适合处理高浓度有机气相污染物，有机废气浓度为 $0.1\sim1.4\mathrm{mg/m^3}$，发热值为 $3345\mathrm{kJ/m^3}$ 的气体，它的燃烧温度应控制在 1100℃以上，控制好气体的停留时间时，其去除效率可达 95%以上。催化燃烧法主要是用铂、钯等贵金属及过渡金属氧化物等催化剂来处理有机气相污染物。其操作温度通常为 $250\sim500$℃。目前使用的催化剂主要有 Pt、Pd 和过渡族元素 Co、稀土等。浓缩燃烧法是先用吸附法来吸附有机废气，使其聚集起来，再进行脱吸并将有机物进行燃烧处理的方法。

（4）膜分离法

膜分离法主要用半透性的聚合膜将有机废气从气体中分离出来，其操作流程简单，能耗小，并且无二次污染。其工艺常由压缩冷凝和膜分离等操作组成，主要适合体积分数在0.1%以上的高浓度有机气体的分离与回收。气体加压冷凝后进入膜分离组件，未冷凝的有机气体则透过半透膜进行分离，半透膜对空气的透过性比对有机废气蒸气的透过性强 $10\sim100$ 倍，因而能将最终分离成的气量很大的净化气直接排放，而气量很小的浓集气回流并重新压缩冷凝净化，如此循环操作，最终能得到浓度较高的有机废气。膜分离方法可用于处理苯、甲苯、甲基乙基酮、溴代甲烷、氯乙烯等气体污染物或挥发性较强的液态有机物，尤其是一些低沸点有机物和氯代有机物，运用冷凝和活性炭吸附等处理效果均不好，而膜分离工艺则能有效处理，此外它还省去了解吸和浓缩气进一步处理的麻烦。

（5）生物法

生物法净化实质上是一种氧化分解过程，它通过附着在介质上的活性微生物来吸收有机废气，并将其变为无害的无机物（CO_2、H_2O）或细胞组成物质。生物法不仅设备简单、投资少，而且处理过程比较环保，无二次污染；同时也存在着一些缺点，如反应装置占地面积大、反应时间较长等。生物法用得较多的有生物过滤床和生物滴滤床工艺。

① 生物过滤床　它是一种填有泥炭、活性炭等具有吸附性滤料的净化装置，首先应在过滤床中掺入 pH 缓冲剂和一些 NH_4NO_3、K_2HPO_4 等营养元素，当废气进入生物滤床，通过生物活性填料层时，微生物便可吸收废气中的有机气体并将其作为营养源进行转化，废气即得到净化。

常用的滤床材料有土壤、泥炭、堆肥（添加泥炭和聚苯乙烯颗粒）和树皮等。

② 生物滴滤床　其结构与生物滤池相似，只是在顶部设有喷淋装置。生物滴滤床使用的填料不具吸附性，如粗碎石、塑料蜂窝状填料、陶瓷、微孔硅胶等，微生物能在这些填料的表面形成几毫米厚的生物膜。其微生物处理有机废气的原理同生物过滤床是一样的，但它在微生物生长环境的调节方面更具优势，具有很大的缓冲能力，能承受更大的污染负荷。

但是生物滴滤床也不同于生物滤池，它要求水流连续地通过有孔的填料，这样可以有效地防止填料干燥，精确地控制营养物浓度与 pH 值。另外，由于生物滴滤床底部要建有水池来实现水的循环运行，所以总体积比生物滤池大。这就意味着：将有大量的污染物质溶解于液相中，从而提高了比去除率。因此，生物滴滤床的反应器的尺寸可以比生物滤池的小。但是，生物滴滤床的机械复杂性高，从而使投资和运行费用增加。由于这些原因，所以生物滴滤床最适于那些污染物质浓度高导致生物滤池堵塞、有必要控制 pH 值和使用空间有限的地方。

（6）光氧化分解法

通常光分解气态有机物主要是直接用一定波长的光照使有机物分解，或是光照在催化剂作用下使气态有机物分解。光氧化分解法处理有机废气的原理是在一定波长的光照和特定的光催化剂（如 TiO_2）的作用下，H_2O 被分解为—OH，而有机物被—OH 氧化成 CO_2、HO_2 等无机物。光催化氧化法能将有机气体彻底地无机化，并且副产物少，但是该技术目前尚未得到商业化应用，原因是其存在着催化剂的失活、催化剂难以固定，且催化效率容易降低的问题。

（7）除臭剂法

几种常见的除臭剂类型如表 9-3 所列。

表 9-3　几种常见的除臭剂类型

除臭剂类型	原理	药剂名称
氧化剂	氧化作用,氧化臭气成无臭	高锰酸钾、二氧化氯、次氯酸盐、臭氧
中和剂	酸和盐的中和反应,使臭气变为无臭	石灰、甲酸、稀硫酸、过磷酸钙、硫酸亚铁
掩蔽剂	用其他香味和臭气混合,改变其性质	香水、香油、精油等
吸附剂	吸附除臭	活性炭、沸石、腐殖质
酶制剂	靠微生物(细菌、霉菌、酵母等)产生的酶的作用促使臭气物质分解,改变发生臭气的质和量	

9.3 敏感性二次污染物控制

9.3.1 二噁英的控制[1~3]

二噁英（PCDD/Fs）是多氯代二苯并二噁英（PCDDs）类和多氯代二苯并呋喃（PCDFs）类物质的总称，由于氯原子取代数量和位置的不同，可分为 75 个 PCDD 异构体和 135 个 PCDF 异构体。因为二噁英类物质的取代位置不同，各异构体表现出不同的理化性质和毒性，其中以 2、3、7、8 平面位置取代的 17 种二噁英是有毒的，2、3、7、8-PCDD 的毒性甚至相当于 KCN 的 1000 倍。自从二噁英于 1977 年在垃圾焚烧炉的烟气中被发现至今，对二噁英生成机制及控制技术的研究一直是相关研究者所研究的关键领域，其目的是改进垃圾焚烧技术，加强环境污染控制，保证人类生存健康。随着中国经济的快速发展以及人民生活水平的日益提高，生活垃圾的产生量也越来越多。据统计，中国每年产生 2×10^8 t 的生活垃圾，总量占世界生活垃圾产生量的 29%。焚烧作为一种快速减量化、无害化、资源化的垃圾处理方式，越来越受到普遍的欢迎。2005 年，全国 67 个生活垃圾焚烧厂每日的垃圾处理量为 33000t，而且经预测，到 2020 年全国将会有 200 个生活垃圾焚烧厂，每日的垃圾处理量将达到 100000t。此外，危险废物如医疗废物由于其危险性大，除焚烧法外，其余的处理方法都不能完全消除医疗废物中的传染性和毒性物质。而且，焚烧法能使医疗废物显著减量，这种方法便成了处理医疗废物行之有效的方法。从 2003 年起，中国政府投入 150 亿人民币兴建 31 座危险废物处理厂和 300 座医疗废物处理厂。但是如此大规模的兴建垃圾焚烧厂，导致了二噁英的排放大大超出国内和国际的标准。中国现行规定的生活垃圾焚烧烟气的二噁英排放标准为 1ngI-TEQ/m³（标准状态），危险废物如医疗废物焚烧烟气的排放标准为 0.5ngI-TEQ/m³（标准状态），都高于 0.1ngI-TEQ/m³（标准状态）的国际排放标准。但是 2001 年环保总局的检测数据表明，一些小型垃圾焚烧炉二噁英超标现象较为严重，调查结果显示有 57% 的生活垃圾焚烧厂二噁英排放超标，最高超标者高达上百倍。我国根据 2004 年联合国环境保护署（UNEP）的《二噁英清单估算标准工具包》以及已有的部分监测数据，对 10 类 62 个子类二噁英排放源进行了估测。估算数据表明，2004 年各类二噁英排放源中，废物焚烧是我国二噁英排放的三大主要排放源之一。

9.3.1.1 二噁英生成机制

二噁英的生成机制主要分为高温的气相生成以及低温催化生成。二噁英的气相生成主要发生在 500~800℃ 的温度区间。由 Ballschmiter 等提出的二噁英生成机制主要包括多氯联苯的环化、多氯联苯醚的环化、呋喃的氯化和 OCDF 的氯化。在高温反应的时候，基础自由基如—H、—OH、—O 和—O₂H 结合 H 原子的能力要远强于 Cl，因此在烟气中能发现高浓度的氯苯和氯酚。近年来发现高温条件下生成的羟基氯酚自由基是生成 PCDD/F 的重要中间产物，而在生活垃圾焚烧炉内，氯酚和—OH 自由基的反应对羟基氯酚自由基的生成有着重要的作用。借助现代计算机的计算能力，对复杂的二噁英高温气相生成模拟已成为可能，而且能很好地与实际焚烧炉的二噁英生成现象吻合。

氯酚是研究高温二噁英气相生成最多的物质，它也被认为是最直接的二噁英前驱物。由氯酚参与的高温气相生成被认为是实际焚烧炉中二噁英的重要贡献者。Evans 和 De Uinger 研究热解条件下 2-氯酚的热降解发现，在介于 575～900℃时检测到 DD、DF 和 1-MCDD 的存在，但是没有发现 4,6-DCDF；在氧化条件下，反应产物的顺序为 4,6-DCDF＞DD＞1-MCDD，4-MCDD，DF。

9.3.1.2 二噁英生成与排放的主要影响因素

(1) 燃烧气氛对二噁英生成的影响

在氧化条件下，直接焚烧导致烟气处理量大，烟气中携带大量的飞灰，是燃后区域生成二噁英的良好催化剂。完全燃烧导致垃圾中的大部分 Cl 进入烟气，是二噁英生成的主要元素。另外，焚烧工况难以控制，低的氧含量导致垃圾的不完全燃烧，生成大量的二噁英前驱物，高的氧含量又导致后续的烟道中二噁英的 denovo 反应增加。在还原条件下，热解能有效控制碱性物质、重金属、S 和 Cl 的释放，减轻设备的腐蚀程度，因此能防止二噁英的生成；热解产生的烟气量少，飞灰携带也较少，避免了后续二噁英的大量生成；热解产生的气、油和炭更容易燃烧；热解后残渣的熔融步骤又能大幅去除毒性物质。然而，也有研究表明，前驱物在热解状态下能导致氯原子结构的再分布，生成毒性更大的二噁英同系物。

(2) 烟气冷却过程对二噁英生成的影响

在烟气的冷却过程中，如果烟气在这段时间停留过长的话，PCDD/Fs 则将大量再生。PCDD/Fs 生成的最适温度在 200～400℃之间，而且 Hell 等（2001）发现在飞灰的 denovo 合成反应中，250℃时 PCDD/Fs 的生成速率是 350℃时的 7%～15%，因此应用烟气快速冷却技术能减少 PCDD/Fs 的生成。烟气急冷方法有水冷和换热器冷却。Kim 等发现换热器冷却后烟气中二噁英浓度增加，PCDD/PCDF 比值从进口的 74：26 增加到 82：18；水冷后二噁英浓度减少，主要是由于飞灰与水接触后去除引起的。实现烟气快速冷却技术的关键因素是平均烟气冷却速率，垃圾焚烧炉中的烟气冷却速率通常在 100～200℃/s 范围内，炉膛出口 PCDD/Fs 的浓度一般为 5ngI-TEQ/m³（标准状态），要达到低于 0.1ngI-TEQ/m（标准状态）的标准，烟气冷却速率必须在 500～1000℃/s 之间，实际要达到如此高的冷却速率是很难做到的。于是通过急冷塔后，烟气温度还是在 250℃左右，这可能是 PCDD/Fs 大量再生的根源。

(3) 烟气中 O_2 的浓度对二噁英生成的影响

Olie 等通过试验发现高氯代同系物中的氧主要来自气态中，而低氯代同系物中的氧主要来自飞灰中。Cunliffe 等发现经 denovo 反应，由来自于气态氧生成的 PCDD/Fs 不易吸附于飞灰颗粒，因而更加容易从飞灰中脱附，然后发生脱附反应；相反，经表面催化缩聚反应生成的 PCDD/Fs，或者在 denovo 反应中，来自于固态或者吸附态氧生成的 PCDD/Fs 则较易吸附于飞灰颗粒。对于 denovo 合成反应来说，反应需要 O_2 的参与，当没有 O_2 存在时就不能生成 PCDD/Fs。但是当 O_2 浓度较低时，垃圾焚烧炉产生大量不完全焚烧产物，经飞灰作用将生成大量 PCDD/Fs 因此，在垃圾焚烧炉的具体操作过程中可能存在一个最适 O_2 浓度，此时总 PCDD/Fs 的产生量最少。Floyd 认为当 O_2 浓度在 6%～9% 时能最大幅度降低生活垃圾焚烧炉中 PCDD/Fs 的生成量。但是在流化床焚烧炉中发现当浓度在 6％～13％时生成大量二噁英，Ishikawa 等（1997）则发现当 O_2 浓度在 10％～14％时，浓度越高，PCDD/Fs 生成抑制率越大。而 Zhang 等在炉排型焚烧炉运行过程中发现当 O_2 浓度在 6％～10.5％时，O_2 浓度越低，PCDD/Fs 生成抑制率越大。上述发现存在着不一致，主要是由炉型及焚烧条件的不同所引起的。O_2 浓度的变化可能引起烟气中不完全燃烧产物浓度的变化，以及改变飞灰异相催化合成反应的速率，由不完全燃烧产物和飞灰共同作用可能导致 PCDD/Fs 再生。

（4）烟气中的水蒸气对二噁英生成的影响

由于水蒸气一直存在于垃圾焚烧炉的运行过程中，它就可能对 PCDD/Fs 的生成有一定的作用。Stieglitz 等利用飞灰在 300℃参与 denovo 合成反应，水蒸气的添加导致 PCDDs 浓度的上升。Li 等则发现水蒸气能促进飞灰 denovo 合成反应生成 PCDD/Fs，水蒸气能活化反应的飞灰，并且能跟氯气反应，破坏 Deacon 反应的平衡。然而 Jay 等却发现水蒸气能抑制飞灰 denovo 合成反应降低 PCDD/Fs 浓度，Wikstrom 等在模拟烟气条件下也发现水蒸气抑制飞灰 denovo 合成反应降低 PCDD/Fs 浓度的现象。但是还有研究发现水蒸气对 PCDD/Fs 浓度变化并不起作用，氯酚作为前驱物参与 PCDD/Fs 的异相催化反应，当有水蒸气加入时，PCDDs 和 PCDFs 的浓度都不发生变化，但是 PCDFs 的同系物种类分布却相应减少。

（5）烟气中 SO_2 对二噁英生成的影响

SO_2 对 PCDD/Fs 的生成有显著的抑制作用。

（6）"记忆效应"对二噁英生成与排放的影响

有很多研究发现当垃圾焚烧厂在刚开始投入运行，运行过程中改变运行工况，或者发生操作失控后，尽管当运行再次恢复正常，系统还是能够持续不断地产生大量 PCDD/Fs，而且能持续很长时间，甚至 1～2 年。这种持续不断生成 PCDD/Fs 的现象被称为"记忆效应"。积灰或者炭黑在 PCDD/Fs 的"记忆效应"中起着重要的作用。然而，有研究表明炭黑缺少反应必需的催化金属，因此积灰对"记忆效应"的贡献要更大。沉积在烟气管道底部或者黏附在管壁的飞灰由于携带大量的残碳分子和催化金属，可以在适当的温度及其他条件下与烟气中的 HCl 或者 Cl_2 发生 denovo 合成反应，生成 PCDD/Fs；或者与不完全燃烧有机化合物发生异相催化反应，生成 PCDD/Fs。然后，生成的 PCDD/Fs 可以通过从积灰中脱附释放到烟气中，将烟气中 PCDD/Fs 的浓度增加 1～2 个数量级。于是，高温烟气流经烟气管道、锅炉、换热器或者污染控制设备时，当温度在 200～400℃时都有可能与积灰发生反应生成 PCDD/Fs。上述机制与一般飞灰生成 PCDD/Fs 的机制基本类似，唯一不同的是，积灰在适合的条件下能持续不断地产生 PCDD/Fs。有研究表明经常清洗管壁中积灰能降低 PCDD/Fs 的排放，但是考虑技术可行性和经济可承受性，这种方法在具体的工程运用中依然存在问题，而清洗的任务也一般在焚烧炉停止运行进行维护的时候才执行。

9.3.1.3　二噁英排放控制技术

（1）吸附剂吸附

表 9-4 列了三种在国内外垃圾焚烧炉应用较广的利用吸附剂吸附二噁英的技术、它们单独的运行温度和主要设备的特点。但是由于价格和对二噁英及其他污染物去除效率不同，这些技术差异较大。

表 9-4　传统二噁英控制技术

技术	吸附剂	传统运行温度/℃	主要设备
逆流吸附剂喷射除尘设备	活性炭,焦炭,其他特别的吸附剂	135~200	新鲜吸附剂供应器,喷射系统,布袋过滤器或者新设备下的电除尘器
携带流反应器	活性炭,焦炭,其他特别的吸附剂,Ca(OH)$_2$ 或者惰性材料混合的吸附剂	110~150	新鲜吸附剂供应器,布袋过滤器、再循环系统,废吸附剂系统
活性炭反应器	焦炭,活性炭	110~150	新鲜吸附剂供应器,固定床反应器,废吸附剂系统

(2) SCR 反应

选择性催化还原法（SCR）一般用于燃煤电厂 NO_x 的排放控制。20 世纪 80 年代末被用来处理垃圾焚烧厂中的二噁英,研究表明 PCDD/Fs 的降解效果较好。近些年研究发现利用 SCR 催化剂能联合去除 NO_x 和二噁英,且效率较高。同时,SCR 催化剂对 POPs 类其他物质如 PCB、氯酚、PAH 也具有很好的去除效率。然而,SCR 催化剂的反应温度普遍较高,以 TiO_2 为载体的催化剂反应温度相对较低,但是对有机氯化物的降解温度也要在 250~300℃。现在商用的 SCR 催化剂的成分主要是 V_2O_5-WO_3/TiO_2,活性位置主要在钒和钨上。当 SCR 催化剂用于大型燃煤电厂时,催化剂成分中的 V_2O_5 一般低于 1%。V_2O_5 能催化 SO_2 生成 SO_3,继而生成硫酸盐,在催化剂表面冷凝,从而导致催化剂失活。因此,在燃煤型电厂催化剂的反应温度在 300~480℃。当 SO_2 浓度较低时,可适当提高 V_2O_5 含量（5%~10%）,因此催化反应温度也能降低到 150~300℃。SCR 催化剂的高温活性导致出现具体的工程应用问题。首先,当催化剂在布袋除尘器前安装时,它可以满足催化剂对温度的要求,但是飞灰中的水蒸气尤其是重金属能使催化剂中毒,大大降低其活性;当催化剂在布袋除尘器后安装时,它能避免催化剂中毒,但是温度条件往往达不到要求,需要另装一个加热装置。

SCR 催化剂应用于垃圾焚烧尾气二噁英等 POPs 控制的认识较早,Hagenmaier 等于 1990 年就提出 SCR 催化剂能降解有机氯化物,抑制 PCDD/Fs 的生成。SCR 催化剂能协同去除 NO_x 和二噁英,协同去除所用的 SCR 催化剂量要相对较多。现在对普通型 SCR 催化剂的研究比较成熟。Chang 等发现尽管经过电除尘器后二噁英浓度增加了 174%,但是后续的湿式除尘+SCR 组合,整体的二噁英去除效率为 99.1%。Wielgosinski 等研制的以 TiO_2-Al_2O_3 为载体的 V-W 催化剂,在 250℃时对 2-二氯苯的降解效率超过 80%。Chin 等发现 V_2O_5/TiO_2 催化剂在 150℃和 200℃对 1,2-二氯苯的降解效率分别为 46% 和 95%。通常以 V-W 为主的催化剂,其催化活性受飞灰、碱金属、水分、SO_2 浓度等的影响。普通的 SCR 催化剂需要加热维持它的催化性能,因此引起处理价格的上升。据统计,在 SCR 催化剂作为脱硝功能时,其价格为 1800~2200 欧元/t NO_x,当协同降解二噁英时,其价格要增加 10%~15%。而且由于经过催化剂后的压降很大,由电费引起的运行费用很高。

图 9-7 为协同去除二噁英、NO_x 的 SCR 反应器。

(3) 催化滤布

与布袋除尘相结合的催化技术是由 Gore 公司生产的 REMEDIATMD/F 催化过滤系统,

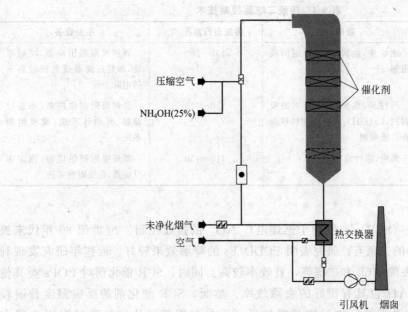

图 9-7 二噁英、NO_x 协同去除高温 SCR 反应器

它包括，催化和表面吸附两个部分，在除尘的同时能降解多环芳烃、二噁英等痕量有机污染物。它的原理是把 V_2O_5-WO_3/TiO_2 催化剂混入并散布到聚四氟乙烯中，干燥后挤压成细带状，然后冲压进入聚四氟乙烯织物中形成黏在一起的结，最后在毡上被碾压成具有微孔的膜。Bonte 等利用上述催化技术在生活垃圾焚烧炉中应用，最后发现 PCDD/Fs 能很好地控制在 $0.1ngI$-TEQ/m^3（标准状态）的标准之下，而且经研究显示气相中有 99.5% 的 PCDD/Fs 通过催化滤布被降解。

催化滤布作用示意如图 9-8 所示。

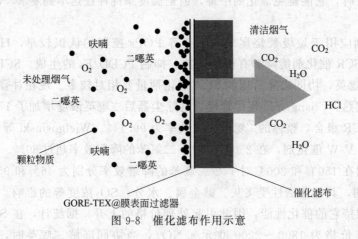

图 9-8 催化滤布作用示意

(4) 双布袋控制

双布袋系统由两个布袋过滤器串联组成，如图 9-9 所示。双布袋系统中的第一级布袋过滤器主要去除固相中的二噁英；在第二级布袋中，通过喷入粉状活性炭吸附烟气中的气相二噁英。通常活性炭在第二级布袋后继续回流至二级布袋前实现活性炭的循环回用。为脱除城

市生活固体废物焚烧炉产生的 PCDD/Fs，Kim 等利用双布袋系统进行二噁英控制研究发现，一、二级布袋的最佳压降范围分别为 150～200mmH₂O（1mmH₂O＝9.80665Pa，下同）和 170～200mmH₂O，而且二噁英的排放值低于 0.05ngI-TEQ/m³（标准状态）。与常规单布袋相比，活性炭消耗量从原先的 100mg/m³（标准状态）降低到 40mg/m³（标准状态）。Lin 等（2008）则发现二噁英脱除效率从原先单布袋的 97.6% 提高到双布袋的 99.3%，但是活性炭的消耗量只有单布袋的 40%。

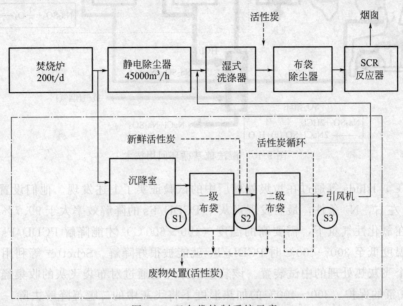

图 9-9　双布袋控制系统示意

(5) 硫基抑制

硫基抑制通常包括硫基抑制剂的炉腔掺烧技术以及尾气的硫基循环回用抑制技术。主要的硫基抑制剂为煤、硫酸铵、硫铁矿等物质。所谓的硫基循环回用抑制技术，就是通过特定方法将烟气中的 SO₂ 进行富集后再送回焚烧系统或者其他控制系统中，达到 SO₂ 浓度增加的目的，从而抑制二噁英的生成。Hunsinger 等设计的湿法硫基循环回用技术主要原理及流程见图 9-10。烟气经过静电除尘器或布袋后，烟气中的 HF、HCl、Hg 等先在一级洗涤器中去除；在二级洗涤器中，当 pH 值小于等于 7 时，部分 Na_2SO_3 被氧化成 Na_2SO_4。但是 Na_2SO_3 能溶于水，在外部反应器中能与 HCl 反应生成大量的 SO₂，被载气携带从新回到炉子焚烧，反应为：

$$Na_2SO_3 + 2HCl \longrightarrow 2NaCl + SO_2 + H_2O$$

通过上述方法，烟气中的 Cl：S 能降低到 1：1，SO₂ 能稳定在 1000×10^{-6}。然而，此技术要保证在系统运行前烟气中的 SO₂ 浓度。然而，现在一些研究发现烟气经过湿式洗涤后二噁英排放增加的现象，主要是由于记忆效应引起的。在二噁英吸附在湿式洗涤器的塑料材质中时，大量的二噁英能在排放烟气浓度较低时持续释放。

(6) 低温热处理

该技术主要用于飞灰二噁英的去除。Hagenmaier 等最早发现飞灰中 PCDD/Fs 降解的脱氯过程包括以下因素：缺氧，温度介于 250～400℃ 之间，停留时间在 1h 左右，并且卸料温

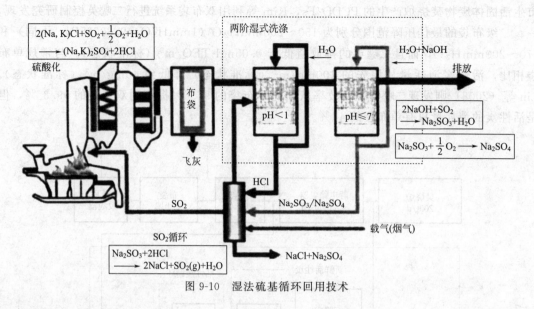

图 9-10　湿法硫基循环回用技术

度应低于 60℃。Ishida 等通过在垃圾处理厂中的试验证实了上述发现。他们设置温度 350℃ 停留时间 1h 左右，N_2 条件，最后发现飞灰中 PCDD/Fs 的降解效率大于 99.7%。研究规律总结如下：在氧化性气氛下，需要高的温度（400～600℃）才能降解 PCDD/Fs；但是在惰性气氛下，温度低至 300～400℃ 时 PCDD/Fs 就能被很好降解。Schetter 等利用上述研究结果设计了一个飞灰热处理的中试装置。该装置的原理是通过对布袋飞灰的收集经过电加热区域，在 N_2 气氛的保护、300～400℃ 的加热温度下将飞灰中的二噁英降解去除，加热的飞灰经冷却区域后排除。通过研究，该装置 1h 可以处理 300～700kg 的飞灰，二噁英的去除效率可达 98%。气流和气氛对 PCDD/Fs 的生成也有影响，Addink 等发现在无气流下，PCDD/Fs 的生成速率很高，可能的原因是气流能携带走 O_2，阻止合成反应的进行。他们继而发现即使 O_2 浓度低于 1% 时也观察到有二噁英的生成。在 N_2：O_2 为 91.2：8.8 的气氛下他们发现反应 50min 后飞灰中 PCDDs 的浓度为原始飞灰的 1.4%，但是 PCDFs 的浓度却有原始飞灰的 10.7%；同样，气相中 PCDDs 的浓度为原始飞灰的 0.7%，可是 PCDFs 的浓度为原始飞灰的 4.1%。在全 N_2 的气氛下虽然飞灰中 PCDD/Fs 在气相和固相中的降解效率也随温度升高而提高，但是热处理效率在 325℃ 时最高，气相中的 PCDD/Fs 占了原始飞灰的 35%。

9.3.2　焦油的控制[10～12]

目前，有关生物质气化产生焦油的问题，包括如何定义焦油，不同的研究组织有不同的定义。美国 NREL 的 T. A. Milne 等提出，在热解和部分氧化气化条件下，所产生的所有的有机物都可以认定为焦油，焦油通常为大分子的芳香族碳氢化合物；D. Dayton 将 T. A. Milne 等提出的定义进一步总结为，有机物气化过程中产生的可凝物为焦油，通常为大分子芳香烃，包括苯。国内周劲松等对焦油是这样定义的，焦油主要为较大分子烃类化合物的集合体，主要成分是苯的衍生物及多环芳烃。在 1998 年 EU/IEA/US-DOE 会议上，

Brussels 提出的焦油测定议案得到了大多数专家的认同，他们把焦油定义为分子质量大于苯的有机污染物。这一定义虽然广泛被专家认可，但定义中焦油成分没有包括苯，参考上述众多国外专家对焦油的定义，参照国内各大学实验过程中选取焦油模型化合物的时候都将苯作为主要参考对象，对于焦油更确切的定义应为有机物热解和气化过程中产生的大分子芳香族烃类有机污染物，包括苯在内。焦油是许多有机物的混合物，成分相当复杂，其中含有的有机物质估计有 10000 种以上。仅已辨识出的组分就有 400 余种，主要成分不少于 20 种，其中绝大多数化合物的含量是非常少的，占 1% 以上的仅有十几种，主要有萘、苯、菲、甲苯、二甲苯、苯乙烯、苯酚及其衍生物等。

9.3.2.1 焦油的危害

首先，气化燃气中焦油能量在总能量中占有很大的比重，尤其在生物质气化燃气中占到 5%～15%，这部分能量在低温时难与可燃气体一起被利用，大多浪费掉，大大降低了气化效率。

其次，焦油难以完全燃烧，并产生炭黑等颗粒，对内燃机等燃气利用设备损害相当严重。这些大大降低了气化燃气的利用价值。

再次，焦油 200℃ 以下冷凝为呈黑色的黏稠液体，容易与水、焦炭、灰尘等黏结，从而堵塞管道，卡住阀门、引风机转子，腐蚀金属，严重影响气化系统的稳定运行。

最后，焦油本身及其不完全燃烧后产生的气味对人体健康构成极大威胁。

由此可见，生物质气化燃气中的焦油具有相当大的危害性，严重威胁着系统的正常运行及人身安全，也是影响生物质气化技术商业化推广的一个关键因素。

9.3.2.2 焦油的控制

焦油的脱除方法林林总总，但大致可分为：物理法和热化学法两类。物理法虽然能有效除去焦油，但焦油只是经历了相转换并没有真正除去，如不能解决焦油的二次污染问题，环境污染不可避免；而热化学法不仅能将焦油从根本上除去，而且还能增加原料的转化率，对焦油的去除非常有效，是目前世界各国研究的热点。

(1) 物理法

① 吸附法　吸附法是用固体吸附剂吸附处理燃气中有害气体的一种方法，属于干法除焦油。吸附剂应具备表面积大、容易吸附和脱附、来源容易、价格较低等特点。常用的去除焦油吸附剂有粉碎的玉米芯、木屑、谷壳、陶瓷和金属过滤器等，采用生物质吸附剂用过后可投入炉中作气化原料使用，防止二次污染。实践表明，吸附法除焦效率较低，大量的焦油还保留在气相中，通过过滤器后也没有完全截留下来，远远不能达到要求，而且其操作费用高，安放的设备一般都体积庞大，占地面积大。

尽管固体吸附除焦法有种种缺点，但目前仍因为其技术简单、操作简便，作为较成功的方法，广泛应用在广大农村或企业小型气化系统燃气的净化处理过程中。

② 水洗法　水洗法是使水与焦油之间发生碰撞、拦截和凝聚，焦油随液滴降落下来的除焦方法，属于湿法除焦油，通常通过冷却/洗涤塔的喷淋装置实现。冷却/洗涤塔通常是跟在旋风分离器后面的第一个湿洗单元。在这里所有的重质焦油能够被完全冷凝下来。但是一般意义上的焦油液滴和气态/液态烟雾却能被气流带走。冷却/洗涤塔仅是表面上将能冷凝下

来的焦油除去了，液滴和烟雾还不能有效去除，所以在冷却塔的后面通常跟有文丘里洗涤塔。文丘里洗涤塔根据压力突变的原理，可以将气态中的较重物质除去。采用冷却/洗涤塔与文丘里洗涤塔连用，在适当的条件下，文丘里洗涤塔出口固体和焦油液滴的体积含量低于 $10mL/m^3$。有时也在喷淋水中加一定的 NaOH，成为稀碱溶液，对去除有机酸、焦油及其他有机物有较好的效果。但从目前的技术来看，水洗法是一种非常有效的焦油去除方法，它能将焦油冷凝在气相产品之外。但是值得注意的是这种方法会产生大量的废水，造成能源浪费。而且在把焦油从燃气里去除的过程中，燃气的热值减少，气化过程的整体效率降低。焦油洗涤产生的废水包括大量的有机不溶物、无机酸、NH_3 和金属等，因而不能随意排放，而且其后续处理过程非常烦琐，操作费用也较高。所以要使水洗法除焦得到更广泛的应用，必须找到合适的废水处理方法。

③ 电捕焦油法　电捕焦油器是利用高压电场使气体发生电离，焦油微粒绝大部分带上负电荷，且沿电力线方向吸附于沉淀极的表面，放出电荷而成为中性的油粒，油雾粒子在极板表面不断凝聚，颗粒增大，最后成为油滴，在重力作用下沿沉淀极表面流淌至设备底部，经排污口排出。常用的有管式、套筒式和蜂窝式电捕焦油器。此种方法除焦效率高，理论及技术成熟，但是设备价格昂贵，造成成本的提高，不利于普及。

(2) 热化学法

热化学法除焦就是使焦油在一定的反应条件下发生一系列的化学反应，使大分子的焦油转化成小分子的有用气体。热化学法除焦不仅能从根本上去除焦油，消除焦油对设备的破坏和对环境污染的隐患，而且能有效地回收能量。气化中焦油产物含有的能量一般占总能量的 5%～15%，通过化学方法可以回收其中绝大部分的能量。另外，焦油通过化学反应后大部分也转化成了同气化反应产生的气体相类似的无机气体和小分子烃化合物，增加了生物质的转化率，提高了原料的利用率。

热化学除焦法主要有热裂解法和催化裂解法两种，目前被各研究机构广为探索的是后者。

① 热裂解法　热裂解法在较高的温度水平下（1000～1200℃）使气体中的焦油发生深度裂化，较大分子的化合物通过断键脱氢、脱烷基以及其他一些自由基反应而转变为较小分子的化合物。高温有利于焦油发生裂解和水蒸气转化反应，所以焦油含量随温度升高而减少。升高温度在提高了焦油裂解的转化率的同时，还改变了裂解产物的组成。这是由于温度升高，有利于焦油进行缩聚反应，使焦油转变成焦，在高温下，焦油结焦是焦油裂解的主要反应。

热裂解要想达到较高的效率需要很高的温度，这样，不仅对设备自身材质要求很高，而且要求有良好的保温设备。在这样的条件下进行裂解需要很大的能耗，所以想通过单纯提高温度的方法来增强焦油裂解反应是不切实际的。

② 催化裂解法　焦油在裂解过程中需要很高的能量，所以单纯热裂解过程需要很高的温度。催化裂解法利用催化剂来降低焦油转化所需的活化能，使其能在较低的温度下进一步裂解，使气化气达到后续用气设备的要求。

在 800～850℃，焦油裂解率平均在 40%左右，在 900℃，焦油的裂解率也只有 60%左右，为达到同样的焦油转化率，采用特定催化剂的催化裂解反应比单纯热裂解反应所需温度大为降低。催化裂解不仅降低了反应温度（700～900℃），还提高了焦油的转化效率达到

90%以上。由此可见，催化裂解是一种非常具有潜力的焦油脱除方法，因其高效性和先进性，已经成为该领域中研究的重点。催化裂解反应的核心是催化剂的选择，研究表明，与不用催化剂相比，使用后 H_2 产率与浓度能提高10%左右。不管应用何种类型的反应器和何种反应条件，对催化剂的基本要求大体是一致的：必须有效脱除焦油；应具有一定的抵抗因积炭或烧结而失活的能力；应较容易再生；应具有足够的强度；价格低廉。

催化剂种类很多，常用的有镍基催化剂、煅烧白云石、菱镁矿、橄榄石和铁催化剂等，大致可分为3大类：碳酸盐催化剂、镍基催化剂和复合催化剂。

9.3.3 垃圾渗滤液的控制[4~6]

9.3.3.1 垃圾渗滤液的特点

垃圾渗滤液中的有机物可分为3种：a. 低分子量的脂肪酸；b. 中等分子量的灰黄霉酸类物质；c. 高分子量的糖类物质、腐殖质类。渗滤液中的有机成分随填埋时间而变化。填埋初期，渗滤液中的有机物的可溶性有机碳约90%是短链的可挥发性脂肪酸，其中以乙酸、丙酸和丁酸浓度最大；其次的成分是带有相对高密度的羟基和芳香族羟基的灰黄霉酸。随着填埋时间的增加，填埋场逐步相对稳定，此时，渗滤液中挥发性脂肪酸含量减少，而灰黄霉酸物质的比重则增加。垃圾渗滤液的特性如下。

(1) 有机污染物种类繁多，水质复杂

在垃圾填埋场中，有许多物质会进入渗滤液。当水分渗入穿过填埋层时，其中的原有可溶物及生物降解反应产生的可溶物，以及由此引起的化学反应所产生的可溶物均会进入渗滤液中，某些亲水性的毒性有机物会从垃圾的空隙中进入渗滤液，有些疏水性的、被吸附在空隙中细小颗粒上的有机物，也可能被吸入渗滤液中。

(2) 污染物浓度变化范围大

垃圾渗滤液中 COD、BOD_5 最高值可达几万毫克/升，主要是在酸性发酵阶段产生，和城市污水相比，浓度高得多。一般而言，COD、BOD_5、BOD_5/COD 随填埋场的"年龄"增长而降低，且垃圾中有机物降解极其缓慢，产生渗滤液的时间持久，一般是20~30年，所以垃圾渗滤液是污水处理的难题之一。

(3) 水质水量变化大

由于垃圾填埋场是一个敞开的作业系统，所以填埋场内的自然降水为垃圾渗滤液来源的主要部分，因而垃圾渗滤液的水量波动很大，雨季明显大于旱季。Nancy Ragle 等曾对美国西雅图的一座城市垃圾填埋场做过调查，结果显示，渗滤液水质的时变化系数、日变化系数竟高达200%和300%，并且老龄填埋场的水质日变化相对较大。渗滤液的水质取决于填埋场的构造方式、垃圾的种类、质量、数量以及填埋年数的长短，其中构造方式是最主要的。

(4) 金属含量高

渗滤液中含有多种金属离子，其浓度与所填埋的垃圾类型、组分及时间密切相关。重金属离子达到一定浓度时会对微生物产生毒害作用，它们能够和细胞的蛋白质相结合，而使其变性或沉淀。只接收生活垃圾的填埋场渗出的液体中重金属离子含量很少，在好氧和厌氧填埋中影响不大。Joar 等对挪威 4 个填埋场重金属离子的渗滤情况进行了调研，表明渗滤液中待测重金属的含量很低。除 Fe 之外，国内垃圾渗滤液中重金属含量较高的为 Ni、Pb、Zn、Cu，最低的为 Cd 和 As，国外垃圾渗滤液中重金属含量除了 Fe 最高外，Zn、Mn 含量也较高，而 Ni、Cr、As、Cu 同处一个数量级，Cd、Hg 含量最低，垃圾渗滤液中重金属离子浓度呈数量级递减可能与工业上使用量多少有关。

(5) 氨氮含量高

城市垃圾渗滤液是一种组成复杂的高浓度有毒有害有机废水，其中高 NH_4^+-N 浓度是渗滤液的重要水质特征之一。渗滤液中的氮多以氨氮的形式存在，占点氮的 70%～80%。当氨氮（尤其是游离氨）浓度过高时，会影响微生物的活性。有资料显示：在好氧情况下，温度为 15℃、pH＝8 的条件下，当总氮浓度超过 200mg/L 时，其中有 6% 的氨氮转化为 NH_3 形式，有破坏微生物的氧化作用，氨氮浓度越高，抑制性越强。因此，氨氮含量较高时应进行有效的预处理。垃圾渗滤液中氨氮浓度不仅很高，而且在一定时期随时间的延长会有所升高，这主要是因为有机氮转化为氨氮造成的。在中晚期填埋场中，氨氮浓度高是导致垃圾渗滤液处理难度增大的一个重要原因。渗滤液中氨氮严重超标，生物脱氮所需的碳源又严重不足，C/N 过低则对常规的生物处理有抑制作用，且因有机碳缺乏，难以进行有效的反硝化。

(6) 营养元素比例失调

一般来说，对于采用生物处理法，垃圾渗滤液中的磷元素总是缺乏的。在北美几个垃圾填埋场，垃圾渗滤液中的五日生化需氧量/总磷（BOD_5/TP）都大于 300，此值与微生物生长所需要的碳磷比（100：1）相差甚远。在不同场龄的垃圾渗滤液中，滤液中营养元素比例失衡对渗滤液的生物处理碳氮比有较大的差异。但总的说来渗滤液中营养元素比例失衡给渗滤液的生物处理，尤其是好氧生物处理带来了困难。

9.3.3.2 垃圾渗滤液的控制方法

目前，国内外垃圾渗滤液的处理方案有场内处理（渗滤液循环喷洒或场内建独立的处理系统）、场外处理（直接与城市污水合并处理）以及场内外联合处理（预处理后的渗滤液与城市污水合并处理）三种方法。在处理方法中，将渗滤液与城市污水合并进行处理是最经济、简单的方法，也是目前应用较多的渗滤液处理方法。据 Boyle 和 Ham 报道：COD 为 2400mg/L 的渗滤液与城市污水混合，其中渗滤液占总体积的 2% 时，城市污水厂的处理效果不受影响。所以，将渗滤液接入污水厂共同处理时是可行的。而且在污水处理厂里的剩余污泥还可以作为垃圾回填至垃圾填埋场，由于剩余污泥里的微生物数量大，可以加速垃圾的有机物的降解。但渗滤液与城市污水混合处理的前提条件是垃圾填埋场与城市污水处理厂毗邻，城市污水处理厂规模较大，渗滤液的注入不会影响破坏城市污水处理厂的正常运行。另外，渗滤液运输上要求的封闭性和远距离运输所涉及的管道投资、输送成本及维护等问题，以及对污水处理厂造成冲击负荷也是混合处理需要考虑的。渗滤液循环喷洒的方案也不能彻底消除渗滤液，而且会带来严重的大气污染。

(1) 土地处理法

土地处理法，即在人工控制条件下通过土地-植物系统物理、生物和化学的综合反应进行处理的方法。渗滤液流经土壤时，经过土壤的吸附、离子交换、沉淀、螯合等作用，渗滤液中的悬浮固体被除去；土壤中的微生物对溶解性的有机物进行吸收利用，并将有机氨氮转化为氨氮；植物利用渗滤液中的 C、N、P 等各种营养物质生长并通过蒸发作用减少渗滤液的量。土地处理主要包括回灌法、慢速渗流系统（SR）、快速渗流系统（RI）、表面漫流（OF）、湿地系统（WL）、地下渗滤土地处理系统（UG）及人工快滤处理系统（ARI）等多种处理系统。土地处理法具有投资少、操作简单、运行费用低等优点，但对土壤和地下水有长期污染作用。如采用湿地系统，进水中污染物浓度过高，超过了湿地系统的处理能力时，土地处理法会对生物分解、生物积累和生物放大起不良作用。此外，土壤的渗透能力也会随着时间的延长而逐渐下降，渗滤液的处理效率也会随之降低，且易受土地条件限制，适合于土地广阔的地区。但土地处理作为深度处理垃圾渗滤液，不失为一种成本低廉的方法。

回灌处理法是 20 世纪 70 年代由美国的 Pohland 最先提出的。垃圾渗滤液回灌是一种简单易行的增加填埋场内部湿度，加速填埋场稳定化进程的操作方法，同时还能降低渗滤液污染物浓度，加速填埋气体产生。据估计，英国 50％的填埋场采用了回灌技术。美国已有 200多座垃圾填埋场采用该技术。但研究发现，对回灌渗滤液中有机物的去除效果随垃圾堆体高度的增加而增加，但是进入垃圾堆体的有机负荷不能无限制地增加，否则会毁坏渗滤液回灌系统。

（2）生物处理方法

① 好氧处理法 好氧处理包括活性污泥法、曝气氧化塘、稳定塘、生物膜、滴滤池等方法。好氧处理可有效地降低 BOD_5、COD 和氨氮，还可以去除渗滤液中少量的 Fe、Mn 等金属。

早期，Venkataramani 等就发现，渗滤液中 80％以上的有机碳能被活性污泥去除。这为采用活性污泥法处理垃圾渗滤液提供了依据并开始有广泛的利用。其中，SBR 可根据进水水质、水量随时调整不同功能状态的反应时间与组合，组成多个运行操作模式，达到较好地去除有机物及脱氮除磷目的。Ahmet Uygur，Fikret Kargi 研究用五步 SBR 法处理高 COD含量的垃圾渗滤液，经 21h 处理后 COD、NH_4^+-N、PO_4^{3-}-P 去除率可以达到 75％、44％和44％。石永等利用 SBR 系统处理城市垃圾渗滤液，COD、NH_4^+-N 及 TN 去除率分别为81.54％、96.57％和 46.66％，达到设计出水水质要求。与活性污泥法相比，曝气稳定，塘体积大，有机负荷低，尽管降解进度较慢，但由于其工程简单，在土地不贵的地区，是最经济的垃圾渗滤液好氧生物处理方法。国外早在 20 世纪 80 年代就有成功运用稳定塘技术处理渗滤液的生产性处理厂。美国、加拿大、英国、澳大利亚和德国的小试、中试及生产规模的研究都表明，采用曝气稳定塘能获得较好的垃圾渗滤液处理效果。

膜生物反应器组合工艺是一种新型污水处理技术，它是将污水的生物处理和膜过滤技术相结合的高效废水生物处理工艺，不仅能去除 SS、有机物和氨，而且能有效去除盐类与重金属。董春松等采用动态膜生物反应器对垃圾渗滤液经水解酸化预处理的出水进行了降解试验，结果表明：对 COD、BOD_5 和氨氮的平均去除率分别为 71％、96％和 98％。

② 厌氧处理法 厌氧处理法具有能耗少、操作简单、运行费用低、污泥产率低和可提高污水可生化性等优点，适合于处理有机物浓度高、可生化性差的垃圾渗滤液。近年来采用的厌氧生物处理方法有：厌氧接触法、厌氧生物滤池、上流式污泥床反应器等。

我国在垃圾渗滤液处理的研究和工程中，多采用厌氧滤池或 UASB 工艺作为预处理单元。厌氧折流板反应器（ABR）是 20 世纪 80 年代中期开发研究的新型、高效污水厌氧生物处理工艺，其研究尚处于实验室阶段。英国 Barber 等指出，为推广 ABR 在垃圾渗滤液处理中的大规模应用，必须在以下领域做出努力：中间产物及 COD 去除的过程模型，营养物质的需求，对有毒有害废水的处理，以及对控制其中微生物平衡的因素有更深入的了解。与好氧生物法相比，厌氧生物法有能耗少、运行费用低、剩余污泥产生量少、能处理一些难处理的高分子有机物等诸多优点，但由于厌氧菌对温度和 pH 值的要求较高，使得实际工程中厌氧生物法的效果不理想，且单独靠厌氧处理出水中的 COD 和氨氮浓度仍比较高，不能达到国家排放标准。

③ 好氧-厌氧结合处理法　对于高浓度的垃圾渗滤液单独厌氧或好氧处理很难达标排放，一般建议采用厌氧-好氧联合工艺，效率较高且经济合理。Osman Nuri Agdag 等采用 UASB 和 CSTR 组合，处理效果显著，COD 去除可达 80%，NH_4^+-N 去除率可达 99.6%。研究表明，采用厌氧-好氧反应器，COD、BOD_5、NH_4^+-N 浓度均大幅削减，其中氨氮的吹脱率可达 80%，减量化效果显著。在实际填埋场处理中厌氧-好氧联合工艺得到很好应用，广州市大田山垃圾填埋渗滤液采用同时好氧厌氧生物反应器处理，达到了同类废水的国家二级排放标准。温焜南等考虑高氨氮对微生物的抑制作用，设计一套"脱氮-混凝气浮-UASB-接触氧化"工艺对南京市江宁区东善乡某垃圾场的渗滤液进行处理，经过近半年的稳定运行实践，出水水质达到《污水综合排放标准》二级新扩改标准。但由于垃圾渗滤液的成分复杂，仅采用生物法很难处理达标。某垃圾填埋场地已投入使用 10 年，经生物处理后的渗滤液中的 COD 和 NH_4^+-N 超标排放，经监测分析，发现废水中含有 10%～15% 难于生化或不可生化的有机物，这说明单纯采用生化处理工艺流程有很大不足。

(3) 物化处理技术

物化处理不受水质水量变化的影响，出水水质比较稳定，对 BOD_5/COD 介于 0.07～0.20 之间及含有毒、有害的难以生化处理的渗滤液处理效果较好，但由于物化法运行成本高，多用于对垃圾渗滤液进行预处理和深度处理。常见的物理化学方法包括光催化氧化、Fenten 法、吸附法、化学沉淀法、膜过滤等。

① 氧化法　氧化法包括 O_3 氧化法、H_2O_2 氧化法、光化学氧化法、辐射法、电解氧化法和电催化氧化法等。自从 1976 年 J. Hoigne 第一个较为系统地阐述高级氧化技术机制和 1987 年 Glaze 等提出了高级氧化技术（AOPs）的概念以来，高级氧化技术已被广泛应用于工业废水处理。近来，以高级氧化技术处理垃圾渗滤液更是成为研究的热点，在德国约有 100 座填埋场渗滤液处理厂，其中 15 座以化学氧化为深度处理工艺。

Fenton 试剂作为一种氧化法应用于去除有机污染物是从 20 世纪 60 年代开始的，并沿着光化学和电化学两条路线向前发展。Fenton 试剂氧化法反应速率快，可使带有苯环、羟基、—CO_2H 及—SO_3H、—NO_2 等取代基的有机物氧化分解，氧化速率高。随着研究的深入，Fenton 法在垃圾渗滤液处理中的应用越来越受到重视。F. Javier Rivas 等采用化学沉淀和 Fenton 氧化相结合，在不同的 pH 值条件下分别沉降，有效地处理了垃圾渗滤液。Huan-Jung Fan 等采用 Fe、颗粒活性炭及 H_2O_2 对垃圾渗滤液进行处理取得较好的效果。腐蚀电池-Fenton 法对传统 Fenton 法加以改进，在工业废水的处理上效果显著，应用于垃圾渗滤液的处理已有部分报道，在有机物去除率和提高可生化性方面取得较好的效果。现在，利用 O_2 在光助反应和电化学反应中产生 O_3 或 H_2O_2 进行 Fenton 反应的研究陆续进行，并在废水的处理中取得了较好的处理效果。尽管 Fenton 试剂的氧化性极强，但只能将部分化合物氧化或偶合成其他可生化性较高的化合物，而 COD 的去除率却较低；对于多环芳烃类这类分子量大，结构复杂，化学性能稳定的有机物极少能被 Fenton 试剂氧化，可采用生化等其他方法去除。

光氧化和光催化氧化是一种刚刚兴起的新型现代水处理技术，具有工艺简单、能耗低、易操作、无二次污染等优点，尤其对一些特殊的污染物比其他氧化法更具优势。但光、电催化氧化反应的应用存在着运行费用高这一主要缺点，欲采用该方法处理渗滤液，其首要问题是提高电流的利用效率，所以选择优良的电极材料以及设计—OH 基团时空产率高的光、电催化反应器已经成为该法处理渗滤液的两大主要研究方向。

② 膜分离法　西欧、北欧、北美和澳洲地区正逐渐采用新型的膜分离技术处理垃圾渗滤液，其中反渗透（RO）分离技术的应用最为广泛，并取得了很好的效果。我国膜技术从开始建立至今也有 40 多年历史，反渗透从 1965 年开始研究，20 世纪 70 年代后开始开发各种膜组件，并得到应用。在用膜技术处理填埋场渗滤液方面，Rautenbach 等进行了大量的研究，并且于 1989 年在 Schonberg 填埋场建立了当时最大的渗滤液 RO 处理厂。目前，DT 反渗透技术已经在西欧、北美、澳洲地区百余座渗滤液 RO 处理厂得到应用，其中德国有 43 座，在这一领域处于领先地位。袁维芳等对广州市大田垃圾填埋场渗滤液预处理出水进行了反渗透试验研究，这是国内首次采用反渗透法处理城市垃圾填埋场渗滤液。实践证明，膜技术处理垃圾渗滤液是高效可靠的。但膜处理只是实现了污染物质与水的分离，并没有将对环境有极大危害的难降解有机污染物从环境中清除掉，因此在膜处理过程中产生的浓缩液是一种环境危险废物。

③ 混凝吸附法　混凝沉淀法是向废水中投加混凝剂，使废水中的悬浮物和胶体聚集形成絮凝体，再加以分离的方法。在渗滤液处理中，吸附法主要用于脱除水中难降解的有机物（酚、苯、胺类化合物等）、金属离子（Hg^{2+}、Pb^{2+}、Cr^{2+}）和色度等。在水处理领域，混凝和吸附属常见工艺。李淑芬等研究了聚铝、聚铝铁、聚硅氯化铝和聚硅酸铝铁等 4 种絮凝剂对垃圾渗滤液混凝处理的特性和效果，发现聚硅酸铝铁絮凝剂对垃圾渗滤液的处理效果远好于其他三种。为了降低成本或提高处理效率，国内外研究者开发了一些新型混凝剂和吸附剂来处理渗滤液。I. Anastasios 等采用生物絮凝剂混凝去除渗滤液中的腐殖酸，效果良好。M. Heavey 发现一种低成本处理垃圾渗滤液的方法，即用泥炭处理垃圾渗滤液，处理效果良好。

④ 吹脱法　在生物处理以前，空气吹脱对氨氮的去除非常有效，其优点在于能够相对容易地根据渗滤液体积和强度变化进行调整，但它的主要缺点是低温时效率急剧下降。

⑤ 蒸发法　蒸发法被普遍应用于含芳香族化合物、烃类化合物以及重金属等的工业废水的处理。在生活垃圾填埋场渗滤液处理领域，目前已投入工业化运行的蒸发法主要有鼓卿浸没燃烧式、雾化喷淋式等常压高温蒸发工艺以及负压低温蒸发工艺。采用蒸发法可以对浓缩液进行进一步的分离，可以配合反渗透工艺处理填埋场渗滤液，减轻反渗透系统的压力，在经济、技术可行的前提下达到良好的处理效果。

⑥ 超声波技术　超声技术是利用超声空化效应加速化学反应的一种技术，其原理是通过超声波的正负压相变化在水中形成大量微小气泡（即空化泡）并迅速爆破，在空化泡内产生瞬时的高温高压，同时在空化泡的气液界面区也产生局部的高温，使废水中的有机物分子的化学键断裂。此外，超声空化还生成氧化性很强的—OH 自由基等物质以及形成超临界水，都有助于加速降解。Evelyne Gonze 等对高频超声波处理垃圾渗滤液进行

了研究，试验表明超声波可以降低毒性和提高可生化性。王松林等采用超声辐照技术处理垃圾渗滤液，发现对氨氮有很好的去除效果。利用超声技术降解水中的化学污染物，尤其是难降解的有机污染物，有很好的效果，其具有操作条件温和、降解速率快、适用范围广、可单独或与其他水处理技术联合使用的优点，不过其适用性、工程性和经济性问题也还有待研究。

9.3.4　重金属的控制[7~9,13~15]

9.3.4.1　重金属的性质

重金属原义是指相对密度大于5的金属，包括金、银、铜、铁、铅等，重金属在人体中累积达到一定程度，会造成慢性中毒。

相对密度在4.5以上的金属，称作重金属。原子序数从23（V）至92（U）的天然金属元素有60种，除其中的6种外，其余54种的相对密度都大于4.5，因此从相对密度的意义上讲，这54种金属都是重金属。但是，在进行元素分类时，其中有的属于稀土金属，有的划归了难熔金属，最终在工业上真正划入重金属的为10种金属元素：铜、铅、锌、锡、镍、钴、锑、汞、镉和铋。这10种重金属除了具有金属共性及相对密度大于5以外，并无其他特别的重金属共性。各种重金属各有各的性质。

9.3.4.2　重金属的来源与危害

(1) 重金属的来源

无论是空气、泥土，甚至食水都含有重金属，如引起衰老的自由基、对肌肤有伤害的微粒、空气中的尘埃、汽车排气等，甚至自来水都对肌肤带来重金属，甚至有些护肤品如润肤乳等的一些重金属原料如镉，也是其中之一。

其他来源还包括农药的制造及喷洒，砷的制造及生产、电子半导体的制造等的相关行业，氢化砷（AsH_3）易发生在电脑工业及金属工业、中药的砒霜等。

食入性中毒：急性期会有恶心、呕吐、腹痛、血便、休克、低血压、溶血、大蒜及金属味、肝炎、黄疸、急性肾衰竭、昏迷、抽搐等症状；亚急性期会有周边神经炎，指甲上有Mee's line出现。

吸入性中毒：咳嗽、呼吸困难、胸痛、肺水肿、急性呼吸衰竭。

氢化砷中毒：在高浓度暴露后2~4h发作，引起大量溶血，会有腹痛、血尿及黄疸（triad）的典型症状，急性肾衰竭并不少见。

(2) 重金属的危害

重金属对人体的伤害常见的有以下几个。

汞：食入后直接沉入肝脏，对大脑视力神经破坏极大，天然水每升水中含0.01mg，就会强烈中毒，含有微量的汞饮用水，长期食用会引起蓄积性中毒。

铬：会造成四肢麻木，精神异常。

镉：导致高血压，引起心脑血管疾病；破坏骨钙，引起肾功能失调。

铅：是重金属污染中毒性较大的一种，一旦进入人体很难排除，直接伤害人的脑细胞，特别是胎儿的神经板，可造成先天大脑沟回浅，智力低下；对老年人可造成痴呆、脑死亡等。

钴：对皮肤有放射性损伤。

钒：伤人的心、肺，导致胆固醇代谢异常。

锑：与砷能使银首饰变成砖红色，对皮肤有放射性损伤。

铊：会使人得多发性神经炎。

锰：超量时会使人甲状腺机能亢进。

锡：与铅是古代巨毒药"鸩"中的重要成分，入腹后凝固成块，使人致死。

锌：过量时会得锌热病。

铁：在人体内对氧化有催化作用，但铁过量时会损伤细胞的基本成分，如脂肪酸、蛋白质、核酸等；导致其他微量元素失衡，特别是钙、镁的需求量。

这些重金属中任何一种都能引起人的头痛、头晕、失眠、健忘、神经错乱、关节疼痛、结石、癌症（如肝癌、胃癌、肠癌、膀胱癌、乳腺癌、前列腺癌及乌脚病和畸形儿）等；建议平常注意饮食，不然一旦在体内沉淀会给身体带来很多危害。

另外，祛痘产品中时有重金属成分添加，早已不是什么新鲜话题，其中以增白作用的汞成分添加居多，大多以宣称祛痘产品有美白淡化痘印的为主。但许多人并不知这些重金属一旦渗入皮肤及体内，任何一种都会引起人的头痛、头晕、失眠、健忘、神经错乱、关节疼痛、结石、癌症等；尤其对消化系统、泌尿系统的细胞、脏器、皮肤、骨骼、神经的破坏极其严重。且重金属排出困难，一旦在体内沉淀会给身体带来很多危害。

9.3.4.3 重金属污染的控制

当前我国水土的重金属污染形势十分严峻。至 2006 年，环境保护部曾对 30 万的基本农田保护区土壤抽测了 3.6 万，重金属超标率达 12.1%；湖南省 1998 年全省重金属污染的土地面积已达 $2.8 \times 10^4 \ hm^2$，占全省总面积的 13%；广东省珠江三角洲 40% 土壤存在重金属污染，其中 10% 为重污染；西江流域的重金属污染已达 60%～70%。目前土壤污染的程度正在加剧，如深圳市 2010 年土壤汞的浓度有 37% 的采样点超过土壤背景值，6% 的样点处于中度以上污染水平；南京市 2007 年土壤中已受到铅、汞、镉污染，其中汞污染比较严重；黄浦江中上游地区 2010 年农用土壤重金属含量镉、汞、砷、铬、铅量及砷量分别超过土壤背景值的 60%、68%、19%、67%、45%。

据统计，每年因重金属污染的粮食达 $1200 \times 10^4 \ t$，造成的直接经济损失超过 200 亿元。重金属污染中以镉和砷所占的比例最大，约各占 40%，且南方的污染较密集，北方的污染较为零星。据 2007 年中国六大地区县以上 170 多个大米样品调查，发现有 10% 的市场大米镉超标（这与 2002 年农业部稻米监测中抽测的镉超标率 10.3% 基本一致）。

进入土壤的重金属来源多种多样，涉及大气颗粒物、废污水和尾矿、废渣和污泥池等。就对人体健康的影响而言，应是已暴露在环境中的重金属，"暴露"指的就是人为的"排放"。沈路路等曾对我国部分地区汞暴露的来源做了分析：沿海地区和江河流域居民的汞摄入量大都来自水产品；贵州是我国汞矿的主要产地（约占我国汞矿量的 73%），据研究，居民的汞摄入量有 73% 来自稻米，18% 来自蔬菜，来自大气的仅占 6%；据对长春市降尘的研究，铅主要来自汽车尾气，镉主要来自工业尘（经雨水径流又进入土壤和河道）。因此可以认为，重金属最主要来自灌溉水带来的土壤污染。

据《2009 年中国海洋环境质量公报》，我国海域未达到清洁海域水质标准的面积比 2008 年增加 7.3%。严重污染海域主要分布在渤海湾、辽东湾、长江口、杭州湾、珠江口和部分大中城市近岸局部水域（也包括一些湖泊）。河流携带入海的污染物总量较 2008 年有较大增长，73.7% 的入海排污口超标排放污染物。环渤海水域的重金属含量已超出正常水平的 2000 多倍，目前已成为污染最为严重的海域之一；而最近一个时期生态学家们对海域（如珠江口近岸、深圳湾、渤海湾、辽东湾等）的沉积物和底栖生物样品中"重点"重金属进行的调查测定和生态危害或风险指数评价（以工业化前沉积物的最高背景值为标准）表明，这些海域的生态风险在升高，近岸水产品质受到影响，如辽东湾表层沉积物中的铅、镉、银和汞已达到了中度富集！且镉、银和汞主要来自人为源。上述这些足以证明，陆域已超量排放了大量的"重点"重金属。

2010 年 9 月，环境保护部公布了全国排查重金属及其整治的专项行动结果：共排查了 11510 家排放重金属的企业，取缔关闭了 584 家；在 14 个省（区、市）确定了 148 个重金属重点监管区域，在 19 个省确定了 1148 家重点监管企业。其中，云南、广西、湖南、四川、贵州等属重金属高产区。2011 年 2 月，国家环境保护部《重金属污染综合防治"十二五"规划》确定了 14 个重点省区（内蒙古、江苏、浙江、江西、河南、湖北、湖南、广东、广西、四川、云南、陕西、甘肃、青海）的 138 个重点防护区，共涉及五大重点行业：采矿、冶炼、铅蓄电池、皮革及其制品、化学原料及其制品。

水土污染之后的治理和恢复是十分繁重和艰巨的，需要全面考虑污染土壤、地下水及河湖底泥的治理，不仅难度很大，而且资金需求巨大，在目前修复治理资金缺乏有效保障的情况下，要治理好水土污染就更加困难。如株洲自 2006 年爆发镉污染事件以来，已投资 2500 万元治理 25 口水塘，投资 2700 万元治理老霞港的重金属污染，但污染情况似未获重大改善。据株洲市环保局官员称，治理项目总资金需 400 多亿元。

由上可见，当前重金属污染已成为我国凸显的重大环境问题。就防治土壤污染而言，笔者认为防应大于治、先于治，土壤污染的治理和修复将是一个相当长期的过程。因此，当前最紧迫的任务是从源头控制好污染源。就一个区域或一个流域而言，还必须针对域内各点、面污染源按照正确的技术路线和程序，严格监管执法，才可能有效防控。

参 考 文 献

[1] 郑明辉，杨柳春，张兵，等. 二噁英类化合物分析研究进展 [J]. 分析测试学报，2002，21 (4)：91-94.

[2] 邵科，尹文华，朱国华，等. 电子垃圾拆解地周边土壤中二噁英和二噁英类多氯联苯的浓度水平 [J]. 环境科学，2013，34 (11)：4434-4439.

[3] Eva Svensson Myrin Per-Erik Persson Stina Jansson. The influence of food waste on dioxin formation during incineration of refuse-derived fuels [J]. Fuel. 2014，132：165-169.

[4] 代晋国，宋乾武，张玥，等. 新标准下我国垃圾渗滤液处理技术的发展方向 [J]. 环境工程技术学报，2011，1 (3)：270-273.

[5] 陈旭娈，李军. 垃圾渗滤液的处理现状及新技术分析 [J]. 给水排水，2009，35：30-34.

[6] Spagni Alessandro. Psaila Giuliana. Rizzo Andrea. Partial nitrification for nitrogen removal from sanitary landfill leachate [J]. Journal of environmental science and health Part A：Toxic/hazardous substances & environmental engineering，2014，49 (11)：1331-1340.

[7] 刘磊，肖艳波. 土壤重金属污染治理与修复方法研究进展 [J]. 长春工程学院学报：自然科学版，2009，10 (1)：

73-78.

[8] 曹伟，周生路，王国梁，等．长江三角洲典型区工业发展影响下土壤重金属空间变异特征［J］．地理科学，2010，30（2）：283-289

[9] Babel S. Kurniawan T A. Low-cost adsorbents for heavy metals uptake from contaminated water：a review［J］. Joumal of hazardous materials，2003，97（1-3）：219-243.

[10] 袁惠新，王宁，付双成，等．生物质焦油的特性及其去除方法的研究现状［J］. 过滤与分离，2011，21（3）：45-48.

[11] 韩璞，李大中，刘晓伟，生物质气化发电燃气焦油脱除方法的探讨［J］. 可再生能源，2008，26（1）：40-45.

[12] Devi L. Ptasinski K J. Janssen FJJG. A review of the primary measures for tar elimination in biomass gasification processes［J］. Biomass & Bioenergy，2003，24（2）：125-140.

[13] 刁维萍，倪吾钟，倪天华．水体重金属污染的生态效应与防治对策［J］. 广东微量元素科学，2003，10（3）：1-5.

[14] 傅国伟. 防控日益严重的水土重金属污染之我见［J］. 水利水电科技进展，2012，32（1）：8-12.

[15] 郑志侠，吴文，汪家权．大气颗粒物中重金属污染研究进展［J］. 现代农业科技，2013，3（1）：241-243.

第 10 章
管理政策与公众参与

尽管促进发展生物质废物资源综合利用的方法多种多样，但相比较而言，管理政策法规措施则是一种更为有效的措施。这一方面因为法律规定了人们的权利和义务，可保障生物质废物资源综合利用措施的有效实施，促进其顺利发展。另一方面，推动生物质废物资源综合利用的措施只有通过立法，上升到法律的地位，才能具有权威性，更易于贯彻执行。当前国内外有关生物质资源化管理政策主要围绕在生物质能源化方面，包括燃气化、燃油化和发电供热，其他方面缺乏管理政策。故本章主要以废物和生物质能源化的管理政策为主进行介绍。有了管理政策的保障，通过促进公众参与，发展广大民众的积极性，有利于规范和推动生物质废物资源综合利用行业在我国的良性发展。

10.1 管理制度

10.1.1 废物管理制度

10.1.1.1 世界主要国家废物管理制度

(1) 国外废物的管理体制

为实现垃圾分层次管理目标，国外发达国家对城市固体废物的管理体制基本都是按图 10-1 所示来划分的[1]。

① 国家层次的管理活动

1) 制订有关减少废物的产生、废物的回收利用、废物的无害处置的法律、法规和管理条例。

2) 制订适应市场经济具有激励机制的有关经济政策，推动有关法规的实施。

3) 规范从事废物处理处置企业的行为和废物产生者废物避免和处置的责任及行为，加强监督管理；建立废物管理信息网，提供技术支持。

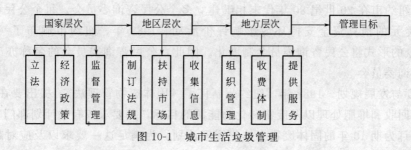

图 10-1　城市生活垃圾管理

② 地区层次的管理活动

1) 根据国家法律、法规，制订地区管理法规和条例，规定消费者和企业经营者行为。

2) 组织建立收集、分类处理的协作网，完善再生材料（或再制品）市场，加强市场建设，提供优惠贷款政策和减免税政策，扶持废品加工利用企业。

3) 完善地区废物管理信息网，提供技术支持和交流的平台。

③ 地方层次的管理活动

1) 完善与组织城市垃圾收集公司和处置厂，通过招标竞争，规范管理要求，与企业签订合同，并实行许可管理。

2) 确定垃圾收费价格，处置收费标准，并不断完善收费体制；

3) 组织地区宣传、提高居民和企业者垃圾源削减意识，并组织各企业、居民积极参与分类收集、回收利用的各项活动；

4) 加强监督检查，落实管理条例，包括对执行废物收集，处置者防止污染监督，对居民乱倾倒垃圾的不良行为的检查、处罚；

5) 提供分类回收，废物再利用的技术指导与服务。

管理机构的设立一般是国家层次统一由环保局负责，地区、地方层次是由该地区、地方环保局负责，由他们向地方政府负责所有管理活动。要求负责收集、运输垃圾的公司，以及焚烧填埋处置垃圾的公司必须每年向当地环保部门提交废物流报告和污染控制报告。这种单一领导管理体制，既简化了管理程序，又有利于责任的落实。高效的、合理的管理是将管理所有有关服务的责任与权力赋予单一机构，由该机构领导负责服务的费用和质量，这包括赋予机构及其领导特定的自治权利，至少他有权决定每天的一般性事务，以利于高效地管理各项服务。

（2）典型国家城市废物管理情况

① 美国纽约　纽约是美国的第一大城市，2009 年拥有 839 万人，土地面积为 789.4km²，人口密度为 10630 人/km²，城市日产固体废物 36200t。

1) 组织架构。纽约的城市固体废物管理具有悠久的历史。早在 1881 年，纽约市就指定当时的街道清洁部（Department of Streets Cleaning）具体负责城市固体废物管理。如今纽约市固体废物的管理机构是纽约市环境卫生部（Department of Sanitation）。它是世界上最大的城市固体废物管理组织，负责管理纽约市的固体废物（其余的由私人部门管理），2009 年拥有员工 8632 名，使用 5700 辆机动车辆为城市的 57 个街区提供服务。纽约市固体废物管理部门的一个重要特点是，它拥有自己的警察力量，配备有巡逻警车，卫生执法警察可以佩戴武器，可以发出传票、实施逮捕以及行使致命打击的手段。为更好地促进公众参与城市废物管理，纽约市在 20 世纪 80 年代末相继建立多个公民咨询委员会，每个公民咨询委员会拥有 10 万美元的预算资金支持环境影响评价活动。1989 年，纽约市颁布了《地方法 19号》，以法令的形式将公民咨询委员会制度化。因此，公民咨询委员会的名称亦改名为公民固体废物咨询委员会。

2）制度与发展规划。1988 年，纽约州制订了《固体废物管理法》，提出要在 1997 年实现废物减量回收和堆肥处理以及废物转化为能源的目标，并要求各有关计划部门（主要是各个城市）制订为期 10 年的固体废物一体化管理计划。为满足这一要求以及应对越来越严峻的管理挑战，纽约市不断出台不同版本的固体废物管理计划，计划管理和一体化管理成为纽约市固体废物管理的两大制度特征。一体化管理计划涵盖废物特征分析、废物出口、回收、放置、运输、处理新技术、堆肥处理系统和垃圾焚化炉排放标准等多方面问题。

3）采取的技术和方法。技术创新是纽约市固体废物管理的永恒主题。早在 20 世纪初期，时任纽约市街道清洁部总监的乔治·威尔伦（George Waring）创新性地建造了当时先进的资源回收工厂，将可循环使用的材料分类回收，将剩下的废物燃烧发电，并禁止向大海倾倒垃圾。在第二次世界大战之前，纽约已经全面停止向大海倾倒城市垃圾的活动。在第二次世界大战期间，纽约市新建垃圾焚烧炉的步伐放缓，固体废物处理成为城市管理中的一个大问题。这一问题随着战后经济的迅速发展而变得日益尖锐。1947 年，纽约市决定在斯达顿岛的弗莱希基尔斯（Fresh Kills）建立临时垃圾填埋场。

20 世纪 60 年代，纽约大规模启用垃圾焚烧技术，有 1/3 的垃圾由分散在全市的 17000个家用焚烧炉和 22 座市政焚烧炉焚烧，超过一半的垃圾在弗莱希基尔斯填埋。由于饱受垃圾之害，斯达顿岛的市民们为争取关闭这一垃圾填埋场抗争了半个多世纪，甚至提出要从纽约市分离的主张。随着公民环境意识的与日俱增，公众反对垃圾焚烧与垃圾填埋的呼声越来越强烈，纽约最后一个垃圾焚烧炉于 1992 年关闭，最后的（也是世界上规模最大的）垃圾填埋场弗莱希基尔斯亦于 2000 年关闭。

进入 21 世纪，纽约市固体废物一体化管理计划进一步强调"再循环优先（recyclefirst）"，废物回收成为首选政策。即使如此，由于再不可能在市域范围实施焚烧和填埋处理，纽约市目前处理最终剩余的海量垃圾的唯一办法是向外出口，在"NIMBY 逻辑（垃圾不要在我家后院）"日益为世人所诟病的时代，这一做法决非长久之计。

4）管理机制。针对诸如废物回收、垃圾非法倾倒、狗粪处理、机动车废弃处理、有毒废物处理等情形，纽约市设置了严格的管理机制，《纽约市环境卫生部规章制度汇编》对相关机制做了详细说明。以纽约市公寓大楼的废物再循环箱管理为例：如果发现某个公寓大楼的再循环箱被废物污染，那么，这座楼的废物就得不到正常的清理，整个公寓大楼的居民将被罚款。屡教不改将导致进一步的处罚。对个人违规行为的处罚规定：6 个月内，初次违犯者罚款 25 美元，二次犯规罚款 50 美元，第三次罚款 100 美元，第四次或更多次罚款 500 美元。对居住区大楼的违规处罚规定：6 个月内，收到 4 次罚款的有 10 间以上套房的大楼，将为每一袋不按规定处理的废物支付 500 美元罚金；在 24h 之内，最高计罚量为 20 袋，因此，单日最高罚款可达 10000 美元。还有一项监督与奖惩的制度，即如有人提供了违反废物管理规定的信息，使得纽约市环境卫生部官员处理了违法行为并进行了罚款，则提供信息者最高奖金可达罚款数目的 50%；如惩罚不是罚金而是承担刑事责任的案例，则最高奖励举报者 500 美元。

② 英国伦敦　截至 2009 年底，伦敦市的总人口为 775.36 万人，土地面积为 1572km²，人口密度为 4932 人/km²，年度固体废物产出为 2200×10⁴t，其中市政固体废物产出为 400×10⁴t。2008～2009 年，伦敦有 49%（195×10⁴t）的固体废物被填埋处理，另外有 23%（91.4×10⁴t）的固体废物被焚烧，回收与作为堆肥处理的固体废物份额占 25%。伦敦市的固体废物有 80% 最终填入伦敦之外的英格兰南部和东部的填埋场，但这些填埋场将在 2025 年关闭；其余 20% 的垃圾填入伦敦市辖区之内的 2 个填埋场，这 2 个填埋场也将在 2018 年和 2021 年关闭，此后伦敦将不再有垃圾填埋场。

1）组织架构。英国 1875 年颁布的《公共健康法》（Public Health Act 1875）规定各地方当局负责管理市政废物的清理。1963 年，英国依照《伦敦政府法》建立大伦敦委员会，但整个伦敦的固体废物管理责任依然由作为二级地方政府的各下级区县承担。大伦敦委员会于 1986 年解体之后，伦敦的固体废物管理一直保留分散化管理的组织架构，伦敦的 32 个区县以及伦敦公司各自负责其辖区的市政垃圾管理工作，其中 11 个区县以及伦敦公司对自己收集的废物实施处理，其余 21 个区县则形成 4 个跨区县的废物处理当局，这 4 个当局处理的废物量占全伦敦的 63%。1999 年，《大伦敦管理当局法》通过。2000 年，建立了大伦敦管理当局之后，尽管法律规定管理市政固体废物和制定固体废物管理战略是伦敦市长的法定责任，但是，收集和处理固体废物的具体职能实际上依然分散在各自治城市手中，伦敦固体废物分散化管理的格局依然得以延续。为改革这一现状，伦敦市于 2008 年 9 月建立由市长、伦敦各自治城市以及其他利益相关方组成的伦敦废物管理与再循环委员会，伦敦市长任主席。该委员会管理着高达 8400 万英镑的伦敦废物管理与再循环基金，其中 6000 万英镑由英国政府出资，这一安排凸显伦敦作为英国首都所具有的特殊地位；另外 2400 万英镑由地方机构——伦敦发展署出资。

2）采取的技术和方法。伦敦市在固体废物管理方面的技术创新源远流长。早在 19 世纪初，废物回收技术被广泛使用，伦敦街头活跃着两支固体废物处理队伍：一支是非正式的固体废物再循环与回收利用队伍，另一支队伍是正式的、有组织的"残余"废物管理系统。1874 年，阿尔伯特弗莱尔（Albert Fryer）发明了世界上第一台垃圾焚烧炉。此后直到第一次世界大战前夕，第一代垃圾焚烧技术一直是伦敦以及英国东南部其他城市处理废物的主要技术选项之一。20 世纪 30 年代，伦敦启用第二代垃圾焚烧技术，采用电磁铁分离铁类金属，再通过人工分拣系统进一步分拣玻璃、非铁金属、骨头、纸类等。第二次世界大战期间，由于战时资源紧缺，固体废物回收利用技术在伦敦被发挥到极致，纸张、金属、玻璃、橡胶等资源回收活动成为英国"总体战"的一部分，共回收纸张 200 多万吨、金属 159×10⁴t，回收资源总量近 900×10⁴t，有力地支持了反法西斯战争。第二次世界大战之后，随着经济迅速成长和消费大幅度攀升，在伦敦，不仅焚烧和填埋处理能力日益落后于垃圾的生成数量，而且，土地的供给也越来越有限。

近年来，由于填埋场的温室气体排放受到了全社会的高度关注，因此固体废物的回收和再循环技术再次被大张旗鼓地应用，更多的新型机械生物处理技术（如废物-能源转换技术、堆肥处理技术等等）纳入到备选方案之中。

3）管理机制。伦敦有近 1/2 的垃圾被填埋处理。垃圾填埋场生成大量的温室气体（主要是甲烷和二氧化碳），污染地表水、地下水、土壤和空气，危害居民健康。1999 年，欧盟制定欧洲垃圾填埋指令，对欧洲各国（包括英国）提出了限期关闭垃圾填埋场的要求。为了实现欧盟指令的要求，英国制订了《废物及排放物交易法》（The Waste and Emission Trading Act 2003），责成各地方废物处理当局减少填埋废物中的可生物降解的市政废物数量，并依法制定废物填埋允许量交易框架。该交易机制设定了全国性的可交易废物填埋允许量限额，此限额水平足以保证英国实现欧盟指令的要求。限额的指标分解到各地方废物处理当局，超过限额的任何地方将被处以高达每吨 135 英镑的罚金。为解决垃圾填埋问题，伦敦采取了多项措施，包括加入自 2005 年建立的全英格兰范围的垃圾填埋允许量交易计划。另一项机制是启用填埋税升级计划。按照这一计划，在伦敦填埋处理的每吨垃圾需缴纳一项附加税，且从 2005 年开始，税额每年按 3 英镑递增，直到达到每吨 35 英镑为止。尽管这一税额在 2008 年已达到每吨 40 英镑，但是，修正的计划要求在 2009～2013 年之间，填埋税以每吨每年 8 英镑的速率递增，最终达到每吨 72 英镑。

③ 日本东京　截至 2010 年 4 月止，东京的总人口为 1301 万人，土地面积为 2188km²，人口密度为 5937 人/km²。尽管城市垃圾处理在东京已有 300 多年的历史，但是，固体废物管理问题在东京真正得到重视却是在第二次世界大战之后。20 世纪 60～70 年代，伴随着经济的高速发展和人口向城市的高度集聚，东京的垃圾产出亦呈现出阶跃式的增长。尽管东京知事美浓部亮吉在 1971 年号召整个城市"向垃圾宣战"，但东京市区的垃圾总量仍然扶摇直上，在 1985～1989 年的 5 年间，市政垃圾总量由 379×10⁴t 增加到创纪录的 490×10⁴t，以体积来衡量，增加了几乎 30%。20 世纪 90 年代，东京进一步加大对固体废物的管控力度，回收利用、焚烧、填埋等多种技术与方法并举，市政废物总量开始逐渐回落，废物产出水平在 2009 年降为 294.73×10⁴t。

1）组织架构。1900 年，日本颁布污物扫除法，东京市依法承担市政废物的收集和搬运责任。1943 年，东京成立东京清扫局，开始对全东京的市政废物实施中央化管理。中央化管理体制在垃圾量激增、环境问题突出、社区间矛盾尖锐的年代发挥了积极的作用。在"向垃圾宣战"的 20 世纪 70～80 年代，东京下属的一些特别区围绕垃圾转运以及垃圾焚烧工厂选址问题僵持不下，争执长达 8 年之久。最后，在东京官方的积极斡旋下，化解了矛盾，圆满解决了垃圾焚烧工厂的选址问题。在"向垃圾宣战"的过程中，各特别区深切地体察到废物管理中"NIMBY 问题"（强烈反对在自己住处附近设立任何有危险性、不好看或有其他不宜情形之事物）的错综复杂性，独立自主的意识亦与日俱增。2000 年，东京撤销清扫局，设立"东京二十三区清扫一部事务组合"负责全东京的不可燃垃圾、大件垃圾的清扫、清理和收集以及清扫工场的维修、管理和运营，而可燃性垃圾的清扫和收集作业则下放到各特别区独自承担。

2）采取的技术和方法。东京在垃圾处理领域的技术创新走在了世界的前列。由于土地资源极为稀缺，东京采取了多种技术和措施处理固体废物。从 1927 年开始，东京生产的绝大部分垃圾都被填入东京湾的大海，著名的"梦之岛"便是由垃圾填埋形成的东京湾畔的众多人工岛之一。在市政垃圾激增的 20 世纪 60～70 年代，在"梦之岛"上肆虐的苍蝇一度成为东京市民挥之不去的梦魇，而如今从岛的周遭时不时逸出的易燃沼气同样给人几分不安全感。因此，海上填埋垃圾一开始就遭到东京市民的强烈反对是不足为怪的。20 世纪 70 年代之后，资源、环境、政治、经济和社会接受度等众多因素的角力最终导致垃圾分类和垃圾焚烧技术在东京广泛使用。事实上，早在 1924 年，东京就在大崎建立起垃圾焚烧工厂。到了20 世纪 70 年代，随着市政垃圾的激增，东京政府开始鼓励使用能使垃圾体积显著减少的垃圾焚烧技术，并着手在 23 个特别区中的每一个区建造垃圾焚烧工场（地方每建一座焚烧炉可从政府获得 25% 到 50% 的补贴），并在居民当中大力推进和普及本质上服务于垃圾焚烧技术的垃圾分类技术。在 20 世纪末，焚烧技术的确为东京化解当时的"垃圾危机"立下头功。但是，垃圾焚烧过程中产生的二噁英、重金属等毒副作用又给东京市民带来新的威胁。1999年 7 月，日本颁布《二噁英对策特别措施法》，东京、大阪、川崎等城市加大研究与开发力度，采用熔融法、气相氢气还原法、光化学分解法、电子束分解技术、低温等离子体等多种技术降低二噁英排放。官方的《东京的环境 2010》白皮书称，2008 年东京空气中二噁英含量的平均值已经降到规定标准值的十分之一。但是，一些民间人士以及如"绿色和平""我们的地球家园"之类的非政府组织则认为，实际二噁英含量远高于官方公布的数字。进入21 世纪，东京进一步将"减量化"和"零排放"作为固体废物管理的长期战略，技术创新的重点也开始从末端治理技术向源头控制措施转移。

3）管理机制和公众参与机制。固体废物管理涉及多个利益相关方，是多维度的系统工程。东京能够在固体废物管理领域走在世界前列，与其在长期管理实践中的各种机制创新是分不开的。机制创新涵盖垃圾分类处理、信息披露、公众参与、利益协调等诸多方面。分类机制将固体废物筛选为可燃型、不可燃型、资源型、粗大型与可搬运型五大类，居民粗大垃圾以及企业垃圾的处理属于收费服务项目。经过分类处理，东京有将近一半的废物被送进工场焚烧，其余的要么作为资源直接回收利用，要么在经过中间处理之后进入再循环。从 20世纪 70 年代的"向垃圾宣战"开始，信息披露、公众参与和利益协调机制在东京不断得到完善。在"向垃圾宣战"之初，离东京湾垃圾填埋场最近、深受垃圾之害的江东区枝川町的居民团体主张，有着更高生活标准、更惬意的生活环境的其他更富有的东京人应该自己照管自己生产的垃圾，而不应该将不讨好的垃圾处理责任一股脑地压在东京很小一部分人的头上；枝川町居民有权获得环境赔偿。高级住宅区杉并区高井户的居民则扬言不惜流血和牺牲生命也要抵制政府在其社区附近建立垃圾焚烧工场。江东区居民设置路障阻止杉并区的垃圾转运车辆在江东区卸载的行动，将两区之间的民意对立推向顶点。最后，在政府的积极协调下，采取了充分的信息披露、大范围的公众参与以及充分照顾各方合理诉求的利益协调等办法，才使两区民众接受了一个双赢型的解决方案[2]。

10.1.1.2　我国废物管理制度

我国城市经济迅速发展，居民的生活水平日渐提高，居民的生活方式也发生了很大变化，这也导致城市生活垃圾的产量急剧增加，城市生活垃圾成分发生较大变化。城市生活垃圾的成分变化使得垃圾管理和处理问题更为复杂化。

多年来，在计划经济体制下，城市生活垃圾处理一直被作为一种社会福利事业来管理。垃圾的清扫、收集、运输到处理，全部费用和管理均由政府包办。1980 年以来，城市生活垃圾的污染防治得到了国家和政府主管部门的重视，陆续出台了一些政策，逐渐形成了我国现行的城市垃圾管理体制（见图 10-2）。

废物处置的实施机制分析如下[3]。

根据《城市生活垃圾管理办法》（以下简称《管理办法》），城市生活垃圾的治理，实行减量化、资源化、无害化和"谁产生，谁依法负责"的原则。

国家采取有利于城市生活垃圾综合利用的经济、技术政策和措施，提高城市生活垃圾治

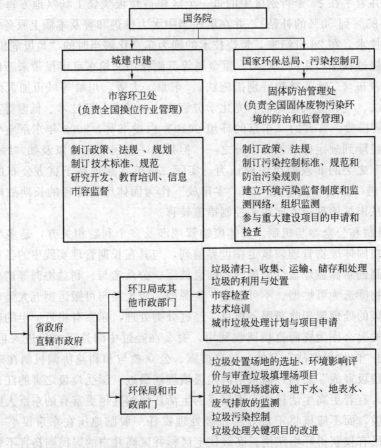

图 10-2   中国城市生活垃圾现行管理基本体系

理的科学技术水平,鼓励对城市生活垃圾实行充分回收和合理利用。

国家建设部门、省级建设部门及市县级环境卫生行政主管部门在各自的职责范围内负责城市生活垃圾管理工作,包括生活垃圾的分类、收集、运输、处理等。

城市人民政府把城市市容和环境卫生事业纳入国民经济和社会发展计划;制订城市生活垃圾治理规划,统筹安排城市生活垃圾收集、处置设施的布局、用地和规模;改进燃料结构;统筹规划生活垃圾回收网点;逐步提高环境卫生工作人员的工资福利待遇;加强城市市容和环境卫生科学知识的宣传;奖励先进个人或集体等。

产生城市生活垃圾的单位和个人,按照城市人民政府确定的生活垃圾处理费收费标准和有关规定缴纳城市生活垃圾处理费,并按照规定的地点、时间、分类等要求投放生活垃圾。

从事城市生活垃圾经营性清扫、收集、运输的企业,应当取得服务许可证。

城市生活垃圾资金机制主要是由政府补贴,用户缴费只占很少部分。城市生活垃圾收集、运输和处置的资金来源主要是地方财政,另一部分是城市生活垃圾处理费。处理费征收使用的具体办法由省级人民政府制定。目前,还没有全国统一的关于生活垃圾资金收支管理的政策文件。以开封市为例,征收对象包括在市区范围内产生生活垃圾的国家机关、企事业单位、社会团体、个体经营者、城市居民、暂住人口等单位和个人;征收标准如城市居民每户每月 5 元;征收主体是市环境卫生管理局;收费性质是行政事业性收费,收费时向缴纳人开具河南省财政厅统一印制的行政事业性收费基金专用票据。生活垃圾处理费的支出一般用于支付垃圾收集、运输和处理费用,《管理办法》规定垃圾处理费专款专用,严禁挪用。

10.1.2　生物质能管理制度

10.1.2.1　世界主要国家生物质能管理制度

为应对能源紧缺和国际原油价格飞涨,近几年世界生物质能源发展十分迅猛,尤其是以美国、巴西及欧盟等为主的一些国家和地区把发展生物质能源(主要包括生物乙醇和生物柴油)作为解决能源问题的一条重要途径,制订了具体的发展目标,并采取了相应的管理措施[4]。

世界生物乙醇产量近年大幅增长,从 2000 年的 $294×10^8$ L 增加到 2006 年的 $513×10^8$ L,增长 74.5%。美国和巴西是世界上两个最大的生物乙醇生产国,2006 年美国和巴西乙醇产量分别为 $198.5×10^8$ L 和 $178.2×10^8$ L,两国乙醇的产量占世界总产量的 73.4%。亚洲的主要生产国是中国和印度。2006 年的亚洲生物乙醇总产量为 $64.3×10^8$ L。占世界总产量的 12.53%。其中,中国为 $35.5×10^8$ L,印度为 $16.5×10^8$ L。法国和德国在欧盟乙醇产业中占据主要地位。2006 年,欧盟生物乙醇的总产量为 $34.4×10^8$ L,占世界总产量的 6.7%,其中,法国为 $9.5×10^8$ L,德国为 $7.6×10^8$ L。

联合国粮农组织(FAO)在 2007 年 12 月发布的一份报告(FAO,2007)中估测,2007 年世界主要乙醇生产国的产量将有较大增长:其中美国从 2006 年近 $198.5×10^8$ L 增加到 2007 年的 $260×10^8$ L,增长 30%;巴西从 $178.2×10^8$ L 增加到 $200×10^8$ L,增长 12%;欧盟从 $34.4×10^8$ L 增长到 $57×10^8$ L,增长 66.9%;中国从 $35.5×10^8$ L 增长到 $37×10^8$ L,增长 4%;印度从 $16.5×10^8$ L 增长到 $23×10^8$ L,增长 39%。

2006 年国际能源署(IEA)在《World Energy Outlook 2006》报告中指出:2005 年,世界生物柴油总产量为 $360×10^4$ t,其中欧盟占 87%,美国占 7.6%,巴西占 1.7%。与世界乙醇产业的生产规模相比,当前世界生物柴油的生产规模比较小。但是,随着美国、欧盟及巴西等国家和地区生物燃料发展计划的实施,世界生物柴油产业进入快速发展的时期。2006 年世界生物柴油产量达到 $710×10^4$ t,比 2005 年增加了 97.22%;2007 年,世界生物柴油产量达到了 $900×10^4$ t(USDA,2008),比 2006 年增加了 26.8%。上述国家和地区的生物燃料未来都有宏大的发展计划与相应支撑承诺(表 10-1)。

表 10-1　世界 5 个国家和地区的生物质能源发展管理计划与补助

美国	巴西	欧盟	中国	印度
预计到 2022 年生物燃料产量为 $320×10^8$ USgal	承诺实施超过 30 年的"乙醇项目"	到 2020 年综合目标为 10%	计划到 2020 年生物燃料代替 20% 的原油进口	现有的发展路线中生物燃料综合目标是:长远目标为 20%
预期按体积免税为:乙醇每加仑 0.51 美元;生物柴油每加仑 1.00 美元	每年的综合目标乙醇为 25%,到 2013 年生物柴油的目标为 5%	虽然曾经因食物危机引发是否放弃目标的讨论,但到目前为止政策并未改变	到 2020 年实现 $17×10^8$ gal 乙醇的目标	2020 年实现 20% 的生物燃料计划

美国	巴西	欧盟	中国	印度
纤维素乙醇的生产商预期免税为每加仑 1.01 美元,小型生产商预期免税为每加仑 0.01 美元	乙醇的税率比汽油低	国家级补助金平均为乙醇每加仑 1.9 美元;生物柴油每加仑 1.5 美元	向原料富有国进行投资	对进口麻风树属原料实行免税,以支持生物柴油计划
支持第二代技术 10 亿美元	使用 FFV 的交通工具的税率为 14%,而仅用汽油的为 16%	对违背生物燃料目标要求的 5 个国家进行罚款	第二次多层次计划:承诺和中石油、中石化、中粮集团合作发展非粮基的生物燃料	每个州必须有额外的支持生物燃油的措施,限制糖蜜在各州边界的运输
玉米/木质纤维素①	甘蔗①	油菜籽/木质纤维素①	木质纤维素/多种原料①	多种原料①

① 表示主要原料[5]。

目前,世界大多数国家生产的生物燃料都局限在自己本国消费,出口贸易数量相对较小,但是在最近几年里,世界市场生物乙醇的贸易数量呈现出稳步增长的态势。2002 年,世界生物乙醇的贸易量为 $32 \times 10^8 L$,2005 年上升为 $59 \times 10^8 L$,2006 年进一步增加到 $78.14 \times 10^8 L$,比 2005 年增加了 32.44%。2005~2006 年,从全球各地区生物乙醇贸易状况看,南美洲和北美洲在世界乙醇出口中所占份额保持在 60%;亚太地区由 2005 年的 7% 增加到 17%;欧洲不足 20%;非洲为 4%。巴西是世界上第二大乙醇燃料生产国和世界上最大的出口国。2007 年,巴西乙醇燃料的总出口量为 $35.2 \times 10^8 L$,约占巴西总产量的 18%,接近全世界总出口量的 50%。其出口国主要是美国、荷兰、日本、瑞典、牙买加、萨尔瓦多、哥斯达黎加、特立尼达和多巴哥、尼日利亚、墨西哥、印度和韩国。随着世界各国和地区生物燃料发展需求的增长,生物燃料国际贸易也会得到长足发展。

10.1.2.2 我国生物质能管理制度

利用行政命令、管理规定等行政手段来推动生物质能产业发展,在中国是一种常用的手段,被证明是行之有效的。就中国政府而言,其中最典型的政策文件是 2006 年 12 月,国家发展改革委、财政部颁布的《关于加强生物燃料乙醇项目建设管理,促进产业健康发展的通知》(以下简称《通知》)。该《通知》是针对当时一些地区存在产业过热和盲目发展的状况而提出的要求。其主要内容和精神包括以下几方面[6]。

(1) 严格统筹规划

必须按照系统工程的要求统筹规划,正确引导生物燃料乙醇产业发展。要结合土地资源状况,研究分析原料供需总量和区域分布,围绕产业经济性和市场目标,因地制宜确定产业发展的指导思想、发展目标、项目布局和配套政策、法规等工作,特别应注意市场是否落实,避免盲目发展。

(2) 严格建设项目管理与核准

强调"十一五"期间,继续实行燃料乙醇"定点生产,定向流通,市场开放,公平竞争"等相关政策。

强调生物燃料乙醇必须经国家投资主管部门商财政部门核准,实行建设项目核准制。

强调任何地区无论是以非粮为原料还是其他原料的燃料乙醇项目一律要报国家审定，非粮示范也要按照规定执行。

强调凡违规审批和擅自开工建设的不得享受燃料乙醇财政税收优惠政策，造成的经济损失将依据相关规定追究有关单位的责任。非定点企业生产和供应燃料乙醇的以及燃料乙醇定点企业未经国家批准，擅自扩大生产规模，擅自购买定点外企业乙醇的行为，一律不给予财政补贴，有关职能部门将依据相关规定予以处罚。银行部门审批贷款要充分考虑市场是否落实的风险。

（3）严格市场准入标准和政策

强调在"十一五"期间，国家发展生物燃料的总体思路是积极培育石油替代市场，促进产业发展，为此共提出了以下几项必须遵循的基本原则。

1）因地制宜，非粮为主，重点支持以薯类、甜高粱及纤维素等非粮原料产业发展。

2）能源替代，能化并举，实行生物能源发展与生物化工相结合，增长生物质能产业链，提高资源开发利用水平。

3）自主创新，节能降耗，努力提高产业经济和竞争力，促进纤维素乙醇生产的产业化。

4）清洁生产，循环经济，发展"吃干榨尽"综合利用技术，减少废物排放。

5）合理布局，留有余地，确保市场供应。

6）统一规划，业主招标，通过公平竞争，择优选择投资主体，防止一哄而上。

7）政策支持，市场推动。强化地方立法，依法行政，充分发挥市场优化资源配置的基础作用，促进产业的健康发展。

（4）强化组织领导，完善工作体系

为了保证燃料乙醇试点推广工作，"十五"期间中央和试点地区均成立了组织领导机构，确保了试点工作稳步推进。这是集中力量办大事的成功经验，也是今后生物燃料乙醇产业发展应积极借鉴的。国家发改委将会同财政部继续发挥体制优势，进一步调整和完善现有组织领导机构，增加相关部门为领导小组成员单位。各地区可根据本省实际与条件，建立相应的组织机构，以加强产业发展的领导与协调。

为了加强生物液体燃料产业发展和原料使用的引导和监管，2007年9月，国务院办公厅、国家发改委先后发出了《关于促进油料生产发展的意见》和《关于促进玉米深加工健康发展的指导意见》。前者要求严格控制油料转化项目，坚持食用优先，严格控制油菜转化为生物柴油；后者对玉米燃料乙醇加工业做出具体布置，以防止燃料乙醇的无序发展，强调以黑龙江、吉林、安徽、河南等省现有企业和规模为主，按照国家车用燃料乙醇"十一五"发展规划的要求，今后不再建设新的以玉米为主要原料的燃料乙醇项目，且暂不允许外商投资生物液体燃料乙醇生产项目和兼并、收购、重组国内燃料乙醇生产企业。

对以陈化粮为原料的燃料乙醇生产及车用乙醇汽油推广应用工作，按照国务院批准的《变性燃料乙醇及车用乙醇汽油"十五"发展专项规划》，国家发展和改革委员会先后于2002年和2004年会同相关部门发布《车用乙醇汽油使用试点方案》、《车用乙醇汽油使用试点工作实施细则》和《车用乙醇汽油扩大试点方案》、《车用乙醇汽油扩大试点工作实施细则》，规定了四家定点燃料乙醇企业的产品定向流通销售方案，指定中国石油天然气集团公司和中国石油化工集团公司两公司调配乙醇汽油，并在省市封闭区域强制民用车辆使用乙醇汽油。为贯彻落实方案，国家组织制定并颁布了《变性燃料乙醇》（GB 18350）和《车用乙醇汽油（E10）》（GB 18351）国家标准，试点区域的省份均制定和颁布了地方性法规。

此外，为推动我国生物能源、生物材料等生物质产业的技术创新和产业创新，国家发改委决定，2006～2007年两年实施生物质工程高技术产业化专项。其主要目的是加速我国生物质开发利用的产业化进程，促进生物质开发工业化成套技术的集成和应用，为我国能源结构的重大调整提供技术支撑和应用示范。生物质工程高技术产业化专项重点领域包括以下3类[7]。

① 生物能源　开展燃料乙醇、生物柴油、生物质成型燃料、工业化沼气等生物能源产品的产业化。主要包括以木薯、甘蔗、甜高粱、甜菜、秸秆等非粮食原料生产的燃料乙醇，以棉籽、油菜籽、废油及其他木本油料植物为原料生产的生物柴油，以秸秆、农林业废物等为原料压缩成型生产的生物质成型燃料，以及利用有机废物开展大型工业化沼气的生产和利用。

② 生物材料　开展以生物质为原料生产可生物降解高分子材料和替代石油基产品的基础化工材料的产业化。主要包括可生物降解的生物质塑料、淀粉与可生物降解高分子材料共混得到的环境友好高分子材料单体及聚合物、生物合成高分子材料、新型炭质吸附材料等。

③ 生物质原料的高效生产　重点支持边际性土地（如沙荒地、盐碱地、山坡地等）高产作物、植物的育种及新品种产业化，基因工程高产淀粉质、纤维质、油料作物等的品种改造与新品种产业化等。

通过国家发改委专项的实施，促使非粮原料生物能源、生物基材料实现 10×10^4 t 以上的规模化工业生产，形成我国生物质产业的工业技术基础和产业发展的基础框架，为我国生物质产业持续、快速、健康发展奠定基础。

10.2　政策法规

10.2.1　固体废物政策法规

10.2.1.1　国外固体废物政策法规

(1) 美国

1965年，美国制订了《固体废物处理法》（Solid Waste Disposal Act，SWDA），开始了有机固体废物的立法管理；1969年，为了解决不断恶化的环境问题，美国制订了《环境保护法》（National Environmental Policy Act，NEPA），并于1970年成立了美国国家环保局（US Environmental Protection Agency，EPA）。

EPA成立后，由于其他部门自行管理的法律、法规全部统一由EPA负责管理，使美国开始进入现代化环境管理的新阶段，同时也开始了大规模的环境立法，揭开了环境法制管理新的一页。EPA根据《环境保护法》制订了一系列的环保条例和标准，并对一些旧法进行了重新修订，把环境管理全部纳入到法制管理的轨道，为全面实施环境法规管理奠定了基础。美国和固体废物有关的一些法规见表 10-2。

表 10-2　美国有关固体废物的主要法规

法律名简称	法律名称	制订及修改年度
CAA	《大气清洁法》(Clean Air Act)	1970 年、1977 年、1990 年
CWA	《清洁水法》(Clean water Act)	1977 年
SDWA	《饮用水安全法》(Safe Drinking Water Act)	1974 年、1976 年、1977 年、1986 年、1996 年
RCRA	《资源保护和回收法》(Resource Conservation and Recovery Act)	1976 年、1984 年、1986 年、1996 年
WQA of 1987	《1987 年水质法》(Water Quality Act of 1987)	1987 年
PPA	《污染防治法》(Pollution Prevention Act)	1990 年
PPPA	《防止毒物包装法》(Poison Prevention Packaging Act)	1995 年修订
ODA	《海洋倾倒法》(Ocean Dumping Act)	1995 年修订

美国的环境立法经过 30 多年的发展，目前已经形成了比较成熟和完善的环境法律体系。从联邦法规体系来看，体系上层是兼有纲领性和可操作性的《环境政策法》，体系下层包括污染控制和环境资源保护两大法律、法规系列，体系完整、覆盖面广。

美国 20 世纪 70 年代制订的环境法主要是以控制环境污染为基本目的；进入 80 年代，根据社会的要求，提高和增加了限制标准，加大了处罚力度。这两个时期的法规主要以已经发生或正在发生的环境问题为控制对象，以不对环境造成恶劣影响为重点实行法制管理，环境管理的方针是"先污染后治理"。进入 90 年代，在制订或修改的法律、法规中提出了"预防为主"的新观念，要求在有害物质对环境造成恶劣影响之前抑制有害物质的产生。最典型的就是 1990 年制订的《污染防治法》，它以面向 21 世纪的污染防治为目标，以源头控制、节能以及再循环为重点，对大气、水、土壤固体废物等实行全方位的管理，环境治理已经和社会的可持续发展紧密地联系在一起。

美国的环境法规中一个最大的特点就是在环境执法方面，不仅有民事执行行为，还有刑事执行行为。民事执行行为主要为民事令和民事罚款。刑事执行行为主要有罚金、监禁和罚金与监禁并罚，对过失或故意违反环境法的，不仅处以罚金，还可以处以监禁，情节严重的可处以 5 年的监禁；如果是违反 RCRA 法的行为人，每件每天可处以 25000 美元的罚款；构成犯罪的，可处以 50000 美元的罚款，并处以 5 年的监禁。

EPA 制定的法律还有一个特点就是具有很高的透明度，强调公民参与，提出的议案要向外公开，实行召开公众听证会制度，接受市民的批评或评论。这样制订出来的法律、法规容易获得市民的理解和支持，政策易于顺利贯彻实施。

美国环境法律中的另一个特点就是对被害方进行赔偿。对排放有毒物质造成国有资源损害的排污者可提起刑事诉讼，任何个人和公众团体也可以对排污者提起刑事诉讼，进行索赔，排污者必须对其造成的损害实行赔偿。美国对有机固体废物的治理战略方针是，保持环境的可持续发展，实施源头控制政策，从生产阶段抑制废物的产生，减少使用可成为污染源的物质，节约资源，减少浪费，最大限度地实施资源的回收、再利用及再生利用，通过堆肥、焚烧热能回收利用实现废物资源、能源的再利用，最后进行卫生填埋，填埋过程中也应充分考虑资源、能源的再生利用，将环境污染减少到最低限度。

（2）英国

近年来，随着环境管理水平的不断提高，英国政府制订和完善了许多有关废弃物处理处置的法律及配套的相关规章和标准规范，为依法治理废物和开发废物资源提供依据和准绳。法规的建立健全，促进了垃圾规范化管理。早在 20 世纪 70 年代，英国政府就针对环境保护和废物处理问题制订了《固体废物污染法》，随后几年中，又相继出台了一系列的法律和法规，如《固体废物回收再利用法》、《包装废物管理法》、《有机废物再循环法》等。

除法律、法规保障外，英国政府还对有机固体废物的再循环和再利用予以政策上的支持，同时遵循"谁污染、谁负责"的原则，借助经济手段规范实施举措，如采取苛税制度等，在产品的制造阶段即对所含的有害物质苛收税金，作为其处理费用。英国政府还制订了废物再循环的优惠政策，对城市居民实行垃圾收费制，在商品流通领域实行押金制度。另外，还实行政府补贴和设立基金等方式来鼓励废物的再生利用和资源化。英国政府还给配电公司发放补贴，用以购买垃圾焚烧生产的电力。英国政府早在 1995 年就制订了"固体废物填埋税"，并从 1996 年开始实施，其目的是利用经济杠杆引导经济目标，将商业上所负担的税收逐步转移到后继污染者和资源适用者身上，通过实行这项税收，减少了垃圾的产生、降低了垃圾的填埋量、促进了废物的回收再利用和资源化。

近几年，英国把实现垃圾资源化提高到了社会可持续发展的战略高度，实现垃圾资源化已经成为英国政府制订的固体废物治理目标之一。最近为了配合欧盟一系列的废物管理法规、政策和管理目标，针对国内具体情况，英国政府又制订了《固体废物管理目标》，该目标中要求：到 2020 年，除极小一部分不可回收利用垃圾做填埋处理外，其余一律纳入废物处理再循环轨道，实现垃圾处理的可持续发展战略目标。

（3）德国

德国在废物立法方面处于世界领先地位，是积极推行废物减量化及资源化的国家之一。德国 1972 年 6 月颁布了《垃圾清除法》（ABFG）。第一次以立法形式提出对工业垃圾的清除包括收集、运输、处理、储存、填埋。各州政府管理机构应对处置废物的设施进行审批，对负责废物清除、收集、运输、处置进行许可管理。为了更加规范的管理城市垃圾，减少对资源的浪费和环境污染，1982 年德国对原《垃圾清除法》进行了修订，制订了《关于避免和废物处置法》。这部法相对于过去的注重垃圾清除，更优先考虑避免和减少垃圾的产生量。在法律中也强调了回收利用，规定以目前的技术不能再利用的垃圾必须进行填埋和焚烧处理，对处置的方式在法令中也有了规定。这部垃圾法的颁布在德国以至欧洲地区都有极大影响，不少欧洲国家都参照德国的法律，纷纷制订了各国自己的垃圾法。1994 年 9 月德国再次通过了对原垃圾法的修订，颁布了《循环经济法》——《废物避免、回收再利用与处置法》，该法的全称应该是：《促进物质闭合循环的废物管理及确保环境相容的废弃物处置法案》。

德国《循环经济法》与传统意义上的垃圾处置，主要有以下不同之处。

① 强调资源综合利用、物质闭合循环的废弃物分层次管理原则

1）首先必须以避免产生为主，特别是减少其数量和毒性。

2）其次，必须从属于物质的回收利用。

3）不能再利用的物质用于回收热量（获得能源）。

4）灰渣和那些不能回收热量的，再以环境相容方式填埋，土地再复垦或利用。

② 物质闭合循环废物管理的义务　对产品生产者根据废物避免义务，即废物产生者有避免、回收再利用和处置废物的义务，提出了对产品全生命周期负责的生产责任制义务。

对使用了包装材料和容器产品，只有对所产生的废物有正确的回收再利用或合适处置的保证，经认可执行的方可进入市场。

1) 有的产品应以有利于废物管理的方式提供了保证时才可进入市场。

2) 有些产品若不可避免在管理中有有害物质流失，或必须投入大量资金才能避免，或通过其他方式也不能保证环境相容的处置，就不能进入市场流通。

3) 有的产品只有在标签上有特别标明，返还生产者或销售者或第三方回收利用的，方可进入市场流通。

4) 需要收取包装押金的产品，也应标明要求，甚至包括押金金额。

5) 对产品的生产者和销售者还规定了应支付接收废物返还、回收利用或处置的义务，承担与此相关的费用。

③ 规定了为保护环境避免废物的义务　在新的垃圾法中所述的废物避免的义务包括三方面。一是以产品生产的物质闭合循环管理和低耗、低污染、废物少的产品的设计。二是购买低损耗和低污染产品的消费行为。三是废物的回收利用必须以合理的、环境相容的方式进行，必须符合法定要求；废物中污染物的含量及回收处理措施，不应损害公众利益；且在物质闭合循环中，污染物的含量不会富集才可以安全进行。

④ 规定了环境相容的废物最终处置方式和管理监督的要求　从《经济循环法》可以看出，德国在对城市固体废物的立法管理上有根本的改变，从单纯的《废物清除法》过渡到《关于避免和废物处置法》，发展到现在的《循环经济法》，实现了对固体废物进行全方位的管理。

《循环经济法》体现了废物管理的层次原则，既有宏观管理要求，又有可操作性，管理对象是全方位的，涉及城市垃圾从产生到处置的全过程，管理的手段符合市场经济要求，把产品生产责任制列入了废物管理的法律范围，使废物的减量化真正可行。

《循环经济法》的颁布，不仅对德国，而且对欧洲也有很大影响，循环经济法有许多法令条文是值得借鉴的。

除法律、法规保障外，德国政府也对固体废物的再循环和再利用予以政策上的支持，主要包括以下三点。

第一是垃圾收费政策。德国的垃圾收费方法因城市而异，因居民人口而异，有的按照垃圾处理税的方式收取；有的按照垃圾量收费。垃圾采取收费政策后，废物的产生量明显减少，废物的资源化利用率明显提高，城市垃圾中厨余垃圾减少了 65%，填埋的垃圾量减少了 40%。

第二是对产品征收生态税。德国通过征收生态税的手段，不仅促进生产部门开展节能、降耗、生产对环境友好的产品，也要求消费者采用环境友好的消费方式进行消费。采用生态税可以从宏观上有效控制市场经济的导向，促进工业企业采用现代化的生产技术进行生产活动，规范消费者的行为，改进消费模式和调整产业结构，同时也能提供新的就业机会。

第三是建立有竞争机制的废物处理处置管理模式。为了促进社会经济和环保产业的可持续发展，德国政府鼓励在生产过程中材料的循环利用和产品使用后符合生态要求的回收利用。德国政府强调积极执行"绿色标志"的"包装管理条例"，使产品更符合生态和环境要求。同时，进一步制定产品全生命周期的产品责任制管理办法，通过生产者、销售者及消费者协调合作，促进经济循环法的实施。

（4）瑞典

自从1993年瑞典政府制订了生态循环政策，1996年又提出了建设可持续发展经济社会的目标后，政府制定了一系列的技术经济政策，以改变那种不可持续发展的旧社会形态。瑞典政府采取的政策包括：进行税制改革，增加对环境不友好产品的苛税；改变能源结构，冻结现有原子能开发，建立依靠可再生能源的分散型能源供应体系；明确生产商对废物的产生应负的责任等。

为了实现建设可持续发展社会这一战略目标，瑞典环境法规管理委员会对过去的法律、法规进行了修改和统合，在此基础上，1998年编制了环境法典。环境法典的指导性原则包括污染者负担原则、采用最佳技术原则、向生产有害物质含量最低产品转化原则和预防原则。

在废物方面，1994年瑞典政府对《废物收集、处置法》进行了修改；1994年还制订并实施了《关于包装物的生产商责任政令》、《关于废纸的生产商责任政令》等，在这些政令中，确定了国家、企业、地方政府及消费者对废物所应负的责任。国家的责任是负责制订和修改各项法律、法规及大致方针；地方政府负责确定废物的分类、收集、最终处置方法及具体业务，制订明确的实施规则和垃圾处理计划；生产商的责任包括建立废品回收系统，提供有关利用回收系统的信息，提供关于废物及废品回收量和处置量的信息；消费者有责任对排出的垃圾进行分类。这些政令中最有特色的是强化生产商对废物的责任。

针对城市垃圾问题，瑞典政府制订了基本对策，包括将垃圾的产生量降低到最小；最大限度地实现垃圾资源的回收与再利用；促进垃圾的无害化处理；改进垃圾收集方式和卫生状况。具体措施有以下6种。

① 确立生产者责任制　其目的是从生产阶段将垃圾的产生量降低到最小，同时建立资源垃圾回收系统，开辟垃圾资源化的有效途径。例如，按照《关于包装物的生产商责任政令》的规定，制造商应按照包装材料的种类设立专门的回收、处理公司，并向国家、地方政府及消费者提供相关信息。《包装政令》还要求成立瑞典包装协会，开展广泛的有关垃圾分类收集的宣传教育活动。另外，"包装政令"还规定了生产商有义务对在瑞典使用的8种包装材料进行再利用和再循环，同时确定了这8种包装材料再使用与再循环的具体目标值。生产商在产品成为废物时应自行负责回收；无能力回收的，应向国家缴纳税金，由国家指定专门的回收公司回收和处置。

② 建立押金制度　押金制度具有灵活性、经济刺激性和促进了个人行为的合理性，并能以较小的成本达到防止污染的目的，具有经济上的可行性。瑞典1994年就建立了包装物回收押金制度，押金制度实行后，啤酒瓶、软饮料用玻璃瓶、铝制易拉罐和PET瓶的回收率都超过了目标值。

③ 建立居民垃圾分类收集系统　居民生活垃圾的投放分为有机物和无机物两种。有机物指家庭厨房垃圾，排放时倒入埋在地下的密闭式收集容器中，再由专门的垃圾收集公司定期用泵将有机垃圾抽到垃圾收集车内，送到垃圾堆肥场进行堆肥处理。无机垃圾分为金属、塑料、纸张、玻璃及电池等，投放时，按照不同的类别放入不同的垃圾容器内。

④ 建立垃圾收费制度　垃圾收费制度主要包括四个方面：一是向居民征收垃圾处理费；二是向企事业单位征收垃圾处理费；三是征收有毒、有害垃圾处理费；四是征收工业垃圾处

理费。收取的垃圾处理费主要用于垃圾处理设施的运营管理。

⑤ 征收碳税 瑞典在 1991 年开始征收碳税，是世界上最早征收碳税的国家，征收的对象主要是石油、煤、天然气，其中不包括生物能源。如果要少负担过高的能源成本的话，就要少使用化石燃料，尽量使用生物能源。征收碳税后，进一步推动了生物能源的开发利用。

⑥ 实行环境罚款 瑞典在 1999 年公布的环境法规中扩大了罚款的对象范围，罚款的主要目的是让人们严格执行和遵守为保护环境而制定的法律。罚款的对象是从事商业活动的法人和个人，罚款的额度根据违法的种类和情节的轻重来确定。

10.2.1.2 我国固体废物政策法规

我国全面开展环境立法的工作始于 20 世纪 70 年代末期。在 1978 年的宪法中，首次提出了国家保护环境和自然资源，防止污染和其他公害的规定，1979 年颁布了《中华人民共和国环境保护法》，这是我国环境保护的基本法，对我国环境保护工作起着重要的指导作用。1995 年我国颁布《中华人民共和国固体废物污染环境防治法》，该法于 2004 年经第十届全国人民代表大会常务委员会第十三次会议予以修订通过。修订的《中华人民共和国固体废物污染环境防治法》共分为六章，内容涉及固体废物污染环境防治的监督管理、固体废物污染环境的防治、危险废物污染环境防治的特别规定、法律责任等，这些规定从 2005 年 4 月 1 日起正式成为我国固体废物污染环境防治及管理的法律依据。

迄今，国务院印发的垃圾处理相关文件有三个：第一个是 1986 年国务院办公厅印发的《关于处理城市垃圾改善环境卫生面貌的报告》，标志着国家开始重视垃圾处理工作；第二个是 1992 年国务院批转建设部等部门的《关于解决我国城市生活垃圾问题几点意见的通知》，为国家开展生活垃圾专业管理奠定基础，同年颁布了《城市市容和环境卫生管理条例》，次年成立了中国城市环境卫生协会；第三个是 2011 年国务院批转住房和城乡建设部等 16 个部门提交的《关于进一步加强城市生活垃圾处理工作意见的通知》，明确了我国生活垃圾处理工作的指导思想、基本原则、发展目标、控制垃圾产生、提升垃圾处理能力和水平、加强监管以及加大政策支持等内容，该文件用来指导我国未来二十年的垃圾处理工作。

我国的固体废物管理国家标准基本由国家环境保护总局和住房和城乡建设部在各自的管理范围内制定。住房和城乡建设部主要制定有关垃圾清扫、运输、处理处置的标准。国家环境保护总局制定有关污染控制、环境保护、分类、检测方面的标准。

(1) 分类标准

主要包括《国家危险废物名录》、《危险废物鉴别标准》、住房和城乡建设部颁布的《城市垃圾产生源分类及垃圾排放》以及《进口废物环境保护控制标准（试行）》等。

(2) 方法标准

主要包括固体废物样品采样、处理及分析方法的标准。如：《固体废物浸出毒性测定方法》、《固体废物浸出毒性浸出方法》、《工业固体废物采样制样技术规范》、《固体废物检测技术规范》、《生活垃圾分拣技术规范》、《城市生活垃圾采样和物理分析方法》、《生活垃圾填埋场环境检测技术标准》等。

(3) 污染控制标准

污染控制标准是固体废物管理标准中最重要的标准，是环境影响评价制度、"三同时"制度、限期治理和排污收费等一系列管理制度的基础。它可分为废物处置控制标准和设施控制标准两类。

① 废物处置控制标准 它是对某种特定废物的处置标准、要求，如《含多氯联苯废物污染控制标准》即属此类标准。

② 设施控制标准 目前已经颁布或正在制定的标准大多属于这类标准，如《一般工业固体废物贮存、处置场污染控制标准》、《生活垃圾填埋场污染控制标准》、《城镇生活垃圾焚烧污染控制标准》、《危险废物安全填埋污染控制标准》等。

(4) 综合利用标准

为推进固体废物的资源化并避免在废物资源化过程中产生二次污染，国家环保总局将制订一系列有关固体废物综合利用的规范和标准，如电镀污泥、磷石膏等废物综合利用的规范和技术规定。

10.2.2　生物质能政策法规

10.2.2.1　世界主要国家生物质能产业政策分析

尽管各国扶持政策的方式和内容有所不同，但基本政策框架是相似的。总的来看，各国通过财政政策、税收政策促进可再生能源发展的措施一般有提供补贴、实施政府采购、提供税收优惠。除此之外，各国采取了其他相关政策措施，以配合财税政策的实行。这些政策大致有：设定具体的长远发展目标、设立生物质能源发展的补偿机制或基金、完善生物质能源企业的认证机制等。主要国际组织和发达国家在发展生物质能方面制定了相对完善的优惠政策，大致可分为以下几类，如表 10-3 所列。

表 10-3　主要国际组织和发达国家生物质能开发政策分类

主要政策	主要措施
税收政策	减免关税、减免形成固定资产税、减免增值税和所得税（企业所得税和个人收入税）
价格政策	政府高价购买政策、实行绿色电价
补贴政策	对投资者和消费者（即用户）进行补贴，以及根据可再生能源设备的产品产量进行补贴
财政政策	提供低息（贴息）贷款，减轻企业负担，降低生产成本

以下各国或地区关于生物质能的研究规划较为系统，研究计划和项目数量多，政府支持力度较大，其产业政策各具特色，值得深入研究和思考。

(1) 美国

目前美国推广使用生物质能的政策集中于完善监管立法、加大对生物质能和替代能源研究的资助以及对生物质产品和生物质能生产研究的资助方面。

① 完善生产监管立法为生物质能产业发展提供法律保障 美国先后通过《公用事业管制政策法》(1978)、《大气洁净法修正案》(1990)、《农业法案》(2002)、《能源政策法案》(2005) 等法案，对生物质能的发展加强宏观监管，从法律意义上为产业发展指明了方向。1999 年 8 月美国发布了《关于开发和推进生物质产品和生物能源》的总统令，提出了到 2020 年生物质产品和生物能源增加 10 倍，以及每年为农民和乡村经济新增 200 亿美元的收入和减少 1 亿吨碳排放量的宏大目标。

目前，美国发展生物能源的政策主要体现在 5 个法案，即《2000 生物质研究与开发法案》、《2002 农场安全及农村投资法案》、《2004 美国创造就业机会法案》、《2005 能源政策法案》以及《2007 美国新能源法》。其中《2002 农场安全及农村投资法案》包含了关于促进生物燃料发展的议题。这些议题主要有生物质精炼和开发、生物质研发以及联邦购买以生物质为基础的产品等。《2004 美国创造就业机会法案》规定：对于混合乙醇的汽油燃料以及混合生物柴油的柴油燃料征税，每升减免 13.47 美分的税金（征税扣除会有弹性考虑，以使这些混合燃料中乙醇含量到 2010 年能够达到 10%）。《2005 能源政策法案》规定包括：创造一个可再生燃料标准，到 2012 年美国生物乙醇产量达到 283.91×10^8 L。《2007 美国新能源法》计划：到 2020 年，美国乙醇的使用量将达到 1362.76×10^8 L，其中利用纤维质生产的乙醇达到 794.94×10^8 L、粮食原料生产的乙醇达到 567.81×10^8 L。

除了美国联邦政府出台了许多关于发展生物燃料的政策法规外，美国各州政府对发展生物燃料也都给予极大支持，26 个州通过了相关的法律支持发展生物燃料。一些州已经通过立法建立了强制将生物燃料混合使用，目的是支持生物能源的生产和利用。如明尼苏达州通过的法律规定：汽油中的乙醇比例要达到 20%，生物柴油在柴油中的混合比例要达到 2%。北达科他州支出 460 万美元补贴该州生物燃料产业的发展，具体补贴内容包括：a. 对消费者购买 E85 进行税收鼓励，对生产乙醇和生物柴油设施投资给予税收减免。b. 对加工生物柴油的收入进行税收减免等。

②制订财政激励措施为生物质能产业发展提供政策保障　对于新兴的生物质能产业，美国政府在主要法案中增加制定了多种形式的财税激励条款，包括《能源税法（ETA）》(1978)、《税制改革法》(1986)、《能源政策法（EPACT）》(1992)、《延长减税法》(1999)、《绿色能源购买激励政策》(1999) 以及相关鼓励替代燃料型交通工具的政策等。政府通过在立法中增加税收减免和生产激励补贴条款，调动投资者热情，加速产业发展。

为应对 20 世纪 70 年代中期国际市场石油价格的持续上升，1978 年卡特政府颁布了《能源税法》，通过了 100% 减免混合乙醇汽油的燃料税（当时美国的汽油税为 1.06 美分/L），鼓励美国国内发展生物燃料。但随后由于国际市场原油价格的回落与平稳，美国的生物燃料产业又处于缓慢发展的状态。直到进入 21 世纪，国际石油价格再次走高，美国制订了新的生物燃料发展计划。

1992 年美国的《能源政策法》规定了一项优惠内容：通过国会年度拨款为免税公共事业单位、地方政府和农村经营的可再生能源发电企业，每生产 1kW·h 的电能补助 1.5 美分。此外，美国政府还加大对生物质能发电计划的投入，1999 年度财政投入就达到 3.08 亿美元。另外还采取直接减税政策，即生物质能发电企业自投产之日起 10 年内，每生产 1kW·h 的电能可享受从当年的个人或企业所得税中免交 1.5 美分的待遇。2005 年 10 月 6 日，美国农业部和能源部联合宣布 11 个生物质能研发、示范项目获得政府生物质能研发计划 1260 万美元的资助，加上来自私营伙伴的投入，总经费为 1900 万美元，集中体现了美国生物质能研究的重点领域。

③ 加大研发投入为生物质能产业发展提供资金保障　美国农业部对"生物质能和替代能源研究项目""生物质能产品和生物质能生产研究项目"提供资助。美国能源部和农业部联合资助了一批生物质能研究项目，环境部门和交通部门也积极采取各项措施配合生物质能研发项目的开展。

从 2002~2015 年，美国政府将实施一个生物质研究及发展计划，用以协调和加速发展所有联邦生物产品和生物能源的研发活动。这个计划受《2000 生物质研发法案》指导。具体由美国能源部和农业部管理，在 2002~2006 年期间，美国政府拨款 1.6 亿美元，用于支持原材料生产、纤维素生物质转化技术，以及在生物精炼厂生产制造生物质为原料的产品。当前，美国共有 9 个纤维质乙醇加工厂正在建设中。

美国政府许多机构不断协调与合作来发展生物燃料，能源部和农业部是美国最主要的机构。另外，环境保护署制定规则来管理可再生燃料标准的执行。2007 年，美国总统布什提出了 10 年内将汽油的消费量减少 20% 的倡议，该倡议促使美国制订了一个生物燃料发展计划，即到 2017 年美国的生物燃料要达到 $1324.90 \times 10^8 L$，这个数字大致相当于美国年汽油使用量的 15%。

美国第一次针对发展生物能源进行多机构合作是在 2006 年 11 月，当年美国制订了国家生物燃料行动计划（NBA）。这个计划将提高政府部门、生产企业和其他利益相关者的能力，一起努力实现美国的生物能源发展目标——到 2012 年，使制造乙醇的成本具有竞争力。美国能源部生物质计划制订一个长期的目标，与 2004 年相比，到 2030 年美国动力汽油需求量的 30% 将由生物能源替代。参与及涉及 NBA 计划的美国联邦机构有：农业部、能源部、国家科学基金会、交通部、美国环保署、内务部、科学技术政策办公室、联邦环境执行办公室、商务部以及国防部等。

2011 年开始美国白宫宣布推出一项总额为 5.1 亿美元的计划，由农业部、能源部和海军共同投资推动美国生物燃料产业的发展，此外美国还通过法律手段强制在运输燃料中添加生物燃料，具体比例是柴油中添加 2% 的生物柴油，汽油中添加 5% 的燃料乙醇。

(2) 欧盟

欧盟一直走在大力发展可再生能源、积极应对全球气候变化的前列，从政策制定、实施取得的进展以及优先研究领域来看，欧盟在生物质能的开发和利用方面有以下特点。

① 注重整体远期规划为生物质能产业发展明确阶段目标　欧盟在生物质能的规划方面注重整体规划、远期规划，并以整体规划为基础提出分品种发展目标，使其生物质能产业发展具有有序性、开放性、可持续性特点。

② 重视关键技术研发为生物质能产业发展提供技术储备　欧盟非常重视能源作物的研究，从而为生物质能产业发展提供原料支持。另外，欧盟还率先开展了生物质和矿物燃料的联合应用研究以及生物质联合供电供热系统开发及配套设施研究等具有世界领先水平的新技术研究，通过技术研发为产业发展明确导向，注入活力，加速生物质能产业化。

2007 年欧盟新出台的《可再生能源路线图》提出了新的目标，即到 2020 年，可再生能源的消费量占总能源消费量的 20%；交通运输消费的生物燃料数量在交通运输燃料消费总量所占的比重至少达到 10%。这些目标在 2007 年的欧盟理事会首脑会议上得到确认。

欧盟共同农业政策中引入对种植生物质作物的农民给予发放农业补贴的政策。欧盟对在休耕地（传统上种植粮食作物的耕地）上种植能源作物给予每公顷 45 欧元的补贴。此外，当农民不能在休耕地上种植粮食作物时，他们能用这些耕地种植非粮食作物（包括生物燃料作物）并能得到补贴。

(3) 巴西

① 巴西依托研究计划为生物质能产业拓展产业化路径　巴西的生物质能发展体现在几

个贯穿始终的国家能源计划上。其中以巴西乙醇燃料计划为依托，鼓励乙醇利用技术研发；以巴西清洁发展机制（CDM Brazil）为依托，发展了生物质发电厂拓展项目；以巴西"生物柴油"计划为依托，加大投入寻求车用替代生物质能方面的突破[8]。

② 政策法规促进发展及详细的财税政策　为促进巴西生物燃料产业发展，巴西政府对生物乙醇及生物柴油产业的发展制定了非常详细的政策法规。巴西的生物乙醇产业已经有80多年的发展历史，因此，巴西在生产、使用生物乙醇燃料方面积累了丰富的经验。另外，巴西使用乙醇作为汽油添加剂的历史较早，可以追溯到20世纪20年代。然而，巴西制订《国家乙醇计划》较晚，具体是在1975年。该计划为巴西本国糖及乙醇产业在30年后成为世界上的领先者创造了必要的条件。在过去的30年里，用乙醇替代的石油，为巴西节约的石油数量大约为10亿桶。《国家乙醇计划》的主要目的是促进汽油和无水乙醇混合使用，并且鼓励开发专门以含水乙醇作燃料的汽车。

巴西能源矿产部在生物柴油的生产使用方面出台了《生物柴油法》。该法律分别制定了生物柴油与柴油混合比例的目标：到2008年生物柴油占混合燃料的最小比率为2%，到2013年达到5%。另外，为促进社会和地区经济发展，巴西制定了一系列税收激励和津贴发放政策，以鼓励巴西北部及东北部地区（特别是半干旱地区）的小农户种植生产生物柴油的原料。为了能够达到生物柴油占2%的生产及销售目标，从2008年开始，巴西每年的产量达到$8.2 \times 10^8 L$。巴西农业畜牧部制定了关于向汽油中强制混合无水乙醇的《强制混合燃料法律》。该法律规定，从2007年7月1日开始，无水乙醇在汽油中混合的比率要达到20%～25%。巴西还规定，对汽车实行不同比率的税收。根据汽车耗费的无水乙醇和汽油比率的不同，征收的税率也不同。这项政策是为了鼓励发展专门以无水乙醇作燃料的汽车。另外，巴西联邦政府对生物柴油产业链上所有的产品都不征税。

(4) 其他国家

① 印度　目前印度生物质资源的发展集中体现在清洁发展机制（CDM）项目、农村地区生物质能计划（biomass energy for rural India project）和非常规能源计划等几个国家性规划示范项目上。通过一批国家示范项目的实施，开展关键技术研发，推动重点项目的发展，促进生物质能产业化进程。

② 丹麦　为建立清洁发展机制，减少温室气体排放，丹麦政府很早就加大了生物质能和其他可再生能源的研发力度。为了鼓励生物质能等可再生能源的发展，丹麦政府制订了财税扶持政策，如免征能源税、二氧化碳税等环境税，并优先调用秸秆生产的电和热，由政府保证其最低价格。政府还对各发电运营商提出明确要求，各发电公司必须有一定比例的可再生能源容量。目前丹麦的秸秆发电技术已走向世界，并被联合国列为重点推广项目。丹麦政府加大科技投入，用于可再生能源的研究和开发，提供产出补贴。

③ 英国　21世纪以来，英国政府加大了可再生能源的研发投入。政府向供电公司征收矿物燃料（包括核电在内）发电税，用于补贴包括生物质能在内的可再生能源发电。由于英国的供电和发电系统已经在1990年成功地实现了私有化，因此，所有供电商都必须履行责任和义务，从可再生能源发电企业购买合格电力，达到当年规定的可再生能源电力份额。如果完不成任务，电力监管局规定，供电商将要交纳最高达其营业额10%的罚款。此外，英国还通过对小企业实行研发税减免政策鼓励企业特别是新兴中小企业的研究与开发。英国的《可再生能源促进法》规定，电力运营商有义务以一定价格向用户提供可再生能源发电，政

府根据运营成本的不同对运营商提供金额不等的补助。该政策是全球首创，现已被各国竞相效仿。

④ 德国　对生物质能政策法规采取鼓励扶持政策。德国每年安排大笔资金用于生物质能研究、示范和推广，仅 2000 年，财政拨款就高达 5100 万马克。同时德国还制订专门法，使生物质能产业有法可依，如 2001 年颁布的《生物质条例》，明确发展重点，制订发展计划，有序推进生物质产业发展。大力发展生物柴油、乙醇汽油，在《生物质条例》和 2004 年颁布的《可再生能源法》中都有对其进行财政支持的条款。

10.2.2.2　我国生物质能政策法规发展的现状及特点

(1) 我国生物质能政策法规发展的现状

伴随着生物质能产业的发展，中国政府也从多角度、多层次制定了包括生物质能在内的可再生能源发展政策。《中华人民共和国可再生能源法》（以下简称《可再生能源法》）和《中华人民共和国节约能源法》（以下简称《节约能源法》）以及《可再生能源的中长期发展规划》是其代表[9]。

① 明确了生物质能的法律定义　《可再生能源法》第二条第一款规定：本法所称可再生能源，是指风能、太阳能、水能、生物质能、地热能、海洋能等非化石能源。明确将生物质能纳入法律规制范围之内。并于第三款排除了用直接燃烧方式利用生物质能。

② 总体上列举了支持包括生物质能在内的可再生能源发展政策　《节约能源法》第五十九条规定：国家鼓励、支持在农村大力发展沼气，推广生物质能、太阳能和风能等可再生能源利用技术，按照科学规划、有序开发的原则发展小型水力发电，推广节能型的农村住宅和炉灶等，鼓励利用非耕地种植能源植物，大力发展薪炭林等能源林。

③ 制定了生物质能的中长期发展规划　2007 年 6 月 7 日国务院常务会议审议并通过了《可再生能源的中长期发展规划》，具体到生物质能方面，将根据我国经济社会发展需要和生物质能利用技术状况，重点发展生物质发电、沼气、生物质固体成型燃料和生物液体燃料。

(2) 我国生物质能政策法规的特点

① 既明确了生物质能在整个能源结构中的战略地位，又规定了实现发展目标和建立市场的具体措施，易于将战略地位落到实处。

② 规定政府为生物质能发展的组织者和推动着，明确其职责所在。

③ 以农村和偏远地区为生物质能发展的重要区域，凸显出我国农业大国的特点，以及政府解决"三农"问题的决心。

(3) 我国具体生物质能源政策

中国政府十分重视生物能源发展规划的制订。因而生物燃料不仅多次被确定为政府的议事内容，列入国民经济长远发展规划，而且还制订了专项发展计划。中国科学院提出的中国能源科技发展战略路线图是：近期（至 2020 年）重点发展节能和清洁能源技术，提高能源效率；中期（2030 年前后）重点推动核能和可再生能源向主力能源发展；远期（2050 年前后）建成中国可持续能源体系，总量上基本满足中国经济社会发展的能源需求，结构上对化石能源的依赖度降低到 60% 以下，可再生能源成为主导能源之一。

1996 年初，《中华人民共和国经济和社会发展"九五"计划和 2010 年远景目标纲要》，强调科教兴国和可再持续发展战略，指出中国能源发展要"以电力为中心，以煤炭为基础，加强石油、天然气资源的勘探开发，积极发展新能源，改善能源结构"。在电力发展一节中指出"积极发展风能、海洋能、地热能等新能源发电"，在论及农村能源时再次强调"因地制宜，大力发展小型水电、风电、太阳能、地热能、生物质能"。"十五"时期，即2001年3月，第九届人大四次会议即在《中华人民共和国经济和社会发展第十个五年计划纲要》中明确提出要开发燃料酒精等石油替代品等要求。

中国第一部《可再生能源法》在2005年2月，被十届人大第十四次会议通过，2006年1月正式开始实施。《可再生能源法》的颁布实施标志着生物燃料的开发利用得到法律认可，正式成为国家能源发展的一项基本国策。确立了以下一些重要法律制度：a. 可再生能源总量目标制度；b. 可再生能源并网发电审批和全额收购制度；c. 可再生能源上网电价与费用分摊制度；d. 可再生能源专项资金和税收、信贷鼓励措施。同时，国家发展和改革委员会等相关部委以最快的速度相继出台了相关配套法规，据国家发展与改革委员会介绍，与《中华人民共和国可再生能源法》相配套的法规将达12个之多。《可再生能源法》第11条规定："国家鼓励清洁、高效地开发利用生物质燃料，鼓励发展能源作物。"同时规定："利用生物质资源生产的燃气和热力，符合城市燃气管网、热力管网的入网技术标准的，经营燃气管网、热力管网的企业应当接受其入网。"又称："国家鼓励生产和利用生物液体燃料。石油销售企业应当按照国务院能源主管部门或者省级人民政府的规定，将符合国家标准的生物液体燃料纳入其燃料销售体系。"并在第31条中规定："如果石油销售企业未按照规定将符合国家标准的生物液体燃料纳入其燃料销售体系，造成生物液体燃料生产企业经济损失的，应当承担赔偿责任，并由国务院能源主管部门或者省级人民政府管理能源工作的部门责令限期改正，拒不改正的处以生物液体燃料生产企业经济损失一倍以下的罚款。"这就为生物液体燃料的生产和销售提供了法律保障。

另外，为了有效调整我国电源结构，促进可再生能源发电，国家将采用国际通行的做法，即可再生能源配额制规定各发电企业每新增$1000 \times 10^4 kW$火力发电装机容量，必须按照5%的配额发展$50 \times 10^4 kW$可再生能源发电项目，这其中只有生物质发电和风力发电能担任此项配额任务。国家发改委制订的《可再生能源发电有关管理规定》中规定电力监管委员会需负责可再生能源发电企业的运营监管工作，协调发电企业和电网企业的关系，对可再生能源发电、上网和结算进行监管。

2005年11月，为配合《可再生能源法》的实施，国家发展改革委员会颁布了《可再生能源产业发展指导目录》（以下简称《目录》）。该《目录》对生物燃料发展提出了4项支持对象：生物液体燃料生产、生物液体燃料生产成套装备制造、能源植物种植和能源植物选育。对于该《目录》中具备规模化推广利用的项目，国务院有关部门将制订和完善技术开发、项目示范、财政税收、产品价格、市场销售和进出口等方面的优惠政策。

2006年3月，《国民经济和和社会发展第十一个五个计划纲要》，进一步明确提出要大力发展可再生能源，加快开发利用生物质能，扩大生物燃料乙醇和生物柴油的生产能力。

2007年4月，国家发展和改革委员会发布了《高技术产业发展"十一五"规划》和《生物产业发展"十一五"规划》，对发展生物液体燃料等高新技术和产业的发展显示了明确的支持态度。《高技术产业发展"十一五"规划》提出要积极发展生物能源，充分利用非粮作物、植物和农林废物，开发低成本、规模化、集约化生物能源技术，积极培育生物能源产业；选育发展一批速生、高产、高含油、高淀粉含量的能源植物新品种，实现规模化种植；重点建设以甜高粱、木薯等非粮作物为原料的燃料乙醇示范工程，加快木质纤维素生产燃料乙醇技术研发和产业化；积极推动以麻风树、黄连木等农林油料植物为原料的生物柴油规模化生产；建设年产 10×10^4 t 级非粮原料燃料乙醇、生物柴油的示范工程，初步形成我国生物能源的技术基础和产业基础。《生物产业发展"十一五"规划》明确支持生物液体燃料领域的如下工作。

① 能源植物　充分利用荒草地、盐碱地等，以提高单产和淀粉、糖分含量、降低原料成本为目标，培育木薯、甘薯、甜高粱等能源专用作物新品种。以黄连木、麻风树、油桐、文冠果、光皮树、乌桕等主要木本燃料油植物为对象，选育一批新品种，促进良种化进程；积极培育与选育高含油率、高产的油脂植物新品种（系），建立原料林基地；积极研制一批基因工程油用植物新品种。

② 燃料乙醇　支持以甜高粱、木薯等非粮原料生产燃料乙醇，加快以农作物秸秆和木质素为原料生产乙醇技术研发和产业化示范，实现原料供应的多元化；优化燃料乙醇生产工艺，降低水耗、能耗和污染，降低生产成本，提高综合效益；逐步扩大燃料乙醇生产规模和乙醇汽油推广范围。

③ 生物柴油　支持以农林油料植物为原料生产生物柴油，加强清洁生产工艺开发，提高转化效率，建立示范企业，提高产业化规模。开发餐饮业油脂等废油利用的新技术、新工艺，加快制定生物柴油技术标准，加速我国生物柴油产业化进程。

2007 年 8 月，国家《可再生能源中长期发展规划》进一步明确了生物燃料近期和中长期的发展方向和具体目标，重申根据我国土地资源和农业生产的特点，合理选育和科学种植能源植物，建设规模化原料供应基地和大型生物液体燃料加工企业；不再增加以粮食为原料的燃料乙醇生产能力，合理利用非粮生物质原料生产燃料乙醇；近期重点发展以木薯、甘薯、甜高粱等为原料的燃料乙醇技术，以及以麻风树、黄连木、油桐、棉籽等油料作物为原料的生物柴油生产技术，逐步建立餐饮等行业的废油回收体系；从长远考虑，要积极发展以纤维素生物质为原料的生物液体燃料技术；在 2010 年前，重点在东北、山东等地，建设若干个以甜高粱为原料的燃料乙醇试点项目，在广西、重庆、四川等地，建设若干个以薯类作物为原料的燃料乙醇试点项目，在四川、贵州、云南、河北等地建设若干个以麻风树、黄连木、油桐等油料植物为原料的生物柴油试点项目；到 2010 年，新增非粮原料燃料乙醇年利用量 200×10^4 t，生物柴油年利用量达到 20×10^4 t；到 2020 年，生物燃料乙醇年利用量达到 1000×10^4 t，生物柴油年利用量达到 200×10^4 t，总计年替代约 1000×10^4 t 成品油。《可再生能源中长期发展规划》中对于生物质发电提到，根据各类可再生能源的资源潜力、技术状况和市场需求情况，2010 年和 2020 年可再生能源发展重点领域之一为生物质发电。根据我国经济社会发展需要和生物质能利用技术状况，重点发展生物质发电、沼气、生物质固体成型燃料和生物液体燃料。到 2010 年，生物质发电总装机容量达到 550×10^4 kW，到 2020 年，生物质发电总装机容量达到 3000×10^4 kW，生物质发电包括农林生物质发电、垃圾发电和沼气发电。

2013 年国家发展和改革委员会发布了《生物产业发展"十二五"规划》明确支持

生物液体燃料领域的如下工作：加大新一代生物液体燃料开发力度。充分利用盐碱荒地、荒坡地、宜林地等宜能荒地种植能源作物，建设以能源林、甜高粱茎秆、非粮淀粉类植物、农林（工业）废弃物以及新型能源作物为主的非粮原料多元化供应体系。突破纤维素乙醇原料预处理、低成本水解糖化关键技术瓶颈；加速生物质燃气合成燃油催化剂等的研发和产业化，建设纤维素燃料乙醇和生物合成燃油商业化示范工程，构建生物液体燃料产业链。加大油藻生物柴油和航空生物燃料等前沿技术的研发力度，推动开展产业化示范。

此外，国家还采取了经济激励与财税优惠政策。基本方法就是利用各种形式的补贴（包括投资补贴、生产补贴、销售补贴）、税收减免、价格优惠等经济手段，对生物燃料产业发展给予一定扶持，以实现其引导和促进生物燃料产业健康发展之目的。国外的实践表明，这也是一些行之有效的政策。因此，中国政府十分重视这方面政策的研究与制定并出台了一批政策，其中比较突出的、与生物燃料直接相关的政策规定举例如下。

为推动车用乙醇汽油试点工作，国家对生产销售陈化粮燃料乙醇和车用乙醇汽油实行如下优惠政策。

1）免征用于调配车用乙醇汽油的变性燃料乙醇5%的消费税。

2）定点企业生产调配车用乙醇汽油所用变性燃料乙醇的增值税实行先征后返。

3）四个定点企业生产变性燃料乙醇所使用的陈化粮享受陈化粮补贴政策。

4）按国家发展和改革委员会同期公布的90号汽油出厂价（供军队和国家储备），乘以车用乙醇汽油调配销售成本的价格折合系数0.9111，为变性燃料乙醇生产企业与石油、石化企业的结算价格。

5）车用乙醇汽油的零售价格，按国家发展和改革委员会公布的同标号普通汽油零售中准价格执行，并随普通汽油价格变化相应调整，也可视市场情况在国家允许的范围内浮动。

6）执行上述政策后，变性燃料乙醇生产和变性燃料乙醇在调配、销售过程中发生的亏损，由国家财政对生产企业实行定额补贴。据2005年8月《财政部关于燃料乙醇补贴政策的通知》，对生产销售变性燃料乙醇的定点企业的补贴额度2005年和2006年分别为1883元/t和1628元/t，2007年和2008年为1373元/t。

2006年5月，财政部颁布了《可再生能源发展专项资金管理暂行办法》，规定以无偿资助和贷款贴息的方式支持发展可再生能源，并明确规定对替代石油的可再生能源开发利用提供专项资金支持，重点扶持发展用甘蔗、木薯、甜高粱等制取的燃料乙醇，以及用油料作物、油料林木果实、油料水生植物等为原料制取的生物柴油。

2006年9月，财政部、国家发展改革委、农业部、国家税务总局、国家林业局联合印发了《关于发展生物能源和生物化工财税扶持政策的实施意见》，提出将建立风险基金制度、实施弹性亏损补贴，提供原料基地补助和示范补助，以及税收优惠等措施，扶持发展生物液体燃料。2007年9月，财政部据上述实施意见颁布了《生物能源和生物化工原料基地补助资金管理暂行办法》决定对为生物能源和生物化工定点和示范企业提供农业原料和林业原料的原料基地提供资金补助。根据该暂行办法，中央财政对符合相关要求和标准的林业原料基地补助标准为200元/亩，对农业原料基地补助标准原则上为180元/亩。

10.3 公众参与

废物管理是涉及建设资源节约型、环境友好型社会，营造人与自然和谐相处政府管理的基本工作，做好废物管理工作的社会宣传，将为管理事业发展起到积极的推进作用。

近年来，随着城市的建设和发展，赋予城市生活废物有了更多、更新的社会管理内容。作为一项面向社会、面向公众的公共管理事业，需要市民的大力支持与合作。环境，是典型的公共产品。作为环境要素的延伸——生活废物，同样具有公共产品的属性。公众的参与，不仅可以成为监督政府、企业履行管理和处理义务的有效力量，而且会有效提高公众的环境意识。

10.3.1 公众参与的概念与内涵

公众参与涉及的内容非常广泛，关于其概念和内容学界众说纷纭。从社会学角度上讲，公众参与（public participation）是指社会群体、社会组织、单位或个人作为主体，在权利义务范围内有目的的社会行动。进一步来说，也就是社会公众对某一事物的共同维护和处理。

环保公众参与则特指社会公众对环境保护的认知、维护和参与程度。其内涵是指在环境活动中，公民有权通过一定的程序或途径参与一切与环境利益相关的活动。这种参与，应包括决策参与（指公众在经济环境政策、规划和计划制订中和开发建设项目实施之前的参与）、过程参与（指公众对环境法律、法规、政策、规划、计划及开发建设项目实施过程中的参与）、末端参与（指公众对环境污染和生态破坏发生之后的参与）。

公众参与是建设项目在立项阶段或前期准备中的一项重要工作，我国目前已将之纳入建设项目环境影响评价（environmental impact assessment，EIA）中。环评中的公众参与[10]是项目方或者环评工作组同公众之间的一种双向交流，其目的是使项目能够被公众充分认可并在项目实施过程中不对公众利益构成危害或威胁，以取得经济效益、社会效益、环境效益的协调统一。

10.3.2 公众参与对生物质废物利用制度建立的价值

在生物质废物综合利用的过程中，公众参与是不可或缺的。没有公众的积极参与和大力支持，生物质废物综合利用工作是无法做好的，相关的法律政策也无从实现。生物质废物综合利用的过程需要公众在各个方面、各个环节的积极参与。公众参与生物质废物综合利用制度建立的价值主要体现为如下5个方面。

(1) 确立以可持续发展为核心的生物质废物综合利用的法治理念，需要公众的认同和参与

自制订《中国21世纪议程》以来，我国通过制订和修订相关环境立法，确立相应的原

则和制度，初步确立了可持续发展的指导思想。但是，目前"经济优先论"在实践中仍然占据主导地位。这也是我国环境法治理念存在的最主要的问题。社会对某一理念的认同和实践，归根结底要落实到每一个"人"以及作为人的复数形式的"公众"的认同和实践。要确立可持续发展的环境法治理念，不仅需要社会成员对可持续发展原则的普遍认同，而且还需要社会成员通过积极的实践，参与到环境法治的各个方面中。

（2）制定和完善生物质废物综合利用的管理制度与立法，需要公众参与

公众参与立法活动，是公民身份的重要体现，是人民主权观念的必然要求，是程序正义的实现方式，也是实现法治国家的前提条件。公众参与立法在我国拥有充分的法律依据：一方面，根据我国《宪法》，作为立法机关的全国人民代表大会由人民选举的代表组成，因此立法过程实际上就是全体人民共同参与的制定法律的过程；另一方面，根据我国《立法法》，立法过程中也应当听取各方面的意见。环境立法通常涉及公众的财产、健康甚至生命安全，所以立法过程必然要求实行公众参与。

（3）实现生物质废物综合利用管理过程中的司法公正，需要公众的积极参与和监督

德沃金说，"如果判决不公正，社会就可能使某个社会成员蒙受一种道德上的伤害。"事实上，在环境司法领域，这种"伤害"通常超出了"道德"范畴，往往会极大地影响到公众的财产、健康和生命权利。公众参与环境司法，不仅仅是由于其拥有诉讼法上的权利，而且还因其可以基于监督职能，确保司法的公正性。在我国，公民作为环境诉讼当事人，享有控告权、申辩权、质证权、上诉权等诉讼权利。在诉讼过程中，律师代理或辩护制度、陪审员制度等，都是公众直接进入审判体制内部、直接参与或制约司法权的一种机制。自2003年开始试行的"人民监督员"制度，则在检察系统引入了公众参与机制。这些都是公众参与环境司法的具体体现。进一步的立法应对此进行完善。

（4）保证生物质废物综合利用相关管理制度和法律和执法的公正性和效率性，需要公众的广泛参与

公众参与管理和执法，主要有两方面理由。一方面，管理和执法的重要对象之一，是作为行政相对人的公众。一些管理和执法形式，如行政处罚、行政强制措施，将对公众的环境权益和人身、财产权益造成相当大的影响。为了确保管理和执法的公正性，就有必要通过信息公开、听证等公共服务形式，确保公众的知情权、申辩权。另一方面，正如孟德斯鸠所言，"每个有权力的人都趋于滥用权力，而且还趋于把权力用至极限。"为了防止行政权的滥用，也有必要引入公众监督机制，从而对环境行政机关形成制约，同时还有利于提高环境行政效率。

（5）对生物质废物综合利用相关管理制度和法律的监督，需要公众参与

守法包括各类主体的守法，公众的守法是其中不可或缺的重要内容之一。在我国，监督既包括立法监督、行政监督、司法监督、舆论监督、政党和社会团体监督等机关团体的监督，也包括公众监督。其中，公众监督不仅是机关团体监督的有力补充，而且还是生物质废物综合利用相关管理制度的执行工作得以健康发展和顺利进行的有力保障。

参 考 文 献

[1] 席北斗. 有机固体废弃物管理与资源化技术［M］. 北京：国防工业出版社，2006.
[2] 刘安国，蒋美英，杨开忠. 世界城市固体废弃物管理对北京市的借鉴意义［J］. 北京社会科学，2011，(4)：34-40.

[3] 宋国君.环境政策分析 [M].北京：化学工业出版社，2008.

[4] 李先德，罗鸣，马晓春.世界主要国家生物燃料发展动态与政策法规 [J].世界农业，2008，(9)：29-32.

[5] 肖波，周英彪，李建芬.生物质能循环经济技术 [M].北京：化学工业出版社，2006.

[6] 国家发展和改革委员会能源研究所，可再生能源发展中心.中国生物液体燃料规模化发展研究（专题报告三）：中国生物液体燃料现行政策的实施与回顾 [R].2008.

[7] 钦佩，李刚，张焕仕.生物质能产业生态工程 [M].北京：化学工业出版社，2011.

[8] 陈徐梅，马晓微，范英.世界主要国家生物质能战略及对我国的启示 [J].中国能源，2009，31 (4)：37-39.

[9] 张哲，田义文.生物质能政策法规建设的探索与实践 [J].商场现代化，2009，(567)：273-274.

[10] 张雪琴.论我国环境保护中的公众参与 [D].北京：中国地质大学，2006.

第 11 章
技术发展趋势与应用挑战

11.1 发展趋势

11.1.1 发展背景

2012 年，世界上大约消费了 1.25×10^{10} t 油当量的能源，其中原煤约占 29.9%，原油约占 33.1%，天然气约占 23.9%，水电约占 6.7%，核电约占 4.5%[1]。在人类目前所使用的能源中，非再生的矿物燃料占绝大部分，故其储藏量的多少决定了能源状况的前景。

矿物燃料的开采寿命是难以估计的，根据现有的统计数据和资料，并综合一些预测原则和影响因素，对可燃的矿物燃料资源储量（包括已知储量和潜在储量）的开采寿命进行估计的大致情况为：石油已知储量的开采寿命为 16～18 年，潜在储量的开采寿命为 30～40 年，天然气已知储量的开采寿命为 15～19 年，潜在储量的开采寿命为 25～40 年；煤炭为最丰富的矿物燃料，已知储量的开采寿命要比上两种长一些，为 30～100 年，潜在储量的开采寿命为 150～250 年[2]。

能源是社会发展、人类生活中不可缺少的资源。现在人类已经认识到，利用矿物燃料来供应人类所需的能量的历史不会长久了。面对这样的现实，世界各国为解决自身乃至于世界的能源供应问题都在千方百计地寻找出路，多方采取措施。

我国化石能源人均储量远低于世界平均水平，尤其是石油储量仅占化石能源总量的 2%，对国际石油的依赖度高达 50%，严重威胁能源安全[3]。而且全国能耗随着经济增长和生活水平的提高也在不断增长，以致能源供需矛盾突出，成为制约我国经济发展的主要因素之一。为了缓解能源危机，保障能源安全，减少化石能源对外依存度，发展生物质能势在必行。

我国每年的社会生产活动都要产生大量的工农业废物，特别是在我国的广大农村，大多数农民仍以薪柴和秸秆为主要的生活燃料，在春耕秋收的时候，各地的田边地头频繁出现露天焚烧秸秆的现象，这不仅影响生活条件的改善，而且导致植被严重破坏，使农村生态环境日趋恶化。

生物质能来源于生物质（又称生物量）。所谓生物质就是在有机物中除矿物燃料外，所有来源于植物、动物和微生物的可再生的物质。动物要以植物为生，而植物则通过光合作用把太阳能转变为生物质的化学能。因此，从根本上说，一切生物质能都来源于太阳能，而这些生物质可以用作能源。

地球上的生物质资源极为丰富。据估计，地球每年经光合作用所产生的干物质有1730×10^8 t，它所拥有的能量，相当于全世界能源总消耗量的$10 \sim 20$倍，但目前利用率很低，只有$1\% \sim 3\%$。全世界约有25亿人依靠生物质能取暖、烹饪和照明，这些人大多数居住在发展中国家的农村地区。2004年在亚洲、非洲的大多数发展中国家，生物质能的消费量占全国能源消费总量的40%以上[4]。目前，国外的生物质能技术和装置多已达到商业化应用程度，实现了规模化产业经营，以美国、瑞典和奥地利三国为例，生物质转化为高品位能源利用已具有相当可观的规模，分别占该国一次能源消耗量的4%、16%和10%。在美国，生物质能发电的总装机容量已超过10000MW，单机容量达$10 \sim 25$MW。美国开发出利用纤维素废料生产酒精的技术，建立了1MW的稻壳发电示范工程，年产酒精2500t。

生物质能资源种类繁多，主要有农作物和农业有机残余物、林木和森林工业残余物，还有动物排泄物、江河和湖泊的沉积物以及农副产品加工后的有机废物、废水、城市生活有机废水和垃圾等，它们都可以成为生物质能的资源。此外，藻类、水生植物和可以进行光合作用的微生物等，也是可以开发利用的生物质能资源。因此，生物质能源就是通过种植能源作物和利用有机废料，经过加工，使之转变为生物燃料的一种能源。

当今世界，常规能源的危机和生态环境惨遭破坏，客观迫使全球能源结构必须进行战略性改变，作为新型能源舞台上的一员，生物质能必将登台亮相，在现代高技术群体的支撑下，扮演一个重要角色。其在各个方面的意义分析如下[5~7]。

(1) 经济意义

在过去的几年里，国际原油价格飞速上涨，而我国已经超过日本成为世界第二大能源消费国，超过1/3的原油需要进口，这对于我国经济的稳定和发展极不利。由于我国石油和天然气资源缺乏，预计2020年之后，石油供给的对外依存度将超过60%，天然气供给对外依存度将超过40%。我国煤炭资源虽然比较丰富，但煤炭大量开采、运输和使用对环境造成很大负面影响，而且煤炭资源总归是有限的，总有消耗殆尽之时。因而，利用现代技术开发包括生物质能在内的再生能源资源，通过适当的政策和资金支持，有效发挥市场机制的作用，积极促进这些可再生能源的发展，对缓解常规能源供应不足的压力，节约外汇资金，实现经济可持续发展将会起到十分重要的作用。我国的生物质资源非常丰富，中国每年产出的农林废物量相当可观，以食用菌培养系统中最常见的副产品菌糠为例，2000年我国菌糠年生产量已达300×10^4 t左右，有很大的开发潜力。将生物质废物转化为高品质能源的技术和产品具有极大的潜在市场，充分开发利用生物质能源具有重要的经济意义。

(2) 社会意义

我国有九亿多人口生活在农村，占农村居民生活用能的70%的生物质能是在普通炉灶上直接燃烧，生物质资源利用水平低，严重阻碍了农村经济和社会的发展。自1997年开始，国家在能源工业中采取了许多重大决策，使农村能源由当地能源和自然资源为主的状况逐步向商品能源的方向转变，生物质能利用技术对于开辟新能源领域，促进当地经济发展，加快我国农村经济建设，维护社会稳定和社会可持续发展有重要的意义。

(3) 环境意义

目前，环境污染给中国乃至全球带来了严重的气候和生态的负面效应，尤其是 CO_2 的大量排放。煤、石油、天然气等矿物燃料燃烧带来的环境问题日益突出。据分析，目前全球每年排放 SO_2 约 $2.9 \times 10^8 t$，其中 80% 为化石燃料燃烧排放所致。中国有 30% 以上的面积出现酸雨。此外，矿物燃料在燃烧过程中，排放出 CO_2 气体，在大气层中不断积累，温室气体在大气中的浓度不断增加，导致气候变暖。生物质能源具有 CO_2 零排放的特点，是一种清洁能源，例如用生物油代替动力用油，减少了交通业、制造业对大气的污染，有利于缓解日益严重的温室效应和维持生态良性循环，是解决能源和环境问题的有效途径之一。

11.1.2　国内外发展趋势

各国对生物质的重视程度差别很大，这主要决定于各国的能源结构和生物质资源的情况，而生物质的发展前景很大程度上取决于各国的重视程度和政策[8~10]。2000～2010 年是世界各国大力发展生物质能的关键时期，在国际上，主要目标是把生物质转换为电力和运输燃料，以期在一定范围内减少或代替矿物燃料的使用。所以未来主要目标是发展高效低污染的生物质 IGCC 技术和生物质直接液化技术。

2010 年，国际上发达国家主要把目标集中于大型生物质气化发电技术上，在推广直接燃烧的同时，发展可以进入商业应用的 IGCC 发电系统。比如美国，目前正在进行的 6MW IGCC 项目和 60MW 中热值 IGCC 项目都要求 10 年内完成，并进入工业示范应用，从 1990 年到 1994 年的 4 年间，美国生物质发电量以每年 7% 的速度增加，预计到 2020 年将达到 200TW·h（1T $=10^{12}$）。在欧盟，目前生物质占能源总消耗的 2%，预计 15 年后将增加到 15%。荷兰则要求到 2010 年生物质发电量达 1500GW·h，比 2000 年提高 10 倍。英国预计到 2010 年之前，生物质可满足能源总需求量的 19%，但在这一时期，生物质制取运输燃料仍处于研发阶段，少量技术可能进入示范应用，但由于技术性和经济性的限制，仍难以真正进入市场。

我国的生物质能耗量一直占比较大的比例，特别在农村。目前，中国约有 9 亿多人口生活在农村，自 20 世纪 80 年代以来，中国经济改革使农村经济得到了迅猛发展，农村地区能源消费的数量、品种和结构也随之发生了巨大的变化。农村能源消费总量由 1980 年的 $3.28 \times 10^8 t$ 标准煤增长至 2008 年的 $9.24 \times 10^8 t$ 标准煤，增加了 2.8 倍，并且生物质能在农村生活用能结构中仍然占有约 40% 的比例。但我国生物质利用技术水平一直较低，大部分为直接燃烧。近年开始发展气化技术，所以生物质高效利用技术才刚刚起步，在生物质转换技术上，原来生物质生产固体燃烧已较成熟，但由于成本问题一直很难推广。生物质制液体燃料的研究也已开展，但大部分仍处于实验室小试阶段。

11.2 应用挑战

11.2.1 技术研发

我国的新技术开发还有待加强，目前生物质废物资源化技术还比较单一。我国利用较多的生物质废物资源化技术主要集中在厌氧发酵上，其他技术的开展都比较缓慢。而在厌氧发酵的沼气利用方面，沼气利用方式单一，沼渣综合利用不够完善，仅限于农业，对于新技术的开发要基于丰富的研究与实践，需要较长时间。现阶段可对不同技术进行整合，开发系统化的综合利用技术，通过不同技术的交互，促进生物质废物资源化的发展。

在生物质废物资源化的技术方法研究方面，我国的研究技术水平较低，一些关键问题如效率低、二次污染严重等问题都需要解决。研究手段应趋于多元性，从着重对自然科学技术的研究，逐步转为自然科学技术研究与自然科学和社会科学研究的有机结合。如生态技术与工程按生态学和生态工程学的原理提升或研发新的生物质废物生态技术。研发方式应趋于技术升级与系统集成，开发单项技术已难以满足生物质废物资源化综合利用目标，利用高新技术对传统技术与产品进行升级改造以及技术系统集成的重要性日趋凸显。如生物技术通过腐生生物及高效微生物的转化，构建能降解多种难降解物质的高效、多功能的工程菌等，使生物质废物转化更加有效。研发技术趋于机械化、规模化、专业化，现代信息技术、生物技术、计算机技术、先进制造技术、高分子材料等领域取得的重大科学突破，正深刻影响着我国现代高效利用生物质废物资源技术的发展进程，为其科技含量大幅提升带来新的机遇与契机。现代高效利用生物质废物资源技术研究正从"精量、高效、低耗、环保"等理念入手，开展前沿与重大关键技术研究，基于高新技术对传统技术与产品进行改造升级，强化各类农业废物资源化利用技术与方法间的有机紧密结合[11,12]。

例如，应加大生物制氢微生物资源以及产氢过程的研究。纯菌种生物制氢规模化面临诸多困难，而且自然界的物质和能量循环过程，特别是有机废水、废物和生物质的降解过程，通常由2种或多种微生物协同作用。因此，利用微生物进行混合培养或混合发酵产氢的研究已经越来越受到重视。大规模选育能同步发酵戊糖己糖产氢微生物及直接转化纤维素产氢的微生物，优化产氢工艺条件，建立最佳的共降解生物质废物产氢菌群，能提高原料利用效率和目标产物收率。开发多种微生物细胞固定化、微生物耐受逆境的生物技术，增强微生物对生物质废物水解液中抑制成分的耐受能力，提高产氢稳定性，实现高产氢速率、高产氢量和连续稳定的生物制氢过程；开发吸附、中和等方法减少或消除代谢物中抑制物的抑制作用，结合多种高效、无污染、低成本的预处理方法，针对不同类型的生物质进行处理。探索高效的预处理方法，优化预处理工艺。

对于生物柴油的制备，目前国际上主要采用化学法，即在一定温度下，将动物油脂或植物油脂与甲醇用酸性催化剂或碱性催化剂催化，进行酯交换反应，生成相应的脂肪酸甲酯。用化学法生产生物柴油，国内外都已工业化，还有一些新工艺在研究中，并有大量的专利覆盖。为了进一步降低操作费用，还要不断地进行技术革新和创新，目前应确定的主攻方向是：a. 开发新的多相催化反应，延长催化剂寿命，同时研究新的再生方法，降低成本，减轻环境污染；b. 采用新技术，如催化和分离偶合技术，降低醇油比，以减少回收醇的能耗；c. 研究超临界下的酯交换反应，以及其他生物柴油生产新工艺。

对于堆肥来说，混合收集的垃圾杂质含量高，为保证质量采用复杂的分离过程导致产品成本过高；利用粗堆肥产品制造的复合肥的销售也面临着与化肥的竞争；垃圾处理的连续性和堆肥产品销售季节性之间存在的固有矛盾，会增加垃圾的处理成本和堆肥产品的生产成本。因此，如何提高生活垃圾堆肥厂的机械化水平和堆肥质量，有效控制堆肥产品中的重金属和碎玻璃等杂质的含量，进一步完善国产化有机复合肥成套生产技术与设备，是堆肥技术能否进一步发展的关键。此外，多数堆肥中 N、P 的含量虽然大大高于土壤，但其可利用率低；K 的可利用性虽高于许多钾肥，但其含量却低于大多数土壤。在城市固体废物堆肥中绝大多数微量金属（除 Pb 外）的含量低于 USEPA 规定的允许值，但高于大多数农业土壤。堆肥质量低正是堆肥销路不畅的本质原因之一，因此，提高堆肥质量，进一步开发利用堆肥产品成了未来堆肥得以进一步发展的重要途径。今后需进一步在部分城市应用并推广机械化动态发酵工艺和利用有效菌种快速分解的新型堆肥技术，鼓励在垃圾分类收集的基础上进行高温堆肥处理。

对于生物质发电技术，虽然我国近年来在生物质发电技术的研究上取得了重要进展，但生物质发电产业仍受到投资过大和运行成本过高的严重制约，产业化进展缓慢。如目前成熟的国产化生物质发电设备几乎没有，但进口设备投资达 1.2 万元/kW 以上；同时，由于生物质资源分散、电站规模小、常规技术效率较低，加之生物质收集运输成本较高，导致原料价格较高，一般生物质发电成本高达 $0.6 \sim 0.7$ 元/$(kW \cdot h)$，所以生物质发电成本远高于常规电力成本，即使有国家 0.25 元/$(kW \cdot h)$ 的补贴，生物质发电项目经济性仍较差，效益也不稳定，严重影响其产业化发展[13]。同时由于技术水平不足，气体净化及产生的焦油、灰和废水处理困难。分析影响投资和发电成本的根本原因，是我国缺乏自主核心技术，对不同的技术路线和工艺缺乏系统性研究，尚不具备成套设备供应能力。一方面，由于我国这方面的技术基础较差，主要关键设备基本从国外引进，不但设备价格高，而且国内生物质发电设备市场面临被国外技术垄断的危险。另一方面，利用自主技术所建示范电站规模小、效率低，自动化控制水平不高，一些配套的辅助设备还没有实现产业化。

此外，对于生物质气化，尚处于试验研究向工业化应用转变阶段，工程性技术研究有待进一步发展；对于生物质固化技术，急需改善工艺条件，降低技术的成本。

在现阶段，我国生物质废物资源化技术的发展目标就是不断提高技术水平，完成关键技术突破和中试研究。未来应该结合我国资源和市场特点，充分发挥科研自主创新能力，努力获得拥有自主知识产权的理论技术及相关产品，力争赶上发达国家水平。

11.2.2 工程设施

我国的生物质废物资源化利用工程的规模比较小，另外也存在设备落后，转换效率低的问题。例如在生物制氢工艺的规模化方面，目前国内研究均处于由小试向中试阶段过渡。光发酵生物制氢技术的研究程度和规模还基本处于实验室水平，暗发酵生物制氢技术已完成中试研究。制氢设备的小型化在一定程度上严重制约了产氢工业化的进展。研制可以达到工业化生产规模的制氢设备，显得尤为重要。

对于生物柴油产业来说，在发展的初期，应有整体规划，避免小散乱企业的遍地开花，重复建设，浪费资源。生物柴油是一种可再生的能源，原料来自农业的油料作物和动物脂肪。我国近期生产生物柴油的原料主要还是各种废油脂以及野生含油生物资源，由于来源分散，建设的生物柴油厂规模一般以 5×10^4 t/a 为宜。通过实行生产企业和原料种植者结合的模式，大规模种植油料作物与树木，可建设（10~20）$\times 10^4$ t/a 的生物柴油厂。

对于堆肥产业来说，随着城市煤气化普及率和人民生活水平的提高，垃圾中有机质的含量有的已达到 50%~70%。1986~1995 年期间，中国相继开展了机械化程度较高的动态高温堆肥研究和开发，20 世纪 90 年代中期先后建成了动态堆肥典型工程，如常州市环境卫生综合厂和北京南宫堆肥厂，目前无锡、常州、天津、沈阳、北京、武汉等城市已自行设计了适合中国的机械化垃圾堆肥处理的生产线，许多城市还有相当一部分的简易垃圾堆肥场。中国常州环境卫生综合厂采用动态高温堆肥工艺，每天处理城市生活垃圾 150t，产堆肥 50t。但我国城市生活垃圾堆肥厂普遍存在设备运转率低、运行和维修费用高、配套机械设备配套性差、实用性差、使用寿命短、堆肥的质量和肥效都较低及销路不畅等问题。

对于生物质发电，其产业化进展缓慢，规模小，成本高。如果要大规模推广生物质发电技术，仅靠我国的技术支持将明显不足。一方面，我国整体工业基础较差，设备加工能力和制造能力较低，因而对国外先进技术消化吸收能力较弱；另一方面，我国生物质资源以农业废物为主的特点，与国外的生物质发电条件有明显的差异，生物质资源的成分含量对设备的影响和要求也有明显差异，这要求我国在引进先进国家的生物质发电技术时要有所选择，根据原料的特点、设备管理水平和消化吸收能力全面考虑，不能片面追求大规模、高效率和高自动化，以防止不必要的浪费。

我国现阶段可以利用现有适用技术，完成大规模集成化生物质能源基地的建设，尤其是在厌氧发酵方面，可以充分发挥我国的优势，建立大型生产型沼气工程示范。

11.2.3　政策法规

我国虽然已出台了生物质废物资源化有关的政策法规，具体政策法规见第 10 章，但一些实质性、可操作性的政策措施尚未很好地建立或执行，同时我国关于生物质废物资源化的技术标准也不完善，存在管理混乱的问题。目前有利于生物质废物资源化的社会化服务体系尚未形成，如废物资源的信息服务体系、技术服务体系、加工生产体系、市场服务体系、企业与农户的对接与组织模式等，因此，在一定程度上制约了生物质废物资源化的产业化和规模化发展。

现阶段最重要的是国家应该完善生物质废物资源化开发及利用的相关政策和法规，规范产业化市场，为生物质废物资源化产业的发展提供良好的环境和政策条件，为生物质产品找到出路。具体可分为如下 2 个部分[14]。

(1) 逐步完善生物质能政策法规，构建完备立法体系

尽管我国针对生物质能的发展已经出台和发布了一系列有关法规和政策，但这些法规和政策总体上只是框架性的政策法规。因此，当务之急应当是制订和完善诸如《可再生能源法实施细则》等相关配套性规定，并以此为基础针对生物质能专门立法，提高政府、企业和社会对于生物质能利用的法制意识，促进相关立法的有效实施。

（2）提供政策扶持和资金支持

由于政策扶持和资金支持的不足或缺乏，一些专门从事生物质废物资源化利用的龙头企业未能很好地成长起来，相关的产业体系（如所谓"静脉产业"体系）也未能得到很好的培育。

例如对于生物柴油产业来说，国外在推广使用生物柴油中，政府都对生产厂提供了无息贷款和免税的优惠政策。根据我国国情，可参照对其他可再生能源产业的支持，对生物柴油产业给予适当的税收优惠，要用税收杠杆促进生物柴油产业的健康发展。参照国外生物柴油发展的历程，在公共事业部门，如城市公交环卫车辆和政府车辆中以及旅游风景区，首先推广使用生物柴油。在北方城市利用生物柴油代替煤等燃料取暖也是很好的办法。我国生物柴油产业刚刚诞生，只要政府给予积极的政策扶持和引导，再经农林部门、产业界和科技界的共同努力，采取正确的对策，创造良好的产业发展环境，在不久的将来，建成对国家经济社会发展有重要贡献的生物柴油产业大有希望。

在燃料乙醇的生产方面，根据国家颁布的《可再生能源发展"十二五"规划》，到 2015 年，生物燃料乙醇利用规模将达到 $400 \times 10^4 t$。可以看出，国家大力发展生物燃料乙醇产业的决定不会动摇，在保持现有粮食燃料乙醇生产规模的基础上，近期将重点发展非粮燃料乙醇，并推进纤维乙醇产业化。在粮食价格上涨，粮食燃料乙醇补贴下降，粮食燃料的燃料乙醇生产企业税收优惠将逐渐取消等客观因素和主观政策导向的大背景下，燃料乙醇生产企业可能会主动减少粮食燃料乙醇生产。例如，根据粗略测算，我国玉米价格从 2005 年的 1100 元/t 上升至 2012 年 10 月的 2200 元/t。按生产 1t 燃料乙醇消耗 3.3t 玉米计算，每吨燃料乙醇仅原料成本就高达 7260 元，再加上加工成本，每吨燃料乙醇的成本至少为 9500 元。2012 年 10 月 90 号汽油的出厂价为 9295 元/t，乘以价格系数 0.9111 后，燃料乙醇的销售价格为 8469 元/t，加上国家 500 元/t 的补贴后为 8969 元/t，低于生产成本，因此，企业存在亏损的风险。随着粮食燃料乙醇补贴下降，粮食燃料燃料乙醇生产企业税收优惠将逐渐取消，企业将面临更大的亏损风险。为减少亏算，企业可能会减产。

加大技术创新力度是当务之急，为此可通过政策扶持和资金支持做到以下几点：a. 政府要加快生物质能源技术研究，加大开发经费的投入，为自主研发生物质能提供更加广阔的空间和资金支撑；b. 完善生物质能技术独立研发自主创新的基本体制，建立政府民间双层生物质能源研究开发管理机构；c. 建立生物质能技术创新专项资金，由政府和企业建立生物质能技术创新专项资金，提高从事科研工作的积极性。

11.3 展望与未来

未来生物质发电技术将完全市场化，与常规能源可以进行平等的竞争，甚至生物质能将会是综合指标优于矿物燃料的能源品种，生物质发电和液体燃料将比常规能源具有更强的竞争力，包括环境和经济上的优势，将占有主导地位，所以生物质能所占的比例将大幅度提高，将成为主要的能源之一。同时生物质制取液体燃料也将成熟，部分技术进入商业应用，但生物质液体燃料的商业化程度将决定于石油供应情况和各国对环境要求的程度，其使用量和占有量主要决定于各国各地区生物质的供应情况[15]。

对于我国来说，首先是生物质技术的开发和完善阶段，部分经济性较好的技术开始进入商业应用。如生物质气化技术由于其成本较低，技术逐渐完善，在生物质比较集中和能源供应比较紧张和昂贵的地区可以逐渐进入商业应用，而生物质直接燃烧在生物质废物集中而且工业用能需求比较大的地方也可能被工业企业采用。目前，中国已经成为世界上第二大能源消费国，而且是全球能源消耗增长最迅速的国家之一，已经成为主要的能源消费国和进口国。据有关专家预测，到2020年，中国的GDP可能达到5万亿美元，对能源的需求将达到30多亿吨标准煤，其中，石油和天然气的进口量将超过$3 \times 10^8 t$[16]。因此，从能源安全和生态环境的角度出发，中国政府也将会把生物质作为原料进行高品位的能源形式转变，以减少对石油和天然气的依赖，提高能源的自给率，减缓温室气体的排放，保护人们赖以生存的地球。但生物质转换技术，如生物质制运输燃料或氢气等技术将仍处于研发阶段，可能某些技术可以进行工程示范应用，但由于价格等经济性问题，生物质制油仍难以与石油产品竞争，所以还难进入市场。

随着技术的发展，生物质生产和收集成本降低，生物质利用技术的成熟和完善，环保政策落实到位，生物质废物将逐渐成为主要能源资源之一。生物质将具备与矿物燃料竞争的条件，特别是生物质发电技术，各地区可能建成很多中小型的生物质发电系统，形成分散的生物质能源体系。生物质发电技术主要分为直接燃烧发电和气化发电两种。直接燃烧发电技术类似于传统的燃煤技术，现在已经基本达到成熟阶段。由于其风险较小，该项技术在世界上很多国家已经进入商业化应用阶段。生物质气化发电技术能获得较高效率，目前正处于商业化的早期阶段，也有将气化装置应用于混合燃烧中进行发电的例子。生物质与煤混合燃烧发电技术并不复杂，具有很大的发展潜力，并且可以迅速减少CO_2等温室气体的排放量，预计包括中国在内的许多国家将会有更多的发电厂采用这项技术。此外，利用沼气发电和城市固体废物热解气化发电，也正在被越来越广泛地应用。同时生物质制油的技术将发展成熟，开始进入商业示范和全面推广的阶段。特别是随着对环境问题的重视，对矿物燃料必须采取限制手段，这样生物质废物转化为能源将成为最有竞争力的能源之一。

参 考 文 献

[1] BP Statistical Review of World Energy. Statistical Review of World Energy 2013 [R]. London：BP p. l. c.，2013.

[2] 孙桂林. 废物资源化与生物能源 [M]. 北京：化学工业出版社，2004.

[3] 李琳，郑骥. 我国生物质能行业发展现状及建议 [J]. 中国环保产业，2010，(12)：50-54.

[4] ISTIS，《2005年世界重点工业发展动态》写作组. 国际生物质能发电日趋成熟和完善 [EB/OL]. http：//www.chinapower.com.cn/article/1072/art1072050.asp. 2007-04-04.

[5] 刘延坤，孙清芳，李冬梅，等. 生物质废弃物资源化技术的研究现状与展望 [J]. 化学工程师，2011，186 (3)：28-30.

[6] 朱增勇，李思经. 美国生物质能源开发利用的经验和启示 [J]. 世界农业，2007，(6)：52-54.

[7] 钱能志，尹国平，陈卓梅. 欧洲生物质能源开发利用现状和经验 [J]. 中外能源，2007，(3)：10-14.

[8] 官巧燕，廖福霖，罗栋. 国内外生物质能发展综述 [J]. 农机化研究，2007，(11)：20-24.

[9] 袁振宏，罗文，吕鹏梅，等. 生物质能产业现状及发展前景 [J]. 化工进展，2009，28 (10)：1687-1692.

[10] 刘新建，王寒枝. 生物质能源的现状和发展前景 [J]. 科学对社会的影响，2008，3 (3)：5-9.

[11] 杜艳艳，赵蕴华 . 农业废弃物资源化利用技术研究进展与发展趋势 [J]. 广东农业科学，2012，(2)：192-196.

[12] 郑玲惠，张硕新，王莹 . 国外发展生物质能政策措施对中国的启示 [J]. 商场现代化，2009，(567)：13-14.

[13] 吴创之，周肇秋，阴秀丽，等 . 我国生物质能源发展现状与思考 [J]. 农业机械学报，2009，40 (1)：91-99.

[14] 张哲，田义文 . 生物质能政策法规建设的探索与实践 [J]. 商场现代化，2009，(567)：273-274.

[15] 吴创之，马隆龙 . 生物质能现代化利用技术 [M]. 北京：化学工业出版社，2003.

[16] 李景明，薛梅 . 中国生物质能利用现状与发展前景 [J]. 农业科技管理，2010，29 (2)：1-4.

符 号 表

H：床层高度

T：床层温度

N：空气比

M：生产量

Q_1：热损失

M：生产量

C_{pi}：气体中组分 Y_i 的比热容

Y_i：气体中组分 i 的含量

η：燃料反应器的碳转化率

G_v：合成气产率

$w(Car)$：生物质原料中的碳含量

V_{CO}，V_{H_2}，V_{CH_4}：合成气中各组分的体积分数

Q_{GW}：高位发热量

X_C、X_H、X_S、X_N、X_O、$X_{灰}$：碳（C）、氢（H）、硫（S）、氮（N）、氧（O）和灰分的干基质量分数

Y：保型段燃料体积膨胀率

p：成型段的压力

T：成型段的温度

$V_{O_2}^0$：理论氧气需要量

A_0：理论空气需要量

α：过量空气系数

G_0：理论燃烧基烟气量

G 和 G'：实际焚烧烟气量的潮湿气体和干燥气体

Ca/S：钙硫摩尔比

G：石灰石的下料量

B：煤的下料量

V：30min 沉降后污泥的体积

C_{SS}：污泥混合液的浓度

P_m：降解度

C_{VSS_0}：消解前污泥中的挥发性固体悬浮物浓度

C_{VSS_1}：消解后污泥中的挥发性固体悬浮物浓度

W_{PS}：初沉污泥量，按干污泥计

Q_i：初沉池进水量

E_{SS}：悬浮物 SS 的去除率

W_{WAS}：剩余污泥产生量，按干污泥计

W_i：惰性物质，即污泥中固定态悬浮物的量

W_{VSS}：挥发态悬浮物的量

BOD_{sol}：溶解性 BOD 的量

Q：应采的最小样品量

d：固体废物最大颗粒直径

K：缩分系数

t：采样质量间隔

Q：批量

n：采样单元数

BDM：生物降解度

V_1：试样滴定体积

V_2：空白试验滴定体积

V：重铬酸钾的体积

c：重铬酸钾的浓度

H_N：低热值

H_0：高热值

I：惰性物质含量

W：垃圾的表面湿度

W_L：剩余的和吸湿性的湿度